Vorwort

Das 1953 erschienene Buch „*Hartstoffe und Hartmetalle*" von R. KIEFFER und P. SCHWARZKOPF unter Mitarbeit von F. BENESOVSKY und W. LESZYNSKI hatte eine gute Aufnahme bei der Fachwelt gefunden und anscheinend einem echten Bedürfnis von Wissenschaft und Technik Rechnung getragen.

Während es vor etwa 10 Jahren noch möglich war, das Gebiet der metallischen Hartstoffe (Karbide, Nitride, Boride und Silizide der hochschmelzenden Übergangsmetalle) und der vorzugsweise aus Karbiden gefertigten Hartmetalle geschlossen in einem Buchband zu behandeln, sahen sich die Verfasser bei der Umarbeitung und Neufassung des Buches „*Hartstoffe und Hartmetalle*" gezwungen, eine Zweiteilung in den hiermit vorliegenden Band „*Hartstoffe*", und einen noch in Vorbereitung befindlichen Band „*Hartmetalle*" vorzunehmen. Besonders auf dem Hartstoffgebiete wurden in den letzten Jahren eine Fülle neuer Tatsachen erarbeitet und große Lücken in den Kenntnissen über metallische und nichtmetallische Hartstoffe geschlossen. So wurden unter anderem die fehlenden Borid-, Nitrid- und Silizid-Zweistoffsysteme, die Karbid- und Karbidmischkristallsysteme mit Hafnium-, Uran- und Thoriumkarbid sowie die Dreistofflegierungen der Übergangsmetalle mit jeweils einem oder zwei der Elemente Kohlenstoff, Bor, Silizium und Stickstoff zumindest teilweise geklärt und berücksichtigt. Die Synthese des Diamanten wurde kurz behandelt; sie läßt die Bedeutung der Anwendung von hohem Druck und hoher Temperatur bei der Erzeugung neuer, dichtest gepackter nichtmetallischer und metallischer Hartstoffe erkennen.

Die Fülle neuer Erkenntnisse über den Aufbau und die Struktur von Hartstoffphasen ließ eine Neufassung des Theoriekapitels, welche H. NOWOTNY freundlicherweise übernommen hat, als unbedingt notwendig erscheinen.

Herr P. SCHWARZKOPF konnte sich aus Gesundheitsgründen an der Neubearbeitung nicht beteiligen, er hat uns aber großzügig die volle Unterstützung der Metallwerk Plansee Aktiengesellschaft zukommen lassen.

Wir gedenken an dieser Stelle unseres alten Freundes und Mitarbeiters W. LESZYNSKI, den ein allzufrüher Tod aus dem alten Hartmetallteam herausgerissen hat.

Die Verfasser danken den Mitarbeitern der Versuchsanstalt der Metallwerk Plansee AG., Reutte/Tirol für die Hilfe bei der Anfertigung der Abbildungen und Tabellen sowie bei der Literaturbeschaffung. Frl. R. ERHART und Frl. O. PLÖRER haben bei der mühsamen Niederschrift wertvolle Hilfe geleistet.

Der Springer-Verlag kam allen unseren Wünschen bezüglich der Drucklegung nach und ermöglichte es, auch noch neu erschienene Arbeiten durch umfangreiche Ergänzungen zu berücksichtigen. Dafür und für die wie stets vorbildliche Ausstattung sei diesem unser besonderer Dank ausgesprochen.

Reutte/Tirol, im Frühjahr 1963

Die Verfasser

HARTSTOFFE

VON

DR. PHIL. NAT. R. KIEFFER UND **DR. ING. F. BENESOVSKY**
HON.-PROFESSOR AN DER UNIVERSITÄT WIEN
REUTTE/TIROL
DIREKTOR DER VERSUCHSANSTALT DER
METALLWERK PLANSEE A. G., REUTTE/TIROL

MIT 179 TEXTABBILDUNGEN

Springer-Verlag Wien GmbH
1963

ISBN 978-3-7091-7152-3   ISBN 978-3-7091-7151-6 (eBook)
DOI 10.1007/978-3-7091-7151-6

Alle Rechte, insbesondere das der Übersetzung in fremde Sprachen, vorbehalten

Ohne ausdrückliche Genehmigung des Verlages ist es auch nicht gestattet, dieses Buch oder Teile daraus auf photomechanischem Wege (Photokopie, Mikrokopie) oder sonstwie zu vervielfältigen

© 1963 by Springer-Verlag Wien
Ursprünglich erschienen bei Springer-Verlag/Wien 1963
Softcover reprint of the hardcover 1st edition 1963

Aus dem Vorwort zum Buch
„Hartstoffe und Hartmetalle"

Das Gebiet der Hartstoffe und Hartmetalle wurde im Buchschrifttum bis jetzt nur in der Monographie von Karl Becker und in Form von Einzelkapiteln in pulvermetallurgischen Standardwerken behandelt. Durch die stürmische Entwicklung der letzten 20 Jahre auf dem vorliegenden Sachgebiet ist ein großer Teil der angegebenen Daten über die bekanntgewordenen metallischen Hartstoffe und Hartmetalle überholt. Um einem dringlichen Bedürfnis der Fachkreise auf dem Hartmetallgebiet und verwandten Gebieten nachzukommen, haben sich die Verfasser veranlaßt gesehen, alle ihnen zugängigen Literaturstellen, unter Verwertung ihrer diesbezüglichen eigenen Erfahrungen und Veröffentlichungen, in Buchform zusammenzufassen.

Unter metallischen *Hartstoffen* wurden im älteren Schrifttum nur Karbide, Boride und Nitride der Übergangsmetalle der vierten bis sechsten Gruppe des Periodensystems verstanden. Die Silizide wurden damals, vornehmlich wegen ihrer vergleichsweise geringen Härte, noch nicht zu den Hartstoffen gezählt. Da die Silizide jedoch bei der Entwicklung warm- und zunderfester Legierungen ein besonderes Interesse gefunden haben und sich ferner herausstellte, daß dieselben neben ihrem metallischen Charakter teilweise doch recht beachtliche Härten aufweisen, die z. B. an die Härte des Molybdän- oder Tantalkarbides herankommen, haben wir uns entschlossen, auch die Silizide parallel mit den Karbiden, Nitriden und Boriden zu behandeln.

Die Strukturuntersuchungen der metallischen Hartstoffe, insbesondere der Boride und Silizide und der betreffenden Mischkristalle bzw. Mischphasen, brachten in der letzten Zeit viele interessante, teils grundlegende Ergebnisse. Es konnten die Arbeiten bis etwa Ende 1952 berücksichtigt werden.

Reutte/Tirol, im Frühjahr 1953

Die Verfasser

Inhaltsverzeichnis

Seite

Seite

Die Hartstoffe

I. Einleitung und Geschichte der Hartstoffe

Die für die Technik, insbesondere die Hartmetall- und Schleifmittelindustrie, besonders wichtigen *Hartstoffe* lassen sich entsprechend ihrem Vorkommen und ihrer Herstellung in

natürliche Hartstoffe, wie Diamant, Korund und andere harte
Mineralien

sowie in

synthetische Hartstoffe, wie hochschmelzende Karbide, Boride,
Nitride und Silizide, ferner Siliziumkarbid, Siliziumnitrid, Borkarbid,
kubisches Bornitrid, künstliche Edelsteine und synthetischer Diamant
gliedern.

Für den Metallurgen, der Hartstoffe für die Herstellung von geschmolzenen und gesinterten Hartmetallegierungen benötigt, ist es
eine zwangsläufige Forderung, daß Hartstoffe neben ihrer hohen
Härte (z. B. 8 bis 9 Mohs) und ihrem hohen Schmelzpunkt auch
metallischen Charakter und Legierbarkeit mit den Eisenmetallen
aufweisen. Wählt man diese Forderungen des Pulvermetallurgen
als Einteilungsprinzip für die Hartstoffe, so ergeben sich folgende
zwei Gruppen:

1. *Metallische Hartstoffe*, die vornehmlich hochschmelzende Karbide, Boride, Nitride und Silizide der Übergangsmetalle der 4a bis
6a Gruppe des Periodensystems umfassen und

2. die *nichtmetallischen Hartstoffe*, zu welchen z. B. Diamant, Korund
und andere harte Mineralien (natürliche und synthetische), Siliziumkarbid, Bornitrid, Siliziumnitrid u. a. gehören.

In Zahlentafel 1 sind die Hartstoffe erheblich detaillierter nach
den zwei besprochenen Einteilungsprinzipien zusammengestellt und
durch Mischkristalle, Verbundkörper und Sonderhartstoffe ergänzt.

Wir werden uns in diesem Buche wegen des bevorzugten Einsatzes
der Hartstoffe in Hartmetallegierungen vornehmlich mit den metallischen Hartstoffen befassen und den nichtmetallischen Hartstoffen
wegen ihrer beschränkten Anwendung in Verschleißteilen, Schleif-

körpern und hochwarmfesten Werkstoffen nur ein kleines Sonder-
kapitel widmen.

Die Gruppe der metallischen Hartstoffe ist nun praktisch identisch
mit den „hoch- und höchstschmelzenden Hartstoffen", die K. BECKER
in seinem Buche[1] „Hochschmelzende Hartstoffe und ihre technische
Anwendung" als binäre Verbindungen des Kohlenstoffs, Bors und
Stickstoffs mit den Metallen der 4a, 5a und 6a Gruppe des Periodensystems
definiert. Sie sollen sich von anderen Metallen, Metalloiden,
Metall- und Metalloidverbindungen durch folgende Eigenschaften
unterscheiden:

1. Der Schmelzpunkt kommt dem Schmelzpunkt des Kohlenstoffs
und dem der hochschmelzenden Metalle Wolfram, Rhenium
und anderen nahe und übersteigt dieselben in einigen Fällen (vgl.
Schmelzpunktmaxima von Karbidgemengen).

2. Die Härte liegt in der Mohsschen Skala fast ausnahmslos
zwischen jener des Korunds und Diamants, also zwischen 9 und 10.

3. Sie weisen eine hohe chemische Beständigkeit auf und werden
in kompakter Form bei Zimmertemperatur — wenn überhaupt —
nur von den stärksten konzentrierten Säuregemischen oder von starken
oxydierenden alkalischen Lösungsmitteln langsam angegriffen.

4. Sie zeigen metallischen Charakter, insbesondere in bezug auf
Glanz, thermische und elektrische Eigenschaften.

5. Sie zeigen fast ausnahmslos Neigung zu Supraleitung.

6. Sie neigen allgemein zu Legierungsbildung mit den Eisenmetallen. Die Löslichkeit ist meist stark temperaturabhängig, bei
Zimmertemperatur ist sie oft sehr gering.

7. Sie weisen mit wenigen Ausnahmen Einlagerungsstrukturen
auf*.

8. Sie besitzen sehr hohe Werte des Elastizitätsmoduls.

Die von K. BECKER 1933 getroffene Formulierung ist heute zum
Teil überholt. So werden von der Definition nicht oder nur bedingt
erfaßt: die Silizide, korrosions- und zunderfeste anorganische Verbindungen des Siliziums mit den Übergangsmetallen, dann gewisse
relativ niedrig schmelzende Karbide des Chroms, bei höheren Tem-

---

[1] BECKER, K.: Hochschmelzende Hartstoffe und ihre technische Anwendung.
Verlag Chemie, Berlin 1933.

* Als um 1930 G. HÄGG[2] die Ergebnisse seiner grundlegenden Versuche
über die Kristallstruktur von Hartstoffen veröffentlichte, erschien es möglich,
eine exakte Definition dieser allein auf Grund des spezifischen Strukturtypus
(Einlagerungsverbindung), der in allen zu dieser Zeit bekannten Hartstoffen
gefunden worden war, zu geben. Neuere Forschungsergebnisse (vgl. Kap. II)
zeigen aber, daß dieser Versuch einer Definition nicht möglich ist.

[2] HÄGG, G.: Z. physik. Chem. B 6 (1930), S. 221/32, B 12 (1931), S. 33/56.

Zahlentafel 1. *Einteilung der Hartstoffe*

Einteilungsprinzip I		Einteilungsprinzip II	
1 Natürliche Hartstoffe	2 Synthetische Hartstoffe	3 Metallische Hartstoffe	4 Nichtmetallische Hartstoffe

Diamant
Korund (Schmirgel, Saphir, Rubin)
Spinelle
Zirkon
Verbundkörper *
	Synth. Diamant
	Schmelzkorund
	Sinterkorund (Sintertonerde)
	Borkarbid B_4C
	kub. Bornitrid BN (Borazon)
	Siliziumkarbid SiC
	Siliziumnitrid Si_3N_4
	Siliziumborid SiB_6
	Aluminiumnitrid AlN
	Berylliumkarbid Be_2C
	Verbundkörper * z. B.:
	  $Si_3N_4 + SiC$
	  $B_4C + SiC$
	  $Al_2O_3 + Mo_2C$
	  $Be_2C + WC$
	
	Karbide, Boride, Nitride, u. Silizide der 4a bis 6a Metalle des Periodensystems
	Hartstoffmischkristalle u. Hartstoff-Verbundkörper
		Karbide, Boride, Nitride u. Silizide der 4a bis 6a Metalle des Periodensystems z. B.:
		TiC, WC, TiB_2, ZrB_2, TiN, TaN, $MoSi_2$, WSi_2
		Hartstoffmischkristalle z. B.: TiC-TaC, TiC-WC, TiC-TiN, TiB_2-ZrB_2, $MoSi_2$-WSi_2
		Verbundkörper * z. B.:
		  $TiC + TiB_2$
		  $ZrB_2 + WSi_2$
		  $ZrC + B_4C$
		  $MoSi_2 + SiC$
		  $Mo_2C + Al_2O_3$
		  $ZrB_2 + B_4C$
		  $WC + Be_2C$
		  $WC + Co + Diamant$
		Berylliumkarbid Be_2C
		Eisenkarbid Fe_3C
		Doppelkarbide und komplexe Karbide z. B. Co_3W_3C, Ni_3Mo_3C, (W, Cr, V, Mo) (Co, Fe, Ni) C
		Harte intermetallische Verbindungen z. B. aus den Systemen: W-Re, Mo-Re, Nb-Re, W-Os, Mo-Be, W-Ir
			Natürlicher und synthetischer Diamant, natürlicher und synthetischer Korund
			harte Mineralien
			Borkarbid B_4C
			kub. Bornitrid BN (Borazon)
			Siliziumkarbid SiC
			Siliziumnitrid Si_3N_4
			Siliziumborid SiB_6
			Aluminiumnitrid AlN
			
			Verbundkörper *

* Kombinationen der Gruppen 1 bis 4, vgl. auch die Nebenspalten.

1*

peraturen zersetzliche Nitride der Metalle Molybdän und Wolfram und ferner weichere Metallboride.

Unter den Hartstoffen sind es wieder die *Karbide*, zum Teil auch die Boride, die sich durch metallischen Glanz, elektrische und Wärmeleitfähigkeit in der Größenordnung reiner Metalle, einen positiven Temperaturkoeffizienten des Widerstandes, hohe Härte, einen hohen Elastizitätsmodul, hohe Schmelzpunkte und entsprechend hohe Festigkeit bei erhöhten Temperaturen sowie gute chemische Beständigkeit, zumindest bei Zimmertemperatur, auszeichnen. Aus der Gruppe der Karbide sind es hauptsächlich die Karbide WC, TiC, TaC, im bescheidenen Umfange die Karbide VC, NbC, und Mo_2C, die mit Kobalt und Nickel als Bindemetalle die wichtigsten Vertreter dieser Hartstoffklasse bilden und noch heute fast ausschließlich die Basis aller modernen Schneidlegierungen und verschleißfester Werkstoffe bilden.

Aus der Gruppe der *Boride* sind insbesondere Titan- und Zirkoniumdiborid für verschleiß-, korrosions- und warmfeste Teile von technischer Bedeutung.

Die *Nitride* der Übergangsmetalle spielen heute noch eine recht untergeordnete Rolle. Wahrscheinlich werden eines Tages Mischkristalle mit Karbiden oder Kombinationen von Nitriden mit Boriden oder Siliziden Bedeutung erlangen.

Von den *Siliziden* haben Molybdän-, Wolfram- und Titandisilizid wegen ihrer hervorragenden Zunderfestigkeit im Temperaturbereich 1300 bis 1700° C Einsatz für an Luft betriebene Heizleiter gefunden.

Aus den erwähnten Gründen ist es ratsam, den Aufbau des Buches auf Grund praktischer Überlegungen statt auf Grund einer exakten Definition und Abgrenzung der Stoffklasse „Hartstoffe" vorzunehmen. Um dabei den Umfang nicht unnütz auszuweiten, sollen also bei der Besprechung der metallischen Hartstoffe nur die Verbindungen der vergleichsweise kleinen Metalloid- bzw. Metallatome Kohlenstoff, Stickstoff, Silizium und Bor mit den Übergangsmetallen der 4a bis 6a Gruppe des Periodensystems behandelt werden. Es sei hier darauf hingewiesen, daß es neben den genannten Verbindungen auch noch andere intermetallische Phasen (Metallide), z. B. in Systemen mit Aluminium, Beryllium, Rhenium und Osmium gibt, die ebenfalls durch hohe Härten und Schmelzpunkte gekennzeichnet sind. Ferner sei auch noch auf die harten Doppelkarbide in Schnellstählen bzw. intermetallische Verbindungen in Systemen, wie z. B. Co-Cr-W hingewiesen. Diese metallischen Hartstoffe sollen im Rahmen dieses Buches allerdings nicht besprochen werden, da sie der gegebenen Definition nicht voll entsprechen.

Die Metalle Thorium und Uran, welche man bisher in die 4a bzw. 6a Gruppe des Periodensystems einreihte, gehören nach den neueren Anschauungen über den Schalenaufbau, zusammen mit dem Actinium, Protactinium und den Transuranen, zur Gruppe der Actinide[1]. Sie stehen im Periodensystem in der 3a Gruppe unter den Lanthaniden, wodurch auch ihre enge Verwandtschaft mit diesen zum Ausdruck kommt. Ihre Metalloidverbindungen sind zum Teil wasserzersetzlich. Andererseits bestehen aber doch gewisse Ähnlichkeiten mit den Übergangsmetallen der 4a bis 6a Gruppe. So haben die Metalloidverbindungen des Thoriums und Urans zum Teil metallischen Charakter und wurden, z. B. das Uranmonokarbid, auch als Hartmetallkomponente vorgeschlagen. Mischkristalle des Uranmonokarbids mit Thoriummonokarbid und anderen hochschmelzenden Karbiden, kommen auch als Reaktorwerkstoffe in Frage. Wir werden daher aus diesem Grunde auch die Verbindungen des Thoriums, Urans und einiger Transurane mit Kohlenstoff, Stickstoff, Bor und Silizium kurz besprechen.

In Zahlentafel 2 ist zunächst das Periodensystem in der ANTROPOFFschen Darstellung wiedergegeben, wobei jener Teil, der hier besonders interessiert, stark hervorgehoben wurde. Neben der Ordnungszahl der betreffenden Metalle und Metalloide sind auch deren Atomgewicht, Kristallstruktur, Schmelzpunkt, elektrischer Widerstand und Härte angeführt. Die Metalle der 8. Gruppe, nämlich Eisen, Kobalt und Nickel, sind deswegen ebenfalls hervorgehoben, weil sie die wichtigsten Bindemetalle für die modernen Karbidhartmetalle sind und weil das Legierungsverhalten der Eisenmetalle mit Hartstoffen einerseits und mit Kohlenstoff, Bor, Stickstoff und Silizium andererseits für die Metallurgie der Sinterhartmetalle von besonderer Bedeutung ist. Das bei Zimmertemperatur stabile Fe_3C bildet Doppelkarbide, während Nickel und Kobalt keine stabilen Karbide jedoch beständige Doppelkarbide bilden. Da die Löslichkeit der Karbide der Übergangsmetalle der 4a, 5a und 6a Gruppe des Periodensystems in Kobalt bzw. Nickel beim Schmelzpunkt dieser Metalle verhältnismäßig groß, bei Zimmertemperatur aber äußerst gering ist, bilden Kobalt und Nickel die geeigneten zähen Bindemetalle für die Hartmetallherstellung.

In Zahlentafel 3 sind die wichtigsten Verbindungen der Übergangsmetalle der 4a bis 6a Gruppe des Periodensystems mit Kohlenstoff, Bor, Stickstoff und Silizium, und zwar bevorzugt die Monokarbide, Mononitride, Diboride und Disilizide, sowie deren Kristallstrukturen, Schmelzpunkte, Härten und Leitfähigkeitswerte, soweit bekannt, zusammengestellt. Was die Schmelzpunkte betrifft, ist es interessant

---

[1] ANTROPOFF, A.: Z. angew. Chem. **39** (1926), S. 722/25.

Zahlentafel 2. *Periodensystem der Elemente nach* A. von ANTROPOFF

0	I							II
Nm 0	H 1							He 2

0	I	II	III	IV	V	VI	VII	VIII
He 2	Li 3	Be 4	5 B rhomb.? At 10,82 Fp ~ 2300	6 C ◇ 12,010 ~ 3900	7 N 14,008 − 210,5	O 8	F 9	Ne 10
Ne 10	Na 11	Mg 12	Al 13	14 Si ◇ At 28,06 Fp 1414 R 300 bis 1500	P 15	S 16	Cl 17	Ar 18

0 a	I a	II a	III a	IV a	V a	VI a	VII a	VIII a			I b	II b	III b	IV b	V b	VI b	VII b	VIII b
Ar 18	K 19	Ca 20	Sc 21	22Ti ○■ At 47,90 Fp 1668 R 43,5 H 115	23 V ■ 50,95 1900 19 H 130	24 Cr ■○ 52,01 1875 15 110	Mn 25	26 Fe ■⊡ 55,8 1535 817 45	27 Co ○⊡ 58,94 1478 5,06 125	28 Ni ⊡○ 58,69 1455 6,05 70	Cu 29	Zn 30	Ga 31	Ge 32	As 33	Se 34	Br 35	Kr 36
Kr 36	Rb 37	Sr 38	Y 39	40 Zr ○■ At 91,22 Fp 1855 R 41 H 80	41 Nb ■ 92,91 2470 13 90	42 Mo ■ 95,95 2620 5,03 250	Tc 43	Ru 44	Rh 45	Pd 46	Ag 47	Cd 48	In 49	Sn 50	Sb 51	Te 52	J 53	X 54
X 54	Cs 55	Ba 56	* La—Lu 57– 71	72 Hf ○■ At 178,6 Fp 2100 R 30 H 150	73 Ta ■ 180,88 3000 12,4 80	74W ■ A15 183,92 3380 4,91 350	Re 75	Os 76	Ir 77	Pt 78	Au 79	Hg 80	Tl 81	Pb 82	Bi 83	Po 84	At 85	Rn 86
Rn 86	Fr 87	Ra 88	** Ac—Lw 89—103															

		Ce 58	Pr 59	Nd 60	Pm 61	Sm 62	Eu 63	Gd 64	Tb 65	Dy 66	Ho 67	Er 68	Tm 69	Yb 70	Lu 71
*	Lanthanide	Ce 58	Pr 59	Nd 60	Pm 61	Sm 62	Eu 63	Gd 64	Tb 65	Dy 66	Ho 67	Er 68	Tm 69	Yb 70	Lu 71
**	Actinide	Th 90	Pa 91	U 92	Np 93	Pu 94	Am 95	Cm 96	Bk 97	Cf 98	Es 99	Fm 100	Mv 101	No 102	Lw 103

⊡ = kubisch flächenzentriert A 1
■ = kubisch raumzentriert A 2
○ = hexagonal dichtest gepackt A 3
◇ = Diamant-Typ A 4

At = Atomgewicht
Fp = Schmelzpunkt °C
R = spez. elektr. Widerstand Mikroohm · cm
H = Härte kg/mm²

festzustellen, daß ebenso wie bei den reinen Metallen, die Schmelztemperatur der Monokarbide innerhalb der Gruppe mit steigender Ordnungszahl zunimmt. Bei den Mononitriden, Diboriden und Disiliziden ist, wenigstens was die bekannten isotypen Verbindungen betrifft, ein ebensolcher Gang festzustellen. Von der 4a Gruppe über die 5a zur 6a Gruppe, also von links nach rechts, fallen jeweils die Schmelzpunkte der Hartstoffe, während sie bei den Metallen ansteigen. Auf gewisse Zusammenhänge zwischen Atombau, Struktur, Schmelztemperatur und Härte der Karbide, Nitride, Boride und Silizide wird in Kapitel II näher eingegangen.

Die Frühgeschichte der metallischen Hartstoffe ist sehr eng verknüpft mit der Entwicklung der Schneidlegierungen (vgl. Bd. Hartmetalle*) die sich aus den Kohlenstoffstählen über die legierten Stähle, Schnelldrehstähle und Stellite zu den modernen Sinterhartmetallen entwickelt haben. Letztere bestehen insbesondere aus WC, TiC und TaC oder deren Mischungen oder Mischkristallen mit Kobalt als Hilfsmetall. Die Schneidlegierungen verdanken ihre Verschleißfestigkeit, Härte und Schneidhaltigkeit vorzugsweise ihrem Gehalt an Metallkarbiden. Obwohl die Kenntnis von der Härtbarkeit des Kohlenstoffstahls fast ebenso alt ist wie der Stahl selbst, dauerte es bis zur zweiten Hälfte des 19. Jahrhunderts, bis die aufkommende wissenschaftliche Metallkunde das Eisenkarbid Fe_3C, den Zementit, nachwies und isolierte. Die Chemiker bemühten sich in der Folge, durch geeignete Extraktionsmethoden weitere reine Karbide zu isolieren. Der Reindarstellung des Eisenkarbids Fe_3C[1] folgt die Isolierung des Wolframkarbids WC[2] und des Titankarbids TiC[3]. Es ist dies die eigentliche Geburtsstunde der späteren „Nur-Karbid-Schneidmetalle". Später werden Doppelkarbide des Eisens mit Chrom und Wolfram, sowie das reine Vanadinkarbid[4] isoliert, Hartstoffe, welche die Basis für die Erzeugung moderner Schnelldrehstähle und Stellite bilden.

Die systematische Erforschung der Karbide und anderer Hartstoffe verdanken wir dem genialen, französischen Chemiker H. MOISSAN[5], der uns auch lehrte, die extrem hohen Temperaturen, welche zur Gewinnung der Karbide erforderlich sind, mit Hilfe des elektrischen Lichtbogens zu erzeugen und zu beherrschen. So konnte O. HÖNIG-

---

[1] MÜLLER, F. C. G.: Z. Ver. dtsch. Ing. **22** (1878), S. 456.
[2] WILLIAMS, P.: Compt. Rend. **126** (1898), S. 1722/24, **127** (1898), S. 410/12.
[3] SHIMER, P. W.: Chem. News **55** (1887), S. 156/58.
[4] ARNOLD, J. O. und A. A. READ: J. Iron Steel Inst. **85** (1912), S. 215/22.
[5] MOISSAN, H.: Der elektrische Ofen, übersetzt von T. ZETTEL, M. Krayn, Berlin 1900.
* Band Hartmetalle folgt 1964.

Zahlentafel 3. *Verbindungen der Übergangsmetalle mit C,*

4 a	5 a	6 a	4 a	5 a	6 a
TiC □	VC □	$Cr_3C_2D5_{10}$	TiN □	VN □	Cr_2N ○
Fp 3160	2830	1895 z.	Fp 2950	2050	1500 z.
R 68	60		R 11,1	86	
H 3200	2950	2280	H 2450	+ 9 ?	
ZrC □	NbC □	Mo_2C ○	ZrN □	NbN □	Mo_2N □
Fp 3530	3500	2400 z.	Fp 2980	2300 z.	zers.
R 42	35	133	R 13,6	~ 200	
H 2560	2400	1950	H 1990	+ 8	
HfC □	TaC □	WC ○	HfN □	TaN ○ □	W_2N □
Fp 3890	3780	2600 z.	Fp 2700	3090	zers.
R 37	25	22	R < 26	135	
H 2700	1790	2080	H > 2000	3240	

□ = kubisch flächenzentriert

○ = hexagonal

Fp = Schmelzpunkt °C

SCHMID[1], ein Pionier auf dem Gebiete der Siliziumchemie in seinem Buche „Karbide und Silizide", noch 1914 sagen:

„H. MOISSAN begründete damit die Chemie der Karbide und führte sie bis zu dem Punkt, auf dem wir heute stehen. Er stellte alle bis heute bekannten Karbide in seinem elektrischen Ofen oder nach den später zu besprechenden Methoden dar, analysierte sie und untersuchte ihre physikalischen und chemischen Eigenschaften und konnte so auf Grund seiner Untersuchungsergebnisse konstatieren, daß die Karbide immer eine sehr einfache Formel besitzen, und daß der Kohlenstoff mit den verschiedenen Elementen fast immer nur eine Verbindung bildet".

Die Arbeiten von H. MOISSAN, L. TROOST, E. WEDEKIND u. a. sowie späterer Forscher, vor allem O. RUFF und O. HÖNIGSCHMID, waren zunächst von rein theoretischem Interesse im Sinne einer Grundlagenforschung der Hartstoffe. Für die sehr harten und hochschmelzenden Karbide der Übergangsmetalle fanden sich zunächst keine besonderen Anwendungsgebiete, da zu diesem Zeitpunkt noch kein offener Bedarf der Industrie vorlag. Mit dem Aufschwung der Elektrotechnik und insbesondere der Glühlampenindustrie zu Anfang

---

[1] HÖNIGSCHMID, O.: Karbide und Silizide, W. Knapp, Halle/Saale 1914.

N, B und Si und einige Eigenschaften dieser Hartstoffe

4 a	5 a	6 a	4 a	5 a	6 a
TiB$_2$ ◯	VB$_2$ ◯	CrB$_2$ ◯	TiSi$_2$rhomb.	VSi$_2$ ◯	CrSi$_2$ ◯
Fp 2900	2400	2200	Fp 1540	1650	1550
R 9	38	56	R 18	66,5	> 250
H 3480	2080	2250	H 620	960	1100
ZrB$_2$ ◯	NbB$_2$ ◯	MoB$_2$ ◯	ZrSi$_2$rhomb.	NbSi$_2$ ◯	MoSi$_2$tetrag.
Fp 2990	3000	2100	Fp 1520 z.	1950	2050
R 7	12	30	R 75	50,4	21,5
H 2200	2600	∼ 3000	H 1030	700	1290
HfB$_2$ ◯	TaB$_2$ ◯	W$_2$B$_5$ ◯	HfSi$_2$rhomb.	TaSi$_2$ ◯	WSi$_2$tetrag.
Fp 3250	3150	∼ 2300	Fp ∼2000 z.	2200	2160
R 15,8	21	21	R	46	12,5
H 2900	2200	2700	H 870	1200	1090

R = spez. elektr. Widerstand Mikroohm · cm

H = Härte (Mikrohärte kg/mm², bzw. Mohs-Härtezahl)

des 20. Jahrhunderts — 1909 wurde das Sinterverfahren zur Herstellung von Wolframdrähten für Glühlampenwendeln durch C. Coolidge großtechnisch eingeführt — erwachte das Interesse für höchstschmelzende Stoffe als Wendelmaterial. Die Untersuchungen erstreckten sich jetzt auch auf die Nitride und Boride der Übergangsmetalle, die man auch als hochschmelzend und elektrisch gut leitend erkannt hatte. An Stelle der klassischen Moissanschen Herstellungsweise auf dem Schmelzwege, die häufig undefinierte Produkte ergab, wurde die Umsetzung der Metalle mit festen oder gasförmigen Kohlungsmitteln angewendet. Die Nitride wurden meist durch Umsetzung der Metalle mit Ammoniak oder Stickstoff oder durch Glühen von Oxyd-Rußgemischen unter den vorgenannten Gasen erzeugt. Die Namen der Forscher E. Friedriche und L. Sittig, C. Agte und K. Moers, H. Alterthum, K. Becker u. a. sind mit dieser Entwicklung eng verknüpft. In diesem Zeitabschnitt wurden auch die physikalischen Eigenschaften der Karbide, Nitride und Boride näher erforscht, insbesondere wurden die Schmelzpunkte nach der Bohrlochmethode von M. Pirani und die elektrische Leitfähigkeit genauer bestimmt, Eigenschaftsgrößen, die vornehmlich den Glühlampentechniker interessierten. Die Vakuumtechnik ist auch bei den Arbeiten von C. Agte und K. Moers, welche nach der van Arkelschen Methode

Aufwachsschichten von Karbiden, Nitriden und Boriden erzeugten, bestimmend gewesen. Im Gegensatz zu den hochschmelzenden Karbiden fanden weiterhin die hochschmelzenden Nitride und Boride ausschließlich theoretisches Interesse. Einzig das Titannitrid, das sich in den Hochofenwürfeln findet, die später als TiC-TiN-Mischkristalle erkannt wurden, treffen wir in der Folge als zwangläufigen Begleiter des TiC in WC-TiC-Co-Hartmetallen.

Die Hartstoffe, insbesondere das Wolframkarbid, interessierten die große Mengen von Industriediamanten verbrauchende Glühlampenindustrie schon frühzeitig, nicht nur wegen ihrer hohen Schmelzpunkte, sondern auch wegen ihrer hohen Härte und Verschleißfestigkeit. Man versuchte an Stelle des teuren Diamanten als Ziehsteinwerkstoff für die Wolframdrähte zunächst geschmolzenes Wolframkarbid, später gesintertes Wolframkarbid und dann ab 1923 Wolframkarbid mit Kobalt als Bindemetallzusatz mit durchschlagendem Erfolg. Die Erfindung der gesinterten Hartmetalle auf Wolframkarbid-Kobalt-Basis ist mit den Forschern der Osram-Studiengesellschaft, insbesondere mit den Namen K. Schröter, F. Skaupy und Mitarbeitern eng verknüpft. Die Bedeutung des Titankarbides für Sinter- und Schmelzhartmetalle erkannt zu haben, gebührt den Glühlampentechnikern G. Fuchs und A. Kopietz sowie P. Schwarzkopf und Mitarbeitern.

Die glanzvolle Entwicklung der Sinterhartmetalle für Zerspanungszwecke und die Bestrebungen der Hartmetallindustrie, durch metallurgische Maßnahmen die WC-Co-Hartmetalle zu verbessern bzw. neuartige Karbidlegierungen zu finden, lenkte das Interesse der Metallkundler auf die reinen Hartstoffe. Es werden die Systeme der Einzelkarbide, insbesondere die Systeme W-C, Mo-C von W. P. Sykes, A. Westgren und G. Phragmen u. a. genauer untersucht. Die Struktur der Verbindungen der Übergangsmetalle mit H, C, N und B wird bestimmt und von G. Hägg Einlagerungsstrukturen als vorherrschend nachgewiesen. Nachdem man erkannt hatte, daß zahlreiche Karbide und Nitride unter- und miteinander in festem Zustand mischbar sind, werden endlich die pseudobinären und -ternären Systeme metallographisch und röntgenographisch untersucht. Die Pionieruntersuchungen stammen von C. Agte und H. Alterthum, die auf die Schmelzpunktmaxima in Karbid-Karbid- und Karbid-Nitrid-Systemen hingewiesen haben und gesinterte und erschmolzene Mischphasen metallographisch prüften. Systematische Untersuchungen über Karbidsysteme mit vollkommener oder beschränkter Löslichkeit wurden erst in neuerer Zeit durchgeführt. Hier sind die Namen der Forscher J. S. Umanski und A. E. Kovalski, H. Nowotny, R. Kieffer und F. Benesovsky, A. G. Metcalfe,

J. T. Norton und A. L. Mowry, P. Duwez und F. Odell, G. Brauer, G. A. Meerson, G. V. Samsonov, N. Schönberg u. a. zu nennen.

Trotzdem die Nitride und zum Teil auch die Boride bei der Erforschung der Hartstoffe meist auch in den Kreis der Untersuchungen miteinbezogen wurden, blieb die Kenntnis von den Nitriden, insbesondere aber von den Boriden, stark zurück. Erst in den letzten Jahren hat man sich diesen Stoffklassen, vor allem den Boriden, wieder stärker zugewandt. Man stellte nämlich fest, daß es einige Boride gibt, die bei hohen Schmelzpunkten, hohen Härten und guter Leitfähigkeit verhältnismäßig *zunderbeständig* sind. Diese Eigenschaft ist neben der guten Dauerstandfestigkeit entscheidend bei der Herstellung von Turbinenschaufeln für Strahltriebe, Raketendüsen und anderen hochwarmfesten Teilen. Die Anregung für den Einsatz von Boriden für diese Zwecke gab P. Schwarzkopf. Neuerdings wird auch die Beständigkeit einiger Diboride gegen flüssige Metalle, z. B. Aluminium industriell ausgenützt.

Unsere Kenntnisse von den Boriden gehen bereits auf die alten, klassischen Arbeiten von H. Moissan, E. Wedekind, A. Binet du Jassonneix u. a. zurück. Die Boride der Übergangsmetalle wurden in reinster Form von L. Andrieux durch Schmelzflußelektrolyse hergestellt. Diese Methode wurde auch von S. J. Sindeband und H. Blumenthal zur Erzeugung verschiedener Boride benutzt. Im Zusammenhang mit den Arbeiten von A. E. van Arkel, C. Agte und K. Moers über die Herstellung von hochschmelzenden Aufdampfschichten von Karbiden und Nitriden, ist auch die Abscheidung von Borid- und Silizidschichten zu erwähnen, eine Technik, die neuerdings von I. E. Campbell und Mitarbeitern in Amerika wieder aufgegriffen wurde. Um die Strukturaufklärung der Boride haben sich insbesondere R. Kiessling und später J. T. Norton, H. Blumenthal und S. J. Sindeband, L. Brewer und Mitarbeiter, F. W. Glaser, B. Post und R. Steinitz sowie H. Nowotny und Mitarbeiter, G. V. Samsonov u. a. verdient gemacht.

Die Silizide, welche schon ebenfalls verhältnismäßig lange bekannt sind, wurden von H. Moissan und seinen Schülern sowie von O. Hönigschmid in ziemlich reiner Form dargestellt. Auch sie hatten zunächst praktisch keine Bedeutung. Die Silizide haben keine allzu hohe Härte und Schmelzpunkte, sie sind aber zum Teil bei hoher Temperatur an Luft äußerst zunderbeständig. Aus den bei den Boriden angeführten Gründen hat man sich daher in letzter Zeit auch dieser Stoffklasse verstärkt zugewandt. Die Bedeutung von massivem gesinterten $MoSi_2$, $TiSi_2$ und Mischsiliziden für Heizleiter (Betriebstemperaturen an Luft 1500 bis 1700°) wurden von R. Kieffer, F. Benesovsky sowie von E. Fitzer und Forschern der Fa. Kanthal erstmalig erkannt. Damit im Zusammenhang stehen auch die Bemühungen, die Struktur der Silizide zu klären. Auf diesem Gebiete hat H. J. WALLBAUM bereits wertvolle Vorarbeit geleistet.

Die systematische Untersuchung der Systeme Ti-Si, Zr-Si, Hf-Si, V-Si, Nb-Si, Ta-Si, Cr-Si, Mo-Si, W-Si, der Mischbarkeit der verschiedenen Silizidphasen und die Klärung von Silizidstrukturen, geht zum großen Teil auf Arbeiten von H. NOWOTNY, R. KIEFFER und F. BENESOVSKY, sowie deren Mitarbeiter zurück. Auch L. BREWER, M. HANSEN und Mitarbeiter, G. V. SAMSONOV und Mitarbeiter, B. ARONSSON u. a. haben auf diesem Gebiete intensiv gearbeitet.

Wenden wir uns nun der geschichtlichen Entwicklung der *industriellen Verwendung* der synthetischen, hochschmelzenden Hartstoffe, insbesondere der Karbide in reiner Form zu. Der älteste industriell hergestellte Hartstoff ist das Siliziumkarbid. Mit diesem beschäftigten sich viele Forscher, wobei E. G. ACHESON die Priorität zukommt, es in größeren Mengen industriell hergestellt zu haben. Das Siliziumkarbid, später oft Carborundum genannt, verdrängt als Schleifkorn den Korund, zum Teil auch den Diamanten aus vielen Positionen. Auf Grund seiner hervorragenden Oxydationsbeständigkeit und Warmfestigkeit wird das Siliziumkarbid in der Ofentechnik zur Herstellung von Ausmauerungssteinen und in der chemischen Industrie für säurefeste Gefäße verwendet. Dieselben Gründe sind es auch, die das Siliziumkarbid als Rohmaterial für Hochtemperatur-Heizkörper (Globar- und Silitstäbe) geeignet machen.

1902 finden wir den ersten Patentvorschlag, Tantalkarbid als Widerstandsmaterial, Heizleiter und Strahler in Glühlampen zu verwenden. Erst 20 Jahre später gelingt es, aus Tantaldrähten und -wendeln durch Aufkohlung Tantalkarbid-Glühspiralen zu erzeugen, die sich jedoch neben Wolframspiralen wegen ihrer erheblich geringeren Festigkeit nicht behaupten konnten.

Die von H. MOISSAN um 1900 getroffene Feststellung, daß man mit Titankarbid und insbesondere Borkarbid Diamanten — wenn auch äußerst mühsam — schleifen könne, findet erst in den letzten zehn bis fünfzehn Jahren in veränderter Form dahin Anwendung, daß man heute mit Borkarbid (B_4C), gegebenenfalls unter Zusatz von Diamantboart, große Hartmetallziehsteine und Matrizen schleifend sowie polierend bearbeitet. 1909 wird der Vorschlag gemacht, geschmolzene Wolframkarbidkügelchen als Uhrenlagersteine zu verwenden, eine Patentidee, der keine industriellen Anwendungen folgen. 1914 endlich schlägt H. LOHMANN vor, gegossenes Wolframkarbid mit und ohne Zusatz von Molybdänkarbid für Ziehsteine zu verwenden. Der geschmolzene Wolframkarbid-Ziehstein behauptete sich — im Schleudergußverfahren besonders dicht hergestellt — bis

1930 auf dem Markt und ist heute noch vereinzelt anzutreffen. Gleichfalls von H. Lohmann stammt der Vorschlag, die Fehlerquellen beim Wolframkarbidguß, nämlich Graphitausscheidungen und Lunkerbildungen, dadurch auszuschalten, daß man gepulvertes Wolframkarbid durch Pressen und Sintern zu Festkörpern verarbeitet. H. Lohmann erschließt, gefolgt von G. Fuchs, der zuerst anregt, Titankarbid in Wolfram-Kobalt-Chrom-Kohlenstofflegierungen zu verwenden, mit H. Baumhauer, der Wolframkarbidskelettkörper mit Eisenmetallen tränkt und endlich mit K. Schröter, der gesinterte Gemenge, wie Wolframkarbid-Kobalt, vorschlägt, die moderne Pulvermetallurgie der Hartstoffe. P. Schwarzkopf und Mitarbeiter haben dann mit hilfsmetallgebundenen Karbidmischkristallen die Entwicklung von Hartmetallen für die Bearbeitung langspanender Werkstoffe entscheidend beeinflußt. Das Sinterverfahren öffnet den Karbiden, in gewissem Umfang auch den Boriden und Nitriden, das große Gebiet der Schneidlegierungen. Erst in neuester Zeit finden wir Sinterhartmetalle auch als korrosions- und warmfeste Werkstoffe in der chemischen Industrie und im Gerätebau eingesetzt.

Aus diesem kurzen Abriß über die industrielle Verwertung der Hartstoffe, dem auch die Verwertung eines harten Metalloidkarbides vorangestellt wurde, sieht man, daß sich viele Industriezweige, so die Hochvakuumtechnik und Glühlampenindustrie, auf ihrer Suche nach neuen Lichtstrahlern, die Verstärker- und Radioröhrenindustrie, die Ofenindustrie, die Schleifmittelindustrie, die Uhrenindustrie, die ziehsteinfertigenden Betriebe mit der Nutzbarmachung der Hartstoffe beschäftigt haben, wobei der größte Erfolg bis heute ohne Zweifel der Anwendung für Schneidwerkzeuge in den modernen Hartmetalllegierungen vorbehalten blieb. Ein weiteres Anwendungsgebiet scheint sich den Boriden und Siliziden neuerdings in den Industrien zu eröffnen, die Bedarfsträger für hochwarmfeste, korrisionsbeständige und zunderfeste Werkstoffe sind.

II. Theorie der metallischen Hartstoffe

Von Prof. Dr. H. Nowotny, Wien

A. Aufbau der Hartstoffphasen

1. Karbide, Nitride (Einlagerungsverbindungen)

Ein großer Teil der Hartstoffe läßt sich hinsichtlich des strukturellen Aufbaues in die Klasse der sogenannten Einlagerungsverbindungen einreihen. Diese Einlagerungsverbindungen wurden erstmalig von G. Hägg[1] studiert, dem es gelang, Gesetzmäßigkeiten für die Stabilität der verschiedenen Phasen aufzuzeigen.

Zahlentafel 4. *Von G. Hägg untersuchte Strukturen von Einlagerungsphasen*

System	Radienverhältnis		Struktur der Phasen*			
	Werte von G. Hägg	korrigierte Werte	M_4X	M_2X	MX	MX_2
Zr-H	0,29	0,19	12 a, 4	12 b, 4	12 a, 4	ThC_2
Ta-H	0,32	0,20	—	12 b, 4	8 a, 4	?
Ti-H	0,32	0,20	—	12 b, 4	12 a, 4	12 a, 4
Pd-H	0,34	0,22	—	12 a, 4	?	?
La- Ce- Pr- Nd- } C	0,42 bis 0,43	0,42 bis 0,44	?	?	12 a, 6	LaC_2
Th-C	0,43	0,42	—	—	12 a, 6	ThC_2
Zr-N	0,45	0,44	?	?	12 a, 6	?
Sc-N	0,47	0,44	?	?	12 a, 6	?
U-C	0,48	0,50	—	—	12 a, 6	LaC_2
Zr-C	0,48	0,48	—	—	12 a, 6	?
Nb-N	0,49	0,49	?	?	12 a, 6	?
Ti-N	0,49	0,48	?	?	12 a, 6	?
W-N	0,51	0,51	—	12 a, 6	?	?
Mo-N	0,52	0,51	—	12 a, 6	8 b, 6	?
V-N	0,53	0,53	?	?	12 a, 6	?
Nb-C	0,53	0,53	—	12 b, 6	12 a, 6	?
Ti-C	0,53	0,57	—	—	12 a, 6	?
Ta-C	0,53	0,52	—	12 b, 6	12 a, 6	?
Mn-N	0,55	0,56	12 a, 6	12 b, 6	?	?
W-C	0,55	0,55	—	12 b, 6	8 b, 6	?
Cr-N	0,56	0,56	—	12 b, 6	12 a, 6	?
Mo-C	0,56	0,55	—	12 b, 6	12 a, 6	?
Fe-N	0,56	0,56	12 a, 6	12 b, 6	?	?
V-C	0,58	0,57	—	12 b, 6	12 a, 6	?

* 12 a, 6 und 12 a, 4: kubisch flächenkonzentriert.
  8 a, 4: kubisch raumzentriert.
  12 b, 6 und 12 b, 4: hexagonal dichtest gepackt.
  8 b, 6: einfach hexagonal.

Der Begriff „Einlagerungsstruktur" wurde von G. Hägg geprägt, weil gewissermaßen in den Lücken eines Trägergitters der Metallkomponente kleine Atome eingelagert sind. Dabei zeigt sich, daß für die Rolle solcher Trägergitter Übergangsmetalle besonders geeignet

---

[1] Hägg, G.: Z. physik. Chem. B **6** (1929), S. 221/32, B **12** (1931), S. 33/56.

sind und daß die entsprechenden Einlagerungsverbindungen vielfach typisch metallischen Charakter aufweisen.

Die Gesamtheit der beobachteten Einlagerungsverbindungen läßt unmittelbar erkennen, daß deren Stabilität in engem Zusammenhang mit dem Radienverhältnis ($r_X/r_M < 0{,}59$) steht. Als Trägergitter treten fast immer die für echte Metalle charakteristischen Strukturen auf, also die dichte kubische Packung, die dichte hexagonale Packung und nur gelegentlich die hexagonale, primitive Zelle.

Einfache geometrische Überlegungen führen ferner zu einer Systematik hinsichtlich des Auffüllungsgrades und damit des Formeltyps der Einlagerungsphasen (M_4X, M_2X, MX und MX_2); im Hinblick auf die Hartstoffe sind bei Karbiden und Nitriden die Verbindungen der Zusammensetzung MX von besonderem Interesse.

Einen Überblick über einige Einlagerungsphasen gibt Zahlentafel 4*. Darin ist neben dem HÄGGschen Radienverhältnis eine Kolonne aufgenommen, die dieses Verhältnis auf Grund neuer und besser fundierter Radienwerte wiedergibt. Hiefür dienten die folgenden r_X-Werte:

$$r_H = 0{,}30 \text{ Å}; \quad r_O = 0{,}60 \text{ Å}; \quad r_N = 0{,}71 \text{ Å}; \quad r_C = 0{,}76 \text{ Å}; \quad r_B = 0{,}87 \text{ Å}.$$

Die Hydride sind, obwohl es sich dabei um keine Hartstoffe handelt, mitberücksichtigt, weil ihre Charakterisierung als Einlagerungsverbindungen am ehesten verständlich ist. Allerdings ist auch hier dieser Begriff mit Einschränkungen zu benützen, da über die Natur des Wasserstoffes in diesen Hydriden keine völlige Klarheit herrscht. So ist bei manchen Vertretern eine Anionenbildung (H^-) nicht ausgeschlossen.

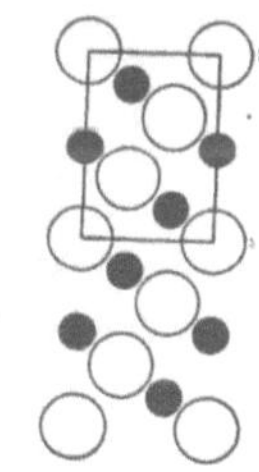

Die Kennzeichnung der Strukturtypen wurde ebenfalls von G. HÄGG übernommen. Die erste Zahl und der darauffolgende Buchstabe deuten die Anordnung der Metallatome an, wobei die Ziffer die Koordinationszahl angibt und die Buchstaben a oder b ein kubisches bzw. hexagonales Gitter anzeigen. Die zweite Ziffer entspricht dem Koordinationsverhältnis des Metalloidatoms zu den Metallatomen. So bedeutet 12a,6 ein kubisch flächenzentriertes Metallgitter, bei welchem sich die Metalloidatome in den oktaedrischen Zwischenräumen befinden. Diese Anordnung (Abb. 1) wird bei voller Lückenbesetzung meist als Steinsalzstruktur bezeichnet. 12b,6 ist ein hexagonal dicht gepacktes.

Abb. 1. Steinsalzstruktur (B 1-Typ), Ebene 110.

---

* Die in der Hauptsache von G. HÄGG stammende Aufstellung ist durch einige neuere Angaben erweitert, aber bei weitem nicht vollständig. Es sind viele Phasen nicht angeführt, wie z. B. jene vom Typ Me_3C, Me_3C_2, Me_2C_3 u. a. Auch sind z. B. die Monokarbide der seltenen Erdmetalle zweifelhaft.

Metallgitter, in dem die Metalloidatome in einer ähnlichen Umgebung sitzen. Abb. 2 zeigt z. B. die Anordnung der Wolfram- und Kohlenstoff-Atome im W_2C*. 8 b,6 ist die einfach hexagonale Zelle. In dieser haben die Metallatome für sich die 8er Koordination, während die Metalloidatome wieder 6er Lücken (trigonal prismatische Umgebung) ausfüllen. Abb. 3 zeigt als Beispiel dafür den Aufbau von WC.

N. Schönberg[1] deutet die Struktur von WC als teilweise ungeordneten NiAs-Typ, was zu einer Verdopplung der c-Achse führt. In jüngster Zeit konnte jedoch auf Grund der Ergebnisse, die mit Neutronenbeugung gewonnen wurden, der B 8-Typ ausgeschlossen werden[2].

Mit dem NiAs-Typ und seinen Abarten befaßt sich ausführlich F. Jellinek[3]. Aus dieser Untersuchung geht klar der strukturelle Zusammenhang mit einer Reihe von Gittertypen hervor, die bei Hartstoffen vornehmlich anzutreffen sind, so der Diboridtyp (C 32), der Mn_5Si_3-Typ ($D8_8$) u. a.[4].

Ähnlichkeiten im Aufbau von Hartstoffphasen werden offensichtlich, wenn man mit R. Kiessling[5] die Wirtgitter allein betrachtet. Es läßt sich dann ein erheblicher Teil des Strukturmaterials aus den

Zahlentafel 5. *Ähnlichkeiten im Gitteraufbau einiger Nitride, Karbide, Boride und Silizide.* (R. Kiessling)

Anordnung der Metallschichten (A, B, C Schichten dichtester Packung)	Beispiele einiger Gitter			
	Nitride	Karbide	Boride	Silizide
... AAAAAAA ...	NbN, TaN	γMoC, WC	CrB_2, TaB_2	βUSi_2
... ABABABA ...	$(NbN)_2$	Mo_2C, W_2C	—	—
... ABCABCA ...	TiN, ZrN	TiC, ZrC	—	—
... AABBAAB ...	$(NbN)_4$	γ'MoC	W_2B_5	—
... AABBCCA ...	—	—	Mo_2B_5	—

Bauelementen dicht gepackter Schichten, die in verschiedener Abfolge gelegt sind, aufbauen (Zahlentafel 5).

G. Hägg fand ferner, daß nahe dem kritischen Radienverhältnis neben diesen einfachen Strukturen bei hohen Metallkonzentrationen

---

[1] Schönberg N.: Acta Met. 2 (1954), 427/32.

[2] Parthé E. u. V. Sadagopan: Mh. Chem. 93 (1962), S. 263/70.

[3] Jellinek, F.: Österr. Chem. Ztg. 60 (1959), S. 311/31.

[4] Parthé, E.: Vortrag Electrochem. Soc., Philadelphia 1959.

[5] Kiessling, R.: Fortschr. chem. Forsch. 3 (1954), S. 41/69.

* Kürzlich fanden jedoch E. Parthé und V. Sadagopan (Pers. Mitt. 1962), daß MO_2C — und wahrscheinlich auch W_2C — eine etwas kompliziertere Struktur haben.

gelegentlich noch Phasen mit verwickelteren Strukturen bestehen. Eine allgemeine Abgrenzung über das mögliche Auftreten von Einlagerungsphasen erlaubt in erster Näherung, wie erwähnt, die Kenntnis des Radienverhältnisses. Man erkennt daraus, daß bei Bor offensichtlich das kritische Radienverhältnis (0,59) fast in allen Fällen erreicht wird. Es ist demnach zu schließen, daß die Boride in der Hauptsache einem anderen, allerdings verwandten Bauprinzip gehorchen, was auch durch das Tatsachenmaterial bestätigt wird.

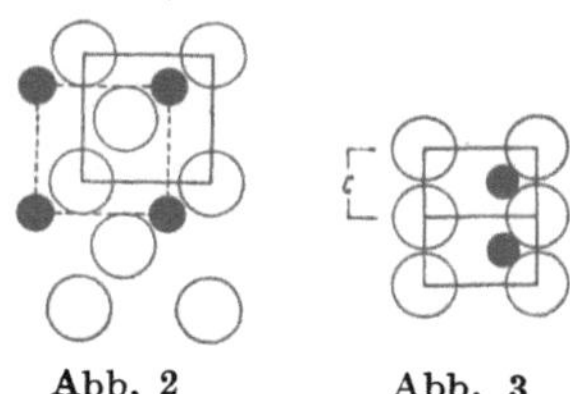

Abb. 2   Abb. 3

Abb. 2. Hexagonal dichteste Packung, 12b, 6; Zelle von W_2C, schematisch
Abb. 3. Einfach hexagonale Packung, 8b, 6; Zelle von WC, schematisch

Die hier angestellten Betrachtungen gehen von kugelförmigen Atomen aus; werden beispielsweise in einem dicht gepackten kubischen Gitter die oktaedrischen Lücken von Metalloidatomen besetzt, so kann die Stabilität nur dann aufrecht erhalten werden, wenn das Radienverhältnis $r_X : r_M \geqq 0{,}41$ ist. Diese Grenze ergibt sich aus dem Kontakt zwischen Metall-Metalloid und liefert daher zusammen mit dem oberen Grenzwert einen Stabilitätsbereich zwischen 0,41 und 0,59. Es versteht sich von selbst, daß für Einlagerung in anderen Lücken bzw. Trägergittern dementsprechend andere Stabilitätsgrenzen resultieren.

Die untere Grenze des Radienverhältnisses kann also leicht durch die geometrische Anordnung erklärt werden. Dagegen ist die obere Grenze rein empirischer Natur. Wenn auch die Leistung der Häggschen Regel überraschend groß ist, so muß man doch, insbesondere auf Grund neuerer Anschauungen über das Kräftespiel in Gittern, annehmen, daß die Kenntnis des elektronischen Zustandes solcher Phasen ebenfalls wesentlich ist. In praktisch allen Fällen der beschriebenen Einlagerungsstrukturen wird das Trägergitter aufgeweitet, so daß die Bezeichnung „dichte Packung" nicht völlig exakt ist, wenn auch das Trägergitter für sich allein, wie bereits gesagt, eine dichte Packung darstellt. Der Kontakt ist aber bei derartigen Einlagerungsphasen vorwiegend durch die Nachbarn Metall-Metalloid gegeben. Beispielsweise beträgt die Aufweitung des ursprünglichen Trägergitters bei VC 9% und bei W_2C 7%. In diesem Sinne kann der kritische Wert für das Radienverhältnis nach Hägg auch als Grenzwert für die maximale Aufweitung des Metallgitters aufgefaßt werden. Diese Ansicht wird durch die Beobachtung gestützt, daß bei Radienverhältnissen über 0,59 die beobachteten komplexen Strukturen kleinere Atomvolumina aufweisen, als man bei einfachen, fiktiven Gittern finden würde.

Bemerkenswert sind die Einlagerungsverbindungen MX, die fast durchweg im B1-Gitter kristallisieren; dabei fällt vor allem die nahe strukturelle Verwandtschaft bezüglich Kohlenstoff, Stickstoff und Sauerstoff auf (Zahlentafel 6). Das technisch wichtige WC kristallisiert allerdings hexagonal, hat aber wegen des verwandten Bauprinzipes die Neigung, bei Mischkristallbildung mit Karbiden des B1-Types in die kubische Gitteranordnung umzuklappen[1].

Zahlentafel 6. *Strukturen von Übergangsmetallen, Lanthaniden und Aktiniden und deren Einlagerungsverbindungen vom Typ MX*

	Strukturtyp[1]			
	Metall	Karbid	Nitrid	Oxyd
Sc	A 1[2], A 3	B 1	B 1	—
La	A 1, A 2[3]	—	B 1	B 1
Ce	A 1, A 2[3]	B 1	B 1	—
Pr.........	A 2[3]	—	B 1	—
Nd	A 2[3]	—	B 1	B 1
Ti........	A 3, A 2	B 1	B 1	B 1
Zr	A 3, A 2	B 1	B 1	B 1
Hf	A 3, A 2	B 1	B 1	—
Th	A 1	B 1	B 1	B 1
V	A 2	B 1	B 1	B 1
Nb	A 2	B 1	B 1[5]	B 1
Ta	A 2	B 1	Hex.[7]	B 1
Cr	A 2, A 1[4]	—	B 1	—
Mo	A 2	Hex.[6]	Hex.	—
W	A 2	Hex.	—	—
U	A 20, A 2, tetr.,	B 1	B 1	B 1

[1] A 1: kubisch flächenzentriert.
  A 2: kubisch raumzentriert.
  A 3: hexagonal dichtest gepackt.
  B 1: kubisch flächenzentriert, Kochsalzgitter.
[2] A 1 ist wahrscheinlich keine kfz.-Form, sondern ScN.
[3] Daneben noch Lanthan-Typ, A 3-artig.
[4] wahrscheinlich Hydrid.
[5] Hochtemperaturphase.
[6] Es existiert auch ein „MoC" mit B 1-Typ (H. Nowotny und R. Kieffer, Z. anorg. allg. Chem. 267 (1952), S. 261/64.), welches kürzlich von F. Benesovsky und E. Rudy im System Mo-B-C als MoC mit Kohlenstoffdefekt nachgewiesen wurde. Das kubische MoC wurde auch bei hohen Drücken erhalten (E. V. Clougherthy, K. H. Lothrop und J. A. Kafalas: Nature 191 (1961), S. 1194).
[7] Es existiert auch eine B1-Hochdruckform.

Die Karbide von Chrom, Mangan, Eisen und Kobalt haben ein Radienverhältnis $>0{,}59$; ihre Strukturen sind kompliziert und der Aufbau weicht von dem typischen Einlagerungsprinzip bereits merklich ab. So weiß man, daß bei Fe_3C der Kohlenstoff keine aus-

[1] Nowotny, H. u. G. Glenk: Metallforschung 2 (1947), S. 265/69.

gesprochenen Lückenplätze einnimmt. Diese Stoffe unterscheiden sich auch in ihrem Verhalten merklich von den Karbiden mit Einlagerungsstruktur. Es sei aber darauf hingewiesen, daß bei einem nur wenig überschrittenen Verhältnis häufig Anzeichen festzustellen sind, wonach der Einlagerungsmechanismus gültig ist, wie z. B. beim Kohlenstoff in γ-Fe (Austenit). Was die obere Grenze des Radienverhältnisses betrifft, so könnte man versuchen, die beobachteten Strukturtypen mit dem Aufbau der entsprechenden Metalle, z. B. mit der Anzahl der zur Verfügung stehenden Valenzelektronen, in Zusammenhang zu bringen. Dies wird besonders durch die Tatsache nahegelegt, daß alle Übergangsmetalle der 4a und 5a Gruppe des Periodensystems sowie Uran mit Kohlenstoff und Stickstoff isotype MX-Verbindungen (B 1) bilden, während Chrom sowie die Übergangsmetalle der 7. und 8. Gruppe Phasen mit komplizierter Struktur bilden.

Durch Neutronenbeugung an Cr_3C_2[1] hat sich ein neuer Struktur-

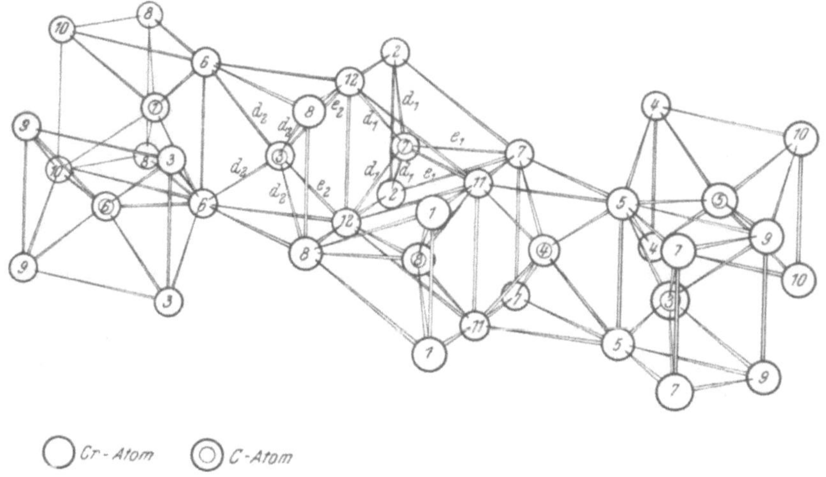

Abb. 4. Struktur von Cr_3C_2 (D. MEINHARDT u. O. KRISEMENT)

vorschlag ergeben. Bei diesem ist charakteristisch, daß jedes Kohlenstoff-Atom im Mittelpunkt eines dreiseitigen Prismas zu liegen kommt (Abb. 4). Die früher angenommene —C—C—Kette scheint nicht mehr auf. Die Nachbarschaft von Kohlenstoff ist also gegenüber jener in TiC bzw. VC nur insoferne verschieden, als die 6 umgebenden Metallatome anstatt eines Oktaeders ähnlich wie bei WC (WC-Typ) koordiniert sind.

---

[1] MEINHARDT, D. u. O. KRISEMENT: Z. Naturforschg. 15a (1960), S. 880/89.

Die Mittelstellung von Einlagerungsverbindungen des Molybdäns und Wolframs ist klar durch die Struktur ihrer Karbide und Nitride gekennzeichnet. Es ist daher wahrscheinlich, daß der Kristalltypus sogenannter Einlagerungsphasen durch die Stellung des Metalles im Periodensystem (elektronischer Aufbau) ebenso bedingt ist wie durch die Größenverhältnisse der Atome. Auf die maßgebenden Einflüsse, die aus der Stellung des metallischen Partners für die Anwendung von Einlagerungsstrukturen abgeleitet werden können, soll weiter unten eingegangen werden.

2. Boride und Silizide

Bemerkenswert sowohl vom theoretischen als auch vom praktischen Standpunkt sind die neuen Untersuchungen an *Boriden*. Die meisten Beiträge über diese Gruppe von Hartstoffen stammen von R. KIESSLING[1-8], der die Systeme Mo-B, W-B[1], Zr-B[2,6], Cr-B[3], Ta-B[4], Mn-B[5], Nb-B, Ni-B und Ti-B[6] strukturell untersuchte. Weitere Arbeiten auf diesem Gebiete gehen auf P. EHRLICH[9] (Ti-B), S. J. SINDEBAND[10] (Cr-B), J. T. NORTON, H. BLUMENTHAL und S. J. SINDEBAND[11] (Diboride von Ti, Zr, Nb, Ta und V), J. L. AN-DRIEUX[12], F. BERTAUT und P. BLUM[13] (U-B), A. ZALKIN und D. H. TEMPLETON[14] (Tetraboride von Ce, Th und U) sowie L. BREWER und Mitarbeiter[15] (Boride von Ce, Ti, Zr, Nb, Ta, Mo, W, Th und U) zurück.

Eine Übersicht über Boride gibt Zahlentafel 7, in welcher in Analogie zu den vorher besprochenen Hartstoffen ebenfalls das Radienverhältnis angegeben wird, obzwar man diese Boride nicht ohne weiteres nach den gleichen geometrischen Gesichtspunkten deuten kann. In der Zahlentafel fehlen eine Reihe von Boriden aus der 8 a

---

[1] KIESSLING, R.: Acta Chem. Scand. 1 (1947), S. 893/916.

[2] KIESSLING, R.: Acta Chem. Scand. 3 (1949), S. 90/91.

[3] KIESSLING, R.: Acta Chem. Scand. 3 (1949), S. 595/602.

[4] KIESSLING, R.: Acta Chem. Scand. 3 (1949), S. 603/15.

[5] KIESSLING, R.: Acta Chem. Scand. 4 (1950), S. 146/59.

[6] ANDERSSON, L. H. u. R. KIESSLING: Acta Chem. Scand. 4 (1950), S. 160/64.

[7] KIESSLING, R.: Acta Chem. Scand. 4 (1950), S. 209/27.

[8] KIESSLING, R.: J. Electrochem. Soc. 98 (1951), S. 166/70.

[9] EHRLICH, P.: Z. anorg. allg. Chem. 259 (1949), S. 1/41.

[10] SINDEBAND, S. J.: Trans. AIME 185 (1949), S. 198/202.

[11] NORTON, J. T., H. BLUMENTHAL u. S. J. SINDEBAND: Trans. Am. Inst. Met. Eng. 185 (1949), S. 749/51.

[12] ANDRIEUX, J. L.: Compt. Rend. 229 (1949), S. 210.

[13] BERTAUT, F. u. P. BLUM: Compt. Rend. 229 (1949), S. 666/67.

[14] ZALKIN, A. u. D. H. TEMPLETON: J. Chem. Phys. 18 (1950), S. 391.

[15] BREWER, L., D. L. SAWYER, D. H. TEMPLETON u. C. H. DAUBEN: J. Am. Ceram. Soc. 34 (1951), S. 173/79.

Zahlentafel 7. *Struktur der Boride*

System	Radien-verhältnis $B:M$	M_2B	M_3B_2	MB	M_3B_4	MB_2	M_2B_5	MB_4	MB_6	MB_{12}
Yb-B ...	0,45							VII	VIII	
La-B	0,47							VII	VIII	
Nd-B ...	0,48								VIII	
Pr-B	0,48							VII	VIII	
Gd-B	0,48							VII	VIII	
Th-B	0,48							VII	VIII	
Y-B	0,48					V		VII	VIII	IX
Ce-B	0,48							VII	VIII	
Er-B	0,50							VII	VIII	
Sc-B	0,54					V			VIII	
Zr-B.....	0,54					V				IX
U-B	0,57					V		VII		IX
Ti-B	0,60			IIIc[1]		V				
Ta-B ..	0,59	I	II	IIIa	IV	V				
Nb-B	0,60		II	IIIa	IV	V				
W-B....	0,62	I		IIIa, IIIb			VIa			
Mo-B ...	0,62	I	II	IIIa, IIIb[5]		V[5]	VIb			
V-B	0,65		II			V				
Cr-B ...	0,69	[2]		IIIa	IV	V				
Mn-B....	0,69	I[3]		IIIc	IV					
Fe-B	0,69	I		IIIc						
Co-B	0,70	I		IIIc						
Ni-B	0,70	I		[4]						

* I: tetragonal, $CuAl_2$-Typ	V : hexagonal, AlB_2-Typ
II: tetragonal U_3Si_2-Typ	VI a, b: hexagonal, AlB_2-verwandt
III a: orthorhombisch, CrB-Typ	VII: tetragonal, ThB_4-Typ
III b: tetragonal, MoB-Typ	VIII: kubisch, CaB_6-Typ
III c: tetragonal, FeB-Typ	IX: kubisch , UB_{12}-Typ
IV: orthorhombisch, Cr_3B_4-Typ	

[1] Nach B. F. DECKER und J. S. KASPER (Acta. Cryst. 7 (1954], S. 77/80) hat TiB, FeB-Struktur (B 27) und nicht wie früher angenommen B 3- oder B 1-Struktur. Auch im System Hf-B existiert im Gegensatz zu früheren Angaben (F. W. GLASER, D. MOSKOWITZ u. B. POST, J. Metals 5 [1953] S. 1119/20) ein Monoborid HfB mit B 27-Struktur (E. RUDY u. F. BENESOVSKY, Mh. Chem. 92 [1961], S. 415/41)

Im System Zr-B existiert entgegen früheren Angaben (F. W. GLASER u. B. POST, J. Metals 5 (1953], S. 1117/18) kein ZrB (B 1). Das einzige Monoborid mit B 1-Typ scheint PuB zu sein.

[2] R. KIESSLING (Acta Chem. Scand. 3 [1949], S. 90/91) gibt auch eine δ- und ε-Phase an, mit Borgehalten von 33 bzw. 40 Atom- %. Die δ-Phase hat nach L. H. ANDERSSON und R. KIESSLING (Acta Chem. Scand. 4 [1950], S. 160/64) orthorhombische oder eine ähnliche Struktur.

[3] R. KIESSLING (Acta Chem. Scand. 4 [1950], S. 146/59) beschreibt eine δ-Phase mit einer Struktur, welche sehr jener von Mo_2B ähnelt (I).

[4] In Ergänzung zur Ni_2B-Phase wurden weitere Phasen mit etwa 25 bis 30, 40 und 50 Atom- %B von L. H. ANDERSSON und R. KIESSLING (Acta Chem. Scand.4 [1950], S. 160/64) gefunden.

[5] R. STEINITZ (Powder Metal. Bull. 6 [1951], S. 54/56) hat eine β-Modifikation des MoB mit CrB-Struktur gefunden. Er gibt auch ein hexagonales MoB_2 (C 32-Typ) an.

Gruppe und auch die Boride der seltenen Erdmetalle sind nicht vollständig (vgl. Zahlentafel 76). Die bestehenden Gitter sind: der C 16-Typ für M_2B-Phasen, der C 32-Typ für MB_2-Phasen (Abb. 5 u. 6), der D 2_1-Typ für MB_6 sowie einige neue, meist kompliziert aufgebaute

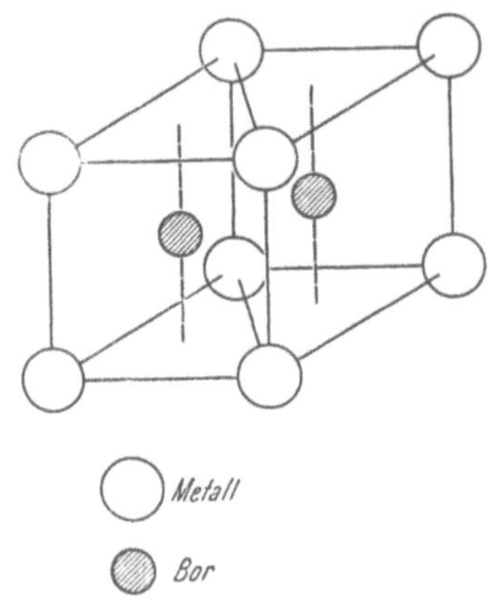

Abb. 5. Elementarzelle der Boride MB_2 (C 32-Typ). (J. T. NORTON, H. BLUMENTHAL und S. J. SINDEBAND)

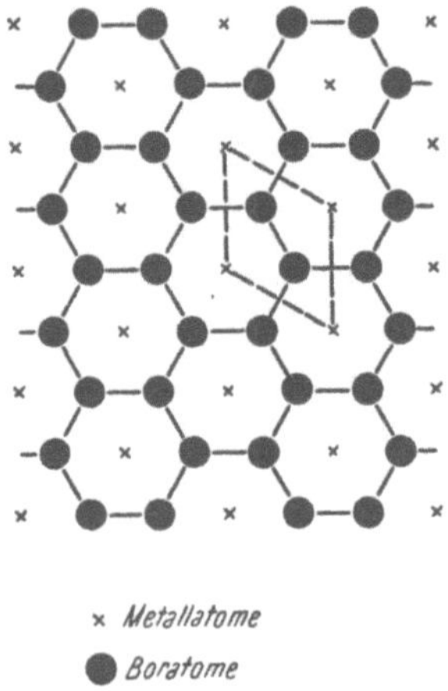

Abb. 6. Anordnung der Metall- und Boratome bei der MB_2-Struktur, schematisch (R. KIESSLING)

Strukturen. Die komplizierter gebauten Boride vom Typ M_2B_5 schließen ganz eng an das Bauprinzip an, wie es für die C 32-Struktur (MB_2) gilt. Die Abarten der verschiedenen Strukturen MB_2 und M_2B_5 kommen dabei im wesentlichen durch den verschiedenen Rhythmus der Übereinanderlegung der Schichten (Metallschichten und Borschichten) zustande. Im Falle der MB- und M_3B_4-Verbindungen

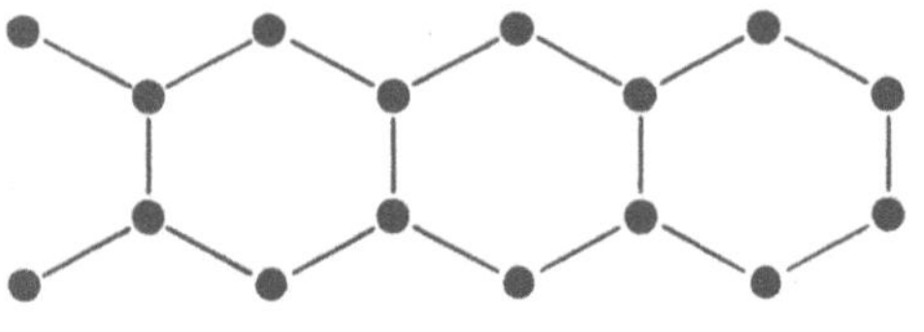

Abb. 7. Doppelketten von Boratomen bei M_3B_4-Strukturen, schematisch (R. KIESSLING)

haben wir es mit Gittern zu tun, in denen als Bauelement im wesentlichen Zickzackketten von Boratomen bestehen. Bemerkenswert ist auch die borreiche Phase YB_{70}[1].

So sind bei den M_3B_4-Strukturen anstatt Einfachketten Bor-Doppelketten das charakteristische Bauelement (Abb. 7) (Übergang zu den Bornetzen nach der borreichen Seite). Die Verbindungen vom MB_4-Typ sind ihrerseits durch eine noch weitere Vernetzung der Boratome untereinander charakterisiert und man kann

---

[1] SPEDDING, F. H. u. A. H. DAANE: The Rare Earths. J. Wiley New. York 1961, S. 248.

sie als Strukturen mit einer Anordnung von Boratomen, die zwischen einer zweidimensionalen und dreidimensionalen Vernetzung steht, auffassen. Die Metallatome selbst sind hierbei noch schichtenweise angeordnet. Eine vollkommene dreidimensionale Vernetzung findet man bei den MB_6-Verbindungen. Schließlich treffen wir auch bei der MB_{12}-Struktur aus naheliegenden Gründen (Hauptmenge Bor) eine dreidimensionale Vernetzung der Boratome an, wobei nunmehr die Metallatome in den dabei gebildeten Zwischenräumen liegen.

Interessant ist das analoge Verhalten von Einlagerungsverbindungen einerseits und den Boriden andererseits, insofern als die Diboride häufig einen merklichen Homogenitätsbereich besitzen. Ein Metalloid-(Bor-)Unterschuß kann zwanglos durch Leerstellen im Gitter erklärt werden. Der Subtraktionstyp ist charakteristisch und häufig für viele Karbide mit Einlagerungsstrukturen.

Die Kristallchemie der *Silizide* ist heute gut bekannt, besonders was die in großer Zahl auftretenden Disilizide betrifft. Die Disilizide nehmen ihrem Aufbau nach eine Mittelstellung zwischen den dichten Packungen typisch metallischer Strukturen und den vorhin besprochenen Strukturen ein. Viele Disilizide wurden kristallchemisch von H. J. WALLBAUM[1] untersucht; bezüglich der uns interessierenden Metallpartner seien folgende Gruppen angegeben:

1. $MoSi_2$, WSi_2 (C 11-Typ),
2. VSi_2, $NbSi_2$, $TaSi_2$, $CrSi_2$ (C 40-Typ),
3. $TiSi_2$ (C 54-Typ),
4. $ZrSi_2$ (C 49-Typ)[2].

Das allgemeine Prinzip für den Kristallbau von Hartstoffphasen kann in einer dreidimensionalen Verknüpfung der Atome (Atomionen) durch kräftige Bindungen gesehen werden, wobei der Baustein in sich dicht gepackt, also klein sein soll[3].

B. Die interatomaren Kräfte

Der Stand der Forschung zeigt, daß es auf Grund der Kristallstruktur (Abstände und Koordination) allein nicht ohne weiteres möglich ist, eine Aussage über das Kräftespiel sowie die daraus resultierenden und gerade für die Technik wichtigen Eigenschaften

[1] WALLBAUM, H. J.: Z. Metallkunde **33** (1941), S. 378/81.

[2] SCHACHNER, H., H. NOWOTNY u. H. KUDIELKA: Mh. Chem. **85** (1954), S. 1140/53.

[3] NOWOTNY, H.: Planseeber. Pulvermetallurgie 1 (1953), S. 43/60, Radex Rdsch. (1953), S. 41/50.

zu machen. Neben der Kenntnis des strukturellen Aufbaus müssen noch die energetischen Verhältnisse des Kristalls ermittelt sein, eine Aufgabe, die sich nur durch Anwendung von wellen- bzw. quantenmechanischen Rechenverfahren lösen läßt. Ein erstes Ziel jeder derartigen Behandlung ist daher, das Kräftespiel zwischen den Bausteinen des Gitters (Stärke und Art der Kräfte) abzuschätzen. Es gibt zahlreiche Beispiele, aus denen hervorgeht, daß zwei Stoffe, die bezüglich der Schwerpunktslagen der Teilchen vollkommen gleiches Kristallgitter besitzen, ganz verschiedene Eigenschaften aufweisen können. Die fortschreitende Änderung der Bindungsart läßt sich z. B. sehr klar an der Reihe: $KF \rightarrow CaO \rightarrow ScN \rightarrow TiC$, die alle im B 1-Typ kristallisieren, erkennen, wobei in KF eine vorzugsweise heteropolare, in TiC auch ein stark metallischer Bindungsanteil besteht[1].

Der uns hier interessierende Begriff „metallischer Charakter" wird am zweckmäßigsten durch das Verhalten hinsichtlich der Elektronenleitfähigkeit bestimmt. Ob also eine Verbindung oder Mischphase mehr oder weniger metallisch ist, wäre demnach auf Grund des Leitwertes zu beurteilen. Bei manchen Hartstoffen fehlen leider diesbezüglich ausreichende Messungen.

Es steht fest, daß die Karbide und Nitride der Übergangselemente gute metallische Leitfähigkeit aufweisen. Ferner ist der metallische Charakter für die Diboride der Übergangsmetalle Titan, Zirkonium, Vanadin, Niob und Tantal auf Grund von Leitfähigkeitsmessungen einwandfrei erwiesen; ebenso kann man auch den metallischen Charakter der meisten Silizide als gegeben ansehen.

Die industriell besonders wichtigen Mischkristalle aus zwei oder mehreren hochschmelzenden Karbiden haben gleichfalls eine Leitfähigkeit in der Größenordnung jener von Metallen und einen positiven Temperaturkoeffizienten des Widerstandes. Dementsprechend muß man diesen Stoffen ebenfalls Metallcharakter zuschreiben*.

Eine Deutung der Bindungskräfte in den hochschmelzenden Verbindungen sowie eine Erklärung ihrer besonderen Eigenschaften ist in einer geschlossenen Form heute noch nicht möglich, doch liefert ein formales Schema zur Behandlung solcher Probleme in allen Fällen der Aufbau der freien Atome. Ein gemeinsames Merkmal der hochschmelzenden Metallverbindungen könnte man darin erblicken, daß die Metallkomponente stets zu den Übergangselementen zählt, wobei besonders jene der 4a, 5a und 6a Gruppe typisch sind. Wie

---

[1] Nowotny, H.: Berg- und Hüttenmänn. Mh. **95** (1950), S. 109/15.

* J. T. Norton (Persönliche Mitt. 1950) fand bei derartigen Mischsystemen im Gegensatz zu dem üblichen Verlauf (Leitfähigkeitsminimum) eine lineare Abhängigkeit der Leitfähigkeit von der Zusammensetzung.

Zahlentafel 8 erkennen läßt, zeichnen sich diese Metalle im freien Zustand dadurch aus, daß die äußerste d-Schale nicht vollständig besetzt ist.

Zahlentafel 8.

Elektronenaufbau der freien Atome der Übergangsmetalle der 4a bis 6a Gruppe

		Bezeichnung der Schale												
		1s	2s	2p	3s	3p	3d	4s	4p	4d	4f	5s	5p	5d	6s
Gruppe 4a	Ti	2	2	6	2	6	2	2							
	Zr	2	2	6	2	6	10	2	6	2		2			
	Hf	2	2	6	2	6	10	2	6	10	14	2	6	2	2
Gruppe 5a	V	2	2	6	2	6	3	2							
	Nb	2	2	6	2	6	10	2	6	4		1			
	Ta	2	2	6	2	6	10	2	6	10	14	2	6	3	2
Gruppe 6a	Cr	2	2	6	2	6	5	1							
	Mo	2	2	6	2	6	10	2	6	5		1			
	W	2	2	6	2	6	10	2	6	10	14	2	6	4	2

In enger Beziehung zum Periodensystem stehen die Größenverhältnisse der Metallatome (Radien) im festen Zustand. Aus Abb. 8

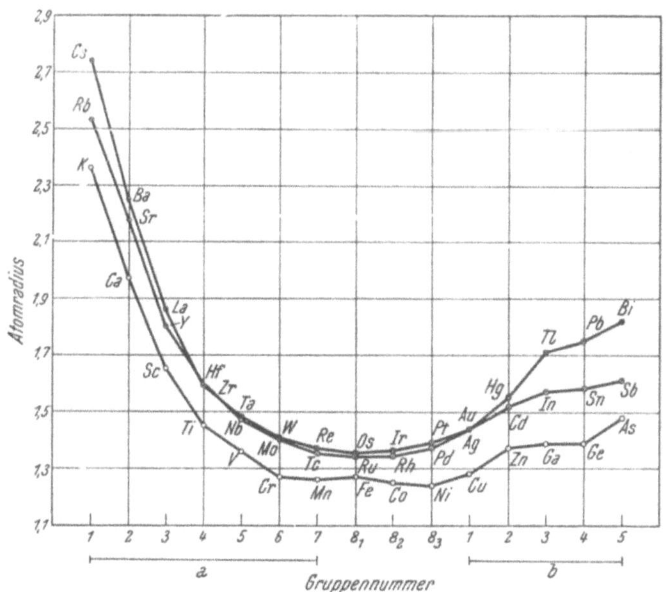

Abb. 8. Atomradien in Abhängigkeit von der Ordnungszahl

ist der Gang der Radien ersichtlich und man beobachtet, daß ein Minimum — also ein besonders dichtes Aufeinanderrücken der Atome — bei der 8 a Gruppe erreicht wird.

Analoge periodische Abhängigkeit findet man auch für den E-Modul, die Kompressibilität, den Ausdehnungskoeffizienten, den Schmelzpunkt, die Härte und andere einfache oder zusammengesetzte Eigenschaften. So zeigt Abb. 9 in ausführlicher Weise eine Periodizität des E-Moduls nach W. Köster[1].

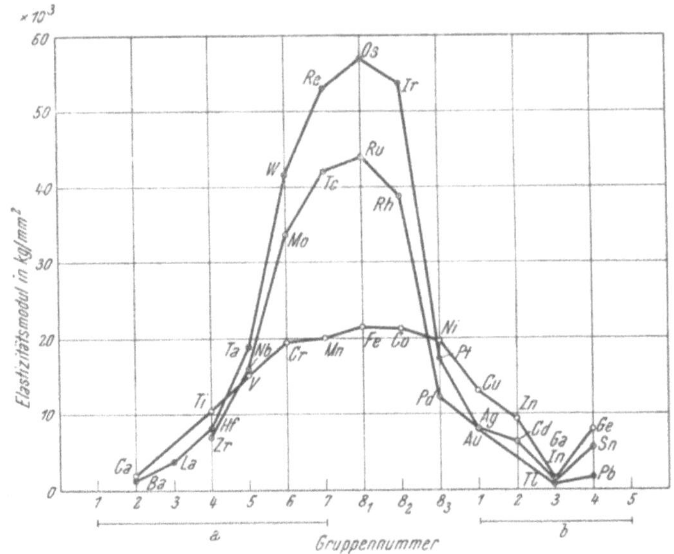

Abb. 9. Elastizitätsmodul in Abhängigkeit von der Ordnungszahl (W. Köster)

Andere charakteristische Eigenschaften der festen Übergangsmetalle sind hoher Paramagnetismus bzw. Ferromagnetismus sowie eine vergleichsweise hohe spezifische Wärme der Elektronen.

Um den metallischen Zustand zu verstehen, geht man meist von Drudes Vorstellungen über das freie Elektronengas aus. Dieses Elektronengas, das sich zwischen den positiven Atomrümpfen hindurchbewegen kann, vermag erstens das Zustandekommen der hohen elektrischen Leitfähigkeit in einfacher Weise zu erklären und zweitens infolge der elektrostatischen Anziehung zwischen Elektronen und positivem Metallrumpf ein erstes Bild vom Zusammenhalt derartiger Gitter zu geben. Diese einfache Theorie, bei der eine Bewegung der Elektronen in einem konstanten Feld angenommen wird, erwies sich

---

[1] Köster, W.: Z. Metallkunde **39** (1948), S. 1/12, 111/120, 145/58.

aber trotz Teilerfolgen, insbesondere wegen der Folgerungen für die spezifische Wärme der Metalle als unzulänglich. Die Einführung der Quantenmechanik einerseits und des periodischen Kraftfeldes im Gitter andererseits führte dann später zum Bandmodell der Energieverteilung bzw. zur Theorie der *Brillouin*-Zonen.

Derartige Vorstellungen wurden von N. F. MOTT und H. JONES[1] noch weiterentwickelt, die mit Hilfe solcher Überlegungen zur Bestimmung der Energieverteilung bei den Übergangsmetallen Nickel, Palladium und Platin gelangten. Eine interessante Aussage ihrer Berechnungen besteht z. B. im Falle des Nickels bezüglich der Aufteilung der für die Eigenschaften maßgebenden Energiebänder darin, daß die Elektronen nicht, wie im freien Atom, gemäß $(3d)^8$ und $(4s)^2$, sondern im Durchschnitt entsprechend $(3d)^{9,4}$ und $(4s)^{0,6}$ verteilt

Zahlentafel 9. *Verwandtschaft zwischen der Gesamtzahl der verfügbaren äußeren Elektronen und den Elektronen auf Bindebahnen* (L. PAULING)

Gesamtzahl der verfügbaren Außenelektronen		Zahl der Binde-Elektronen*	Zahl der Elektronen auf d-Atombahnen
K	1	1	0
Ca	2	2	0
Sc	3	3	0
Ti	4	4	0
V	5	5	0
Cr	6	5,78	0,22
Mn	7	5,78	1,22
Fe	8	5,78	2,22
Co	9	5,78	3,22
Ni	10	5,78	4,22

* In neueren Arbeiten dieses Autors werden die angegebenen Zahlen bzw. Aufteilungen noch etwas modifiziert, womit ein verfeinertes Modell geschaffen wird.

sind*. Vereinfacht ausgedrückt, gruppieren sich im festen Nickel die Elektronen eines Atoms energetisch so, als ob 1,4 der im freien Atom vorhandenen beiden s-Elektronen jeweils auf die d-Schale übertreten würden. Man ersieht daraus, daß eine für das freie Atom gültige Aufteilung der Valenzelektronen für den festen Zustand nicht zutrifft und daß demnach sowohl Kräftespiel wie auch z. B. Leitfähigkeit in sehr komplizierter Weise vom gesamten Energiezustand abhängen.

---

[1] MOTT, N. F. u. H. JONES: The Theory and Properties of Metals and Alloys, Clarendon Press, Oxford 1936.

* Die hochgestellte Zahl bedeutet die Zahl der Elektronen, die Klammern bezeichnen das Energieband (Schale).

Von einem anderen Standpunkt aus betrachtet L. PAULING[1-4] die inneren Zusammenhänge zwischen elektronischem Aufbau der Bausteine und ihrer Bindung im Kristall; seine halbempirische Methode erlaubt, eine Beziehung zwischen Radien und der Art der Bindung bzw. Valenz herzustellen. Dabei gelangt er zu dem Schluß, daß z. B. die Valenzen in der Reihe Kalium bis Kupfer den in Zahlentafel 9 gezeigten Gang aufweisen. Bezüglich der besonderen Wahl der Zahlenwerte von Bindungselektronen und Aufteilung dieser Elektronen sei bemerkt, daß diese in Übereinstimmung mit einigen wichtigen experimentellen Befunden ad hoc angenommen werden*. Gestützt auf diese so eingeführten Zahlen war PAULING in der Lage, ein Schema für die mathematische Behandlung von Bindungsfragen zu geben.

Grundsätzlich wird in PAULINGs Theorie die metallische Bindung als eine kovalente Bindung durch Elektronenpaare angesehen und die metallische Valenz ist gleichbedeutend mit der Zahl der an der Bindung beteiligten Elektronenpaare. Eine erhebliche Rolle spielt in dieser Theorie die sogenannte Resonanz, d. h. eine Stabilisierung der Bindung durch ein Pendeln der Elektronenpaare zwischen verschiedenen energetisch gleichwertigen oder annähernd gleichwertigen Grenzzuständen. Der von PAULING benutzte Begriff der Bindezahlen ist das Verhältnis der Anzahl der Elektronenpaare zur Anzahl der Stellungen. Wenn z. B. in einem aus drei Atomen (A, B und C) bestehenden System ein Elektronenpaar zwischen den Stellungen A-B und A-C pendelt, dann wird jeder der beiden Bindungen A-B und A-C die Bindezahl $^1/_2$ zugeschrieben. Solche sogenannte Halbbindungen werden von RUNDLE zur Deutung der Eigenschaften der Hartstoffe herangezogen.

Während in PAULINGs Theorie die äußeren s- und p-Bahnen ohne Einschränkung für die Bindung zur Verfügung stehen, wird zwischen zwei prinzipiell verschiedenen Typen von d-Bahnen unterschieden: den sogenannten d-Atombahnen, die nicht zur Bindung beitragen; und jenen d-Bindungsbahnen, die von Elektronenpaaren besetzt werden können. Wie aus Zahlentafel 8 und 9 ersichtlich ist, führen diese Anschauungen zu einer Sonderstellung für die uns interessierenden Metalle Titan, Zirkonium Hafnium, Vanadium, Niob und Tantal dadurch, daß sie

---

[1] PAULING, L.: Phys. Rev. **54** (1938), S. 899/904.

[2] PAULING, L.: The Nature of the Chemical Bond, 3. Aufl., Cornell Univ. Press, Ithaca 1960.

[3] PAULING, L.: J. Am. Chem. Soc. **69** (1947), S. 542/53.

[4] PAULING, L.: Proc. Roy. Soc. London A **196** (1949), S. 343/62.

* Vgl. z. B. die Stellungnahme von W. HUME-ROTHERY.

1. kein Elektron auf einer d-Atombahn und

2. keine maximale Zahl von Bindungselektronen haben.

Diese Metallpartner sind es aber gerade, die hochschmelzende Boride, Karbide und Nitride bilden.

Neuerdings vermochte PAULING zu zeigen, daß die Bandvorstellung (*Brillouin-Zonen*) mit der Theorie der Resonanzbindung in Einklang gebracht werden kann[1].

1. Der Elektronenaufbau von Mischphasen der Übergangsmetalle

Die besondere Art der hier vorliegenden Strukturen legt nahe, die von A. R. UBBELOHDE[2] festgestellten Tatsachen und entwickelten Ideen für die Deutung des Aufbaues dieser Verbindungen anzuführen. Er fand, daß Wasserstoff, der sich in den Übergangsmetallen, wie Palladium, Tantal und Titan, löst, gewissermaßen im metallischen Zustand vorliegt. Dabei nimmt der Autor an, daß Wasserstoff in atomarer Form aufgenommen wird und zu einem Teil in positiv ionisiertem Zustand eingebaut ist. Der experimentelle Befund erfährt eine theoretische Stütze durch die Tatsache, daß man grundsätzlich jeden Stoff in den metallischen Zustand überführen kann. Nach E. P. WIGNER und H. B. HUNTINGTON[3] wären z. B. bei Wasserstoff Drucke von $2{,}5 \cdot 10^5$ Atmosphären erforderlich. Ermittelt man unter vereinfachter Annahme den Gitterdruck, der durch das Auflösen von Wasserstoff in Palladium zustande kommt, so ergibt sich aus der beobachteten Volumzunahme ein übereinstimmender Druckwert.

In Anlehnung an die kurz angedeutete Theorie von MOTT und JONES — Palladium ist als homologes Metall ganz ähnlich wie Nickel aufgebaut — kann gefolgert werden, daß der Einbau der von den Wasserstoffatomen abgegebenen Elektronen in die Löcher des d-Bandes erfolgt und dadurch leicht nachweisbar wird, denn in einem solchen Falle (aufgefülltes d-Band) muß das Gitter zwangsläufig diamagnetisch sein. In der Tat konnte diese Annahme durch Experimente vollauf bestätigt werden.

Ganz ähnliche Elektronenverschiebungen sollen sich nun nach UBBELOHDE auch bei der Bildung von Einlagerungsverbindungen mit metallischem Charakter ergeben. Der Metallpartner wirkt demnach als Elektronenempfänger.

---

[1] PAULING, L. u. F. J. EWING: Rev. Mod. Phys. **20** (1948), S. 112/22.

[2] UBBELOHDE, A. R.: Trans. Faraday Soc. **28** (1931), S. 284/91, 275/83, Proc. Roy. Soc. London A **159** (1937), S. 295/306.

[3] WIGNER, E. P. u. H. B. HUNTINGTON: J. Chem. Physics **3** (1935), S. 764/70.

J. S. Umanski[1] übernimmt diese Anschauungen für die Erklärung des Elektronenzustandes in Karbiden und Nitriden; d. h. also, daß auch Kohlenstoff und Stickstoff als positive Atomrümpfe in den Einlagerungsstrukturen vorliegen sollen.

Die Trägergitter vieler Einlagerungsstrukturen sind zwar im allgemeinen nicht mit dem Metallgitter identisch, doch kann man sich mit Umanski ohne Schwierigkeiten eine der Verbindungsbildung vorausgehende allotrope Umwandlung der Übergangselemente vorstellen. Dies ist um so mehr gerechtfertigt, als die Übergangselemente häufig durch das Bestehen verschiedener allotroper Formen ausgezeichnet sind. Derartige Umwandlungen können entweder durch äußere oder durch innere Drucke bewerkstelligt werden; solche innere Drucke (bis $5 \cdot 10^5$ Atm.) kommen aber gerade durch das Einlagern fremder Atome zustande. Ein Hinweis für die Richtigkeit dieser Theorie ist in der ungefähren Übereinstimmung des Ionisierungspotentials von Kohlenstoff und Stickstoff einerseits und des Wasserstoffs andererseits zu sehen. Einen unmittelbaren Beweis für diese Anschauung liefern die Arbeiten von W. Seith und O. Kubaschewski[2] sowie von W. I. Prosvirin[3]. Erstgenannte Autoren konnten nämlich zeigen, daß im γ-Eisen gelöster Kohlenstoff im elektrischen Feld wandert, und zwar zur Kathode; das legt den Schluß nahe, daß Kohlenstoff im Austenit als positives Ion vorliegt. Ähnliche Ergebnisse fand auch W. I. Prosvirin bei der Diffusion von Kohlenstoff und Stickstoff in Eisen. Im Sinne der Elektronentheorie würde das heißen, daß die gelösten Kohlenstoff- bzw. Stickstoffatome einen Teil ihrer Valenzelektronen an das d-Band des Kristalls abgeben. Die magnetischen und elektrischen Eigenschaften decken sich nach J. S. Umanski mit diesem Bild vollständig.

2. Elektronische Deutung von MX-Verbindungen

Eine Theorie über den Bindungscharakter der wichtigen Gruppe von Einlagerungsverbindungen mit der Zusammensetzung MX wurde von R. E. Rundle[4] gegeben. Sie bezieht sich auf die in Zahlentafel 6 angegebenen Einlagerungsphasen: Karbide, Nitride und Oxyde. Die meisten dieser Phasen haben, wie bereits erwähnt, B 1-Struktur, wobei im allgemeinen durch die Einlagerung des Metalloidatoms eine Zunahme des Abstandes M-M erfolgt. Eine Ausnahme

---

[1] Umanski, J. S.: Ber. Akad. Wiss. USSR, Physik.-chem. Analyse **16** (1943), Nr. 1, S. 127/48.

[2] Seith, W. u. O. Kubaschewski: Z. Elektrochem. **41** (1935), S. 551/58.

[3] Prosvirin, W. I.: Vestn. Metalloprom. **17** (1937), Nr. 12, S. 102/11.

[4] Rundle, R. E.: Acta Cryst. **1** (1948), S. 180/87.

davon bilden lediglich die Nitride der seltenen Erdmetalle, bei denen jedoch zweifellos auch starke heteropolare Kräfte eine bedeutende Rolle spielen dürften: dies zeigt sich im übrigen klar in den Eigenschaften. Von den weiteren Betrachtungen sollen diese Nitride ausgeschlossen werden. R. E. RUNDLE folgert aus der Vergrößerung des Abstandes Metall-Metall eine Schwächung der M-M-Bindungen und nimmt ferner an, was mit der oben dargelegten Ansicht verträglich ist, daß Elektronen von den M-M-Bindungen abgezogen werden und die Metall-Metalloid-Bindungen verstärken; mit anderen Worten, RUNDLE glaubt den hohen Schmelzpunkt in erster Linie durch starke Metall-Metalloid-Bindungen erklären zu können. Auf Grund der hohen Härte (Sprödigkeit) dieser Verbindungen schließt der Autor auf gerichtete Kräfte zwischen Metall- und Nichtmetallatomen. Da bevorzugt das B 1-Gitter auftritt, müßte dieser Bindungstyp so beschaffen sein, daß die Kräfte in der Hauptsache in drei aufeinander senkrechten Richtungen wirken. Das Kräftespiel selbst, das RUNDLE für diese Klasse von Verbindungen für wahrscheinlich hält, geht in seinem Wesen wiederum auf PAULINGS Vorstellungen der Resonanzbindungen zurück. Die Aufgabe läuft darauf hinaus, entsprechend der 6er-Koordination eine geringere Anzahl von Elektronenpaaren als sechs zu verteilen. Man erkennt aus dem elektronischen Aufbau der Atome, daß im allgemeinen, um die sechs Bindungsrichtungen befriedigen zu können, keine vollständige Elektronenpaarbildung in jeder Richtung resultieren kann. Aus der wellenmechanischen Behandlung freier Atome ist die gegenseitige räumliche Orientierung der sogenannten p-Bahnen, die für bestimmte Bindungen maßgebend sind, bekannt, wobei jeweils zwei Bindungen je Bahn einen Winkel von 180° bilden und die der gleichwertigen p-Bahnen aufeinander senkrecht stehen (Abb. 10).

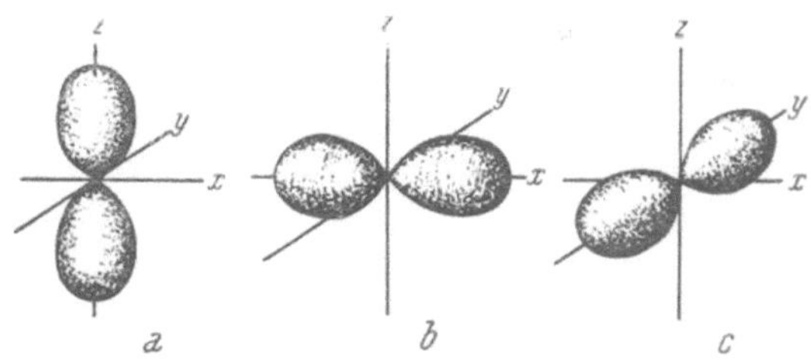

Abb. 10. Dreidimensionale Darstellung der drei p-Bahnen (W. HUME-ROTHERY)

Die Bindungsform ist aber gerade jene, die auf den Fall der oktaedrischen Umgebung in den MX-Phasen zutrifft. Die Elektronenverteilung hätte man sich in diesem Falle so vorzustellen, daß z. B. bei den leichten Metallen die (2s)-Bahn von einem Elektronenpaar besetzt ist, während die drei (2p)-Bahnen die sechs gerichteten Halbbindungen ergeben. Im Sinne PAULINGS könnte man aber auch die Stabilität des Gitters durch Resonanz aller beteiligten Bindungsbahnen deuten. Im ersten Falle würde eine Bindezahl von $^1/_2$ resultieren, im zweiten Falle müßte man eine solche von $^2/_3$ annehmen. Die Anwendung empirischer Beziehungen über die Metall-Metalloid-Abstände macht tatsächlich derartige Werte wahrscheinlich.

W. Hume-Rothery[1] nimmt ähnlich wie Rundle für Karbide eine Bindungszahl von $^2/_3$ und für Nitride eine solche von $^1/_2$ an. Diese Ansicht wird damit begründet, daß das Stickstoff-Atom zur Auffüllung seiner 2p-Schale 3 Elektronen aus seiner Nachbarschaft, also $^1/_2$ von jedem der 6 Metall-Atome, ein Kohlenstoff-Atom in dieser Weise dagegen $^4/_6$ also $^2/_3$ Elektronen beansprucht. Dies bringt eine bevorzugte Lokalisierung von Elektronen am X-Atom im Sinne eines Ionen-Modells zum Ausdruck. Wie man bereits bei den Nitriden der seltenen Erdmetalle gesehen hat, dürfte jedoch zunehmende Heteropolarität in Richtung Kohlenstoff/Stickstoff/Sauerstoff die Bindezahl beeinflussen.

Mit dem Problem der Hartstoffphasen vom B 1-Typ befaßt sich auch H. Krebs[2], der im Gegensatz zur σ-Bindung zwischen M-X die Resonanz von π-Bindungen zwischen den drei p-Funktionen am X-Atom und den drei d_ε-Funktionen[3] als maßgebend ansieht. Auch hier sind 3 + 3, also wieder 6, allerdings andere Atom-Funktionen, ausgewählt. Damit lassen sich wohl einige charakteristische Eigenschaften der Hartstoff-Phasen, z. B. die Leitfähigkeit, qualitativ deuten, doch wird von H. Bilz[4] den beiden d_γ-Funktionen am Metall ein größerer Einfluß auf die Bindungsstärke beigemessen. Dieser Autor stellt ebenfalls die Wechselwirkung M-X in den Vordergrund und berücksichtigt erst in zweiter Linie die Wechselwirkung M-M. Es wird, der Vorstellung von L. Pauling[5] folgend, unter Erweiterung des Modells nach Rundle und Hume-Rothery eine Näherung durch Molekulareigenfunktionen versucht, wobei der fast vollkommen abgeschlossene Komplex solcher Funktionen an der XM_6-Gruppe* eine derartige Betrachtung rechtfertigt (Abb. 11). Von den sechs durch $sp^3\,d_\gamma{}^2$-Hybridisierung entstehenden Valenzfunktionen ist nur jene in Richtung auf X lokalisierte Funktion (φ^n) von Belang. Umgekehrt läßt sich jedoch für einen MX_6-Komplex kein derartiges System aufbauen, weil es hier nicht gelingt aus den X-Atomfunktionen streng lokalisierte Valenzfunktionen zu bilden.

[1] Hume-Rothery, W.: Phil. Mag. 44 (1953), S. 1154/60.

[2] Krebs, H.: Acta Cryst. 9 (1956), S. 95/108.

[3] Vgl. Hartmann, H.: Die Theorie der chemischen Bindung, Berlin 1954.

[4] Bilz, H.: Z. Physik 153 (1958), S. 338/58.

[5] Pauling, L.: The Nature of Chemical Bond, 3. Aufl., Cornell Univ. Press, Ithaca 1960.

* Hier wird ausnahmsweise das Metalloid vor das Metall gesetzt, um M als Liganden zu charakterisieren.

Für TiC erhält man entsprechend den 8 Elektronen am Titan-
und Kohlenstoffatom eine Besetzung aller bindenden Zustände, also
in Übereinstimmung mit RUNDLES qualitativem Modell eine lokalisierte Halbbindung ($\frac{1}{2}$) und
eine praktisch nicht lokalisierte, von der s-X-Funk-
tion stammende $\frac{1}{6}$-Bindung,
d. h. $\frac{1}{2} + \frac{1}{6} = \frac{2}{3}$. Für die
Kraftwirkung ist naturge-
mäß die lokalisierte Halbbindung von ungleich grö-
ßerer Bedeutung. Der oben

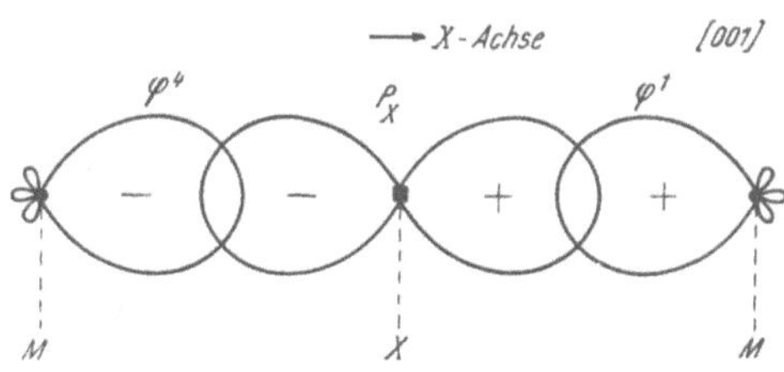

Abb. 11. M-X-φ-Bindung (H. KREBS)

zitierte Autor nimmt an, daß sich die Wechselwirkung M-M durch
Überlappung mit den Energiebändern M-X-bindend und M-X-lockernd
bemerkbar macht.

Bei gleichem Gewicht der M- und X-Funktionen für die bindende
Molekülfunktion würde selbstverständlich auch hier ein salzartiger
Aufbau Ti⁺C⁻ resultieren, den BILZ jedoch auf Grund der besonderen
Eigenschaften der Hartstoffphasen ausschließen will. Es wird vergleichsweise die entsprechende TiO-Phase gegenübergestellt, wo eine
maximale Ionisierung gemäß Ti⁺O⁻ postuliert, aber der Grad der
Ionisierung nicht bewiesen ist. BILZ berechnet die Energiebänder in
Richtung [100], [110] und [111], wobei insgesamt 9 Atomfunktionen,
nämlich fünf 3 d-Funktionen und die 4 s-Funktion am M-Atom sowie
3(2p)-Funktionen am X-Atom herangezogen werden. Dabei ergibt
sich, daß die σ-Bindung M-X durch die M-M-Wechselwirkung, aber
auch infolge der Feldaufspaltung des Atom-Niveaus, merklich ge-
ändert wird.

In jedem Fall wird durch die Bandüberlappung die metallische
Leitfähigkeit der Karbide erklärt.

Von Interesse ist auch die Feststellung, daß die Zustandsdichte
bei etwa 8,5 Gesamt-Elektronen ein Minimum durchläuft, wodurch
sich die bevorzugte Stabilität für TiC-TiN- oder HfC-TaC-Misch-
kristalle deuten ließe.

Quantitative Aussagen über die Bindungsenergie in Hartstoffphasen ergeben sich aus den zahlreichen thermochemischen Daten,
die insbesondere von L. BREWER und O. KRIKORIAN[1, 2] gewonnen wurden. Durch Kombination der Bildungswärme von Karbiden, Boriden und
anderen Hartstoffphasen mit der Sublimationswärme bzw. Dis-
soziationswärme der Komponenten, monoatomarer Zustand voraus-

---

[1] BREWER, L. u. O. KRIKORIAN: J. Electrochem. Soc. 103 (1956), S. 38/51.
[2] KRIKORIAN, O.: UCRL 2888 (1955).

gesetzt, erhält man die Bindungsenergie gemäß der Reaktion:
$MX(s) = M(g) + X(g)$. Die Werte der Bindungsenergien offenbaren
die merklichen Unterschiede in den verschiedenen Perioden. So liegt
die Bindungsenergie für Monokarbide der 4. Periode beim TiC mit etwa
320 kcal am höchsten, während in der 6. Periode HfC und TaC
offensichtlich nur wenig verschieden sind, aber mit nahezu 400 kcal
eine wesentlich höhere Bindungsenergie aufweisen[1]. Bezieht man die
Bindungsenergie jeweils auf jene der beiden Partner, so ergibt sich
ein anderer Gang, indem auf diese Weise die M-X-Wechselwirkung
gegenüber der zusätzlichen M-M-Wechselwirkung offensichtlich stärker zum Ausdruck kommt.

Diese „relativen" Bindungsenergien bzw. Verhältniswerte sind in
der 4. Periode merklich größer als jene der 5. und 6. Periode. Das
gilt sowohl für Monokarbide wie für Silizide vom Typ M_5Si_3. Interes-
santerweise besitzt dabei Mangankarbid den höchsten Wert, was für
eine sehr starke Mn-C-Bindung spricht. Dieser Befund steht mit der
wachsenden Bindungsstärke von Nickel nach Mangan bei Boriden im
Einklang[2].

Eine Korrelation zwischen Bildungswärme und Atomabständen
bei Titansiliziden wird von N. V. Agejev, J. M. Golutvin und G. V.
Samsonov[3] versucht. Die Messung der Bildungswärme weist für
TiSi einen Höchstwert auf. Die Struktur dieser Phase, in der ein be-
sonders kleiner Ti-Si-Abstand gefunden wird, bedarf jedoch nach
B. Aronsson[4] noch einer Bestätigung.

3. Versuche zur Deutung der Bindungsfragen bei Boriden und ähnlichen Hartstoffphasen

Wie bereits beim Aufbau der Boride besprochen, sind bei diesen
die aus Boratomen gebildeten Bauelemente charakteristisch, wobei
gegenüber den meisten Karbiden und Nitriden gerade der X-X-Kon-
takt eine besondere Aufmerksamkeit beansprucht. Es wurde daher
ausführlich diskutiert, ob diesem B-B-Kontakt hinsichtlich der Bindung eine erhebliche Bedeutung zukommt oder ob, ähnlich wie bei
den sonstigen Hartstoffphasen, die Bindung M-X wesentlicher ist.
Nach R. Kiessling[5], der die Änderung der Abstände in Boriden

---

[1] Bezüglich HfC vgl. H. Nowotny, R. Kieffer, F. Benesovsky, C. Brukl
u. E. Rudy: Mh. Chem. **90** (1959), S. 669/79.

[2] Kiessling, R.: Acta Chem. Scand. **4** (1950), S. 209/27, Met. Rev. 2
(1957), S. 77/107.

[3] Agejev, N. V., J. M. Golutvin u. G. V. Samsonov: Zur. Neorg. Chim. 4
(1959), S. 1864/72.

[4] Aronsson, B.: Arkiv Kemi **16** (1960), S. 379/423.

[5] Kiessling, R.: Acta Chem. Scand. **4** (1950), S. 209/27.

systematisch verfolgte, besteht ohne Zweifel eine merkliche Kraft zwischen B-B, da verschiedene Metallatome jeweils nur eine geringe Änderung in den aus Boratomen aufgebauten Bauelementen, dagegen eine größere Abstandsänderung zwischen diesen Bauelementen und den Metallatomen bewirken. R. KIESSLING ist bezüglich der Gesamtbindung der Ansicht, daß fast alle Elektronen des Bors an der Bildung von B-B-Bindungen beteiligt sind und daß die Elektronenabgabe an das Metall vermutlich gering ist.

Eine andere Vorstellung wurde in neuerer Zeit im Falle des FeB von PAULING gegeben, der aus den Abstandsverhältnissen wiederum auf Halbbindungen schließt. Man müßte mit diesem Autor dann annehmen, daß Elektronen vom Metallpartner auf das Bor übergehen sollten. Demgegenüber vertritt R. KIESSLING die Ansicht, daß dann B-B-Doppelbindungen auftreten sollten, die sich aber wegen ihres wesentlich kürzeren Abstandes sofort bemerkbar machen müßten. Experimentell fehlen jedoch, wenn man vom Typus der Me_3B_4-Phasen absieht, Hinweise auf derartige B-B-Doppelbindungen.

E. L. MUETTERTIS[1] schließt aus der Tatsache, wonach keine Boride von Na, Cu, Zn, Cd und Pb existieren, auf die besondere elektronische Natur der Metall-Boride. Er nimmt einen Elektronentransfer vom Metall zum Bor an, derart, daß eine Überlappung zwischen der gefüllten p-Orbitale (-Bahn) von Bor mit den ungefüllten p- und d-Orbitalen der Metallatome eintritt. Im Falle der Monoboride führt dann eine sp^3-Hybridisierung am Bor zu zwei B-B- und zwei M-B-Wechselwirkungen.

Bei Diboriden wird eine trigonale sp^2-Hybridisierung vorgeschlagen, welche für die Bindung in den Bor-Netzen verantwortlich ist. Die 4. p-Orbitale steht senkrecht dazu und stellt die Wechselwirkung M-B dar. Dieses Bild wird erheblich unterstützt durch die Messungen des Kernquadrupolmomentes. So fanden A. H. SILVER und P. J. BRAY[2] an TiB_2 und ZrB_2 eine derartige sp^2-Hybride entsprechend einem graphitischen System mit π-Elektronen. Es wird aus diesen Messungen unmittelbar eine Polarität gemäß $Ti^{2+}(Zr^{2+})B_2^-$ gefolgert.

R. KIESSLING hat auf mehrere Metallborid-Strukturen PAULINGS Theorie angewendet, nach der eine Zunahme der Bindungsstärke von Mangan nach Nickel erwartet werden sollte. Tatsächlich sprechen aber die experimentellen Ergebnisse eindeutig für eine Abnahme in dieser Richtung. Dies wird überzeugend dargetan durch den Verteilungskoeffizienten des Metalls zwischen einer Bor-reichen und einer

----

[1] MUETTERTIS, E. L.: Z. Naturforschg. **12 b** (1957), S. 411/12.
[2] SILVER, A. H. u. P. J. BRAY: J. Chem. Phys. **33** (1960), S. 288/92.

Bor-armen Mn- bzw. Fe-B-Phase. Aus Abb. 12[1] kann man klar erkennen, daß die Bindungsstärke Metall-Bor beim Übergang von Mangan nach Nickel auffallend kleiner wird, da sich im anderen Falle das zugesetzte Metall (Fe, Co, Ni) in der Bor-reichen Mn-B- bzw. Fe-B-Phase anreichern müßte.

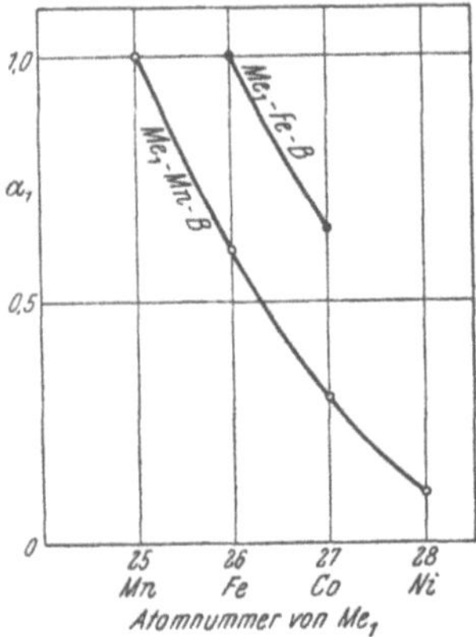

Abb. 12. Verteilungskoeffizient des Metalles in Abhängigkeit von der Atomnummer (G. Hägg u. R. Kiessling)

Die Methode der Verteilung von Legierungselementen zwischen metallischer und Metalloid-Phase gibt auch über die Bindungsstärke: Metall-Kohlenstoff Aufschluß. So verhält sich der entsprechende Verteilungskoeffizient von Chrom, Molybdän und Wolfram in Zementit bzw. in Ferrit wie 28 : 8 : 2. Das heißt, mit steigender Atomnummer nimmt die Bindung zwischen dem 6a Metall und Kohlenstoff ab. Daher reagiert Cr + WC zu Chromkarbid und Wolfram, was auch unmittelbar aus der chemischen Affinität ($\triangle G^0_{298}$-Werte bzw. deren Temperaturabhängigkeit) hervorgeht[2].

R. Kiessling hat das Problem der Bindung in Hartstoffen und verwandten Phasen, insbesondere auf Grund der Vorstellung von Einlagerungsstrukturen sowie im Hinblick auf die physikalischen Eigenschaften solcher Phasen diskutiert.

Ein starkes Argument für die Auffassung, wonach z. B. Monoboride, Mononitride und auch Silizide vom Typ M_5Si_3 eng mit dem metallischen Wirtgitter verwandt sind, ist der ähnliche Gang der Bindungsenergien M-X einerseits und der Sublimationswärme der Metalle andererseits. Diese hauptsächlich von L. Brewer und O. Krikorian ermittelten Größen lassen auch den auffälligen Unterschied gegenüber den Bindungsenergien bei typisch salzartigen Verbindungen, wie Dioxyde bzw. Dihalogenide, erkennen. Allerdings ergeben sorgfältige Messungen der Röntgen-Absorptionskante sowie des Form der Emissionslinien, die von der Natur des Bindungszustander beeinflußt werden, Hinweise, daß z. B. die Monokarbide viel ähnlicher dem Oxyd als dem Metall sind. So fanden H. Renner, G. Brauer und A. Faessler[3] im Falle von Nb_2C wohl Ähnlichkeit mit Niob-Metall, dagegen bei NbC eine solche mit Nb_2O_5. Zu analogen Ergebnissen ge-

---

[1] Hägg, G. u. R. Kiessling: J. Inst. Met. 81 (1952/53), S. 57/60.
[2] Vgl. Nowotny, H. u. A. Wittmann: Radex Rdsch. (1957), S. 693/707.
[3] Renner, H., G. Brauer u. A. Faessler: Z. Naturforschg. A 10 (1955), S. 171/72.

langen auch Z. J. VAJNSTEIN und E. A. ZURAKOVSKI[1] bei Titanboriden, -siliziden und -hydriden.

R. KIESSLING weist auf die metallischen Eigenschaften der Einlagerungsphasen besonders hin, wobei auf die hohe elektrische Leitfähigkeit und auf das magnetische Verhalten aufmerksam gemacht wird.

Tatsächlich leiten manche dieser Phasen besser den Strom als das jeweilige Metall; z. B. übertrifft die elektrische Leitfähigkeit des TiB_2 jene von Titan. Indessen sprechen die magnetischen Eigenschaften durchaus nicht immer für den typisch metallischen Charakter des Wirtmetalls; so sind ZrC und HfC diamagnetisch und überraschenderweise ist auch ein (Ti, Ta) C-Mischkristall (50 Mol%) diamagnetisch[2]. Auch die elektrische Leitfähigkeit von VC-haltigen Mischkarbiden sinkt sehr stark ab[3]. Schließlich zählen verschiedene Silizide zur Gruppe der Halbleiter wie z. B. $CrSi_2$[4] oder Silizide der 7a bzw. 8a Gruppe.

Ähnlich wie R. KIESSLING[5] gelangt auch D. A. ROBINS[6] zur Ansicht, daß der Kohlenstoff in den Karbiden als Elektronendonator fungiert und z. B. als C^+-Ion einen charakteristischen Einlagerungs-Baustein im metallischen Wirtgitter bildet. Einem derartigen Übergang würde eine Erhöhung der Bindungselektronen gleichkommen, die zwischen M- und M-Atomen wirksam sind. Die Stabilität der dichten Packung des Metallgitters läßt sich auf diese Weise verstehen. Eine Stütze erfährt diese Überlegung durch die Tatsache, daß die Aufrichtung der dichten Packung der Metalle in der 6a Gruppe wenig Kohlenstoff erfordert, während diese Anordnung in der 4a Gruppe ganz nahe an 50 At% C heranreicht.

Vorstellungen über das elektronische Kräftespiel in den zu den Diboriden verwandten *Disiliziden* sind in der Hauptsache von H. J. WALLBAUM[7] entwickelt worden. Übereinstimmend an den beiden Strukturklassen ist die Tatsache, daß auch bei den Siliziden die Si-Si-Bindungen in gut erkennbaren Silizium-Bauelementen vorliegen. Es zeichnen sich hier meist hexagonale Siliziumnetze (Waben)

---

[1] VAJNSTEIN, Z. J. u. E. A. ZURAKOVSKI: Izv. Akad. Nauk SSSR Chim. (1959), S. 1493/95.

[2] BITTNER, H. u. H. GORETZKI: Mh. Chem. **91** (1960), S. 616/19.

[3] RUDY, E. u. F. BENESOVSKY: Planseeber. Pulvermetallurgie **8** (1960), S. 72/82.

[4] Vgl. S. E. MAYER, A. I. MLAVSKY: In: H. C. GATOS: Properties of Elemental and Compound Semiconductors, Intersci. Publ. New York—London 1960, S. 261/74.

[5] KIESSLING, R.: Powder Met. (1959) Nr. 3, S. 177/80.

[6] ROBINS, D. A.: Powder Met. (1958), Nr. 1/2, S. 172/88.

[7] WALLBAUM, H. J.: Z. Metallkunde **33** (1941), S. 378/81.

ab und die Härte solcher Verbindungen spricht außerdem deutlich für das Vorhandensein stark gerichteter Kräfte.

Daß bei Boriden und Siliziden neben der M-X-Bindung die X-X-Wechselwirkung eine erhebliche Rolle spielt, erkennt man an manchen charakteristischen Beispielen. So spricht der bemerkenswert kurze Abstand zwischen zwei Silizium-Atomen in der Kette —Si — Si— bei ZrSi für ein diese Struktur stark stabilisierendes Bauelement. Wie H. Nowotny und E. Parthé[1] in einer allgemeinen Übersicht über Silizide hervorheben, ist dieser Abstand sogar beträchtlich kürzer als bei $ZrSi_2$, obwohl hier die mittlere Bausteingröße merklich kleiner ist. In Übereinstimmung damit steht die Tatsache, daß ZrSi ungleich stabiler ist als $ZrSi_2$ (vgl. Schmelzpunkte). Ähnliches gilt, wenn auch nicht so ausgeprägt, für CaSi und $CaSi_2$. Derartige Überlegungen haben jedoch nur qualitativen Charakter.

Eine Deutung des Bindungscharakters von $MoSi_2$ und WSi_2 geben H. Schenk und U. Dehlinger[2]. Diese Autoren berechnen die Atomfunktionen nach der Blochschen Methode, wobei sie von der Überlegung ausgehen, daß die Silizium-Atome in obigen Phasen die Lagen eines idealisierten Gallium-Gitters einnehmen. Danach sollen drei der vier Außenelektronen von Silizium die entsprechenden Atomfunktionen von Gallium im Gallium-Gitter besitzen, während das 4. Elektron die Molybdän-Atome bindet. Zwischen den Molybdän-Atomen soll die Bindung durch d-Elektronen allein bewerkstelligt sein.

Was die Bindungen in den Hartstoffen betrifft, so kann man aus der Gesamtheit aller vorliegenden Anschauungen und Hypothesen nur sagen, daß, ähnlich wie übrigens bei vielen Legierungsphasen, eine Überlagerung der möglichen Bindungsarten vorliegt; bei den verschiedenen Hartstoffphasen mag das Verhältnis der Anteile von heteropolarem, homöopolarem und metallischem Bindungstyp verschieden sein. Man kann ferner, wie bereits gesagt, als recht naheliegend annehmen, daß neben M-X-Bindungen auch X-X-Bindungen vorliegen können.

Dieser Sachverhalt kommt besonders deutlich in den metalloidstabilisierten Silizid-Phasen zum Ausdruck, welche binäre Phasen maskieren bzw. unterdrücken. Eine empirische Gesetzmäßigkeit für $M_5Si_3(X)$-Phasen vom $D 8_8$-Typ hat E. Parthé[3] aufgefunden. Ist N die Gruppennummer und K eine von der Periode (wenig) abhängige Konstante von etwa 4, so erhält man die für Stabilisierung der $D 8_8$-

---

[1] Nowotny, H. u. E. Parthé: Planseeber. Pulvermetallurgie **2** (1954), S. 34/56.

[2] Schenk, H. u. U. Dehlinger: Acta Met. **4** (1956), S. 7/14.

[3] Parthé, E.: Powder Met. Bull. **8** (1957), S. 23/34.

Phase notwendige Menge C an Kohlenstoff aus: $C = 25 \left(1 - \dfrac{K}{N}\right)$.

Ganz allgemein wächst die erforderliche Stabilisator-Menge mit der Periode und mit der Gruppennummer, ferner in der Reihenfolge O—N—C bzw. B. Das heißt, die stärker elektronegativen Elemente üben eine höhere Wirkung aus.

Man gewinnt trotzdem den Eindruck, daß eine einheitliche Erklärung über den elektronischen Aufbau der Hartstoffe nicht ohne weiteres möglich ist bzw. möglich sein wird, da sie, wie die verschiedenen Bauprinzipien der hier vorkommenden Stoffe zeigen, keine in allen Einzelheiten gemeinsamen Merkmale aufweisen.

C. Versuche zur Errechnung der Härte von Hartstoffen

Die Härte ist neben dem hohen Schmelzpunkt, den guten Warmfestigkeitseigenschaften, der Legierbarkeit mit den Eisenmetallen und der chemischen Beständigkeit, die für die Praxis wichtigste Eigenschaftsgröße metallischer Hartstoffe. Leider ist die Härte keine definierte physikalische Konstante[1]. Man versteht darunter den Widerstand, den ein Stoff dem Eindringen eines anderen Körpers entgegensetzt. Bei diesem Eindringen kann der Gitterverband des Stoffes zerstört (Ritzhärte) oder der Stoff kann plastisch und elastisch deformiert werden (Verformungshärte). Diese Härte wird bei der technischen Prüfung gewöhnlich bestimmt (Brinellhärte, Makro- und Mikro-Vickershärte, Rockwellhärte, Knoop-Mikrohärte). Es kann nicht genug betont werden, daß der eigentliche Eindringvorgang, aus dessen Ablauf man eine Härtezahl gewinnt, trotz seiner sehr einfachen Durchführbarkeit ein ungemein komplizierter Verformungsvorgang ist.

Die Härtebestimmung an Hartstoffen ist allerdings keineswegs einfach (vgl. Bd. Hartmetalle) und es hat daher nicht an Versuchen gefehlt, Vergleichswerte der Härte aus physikalischen Größen der Hartstoffkomponenten zu berechnen. Sofern eine solche Grundlage gefunden würde, wäre dies für die Praxis auch insofern von großem Interesse, als man die Möglichkeit hätte, die Härte neuer Hartstoffphasen vorauszusagen.

Sowohl Ritzhärte als auch Verformungshärte sind abhängig von Art und Größe der Bindungskräfte[2,3]. In den vorangehenden Ab-

[1] Späth, W.: Physik und Technik der Härte und Weiche. Springer-Verlag, Berlin 1940.

[2] Joos, G.: Mitt. dtsch. Akad. Luftfahrtf. 2 (1943), S. 213/20.

[3] O'Neill, H.: Metallurgia 29 (1944), S. 243/47.

schnitten wurden die modernen Theorien über die Bindung in metallischen Phasen im allgemeinen und in den Einlagerungsphasen im besonderen besprochen. Diese erlauben es zunächst noch nicht, Schlüsse auf Unterschiede in der Härte der verschiedenen Hartstoffphasen zu ziehen. Bei den reinen Metallen, insbesondere bei den hier interessierenden Übergangsmetallen der 4a bis 6a Gruppe des Periodensystems, stehen die Größenverhältnisse der Metallatome (Radien, Atomvolumina) in enger Beziehung zu den mechanischen Eigenschaften, darunter auch der Härte. Die kleinen Atomradien der Übergangsmetalle bedingen ein besonders dichtes Aufeinanderrücken der in der d-Schale nicht vollständig besetzten Metallatome und damit starke atomare Kräfte. Die für Metalle geltenden Anschauungen können hinsichtlich der Härte nicht ohne weiteres auf Hartstoffphasen übertragen werden. Eher kann man noch die Überlegungen von V. M. GOLDSCHMIDT[1] heranziehen; danach ist die „Härtezahl" für Salzkristalle:

$$H = s \cdot \frac{e_M \cdot e_X}{r^m}$$

s: Konstante, die den Strukturtyp charakterisiert
e_M, e_X: formale Valenzzahlen
r: Abstand M-X
m: ebenfalls vom Strukturtyp abhängige Größe

Es ergibt sich daraus, daß die Härte eindeutig mit dem Strukturtyp in Beziehung steht; es ist also nur ein Vergleich isotyper Gitter sinnvoll. Was die Bindungsart betrifft, so kann TiC rein formal als Endglied der isotypen Reihe mit B 1-Typ: KF $\rightarrow$ CaO $\rightarrow$ ScN $\rightarrow$ TiC aufgefaßt werden.

Dichter gepackte Strukturen sind bei gleichem Abstand härter als weniger hoch koordinierte Gitter, ebenso dürften kubische Gitter — gleiche Abstände und Koordination vorausgesetzt — härter sein als nicht kubische. Der Einfluß des Abstandes geht bei ähnlichem Aufbau klar aus der Reihe: Diamant $\rightarrow$ Siliziumkarbid $\rightarrow$ Titankarbid $\rightarrow$ Silizium hervor, worauf G. JOOS[2] hingewiesen hat.

Für Hartstoffphasen wurde von O. MEYER und W. EILENDER[3] versucht, auf Grund der früheren Ansätze von H. BOTTONE[4] und anderen[5,6], sowie von E. FRIEDERICH[7] aus Mol.-Volumen und Wertig-

[1] GOLDSCHMIDT, V. M.: Z. techn. Physik 8 (1927), S. 251/64.

[2] JOOS, G.: Mitt. dtsch. Akad. Luftfahrtf. 2 (1943), S. 213/20.

[3] MEYER, O. u. W. EILENDER: Arch. Eisenhüttenwes. 11 (1938), S. 545/62.

[4] BOTTONE, H.: Chem. News 27 (1873), S. 215.

[5] BENEDICKS, C.: Z. physik. Chem. 36 (1901), S. 529/38.

[6] RYDBERG, J. R.: Z. physik. Chem. 33 (1900), S. 353/59.

[7] FRIEDERICH, E.: Fortschr. Chem. Phys. u. phys. Chem. 18 (1926), Nr. 12, S. 5/44.

keit Härtezahlen von Karbiden und Nitriden zu errechnen. Die beiden Autoren versuchten bereits, auch die molekulare Volumenverminderung (Volumendefekt), welche bei der Bildung von Einlagerungsphasen auftritt, für die rechnerische Ermittlung der Härtewerte heranzuziehen. H. KRAINER und K. KONOPICKY[1] ermittelten einen linearen Zusammenhang zwischen dem Volumendefekt bei Karbiden und der Kompressibilität der metallischen Komponente, welcher aber mit der Härte nicht symbat geht. Nach dem Volumendefekt (Kompressibilität) sollte die Reihung in der Härte: ZrC-TiC-VC-NbC-TaC sein, was aber dem tatsächlichen Mikrohärteverlauf nicht voll entspricht; nach diesem müßte ZrC vor oder nach VC eingereiht werden.

Für den Zusammenhang zwischen mechanischen Größen und strukturellen bzw. thermischen Daten hat R. BORN[2] eine Beziehung gefunden, in der die Zerreißfestigkeit eine lineare Funktion der Schmelzwärme ist. Daß die Verhältnisse beim Schmelzen und bei der Verformung sehr verwandt sind, zeigt der Mechanismus des Schmelzens bzw. Gleitens. In beiden Fällen kommt es auf eine gegenseitige Verschiebung von benachbarten Atomschichten an. Da die Härte einen Grenzwert des Verformungswiderstandes darstellt, der von der Größe desselben und vom Verfestigungsverlauf abhängt, sollte auch ein Zusammenhang zwischen Härte und Schmelzwärme bestehen. Bei dem Versuch, einen solchen Ansatz zu finden, dürfte es besonders vorteilhaft sein, die Mikrohärte heranzuziehen, da diese erlaubt, Vergleichswerte an möglichst fehlerfreien Kristallindividuen zu bestimmen. Die Größe des Verformungswiderstandes ist in erster Linie abhängig von der Bindungsart und der Gitterstruktur. Eine kennzeichnende Zahl für den Schmelzvorgang ist die Frequenz ν der LINDEMANN-Formel. Diese kann nach H. NOWOTNY[3] als Maß für den Widerstand gegen Verschiebung von Bauelementen gegeneinander — sowohl durch innere (thermische) als auch äußere (mechanische) Energie — aufgefaßt werden.

Wenn also ν proportional H ist, dann gilt:

$$H = \text{Konst.} \sqrt{\frac{T_s - T}{M \cdot V^{2/3}}}$$

H = Härte
T_S = Schmelztemperatur °K

---

[1] KRAINER, H. u. K. KONOPICKY: Berg- u. Hüttenmänn. Mh. **92** (1947), S. 166/78.

[2] BORN, R.: Nature **145** (1940), S. 741/42.

[3] NOWOTNY, H. u. F. VITOVEC: 1. Plansee Seminar, Reutte/Tirol 1952, S. 39/48.

$$T = \text{Prüftemperatur } °K$$
$$M = \text{Mol.-Gewicht}$$
$$V = \text{Mol.-Volumen}$$

Bei der Anwendung der Formel auf reine Metalle zeigt sich ein überraschend ähnlicher Gang zwischen Härte und Frequenzfaktor.

In Zahlentafel 10 sind nun verschieden errechnete Härtezahlen von Karbiden der Metalle der 4 a bis 6 a Gruppe des Periodensystems, ergänzt durch Werte für Diamant, Siliziumkarbid und Borkarbid, zusammengefaßt und experimentell bestimmten Mikrohärtewerten

Zahlentafel 10. *Berechnete und gefundene Härte von Karbiden*

Karbid	Schmelzpunkt °K	Mikrohärte (50 g Belastung)	Atomkonzentration nach H. BOTTONE H_1 [1]	Errechnete Härten nach E. FRIEDERICH		Frequenzfaktor ν nach H. NOWOTNY
				H_2 [2]	H_3 [3]	
Titankarbid TiC ..	3400	3200	0,167	33,3	4,84	5,6
Zirkoniumkarbid ZrC	3800	2600	0,134	26,8	—	4,2
Vanadinkarbid VC	3100	2800	0,166	33,4	4,85	5,3
Niobkarbid NbC ..	3730	2400	0,144	36,4	—	3,8
Tantalkarbid TaC .	4150	1800	0,15	29,01	4,41	3,4
Chromkarbid Cr_3C_2	2170	1300	0,177	28,6	—	—
Molybdänkarbid Mo_2C	2960	1500	0,129	17,2	—	—
Wolframkarbid WC	3140	2400	0,160	32,0	—	—
Wolframkarbid W_2C	3000	3000 (W_2C-WC)	0,136	19,1	—	—
Diamant.........	3970	8000	0,293	117,0	6,97	—
Borkarbid	2720	3700	0,227	13,3	—	—
Siliziumkarbid....	2450	3500	0,167	32,3	4,75	—

[1] $H_1 = \dfrac{d \cdot Z}{M}$

(d = Dichte
Z = Zahl der Atome
M = Molekulargewicht)

[2] $H_2 = \dfrac{W \cdot d}{M}\, 100$

(W = Wertigkeit
d = Dichte
M = Molekulargewicht)

[3] $H_3 = {}^2/_3 \cdot \dfrac{W^2}{\left(\dfrac{M}{2d}\right)^{2/3}}$

gegenübergestellt. Man sieht, daß sich nach den Ansätzen von H. BOTTONE bzw. E. FRIEDERICH keine Übereinstimmung im Gang feststellen läßt. Die von H. NOWOTNY vorgeschlagenen Werte für den Frequenzfaktor zeigen demgegenüber für isotype, gleichartig gebundene Monokarbide eine gute Parallelität mit der Härtereihung. Die LINDEMANN-Formel erklärt hiermit auch die abnehmende Härte bei steigenden Schmelzpunkten in den Monokarbidreihen TiC-ZrC-HfC bzw. VC-NbC-TaC, bei welchen gleiche Struktur und praktisch gleiche Natur der Bindungskräfte vorliegt.

Zu einem ähnlichen Schluß gelangt man auf Grund der charakteristischen Temperatur θ (man beachte: $h\nu = k\theta$), die S. M. NIKOLAJEVA und J. S. UMANSKI[1] als Maß für die interatomare Bindung heranziehen. Diese Autoren, welche die charakteristische Temperatur durch ein röntgenographisches Verfahren ermitteln, finden im Falle von TiC eine deutliche Abnahme derselben für TiC (30 At.% C) gegenüber dem vollkarburierten TiC. Der Rückgang von θ geht mit dem Absinken der Härte in Richtung des Kohlenstoff-Defektes parallel. Gleichzeitig wird die Zahl der statistischen Baufehler erhöht.

Einwände gegen die oben angegebene Frequenz-Formel werden von J. H. WESTBROOK[2] erhoben. Insbesondere wird die experimentell gefundene Temperaturabhängigkeit der Härte von TiC nur unzureichend durch den Ausdruck $(T_S - T)^{1/2}$ wiedergegeben. Aber auch Exponentialfunktionen, gemäß: $H = A\,e^{-BT}$ bzw. zwei oder mehr in verschiedenen Temperaturbereichen wirkende Mechanismen ($A'e^{-B'T}$; $A''e^{-B''T}$) wie sie gelegentlich vorgeschlagen werden[3,4], geben keine befriedigende Erklärung bei obigem Monokarbid. Schließlich wird auch für HfC eine relativ hohe Härte von 2700 kg/mm² (Mikrohärte) angegeben[5], die sich nicht in die Beziehung der übrigen Monokarbide einreiht.

Eine empirische Korrelation zwischen der Mikrohärte von Karbiden und dem Verhältnis der Schmelztemperaturen von Karbid und Metall geben G. A. MEERSON und J. S. UMANSKI[6]. Man erhält hierbei jedoch nur eine halbquantitative Deutung der Verhält-

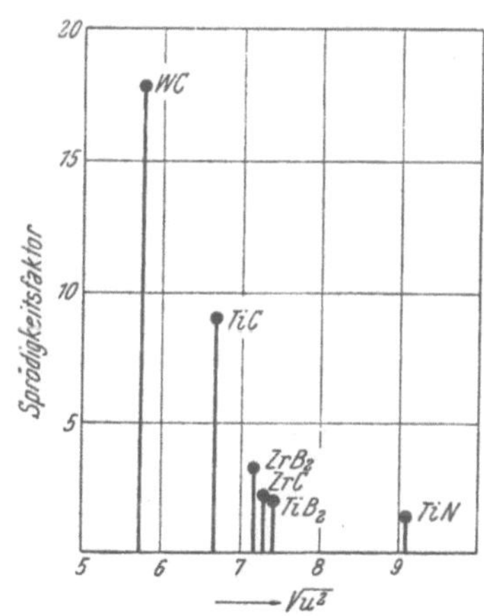

Abb. 13. Sprödigkeitsfaktor für Hartstoffe (V. S. NESCHPOR u. G. V. SAMSONOV)

[1] NIKOLAJEVA, S. M. u. J. S. UMANSKI: Izv. Akad. Nauk SSSR., Sekt. Fiz. 20 (1956), S. 631/35.

[2] WESTBROOK, J. H.: Acta Met. 3 (1955), S. 104/06.

[3] SCHWAB, G. M.: 1. Plansee Seminar, Reutte/Tirol 1952, S. 49/63.

[4] WESTBROOK, J. H.: Trans. Am. Soc. Met. 45 (1953), S. 221/43.

[5] DONEY, L. M.: Proc. Electrochem. Soc., Wrightsville Beach, Sept. 1953.

[6] MEERSON, G. A. u. J. S. UMANSKI: Izv. Sekt. Fiz. Chim. Anal. 22 (1952) S. 104/10.

nisse. In jedem Falle aber liegen die Werte T_{Karbid}/T_{Metall} bei TiC und ZrC am höchsten, ähnlich wie die Härten, während sich bei Mo_2C und WC kleinere Verhältnisse ergeben, in Übereinstimmung mit den niedrigeren Härtewerten. Eine strenge Gesetzmäßigkeit besteht jedoch nicht; eine solche ergibt sich auch nicht, wenn man die freien Bildungsenthalpien mit den Härtewerten vergleicht.

Einen neuen Faktor für die Sprödigkeit von Hartstoffphasen führen G. V. Samsonov und V. S. Neschpor[1] ein. Dieser Sprödigkeitsfaktor ist um so größer, je kleiner die Amplitude der Wärmeschwingung ist, wie Abb. 13 zeigt[2].

III. Die Karbide

Die im Periodensystem auftretenden Kohlenstoffverbindungen sind in einer Übersicht in Zahlentafel 11 zusammengestellt. Diese Tafel fußt auf Angaben auf G. Jander und H. Spandau[3] und wurde in vielen Punkten ergänzt. Die Lage der hochschmelzenden metallischen Karbide der 4a bis 6a Metalle ist besonders hervorgehoben, ebenso die der nichtmetallischen „diamantartigen" Hartstoffe. Die Karbide der Metalle der 1. bis 3. Gruppe haben salzartigen Charakter. Bei den Karbiden der Lanthaniden und Actiniden treten bei niedrigen Kohlenstoffgehalten metallische, bei hohen salzartige Eigenschaften auf. Eine ähnliche Übergangsstellung nehmen die Karbide der Metalle der 7. und 8. Gruppe ein. Die Platinmetalle bilden keine Karbide. Die Karbide der 6b und 7b Elemente sind sogar flüssig oder gasförmig.

Von den zu besprechenden Hartstoffen haben die Metallkarbide der 4a, 5a und 6a Gruppe des Periodensystems weitaus die größte technische Bedeutung. Es wird daher mit der Behandlung dieser Hartstoffgruppen begonnen. Bevor auf die Einzelkarbide und ihre Eigenschaften eingegangen wird, sollen zunächst zusammenfassend die verschiedenen, aber allgemein gültigen Herstellungsmöglichkeiten derselben besprochen werden.

A. Die Herstellung der Karbide

Ganz allgemein lassen sich Karbide durch Einwirkung von Kohlenstoff und Kohlenstoffverbindungen auf Metalle oder Metallverbin-

---

[1] Samsonov, G. V. u. V. S. Neschpor: Dokl. Akad. Nauk SSSR **104** (1955), S. 405/08.

[2] Neschpor, V. S. u. G. V. Samsonov: Fiz. Metallov Metalloved. **4** (1957), S. 181/83.

[3] Jander, G. u. H. Spandau: Kurzes Lehrbuch der anorganischen und allgemeinen Chemie. Springer-Verlag, Berlin 1960, S. 258.

Zahlentafel 11. *Auftreten von Kohlenstoffverbindungen im Periodensystem*

1a	2a	3a	4a	5a	6a	7a	8			1b	2b	3b	4b	5b	6b	7b	0
H_4C																	—
Li_2C_2	Be_2C											B_4C	C	$(NC)_2$	*** OC O_2C	F_4C	—
Na_2C_2	Mg_2C_8 MgC_2											Al_4C_3	SiC	P_2C_6	S_2C	Cl_4C	—
z. B. KC_8 KC_{60}	CaC_2	ScC	TiC	V_2C VC	$Cr_{23}C_6$ Cr_7C_3 Cr_3C_2	$Mn_{22}C_6$ Mn_3C Mn_5C_2 Mn_7C_3	Fe_3C Fe_2C	Co_3C Co_2C	Ni_3C	Cu_2C_2	ZnC_2			As_2C_6	Se_2C	Br_4C	—
z. B. RbC_8 RbC_{60}	SrC_2	YC Y_2C_3 YC_2	ZrC	Nb_2C Nb_3C_2 NbC	Mo_2C Mo_3C_2 MoC					Ag_2C_2	CdC_2				Te_2C	J_4C	—
CsC_8	BaC_2	La_2C_3* LaC_2	HfC	Ta_2C Ta_3C_2 TaC	W_2C W_3C_2 WC					Au_2C_3	HgC_2						—

	3a	4a	5a	6a	7a							
*	CeC Ce_2C_3 CeC_2	PrC_2 Pr_2C_3	NdC_2 Nd_2C_3	PmC_2	Sm_3C Sm_2C_3 SmC_2	Gd_3C Gd_2C_3 GdC_2	Tb_3C Tb_2C_3 TbC_2	Dy_3C Dy_2C_3 DyC_2	Ho_3C Ho_2C_3 HoC_2	Er_3C ErC_2	Tm_3C TmC_2	Yb_3C YbC_2	Lu_3C LuC_2
**	ThC ThC_2	PaC_2	UC U_2C_3 UC_2	NpC Np_2C_3 NpC_2	PuC Pu_2C_3 PuC_2								

*** In dieser und in den späteren Übersichtstafeln wurde aus Gründen der Einheitlichkeit die etwas ungewöhnliche Formelschreibweise gewählt.

dungen bei entsprechend hoher Temperatur, zweckmäßig unter Schutzgas, herstellen. Dabei ist die Erzeugung vorzugsweise nach folgenden sechs Wegen möglich:

1. Die Herstellung im Schmelzfluß.

2. Die Karburierung* der pulverförmigen Metalle, Metallhydride oder Oxyde mit festem Kohlenstoff.

3. Die Karburierung der pulverförmigen Metalle, Metallhydride oder Oxyde mit kohlenstoffenthaltenden Gasen, gegebenenfalls unter Zusatz von festem Kohlenstoff.

4. Die Abscheidung aus der Gasphase (Aufwachsverfahren).

5. Die chemische Isolierung aus aufgekohlten Ferrolegierungen bzw. Metallbädern.

6. Die Abscheidung durch Elektrolyse entsprechender Salzschmelzen.

Die den verschiedenen Verfahren zugrundeliegenden schematischen Reaktionsgleichungen sind der Zahlentafel 12 zu entnehmen.

Zahlentafel 12. *Verfahren zur Herstellung von Karbiden*

Verfahren	Reaktionsschema
Synthese aus den Komponenten	
a) durch Schmelzen	$Me(H) + C \rightarrow MeC + (H_2)$
b) durch Sintern	$MeO + C \rightarrow MeC + (CO)$
Karburierung mit Kohlenstoff	$Me + C_xH_y \rightarrow MeC + (H_2)$
enthaltenen Gasen	$Me + CO \rightarrow MeC + (CO_2)$
Abscheidung aus der Gasphase	$Me\text{-Halogenid} + C_xH_y + H_2 \rightarrow$
	$MeC + (Halogenwasserstoff) + (C_mH_n) +$
	$+ (H_2)$
	$Me\text{-Carbonyl} + H_2 \rightarrow$
	$MeC + (CO, CO_2, H_2, H_2O)$
Umsetzung in Metallschmelzen	$(Fe) + Me + C \rightarrow MeC + (Fe)$
Chemische Isolierung der Karbide	$(Ni) + Me_1 + Me_2 + C \rightarrow$
und Karbidmischkristalle	$(Me_1, Me_2)\, C + (Ni)$
Schmelzflußelektrolyse	$MeO + Alkalikarbonat +$
	$+ Alkaliborat + Alkalifluorid \rightarrow$
	$MeC + (Alkali\text{-}Bor\text{-}Fluor\text{-}Gemenge) + (O_2)$

1. Die Herstellung im Schmelzfluß

Die Bildungstemperaturen und Schmelzpunkte der Hartkarbide sind so hoch, daß die Herstellung auf dem Schmelzwege nur im elektrischen Lichtbogen-, Kohlerohrkurzschluß- oder im Hoch-

---

* Da die Ausdrücke „Karburieren" und „Nitrieren" eine mehrfache technische Bedeutung haben, wurden von anderer Stelle (G. BRAUER) die Ausdrücke „Karbidisieren" bzw. „Nitridieren" vorgeschlagen. Wir wollen aber in diesem Buche an den älteren Begriffen festhalten.

frequenzofen möglich ist. Da zur Erzeugung geschmolzener Körper Temperaturen zwischen 2500 und 4000° erforderlich sind und diese schwer zu beherrschenden Temperaturen bereits über dem Zersetzungspunkt einiger Karbide liegen, erhält man oft Gemische aus Karbid, Metall und elementarem Kohlenstoff. Man zieht daher heute

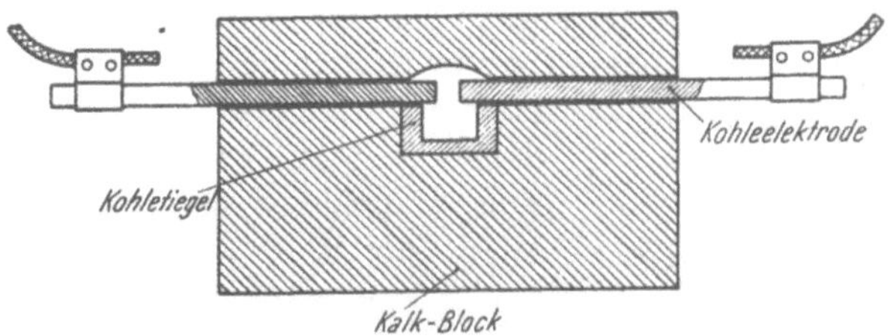

Abb. 14. MOISSAN-Lichtbogenofen zum Schmelzen von Karbiden, schematisch

die Gewinnung der Karbide im festen pulverförmigen Zustand bei Temperaturen zwischen 1500 und 2000° vor. Lediglich geschmolzenes Wolframkarbid hat sich in Form von Auftropflegierungen für verschleißfeste Teile behauptet. Trotz dieser begrenzten praktischen Anwendung soll auch auf die Schmelzmethode zur Gewinnung von Karbiden näher eingegangen werden, denn es handelt sich um die klassische Weise, nach der H. MOISSAN[1] die meisten Karbide erstmalig herstellte. In Ermangelung der reinen Metalle ging er von den betreffenden Oxyden aus, mischte diese mit feinpulverisierter Zuckerkohle, verpreßte sie unter Zusatz von etwas Terpentinöl zu Pastillen und erhitzte in einem offenen Kohletiegel im elektrischen Lichtbogen bis zum Schmelzen. Abb. 14 zeigt im Schnitt schematisch einen Original MOISSAN-Ofen. Beim verbesserten Ofen von SIEMENS (Abb. 15) bildet der Kohletiegel, in welchen Pastillen oder auch die pulverförmigen Gemische portionsweise eingebracht werden, die eine

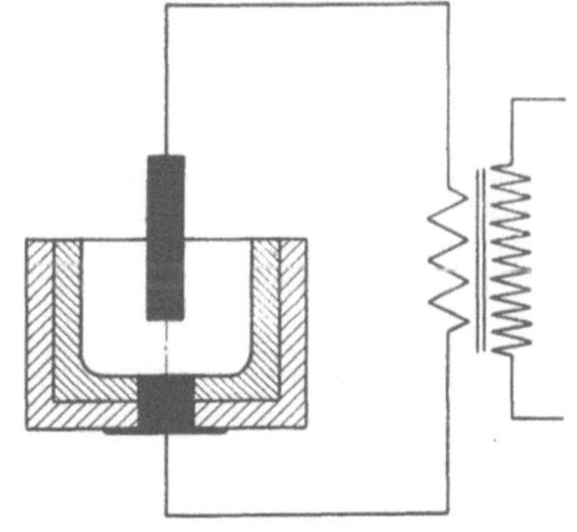

Abb. 15. SIEMENS-Lichtbogenofen, schematisch

Elektrode, während der zentrisch geführte Kohlestab, welcher in dem Maße, als das Karbid schmilzt, aufgehoben wird, als Gegenelektrode dient. Je nach der Schmelztemperatur sind Ströme von 70 bis 100 V und 400 bis 1000 A erforderlich.

---

[1] MOISSAN, H.: Der elektrische Ofen, übersetzt von T. ZETTEL, M. KRAYN, Berlin 1900.

Weitere, häufig zur Karbidherstellung angewandte Ofentypen sind die COWLES- und ACHESON-Öfen[1]. Bei diesen wird das Reaktionsgemisch zwischen zwei einander gegenüberstehenden Kohleelektroden aufgeschichtet. Das Gemisch bildet einen elektrischen Leiter von hohem Widerstand und erhitzt sich nach Einschalten des Stromes so hoch, daß es zum Schmelzen kommt[2].

Die Umsetzungen, welche sich bei der Reaktion im Karbidofen abspielen, sind verhältnismäßig verwickelt. Das Oxyd wird zuerst vom Kohlenstoff zum Metall reduziert und dieses verbindet sich mit dem überschüssigen Kohlenstoff zu Karbid, welches, sofern die Temperatur ausreicht und keine neuerliche Zersetzung eintritt, schmilzt. Oft, z. B. beim Titankarbid, tritt intermediär das Metall nicht in Erscheinung. Man erhält das Karbid in Form eines Regulus von kristallinischer Struktur, frei von unverbundenem Metall. Fast immer ist allerdings Kohlenstoff in Form von Graphit zugegen.

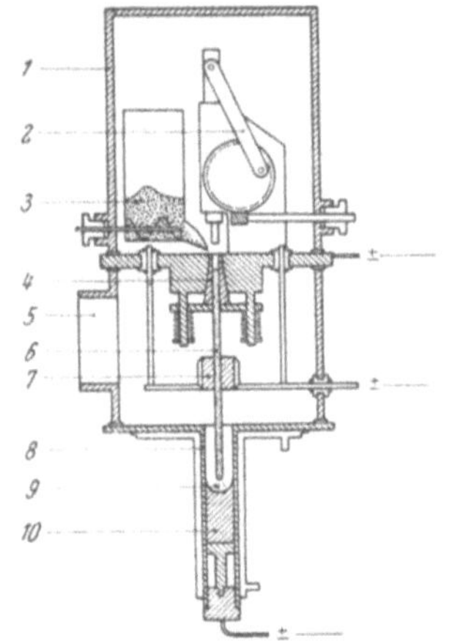

Abb. 16. Vakuum-Lichtbogen-Schmelzanlage nach R. M. PARKE und J. L. HAM. *1* Vakuumgefäß. *2* Kolbenantrieb mit Zufuhr. *3* Pulvervorrat. *4* Matrize. *5* Vakuumansatz. *6* Gepreßter Stab. *7* Sinterzone. *8* Wassergekühlte Form. *9* Lichtbogen. *10* Erschmolzenes Karbid

Durch Schmelzen haben H. MOISSAN sowie seine Schüler und andere Forscher, zum Teil erstmalig, die hier interessierenden Karbide des Titans[3], Zirkoniums[4], Vanadins[5], Chroms[5], Molybdäns[6] und Wolframs[7] aus ihren Oxyden hergestellt.

Heute ist es natürlich auch möglich, von den reinen, pulverförmigen Metallen auszugehen und diese mit Kohlenstoff gemischt niederzuschmelzen, oder auf anderem Wege bereits vorgebildete Karbide als Einsatz zu verwenden. Man kann dazu Lichtbogenschmelzeinrichtungen, wie sie für das Schmelzen von hochschmelzenden Legierungen und der Metalle Titan, Zirkonium, Tantal, Niob, Molyb-

[1] HÖNIGSSCHMID, O.: Karbide und Silizide, W. Knapp, Halle/Saale 1914.

[2] Vgl. auch die sehr eingehende Ausführung über Hochtemperaturöfen von A. DAMIENS u. A. MORETTE in P. LEBEAU: Les hautes températures et leurs utilisation en chimie. Masson Paris 1950, Bd. 1, S. 507ff., S. 525/30.

[3] MOISSAN, H.: Compt. Rend. **120** (1895), S. 290/96.

[4] TROOST, L.: Compt. Rend. **116** (1893), S. 1227/30.

[5] MOISSAN, H.: Compt. Rend. **122** (1896), S. 1297/1302.

[6] MOISSAN, H.: Compt. Rend. **120** (1895), S. 1320/26.

[7] MOISSAN, H.: Compt. Rend. **123** (1896), S. 13/16, **125** (1897), S. 839/44.

dän und Wolfram entwickelt wurden, benützen. Abb. 16 zeigt schematisch eine derartige, von der Climax Molybdenum Co. entwickelte Schmelzanlage nach R. M. PARKE und J. L. HAM[1].

Besonders für das Erschmelzen reiner Karbidpräparate, beispielsweise bei Systemuntersuchungen, wurde in letzter Zeit auch der KROLLsche Lichtbogenofen von zahlreichen Forschern (Abb. 17) herangezogen. Die Probepastillen werden in näpfchenförmigen Vertiefungen einer wassergekühlten Kupferplatte mittels einer Wolframelektrode im Vakuum oder in Argonatmosphäre niedergeschmolzen. So wurden beispielsweise Präparate in den SystemenTi-C[2,3], V-C[4], Nb-C[5], Ta-C[5] und U-C[6-14] hergestellt.

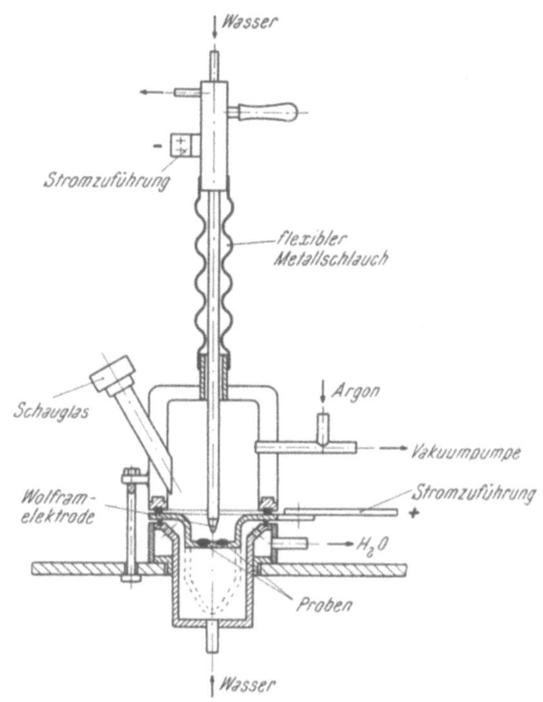

Abb. 17. Kleine Lichtbogenschmelzeinrichtung nach KROLL für das Niederschmelzen von Knopfproben

[1] PARKE, R. M. u. J. L. HAM: Am. Inst. Min. Met. Eng., Techn. Publ. Nr. 2052 (1946).

[2] CADOFF, I. u. J. P. NIELSEN: J. Metals 5 (1953), S. 248/52.

[3] CADOFF, I., J. P. NIELSEN u. E. MILLER: 2. Plansee Seminar, Reutte/ Tirol 1955, S. 50/55.

[4] ROSTOKER, W. u. A. YAMAMOTO: Trans. Am. Soc. Met. 46 (1954), S. 1136/63.

[5] POCHON, M. L. u. a.: In: Reactive Metals, Intersci. Publ. New York 1959, Vol. 2, S. 327/47.

[6] MALLETT, M. W., A. F. GERDS u. H. R. NELSON: J. Electrochem. Soc. 99 (1952), S. 197/204.

[7] KALISH, H. S., F. E. BOWMAN u. J. CRANE: NYO 2684 (1959).

[8] ROUGH, F. A. u. W. CHUBB: BMI 1370 (1959).

[9] GRAY, R. J., W. C. THURBER u. C. K. H. DuBOSE: Metal Progress 74 (1958), Nr. 1, S. 65/70, ORNL 2446 (1958).

[10] SECREST, A. C., E. L. FOSTER u. R. F. DICKERSON: BMI 1309 (1959).

[11] AUSTIN, A. E. u. A. F. GERDS: BMI 1272 (1958).

[12] SMITH, C. A. u. F. ROUGH: NAA SR 3625 (1959).

[13] THURBER, W. C. u. R. J. BEAVER: ORNL 2618 (1959).

[14] TRIPLER, A. B., M. J. SNYDER u. W. H. DUCKWORTH: BMI 1383 (1959).

Während die Herstellung von Schmelzkarbiden, die als Ausgangsstoffe für die Erzeugung von Sinterhartmetallen dienen sollen, keine technische Bedeutung hat, wird geschmolzenes Wolframkarbid, wie oben gesagt, für Auftropflegierungen mit Zusätzen von Molybdän, Chrom, Eisen, Kobalt u. a. in geeigneten Kohlerohrkurzschlußöfen von der Art des kippbaren TAMMANN-Ofens oder in vertikalen Hochfrequenzöfen im großen hergestellt. Auf weitere technische Einzelheiten moderner Karbid-Schmelzverfahren wird auf S. 186 eingegangen.

2. Karburierung der pulverförmigen Metalle oder Oxyde mit festem Kohlenstoff

Da die meisten Metalle und deren Oxyde bereits weit unterhalb ihres Schmelzpunktes mit Kohlenstoff reagieren, können die Karbide in reiner und unzersetzter Form schon bei Temperaturen von etwa 1200 bis 2200° hergestellt werden[1, 2, 3]. Dieses Verfahren ist heute bei den Hartmetallerzeugern am gebräuchlichsten und wird auch für die großtechnische Herstellung von Wolfram-, Titan-, Molybdän-, Tantal-, Vanadinkarbid und andere für die Sinterhartmetallherstellung wichtigen Karbide benützt. Man geht von den reinen pulverförmigen Metallen oder deren Oxyden, in Sonderfällen von den Hydriden aus. Der Kohlenstoff wird als feingemahlene Zuckerkohle, am zweckmäßigsten jedoch in Form von ungeglühtem oder geglühtem Flammruß eingesetzt. Die Metall(-hydrid)-Kohle- oder Metalloxyd-Kohle-Gemenge werden in Kugelmühlen innig trocken oder naß gemischt. Bei Metall-Kohle-Gemengen muß man, wegen des Restsauerstoffes in den Metallpulvern und wegen des Kohlenstoffabbrandes durch die Schutzgasatmosphäre, 5 bis 10% über dem theoretisch notwendigen Gehalt an Kohlenstoff einsetzen. Bei Metalloxyd-Kohle-Gemischen genügen — je nach der Mitwirkung des gebildeten Kohlenoxyds und des verwendeten Schutzgases — für die Reaktion 80 bis 90% des auf CO berechneten Kohlenstoffes. Die Erhitzung des Reaktionsgemisches wird in einer oder mehreren Karburierungsstufen in elektrisch beheizten, seltener gasbeheizten Öfen vorgenommen. Neben kontinuierlich arbeitenden Sintertonerde-Rohröfen und Kohlerohr-Widerstandsöfen, Durchsatzöfen mit Molybdänheizleitern sowie vertikalen 3-Phasen-Kohlegrieß-Öfen sind auch diskontinuierlich arbeitende Hochfrequenzöfen mit Graphittiegeln in Verwendung (vgl. Bd. Hartmetalle). Als Schutzgas können Wasserstoff, Kohlenoxyd, Methan und

---

[1] RUFF, O. u. R. WUNSCH: Z. anorg. allg. Chem. **85** (1914), S. 292/328.
[2] FRIEDERICH, E. u. L. SITTIG: Z. anorg. allg. Chem. **144** (1925), S. 169/89.
[3] AGTE, C. u. K. MOERS: Z. anorg. allg. Chem. **198** (1931), S. 233/43.

Gemische dieser Gase sowie generatorgasähnliche Gemenge und gespaltenes Ammoniak verwendet werden, falls keine Nitridbildung, wie z. B. bei WC und Mo_2C, zu befürchten ist. Durch Zusatz von Kohlenwasserstoffen, Halogenwasserstoffen, Chlorkohlenwasserstoffen zum Wasserstoff wird die Reaktion im Falle von Titan und wahrscheinlich auch von Zirkonium, Vanadin, Niob, Tantal und Chrom beschleunigt, so daß die Reaktionstemperatur herabgesetzt werden kann[1,2]. Bei Molybdän und Wolfram ist dagegen keine nennenswerte Beschleunigung zu erwarten.

Im wesentlichen spielt sich die Umsetzung schematisch nach folgenden Hauptreaktionen

$$Me(H) + C \rightleftharpoons MeC^* + (H_2) \tag{1}$$
$$MeO + 2\,C = MeC + CO \tag{2}$$

bzw. bei niedriger Reaktionstemperatur auch nach der Formel

$$2\,MeO + 3\,C = 2\,MeC + CO_2 \tag{3}$$

ab.

Nach E. FRIEDERICH und L. SITTIG[3], welche die Bildung der Karbide im Porzellan- oder Wolframrohrofen vornahmen, tritt die Reduktion der meisten in Betracht kommenden Oxyde der 4a und 5a Metalle erst bei so hoher Temperatur ein, daß der Kohlenstoff in Form von Kohlenoxyd austritt. Die erforderliche Menge Kohlenstoff kann also ziemlich genau berechnet werden.

Über die Gasphase spielen sich demnach die Reaktionen

$$MeO + 3\,CO \rightleftharpoons MeC + 2\,CO_2 \tag{4}$$
$$Me + 2\,CO \rightleftharpoons MeC + CO_2 \tag{5}$$

sowie die Regeneration der Kohlensäure

$$CO_2 + C \rightleftharpoons 2\,CO$$

ab.
$$\tag{6}$$

C. AGTE und K. MOERS[4] beobachteten, daß man beim Karburieren von Metalloxyden in Graphitrohöfen 15 bis 20% unterhalb der theoretisch zuzumischenden Kohlenstoffmenge bleiben kann.

---

[1] HÜTTIG, G. F., V. FATTINGER u. K. KOHLA: Powder Met. Bull. 5 (1950), S. 30/37.

[2] FATTINGER, V.: In: The Physics of Powder Metallurgy, McGraw Hill, New York 1951, S. 295/301.

[3] FRIEDERICH, E. u. L. SITTIG: Z. anorg. allg. Chem. 144 (1925), S .169/89.

[4] AGTE, C. u. K. MOERS: Z. anorg. allg. Chem. 198 (1931), S. 233/43.

* Ein Karbidzerfall tritt nur nahe oder oberhalb des Schmelzpunktes der Karbide ein.

Den restlichen Kohlenstoff liefern Kohlenwasserstoffe, welche sich durch Reaktion des Wasserstoffschutzgases an den heißen Ofenwänden, z. B. nach der Gleichung $C + 2 H_2 \rightleftharpoons CH_4$ bilden. Neben der Hauptreaktion in fester Phase tritt eine Aufkohlung aus der Gasphase, z. B.

$$Mc + CH_4 \rightleftharpoons MeC + 2 H_2 \qquad (7)$$
$$MeO + CH_4 \rightleftharpoons MeC + H_2 + H_2O \quad . \qquad (8)$$

als Nebenreaktion auf, welche den Ablauf der Umsetzung nicht unerheblich beschleunigen kann. Der Wasserstoff selbst kann eine Reduktion zu niedrigeren Oxyden etwa nach den Gleichungen

$$MeO_2 + H_2 \rightleftharpoons MeO + H_2O \text{ oder} \qquad (9)$$
$$Me_2O_5 + 2 H_2 \rightleftharpoons Me_2O_3 + 2 H_2O \qquad (10)$$

bewirken. Bei der Umsetzung im Vakuumofen oder unter Wasserstoffunterdruck wird man vorzugsweise nach Reaktion 1 und 2 verfahren. Die Reaktionen 4 und 5 über die Gasphase treten nicht in nennenswertem Ausmaße ein.

Der Ablauf der Karburierungsreaktion kann außer durch die unmittelbar an der Reaktion teilnehmenden Gase, wie z. B. CH_4, CO, Propan u. a. auch durch Zusätze von geringen Mengen Chlor, Halogenwasserstoffen oder Chlorkohlenstoffenwasser zur Gasatmosphäre bzw. festes Polyvinylchlorid beeinflußt werden. Diese Stoffe können andere Reaktionen in geringem Ausmaß induzieren, welche den eigentlichen Hauptvorgang der gehemmten Karbidbildung beschleunigen. Tatsächlich konnten G. F. HÜTTIG und V. FATTINGER[1,2,3] bei der Aufkohlung von Titandioxyd in einem modernen Hochtemperaturofen gemäß Abb. 18 eine vollständigere und raschere Karburierung beobachten, wenn das Wasserstoffschutzgas neben Propan noch Chlor-, Brom- oder Jodwasserstoff bzw. flüchtige organische Chlorverbindungen, wie Chloroform oder Tetrachlorkohlenstoff enthält.

Der Reaktionsablauf der Gleichung

$$MeO + C \rightarrow MeC + CO$$

(Me = Ti, Zr, V, Nb oder Ta) ist tensimetrisch eingehend von russi-

---

[1] HÜTTIG, G. F., V. FATTINGER u. K. KOHLA: Powder Met. Bull. 5 (1950), S. 30/37.

[2] FATTINGER, V.: In: The Physisc of Powder Metallurgy, McGraw Hill, New-York 1951, S. 295/301.

[3] SCHULER, D.: Diss. Techn. Hochsch. Zürich 1952.

schen Forschern [1-3] durch CO-Druckmessung bei verschiedenen Reaktionstemperaturen und -zeiten verfolgt worden.

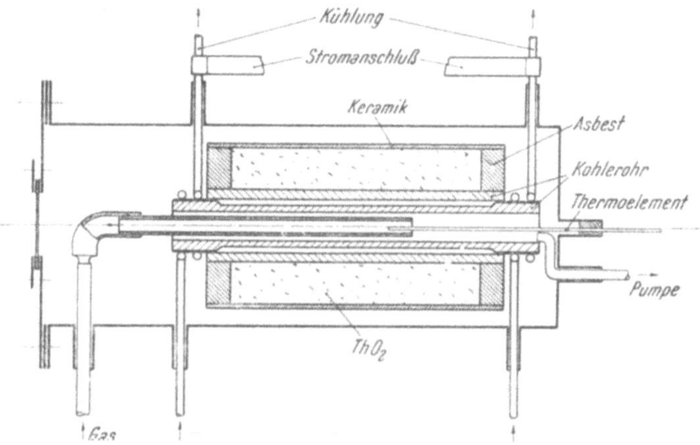

Abb. 18. Vakuum-Kohlerohrkurzschlußofen zur Herstellung von Karbiden, schematisch
(G. F. Hüttig und V. Fattinger)

Die Reaktionstemperaturen bei der Umsetzung von Metallen mit festem Kohlenstoff liegen je nach der Karbidart zwischen 1200 bis 2200°. Obwohl mit steigender Temperatur die Karbidbildung rascher abläuft, wählt man wegen des oft unerwünschten Kornwachstums die niedrigst mögliche noch wirtschaftliche Karburierungstemperatur. In Zahlentafel 13 sind die Reaktionstemperaturen für die Herstellung der technisch wichtigsten Karbide aus dem Metall bzw. Hydrid oder dessen Oxyd mit festem Kohlenstoff, gegebenenfalls unter Zusatz von Kohlenwasserstoffen, zusammengestellt.

Im einzelnen werden Molybdän-, Wolfram- und Tantalkarbid am zweckmäßigsten durch Karburierung der Metallpulver mit Ruß bei Temperaturen zwischen 1200 und 1600° gewonnen.

Molybdän bildet Karbide der Formel Mo$_2$C und MoC. MoC ist eine Hochtemperaturphase und kann nur unter bestimmten Bedingungen meist mit Mo$_2$C vermengt oder in Form von stabilisierten Mischkristallen hergestellt werden (vgl. S. 267). Bei der praktischen Karburierung entspricht der erreichbare Gehalt an gebundenem Kohlenstoff der Formel Mo$_2$C. Wolfram bildet mit Bestimmtheit

[1] SAMSONOV, G. V.: Zur. Prikl. Chim. 28 (1958), S. 1018/21. Ukr. Chim. Zur. 23 (1957), S. 287/96.

[2] KUCEV, V. S. u. B. F. ORMONT: Zur. Fiz. Chim. 29 (1955), S. 597/601, 31 (1957), S. 1866/70.

[3] KUCEV, V. S., B. F. ORMONT u. V. A. EPELBAUM: Dokl. Akad. Nauk SSSR 104 (1955), S. 567/70, Zur. Fiz. Chim. 29 (1955), S. 629/34.

zwei bei Raumtemperatur stabile Karbide, nämlich W_2C und WC. Bei der üblichen Karburierung in festem Zustand bildet sich vorzugsweise Wolframmonokarbid, im Schmelzfluß W_2C. Die Sinterhartmetalle enthalten ausschließlich das Wolframmonokarbid.

Zahlentafel 13. *Erforderliche Reaktionstemperatur bei der Herstellung von Karbiden durch Karburierung mit festem Kohlenstoff nach verschiedenen Arbeitsweisen*

Karbid	Verfahren	Reaktionstemperatur °C
TiC	TiO_2 + Ruß; Ti (TiH_2) + Ruß; TiO_2 + Ruß + Chlorkohlenwasserstoff	1700 bis 2100
ZrC	ZrO_2 + Ruß; Zr (ZrH_2) + Ruß; ZrO_2 + Ruß + Chlorkohlenwasserstoff	1800 bis 2200
HfC	HfO_2 + Ruß ($Hf(HfH_2)$ + Ruß)	1900 bis 2300
VC	V_2O_5 bzw. V_2O_3 + Ruß (V (Hydrid) + Ruß)	1100 bis 1200
NbC	Nb_2O_5 bzw. Nb_2O_3 + Ruß (Nb (Hydrid) + Ruß)	1300 bis 1400
TaC	Ta_2O_5 + Ruß; Ta (Hydrid) + Ruß	1300 bis 1500
Cr_3C_2	Cr_2O_3 + Ruß; (Cr + C)	1400 bis 1800
Mo_2O	MoO_3 + Ruß; Mo + Ruß Mo + Ruß + Kohlenwasserstoff	1200 bis 1400 1110 bis 1300
WC	WO_3 + Ruß; W + Ruß W + Ruß + Kohlenwasserstoff	1400 bis 1600 1200 bis 1400

Bei der Herstellung von Titankarbid geht man von einem Gemenge von möglichst reinem Titandioxyd (TiO_2) mit Ruß aus. Die Karburierungstemperatur liegt hier zwischen 1700 und 2100°. Um den theoretisch erreichbaren Kohlenstoffgehalt zu erzielen, empfiehlt es sich, das gebildete Rohkarbid im Falle einer Überkohlung unter Zusatz von freiem Metall oder Metalloxyd, im Falle einer Unterkohlung unter Zusatz von weiterem Ruß nochmals in einer zweiten Stufe auf Karburierungstemperatur zu erhitzen. Diese Verfahrensweise ist auch bei anderen Karbiden allgemein anwendbar.

Die Herstellung des Zirkoniumkarbids[1] und Hafniumkarbids[2-4]

---

[1] MEERSON, G. A. u. G. V. SAMSONOV: Zur. Prikl. Chim. **25** (1952), S. 744/48.

[2] COTTER, P. G. u. J. A. KOHN: J. Am. Ceram. Soc. **37** (1954), S. 415/20.

[3] CURTIS, C. E., L. M. DONEY u. J. R. JOHNSON: J. Am. Ceram. Soc. **37** (1954), S. 458/65.

[4] KIEFFER, R., F. BENESOVSKY u. K. MESSMER: Metall **13** (1959), S. 919/22.

geschieht analog zur Gewinnung des Titankarbids aus dem Metalloxydgemenge, wobei allerdings eine Karburierungstemperatur von 1800 bis 2200° notwendig ist. Zur Herstellung besonders reiner Präparate für Systemuntersuchungen geht man meist von den Metall- oder Hydridpulvern aus und karburiert im Vakuum[1-5].

Vanadin-, Niob- und Tantalkarbid werden durch Karburierung der Tri-, vorzugsweise jedoch der Pentoxyde gewonnen[6]. Die Karburierung der Metalle selbst scheidet in der Praxis oft wegen des verhältnismäßig hohen Preises der reinen Metallpulver aus. Für Untersuchungen in den Systemen V-C[7], Nb-C[8] und Ta-C[9-11] wurde sie aber in letzter Zeit häufig angewandt.

Durch die rasche Entwicklung der Titan- und Zirkoniumindustrie und dem steigenden Bedarf an Tantal- und Nioberzeugnissen kommt aber dem Einsatz von Titan- und Zirkoniumschwamm bzw. -abfällen und von Niob- und Tantalpulver bzw. von hydrierten, zerkleinerten Abfällen in Zukunft auch große technische Bedeutung zu.

Beim Chromkarbid geht man von Cr_2O_3[12,13], seltener von Elektrolytchrom aus.

Urankarbide, insbesondere das für Brennstoffelemente wichtige

---

[1] GLASER, F. W., D. MOSKOWITZ u. B. POST: J. Metals 5 (1953), S. 1119/20.

[2] TOMBREL, M. T.: In: La chimie des hautes temperatures, Paris 1955, S. 141/46.

[3] SAMSONOV, G. V. u. N. S. ROZINOVA: Izv. Sekt. Fiz. Chim. Anal. 27 (1956), S. 126/32.

[4] BENESOVSKY, F. u. E. RUDY: Planseeber. Pulvermetallurgie 8 (1960), S. 66/71.

[5] NOWOTNY, H. u. a.: Mh. Chem. 89 (1958), S. 700/07, 90 (1959), S. 86/88, 669/79, 91 (1960), S. 348/56.

[6] GUREWITSCH, M. u. B. F. ORMENT: Dokl. Akad. Nauk SSSR 96 (1954), S. 1165/68, Zur. Neorg. Chim. 2 (1957), S. 1566/80, Fiz. Metallov Metalloved. 4 (1957), Nr. 1, S. 88/90.

[7] SCHÖNBERG, N.: Acta Chem. Scand. 8 (1954), S. 624/26.

[8] BRAUER, G. u. a.: Z. anorg. Chem. 277 (1954), S. 249/57, Z. Metallkunde 50 (1959), S. 8/10, 487/92.

[9] SMIRNOVA, V. I. u. B. F. ORMONT: Dokl. Akad. Nauk SSSR 96 (1954), S. 557/60. Zur. Fiz. Chim. 30 (1956), S. 1327/42.

[10] SAMSONOV, G. V. u. V. B. RUKINA: Dop. Akad. Nauk Ukr. RSR (1957), S. 247/49.

[11] LESSER, R. u. G. BRAUER: Z. Metallkunde 49 (1958), S. 622/26.

[12] ZARUBIN, N. M. u. R. A. TRUBNIKOV: Redkije Metally 4 (1955), Nr. 2, S. 38/40.

[13] KOSOLAPOVA, T. J. u. G. V. SAMSONOV: Zur. Prikl. Chim. 32 (1959), S. 55/66, 1505/09, 33 (1960), S. 1704/08.

Monokarbid UC, können durch Umsetzung von UO_2 mit Ruß[1,2] von Uran oder Uranhydrid mit Kohlenstoff[3-6] oder von Uran mit CH_4 erhalten werden[7]. Auch ThC und ThC_2 erhält man durch Karburierung von ThO_2[8].

Über Einzelheiten der technischen Herstellung von pulverförmigen Karbiden, welche für die Sinterhartmetallerzeugung von Bedeutung sind, wird auf S. 87 und auf S. 183 eingehend berichtet.

3. Die Karburierung der Metalle oder Oxyde mit Kohlenstoff enthaltenden Gasen, gegebenenfalls unter Zusatz von festem Kohlenstoff

Im vorigen Abschnitt wurde erwähnt, daß die Karbidbildung im festen Zustand teilweise über die Gasphase läuft und durch Kohlenwasserstoffe im Schutzgas beschleunigt werden kann. Die Gasaufkohlung von Metallen erfolgt bei höheren Temperaturen nach der allgemeinen Gleichung

$$\text{Metall} + \text{Kohlenwasserstoff} = \text{Metallkarbid} + \text{Wasserstoff}$$

Bei dieser Umsetzung muß in der Praxis darauf geachtet werden, daß der Partialdruck des Kohlenwasserstoffes nur so groß ist, daß der freiwerdende Kohlenstoff sofort vom Metall als Karbid gebunden und nicht als überschüssiger Ruß oder graphitischer Kohlenstoff abgeschieden wird.

Zwecks Herstellung von hochschmelzendem Leuchtkörpermaterial wurde schon 1905 Tantalkarbid und 1908 von F. SKAUPY[9] Wolframkarbid auf diesem Wege erzeugt. Die genauen Bedingungen der Umsetzung wurden aber erst viel später geklärt[10,11].

---

[1] BARNES, E. u. a.: In: Progress in Nuclear Energy, Pergamon Press, London 1956, Vol. 5, S. 435/47.

[2] NOWOTNY, H. a. u.: Planseeber. Pulvermetallurgie **5** (1957), S. 33/35, 102/03. Mh. Chem. **88** (1957), S. 336/43, **90** (1959), S. 669/79.

[3] LITZ, L. M., A. B. GARRETT u. F. C. CROXTON: J. Am. Chem. Soc. **70** (1948), S. 1718/22.

[4] DUBUISSON, J. u. a.: Rev. Mét. **56** (1959), S. 55/60, Proc. Genf 1958, Bd. 6, S. 550/60.

[5] KALISH, H. S., F. E. BOWMAN u. J. CRANE: NYO 2684 (1959).

[6] ROUGH, F. A. u. W. CHUBB: BMI 1370 (1959).

[7] MOREAU, C.: Planseeber. Pulvermetallurgie **8** (1960), S. 22/27.

[8] SAMSONOV, G. V., T. J. KOSOLAPOVA u. V. N. PADERNO: Zur. Prikl. Chim. **33** (1960), S. 1661/64.

[9] SKAUPY, F.: Z. Elektrochem. **33** (1927), S. 487/91.

[10] ANDREWS, M. R.: J. Phys. Chem. **27** (1923), S. 270/83; ANDREWS, M. R. u. S. DUSHMAN: J. Phys. Chem. **29** (1925), S. 462/72.

[11] BECKER, K.: Z. Elektrochem. **34** (1928), S. 640/42; Z. Metallkde. **20** (1928), S. 437/41.

Bei der Aufkohlung von Tantaldrähten mit methanhaltigem Wasserstoff sind nach K. BECKER und H. EWEST[1] bei 2500°, $^1/_8$ bis $^1/_4\%$ CH_4 im Wasserstoff-Reaktionsgas erforderlich. Die Geschwindigkeit des Aufkohlens hängt weitgehend vom Drahtdurchmesser ab und bei etwa 2380° sind Drähte von 0,1 mm Durchmesser in 10 bis 15 Minuten durchkarburiert. Intermediär auftretendes Tantalmetall oder Ta_2C wird bis zu TaC aufgekohlt.

Nach dem Aufwachsverfahren[2,3] hergestellte Hafnium-, Niob- und Molybdänschichten können, ähnlich wie Tantal, ebenfalls aus der Gasphase aufgekohlt werden[4,5].

Die Aufkohlung von Wolframdrähten mit Benzoldampf oder Methan ist eingehend von K. BECKER[6] untersucht worden. Die Verhältnisse sind hier etwas verwickelter als beim Tantal, weil sich die Reaktionen

$$W + CH_4 \rightleftharpoons WC + 2\,H_2$$
$$2\,W + CH_4 \rightleftharpoons W_2C + 2\,H_2 \text{ und}$$
$$2\,WC + 2\,H_2 \rightleftharpoons W_2C + CH_4$$

je nach Temperatureinstellung abspielen können. In durchkarburierten Drähten konnte röntgenographisch nur W_2C festgestellt werden, während an der Oberfläche teilweise karburierter Drähte größtenteils WC gefunden wurde. Die Kohlenstoffaufnahme beginnt bei etwa 980°, bei 1900° ist ein Draht von 0,3 mm Stärke bei einer Methankonzentration von 1% im Reaktionsgas in 30 Sekunden durchkarburiert.

I. E. CAMPBELL, C. F. POWELL, D. H. NOWICKI und B. W. GONSER[7] berichten im Rahmen einer eingehenden Arbeit über die Abscheidung von hochschmelzenden Materialien aus der Gasphase, auch über die Aufkohlung von Molybdän, Wolfram, Niob, Tantal und Chrom mit Methan und Kohlenwasserstoffen in Wasserstoff- bzw. Wasserstoff-Stickstoffatmosphäre. Dazu wurde eine Apparatur gemäß Abb. 19, S. 64 verwendet. Angaben über das

---

[1] BECKER, K. u. H. EWEST: Z. techn. Physik 11 (1930), S. 148/50 u. 216/20.

[2] VAN ARKEL, A. E. u. J. H. DE BOER: Z. anorg. allg. Chem. 148 (1925), S. 345/50.

[3] DE BOER, J. H. u. J. D. FAST: Z. anorg. allg. Chem. 153 (1926), S. 1/8, 187 (1930), S. 177/89, 193/208.

[4] MOERS, K.: Z. anorg. allg. Chem. 198 (1933), S. 243/61.

[5] WESTGREN, A. u. G. PHRAGMEN: Z. anorg. allg. Chem. 156 (1926), S. 27/36.

[6] BECKER, K.: Z. Elektrochem .34 (1928), S. 640/42; Z. Metallkunde. 20 (1928), S. 437/41.

[7] CAMPBELL, I. E., C. F. POWELL, D. H. NOWICKI u. B. W. GONSER: J. Electrochem. Soc. 96 (1949), S. 318/33; s. a. Vapor-Plating, Wiley, New York 1955, S. 71/94.

Reaktionsschema, die Zersetzungstemperatur und den Gasdruck sind in Zahlentafel 14 zu finden.

Nach Untersuchungen von M. NIESSNER und E. FITZER[1] ist es auch möglich, Wolfram- und Molybdändiffusionsschichten, welche auf Eisenkörper aufgebracht wurden, bei Temperaturen von etwa 1000° mit Propan-Butan-Wasserstoffgemischen aufzukohlen. Die karbidhaltige Oberflächenschicht ist sehr hart und verschleißfest.

Zahlentafel 14. *Aufkohlung hochschmelzender Metalle aus der Gasphase*
(I. E. CAMPBELL, C. F. POWELL, D. H. NOWICKI u. B. W. GONSER)

Karbid	Abscheidungsreaktion	Abscheidungs- temperatur ° C	Gesamt- gasdruck
Molybdänkarbid MoC	$Mo + H_2 + CH_4 \rightarrow$ $MoC + H_2 + (CH)^1$	700	$\sim$ 1 atm.
Molybdänkarbid Mo_2C	$Mo + H_2 + CH_4 \rightarrow$ $Mo_2C + H_2 + (CH)$	800	$\sim$ 1 atm.
Wolframkarbid WC	$W + 3N_2 + H_2 + C_xH_y{}^2 \rightarrow$ $WC + H_2 + N_2 + (CH)$	1000 bis 2200	1 atm.
Wolframkarbid α-W_2C	$W + H_2 + C_xH_y \rightarrow$ α-$W_2C + H_2 + (CH)$	2100 bis 2400	1 atm.
Wolframkarbid β-W_2C	$W + H_2 + C_xH_y \rightarrow$ β-$W_2C + H_2 + (CH)$	2440 bis 2550	1 atm.
Niobkarbid NbC	$Nb + H_2 + C_xH_y \rightarrow$ $NbC + H_2 + (CH)$	1300	1 atm.
Tantalkarbide	$Ta + H_2 + C_xH_y \rightarrow$ Tantalkarbide $+ H_2 +$ $+ (CH)$	1300 bis 2900	1 atm.
Chromkarbide	$Cr + H_2 + CH_4 \rightarrow$ Chromkarbide $+ H_2 +$ $+ (CH)$	600 bis 800	$\sim$ 1 atm.

[1] Kohlenwasserstoff-Spaltprodukte.
[2] CH_4, C_6H_6, $C_6H_5CH_3$, C_2H_2, $CO + H_2$ u. a.

Während die Aufkohlung von Wolframdrähten keine technische Bedeutung erlangt hat, ist die Aufkohlung von Wolframpulver aus der Gasphase aussichtsreicher. Beim Überleiten von Kohlenoxyd über Wolframpulver findet nach S. HILPERT und M. ORNSTEIN[2] zwischen 800 und 1000° eine Kohlenstoffaufnahme statt, die bei 860° zur Bildung von Wolframmonokarbid führt. Bei Verwendung von Methan an Stelle von Kohlenoxyd entsteht schon bei 800° das

---

[1] NIESSNER, M. u. E. FITZER: 1. Internat. pulvermet. Tagung, Graz 1948, Ref. 45.
[2] HILPERT, S. u. M. ORNSTEIN: Ber. dtsch. chem. Ges. **46** (1913), S. 1669/75.

WC. Bei höheren Glühtemperaturen wird mehr Kohlenstoff aufgenommen, was aber nicht auf die Bildung eines höheren Karbides, sondern lediglich auf Abscheidungen von freiem Kohlenstoff zurückzuführen ist.

Die Aufkohlung von Wolframpulver zur Herstellung von Wolframkarbid durch Behandlung mit Leuchtgas, Kohlenoxyd oder Wasserstoff-Benzoldampf-Gemischen bei etwa 1000° wurde auch für technische Zwecke vorgeschlagen. Näheres darüber bei Wolframkarbid auf S. 173.

Selbstverständlich sind mit gasförmigen Kohlungsmitteln auch die Metallpulver von Titan, Zirkonium, Hafnium, Vanadin, Niob, Tantal, Chrom und Molybdän in Karbide überzuführen. Sehr vorteilhaft ist dabei ein Zusatz von Ruß, der die Karburierungsarbeit des gasförmigen Kohlungsmittels teilweise übernimmt. Daß dabei Zusätze von Halogenwasserstoffen oder Chlorkohlenwasserstoffen zum Schutzgas die Reaktion in gewissen Fällen beschleunigen können, wurde schon erwähnt (S. 52). Die Karburierung von Oxyden mit Kohlenstoff abgebenden Gasen wird selten vorgenommen. Der Weg ist jedoch bei der Herstellung von Molybdänkarbid und Wolframkarbid gangbar.

4. Die Abscheidung aus der Gasphase (Aufwachsverfahren)

Die Herstellung größerer Mengen von technisch reinen Hartkarbiden geschieht heute meist nach den im Abschnitt 2 und 5 beschriebenen Verfahren. Eine Möglichkeit zur Herstellung von *reinsten* hochschmelzenden *Hartstoffen* (Karbiden, Nitriden, Boriden und Siliziden) bietet das sogenannte „Aufwachsverfahren". Das Verfahren beruht darauf, daß an einem glühenden Faden eines hochschmelzenden Metalles (meist Wolfram, Platin, Iridium, Molybdän, Tantal oder Niob), eines Hartstoffes oder von Kohle, Dampfgemische aus einer Metallhalogenverbindung, Kohlenoxyd oder einem Kohlenwasserstoff und Wasserstoff gleichzeitig zur Zersetzung und Reaktion gebracht werden. Man erhält das Karbid allerdings in geringen Mengen, aber in kurzer Zeit und in einer für physikalische Messungen besonders günstigen Form. Das Aufwachsverfahren hat seinen Vorläufer im sogenannten „Substitutionsverfahren" von A. Just und F. Hanamann[1] für die Herstellung von Wolframfäden. Auf einem dünnen glühenden Kohlefaden wurde aus einer Atmosphäre von Wolframhexachlorid und Wasserstoff eine gleichmäßige Wolframschicht niedergeschlagen. In einer zweiten Stufe wurde

---

[1] D.R.P. 154262 (1903), 184379 (1905), 193221 (1906).

dieser Wolframmanteldraht auf helle Weißglut erhitzt, wobei der Kohlekern unter Karbidbildung vom Wolframmantel aufgenommen wurde. Das so erhaltene wolframkarbidhaltige Wolframröhrchen wurde dann unter feuchtem Wasserstoff so lange gesintert, bis Entkohlung eingetreten war.

Bei dem Aufwachsverfahren wird das betreffende Karbid in reiner kompakter und unter bestimmten Umständen einkristalliner Form auf den Glühdraht niedergeschlagen. Die Reaktion verläuft beispielsweise bei der Bildung von Zirkoniumkarbid nach der Bruttogleichung

$$ZrCl_4 + CH_4 \,(+\, H_2) \rightarrow ZrC + 4\,HCl \,(+\, H_2).$$

Dieses Verfahren, welches früher schon zur Abscheidung reiner hochschmelzender Metalle, wie Wolfram[1], Molybdän[2], Titan[3], Zirkonium[4], Hafnium[5] u. a. benutzt worden war, wobei natürlich das Reaktionsgas keinen kohlenstoffabgebenden Zusatz enthielt, wurde von A. E. van Arkel[3,6], erstmalig auch zur Herstellung von Karbiden des Zirkoniums, Titans und Tantals aus deren Halogenverbindungen in Gegenwart von Kohlenoxyd und Wasserstoff angewandt.

K. Moers[7] hat sich ebenfalls sehr eingehend mit dem Verfahren beschäftigt und unter Benutzung von Kohlenwasserstoffen, wie z. B. Toluol, Methan, Azetylen, weitere Karbide hergestellt. Nach K. Moers sind für den Ablauf der Reaktion, die Fadentemperatur und das Verhältnis der Konzentration der Reaktionsteilnehmer von wesentlicher Bedeutung. Die Fadentemperatur muß stets so gewählt werden, daß sie über dem Schmelzpunkt der Metallkomponente liegt. Die Abscheidung von Wolframkarbid und Tantalkarbid gelingt daher wegen der hohen Schmelzpunkte der Metalle nur unvollkommen. Die Partialdrucke der Reaktionsteilnehmer müssen ferner so eingestellt werden, daß der Metallhalogeniddampf eine größere Konzentration hat als der die Kohlenstoffkomponente enthaltende Dampf. Dadurch kann erreicht werden, daß sich die Metallkomponente nicht als solche abscheidet und daß die Kohlenstoffkomponente überwiegende Mengen Halogeniddampf vorfindet, ohne daß sich elementarer Kohlenstoff niederschlägt.

---

[1] Koref, F.: Z. Elektrochem. 28 (1922), S. 511/17; van Arkel, A. E.: Physica 3 (1923), S. 76/87.

[2] Fischvoigt, H. u. F. Koref: Z. techn. Physik 6 (1925), S. 296/98.

[3] van Arkel, A. E. u. J. H. de Boer: Z. anorg. allg. Chem. 148 (1925), S. 345/50.

[4] de Boer, J. H. u. J. D. Fast: Z. anorg. allg. Chem. 187 (1930), S. 177/89.

[5] de Boer, J. H. u. J. D. Fast: Z. anorg. allg. Chem. 187 (1930), S. 193/208.

[6] van Arkel, A. E.: Physica 4 (1924), S. 286/301.

[7] Moers, K.: Z. anorg. allg. Chem. 198 (1931), S. 243/61.

Der Wasserstoff erleichtert die Fadenreaktion infolge seines Reduktionsvermögens. Die Zerfallstemperaturen der Halogenverbindungen werden zum Teil bedeutend herabgesetzt; sie liegen unter Wasserstoff sogar noch tiefer als beim Arbeiten im Vakuum. Je dünner der Glühfaden ist, um so leichter kommt die Reaktion in Gang. Auch gekrümmte Flächen und kantige Ansätze begünstigen die Reaktion am Trägerdraht. Die Geschwindigkeit der Aufwachsung ist — abgesehen von dem entscheidenden Einfluß der Fadentemperatur — bei den einzelnen Reaktionen je nach Metall verschieden. Um einen Draht vom Durchmesser 0,05 mm auf etwa 0,35 mm anwachsen zu lassen, werden Zeiten, die zwischen 2 und 30 Minuten schwanken, gebraucht. Sehr schnell wachsen z. B. Zirkoniumkarbid und Hafniumkarbid auf.

Je tiefer die Fadentemperatur gewählt wird, um so feinkristalliner ist die Abscheidung. Meist bilden sich lose zusammenhängende Kristallhaufwerke, deren Gefüge locker und porös ist. Je höher die Fadentemperatur ist, um so größere Kristalle entstehen, wobei die Schicht fest auf dem Faden haftet.

Bei mittleren Fadentemperaturen übt die Struktur des als Träger dienenden Drahtes keinen oder nur geringfügigen Einfluß auf die Abscheidungsform des Aufwachsproduktes aus. Die Abscheidung erfolgt polykristallin, gleichgülitg ob der als Träger verwendete Draht selbst polykristallin oder einkristallin ist. Wird dieser jedoch extrem hoch erhitzt, dann wird erreicht, daß bei Verwendung von Einkristall- oder Langkristallfäden und konstant gehaltener Temperatur die Aufwachsung völlig einkristallin wird. Es ist so K. MOERS gelungen, von den meisten einheitlichen Verbindungen Einkristallaufwachsungen mit wohlausgebildeten Flächen und Kanten zu erhalten. Für die Abscheidungsform ist die Gegenwart von reaktionsfähigen oxydierenden Fremdgasen von Einfluß. Schon Spuren von Sauerstoff, Wasserdampf und Kohlendioxyd bewirken eine starke Veränderung der Aufwachsform, indem lange spießige oder knollige Kristalle vom Draht aus in den Raum hineinwachsen. Aufwachsungen dieser Art sind locker und brüchig, während die einkristallinen Überzüge sich durch hohe Dichte und relativ große Zugfestigkeit auszeichnen.

In Zahlentafel 15 sind die Ergebnisse und die Abscheidungsbedingungen einiger Karbide bei der Abscheidung auf einer Wolframseele nach K. MOERS zusammengestellt. In der 2. Spalte der Tafel ist die Temperatur des Wolframdrahtes, in der 4. und 6. Spalte die Temperatur (Einstelltemperatur) angegeben, die dem günstigsten Dampfdruck der Metallhalogenverbindungen bzw. des Kohlenwasserstoffs entspricht. Nach dem Aufwachsverfahren kann man auch schlechtleitende Karbide, z. B. Siliziumkarbid, niederschlagen. Als Träger eignen sich in diesem Falle an Stelle der Wolframseele besser Kohlenstoffäden oder Zirkoniumkarbid- bzw. Tantalkarbidaufwachsschichten.

Die Gewinnung von Überzügen, welche aus mehreren Karbiden bestehen, gelingt nach K. MOERS nur in einzelnen Fällen. Es ergibt sich in der Regel, daß die Reaktionsgeschwindigkeit in der Abscheidung der festen Phase die ausschlaggebende Rolle spielt und falls der Unterschied in den Geschwindigkeiten der Abscheidungsvorgänge erheblich ist, eine völlige Unterdrückung der langsamer verlaufenden Reaktion erfolgt. Man kann so eine Stufenleiter der Fadenreaktion bezüglich ihrer Geschwindigkeit für einen engen Temperaturbereich

Zahlentafel 15. *Abscheidungsbedingungen für verschiedene Karbide nach dem Aufwachsverfahren* (K. MOERS)

Karbid	Günstigste Faden-temperatur °K	Ausgangsmaterial für			
		Metall-komponente	Einstell-temperatur °C	Kohlenstoff-komponente	Einstell-temperatur °C
Zirkoniumkarbid ZrC	2000 b. 2700	$ZrCl_4$	300 b. 350	$C_6H_5 \cdot CH_3$	— 15
Hafniumkarbid HfC .	2400 b. 2800	$HfCl_4$	300 b. 350	$C_6H_5 \cdot CH_3$	— 15
Titankarbid TiC	1600 b. 2000	$TiCl_4$	20	$C_6H_5 \cdot CH_3$	— 15
Vanadinkarbid VC ...	1800 b. 2300	VCl_4	50	$C_6H_5 \cdot CH_3$	— 15
Siliziumkarbid SiC schwarz	1600 b. 2300	$SiCl_4$	— 5	$C_6H_5 \cdot CH_3$	+ 20
Siliziumkarbid SiC gelb, durchsichtig .	2300 b. 2700	$SiCl_4$	— 25	$C_6H_5 \cdot CH_3$	+ 20

aufstellen. Mit der Höhe der Fadentemperatur ist natürlich auch ein Wechsel in der Reihenfolge möglich.

Wird z. B. ein Reaktionsgemisch von Zirkoniumtetrachlorid, Titantetrachlorid, Toluoldampf und Wasserstoff am glühenden Faden zur Reaktion gebracht, wobei Zirkoniumtetrachlorid und Titantetrachlorid in ungefähr gleicher Konzentration angewendet werden, so schlägt sich statt eines Gemisches von Zirkoniumkarbid und Titankarbid innerhalb eines gewissen größeren Temperaturbereiches nur das Zirkoniumkarbid ab. Die langsamer verlaufende Bildung von Titankarbid wird völlig unterdrückt. Bei einem Gemisch aus Tantalpentachlorid, Zirkoniumtetrachlorid, Toluol und Wasserstoff wird bei niederen Temperaturen (900 bis 1500°) nur Tantalmetall abgeschieden, da die Geschwindigkeit der Reduktion des Tantalchlorides zum Metall selbst noch die Geschwindigkeit der Zirkoniumkarbidbildung übertrifft. Die Zirkoniumkarbidbildung ist also träger als die Tantalbildung, aber lebhafter als die Titankarbidbildung.

Nur in Fällen, wo bei Einhaltung bestimmter Temperaturgrenzen eine annähernde Übereinstimmung in der Geschwindigkeit der am Faden stattfindenden Reaktion vorhanden ist, lassen sich Gemische hochschmelzender Verbindungen niederschlagen.

Selbstverständlich ist es möglich, durch Variation der Abscheidungstemperaturen Schichten von verschiedenen Karbiden übereinander abzuscheiden und durch Diffusionsglühung bei Temperaturen über 2200° zu Karbidmischkristallen zu kommen.

W. G. Burgers und J. C. M. Basart[1] verwendeten bei der Herstellung von Titankarbid, Zirkoniumkarbid und Tantalkarbid aus $TiCl_4$, $ZrCl_4$ bzw. $TaCl_5 + H_2$ einen Kohlefaden als Aufwachsdraht. Bei Abscheidungstemperaturen von 1800 und 2500° scheidet sich unter Auflösung des Kohlefadens ein Karbidröhrchen mit einem Kohlenstoffgehalt ab, der allerdings weit unter dem theoretisch zu erwartenden liegt. Durch Glühen im Hochvakuum zwecks Ausdampfen des gelösten Metalles oder durch Umsetzung des Metallüberschusses in einer Kohlenwasserstoffatmosphäre gelangt man zu den reinen Karbiden.

Beim Glühen eines Kohlefadens in einer $TiCl_4$-, einer $ZrCl_4$- oder einer $TaCl_5$-H_2-Atmosphäre kann sowohl Karbidbildung als auch Metallabscheidung eintreten. Meist werden beide Prozesse nebeneinander stattfinden. Die Drahttemperatur bestimmt einerseits die Geschwindigkeit der Karbidbildung, insbesondere die Diffusionsgeschwindigkeit des Metalles und des Kohlenstoffs in der schon gebildeten Karbidschicht, andererseits die Dissoziation des Chloriddampfes und die Abscheidung des Metalles. Bei verhältnismäßig hoher Fadentemperatur wird die Diffusion rascher als die Abscheidung verlaufen und das abgeschiedene Metall wird sich solange zu Karbid umsetzen, bis aller Kohlenstoff verbraucht ist. Darüber hinaus abgeschiedenes Metall kann offenbar vom Karbid in fester Lösung aufgenommen werden. Ist die Drahttemperatur verhältnismäßig niedrig, dann ist die Metallabscheidung rascher als die Karbidbildung und das Metall wird sich schon abscheiden oder im Karbid in Lösung gehen, bevor noch der ganze Kohlefaden verbraucht ist. Die beschriebenen Vorgänge kann man deutlich am Verlauf der Änderung des elektrischen Widerstandes der Drähte verfolgen.

Neben Schichten aus hochschmelzenden Metallen haben auch Karbid-, Borid- und Nitridüberzüge für hochzunder- und hochwarmfeste Zwecke neuerdings größeres Interesse gefunden. Das Aufwachsverfahren wurde in diesem Zusammenhang von I. E. Campbell,

---

[1] Burgers, W. G. u. J. C. M. Basart: Z. anorg. allg. Chem. **216** (1934), S. 209/22.

C. F. Powell, D. H. Nowicki und B. W. Gonser[1] sehr eingehend untersucht und eine große Zahl derartiger Schichten aufgedampft.

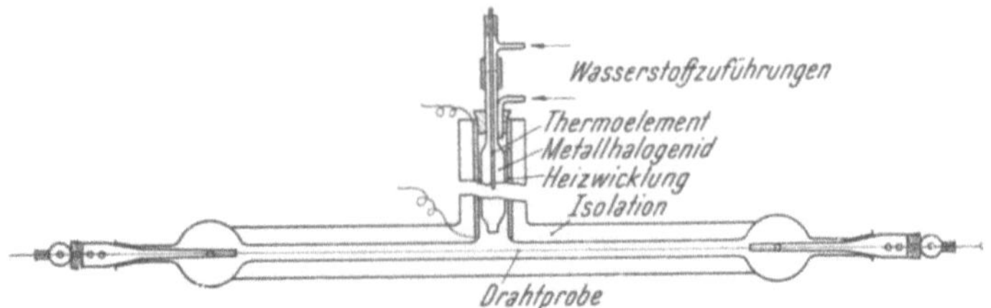

Abb. 19. Aufdampfapparatur für Drähte (I. E. Campell, C. F. Powell, D. H. Nowicki und B. W. Gonser)

Zahlentafel 16. *Abscheidungsbedingungen für verschiedene Karbide nach dem Auf-wachsverfahren* (I. E. Campbell, C. F. Powell, D. H. Nowicki u. B. W. Gonser)

Karbid	Abscheidungsreaktion	Abscheidungs-Temperatur °C	Gesamt-gasdruck
Titankarbid TiC	$TiCl_4 + H_2 + C_xH_y$[1] → $TiC + HCl + (CH)$[2]	1300 bis 1700	1 atm.
Zirkoniumkarbid ZrC	$ZrCl_4 + H_2 + C_xH_y$ → $ZrC + HCl + (CH)$	1700 bis 2400	1 atm.
Hafniumkarbid HfC	$HfCl_4 + H_2 + C_xH_y$ → $HfC + HCl + (CH)$	2100 bis 2500	1 atm.
Vanadinkarbid VC ...	$VCl_4 + H_2 + C_xH_y$ → $VC + HCl + (CH)$	1500 bis 2000	1 atm.
Borkarbid B_4C	$BCl_3 + H_2 + C_xH_y$ → $B_4C + HCl + (CH)$	1200 bis 2000	1 atm.
Siliziumkarbid α-SiC	$SiCl_4 + H_2 + C_xH_y$ → $SiC + HCl + (CH)$	1300 bis 2000	1 atm.
Siliziumkarbid β-SiC	$SiCl_4 + H_2 + C_xH_y$ → $SiC + HCl + (CH)$	2000 bis 2400	1 atm.
Molybdänkarbid Mo_2C	$Mo(CO)_6 + H_2$ → $Mo_2C + (C, H, O)$[2]	300 bis 800	0,1 bis 3 mm
Wolframkarbid W_2C	$W(CO)_6 + H_2$ → $W_2C + (C, H, O)$	300 bis 800	10 mm

[1] CH_4, C_6H_6, $C_6H_5CH_3$, C_2H_2. $CO + H_2$ u. a.
[2] Kohlenwasserstoff-Spaltprodukte.

Eine moderne Apparatur für die Behandlung von Drähten ist in Abb. 19 wiedergegeben. Das gasförmige Reaktionsgemisch wird in

[1] Campbell, I. E., C. F. Powell, D. H. Nowicki u. B. W. Gonser: J. Electrochem. Soc. 96 (1949), S. 318/33; s. a. Vapor-Plating, Wiley, New York 1955, S. 71/94.

einem besonderen Verdampfer erzeugt und die Reaktionsprodukte werden sofort aus dem Reaktionsraum abgeführt, was verfahrensmäßige Vorteile hat. Die von den Autoren gemachten Angaben über Reaktionsverlauf und Abscheidungstemperaturen bestätigen die Angaben von A. E. van Arkel und K. Moers. Da die Ergebnisse bereits gewisse praktische Bedeutung zu haben scheinen, werden sie in Zahlentafel 16 auszugsweise wiedergegeben.

Unter bestimmten Bedingungen gelingt es auch, bei wesentlich niederer Temperatur und Unterdruck, aus Metallcarbonylen die betreffenden Karbide niederzuschlagen. In Zahlentafel 16 sind Wolfram- und Molybdänkarbid als Beispiel mit aufgeführt.

Verschleißfeste Titankarbidschichten können nach A. Münster, W. Ruppert und K. Sagel[1-4] auf grauem Gußeisen bei 1000° auch ohne Anwesenheit von Kohlenwasserstoffen im Trägergas aus $TiCl_4$-H_2-Gemischen abgeschieden werden.

5. Die chemische Isolierung aus aufgekohlten Ferrolegierungen bzw. Metallschmelzen

Schon sehr frühzeitig wurde erkannt, daß die Härteträger in legierten Stählen Karbide und Doppelkarbide der sogenannten karbidbildenden Elemente Chrom, Wolfram, Vanadin, Molybdän, Titan, Niob, Tantal und Zirkonium sind. Da die Karbide und Doppelkarbide gegen Säuren beständiger sind als das Grundmetall, gelingt es, diese unter bestimmten Bedingungen zu isolieren.

Bereits P. W. Shimer[5] hat gelegentlich der Untersuchung von titanhaltigem Gußeisen durch Behandlung mit Salzsäure einen unangreifbaren feinkörnigen Rückstand von stahlgrauer Farbe und metallischem Glanz erhalten. Die unter dem Mikroskop würfelförmigen Kristalle enthielten neben Verunreinigungen (Fe, Mn, P, S) 71,6% Titan sowie 16,9% Kohlenstoff und entsprachen also etwa einem Karbid der Formel TiC_{1-x}.

P. Williams[6] fand bei der Auflösung einer Schmelze, welche aus WO_3, Eisen und Kohle im elektrischen Ofen hergestellt worden war, einen in heißer Salzsäure unlöslichen Rückstand, der im wesentlichen aus dem Doppelkarbid des Wolframs mit dem Eisen und einem

---

[1] Münster, A., W. Ruppert u. K. Sagel: Z. Elektrochem. **57** (1953), S. 564/71.

[2] Münster, A. u. K. Sagel: Z. Elektrochem. **57** (1953), S. 571/79.

[3] Münster, A.: Z. angew. Chem. **69** (1957), S. 281/90.

[4] Wiegand, H. u. W. Ruppert: Metalloberfläche **14** (1960), S. 229/35.

[5] Shimer, P. W.: Chem. News **55** (1887), S. 156/58.

[6] Williams, P.: Compt. Rend. **126** (1898), S. 1722/24.

damals noch unbekannten zweiten Karbid mit etwa 93,5% Wolfram und 6,1% Kohlenstoff, entsprechend der Formel WC, bestand. H. Moissan und M. K. Hoffmann[1] wollen aus einer Schmelze von Aluminium, Molybdän und Kohlenstoff ein Karbid der Zusammensetzung MoC isoliert haben.

Ein viel benutztes Verfahren zur Isolierung von Karbiden aus Legierungen und Stählen durch elektrolytische Auflösung wurde von J. O. Arnold und A. A. Read[2] ausgearbeitet. Danach wurde z. B. Chromkarbid mit 4 bis 8,5% Kohlenstoff aus Chromschmelzen als silberglänzende Kristalle isoliert. T. Takei[3] hat durch Behandlung einer Molybdän-Kohlenstoff-Legierung mit 5% C durch anodische Behandlung mit Salzsäure das Karbid Mo_2C isoliert und näher untersucht. Die elektrolytische Isolierung von Karbiden aus legierten und unlegierten Stählen nach der von P. Klinger und W. Koch[4-6] angegebenen Methode hat wichtige Aufschlüsse über die Zusammensetzung und Beschaffenheit dieser Karbide und Doppelkarbide gebracht[7-10, 11, 12]. Die anodische Auflösung des Eisens erfolgt meist in verdünnter Salzsäure. Die zurückbleibenden Karbide sind in gewissen Fällen luftempfindlich. Das Spezialschrifttum zu diesen Fragen ist in den letzten Jahren stark angewachsen. Es sei insbesondere auf die zahlreichen Arbeiten von K. Kuo[13] sowie T. Sato und

---

[1] Moissan, H. u. M. K. Hoffmann: Compt. Rend. 138 (1904), S. 1358/61; Ber. dtsch. chem. Ges. 37 (1904), S. 3324/27.

[2] Arnold, J. O. u. A. A. Read: J. Iron Steel Inst. 83 (1911), S. 249/60, 85 (1912), S. 215/20.

[3] Takei, T.: Sci. Rep. Tohoku Univ. 17 (1928), S. 939/44.

[4] Klinger. P. u. W. Koch: Arch. Eisenhüttenwes. 11 (1937/38), S. 569/82.

[5] Houdremont, E. P., P. Klinger u. G. Blaschczyk: Arch. Eisenhüttenwes. 15 (1941/42), S. 257/70.

[6] Klinger, P. u. W. Koch: Beiträge zur metallkundlichen Analyse, Verlag Stahleisen, Düsseldorf 1950, S. 49/94.

[7] Koch, W.: Stahl u. Eisen 69 (1949), S. 1/8.

[8] Koch, W. u. H. J. Wiester: Stahl und Eisen 69 (1949), S. 73/79.

[9] Blickwede, D. J. u. M. Cohen: Trans. Am. Inst. Met. Eng. 185 (1949), S. 578/84.

[10] Crafts, W. u. J. L. Lamont: Trans. Am. Inst. Met. Eng. 188 (1950), S. 561/74.

[11] Beeghly, H. F.: Analytical Chem. 24 (1952), S. 1713/21.

[12] Andrews, K. W. u. H. Hughes: Iron Steel 32 (1959), S. 654/58.

[13] Kuo, K.: Research 5 (1952), S. 339/40, Acta Met. 1 (1953), S. 301/04, J. Iron Steel Inst. 173 (1953), S. 363/75, 174 (1953), S. 223/28, 184 (1956), S. 258/68, 185 (1957), S. 297/303, Jernkontorets Ann. 136 (1952), S. 156/68, 137 (1953), S. 141/48, 139/56, 140 (1956), S. 24/26, 141 (1957), S. 146/74, 206/30, Iron Steel 29 (1956), S. 645/50, 660/68.

Mitarbeiter[1] und auf Einzelveröffentlichungen verwiesen (vgl. die Literatur bei den Einzelkarbiden).

Diese Verfahren der Rückstandsanalyse von Gußeisen und Stählen sind mehr von theoretischem Interesse und haben für die praktische Herstellung von Hartkarbiden bisher keine Bedeutung erlangt. Dagegen kann man nach dem von B. FETKENHEUER[2] angegebenen Verfahren Titankarbid aus Ferrotitan in technischem Umfange durch Isolierung mittels Mineralsäuren herstellen.

In einem englischen Patent[3] wird ferner die Isolierung von Tantalkarbid bzw. Tantal-Niobkarbid aus einer hochkohlenstoffhaltigen Eisenschmelze mit Salzsäure beschrieben. Von R. KIEFFER[4] wurden in Anlehnung an die FETKENHEUERsche Vorschrift Mischkristalle von Tantal-Niobkarbid aus niobhaltigem Ferrotantal hergestellt. Die so isolierten Mischkristalle sind bemerkenswert rein, d. h. graphit-, sauerstoff- und stickstofffrei. Der Gestehungspreis bei dieser Art der Herstellung liegt beträchtlich niedriger als bei der Erzeugung der Karbide aus Tantal-Niob-Oxyd bzw. Tantal-Niob-Metallpulver.

P. M. McKENNA[5] stellte Tantalkarbid durch Eintragen von Tantal und Kohlenstoff in geschmolzenes Aluminium und Erhitzen der Schmelze auf 2000° her. Nach dem Abkühlen wird der Schmelzkönig in Säure gelöst, wobei das Tantalkarbid in Form goldfarbiger Kristalle zurückbleibt. Das so erhaltene Karbid soll sich in seinen physikalischen Eigenschaften erheblich von dem durch Aufkohlung in festem Zustand erhaltenen Produkt unterscheiden und besonders für die Herstellung von Sinterhartmetallen für die Stahlbearbeitung geeignet sein. Auch sehr reines TiC soll im Eisenbad bei 3000° erhalten werden[6,7].

Das gleiche Verfahren benutzt P. M. McKENNA[8] zur Herstellung von Wolframkarbid-Titankarbid-Mischkristallen (s. S. 234), die er fälschlicherweise als Doppelkarbide mit der Formel $TiWC_2$ mit einer eigenen Struktur anspricht. Es lassen sich aber in einem Nickelbad nur WC-TiC-Mischkristalle beliebiger Zusammensetzung herstellen.

---

[1] SATO, T., Y. HONDA u. T. NISHIZAWA: Tetsu to Hagane **42** (1956), S. 1118/22. **43** (1957), S. 485/89. **44** (1958), S. 146/50. **45** (1959), S. 409/15, 511/16, 608/14, 1346/51, **46** (1960) S. 1549/54. Nippon Kinzoku Gakkai-Si **21** (1957), S. 662/65. **22** (1958), S. 141/44. **23** (1959), S. 403/07, **24** (1960) S. 395/99, 469/73, 473/77.

[2] D.R.P. 571292 (1929).

[3] E.P. 457760 (1935).

[4] Ö.P. 157947 (1938).

[5] McKENNA, P. M.: Metal Progr. **36** (1939), S. 152/55.

[6] A.P. 2515463 (1948).

[7] WAMBOLD, J.: In: R. J. TINKLEPAUGH u. W. B. CRANDALL: Cermets, Reinhold Publ., New York 1960, S. 56/57.

[8] A.P. 2113353 bis 2113356 (1937).

Auch TiC-TaC (NbC)-Mischkristalle haben J. C. Redmond und E. N. Smith[1] neuerdings auf diese Weise erzeugt. Die McKennaschen Mischkristalle sind durch niedrige Graphit-, Oxyd- und Nitridgehalte gekennzeichnet und haben für die technische Herstellung von besonders porenarmen Sinterhartmetallen in USA beachtliche Bedeutung erlangt.

6. Die Abscheidung durch Elektrolyse von Salzschmelzen

Bei der Schmelzflußelektrolyse von Karbonaten findet unter gewissen Bedingungen eine Reduktion derselben bis zu freiem Kohlenstoff statt, wobei im Bad gleichzeitig anwesende Metalle als Metallkarbide abgefangen werden können[2].

Im Rahmen von Arbeiten über die Schmelzelektrolyse von Karbonaten beschäftigten sich L. Andrieux und G. Weiss[3, 4] eingehend mit der Herstellung von Metallkarbiden insbesondere von Wolfram- und Molybdänkarbiden. Die Instabilität gewisser Karbonate bei hoher Temperatur und die geringe Löslichkeit von Metalloxyden in den geschmolzenen Salzen verursachen allerdings Schwierigkeiten bei der Elektrolyse. Aus Natriumkarbonatschmelzen und aus Bädern von Natriumkarbonat und Natriumfluorid bzw. Kaliumkarbonat und Kaliumfluorid scheiden sich bei der Elektrolyse zu geringe Mengen von Kohlenstoff ab. Bei der Elektrolyse von Barium- und Lithiumkarbonat wird ausreichend Kohlenstoff ausgeschieden. Setzt man den Karbonatschmelzen eutektische Gemische von $BaCl_2$-NaCl und $BaCl_2$-LiCl zu, dann kann man an der Graphitelektrode amorphen Kohlenstoff mit einer Reinheit von 90 bis 95% (die Verunreinigungen bestehen aus Restsalzen und Feuchtigkeit) abscheiden. Um nun den bei der Elektrolyse freigewordenen Kohlenstoff mit einem Metall als Karbid zu binden, muß erst durch Zugabe von Borsäure in Form von Natriummetaborat zum Elektrolyten die Löslichkeit des Bades für Metalloxyde gesteigert werden.

Zwecks Herstellung von Wolfram- und Molybdänkarbiden werden daher am vorteilhaftesten Schmelzen, welche Natriummetaborat und Natriumkarbonat, Lithiumfluorid und Wolfram- bzw. Molybdän-

---

[1] Redmond, J. C. u. E. N. Smith: Trans. Am. Inst. Met. Eng. **185** (1949), S. 987/993.

[2] Andrieux, J. L.: In P. Lebeau: Les hautes températures et leurs utilisation en chimie, Masson, Paris 1950, Bd. 1, S. 375/446.

[3] Weiss, G.: Diss. Univ. Grenoble 1946, Ann. Chim. 1 (1946). S. 446/525.

[4] Andrieux, L. u. G. Weiss: Compt. Rend. **184** (1927), S. 91, Bull. Soc. Chim. France **15** (1948), S. 598/601.

trioxyd enthalten, bei Temperaturen von etwa 800° unter Verwendung einer Kohlelektrode in einem Kohletiegel bei etwa 3 V und 20 A in einer Einrichtung gemäß Abb. 20 umgesetzt. Die Karbide scheiden sich in Form feinkristalliner Agglomerate ab. Die Zusammensetzung der Abscheidungsprodukte kann durch die Zusammensetzung des Bades, insbesondere durch das Verhältnis Karbonat zu WO_3 bzw. MoO_3 beeinflußt werden. Z. B. scheidet sich aus einem Bad, welches etwa $Na_2O \cdot B_2O_3$ + + 0,5 Na_2CO_3 + + 3 LiF + 1/6,6 WO_3 enthält, hauptsächlich W_2C ab, während man aus einem stärker basischen Salzgemenge mit $Na_2O \cdot B_2O_3$ +

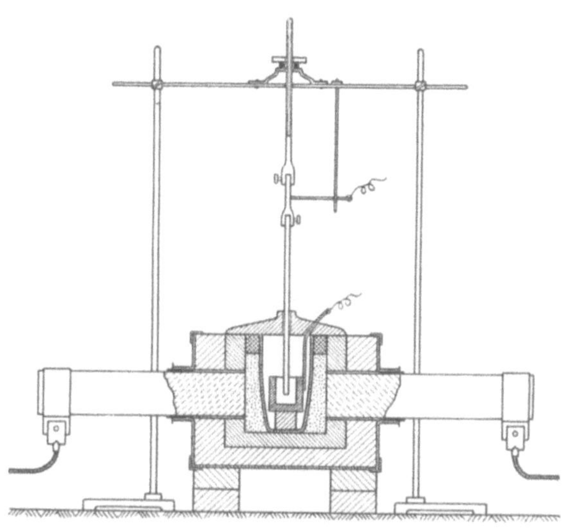

Abb. 20. Einrichtung zur Herstellung von Karbiden, Boriden und Siliziden durch Schmelzflußelektrolyse (L. Andrieux)

+ 2 Na_2CO_3 + 4,5 LiF + 1/6 bis 1/8 WO_3 größtenteils WC erhält.

Das Karbid Mo_2C erhält man aus einem Bad von $Na_2O \cdot B_2O_3$ + + 2 Na_2CO_3 + 4,5 LiF + 1/2,8 bis 1/3,5 MoO_3. Aus einem Bad, dessen Gehalt an Molybdänsäure erheblich niedriger ist, z. B. der Zusammensetzung $Na_2O \cdot B_2O_3$ + 3 Na_2CO_3 + 6 LiF + 1/7 MoO_3, scheidet sich ein Karbid der Zusammensetzung *MoC* ab.

Obwohl bis heute außer den genannten Karbiden keine weiteren Karbide nach dem Verfahren von L. Andrieux und G. Weiss gewonnen und in der Literatur beschrieben worden sind, ist mit Sicherheit anzunehmen, daß auch die anderen Metallkarbide der 4 a, 5 a und 6 a Gruppe des Periodensystems in gleicher Weise aus Metaborat-Karbonat-Fluorid-Oxyd-Bädern gewonnen werden können. Dieser Schluß wird dadurch bekräftigt, daß es L. Andrieux[1, 2] gelungen ist, die Boride fast aller hier interessierender Metalle der Übergangselemente aus ähnlich zusammengesetzten Bädern abzuscheiden (s. S. 371).

[1] Andrieux, L.: Diss. Univ. Paris 1929.
[2] Andrieux, L.: Rev. Mét. **45** (1948), S. 49/59.

7. Reinigung der hochschmelzenden Karbide und Herstellung von dichten Sinterkörpern

Bei den technisch üblichen Herstellungsverfahren fallen die Karbide meist pulverförmig und mehr oder weniger stark verunreinigt an. Die Rohkarbide sind daher für die Bestimmung des Schmelzpunktes, der Härte, der elektrischen Leitfähigkeit und anderer Eigenschaften selten geeignet. Um reine Präparate mit möglichst stöchiometrischem Verhältnis Metall zu Kohlenstoff zu erhalten, muß man die Rohkarbide Reinigungsverfahren unterwerfen und sie hierbei gegebenenfalls in kompakte Körper überführen. Weil dafür das Schmelzverfahren wegen der erforderlichen extrem hohen Schmelztemperaturen und der Zerfallsneigung der Karbide im Schmelzfluß nur in Ausnahmefällen geeignet ist, bedient man sich heute ausschließlich des Sinter- bzw. Drucksinterverfahrens.

Nach C. AGTE und K. MOERS[1] werden die möglichst reinen pulverförmigen Karbide bzw. Rohkarbide — über die Darstellung dieser vergleiche die einzelnen Abschnitte — mit einem Preßdruck von etwa 2 t/cm² zu Stäben verpreßt[2]. Diese Stäbe werden sodann in einem Graphitschiffchen im Kohlerohrkurzschlußofen unter Wasserstoff etwa ¼ Stunde auf Temperaturen von 2500 bis 3000° erhitzt.

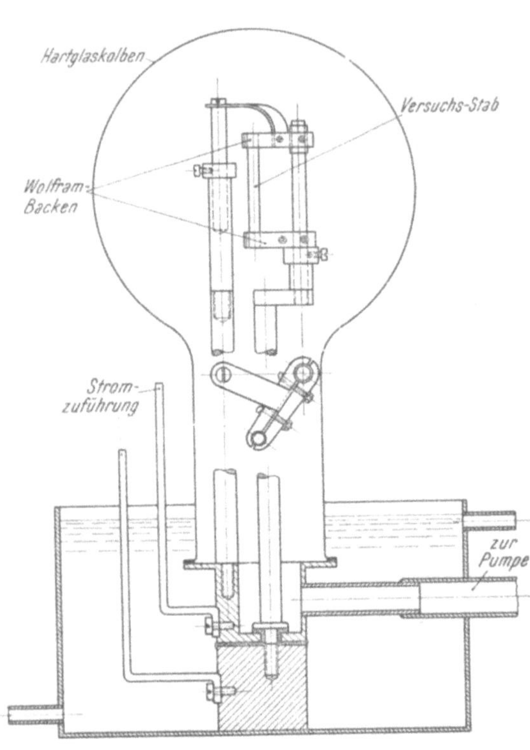

Abb. 21. Apparatur zum Hochsintern und Schmelzen von hochschmelzenden Stoffen im Vakuum oder in indifferenter Atmosphäre (C. AGTE und H. ALTERTHUM)

---

[1] AGTE, C. u. K. MOERS: Z. anorg. allg. Chem. **198** (1931), S. 233/43.

[2] s. a. AGTE, C., H. ALTERTHUM, K. BECKER, G. HEYNE u. K. MOERS: Z. anorg. allg. Chem. **196** (1931), S. 129/59.

Die Einbettung der Stäbe in Karbidpulver, die als Getter wirken, gewährleistet einen Schutz gegen Aufkohlung, Oxydation oder Nitridbildung. Bei der Vorsinterung bleiben die Karbidstäbe trotz Schrumpfung stark porös. Zwecks Erreichung höherer Dichte werden sie nochmals zerkleinert und unter Zusatz geringer Mengen von ungesintertem Karbidpulver wieder zu Stäben verpreßt und gesintert. Diese Prozedur wird gegebenenfalls mehrmals wiederholt.

Die genügend dichten und festen Vorsinterstäbe werden nun in einer Apparatur gemäß Abb. 21 im direkten Stromdurchgang bis nahe an den Schmelzpunkt hochgesintert[1–3]. Zu diesem Zweck wird der Stab zwischen Wolframbacken, die mit Molybdänschrauben zusammengehalten werden, eingespannt. Die erforderlich hohe Strommenge wird den Wolframbacken über massive Kupferstäbe, die durch Glimmerscheiben gegeneinander isoliert sind, zugeführt. Über die gesamte Einrichtung wird ein Glasrezipient gestülpt, der gegen eine Kupferscheibe abgedichtet ist. Der Apparat besitzt ferner einen Anschlußstutzen zum Evakuieren bzw. zur Füllung mit Schutzgas. Da einige Karbide sich im Vakuum zum Teil zersetzen, verwendet man als Schutzgas technisches Argon (12 bis 15% N_2). Die Karbide des Titans, Zirkoniums und Hafniums, die gegen Stickstoff empfindlich sind, müssen unter reinstem Argon (99%ig) gesintert werden. Bei den extrem hohen Temperaturen der Hochsinterung tritt durch Verdampfen der oxydischen, metallischen und sonstigen Verunreinigungen eine Selbstreinigung ein, da die Dampfdrucke dieser Verunreinigungen höher liegen als die der Karbide.

Diese klassische Methode der Herstellung von reinen Karbiden und Karbid-Sinterkörpern ist vielfach abgewandelt worden. Insbesondere haben H. NOWOTNY und R. KIEFFER[4] erkannt, daß geringe Mengen an Zusatzmetallen — als solche sind besonders jene der Eisengruppe geeignet — den Sintervorgang erleichtern, so daß man ohne langwierige Maßnahmen rasch zu dichten Körpern gelangt. Zusätze von Kobalt, Nickel, Kobaltoxyd, Nickeloxyd, Molybdänkarbid, Chromoxyd u. a. in Mengen von etwa 0,2 bis 1,5% haben sich insbesondere bei der Herstellung von dichten Körpern aus Karbidmischkristallen bewährt[4, 5]. Die Zusätze wirken als flüssige Phase und unterstützen durch Diffusionsvorgänge den Selbstreinigungseffekt insbesondere bei den Karbiden der Metalle der 4 a und 5 a Gruppe. Sind die Eisenmetalle

---

[1] PIRANI M. u. H. ALTERTHUM: Z. Elektrochem. **29** (1923), S. 5/8.

[2] AGTE, C. u. H. ALTERTHUM: Z. techn. Physik **11** (1930), S. 182/91.

[3] s. a. AGTE, C.: Diss. Techn. Hochsch. Berlin 1931.

[4] NOWOTNY, H. u. R. KIEFFER: Metallforschung **2** (1947), S. 257/65.

[5] NORTON, J. T. u. A. L. MOWRY: Trans. Am. Inst. Met. Eng. **185** (1949), S. 133/36.

bei den hohen Temperaturen nicht restlos ausgedampft, so können sie mit Säuren extrahiert werden.

Die geringen Zusätze an Hilfsmetall können ohne Schwierigkeiten auch im Hochfrequenzvakuumofen bei einem Druck von etwa 0,1 mm Hg und bei Temperaturen von 2000 bis 2500° restlos verdampft werden. Auf diese Weise wurden von L. S. FOSTER[1] unter Verwendung von 0,25 bis 0,5% Kobalt oder Nickel bzw. deren Oxyde, praktisch dichte Körper aus reinem WC, TaC und NbC hergestellt. Von P. CHIOTTI[2] wurden bei der Herstellung von TaC-Körpern weit höhere Zusätze von Eisen, Nickel bzw. Kobalt benutzt. Auch diese größeren Metallmengen verdampften weitgehend bei der Sintertemperatur von 2750° im Vakuum.

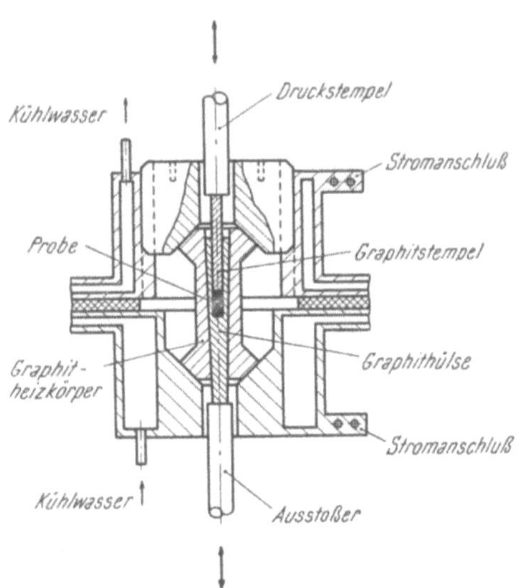

Abb. 22. Heißpreßvorrichtung, schematisch

Verdichtet man die gereinigten Karbide in einer Heißpreßvorrichtung (Abb. 22), so kann man praktisch porenfreie Körper erhalten. Es gelingt bei Heißpreßtemperaturen bis 3000° praktisch dichte TiC-Körper aus TiC-Pulver ohne Bindemetall herzustellen[3, 4, 5]. Durch Heißpressen gelingt es auch, praktisch dichte WC-Körper zu erzeugen[6, 7, 8, 9]. Das Drucksintern wurde ferner auch für die Her-

---

[1] FOSTER, L. S., L. W. FORBES, L. B. FRIAR, L. S. MOODY u. W. H. SMITH: J. Am. Ceram. Soc. 33 (1950), S. 27/33.

[2] CHIOTTI, P.: J. Am. Ceram. Soc. 35 (1952), S. 123/30.

[3] GLASER, F. W. u. W. IVANICK: J. Metals 4 (1952), S. 387/90.

[4] WATT, W., A. R. HALL u. G. H. COCKETT: Métaux 28 (1953), S. 222/37.

[5] SAMSONOV, G. V. u. a.: Dokl. Akad. Nauk SSSR 104 (1955), S. 405/08, Izv. Akad. Nauk SSSR, Met. Topl. (1959), Nr. 4, S. 143/47, Dokl. Akad. Nauk Ukr. RSR (1959) Nr. 1, S. 46/47.

[6] D.R.P. 504 484 (1926), E. P. 294 084 (1928).

[7] WILLIAMS, A. E.: Metal Treatment 18 (1951), S. 445/49.

[8] AGTE, C. u. J. VACEK: Hutnické Listy 8 (1953), S. 249/52.

[9] SAMSONOV, G. V. u. M. S. KOVALTSCHENKO: Izv. Akad. Nauk SSSR Met. Topl. (1959), Nr. 4, S. 143/47, Dokl. Akad. Nauk SSSR 104 (1955), S. 405/08.

stellung von VC-, NbC-, TaC-, Cr_3C_2-[1] und insbesondere UC-Körpern[2-5] sowie deren Mischkristallen angewandt.

B. Die Einzelkarbide

Die Einzelkarbide, ihre Herstellung und Eigenschaften sollen aus Gründen der Einfachheit und der Übersicht nicht in der Reihenfolge ihrer Bedeutung für die Hartmetallherstellung, sondern nach ihrer Stellung im Periodensystem besprochen werden. Es werden daher zuerst die Karbide der Metalle der 4 a Gruppe des periodischen Systems, Titan, Zirkonium und Hafnium, dann die der 5 a Gruppe, Vanadin, Niob und Tantal und endlich die der 6 a Gruppe, Chrom, Molybdän und Wolfram behandelt. Dann wird noch auf die Karbide des Thoriums, Urans und der Transurane kurz eingegangen. Über das Auftreten von Karbiden der anderen Elemente vgl. Zahlentafel 11.

1. Titankarbid

a) *Herstellung*

a) Geschichtliches. Bei der Untersuchung von titanhaltigem Gußeisen isolierte P. W. Shimer[6] schon 1887 durch Behandlung mit Salzsäure eine Verbindung der angenäherten Zusammensetzung TiC. Gelegentlich der Versuche zur Herstellung von Titan*metall* durch Reduktion von TiO_2 mit Kohle im Lichtbogenofen beobachtete H. Moissan[7] die Bildung von Titankarbid, wenn zur Reduktion ein Überschuß von Kohle verwendet wurde. Das gebildete Titankarbid schmolz unter den Versuchsbedingungen zu einem dichten, kristallinen Regulus zusammen, welcher aber stets graphithaltig war (vgl. das niedriger schmelzende Eutektikum zwischen TiC-Graphit Abb. 35). Auch die Reduktion von TiO_2 mit Kalziumkarbid gelang nach H. Moissan[7] im elektrischen Ofen, wobei allerdings ein sehr unreines Titankarbid anfiel.

Beim Erhitzen von Rutil oder reinem TiO_2 mit Kohle in einem

---

[1] Watt, W., A. R. Hall u. G. H. Cockett: Métaux 28 (1953), S. 222/37.

[2] Barnes, E., W. Munro, R. W. Thackray, J. Williams, u. P. Murray: In: Progress in Nuclear Energy, Pergamon Press London 1956, Vol. 5, S. 435/47.

[3] Tripler, A. B., M. J. Snyder u. W. H. Duckworth: BMI 1313, 1383 (1959).

[4] Rough, F. A. u. W. Chubb: BMI 1370 (1959).

[5] Accary, A. u. R. Caillat: Internat. Powder Met. Conf. New York 1960.

[6] Shimer, P. W.: Chem. News 55 (1887), S. 156/58.

[7] Moissan, H.: Compt. Rend. 120 (1895), S. 290/96, Compt. Rend. 125 (1897), S. 839/44.

Graphittiegel auf 1900 bis 2100° erhielt O. Ruff[1] durch Reaktion in festem Zustand ein feinkörniges Titankarbid.

Dieses Verfahren, bei welchem man in Pulverform ein wesentlich reineres Produkt als beim Schmelzen bekommt, wurde in der Folge nicht nur zur Darstellung im Laboratorium, sondern auch ausschließlich zur Herstellung von Titankarbid in technischem Umfang benutzt.

β) Herstellung in wissenschaftlichem und halbtechnischem Rahmen sowie Versuche zur Reindarstellung von Titankarbid. E. Friederich und L. Sittig[2] erzeugten pulverfömiges Titankarbid durch Erhitzen eines Gemisches von TiO_2 mit Kohle in einem Porzellan- oder Wolframrohrofen unter reinem Wasserstoff auf 1700 bis 1800°. Wurde als Ausgangsmaterial nicht reines TiO_2, sondern Rutil verwendet, dann erhielt das Titankarbid etwas Eisen, welches aber leicht durch Auskochen mit Salzsäure entfernt werden konnte. Die Gewichtszunahmen der Präparate beim Glühen an Luft betrugen 29,9 bis 32,9% (theoretisch 33,4%).

Um möglichst gut ausgebildete Titankarbidkristalle zu erhalten, ging B. Fetkenheuer[3] auf folgende Weise vor: Ferrotitanpulver wird mit Kohle gemischt, gepreßt und in einem Kohletiegel unter Wasserstoff oder im Vakuum sehr hoch gesintert bzw. bei 1800° geschmolzen. Der entstandene Kuchen oder Regulus wird pulverisiert und zwecks Entfernung des Eisens bzw. Eisenkarbides mit Salzsäure in der Wärme behandelt. Der im Rohtitankarbid enthaltene Graphit wird durch Abschlämmen entfernt und das noch nicht ganz reine graphitarme Titankarbid mit Flußsäure weiter gereinigt. Das Endprodukt ist durch große, gut ausgebildete Kristalle gekennzeichnet. Aus Fetkenheuerschem Karbid, welches ursprünglich besonders für Schleifzwecke gedacht war, konnte 1930/31, wegen seiner Sauerstoff- und Stickstofffreiheit, ein einwandfreies $TiC\text{-}Mo_2C\text{-}Ni$-Hartmetall hergestellt werden (vgl. Bd. Hartmetalle).

Auch das sog. Menstruum-Verfahren nach P. M. McKenna[4] (vgl. S. 67) kann zur Herstellung von TiC benutzt werden, wobei man Gemische aus TiO_2 und Kohle in einem Eisenbad bei 3000° umsetzt[5].

C. Agte und K. Moers[6] erzeugten Titankarbid aus TiO_2 und

---

[1] Ruff, O.: Z. anorg. allg. Chem. **82** (1913), S. 373/400, D.R.P. 286 054 (1914).

[2] Friederich, E. u. L. Sittig: Z. anorg. allg. Chem. **144** (1925), S. 169/89.

[3] D.R.P. 571 292 (1929).

[4] A.P. 2 515 463 (1948).

[5] Wambold, J.: In: R. J. Tinklepaugh u. W. B. Crandall: Cermets. Reinhold Publ., New York 1960, S. 56/57.

[6] Agte, C. u. K. Moers: Z. anorg. allg. Chem. **198** (1931), S. 233/43.

reinstem geglühtem Ruß durch einhalbstündiges Erhitzen in einem Graphitrohrofen unter getrocknetem luftfreiem Wasserstoff auf 1700 bis 2100° (s. S. 51). Dabei erwies es sich als günstig, 15 bis 25% unterhalb der theoretisch notwendigen Kohlenstoffmenge zu bleiben. Den restlichen Kohlenstoff liefern Kohlenwasserstoffe, welche sich durch Reaktion des Wasserstoffes an den heißen Graphitrohrwänden bilden. Durch wiederholtes Glühen gepreßter und wiederzerkleinerter Titankarbidstäbe bei 2500 bis 3000° und anschließendes Erhitzen der Titankarbidstäbe im direkten Stromdurchgang unter Argon bis nahe an den Schmelzpunkt konnte durch Ausdampfen der Verunreinigungen (Selbstreinigung) ein sehr reines Titankarbid hergestellt werden.

Ein ebenfalls sehr reines Titankarbid in polykristalliner und einkristalliner Form kann man nach dem Aufwachsverfahren[1,2], nach K. MOERS[3] durch Zersetzen von Dampfgemischen aus $TiCl_4$, Wasserstoff und Toluol an einem glühenden Wolframdraht von 1600 bis 2000° K erzeugen. W. G. BURGERS und J. C. M. BASART[4] zersetzten an einem Kohlefaden bei 1800 bis 2100° K $TiCl_4$-H_2-Dampfgemische, wobei unter Auflösung des Kohlefadens ein Titankarbidröhrchen verblieb. Dieses enthielt auf Grund der chemischen Analyse und der Gitterkonstantenbestimmung beträchtliche Mengen Titanmetall, vermutlich in fester Lösung, und entsprach beispielsweise der Bruttozusammensetzung $Ti_{1,1}C$. Durch Glühen im Hochvakuum bei 2200 bis 2400° K kann der gelöste Metallüberschuß ausgedampft werden. Man erhält dann ein Karbid mit 19,6% C.

I. E. CAMPBELL und Mitarbeiter[5] erzeugten an einem Wolframdraht bei 1300 bis 1700° Titankarbidaufwachsschichten aus einem Dampfgemisch von $TiCl_4$, H_2 und Kohlenwasserstoffen in einer Apparatur gemäß Abb. 19.

Verwendet man nach A. MÜNSTER, W. RUPPERT und K. SAGEL[6-9] als Grundwerkstoff graues Gußeisen, so bilden sich auch in Abwesen-

---

[1] VAN ARKEL, A. E.: Physica 4 (1924), S. 286/301.

[2] VAN ARKEL, A. E. u. J. H. DE BOER: Z. anorg. allg. Chem. 148 (1925), S. 345/50.

[3] MOERS, K.: Z. anorg. allg. Chem. 198 (1931), S. 243/61.

[4] BURGERS, W. G. u. J. C. M. BASART: Z. anorg. allg. Chem. 216 (1934), S. 209/22.

[5] CAMPBELL, I. E., C. F. POWELL, D. H. NOWICKI u. B. W. GONSER: J. Electrochem. Soc. 96 (1949), S. 318/33.

[6] MÜNSTER, A. u. W. RUPPERT: Z. Elektrochem. 57 (1953), S. 564/71.

[7] MÜNSTER, A. u. K. SAGEL: Z. Elektrochem. 57 (1953), S. 571/79.

[8] MÜNSTER, A.: Z. Angew. Chem. 69 (1957), S. 281/90.

[9] WIEGAND, H. u. W. RUPPERT: Metalloberfläche 14 (1960), S. 229/35.

heit von Kohlenwasserstoffen schon bei Abscheidungstemperaturen um 1000° harte und verschleißfeste TiC-Schichten. Bei kohlenstoffarmen oder -freien Grundwerkstoffen muß selbstverständlich ein kohlenstoffspendendes Gas vorhanden sein.

Auf die zahlreichen Arbeiten über die Oberflächenhärtung von Titan und Titanlegierungen durch kohlenstoffenthaltende Gase, wobei TiC als Härteträger auftritt, kann hier nur verwiesen werden[1-4].

Im Rahmen von Untersuchungen an Titanstählen und des ternären Systems Fe-Ti-C wurde TiC wiederholt nachgewiesen und durch Isolierung gewonnen[5-19].

Die Schwierigkeiten bei der Herstellung von reinem Titankarbid mit theoretischem Gehalt an Kohlenstoff und das immer größere Interesse der Hartmetallerzeuger für ein derartiges Produkt waren der Grund dafür, den Reaktionsmechanismus der Titankarbidbildung aus TiO_2 unter Verwendung von festen Kohlungsmitteln

[1] HANZEL, R. W., V. PULSIFER u. S. W. McGEE: WAL 401-84-25 (1953).

[2] GRIEST, A. J, P. E. MOORHEAD, P. D. FROST u. J. H. JACKSON: Trans. Am. Soc. Met. **46** (1954), S. 257/76. NP 4929 (1953).

[3] HANZEL, R. W.: Metal Progr. **65** (1954), Nr. 3, S. 89/96.

[4] BUNGARDT, K. u. K. RÜDINGER: Z. Metallkunde **47** (1956), S. 577/83.

[5] VOGEL, R.: Ferrum **14** (1917), S. 177/97.

[6] TOFAUTE, W. u. A. BÜTTINGHAUS: Arch. Eisenhüttenwes. **12** (1938), S. 33/37.

[7] NORTHOTT, L.: Iron Steel Inst., Spec. Rep. Nr. 24 (1939), S. 107/46.

[8] FISHEL, W. P. u. B. ROBERTSON: Am. Inst. Min. Met. Eng., Techn. Publ. Nr. 1763 (1944).

[9] HUME-ROTHERY, W., G. V. RAYNOR u. A. T. LITTLE: J. Iron Steel Inst. **145** (1942), S. 129/41.

[10] BEATTIE, H. J. u. F. L. VER SNYDER: Trans. Am. Soc. Met. **45** (1953), S. 397/423.

[11] CIHAL: Hutnické Listy **11** (1956), S. 151/53.

[12] KUO, K.: J. Iron Steel Inst., **184** (1956), S. 258/68, Iron Steel **29** (1956), S. 645/50, 666/68.

[13] MURAKAMI, Y., H. KIMURA u. Y. NISHIMURA: Trans. Nat. Res. Inst. Metals 1 (1959), S. 7/21.

[14] HAGEL, W. C. u. H. J. BEATTIE: Iron Steel Inst., Spec. Rep. No. 64, London 1959, S. 98/107, 108/17.

[15] SCHRADER, A. u. A. KRISCH: Iron Steel Inst., Spec. Rep. No. 64, London 1959, S. 225/34.

[16] CHANG, W. H.: Trans. Met. Soc. Am. Inst. Met. Eng., **218** (1960), S. 254/56.

[17] NARITA, K.: Nippon Kagaku Zassi **80** (1959), S. 266/69.

[18] LUKASCHEVITSCH-DUVANOVA, J. T. u. V. A. URAZOVA: Izv. Akad. Nauk SSSR, Met. Topl. (1959), S. 127/30.

[19] GUREVITSCH, J. G.: Izv. Vysch. Utsch. Zaved., Tschernaja Met. (1960), Nr. 6, S. 59/67.

näher zu untersuchen. Insbesondere G. A. MEERSON[1,2] und Mitarbeiter haben sich um die Aufklärung der Verhältnisse verdient gemacht.

Die Umsetzung von TiO_2 mit Kohle erfolgt nach der Summengleichung:

$$TiO_2 + 3\,C = TiC + 2\,CO.$$

Die Reaktion verläuft, wie G. A. MEERSON[1] auf Grund chemischer Analysen und der beobachteten Änderungen der Gitterparameter zeigen konnte, in Stufen. Die letzte dieser Stufen verläuft nach der Gleichung

$$TiO + 2\,C = TiC + CO,$$

wobei TiO und TiC eine lückenlose Reihe von Mischkristallen bilden. L. R. BRANTLEY und A. O. BECKMANN[3] haben, ausgehend von der Summengleichung

$$TiO_2 + 3\,C = TiC + 2\,CO,$$

die Gleichgewichtskonstante aus dem CO-Dampfdruck bestimmt. G. A. MEERSON und M. J. LIPKES[2] weisen aber darauf hin, daß diese Bestimmungen unzureichend seien,

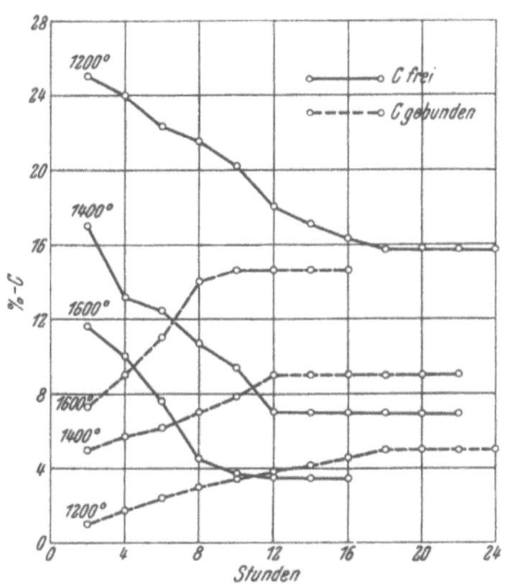

Abb. 23. Abhängigkeit des Kohlenstoffgehaltes von Titankarbid von Karburierungszeit und Temperatur (G. A. MEERSON)

da die Bildung fester TiO-TiC-Lösungen nicht in Betracht gezogen worden sei. Es muß auch berücksichtigt werden, daß unter den üblichen Karburierungsbedingungen, z. B. bei Temperaturen von 1800 bis 2000° unter Wasserstoffatmosphäre im Tammanofen, CO nicht der einzige gasförmige Reaktionsteilnehmer ist. Unter diesen Bedingungen muß man mit der Bildung von Kohlenwasserstoffen, vornehmlich Azetylen, rechnen. Azetylen könnte dann an der Reaktion teilnehmen gemäß:

$$TiO + C_2H_2 = TiC + CO + H_2.$$

[1] MEERSON, G. A.: Redkije Metally 4 (1935), Nr. 4, S. 6/20.

[2] MEERSON, G. A. u. J. M. LIPKES: Zur. Prikl. Chim. 12 (1939), S. 1759/67, 14 (1941), S. 291/301, 18 (1945), S. 24/34, 251/58.

[3] BRANTLEY, L. R. u. A. O. BECKMANN: J. Am. Chem. Soc. 52 (1930), S. 3956/62.

G. A. Meerson[1] und Mitarbeiter untersuchten zunächst den Einfluß verschiedener Glühmethoden auf ein stöchiometrisches Gemisch von TiO_2 + 3 C und fanden bei der Karburierung unter Wasserstoff bzw. CO von 1 Atm. Druck in Abhängigkeit von der Glühtemperatur, Anheizdauer und Reaktionsdauer Produkte mit Kohlenstoffgehalten gemäß Abb. 23 und Zahlentafel 17. Als wichtigste Ergebnis wurde festgestellt, daß bei Temperaturen über 1600° die Anheizdauer von entscheidendem Einfluß auf den Gehalt von gebundenem Kohlenstoff ist (Zahlentafel 18). Trotzdem ist man noch verhältnismäßig weit vom theoretischen Gehalt an gebundenem Kohlenstoff entfernt.

Durch Heißpressen von rohem Titankarbid (17,5% gebundener C) mit der noch erforderlichen Menge an Ruß bei 2900° unter Wasserstoff mit einem Zusatz von Kohlenwasserstoffdampf konnte G. A.

Zahlentafel 17. *Einfluß der Herstellungsbedingungen auf die Zusammensetzung von Titankarbid (Karburierung von Ti unter CO von 1 Atm.) (G. A. Meerson)*

Temperatur ° C	Anheiz-dauer Stunden	Glüh-dauer Stunden	C geb. %	C frei %	C gesamt %	Parameter Å
1200	1 ½	18	6,1	18,3	23,31	TiC + TiO
1400	1 ½	12	10,07	7,34	17,23	4,265
1600	1 ½	10	15,7	3,25	18,36	4,28
1800	3	2	18,54	0,31	18,85	4,29
2000	3	1	18,05	0,38	18,43	4,29
2200	3	1	18,62	0,13	18,75	4,30
2400	3	1	18,8	0,08	18,88	4,31

Meerson[1] Sinterkörper aus Titankarbid mit bis zu 19,2% gebundenem Kohlenstoff erhalten.

Zahlentafel 18. *Einfluß der Anheizzeit auf den Gehalt an Kohlenstoff bei der Herstellung von Titankarbid (G. A. Meerson)*

Anheizzeit Stunden	Glühdauer Stunden	CO-Atmosphäre		H₂-Atmosphäre	
		C geb. %	C frei %	C geb. %	C frei %
1 ½	2	16,6	1,35	15,8	1,45
4	2	18,7	0,23	18,3	0,25

In einer späteren Arbeit haben G. A. Meerson und J. M. Lipkes die Umsetzung von TiO_2 mit verschiedenen Kohlungsmitteln (Gas-

---

[1] Meerson, G. A.: Redkije Metally 4 (1935), Nr. 4, S. 6/20.
[2] Meerson, G. A. u. J. M. Lipkes: Zur. Prikl. Chim. 12 (1939), S. 1759/67, 14 (1941), S. 291/301, 18 (1945), S. 24/34, 251/58.

ruß, Lampenruß, Zuckerkohle) bei Temperaturen von 1700 bis 1900° sehr genau untersucht und dabei wieder den Einfluß der Anheizdauer festgestellt. Bei längerem Verweilen auf der Karburierungstemperatur tritt wieder eine Entkohlung ein. Gemäß Zahlentafel 19 erhält man die günstigsten Ergebnisse, wenn man das Reaktionsgemisch rasch auf 1900° erhitzt und abkühlt. Längeres Verweilen auf der Reaktionstemperatur führt wieder zur Entkohlung

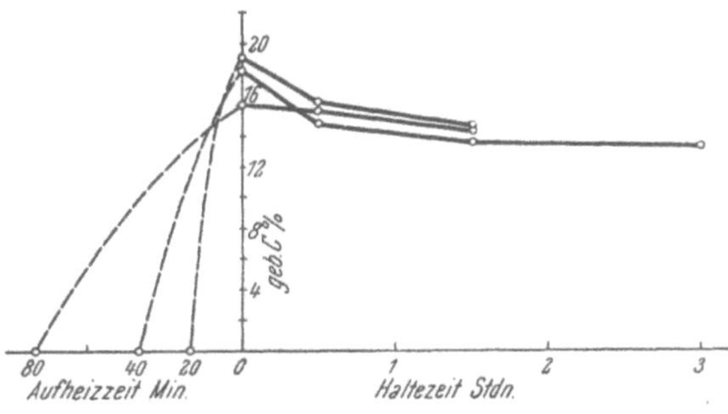

Abb. 24. Abhängigkeit des Kohlenstoffgehaltes von Titankarbid von der Anheizzeit und der Karburierungsdauer bei einer Reaktionstemperatur von 1900° (G. A. MEERSON und J. M. LIPKES)

(Abb. 24). Auf Grund thermodynamischer Überlegungen konnte auch eine Erklärung für diese Erscheinung gegeben werden.

Zahlentafel 19. *Einfluß des Temperaturanstieges bei der Karburierung auf die Zusammensetzung des Titankarbides* (G. A. MEERSON u. J. M. LIPKES)

Bedingungen *	Reaktionstemperatur 1900°		
	C ges. %	C geb. %	C frei %
Anstieg von 1100° auf 1900° in 80 Minuten und abkühlen	22,26	16,08	6,18
1 ½ Stunden auf Reaktionstemperatur gehalten	21,57	14,28	7,29
Anstieg von 1100 auf 1900° in 20 Minuten	21,28	19,14	2,14
1 ½ Stunden auf Reaktionstemperatur gehalten	21,28	14,64	6,64

* Karburierungsmittel: Lampenruß
Atmosphäre: Wasserstoff.

Die Vorgänge bei der Reduktion von TiO_2 mit festem Kohlenstoff hat auch E. JUNKER[1] untersucht. Es bildet sich oberhalb 870° zunächst ein niedriges Oxyd und erst über 1600° Titankarbid. E. P. BELJAKOVA, A. KOMAR und V. V. MICHAJLOV[2] verfolgten ebenfalls diese Reaktion

[1] JUNKER, E.: Z. anorg. allg. Chem. **228** (1936), S. 97/111.
[2] BELJAKOVA, E. P., A. KOMAR u. V. V. MICHAJLOV: Metallurg **14** (1939), Nr. 4/5, S. 23/25, **15** (1940), Nr. 4, S. 5/8.

in Abhängigkeit von den Temperaturen an Hand von Gitterkonstantenmessungen des entstandenen TiC-TiO-TiN-Mischkristalles, während V. S. KUCEV und B. F. ORMONT[1], G. V. SAMSONOV[2] sowie M. NAKAGAWA[3] die Reaktion und die dabei auftretenden Zwischenstufen durch CO-Druckmessungen untersuchten. Bei der Umsetzung von TiO_2, TiO oder Ti mit Kohlenmonoxyd, welche von H. NISHIMURA und H. KIMURA[4] verfolgt wurde, treten stets TiC-TiO-Mischkristalle verschiedener Zusammensetzung auf.

Die Umsetzung von Titandioxyd mit Kohlenstoff kann durch Anwendung von Vakuum, stärker noch durch Anwesenheit eines geeigneten Lösungsmittels für das entstehende Titan bzw. TiC beschleunigt werden. W. BAUKLOH und R. DURRER[5] fanden, daß Eisen besonders geeignet ist und daß bei der Reduktion von Gemischen aus TiO_2, Graphit und Eisenpulver schon bei 1200° in $2^1/_2$ Stunden ein fast vollständiger Sauerstoffabbau stattgefunden hat.

Zahlentafel 20. *Eigenschaften von durch Vakuumkarburierung hergestellten Titankarbiden* (G. A. MEERSON, G. L. ZVEREV u. B. J. OSINOVSKAJA)

Ausgangsmischung	Temp. ° C	Druck μ Hg	Zusammensetzung in %				Gitterkonstante Å
			Gesamt-C	freier C	Ti	O	
TiO_2 + 3 C	—	130	18,66	2,44	79,81	1,53	
TiO_2 + 3 C	—	93	19,36	2,02	79,86	0,78	
TiO_2 + 2,97 C	—	93	19,56	0,55	79,95	0,49	4,311
TiO_2 + 2,97 C	1375	204	19,21	0,61	79,62	1,17	
TiO_2 + 2,97 C	1425	154	19,40	0,42	79,71	0,95	
TiO_2 + 3,05 C	1540	320	19,93	0,61	79,19	0,88	4,317
TiO_2 + 3,05 C	1380	404	18,86	0,27	78,85	2,29	4,316
TiO_2 + 3,05 C	1450	140	19,32	0,24	—	1,11[1]	

[1] Errechnet aus dem Gehalt an gebundenem und freiem Kohlenstoff.

Die Schwierigkeiten bei der Herstellung von WC-TiC-Hartmetallen unter Verwendung eines sauerstoffhaltigen Titankarbides veranlaßten G. A. MEERSON, G. L. ZVEREV und B. J. OSINOVSKAJA[6] dazu, die Karburierung von TiO_2 mit Ruß im Vakuum vorzunehmen.

[1] KUCEV, V. S. u. B. F. ORMONT: Zur. Fiz. Chim. **29** (1955), S. 597/601. **31** (1957), S. 1866/70.

[2] SAMSONOV, G. V.: Zur. Prikl. Chim. **28** (1955), S. 1018/21. Ukr. Chim. Zur. **23** (1957), S. 287/96.

[3] NAKAGAWA, M.: Kogyo Kagaku Zassi **60** (1957), S. 379/83.

[4] NISHIMURA, H. u. K. KIMURA: Bull. Eng. Res. Inst. Kyoto Univ. (1954). Nr. 6, S. 19/25.

[5] BAUKLOH, W. u. R. DURRER: Stahl u. Eisen **60** (1940), S. 12/13.

[6] MEERSON, G. A., G. L. ZVEREV u. B. E. OSINOVSKAJA: Zur. Prikl. Chim. **13** (1940), Nr. 1, S. 66/75.

ein Verfahren, das schon 1910 von M. A. HUNTER[1] zur Darstellung benutzt wurde und von P. SCHWARZKOPF und Mitarbeitern 1930 in die Praxis eingeführt worden war. Bei den früheren Versuchen hat G. A. MEERSON[2] gezeigt, daß die technischen Titankarbide Gemische fester Lösungen von TiC, TiO und TiN sind, und daß es außerordentlich schwierig ist, bei der üblichen Karburierung im Kohlerohrofen unter Wasserstoff ein graphit-, sauerstoff- und stickstofffreies Produkt mit theoretischem Kohlenstoffgehalt zu erhalten.

Das Titandioxyd (98,78% TiO_2, 0,30% SiO_2, 0,10% Fe_2O_3, 0,22% SO_4, 0,19% Feuchtigkeit) wurde mit Ruß (0,017% S, 0,25% Feuchtigkeit, 0% Asche) sehr innig gemischt, zu kleinen Quadern verpreßt und in einem Kohlerohrvakuumofen bei verschiedenen, verhältnismäßig niedrigen Temperaturen karburiert. Dabei ergaben sich Karbide, deren Zusammensetzung der Zahlentafel 20 zu entnehmen sind. Im Vergleich zu den in Zahlentafel 17 angegebenen Werten sind die Gehalte an gebundenem Kohlenstoff bei den vakuumkarburierten Titankarbiden tatsächlich höher. In Weiterverfolgung dieser Arbeitsrichtung haben G. A. MEERSON und O. E. KREJN[3] auch die Gleichgewichtskonstanten für die sich abspielenden Reaktionen berechnet.

Die Ergebnisse von G. A. MEERSON und Mitarbeitern über die Vorgänge bei der Titankarbidherstellung aus

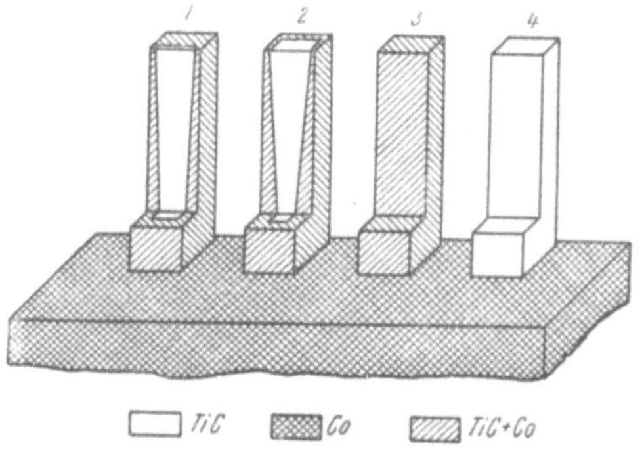

Abb. 25. Tränkung von Titankarbidpreßlingen mit Kobalt (Körper aufgeschnitten). (G. A. MEERSON, G. L. ZVEREV und B. J. OSINOVSKAJA.) Probe 1 und 2: Titankarbid, hergestellt durch Karburierung im Kohlerohrofen. Probe 3: Titankarbid, hergestellt durch Vakuumkarburierung. Probe 4: Unreines, nicht benetzbares Titankarbid

TiO_2 und Kohlenstoff konnten bei neuesten Untersuchungen japanischer Forscher[4] voll bestätigt werden.

Bei der Herstellung von porenfreien Hartmetallen auf WC-TiC-Basis spielt das Kobaltbindemetall, welches bei der Sinterung als flüssige Phase auftritt, eine wichtige Rolle. Die Poren der Sinter-

---

[1] HUNTER, M. A.: J. Am. Chem. Soc. 32 (1910), S. 330/36.

[2] MEERSON, G. A.: Redkije Metally 4 (1935), Nr. 4, S. 6/20; s. a. MEERSON, G. A.: Izv. Sekt. Fiz.-Chim. Anal. 16 (1943), Nr. 1, S. 197/219. MEERSON, G. A. u. J. M. LIPKES: Zur. Prikl. Chim. 18 (1945), S. 251/58.

[3] MEERSON, G. A. u. O. E. KREJN: Zur. Prikl. Chim. 25 (1952), S. 134/47.

[4] KUBO, T., K. SHINRIKI u. T. HANASAWA: J. Chem. Soc. Jap., Ind. Sect. 62 (1959), S. 512/16, 63 (1960), S. 64/70, 575/78.

körper können aber nur dann restlos ausgefüllt werden, wenn die
feinen Karbidteilchen während der Sinterung von der flüssigen
Phase gut benetzt werden. Unreines, insbesondere sauerstoffhaltiges
Titankarbid wird schlecht von flüssigem Kobalt benetzt. Darauf
begründet G. A. MEERSON und Mitarbeiter[1] eine Prüfmethode zur
Unterscheidung von verschiedenen Titankarbiden bezüglich ihrer
Reinheit und Verwendbarkeit. Preßlinge aus Titankarbid (4 × 4 ×
× 50 mm) werden in Kohleformen mit Kobalt unter Wasserstoff
auf 1550° erhitzt. Dabei werden Körper, die aus einem durch Karburierung im Kohlerohrofen erzeugten Karbid bestehen, nur an der
Oberfläche benetzt (Abb. 25, Probe 1, 2), während Körper aus vakuum-
karburiertem Titankarbid (Abb. 25, Probe 3) durchgehend benetzt und
getränkt werden. Von Proben aus sauerstoffhaltigem Karbid wird das
flüssige Kobalt überhaupt nicht aufgenommen (Abb. 25, Probe 4). Bei
voll mit Kobalt getränkten Preßlingen tritt schon während der Trän-

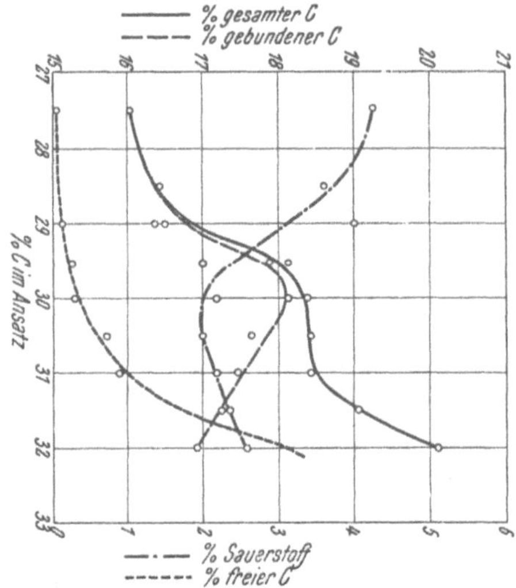

Abb. 26. Einfluß des Kohlenstoffgehaltes im Ansatz
auf die Zusammensetzung des Titankarbides
(Karburierungstemperatur 2100°). (H. KRAINER)

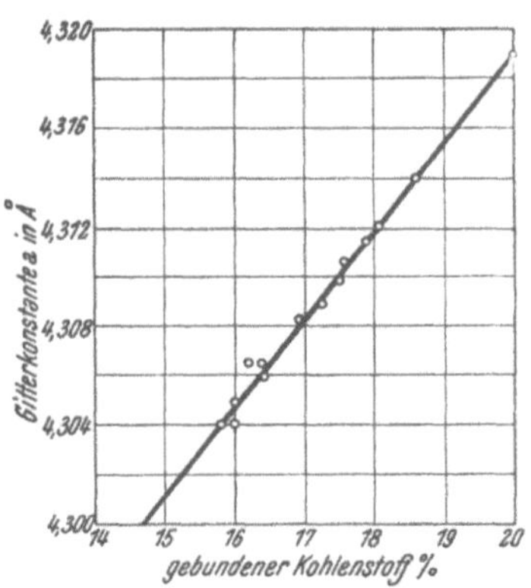

Abb. 27. Gitterkonstanten von TiC-
TiO-Mischkristallen in Abhängigkeit
vom Gehalt an gebundenem Kohlenstoff. (H. KRAINER und K. KONO-
PICKY)

kung Kornwachstum und ein bedeutender Schwund ein. Derartige,
gut netzende Karbide sind für die Herstellung von Hartmetallen besonders geeignet.

Da TiC, TiO und TiN Mischkristalle bilden, ist zu erwarten, daß
die röntgenographische Untersuchung weitgehende Aufschlüsse über
den Aufbau von unreinen Titankarbiden bringt. H. KRAINER und

[1] MEERSON, G. A., G. L. ZVEREV u. B. E. OSINOVSKAJA: Zur. Prikl. Chim. 13
(1940), Nr. 1, S. 66/75.

Zahlentafel 21. *Zusammensetzung und Eigenschaften verschiedener Titankarbide*[1]
(H. KRAINER u. K. KONOPICKY)

Kohlenstoff im Ansatz %	Gesamt-C im Karbid %	freier C %	gebundener C %	Sauerstoff %	Gitter-konstante* Å
27,5	16,07	0,05	16,0	4,25	4,3051
28,5	16,46	0,05	16,4	3,6	4,3064
29,0	16,48	0,07	16,41	4,02	4,3060
29,5	18,10	0,25	17,85	2,0	4,3115
30,0	18,34	0,23	18,11	2,2	4,3122
30,5	18,37	0,7	17,65	2,0	4,3106
31,0	18,4	0,9	17,5	2,2	4,3098
31,5	19,1	1,8	17,3	2,4	4,3091
32,0	20,1	3,15	16,95	2,6	4,3083
fremder	18,87	0,24	18,63	1,77	4,3140
Herkunft	16,6	0,4	16,2	5,9	4,3065
31,0[2]			16,0	4,5	4,3040
31,0[3]			15,8	3,8	4,3040

[1] Karburierung mit Ruß bei 2100° C.
[2] Karburierung mit Ruß bei 1900° C.
[3] Karburierung mit Ruß bei 1750° C.
* Bestimmt nach dem asymmetrischen Verfahren mit Fe-Strahlung.

K. KONOPICKY[1] haben bei verschiedenen Temperaturen aus TiO_2 und verschiedenen Mengen Ruß die in Zahlentafel 21 beschriebenen Titankarbide hergestellt. Abb. 26 zeigt, wie sich die Zusammensetzung des Titankarbides in Abhängigkeit vom Kohlenstoffgehalt im Ansatz ändert[2]. In Abb. 27 sind die gefundenen Werte der Gitterkonstanten in Abhängigkeit vom Gehalt an gebundenem Kohlenstoff dargestellt. Man sieht, daß die Gitterkonstante in annähernd linearem Zusammenhang mit dem Gehalt an gebundenem Kohlenstoff steht, so daß man durch Extrapolation für TiC eine Gitterkonstante von 4,319 Å findet, welcher Wert gut mit den in der Literatur angegebenen übereinstimmt. Die Ermittlung der Gitterkonstanten von TiC-TiO-Mischkristallen scheint daher zur raschen Ermittlung des Gehaltes an gebundenem Kohlenstoff geeignet zu sein. Da die untersuchten Präparate im ternären System Ti-C-O auf oder nahe der Linie des quasibinären Schnittes TiC-TiO liegen, ist anzunehmen, daß die technischen Titankarbide stets TiC-TiO-Mischkristalle sind.

Da Sauerstoff und graphithaltiges Titankarbid, wie früher erwähnt, sich ungünstig auf die Eigenschaften von WC-TiC-Hartmetallen auswirken, wurde vorgeschlagen, bei der Herstellung von sauerstoff-

---

[1] KRAINER, H. u. K. KONOPICKY: Berg- u. Hüttenmänn. Mh. **92** (1947), S. 166/78.
[2] KRAINER, H.: Arch. Eisenhüttenwes. **21** (1950), S. 119/27.

freiem Titankarbid nicht von TiO_2, sondern von TiN auszugehen[1]. Ferner ist Titanmetall- bzw. Titanhydridpulver als Ausgangsmaterial für die Herstellung von reinem TiC sehr gut geeignet (vgl. S. 87).

Bezüglich des Stickstoffes im Titankarbid liegen keine näheren Untersuchungen vor. TiN (s. S. 352) vermag so wie TiO mit dem TiC, wie schon mehrfach erwähnt, feste Lösungen zu bilden und bei der technischen Herstellung von Hartmetallen, bei der also nicht in absolut stofffreier Atmosphäre gearbeitet wird, tritt stets Stickstoff im Fertigprodukt auf. Insbesondere die titankarbidhaltigen Sorten enthalten beträchtliche Mengen Stickstoff[2] (s. Bd. Hartmetalle).

Auf Grund der Beobachtung von G. F. Hüttig und K. Sedlatschek[3] über die reaktionsfördernde Wirkung von kleinen Zusätzen von Chlor auf die Reduktionsgeschwindigkeit von Eisenoxyd lag die Vermutung nahe, daß auch die Reduktion und Karburierung von TiO_2 durch geringe Zusätze von chlorabgebenden Stoffen, z. B. HCl, CCl_4, $CHCl_3$ u. a. beschleunigt werden kann. Bei der Karburierung von TiO_2 mit Ruß unter verschiedenen Bedingungen a) Vakuum von 1 mm Hg, b) Wasserstoffunterdruck von 40 mm Hg, c) strömender, bei 10° mit CCl_4

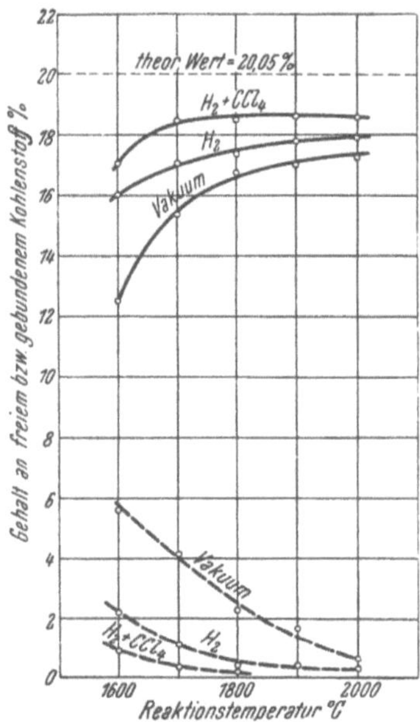

Abb. 28. Einfluß der Karburierungstemperatur auf die Zusammensetzung von unter verschiedenen Bedingungen hergestelltem Titankarbid (G. F. Hüttig und V. Fattinger)

gesättigter Wasserstoff, 40 mm Hg wurde nach G. F. Hüttig und V. Fattinger[4, 5] in Abhängigkeit von der Temperatur tatsächlich bei Anwesenheit von CCl_4 im Reaktionsgas ein Titankarbid mit beträchtlich höherem Gehalt an gebundenem Kohlenstoff erhalten als bei der Karburierung im Vakuum oder Wasserstoffunterdruck

---

[1] D.R.P. 733 318 (1943).

[2] B.I.O.S. Final Rep. Nr. 1385 (1945), S. 40.

[3] Hüttig, G. F. u. K. Sedlatschek: Z. anorg. allg. Chem. 250 (1942), S. 23/35.

[4] Hüttig, G. F. u. V. Fattinger: Powder Met. Bull. 5 (1950), S. 30/37.

[5] Fattinger, V.: In: The Physics of Powder Metallurgy, Mc Graw Hill, New York, 1951, S. 295/301.

(Abb. 28). Bei der hohen Reaktionstemperatur liegen die organischen Chlorverbindungen gespalten vor und es spielt sich z. B. die Reaktion:

$$\text{Ti} + 2\,\text{HCl} \rightleftharpoons \text{TiCl}_2 + \text{H}_2$$

ab. In Gegenwart von Kohlenstoff und Wasserstoff tritt bei hohen Temperaturen (s. Aufwachsverfahren) die Spaltung:

$$\text{TiCl}_x + \frac{x}{2}\,\text{H}_2 + \text{C} \rightleftharpoons \text{TiC} + x\,\text{HCl}$$

ein. Bei niedriger Temperatur verläuft die Reaktion im umgekehrten Sinn, so daß man in salzsäurefreier Atmosphäre abkühlen muß. Aus der Praxis ist bekannt, daß der Gehalt an gebundenem Kohlenstoff durch mehrmaliges Karburieren gesteigert werden kann. G. F. Hüttig und V. Fattinger haben daher ein graphitfreies TiC mit 17,3% gebundenem Kohlenstoff mit CH₄-haltigem Wasserstoff,

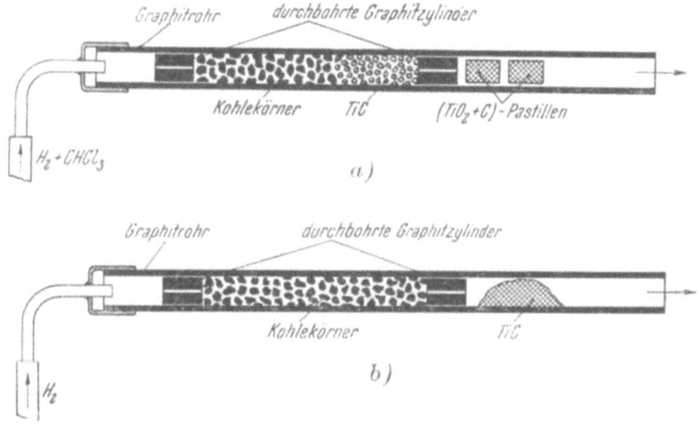

Abb. 29. Versuchseinrichtung bei der Herstellung von reinstem Titankarbid aus vorkarburiertem TiC a) und aus TiO₂ + Ruß b) (G. F. Hüttig und V. Fattinger)

welcher durch Überleiten des Wasserstoffes über eine erhitzte Kohleschicht (Abb. 29 a) hergestellt worden war und außerdem noch Chloroformdampf enthielt, weiter karburiert und dabei ein Karbid mit 18,6% gebundenem Kohlenstoff erhalten.

Führt man die Karburierung sehr lang (80 Minuten) und bei sehr hoher Temperatur (2300°) unter einem Gasgemisch von Wasserstoff und Chloroform im Verhältnis 8 : 1, welches durch eine erhitzte Kohleschicht und eine Schicht von Titankarbid gemäß Abb. 29 b strömt, durch, dann gelingt es, den stabilen TiC-TiO-Mischkristall größtenteils zu zerstören und ein Präparat mit 19,7% gebundenem Kohlenstoff und mit 0,36% freiem Kohlenstoff zu erzeugen.

Nach Untersuchungen von D. SCHULER[1] gelingt es beim Nachkarburieren von TiC (19,2% geb. C, 0,13% freier C) bei einem Zusatz von 9% Polyvinylchlorid ein TiC-Präparat mit 19,55% geb. C und 0,8% freiem C zu erhalten (Reaktionstemperatur 2000°, Reaktionszeit 3 Minuten).

Nach dem HEDVALLschen Prinzip[2] besitzt ein fester Stoff im Verlauf einer Umwandlung eine erhöhte Reaktionsbereitschaft. Diese Erscheinung kann man nach G. F. HÜTTIG und K. KOHLA[3] bei der Herstellung von Titankarbid aus TiO_2 durch Karburierung mit festem Kohlenstoff vorteilhaft ausnützen. TiO_2 existiert in zwei Modifikationen, dem Anatas und Rutil, wobei der Anatas je nach Herstellungsart im Temperaturgebiet von etwa 1000° monotrop in den Rutil übergeht. Wenn man die Aufkohlung des TiO_2 gleichzeitig mit einer Anatas-Rutil-Umwandlung vor sich gehen läßt, dann sind TiC-Präparate mit höherem Gehalt an gebundenem Kohlenstoff zu erwarten. Karburierungsversuche unter absolut trockenem Wasserstoff in einem Graphitrohrofen zeigten tatsächlich, daß man aus den Anataspräparaten Titankarbid mit höherem Gehalt an gebundenem Kohlenstoff erhält als aus den Rutilproben.

Durch Kombination der Anatas-Rutil-Umwandlung mit dem von G. F. HÜTTIG und V. FATTINGER angegebenen Verfahren über die Verwendung von karburierend und auflockernd wirkenden Gasen (Chloroform u. a.) kann man TiC-Präparate mit einem Gehalt an gebundenem Kohlenstoff von bis zu 20,03% erreichen, was praktisch dem theoretischen Gehalt entspricht.

D. SCHULER[1] versuchte ferner auch durch Umsetzung von Titansulfid mit Kohle nach der Gleichung

$$TiS_2 + 2\,C \rightleftharpoons TiC + CS_2$$

reinstes TiC zu erhalten. Bei einer Reaktionstemperatur von 2000° und einer Reaktionszeit von 3 Minuten gelang es ihm, ein TiC mit 19,9% geb. C und 0,04% freiem C bei praktischer Schwefelfreiheit zu erzeugen.

Die gesamten Erfahrungstatsachen bei der Herstellung von TiC mit höchstmöglichem Kohlenstoffgehalt, ergänzt um eigene Versuche, insbesondere unter Verwendung von Polyvinylchlorid, hat D. SCHULER[1] in einer sehr eingehenden Studie zusammengefaßt. Auch bei An-

---

[1] SCHULER, D.: Diss. Techn. Hochsch. Zürich 1952.

[2] Eine zusammenfassende Darstellung dieses Prinzips gibt G. F. HÜTTIG in dem von G. M. SCHWAB herausgegebenen Handbuch der Katalyse, Bd. VI, S. 374ff., Springer-Verlag, Wien 1943.

[3] HÜTTIG, G. F. u. K. KOHLA: 1. Plansee Seminar, Reutte/Tirol 1952, S. 259/67; Z. anorg. allg. Chem. **270** (1952) S. 33/44.

wendung der oben beschriebenen reaktionsfördernden Maßnahmen ist es sehr schwierig, ein TiC mit theoretischem Kohlenstoffgehalt darzustellen. Es gelingt allerdings, die Reaktionszeit auf einen Bruchteil der bei der technischen Karburierung benötigten herabzusetzen[1].

Die Schwierigkeiten bei der Titankarbidherstellung aus TiO_2 kann man dadurch umgehen, daß man nicht Oxyd verwendet, sondern von reinstem Titanmetall (Jodtitan, Titanschwamm, Titanhydrid) ausgeht und das Karbid durch Umsetzung mit reinem Kohlenstoff in festem Zustand[2] oder durch Lichtbogenschmelzen erzeugt. Bei der Systemuntersuchung Titan-Kohlenstoff haben I. CADOFF und J. P. NIELSEN[3, 4] ihre Präparate aus reinstem Jodtitan und Ruß durch Lichtbogenschmelzen gewonnen. Man kann so sehr dichte, fast sauerstoff- und stickstofffreie Titankarbide mit mehr als 19,9% geb. C herstellen.

Die Diffusionsgeschwindigkeit von Kohlenstoff in Titan und die Aktivierungsenergie dieser Reaktion haben G. V. SAMSONOV und V. P. LATYSCHEVA[5] bestimmt (vgl. Bd. Hartmetalle). Weitere Angaben stammen von F. C. WAGNER und Mitarbeitern[6].

γ) *Die industrielle Herstellung von Titankarbid.* Bei der Herstellung von Titankarbid in industriellem Maßstab geht man heute fast ausschließlich von reinem Titanoxyd, z. B. der Zusammensetzung 99,8% TiO_2, 0,06% S, 0,05% P oder 98,8% TiO_2, 0,1% SiO_2, 0,05% Fe, 0,1% S und 0,1% P aus. Die geringen Mengen von Verunreinigungen schaden nicht, weil sie bei den hohen Karburierungstemperaturen größtenteils flüchtig sind. Titanmetallabfälle, die man durch eine schwache Aufkohlung verspröden und pulverisieren kann, dürften in Zukunft, nachdem es gelungen ist, Titanmetall in großtechnischem Umfang herzustellen, auch für die Titankarbiderzeugung herangezogen werden.

Geht man von Titandioxyd aus, dann wird z. B. 68,5% TiO_2 mit 31,5% Ruß oder feinstgemahlenem reinstem Graphit längere Zeit sehr innig in Mischern und Mühlen trocken oder naß gemischt. Wird unter Zusatz von Wasser gearbeitet, dann muß die pasteartige Masse

---

[1] Vgl. G. F. HÜTTIG: 1. Plansee Seminar, Reutte/Tirol 1952, S. 259/67. Z. anorg. allg. Chem. **270** (1952), S. 33/44.

[2] OGAWA, K. u. Y. BANDO: J. Japan Soc. Powder Met. **6** (1959), S. 160/64.

[3] CADOFF, I. u. J. P. NIELSEN: J. Metals **5** (1953), S. 248/52.

[4] CADOFF, I., J. P. NIELSEN u. E. MILLER: 2. Plansee Seminar, Reutte/Tirol 1955, S. 50/55.

[5] SAMSONOV, G. V. u. V. P. LATYSCHEVA: Dokl. Akad. Nauk. SSSR **109** (1956), S. 582/85. Fiz. Metallov Metalloved. 2 (1956), S. 309/19. In: Bor. Moskau, 1958, S. 74/89.

[6] WAGNER, F. C., E. J. BUCUR u. M. A. STEINBERG: Trans. Am. Soc. Met. **48** (1956), S. 742/61. NP 5066 (1954).

sehr sorgfältig getrocknet werden, da Feuchtigkeitsreste bei der Karburierung entkohlend wirken. Die Karburierung selbst kann unter Wasserstoff in Kohlekurzrohrschlußöfen oder im eigenen Schutzgas in vertikalen Dreiphasen-Kohlegrieß-Öfen vorgenommen werden. Besonders vorteilhaft sind Hochfrequenz-Vakuumöfen bei der Titankarbidherstellung.

Wenn man die Karburierung in *Kohlerohrkurzschlußöfen* (Abb. 30) unter Wasserstoff vornimmt[1], dann ist dazu ein sehr reines, trockenes

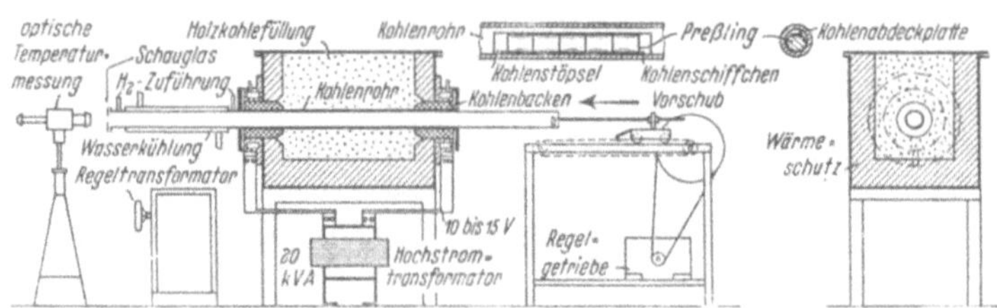

Abb. 30. Kohlerohrkurzschlußofen zur Herstellung von Hartkarbiden, schematisch
(C. Ballhausen)

und insbesondere stickstofffreies Gas erforderlich. Die Ausgangsmischung wird üblicherweise zu Blöcken gepreßt und in Kohleschiffchen bei etwa 2250° kontinuierlich durch den Ofen geschoben. Die anfallenden Karbidbrocken werden sorgfältig zerkleinert. Das abgesiebte Karbid hat einen Gesamtkohlenstoffgehalt von 20,0 bis 20,5%, davon 1,5 bis 2% in freier graphitischer Form.

Ein besonders leistungsfähiger Ofen für industrielle Zwecke ist nach F. Krall der vertikale *Dreiphasen-Kohlerohr-Ofen*, den Abbildung 31 in der Ansicht zeigt. Bei diesem Ofen kann ohne Wasserstoffschutzgas gearbeitet werden. Das bei der Reaktion entstehende, nach oben abströmende Kohlenoxyd reicht zum Schutz des Karburierungsgutes aus. Im übrigen verfährt man ähnlich, wie oben beschrieben. Die TiO_2-Ruß-Mischung wird in Papiersäcken verpreßt und die Preßlinge unter Zusatz von Graphitgrieß, der ein Anbacken an der heißen Ofenwandung verhindert, in den Ofen gefüllt. Die Karburierungstemperatur beträgt hierbei 2300 bis 2700°. Die Erreichung dieser und noch höherer Temperaturen bereitet bei der Ofenkonstruktion keine Schwierigkeiten. Das Titankarbid fällt in gleichmäßigen, hellgrauen Brocken an, welche kontinuierlich aus dem Ofen ausgetragen werden. Auch eine ähnlich arbeitende Konstruktion als vertikaler Kohlerohrkurzschlußofen hat sich bewährt.

---

[1] B.I.O.S. Final Rep. Nr. 1385 (1945), S. 64/65.

Nach W. W. Trainor[1] erhält man bei der Umsetzung von TiO_2-C-Gemischen in einem diskontinuierlich arbeitenden Einphasen-Lichtbogenofen uneinheitliche, z. T. geschmolzene Produkte, aus denen ein TiC mit 19 bis 19,5% geb. C und 0,2 bis 0,5 freiem C abgetrennt werden kann.

Nach L. D. Brownlee, G. A. Geach und T. Raine[2] wird bei der *Vakuumkarburierung* die TiO_2-Ruß-Mischung mit einem Preßdruck von etwa 1,5 t/cm² zu Blöcken von etwa $15 \times 6,5 \times 2,5$ cm verpreßt. Die Mischung läßt sich schlecht verdichten und die Preßlinge haben zahlreiche Spaltstellen, die allerdings nicht schaden, weil durch sie bei der Reaktion die Gase leichter entweichen können. Die Blöcke werden in einem Graphittiegel, der in dem Vakuumofen gemäß Abb. 32 sitzt, eingeschichtet und dieser mit einem Graphitdeckel verschlossen, welcher Bohrungen für die ent-

Abb. 31. Dreiphasen-Kohlerohr-Ofen zur großtechnischen Herstellung von Titankarbid (F. Krall)

weichenden Gase und zur Temperaturmessung besitzt. Der Graphittiegel wird in einem Sillimanittiegel eingesetzt und der Zwischenraum zwischen beiden mit Graphitpulver als Wärmeisolator ausgefüllt. Der Tiegel ist von der Hochfrequenzspule umgeben. Das ganze ist durch einen vakuumdichten, oft wassergekühlten Stahlmantel geschützt, welcher gasdichte Stromzuführungen, Schaufenster und Anschlußstützen für die Vakuumpumpe aufweist. Der Unterdruck wird von einer rotie-

---

[1] Trainor, W. W.: In: R. J. Tinklepaugh u. W. B. Crandall: Cermets. Reinhold Publ., New York 1960, S. 55/56.

[2] Brownlee, L. D., G. A. Geach u. T. Raine: Iron Steel Inst., Spec. Rep. No. 38, London 1947, S. 73/78.

renden Ölpumpe erzeugt. Die Temperaturmessung erfolgt mit einem optischen Pyrometer.

Wie sich der Druck in Abhängigkeit von der Temperatur und Zeit während einer Ofenfahrt ändert, zeigt Abb. 33. Die Reaktion beginnt bei etwa 800° und schreitet bei 1200 bis 1400° rasch fort. Der maximale Druck von 40 mm Hg wird bei etwa 1300° beobachtet und bei 1600 bis 1650° geht die Reaktion zu Ende, d. h. die Gasentwicklung hört auf. Die letzten Spuren von Oxyd werden aber erst bei halbstündigem Erhitzen bei 1900 bis 1950° zersetzt, wobei der Unterdruck auf etwa 4 mm Hg heruntergeht. Die erhaltenen Karbidbrocken, welche in Backenbrechern und Mühlen zerkleinert und abgesiebt werden, enthalten etwa 19,5 bis 20,3% Gesamtkohlenstoff, 0,1 bis 0,8% freien Kohlenstoff und 79,5 bis 80,2% Titan.

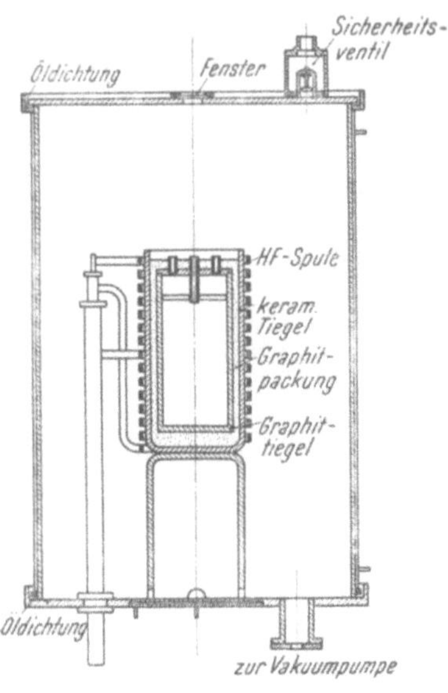

Abb. 32. Hochfrequenz-Vakuumofen zur Herstellung von Titankarbid (L. D. Brownlee, G. A. Geach und T. Raine)

Eine interessante Vorrichtung zum kontinuierlichen Karburieren von Metalloxyden, insbesondere zur Herstellung von Titankarbid wurde von C. Ballhausen entwickelt. Zwei horizontal angeordnete Graphitwalzen stehen sich mit einem geringen Abstand gegenüber und bewegen sich während des Karburierungsvorganges gegeneinander. Die Walzen sind in schweren Graphit- und Kupferlagern gehalten und an eine Stromquelle von etwa 100 kW Leistung und 10 Volt Spannung angeschlossen. Die Walzen sind in einem gasdichten Stahlgehäuse untergebracht, an dessen oberen Teil sich eine Beschickungsvorrichtung befindet. An der Unterseite des Stahlgehäuses sorgt eine

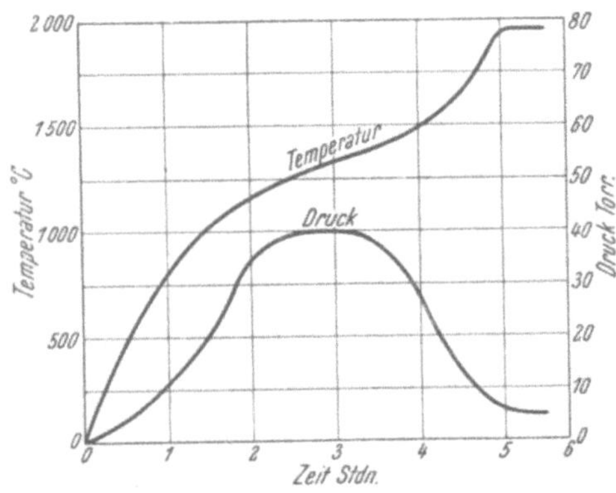

Abb. 33. Änderung von Temperatur und Unterdruck während der Herstellung von Titankarbid (L. D. Brownlee, G. A. Geach und T. Raine)

wassergekühlte Austragsvorrichtung für die Austragung des karburierten Gutes. Durch ein Abzugrohr kann das während der Karburierung gebildete Kohlenmonoxyd entweichen und abbrennen.

Die Karburierung selbst vollzieht sich etwa wie folgt: Das TiO_2-Ruß-Gemisch fällt von der Beschickungsvorrichtung direkt zwischen die beiden Walzen und stellt so einen elektrischen Schluß zwischen diesen her, wobei sich das Gemenge auf etwa 1400 bis 1700° erhitzt. Durch die Gegeneinanderbewegung der Walzen wird das Pulver unter leichtem Druck kontinuierlich durchgepreßt. Das karburierte Gemenge, welches das Walzenpaar passiert hat, fällt in Stücken in die Austragsvorrichtung, die für ein kontinuierliches Austragen unter Schutzgas sorgt.

Im Gegensatz zu anderen Öfen, bei denen die Durchwärmung des Ausgangsgemenges längere Zeit benötigt, geschieht hier die Erhitzung in dünnen Schichten in verhältnismäßig sehr kurzer Zeit, so daß eine sehr gute Ausbeute pro Zeiteinheit erzielt wird. Die Einrichtung von C. BALLHAUSEN[1] dürfte besonders zur Herstellung eines Roh-Titankarbides geeignet sein, welches zweckmäßig in einem zweiten Karburierungsgang in Kohlerohrkurzschluß- oder Vakuumöfen fertigkarburiert wird. Ein solches Roh-Titankarbid könnte auch in Großraumöfen, wie sie bei der Siliziumkarbidherstellung in Verwendung sind, in großen .Mengen wirtschaftlich hergestellt werden.

Wenn das erhaltene Titankarbid, welches nach einem der beschriebenen Verfahren hergestellt wurde, zu wenig gebundenen Kohlenstoff enthält, dann ist es manchmal erforderlich, die ganze Karburierungsoperation unter Zusatz von weiteren Mengen an Ruß zu wiederholen. Enthält das Karbid zu viel freien Kohlenstoff, dann kann man durch Beimengung von TiO_2 oder unterkohltem TiC, den Kohlenstoffgehalt bei der zweiten Karburierung ausgleichen. Nach N. KAWAI[2] kann das Rohkarbid auch gemahlen und der freie Kohlenstoff durch Schlämmen entfernt werden.

δ) Reinigung und Herstellung dichter Formkörper. Die Reinigung von Titankarbid kann nach der von C. AGTE und K. MOERS[3] vorgeschlagenen Methode erfolgen. Das Titankarbidpulver wird zu dicken Stäben verpreßt und diese im direkten Stromdurchgang unter Wasserstoff kurzzeitig sehr hoch erhitzt, wobei die Verunreinigungen teilweise verdampfen. Gegebenenfalls wird die Operation nach Zerkleinerung der Stäbe nochmals wiederholt.

Eine Reinigung des Titankarbides kann auch durch Misch-

---

[1] BALLHAUSEN, C.: vgl. B. I. O. S. Final Report No. 1385 (1945), S. 87, B.I.O.S. Final Rep. Nr. 925, App. II.

[2] KAWAI, N.: Rep. Gov. Ind. Res. Inst. Nagoya **7** (1958), S. 146/50.

[3] AGTE, C. u. K. MOERS: Z. anorg. allg. Chem. **198** (1931), S. 233/43.

kristallbildung mit anderen Karbiden bewirkt werden (s. S. 233). Das Zweitkarbid braucht dabei allerdings nur in solchen Mengen zugesetzt werden, daß es gewissermaßen nur katalytisch wirkt. Beispielsweise haben sich Zusätze von 0,5% Molybdänkarbid bewährt.

Nach einem amerikanischen Patent[1] werden der TiO_2-Ruß-Mischung 0,6 bis 1% Cr_2O_3 zugesetzt. Das resultierende, gut kristallisierte Karbid enthält weniger als 0,2% freien Kohlenstoff und ist härter als auf übliche Weise hergestelltes Titankarbid.

Die Herstellung von dichten Titankarbidkörpern durch Pressen und Sintern bzw. durch Drucksintern wird mehrfach beschrieben[2-10].

b) Das System Titan-Kohlenstoff

In diesem System (Abb. 35) existiert lediglich die kubisch flächenzentrierte, im Steinsalztyp (B 1) kristallisierende Verbindung TiC. Eine dem W_2C (Mo_2C) analoge Verbindung Ti_2C mit hexagonal dichtester Packung wollen B. JACOBSON und A. WESTGREN[11] gefunden haben. W. G. BURGERS und J. C. M. BASART[12] vermuten eher eine Löslichkeit von Ti in TiC.

Genauere Angaben über das System macht P. EHRLICH[13] auf Grund von röntgenographischen Untersuchungen an sehr sorgfältig hergestellten, reinsten Titankarbidpräparaten*. Die Breite der TiC-

---

[1] A.P. 2 491 410 (1945).

[2] IVENSEN, V. A.: Zur. Techn. Fiz. 17 (1947), S. 1301/20.

[3] GANGLER, J. J., C. F. ROBARDS u. J. E. McNUTT: NACA Techn. Note Nr. 1911 (1949), J. Am. Ceram. Soc. 33 (1950), S. 367/74.

[4] KIEFFER, R. u. F. KÖLBL: Berg- u. Hüttenmänn. Mh. 95 (1950), S. 49/58.

[5] GLASER, F. W. u. W. IVANICK: J. Metals 4 (1952), S. 387/90.

[6] HALL, A. R., G. H. COCKETT u. W. WATT: Métaux 28 (1953), S. 222/37.

[7] SAMSONOV, G. V. u. V. S. NESCHPOR: Dokl. Akad. Nauk SSSR, 104 (1955), S. 405/08.

[8] KOVALTSCHENKO, M. S. u. G. V. SAMSONOV: Izv. Akad. Nauk SSSR, Met. Topl. (1959) Nr. 4, S. 143/47.

[9] SAMSONOV, G. V. u. P. S. KISLY: Dokl. Akad. Nauk Ukr. RSR (1959), Nr. 1, S. 46/47.

[10] SAMSONOV, G. V., G. A. JASINSKAJA u. TAI SCHOU-VEJ: Ogneupory 25 (1959), S. 35/38.

[11] JACOBSON, B. u. A. WESTGREN: Z. physik. Chem. B 20 (1933), S. 361/67.

[12] BURGERS, W. G. u. J. C. M. BASART: Z. anorg. allg. Chem. 216 (1934), S. 209/22.

[13] EHRLICH, P.: Z. anorg. Chem. 259 (1949), S. 1/41.

* Die Präparate wurden nach dem Sinterverfahren hergestellt. Als Ausgangsmaterial diente reinstes Titanblech (99,9% Ti), welches durch schwache Aufkohlung versprödet und dadurch leicht pulverisierbar gemacht worden war. Aschefreier, bei 2000° entgaster Azetylenruß diente als Karburierungsmittel. Die Karburierung wurde in kleinen, direkt beheizten Wolframblechschiffchen im Hochvakuum vorgenommen.

Phase ist auffallend groß. Sie reicht von $TiC_{1,0}$ bis herunter zu etwa $TiC_{0,22}$, wobei es sich bei den kohlenstoffärmeren Präparaten um Subtraktionsmischkristalle handelt. Bei $TiC_{0,2}$ treten bereits die Linien auf, welche der Titanphase entsprechen, aber erst bei $TiC_{0,05}$ findet man das reine Titandiagramm. Andererseits sind bei $TiC_{0,1}$ die Interferenzen der Titankarbidphase noch vertreten. Das Lösungsvermögen von Titan für Kohlenstoff reicht also etwa bis $TiC_{0,08}$.

Die Veränderung der Gitterkonstanten in der TiC-Phase zeigt Abb. 34. Präparate der Bruttozusammensetzung $TiC_{1,5}$ und $TiC_{2,0}$ zeigen keine Änderung des Parameters mehr, so daß die obere Phasengrenze $TiC_{1,0}$ darstellt. Bei den kohlenstoffreicheren Präparaten lag, wie auch schon aus dem dunkeln Aussehen zu erkennen war, ein Gemisch von Titankarbid und freiem Kohlenstoff vor. Im Gegensatz zu der Lückenbesetzung des TiO (15%) und TiN (4%) ist beim $TiC_{1,0}$ das Gitter praktisch vollkommen besetzt. Für die kohlenstoffärmeren Präparate stimmen die pyknometrischen Werte gut mit dem für Subtraktions-mischkristalle berechneten überein. Gegenüber den additiven Werten für das Mol.-Volumen zeigt die gefundene Mol.-Volumenkurve innerhalb der TiC-Phase im Sinne einer Kontraktion große Differenzen. Beim $TiC_{1,0}$ beträgt die Abweichung 1,8 cm³.

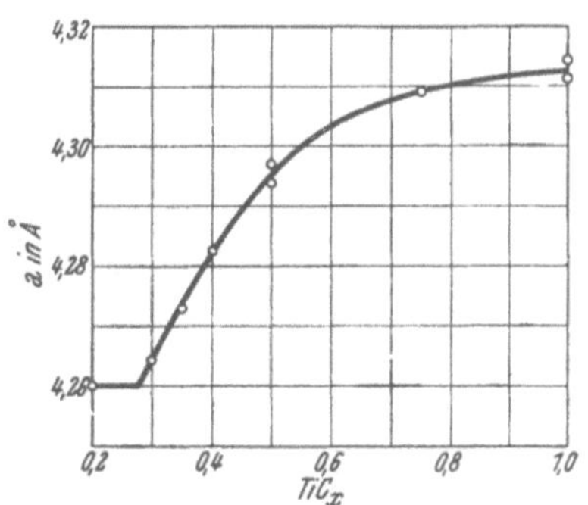
Abb. 34. Verlauf der Gitterkonstanten der TiC-Phase (P. EHRLICH)

I. CADOFF und J. P. NIELSEN[1] untersuchten das System an Hand von lichtbogengeschmolzenen, aus Jodtitan und reinstem Kohlenstoff hergestellten, praktisch sauerstofffreien Proben, röntgenographisch, metallographisch und thermisch. Das Zustandsdiagramm ist in Abb. 35 wiedergegeben. Die untere Grenze des Existenzbereiches der TiC-Phase wurde unter Berücksichtigung der Arbeiten von P. EHRLICH[2], J. G. McMULLIN und J. T. NORTON[3], G. P. RENGSTORFF[4] und D. V. RAGONE[5] auf 22 At.-% C korrigiert. Die Gitterkonstante des reinen, lichtbogengeschmolzenen TiC beträgt nach I. CADOFF, J. P. NIELSEN

---

[1] CADOFF, I. u. J. P. NIELSEN: J. Metals **5** (1953), S. 248/52, Disk. S. 1564.

[2] EHRLICH, P.: Z. anorg. Chem. **259** (1949), S. 1/41.

[3] McMULLIN, J. G. u. J. T. NORTON: J. Metals **5** (1953), S. 1205/08.

[4] RENGSTORFF, G. P. W.: Master Thesis, Mass. Inst. Techn., Cambridge 1957.

[5] RAGONE, D. V.: Master Thesis, Mass. Inst. Techn., Cambridge 1951.

und E. MILLER[1] 4,3316 Å, sie liegt also höher als die höchsten bisher in der Literatur angegebenen Werte (z. B. 4,238 Å bei J. G. McMULLIN und J. T. NORTON). Die Kurve der Abhängigkeit der Gitterkonstante vom Kohlenstoffgehalt liegt daher wahrscheinlich etwas höher als die EHRLICHSCHE Kurve in Abb. 34. Es scheint, daß die meisten in der Literatur angegebenen Gitterdaten an gesintertem, durch Reaktion im festen Zustand hergestelltem TiC, sich auf die Verhältnisse im Mehrstoffsystem Ti-C-O-(N) beziehen[2,3], während man sich bei den lichtbogengeschmolzenen Proben aus reinsten Ausgangsstoffen tatsächlich im Zweistoffsystem Ti-C befindet. Die Metallseite des Systems wurde nach R. L. BICKERDIKE und G. HUGHES[4] dahingehend gegenüber der ursprünglichen Darstellung von I. CADOFF und J. P. NIELSEN korrigiert, daß statt eines Peritektikums bei 1750° ein Eutektikum bei 1645 ± 8° bei 4,39 At.-% C eingezeichnet wurde. Die titanreichen Proben waren ebenfalls aus Jodtitan, hergestellt worden, dessen Schmelzpunkt in guter Übereinstimmung mit Literaturwerten zu 1667 ± 8° bestimmt wurde. Höhere Schmelzpunkte hängen wahrscheinlich mit einer gewissen Stickstoffaufnahme im Zusammenhang.

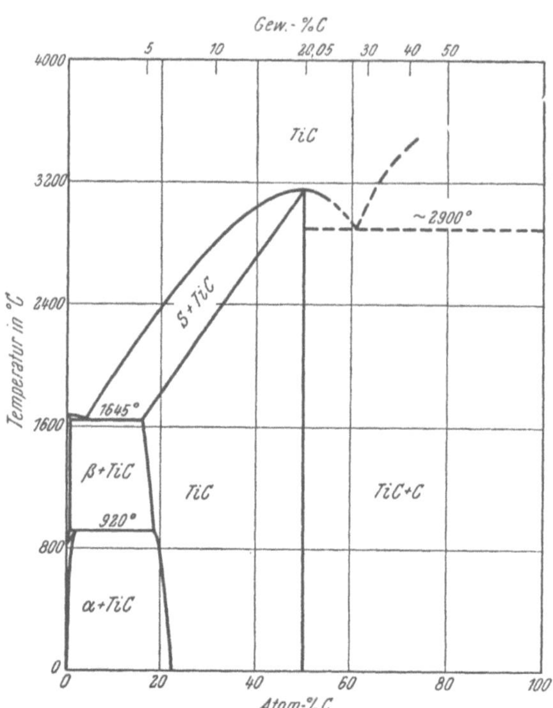

Abb. 35. Zustandsschaubild des Systems Titan-Kohlenstoff (I. CADOFF und J. P. NIELSEN), korrigiert

[1] CADOFF, I., J. P. NIELSEN u. E. MILLER: 2. Plansee Seminar, Reutte/Tirol, 1955, S. 50/55.

[2] EHRLICH, P.: Z. Elektrochem. 45 (1939), S. 362/70, Z. anorg. allg. Chem. 247 (1941), S. 53/64.

[3] KRAINER, H. u. K. KONOPICKY: Berg- u. Hüttenmänn. Mh. 92 (1947), S. 166/78.

[4] BICKERDIKE, R. L. u. G. HUGHES: J. Less-Common Met. 1 (1959), S. 42/49.

Die Löslichkeit von Kohlenstoff in a- bzw. β-Titan, sowie der Einfluß auf die Umwandlungstemperatur und die Festigkeitseigenschaften, ist von zahlreichen Forschern untersucht worden[1-6]. Nach den neuesten Befunden von R. L. BICKERDIKE und G. HUGHES beträgt sie im β-Titan 0,55 At.-% C, bei 1645°. Die a-Löslichkeit nimmt mit fallender Temperatur stark ab.

Die von R. KIEFFER[7] beobachtete Erniedrigung des Schmelzpunktes vom TiC durch Kohlenstoff (vgl. die analogen Verhältnisse im System Zr-C), wurde auch von E. STOVER[8] bestätigt, der ein eutektisches Gefüge bei Legierungen mit mehr als 50 At.-% C fand. Die Temperatur des Eutektikums liegt auf Grund von Untersuchungen im Dreistoffsystem Ti-W-C nach H. NOWOTNY, R. KIEFFER, F. BENESOVSKY und E. PARTHÉ[9] bei etwa 2900°.

c) Eigenschaften*

Titankarbid der chemischen Formel TiC mit 20,05% C fällt, im festen Zustand hergestellt, als ein hellgraues metallisches Pulver an; es ist chemisch sehr widerstandsfähig und wird von Salzsäure und Schwefelsäure kaum angegriffen. In Salpetersäure-Flußsäure ist es leicht löslich; der freie graphitische Kohlenstoff bleibt dabei ungelöst zurück. Ebenso wird TiC in alkalischen, oxydierenden Schmelzen gelöst. Ab 1500° tritt in stickstoffhaltiger Atmosphäre Nitridbildung ein. Von Chlor wird es bei höherer Temperatur unter Chlorid-, gegebenenfalls unter Oxychloridbildung angegriffen, beim Fluorieren entstehen Fluor-Kohlenstoff-Verbindungen[10].

Nach dem Aufwachsverfahren hergestelltes Titankarbid zersetzt sich bei Temperaturen über 1000° im Vakuum, wobei beträchtliche

[1] JAFFEE, R. I., H. R. OGDEN u. D. J. MAYKUTH: Trans. Am. Inst. Met. Eng. **188** (1950), S. 1261/66, s. a. W. J. KROLL: Metaux **26** (1951), S. 329/46.

[2] GEE, E. A., J. B. SUTTON u. W. J. BARTH: Ind. Eng. Chem. **42** (1950), S. 243/49.

[3] FINLAY, W. L. u. J. A. SNYDER: Trans. Am. Inst. Met. Eng. **188** (1950), S. 277/86.

[4] STONE, L. u. H. MARGOLIN: J. Metals **5** (1953), S. 1498/1502.

[5] SPEISER, R. u. J. SPRETNAK: Trans. Am. Soc. Met. **47** (1955), S. 493/507.

[6] OGDEN, H. R., R. I. JAFFEE u. F. C. HOLDEN: J. Metals **6** (1955), S. 73/80.

[7] KIEFFER, R.: Unveröffentlichte Versuche 1947/49.

[8] STOVER, E.: bei McMULLIN, J. G. u. J. T. NORTON: J. Metals **5** (1953), S. 1205/08.

[9] NOWOTNY, H., R. KIEFFER, F. BENESOVSKY u. E. PARTHÉ: Z. Metallkunde **45** (1954), S. 97/101.

[10] SCHUMB, W. C. u. J. R. ARONSON: J. Am. Chem. Soc. **81** (1959), S. 806/07.

* Vgl. dazu auch die zusammenfassende Darstellung in: Gmelins-Handbuch der anorganischen Chemie, System Nr. 41, Titan, Verlag Chemie, Weinheim 1951. S. 361/66.

Mengen von eingelagertem Wasserstoff frei werden. In einer Atmosphäre von O_2, CO_2, N_2O wird es bei höherer Temperatur unter Bildung von TiO_2 zerlegt. Stickstoff, Wasserstoff und Kohlenmonoxyd reagieren kaum[1, 1a].

Sehr eingehend hat H.-J. Booss[2] das Verhalten von TiC gegen verschiedene Gase untersucht und thermodynamische Berechnungen über seine Beständigkeit angestellt. Im Hinblick auf die Verwendung von Titankarbid als Basis für warmfeste Werkstoffe wurde das Zunderverhalten sehr eingehend untersucht[3-16].

Die Beständigkeit von Titankarbidtiegeln gegen Metallschmelzen untersuchten G. V. Samsonov und Mitarbeiter[17].

Weitere Angaben über die Eigenschaften von Titankarbid sind der Zahlentafel 22 zu entnehmen.

d) Verwendung

Titankarbid ist heute neben dem Wolframkarbid der wichtigste Ausgangsstoff für die Sinterhartmetallherstellung. Hartmetalle für die Stahlbearbeitung, also jene Sorten, welche zur Bearbeitung langspanender Werkstoffe dienen, ferner sehr harte und verschleißfeste aber spröde Feinbohrqualitäten enthalten neben Wolframkarbid und Kobalt bis zu 60% Titankarbid. Auch wolframkarbidfreie TiC-Sinterhartmetalle mit 70 bis 90% TiC gewinnen in Konkurrenz zu

[1] Pollard, F. H. u. P. Woodward: Trans. Faraday Soc. **46** (1950), S. 190/99.

[1a] May, C. E., Koneval, D. u. G. C. Fryburg: NASA Mem. 3-5-59 E (1959).

[2] Booss, H.-J.: Metall **10** (1956), S. 130/36.

[3] Kieffer, R. u. F. Kölbl: Z. anorg. Chem. **262** (1950), S. 229/47.

[4] Roach, J. D.: J. Electrochem. Soc. **98** (1951), S. 160/65.

[5] Watt, W., G. H. Cockett u. A. R. Hall: Métaux **28** (1953), S.222/37.

[6] Webb, W. W., J. T. Norton u. C. Wagner: J. Electrochem. Soc. **103** (1956), S. 112/117.

[7] Samsonov, G. V. u. N. K. Golubeva: Zur. Fiz. Chim. **30** (1956), S. 1258/66.

[8] Glenny, E. u. T. A. Taylor: Powder Met. (1958), Nr. 1/2, S. 189/226.

[9] Watt, W.: Powder Met. (1958), Nr. 1/2, S. 227/34.

[10] MacDonald, N. F. u. C. E. Ransley: Powder Met. (1959), Nr. 3, S. 172/76.

[11] Münster, A.: Z. Elektrochem. **63** (1959), S. 807/24.

[12] Eremenko, V. N. u. J. V. Natanson: In: Fragen der Pulvermetallurgie, Kiew 1959, Bd. 7, S. 7/17.

[13] Wiegand, H. u. W. Ruppert: Metalloberfläche **14** (1960), S. 229/35.

[14] Samsonov, G. V.: In: Fragen der Pulvermetallurgie, Kiew 1959, Bd. 7, S. 72/98.

[15] Klimenko, V. N.: Inf. Listok No. 226, Kiew 1960.

[16] Nikolaiski, E.: Z. phys. Chem. **24** (1960), S. 405/17.

[17] Samsonov, G. V., G. A. Jasinskaja u. Tai Schou-Vej: Ogneupory **25** (1959), S. 35/38.

Zahlentafel 22. *Eigenschaften von Titankarbid* (20,05% C)

Eigenschaften	Werte*	Weitere Literatur
Struktur	kubisch flz.[1] B1	
Gitterkonstante Å (vgl. Abb. 34)	4,3316[2]	1—37, 100
Dichte g/cm³ ber.	4,939	38—43
gef.	4,93[19]	
Härte MH (50 g) kg/mm²	3200[43]	2, 23, 26, 31, 37, 44—51
Sprödigkeit	s. Lit.	51—53
Elastizitätsmodul kg/mm²	3220[54]	49
Druckfestigkeit	s. Lit.	55
Kompressibilität cm²/kg	$4,7 \cdot 10^{-7}$	56
Biegebruchfestigkeit kg/mm²	28 bis 40[39]	42
Warmfestigkeit, Temperaturwechselbeständigkeit	s. Lit.	40, 57
Schmelzpunkt °C	3160 ± 100[44]	58—60
Siedepunkt °C	4300[61]	
Wärmeausdehnungskoeffizient $\beta \cdot 10^{-6}$	7,42[62]	40, 49, 63, 64, 104
Wärmeleitfähigkeit cal/cm. sek. °C	0,05[65]	66
Spez. Wärme cal/mol	7,987[67]	
Thermodynamische Daten − ΔH_{298} kcal/mol.	43,9[68]	38, 67—75
Spez. elektr. Widerstand $\mu \Omega$. cm	68[76]	25, 44, 65, 77—81, 100—103
Supraleitfähigkeit ab °K	1,15[82]	25, 83, 84
HALL-Konstante	− 6,7[103]	102
Thermokraft	s. Lit.	85, 99, 103
Emission	s. Lit.	81, 86—89
Röntgenspektrum	s. Lit.	90, 91
Gesamtstrahlung	s. Lit.	92
Magn. Suszeptibilität	+ 5,7[105]	25, 93, 94, 103
Rekristallisation	s. Lit.	95
Gefüge	s. Lit.**	2, 24, 33, 37, 42, 96—98

* Bei dieser und den folgenden Eigenschaftstafeln, wurden die uns am besten erscheinenden Werte eingesetzt. Über weitere Werte vergleiche die Literatur in der nächsten Spalte.
** Bd. Hartmetalle.

---

[1] VAN ARKEL, A. E.: Physica **4** (1924), S. 286/301.
[2] CADOFF, I., J. P. NIELSEN u. E. MILLER: 2. Plansee Seminar, Reutte/Tirol, 1955, S. 50/55.
[3] KRAINER, H. u. K. KONOPICKY: Berg- u. Hüttenmänn. Mh. **92** (1947), S. 166/78.
[4] McMULLIN, J. G. u. J. T. NORTON: J. Metals **5** (1953), S. 1205/08.
[5] BECKER, K. u. F. EBERT: Z. Physik **31** (1925), S. 268/72.

Schneidkeramiken wachsende Bedeutung. Neuestens sind auch hoch-
warm- und hochzunderfeste Hartmetalle auf Titankarbid-Basis mit Ko-
balt- oder Nickel-Chrom-Bindung entwickelt worden (Bd.Hartmetalle).

[6] BRANTLEY, L. R.: Z. Kristallogr. **77** (1931), S. 505/06.

[7] VON SCHWARZ, M. u. O. SUMMA: Z. Elektrochem. **38** (1932), S. 743/44.

[8] BURGERS, W. G. u. J. C. M. BASART: Z. anorg. allg. Chem. **216** (1934),
S. 209/22.

[9] MEERSON, G. A.: Redkije Metally **4** (1935), Nr. 4, S. 6/20.

[10] HOFMANN, W. u. A. SCHRADER: Arch. Eisenhüttenwes. **10** (1936/37).
S. 65/66.

[11] DAWIHL, W. u. W. RIX: Z. anorg. allg. Chem. **244** (1940), S. 191/97.

[12] UMANSKI, J. S. u. S. S. CHYDEKEL: Zur. Fiz. Chim. **15** (1941), S. 983/96.

[13] ZUMBUSCH, W. u. W. SANDER: Unveröffentlichte Untersuchungen 1942.

[14] HUME-ROTHERY, W., G. V. RAYNOR u. A. T. LITTLE: J. Iron Steel
Inst. **145** (1942), S. 129/41.

[15] KOVALSKI, A. E. u. J. S. UMANSKI: Zur. Fiz. Chim. **20** (1946), S. 769/72.

[16] NOWOTNY, H. u. R. KIEFFER: Metallforschung **2** (1947), S. 257/65.

[17] METCALFE, A. G.: J. Inst. Met. **73** (1947), S. 591/607.

[18] SIDHU, S. S.: J. Appl. Phys. **19** (1948), S. 639/41.

[19] EHRLICH, P.: Z. anorg. Chem. **259** (1949), S. 1/41.

[20] NORTON, J. T. u. A. L. MOWRY: Trans. Am. Inst. Met. Eng. **185** (1949),
S. 133/36.

[21] GOLDSCHMIDT, H. J.: Metallurgia **40** (1949), S. 103/04; Iron Steel **22**
(1949), S. 239/46.

[22] DUWEZ, P. u. F. ODELL: J. Electrochem. Soc. **97** (1950), S. 299/304.

[23] KOVALSKI, A. E. u. T. G. MAKARENKO: In: Mikrohärte, Akad. Nauk
SSSR, 1951, S. 197, Zur. Techn. Fiz. **23** (1953), S. 265/66.

[24] CADOFF, I. u. J. P. NIELSEN: J. Metals **5** (1953), S. 248/52.

[25] MÜNSTER, A. u. K. SAGEL: Z. Elektrochem. **57** (1953), S. 571/79; Angew. Chem. **69** (1957), S. 281/90; Z. Physik **144** (1956), S. 139/51; Nature **174**
(1954), S. 1154/55.

[26] RÜDIGER, O.: Metall **7** (1953), S. 967/69; Techn. Mitt. Krupp. **12** (1954),
S. 22/24.

[27] NOWOTNY, H., E. PARTHÉ, R. KIEFFER u. F. BENESOVSKY: Z. Metallkunde **45** (1954), S. 97/101.

[28] CARTER, A.: J. Inst. Metals **83** (1955), S. 481/84.

[29] TOMBREL, F.: 2. Plansee Seminar, Reutte/Tirol 1955, S. 205/15.

[30] SAMSONOV, G. V. u. V. P. LATYSCHEVA: Fiz. Metallov Metalloved. **2**
(1956), S. 582/85.

[31] RÜDIGER, O.: Techn. Mitt. Krupp **14** (1956), S. 136/39.

[32] NOWOTNY, H., R. KIEFFER, F. BENESOVSKY u. E. LAUBE: Mh. Chem. **88**
(1957), S. 336/43; Rev. Mét. **55** (1958), S. 453/58.

[33] HINNÜBER, J. u. W. KINNA: Arch. Eisenhüttenwes. **29** (1958), S. 391/6.

[34] OGAWA, K. u. Y. BANDO: J. Japan Soc. Powder Met. **6** (1959), S. 160/64.

[35] NOWOTNY, H., R. KIEFFER, F. BENESOVSKY u. E. RUDY: Mh. Chem. **90**
(1959), S. 86/88, 669/79; Planseeber. Pulvermetallurgie **7** (1959), S. 79/87.

[36] RUDY, E., H. NOWOTNY, F. BENESOVSKY, R. KIEFFER u. A. NECKEL:
Mh. Chem. **91** (1960), S. 176/87.

NOWOTNY, H., F. BENESOVSKY u. E. RUDY: Mh. Chem. **91** (1960), S 348/56

[37] WIEGAND, H. u. W. RUPPERT: Metalloberfläche **14** (1960), S. 229/35.

[38] NAYLOR, B. F.: J. Am. Chem. Soc. **68** (1946), S. 370/71, 1077/78.

Die Anwendung von Titankarbid als Bogenlampenelektroden[106], als Schutzbelag für elektrische Widerstandsöfen[107] sowie als Tiegelmaterial[108] sind heute überholt. Ebenso haben die Anwendungen als

[39] KIEFFER, R. u. F. KÖLBL: Powder Met. Bull. 4 (1949), S. 4/17.

[40] GANGLER, J. J., C. F. ROBARDS u. J. E. McNUTT: NACA Techn. Note 1911 (1949), J. Am. Ceram. Soc. 33 (1950), S. 367/74.

[41] KIEFFER, R. u. F. KÖLBL: Berg- u. Hüttenmänn. Mh. 95 (1950), S. 49/58.

[42] BLUMENTHAL, H. u. R. SILVERMAN: J. Metals 7 (1953), S. 317/22.

[43] KOVALTSCHENKO, M. S. u. G. V. SAMSONOV: Izv. Akad. Nauk SSSR. Met. Topl. (1959), Nr. 4, S. 143/47.

[44] FRIEDERICH, E. u. L. SITTIG: Z. anorg. allg. Chem. 144 (1925), S. 169/89.

[45] THIBAULT, N. W. u. H. L. NYQUIST: Trans. Am. Soc. Met. Prepr. Nr. 23 (1946).

[46] HINNÜBER, J.: Ver. dtsch. Ing. 92 (1950), S. 111/17.

[47] KOVALSKI, A. E. u. L. A. PETROVA: In: Mikrohärte, Akad. Nauk SSSR, 1951, S. 170.

[48] SAMSONOV, G. V.: Izv. Sekt. Fiz. Chim. Anal. 27 (1956), S. 97/125.

[49] SAMSONOV, G. V. u. V. S. NESCHPOR: In: Fragen der Pulvermetallurgie. Kiew, 1958, Bd. 5, S. 3/35; Bd. 7, S. 72/98, Fiz. Metallov Metalloved. 4 (1957). S. 181/83; Zur Fiz. Chim. 30 (1956), S. 2057/60; Inz. Fiz. Zur. 1 (1958), S. 30/38.

[50] SAMSONOV, G. V., V. S. NESCHPOR u. L. M. CHRENOVA: Hutnické Listy 14 (1959), S. 484/88; Fiz. Metallov Metalloved. 8 (1959), S. 622/30.

[51] PILJANKEWITSCH, A. N. u. I. N. FRANTSCHEVITSCH: Fiz. Metallov Metalloved. 7 (1959), S. 470/73.

[52] SAMSONOV, G. V. u. V. S. NESCHPOR: Dokl. Akad. Nauk SSSR 104 (1955), S. 405/08.

[53] FRANTSCHEWITSCH, I. N. u. A. N. PILJANKEWITSCH: In: Berichte Sem. hochwarmfeste Werkstoffe, Kiew 1960, Bd. 6, S. 28/35.

[54] KÖSTER, W. u. W. RAUSCHER: Z. Metallkunde 39 (1948), S. 111/20.

[55] VEREJKINA, L. L., V. N. RUDENKO u. G. V. SAMSONOV: Met. Inf. Listok Nr. 19, Kiew 1959, Zavod. Labor. 40 (1960), Nr. 5, S. 620/21.

[56] BRIDGMAN, P. W.: Proc. Am. Acad. 66 (1932), S. 255/70.

[57] GLENNY, E. u. T. A. TAYLOR: Powder Met. (1958) Nr. 1/2, S. 189/226.

[58] AGTE, C. u. K. MOERS: Z. anorg. allg. Chem. 198 (1931), S. 233/43.

[59] FORRER, R.: J. Phys. Radium 9 (1938), S. 411/18.

[60] GEACH, G. A. u. F. O. JONES: 2. Plansee Seminar, Reutte/Tirol 1955. S. 80/91.

[61] MOTT, W. R.: Trans. Am. Electrochem. Soc. 34 (1919), S. 255/88.

[62] GANGLER, J. J.: J. Am. Ceram. Soc. 33 (1950), S. 367/74.

[63] ELLIOTT, R. O. u. C. P. KEMPTER: J. Phys. Chem. 62 (1958), S. 630/31.

[64] ENGBERG, Ch. J. u. E. H. ZEHMS: J. Amer. Ceram. Soc. 42 (1959), S. 300/05.

[65] VASILOS, T. u. W. D. KINGERY: J. Am. Ceram. Soc. 37 (1954), S. 409/14, NYO 3649 (1953).

[66] SINDEBAND, S. J. u. P. SCHWARZKOPF: Persönliche Mitt. 1950.

[67] KELLEY, K. K.: US Bur. Mines Bull. Nr. 407 (1937); Ind. Eng. Chem. 36 (1944), S. 865/66.

[68] HUMPHREY, G. L.: J. Am. Chem. Soc. 73 (1951), S. 2261/63.

[69] ROTH, W. A. u. G. BECKER: Z. phys. Chem. 159 (1932), S. 1/26.

[70] BREWER, L., L. A. BROMLEY, P. W. GILLES u. N. L. LOFGREN in L. L. QUILL: The Chemistry and Metallurgy of Miscellaneous Materials-Thermodynamics. McGraw Hill, New York 1950, S. 40/59.

Desoxydationsmittel sowie als Auflage für Stumpfschweißelektroden keine Bedeutung erlangt. Auch die Verwendung von TiC-Anoden bei der elektrolytischen Titangewinnung hat noch zu keinem verwert-

[71] Münster, E. u. W. Ruppert: Z. Elektrochem. **57** (1953), S. 558/64, **63** (1959), S. 807/24.

[72] Richardson, F. D.: J. Iron Steel Inst. **175** (1953), S. 33/51.

[73] Booss, H. J.: Metall **10** (1956), S. 130/36.

[74] Gaev, I. S.: Zur. Neorg. Chim. **1** (1956), S. 193/211.

[75] Chupka, W. A., J. Berkowitz, C. F. Giese u. M. G. Inghram: J. Phys. Chem. **62** (1958), S. 611/14.

[76] Rudy, E. u. F. Benesovsky: Planseeber. Pulvermetallurgie **8** (1960), S. 66/71.

[77] Samsonov, G. V.: Zur. Techn. Fiz. **26** (1956), S. 716/22.

[78] Glaser, F. W. u. W. Ivanick: J. Metals **4** (1952), S. 387/90.

[79] Moers, K.: Z. anorg. allg. Chem. **198** (1931), S. 262/75.

[80] Glaser, F. W. u. D. Moskowitz: Powder Met. Bull. **6** (1953), S. 178/85.

[81] Samsonov, G. V. u. V. S. Neschpor: In: Fragen der Pulvermetallurgie, Kiew 1959, Bd. 7, S. 99/104.

[82] Meissner, W., H. Franz u. H. Westerhoff: Z. Physik **75** (1932), S. 521/30.

[83] Hardy, G. F. u. J. K. Hulm: Phys. Rev. **93** (1954), S. 1004/16.

[84] Ziegler, W. T. u. R. A. Young: Phys. Rev. **90** (1953), S. 115/19.

[85] Samsonov, G. V. u. N. S. Strelnikova: Ukr. Fiz. Zur. **3** (1958), S. 135/38.

[86] Haddad, R. E., D. L. Goldwater u. F. H. Morgan: J. Appl. Phys. **20** (1949), S. 1130.

[87] Goldwater, D. L. u. R. E. Haddad: J. Appl. Phys. **22** (1951), S. 70/73.

[88] Morgan, F. H.: J. Appl. Phys. **22** (1951), S. 108/09.

[89] Krautz, E. u. G. Lautz: Abh. Braunschweig. Wiss. Ges. **2** (1950), S. 192/98.

[90] Vajnstein, Z. J. u. J. N. Vasilev: Dokl. Akad. Nauk SSSR **114** (1957), S. 741/44.

[91] Vajnstein, Z. J., I. B. Staryj u. E. A. Zurakovski: Dokl. Akad. Nauk SSSR **122** (1958), S. 365/66.

[92] Serebrjakova, T. I., J. B. Paderno u. G. V. Samsonov: Optika Spektroskopia **8** (1960), S. 410/12.

[93] Klemm, W. u. W. Schüth: Z. anorg. allg. Chem. **201** (1931), S. 24/31.

[94] Samsonov, G. V., V. S. Neschpor u. N. S. Strelnikova: Dop. Akad. Nauk Ukr. RSR (1958), S. 838/39. In: Fragen der Pulvermetallurgie. Kiew 1960, Bd. 8, S. 90/98.

[95] Gorelik, S. S., E. I. Mozuchin u. Z. Maier: Izv. Vysch. Utschen. Zaved. (1958), S. 153/60.

[96] Beattie, H. J. u. F. L. VerSnyder: Trans. Am. Soc. Met. **45** (1953), S. 397/423.

[97] Watt, W., G. H. Cockett u. A. R. Hall: Métaux **28** (1953), S. 222/37.

[98] Ogden, H. R., R. I. Jaffee u. F. C. Holden: J. Metals **6** (1955), S. 73/80.

[99] Kisly, P. S. u. G. V. Samsonov: Izv. Akad. Nauk SSSR, Met. Topl. (1959), S. 133/37.

[100] Samsonov, G. V.: In: Fragen der Pulvermetallurgie, Kiew 1959, Bd. 7, S. 72/98.

[101] Kolomec, N. V., V. S. Neschpor, G. V. Samsonov u. S. A. Semenkovitsch: Zur. Techn. Fiz. **28** (1958), S. 2382/89.

baren Verfahren geführt[109]. Der Einsatz von Titankarbid als Kornfeinungsmittel für Aluminium dürfte technisch interessant werden[110,111].

Titankarbid wurde in letzter Zeit mit großem Erfolg für Verdampferschiffchen zum Verdampfen von Aluminium verwendet.

Titankarbid und TiC-ZrB_2-Verbundkörper haben sich als Elektrodenwerkstoff in neuartiger Aluminium-Elektrolyse- und Raffinationszellen eingeführt.

Über die Bewährung von verschleißfesten Titankarbidschichten auf Stahl und Gußeisen sowie von Karbidschichten auf Titan und Titanlegierungen läßt sich noch kein abschließendes Urteil fällen (vgl. S. 65).

2. Zirkoniumkarbid

a) *Herstellung*

Beim Versuch Zirkonerde mit Kohle im elektrischen Lichtbogen zu reduzieren, erhielt L. Troost[112] ein geschmolzenes, graphitdurchsetztes Produkt, welches er als ein Zirkoniumkarbid der Formel ZrC ansprach. H. Moissan und M. Lengfeld[113] erzeugten im Lichtbogenofen unabhängig vom Verhältnis $ZrO_2 : C$ ein geschmolzenes Karbid der Zusammensetzung ZrC. Der überschüssige Kohlenstoff wurde beim Erkalten als Graphit abgeschieden. Auf gleiche Weise gewannen L. Renaux[114] und E. Wedekind[115] Zirkoniumkarbid aus Zirkonerde unter einem Zusatz von Kalk.

---

[102] Lvov, S. N., V. F. Nemtschenko u. G. V. Samsonov: Dokl. Akad. Nauk SSSR **135** (1960), S. 577/80.

[103] Neschpor, V. S., V. F. Nemtschenko, S. N. Lvov u. G. V. Samsonov: Ukr. Fiz. Zur. **5** (1960), S. 839/41.

[104] Krikorian, O. H.: UCRL 6132 (1960).

[105] Bittner, H. u. H. Goretzki: Mh. Chem. **91** (1960), S. 616/19.

[106] D.R.P. 231231 (1910), 234466 (1910), E.P. 13381 (1905).

[107] E.P. 20810 (1904).

[108] Meyer, O.: Ber. dtsch. chem. Ges. **11** (1930), S. 333/63, Arch. Eisenhüttenwes. **4** (1930), S. 193/98.

[109] Ervin, G., H. F. Gueltz u. M. E. Washburn: J. Electrochem. Soc. **106** (1959), S. 144/46.

[110] Cibula, A.: J. Inst. Met. **80** (1951), S. 1/16.

[111] Thury, W.: Metall **9** (1955), S. 580/81. Z. Metallkunde **46** (1955), S. 488/90.

[112] Troost, L.: Compt. Rend. **61** (1865), S. 109, **116** (1893), S. 1227/30.

[113] Moissan, H.: Compt. Rend. **116** (1893), S. 1222/24; Moissan, H. u. M. Lengfeld: Compt. Rend. **122** (1896), S. 651/54.

[114] Renaux, L.: Diss. Univ. Paris 1900.

[115] Wedekind, E.: Ber. dtsch. chem. Ges. **43** (1910), S. 290/97, Chem. Ztg. **30** (1906), S. 938, **31** (1907), S. 654/55.

Zur Herstellung von feinpulverigem Zirkoniumkarbid erhitzt man nach O. Ruff[1] rohes oder gereinigtes Zirkoniumdioxyd mit Kohle in einem Graphittiegel auf 1900 bis 2100°. E. Friederich und L. Sittig[2] erzeugten Zirkoniumkarbid aus ZrO_2 und Kohle im Wolframrohrofen unter Wasserstoff bei Temperaturen von etwa 1900°. Beim Glühen des erhaltenen Präparates an Luft ergab sich eine Gewichtszunahme von 20% (berechnet 19,4%). Dabei trat, ähnlich wie beim Zirkoniumhydrid, eine Flamme auf, welche auf einen geringen Wasserstoffgehalt des Karbides schließen läßt.

C. Agte und K. Moers[3] bildeten Zirkoniumkarbid aus reinstem ZrO_2 und Kohle im Graphitrohrofen. Dabei konnte ähnlich wie beim Titankarbid die Neigung des Zirkoniumkarbids, beim Schmelzen Kohlenstoff aufzunehmen, beobachtet werden. Der Schmelzpunkt wird dabei von 3530° auf 2430° erniedrigt. Beim Abkühlen tritt eine Abscheidung des Kohlenstoffs ein.

Beim Glühen von ZrO_2-Rußgemischen im Vakuum bei 1950° konnten G. A. Meerson und G. V. Samsonov[4] fast sauerstofffreies ZrC erhalten. Den Mechanismus dieser Umsetzung haben V. S. Kucev, W. F. Ormont und V. A. Epelbaum[5], sowie G. V. Samsonov[6] durch CO-Druckmessungen verfolgt. Die Vakuumkarburierung wurde ebenfalls von M. T. Tombrel[7] angewandt.

Von G. V. Samsonov und N. S. Rozinova[8] haben Zirkonium-Kohlenstofflegierungen über den ganzen Bereich des Systems auch durch Vakuumkarburierung von Zirkoniummetall im Kohlerohrofen bei Temperaturen von 1500 bis 1900° gewonnen.

Die Diffusionsgeschwindigkeit von Kohlenstoff in Zirkonium und die Aktivierungsenergie dieser Reaktion haben G. V. Samsonov und V. P. Latyscheva bestimmt[9].

---

[1] D.R.P. 286054 (1914); Ruff, O. u. R. Wallstein: Z. anorg. allg. Chem. 128 (1923), S. 96/116.

[2] Friederich, E. u. L. Sittig: Z. anorg. allg. Chem. 144 (1925), S. 169/89.

[3] Agte, C. u. K. Moers: Z. anorg. allg. Chem. 198 (1931), S. 233/43.

[4] Meerson, G. A. u. G. V. Samsonov: Zur. Prikl. Chim. 25 (1952), S. 744/48.

[5] Kucev, V. S., W. F. Ormont u. V. A. Epelbaum: Dokl. Akad. Nauk SSSR 104 (1955), S. 567/70, Zur. Fiz. Chim. 29 (1955), S. 659/34.

[6] Samsonov, G. V.: Ukr. Chim. Zur. 23 (1957), S. 287/96.

[7] Tombrel, M. T.: In: La chimie des hautes temperatures, Paris 1955, S. 141/46.

[8] Samsonov, G. V. u. N. S. Rozinova: Izv. Sekt. Fiz. Chim. Anal. 27 (1956), S. 126/32.

[9] Samsonov, G. V. u. V. P. Latyscheva: Dokl. Akad. Nauk SSSR 109 (1956), S. 582/85. Fiz. Metallov Metalloved. 2 (1956), S. 309/19. In: Bor. Moskau 1958, S. 74/89.

H. Nowotny, F. Benesovsky und E. Rudy[1,2] gingen bei der Systemuntersuchung ebenfalls von den Komponenten aus und benützten die Heißpreßtechnik. Nach einer Glühbehandlung bei 1400° unter Argon wurden fast porenfreie, vollkommen im Gleichgewicht befindliche Legierungen erhalten.

In sehr reiner Form kann man Zirkoniumkarbid nach dem Aufwachsverfahren herstellen[3-6]. Durch Zersetzen von $ZrCl_4 + H_2$ in Gegenwart von CO, CH_4, Toluol und anderen flüchtigen Kohlenwasserstoffen kann man polykristalline und einkristalline Abscheidungen an Wolframdrähten, die auf 2000 bis 2700° K erhitzt sind, erzeugen.

Nach W. G. Burgers und J. C. M. Basart[7] zersetzt sich $ZrCl_4$ an einem Kohlefaden im Vakuum bei Temperaturen über 2500° K unter Bildung von ZrC. Das Karbid z. B. der Bruttozusammensetzung $Zr_{1,3}C$, welches in Form eines Röhrchens anfällt, enthält aber noch beträchtliche Mengen von freiem Zirkonium, woraus die Autoren auf eine Löslichkeit des Zirkoniums im Zirkoniumkarbid schließen. Beim Glühen im Hochvakuum bei 2200 bis 2400° K verflüchtigt sich aber das überschüssige Metall und man erhält ein Karbid mit der zu erwartenden Gitterkonstanten.

Bei der Reaktion von Zirkonium mit CO bzw. CO_2 bildet sich schon bei 600 bis 800° neben ZrO_2 auch ZrC[8].

I. E. Campbell und Mitarbeiter[9] erzeugten Zirkoniumkarbidschichten ebenfalls durch Zersetzung von $ZrCl_4 + H_2$ in Gegenwart von Kohlenwasserstoffen an Wolframdrähten von 1700 bis 2400° in einer Apparatur gemäß Abb. 19.

In Eisen-Zirkonium-Kohlenstofflegierungen wurden ebenfalls das Karbid ZrC gefunden[10].

In größerem Umfange wird Zirkoniumkarbid technisch durch Kar-

[1] Nowotny, H., F. Benesovsky u. E. Rudy: Mh. Chem. **91** (1960), S. 348/56.

[2] Benesovsky, F. u. E. Rudy: Planseeber. Pulvermetallurgie 8 (1960), S. 66/71.

[3] van Arkel, A. E. u. J. H. de Boer: Z. anorg. allg. Chem. **148** (1925), S. 347/48.

[4] Prescott, C. H.: J. Am. Chem. Soc. **48** (1926), S. 2534/50.

[5] Moers, K.: Z. anorg. allg. Chem. **198** (1931), S. 243/61.

[6] Burgers, W. G. u. J. C. M. Basart: Z. anorg. allg. Chem. **216** (1934), S. 209/22.

[7] Burgers, W. G. u. J. C. M. Basart: Z. anorg. allg. Chem. **216** (1934), S. 209/22.

[8] Guldner, W. G. u. L. A. Wooten: J. Electrochem. Soc. **93** (1948), S. 223/34.

[9] Campbell, I. E., C. F. Powell, D. H. Nowicki u. B. W. Gonser: J. Electrochem. Soc. **96** (1949), S. 318/33.

[10] Vogel, R. u. K. Löhberg: Arch. Eisenhüttenwes. 7 (1934), S. 473/78.

burieren von reinem Zirkoniumoxyd mit Ruß oder Zuckerkohle bei den verhältnismäßig hohen Temperaturen von 1800 bis 2400° oder durch Karburierung von Zirkoniummetallpulver oder Zirkoniumhydrid bei Temperaturen von 1400 bis 1600° hergestellt. Es treten bei der Karburierung von Oxyd ähnliche Schwierigkeiten wie bei der Herstellung von Titankarbid auf. Wegen der Bildung stabiler Mischkristalle ZrC—ZrO—ZrN gelingt es nur schwer, reine, sauerstoff- und stickstofffreie Präparate herzustellen.

Aus einem Gemisch von 78,75% hochgeglühtem ZrO_2 und 21,25% Zuckerkohle, welches sehr sorgfältig vermengt wird, erhält man beim Karburieren in Kohleschiffchen in einem Kohlerohrkurzschlußofen bei 2400° ein Zirkoniumkarbid mit 11,3% gebundenem Kohlenstoff (theoretisch 11,64%), Spuren von freiem Kohlenstoff und 88,32% Zr[1].

R. KIEFFER[2] erhielt in halbtechnischem Umfang Zirkoniumkarbid, indem er reinstes ZrO_2 in einem hochfrequenzbeheizten Graphittiegel bei 1800° vorkarburierte und in einer zweiten Stufe, nach Zerkleinerung und Zugabe von weiterem Kohlenstoff, in einem Kohlerohrvakuumofen bei 1700° fertigkarburierte. Das Produkt enthielt 11,8% Kohlenstoff, davon 0,5% in ungebundener Form. Durch Drucksintern des Pulvers bei 2200° ließ sich allerdings ein Karbid mit fast theoretischem Kohlenstoffgehalt herstellen.

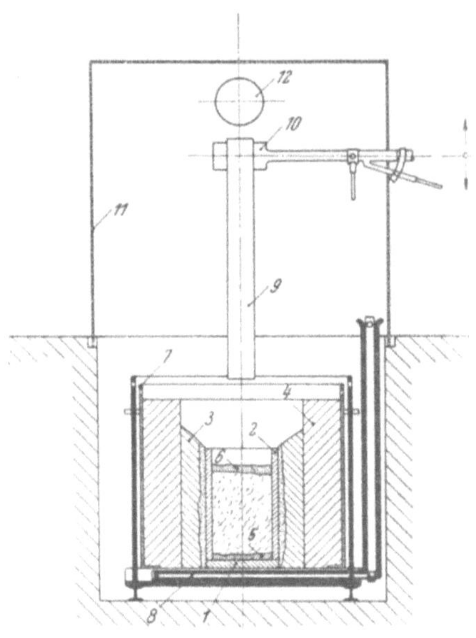

Abb. 36. Lichtbogenofen zur technischen Herstellung von Zirkoniumkarbid, schematisch (W. KROLL und Mitarbeiter)
1 Graphitblock. *2* Graphittiegel. *3* Holzkohlegrieß. *4* Keramische Isolation aus Siliziumkarbid. *5* und *6* Graphitpulver. *7* Eisenmantel. *8* Wassergekühlte Stromzuführung. *9* Graphitelektrode. *10* Wassergekühlte Stromklemme. *11* Eisenhaube. *12* Abzug

Auch bei der Erzeugung von Zirkoniumkarbid dürfte die von G. F. HÜTTIG und V. FATTINGER[3] angegebene Methode des Zusatzes

[1] B.I.O.S. Final Rep. Nr. 1385 (1945), S. 63.
[2] KIEFFER, R.: Metall 4 (1950), S. 132/36.
[3] HÜTTIG, G. F. u. V. FATTINGER: Powder Met. Bull. 5 (1950), S. 30/37

von chlorabgebenden Stoffen zum Karburierungsgas von Vorteil sein, wenn man zu Präparaten mit theoretischem Kohlenstoffgehalt gelangen will.

Größere Mengen von technisch reinem Zirkoniumkarbid werden nach dem von W. J. KROLL und Mitarbeitern[1] beschriebenen Verfahren durch Zusammenschmelzen von Zirkonerde mit Kohle in einem Lichtbogenofen gemäß Abb. 36 gewonnen. Dieses meist siliziumhaltige Rohkarbid wird vorzugsweise für das zur Zirkoniumschwammherstellung benötigte Zirkoniumtetrachlorid verwendet. Reines oder technisch reines Zirkoniumdioxyd führt zu einem entsprechend reinen, zu Hartmetallzwecken verwendbaren Zirkoniumkarbid, weswegen das Lichtbogenverfahren nachfolgend eingehender behandelt wird. Die Übertragbarkeit des Verfahrens auf andere Karbide erscheint ohne weiteres möglich.

Der Ofen wird üblicherweise mit ungefähr 100 V und einer durchschnittlichen Stromstärke von 2500 A betrieben. Als Reduktionsmittel wird ausschließlich Graphit verwendet, der als Abfall aus abgebrannten Tiegeln und Elektroden zur Verfügung steht. Aschearmer Koks könnte auch verwendet werden, insbesondere wenn die Asche nur geringe Mengen Al_2O_3 enthält.

Die Beschickung des Ofens besteht aus einer Mischung von ungemahlenem Zirkonsand (Gehalt ungefähr 67% ZrO_2) und Graphitpulver mit einer Korngröße von 0,84 mm. Die Zahlentafel 23 gibt

Zahlentafel 23. *Einfluß des Graphitzusatzes auf die Zusammensetzung von im Lichtbogenofen erzeugtem technischem Zirkoniumkarbid* (W. J. KROLL u. Mitarbeiter)

Graphit in der Ausgangsmischung %	Kohlenstoff im Karbid %	Zirkon %	Silizium %
37	28	63	8
33	17	70	6
22	7	80	4
16,5	4	76	2

den ungefähren Kohlenstoff- und Siliziumgehalt der Rohkarbide an, die mit verschiedenen Graphitzuschlägen in der Charge erzielt wurden. Der Zirkongehalt scheint durch ein Maximum zu gehen, während die niedrig kohlehaltigen Proben beträchtliche Mengen an Zirkoniumoxyd enthalten, die bei der späteren Chlorierung zurückbleiben.

---

[1] KROLL, W. J., A. W. SCHLECHTEN, W. R. CARMODY, L. A. YERKES, H. P. HOLMES u. H. L. GILBERT: Trans. Electrochem. Soc. **92** (1947), S. 187/201.

Es wurde festgestellt, daß Silizium fast vollständig entfernt werden kann, wenn zwischen der portionsweisen Zugabe der Mischung Zeit gelassen wird.

Die Reduktion von Zirkoniumsilikat durch Kohle läuft nach W. Kroll nach folgenden Reaktionsgleichungen ab:

$$ZrO_2 \cdot SiO_2 + 6\,C = ZrC + SiC + 4\,CO \tag{1}$$
$$ZrO_2 \cdot SiO_2 + 5\,C = ZrC + Si + 4\,CO \tag{2}$$
$$ZrO_2 \cdot SiO_2 + 4\,C = Zr + Si + 4\,CO \tag{3}$$
$$ZrO_2 \cdot SiO_2 + 3\,C = Zr + SiO + 3\,CO \tag{4}$$
$$2\,SiO_2 + ZrO_2 + 6\,C = ZrSi_2 + 6\,CO \tag{5}$$
$$SiO_2 + C = SiO + CO \tag{6}$$
$$SiO + ZrO_2 = SiO_2 + ZrO \tag{7}$$
$$ZrO_2 + 6\,SiO = ZrSi_2 + 4\,SiO_2 \tag{8}$$
$$SiC \rightleftarrows Si + C \tag{9}$$
$$ZrSi_2 + C \rightleftarrows ZrC + 2\,Si \tag{10}$$
$$ZrO_2 + 3\,Si \rightleftarrows ZrSi_2 + SiO_2 \tag{11}$$
$$ZrO_2 \cdot SiO_2 + Si = ZrO_2 + 2\,SiO \tag{12}$$

Die vier ersten Gleichungen zeigen den Einfluß von abnehmenden Kohlezuschlägen. Sie entsprechen 28,3%, 24,6%, 20,9% und 16,5% Kohle in der Charge. Etwas Kohle wird auch aus dem Tiegel und aus der Elektrode aufgenommen. Man sieht aus Gleichung 1, daß zuerst sowohl Siliziumkarbid als auch Zirkoniumkarbid gebildet wird. Mit fallendem Kohlezusatz wird jedoch ausschließlich ZrC neben freiem Si gebildet. Mit noch weniger Kohle tritt freies Zirkoniummetall und freies Silizium auf. Mit dem niedrigst möglichen Gehalt an Kohle bildet sich Zirkoniummetall neben Siliziummmonoxyd, das gasförmig entweicht. Alle diese Gleichungen wurden durch Versuche bestätigt. Mit weniger als 22% Kohle im Ansatz erscheint ein metallisches Produkt, das häufig goldgelb gefärbt und gut durchgeschmolzen ist und bis zu 88% Zr, ungefähr 2% Si, bis zu 2% N, weniger als 6% C und geringe Sauerstoffmengen enthält.

Die anderen Gleichungen zeigen Nebenreaktionen, die unter verschiedenen Bedingungen ablaufen, je nachdem ob im Ofen auf Karbid oder Zirkoniummetall hingearbeitet wird. Ein niedrigschmelzendes Silizid fällt entsprechend der Gleichung 5 bei niedrigen Temperaturen durch Reduktion beider Oxyde mit Kohlenstoff an. Entsprechend der Gleichung 8 fällt dieses Silizid auch durch Reaktion von Siliziummonoxyd mit Zirkoniumoxyd und gemäß Gleichung 11 durch Umsetzung von Zirkoniumoxyd mit Siliziummetall an. Das leicht schmelzende Silizid verursacht große Schwierigkeiten in einem Widerstandsofen, geringere jedoch in einem Lichtbogenofen, weil es sich abtrennt und von dem Reaktionsgut wegfließt. Es steht, wie durch die Gleichung 10 ausgedrückt wird, im Gleichgewicht mit Kohle und es wird Zirkoniumkarbid gebildet, wenn das Silizid mehr als 38% Zirkoniummetall enthält. Das Siliziummonoxyd, welches viel flüchtiger ist als SiO_2, verdampft und verbrennt mit leuchtender Flamme zu SiO_2. Die Dissoziation des Siliziumkarbids gemäß Gleichung 9 findet oberhalb 2500° statt. Es ist die letzte Hochtemperaturphase des Karburierungsprozesses, wobei sich freier Graphit bildet. SiC kann nur mit den höchsten Zuschlägen an Kohle erzielt werden, wie auch die Gleichung 1 zeigt.

Die Reduktion von Zirkoniumoxyd durch Siliziummetall unter Bildung von Zirkoniumsilizid (s. Gleichung 11) kann leicht durchgeführt werden, wenn man Mischungen dieser beiden Substanzen unter Helium auf ungefähr 1200° erhitzt. Das so erzielte Produkt entwickelt große Mengen an Zirkontetrachlorid bei der Chlorierung.

Die Reaktion gemäß Gleichung 12 wurde zuerst von E. ZINTL und Mitarbeiter[1] beobachtet, die zeigten, daß SiO_2 vollständig aus Zirkoniumsilikat ausgetrieben werden kann, wenn man eine Mischung von Zirkonsilikat und Silizium im Vakuum auf 1500° erhitzt.

W. J. KROLL und Mitarbeiter kontrollierten diese Ergebnisse und bestätigten sie. Zirkoniumoxyd verliert, wenn es ohne Silizium im Vakuum auf 1500° erhitzt wird, nur sehr wenig an Gewicht.

Das typische Ergebnis einer Ofenfahrt zeigt Zahlentafel 24.

Zahlentafel 24. *Reaktionsprodukte und deren Zusammensetzung bei der Erzeugung von Zirkoniumkarbid im Lichtbogenofen* (W. J. KROLL u. Mitarbeiter)

Produkt*	Gewicht kg	Zirkon		Silizium		Kohlenstoff %	Stickstoff %
		%	kg	%	kg		
Gelbes Material	17,25	77,2	13,3	0,2	0,035	3,9	0,93
Graues Material	2,95	76,2	2,26	0,4	0,012	4,3	1,3
Schwammiges Karbid	14,10	72,5	10,2	2,8	0,225		
Wiederoxyd. fein. Rückstand	2,32	58,8	1,37	8,1	0,183		
			27,13[1]		0,455[2]		

* 75 kg Einsatz aus 16,5% Graphit und 83,5% Zirkonsand (49,6% Zr, 15,4% Si).
[1] Bei 31,05 kg Einsatz, Ausbeute von 90%.
[2] Bei 9,65 kg Einsatz, Abbrand von 95,3%.

Zirkoniumkarbid und Zirkoniummetall, die im Lichtbogenofen gewonnen werden, sind pyrophor. Grobes Karbid beginnt an Luft bei

[1] ZINTL, E., W. BRAUNING, H. L. GRUBE, W. KRINGS u. W. MORAWIETZ: Z. anorg. allg. Chem. **245** (1940), S. 1/7.

700° zu brennen, was man vorteilhaft dazu ausnutzen kann, ein billiges,
ziemlich reines Zirkoniumoxyd herzustellen. Die Pyrophorität verursacht gelegentlich Zirkonverluste im Lichtbogenofen, wenn Luft während der Kühlperiode zum Tiegelinhalt gelangen kann. Der Ansatz muß daher sorgfältig mit Graphitpulver nach Abschalten des Stromes geschützt werden. Oxydiertes Material muß in den Kreislauf zurückgeführt werden.

Die Herstellung von dichten ZrC-Körpern durch Heißpressen beschreiben W. WATT, G. H. COCKETT und A. R. HALL[1]. Die Verpreßbarkeit von ZrC-Pulvern haben G. V. SAMSONOV und V. S. NESCHPOR untersucht[2].

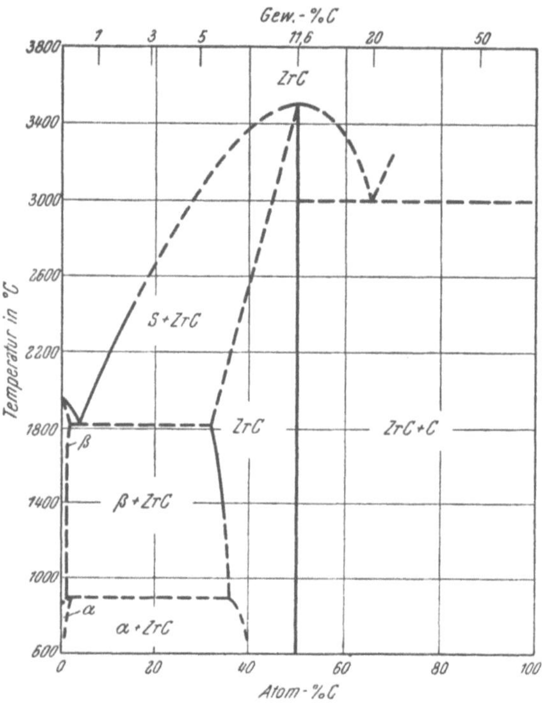

Abb. 37.   Zustandsschaubild des Systems Zirkonium-Kohlenstoff (F. BENESOVSKY und E. RUDY)

b) *Das System Zirkonium-Kohlenstoff*

Die einzige in diesem System (Abb. 37[3]) auftretende Verbindung ist das kubisch flächenzentrierte ZrC. Ein Karbid ZrC_2, welches nach L. TROOST[4], O. RUFF und R. WALLSTEIN[5] bestehen soll, dürfte eindeutig ein Gemisch von ZrC und Graphit gewesen sein.

Die Löslichkeit von Kohlenstoff in α- bzw. β-Zirkonium dürfte gering sein; ob diese in festem Zustand eutektoid oder peritektoid erfolgt, ist unbekannt. In Analogie zu den Verhältnissen im System Titan-Kohlenstoff wäre

[1] WATT, W., G. H. COCKETT u. A. R. HALL: Métaux 28 (1953), S. 222/37.
[2] SAMSONOV, G. V. u. V. S. NESCHPOR: Dokl. Akad. Nauk SSSR 104 (1955), S. 405/08.
[3] BENESOVSKY, F. u. E. RUDY: Planseeber. Pulvermetallurgie 8 (1960), S. 66/71.
[4] TROOST, L.: Compt. Rend. 116 (1893), S. 1227/30.
[5] RUFF, O. u. R. WALLSTEIN: Z. anorg. allg. Chem. 128 (1923), S. 96/116.

letzteres anzunehmen. C. T. ANDERSON und Mitarbeiter[1, 2] finden in bei 1900° in Gegenwart von Kohlenstoff geschmolzenem Zirkonium 0,35 bis 0,38% C. Die Löslichkeit in β-Zirkonium ist nach P. C. L. PFEIL[3] sehr gering.

Schmelzpunktsbestimmungen von F. BENESOVSKY und E. RUDY[1] auf der Zirkoniumseite deuten auf ein Eutektikum bei etwa 5 At.-% C und einer Temperatur von 1830° hin. Reinstes Zirkonium schmolz im Vergleich zu den kohlenstoffhaltigen Proben deutlich höher.

Die von verschiedenen Autoren angegebene Gitterkonstante von ZrC schwankt verhältnismäßig stark, was auf unreine Präparate bzw. auf einen Kohlenstoffdefekt, also auf einen Homogenitätsbereich der ZrC-Phase, schließen läßt. Röntgenographisch liegen die Phasengrenzen nach J. S. UMANSKI[4] bei 27 und 50 At.-% C, nach E. A. KOVALSKI und T. G. MAKARENKO[5] bei 36 und 50 At.-% C und nach neueren Untersuchungen von G. V. SAMSONOV und N. S. ROZINOVA[6] bei 21 und 50 At.-% C.

H. NOWOTNY, F. BENESOVSKY und E. RUDY[7] haben an Hand sehr sorgfältig hergestellter Präparate röntgenographisch und metallographisch noch-

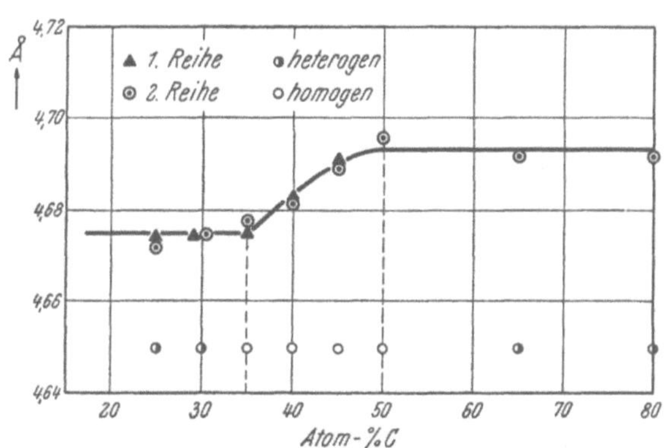

Abb. 38. Verlauf der Gitterkonstante der ZrC-Phase (F. BENESOVSKY und E. RUDY)

mals den Homogenitätsbereich der ZrC-Phase bestimmt und als untere Grenze 35 At.-% C gefunden. Den Verlauf der Gitterkonstante der ZrC-Phase in Abhängigkeit vom Kohlenstoffgehalt gibt Abb. 38 wieder.

ZrC vermag bei hohen Temperaturen Kohlenstoff zu lösen, wobei

[1] ANDERSON, C. T., E. T. HAYES, A. H. ROBERSON u. W. J. KROLL: Bur. Mines. Rep. Inv. 4658 (1950).

[2] SHELTON, S. M.: AF 5932 (1949).

[3] PFEIL, P. C. L.: AERE M/TN 11 (1952).

[4] UMANSKI, J. S.: Hartkarbide, Metallurgizdat Moskau 1947, S. 32/34.

[5] KOVALSKI, A. E. u. T. G. MARARENKO: In: Mikrohärte, Akad. Nauk SSSR, 1951, S. 187.

[6] SAMSONOV, G. V. u. N. S. ROZINOVA: Izv. Sekt. Fiz. Chim. Anal. 27 (1956), S. 126/32.

[7] NOWOTNY, H., F. BENESOVSKY u. E. RUDY: Mh. Chem. 91 (1960), S. 348/56, 963/74.

der Schmelzpunkt nach C. Agte und K. Moers[1] von 3530° auf
2430° gesenkt wird. Diese Tatsache wurde auch in dem von H. Nowotny und Mitarbeitern entworfenen Zustandsschaubild (Abb. 37)
berücksichtigt.

c) Eigenschaften

Zirkoniumkarbid der chemischen Formel ZrC (theoretischer
Kohlenstoffgehalt 11,64%) fällt meist als ein graues metallisches
Pulver an. In Salzsäure ist es unlöslich, löslich in konzentrierter Salpetersäure + Flußsäure und konzentrierter Schwefelsäure. Von
Wasserdampf wird es selbst bei Dunkelrotglut nicht angegriffen[2].
In Wasserstoffatmosphäre ist es bis zu höchsten Temperaturen beständig[2a]. Feines Zirkoniumkarbidpulver ist pyrophor. Halogene und
alkalische Oxydationsmittel zersetzen es leicht. Ab etwa 1500° ist
es gegen Stickstoff empfindlich und bildet Zirkoniumnitrid.

Bei kurzzeitiger Erhitzung von ZrC-Sinterkörpern in Verbrennungs-
gasen auf 2200 bis 2300° überziehen sich diese mit einer festhaftenden
Deckschicht, was bei TiC nicht der Fall ist[3, 4, 5, 6]. Das Verhalten von
ZrC gegen verschiedene technische Gase hat H.-J. Boos[7] eingehend
untersucht und thermodynamische Überlegungen über die Beständigkeit angestellt.

· Weitere Eigenschaften von Zirkoniumkarbid sind in Zahlentafel 25
zusammengestellt.

d) Verwendung

Ältere Vorschläge für die Verwendung von Zirkoniumkarbid als
Elektroden[8] und für feuerfeste Tiegel[9] sind heute überholt. Als
Zusatzkarbid in Sinterhartmetallen ist es aber, nach R. Kieffer[10],
da es mit einer Reihe anderer Karbide Mischkristalle zu bilden vermag, verwendbar, zumal der Preis von reinem Zirkonoxyd nicht über-

---

[1] Agte, C. u. K. Moers: Z. anorg. allg. Chem. **198** (1931), S. 233/43.

[2] Moissan, H. u. M. Lengfeld: Compt Rend. **122** (1896), S. 651/54.

[2a] May, C. E., D. Koneval u. G. C. Fryburg: NASA Mem. 3-5-59 E
(1959).

[3] Watt, W.: Powder Met. (1958), Nr. 1/2, S. 227/34.

[4] Watt, W., G. H. Cockett u. A. R. Hall: Métaux **28** (1953), S. 222/37.

[5] Samsonov, G. V.: In: Fragen der Pulvermetallurgie, Kiew 1959, Bd. 7,
S. 72/98.

[6] Klimenko, V. N.: Inf. Listok No. 226, Kiew 1960.

[7] Booss, H.-J.: Metall **10** (1956), S. 130/36.

[8] A.P. 789 609 (1905).

[9] Meyer, O.: Ber. dtsch. chem. Ges. **11** (1930), S. 333/63, Arch. Eisenhüttenwes. **4** (1930), S. 193/98.

[10] Kieffer, R.: Metall **4** (1950), S. 132/36.

Zahlentafel 25. *Eigenschaften von Zirkoniumkarbid (11,64% C)*

Eigenschaften	Werte	Weitere Literatur
Struktur	kubisch flz. B 1[1]	
Gitterkonstante Å	4,69764[61]	1—20
(vgl. Abb. 38)		
Dichte g/cm³ ber.	6,56	
gef.	6,46[60]	21, 34
Härte HM (50 g) kg/mm²	2560[22]	15, 16, 23—28, 59
Sprödigkeit	s. Lit.	28—30
Elastizitätsmodul kg/mm²	38 800[60]	
Biegebruchfestigkeit	s. Lit.	21, 31
Warmfestigkeit	s. Lit.	34
Schmelzpunkt °C.................	3535[19]	23, 32, 33
Wärmeausdehnungskoeff.		
$\beta \cdot 10^{-6}$	6,73[34]	27, 35, 62
Wärmeleitfähigkeit		
cal/cm · sek. °C	0,049[36]	
Thermodynamische Daten		
$- \Delta H_{298}$ kcal/mol	44,1[37]	6, 27, 38—44
Spez. elektr. Widerstand		
$\mu \, \Omega \cdot$ cm	42[45]	16, 21, 23, 36
		46—48, 59, 63, 64
Supraleitfähigkeit	bis 4,1° K[49]	50, 51
	n. s. l.	
HALL-Konstante	— 9,42[64]	
Thermokraft	s. Lit.	52, 65
Elektronenemission	s. Lit.	48, 53—56
Magn. Suszeptibilität	— 26[57]	58, 66
Gefüge	s. Lit.	2, 16, 21

[1] VAN ARKEL, A. E.: Physica 4 (1924), S. 286/301.

[2] NOWOTNY, H., F. BENESOVSKY u. E. RUDY: Mh. Chem. 91 (1960), S. 348/56; S. 963/74, Planseeber. Pulvermetallurgie 8 (1960), S. 66/71.

[3] BECKER, K. u. F. EBERT: Z. Physik 31 (1925), S. 268/72.

[4] PRESCOTT, C. H.: J. Am. Chem. Soc. 48 (1926), S. 2534/50.

[5] BURGERS, W. G. u. J. C. M. BASART: Z. anorg. allg. Chem. 216 (1934), S. 209/22.

[6] KOVALSKI, A. E. u. J. S. UMANSKI: Zur. Fiz. Chim. 20 (1946), S. 769/72.

[7] NOWOTNY, H. u. R. KIEFFER: Metallforschung 2 (1947), S. 257/65.

[8] NORTON, J. T. u. A. L. MOWRY: Trans. Am. Inst. Met. Eng. 185 (1949), S. 133/36.

[9] DUWEZ, P. u. F. ODELL: J. Electrochem. Soc. 97 (1950), S. 299/304.

[10] UMANSKI, J. S.: Hartkarbide, Metallurgizdat Moskau 1947, S. 32/34.

[11] KOVALSKI, A. E. u. T. G. MAKARENKO: In: Mikrohärte, Akad. Nauk SSSR, 1951, S. 187.

[12] MEERSON, G. A. u. G. V. SAMSONOV: Zur. Prikl. Chim. 25 (1952), S. 744/48.

[13] TOMBREL, M. T.: In: La chimie des hautes temperatures, Paris 1955, S. 141/46. 2. Plansee Seminar, Reutte/Tirol 1955, S. 205/15.

[14] WITTEMAN, W. G., J. M. LEITNAKER u. M. G. BOWMAN: LA 2159 (1958).

mäßig hoch ist. 2 Gewichtsteile ZrC können 1 Teil TiC in WC-TiC-Co-Hartmetallen ersetzen, führen aber bei fast gleicher Zerspannungs-leistung zu etwas spröderen Legierungen.

[15] SAMSONOV, G. V. u. V. P. LATYSCHEVA: Fiz. Metallov Metalloved. 2 (1956), S. 309/19.

[16] SAMSONOV, G. V. u. N. S. ROZINOVA: Izv. Sek. Fiz. Chim. Anal. 27 (1956), S. 126/32.

[17] NOWOTNY, H., R. KIEFFER, F. BENESOVSKY u. E. LAUBE: Mh. Chem. 88 (1957), S. 336/43; Rev. Mét. 55 (1958), S. 453/58.

[18] NOWOTNY, H., R. KIEFFER, F. BENESOVSKY, C. BRUKL u. E. RUDY: Mh. Chem. 90 (1959), S. 669/79, 86/89; Planseeber. Pulvermetallurgie 7 (1959), S. 79/81.

[19] BROWNLEE, L. D.: J. Inst. Metals 87 (1958), S. 58/61; J. Brit. Nuclear Energy 4 (1959), S. 35/38.

[20] RUDY, E., H. NOWOTNY, F. BENESOVSKY, R. KIEFFER u. A. NECKEL: Mh. Chem. 91 (1960), S. 176/87.

[21] WATT, W., G. H. COCKETT u. A. R. HALL: Métaux 28 (1953), S. 222/37.

[22] SAMSONOV, G. V., V. S. NESCHPOR u. L. M. CHRENOVA: Hutnické Listy 14 (1959), S. 484/88; Fiz. Metallov Metalloved. 8 (1959), S. 322/30.

[23] FRIEDERICH, E. u. L. SITTIG: Z. anorg. Chem. 144 (1925), S. 169/89.

[24] KIEFFER, R. u. F. KÖLBL: Powder Met. Bull. 4 (1949), S. 4/17.

[25] KOVALSKI, A. E. u. L. A. PETROVA: In: Mikrohärte, Akad. Nauk SSSR 1951, S. 170.

[26] SAMSONOV, G. V.: Izv. Sekt. Fiz. Chim. Anal. 27 (1956), S. 97/125.

[27] SAMSONOV, G. V. u. V. S. NESCHPOR: In: Fragen der Pulvermetallurgie, Akad. Nauk Ukr. RSR, 1958, Bd. 5, S. 3/35; Fiz. Metallov Metalloved. 4 (1957), S. 181/83; Zur. Fiz. Chim. 30 (1956), S. 2057/60.

[28] PILJANKEWITSCH, A. N. u. I. N. FRANTSCHEWITSCH: Fiz. Metallov Metalloved. 7 (1959), S. 470/73.

[29] SAMSONOV, G. V. u. V. S. NESCHPOR: Dokl. Akad. Nauk SSSR 104 (1955), S. 405/08.

[30] FRANTSCHEWITSCH, I. N. u. A. N. PILJANKEWITSCH: In: Berichte Sem. hochwarmfeste Werkstoffe; Kiew 1960, Bd. 5, S. 28/35.

[31] BOBROWSKI, A. R.: Trans. Am. Soc. Mech. Eng. 71 (1949), S. 621/29.

[32] AGTE, C. u. H. ALTERTHUM: Z. techn. Physik 11 (1930), S. 182/91.

[33] GLASER, F. W.: Persönliche Mitteilung 1951.

[34] GANGLER, J. J.: NACA Techn. Note Nr. 1911 (1949). J. Am. Ceram. Soc. 33 (1950), S. 367/74.

[35] ELLIOTT, R. O. u. C. P. KEMPTER: J. Phys. Chem. 62 (1958), S. 630/31.

[36] SINDEBAND, S. J. u. P. SCHWARZKOPF: Persönliche Mitt. 1950.

[37] MAH, A. D. u. B. J. BOYLE: J. Am. Chem. Soc. 77 (1955), S. 6512/13.

[38] KELLEY, K. K.: U.S. Bur. Mines Bull. Nr. 407 (1937).

[39] ROTH, W. A. u. G. BECKER: Z. phys. Chem. A 145 (1930), S. 461/69; A 159 (1932), S. 1/26.

[40] BREWER, L., L. A. BROMLEY, P. W. GILLES u. N. L. LOFGREN in L. L. QUILL: The Chemistry and Metallurgy of Miscellaneous Materials-Thermodynamics. McGraw Hill, New York, S. 40/59.

[41] RICHARDSON, F. D.: J. Iron Steel Inst. 175 (1953), S. 33/51.

[42] KUCEV, V. S., B. F. ORMONT u. V. A. EPELBAUM: Dokl. Akad. Nauk SSSR 104 (1955), S. 567/70.

[43] BOOSS, H. J.: Metall 10 (1956), S. 130/36.

Als Zwischenprodukt spielt unreines Zirkoniumkarbid bei der Herstellung von duktilem Zirkoniummetall nach dem Zirkonchlorid-Magnesium-Reduktionsverfahren eine wichtige Rolle[67] (s. S. 104).

R. KIEFFER und F. BENESOVSKY[68] halten Zirkoniumkarbid wegen seiner verhältnismäßig guten Temperaturwechselbeständigkeit, aber einer relativ schlechten Zunderfestigkeit für ein wenig aussichtsreiches Hochtemperaturmaterial.

3. Hafniumkarbid

a) *Herstellung*

Hafniumkarbid kann man nach K. MOERS[69] in sehr reiner Form durch Zersetzen eines Dampfgemisches von $HfCl_4 + H_2 +$ Toluol an

[44] GAEV, I. S.: Zur. Neorg. Chim. 1 (1956), S. 193/211.

[45] RUDY, E. u. F. BENESOVSKY: Planseeber. Pulvermetallurgie 8 (1960), S. 66/71.

[46] MOERS, K.: Z. anorg. allg. Chem. 198 (1931), S. 262/75.

[47] SAMSONOV, G. V.: Zur. Techn. Fiz. 26 (1956), S. 716/22.

[48] SAMSONOV, G. V. u. V. S. NESCHPOR: In: Fragen der Pulvermetallurgie, Kiew 1959, Bd. 7, S. 99/104.

[49] MEISSNER, W., H. FRANZ u. H. WESTERHOFF: Z. Physik 75 (1932), S. 521/30.

[50] ZIEGLER, W. T. u. R. A. YOUNG: Phys. Rev. 90 (1953), S. 115/19.

[51] HARDY, G. F. u. J. K. HULM: Phys. Rev. 93 (1954), S. 1004/16.

[52] SAMSONOV, G. V. u. N. S. STRELNIKOVA: Ukr. Fiz. Zur. 3 (1958), S. 135/38.

[53] HADDAD, R. E., D. L. GOLDWATER u. F. H. MORGAN: J. Appl. Phys. 20 (1949), S. 886.

[54] GOLDWATER, D. L. u. R. E. HADDAD: J. Appl. Phys. 22 (1951), S. 70/73.

[55] MORGAN, F. H.: J. Appl. Phys. 22 (1951), S. 108/09.

[56] PIDD, R. W. u. a.: J. Appl. Phys. 30 (1959), S. 1575/78, 1881.

[57] KLEMM, W. u. W. SCHÜTH: Z. anorg. allg. Chem. 201 (1931), S. 24/31.

[58] SAMSONOV, G. V., V. S. NESCHPOR u. N. S. STRELNIKOVA: Dop. Akad. Nauk Ukr. RSR (1958 (1958), S. 838/39. In: Fragen der Pulvermetallurgie. Kiew 1960, Bd. 8, S. 90/98.

[59] SAMSONOV, G. V.: In: Fragen der Pulvermetallurgie, Kiew 1959, Bd. 7, S. 72/98.

[60] LANG, S. M.: Nat. Bur. Stand. Mon. Nr. 6 (1960).

[61] KEMPTER, C. P. u. R. J. FRIES: Analyt. Chem. 32 (1960), S. 570.

[62] KRIKORIAN, O. H.: UCRL 6132 (1960).

[63] KOLOMEC, N. V., V. S. NESCHPOR, G. V. SAMSONOV u. S. A. SEMENKOVITSCH: Zur. Techn. Fiz. 28 (1958), S. 2382/89.

[64] LVOV, S. N., V. F. NEMTSCHENKO u. G. V. SAMSONOV: Dokl. Akad. Nauk SSSR 135 (1960), S. 577/80.

[65] NOGUCHI, S. u. T. SATO: J. Phys. Soc. Jap. 15 (1960), S. 2359.

[66] BITTNER, H. u. H. GORETZKI: Mh. Chem. 91 (1960), S. 616/19.

[67] KROLL, W. J., A. W. SCHLECHTEN, W. R. CARMODY, L. A. YERKES, H. P. HOLMES u. H. L. GILBERT: Trans. Electrochem. Soc. 92 (1947), S. 187/201.

[68] KIEFFER, R. u. F. BENESOVSKY: Z. Metallkunde 42 (1951), S. 97/106.

[69] MOERS, K.: Z. anorg. allg. Chem. 198 (1931), S. 243/61.

einem Wolframfaden von 2400 bis 2800° K in einkristalliner Form abscheiden. Man kann auch nach dem Aufwachsverfahren[1, 2] hergestellte
Hafniummetallschichten bei 2300 bis 2500° K aus der Gasatmosphäre
aufkohlen[3], was bei Zirkonium wegen des niedrigeren Metallschmelz-
punktes nicht gelingt. Die Zeitdauer der Aufkohlung ist allerdings
erheblich länger als bei der unmittelbaren Abscheidung als Karbid.
I. E. CAMPBELL und Mitarbeiter[4] beschreiben die Abscheidung
von Hafniumkarbidschichten an Wolframdrähten aus Dampfgemischen von $HfCl_4$, H_2 und Kohlenwasserstoffen bei Temperaturen
von 2100 bis 2500°.

F. W. GLASER und Mitarbeiter[5] sowie H. NOWOTNY, F. BENE-
SOVSKY und E. RUDY[6,7] haben sehr reine HfC-Präparate durch
Heißpressen der Komponentenmischungen und Homogenisierungs-
glühung unter Argon hergestellt. Hafniumhydrid, welches durch
Hydrierung von Hafniumschwamm oder Jodidhafnium mittels
reinstem Wasserstoff gewonnen werden kann, hat sich auch als
Ausgangspulver für die Darstellung von Hafniumkarbid bewährt[8-10].

Größere Mengen von Hafniumkarbid erzeugt man am besten
durch Umsetzung von reinem Hafniumoxyd mit Ruß im Kohlerohrofen bei 1900 bis 2300°[11]. Durch Karburierung von HfO_2 mit Ruß
haben R. KIEFFER und F. BENESOVSKY[12,13] ein Karbid mit 6,26%
Gew.-% geb. C erhalten, das sich zur Hartmetallherstellung ausgezeichnet eignete (vgl. Bd. Hartmetalle). Auf gleiche Weise wurde

---

[1] VAN ARKEL, A. E. u. J. H. de BOER: Z. anorg. allg. Chem. 148 (1925),
S. 345/50.

[2] de BOER, J. H. u. J. D. FAST: Z. anorg. allg. Chem. 187 (1930), S. 193/208.

[3] D.R.P. 499 069 (1928).

[4] CAMPBELL, I. E., C. F. POWELL, D. H. NOWICKI u. B. W. GONSER:
J. Electrochem. Soc. 96 (1949), S. 318/33.

[5] GLASER, F. W., D. MOSKOWITZ u. B. POST: J. Metals 5 (1953), S. 1119/20.

[6] NOWOTNY, H., F. BENESOVSKY u. E. RUDY: Mh. Chem. 91 (1960),
S. 348/56.

[7] BENESOVSKY, F. u. E. RUDY: Planseeber. Pulvermetallurgie 8 (1960),
S. 66/71.

[8] NOWOTNY, H., E. LAUBE, R. KIEFFER u. F. BENESOVSKY: Mh. Chem.
89 (1958), S. 700/07.

[9] NOWOTNY, H., R. KIEFFER, F. BENESOVSKY, C. BRUKL u. E. RUDY:
Mh. Chem. 90 (1959), S. 669/79.

[10] NOWOTNY, H., R. KIEFFER, F. BENESOVSKY u. C. BRUKL: Mh. Chem.
90 (1959), S. 86/88.

[11] AGTE, C. u. K. MOERS: Z. anorg. allg. Chem. 198 (1931), S. 233/43.

[12] KIEFFER, R., F. BENESOVSKY u. K. MESSMER: Metall 13 (1959), S. 919/22.

[13] NOWOTY, H., F. BENESOVSKY u. R. KIEFFER: Planseeber. Pulvermetallurgie 7 (1959), S. 79/87.

auch schon früher von amerikanischen Forschern [1,2] sehr reine HfC-Proben hergestellt.

Da bei der Gewinnung von nuklearreinem Zirkonium für Atomenergiezwecke heute beträchtliche Mengen von Hafniumoxyd abgetrennt werden, ist dieses mit fallenden Preisen als Ausgangsmaterial für den technischen Einsatz von Hafniumkarbid in Mehrzweckhartmetallen interessant geworden (vgl. Bd. Hartmetalle).

b) Das System Hafnium-Kohlenstoff

Bekannt ist nur die kubisch flächenzentrierte Phase HfC mit extrem hohem Schmelzpunkt. Eine Angabe über den Homogenitätsbereich ist bei G. V. Samsonov und J. S. Umanski[3] ($HfC_{1,0}$-$HfC_{0,56}$) zu finden. Ebenso wie das TiC und ZrC soll auch das HfC Kohlenstoff unter Schmelzpunktserniedrigung aufnehmen. Über die Löslichkeit von Kohlenstoff in a-bzw. β-Hafnium sind jedoch keine Literaturangaben zu finden; Verhältnisse wie beim Zirkonium sind zu unterstellen.

H. Nowotny, F. Benesovsky und E. Rudy[4, 5, 6] haben an Hand sehr sorgfältig bei 1550° hergestellter Proben röntgenographisch den

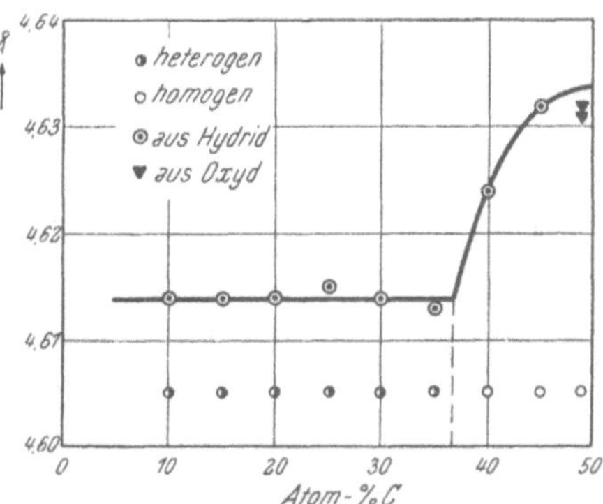

Abb. 39. Verlauf der Gitterkonstante der HfC-Phase (F. Benesovsky und E. Rudy)

Homogenitätsbereich der HfC-Phase ermittelt. Auf Grund des Gitterkonstantenverlaufes gemäß Abb. 39 reicht er von 37 bis 50 At.-% C.

Unter Zugrundelegung dieser Tatsachen wurde in Abb. 40 ein hypothetisches Zustandsschaubild des Systems Hf-C entworfen, wobei auch die a-β-Umwandlung des Hafniummetalles und die Schmelzpunktsherabsetzung des HfC durch Kohlenstoff berücksichtigt wurde.

---

[1] Curtis, C. E., L. M. Doney u. J. R. Johnson: J. Am. Ceram. Soc. 37 (1954), S. 458/65.

[2] Cotter, P. G. u. J. A. Kohn: J. Am. Ceram. Soc. 37 (1954), S. 415/20.

[3] Samsonov, G. V. u. J. S. Umanski: Harte Verbindungen hochschmelzender Metalle. Moskau 1957, S. 118.

[4] Nowotny, H., F. Benesovsky u. E. Rudy: Mh. Chem. 91 (1960), S. 348/56.

[5] Benesovsky, F. u. E. Rudy: Planseeber. Pulvermetallurgie 8 (1960), S. 66/71.

[6] Nowotny, H., H. Braun u. F. Benesovsky: Radex Rdsch. (1960), S. 367/72.

Zahlentafel 26. *Eigenschaften von Hafniumkarbid (6,30 % C)*

Eigenschaften	Werte	Weitere Literatur
Struktur	kubisch flz. B 1[1]	
Gitterkonstante Å	4,628[2]	3–11
(vgl. Abb. 39)		
Dichte g/cm³ ber.	12,76	
gef.	12,3[8]	
Härte HM (50 g) kg/mm²	2700[8]	5, 6, 12
Schmelzpunkt °C.................	3890 ± 150[13]	
Wärmeausdehnungskoeffizient $\beta \cdot 10^{-6}$	6,59[20]	21
Thermodynamische Daten		
− ΔH_{298} kcal/mol.	81[14]	
Spez. elektr. Widerstand $\mu\Omega \cdot$ cm ...	37[15]	16, 17
Supraleitfähigkeit	bis 1,23 °K n.s.l. [18]	19
Elektronenemission	s. Lit	17
Magn. Suszeptibilität..............	−25,5[22]	
Gefüge	s. Lit.	5

[1] BECKER, K.: Physik. Z. **34** (1933), S. 185/98.

[2] NOWOTNY, H., F. BENESOVSKY u. E. RUDY: Mh. Chem. **91** (1960), S. 348/56; Planseeber. Pulvermetallurgie 8 (1960), S. 66/71.

[3] McKENNA, P. M.: Ind. Eng. Chem. **28** (1938), S. 767.

[4] GLASER, F. W., D. MOSKOWITZ u. B. POST: J. Metals **5** (1953), S. 1119/20.

[5] COTTER, P. G. u. J. A. KOHN: J. Am. Ceram. Soc. **37** (1954), S. 415/20.

[6] CURTIS, C. E., L. M. DONEY u. J. R. JOHNSON: J. Am. Ceram. Soc. **37** (1954), S. 458/65, ORNL 1681 (1954).

[7] NOWOTNY, H., E. LAUBE, R. KIEFFER u. F. BENESOVSKY: Mh. Chem. **89** (1958), S. 701/07.

[8] NOWOTNY, H., F. BENESOVSKY u. R. KIEFFER: Planseeber. Pulvermetallurgie 7 (1959), S. 79/87.

[9] NOWOTNY, H., R. KIEFFER, F. BENESOVSKY u. C. BRUKL: Mh. Chem. **90** (1959), S. 86/88.

[10] NOWOTNY, H., R. KIEFFER, F. BENESOVSKY, C. BRUKL u. E. RUDY: Mh. Chem. **90** (1959), S. 669/79.

[11] RUDY, E., H. NOWOTNY, F. BENESOVSKY, R. KIEFFER u. A. NECKEL: Mh. Chem. **91** (1960) S. 176/87.

[12] KOVALSKI, A. E. u. L. A. PETROVA: In: Mikrohärte, Akad. Nauk SSSR 1951, S. 170.

[13] AGTE, C. u. H. ALTERTHUM: Z. techn. Physik **11** (1930), S. 182/91.

[14] SAMSONOV, G. V. u. V. S. NESCHPOR: In: Fragen der Pulvermetallurgie, Kiew 1958, Bd. 5, S. 3/35.

[15] RUDY, E. u. F. BENESOVSKY: Planseeber. Pulvermetallurgie **8** (1960), S. 66/71.

[16] MOERS, K.: Z. anorg. allg. Chem. **198** (1931), S. 262/75.

[17] SAMSONOV, G. V. u. V. S. NESCHPOR: In: Fragen der Pulvermetallurgie, Kiew 1959, Bd. 7, S. 99/104.

[18] MEISSNER, W., H. FRANZ u. H. WESTERHOFF: Z. Physik **75** (1932), S. 521/30.

[19] HARDY, G. F. u. J. K. HULM: Phys. Rev. **93** (1954), S. 1004/16.

c) Eigenschaften

Hafniumkarbid der chemischen Formel HfC, (theoretischer Kohlenstoffgehalt 6,30% C) fällt meist als ein graues metallisches Pulver an. Beim Erhitzen unter Wasserstoff ist es bis zu höchsten Temperaturen beständig[23].

Zahlentafel 26 enthält weitere Angaben über die Eigenschaften von Hafniumkarbid.

d) Verwendung

Hafniumkarbid hat bisher noch keine praktische Verwendung gefunden. Durch die reaktortechnisch notwendige Abtrennung des Hafniums vom Zirkonium sind neuerdings große Mengen Hafniumdioxyd verfügbar geworden, so daß einem großtechnischen Einsatz preislich nicht mehr unüberwindbare Schranken gesetzt sind.

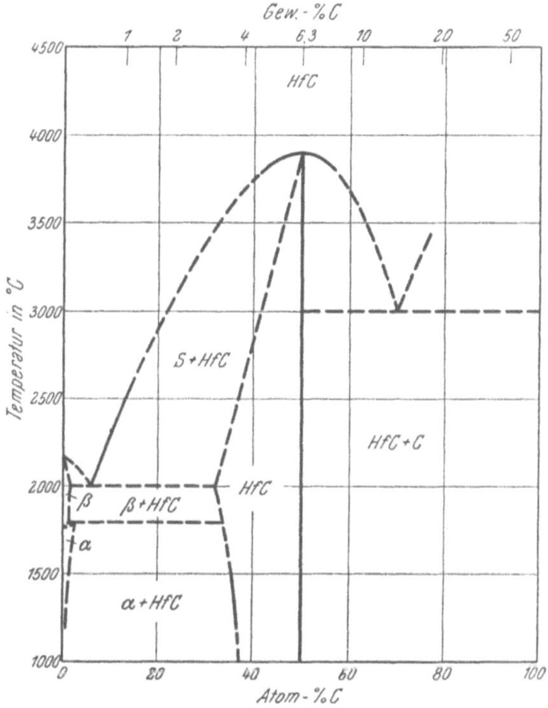

Abb. 40. Zustandsschaubild des Systems Hafnium-Kohlenstoff (F. Benesovsky und E. Rudy)

HfC bildet mit einer Reihe anderer Karbide harte Mischkristalle (vgl. S. 223), welche für Mehrkarbidhartmetalle in Frage kommen. So konnten von R. Kieffer, F. Benesovsky und K. Messmer[24] WC-HfC-Co und WC-TiC(-TaC)-HfC-Co-Hartmetalle für Stahl- und Gußbearbeitung mit sehr guten Leistungen hergestellt werden, wobei das HfC in seiner Wirkung mehr TaC- als TiC-Charakter hat (vgl. Bd. Hartmetalle.)

Wegen des außerordentlich hohen Schmelzpunktes wurde Hafnium-

[20] Grisaffe, S. J.: J. Am. Ceram. Soc. 43 (1960), S. 494.
[21] Krikorian, O. H.: UCRL 6132 (1960).
[22] Bittner, H. u. H. Goretzki: Mh. Chem. 91 (1960), S. 616/19.
[23] May, C. E., D. Koneval u. G. C. Fryburg: NASA Mem. 3-5-59 E (1959).
[24] Kieffer, R., F. Benesovsky u. K. Messmer: Metall 13 (1959), S. 919/22.

karbid als Glühdraht[1] und in neuerer Zeit als Zunderschutz für Graphitdüsen vorgeschlagen.

4. Vanadinkarbid

a) Herstellung

Die Umsetzung von Vanadinpentoxyd mit Zuckerkohle im elektrischen Lichtbogenofen wird nach H. MOISSAN[2] zur Vermeidung von Nitridbildung zweckmäßig innerhalb eines eingelegten Kohlerohres vorgenommen, welches den Zutritt von Luft verhindert. Man erhält bei der Reaktion gut geschmolzene, schwach graphitdurchsetzte Körper, die bei einer Zusammensetzung von 81,3% V und 18,4% C der Formel VC entsprechen. Durch Variierung der Ofentemperatur stellte H. MOISSAN[2] auch noch eine Reihe vanadinreicher Vanadinkarbide her, die als Lösungen von V in VC aufzufassen sind.

O. RUFF und W. MARTIN[3] haben geschmolzenes Vanadinkarbid durch rasches Erhitzen von Preßlingen aus V_2O_5-C-Mischungen bis auf 2800° hergestellt und ferner den Einfluß von steigenden Mengen Kohlenstoff auf den Schmelzpunkt des Vanadins untersucht. Das gefundene Karbid VC hatte 19% gebundenen Kohlenstoff und 0,2% freien graphitischen Kohlenstoff (theoretisch 19,08% C).

Für Systemuntersuchungen haben W. ROSTOKER und A. YAMAMOTO[4] Legierungen bis 19 Gew.-% C aus Reinvanadin und Kohlenstoff im Lichtbogen unter Helium erschmolzen.

E. FRIEDERICH und L. SITTIG[5] stellten Vanadinkarbid aus V_2O_3, welches durch Glühen von V_2O_5 bei 1000° im Wasserstoffstrom erzeugt worden war, und Ruß her. Dabei wurde die Mischung von $V_2O_3 + 5\,C$ in einem Porzellanrohrofen bei 1100° unter Wasserstoff erhitzt. Die Gewichtszunahme des erhaltenen VC betrug beim Glühen an Luft 46,5% (theoretisch 44,5%).

Ähnlich wie beim Titan sind auch VC, VO und VN isomorph, so daß Mischkristallbildung möglich ist. H. KRAINER und K. KONOPICKY[6] haben Vanadinkarbide durch Karburierung von V_2O_5 mit Ruß bei 1500° unter Wasserstoff hergestellt und diese chemisch und röntgenographisch untersucht. Die Zusammensetzung der Karbide

[1] D.R.P. 499 069 (1928).

[2] MOISSAN, H.: Compt. Rend. **116** (1893), S. 1225/27, **122** (1896), S. 1297/1302.

[3] RUFF, O. u. W. MARTIN: Z. angew. Chem. **25** (1912), S. 49/56.

[4] ROSTOKER, W. u. A. YAMAMOTO: Trans. Am. Soc. Met. **46** (1954), S. 1136/63.

[5] FRIEDERICH E. u. L. SITTIG: Z. anorg. allg. Chem. **144** (1925), S. 169/89.

[6] KRAINER, H. u. K. KONOPICKY: Berg- u. Hüttenmänn. Mh. **92** (1947), S. 166/78.

ist der Zahlentafel 27 zu entnehmen. Bis auf das Karbid V 4 liegen alle im ternären System V-C-O oberhalb des quasibinären Schnittes VC-VO. In Übereinstimmung mit E. MAURER und Mitarbeitern[1] muß

Zahlentafel 27. *Zusammensetzung und Gitterkonstanten der untersuchten Vanadinkarbide* (H. KRAINER u. K. KONOPICKY)

Probe	V %	C gesamt %	C frei %	C gebunden %	O %	Gitterkonstante* Å
V 1	82,25	11,50	—	11,50	6,25	4,136
V 2	82,07	12,85	0,0	12,85	5,08	4,137
V 3	82,37	15,08	0,07	15,01	2,55	4,148
V 4	80,23	18,49	0,33	18,16	1,28	4,157

* Bestimmt nach dem asymmetrischen Verfahren mit Cu-Strahlung. Gitterkonstante von reinem VO: 4,08 Å

angenommen werden, daß trotz des Sauerstoffgehaltes der Präparate Kohlenstoffplätze im Gitter unbesetzt geblieben sind.

M. GUREWITSCH und B. F. ORMONT[2] stellten Vanadinkarbide durch Vakuumkarburierung von V_2O_3 bei Temperaturen zwischen 900 und 2200° her; sie erhielten jedoch dabei nicht ganz sauerstofffreie Präparate. Den Verlauf der Reaktion hat G. V. SAMSONOV[3] durch CO-Druckmessungen verfolgt.

Reinstes Vanadinmonokarbid mit den höchsten Werten an gebundenem Kohlenstoff erhält man aus Vanadin- oder Vanadinhydridpulver durch doppelte Karburierung im Vakuum. Auf diese Weise hat N. SCHÖNBERG[4] für Systemuntersuchungen reinste Vanadinkarbide hergestellt. Die Diffusionskonstante für diese Reaktion haben R. W. POWERS und M. V. DOYLE[5] ermittelt.

Nach K. MOERS[6] macht die Abscheidung von Vanadinkarbid aus VCl_4 in Gegenwart von Wasserstoff und Kohlenwasserstoffen nach dem Aufwachsverfahren Schwierigkeiten. Das bei 1720° schmelzende Vanadinmetall legiert sich bei dieser Temperatur schon sehr lebhaft mit dem Wolfram und die Abscheidung bei hoher Fadentemperatur ist daher nicht möglich. Man muß zuerst eine niedrigere Temperatur, etwa unter 1400°, wählen und kann erst wenn sich eine genügend

[1] MAURER, E., W. DÖRING u. H. PULEWKA: Arch. Eisenhüttenwes. 13 (1939/40), S. 337/44.

[2] GUREWITSCH, M. u. B. F. ORMONT: Dokl. Akad. Nauk SSSR 96 (1954), S. 1165/68, Fiz. Metallov Metalloved. 4 (1957), Nr. 1, S. 88/90. Zur. Neorg. Chim. 2 (1957), S. 1566/80.

[3] SAMSONOV, G. V.: Ukr. Chim. Zur. 23 (1957), S. 287/96.

[4] SCHÖNBERG, N.: Acta Chem. Scand. 8 (1954), S. 624/26.

[5] POWERS, R. W. u. M. V. DOYLE: Acta Met. 6 (1958), S. 643/46.

[6] MOERS, K.: Z. anorg. allg. Chem. 198 (1931) S. 243/61.

starke Vanadinkarbidschicht gebildet hat, bis auf 2000° gehen. Einkristalline Aufwachsschichten wurden nicht erzielt. Es bilden sich Aggregate gleichorientierter Kriställchen eisengrauer Farbe. I. E. CAMPBELL und Mitarbeiter[1] konnten ebenfalls Vanadinkarbidschichten aus VCl_4-H_2-Kohlenwasserstoff-Dampfgemischen an Wolframdrähten von 1500 bis 2000° abscheiden.

Viele Forscher haben durch chemische und elektrolytische Isolierung der Vanadinkarbide aus Vanadinstählen versucht, Aufschluß über deren Zusammensetzung zu bekommen. So fand P. PÜTZ[2] ein zweifelsohne graphitdurchsetztes Karbid, dem er die Formel V_2C_3 (26,11% C) zuschreibt. J. O. ARNOLD und A. A. READ[3], E. MAURER[4], A. MORETTE[5], W. CRAFTS und J. L. LAMONT[6] fanden ein Karbid der Formel V_4C_3 (15,01% C). Weitere bisher nicht bestätigte Karbidphasen gibt A. OSAWA und M. OYA[7] in Vanadin-Kohlenstoff-Legierungen mit 1,5 bis 16% Kohlenstoff an, die durch Schmelzen oder Sintern von Vanadin-Kohle-Pulvergemischen oder durch chemische Isolierung aus Vanadinstählen gewonnen worden waren. In Isolaten aus vanadinlegierten Edelstählen wurde neuerdings von verschiedenen Forschern VC identifiziert.[8—18]

[1] CAMPBELL, I. E., C. F. POWELL, D. H. NOWICKI u. B. W. GONSER: J. Electrochem. Soc. **96** (1949), 318/33.

[2] PÜTZ P.: Metallurgie **3** (1906), S. 6.

[3] ARNOLD J. O. u. A. A. READ: J. Iron Steel Inst. **85** (1912), S. 215/22.

[4] MAURER E.: Stahl u. Eisen **45** (1925), S. 1629/32.

[5] MORETTE, A.: Bull. Soc. Chim. France **5** (1938), S. 1063/69.

[6] CRAFTS, W. u. J. L. LAMONT: Trans. Am. Inst. Met. Eng. **188** (1950), S. 561/74.

[7] OSAWA A. u. M. OYA: Kinzoku no Kenkyu **5** (1928), S. 434/42, Sci. Rep. Tohoku Univ. **19** (1930), S. 95/108.

[8] GOLDSCHMIDT, H. J.: J. Iron Steel Inst. **170** (1952), S. 189/204.

[9] ONITSCH-MODL., E. M.: Proc. Internat. Symposium Reactivity of Solids, Göteborg 1952, S. 1079/92.

[10] KUO, K.: J. Iron Steel Inst. **184** (1956), S. 258/68. Jernkontorets Ann. **141** (1957), S. 146/47, 206/30. Iron Steel **29** (1956), S. 645/50, 666/68.

[11] KRALIK, F.: Hutnické Listy **11** (1956), S. 230/33.

[12] BUNGARDT, K., K. KIND u. W. OELSEN: Arch. Eisenhüttenwes. **27** (1956), S. 61/66.

[13] KOCH, W., A. KRISCH u. A. SCHRADER: Arch. Eisenhüttenwes. **28** (1957), S. 445/59.

[14] SCHRADER, A., A. ROSE, L. RADEMACHER u. W. PITSCH: Arch. Eisenhüttenwes. **28** (1957), S. 461/68.

[15] FOLDYNA, V. u. J. WOZNIAK: Hutnické Listy **25** (1960), S. 33/40.

[16] BAKER, R. G. u. J. NUTTING: Iron Steel Inst., Spec. Rep. No. 64, London 1959, S. 1/22.

[17] HONEYCOMBE, R. W. K. u. A. K. SEAL: Iron Steel Inst., Spec. Rep. No. 64, London 1959, S. 44/56.

[18] KOCH, W., A. KRISCH u. A. SCHRADER: Iron Steel Inst., Spec. Rep. No. 64, London 1959, S. 272/84.

Das Vanadinkarbid neigt wie Titankarbid zu Defektgitterbildung, d. h. daß Kohlenstoffplätze im Gitter frei bleiben oder auch durch Sauerstoff oder Stickstoff besetzt sein können. Dies ist auch der Grund dafür, warum bei chemischen und röntgenographischen Untersuchungen oft mehrere Vanadinkarbide gefunden werden. In der Tat liegt aber ein Vanadinkarbid VC mit sehr weitem Phasenbereich vor, welches man etwa als VC_{1-x} schreiben müßte.

Als Ausgangsmaterial für die Herstellung von Vanadinkarbid in technischem Maßstab kann Ammoniumvanadat, Vanadinpentoxyd, durch Wasserstoffreduktion aus V_2O_5 gewonnenes V_2O_3 oder seltener Vanadinpulver verwendet werden. Beispielsweise mischt man 73% V_2O_5 mit 27% Graphit sehr innig in Mischern oder Kugelmühlen. Preßlinge aus diesem Gemisch werden unter Wasserstoff bei 1800° im Kohlerohrkurzschlußofen karburiert. Dabei findet zuerst die Reduktion des V_2O_5 zu V_2O_3 statt. Das so erhaltene Rohkarbid enthält 16,8 bis 17% Gesamtkohlenstoff, davon 0,1 bis 1% in freier, graphitischer Form. Durch eine zweite Karburierung in Vakuum bei 1600 bis 1700° kann man ein Produkt mit 18,5 bis 19% Gesamtkohlenstoff, davon 0 bis 0,5% in freier Form erzielen. Wegen der oben erwähnten Isomorphie von VC, VO, VN ist es verhältnismäßig schwierig, den theoretischen Gehalt an gebundenem Kohlenstoff von 19,08% zu erreichen.

Die Herstellung von dichten Vanadinkarbidkörpern durch Heißpressen haben W. WATT, G. H. COCKETT und A. R. HALL[1] beschrieben.

b) Das System Vanadin-Kohlenstoff

Auf Grund früherer Angaben[2,3,4,5], sowie eigener mikroskopischer und röntgenographischer Untersuchungen haben W. ROSTOKER und A. YAMAMOTO[6] ein vorläufiges Zustandsschaubild des Systems Vanadin-Kohlenstoff aufgestellt, in welchem nur die hexagonale Phase V_2C und die kubische Verbindung VC erscheinen. (Abb. 41.) Das Eutektikum zwischen V und V_2C dürfte bei 3,5 bis 5 Gew.-% C liegen und einen Schmelzpunkt von 1650° haben. Die von Stahlforschern angegebene Phase V_4C_3 konnte unter den gegebenen Herstellungsbedingungen nicht gefunden werden. Das Homogenitätsgebiet der V_2C-Phase reicht nach N. SCHÖNBERG[5] von 27 bis 33 At.-%

[1] WATT, W., G. H. COCKETT u. A. R. HALL: Métaux 28 (1953), S. 222/37.
[2] GOLDSCHMIDT, H. J.: J. Iron Steel Inst. 160 (1948), S. 345/62.
[3] RUFF, O. u. W. MARTIN: Z. angew. Chem. 25 (1912), S. 49/56.
[4] PEARSON, W. B.: J. Iron Steel Inst. 164 (1950), S. 149/59.
[5] SCHÖNBERG, N.: Acta Chem. Scand. 8 (1954), S. 624/26.
[6] ROSTOKER, W. u. A. YAMAMOTO: Trans. Am. Soc. Met. 46 (1954), S. 1136/63, The Metallurgy of Vanadium, J. Wiley. New York 1958, S. 48.

C, das der VC-Phase von 43 bis 49 At.-% C. Diese Angaben weichen etwas von den Ergebnissen von M. A. GUREWITSCH und B. F. ORMONT[1]

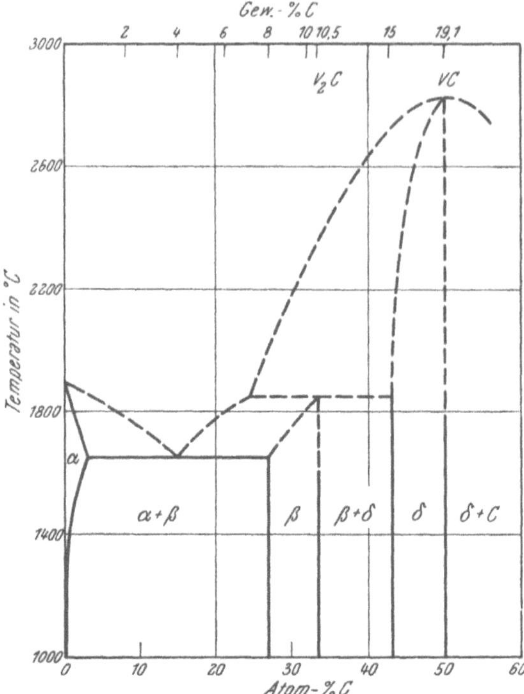

Abb. 41. Zustandsschaubild des Systems Vanadin-Kohlenstoff (W. ROSTOKER und A. YAMAMOTO), ergänzt

ab, die sie allerdings an sauerstoffhaltigen Präparaten fanden. Ob eine von den genannten Forschern zwischen $VC_{0,5}$ bis $VC_{0,7}$ vermutete kubische Phase im binären oder im ternären System V-C-O liegt, bleibt daher noch offen[2].

Die Löslichkeit von Kohlenstoff in Vanadin wird von N. SCHÖNBERG mit etwa 1 At.-% C angegeben. Kohlenstoffgehalte bis 0,5% wirken kornverfeinernd und verbessern die Schmiedbarkeit von Reinvanadin[3].

Nach Untersuchungen von J. O. ARNOLD und A. A. READ[4] und insbesondere E. MAURER[5], H. KRAINER und R. MITSCHE[6] sowie R. VOGEL und E. MARTIN[7] (vgl. Lit. S. 120) kommt in vanadinlegierten Stählen nur das ungesättigte Karbid V_4C_3 vor[8]. Nach W. BISCHOF[9] soll bei höheren Kohlenstoffgehalten des Stahls auch das Karbid VC selbst auftreten.

[1] GUREWITSCH, M. A. u. B. F. ORMONT: Dokl. Akad. Nauk SSSR **96** (1954), S. 1165/68. Fiz. Metallov Metalloved. 4 (1957), S. 88/90.

[2] GUREWITSCH, M. A. u. B. F. ORMONT: Zur. Neorg. Chim. 2 (1957), S. 1566/80, 2581/88. 3 (1958), S. 403/12.

[3] ROSTOKER, W., A. S. YAMAMOTO u. R. E. RILEY: Trans. Am. Soc. Met. **48** (1956), S. 560/78.

[4] ARNOLD, J. O. u. A. A. READ: J. Iron Steel Inst. **85** (1912), S. 215/22.

[5] MAURER, E.: Stahl u. Eisen **45** (1925), S. 1629/32.

[6] KRAINER, H. u. R. MITSCHE: Arch. Eisenhüttenwes. **20** (1949), S. 197/98.

[7] VOGEL, R. u. E. MARTIN: Arch. Eisenhüttenwes. 4 (1930/31), S. 487/95.

[8] WEVER, F., A. ROSE u. H. EGGERS: Mitt. Kaiser-Wilhelm-Inst. Eisenforsch. Düsseldorf **18** (1936), S. 239/46.

[9] BISCHOF, W.: Arch. Eisenhüttenwes. 8 (1934/35), S. 255/58.

A. Osawa und M. Oya[1] haben zahlreiche Vanadin-Kohlenstoff-Legierungen mit 1,5 bis 16% C, welche sie durch Schmelzen von Vanadin- und Kohlepulver bei 2000°, durch Sinterung von Preßlingen aus den Komponenten und durch Isolierung aus Vanadinstählen hergestellt hatten, röntgenographisch und mikroskopisch untersucht. Sie fanden, daß Kohlenstoff im festen Vanadin nur in sehr geringem Maße löslich ist, ein Befund, der sich mit den Angaben von G. Tammann und K. Schönert[2] deckt, wonach Kohlenstoff bei 800 bis 980° nicht in Vanadin hineindiffundiert. Ferner sollen nach A. Osawa und M. Oya[3] zwei intermediäre Phasen bestehen, und zwar eine vanadinreichere mit hexagonal dichtester Packung und eine kohlenstoffreichere mit kubisch flächenzentriertem Gitter. Diese beiden Verbindungen sollen die Formel V_5C (4,5% C, entsprechend $VC_{0,20}$) und V_4C_3 (15,01% C, entsprechend $VC_{0,75}$) haben, wobei nach mikroskopischen Untersuchungen bereits bei 1,5% C V_5C und bei 9% C V_4C_3 primär auftritt. Die Existenz des hexagonal dichtest gepackten Karbides V_5C wird von A. Westgren und G. Phragmén[4] bezweifelt. Möglicherweise liegt, was G. Hägg[5] annimmt, eine feste Lösung von VC in V vor. A. Westgren[6] nimmt in einer zusammenfassenden Arbeit ein Karbid VC und in Analogie zu entsprechenden Karbiden anderer Übergangsmetalle, z. B. Molybdän-Kohlenstoff (Mo_2C), ein kohlenstoffärmeres Karbid der Zusammensetzung V_2C (6,23% C, entsprechend $VC_{0,50}$) an.

Tatsächlich dürften die Verhältnisse im System Vanadin-Kohlenstoff aber am einfachsten mit dem sehr breiten Existenzbereich der VC-Phase zu erklären sein. E. Maurer, W. Döring und H. Pulewka[7] haben die Karbide V_4C_3 und VC synthetisiert, röntgenographisch untersucht und mit den aus Stählen isolierten Karbiden verglichen. Sie fanden bei allen Proben innerhalb der Meßgenauigkeit ein kubisch flächenzentriertes Gitter mit einer Gitterkonstanten von 4,152 ± ± 0,005 Å. Der Befund läßt sich aus der Einlagerungsstruktur des VC deuten. Wie andere Karbide, welche eine ähnliche Struktur

---

[1] Osawa, A. u. M. Oya: Kinzoku no Kenkyu **5** (1928), S. 434/42, Sci. Rep. Tohoku Univ. **19** (1930), S. 95/108.

[2] Tammann, G. u. K. Schönert: Z. anorg. allg. Chem. **122** (1922), S. 27/43·

[3] Osawa, A. u. M. Oya: Kinzoku no Kenkyu **5** (1928), S. 434/42, Sci. Rep. Tohoku Univ. **19** (1930), S. 95/108.

[4] Westgren, A. u. G. Phragmén: Z. anorg. allg. Chem. **156** (1926), S. 27/36.

[5] Hägg, G.: Z. physik. Chem. B **12** (1933), S. 33/56.

[6] Westgren, A.: Metallwirtsch. **9** (1930), S. 919/23.

[7] Maurer, E., W. Döring u. H. Pulewka: Arch. Eisenhüttenwes. **13** (1939/40), S. 337/44.

haben, z. B. TiC, neigt Vanadinkarbid ebenfalls zur Defektgitterbildung. Es können also Kohlenstoffplätze im Gitter unbesetzt bleiben, so daß man durch chemische Untersuchung verschiedene Karbide mit scheinbar stöchiometrischem Verhältnis von V zu C finden kann. Tatsächlich liegt aber ein Vanadinkarbid vor, dessen Formel vielleicht richtiger VC_{1-x} zu schreiben wäre und das alle Zusammensetzungen von V_4C_3 bis VC umfaßt (Subtraktionsmischkristalle).

VC vermag ähnlich wie TiC mit dem isotypen VN und VO Mischkristalle zu bilden (s. S. 358). Es liegt bei dem in Stählen gefundenen Vanadinkarbid wahrscheinlich in den meisten Fällen ein solcher Mischkristall vor, da ja alle Stähle Sauerstoff und Stickstoff enthalten, der an Vanadin gebunden sein kann. Nach den Untersuchungen von H. KRAINER und K. KONOPICKY[1], welche sauerstoffhaltige Vanadinkarbidpräparate untersucht haben, ändert sich die Gitterkonstante der VC-VO-Mischkristalle gemäß Abb. 42 linear mit dem Kohlenstoffgehalt (s. a. Zahlentafel 27). Der Verlauf der Gitterkonstanten ist bei höheren Kohlenstoffgehalten im Mischkristall derselbe, gleichgültig ob die nicht mit Kohlenstoff besetzten Plätze leergeblieben oder mit Sauerstoff besetzt sind.

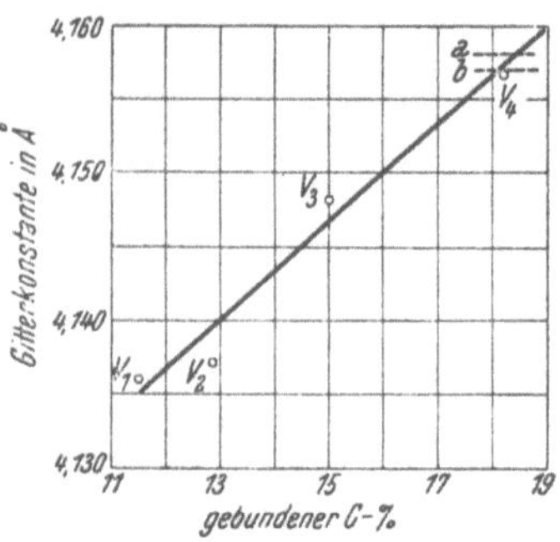

Abb. 42. Abhängigkeit der Gitterkonstanten von VC-VO-Mischkristallen vom Gehalt an gebundenem Kohlenstoff
a Gitterkonstanten von VC in Schnelldrehstahl, *b* Gitterkonstanten von VC in Stahl SVT 1
(H. KRAINER und K. KONOPICKY)

Wegen der Isomorphie VC, VN und VO ist man nach heutiger Ansicht zweifelsohne auch berechtigt, das V_4C_3, welches von einer Reihe von Forschern gefunden wurde, als $V_3C_3 + V$ (N,O) aufzufassen, d. h. also als ein Karbid, bei dem eine Reihe von Gitterplätzen, die nicht durch Kohlenstoff besetzt sind, durch Stickstoff oder Sauerstoff besetzt sein können. Eine Bestätigung dieser Annahme bieten die Befunde von H. KRAINER und K. KONOPICKY[1], die zeigten, daß an Stelle des fehlenden Kohlenstoffs Sauerstoff im VC-Gitter verbleiben kann. Über Stickstoff werden dort keine Angaben gemacht. Es besteht aber kein Zweifel, daß die technischen Vanadinkarbide, ebenso wie technische Titankarbide (vgl. Bd. Hartmetalle) noch mehrere Prozente Vanadinnitrid enthalten können. Zusammenfassend könnte

---

[1] KRAINER, H. u. K. KONOPICKY: Berg- u. Hüttenmänn. Mh. **92** (1947), S. 166/78.

Zahlentafel 28. *Eigenschaften von Vanadinkarbiden*

Eigenschaft	V_2C (10,54 % C)		VC (19,08 % C)	
	Werte	Weitere Literatur	Werte	Weitere Literatur
Struktur	hexagonal[1] L′3		kubisch[2] B1	
Gitterkonstante Å	a: 2,906[1]	3, 15	4,182[1]	2—18
	c: 4,597			
Dichte g/cm³ ber.	5,62		5,71[19]	
gef.			5,36	
Härte MH (50 g) kg/mm²	~ 2000		2944[20]	19, 21—24
Elastizitätsmodul kg/mm²			27600[25]	
Schmelzpunkt °C	1850° zers. [13]		2830[19]	26
Thermodynamische Daten				
$-\Delta H_{298}$ kcal/mol ...			28[27]	28—30, 40
Spez. elektr. Widerstand $\mu\Omega \cdot$ cm			60[31]	19, 32
Supraleitfähigkeit	s. Lit.	33	s. Lit.	33—35
Thermokraft			s. Lit.	36, 41
Elektronenemission			s. Lit.	32, 37
Röntgenspektrum			s. Lit.	38
Magn. Suszeptibilität ...			$+$ 26,2[42]	
Gefüge			s. Lit.	39

[1] SCHÖNBERG, N.: Acta Chem. Scand. 8 (1954), S. 624/26.

[2] BECKER, K. u. F. EBERT: Z. Physik 31 (1925), S. 268/72.

[3] WESTGREN, A. u. G. PHRAGMÉN: Z. anorg. allg. Chem. 156 (1926), S. 27/36. Metallwirtsch. 9 (1930), S. 33/56.

[4] MAURER, E.: Stahl und Eisen 45 (1925), S. 1629/32, Arch. Eisenhüttenwes. 13 (1939/40), S. 337/44.

[5] OSAWA, A. u. M. OYA: Sci. Rep. Tohoku Univ. 19 (1930), S. 95/108.

[6] DAWIHL, W. u. W. RIX: Z. anorg. allg. Chem. 244 (1940), S. 191/97.

[7] MORETTE, A.: Bull. Soc. Chim. France 5 (1938), S. 1063/69.

[8] KOVALSKI, A. E. u. J. S. UMANSKI: Zur. Fiz. Chim. 20 (1946), S. 769/72.

[9] NOWOTNY, H. u. R. KIEFFER: Metallforschung 2 (1947), S. 257/65.

[10] KRAINER, H. u. K. KONOPICKY: Berg- u. Hüttenmänn. Mh. 92 (1947), S. 166/78.

[11] NORTON, J. T. u. A. L. MOWRY: Trans. Am. Inst. Met. Eng. 185 (1949), S. 133/36.

[12] DUWEZ, P. u. F. ODELL: J. Electrochem. Soc. 97 (1950), S. 299/304.

[13] ROSTOKER, W. u. A. YAMAMOTO: Trans. Am. Soc. Met. 46 (1954), S. 1136/63; s. a. The Metallurgy of Vanadium, J. Wiley, New York 1958, S. 48.

[14] NOWOTNY, H., R. KIEFFER, F. BENESOVSKY u. E. LAUBE: Mh. Chem. 88 (1957), S. 336/43; Rev. Mét. 55 (1958), S. 453/58.

[15] GUREWITSCH, M. A. u. B. F. ORMONT: Dokl. Akad. Nauk SSSR 96 (1954), S. 1165/68, Zur. Neorg. Chim 2 (1957), S. 1566/80. Metalloved. Obr. Metallov (1958), Nr. 1, S. 7/10.

[16] NOWOTNY, H., R. KIEFFER, F. BENESOVSKY, C. BRUKL u. E. RUDY: Mh. Chem. 90 (1959), S. 669/79; Planseeber. Pulvermetallurgie 7 (1959), S. 79/87.

man also die Phase V_4C_3 in vielen Fällen richtiger als V_4 $(C,N,O)_4$ auffassen.

Geht man von chemisch reinem Vanadinmetall aus und hält bei der Karburierung bei der Zusammensetzung V_4C_3, dann handelt es sich um einen echten Kohlenstoffdefekt. Aber auch bei solchen Präparaten schleicht sich sehr gerne Sauerstoff und Stickstoff ein, da die Metalle der 4a und 5a Gruppe wie erstklassige Getter wirken und selbst aus scheinbar reinstem Wasserstoff Feuchtigkeitsreste (Sauerstoff) und Stickstoffspuren begierig aufnehmen. Die Analyse eines Karbides der 4a und 5a Gruppe erscheint daher erst dann vollkommen eindeutig, wenn außer dem Metall- und Kohlenstoffgehalt auch genauere Angaben über Stickstoff und Sauerstoff gemacht werden.

[17] RUDY, E., H. NOWOTNY, F. BENESOVSKY, R. KIEFFER u. A. NECKEL: Mh. Chem. **91** (1960) S. 176/87.

[18] NOWOTNY, H., F. BENESOVSKY u. E. RUDY: Mh. Chem. **91** (1960), S. 348/56.

[19] FRIEDERICH, E. u. L. SITTIG: Z. anorg. allg. Chem. **144** (1925), S. 169/89.

[20] SAMSONOV, G. V., V. S. NESCHPOR u. L. M. CHRENOVA: Hutnické Listy **14** (1959), S. 484/88; Fiz. Metallov Metalloved. **8** (1959), S. 622/30.

[21] KIEFFER, R. u. F. KÖLBL: Powder Met. Bull. **4** (1949), S. 4/17.

[22] HINNÜBER, J.: Z. Ver. dtsch. Ing. **92** (1950), S. 111/17.

[23] KOVALSKI, A. E. u. L. A. PETROVA: In: Mikrohärte, Akad. Nauk SSSR 1951, S. 170.

[24] SAMSONOV, G. V.: Izv. Sekt. Fiz. Chim. Anal. **27** (1956), S. 97/125.

[25] KÖSTER, W. u. W. RAUSCHER: Z. Metallkunde **39** (1948), S. 111/26.

[26] RUFF, O. u. W. MARTIN: Z. angew. Chem. **25** (1912), S. 49/56.

[27] KING, E. G.: J. Am. Chem. Soc. **71** (1949), S. 316/17.

[28] RICHARDSON, F. D.: J. Iron Steel Inst. **175** (1953), S. 33/51.

[29] SAMSONOV, G. V. u. V. S. NESCHPOR: In: Fragen der Pulvermetallurgie, 1958, Bd. 5, S. 3/25; Zur. Fiz. Chim. **30** (1956), S. 2057/60.

[30] GAEV, I. S.: Zur. Neorg. Chim. **1** (1956), S. 193/211.

[31] RUDY, E. u. F. BENESOVSKY: Planseeber. Pulvermetallurgie **8** (1960), S. 66/71.

[32] SAMSONOV, G. V. u. V. S. NESCHPOR: In: Fragen der Pulvermetallurgie. Kiew 1959, Bd. 7, S. 99/104·

[33] HARDY, G. F. u. J. K. HULM: Phys. Rev. **93** (1954), S. 1004/16.

[34] MEISSNER, W. u. H. FRANZ: Z. Phys. **65** (1930), S. 30/54.

[35] ZIEGLER, W. T. u. R. A. YOUNG: Phys. Rev. **90** (1953), S. 115/19.

[36] SAMSONOV, G. V. u. N. S. STRELNIKOVA: Ukr. Fiz. Zur. **3** (1958), S. 135/38.

[37] KRAUTZ, E. u. G. LAUTZ: Abh. Braunschweig. Wiss. Ges. **2** (1950), S. 192/98.

[38] ZURAKOVSKI, E. A. u. Z. J. VAJNSTEIN: Dokl. Akad. Nauk SSSR **127** (1959), S. 534/36.

[39] WATT, W., G. H. COCKETT u. A. R. HALL: Métaux **28** (1953), S. 222/37.

[40] ALEXEEV, V. I. u. L. A. SCHWARZMAN: Dokl. Akad. Nauk SSSR **133** (1960), S. 1331/33.

[41] NOGUCHI, S. u. T. SATO: J. Phys. Soc. Jap. **15** (1960), S. 2359.

[42] BITTNER, H. u. H. GORETZKI: Mh. Chem. **91** (1960), S. 616/19.

c) Eigenschaften

Vanadinkarbid der chemischen Formel VC (theoretischer Kohlenstoffgehalt 19,08%) fällt meist als ein graues, metallisches Pulver an. Es ist sehr widerstandsfähig und wird in der Kälte nur von HNO_3 angegriffen. H_2[1], H_2O, H_2S und HCl sind auch bei Rotglut ohne Wirkung, Chlor wirkt unter 500° ein. Das Zunderverhalten von VC-Körpern wurde mehrfach untersucht[2, 3].

Weitere Angaben über die Eigenschaften von Vanadinkarbid sind der Zahlentafel 28 zu entnehmen.

d) Verwendung

Vanadinkarbid hat, trotzdem es hart, leicht herstellbar und billig ist, wegen seiner verhältnismäßig großen Sprödigkeit als Einzelkarbid keine verbreitete Anwendung in der Hartmetallherstellung gefunden. VC wird aber in Mengen bis 1% in Sorten für Sonderstahlgußbearbeitung zugesetzt. Es vermag mit einer Reihe von anderen Karbiden Mischkristalle zu bilden, welche als Zusatz sowie als Basis für wolframfreie Hartmetalle vorgeschlagen und angewendet wurden (vgl. Bd. Hartmetalle).

5. Niobkarbid

a) Herstellung

Ein Niobkarbid mit 11,37% C wurde erstmalig von A. Joly[4] durch Reduktion von $K_2O \cdot 3\,Nb_2O_5$ mit Kohlenstoff dargestellt. E. Friederich und L. Sittig[5] reduzierten reines Nb_2O_5 zunächst bei 1000° unter Wasserstoff zu Nb_2O_3, vermengten dieses mit der entsprechenden Menge Kohle und karburierten bei 1200° in Molybdänschiffchen unter Wasserstoff in einem Porzellanrohrofen.

C. Agte und K. Moers[6] erzeugten Niobkarbid aus schwach tantalhaltigem Niobmetallpulver durch Karburierung mit Ruß im Graphitrohrofen unter trockenem Wasserstoff bei etwa 1700°. Die Gewichtszunahme der Präparate beim Verbrennen unter Wasserstoff ergab im Mittel 26,0%.

G. Brauer und Mitarbeiter[7, 8, 9] stellten Niob-Kohlenstoff-

[1] May, C. E., D. Koneval u. G. C. Fryburg: NASA Mem. 3-5-59 E (1959).

[2] Watt, W., G. H. Cockett u. A. R. Hall: Métaux 28 (1953), S. 222/37.

[3] Klimenko, V. N.: Inf. Listok No. 226 Kiew (1960).

[4] Joly, A.: Compt. Rend. 82 (1876), S. 1195.

[5] Friederich E. u. L. Sittig: Z. anorg. allg. Chem. 144 (1925), S. 169/89.

[6] Agte, C. u. K. Moers: Z. anorg. allg. Chem. 198 (1931), S. 233/43.

[7] Brauer, G., H. Renner u. J. Wernet: Z. anorg. allg. Chem. 277 (1954), S. 249/57.

[8] Brauer, G. u. R. Lesser: Z. Metallkunde 50 (1959), S. 8/10.

[9] Brauer, G. u. R. Lesser: Z. Metallkunde 50 (1959), S. 487/92.

legierungen über den ganzen Bereich des Systems aus Nioboxyd und Niobmetall (zerkleinerte Niobbleche bzw. Niobpulver) mit Kohlenstoff bei 1600 bis 1700° her. Die niobreichen Legierungen wurden durch Glühen von vorgebildetem NbC und Metall gewonnen. Diese Arbeitsweise wurde bei der Systemuntersuchung auch von M. L. POCHON und Mitarbeitern[1] angewandt, wobei das Lichtbogen- und auch das Elektronenstrahlschmelzen benutzt wurden. E. K. STORMS und N. H. KRIKORIAN[1a] erhielten ihre Präparate bei der Systemuntersuchung durch langzeitiges Vakuumglühen vorgesinterter Preßlinge aus reinsten Komponenten.

Die Umsetzung von Nb_2O_5 mit Kohlenstoff und die dabei auftretenden Zwischenstufen hat G. V. SAMSONOV[2] durch CO-Druckmessungen verfolgt.

Angaben über die Diffusionsgeschwindigkeit von Kohlenstoff in Niob und die Aktivierungsenergie des Vorganges machen G. V. SAMSONOV und V. P. LATYSCHEVA[3] sowie R. W. POWERS und M. V. DOYLE[4].

Nach K. MOERS[5] gelingt die Abscheidung von reinem Niobkarbid aus kohlenwasserstoffhaltigen Niobchlorid-Wasserstoff-Dampfgemischen an glühenden Wolframdrähten, ähnlich wie beim Tantalkarbid, nicht, weil bereits bei Temperaturen von 900 bis 1000° die Metallabscheidung so lebhaft ist, daß die Karbidbildung überlagert wird. Man gelangt immer zu Aufwachsschichten, die neben Niobkarbid metallisches Niob enthalten. Durch nachträgliches Glühen bei 2600 bis 3200° K in kohlenwasserstoffhaltiger Atmosphäre (CH_4, C_2H_2), wie es von K. BECKER und H. EWEST[6] für Tantaldrähte angegeben wurde, gelingt es, das Abscheidungsprodukt vollständig in Niokarbid überzuführen. Diese Methode wurde auch von I. E. CAMPBELL und Mitarbeiter[7] benutzt, um bei Temperaturen von 1300° Niobschichten unter Wasserstoff mit Kohlenwasserstoffen in der Gasphase aufzukohlen. Aus der Gasphase können auch NbC-Schichten auf Graphit

---

[1] POCHON, M. L., C. R. McKINSEY, R. A. PERKINS u. W. D. FORGENG: In: Reactive Metals, Intersc. Publ., New York 1959, Vol. 2, S. 327/47.

[1a] STORMS, E. K. u. N. H. KRIKORIAN: J. Phys. Chem. **64** (1960), S. 1471/77.

[2] SAMSONOV, G. V.: Ukr. Chim. Zur. **23** (1957), S. 287/96.

[3] SAMSONOV, G. V. u. V. P. LATYSCHEVA: Dokl. Akad. Nauk SSSR **109** (1956), S. 582/85. Fiz. Metallov Metalloved. 2 (1956), S. 309/19. In: Bor, Moskau 1958, S. 74/89.

[4] POWERS, R. W. u. M. V. DOYLE: J. Metals **9** (1957), S. 1285/88.

[5] MOERS, K.: Z. anorg. allg. Chem. **198** (1931), S. 243/61.

[6] BECKER, K. u. H. EWEST: Z. techn. Physik 11 (1930), S. 148/50 u. 216/20.

[7] CAMPBELL, I. E., C. F. POWELL, D. H. NOWICKI u. B. W. GONSER: J. Electrochem. Soc. **96** (1949), S. 318/33.

durch Zersetzung von $NbCl_5$ bei Temperaturen von über 2000° erhalten werden[1].

H. EGGERS und W. PETER[2] haben Ferroniob (60% Nb) mit Holzkohlepulver im Verhältnis 5:1 gemischt und in einem Graphittiegel im Tammanofen unter Argon erhitzt. Bei 1600 bis 1700° trat teilweises Schmelzen ein, später konnte aber die fest gewordene Masse auf 2000° erhitzt werden. Durch Behandeln der erhaltenen Schmelze mit verdünnter HCl wurde ein Rückstand mit 4,04% C, 71% Nb und 25% Fe erhalten, welcher aus Fe_3Nb_2 und einem Karbid Nb_4C_3 bestand.

In niedrigkohlenstoffhaltigem, lichtbogengeschmolzenem Niob[3] sowie in niobstabilisierten 18/8-Cr-Ni-Stählen[4, 9-11] können Ausscheidungen von Niobkarbiden beobachtet werden.

Die Herstellung von Heißpreßkörpern aus NbC beschreiben W. WATT und Mitarbeiter[5].

Technisch erzeugt man Niobkarbid aus Nb_2O_5, Nb_2O_3 oder Niobmetall- bzw. -hydridpulver durch Erhitzen einer Mischung mit Ruß auf 1300 bis 1400° im Kohlerohrofen. Es bereitet keine Schwierigkeiten, sauerstoffarme Produkte herzustellen. Zur Erzeugung wolframkarbidfreier Hartmetalle auf NbC-TiC-Basis und zur Untersuchung von Niobkarbid-Mischkristallsystemen verwendeten R. KIEFFER und F. KÖLBL[6] und H. NOWOTNY und R. KIEFFER[7] als Ausgangsmaterial eine tantalfreie Niobsäure und karburierten diese im Kohlerohrofen unter Wasserstoff und im Vakuum.

Auch die Erzeugung von NbC aus einem Metallbad[8] ist ähnlich wie beim Tantalkarbid (s. S. 67) möglich, nur sind Niobverluste wegen des Angriffes der feinsten Niobkarbidteilchen durch Säuren unvermeidlich. Um diesen herabzusetzen, muß man mit großem Kohlenstoffüberschuß

[1] BLOCHER, J. M., M. F. BROWNING, D. P. LEITER u. I. E. CAMPBELL: BMI 1296 (1958).

[2] EGGERS, H. u. W. PETER: Mitt. Kaiser-Wilhelm-Inst. Eisenforsch. **20** (1938), S. 205/11.

[3] BEGLEY, R. T. u. A. I. LEWIS: In: Columbium Symposium, Met. Soc. Conf., Vol. 10, Intersci. Publ., New York 1961, S. 53/74.

[4] SIMPKINSON, T. V.: Metallurgia (Manchester) **47** (1953), S. 18/24.

[5] WATT, W., G. H. COCKETT u. A. R. HALL: Métaux **28** (1953), S. 222/37.

[6] KIEFFER, R. u. F. KÖLBL: Powder Met. Bull. **4** (1949), S. 4/17.

[7] NOWOTNY, H. u. R. KIEFFER: Metallforschung **2** (1947), S. 257/65.

[8] McKENNA, P. M.: Ind. Eng. Chem. **28** (1936), S. 767/72.

[9] BEATTIE, H. J. u. W. C. HAGEL: Iron Steel Inst., Spec. Rep. No. 64, London 1959, S. 108/17.

[10] SCHRADER, A. u. A. KRISCH: Iron Steel Inst., Spec. Rep. No. 64, London 1959, S. 225/34.

[11] KIRKBY, H. W. u. R. J. TRUMAN: Iron Steel Inst., Spec. Rep. No. 64, London 1959, S. 242/58.

und bei hoher Temperatur arbeiten, damit ein möglichst grob-
kristallines Karbid anfällt. Zweckmäßiger ist es, NbC in Form von
säurestabilen Mischkristallen aus dem Metallbad abzuscheiden.

b) Das System Niob-Kohlenstoff

G. BRAUER und Mitarbeiter[1,2,3] untersuchten eingehend die
im System Nb-C auftretenden Phasen. Es wurde das schon von
K. BECKER und F. EBERT[4] angegebene Monokarbid NbC[5] mit einem
breiten Existenzbereich ($NbC_{1,00}$ bis $NbC_{0,72}$) sowie ein mit Ta_2C
isotypes und voll mischbares Nb_2C mit einem ebenfalls ziemlich
breiten Existenzbereich ($NbC_{0,5}$ bis $NbC_{0,35}$) bestätigt. Die Existenz

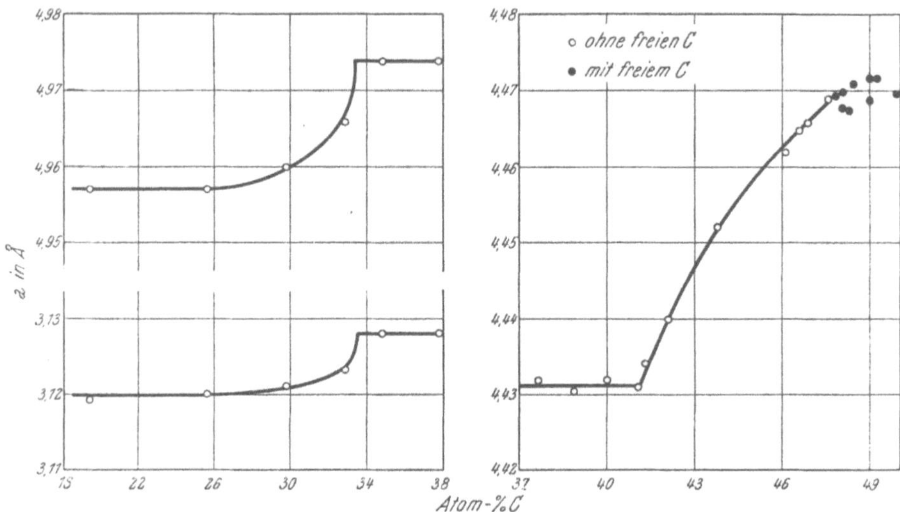

Abb. 43. Verlauf der Gitterkonstante in der Nb_2C- bzw. NbC-Phase (G. BRAUER)

des Nb_2C wurde von G. BRAUER[6] schon früher vermutet. Nach
E. K. STORMS und N. H. KRIKORIAN[7] soll aber der Homogenitätsbereich unter 2000° nur sehr eng sein.

    Niobmetall hat ein geringes Lösungsvermögen für Kohlenstoff
bis zur Zusammensetzung $NbC_{0,02}$. Die Änderung der Gitterkon-

[1] BRAUER, G., H. RENNER u. J. WERNET: Z. anorg. allg. Chem. 277 (1954),
S. 249/57.
[2] BRAUER, G. u. R. LESSER: Z. Metallkunde 50 (1959), S. 8/10.
[3] BRAUER, G. u. R. LESSER: Z. Metallkunde 50 (1959), S. 487/92.
[4] BECKER, K. u. F. EBERT: Z. Physik 31 (1925) S. 268/72.,
[5] AGTE, C. u. H. ALTHERTHUM: Z. techn. Physik 11 (1930), S. 182/91.
[6] BRAUER, G.: Z. Elektrochem. 46 (1940), S. 397/402.
[7] STORMS, E. K. u. N. H. KRIKORIAN: J. Phys. Chem. 64 (1960), S. 1471/77.

stanten in der hexagonalen β-Phase und in der kubischen δ-Phase ist in Abb. 43 wiedergegeben. Die Befunde stimmen gut mit den Angaben von C. P. KEMPTER und M. R. NADLER[1] sowie von E. K. STORMS und N. H. KRIKORIAN[2] überein. Die Löslichkeit von Kohlenstoff in Niob ist mehrfach bestimmt worden[3-6], wobei der BRAUERsche Befund bestätigt werden konnte.

In einer neueren Arbeit geben G. BRAUER und R. LESSER[7] an Hand von Proben, die aus noch reineren Ausgangsmaterialien hergestellt worden waren, kleine Korrekturen an den Existenzgebieten der β-Phase (Nb$_2$C) sowie der δ-Phase (NbC) an und finden ferner röntgenographische Hinweise auf die Existenz einer ζ-Hochtemperaturphase, die zwischen der β- und δ-Phase liegt. Die neue Phase entspricht etwa einer Bruttoformel Nb$_3$C$_2$. Die ζ-Phase ist identisch mit der ζ-Phase im System Ta-C; sie fiel nur in kleiner Ausbeute an und konnte nicht näher identifiziert werden. Ob es sich bei der ζ-Phase um eine allotrope Hochtemperaturmodifikation des Nb$_2$C (vgl. a-β-W$_2$C) oder, was wahrscheinlicher ist, um eine neue, sich peritektisch bildende Hochtemperaturphase der Zusammensetzung Nb$_3$C$_2$ handelt, kann erst

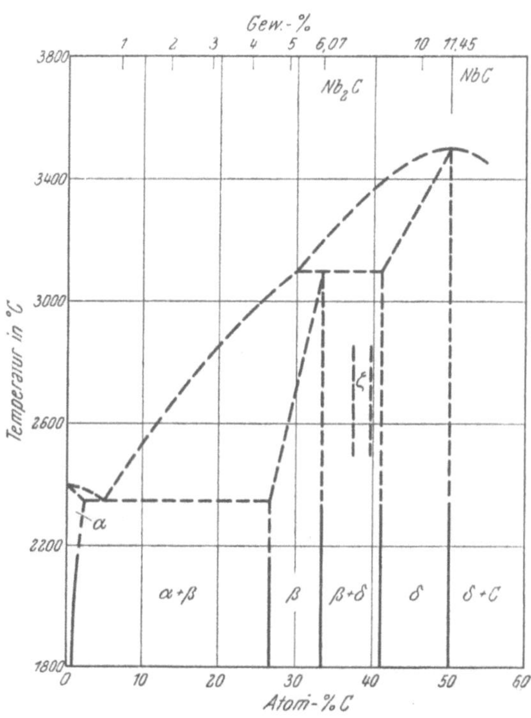

Abb. 44. Zustandsschaubild des Systems Niob-Kohlenstoff

---

[1] KEMPTER, C. P. u. M. R. NADLER: J. Chem. Phys. **32** (1960), S. 1477/81.

[2] STORMS, E. K. u. N. H. KRIKORIAN: J. Chem. Phys. **64** (1960), S. 1471/79.

[3] STORMS, E. K. u. N. H. KRIKORIAN: J. Chem. Phys. **63** (1959), S. 1747/49.

[4] POCHON, M. L., C. R. McKINSEY, R. A. PERKINS u. W. D. FORGENG: In: Reactive Metals. Intersc. Publ. New York 1959, Vol. 2, S. 327/47.

[5] ELLIOTT, R. P.: Armour Res. Found. Rep. 2120−4 (1959).

[6] BEGLEY, R. T. u. A. I. LEWIS: In: Columbium Symposium, Met. Soc. Conf., Vol. 10, Intersci. Publ. New York 1961, S. 53/74.

[7] BRAUER, G. u. R. LESSER: Z. Metallkunde **50** (1959). S 8/10.

eindeutig durch sorgfältige Untersuchungen an Hand geschmolzener und gesinterter, abgeschreckter und geglühter Proben entschieden werden. Abb. 44 zeigt ein vorläufiges Zustandsschaubild des Systems Nb-C auf Grund der BRAUERschen Befunde und auf Grund eigener Beobachtungen. Ein von H. EGGERS und W. PETER[1] angegebenes Karbid der Formel Nb_4C_3 (analog dem V_4C_3), welches in Fe-Nb-C-Legierungen auftreten soll, dürfte nicht existieren. Auch ein von J. S. UMANSKI[2] angegebenes Nb_4C ist nicht bewiesen.

Auf Grund röntgenographischer und mikroskopischer Befunde an sehr reinen, lichtbogengeschmolzenen Präparaten konnten M. L. POCHON und Mitarbeiter die früheren Ergebnisse der Systemuntersuchung im wesentlichen bestätigen. Auch die kürzlich von M. R. NADLER und C. P. KEMPTER[3] bestimmten eutektischen Temperaturen: $Nb-Nb_2C$ $2328 \pm 17°$, NbC-C 3220 ± 40 und die peritektische Temperatur: Nb_2C-NbC: $3080 \pm 35°$ sowie ähnliche von E. K. STORMS und N. H. KRIKORIAN[4] gefundene Werte sprechen für das in Abb. 44 gebrachte Zustandsschaubild.

c) Eigenschaften

Niobkarbid der chemischen Formel NbC, (theoretischer Kohlenstoffgehalt 11,45%) fällt meist als ein graubraunes metallisches Pulver mit einem Schimmer ins Violette an[5-7]. C AGTE und K. MOERS[8] beschreiben es als hellbraunes Pulver. Es ist gegen Säuren sehr widerstandsfähig und verbrennt beim Glühen an Luft unter hellem Aufleuchten. Es neigt leicht zur Nitridbildung. Beim Erhitzen unter Wasserstoff ist es bis zu höchsten Temperaturen beständig[9]. Über die Kinetik der thermischen Zersetzung unter Helium werden ebenfalls Angaben gemacht[10].

Das Zunderverhalten von NbC-Körpern wurde mehrfach untersucht[11, 12].

[1] EGGERS, H. u. W. PETER: Mitt. Kaiser-Wilhelm-Inst. Eisenforschung, Düsseldorf 20 (1938), S. 205/11.

[2] UMANSKI, J. S.: Zur. Fiz. Chim. 14 (1940). S, 332/39.

[3] NADLER, M. R. u. C. P. KEMPTER: J. Phys. Chem. 64 (1960), S. 1468/71.

[4] STORMS, E. K. u. N. H. KRIKORIAN: J. Phys. Chem. 64 (1960), S. 1471/77.

[5] KIEFFER, R. u. F. KÖLBL: Powder Met. Bull. 4 (1949), S. 4/17.

[6] KIEFFER, R.: Metall 4 (1950), S. 132/36.

[7] McKENNA, P. M.: Ing. Eng. Chem. 28 (1936), S. 767/72.

[8] AGTE, C. u. K. MOERS: Z. anorg. allg. Chem. 198 (1931), S. 233/43.

[9] MAY, C. E., D. KONEVAL u. G. C. FRYBURG: NASA Mem. 3-5-59 E (1959).

[10] KEMPTER, C. P. u. M. R. NADLER: J. Chem. Phys. 32 (1960), S. 1477/81.

[11] WATT, W., G. H. COCKETT u. A. R. HALL: Métaux 28 (1953), S. 222/37.

[12] KLIMENKO, V. N.: Inf. Listok No. 226, Kiew 1960.

Eine Zusammenstellung der Eigenschaften von Niobkarbiden wird in Zahlentafel 29 gegeben.

Zahlentafel 29. *Eigenschaften von Niobkarbiden*)

Eigenschaft	Nb$_2$C (6,07 % C)		NbC (11,45 % C)	
	Werte	Weitere Literatur	Werte	Weitere Literatur
Struktur	hexagonal dgp. L'3[1]	[2-4]	kubisch flz. B1[5]	
Gitterkonstante Å	a: 3,128[3]	[1, 4, 6, 7]	4,47095[46]	[1, 3-5, 7, 8] [47, 48]
vgl. Abb. 43)........	c: 4,974	[49]		[9-20]
Dichte g/cm³ ber.	7,791		7,798	[9, 21]
gef.	7,83[1]		7,78[1]	
Härte HM (50 g) kg/mm²	2123[6]	[22]	2400[23]	[22, 25, 26]
Elastizitätsmodul kg/mm²			34500[27]	
Schmelzpunkt °C	3100 zers.	[49]	3490[18]	[28, 29, 49, 50]
Wärmeausdehnungskoeff. $\beta \cdot 10^{-6}$			6,65[30]	[51]
Wärmeleitfähigkeit cal/cm. sek. °C			0,034[31]	
Thermodynamische Daten $-\Delta H_{298}$ kcal/mol. ...	s. Lit.	[22]	33,7[32]	[22, 33, 34, 52]
Spez. elektr. Widerstand. $\mu\Omega \cdot$ cm			35[35]	[29, 31] [36, 37, 53, 54]
Supraleitfähigkeit ab °K.	9,18[38]		6,0[38]	[39]
HALL-Konstante			$-$ 1,32[54]	
Thermokraft			s. Lit.	[40]
Elektronenemission			s. Lit.	[37, 41]
Röntgenspektrum			s. Lit.	[42]
Magn. Suszeptibilität ...			$+$ 15,3[55]	[43]
Gefüge	s. Lit.	[7, 44]	s. Lit.	[7, 44, 45]

* Eigenschaftswerte der ζ-Phase liegen nicht vor.

[1] BRAUER, G., H. RENNER u. J. WERNET: Z. anorg. allg. Chem. **277** (1954), S. 249/57.

[2] BRAUER, G.: Z. Elektrochem. **46** (1940), S. 397/402.

[3] BRAUER, G. u. R. LESSER: Z. Metallkunde **50** (1959), S. 8/10.

[4] BRAUER, G. u. R. LESSER: Z. Metallkunde **50** (1959), S. 487/92.

[5] BECKER, K. u. F. EBERT: Z. Physik **31** (1925), S. 268/72.

[6] SAMSONOV, G. V. u. P. LATYSCHEVA: Fiz. Metallov Metalloved. **2** (1956), S. 309/19.

[7] POCHON, M. L., C. R. McKINSEY, R. A. PERKINS u. W. D. FORGENG: In: Reactive Metals, Intersc. Publ., New York 1959, Vol. 2, S. 327/47.

[8] STORMS, E. K. u. N. H. KRIKORIAN: J. Phys. Chem. **63** (1959), S. 1747/49.

[9] McKENNA, P. M.: Ind. Eng. Chem. **28** (1936), S. 767/72.

d) Verwendung

Niobkarbid findet für sich allein keine technische Verwendung. Da es aber mit einer Reihe von Karbiden harte Mischkristalle zu

[10] KOVALSKI, A. E. u. J. S. UMANSKI: Zur. Fiz. Chim. **20** (1946), S. 769/72.

[11] NOWOTNY, H. u. R. KIEFFER: Metallforschung **2** (1947), S. 257/65.

[12] KRAINER, H. u. K. KONOPICKY: Berg- u. Hüttenmänn. Mh. **92** (1947), S. 166/78.

[13] NORTON, J. T. u. A. L. MOWRY: Trans. Am. Inst. Met. Eng. **185** (1949), S. 133/36.

[14] DUWEZ, P. u. F. ODELL: J. Electrochem. Soc. **97** (1950), S. 299/304.

[15] NOWOTNY, H., R. KIEFFER, F. BENESOVSKY u. E. LAUBE: Mh. Chem. **88** (1957), S. 336/43; Rev. Mét. **55** (1958), S. 453/58.

[16] NOWOTNY, H., R. KIEFFER, F. BENESOVSKY, C. BRUKL u. E. RUDY: Mh. Chem. **90** (1959), S. 669/79; Planseeber. Pulvermetallurgie 7 (1959), S. 79/87.

[17] ROOF, R. B. u. J. J. LOMBARDO: Trans. Met. Soc. Am. Inst. Met. Eng. **212** (1958), S. 50/51.

[18] BROWNLEE, L. D.: J. Inst. Metals 87 (1958), S. 58/61; J. Brit. Nuclear Energy **4** (1959), S. 35/38.

[19] RUDY, E., H. NOWOTNY, F. BENESOVSKY, R. KIEFFER u. A. NECKEL: Mh. Chem. **91** (1960), S. 176/87.

[20] NOWOTNY, H., F. BENESOVSKY u. E. RUDY: Mh. Chem. **91** (1960), S. 348/56.

[21] BECKER, K.: Physik Z. **34** (1933), S. 185/97.

[22] SAMSONOV, G. V. u. V. S. NESCHPOR: In: Fragen der Pulvermetallurgie, Kiew 1958, Bd. 5, S. 3/35; Zur. Fiz. Chim. **30** (1956), S. 2057/60.

[23] KIEFFER, R. u. KÖLBL: Powder Met. Bull. **4** (1949), S. 4/17.

[24] FOSTER, L. S., L. W. FORBES, jr., L. B. FRIAR, L. S. MOODY u. W. H. SMITH: J. Am. Ceram. Soc. **33** (1950), S. 27/33.

[25] SAMSONOV, G. V.: Izv. Sekt. Fiz. Chim. Anal. **27** (1956), S. 97/125.

[26] KOVALSKI, A. E. u. L. A. PETROVA: In: Mikrohärte, Akad. Nauk SSSR 1951, S. 170.

[27] KÖSTER, W. u. W. RAUSCHER: Z. Metallkunde **39** (1948), S. 111/20.

[28] AGTE, C. u. H. ALTERTHUM: Z. techn. Physik **11** (1930), S. 182/91.

[29] FRIEDERICH, E. u. L. SITTIG: Z. anorg. allg. Chem. **144** (1925), S. 169/89.

[30] ELLIOTT, R. O. u. C. P. KEMPTER: J. Phys. Chem. **62** (1958), S. 630/31.

[31] SINDEBAND, S. J. u. P. SCHWARZKOPF: Persönliche Mitt. 1950.

[32] MAH, A. D. u. B. J. BOYLE: J. Am. Chem. Soc. **77** (1955), S. 6512/13.

[33] GAEV, I. S.: Zur. Neorg. Chim. **1** (1956), S. 193/211.

[34] SIBERT, M. E. u. M. A. STEINBERG: In: Reactive Metals, Vol. 2, Intersc. Publ., New York 1959, S. 171/79.

[35] RUDY, E. u. F. BENESOVSKY: Planseeber. Pulvermetallurgie 8 (1960), S. 66/71.

[36] SAMSONOV, G. V.: Zur. Techn. Fiz. **26** (1956), S. 716/22.

[37] SAMSONOV, G. V. u. V. S. NESCHPOR: In: Fragen der Pulvermetallurgie, Kiew 1959, Bd. 7, S. 99/104.

[38] HARDY, G. F. u. J. K. HULM: Phys. Rev. **93** (1954), S. 1004/16.

[39] MEISSNER, W. u. H. FRANZ: Z. Physik 65 (1930), S. 30/54.

[40] SAMSONOV, G. V. u. N. S. STRELNIKOVA: Ukr. Fiz. Zur. **3** (1958), S. 135/38.

[41] KRAUTZ, E. u. G. LAUTZ: Abh. Braunschweig. Wiss. Ges. **2** (1950), S. 192/98.

bilden vermag, wird es als Basis für wolframkarbidarme bzw. wolfram-karbidfreie Hartmetalle sowie als Zusatzkarbid erfolgreich eingesetzt. In TaC-haltigen Hartmetallen kommt es meist als zwangsläufiger Begleiter des TaC vor. 20 bis 50% des Tantalkarbidgehaltes lassen sich in WC-TaC-Co und WC-TiC-TaC-Co-Hartmetallen ohne, 50 bis 80% mit nur geringer Qualitätsminderung durch Niobkarbid ersetzen. Die billigen Mischkristalle auf NbC-TiC-Basis treten zunehmend in scharfe Konkurrenz zu den klassischen TaC-TiC-Mischkristallen.

Niobkarbid wird auch bei der Herstellung von Niobmetall nach der Gleichung $NbO + NbC \rightarrow 2\,Nb + CO$ mit Erfolg eingesetzt[56—59].

6. Tantalkarbid

a) Herstellung

Tantalmonokarbid TaC entsteht beim Zusammenschmelzen von Ta_2O_5 oder Tantaliten und Na_2CO_3 mit Kohle bei etwa 1500° in Form

[42] KORSUNKSI, M. I. u. J. E. GENKIN: In: Berichte Sem. hochwarmfeste Werkstoffe, Kiew 1960, Bd. 5, S. 15/20.

[43] SAMSONOV, G. V., V. S. NESCHPOR u. N. S. STRELNIKOVA: Dop. Akad. Nauk Ukr. RSR (1958), S. 838/39.

[44] BEGLEY, R. T. u. A. I. LEWIS: In: Columbium Symposium, Met. Soc. Conf., Vol. 10, Intersci. Publ. New York 1961, S. 53/74.

[45] WATT, W., G. H. COCKETT u. A. R. HALL: Métaux 28 (1953), S. 222/37.

[46] STORMS, E. K., N. H. KRIKORIAN u. C. P. KEMPTER: Anal. Chem. 32 (1960), S. 1722.

[47] KEMPTER, C. P. u. M. R. NADLER: J. Chem. Phys. 32 (1960), S. 1477/81.

[48] KEMPTER, C. P., E. K. STORMS u. R. J. FRIES: J. Chem. Phys. 33 (1960), S. 1873/74.

[49] STORMS, E. K. u. N. H. KRIKORIAN: J. Chem. Phys. 64 (1960), S. 1471/77.

[50] NADLER, M. R. u. C. P. KEMPTER: J. Chem. Phys. 64 (1960), S. 1468/71.

[51] KRIKORIAN, O. H.: UCRL 6132 (1960).

[52] GELD, P. V. u. F. G. KUSENKO: Izv. Akad. Nauk SSSR, Sib. Od. (1960), S. 46/52.

[53] KOLOMEC, N. V., V. S. NESCHPOR, G. V. SAMSONOV u. S. A. SEMENKO-VITSCH: Zur. Techn. Fiz. 28 (1958), S. 2382/89.

[54] LVOV, S. N., V. F. NEMTSCHENKO u. G. V. SAMSONOV: Dokl. Akad. Nauk SSSR 135 (1960), S. 577/80.

[55] BITTNER, H. u. H. GORETZKI: Mh. Chem. 91 (1960), S. 616/19.

[56] KOLTSCHIN, P. O., N. V. SUMARKOVA u. N. P. TSCHUVELEVA: Cvetnyje Metally 32 (1959), S. 60/69.

[57] SIBERT, M. E. u. M. A. STEINBERG: In: Reactive Metals, Intersci. Publ. New York 1959, Vol. 2, S. 171/79.

[58] MILLER, G. L.: Tantalum and Niobium. Butterworth, London 1959, S. 181ff.

[59] KIEFFER, R. u. H. BRAUN: Vanadin, Niob und Tantal. Springer-Verlag Berlin/Göttingen/Heidelberg, demnächst.

feiner, messinggelb glänzender Nadeln[1]. O. Ruff und E. Schiller[2] gewannen Tantalkarbid aus Tantalpentoxyd und Zuckerkohle im Lichtbogenofen.

E. Friederich und L. Sittig[3] stellten TaC durch Erhitzen des Oxyd-Kohlegemisches in Molybdänschiffchen schon bei 1250° unter Wasserstoff im Porzellanrohrofen her. Das Produkt enthielt keine freie Kohle.

C. Agte und K. Moers[4] haben durch Karburierung von reinster Tantalsäure bzw. Tantalmetallpulver im Graphitrohrofen unter Wasserstoff ein Tantalkarbid hergestellt, welches beim Verbrennen unter Sauerstoff eine Gewichtszunahme von 14,46% aufwies. Eine Kohlenstoffaufnahme über den der Formel TaC entsprechenden Gehalt trat bei hohen Temperaturen nicht auf.

F. C. Kelley[5] erzeugte Tantalkarbid aus feinstem Tantalpulver oder Ta_2O_5 durch 5- bis 8stündige Karburierung unter Wasserstoff bei 1500 bis 1600°. Enthält das Ausgangsoxyd unbestimmte Mengen Nioboxyd, dann erhält man, wenn man den Kohlezusatz auf reines Ta_2O_5 abstimmt, unterkohltes Tantalkarbid (s. spätere Bemerkung).

Für Untersuchungen im System Ta-C stellte F. H. Ellinger[6] Tantal-Kohlenstoff Legierungspulver aus Mischungen von 99%igem Tantalpulver und Graphit durch Pressen zu Stäben und Sintern im Vakuum bei 2400 bis 2500° her. Versuche zur Herstellung von Ta_2C durch Aufkohlung von Ta_2O_5 schlugen fehl, da sich immer Mischungen von TaC neben unzersetztem Tantaloxyd bildeten.

Sehr eingehend haben L. P. Molkov und A. V. Chochlova die Tantalkarbidbildung untersucht, und zwar gingen sie von Tantalpulver, Tantalblechabfällen und Ta_2O_5 aus. Tantalpulver der Zusammensetzung 96,34% Ta, 0,30% Na, 0,006% Fe, 0,31% C, Rest O_2, welches durch Reduktion von K_2TaF_7 mit metallischem Natrium gewonnen worden war, wurde mit der zur Reduktion der Restoxyde und zur Karburierung notwendigen Menge Ruß sehr innig gemischt und in einem Kohlerohrkurzschlußofen in verschlossenen Kohlehülsen unter trockenem Wasserstoff zwischen 1400 und 1600°, 2 bis 8 Stunden karburiert. Die Zusammensetzung der so erhaltenen Tantalkarbide ist der Zahlentafel 30 zu entnehmen. Am günstigsten erwies sich danach eine Temperatur von 1600° bei

---

[1] Joly, A.: Compt. Rend. **82** (1876), S. 1905. Bull. Soc. Chim. France **25** (1876), S. 506.

[2] Ruff, O. u. E. Schiller: Z. anorg. allg. Chem. **72** (1911) S. 329/57.

[3] Friederich, E. u. L. Sittig: Z. anorg. allg. Chem. **144** (1925), S. 169/89.

[4] Agte, C. u. K. Moers: Z. anorg. allg. Chem. **198** (1931), S. 233/43.

[5] Kelley, F. C.: Trans. Am. Soc. Steel Treat. **19** (1932), S. 233/43.

[6] Ellinger, F. H.: Trans. Am. Soc. Met. **31** (1943), S. 89/102.

Zahlentafel 30. *Kohlenstoffgehalt von Tantalkarbid, hergestellt durch Karburierung von Tantalpulver mit Ruß unter verschiedenen Bedingungen* (L. P. MOLKOV u. A. V. CHOCHLOVA)

Glühdauer* Stunden	Temperatur °C	Kohlenstoff** gebunden %	Kohlenstoff frei %
2	1400	5,69	0,26
2	1500	6,1	0,11
3	1400	5,7	0,32
3	1500	6,14	0,11
$2^1/_2$	1600	6,08 bis 6,34	—
6	1600	6,3	—
8	1600	6,28	—

* Anheizzeit jeweils 1 Stunde.
** Theoretisch 6,23 % C.

$2^1/_2$ stündiger Erhitzungsdauer. Bei einigen Präparaten beobachteten L. P. MOLKOW und A. V. CHOCHLOVA[1] einen Gehalt an gebundenem Kohlenstoff, der über den theoretisch zu erwartenden hinausgeht. Sie nehmen an, daß Kohlenstoff in Tantalkarbid löslich ist. Es dürfte sich aber eher um eine Verunreinigung des TaC durch NbC handeln, welches theoretisch 11,45% C enthält, und daher scheinbar den Gehalt an gebundenem Kohlenstoff hebt. Bei reinem TaC haben die Verfasser in Übereinstimmung mit C. AGTE und K. MOERS[2] niemals höhere Gehalte an gebundenem Kohlenstoff als 6,23% festgestellt. Umgekehrt kann ein TaC mit scheinbarem theoretischem Kohlenstoffgehalt tatsächlich unterkohlt sein, wenn NbC zugegen ist.

Die Karburierung von Tantalblechabfällen in geschlossenen Kohlehülsen mit Kohlegrieß ist ebenfalls möglich, sie erfolgt aber langsam und erfordert höhere Temperaturen. Gemäß Zahlentafel 31 sind 1800° und 3 Stunden Dauer die günstigsten Bedingungen.

Die Herstellung von Tantalkarbid aus Ta_2O_5, welches durch Glühen von Tantalmetallpulver gewonnen worden war, erfolgt wie oben beschrieben. Die Präparate enthielten nach $2^1/_2$ stündiger Karburierung bei 1600° 6,28 bis 6,34% gebundenen Kohlenstoff (s. obige Bemerkung). Freier Kohlenstoff war nicht nachweisbar.

Die Umsetzung von Ta_2O_5 mit Kohlenstoff und die dabei auftretenden Zwischenphasen hat G. V. SAMSONOV[3] durch CO-Druckmessungen untersucht. Bei der Herstellung von Tantal-Kohlenstoff-

---

[1] MOLKOV, L. P. u. A. V. CHOCHLOVA: Redkije Metally **4** (1935), Nr. 1, S. 10/23, 24/30.

[2] AGTE, C. u. K. MOERS: Z. anorg. allg. Chem. **198** (1931), S. 233/43.

[3] SAMSONOV, G. V.: Ukr. Chim. Zur. **23** (1957), S. 287/96.

Zahlentafel 31. *Kohlenstoffgehalt von Tantalkarbid, hergestellt durch Karburierung von Tantalblechabfällen unter verschiedenen Bedingungen* (L. P. MOLKOV u. A. V. CHOCHLOVA)

Glühdauer[*] Stunden	Temperatur ° C	Kohlenstoff[**] gebunden %
2	1400	4,4
3	1700	5,4 bis 6,07
3	1750	6,23
3	1800	5,79 bis 6,26
6	1800	6,28

[*] Anheizzeit jeweils 40 Minuten.
[**] Freier Kohlenstoff nicht vorhanden.

legierungen für Systemuntersuchungen gingen R. LESSER und G. BRAUER[1] von reinstem Tantalpulver aus und karburierten im Vakuum bei Temperaturen über 2000°. Ähnlich arbeiteten russische Forscher[2,3]. M. L. POCHON und Mitarbeiter[4] erschmolzen Tantal-Kohlenstofflegierungen aus Reintantal und TaC im Lichtbogen oder durch Elektronenbombardement.

Die Diffusionsgeschwindigkeit von Kohlenstoff in Tantal, sowie die Aktivierungsenergie des Vorganges wurden mehrfach bestimmt[5-7] (vgl. Bd. Hartmetalle).

A. E. van ARKEL und J. H. de BOER[8,9] beobachteten, daß die Zersetzung von Tantalhalogenid-Dampf in Gegenwart von Wasserstoff und Kohlenoxyd an glühenden Wolframdrähten zu tantalkarbidhaltigen Aufwachsschichten führt.

Nach K. MOERS[10] gelingt es nicht ohne weiteres aus kohlenwasser-

[1] LESSER, R. u. G. BRAUER: Z. Metallkunde **49** (1958), S. 622/26.

[2] SMIRNOVA, V. I. u. B. F. ORMONT: Dokl. Akad. Nauk SSSR **96** (1954), S. 557/60; Zur. Fiz. Chim. **30** (1956), S. 1327/42.

[3] SAMSONOV, G. V. u. V. B. RUKINA: Dop. Akad. Nauk Ukr. RSR (1957), S. 247/49.

[4] POCHON, M. L., C. R. McKINSEY, R. A. PERKINS u. W. D. FORGENG: In: Reactive Metals, Intersc. Publ., New York 1959, Vol. 2, S. 327/47.

[5] SAMSONOV, G. V. u. V. P. LATYSCHEVA: Dokl. Akad. Nauk SSSR **109** (1956), S. 582/85. Fiz. Metallov Metalloved. 2 (1956), S. 309/19. In: Bor, Moskau 1958, S. 74/89.

[6] POWERS, R. W. u. M. V. DOYLE: J. Appl. Physics **28** (1957), S. 255/58.

[7] TING-SUI KÊ: Phys. Rev. **74** (1948), S. 9/15, 16/20.

[8] VAN ARKEL, A. E.: Physica 4 (1924), S. 286/31.

[9] VAN ARKEL, A. E. u. J. H. DE BOER: Z. anorg. allg. Chem. **148** (1925), S. 345/50.

[10] MOERS, K.: Z. anorg. allg. Chem. **198** (1931), S. 243/61.

stoffhaltigen $TaCl_5$-H_2-Dampfgemischen an glühenden Wolfram-drähten reines TaC abzuscheiden. Die Abscheidung von Tantalmetall erfolgt nämlich schon bei so tiefen Temperaturen (etwa 900 bis 1000°) und so lebhaft, daß die Karbidbildung von der Metallabscheidung überlagert wird. Das Abscheidungsprodukt enthält daher immer metallisches Tantal neben Tantalkarbid. Nach K. BECKER und H. EWEST[1] gelingt es, durch Glühen in kohlenwasserstoffhaltiger Atmosphäre (CH_4, C_2H_2) bei 2330 bis 2930°, das Abscheidungsprodukt in reines Tantalkarbid überzuführen.

K. BECKER und H. EWEST[1] haben den Umsetzungsmechanismus dieses Verfahrens näher untersucht. Zur Aufkohlung von Tantal-drähten aus der Gasphase genügt bei einer gegebenen Temperatur eine Mindestkonzentration von Kohlenwasserstoff im indifferenten Spülgas, bei welcher sich das Karbid gerade noch zu bilden vermag. Das Ende der Aufkohlungsreaktion kann an der Konstanz des elektrischen Widerstandes der Drähte festgestellt werden, da das Tantal-karbid einen wesentlich höheren Widerstand hat als das Tantalmetall[2]. Die Geschwindigkeit der Reaktion hängt weitgehend vom Draht-durchmesser[3] ab, z. B. sind bei 2650° K Drähte von 0,1 mm Durch-messer in 10 bis 15 Minuten, Drähte von 0,3 mm Durchmesser in 30 bis 45 Minuten und Drähte von 0,9 mm Durchmesser in 3 Stunden durchkarburiert.

Bei der Reaktion von $TaCl_5$-Dampf an einem glühenden Kohle-faden von etwa 2500° K findet nach W. G. BURGERS und J. C. M. BASART[4] unter Auflösung des Fadens Tantalkarbidbildung statt. Bei hoher Fadentemperatur bildet sich ein glattes, gelblich gefärbtes Röhrchen, welches aus einem Karbid mit kubisch flächenzentriertem Gitter besteht (TaC). Daneben entstehen aber auch noch graue Drähte aus einem Karbid mit hexagonal dichtest gepacktem Gitter (Ta_2C). Bei niedriger Drahttemperatur schließlich scheidet sich Tantalmetall ab. Die verschiedenen Phasen bilden sich meist neben-einander aus, etwa in der Brutto-Zusammensetzung $Ta_{1-2}C$ und es ist anzunehmen, daß teilweise Tantal mit Tantalkarbid in fester Lösung vorliegt (s. S. 142). Durch Glühen im Hochvakuum kann der Metallüberschuß verdampft werden. Man kann aber auch nach K. BECKER und H. EWEST[1] die unreinen Tantalkarbiddrähte in kohlenwasserstoffhaltiger Atmosphäre, wie oben ausgeführt, glühen.

---

[1] BECKER, K. u. H. EWEST: Z. techn. Physik 11 (1930), S. 148/50 u. 216/20.

[2] ANDREWS, M. R.: J. Am. Chem. Soc. 54 (1932), S. 1845/54.

[3] GEISS, W. u. J. A. M. VAN LIEMPT: Z. Metallkunde 16 (1924), S. 317/18.

[4] BURGERS, W. G. u. J. C. M. BASART: Z. anorg. allg. Chem. 216 (1934), S. 209/22.

Das mit hexagonal dichtester Packung kristallisierende Ta_2C soll ähnlich wie das W_2C auf Grund röntgenographischer Untersuchungen in zwei Modifikationen als $a\text{-}Ta_2C$ und $\beta\text{-}Ta_2C$ auftreten (s. S. 143). Bei einer halbstündigen Aufkohlung von Tantalblech im Vakuum bei 2300 bis 2400° bilden sich nach F. H. ELLINGER[1] mikroskopisch gut nachweisbare Schichten von TaC sowie Ta_2C und Übergangszonen.

I. E. CAMPBELL und Mitarbeiter[2] haben in einer Apparatur gemäß Abb. 19 ebenfalls Tantalkarbidschichten durch Aufkohlung aus der Gasphase mit Kohlenwasserstoffen bei Temperaturen von 1300 bis 2900° hergestellt.

P. M. McKENNA[3] stellt Tantalkarbid durch Umsetzung von Tantal mit Kohle in einem Aluminiummetallbad, welches in einem Graphittiegel auf 2000° erhitzt wird, her[4]. Der Schmelzkönig wird mit Säure behandelt, wobei Aluminium und Aluminiumkarbid in Lösung gehen, während das Tantalkarbid in Form goldfarbiger, glänzender Kristalle zurückbleibt. Das erhaltene Karbid hat eine höhere Dichte ($14,48\ g/cm^3$) als das durch Aufkohlung im festen Zustand erhaltene ($14,05\ g/cm^3$) und soll besonders als Zusatzkarbid für Sinterhartmetalle, die zur Stahlbearbeitung dienen, geeignet sein[5]. Als Metallbad eignen sich auch Eisenmetalle, z. B. Nickel, wobei TaC auch in Form von besonders reinen Mischkristallen mit NbC und TiC (WC) abgeschieden werden kann.

Die Herstellung von Heißpreßkörpern aus TaC haben W. WATT und Mitarbeiter[6] beschrieben.

Bei der industriellen Herstellung von Tantalkarbid — für die Praxis ist nur das Monokarbid TaC interessant — kann man folgendermaßen verfahren:

1. Tantalmetall- oder Tantalhydridpulver wird mit Kohle karburiert.

2. Tantalpentoxyd wird mit Kohle reduziert und gleichzeitig karburiert.

3. Ferrotantal, Tantalabfälle oder tantalhaltige Schlacken bzw. Erze werden in einem Metallbad karburiert und das Tantalkarbid durch Säurebehandlung isoliert.

Die erste Methode wird gern angewandt[7], obwohl reines Tantal-

[1] ELLINGER, F. H.: Trans. Am. Soc. Met. **31** (1943), S. 89/102.

[2] CAMPBELL, I. E., C. F. POWELL, D. H. NOWICKI u. B. W. GONSER: J. Electrochem. Soc. **96** (1949), S. 318/33.

[3] McKENNA, P. M.: Metal Progr. **36** (1939), S. 152/55.

[4] MITSCHE, R.: Berg. Hüttenmänn. Mh. **87** (1939), S. 185/86.

[5] McKENNA, P. M.: Ind. Eng. Chem. **28** (1936), S. 767/72.

[6] WATT, W., G. H. COCKETT u. A. R. HALL: Métaux **28** (1953), S. 222/28.

[7] B.I.O.S. Final Rep. No. 1385 (1945), S. 63.

pulver verhältnismäßig teuer ist. 93% Tantalpulver werden z. B. mit
7% Zuckerkohle, Ruß oder Graphit sehr innig gemischt, die Mischung
verpreßt und die Preßlinge in Zirkonoxyd eingebettet, bei 1600° im
Kohlerohrkurzschlußofen unter reinstem Wasserstoff karburiert. Nach
Entfernen des anhaftenden ZrO_2 wird das Karbid zerkleinert und abgesiebt. Es enthält 6,0 bis 6,1% Gesamtkohlenstoff, davon 0,1% in
freier Form. Der Tantalgehalt beträgt 93,78%.

Häufig wird auch die zweite Methode benützt[1]. Man geht von einer
sehr innigen Mischung von Tantalpentoxyd und Ruß aus und karburiert bei etwa 1700° im Kohlerohrofen unter sauerstoff- und stickstofffreiem Wasserstoff. Bei der Vakuumkarburierung der genannten
Mischung erhält man schon bei 1600° in zwei Stunden ein Karbid
mit fast theoretischem Kohlenstoffgehalt von 6,0 bis 6,1%.

Für technische Zwecke kann man auch reine Tantalerze oder hoch-
tantalhaltige Schlacken direkt karburieren, wobei man Mischungen
von TaC-NbC erhält[2].

Billiges, niobenthaltendes Tantalkarbid erhält man nach der
dritten Methode[3]. Ferrotantal mit 60 bis 70% Tantal (+ Niob) wird
in einem Induktionsofen geschmolzen und Kohle solange zugesetzt,
bis die Schmelze zäh wird. Dabei bildet sich TaC (+ NbC). Nach
dem Abkühlen wird die spröde Schmelze zerkleinert und gemahlen
und hierauf mit warmer 50%iger Salzsäure behandelt. Dabei geht
das Eisen und andere Bestandteile in Lösung, während TaC (+ NbC)
zurückbleibt. Das Rohkarbid wird mit der erforderlichen Menge an
fehlendem Kohlenstoff vermischt und bei 1600° bis 1700° unter
Wasserstoff fertigkarburiert. In ähnlicher Weise lassen sich hoch-
tantalhaltige Schlacken oder Erze direkt auf NbC-TiC-haltiges TaC
aufarbeiten. Auch Kombinationen mit dem McKenna'schen Menstruumverfahren zur Raffination des TaC. bzw. TaC-Mischkristalles
sind möglich.

b) Das System Tantal-Kohlenstoff

Auf Grund mikroskopischer und röntgenographischer Untersuchungen und von Schmelzpunktbestimmungen an vakuumgesinterten, geschmolzenen und durch oberflächliches Aufkohlen von
Tantal hergestellten Tantalkarbidpräparaten hat F. H. Ellinger[4]
ein Zustandsdiagramm des Systems Tantal-Kohlenstoff aufgestellt.

[1] Brownlee, L. D., G. A. Geach u. T. Raine: Iron Steel Inst., Spec.
Rep. No. 38, London 1947, S. 73/78.
[2] Myers, R. H. u. J. N. Greenwood: Proc. Australasian Inst. Min. Met.
(1943), Nr. 129, S. 41/53.
[3] Genders, R. u. R. Harrison: J. Iron Steel Inst. (1936), No. 2, S. 202/04.
[4] Ellinger, F. H.: Trans. Am. Soc. Met. 31 (1943), S. 89/102.

Abb. 45 zeigt dieses Diagramm etwas abgeändert und ergänzt um neuere Befunde, insbesondere von R. Lesser und G. Brauer[1], V. I. Smirnova und B. F. Ormont[2] sowie M. L. Pochon und Mitarbeiter[3]. Es existieren die schon früher gefundenen definierten Verbindungen Ta_2C (β-Phase) und TaC (δ-Phase). Das von W. C. Burgers und J. C. M. Basart[4] erstmalig beschriebene Karbid Ta_2C kristallisiert hexagonal dichtest gepackt, das TaC kubisch flächenzentriert.

Auf der Metallseite tritt in dem System zwischen Tantal und Ta_2C nach F. H. Ellinger[5] ein Eutektikum bei 0,6 Gew.-% C auf, wobei Ta_2C etwa 0,2 Gew.-% Ta lösen soll. Während F. H. Ellinger keine Löslichkeit von Kohlenstoff in Tantal findet, geben R. Lesser und G. Brauer[1] sowie F. I. Smirnova und B. F. Ormont[2] eine solche von etwa 3 At.-% an. Wahrscheinlich ist die Löslichkeit temperaturabhängig und liegt bei tiefen Temperaturen erheblich niedriger[6].

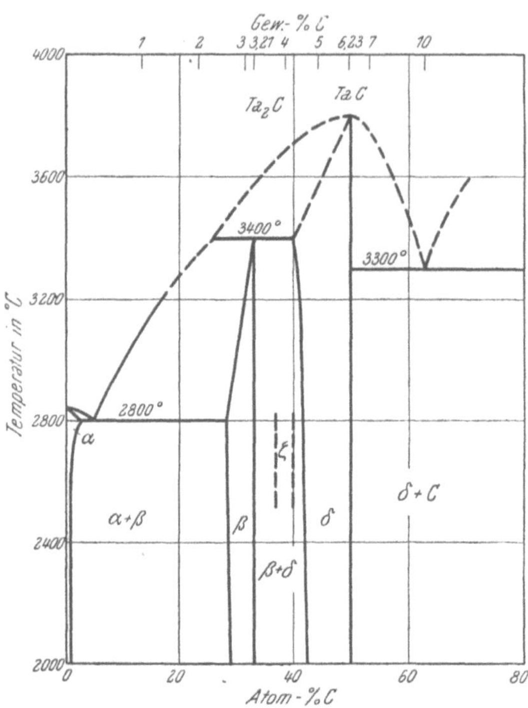

Abb. 45. Zustandsschaubild des Systems Tantal-Kohlenstoff (F. H. Ellinger), ergänzt

Der Existenzbereich der β-Phase (Ta_2C) wird von V. I. Smirnova und B. F. Ormont[2] von $TaC_{0,33}$ bis $TaC_{0,5}$ angegeben, was gut mit den Ergebnissen von R. Lesser und G. Brauer[1] übereinstimmt.

[1] Lesser, R. u. G. Brauer: Z. Metallkunde 49 (1958), S. 622/26.

[2] Smirnova, V. I. u. B. F. Ormont: Dokl. Akad. Nauk. SSSR 96 (1954). S. 557/60. Zur. Fiz. Chim. 30 (1956), S. 1327/42.

[3] Pochon, M. L., C. R. McKinsey, R. A. Perkins u. W. D. Forgeng: In: Reactive Metals, Intersc. Publ., New York 1959, Vol. 2, S. 327/47.

[4] Burgers, W. C. u. J. C. M. Basart: Z. anorg. allg. Chem. 216 (1934), S. 209/22.

[5] Ellinger, F. H.: Trans. Am. Soc. Mest. 31 (1943), S. 89/102.

[6] Vaughan, D. A., O. M. Stewart u. C. M. Schwartz: BMI 1472 (1960).

Das Ta_2C soll nach W. C. Burgers und J. C. M. Basart ähnlich wie das W_2C in zwei allotropen Modifikationen, dem $a\text{-}Ta_2C$ und $\beta\text{-}Ta_2C$, vorkommen. Durch Aufkohlung von Tantaldrähten aus der Gasphase unter bestimmten Bedingungen konnte an der Oberfläche des Drahtes $\beta\text{-}Ta_2C$ röntgenographisch nachgewiesen werden. Nach dem Pulverisieren des Drahtes erschienen im Röntgenogramm die Linien des $a\text{-}Ta_2C$, wobei offen bleibt, ob das $\beta\text{-}Ta_2C$ nur an der Oberfläche des Drahtes vorkommt, oder beim Pulvern in $a\text{-}Ta_2C$ umgewandelt wird. Beim raschen Abkühlen durchgebrannter TaC-Drähte von oberhalb 2530° tritt $a\text{-}Ta_2C$ (im Gegensatz zu W_2C, welches beim raschen Abkühlen als $\beta\text{-}W_2C$ erscheint). Da bei der Umlagerung der beiden Modifikationen nicht ein Verschwinden bestimmter Linien, sondern eine Abschwächung derselben im Röntgenogramm beobachtet wird, ist anzunehmen, daß der Übergang kontinuierlich erfolgt. F. H. Ellinger konnte bei der röntgenographischen Untersuchung zahlreicher Ta_2C-haltiger Präparate nicht den Nachweis verschiedener Modifikationen erbringen.

Die kubische δ-Phase (TaC) hat nach R. Lesser und G. Brauer einen Homogenitätsbereich von $TaC_{0,74}$ bis $TaC_{1,0}$, was im Gegensatz zum Befund von V. I. Smirnova und B. F. Ormont steht, welche als untere Grenzzusammensetzung $TaC_{0,58}$ angeben. Auch konnten letztere kein stöchiometrisches TaC erhalten, ihre Präparate enthielten stets etwas freien Kohlenstoff. Auch D. A. Robins[1] konnte nur bis zu einem $TaC_{0,98}$ gelangen.

Durch langzeitiges Erhitzen von Proben mit 33 bis 42 At.-% C auf 1800°, konnte R. Lesser und G. Brauer eine neue ζ-Hochtemperaturphase mit der Formel $TaC_{0,64}$, entsprechend einer Bruttoformel Ta_3C_2, herstellen. Es handelt sich wahrscheinlich um eine ähnliche Hochtemperaturphase, wie sie G. Brauer und Mitarbeiter auch im System Nb-C gefunden haben. (Vgl. S. 131.) In Ermangelung von Einkristallpräparaten konnte die Struktur der ζ-Phase nicht genauer geklärt werden.

Nach neuen Untersuchungen von M. R. Nadler und C. P. Kempter[2] liegen die eutektischen und peritektischen Temperaturen im System Tantal-Kohlenstoff, allerdings etwas höher als in Abb. 45 angegeben (Ta-Ta_2C: $2902 \pm 30°$, Ta_2C-TaC: $3500 \pm 50°$, TaC-C: $3710 \pm 50°$).

Die Änderungen der Gitterkonstanten[3] der β- bzw. δ-Phase in

---

[1] Robins, D. A.: In: The Physical Chemistry of Metallic Solutions and Intermetallic Compounds. London 1959, Vol. 2, Paper 7B.

[2] Nadler, M. R. u. C. P. Kempter: J. Phys. Chem. **64** (1960), S. 1468/71.

[3] Kempter, C. P. u. M. R. Nadler: J. Chem. Phys. **32** (1960), S. 1477/81.

Abhängigkeit vom Kohlenstoff ist nach R. Lesser und G. Brauer[1]
der Abb. 46 zu entnehmen.

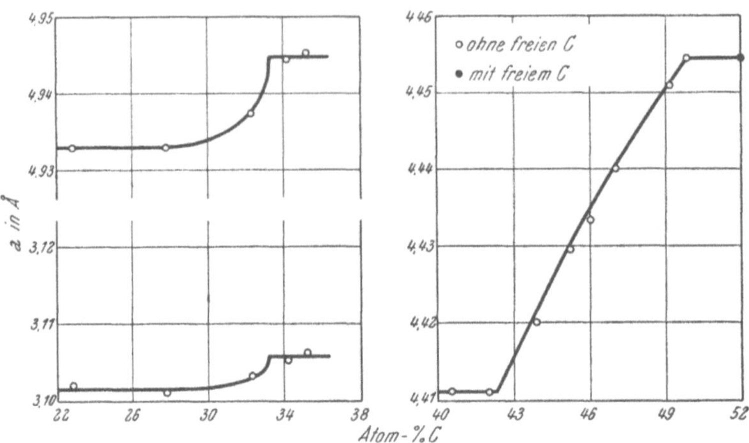

Abb. 46. Verlauf der Gitterkonstante in der Ta_2C- bzw. TaC-Phase (R. Lesser und G. Brauer)

c) Eigenschaften

Tantalkarbid der chemischen Formel TaC, (theoretischer Kohlenstoffgehalt 6,23%) fällt meist als ein metallisches Pulver von dunkel- bis hellbrauner Farbe an[1]. Die Farbe wird durch Nitridbeimengungen und feinste Oxydfilme beeinflußt. Reine, aus dem Metallbad isolierte Kristalle sind goldglänzend. Es wird auch als graues Pulver beschrieben; dabei handelt es sich sehr wahrscheinlich um Ta_2C.

Tantalkarbid ist in Säuren schwer löslich. Es verbrennt an Luft unter hellem Aufleuchten. Beim Erhitzen unter Wasserstoff ist es bis zu höchsten Temperaturen beständig[2]. Auch über die Kinetik der thermischen Zersetzung unter Helium werden Angaben gemacht[3].

Das Zunderverhalten von Tantalkarbid und das Verhalten gegen verschiedene technische Gase war das Ziel eingehender Untersuchungen[4-6].

---

[1] Lesser, R. u. G. Brauer: Z. Metallkunde 49 (1958), S. 622/26.
[2] May, C. E., D. Koneval u. G. C. Fryburg: NASA Mem. 3-5-39 E (1959).
[3] Kempter, C. P. u. M. R. Nadler: J. Phys. Chem. 32 (1960), S. 1477/81.
[4] Watt, W., G. H. Cockett u. A. R. Hall: Métaux 28 (1953), S. 222/37.
[5] Booss, H.-J.: Metall 10 (1956), S. 130/36.
[6] Klimenko, V. N.: Inf. Listok No. 226, Kiew 1960.

Angaben über die sonstigen Eigenschaften von Tantalkarbiden sind Zahlentafel 32 zu entnehmen.

Zahlentafel 32. *Eigenschaften von Tantalkarbiden* *

Eigenschaften	Ta$_2$C (3,21 % C)		TaC (6,23 % C)	
	Werte	Weitere Literatur	Werte	Weitere Literatur
Struktur	hexagonal[1] d. g. L'3	2, 3	kubisch flz. B 1[4]	
Gitterkonstante Å .... (vgl. Abb. 46)	a: 3,106[2] c: 4,945	3, 5, 6 62	4,454[3]	1–3, 6–22 61
Dichte g/cm³ ber.	15,017		14,495	3, 23, 24
gef.			14,48[10]	
Härte HM (50 g) kg/mm²	1714[5]	32, 33	1787[25]	16, 23 26–33
Elastizitätsmodul kg/mm²			29100[34]	
Schmelzpunkt °C	3400 zers. [9]		3780[18]	23, 35, 36, 63
Wärmeausdehnungskoeff. $\beta \cdot 10^{-6}$..................			6,29[37]	24, 64
Wärmeleitfähigkeit cal/cm · sek · °C			0,053[38]	
Thermodynamische Daten				10, 33
$- \Delta H_{298}$ kcal/mol.	17,0[39]		38,5[39]	40–44
Spez. elektr. Widerstand				23, 24, 31
$\mu \Omega \cdot$ cm	80	32	25[45]	32, 38 46-48, 65, 66
Supraleitfähigkeit ab °K	3,26[49]		9,3[50]	49, 51, 52
HALL-Konstante			−1,1[66]	
Thermokraft			s. Lit.	53
Elektronenemission			s. Lit.	24, 48 54–57
Optische Eigenschaften.......			s. Lit.	24
Magn. Suszeptibilität			+ 9,3[67]	58, 59
Gefüge	s. Lit. [6]	32, 62	s. Lit.	6, 32, 60

* Eigenschaftswerte der ζ-Phase liegen nicht vor.

[1] BURGERS, W. G. u. J. C. M. BASART: Z. anorg. allg. Chem. **216** (1934), S. 209/22.

[2] LESSER, R. u. G. BRAUER: Z. Metallkunde **49** (1958), S. 622/26.

[3] SMIRNOVA, V. I. u. B. F. ORMONT: Dokl. Akad. Nauk SSSR **96** (1954), S. 557/60; Zur. Fiz. Chim. **30** (1956), S. 1327/42.

[4] VAN ARKEL, A. E.: Physica 4 (1924), S. 286/301.

[5] SAMSONOV, G. V. u. V. P. LATYSCHEVA: Fiz. Metallov Metalloved. **2** (1956), S. 309/19.

[6] POCHON, M. L., C. R. McKINSEY, R. A. PERKINS u. W. D. FORGENG: In: Reactive Metals, Intersci. Publ., New York 1959, Vol. 2, S. 327/47.

[7] BECKER, K. u. F. EBERT: Z. Physik **31** (1925), S. 268/72.

[8] v. SCHWARZ, M. u. O. SUMMA: Metallwirtsch. **12** (1933), S. 298.

[9] ELLINGER, F. H.: Trans. Am. Soc. Met. (1943), S. 89/102.

d) Verwendung

Tantalkarbid in Form von Drähten oder Fäden ist wegen des extrem hohen Schmelzpunktes für Glühlampen mit sehr hoher Leucht-

[10] McKenna, P. M.: Ind. Eng. Chem. **28** (1936), S. 767/72.

[11] Molkov, L. P. u. A. V. Chochlova: Redkije Metally **4** (1935), Nr. 1, S. 10/23, 24/30.

[12] Kovalski, A. E. u. J. S. Umanski: Zur. Fiz. Chim. **20** (1946), S. 769/72.

[13] Krainer, H. u. K. Konopicky: Berg- u. Hüttenmänn. Mh. **92** (1947), S. 166/78.

[14] Nowotny, H. u. R. Kieffer: Z. Metallforschung **2** (1947), S. 257/65.

[15] Norton, J. T. u. A. L. Mowry: Trans. Am. Inst. Met. Eng. **185** (1949), S. 133/36, J. Metals **5** (1953), S. 1205/08.

[16] Rüdiger, O.: Techn. Mitt. Krupp **14** (1956), S. 136/39.

[17] Nowotny, H., R. Kieffer, F. Benesovsky u. E. Laube: Mh. Chem. **88** (1957), S. 336/43; Rev. Mét. **55** (1958), S. 453/58.

[18] Brownlee, L. D.: J. Inst. Metals **87** (1958), S. 58/61; J. Brit. Nuclear Energy **4** (1959), S. 35/38.

[19] Nowotny, H., R. Kieffer, F. Benesovsky, C. Brukl u. E. Rudy: Mh. Chem. **90** (1959), S. 669/79; Planseeber. Pulvermetallurgie **7** (1959), S. 79/87.

[20] Robins, D. A.: The Physical Chem. of Metallic Solutions and Intermetallic Compounds. London 1959, Vol. 2, Paper 7B.

[21] Rudy, E., H. Nowotny, F. Benesovsky, R. Kieffer u. A. Neckel: Mh. Chem. **91** (1960), S. 176/87.

[22] Nowotny, H., F. Benesovsky u. E. Rudy: Mh. Chem. **91** (1960), S. 348/56.

[23] Friederich, E. u. L. Sittig: Z. anorg. allg. Chem. **144** (1925), S. 169/89.

[24] Becker, K. u. H. Ewest: Z. techn. Physik **11** (1830), S. 148/50, 216/20.

[25] Samsonov, G. V., V. S. Neschpor u. L. M. Chrenova: Hutnické Listy **14** (1959), S. 484/88; Fiz. Metallov Metalloved. **8** (1959), S. 622/30.

[26] Kieffer, R. u. F. Kölbl: Powder Met. Bull. **4** (1949), S. 4/17.

[27] Kovalski, A. E. u. L. A. Petrova: In: Mikrohärte, Akad. Nauk SSSR 1951, S. 170.

[28] Hinnüber, J.: Z. Ver. dtsch. Ing. **92** (1950), S. 111/17.

[29] Foster, L. S., L. W. Forbes, jr., L. B. Friar, L. S. Moody u. W. H. Smith: J. Am. Ceram. Soc. **33** (1950), S. 27/33.

[30] Rüdiger, O.: Metall **7** (1953), S. 967/69; Techn. Mitt. Krupp **12** (1954), S. 22/24.

[31] Samsonov, G. V.: Izv. Sekt. Fiz. Chim. Anal. **27** (1956), S. 97/125, Zur. Techn. Fiz. **26** (1956), S. 716/22.

[32] Samsonov, G. V. u. V. B. Rukina: Dop. Akad. Nauk Ukr. RSR (1957), S. 247/49.

[33] Samsonov, G. V. u. V. S. Neschpor: In: Fragen der Pulvermetallurgie, Kiew 1958, Bd. 5, S. 3/35; Zur. Fiz. Chim. **30** (1956), S. 2057/60.

[34] Köster, W. u. W. Rauscher: Z. Metallkunde **39** (1938), S. 111/20.

[35] Agte, C. u. H. Altherthum: Z. techn. Physik **11** (1930), S. 182/91.

[36] Geach, G. A. u. F. O. Jones: 2. Plansee Seminar, Reutte/Tirol 1955, S. 80/91.

[37] Elliott, R. O. u. C. P. Kempter: J. Phys. Chem. **62** (1958), S. 630/31.

dichte vorgeschlagen worden und wird auch heute für Punktlicht-
lampen benutzt. Einer allgemeinen Verwendung steht jedoch die
geringe Festigkeit von Tantalkarbidfäden im Wege.

Ferner wurde vorgeschlagen, Rheniumdrähte mit einem Überzug
von Tantalkarbid zu versehen und für strahlungstechnische Zwecke
zu verwenden[68]. Eine Reaktion zwischen Metallkern und Tantalkarbid
tritt, da das Rhenium kein Karbid bildet, nicht ein. Auch Schutz-

[38] SINDEBAND, S. J. u. P. SCHWARZKOPF: Persönliche Mitt. 1950.

[39] HUMPHREY, G. L.: J. Am. Chem. Soc. **76** (1954), S. 978/80.

[40] KELLEY, K. K.: J. Am. Chem. Soc. **62** (1940), S. 818/19.

[41] BREWER, L., L. A. BROMLEY, P. W. GILLES u. N. L. LOFGREN in L. L. QUILL: The Chemistry and Metallurgy of Miscellaneous Materials-Thermodynamics. McGraw Hill, New York 1950, S. 40/59.

[42] RICHARDSON, F. D.: J. Iron Steel Inst. **175** (1953), S. 33/51.

[43] BOOSS, H. J.: Metall **10** (1956), S. 130/36.

[44] GAEV, I. S.: Zur. Neorg. Chim. **1** (1956), S. 193/211.

[45] RUDY, E. u. F. BENESOVSKY: Planseeber. Pulvermetallurgie **8** (1960), S. 66/71.

[46] MOERS, K.: Z. anorg. allg. Chem. **198** (1931), S. 262/75.

[47] ANDREWS, M. R.: J. Am. Chem. Soc. **54** (1932), S. 1845/54.

[48] SAMSONOV, G. V. u. V. S. NESCHPOR: In: Fragen der Pulvermetallurgie. Kiew 1959, Bd. 7, S. 99/104.

[49] HARDY, G. F. u. J. K. HULM: Phys. Rev. **93** (1954), S. 1004/16.

[50] MEISSNER, W. u. H. FRANZ: Z. Physik **65** (1930), S. 30/54.

[51] MEISSNER, W., H. FRANZ u. H. WESTERHOFF: Z. Physik **75** (1932), S. 521/30.

[52] ZIEGLER, W. T. u. R. A. YOUNG: Phys. Rev. **90** (1953), S. 115/19.

[53] SAMSONOV, G. V. u. N. S. STRELNIKOVA: Ukr. Fiz. Zur. **3** (1958), S. 135/38.

[54] HADDAD, R. E., D. L. GOLDWATER u. F. H. MORGAN: J. Appl. Phys. **20** (1949), S. 1130.

[55] GOLDWATER, D. L. u. R. E. HADDAD: J. Appl. Phys. **22** (1951), S. 70/73.

[56] MORGAN, F. H.: J. Appl. Phys. **22** (1951), S. 108/09.

[57] KRAUTZ, B. u. G. L. LAUTZ: Abh. Braunschweig. Wiss. Ges. **2** (1950), S. 192/98.

[58] KLEMM, W. u. W. SCHÜTH: Z. anorg. allg. Chem. **201** (1931), S. 24/31.

[59] SAMSONOV, G. V., V. S. NESCHPOR u. N. S. STRELNIKOVA: Dop. Akad. Nauk Ukr. RSR (1958), S. 838/39. In: Fragen der Pulvermetallurgie. Kiew 1960, Bd. 8, S. 90/98.

[60] WATT, W., G. H. COCKETT u. A. R. HALL: Métaux **28** (1953), S. 222/37.

[61] KEMPTER, C. P. u. M. R. NADLER: J. Chem. Phys. **32** (1960), S. 1477/81.

[62] VAUGHAN, D. A., O. M. STEWART u. C. M. SCHWARTZ: BMI 1472 (1960).

[63] NADLER, M. R. u. C. P. KEMPTER: J. Phys. Chem. **64** (1960), S. 1468/71.

[64] KRIKORIAN, O. H.: UCRL 6132 (1960).

[65] KOLOMEC, N. V., V. S. NESCHPOR, G. V. SAMSONOV u. S. A. SEMENKOVITSCH: Zur. Techn. Fiz. **28** (1958), S. 2382/89.

[66] LVOV, S. N., V. F. NEMTSCHENKO u. G. V. SAMSONOV: Dokl. Akad. Nauk SSSR **135** (1960), S. 577/80.

[67] BITTNER, H. u. H. GORETZKI: Mh. Chem. **91** (1960), S. 616/19.

[68] D.R.P. 536 749 (1930).

überzüge von Tantalkarbid auf Wolframdrähte für glühlampentechnische Zwecke wurden bereits früher vorgeschlagen[1].

Zur Erzielung höchster Temperaturen, die z. B. für die Bestimmung der Schmelzpunkte hochschmelzender Hartstoffe erforderlich sind, wurden hochgesinterte Tantalkarbidrohre benützt[2].

Viel größere Bedeutung hat aber heute Tantalkarbid für die Herstellung von Sinterhartmetallen. Insbesondere die Hartmetallsorten für die Stahlbearbeitung enthalten neben WC als Hauptkarbid immer entweder (Ti, Ta) C bzw. (Ta, Nb) C-Mischkristalle oder vorzugsweise (Ti, Ta, Nb, W) C-Mischkristalle. Diese Karbide setzen die Schweißneigung des Hartmetalles mit dem ablaufenden Stahlspan herab, so daß eine Verschleißerscheinung an der Spanablauffläche, die sogenannte Auskolkung, hintangehalten wird (vgl. Bd. Hartmetalle).

7. Chromkarbid

a) Herstellung

Gelegentlich der Versuche zur Herstellung von kohlefreien Metallen beobachtete H. MOISSAN[3], daß Chromoxyd im elektrischen Lichtbogen leicht reduzierbar ist, wobei ein stark kohlehaltiges Material entsteht, welches nach nochmaligem Umschmelzen ein gut kristallisiertes Produkt mit einer Zusammensetzung von 86,72% Cr und 13,21% C ergibt, was einem Karbid Cr_3C_2 entspricht (theoretisch 13,33 %C). Ein zweites Karbid fand H. MOISSAN[4] beim Erhitzen von reinem Chrom in einem Kohletiegel bei der höchsten Temperatur eines Gebläseofens. Die Zusammensetzung war 94,22% Cr und 5,40% C, was einem Karbid Cr_4C (theoretisch 5,45% C) entsprechen würde.

E. FRIEDERICH und L. SITTIG[5] haben 97 Teile Chrompulver und 3 Teile Kohle vermischt, zu Stäben verpreßt und diese im direkten Stromdurchgang geschmolzen. Das an der Schmelzstelle entstandene Karbid unbekannter Zusammensetzung war sehr hart und ritzte leicht Korund.

Sehr zahlreich sind die Untersuchungen an Chrom-Kohlenstoff-Legierungen zwecks Aufstellung des Zustandsdiagrammes Chrom-Kohlenstoff. Dabei wurden die Karbide (und Doppelkarbide) meist

---

[1] D.R.P. 437165 (1924).

[2] AGTE, C. u. H. ALTHERTHUM: Z. techn. Physik 11 (1930), S. 182/91.

[3] MOISSAN, H.: Compt. Rend. 116 (1893), S. 349/51, Ann. Chim. Phys. 8 (1896), S. 559.

[4] MOISSAN, H.: Compt. Rend. 119 (1894), S. 185/91.

[5] FRIEDERICH, E. u. L. SITTIG: Z. anorg. allg. Chem. 144 (1925), S. 169/89.

aus Stählen und Ferrolegierungen durch chemische Isolierung erhalten. So fanden W. CRAFT und J. L. LAMONT[1] in Cr-legierten Stählen die Karbide Cr_4C und Cr_7C_3, F. WEVER und W. KOCH[2] in Cr-Mn-Stählen nur das Karbid Cr_7C_3, J. F. BROWN und D. CLARK[3] in Cr-Ni-Stählen auch das Karbid $Cr_{23}C_6$. Auf das in den letzten Jahren zu diesen Fragen erschienene sehr umfangreiche Schrifttum kann hier nur verwiesen werden[4-21].

Da für die Hartmetallherstellung nur das kohlenstoffreichste Karbid Cr_3C_2, und dieses nur in beschränktem Umfang, interessiert, soll auf die Herstellung kohlenstoffärmerer, im Hilfsmetall leicht löslicher Karbide, die zu spröden Hartmetallen führen (s. Bd. Hartmetalle), nicht eingegangen werden.

O. RUFF und T. FOEHR[22], welche Chrom-Kohlenstoff-Legierungen durch Schmelzen herstellten, fanden, daß aus Schmelzen mit mehr

[1] CRAFTS, W. u. J. L. LAMONT: Trans. Am. Inst. Met. Eng. **188** (1950), S. 561/74.

[2] WEVER, F. u. W. KOCH: Arch. Eisenhüttenwes. **21** (1950), S. 143/52.

[3] BROWN, J. F. u. D. CLARK: Nature **167** (1951), S. 728.

[4] GOLDSCHMIDT, H. J.: J. Iron Steel Inst. **107** (1952), S. 189/204.

[5] KINZEL, A. B.: J. Metals 4 (1952), S. 469/88.

[6] ONITSCH-MODL, E. M.: Proc. Internat. Symposium Reactivity of Solids, Göteborg 1952, S. 1079/92.

[7] KUO, K.: Research **5** (1952), S. 339/40, J. Iron Steel Inst. **173** (1953). S. 363/75, **174** (1953), S. 223/28, **184** (1956), S. 258/68, **185** (1957), S. 297/303. Jernkontorets Ann. **137** (1953), S. 149/56, **141** (1957), S. 146/74, 206/30, Iron and Steel **29** (1956), S. 645/50, 666/68.

[8] KUO, K.: Acta Met. 1 (1953), S. 301/04.

[9] BEATTIE, H. J. u. F. L. VerSNYDER: Trans. Am. Soc. Met. **45** (1953), S. 397/123.

[10] WEVER, F. u. W. KOCH: Stahl und Eisen **74** (1954), S. 989/1000.

[11] BOWERS, J. E.: J. Iron Steel Inst. **183** (1956), S. 268/74.

[12] CIHAL, V.: Hutnické Listy **11** (1956), S. 151/53.

[13] KOCH, W., A. KRISCH u. A. SCHRADER: Arch. Eisenhüttenwes. **28** (1957). S. 445/49.

[14] SCHRADER, A., A. ROSE, L. RADEMACHER u. W. PITSCH: Arch. Eisenhüttenwes. **28** (1957), S. 461/68.

[15] WESTBROOK, J. H.: J. Metals **9** (1957), S. 1277.

[16] KOUTSKY, J. u. J. JEŽEK: Hutnické Listy **13** (1958), S. 1098/1105.

[17] PICKERING, F. B.: Iron Steel Inst., Spec. Rep. No. **64**, London 1959, S. 23/43.

[18] HONEYCOMBE, R. W. K. u. A. K. SEAL: Iron Steel Inst., Spec. Rep. No. 64, London 1959, S. 44/56.

[19] KIRKBY, H. W. u. R. J. TRUMAN: Iron Steel Inst., Spec. Rep. No. 64, London 1959, S. 242/58.

[20] NILESHWAR, V. B. u. A. G. QUARRELL: Iron Steel Inst., Spec. Rep. No. 64, London 1959, S. 259/71.

[21] BAKER, L., R. BIGOT u. E. HERZOG: Rev. Mét. **57** (1960), S. 527/34.

[22] RUFF, O. u. T. FOEHR: Z. anorg. allg. Chem. **104** (1918), S. 27/46.

als 12,1% C sich Graphit abscheidet. Bei höheren Temperaturen vermag aber die überhitzte Chromschmelze beträchtliche Mengen Kohlenstoff aufzunehmen, was zur Annahme eines bei hohen Temperaturen beständigen Karbides CrC berechtigt. Der Gehalt der bei einer bestimmten Temperatur mit Graphit gesättigten Chromschmelze ergab sich zu:

t° C	1840	1960	2035	2140	2233	2348	2442
% C	12,42	13,33	13,75	13,96	14,03	14,96	16,00

Bei 2570° und 10 mm Hg siedet die an Kohlenstoff gesättigte Schmelze mit 17% C unter Abgabe von fast reinem Chromdampf.

D. S. BLOOM und N. J. GRANT[1] haben sich im Rahmen einer Untersuchung über das System Chrom-Kohlenstoff mit der Herstellung von Cr_3C_2 und der versuchsweisen Gewinnung von CrC eingehend beschäftigt. Letzteres hätte gegebenenfalls wegen einer zu erwartenden geringeren Löslichkeit im Hilfsmetall (verbunden mit einer höheren Zähigkeit) sowie einer höheren Härte und eines höheren Schmelzpunktes, Interesse für die Hartmetalltechnik. Elektrolytchrom wurde in einem Graphittiegel im Hochvakuum bis auf 2250° erhitzt. Es ergab sich ein graphitdurchsetztes Karbid Cr_3C_2 mit einem Gesamtkohlenstoffgehalt von 16,50%. Dasselbe Karbid kann man auch im elektrischen Lichtbogenofen bzw. im Hochfrequenzofen herstellen. Weiters wurde auch die Herstellung von Cr_3C_2 im Metallbad vorgenommen (Menstruumverfahren). Dazu eignet sich eine auf 1800 bzw. 2000° überhitzte Schmelze von Kupfer oder Nickel. Aluminium eignet sich nicht als Metallbad, weil sich ein Aluminium-Chrom-Karbid bildet. Aus der erstarrten Schmelze kann das Cr_3C_2 durch längeres Behandeln mit Salzsäure 1:1 als Rückstand erhalten werden. Versuche, durch Aufkohlung des Cr_3C_2 mit Kohle im festen Zustand bei 1800° im Vakuum zu dem Karbid CrC zu kommen, schlugen fehl.

Russische Forscher[2, 3] haben die Herstellungsbedingungen für Chromkarbide aus Cr_2O_3 bzw. Chrommetall und Ruß untersucht und festgestellt, daß man im festen Zustand nur die Karbide Cr_3C_2 und Cr_7C_3, und nur unter bestimmten Bedingungen das chromreiche Karbid $Cr_{23}C_6$ erhalten kann[4].

Nach I. E. CAMPBELL und Mitarbeitern[5] ist es möglich, Chrom-

---

[1] BLOOM, D. S. u. N. J. GRANT: Trans. Am. Inst. Met. Eng. **188** (1950), S. 41/46.

[2] KOSOLAPOVA, T. J. u. G. V. SAMSONOV: Zur. Prikl. Chim. **32** (1959), S. 55/66, 1505/09. **33** (1960), S. 1704/08.

[3] ZARUBIN, N. M. u. R. A. TRUBNIKOV: Redkije Metally **4** (1955), Nr. 2, S. 38/40.

[4] KOSOLAPOVA, T. J.: Inf. Listok No. 241, Kiew 1960.

[5] CAMPBELL, I. E., C. F. POWELL, D. H. NOWICKI u. B. W. GONSER: J. Electrochem. Soc. **96** (1949), S. 318/33.

karbidschichten wechselnder Zusammensetzung durch Aufkohlung von Chrom aus der Gasphase mit Methan bei 600 bis 800° zu erzeugen. Die Herstellung solcher, sehr harter Karbidschichten, die bei Anwesenheit von Stickstoff auch noch das sehr harte Chromnitrid enthalten, dürfte für verschleißfeste Zwecke gewisse Bedeutung erlangen. B. B. Owen und R. T. Webber[1] zersetzten Chromcarbonyl in Gegenwart von Wasserstoff zwischen 250 und 850° an Eisenoberflächen und erzeugten so sehr harte und verschleißfeste Schichten. Die bei 625° aufgebrachten Schichten bestehen aus 40% Cr, Rest Cr_2O_3 und Cr_3C_2 und hatten Vickershärten von 2000 kg/mm[1].

Nach V. I. Archarov und Mitarbeitern[2, 3] entstehen bei der Aufkohlung von Chrom mit Benzoldampf drei Schichten, in welchen röntgenographisch von außen nach innen die Karbide Cr_3C_2, Cr_7C_3 und $Cr_{27}C_6$ nachgewiesen werden können. Ist Stickstoff anwesend, dann entsteht im Innern auch eine Cr_2N-Schicht[4] (vgl. S. 330).

Angaben über die Herstellung von Heißpreßkörpern aus Chromkarbid machen W. Watt und Mitarbeiter[5].

Bei der technischen Herstellung von Chromkarbid[6] für die Hartmetallerzeugung geht man vorteilhaft von reinem Chromoxyd (68,42% Cr) aus. Man mischt 74% Cr_2O_3 mit 26% Ruß sehr innig und karburiert Preßlinge aus dieser Mischung im Kohlerohrofen unter Wasserstoff bei 1600°. Die Temperatur muß sehr genau eingehalten werden, da sonst niedrigere Karbide auftreten. Das zerkleinerte und abgesiebte Karbid enthält 13,0 bis 13,3% Gesamtkohlenstoff (theoretisch 13,33%), 0,2 bis 0,3% freien Kohlenstoff und 86,67% Chrom.

b) Das System Chrom-Kohlenstoff

Die Untersuchungen im System Chrom-Kohlenstoff sind außerordentlich zahlreich. Eine Besprechung sämtlicher Arbeiten, insbesondere jener, welche sich mit der Zusammensetzung und den Existenzbereichen der niedrigen Karbide befassen, würde hier viel zu weit führen. Es sei auf die zusammenfassenden Darstellungen von

---

[1] Owen. B, B. u. R. T. Webber: Am. Inst. Min. Met. Eng., Techn. Publ. Nr. 2306 (1948).

[2] Archarov, V. I. u. S. A. Nemnonov: Izv. Akad. Nauk SSSR, Met. Topl. (1943), S. 32/38.

[3] Archarov, V. I. u. V. N. Konev: Vestn. Maschinostroj. 35 (1955), Nr. 11, S. 55/57. In: Forschungen auf dem Gebiete warmfester Werkstoffe. Moskau, 3 (1957), S. 142/45, 5 (1960), S. 37/42.

[4] Konev, V. N.: Fiz. Metallov Metalloved. 6 (1958), S. 942/43.

[5] Watt, W., G. H. Cockett u. A. R. Hall: Métaux 28 (1953), S. 222/28.

[6] B.I.O.S. Final Rep. No. 1385, S. 62/63.

M. HANSEN[1], S. L. HOYT[2], H. J. GOLDSCHMIDT[3] und die Einzelarbeiten[4-33] verwiesen.

Zustandsdiagramme des Systems Chrom-Kohlenstoff wurden von
A. WESTGREN und C. PHRAGMÉN[17], R. KRAICZEK und F. SAUERWALD[21],
E. FRIEMANN und F. SAUERWALD[23] sowie K. HATSUTA[25] nach den

[1] HANSEN, M. u. K. ANDERKO: Constitution of Binary Alloys. McGraw-
Hill, New York 1958, S. 351/53.

[2] HOYT, S. L.: Trans. Am. Inst. Met. Eng. 89 (1930), S. 9/58.

[3] GOLDSCHMIDT, H. J.: Iron Steel Inst. 160 (1948), S. 345/62.

[4] CARNOT, A. u. E. GOUTAL: Compt. Rend. 126 (1898), S. 1240/45.

[5] WILLIAMS, C. R.: Compt. Rend. 127 (1898) S. 410/12.

[6] HEMPEL, W.: Z. angew. Chem. 17 (1904), S. 296/301, 321/25.

[7] ARNOLD, J. O. u. A. A. READ: J. Iron Steel Inst. 83 (1911), S. 249/60.

[8] BARADUC-MULLER, L.: Rev. Mét. 7 (1910), S. 657/834.

[9] MURAKAMI, T.: Sci. Rep. Tohoku Univ. 7 (1918), S. 217/76.

[10] RUFF, O. u. T. FOEHR: Z. anorg. allg. Chem. 104 (1918), S. 27/46.

[11] EDWARDS, C. A., H. SUTTON u. G. OISHI: J. Iron Steel Inst. 101 (1920),
S. 403/21.

[12] HONDA, K. u. T. MURAKAMI: Sci. Rep. Tohoku Univ. 6 (1918), S. 235/38,
9 (1920), S. 143/68.

[13] TAMMANN, G. u. K. SCHÖNERT: Z. anorg. allg. Chem. 122 (1922), S. 27/43.

[14] NISCHK, K.: Z. Elektrochem. 29 (1923), S. 373/90.

[15] RUFF, O.: Z. Elektrochem. 29 (1923), S. 469/70.

[16] HEDVALL, A. u. E. NORSTRÖM: Svensk. kem. Tidskr. 37 (1925), S. 166/73,
Z. anorg. allg. Chem. 154 (1926), S. 1/29.

[17] WESTGREN, A. u. G. PHRAGMÉN: Sv. Vetenskapsakad. Hdl. 2 (1926),
Nr. 5, S. 1/11.

[18] WESTGREN, A., G. PHRAGMÉN u. T. NEGRESCO: J. Iron Steel Inst. 117
(1928), S. 383/400.

[19] v. VEGESACK, A.: Z. anorg. allg. Chem. 154 (1926), S. 30/60.

[20] HEUSLER, O.: Z. anorg. allg. Chem. 154 (1926), S. 353/74.

[21] KRAICZEK, R. u. F. SAUERWALD: Z. anorg. allg. Chem. 185 (1929),
S. 193/216.

[22] WESTGREN, A. u. G. PHRAGMÉN: Z. anorg. allg. Chem. 187 (1930), S. 401/03.

[23] FRIEMANN, E. u. F. SAUERWALD: Z. anorg. allg. Chem. 203 (1931),
S. 64/74.

[24] SAUERWALD, F. u. A. WINTRICH: Z. anorg. allg. Chem. 203 (1931), S. 64/74.

[25] HATSUTA, K.: Kinzoku no Kenkyu 8 (1931), S. 81/88, Sci. Rep. Tohoku
Univ. 10 (1932), S. 680/88.

[26] SCHENCK, R., F. KURZEN u. H. WESSELKOCK: Z. anorg. allg. Chem.
203 (1931), S. 159/87.

[27] ADCOCK, F.: J. Iron Steel Inst. 124 (1931), S. 99/146.

[28] SAUERWALD, F., W. TESKE u. G. LEMPERT: Z. anorg. allg. Chem. 210
(1933), S. 21/23.

[29] WESTGREN, A.: Jernkont. Ann. 117 (1933), S. 501/12, 119 (1935), S. 231/40.

[30] HELLBOM, K. u. A. WESTGREN: Svensk. kem. Tidskr. 45 (1933), S. 141/50.

[31] TESTUT, R.: Compt. Rend. 203 (1936), S. 1007/09.

[32] TOFAUTE, W., C. KÜTTNER u. A. BÜTTINGHAUS: Arch. Eisenhüttenwes. 9
(1935/36), S. 607/17.

[33] JETTE, E. R. u. A. G. H. ANDERSEN: Am. Inst. Min. Met. Eng. Techn.
Publ. Nr. 852 (1937)

klassischen, metallkundlichen Untersuchungsmethoden aufgestellt. Auf Grund neuerer Untersuchungen wird in Abb. 47 das Diagramm nach D. S. BLOOM und N. J. GRANT[1] wiedergegeben.

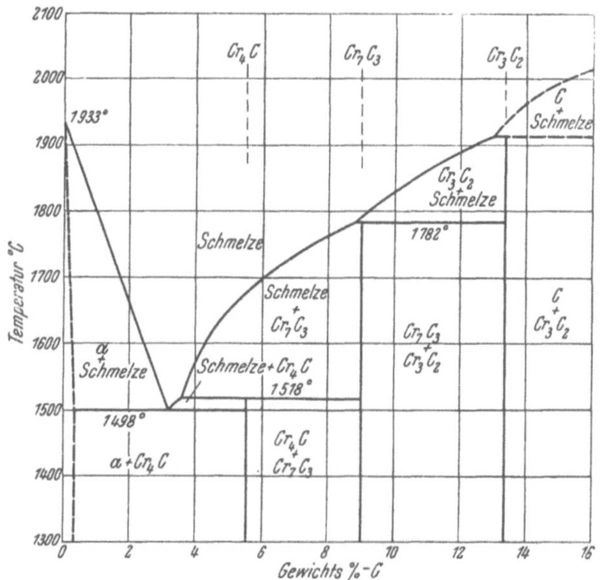

Abb. 47. Zustandsschaubild des Systems Chrom-Kohlenstoff (D. S. BLOOM und N. J. GRANT)

Es bestehen mit Sicherheit drei Karbide[2,3]:

$Cr_{23}C_6$ (5,33% C), welches in vielen Arbeiten als Cr_4C aufscheint. Es hat kubisch flächenzentriertes Gitter[4] mit 92 Chrom- und 24 Kohlenstoffatomen in der Elementarzelle; a = 10,638 kX und zeichnet sich durch geringes Kristallisationsvermögen aus, so daß es bei rascher Abkühlung zur Ausbildung eines metastabilen Systems zwischen Cr und Cr_7C_3 kommt.

Cr_7C_3 (9,0% C) mit hexagonalem Gitter[4] und 56 Chrom- und 24 Kohlenstoffatomen in der Elementarzelle; a = 13,98 kX, c = = 4,523 kX.

Cr_3C_2 (13,33% C), das für die Hartmetallherstellung interessierende Karbid, hat orthorhombisches Gitter[5] mit 12 Chrom- und 8 Kohlenstoffatomen in der Elementarzelle.

[1] BLOOM, D. S. u. N. J. GRANT: Trans. Am. Inst. Met. Eng. 188 (1950), S. 41/46.

[2] GOLDSCHMIDT, H. J.: Iron Steel Inst. 160 (1948), S. 345/62.

[3] GOLDSCHMIDT, H. J.: Metallurgia (Manchester) 40 (1949), S. 103/04, Nature 162 (1948), S. 855/56.

[4] WESTGREN, A.: Jernkont. Ann. 117 (1933), S. 501/12, 119 (1935), S. 231/40.

[5] HELLBOM, K. u. A. WESTGREN: Svensk. kem. Tidskr. 45 (1933), S. 141/50

Ein Karbid CrC (18,76% C), welches bei Temperaturen über 2000° anscheinend existiert, zerfällt bei der Abkühlung peritektisch in Cr_3C_2 und Graphit.

Die Schmelzpunkte der einzelnen Phasen sind auf Grund der neuesten Untersuchungen im Vergleich mit älteren Werten der Zahlentafel 33 zu entnehmen.

Zahlentafel 33. *Schmelzpunkte von Chromkarbiden und Chrommetall*

Autor	Schmelzpunkte von in ° C			
	Cr	Cr_4C	$Cr_7 C_3$	Cr_3C_2
K. Hatsuta	1760	1530	1670	1830
E. Friemann u. F. Sauerwald		1550	1665	
W. Tofaute, C. Küttner u. A. Büttinghaus		1550		
D. S. Bloom u. N. J. Grant	1933	1520	1780	1895

Die Temperaturabhängigkeit der Löslichkeit von Kohlenstoff in Chrom wurde von W. H. Smith[1] bestimmt. Sie beträgt bei 1500° 0,32 Gew.-% C.

c) Eigenschaften

Trotzdem den Chromkarbiden als Härteträger in Stählen größte Bedeutung zukommt, sind über die Eigenschaften der einzelnen isolierten Verbindungen nur verhältnismäßig spärliche Angaben in der Literatur zu finden.

Für die Hartmetallherstellung ist bislange nur das gesättigte Karbid Cr_3C_2 von Bedeutung. Das Chromkarbid der chemischen Formel Cr_3C_2, (theoretischer Kohlenstoffgehalt 13,33%), fällt meist als ein graues metallisches, gegen Säuren beständiges Pulver an[2, 3]. Beim Fluorieren entstehen flüchtige Fluor-Kohlenstoffverbindungen[4]. Das Verhalten von Cr_3C_2-Tiegeln beim Erhitzen in Gegenwart von Oxyden hat O. Meyer[5] untersucht. Eingehend wurde auch das Verhalten gegen technische Gase[6] und das Zunderverhalten über-

---

[1] Smith, W. H.: J. Metals **9** (1957), S. 47/49.

[2] Booss, H.-J.: Z. anorg. allg. Chem. **292** (1957), S. 232/41.

[3] Shimodaira, S. u. Y. Sawada: Nippon Kinzoku Gakkai-Si **21** (1957), S. 271/75.

[4] Schumb, W. C. u. J. R. Aronson: J. Am. Chem. Soc. **81** (1959), S. 806/07.

[5] Meyer, O.: Arch. Eisenhüttenwes. **4** (1930), S. 193/98.

[6] Booss, H.-J.: Metall **10** (1956), S. 130/36.

prüft[1,2]. Das Cr_3C_2 ist zunderbeständiger als die niedrigen Karbide und übertrifft alle anderen Karbide der 4a bis 6a Metalle[3].

Angaben über die weiteren Eigenschaften von Chromkarbiden sind der Zahlentafel 34 zu entnehmen.

Einzelne Angaben über die Eigenschaften der niedrigen Chromkarbide s. die Einzelarbeiten der Zusammenstellung auf S. 152.

d) Verwendung

Chromkarbid findet wegen der hohen Löslichkeit in dem für die Hartmetallherstellung gebräuchlichen Kobalt-Bindemetall nur beschränkt Anwendung. Als Zusatzkarbid in wolframkarbidarmen Hartmetallen und als Zusatz zu Titankarbid in warm- und zunderfesten Hartlegierungen wurde es neuerdings erfolgreich verwendet. Chromkarbid-Nickel-Sinterhartmetalle können für säurebeständige Teile in der chemischen Industrie und auch für Verschleißteile eingesetzt werden. Sie stehen bei diesen und ähnlichen Anwendungen in Konkurrenz zu WC-Ni-Cr-Hartmetallen und TiC-Ni(Co)-Cr-Sorten (siehe Bd. Hartmetalle).

8. Molybdänkarbid

a) Herstellung

Bei der Reduktion von Molybdänoxyd mit Kohle oder Kalziumkarbid im elektrischen Lichtbogen hat H. MOISSAN[4] ein geschmolzenes Produkt mit 5,48 bis 5,68% C erhalten, das praktisch der Zusammensetzung Mo_2C (theoretisch 5,88% C) entspricht. Später haben H. MOISSAN und M. K. HOFFMANN[5] Molybdän und Aluminium in Gegenwart von Petrolkoks zusammengeschmolzen und durch chemische Behandlung der erstarrten Schmelze mit NaOH oder Na_2CO_3 ein Karbid von der annähernden Zusammensetzung MoC (theoretisch 11,13% C) isoliert. Angaben über die Gehalte an freiem und gebundenem Kohlenstoff werden nicht gemacht.

Bei der Umsetzung von Molybdänchloriddampf an einem elektrisch erhitzten Kohlestab im Vakuum bildet sich nach J. N. PRING und W. FIELDING[6] Mo_2C oberhalb 1300°. Nach S. HILPERT und

---

[1] WATT, W., G. H. COCKETT u. A. R. HALL: Métaux **28** (1953), S. 222/37.

[2] KOSOLAPOVA, T. J. u. S. V. RAZIKOVSKAJA: Zavod. Lab. **26** (1960), S. 138/39.

[3] KLIMENKO, V. N.: Inf. Listok No. 226, Kiew 1960.

[4] MOISSAN, H.: Compt. Rend. **116** (1893), S. 1225/27, **120** (1895), S. 1320/26, **125** (1897), S. 839/44.

[5] MOISSAN, H. u. M. K. HOFFMANN: Compt. Rend. **138** (1904), S. 1558/61, Ber. dtsch. chem. Ges. **37** (1904), S. 3324/27.

[6] PRING, J. N. u. W. FIELDING: J. Chem. Soc. **95** (1909), S. 1497/1506.

Zahlentafel 34. *Eigenschaften von Chromkarbiden*

Eigenschaft	$Cr_{23}C_6$ (Cr_4C) (5,33 % C) Werte	Weitere Literatur	Cr_7C_3 (9,0 % C) Werte	Weitere Literatur	Cr_3C_2 (13,33 % C) Werte	Weitere Literatur
Struktur	kubisch $D8_4$[1]		hex. C_{3v}^4[1]		orthorhomb.[4] $D\,5_{10}$	[32]
Gitterkonstante kX	10,638[1]		a: 13,98[1] c: 4,523	[2,3]	a: 2,821[4] b: 5,52 c: 11,46	[2—6]
Dichte g/cm³ ber.	6,954		6,898		6,659	
Dichte g/cm³ gef.	7,0[3]		6,9[3]		6,68[7]	[3]
Härte HM (50 g) kg/mm²	1650[3]		2200[2]	[3]	2280[8]	[2, 3, 5, 9—11]
Sprödigkeit					s. Lit.	[12]
Schmelzpunkt °C	1520 zers.[13]	[3, 14—16]	1780 zers.[13]	[3, 14, 15]	1895 zers.[13]	[14]
Wärmeausdehnungskoeff. $\beta \cdot 10^{-6}$	10,1[3]		10,6[3]		10,3[3]	[33]
Thermodynamische Daten $-\Delta H_{298}$ kcal/mol	16,4[17]		45,5[17]		21,0[17]	[18—25]
Spez. elektr. Widerstand $\mu\Omega \cdot$ cm					75[34]	
Supraleitfähigkeit			s. Lit.	[26]	s. Lit.	[26]
HALL-Konstante					—0,47[34]	
Thermokraft					s. Lit.	[27]
Gesamtstrahlung			s. Lit.	[28]		
Röntgenspektrum					s. Lit.	[29]
Gefüge					s. Lit.	[6, 30, 31]

[1] WESTGREN, A.: Jernkont. Ann. **117** (1933), S. 501/12, **119** (1935), S. 231/40.

[2] RÜDIGER, O.: Metall **7** (1953), S. 967/69; Techn. Mitt. Krupp **12** (1954), S. 22/24.

[3] HINNÜBER, J. u. O. RÜDIGER: Symposium on Powder Metallurgy. Iron Steel Inst., London (1956), S. 53/58, Arch. Eisenhüttenwes. **24** (1953), S. 267/74.

[4] HELLBOM, K. u. A. WESTGREN: Svensk. kem. Tidskr. **45** (1933), S. 141/50.

[5] RÜDIGER, O.: Techn. Mitt. Krupp **14** (1956), S. 136/39.

[6] ZARUBIN, N. M. u. R. A. TRUBNIKOV: Redkije Metally 4 (1935), Nr. 2, S. 38/40.

[7] LIDMAN, W. G. u. H. J. HAMJIAN: NACA Techn. Note Nr. 2491 (1951). S. 38/40.

[8] SAMSONOV, G. V., V. S. NESCHPOR u. L. M. CHRENOVA: Hutnické Listy 14 (1959), S. 484/88; Fiz. Metallov Metalloved. 8 (1959), S. 622/30.

[9] FRIEDERICH, E. u. L. SITTIG: Z. anorg. allg. Chem. 144 (1925), S. 169/89.

[10] KIEFFER, R. u. F. KÖLBL: Powder Met. Bull. 4 (1949), S. 4/17.

[11] KOVALSKI, A. E. u. L. A. PETROVA: In: Mikrohärte, Akad. Nauk SSSR 1951, S. 170.

[12] FRANTSCHEWITSCH, I. N. u. A. N. PILJANKEWITSCH: In: Bericht Sem. hochwarmfeste Werkstoffe, Kiew 1960, Bd. 5, S. 28/35.

[13] BLOOM, D. S. u. N. J. GRANT: Trans. Am. Inst. Met. Eng. 188 (1950), S. 41/46.

[14] HATSUTA, K.: Kinzoku no Kenkyu 8 (1931), S. 81/88, Sci. Rep. Tohoku Univ. 10 (1932), S. 680/88.

[15] FRIEMANN, E. u. F. SAUERWALD: Z. anorg. allg. Chem. 203 (1931), S. 64/74.

[16] TOFAUTE, W., C. KÜTTNER u. A. BÜTTINGHAUS: Arch. Eisenhüttenwes. 9 (1935/36), S. 607/17.

[17] RICHARDSON, F. D.: J. Iron Steel Inst. 175 (1953), S. 33/51.

[18] BOERICKE, F. S.: U.S. Bur. Mines, Rep. Invest. Nr. 3747 (1944).

[19] KELLEY, K. K., F. S. BOERICKE, G. E. MOORE, E. H. HUFFMANN u. W. M. BANGERT: U.S. Bur. Mines, Techn. Paper No. 662 (1944).

[20] BREWER, L., L. A. BROMLEY, P. W. GILLES u. N. L. LOFGREN in L. L. QUILL: The Chemistry and Metallurgy of Miscellaneous Materials-Thermodynamics. Mc Graw Hill, New York 1950, S. 40/59.

[21] DE SORBO, W.: J. Am. Chem. Soc. 75 (1953), S. 1825/27.

[22] ORIANI, R. A. u. W. K. MURPHY: J. Am. Chem. Soc. 76 (1954), S. 343/45.

[23] BOOSS, H. J.: Metall 10 (1956), S. 130/36.

[24] SAMSONOV, G. V.: Zur. Fiz. Chim. 30 (1956), S. 2057/60.

[25] GAEV, I. S.: Zur. Neorg. Chim. 1 (1956), S. 193/211.

[26] HARDY, G. F. u. J. K. HULM: Phys. Rev. 93 (1954), S. 1004/16.

[27] SAMSONOV, G. V. u. N. S. STRELNIKOVA: Ukr. Fiz. Zur. 3 (1958), S. 135/38.

[28] SEREBRJAKOVA, T. I., J. B. PADERNO u. G. V. SAMSONOV: Optika Spektroskopia 8 (1960), S. 410/12.

[29] NEMNONOV, S. A. u. A. Z. MENTSCHIKOV: In: Bericht Sem. hochwarmfeste Werkstoffe, Kiew 1960, Bd. 5, S. 21/27.

[30] NISCHK, K.: Z. Elektrochem. 29 (1923), S. 373/90.

[31] WATT, W., G. H. COCKETT u. A. R. HALL: Métaux 28 (1953), S. 222/37.

[32] MEINHARDT, D. u. O. KRISEMENT: Z. Naturforschung 15a (1960), S. 880/89.

[33] KRIKORIAN, O. H.: UCRL 6132 (1960).

[34] LVOV, S. N., V. F. NEMTSCHENKO u. G. V. SAMSONOV: Dokl. Akad. Nauk SSSR 135 (1960), S. 577/80.

M. Ornstein[1] kann man auch Molybdänpulver mit kohlenstoffabgebenden Gasen bei höheren Temperaturen aufkohlen. Dabei werden Grenzen in der Kohlenstoffaufnahme gefunden, die einfachen stöchiometrischen Verhältnissen entsprechen. Mo_2C wurde bei der Aufkohlung mit CO zwischen 600 und 1000° gefunden. Bei 800° schwankt der Kohlenstoffgehalt in den fertigen Präparaten zwischen $MoC_{1,0}$ und $MoC_{1,5}$. Angaben über den Gehalt an gebundenem Kohlenstoff werden nicht gemacht und dürften die $MoC_{1,0}$ übersteigenden Gehalte als freier Kohlenstoff vorgelegen sein. Bei dem in Gegenwart von Kohlenmonoxyd gewonnenen MoC dürfte es sich um eine sauerstoffstabilisierte ternäre Phase handeln[2].

Nach H. Tutiya[3] bildet sich bei der Zersetzung von Kohlenoxyd in Gegenwart von Molybdän zwischen 450 und 600° nur Mo_2C, bei 750 bis 800° wird nach röntgenographischen Untersuchungen daneben ein ebenfalls hexagonales Karbid, wahrscheinlich MoC, gebildet. Über die so gewonnene Phase MoC gilt das vorher Gesagte.

E. Friederich und L. Sittig[4] erhitzten gepreßte Stäbe aus einer Mischung von Molybdän und Ruß im molaren Verhältnis 2:1, eine Stunde bei 1200° unter Wasserstoff. Das entstandene Karbid zeigte beim Glühen an Luft eine Gewichtszunahme von 40,6% (theoretisch für Mo_2C 41,2%). Beim Erhitzen im direkten Stromdurchgang schmolz der Karbidstab ohne zu entkohlen.

Mischt man Molybdän und Ruß im molaren Verhältnis 1:1, verpreßt und erhitzt im Wolframrohrofen auf 1500 bis 1600°, dann soll nach E. Friederich und L. Sittig[4] ein Karbid der vermutlichen Zusammensetzung MoC entstehen. R. Kieffer[5] arbeitete diese Herstellungsmethode nach, ohne jedoch einen Gehalt an gebundenem Kohlenstoff, der jenen der Formel Mo_2C übersteigt, zu beobachten. Der Gehalt an gebundenem, die Zusammensetzung $MoC_{0,5}$ übersteigenden Kohlenstoff hängt, wie später gezeigt werden konnte, eng mit der Abkühlungsgeschwindigkeit der Präparate, d. h. mit der Tatsache, daß das MoC eine instabile Hochtemperaturphase ist, zusammen[6]. Bei langsamer Abkühlung zerfällt MoC in Mo_2C und Graphit.

A. Westgren und G. Phragmen[7] haben für ihre röntgeno-

[1] Hilpert, S. u. M. Ornstein: Ber. dtsch. chem. Ges. **46** (1913), S. 1669/75.
[2] Nowotny, H., E. Parthé, R. Kieffer u. F. Benesovsky: Mh. Chem. **85** (1954), S. 255/72.
[3] Tutiya, H.: Sci. Pap. Inst. Phys. Chem. Res. Tokio **19** (1932), S. 384/92.
[4] Friederich, E. u. L. Sittig: Z. anorg. allg. Chem. **144** (1925), S. 169/89.
[5] Kieffer, R.: Unveröffentlichte Arbeiten 1930/34.
[6] Nowotny, H. u. R. Kieffer: Z. anorg. allg. Chem. **267** (1952), S. 261/64.
[7] Westgren, A. u. G. Phragmén: Z. anorg. allg. Chem. **156** (1926), S. 27/36.

graphischen Versuchspräparate Molybdänpulver mit Graphit mehrere
Male bei 2000° in Magnesiatiegeln im Kohlerohrvakuumofen karburiert, ein Verfahren, welches auch von C. AGTE und H. ALTERTHUM[1]
und W. P. SYKES, K. R. van HORN und C. M. TUCKER[2] für die Darstellung von reinem Mo_2C verwendet wurde.

Die Diffusionsgeschwindigkeit von Kohlenstoff in Molybdän und
die Aktivierungsenergie des Vorganges haben G. V. SAMSONOV und V. P.
LATYSCHEVA[3] bestimmt (s. Bd. Hartmetalle). In diesem Zusammenhang sei auch auf die Versuche von A. F. GERDS und M. W. MALLETT[3a]
über die Bildung von Molybdänkarbidschichten beim Erhitzen von
Molybdän in Kontakt mit Graphit bei 1010° verwiesen.

Durch anodische Behandlung einer 5%igen erschmolzenen Molyb-
dän-Kohlenstofflegierung mit Salzsäure, hat T. TAKEI[4] das Karbid
Mo_2C isoliert. Geschmolzene Legierungen der Zusammensetzungen
Ni_3Mo_3C, Co_3Mo_3C, Fe_3Mo_3C sind nicht stabil[5]. Sie scheiden beim
Abkühlen Mo_2C ab, welches elektrolytisch isoliert werden kann[6].
Molybdänkarbide und Doppelkarbide sind in neuerer Zeit mit modernen Hilfsmitteln aus Stählen und Sonderlegierungen isoliert worden[7-24].
Dabei konnte auch das Monokarbid MoC identifiziert werden[9]
[vgl. Abschnitt b)].

---

[1] AGTE, C. u. H. ALTERTHUM: Z. techn. Physik **11** (1930), S. 182/91.

[2] SYKES, W. P., K. R. van HORN u. C. M. TUCKER: Trans. Am. Inst. Min.
Met. Eng. **117** (1935), S. 173/86.

[3] SAMSONOV, G. V. u. V. P. LATYSCHEVA: Dokl. Akad. Nauk SSSR **109**
(1956), S. 582/85, Fiz. Metallov Metalloved. **2** (1956), S. 309/19, In: Bor, Moskau
1958, S. 74/89. Izv. Sekt. Fiz. Chim. Anal. **27** (1956), S. 97/125.

[3a] GERDS, A. F. u. M. W. MALLETT: Trans. Am. Soc. Met. **52** (1960),
S. 1027/45.

[4] TAKEI, T.: Sci. Rep. Tohoku Univ. **17** (1928), S. 939/44.

[5] ADELSKÖLD, V., A. SUNDELIN u. A. WESTGREN: Z. anorg. allg. Chem.
212 (1933), S. 401/09.

[6] ARNOLD, J. O. u. A. A. READ: Proc. Inst. Mech. Eng. (1914), Nr. 2,
S. 223.

[7] GOLDSCHMIDT, H. J.: J. Iron Steel Inst. **170** (1952), S. 189/204.

[8] ONITSCH-MODL, E. M.: Proc. Internat. Symposium Reactivity of Solids.
Göteborg 1952, S. 1079/92.

[9] KUO, K.: Research **5** (1952), S. 339/40; Acta Met. **1** (1953), S. 301/04;
J. Iron Steel Inst. **173** (1953), S. 363/75; **174** (1953), S. 223/28; **184** (1956),
S. 258/68; Jernkontorets Ann. **137** (1953), S. 141/48; **140** (1956), S. 24/26;
141 (1957), S. 146/74, 206/30; Iron and Steel **29** (1956), S. 645/50, 666/68.

[10] BEATTIE, H. J. u. F. L. VER SNYDER: Trans. Am. Soc. Met. **45** (1953),
S. 397/423.

[11] FERRO, A., S. GALLO u. C. P. GALOTTO: Metallurgia Ital. **49** (1956),
S. 361/68.

[12] CADEK, J., B. FLEISCHER u. K. MAZANEC: Hutnické Listy **13** (1957),
S. 277/82.

Ein interessantes Verfahren zur Herstellung von Karbiden durch Schmelzflußelektrolyse von Karbonat-Borat-Fluorid-Metalloxyd-Salzschmelzschmelzen (s. S. 68) haben G. WEISS und J. L. ANDRIEUX[25,26] für die Darstellung von Mo_2C und MoC benutzt. Bei der Schmelzflußelektrolyse einer entsprechenden Salzmischung scheidet sich an der Graphitelektrode ein Karbid Mo_2C mit etwa 5,9% C und 94,0% Mo in Form silberglänzender Kristalle ab. Die Alkalität des Bades, d. h. das Verhältnis $MoO_3:CO_2$, welches dabei 1:5,5 bis 1:7 beträgt, ist von Einfluß auf die Zusammensetzung des Karbides. Benutzt man nämlich stark basische Bäder, wobei man den Zusatz von Lithiumfluorid zwecks Herabsetzung des Schmelzpunktes steigern muß. (Verhältnis $MoO_3:CO_2$, 1:21 bis 1:28), dann erhält man ein Karbid mit etwa 11,5% C und 87,9% Mo, das der Formel MoC entspricht. Die Kristalle sind kleiner als die des Mo_2C, ihre Farbe etwas dunkler, der Glanz etwas stumpfer. Bei Bädern, in welchen das Verhältnis $MoO_3:CO_2$ 1:8 bis 1:18 beträgt, kann man Mischungen beider Karbide oder Molybdän + Mo_2C abscheiden. Abb. 48 zeigt die Abhängigkeit des Kohlenstoffgehaltes im Abscheidungsprodukt vom Gehalt des Bades an MoO_3 bzw. vom Verhältnis $MoO_3:CO_2$, welches für die Abscheidungsreaktion entscheidend ist.

Molybdänkarbid-Schichten kann man nach I. E. CAMPBELL und

---

[13] KOCH, W., A. KRISCH u. A. SCHRADER: Arch. Eisenhüttenwes. **28** (1957), S. 445/59.

[14] SATO, T., T. NISHIZAWA u. K. MURAI: Tetsu to Hagane **45** (1959), S. 1346/51, **46** (1960), S. 1549/54.

[15] PICKERING, F. B.: Iron Steel Inst., Spec. Rep. No. 64, London 1959, S. 23/43.

[16] HENEYCOMBE, R. W. K. u. A. K. SEAL: Iron Steel Inst., Spec. Rep. No. 64, London 1959, S. 44/56.

[17] SCHRADER, A. u. A. KRISCH: Iron Steel Inst., Spec. Rep. No. 64, London 1959, S. 225/34.

[18] NILESHWAR, V. B. u. A. G. QUARRELL: Iron Steel Inst., Spec. Rep. No. 64, London 1959, S. 259/71.

[19] KOCH, W., A. KRISCH u. A. SCHRADER: Iron Steel Inst., Spec. Rep. No. 64, London 1959, S. 272/84.

[20] McLEAN, D. u. K. F. HALE: Acta Met. **7** (1959), S. 438/39.

[21] CAMPBELL, R. F., S. H. REYNOLDS, L. W. BALLARD u. K. G. CAROLL: Trans. Met. Soc. Am. Inst. Met. Eng. **218** (1960), S. 723/32.

[22] SATO, T., T. NISHIZAWA u. K. TAMAKI: Nippon Kinzoku Gakkai-Si **24** (1960), S. 395/99, 469/73, 473/77.

[23] BAKER, L., R. BIGOT u. E. HERZOG: Rev. Mét. **57** (1960), S. 527/34.

[24] COLLETTE, G.: Compt. Rend. **251** (1960), S. 2017/19.

[25] WEISS, G.: Ann. Chim. 1 (1946), S. 446/525, Dissert. Univ. Grenoble 1946.

[26] ANDRIEUX, J. L. u. G. WEISS: Bull. Soc. Chim. France **15** (1948), S. 598/601.

Mitarbeitern[1] auch aus der Gasphase herstellen, und zwar benutzt man dazu Molybdäncarbonyl-Wasserstoff-Dampfgemische, welche bei 300 bis 800°, bei 0,1 bis 3 mm Hg Unterdruck zerlegt werden.

Bei der Abscheidung von Molybdän aus Molybdäncarbonyl-Wasserstoff-Dampfgemischen bilden sich nach J. J. LANDER und L. H. GERMER[2] Schichten, welche je nach Abscheidungsbedingungen Mo und Mo_2C enthalten. Bei tiefen Temperaturen und höherem CO-Partialdruck bildet sich ein *kubisches* Mo_2C, bei höheren Temperaturen das normale hexagonale Mo_2C bzw. Mischungen beider mit dem reinen Metall.

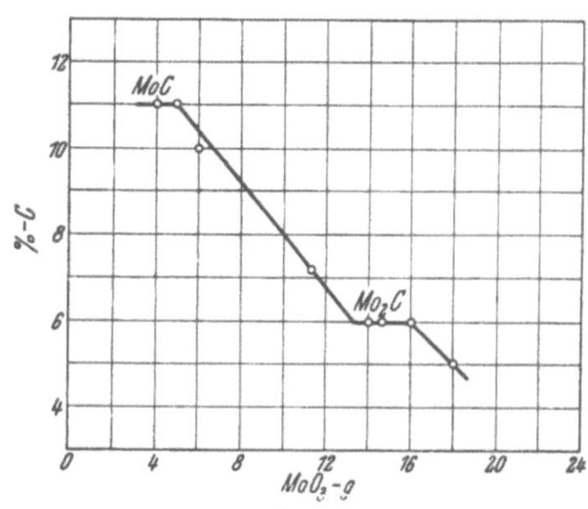

Abb. 48. Kohlenstoffgehalte des Abscheidungsproduktes bei der Herstellung von Molybdänkarbid durch Schmelzelektrolyse (G. WEISS)

Man kann auch Molybdändrähte aus der Gasphase bei etwa 800° mit Kohlenoxyd[3], Methan[4] oder Naphthalindampf[5, 5a] aufkohlen.

Den Vorgang der Aufkohlung von Molybdän durch Kohlenwasserstoffe bei hohen Temperaturen und die Bildung von Molybdänkarbid kann man nach E. B. BAS und Mitarbeitern[6, 7] durch Elektronenemissionsaufnahmen direkt sichtbar machen.

Bei der Herstellung von Titankarbid hatte sich nach G. F. HÜTTIG und V. FATTINGER[8] ein Zusatz von chlorabgebenden Stoffen zur Gasatmosphäre als sehr reaktionsfördernd erwiesen. G. HÜTTIG und V. FATTINGER[9] haben daher auch untersucht, ob bei der Karburierung

---

[1] CAMPBELL, I. E., C. F. POWELL, D. H. NOWICKI u. B. W. GONSER: J. Electrochem. Soc. **96** (1949), S. 318/33.

[2] LANDER, J. J. u. L. H. GERMER: Am. Inst. Min. Met. Eng., Techn. Publ. Nr. 2259 (1947).

[3] WESTGREN, A. u. G. PHRAGMÉN: Z. anorg. allg. Chem. **156** (1926), S. 27/36.

[4] SCHENCK, R., F. KURZEN u. WESSELKOCK: Z. anorg. allg. Chem. **203** (1932), S. 183/85.

[5] RAVDEL, A. A.: J. russ. phys. chem. Ges. **62** (1930), S. 515/22.

[5a] ARCHAROV, V. I., V. N. KONEV u. A. F. GERASIMOVA: Fiz. Metallov Metalloved. **9** (1960), S. 695/700.

[6] BAS, E. B.: Helv. Phys. Acta **29** (1956), S. 231/32; Planseeber. Pulvermetallurgie **5** (1957), S. 42/52.

[7] BAS, E. B., W. EPPRECHT u. L. PREUSS: Z. Metallkunde **48** (1957), S. 516/22.

[8] HÜTTIG, G. F. u. V. FATTINGER: Powder Met. Bull. **5** (1950), S. 30/37.

[9] FATTINGER: V.: Dissert. Techn. Hochsch. Graz 1950.

von MoO_3 mit Ruß ein reaktionsfördernder Einfluß von Halogenwasserstoffen in der Gasatmosphäre zu beobachten ist. Mischungen aus 1 Mol. MoO_3 und 2,3 Mol. C wurden eine halbe Stunde bei 950° unter verschiedenen Gasatmosphären in einem Sintertonerderohrofen karburiert und aus dem Kohlenstoffgehalt der erhaltenen Karbide auf die Vollständigkeit des Reaktionsablaufes geschlossen. Die Versuchsergebnisse gemäß Zahlentafel 35 zeigen, daß bei Anwesenheit von

Zahlentafel 35. *Zusammensetzung von Molybdänkarbid, hergestellt durch halbstündige Karburierung von Molybdäntrioxyd mit Ruß bei 950° unter verschiedenen Reaktionsatmosphären* (G. F. HÜTTIG u. V. FATTINGER)

Reaktionsatmosphäre	Gesamtkohlenstoff %	Kohlenstoff frei %	Kohlenstoff gebunden %	Reaktionsablauf in %
H_2 + 1,3% Propan	5,8	0,73	5,07	87,5
Vakuum	5,6	1,2	4,4	78,5
H_2 + HCl (6:1,3) + 1,3% Propan ...	6,2	0,46	5,74	97,5
H_2 + HBr (6:1,3 + 1,3% Propan ..	6,0	0,3	5,7	97
H_2 + HJ (6:1,3) + 1,3% Propan ...	5,9	0,15	5,75	98

Halogenwasserstoff im Reaktionsgas die Karburierung schon bei sehr niedrigen Temperaturen fast vollständig abläuft, wobei die Verluste durch absublimierendes MoO_3 oder Molybdänoxychloride unmerklich sind.

Daß bei der Herstellung von Molybdänkarbid — im Gegensatz zu den Verhältnissen bei Titankarbid — der Einfluß von chlorabgebenden Stoffen in der Gasatmosphäre nicht allzugroß ist, ist darauf zurückzuführen, daß Mo_2C gegen Halogene sehr beständig ist und daher keine . Zwischenstufenreaktionen, wie sie auf S. 85 beschrieben wurden auftreten können. Man kann sogar Molybdänkarbid aus Molybdäntrioxyd und Ruß unter reinem Chlorwasserstoff herstellen, wobei man sehr reine Präparate ohne Verluste erhält.

Über die Darstellung des lange umstrittenen, heute aber erwiesenen MoC, wird im Abschnitt b) berichtet.

Bei der technischen Herstellung von Molybdänkarbid[1] geht man von reinem MoO_3 aus, welches man zunächst unter Wasserstoff bei etwa 900° zu Molybdänmetallpulver reduziert. 93,4% Molybdänpulver werden z. B. mit 6,6% Zuckerkohle oder Ruß sehr innig gemischt, gepreßt oder ungepreßt im Kohlerohrkurzschlußofen unter Wasserstoff bei etwa 1400 bis 1500° karburiert. Das Karbid enthält 6,05 bis 6,1% Gesamtkohlenstoff, davon manchmal bis 0,15% in freier Form.

---

[1] B.I.O.S. Final Rep. Nr. 1385 (1945).

b) Das System Molybdän-Kohlenstoff

Die Arbeiten, welche zur Aufstellung des Systems Molybdän-Kohlenstoff geführt haben, sind sehr zahlreich. Die meisten wurden bereits in dem Abschnitt über die Herstellung von Molybdänkarbid selbst erwähnt. Es sei auch noch auf die zusammenfassende Darstellung bei M. HANSEN[1] verwiesen. Ein auf den neuesten Stand gebrachtes Zustandsschaubild wird in Abb. 49 gezeigt[1a].

Die Löslichkeit von Molybdän für Kohlenstoff betrage bei 1500 bis 2000° bis etwa 0,09% C. T. TAKEI[2] gibt eine Löslichkeit von 0,3 C an, wobei eine starke Temperaturabhängigkeit bestehen soll. Ein Präparat mit 0,21% C enthält nach W. P. SYKES, K. R. VAN HORN und C. M. TUCKER[3] schon viel Mo_2C (β). In einer neuen, sehr präzisen Arbeit geben W. E. FEW und G. K. MANNING[4] auf Grund metallographischer Befunde folgende Löslichkeiten an: Bei 1650° 0,005 bis 0,009% C, bei 1925° 0,012 bis 0,013% C und bei 2200° 0,018 bis

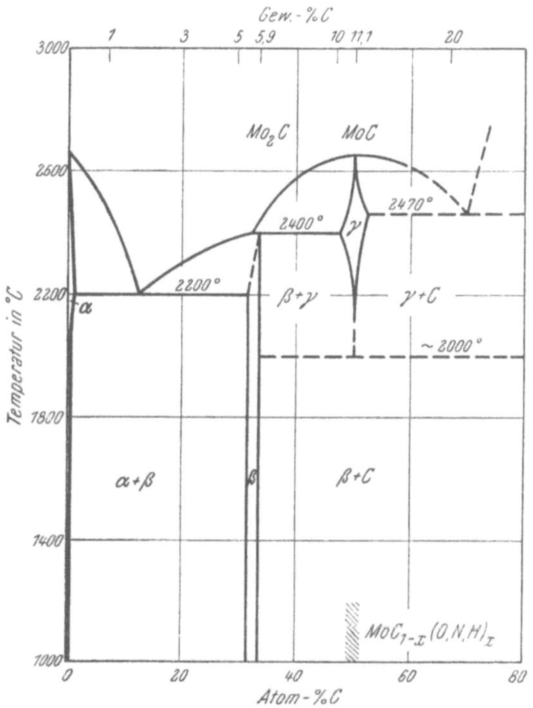

Abb. 49. Zustandsschaubild des Systems Molybdän-Kohlenstoff (H. NOWOTNY, R. PARTHÉ, R. KIEFFER und F. BENESOVSKY)

0,022% C. Nach R. SPEISER und Mitarbeitern[5] nimmt die Gitterkonstante von 3,14664 Å bei reinem Molybdän auf 3,14768 Å

---

[1] HANSEN, M. u. K. ANDERKO: Constitution of Binary Alloys. McGraw-Hill, New York 1958, S. 370/72.

[1a] NOWOTNY, H., E. PARTHÉ, R. KIEFFER u. F. BENESOVSKY: Mh. Chem. 85 (1954), S. 255/72.

[2] TAKEI, T.: Sci. Rep. Tohoku Univ. 17 (1928), S. 939/44.

[3] SYKES, W. P., K. R. VAN HORN u. C. M. TUCKER: Am. Inst. Min. Met. Eng., Techn. Publ. Nr. 647 (1935).

[4] FEW, W. E. und G. K. MANNING: J. Metals 4 (1952), S. 271/74.

[5] SPEISER, R., J. W. SPRETNAK, W. E. FEW u. R. M. PARKE: J. Metals 4 (1952), S. 275/77.

zu, wenn 0,018% C gelöst werden. Im Vakuumlichtbogen geschmolzenes Reinstmolybdän kann nach R. M. Parke und J. L. Ham[1] bis 0,06% C zum Teil in fester Lösung enthalten, ohne daß seine Warmverarbeitbarkeit leidet. L. E. Olds und G. W. P. Rengstorff[2] beobachteten allerdings schon bei Gehalten von 0,003% C im Gefüge an den Korngrenzen feinstverteilte Mo_2C-Ausscheidungen[3, 4].

Die stabile Verbindung Mo_2C mit hexagonal dichtester Kugelpackung und Einlagerungsstruktur wird durch peritektische Reaktion zwischen 5,5 und 10% C bei 2400° gebildet. Ihr Zustandsgebiet liegt bei 1400 bis 2200° zwischen 5,4 und 6% C. A. Westgren und G. Phragmén[5] fassen das Mo_2C mit einem Existenzbereich von 5,1 bis 7,4% C als feste Lösung von Kohlenstoff in Molybdän auf. S. L. Hoyt[6] und zahlreiche andere Forscher halten an dem Bestehen der Verbindung Mo_2C fest. T. Takei[7] gibt deren Existenzbereich zwischen 5,5 und 6% C an. Mo_2C soll Mo in fester Lösung aufzunehmen vermögen. Die molybdänreiche α-Phase bildet mit der Mo_2C-Phase (β) bei 1,8% C und 2200° ein Eutektikum. T. Takei[7] gibt den eutektischen Punkt bei 4% C an. Die Natur eines höheren Karbides (γ), welches wahrscheinlich 12,3 bis 13% C enthält und ab 6% C im Gefügebild auftritt, konnte von W. P. Sykes, K. R. van Horn und C. M. Tucker[8] nicht aufgeklärt werden.

In Molybdänaufwachsschichten, welche durch Spaltung von Molybdäncarbonyl-Dampf hergestellt worden waren, wollen J. J. Lander und L. H. Germer[9] neben Mo und hexagonalem Mo_2C auch ein kubisch flächenzentriertes Mo_2C gefunden haben. Diese allotrope Modifikation des Mo_2C dürfte ebenso wie das bei niedrigen Temperaturen gefundene MoC eine sauerstoffstabilisierte Phase sein.

Bezüglich der Existenz des kohlenstoffreicheren Karbides MoC waren die Meinungen lange geteilt. H. Moissan[10], E. Friederich und

[1] Parke, R. M. u. J. L. Ham: Am. Inst. Min. Met. Eng., Techn. Publ. Nr. 2052 (1946).

[2] Olds, L. E. u. G. W. P. Rengstorff: J. Metals 8 (1956), S. 150/55.

[3] Spacil, H. S. u. J. Wulff: In: The Metal Molybdenum. Am. Soc. Met., Cleveland 1958, S. 262/80.

[4] Chang, W. H.: Trans. Met. Soc. Am. Inst. Met. Eng. 218 (1960), S. 254/56.

[5] Westgren, A. u. G. Phragmén: Z. anorg. allg. Chem. 156 (1926), S. 27/36.

[6] Hoyt, S. L.: Trans. Am. Inst. Min. Met. Eng. 89 (1930), S. 9/58.

[7] Takei, T.: Sci. Rep. Tohoku Univ. 17 (1928), S. 939/44.

[8] Sykes, W. P., K. R. van Horn u. C. M. Tucker: Am. Inst. Min. Met. Eng., Techn. Publ. Nr. 647 (1935).

[9] Lander, J. J. u. L. H. Germer: Am. Inst. Min. Met. Eng., Techn. Publ. Nr. 2259 (1947).

[10] Moissan, H. u. M. K. Hoffmann: Compt. Rend. 138 (1904), S. 1358/61, Ber. dtsch. chem. Ges. 37 (1904), S. 3324/27.

L. SITTIG[1], S. HILPERT und M. ORNSTEIN[2] wollen das Monokarbid gefunden haben. Bei den älteren Präparaten dürfte es sich aber meist um Gemenge von $Mo_2C + C$ gehandelt haben. K. BECKER und F. EBERT[3] stellten bei der Strukturuntersuchung eines Stoffes der Zusammensetzung MoC fest, daß ihm jedenfalls kein kubisches Gitter zukommt. Es blieb unbewiesen, ob er überhaupt eine einheitliche Zusammensetzung hatte. Für die Beständigkeit eines Molybdänkarbides der Formel MoC konnten A. WESTGREN und G. PHRAGMÉN[4] röntgenographisch keine Anhaltspunkte finden. C. AGTE und H. ALTERTHUM[5] wollen ein Molybdänkarbid der Formel MoC erzeugt haben, ohne jedoch nähere Angaben über die Zusammensetzung zu machen. Der Schmelzpunkt wurde um 5° höher als der des Karbides Mo_2C gefunden. Röntgenuntersuchungen von C. AGTE[6] lassen aber wieder die Existenz des MoC fraglich erscheinen.

A. A. RAVDEL[7] will in mit Naphthalindampf aufgekohlten Drähten sowohl das Mo_2C als auch das MoC nachgewiesen haben. Nach R. SCHENK, F. KURZEN und H. WESSELKOCK[8], welche Molybdänpulver mit Methan bei 700 bis 850° aufkohlten und dann durch isothermen Abbau mit Wasserstoff aus dem Gasgleichgewicht Aufschluß über die Zusammensetzung des Bodenkörpers zu bekommen versuchten, soll nur das Mo_2C bei 800° stabil sein. Ein zweites Karbid, vielleicht MoC, dürfte metastabil auftreten. Letzteres soll bei 850°, also bei höherer Temperatur, in $Mo_2C + C$ zerfallen.

Nach H. TUTIYA[9] bildet sich bei der Umsetzung von Kohlenoxyd in Gegenwart von Molybdän bei 450° bis 600° Mo_2C, bei höheren Temperaturen von 750 bis 800° auch ein ebenfalls hexagonales Karbid mit 11,1% C, das MoC sein könnte.

W. MEISSNER, H. FRANZ und H. WESTERHOFF[10] beobachteten, daß durch Zusatz von Kohlenstoff zum Mo_2C der Punkt, bei dem Supraleitfähigkeit eintritt (Sprungpunkt), gesteigert wird, was auf eine vom Mo_2C verschiedene metallische Phase schließen läßt. Dagegen tritt bei der Steigerung des Kohlenstoffgehaltes über MoC hinaus keine wesentliche Erhöhung des Sprungpunktes ein.

[1] FRIEDERICH, E. u. L. SITTIG: Z. anorg. allg. Chem. **144** (1925), S. 169/89.

[2] HILPERT, S. u. M. ORNSTEIN: Ber. dtsch. chem. Ges. **46** (1913), S. 1669/75.

[3] BECKER, K. u. F. EBERT: Z. Physik **31** (1925), S. 268/72.

[4] WESTGREN, A. u. G. PHRAGMÉN: Z. anorg. allg. Chem. **156** (1926), S. 27/36.

[5] AGTE, C. u. H. ALTERTHUM: Z. techn. Physik **11** (1930), S. 182.

[6] AGTE, C.: Dissert. Techn. Hochsch., Berlin 1931.

[7] RAVDEL, A. A.: J. russ. phys. chem. Ges. **62** (1930), S. 515/22.

[8] SCHENCK, R., F. KURZEN u. H. WESSELKOCK: Z. anorg. allg. Chem. **203** (1932), S. 159/87.

[9] TUTIYA, H.: Sci. Pap. Inst. Phys. Chem. Res. Tokio **19** (1932), S. 384/92.

[10] MEISSNER, W., H. FRANZ u. H. WESTERHOFF: Z. Physik **75** (1932), S. 521/24.

Die γ-Phase, welche W. P. Sykes, K. R. van Horn und C. M. Tucker bei ihren mikroskopischen Untersuchungen im System Mo-C fanden, zeigt röntgenographisch nicht dieselben Reflexe, die H. Tutiya für reines MoC angibt. Trotz eines Gehaltes von etwa 12,3 bis 13,0% C ist daher die Identität der γ-Phase mit MoC (11,13% C) nicht eindeutig erwiesen.

Durch die Versuche von G. Weiss[1] und L. Andrieux[2], die allerdings noch durch röntgenographische Untersuchungen ergänzt werden müßten, dürfte die Existenz eines MoC erwiesen sein.

In Wolframkarbid-Molybdänkarbid-Mischkristallen, die auf dem Sinterwege bei 2000° hergestellt wurden, ist nach W. Dawihl[3] das kohlenstoffreichere Molybdänkarbid MoC beständig (s. S. 267).

Kürzlich haben H. Nowotny und R. Kieffer[4] durch Abschrecken von Mo-C-Schmelzen das MoC neben Mo_2C in einer Ausbeute von 30% stabilisiert.

Der zuerst vermutete pseudokubische B 1-Typ des MoC (a) mit einem Gitterparameter von 4,27 kX.E wurde später von H. Nowotny und Mitarbeitern[5] als eine verwandte hexagonale Zelle mit den Werten a = 3,00 kX.E, c = 14,58 kX.E, c/a = 4,86 gedeutet (η). Dieser Befund wurde später von H. J. Albert und J. T. Norton[6] bestätigt. K. Kuo und G. Hägg[7] haben durch Aufkohlung von Molybdänpulver mit Kohlenmonoxyd die Existenz eines MoC aufgezeigt, das in zwei hexagonalen Modifikationen γ und γ' bestehen soll (ternäre Phase ?). K. Kuo[8] konnte dieses MoC auch aus Molybdänstählen isolieren.

Faßt man die sehr heterogenen Ergebnisse im System Mo-C zusammen, so ergibt sich heute etwa folgendes Bild:

Es existiert eine sehr stabile Mo_2C-Phase. Durch Aufkohlen in sauerstoff- und stickstofffreier Atmosphäre, im Vakuum oder unter reinem Wasserstoff gelingt es nicht bei Temperaturen von 700 bis 1600° den Gehalt an gebundenem Kohlenstoff über $MoC_{0,5}$ hinauszusteigern und ein Karbid MoC bzw. MoC_{1-x} zu erhalten. Schreckt man Molybdän-Kohlenstoffschmelzen der Zusammensetzung 1:1 rasch ab, so kann man ein hexagonales (pseudokubisches) MoC in

---

[1] Weiss, G.: Dissert. Univ. Grenoble 1946, Ann. Chim. 1 (1946), S. 446/525.

[2] Andrieux, L. u. G. Weiss: Bull. Soc. Chim. France 15 (1948), S. 598/601.

[3] Dawihl, W.: Z. anorg. allg. Chem. 262 (1950), S. 212/17.

[4] Nowotny, H. u. R. Kieffer: Z. anorg. allg. Chem. 267 (1952), S. 261/64.

[5] Nowotny, H., E. Parthé, R. Kieffer u. F. Benesovsky: Mh. Chem. 85 (1954), S. 255/72.

[6] Albert, H. J. u. J. T. Norton: Planseeber. Pulvermetallurgie 4 (1956), S. 2/6.

[7] Kuo, K. u. G. Hägg: Nature 170 (1952), S. 245/46.

[8] Kuo, K.: J. Iron Steel Inst. 173 (1953), S. 363/75.

verhältnismäßig hoher Ausbeute erhalten. Bei Temperaturen unter 2000° zerfällt MoC sehr schnell in Mo_2C und Graphit. Die Hochtemperaturphase MoC läßt sich auch in Form von Mischkristallen mit den Karbiden Titankarbid[1], Zirkoniumkarbid[2], Hafniumkarbid[3] und Wolframkarbid[4] stabilisieren. In Gegenwart sauerstoffhaltiger Gase (CO,O_2, H_2O, CO_2) oder sauerstoffabgebender Festsubstanzen (MoO_3, Molybdänkarbonyl usw.) läßt sich auch ein der Formel MoC entsprechendes Monokarbid bei 700 bis 900° in verschiedenen Modifikationen erhalten. Bei dieser sehr wahrscheinlich sauerstoffstabilisierten Phase dürfte es sich jedoch um ein ternäres Karbid handeln. Wahrscheinlich kann Sauerstoff auch durch Stickstoff oder Silizium ersetzt werden.

Auf Grund dieser zusammengefaßten und eigener Versuchsergebnisse haben H. Nowotny, E. Parthé, R. Kieffer und F. Benesovsky[5] ein Zustandsbild aufgestellt, das dem heutigen Stand der Kenntnis des Systems Mo-C weitgehend gerecht wird, und die stark divergierenden Untersuchungsergebnisse besser als das alte Zustandsbild von W. P. Sykes, K. R. van Horn und C. M. Tucker[6] wiedergibt (Abb. 49).

Molybdän hat eine kleine temperaturabhängige Löslichkeit für Kohlenstoff und bildet der α-Mischkristall mit dem peritektisch gebildeten Mo_2C ein Eutektikum bei etwa 2200°[7]. MoC, eine wahrscheinlich kongruent schmelzende Phase, ist nur bei hoher Temperatur stabil (Hochtemperaturphase). Sie bildet mit Kohlenstoff ein Eutektikum bei etwa 2400°. Mit Sauerstoff als stabilisierendem Faktor bilden sich MoC-ähnliche Phasen bei niedriger Temperatur, was im Schaubild gestrichelt angedeutet wird.

c) Eigenschaften

Molybdänkarbid der chemischen Formel Mo_2C (theoretischer Kohlenstoffgehalt 5,89%) fällt meist als ein metallisches Pulver von dunkelgrauer Farbe an.

---

[1] Albert, H. J. u. J. T. Norton: Planseeber. Pulvermetallurgie **4** (1956), S. 2/6.

[2] Nowotny, H. u. R. Kieffer: Metallforschung **2** (1947), S. 257/65.

[3] Nowotny, H., R. Kieffer, F. Benesovsky, C. Brukl u. E. Rudy: Mh. Chem. **90** (1959), S. 669/79.

[4] Dawihl, W.: Z. anorg. allg. Chem. **262** (1950), S. 212/17.

[5] Nowotny, H., E. Parthé, R. Kieffer u. F. Benesovsky: Mh. Chem. **85** (1954), S. 255/72.

[6] Sykes, W. P., K. R. van Horn u. C. M. Tucker: Am. Inst. Min. Met. Eng., Techn. Publ. Nr. 647 (1935).

[7] Nadler, M. R. u. C. P. Kempter: J. Phys. Chem. **64** (1960), S. 1468/71.

Zahlentafel 36. *Eigenschaften von Molybdänkarbiden*

Eigenschaften	Mo_2C (5,89 % C)		MoC (11,13 % C)	
	Werte	Weitere Literatur	Werte	Weitere Literatur
Struktur	hexagonal[1] d. g. p. L'3		hexagonal[5] kubisch[3] η a: 3,006[5] c: 14,608 γ a: 2,898[2] c: 2,809 γ' a: 2,932 c: 4,724 α a: 4,28[3]	1—4 1—4 14, 15
Gitterkonstante Å	a: 3,00292[44] c: 4,72895	1—15, 45		
Dichte g/cm³ .... ber. gef.	9,18 9,18[6]		9,15 8,4[16]	
Härte HM (50 g) kg/mm²	1950[17]	13, 18—22, 43, 46	s. Lit.	16
Elastizitätsmodul kg/mm²	22 100[23]	22		
Schmelzpunkt °C	2400 zers.[9]	7, 16, 24, 25, 47	2700[9]	16, 24
Wärmeausdehnungs- koeffizient $\beta \cdot 10^{-6}$ ...	4,4[22]	48		
Thermodynamische Daten — ΔH_{293} kcal/mol	4,2[26]	22, 27—32	s. Lit.	31
Spez. elektr. Widerstand $\mu \Omega$ cm	133[33]	16, 34, 35, 49	s. Lit.	16
Supraleitfähigkeit ab °K	2,78[36]	37—39	9,28[37]	
HALL-Konstante	— 0,85[49]			
Thermokraft	s. Lit.	40		
Elektronenemission	s. Lit.	35, 41, 42	s. Lit.	42
Gefüge	s. Lit.	9, 21		

[1] BECKER, K. u. F. EBERT: Z. Physik **31** (1925), S. 268/72.

[2] KUO, K. u. G. HÄGG: Nature **170** (1952), S. 245/46.

[3] NOWOTNY, H. u. R. KIEFFER: Z. anorg. allg. Chem. **267** (1952), S. 261/64.

[4] TUTIYA, H.: Sci. Rep. Inst. Phys. Chem. Res., Tokio **19** (1932), S. 384/92.

[5] NOWOTNY, H., E. PARTHÉ, R. KIEFFER u. F. BENESOVSKY: Mh. Chem. **85** (1954), S. 255/72.

[6] WESTGREN, A. u. G. PHRAGMÉN: Z. anorg. allg. Chem. **156** (1926), S. 27/36.

[7] TAKEI, T.: Sci. Rep. Tohoku Univ. **17** (1928), S. 939/44.

[8] ADELSKÖLD, V., A. SUNDELIN u. A. WESTGREN: Z. anorg. allg. Chem. **212** (1933), S. 401/09.

[9] SYKES, W. P., K. R. VAN HORN u. C. M. TUCKER: Am. Inst. Min. Met. Eng. Techn. Publ. Nr. 647 (1935).

[10] NOWOTNY, H. u. R. KIEFFER: Metallforschung **2** (1947), S. 257/65.

[11] LANDER, J. J. u. L. H. GERMER: Am. Inst. Min. Met. Eng. Techn. Publ. Nr. 2259 (1947).

[12] SAMSONOV, G. V. u. V. P. LATYSCHEVA: Fiz. Metallov Metalloved. **2** (1956), S. 309/19.

[13] NOWOTNY, H., R. KIEFFER, F. BENESOVSKY u. E. LAUBE: Mh. Chem. **88** (1957), S. 336/43; Rev. Mét. **55** (1958), S. 453/58.

Nichtoxydierende Säuren greifen nicht an, dagegen lösen HNO_3 und Königswasser unter Abscheidung von Kohlenstoff. Chlor wirkt erst bei höherer Temperatur, Fluor bereits bei Zimmertemperatur

[14] KOMAR, A. P. u. J. N. TALANIN: Izv. Akad. Nauk SSSR, Sekt. Fiz. 22 (1958), S. 580/93.

[15] NOWOTNY, H., R. KIEFFER, F. BENESOVSKY, C. BRUKL u. E. RUDY: Mh. Chem. 90 (1959), S. 669/79; Planseeber. Pulvermetallurgie 7 (1959), S. 79/87.

[16] FRIEDERICH, E. u. L. SITTIG: Z. anorg. allg. Chem. 144 (1925), S. 169/89.

[17] SAMSONOV, G. V., V. S. NESCHPOR u. L. M. CHRENOVA: Hutnicke Listy 14 (1959), S. 484/88; Fiz. Metallov Metalloved. 8 (1959), S. 622/30.

[18] WEISS, G.: Ann. Chim. 1 (1946), S. 446/525.

[19] KIEFFER, R. u. F. KÖLBL: Powder Met. Bull. 4 (1949), S. 4/17.

[20] KOVALSKI, A. E. u. L. A. PETROVA: In: Mikrohärte, Akad. Nauk SSSR 1951, S. 170.

[21] BÜCKLE, H.: Metall 9 (1955), S. 1067/74.

[22] SAMSONOV, G. V. u. V. S. NESCHPOR: In: Fragen der Pulvermetallurgie, Akad. Nauk Ukr. RSR 1958, Bd. 5, S. 3/35; Zur. Fiz. Chim. 30 (1956), S. 2057/60; Inz. Fiz. Zur. 1 (1958), S. 30/38.

[23] KÖSTER, W. u. W. RAUSCHER: Z. Metallkunde 39 (1948), S. 111/20.

[24] AGTE, C. u. H. ALTERTHUM: Z. techn. Physik 11 (1930), S. 182/91.

[25] GEACH, G. A. u. F. O. JONES: 2. Plansee Seminar, Reutte/Tirol 1955, S. 80/91.

[26] KELLEY, K. K.: US. Bur. Mines Bull. Nr. 407 (1937).

[27] BREWER, L., L. A. BROMLEY, P. W. GILLES u. N. L. LOFGREN in L. L. QUILL: The Chemistry and Metallurgy of Miscellaneous Materials-Thermodynamics. McGraw Hill, New York 1950, S. 40/59.

[28] BROWNING, L. C. u. P. H. EMMETT: J. Am. Chem. Soc. 74 (1952), S. 4773/74.

[29] RICHARDSON, F. D.: J. Iron Steel Inst. 175 (1953), S. 33/51.

[30] KEMPTER, C. P.: J. Am. Chem. Soc. 78 (1956), S. 6209/10.

[31] GAEV, I. S.: Zur. Neorg. Chim. 1 (1956), S. 193/211.

[32] BOOSS, H. J.: Z. anorg. allg. Chem. 292 (1957), S. 232/41.

[33] SAMSONOV, G. V.: Zur. Techn. Fiz. 26 (1956), S. 716/22.

[34] RAVDEL, A. A.: J. russ. phys. chem. Ges. 62 (1930), S. 515/22.

[35] SAMSONOV, G. V. u. V. S. NESCHPOR: In: Fragen der Pulvermetallurgie. Kiew 1959, Bd. 7, S. 99/104.

[36] MATTHIAS, B. T. u. J. K. HULM: Phys. Rev. 87 (1952), S. 799/802.

[37] HARDY, G. F. u. J. K. HULM: Phys. Rev. 93 (1954), S. 1004/16.

[38] MEISSNER, W. u. H. FRANZ: Z. Physik 65 (1930), S. 30/54; Ann. Physik 17 (1933), S. 593.

[39] HUDSON, R. P. u. K. LARK-HOROWITZ: US. Nat. Bur. Stand. Circ. Nr. 519 (1952), S. 61/63.

[40] SAMSONOV, G. V. u. N. S. STRELNIKOVA: Ukr. Fiz. Zur. 3 (1958), S. 135/38.

[41] KRAUTZ, E. u. G. LAUTZ: Abh. Braunschweig. Wiss. Ges. 2 (1950), S. 192/98.

[42] BAS-TAYMAZ, E.: Z. angew. Math. Phys. 2 (1951), S. 49/51.

[43] SATO, T., T. NISHIZAWA u. J. ISHIWARA: Nippon Kinzoku Gakkai-Si 23 (1959), S. 403/07.

[44] FRIESS, R. J. u. C. P. KEMPTER: Anal. Chem. 32 (1960), S. 1898.

[45] ARCHAROV, V. I., V. N. KONEV u. A. F. GERASIMOVA: Fiz. Metallov Metalloved. 9 (1960), S. 695/700.

ein. Beim Erhitzen an Luft bilden sich Molybdänoxyde. Unter Wasserstoff ist es bis zu höchsten Temperaturen beständig[50].

Das Verhalten von Mo_2C-Tiegeln gegen oxydische Schlacken hat O. MEYER[51] untersucht. Mo_2C löst sich leicht in alkalischen Ferricyankalilösungen[52].

Weitere Angaben von Eigenschaften der Molybdänkarbide sind der Zahlentafel 36 zu entnehmen.

d) Verwendung

Da Molybdänkarbid verhältnismäßig leicht herzustellen und dabei billiger als Wolframkarbid ist, könnte ihm praktische Bedeutung für die Hartmetallherstellung zukommen. Leider ist es spröde und weit weniger hart als das Wolframkarbid. Als Mischkristall mit anderen harten Karbiden, z. B. TiC, ergibt es aber brauchbare Hartmetalle, welche bereits gewisse praktische Anwendung gefunden haben (s. Bd. Hartmetalle).

Die Hoffnungen, die hartmetalltechnisch auf ein eventuell zäheres Molybdänmonokarbid gesetzt wurden, erfüllten sich nicht wegen der Instabilität der MoC-haltigen Mischkristalle bei der üblichen Sintertemperatur von 1350 bis 1550°.

Bei der direkten Herstellung von Aluminium aus Bauxit werden neuerdings mit Erfolg Formstücke und Schiffchen aus Molybdänkarbid eingesetzt.

9. Wolframkarbid

a) Herstellung in wissenschaftlichem und halbtechnischem Rahmen
α) Schmelzen. Die klassische Art, Wolframkarbid zu erzeugen, ist das Schmelzverfahren, sei es im Lichtbogen oder Kohlerohrkurzschlußofen.

Durch Schmelzen von Wolfram sowie durch Reduktion von WO_3 mit Kohle oder Kalziumkarbid gewann H. MOISSAN[53] im Kohlelicht-

[46] GERDS, A. F. u. M. W. MALLETT: Trans. Am. Soc. Met. **52** (1960), S. 1027/45.

[47] NADLER, M. R. u. C. P. KEMPTER: J. Phys. Chem. **64** (1960), S. 1468/71.

[48] KRIKORIAN, O. H.: UCRL 6132 (1960).

[49] LVOV, S. N., V. F. NEMTSCHENKO u. G. V. SAMSONOV: Dokl. Akad. Nauk SSSR **135** (1960), S. 577/80.

[50] MAY, C. E., D. KONEVAL u. G. C. FRYBURG: NASA Mem. 3-5-59 E (1959).

[51] MEYER, O.: Arch. Eisenhüttenwes. **4** (1930), S. 193/98. Ber. dtsch. keram. Ges. **11** (1938), S. 333/63.

[52] BOOSS, H.-J.: Z. anorg. allg. Chem. **292** (1957), S. 232/41.

[53] MOISSAN, H.: Compt. Rend. **116** (1893), S. 1225/27, **123** (1896), S. 13/16, **125** (1897), S. 839/44.

bogenofen einen Wolfram-Kohlenstoff-Regulus mit 3,05 bis 3,22% C, den er als die Verbindung W_2C (theoretisch 3,16% C) ansprach.

O. RUFF und R. WUNSCH[1], A. WESTGREN und G. PHRAGMÉN[2], A. HULTGREN[3], K. BECKER[4], W. P. SYKES[5] u. a. haben Wolfram-Kohlenstoff-Legierungen vorzugsweise durch Schmelzen hergestellt, um die Konstitution des Systems W-C, die auftretenden Phasen und die Temperaturabhängigkeit der Löslichkeit derselben ineinander genau zu untersuchen.

Durch Schmelzen gelingt es leicht, das Karbid W_2C sowie angenähert eutektische Gemenge W_2C-WC (etwa 4 bis 4,5% C) herzustellen. In Legierungen mit WC tritt meist wegen des peritektischen Zerfalles des WC, freier Graphit beim Schmelzen auf.

Die Herstellung von geschmolzenem Wolframkarbid mit etwa 3,5 bis 4% C hat großtechnisch für die Herstellung gegossener Verschleißteile und von Aufschweißlegierungen auf Wolframkarbidbasis Bedeutung erlangt. Auf S. 186 wird näher auf diese technische Herstellungsweise eingegangen.

β) Isolierung aus wolframkarbidhaltigen Legierungen. P. WILLIAMS[6] isolierte durch Auflösen in Säure aus einer im elektrischen Ofen hergestellten Schmelze aus WO_3 + Eisen + Kohlenstoff neben Eisen enthaltenden Doppelkarbiden graue, sehr harte und verhältnismäßig reine Kristalle mit einer Zusammensetzung von 93,5% W und 6,1% C. Sie entsprachen der Formel WC. Beim Umschmelzen zerfiel das isolierte Wolframmonokarbid unter Graphitabscheidung.

J. O. ARNOLD und A. A. READ[7] haben durch elektrolytische Behandlung von Wolframstählen ebenfalls Wolframmonokarbid isoliert. Die elektrolytische Isolierung der in Stählen auftretenden Karbide und Doppelkarbide ist später häufig zur Klärung der Konstitution derselben benutzt worden. So haben A. WESTGREN und G. PHRAGMÉN[2] für ihre röntgenographischen Untersuchungen im System W-C ebenfalls Wolframmonokarbid aus hoch aufgekohlten Ferrowolframschmelzen isoliert.

Im Rahmen einer Untersuchung über den Einfluß der Eisenverdampfung bei der Sauerstoffbestimmung von Ferrowolfram

---

[1] RUFF, O. u. R. WUNSCH: Z. anorg. allg. Chem. **85** (1914), S. 292/328.

[2] WESTGREN, A. u. G. PHRAGMÉN: Z. anorg. allg. Chem. **156** (1936), S. 27/36.

[3] HULTGREN, A.: Metallographic Study of Tungsten Steels. New-York 1920.

[4] BECKER, K.: Z. Elektrochem. **34** (1928), S. 640/42, Z. Metallkunde **20** (1928), S. 437/41, Z. Physik **51** (1928), S. 481/89.

[5] SYKES, W. P.: Trans. Am. Soc. Steel. Treat. **18** (1930), S. 968/91.

[6] WILLIAMS, P.: Compt. Rend. **126** (1898), S. 1722/24, **127** (1898), S. 410/12.

[7] ARNOLD, J. O. u. A. A. READ: Proc. Inst. Mech. Eng. (1914), Nr. 2, S. 223.

stellten G. Thanheiser und R. Paulus[1] fest, daß durch Kohlenstoffaufnahme aus dem Graphittiegel das Doppelkarbid Fe_3W_3C zu
W_2C, WC, Fe_3C und Fe umgesetzt wird. Aus dem Gemisch kann das
Wolframmonokarbid WC entweder durch längeres Digerieren mit
20%iger Salzsäure oder durch vorsichtiges Chlorieren unter 400°
abgetrennt werden, da es gegen beide Agenzien im Gegensatz zu
Fe, Fe_3C und W_2C praktisch indifferent ist. Das so erhaltene WC
enthält meist noch rund 1% Eisen.

Die Doppelkarbide der Schnellstähle, nämlich Ni_3W_3C, Co_3W_3C
und Fe_3W_3C, deren Konstitution A. Westgren[2] und Mitarbeiter
geklärt haben, zerfallen bei hohen Temperaturen, wobei WC auftritt[3]. Diese Beobachtung wurde auch von S. Takeda[4] bei hochkohlenstoffhaltigen Fe-W-C-Legierungen gemacht. Weitere Angaben
über Doppelkarbide sind in zahlreichen neueren Arbeiten zu finden[5-10]
(vgl. auch die Ausführungen über das System W-C-Co in Bd. Hartmetalle).

Die Herstellung von reinem WC aus einem Metallbad nach der
von P. M. McKenna angegebenen Methode ist nicht üblich. Dagegen werden heute im technischen Umfange WC-TiC-Mischkristalle
durch Reaktion von W, Ti und C im Nickelschmelzbad hergestellt
und durch Säurebehandlung isoliert (s. S. 234).

Gut ausgebildete WC-Kristalle bis 1 mm Größe haben H. Pfau
und W. Rix[11] in Nickel- bzw. Kobaltschmelzen gezüchtet.

---

[1] Thanheiser, G. u. R. Paulus: Mitt. Kaiser-Wilhelm-Inst. Eisenforsch.
22 (1940), S. 217/28.

[2] Westgren, A. u. G. Phragmén: Trans. Am. Soc. Steel Treat. 13 (1928),
S. 539/54.

[3] Adelsköld, V., A. Sundelin u. A. Westgren: Z. anorg. allg. Chem.
212 (1933), S. 401/09.

[4] Takeda, S.: Techn. Rep. Tohoku Univ. 9 (1931), S. 483/87, 488/514,
627/64.

[5] Goldschmidt, H. J.: J. Iron Steel Inst. 170 (1952), S. 189/204.

[6] Onitsch-Modl, E. M.: Proc. Internat. Symposium Reactivity of Solids
Göteborg 1952, S. 1079/92.

[7] Kuo, K.: Research 5 (1952), S. 339/40, Jernkontorets Ann. 136 (1952),
S. 156/68, Acta Met. 1 (1953), S. 301/04, J. Iron Steel Inst. 173 (1953), S. 363/75,
174 (1953), S. 223/28, 185 (1957), S. 297/303, J. Metals 8 (1956), S. 1373/77,
Jernkontorets Ann. 141 (1957), S. 146/74, 206/30.

[8] Schrader, A., A. Rose, L. Rademacher u. W. Pitsch: Arch. Eisenhüttenwes. 28 (1957), S. 461/68.

[9] Sato, T., T. Nishizawa u. K. Murai: Tetsu to Hagane 45 (1959),
S. 409/15, S. 511/16.

[10] Koshiba, S., S. Kimura u. H. Harada: Tetsu to Hagane 44 (1958),
S. 1186/91, 45 (1959), S. 338/39, 608/15, 1554/58, Nippon Kinzoku Gakkai Si
24 (1960), S. 437/40.

[11] Pfau, H. u. W. Rix: Z. Metallkunde 45 (1954), S. 116/18.

γ) Aufkohlung aus der Gasphase. Die Aufkohlung von metallischem Wolfram durch kohlenstoffabgebende Gase ist schon bei verhältnismäßig niedriger Temperatur möglich. So kohlten S. HILPERT und M. ORNSTEIN[1] Wolframpulver mit Kohlenoxyd und Methan-Wasserstoff-Gemischen auf und beobachteten, daß die Kohlenstoffaufnahme nach einfachen stöchiometrischen Verhältnissen erfolgt. Sie fanden bei einer Temperatur von 860°, daß WC entsteht und daß bei Temperaturen von 1000° angeblich weiterer Kohlenstoff aufgenommen wird. Dies ist zweifelsohne nicht auf die Bildung vermuteter höherer Karbide (W_3C_4), sondern auf Ausscheidung von freiem Kohlenstoff zurückzuführen. Bei Aufkohlung mit Methan-Wasserstoff-Gemischen entsteht schon bei 800° WC.

Sehr zahlreich sind die Arbeiten, welche sich mit der Herstellung von WC-Schichten und WC-Drähten durch Aufkohlung von Wolframdrähten bei höherer Temperatur in einer kohlenstoffabgebenden Atmosphäre befassen. So stellten M. R. ANDREWS[2] und S. DUSHMAN[3] durch Aufkohlen von Wolframdraht bei 1800° im Naphthalindampf unter Unterdruck Wolframkarbide der Zusammensetzung W_2C und WC her. Ähnliche Beobachtungen machten B. T. BARNES[4] und A. A. RAVDEL[5]. Für röntgenographische Untersuchungen haben A. WESTGREN und G. PHRAGMEN[6] im System Wolfram-Kohlenstoff Wolframdrähte mit Kohlenoxyd bei 1500° aufgekohlt. Auch bei dem alten JUST-HANAMANN[7]-Verfahren zur Herstellung von Wolframdrähten dürfte intermediär WC aufgetreten sein.

Bei der Bildung von Wolframkarbiden aus Wolframpulver und Methan haben R. SCHENCK, F. KURZEN und H. WESSELKOCK[8] durch isothermen Aufbau und nachfolgenden Abbau mit Wasserstoff gefunden, daß bei 800° nur WC gebildet wird. Bei 700° deuteten sie ihren Befund durch die Annahme der Existenz instabiler, kohlenstoffärmerer Karbide (W_5C_2, W_3C_2), die bei höherer Temperatur wegen der großen Umwandlungsgeschwindigkeit nicht in Erscheinung treten. Nach D. OKUBO und K. OGAWA[9] tritt bei Karburierung

---

[1] HILPERT, S. u. M. ORNSTEIN: Ber. dtsch. chem. Ges. **46** (1913), S. 1669/75.

[2] ANDREWS, M. R.: J. Phys. Chem. **27** (1923), S. 270/83.

[3] ANDREWS, M. R. u. S. DUSHMAN: J. Franklin Inst. **192** (1921), S. 545/46, J. Phys. Chem. **29** (1925), S. 462/72.

[4] BARNES, B. T.: J. Phys. Chem. **33** (1929), S. 688/91.

[5] RAVDEL, A. A.: J. russ. phys. chem. Ges. **62** (1930), S. 515/22.

[6] WESTGREN, A. u. G. PHRAGMÉN: Z. anorg. allg. Chem. **156** (1936), S. 27/36.

[7] D.R.P. 154262 (1903), 184379 (1905), 193221 (1906).

[8] SCHENCK, R., F. KURZEN u. H. WESSELKOCK: Z. anorg. allg. Chem. **203** (1932), S. 177/83.

[9] OKUBO, D. u. K. OGAWA: J. Japan Soc. Powder Met. **4** (1960), S. 1/8, 106/11.

mit methanhaltigem Wasserstoff bei Temperaturen von 700° ein WC mit gestörtem Gitter auf.

Das Problem der Herstellung von Wolframkarbiddrähten, welche seinerzeit für die Erzeugung von Glühdrähten interessant zu sein schienen, wurde sehr eingehend von F. SKAUPY[1] und K. BECKER[2] behandelt. Dabei wurden Wolframdrähte von 60 bis 300 μ in Wasserstoff oder in Wasserstoff-Stickstoff-Gemischen (75% N_2 + 25% H_2) mit einer bestimmten Methan- oder Benzol-Konzentration in gasdichten Zylindern auf höhere Temperatur erhitzt. Zahlentafel 37 zeigt die mit steigender Temperatur bei einstündiger Glühdauer zunehmende Karburierung eines 300 μ dicken Wolframdrahtes, der in einem mit Benzoldampf beladenen Wasserstoff-Stickstoff-Gemisch geglüht wird, wobei die gleichbleibende Benzolkonzentration unterhalb der Kohlenstoffabscheidungsgrenze bleibt. Der Röntgenbefund der Oberfläche derartiger Drähte (zweite Spalte) bezieht sich auf eine Schicht von etwa höchstens 2 μ. Der Röntgenbefund des gepulverten Drahtes (dritte Spalte) bezieht sich auf sämtliche vorhandenen Phasen, soweit ihr Gehalt oberhalb der röntgenographischen Nachweisgrenze liegt, was bei Wolfram und seinen Karbiden bei rund 2% der Fall ist.

Die Aufkohlungsreaktion von Wolfram mit Methan aus der Gasphase kann nach den Gleichungen

$$W + CH_4 \rightleftarrows WC + 2\,H_2 \quad \text{oder} \quad 2\,W + CH_4 \rightleftarrows W_2C + 2\,H_2$$

verlaufen.

Die Reaktionen sind umkehrbar, d. h. von einer bestimmten Mindestkonzentration von Methan an werden sie für eine bestimmte Temperatur von links nach rechts verlaufen. K. BECKER[3] hat diese Mindestkonzentration bestimmt, wobei als Nachweis der fortschreitenden Karbidbildung im Wolframdraht die Änderung des Widerstandes herangezogen wurde. Die dabei entstehenden Phasen können röntgenographisch nachgewiesen werden. Setzt man die Grenzkonzentration an Methan in Beziehung zur Temperatur, dann erhält man eine Kurve, die bei etwa 2400° einen deutlichen Knickpunkt zeigt, welcher der Umwandlung von α-W_2C entspricht (s. S. 189).

W. P. SYKES[4] hat bei seinen Untersuchungen im System W-C durch 24stündiges Aufkohlen von Wolframpulverpreßlingen bei 1500 bis 1600° in einem Kohlerohrofen unter Wasserstoff zwei gut

---

[1] SKAUPY, F.: Z. Elektrochem. **33** (1927), S. 487/91.

[2] BECKER, K.: Z. Elektrochem. **34** (1928), S. 640/42, Z. Physik **51** (1928), S. 481/89, Z. Metallkunde **20** (1928), S. 437/41.

[3] BECKER, K.: Z. Elektrochem. **34** (1928), S. 640/42, Z. Physik **51** (1928), S. 481/89, Z. Metallkunde **20** (1928), S. 437/41.

[4] SYKES, W. P.: Trans. Am. Soc. Steel Treat. **18** (1930), S. 968/91.

Zahlentafel 37. *Karbidbildung bei einstündiger Glühung eines Wolframdrahtes bei verschiedenen Temperaturen in einer benzolhaltigen Stickstoff-Wasserstoffatmosphäre* (K. BECKER)

Temperatur	Röntgenbefund der Oberfläche	Röntgenbefund des gepulverten Drahtes	Schliff
975	WC, W	W (WC zu wenig vorhanden, um in diesem Falle sichtbar zu sein)	Zone von $1\,\mu$
1300	WC	W mit Spuren von WC	Zone von $6\,\mu$
1555	WC	W, W_2C, WC	äußere Zone 5 bis $8\,\mu$ innere Zone 20 bis $30\,\mu$
1975	WC	W, W_2C, WC	äußere Zone 5 bis $8\,\mu$ innere Zone 30 bis $40\,\mu$
2200	WC	W, W_2C, WC	undeutliche Zonenbildung, verschiedene Kristallarten
2440	W_2C	W_2C	vollständig durchkarburiert, eine einzige Kristallart

unterscheidbare Schichten von WC (außen) und W_2C (darunter) festgestellt. Dieselbe Beobachtung machte C. W. HORSTIG[1] bei der Aufkohlung von thorierten Wolframdrähten mit Kohlenwasserstoffen bei 2200°.

A. E. NEWKIRK und I. ALIFERIS[2] haben die Bedingungen bei der Herstellung von WC aus Wolframhydratsäure und Ammoniumparawolframat in einen Wasserstoff-Methan-Strom bei 1000° untersucht. Zu hohe Methangehalte führen zu Kohlenstoffabscheidung, zu niedrige zur Bildung von W_2C. Intermediär bildet sich bei der Umsetzung metallisches Wolfram, das über 920° in WC übergeht.

δ) Karburierung mit festen Kohlungsmitteln. Der übliche Weg zur Herstellung von Wolframkarbid für Sinterhartmetalle ist die Karburierung von Wolframmetall, seltener von Wolframtrioxyd mit festen Kohlungsmitteln.

Nach W. GEISS und J. A. M. VAN LIEMPT[3] beginnt die Aufkohlung von vielkristallinen Wolframdrähten mit Kohlepulver bei 1550°. Bei Einkristalldrähten ist auch bei 1900° noch keine Karbidbildung zu beobachten.

---

[1] HORSTIG, C. W.: J. Appl. Physics **18** (1947), S. 95/102.
[2] NEWKIRK, A. E. u. I. ALIFERIS: J. Am. Chem. Soc. **79** (1957), S. 4629/31.
[3] GEISS, W. u. J. A. M. VAN LIEMPT: Z. Metallkunde **16** (1924), S. 317/18.

R. A. Swalin[1] konnte beim Glühen graphitbedeckter Wolframdrähte bei 1850° das Aufwachsen von α-W_2C in bestimmter Orientierung nachweisen. Auch Ch. Menzel-Kopp[2] hat sich mit dem Aufwachsen von W_2C-Kristallen auf Kupfereinkristallen beschäftigt.

E. Friederich und L. Sittig[3] haben Wolfram und Ruß im molaren Verhältnis gemischt, gepreßt und die Stäbe im direkten Stromdurchgang auf 2000° erhitzt, wobei viel Kohlenstoff ungebunden blieb. Nach nochmaligem Zerkleinern und Erhitzen erhielten sie ein Produkt, welches beim Glühen an Luft eine Gewichtszunahme von 18,7% aufwies (theoretisch für Wolframmonokarbid 18,4%). Der geschmolzene Stab zeigte keine Entkohlung.

Bei der Karburierung von Wolfram mit Ruß ist zur Karbidbildung die Gegenwart eines Gases von bestimmtem Kohlenstoffpartialdruck erforderlich. Die Reaktionen

$$2\ W + C \rightleftarrows W_2C \text{ und}$$
$$W + C \rightleftarrows WC$$

verlaufen je nach Ofenart und Atmosphäre in verschiedener Richtung. Bei der Karburierung unter Wasserstoff mit Kohlenstoff im Graphitrohrofen findet die Karbidbildung sehr leicht statt, während sie im kohlenstofffreien Wolframrohrofen nur langsam abläuft. F. Skaupy[4] und K. Becker[5, 6] haben die Karbidbildung von Mischungen, bestehend aus $W + C$ und $2\ W + C$, in verschiedenen Ofenarten untersucht und die gemäß Zahlentafel 38 angegebenen Endprodukte röntgenographisch nachgewiesen. Man sieht, daß die Gegenwart eines kohlenden Gases notwendig ist, um die Reaktion quantitativ durchzuführen; allerdings erfolgt stets eine vollständige Aufkohlung bis zum höchsten Karbid WC, wie die Versuchsergebnisse beim Karburieren des Gemisches aus $2\ W + C$ im Kohlerohrofen zeigen. Die kohlende Atmosphäre (Kohlenwasserstoff) entsteht durch Reaktion des Wasserstoffes mit dem glühenden Kohlerohr.

Die Methode der Aufkohlung von Wolframpulver mit festem Kohlenstoff wurde später sehr häufig für die Herstellung von Präparaten zwecks Untersuchungen im System W-C herangezogen. So haben A. Westgren und G. Phragmén[7] durch Wasserstoffreduktion gewonnene Wolframpulver mit Acheson-Graphit gemischt und in

---

[1] Swalin, R. A.: Acta Cryst. **10** (1957), S. 473/74.

[2] Menzel-Kopp, Ch.: Z. Naturforschung **12 a** (1957), S. 1003/06.

[3] Friederich, E. u. L. Sittig: Z. anorg. allg. Chem. **144** (1925), S. 169/89.

[4] Skaupy, F.: Z. Elektrochem. **33** (1927), S. 487/91.

[5] Becker, K.: Z. Elektrochem. **34** (1928), S. 640/42, Z. Physik **51** (1928), S. 481/89, Z. Metallkunde **20** (1928), S. 437/41.

[6] Becker, K. u. R. Hölbling: Z. angew. Chem. **40** (1927), S. 512/13.

[7] Westgren, A. u. G. Phragmén: Z. anorg. allg. Chem. **156** (1936), S. 27/36.

Zahlentafel 38. *Karburierung von Wolfram unter verschiedenen Bedingungen* (F. SKAUPY u. K. BECKER)

Ofen	Beschickung des Ofens		
	W	2 W + C	W + C
Kohlerohrofen mit Wasserstoffspülung, 1400° C, Glühdauer 1 ½ Stunden	W_2C	WC	WC
Wolframdrahtofen mit Wasserstoffspülung, 1400° C, Glühdauer 1 ½ Stunden	W	W, wenig W_2C	W, wenig W_2C
Wolframrohrofen im Vakuum von 10^{-4} mm Hg, 1400° C, Glühdauer 1 ½ Stunden	—	—	W, W_2C, WC
Wolframrohrofen im Vakuum von $5 \cdot 10^{-3}$ mm Hg, 2000° C, Glühdauer 8 Minuten	—	—	W_2C, WC und freier C

Magnesia-Tiegeln zehn Minuten auf 2000° im Kohlerohr-Vakuumofen erhitzt. Um reine Präparate zu bekommen, wurde die Operation nach Zerkleinerung der zusammengesinterten Reaktionsprodukte nochmals wiederholt.

W. P. SYKES[1] hat bei seinen Untersuchungen im System W-C Wolframpulver mit entsprechenden Mengen Ruß oder Graphit gemischt und in Kohleschiffchen bei 1500 bis 1600° unter Wasserstoff im Kohlerohrofen karburiert. Versuche, um durch Zusatz von 8 bis 12% Kohlenstoff zu höheren Karbiden als WC zu gelangen, schlugen fehl, da der 6,12% C übersteigende Gehalt immer als freier Graphit vorlag.

Bei der Aufkohlung von geschmolzenem Wolfram mit festem Kohlenstoff zwecks Bestimmung des Diffusionskoeffizienten in Abhängigkeit von der Temperatur entsteht nach M. PIRANI und J. SANDOR[2] vornehmlich WC.

H. KRAINER und K. KONOPICKY[3] haben Wolframmetallpulver mit verschiedenen Mengen Ruß in Kohleschiffchen bei 1400° unter Wasserstoff im Kohlerohrkurzschlußofen karburiert und dabei Karbide einer Zusammensetzung gemäß Zahlentafel 39 erhalten. Man sieht, daß unter diesen Bedingungen ausschließlich Wolframmonokarbid WC entsteht.

Eine andere Möglichkeit zur Herstellung von Wolframmono-

---

[1] SYKES, W. P.: Trans. Am. Soc. Steel Treat. **18** (1930), S. 968/91.

[2] PIRANI, M. u. J. SANDOR: J. Inst. Met. **73** (1947), S. 385/95.

[3] KRAINER, H. u. K. KONOPICKY: Berg- u. Hüttenmänn. Mh. **92** (1947), S. 166/78.

Zahlentafel 39. *Zusammensetzung von Wolframkarbidpulvern in Abhängigkeit vom Kohlenstoffzusatz* (H. KRAINER u. K. KONOPICKY)

Kohlenstoff im Ansatz	Wolframkarbidpulver		
	Gesamt-C %	gebundener C %	freier C %
5,21	5,57	5,57	—
5,50	5,94	5,94	—
5,66	6,12	6,12	—
6,10	6,14	6,11	—
6,28	6,17	6,11	0,06
6,35	6,29	6,15	0,14
6,45	6,35	6,12	0,23
6,55	6,43	6,14	0,29
6,63	6,50	6,15	0,35
6,72	6,58	6,10	0,48

karbid besteht in der direkten Reduktion der Wolframsäure mit einem Kohlenstoffüberschuß, wobei intermediär Wolframmetall, als Endprodukt Wolframkarbid entsteht. Diese klassische Methode wurde schon lange vor H. MOISSAN, nämlich 1786 von D'ELHUYAR bei dem Versuch, Wolframmetall herzustellen, angewendet. Die Reduktion beginnt schon bei 650°. Es entstehen jedoch dann vorerst niedrige Oxyde; oxydfreie Endprodukte erhält man erst oberhalb 1500°. Sollen Karbide mit einem definierten Kohlenstoffgehalt hergestellt werden, dann ist zu berücksichtigen, daß die zum Ablauf der Reaktionen

$$WO_3 + 3\,C = W + 3\,CO \quad \text{bzw.} \quad WO_3 + 4\,C = WC + 3\,CO$$

notwendige Kohlenstoffmenge praktisch nur 80 bis 90% der theoretisch notwendigen betragen darf, da auch das gebildete CO sich an der Reaktion mitbeteiligt.

Das Wolframkarbid W_2C kann gleichfalls in reiner Form durch Glühen von Wolframmetallpulver mit der erforderlichen Menge Kohlenstoff unter Wasserstoff im elektrischen Ofen zwischen 1000 und 1600° hergestellt werden[1, 2]. Es sind gewisse Vorsichtsmaßregeln einzuhalten, um eine Aufkohlung oder Entkohlung zu vermeiden. Je nach den Arbeitsbedingungen treten jedoch Gemenge von W und WC bzw. W, W_2C und WC auf. Reines W_2C erhält man oberhalb 2000° im Kohlerohr-Vakuumofen, am besten jedoch durch Niederschmelzen eines entsprechenden W-C-Gemenges.

Die Erfahrungen über die reaktionsfördernde Wirkung von chlorabgebenden Gasen bei der Karburierung von TiO_2 veranlaßten

---

[1] BECKER, K. u. R. HÖLBLING: Z. angew. Chem. **40** (1927), S. 512/13.
[2] SYKES, W. P.: Trans. Am. Soc. Steel Treat. **18** (1930), S. 968/91.

G. F. Hüttig und V. Fattinger[1] dazu, diese Frage auch bei der Herstellung von Wolframkarbid zu untersuchen. Wolframmetallpulver wurde mit Ruß im molaren Verhältnis 1 : 1 innig gemischt und vier Stunden bei 1100° in einem Sintertonerderohrofen unter verschiedenen Gasatmosphären karburiert. Die Präparate wurden auf ihren Gehalt an Kohlenstoff untersucht und daraus auf die Vollständigkeit des Reaktionsablaufes geschlossen. Gemäß Zahlentafel 40 sieht man, daß Vakuum reaktionshemmend wirkt, was

Zahlentafel 40. *Zusammensetzung von Wolframkarbid, hergestellt durch vierstündige Karburierung von Wolframmetallpulver mit Ruß bei 1100° unter verschiedenen Reaktionsatmosphären* (G. F. Hüttig u. V. Fattinger)

Reaktionsatmosphäre	Gesamt-kohlen-stoff %	Kohlen-stoff frei %	Kohlen-stoff gebunden %	Gewichts-verlust %	Reaktions-ablauf in %
H_2 + 0,5% Propan........	6,03	0,85	5,18	0,15	81
Vakuum	6,03	3,2	2,83	0,8	46,7
H_2 + HCl (6 : 1,3) + 0,5% Propan	6,1	0,75	5,35	1,2	87,6
H_2 + HBr (6 : 1,3) + 0,5% Propan	6,1	0,71	5,39	1,3	88,5
H_2 + HJ (6 : 1,3) + 0,5% Propan	6,05	0,4	5,65	0,9	93,5

erklärlich ist, weil die Reaktion bei niedriger Temperatur größtenteils über die Gasphase abläuft. Der Einfluß von reaktionsfördernden Zusätzen (Halogenwasserstoffverbindungen) zum Schutzgas ist verhältnismäßig gering, beim Jodwasserstoff aber immerhin merklich.

Der Einfluß der Gasatmosphäre ist größer, wenn man nicht von Wolframmetallpulver, sondern von WO_3 ausgeht. Die Karburierung läuft dabei je nach Temperatur nach einer der Gleichungen:
$$WO_3 + 4\,C = WC + 3\,CO$$
$$2\,WO_3 + 5\,C = WC + 3\,CO_2$$
und man muß für jede Reaktionstemperatur die erforderliche Menge an zuzusetzendem Kohlenstoff ermitteln. Bei einstündiger Karburierung bei 1100° hat sich ein Zusatz von 3,1 Mol. Ruß zu 1 Mol. WO_3 am günstigsten erwiesen. Das Ergebnis der Karburierung unter verschiedenen Reaktionsatmosphären ist der Zahlentafel 41 zu entnehmen. Man sieht, daß der Einfluß der reaktionsfördernden Halogenwasserstoffe deutlicher ist als bei der Karburierung von Wolframmetall. Außerdem besteht kein so großer Unterschied bei

---

[1] Hüttig, G. F. u. V. Fattinger: Powder Met. Bull. 5 (1950), S. 30/37.

Zahlentafel 41. *Zusammensetzung von Wolframkarbid, hergestellt durch einstündige Karburierung von Wolframtrioxyd mit Ruß bei 1100° unter verschiedenen Reaktionsatmosphären* (G. F. HÜTTIG u. V. FATTINGER)

Reaktionsatmosphäre	Gesamtkohlenstoff %	Kohlenstoff frei %	Kohlenstoff gebunden %	Reaktionsablauf in %
H_2 + 0,5% Propan	6,0	1,85	4,15	69,2
Vakuum	5,8	2,3	3,5	60,4
H_2 + HCl (6 : 1,3) + 0,5% Propan	6,3	0,66	5,64	92
H_2 + HBr (6 : 1,3) + 0,5% Propan	6,2	0,45	5,75	92,5
H_2 + HJ (6 : 1,3) + 0,5% Propan	6,05	0,1	5,95	98

der Erhitzung im Vakuum oder unter Atmosphärendruck, was wahrscheinlich auf die reaktionsfördernde Wirkung der entstehenden Gase (CO, CH_4) vor deren Absaugung zurückzuführen ist.

Die Reaktionsbeschleunigung durch Halogene in der Gasatmosphäre ist bei der Herstellung von Wolframkarbid im Gegensatz zu den Verhältnissen bei Titankarbid verhältnismäßig gering. WC wird nämlich von Halogenen nicht angegriffen, so daß sich daher keine reaktionsfördernden Zwischenreaktionen (s. S. 85) abspielen können.

Die direkte Karburierung von WO_3 mit Ruß ist von C. AGTE und J. HRUŠKA[1] eingehend untersucht und auf den Einfluß der Gasatmosphäre hingewiesen worden. Unter Wasserstoff ist die Reaktionsgleichung:

$$WO_3 + 2\,C + 2\,H_2 = WC + 2\,H_2O + CO$$

maßgebend und bei Zusätzen von etwa 12% C zum Gemisch erhält man bei 1600° ein WC fast theoretischer Zusammensetzung. Demgegenüber verläuft die Karburierung unter Stickstoff wesentlich träger.

Das Karbid W_2C haben W. FREUNDLICH und F. A. JOSIEN[2] neben Titanmetall durch Umsetzung von WC mit TiO_2 bei 1450° qualitativ nach der Gleichung

$$TiO_2 + 4\,WC = 2\,W_2C + Ti + 2\,CO$$

erhalten.

Die Herstellung von Wolframmonokarbid durch Karburierung von Wolframpulver im festen Zustand ist von zahlreichen weiteren Autoren laboratoriumsmäßig durchgeführt und beschrieben worden,

---

[1] AGTE, C. u. J. HRUŠKA: Hutnické Listy **9** (1954), S. 642/46.

[2] FREUNDLICH, W. u. F. A. JOSIEN: Bull. Soc. Chim. France (1957), S. 557/60, (1960), S. 281/83.

wobei insbesondere russische Forscher[1-3] den Diffusionsmechanismus eingehend studiert haben (vgl. Bd. Hartmetalle).

Über Einzelheiten des technischen Verfahrens sei auf Abschnitt b) und die dort angeführte Literatur verwiesen.

ε) *Aufwachsverfahren.* Bei der ersten Stufe des sogenannten „Substitutionsverfahrens" von A. JUST und F. HANAMANN[4] (vgl. S. 59), zwecks Herstellung von Wolframdrähten, wird auf einen dünnen glühenden Kohlefaden aus einer Atmosphäre von Wolframhexachlorid und Wasserstoff eine gleichmäßige Wolframschicht niedergeschlagen. Dabei bildet sich nach J. N. PRING und W. FIELDING[5], von gewissen Temperaturen ab, bereits WC. Durch Glühen bei höchster Temperatur setzt sich dann die Kohleseele mit dem Wolfram zu Wolframkarbid um. Hierauf wird unter feuchtem Wasserstoff solange gesintert, bis alle Kohlereste und Kohlenwasserstoffe verflüchtigt sind und ein Röhrchen von reinstem Wolfram zurückbleibt. Dieses Verfahren ist der Vorläufer des von A. E. VAN ARKEL[6], K. MOERS[7] u. a. beschriebenen Aufwachsverfahrens (s. S. 60). Wegen der erforderlichen sehr hohen Fadentemperaturen gelingt die Abscheidung von reinem Wolframkarbid aus Wolframhalogeniddampf in Gegenwart von Kohlenwasserstoffen allerdings nur unvollständig. Bei der Abscheidung von Wolfram durch Spaltung von Wolframcarbonyl-Dampf entsteht unter gewissen Bedingungen nach J. J. LANDER und L. H. GERMER[8] auch ein kubisch flächenzentriertes W_2C. Vermutlich handelt es sich, wie auch bei gewissen MoC-Präparaten (vgl. S. 166) um eine sauerstoffstabilisierte Modifikation.

Aus Wolframcarbonyl-Wasserstoff-Dampfgemischen kann man nach E. I. CAMPBELL und Mitarbeitern[9] Wolframkarbidschichten

[1] KREIMER, G. S., L. D. EFROS u. E. A. VORONKOVA: Zur. Techn. Fiz. 22 (1952), S. 858/73, 874/76.

[2] SAMSONOV, G. V. u. V. P. LATYSCHEVA: Dokl. Akad. Nauk SSSR. 109 (1956), S. 582/85. Fiz. Metallov Metalloved 2 (1956), S. 309/19. In: Bor. Moskau 1958, S. 74/89.

[3] SAMSONOV, G. V.: Izv. Sekt. Fiz. Chim. Anal. 27 (1956), S. 97/125.

[4] D.R.P. 154262 (1903), 184379 (1905), 193221 (1906), s. R. KIEFFER u. W. HOTOP: Pulvermetallurgie u. Sinterwerkstoffe, 2. Aufl., Springer-Verlag, Berlin-Göttingen-Heidelberg 1948, S. 223.

[5] PRING, J. N. u. W. FIELDING: J. Chem. Soc. 95 (1909), S. 1497/1506.

[6] VAN ARKEL, A. E.: Physica 3 (1923), S. 76/78.

[7] MOERS, K.: Z. anorg. allg. Chem. 198 (1931), S. 243/61.

[8] LANDER, J. J. u. L. H. GERMER: Am. Inst. Min. Met. Eng., Techn. Publ. Nr. 2259 (1947).

[9] CAMPBELL, I. E., C. F. POWELL, D. H. NOWICKI u. B. W. GONSER: J. Electrochem. Soc. 96 (1949), S. 318/33.

bei 300 bis 800° und 10 mm Hg Unterdruck abscheiden. D. T. HURD[1] hat gezeigt, daß WC-Pulver in einer für die Hartmetallherstellung geeigneten Korngröße von 1 bis 20 μ durch Spaltung von Wolframcarbonyl bei 800 bis 1250° erhalten werden kann.

ζ) *Schmelzelektrolyse.* Ähnlich wie die Molybdänkarbide (s. S. 160) kann man nach G. WEISS[2] und L. ANDRIEUX[3] auch die Wolframkarbide W_2C und WC aus Borat-Karbonat-Fluorid-Metalloxyd-Salzschmelzen durch Elektrolyse abscheiden (s. S. 68). Dabei hat das Verhältnis $WO_3 : CO_2$ im Elektrolyten einen entscheidenden Einfluß auf den Kohlenstoffgehalt des Abscheidungsproduktes, wie Abb. 50 zeigt. Ist das Verhältnis $CO_2 : WO_3$, 3,3 bis 6, dann bildet sich das Karbid W_2C (3,16 % C), ist es aber 12 oder größer, dann scheidet sich das Karbid WC (6,13 % C) ab. Dazwischen

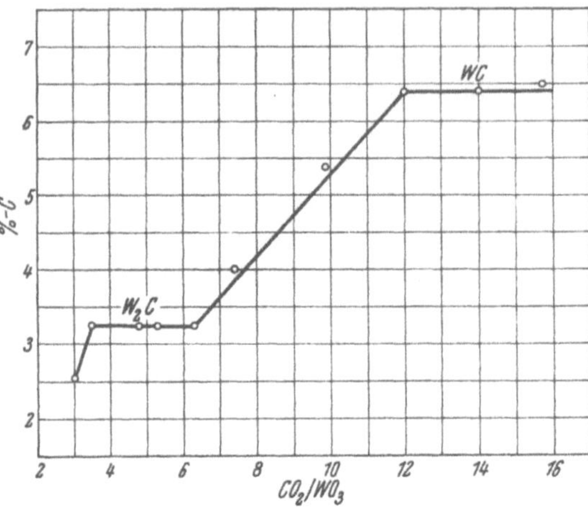

Abb. 50. Zusammensetzung des Abscheidungsproduktes in Abhängigkeit vom Verhältnis Karbonat/Wolframtrioxyd bei der Herstellung von Wolframkarbid durch Schmelzelektrolyse (G. WEISS)

bilden sich Mischungen beider Karbide. Ist das Verhältnis größer als 16, dann scheidet sich kein Karbid mehr ab.

η) *Formkörper.* Die Herstellung von Tiegeln und Formkörpern aus WC durch Normalsintern oder Heißpressen ist mehrfach beschrieben worden[4-6]. Besonders eingehend haben sich G. V. SAMSONOV und Mitarbeiter[7,8] mit den Vorgängen beim Heißpressen und mit den Eigenschaften der praktisch dichten WC-Körper beschäftigt.

[1] HURD, D. T., H. R. McENTEE u. P. H. BRISBIN: Ind. Eng. Chem. **44** (1952), S. 2432/35; s. a. A.P. 2601023 (1950).

[2] WEISS, G.: Diss. Univ. Grenoble 1946, Ann. Chim. 1 (1946), S. 446/525.

[3] ANDRIEUX, L. u. G. WEISS: Bull. Soc. Chim. France **15** (1948), S. 598/601, ANDRIEUX, L.: Rev. Mét. **45** (1948), S. 49/59.

[4] MEYER, O.: Ber. dtsch. keram. Ges. **11** (1930), S. 333/63, Arch. Eisenhüttenwes. 4 (1936), S. 193/98.

[5] WILLIAMS, A. E.: Metal Treatment **18** (1951), S. 445/49.

[6] AGTE, C. u. J. VACEK: Hutnické Listy 8 (1953), S. 249/52.

[7] SAMSONOV, G. V. u. M. S. KOVALTSCHENKO: Izv. Akad. Nauk SSSR. Met. Topl. (1959), Nr. 4, S. 143/47.

[8] SAMSONOV, G. V. u. V. S. NESCHPOR: Dokl. Akad. Nauk SSSR **104** (1955), S. 405/08.

b) Technische Herstellung von Wolframkarbid WC

Wolframkarbid WC für die Hartmetallherstellung wird in großtechnischem Umfang durch Karburierung von Wolframmetallpulver mit Ruß in Kohlerohr- oder offenen Hochfrequenzöfen unter Wasserstoff sowie in gas- oder koksbeheizten Großmuffelöfen hergestellt. Als Ausgangsmaterial für die Herstellung des Wolframmetallpulvers wird reinstes Wolframtrioxyd, Wolframhydratsäure oder Ammoniumparawolframat verwendet. Die Korngröße, Kornbeschaffenheit und das Füllvolumen der Ausgangsmaterialien sind von großer Wichtigkeit für die spätere Beschaffenheit des Wolframmetall- bzw. Karbidpulvers. Die Korngröße des Karbides hat nämlich eine große Bedeutung für die Härte und Zähigkeit des fertigen Hartmetalles (s. Bd. Hartmetalle). Sie kann nachträglich nur schwer durch sehr langes Mahlen unter eine gewisse Mindestgröße gebracht werden.

Die Herstellung von Wolframmetallpulver aus WO_3 und anderen Ausgangsmaterialien ist im Schrifttum[1] über Wolfram eingehend beschrieben worden. WO_3 wird z. B. mit Wasserstoff in Durchsatzöfen mit Molybdänheizleitern, Nickel-Chrom- bzw. gasbeheizten Mehrfach-Rohröfen, Hubbalkenöfen oder in rotierenden Stahl-, Porzellan- oder Sintertonerderohröfen bei 750 bis 900° zu Metallpulver reduziert. Die Reduktionsbedingungen haben ebenfalls einen großen Einfluß auf die Kornbeschaffenheit des Metallpulvers bzw. auf die des daraus erzeugten Karbides.

Bei der praktischen Durchführung der Reduktion von WO_3 zu Wolframmetallpulver zwecks Herstellung von duktilem Wolfram sind folgende praktische Erfahrungen gemacht worden:

Feine Pulver erhält man z. B., wenn man von feinster Wolframhydratsäure ausgeht, die Reduktion bei niedriger Temperatur beginnt, langsam steigert und einen raschen Strom von trockenem Wasserstoff benützt. Grobes Pulver bekommt man, wenn man von grober, hochgeglühter Wolframsäure ausgeht und diese bei hoher Temperatur unter feuchtem Wasserstoff reduziert.

Die Veränderung der Korngröße während der Reduktion von Wolframsäure bzw. niedrigeren Wolframoxyden mit Wasserstoff hat B. KOPELMAN[2] eingehend untersucht. Der Einfluß der Reduktionstemperatur und -zeit und des Feuchtigkeitsgehaltes des Wasserstoffgases während der einzelnen Stufen der Reduktion

---

[1] SMITHELLS, C. J.: Tungsten, 3. Aufl., Chapman & Hall, London 1952, S. 24 ff.; SKAUPY, F.: Metallkeramik, 4. Aufl., Verlag Chemie, Berlin 1950, S. 141 ff.; KIEFFER, R. u. W. HOTOP: Pulvermetallurgie und Sinterwerkstoffe, 2. Aufl., Springer-Verlag, Berlin-Göttingen-Heidelberg 1948, S. 226 ff; AGTE, C. u. J. VACEK: Wolfram und Molybdän, Akademie Verl., Berlin 1959.

[2] KOPELMAN, B.: Am. Inst. Min. Met. Eng., Techn. Publ. Nr. 2100 (1946).

kann sehr verschieden sein. Bei der Reduktion konkurrieren zwei Faktoren miteinander. Einerseits tritt beim Übergang vom Oxyd zum Metall starke Volumsverminderung ein, andererseits neigen feine Teilchen zu starkem Kornwachstum. Es kann bei der Reduktion sowohl eine Sprengung der Teilchen als auch eine Agglomerierung eintreten.

Die Verunreinigung des Wolframausgangspulvers sollen für die Sinterhartmetallherstellung 0,2% nicht übersteigen; es soll demnach $< 0,05\%$ Fe, $< 0,05\%$ $SiO_2 + Al_2O_3$ $< 0,05\%$ Alkalien u. a. enthalten. Als Karburierungsmittel wird meistens reinster Ruß, z. B. mit 99% C, $< 0,1\%$ Asche, $< 0,5\%$ flüchtige Substanzen und $< 0,2\%$ Feuchtigkeit seltener Zuckerkohle oder Graphit verwendet.

Das Wolframpulver wird je nach Sauerstoffgehalt mit etwa 6,3 bis 6,8% Ruß in Kugelmühlen trocken längere Zeit gemischt. Dabei ist wegen der großen Unterschiede in der Dichte, insbesondere bei gröberen Wolframpulvern, darauf zu achten, daß keine Entmischung eintritt. Die Mischung wird gepreßt oder lose durch Kohlerohr- oder Hochfrequenzöfen durchgesetzt.

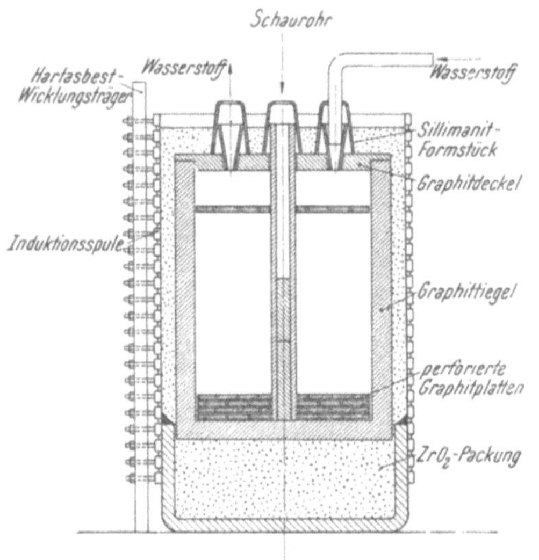

Abb. 51. Hochfrequenzofen zur Herstellung von Wolframkarbid (L. D. Brownlee, G. A. Geach und T. Raine)

Bei Verwendung von Kohlerohröfen werden die mit der Karburierungsmischung gefüllten Graphitschiffchen kontinuierlich bei 1400 bis 1600° durch den Ofen geschoben. Der langsam durch den Ofen streichende Wasserstoff brennt am Ofeneingang ab. Die Temperaturmessung erfolgt optisch (vgl. Abb. 30).

Größere einheitliche Chargen erhält man in offenen Hochfrequenzöfen gemäß Abb. 51[1]. Das Karburierungsgut befindet sich in einem Graphittiegel, welcher mit durchlochtem Deckel verschlossen ist. Der Graphitbehälter ist von der ihn umgebenden Hochfrequenzspule mit Zirkonoxyd wärmeisoliert. Öffnungen am Deckel dienen zum

---

[1] Brownlee, L. D., G. A. Geach u. T. Raine: Iron Steel Inst., Spec. Rep. Nr. 38, London 1947, S. 37/78.

Zu- und Ableiten des Wasserstoffes und der Reaktionsgase, sowie für die optische Temperaturmessung. Der Ofen wird nach raschem Anheizen etwa zwei Stunden auf Karburierungstemperatur von etwa 1430 bis 1500° gehalten, dann wird das Karbid etwa zehn Stunden unter Wasserstoff abgekühlt. Wie bei einer Ofenfahrt der Gehalt an gebundenem Kohlenstoff mit der Temperatursteigerung zunimmt, zeigt Abb. 52. Die Kohlenstoffaufnahme beginnt bei 850°, sie ist bei 1400 bis 1410° vollständig.

Das abgekühlte Karbid, welches in Form eines zusammengesinterten hellgrauen Blockes dem Ofen entnommen wird, wird in den üblichen Einrichtungen zerkleinert und abgesiebt. Das Karbid soll 6,1 bis 6,25% Gesamtkohlenstoff, davon 0,05 bis 0,15% in freier, ungebundener Form enthalten.

Großtechnisch läßt sich WC auch in gas- oder kohlebeheizten Öfen, wie sie zur Herstellung von technisch reinem Wolframmetall verwendet werden, aus $WO_3 + C$ in einem Arbeitsgang herstellen. Man kann dabei natürlich auch in zwei Stufen verfahren, indem man technisches Wolframmetall mit Ruß in derartigen Öfen bei höherer Temperatur karburiert.

K. C. LI und C. M. DICE[1] schlugen vor Wolframkarbid aus wolframoxydhaltigen Erzen durch

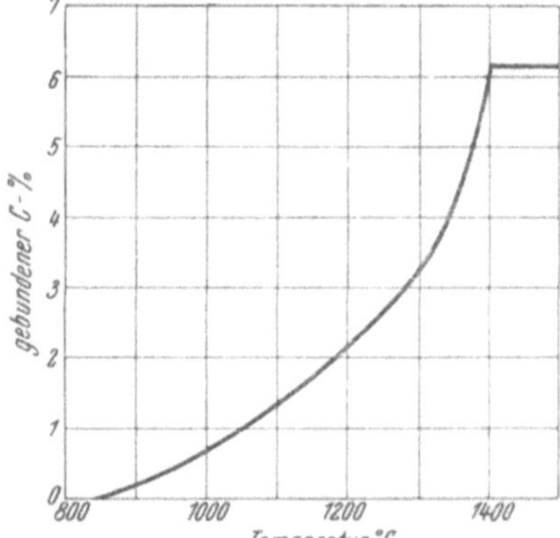

Abb. 52. Ablauf der Karburierungsreaktion bei der technischen Herstellung von Wolframkarbid (L. D. BROWNLEE, G. A. GEACH und T. RAINE)

Abb. 53. Kippbarer Kohlerohrkurzschlußofen zum Schmelzen von Wolframkarbid W_2C. (Metallwerk Plansee A. G.)

Reduktion mit Kohle in Gegenwart von Eisen-Zinn-Legierungen bei Temperaturen um 1420° herzustellen. Dieses Verfahren dürfte für die Praxis von Interesse sein; es hat Ähnlichkeit mit dem von R. KIEFFER[2] vor-

---

[1] A.P. 2 535 217 (1948).
[2] D.R.P. 661 842 (1936).

geschlagenen Verfahren der direkten Herstellung von Wolfram-
karbid-Hilfsmetall-Legierungen aus Wolframerzen. In gleicher Richtung gehen die Versuche von A. CHRÉTIEN, W. FREUNDLICH und
F. A. JOSIEN[1], welche ebenfalls Wolframerze direkt karburierten und
nach Säurebehandlung ein fast reines WC isolierten.

Technische Herstellung von geschmolzenem Wolframkarbid (W_2C).
Das Wolframkarbid (W_2C) ist der einzige metallische Hartstoff, der
in technischem Umfange durch Schmelzen hergestellt wird. Das geschmolzene Karbid dient in Form von Splitt als Füllung für Schweißstäbe, die zur Herstellung von verschleißfesten Überzügen, z. B. auf Bohrkronen, Baggerzähnen usw., dienen. Auch Formstücke können gegossen werden. Ausgangsmaterial ist technisch reines Wolframpulver von etwa 50 bis 500 μ Korngröße, welches mit etwa 3% Graphit und bis 5% Eisen gemischt zu Briketts verpreßt wird. In der Praxis werden der Mischung häufig bis zu 60% Wolframkarbidschrott, Wolframmetallabfall und zwecks Verbesserung der Vergießbarkeit bis etwa 5% Tantal-Niob-Karbid zugesetzt[2].

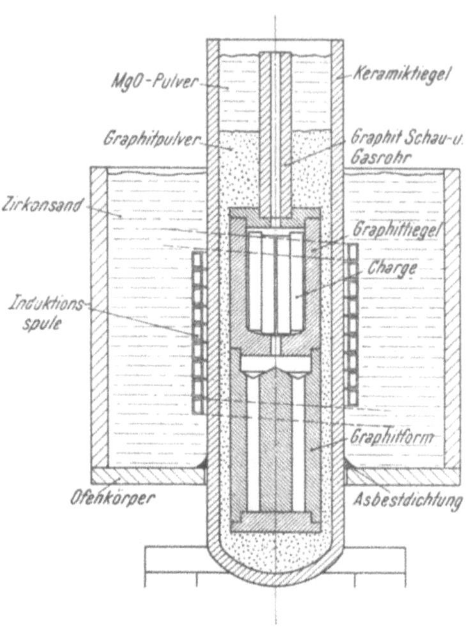

Abb. 54. Hochfrequenzofen zum Schmelzen von
Wolframkarbid W$_2$C, schematisch
(Metropolitan Vickers Electrical Co., Ltd.)

Das Schmelzen der Mischung, für welches Temperaturen von
etwa 3000 bis 3250° erforderlich sind, erfolgt in horizontalen kippbaren Kohlerohrkurzschlußöfen besonderer Konstruktion (Abb. 53)
oder in vertikalen hochfrequenzbeheizten Öfen (Abb. 54). Das Schmelz-
gut befindet sich in einem Graphittiegel, an welchem die Gußform
direkt angesetzt ist. Beim horizontalen Ofen wird, sobald das Gut
geschmolzen ist, der Ofen geneigt und die Schmelze fließt in die
Form ab. Bei der vertikalen Ofenanordnung befindet sich am Boden

---

[1] CHRÉTIEN, A., W. FREUNDLICH u. F. A. JOSIEN: Compt. Rend. **234**
(1952), S. 2608/09.
[2] B.I.O.S. Final Rep. Nr. 1076.

des Schmelzraumes eine Öffnung, durch welche die Schmelze bei der Erreichung entsprechender Temperatur in eine darunter befindliche . Form durchrinnt. Bei der Herstellung von geschmolzenem Wolframkarbid in größeren Mengen sind wegen der extrem hohen Schmelztemperaturen schwierige ofentechnische Probleme zu lösen. Zu erwähnen sind die Wärmeisolierung des Schmelzraumes, die Kühlung der Stromzuführungen für die sehr großen erforderlichen Strommengen, die Anbringung und Ausbildung der Gußformen, die Temperaturmessung u. a. Über die Zusammensetzung des geschmolzenen Karbides sowie über dessen Eigenschaften wurden in den vorhergehenden Abschnitten Angaben gemacht. Weitere Einzelheiten, insbesondere Angaben über die Verwendung von geschmolzenem Wolframkarbid, sind in Bd. Hartmetalle zu finden.

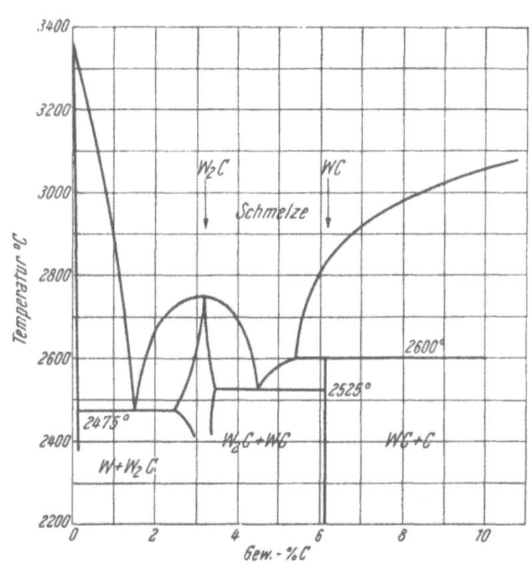

Abb. 55. Zustandsschaubild des Systems Wolfram-Kohlenstoff (W. P. Sykes)

Für porenfreie Formstücke aus geschmolzenem Wolframkarbid wurde auch die Schleudergußtechnik unter Verwendung rotierender Kohlerohrkurzschlußöfen erfolgreich technisch angewendet[1].

c) Das System Wolfram-Kohlenstoff

Eine kritische Zusammenstellung der sehr zahlreichen Arbeiten im System Wolfram-Kohlenstoff und über die Wolframkarbide gibt M. Hansen[2]. Insbesondere wird dort die Existenz der beiden Karbide W_2C und WC sowie anderer hypothetischer Karbide diskutiert.

W. P. Sykes[3] hat in einer klassischen, sehr sorgfältigen Arbeit hauptsächlich auf Grund von Schmelzpunktbestimmungen und sehr zahlreichen mikroskopischen Beobachtungen und qualitativen Röntgenuntersuchungen an geschmolzenen und gesinterten Wolfram-Kohlenstoff-Legierungen ein Zustandsschaubild des Systems gemäß

---

[1] B.I.O.S. Final Rep. No. 1076.

[2] Hansen, M. u. K. Anderko: Constitution of Binary Alloys. McGraw-Hill, New York 1958, S. 391/93.

[3] Sykes, W. P.: Trans. Am. Soc. Steel Treat. 18 (1930), S. 968/91.

Abb. 55 entworfen. Die Schwierigkeiten, die beim Herstellen und Arbeiten mit diesen Legierungen auftreten, sind wegen der extrem hohen Schmelzpunkte und der leichten, unkontrollierbaren Zersetzlichkeit des WC dabei außerordentlich groß. Trotzdem kann in Verbindung mit den Beobachtungen früherer Forscher, insbesondere O. RUFF und R. WUNSCH[1], A. WESTGREN und G. PHRAGMÉN[2], M. R. ANDREWS[3], K. BEKKER[4], F. SKAUPY[5], J. L. GREGG und C. W. KÜTTNER[6] sowie S. L. HOYT[7], das System in seinem grundsätzlichen Aufbau als gesichert angesehen werden.

Wolfram vermag bei 2400° etwa 0,05% C zu lösen. O. RUFF und R. WUNSCH[1] geben eine Löslichkeit von unter 0,12% C an. Das erste Eutektikum zwischen dem wolframreichen Mischkristall und dem kongruent schmelzenden Karbid W_2C liegt bei 1,5% C und

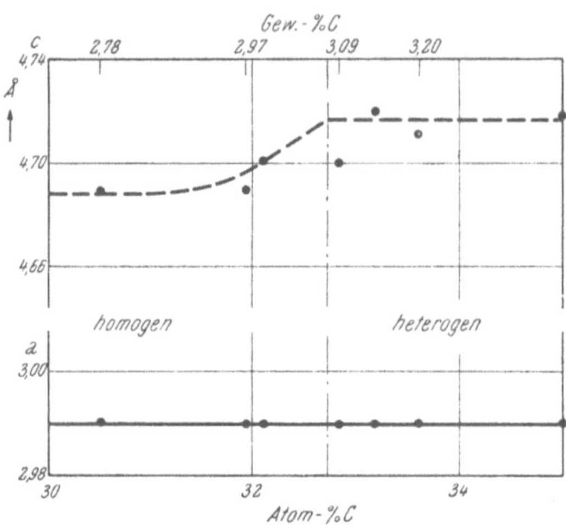

Abb. 56. Verlauf der Gitterkonstante der W_2C-Phase
(H. NOWOTNY, E. PARTHÉ, R. KIEFFER und
F. BENESOVSKY)

einer Temperatur von 2475°[8]. Das Karbid W_2C (3,16% C), dessen Existenz durch sehr zahlreiche Arbeiten bewiesen ist, hat einen Schmelzpunkt von 2650 bis 2750°. Von verschiedenen Forschern bestimmte Schmelzpunkte sind der Zahlentafel 42 zu entnehmen.

P. RAUTALA und J. T. NORTON[9] haben neuerdings röntgenographisch sehr genau den Homogenitätsbereich der W_2C-Phase über 1400° untersucht; es ergaben sich dabei geringfügige Abweichungen vom SYKESschen System. Sie konnten nachweisen, daß W_2C ebenso wie Ta_2C nicht genau der stöchiometrischen Zusammensetzung ent-

[1] RUFF, O. u. R. WUNSCH: Z. anorg. allg. Chem **85** (1914), S. 292/328.

[2] WESTGREN, A. u. G. PHRAGMÉN: Z. anorg. allg. Chem. **156** (1936), S. 27/36.

[3] ANDREWS, M. R.: J. Chem. Phys. **27** (1923), S. 270/83.

[4] BECKER, K. u. R. HÖLBLING: Z. angew. Chem. **40** (1927), S. 511/13.

[5] SKAUPY, F.: Z. Elektrochem. **33** (1927), S. 487/91.

[6] GREGG, J. L. u. C. W. KÜTTNER: Trans. Am. Inst. Min. Met. Eng. **88** (1929), S. 581/90.

[7] HOYT, S. L.: Trans. Am. Inst. Min. Met. Engrs. **89** (1930), S. 9/58.

[8] NADLER, M. R. u. C. P. KEMPTER: J. Chem. Phys. **64** (1960), S. 1468/71.

[9] RAUTALA, P. u. J. T. NORTON: 1. Plansee Seminar, Reutte/Tirol 1952, S. 303/16.

spricht und ein Kohlenstoffunterschuß von etwa 2 At.-% vorliegt ($WC_{0,45}$ bis $WC_{0,5}$). Dieser Befund steht in Übereinstimmung mit Ergebnissen von H. Nowotny und Mitarbeitern[1]. Im Gebiete der W_2C-Phase wurde der Homogenitätsbereich röntgenographisch verfolgt und eine Abnahme der c-Achse des W_2C-Gitters gefunden. Die Proben liefern zwar etwas streuende Werte, doch ist die Tendenz zur Gitterverkleinerung mit abnehmendem Kohlenstoffgehalt aus Abb. 56 klar erkennbar.

Bei der Untersuchung von aus der Gasphase aufgekohlten Wolframdrähten beobachten F. Skaupy[2] und K. Becker[3] neben WC

Zahlentafel 42. *Schmelzpunkte von* W_2C *und* WC *in* ° C

Autor	W_2C	WC
O. Ruff u. R. Wunsch	—	2600 bis 2700°
M. R. Andrews u. S. Dushman	2880°	2780°
E. Friederich u. L. Sittig	—	2880° Zers.
C. Agte u. H. Alterthum	2860 ± 50°	2870 ± 50°
B. T. Barnes	2730 ± 15°	—
W. P. Sykes	2700 ± 50°	2780° Zers.
M. R. Nadler u. C. P. Kempter ..		2720 ± 20

und W_2C das Auftreten einer neuen Phase, welche K. Becker[3] auf Grund röntgenographischer und physikalischer Messungen als polymorphe Modifikation des hexagonalen W_2C erkannte. Die bei etwa 2400° stattfindende Umwandlung von β-W_2C in α-W_2C erfolgt unter deutlich hörbarem metallischen Klingen. Durch mechanische Bearbeitung geht das instabile β-W_2C in α-W_2C über. Die Gitterstruktur der bei hohen Temperaturen stabilen Modifikation konnte nicht geklärt werden. Das Röntgenogramm des β-W_2C zeigt gegenüber dem bei 20° beständigem α-W_2C eine gewisse Vereinfachung des Liniencharakters. Fast sämtliche Linien des β-W_2C stimmen mit jenen des α-W_2C überein, so daß man sich das Röntgenogramm des β-W_2C durch Auslöschung einiger Linien des α-W_2C entstanden denken kann. Es scheint so, als ob das β-W_2C durch eine einfache Atomumlagerung aus dem α-W_2C entsteht. W. P. Sykes[4] hat in seinem System die Polymorphie des W_2C nicht berücksichtigt.

---

[1] Nowotny, H., E. Parthé, R. Kieffer u. F. Benesovky: Z. Metallkunde **45** (1954), S. 97/101.

[2] Skaupy, F.: Z. Elektrochem. **33** (1927), S. 487/91.

[3] Becker, K.: Z. Elektrochem. **34** (1928), S. 640/42, Z. Physik **51** (1928), S. 481/89, Z. Metallkunde **20** (1928), S. 437/41.

[4] Sykes, W. P.: Trans. Am. Soc. Steel Treat. **18** (1930), S. 968/91.

Durch Eintragung einer entsprechenden Umwandlungslinie wäre diese noch zu ergänzen.

Das gleiche gilt von der kubisch-flächenzentrischen Form des WC (a = 4,23), welche von K. KIRNER[1] röntgenographisch in extrem abgekühlten Aufspritzschichten von $WC-W_2C$ nachgewiesen werden konnte.

Das zweite Eutektikum W_2C und WC schmilzt bei etwa $2525°$ und hat einen Kohlenstoffgehalt von etwa 4,5%. Das peritektisch gebildete Karbid WC (6,12% C), von dessen verschiedenen Autoren bestimmte Schmelzpunkt ebenfalls der Zahlentafel 42 zu entnehmen ist, zersetzt sich bei $2600°$ in eine wolframreiche Schmelze (W_2C) und Kohlenstoff.

d) Eigenschaften

α) *Eigenschaften von Wolframkarbid WC.* Wolframmonokarbid der chemischen Formel WC mit 6,13% C fällt meist als ein graues, metallisches Pulver an. Von Säuren wird es nur langsam angegriffen[2], so wird es im Gegensatz zu W_2C von HNO_3-HF-Gemischen 1:4 nicht gelöst[3]. Gegen Chlor ist es bis $400°$ beständig[4] und reagiert erst lebhaft ab 600 bis $800°$ [5]. Fluor greift schon in der Kälte unter Feuererscheinung an. Beim Fluorieren entstehen flüchtige Fluor-Kohlenstoffverbindungen[6].

Beim Erhitzen an Luft oder in Sauerstoff oxydiert es langsam zu WO_3. Unter Wasserstoff ist es bis zu höchsten Temperaturen beständig[7]. Eingehende Untersuchungen über das Verhalten von WC beim Erhitzen in verschiedenen technischen Gasen hat H. J. BOOSS[8] durchgeführt. Im besonderen wurde auch die Enkohlung von WC durch feuchten Wasserstoff[9] und das Zunderverhalten[10-13] untersucht.

---

[1] KIRNER, K.: Persönl. Mitt. 1957.

[2] SHIMODAIRA, S. u. Y. SAWADA: Nippon Kinzoku Gakkai-Si **21** (1957), S. 271/75.

[3] RUFF, O. u. R. WUNSCH: Z. anorg. allg. Chem. **85** (1914), S. 292/328.

[4] BECKER, K. u. R. HÖLBLING: Z. angew. Chem. **40** (1927), S. 512/13.

[5] IITAKA, I. u. Y. AOKI: Bull. Chem. Soc. Jap. **7** (1932), S. 108/14.

[6] SCHUMB, W. C. u. J. R. ARONSON: J. Am. Chem. Soc. **81** (1959), S. 806/07.

[7] MAY, C. E., D. KONEVAL u. G. C. FRYBURG: NASA Mem. 3-5-59 E (1959).

[8] BOOSS, H.-J.: Metall **10** (1956), S. 130/36.

[9] BOOSS, H.-J.: Arch. Eisenhüttenwes. **30** (1959), S. 761/64.

[10] NEWKIRK, A. E.: J. Am. Chem. Soc. **77** (1955), S. 4521/22.

[11] WEBB, W. W., J. T. NORTON u. C. WAGNER: J. Electrochem. Soc. **103** (1956), S. 112/17.

[12] SAMSONOV, G. V.: In: Fragen der Pulvermetallurgie, Kiew 1959, Bd. 7, S. 72/98.

[13] KLIMENKO, V. N.: Inf. Listok No. 226, Kiew 1960.

Zahlentafel 43. *Eigenschaften von Wolframkarbiden*

Eigenschaften	W_2C (3,16 % C)		WC (6,13 % C)	
	Werte	Weitere Literatur	Werte	Weitere Literatur
Struktur	hexagonal[1] d. g. p. L'3	[2—8]	einfach[3] hexagonal* Bh	[1, 3, 6, 9, 10—12, 83]
Gitterkonstante Å (vgl. Abb. 56)	a: 2,98[3] c: 4,71	[4, 13—17]	a: 2,900[3] c: 2,831	[9, 13, 14, 18—32, 84]
Dichte g/cm³ .... ber.	17,23		15,67	
Dichte g/cm³ .... gef.	17,2[6]		15,7[3]	[6, 33—36]
Härte HM (50 g) kg/mm²	1990[37]	[15, 38, 39, 79]	2080[37]	[25, 27, 35, 39, 40—46, 80]
Sprödigkeit			s. Lit.	[47]
Elastizitätsmodul kg/mm²	42 800[48]		72 700[48]	[46]
Zugfestigkeit kg/mm² ..	< WC		35[49]	
Biegebruchfestigkeit kg/mm²	< WC		56[35]	
Schmelzpunkt ° C	2700 ± 50[50]	[51, 52]	2600 zers.[50]	[33, 38, 51, 53, 85]
Wärmeausdehnungskoeffizient $\beta \cdot 10^{-6}$ ...	a: 1,2 c: 11,4[6]	[86]	a: 5,2 c: 7,3[6]	[46, 86]
Wärmeleitfähigkeit cal/cm · sek. ° C			0,29[81]	
Spezifische Wärme cal/°C			0,035[54]	
Thermodynamische Daten $- \Delta H_{298}$ kcal/mol ...	s. Lit.	[55, 56]	— 8,4[55]	[46, 57—62]
Spez. elektr. Widerstand $\mu\Omega \cdot$ cm	80[5]	[51, 63, 79]	22[64]	[38, 51, 63, 65, 81, 87, 88]
Supraleitfähigkeit ab °K	2,74[66]	[67]	1,28[66]	[67—69]
HALL-Konstante			+ 20,7[88]	[70]
Thermokraft			s. Lit.	
Elektronenemission	s. Lit.	[52, 71, 74]	s. Lit.	[65, 72—74]
Magn. Suszeptibilität ...			s. Lit.	[75, 89]
Rekristallisation			s. Lit.	[76, 77]
Gefüge	s.Lit.u.Bd.**	[1, 50, 78]	s.Lit.u.Bd.**	[1, 29, 50, 78]

* Eine kubische Modifikation mit B 1-Struktur soll eine Gitterkonstante von 4,23 Å haben[82].

** Bd. Hartmetalle.

[1] GREGG, J. L. u. C. W. KÜTTNER: Am. Inst. Min. Met. Eng. Techn. Publ. Nr. 184 (1929).

[2] DAVEY, W. P.: General Electr. Rev. **25** (1922), S. 565.

[3] WESTGREN, A. u. G. PHRAGMÉN: Z. anorg. allg. Chem. **156** (1926), S. 27/36.

[4] BECKER, K. u. R. HÖLBLING: Z. angew. Chem. **40** (1927), S. 512/13.

[5] BECKER, K.: Z. Elektrochem. **34** (1928), S. 640/42; Z. Metallkunde **20** (1928), S. 437/41.

[6] BECKER, K.: Z. Physik **51** (1928), S. 481/89.

[7] LANDER, J. J. u. L. H. GERMER: Am. Inst. Min. Met. Eng. Techn. Publ. Nr. 2259 (1947).

[8] MENZEL-KOPP, CH.: Z. Naturforschung **12a** (1957), S. 1003/06.

[9] BECKER, K. u. F. EBERT: Z. Physik **31** (1925), S. 268/72.

WC ist in alkalischem Ferricyankali leicht löslich[90]. WC-Tiegel sind nach O. Meyer[91] gegen Schlackenschmelzen unbeständig.

[10] Hägg, G.: Z. phys. Chem. B 12 (1931), S. 33/56.

[11] Pfau, H. u. W. Rix: Z. Metallkunde 45 (1954), S. 116/18.

[12] Schönberg, N.: Acta Met. 2 (1954), S. 427/32.

[13] Krainer, H. u. K. Konopicky: Berg- u. Hüttenmänn. Mh. 92 (1947), S. 166/78.

[14] Nowotny, H., E. Parthé, R. Kieffer u. F. Benesovsky: Z. Metallkunde 45 (1954), S. 97/101.

[15] Samsonov, G. V. u. V. P. Latyscheva: Fiz. Metallov Metalloved. 2 (1956), S. 309/19.

[16] Freundlich, W. u. F. A. Josien: Bull. Soc. Chim. Franc. (1957), S. 557/60.

[17] Swalin, R. A.: Acta Cryst. 10 (1957), S. 473/74.

[18] Adelsköld, V., A. Sundelin u. A. Westgren: Z. anorg. allg. Chem. 212 (1933), S. 401/09.

[19] Zumbusch, W. u. W. Sander: Unveröffentlichte Versuche 1942.

[20] Kovalski, A. E. u. J. S. Umanski: Zur. Fiz. Chim. 20 (1946), S. 769/72.

[21] Nowotny, H. u. R. Kieffer: Metallforschung 2 (1947), S. 257/65.

[22] Metcalfe, A. G.: J. Inst. Met. 73 (1947), S. 591/607.

[23] Sidhu, S. S.: J. Appl. Physics. 19 (1948), S. 639/41.

[24] Krainer, H.: Arch. Eisenhüttenwes. 21 (1950), S. 119/27.

[25] Rüdiger, O.: Metall 7 (1953), S. 967/69; Techn. Mitt. Krupp 12 (1954), S. 22/24.

[26] Tombrel, F.: 2. Plansee Seminar, Reutte/Tirol 1955, S. 205/15.

[27] Rüdiger, O.: Techn. Mitt. Krupp 14 (1956), S. 136/39.

[28] Nowotny, H., R. Kieffer, F. Benesovsky u. E. Laube: Mh. Chem. 88 (1957), S. 336/43; Rev. Mét. 55 (1958), S. 453/58.

[29] Hinnüber, J. u. W. Kinna: Arch. Eisenhüttenwes. 29 (1958), S. 391/96.

[30] Gurewitsch, M. A. u. B. F. Ormont: Metalloved. Obr. Metallov (1958), Nr. 1, S. 7/10.

[31] Nowotny, H., R. Kieffer, F. Benesovsky, C. Brukl u. E. Rudy: Mh. Chem. 90 (1959), S. 669/79; Planseeber. Pulvermetallurgie 7 (1959), S. 79/87.

[32] Okubo, D. u. K. Ogawa: J. Japan Soc. Powder Met. 4 (1960), S. 1/8, 106/11.

[33] Ruff, O. u. R. Wunsch: Z. anorg. allg. Chem. 85 (1914), S. 292/328.

[34] Williams, P.: Compt. Rend. 126 (1898), S. 1722/24.

[35] Williams, A. E.: Metal Treatment 18 (1951), S. 445/49.

[36] Kovaltschenko, M. S. u. G. V. Samsonov: Izv. Akad. Nauk SSSR, Met. Topl. (1959), Nr. 4, S. 143/47.

[37] Samsonov, G. V., V. S. Neschpor u. L. M. Chrenova: Hutnické Listy 14 (1959), S. 484/88; Fiz. Metallov Metalloved. 8 (1959), S. 622/30.

[38] Friederich, E. u. L. Sittig: Z. anorg. allg. Chem. 144 (1925), S. 169/89.

[39] Kieffer, R. u. F. Kölbl: Powder Met. Bull. 4 (1949), S. 4/17.

[40] Engle, E. W. in J. Wulff: Powder Metallurgy, Am. Soc. Met., Cleveland 1942, S. 436/53.

[41] Thibault, N. W. u. H. L. Nyquist: Trans. Am. Soc. Met. 38 (1947), S. 271/330.

[42] Foster, L. S., L. W. Forbes, L. B. Friar, L. S. Moody u. W. H. Smith: J. Am. Ceram. Soc. 33 (1950), S. 27/33.

[43] Hinnüber, J.: Z. Ver. dtsch. Ing. 92 (1950), S. 111/17.

β) *Eigenschaften von Diwolframkarbid* W_2C. Wolframkarbid der Formel W_2C mit 3,16% C ist gegen kalte Mineralsäuren beständig, nur HNO_3 löst in der Wärme. Im Gegensatz zu WC wird es in HNO_3-

[44] Bückle, H.: Rev. Mét. **48** (1951), S. 957/65.

[45] Kovalski, A. E. u. L. A. Petrova: In: Mikrohärte, Akad. Nauk SSSR 1951, S. 170.

[46] Samsonov, G. v. u. V. S. Neschpor: In: Fragen der Pulvermetallurgie, Akad. Nauk Ukr. RSR 1958, Bd. 5, S. 3/35; Fiz. Metallov Metalloved. **4** (1957), S 181/83; Zur. Fiz. Chim. **30** (1956), S. 2057/60; Inz. Fiz. Zur. **1** (1958), S. 30/38.

[47] Samsonov, G. V. u. V. S. Neschpor: Dokl. Akad. Nauk SSSR **104** (1955), S. 405/08.

[48] Köster, W. u. W. Rauscher: Z. Metallkunde **39** (1948), S. 111/20.

[49] Agte, C.: Metallwirtsch. **9** (1930), S. 401/02.

[50] Sykes, W. P.: Trans. Am. Soc. Steel Treat. **18** (1930), S. 968/91.

[51] Andrews, M. R. u. S. Dushman: J. Franklin Inst. **192** (1921), S. 545/46; J. Chem. Phys. **29** (1925), S. 462/72.

[52] Barnes, B. T.: J. Chem. Phys. **33** (1929), S. 688/91.

[53] Agte, C. u. H. Alterthum: Z. techn. Physik **11** (1930), S. 182/91.

[54] Booss, H. J.: Metall **11** (1957), S. 22/23.

[55] Kelley, K. K.: US. Bur. Mines Bull. Nr. 407 (1937).

[56] Gaev, I. S.: Zur. Neorg. Chim. **1** (1956), S. 193/211.

[57] McKenna, P. M.: Ind. Eng. Chem. **28** (1936), S. 767/72.

[58] McGraw, L. D., H. Seltz u. P. E. Snyder: J. Am. Chem. Soc. **69** (1947), S. 329/31.

[59] Brewer, L., L. A. Bromley, P. W. Gilles u. N. L. Lofgren in L. L. Quill: The Chemistry and Metallurgy of Miscellaneous Materials-Thermodynamics, McGraw-Hill, New York 1950, S. 40/59.

[60] Richardson, F. D.: J. Iron Steel Inst. **175** (1953), S. 33/51.

[61] Booss, H. J.: Metall **10** (1956), S. 130/36.

[62] Booss, H. J.: Z. anorg. allg. Chem. **292** (1957), S. 232/41.

[63] Andrews, M. R.: J. Chem. Phys. **27** (1923), S. 270/83.

[64] Rudy, E. u. F. Benesovsky: Planseeber. Pulvermetallurgie **8** (1960), S. 66/71.

[65] Samsonov, G. V. u. V. S. Neschpor: In: Fragen der Pulvermetallurgie, Kiew 1959, Bd. 7, S. 99/104.

[66] Matthias, B. T. u. J. K. Hulm: Phys. Rev. **87** (1952), S. 799/806.

[67] McLennan, A. u. C. Wilhelm: Trans. Roy. Soc. Canada **25** (1931), Sect. 3, S. 1.

[68] Meissner, W. u. H. Franz: Z. Physik **65** (1930), S. 30/54.

[69] Ziegler, W. T. u. R. A. Young: Phys. Rev. **90** (1953), S. 115/19.

[70] Samsonov, G. V. u. N. S. Strelnikova: Ukr. Fiz. Zur. **3** (1958), S. 135/38.

[71] Krautz, E. u. G. Lautz: Abh. Braunschweig. Wiss. Ges. **2** (1950), S. 192/98.

[72] Bennett, W. H.: Phys. Rev. **37** (1931), S. 582.

[73] Bas-Taymaz, E.: Z. angew. Math. Phys. **2** (1951), S. 49/51.

[74] Komar, A. P. u. J. N. Talanin: Izv. Akad. Nauk SSSR, Sekt. Fiz. **22** (1958), S. 580/93.

[75] Klemm, W. u. W. Schüth: Z. anorg. allg. Chem. **201** (1931), S. 24/31.

[76] Gorelik, S. S. u. J. S. Umanski: Izv. Akad. Nauk SSSR, Sekt. Fiz. **20** (1956), S. 650/52.

HF 1:4 leicht gelöst[92]. Mit Chlor reagiert es bei 400° unter Bildung von WCl_6 und Graphit[93]. Fluor greift schon in der Kälte an. Im Sauerstoffstrom verbrennt es bei 500° zu WO_3.

Weitere Angaben über Eigenschaften von WC bzw. W_2C sind der Zahlentafel 43 zu entnehmen.

e) Verwendung

Wolframkarbid WC ist der wichtigste Bestandteil der modernen Sinterhartmetalle (Verbrauch etwa 5000 t/Jahr). Es wird allein, sowie in Form von Mischkristallen mit TiC und TaC in diesen Hochleistungs-Schneidlegierungen verwendet (s. Bd. Hartmetalle). Mengenmäßig am bedeutsamsten ist der Einsatz von Wolframkarbid in Schlagbohrerplatten und Geschoßkernen. Wolframkarbid wird ferner zusammen mit Molybdän- und Titankarbid als Zusatz in Tonerde-Schneidplättchen (Schneidkeramik) verwendet[94].

Gesinterte Hartmetall-Formstücke, Wolframkarbidpulver und geschmolzenes Wolframkarbid in Form von Splitt oder Bohrformstücken werden für hochverschleißfeste Bestückungen bzw. Aufschweißungen auf Bergbaugeräten u. a. benützt.

---

[77] GORELIK, S. S., E. I. MOZUCHIN u. Z. MAIER: Izv. Vysch. Utschen. Zaved (1958), S. 153/60.

[78] SCHRÖTER, K.: Z. Metallkunde 20 (1928), S. 31/33.

[79] SAMSONOV, G. V.: In: Fragen der Pulvermetallurgie, Kiew 1959, Bd. 7, S. 72/98.

[80] SATÒ, T., T. NISHIZAWA u. J. ISHIWARA: Nippon Kinzoku Gakkai-Si 23 (1959), S. 403/07.

[81] RÜDIGER, O. u. A. WINKELMANN: Techn. Mitt. Krupp 18 (1960), S. 19/24.

[82] KIRNER, K.: Persönl. Mitt. 1957.

[83] BUTORINA, L. N.: Kristallografia 5 (1960), S. 233/37.

[84] OKUBO, D.: J. Japan Soc. Powder Met. 7 (1960), S. 106/11.

[85] NADLER, M. R. u. C. P. KEMPTER: J. Chem. Phys. 64 (1960), S. 1468/71.

[86] KRIKORIAN, O. H.: UCRL 6132 (1960).

[87] KOLOMEC, N. V., V. S. NESCHPOR, G. V. SAMSONOV u. S. A. SEMENKOVITSCH: Zur. Techn. Fiz. 28 (1958), S. 2382/89.

[88] LVOV, S. N., V. F. NEMTSCHENKO u. G. V. SAMSONOV: Dokl. Akad. Nauk SSSR 135 (1960), S. 577/80.

[89] SAMSONOV, G. V. u. V. S. NESCHPOR: In: Fragen der Pulvermetallurgie. Kiew 1960, Bd. 8, S. 90/98.

[90] Booss, H.-J.: Z. anorg. allg. Chem. 292 (1957), S. 232/41.

[91] MEYER, O.: Ber. dtsch. keram. Ges. 11 (1959), S. 761/64; Arch. Eisenhüttenwes. 4 (1936), S. 193/98.

[92] RUFF, O. u. R. WUNSCH: Z. anorg. allg. Chem. 85 (1914), S. 292/328.

[93] BECKER, K. u. R. HÖLBLING: Z. angew. Chem. 40 (1927), S. 512/13.

[94] AGTE, C., R. KOHLERMANN u. E. HEYMEL: Schneidkeramik, Akademie-Verlag, Berlin 1959.

Gegenüber diesen wichtigsten Anwendungsgebieten treten alle anderen Vorschläge und Möglichkeiten in den Hintergrund[1].

W_2C-Schichten auf der Unterseite von Wolframdrehanoden in Röntgenröhren erhöhen die Strahlenausbeute[2].

10. Thoriumkarbid

a) Herstellung

Über die Darstellung vom Thoriumkarbid ThC_2 im elektrischen Lichtbogenofen aus Thoriumoxyd und Kohle berichten erstmalig L. TROOST[3] sowie H. MOISSAN und A. ETARD[4].

Im Rahmen von Systemuntersuchungen wurden später ThC und ThC_2 von H. A. WILHELM und Mitarbeitern[5, 6] durch Pressen und Sintern von Thorium-Graphit-Pulvergemengen und durch Reaktion von geschmolzenem Thorium mit Graphit hergestellt. Die Umsetzung von ThO_2 mit Kohlenstoff zu ThC_2 haben schon C. H. PRESCOTT und W. B. HINKE[7] untersucht. Die Darstellung von ThC und ThC_2 durch Vakuumkarburierung von ThO_2 bei 1800° beschreiben G. V. SAMSONOV, T. J. KOSOLAPOVA und V. N. PADERNO[8].

N. BRETT, D. LAW und D. LIVEY[9] erzeugten ThC_2 aus Thorium-Graphit-Gemischen bei 1800° unter Argon unter peinlichster Ausschaltung von Feuchtigkeit und Sauerstoff. Das Reaktionsprodukt wurde nach dem Abkühlen sofort in Paraffin eingeschlossen.

D. T. PETERSON[10] untersuchte die Duffusionsschichten, welche sich beim Erhitzen von kompaktem metallischem Thorium in Kontakt mit Graphit bei Temperaturen von 1000 bis 1200° bilden.

b) Das System Thorium-Kohlenstoff

Das System Th-C wurde eingehend von H. A. WILHELM und Mitarbeitern[5, 6, 11] thermisch, mikroskopisch und röntgenographisch

---

[1] LUSZAK, A.: Österr. Chem. Ztg. **52** (1951), S. 72/73.

[2] GRIFFOUL, R. u. A. SCHRAM: 3. Plansee-Seminar, Reutte/Tirol 1958, S. 89/96.

[3] TROOST, L.: Compt. Rend. **116** (1893), S. 1227/30.

[4] MOISSAN, H. u. A. ETARD: Compt. Rend. **122** (1896), S. 573/77.

[5] WILHELM, H. A., P. CHIOTTI, A. I. SNOW u. A. DAANE: J. Chem. Soc. (1949), Suppl. Nr. 2, S. 318/21.

[6] WILHELM, H. A. u. P. CHIOTTI: Trans. Am. Soc. Met. **42** (1950), S. 1295/1310, AECD 2718 (1949), 3072 (1950).

[7] PRESCOTT, C. H. u. W. B. HINCKE: J. Am. Chem. Soc. **49** (1927), S. 2744/53.

[8] SAMSONOV, G. V., T. J. KOSOLAPOVA u. V. N. PADERNO: Zur. Prikl. Chim. **33** (1960), S. 1661/64.

[9] BRETT, N., D. LAW u. D. LIVEY: J. Inorg. Nucl. Chem. **13** (1960), S. 44/53, AERE M/R 2574 (1958).

[10] PETERSON, D. T.: Trans. Am. Soc. Met. **53** (1961), S. 765/73.

[11] BAENZINGER, N. C. u. D. TRIECK: Ames. Lab., Unveröffentlichte Versuche 1945.

untersucht. Das in Abb. 57 wiedergegebene Zustandsschaubild basiert auf diesen Arbeiten, es wurde aber von F. A. Rough und W. Chubb[1] abgeändert. Insbesondere wurde die allotrope Umwandlung des ThC_2 berücksichtigt und die vermutlichen Verhältnisse im Gebiet zwischen ThC und ThC_2 (kub.) skizziert. Übereinstimmend mit früheren Befunden von N. C. Baenziger und D. Trieck existiert das Karbid ThC. Das Karbid ThC_2 tritt in einer monoklinen und einer kubischen (CaF_2-Typ) Modifikation auf. Die Umwandlungstemperatur liegt über 1800°. Zwischen ThC_2 und Graphit tritt bei etwa 12,6% C ein bei 2500° schmelzendes Eutektikum auf.

Die röntgenographisch bestimmte Löslichkeit von Kohlenstoff in Thorium beträgt bei Raumtemperatur 6,4 At.-%, bei 1215° 15,2 At.-%[2, 3]. In neueren Untersuchungen werden sowohl niedrigere[4] als auch höhere[5] Werte angegeben.

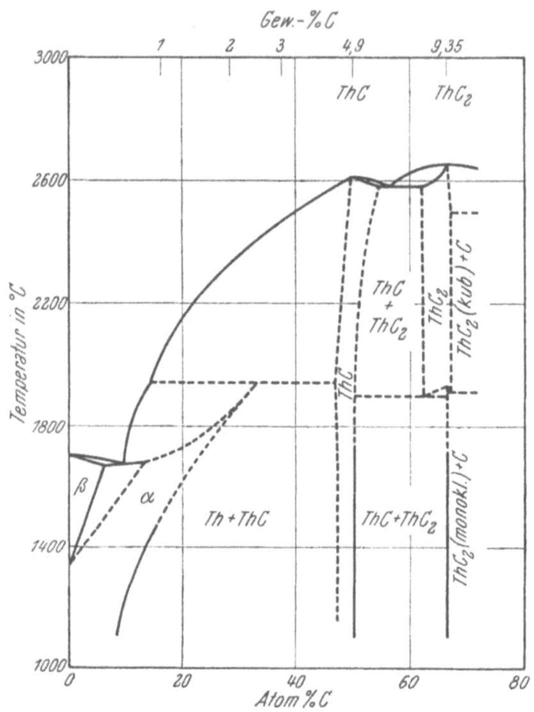

Abb. 57. Zustandsschaubild des Systems Thorium-Kohlenstoff (H. A. Wilhelm, P. Chiotti, A. I. Snow und A. Daane, abgeändert von F. A. Rough und W. Chubb)

c) Eigenschaften

Erschmolzenes Thoriumkarbid ThC_2 (9,37% C) wird von verdünnten Säuren rasch zersetzt[6]. Mit Wasser reagiert es unter Bildung von Kohlenwasserstoffen, vornehmlich Methan. Beim Erhitzen im Ammoniumstrom bildet sich Thoriumnitrid. Das metallreichere

---

[1] Rough, F. A. u. W. Chubb: BMI 1441 (1960), S. 40/42.

[2] Grenell, L. H. u. H. A. Saller: TID 1071 (1946).

[3] Mickelson, R. u. D. Peterson: Trans. Am. Soc. Met. 50 (1958), S. 340/46.

[4] Smith, M. D. u. R. W. K. Honeycombe: J. Nuclear Materials 1 (1959), S. 345/55.

[5] Peterson, D. T.: Trans. Am. Soc. Met. 53 (1961), S. 765/73.

[6] Samsonov, G. V., T. J. Kosolapova u. V. N. Paderno: Zur. Prikl. Chim. 33 (1960), S. 1661/64.

Thoriummonokarbid ThC ist beständiger als das wenig metallische, fast salzartige ThC_2.

Das ThC_2 hat auf Grund seines elektrischen Leitvermögens nach E. FRIEDERICH und L. SITTIG[1] metallischen Charakter. Auch das ThC ist nach E. B. HUNT und R. E. RUNDLE[2] aus strukturellen Überlegungen metallisch. R. KIEFFER[3] gibt jedoch an, daß Thoriumkarbid ThC_2 von Kobalt nicht benetzt wird und mit anderen Hartkarbiden keine Mischkristalle bildet. Es kommt daher — worauf auch schon S. L. HOYT[4] hinwies — für technische Hartmetalle, insbesondere auch wegen seiner Wasserzersetzlichkeit, nicht in Betracht.

Neuerdings haben H. NOWOTNY und Mitarbeiter[5] die Mischbarkeit des kubischen ThC mit UC untersucht und fanden vollkommene Mischbarkeit (vgl. Abb. 101). Nachdem UC lückenlose Mischkristallreihen mit ZrC, NbC und TaC bildet[6], kann man unterstellen, daß auch ThC in diesen Mischkristallen atwas löslich ist[7].

Für Hartmetallegierungen im klassischen Sinne kommen weder Thoriumkarbid noch Thoriummischkristalle in Frage. Für reaktortechnische Zwecke könnten ThC-UC- oder ThC-PuC-Mischkristalle oder andere komplexe Karbidmischkristalle eines Tages Bedeutung erlangen[5, 6, 7].

Weitere Angaben über die Eigenschaften von Thoriumkarbiden sind in Zahlentafel 44 zu finden.

11. Urankarbid

a) Herstellung

Bei der Reduktion des Uranoxyds U_3O_8 mit Kohlenstoff im elektrischen Lichtbogenofen bildet sich nach H. MOISSAN[8] bei entsprechenden Verhältnissen von Oxyd zu Kohlenstoff ein scheinbar definiertes Karbid U_2C_3. Später haben P. LEBEAU[9] sowie O. RUFF und A. HEINZELMANN[10] durch Schmelzen ein Karbid erhalten, dem sie die Formel

---

[1] FRIEDERICH, E. u. L. SITTIG: Z. anorg. allg. Chem. **144** (1925), S. 169/89.

[2] HUNT, E. B. u. R. E. RUNDLE: J. Am. Chem. Soc. **73** (1951), S. 4777/81, AECD 3021 (1950).

[3] KIEFFER, R.: Metall **4** (1949), S. 132/36.

[4] HOYT, S. L.: Trans. Am. Inst. Min. Met. Eng. **89** (1930), S. 9/58.

[5] NOWOTNY, H., R. KIEFFER, F. BENESOVSKY u. E. LAUBE: Planseeber. Pulvermetallurgie **5** (1957), S. 102/03, Mh. Chem. **89** (1958), S. 312/13.

[6] NOWOTNY, H., R. KIEFFER, F. BENESOVSKY u. E. LAUBE: Mh. Chem. **88** (1957), S. 336/43, Rev. Mét. **55** (1958), S. 453/58.

[7] BENESOVSKY, F. u. E. RUDY: Metall **14** (1960), S. 875/78.

[8] MOISSAN, H.: Compt. Rend. **116** (1893), S. 347, 1433, **122** (1896), S. 274/80.

[9] LEBEAU, P.: Compt. Rend. **152** (1911), S. 955/58, **156** (1913), S. 1987/89.

[10] RUFF. O. u. A. HEINZELMANN: Z. anorg. allg. Chem. **72** (1911), S. 63/84.

Zahlentafel 44. *Eigenschaften von Thoriumkarbiden*

Eigenschaft	ThC (4,92 % C)		ThC$_2$ (9,37 % C)	
	Werte	Weitere Literatur	Werte	Weitere Literatur
Struktur	kubisch flz.[1] B1		monoklin[4] kub. C1	[1—3, 15]
Gitterkonstante Å	5,34[1]	[5—7, 15]	a = 6,53[4] b = 4,24 c = 6,56 β = 104°	[1, 3, 14, 15]
Dichte g/cm^3 ber. ...... gef.	10,646		8,655	
Schmelzpunkt °C	2625[1]		2655[1]	[8]
Thermodynamische Daten — Δ H$_{298}$ kcal/mol....			44,8[9]	[8, 10—11]
Supraleitfähigkeit	s. Lit.	[12]		
Elektronenemission			s. Lit.	[13, 16]
Gefüge	s. Lit.	[1, 6, 15]	s. Lit.	[1, 15]

[1] WILHELM, H. A. u. P. CHIOTTI: Trans. Am. Soc. Met. **42** (1950), S. 1295/1310, AECD 2718 (1949), 3072 (1950).

[2] v. STAKELBERG, M.: Z. Physik. Chem. B **9** (1930), S. 437/75.

[3] BAENZINGER, N. C. u. D. TRIEK: Ames Lab., Unveröff. Versuche 1945.

[4] HUNT, E. B. u. R. E. RUNDLE: J. Am. Chem. Soc. **73** (1951), S. 4777/81.

[5] NOWOTNY, H., R. KIEFFER, F. BENESOVSKY u. E. LAUBE: Planseeber. Pulvermetallurgie **5** (1957), S. 102/03, Mh. Chem. **89** (1958), S. 312/13.

[6] SMITH, M. D. u. R. W. K. HONEYCOMBE: J. Nuclear Materials **1** (1959), S. 345/55.

[7] CIRILLI, V. u. C. BRISI: Ricerca Sci. **28** (1958), S. 1431/34.

[8] PRESCOTT, C. H. u. W. B. HINCKE: J. Am. Chem. Soc. **49** (1927), S. 2744/53.

[9] KUBASCHEWSKI, O. u. E. L. EVANS: Metallurgical Thermochemistry, Pergamon Press, London 1958, S. 276.

[10] ROTH, W. A. u. G. BECKER: Z. Physik. Chem. A **159** (1932), S. 1/26.

[11] GAEV, I. S.: Zur. Neorg. Chim. **1** (1956), S. 193/211.

[12] HARDY, G. F. u. J. K. HULM: Phys. Rev. **93** (1954), S. 1004/16.

[13] GOLDWATER, D. L. u. R. E. HADDAD: J. Appl. Phys. **22** (1951), S. 70/73.

[14] SAMSONOV, G. V., T. J. KOSOLAPOVA u. V. N. PADERNO: Zur. Prikl. Chim. **33** (1960), S. 1661/64.

[15] BRETT, N., D. LAW u. D. T. LIVEY: J. Inorg. Nucl. Chem. **13** (1960), S. 44/53, AERE M/R 2574 (1958).

[16] KMETKO, E. A.: Phys. Rev. **116** (1959), S. 695/96.

UC$_2$ zuschrieben. Diese Formel wurde von O. HEUSLER[1], welcher UO$_2$ mit C bei verschiedenen Temperaturen und Drucken im festen Zustand umsetzte, bestätigt und von G. HÄGG[2] röntgenographisch bewiesen.

---

[1] HEUSLER, O.: Z. anorg. allg. Chem. **154** (1926), S. 353/74.

[2] HÄGG. G.: Z. physik. Chem. B **12** (1933), S. 33/56.

R. E. RUNDLE und Mitarbeiter[1] sowie H. A. WILHELM und Mitarbeiter[2] erhielten UC und UC_2 durch Umsetzung von reinstem Uran oder Uranoxyd mit entsprechender Menge Kohlenstoff bei hohen Temperaturen im hochfrequenzbeheizten Graphittiegel. UC läßt sich aus niedrig aufgekohltem Uran durch Behandlung mit HCl und H_2O_2 isolieren. P. CHIOTTI[3] hat UC aus UH_3 und Graphit unter Helium bei 825° erzeugt.

Durch Vakuumkarburierung oder Glühung von UO_2-Rußgemengen bei Temperaturen von 1700 bis 1900° haben H. NOWOTNY, R. KIEFFER und F. BENESOVSKY[4-7] und zahlreiche andere Forscher[8-11] fast stöchiometrisches UC herstellen können.

U. ESCH und A. SCHNEIDER[12] mischten Uranmetallpulver mit Zuckerkohle in verschiedenen Verhältnissen und stellten aus den Mischungen Preßlinge her, welche in Kohleschiffchen im Kohlerohrkurzschlußofen unter Argon bei 1800° gesintert wurden. Für die röntgenographische Untersuchung wurden die luftempfindlichen Sinterkörper unter Argonatmosphäre zerkleinert. Bei niedrigen Kohlenstoffgehalten in der Ausgangsmischung wird teilweise Kohlenstoff aus dem Schiffchen aufgenommen. Bei 1800° gelang die Aufkohlung des UC nur bis zu $UC_{1,56}$. Bei 2300° soll jedoch die Stufe UC_2 erreicht werden können.

Nach N. BRETT, D. LAW und D. T. LIVEY[13] entsteht aus Uran-Graphitpulvergemischen beim Erhitzen unter Argon (1 St. 1400°) fast quantitativ UC_2. Spuren von noch vorhandenem UC verschwinden beim weiteren Erhitzen auf 1500°. Aus Gemischen von UO_2 und

---

[1] RUNDLE, R. E., N. C. BAENZINGER, A. S. WILSON u. R. A. McDONALD: J. Am. Chem. Soc. 70 (1948), S. 99/105.

[2] WILHELM, H. A., P. CHIOTTI, A. I. SNOW u. A. H. DAANE: J. Chem. Soc. (1949), Suppl. Nr. 2, S. 318/321.

[3] CHIOTTI, P.: J. Am. Ceram. Soc. 35 (1952), S. 123/30.

[4] KIEFFER, R., F. BENESOVSKY u. H. NOWOTNY: Planseeber. Pulvermetallurgie 5 (1957), S. 33/35.

[5] NOWOTNY, H., R. KIEFFER, F. BENESOVSKY u. E. LAUBE: Mh. Chem. 88 (1957), S. 336/43. Rev. Mét. 55 (1958), S. 454/58.

[6] NOWOTNY, H., R. KIEFFER, F. BENESOVSKY u. E. LAUBE: Planseeber. Pulvermetallurgie 5 (1957), S. 102/03, Mh. Chem. 89 (1958), S. 312/13.

[7] NOWOTNY, H., R. KIEFFER, F. BENESOVSKY, Ch. BRUKL u. E. RUDY: Mh. Chem. 90 (1959), S. 669/79.

[8] BARNES, E., W. MUNRO, R. W. THACKRAY, J. WILLIAMS u. P. MURRAY: In Progress in Nuclear Energy, Pergamon Press London 1956, Vol. V., S. 435/47.

[9] KALISH, H. S., F. E. BOWMAN u. J. CRANE: NYO 2684 (1959).

[10] ACCARY, A. u. R. CAILLAT: Internat. Powder Met. Conf., New York 1960.

[11] ROUGH, F. A. u. W. CHUBB: BMI 1488 (1960).

[12] ESCH, U. u. A. SCHNEIDER: Z. anorg. Chem. 257 (1948), S. 254/66.

[13] BRETT, N., D. LAW u. D. T. LIVEY: J. Inorg. Nucl. Chem. 13 (1960), S. 44/53.

Graphit 80/20 entstehen bei 1800° Gemische aus UC_2 und UC[1]. Wendet man einen Überschuß an Graphit an, dann entsteht nur UC_2.

Das Karbid U_2C_3 haben W. MALLETT und Mitarbeiter[2] durch Erhitzen einer Mischung von UC und UC_2 zwischen 1250 und 1800° im Vakuum erhalten.

Bei der Karburierung von Uranmetall mit Methan erhält man hauptsächlich Uranmonokarbid UC[3-5]. Nach C. MOREAU[6], welcher die Reaktion zwischen Uranmetallpulver und Methan thermogravimetrisch verfolgte, müssen allerdings die Aufkohlungsbedingungen sehr genau eingehalten werden, da die Reaktion über das UC hinausläuft und das für Kernenergiezwecke unerwünschte, wasserzersetzliche UC_2 auftritt.

In neueren Arbeiten über die Herstellung von Urankarbiden wird hauptsächlich das Lichtbogenschmelzen angewendet[4, 5, 7-22]. Statt einer Wolframelektrode wird meist eine Graphitelektrode und als Schutzgas Helium benützt. Das U_2C_3 kann auf diese Weise allerdings

[1] LIVEY, D. T., I. DENTON, N. BRETT u. J. WILLIAMS: Powder Met. (1960), Nr. 5, S. 130/48.

[2] MALLETT, W., A. F. GERDS u. D. A. VAUGHAN: J. Electrochem. Soc. **98** (1951), S. 505/09, AECD 3060 (1950), 3226 (1951).

[3] LITZ, L. M., A. B. GARRETT u. F. C. CROXTON: J. Am. Chem. Soc. **70** (1948), S. 1718/22.

[4] KALISH, H. S., F. E. BOWMAN u. J. CRANE: NYO 2684 (1959).

[5] ROUGH, F. A. u. W. CHUBB: BMI 1370 (1959).

[6] MOREAU, C.: Planseeber. Pulvermetallurgie **8** (1960), S. 22/27.

[7] MALLETT, W. M., A. F. GERDS u. H. R. NELSON: J. Electrochem. Soc. **99** (1952), S. 197/204.

[8] GRAY, R. J., W. C. THURBER u. C. K. H. DuBOSE: Metal Progress **74** (1958), Nr. 1, S. 65/70; ORNL 2446 (1958).

[9] SECREST, A. C., E. L. FOSTER u. R. F. DICKERSON: BMI 1273, 1280 (1958), 1309 (1959).

[10] AUSTIN, A. E. u. A. F. GERDS: BMI 1272 (1958).

[11] AUSTIN, A. E.: Acta Cryst. **12** (1959), S. 159/61.

[12] SMITH, C. A. u. F. ROUGH: NAA SR 3625 (1959).

[13] FARR, J. D., E. J. HUBER, E. L. HEAD u. C. E. HOLLEY: J. Phys. Chem. **63** (1959), S. 1455/56.

[14] THURBER, W. C. u. R. J. BEAVER: ORNL 2618 (1959).

[15] TRIPLER, A. B., M. J. SNYDER u. W. H. DUCKWORTH: BMI 1313, 1383 (1959).

[16] TURNER, D. H.: NAA SR 4378 (1959), 4904, 5346 (1960).

[17] WILSON, W. B.: J. Am. Ceram. Soc. **43** (1960), S. 77/81.

[18] ROUGH, F. A. u. W. CHUBB: BMI 1488 (1960).

[19] HARE, A. W. u. F. A. ROUGH: BMI 1452 (1960), 1491 (1961).

[20] KALISH, H. S. u. a.: NYO 2685, 2688, 2689, 2690 (1960), 2691 (1961).

[21] SNYDER, M. J. u. A. B. TRIPLER: In: Materials in Nuclear Applications. Am. Soc. Test. Mat., Spec. Publ. No. 276 (1960).

[22] CORZINE, P. D.: NMI 1216 (1960), S. 66/77.

nur durch nachfolgendes Glühen der Ingots und Abschrecken stabilisiert werden[1].

J. WILLIAMS, R. A. J. SAMBELL und D. WILKINSON[2] stellten Proben für die sehr exakte Gitterkonstantenbestimmung durch mehrfaches Lichtbogenschmelzen der Komponentenmischungen und Vakuumglühen bei 1300° her. Auch W. CHUBB und W. M. PHILLIPS[3] benutzten zur Herstellung von UC und UC_2 bei der Systemuntersuchung das Lichtbogenschmelzen, wobei die Proben zur Erreichung der Homogenisierung sechsmal umgeschmolzen wurden. U_2C_3 wurde nach einstündigem Vakuumglühen stöchiometrischer Proben bei 1550° erhalten.

Wenn Graphit mit geschmolzenem Uran in Berührung ist, dann überzieht er sich bei Temperaturen von 1150 bis 1300° mit einer UC-Schicht. Bei 1400° und langdauernder Berührung tritt auch UC_2 auf[4]. In Diffusionsproben zwischen Uran und Graphit kann man nach langzeitigem Glühen über 1800° Schichten der Karbide UC und UC_2 sowie des Mischkristalles beider beobachten[3].

In metallischem Uran, das in Graphittiegeln umgeschmolzen wurde, sind von verschiedenen Forschern Einschlüsse von UC und UN bzw. U (C, N) metallographisch und röntgenographisch identifiziert worden[5-8].

In Uranstählen soll nach E. P. POLUSCHKIN[9] das Karbid U_2C_3 und das Karbid UC vorkommen.

Die Herstellung von kompakten UC-Körpern — wie sie für Kernenergiezwecke erforderlich sind — durch Normalsintern und Drucksintern bei Temperaturen von 2000 bis 2100°, hydrostatisches Pressen und Schmelzen wurde mehrfach eingehend be-

[1] AUSTIN, A. E.: Acta Cryst. **12** (1959), S. 159/61.

[2] WILLIAMS, J., R. A. J. SAMBELL u. D. WILKINSON: J. Less-Common Metals **2** (1960), S. 352/56.

[3] CHUBB, W. u. W. M. PHILLIPS: Trans. Am. Soc. Met. **53** (1961), S. 465/76.

[4] SWARTS, E. L.: Trans. Met. Soc. Am. Inst. Met. Eng. **215** (1959), S. 553/54, KAPL 1765 (1957).

[5] DICKERSON, R. F., A. F. GERDS u. D. A. VAUGHAN: J. Metals **8** (1956), S. 456/60.

[6] KEHL, G. L., E. MENDEL, E. JARAIZ u. M. H. MUELLER: Trans. Am. Soc. Met. **51** (159), S. 717/35.

[7] MEREDITH, K. E. G. u. M. B. WALDRON: J. Inst. Metals **87** (1959), S. 311/17.

[8] DICKERSON, R. F.: Trans. Am. Soc. Met. **52** (1960), S. 748/62.

[9] POLUSCHKIN, E. P.: Carnegie Schol. Mem. J. Iron Steel Inst. **10** (1920), S. 129/50; Rev. Met. **17** (1920), S. 421/37.

schrieben[1-8]. Nach J. Dubuisson und Mitarbeitern[9] erhält man fast reines UC und Formkörper daraus durch Drucksintern von Uran-Kohlenstoffgemischen im Vakuum schon bei 900 bis 1000°. Besonders dichte Formteile z. B. Kugeln, erhält man, durch Heißpressen von UC mit etwas Uran oder Uranhydrid.

Welches Verfahren sich letzten Endes bei der Herstellung der Urankarbide und deren Verarbeitung zu Brennelementen durchsetzen wird, ist derzeit noch nicht zu sagen. Eine Reihe von Autoren berichten zu diesen Problemen in zusammenfassenden Arbeiten[10-18].

b) Das System Uran-Kohlenstoff

Das System Uran-Kohlenstoff ist durch die Untersuchungen von U. Esch und A. Schneider[19], R. E. Rundle und Mitarbeiter[20], H. A. Wilhelm und Mitarbeiter[21], W. Mallett[22,23] und Mitarbeiter

[1] Barnes, E., W. Munro, R. W. Thackray, J. Williams u. P. Murray: In: Progress in Nuclear Energy, Pergamon Press, London 1956, Vol. V, S. 435/47.

[2] Secrest, A. C.: BMI 1273, 1280 (1958).

[3] Tripler, A. B., M. J. Snyder u. W. H. Duckworth: BMI 1313, 1383 (1959).

[4] Rough, F. A. u. W. Chubb: BMI 1370, 1488(1959).

[5] Accary, A. u. R. Caillat: Internat. Powder Met. Conf., New York 1960.

[6] Phillips, W. M., W. Chubb u. E. L. Foster: J. Less-Common Metals 2 (1960), S. 451/57.

[7] Korchinsky, M.: TID 7589 (1960), S. 70/90.

[8] Turner, D. H.: NAA SR 4904, 5346 (1960).

[9] Dubuisson, J., A. Houyvet, E. LeBoulbin, R. Lucas u. C. Moran-ville: Rev. Mét. 56 (1959), S. 55/60; Proc. Genf 1958, Bd. 6, S. 550/60.

[10] Rough, F. A.: BMI 1267 (1958).

[11] Taylor, K. M.: ORO 212, 213, 221 (1959); ORO 267, 276, 319 (1960); TID 6591 (1960).

[12] Vgl. TID 7598 (1960).

[13] Rough, F. A. u. W. Chubb: BMI 1488 (1960).

[14] Accary, A. u. P. Blum: Nuclear Power 5 (1960), S. 122/23.

[15] Ward, J. J. u. G. W. Cunningham: BMI 1441 (1960), S. 58/64.

[16] Kizer, D. E. u. D. L. Keller: BMI 1441 (1960), S. 64/69.

[17] Fackelmann, J. M. u. D. L. Keller: BMI 1441 (1960), S. 77/89.

[18] Boesser, B. C. u. E. Foster: BMI 1441 (1960), S. 70/76.

[19] Esch, U. u. A. Schneider: Z. anorg. Chem. 257 (1948), S. 254/66.

[20] Rundle, R. E., N. C. Baenziger, A. S. Wilson u. R. A. McDonald. J. Am. Chem. Soc. 70 (1948), S. 99/105.

[21] Wilhelm, H. A., P. Chiotti, A. I. Snow u. A. H. Daane: J. Chem. Soc. (1949), Suppl. Nr. 2, S. 318/321, AECD M 3105 (1956).

[22] Mallett, W., A. F. Gerds u. D. A. Vaughan: J. Electrochem. Soc. 98 (1951), S. 505/09.

[23] Mallett, M. W., A. F. Gerds u. H. R. Nelson: J. Electrochem. Soc. 99 (1952), S. 197/204.

sowie W. Chubb und W. M. Phillips[1] gesichert (Abb. 58). Es existiert das kubisch flächenzentrierte Karbid UC, welches mit UN und UO isotyp ist und daher sehr leicht mit diesen Mischkristalle zu bilden vermag. Das umstrittene Karbid U_2C_3 existiert nach R. E. Rundle und Mitarbeitern nur bei Temperaturen über 2000°.

Auch in schroff abgeschreckten Proben kann röntgenographisch immer nur UC neben UC_2 nachgewiesen werden. Nach W. Mallet und Mitarbeitern soll aber U_2C_3 bis 1800° beständig sein. Darüber zersetzt es sich in $UC + UC_2$. Durch röntgenographische Untersuchungen an gesinterten Proben im Bereich UC-UC_2 haben M. D. Burdik und Mitarbeiter[2] sowie A. E. Austin und A. F. Gerds[3] den Stabilitätsbereich der U_2C_3-Phase genauer festgelegt.

Das Karbid UC_2 hat nach U. Esch und A. Schneider einen weiten Homogenitätsbereich, der sich bis zu $UC_{0,35}$ erstreckt. Kohlenstoff löst sich im Dikarbid bei hohen Temperaturen und kann durch Abschrecken in Lösung gehalten werden. In unabgeschreckten Proben scheidet sich C neben UC aus.

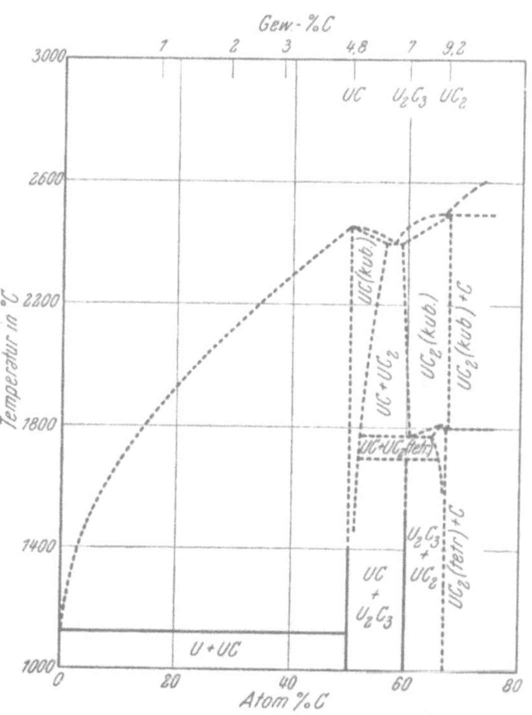

Abb. 58. Zustandsschaubild des Systems Uran-Kohlenstoff (W. Chubb und W. M. Phillips)

Die Frage der Umwandlung des UC_2 und der gegenseitigen Löslichkeit von UC im UC_2 und umgekehrt, wurde durch Hochtemperaturröntgenuntersuchungen von W. B. Wilson[4] und M. A. Bredig[5] ge-

---

[1] Chubb, W. u. W. M. Phillips: Trans. Am. Soc. Met. 53 (1961), S. 465/76.

[2] Burdick, M. D., H. S. Parker, R. S. Roth u. E. L. McGandy: J. Res. Nat. Bur. Stand. 54 (1955), S. 217/29.

[3] Austin, A. E. u. A. F. Gerds: BMI 1272 (1958).

[4] Wilson, W. B.: J. Am. Ceram. Soc. 43 (1960), S. 77/81.

[5] Bredig, M. A.: J. Am. Ceram. Soc. 43 (1960), S. 493.

klärt. Das tetragonale UC_2 (CaC_2-Typ) geht bei 1820° in die kubische Modifikation (CaF_2-Typ) über. Das U_2C_3 zerfällt bei etwa 1840° in kubisches UC_2 und UC. Auf Grund von Hochtemperaturgitterkonstantsmessungen kann auch die Löslichkeit des UC in UC_2 verhältnismäßig genau bestimmt werden.

Nach den sehr eingehenden Untersuchungen von W. Chubb und W. M. Phillips[1] an lichtbogengeschmolzenen Proben und Diffusionsschichten sind UC und UC_2 (kub. CaF_2-Typ) nicht wie früher angegeben, lückenlos mischbar. Das Eutektikum liegt bei etwa 6,4 Gew.-% C und 2350°. Das Eutektoid UC-UC_2 wurde bei 7 bis 7,5 Gew.-% C und etwa 1800° gefunden. Die Umwandlung von der tetragonalen Form des UC_2 in kubische Form ist wahrscheinlich auf eine peritektoide Reaktion bei etwa 1820° zurückzuführen (vgl. Abb. 58).

Nach B. Blumenthal[2], der das System auf der Uranseite eingehend untersucht hat, liegt das Eutektikum zwischen U und UC bei 0,98 At.-% C, wobei die Löslichkeit in γ-Uran 0,30 At.-% beträgt. Die Löslichkeit von Kohlenstoff in α- und β-Uran ist sehr gering.

c) Eigenschaften*)

Das geschmolzene Urankarbid Moissans der Zusammensetzung U_2C_3 hat metallischen Glanz und kristallinen Bruch. Bei der Zerkleinerung an Luft entzündet es sich sofort. Auch die Karbide UC und UC_2, graue metallische Pulver, sind äußerst pyrophor.

Mit Wasser zersetzen sich UC und UC_2 unter Bildung von Kohlenwasserstoffen[3]. Kompaktes UC_2 zersetzt sich nicht in feuchter Luft bei Raumtemperatur. In feuchtem Argon tritt erst ab 300° Oxydation ein, während an Luft schon ab 200° U_3O_8-Bildung zu beobachten ist[4-6]. Das U_2C_3 reagiert nach W. Mallet und Mitarbeitern[7] bis 75° nicht mit Wasser.

Das Verhalten von UC_2 gegen Stickstoff und Sauerstoff wurde

[1] Chubb, W. u. W. M. Phillips: Trans. Am. Soc. Met. **53** (1961), S. 465/76.

[2] Blumenthal, B.: J. Nucl. Mat. 2 (1960), S. 197/208, ANL 5623 (1956), 5717 (1957), 5958 (1959).

[3] Tripler, A. B., M. J. Snyder u. W. H. Duckworth: BMI 1313 (1959).

[4] Brett, N., D. Law u. D. T. Livey: J. Inorg. Nucl. Chem. **13** (1960), S. 44/53.

[5] Phillips, W. M.: BMI 1441 (1960), S. 89/91.

[6] Schumar, J. F.: TID 7589 (1960), S. 22/25.

[7] Mallett, W., A. F. Gerds u. D. A. Vaughan: J. Electrochem. Soc. **98** (1951), S. 505/09.

* Vgl. die Zusammenstellung von J. L. Kane: MND 2081 (1959) und die Bibliographie von H. H. Hausner u. H. C. Friedemann, Metallwerk Plansee AG., Reutte/Tirol 1961.

von W. ALBRECHT und B. G. KOEHL[1] untersucht und dabei Nitridschichten beobachtet[2]. Beim Erhitzen von UC in einer CO_2-Atmo-
sphäre tritt Oxydation ein[3, 3a].

Das Korrosionsverhalten von Uranmonokarbid gegen flüssige
Metalle, besonders gegen Aluminium, wurde mehrfach untersucht[4-12].

Das für Reaktorzwecke wichtige Bestrahlungsverhalten der Urankarbide ist eingehend untersucht worden, doch kann hier nur die
neueste Literatur angeführt werden[13-24].

Weitere Angaben über die Eigenschaften von Urankarbiden
werden in Zahlentafel 45 gemacht.

d) Verwendung

Trotz des schwach metallischen Charakters und der beschränkten
Fähigkeit, mit anderen Hartkarbiden Mischkristalle zubilden[25-29]
(s. S. 271) hat Urankarbid wegen seiner Pyrophorität und geringen
chemischen Beständigkeit bisher keine Anwendung in der Hart-

[1] ALBRECHT, W. u. B. G. KOEHL: Proc. Genf 1958, Bd. 6, S. 116/21.

[2] TRIPLER, A. B., M. J. SNYDER u. W. H. DUCKWORTH: BMI 1313 (1959).

[3] MURRAY, P. u. J. WILLIAMS: Proc. Genf 1958, Bd. 6, S. 538/50.

[3a] ANTILL, J. E.: AERE M/M 158 (1957).

[4] BOETTCHER, A. u. G. SCHNEIDER: Proc. Genf 1958, Bd. 6, S. 561/63.

[5] THURBER, W. C. u. R. J. BEAVER: ORNL 2618 (1959).

[6] BURDICK, M. D., H. S. PARKER, R. S. ROTH u. E. L. McGANDY: J. Res.
Nat. Bur. Stand. 54 (1955), S. 217/29.

[7] PAPROCKI, S. J., D. L. KELLER u. G. W. CUNNINGHAM: BMI 1184 (1957).

[8] CARROLL, J. W.: NAA TDR 2673 (1958).

[9] BORCHARDT, H. J.: J. Inorg. Nucl. Chem. 12 (1959), S. 113/21.

[10] PHILLIPS, W. M. u. J. J. WARD: BMI 1441 (1960), S. 49/57.

[11] ROUGH, F. A. u. W. CHUBB: BMI 1488 (1960).

[12] CREAGH, J. W. R. u. I. L. DRELL: TID 7589 (1960), S. 30/33.

[13] SMITH, C. R. F.: NAA SR 729 (1958).

[14] LEITTEN, C. F. u. W. C. THURBER: CF 58-10-20 (1958).

[15] ALFANT, S.: BMI 1304 (1958).

[16] LIEBERMAN, R.: BMI 1286 (1958).

[17] PEARLMAN, H.: NAA SR 4631 (1959).

[18] SMALLEY, A. K.: BMI 1483 (1960).

[19] MORGAN, J. G. u. M. F. OSBORNE: CF 60-6-78 (1960).

[20] PRICE, R. B., D. STAHL, J. H. STANG u. E. M. SIMONS: BMI 1304, 1259
(1958), 1425 (1960).

[21] ROUGH, F. A.: BMI 1441 (1960), S. 92/100; 1488 (1960).

[22] HARE, A. W. u. F. A. ROUGH: BMI 1452 (1960), 1491 (1961).

[23] JANES, M.: TID 7589 (1960), S. 34/51.

[24] GARDNER, E. L. u. S. G. BARNES: NAA SR 4333 (1960).

[25] Ö.P. 165868 (1948).

[26] NOWOTNY, H., R. KIEFFER, F. BENESOVSKY u. E. LAUBE: Mh. Chem. 88
(1957), S. 336/43, Rev. Mét. 55 (1958), S. 454/58.

[27] BROWNLEE, L. D.: J. Inst. Metals 87 (1958), S. 58/61, J. Brit. Nucl.
Energy 4 (1959), S. 35/38.

Zahlentafel 45. *Eigenschaften von Urankarbiden*

Eigenschaften	UC (4,8 % C)		U_2C_3 (7,03 % C)		UC_2 (9,16 % C)	
	Werte	Weitere Literatur*	Werte	Weitere Literatur*	Werte	Weitere Literatur*
Struktur	kubisch flz. B 1[1]		kubisch rz. $D5_c$[1]	[2]	tetragonal $C11_a$[3] kubisch C_1[4]	[1, 5—7] [1—7, 9—11, 28—30]
Gitterkonstante Å	4,9598[8]	[1, 4—27]	8,088[2]	[1, 4, 8, 11]	a: 3,509[8] c: 5,980 a: 5,47[4] ·	
Dichte g/cm³ .... ber.	13,606	[20, 21, 24, 26, 28]	12,856		11,680	[26, 32, 35, 37]
gef.	13,63[16]	[31—36]	12,7[2]	[32]	11,86[6]	
Härte HV kg/mm²	460[31]	[20, 21, 26, 33, 34, 38]			620[34]	
Elastizitätsmodul kg/mm²	21 800[33]	[24, 26]				
Festigkeitseigenschaften .	s. Lit.	[26, 31]				
Temperaturwechsel- beständigkeit	s. Lit.	[11, 20, 21, 24]				
Schmelzpunkt ° C	2520[39]	[10, 16, 24, 40—44]	2500[10]	[40]	2500 zers.[10]	[6, 41, 43, 45]
Wärmeausdehnungs- koeffizient $\beta \cdot 10^{-6}$ ..	9,1[24]	[21, 31, 33, 34, 46—49]	s. Lit.	[47]	s. Lit.	[47]
Wärmeleitfähigkeit cal/cm · sek. ° C	0,06[24]	[21, 26, 33, 42, 46]				
Thermodynamische Daten — ΔH_{298} kcal/mol. ...	21[50]	[26, 34, 40, 51—52]	s. Lit.	[34, 40, 51, 52]	17±2,5[27]	[6, 34, 51, 52]
Spez. elektr. Widerstand $\mu\Omega \cdot$ cm	40[35]	[21, 26, 33, 46, 53]			90[35]	
Supraleitfähigkeit	s. Lit.	[54]				
Elektronenemission	s. Lit.	[55—60]				
Gefüge	s. Lit.	[10, 15, 16, 20, 23, 24, 26, 29, 33, 34, 36, 43, 46, 61—68]	s. Lit.	[2, 10, 16, 24, 26, 41]	s. Lit.	[10, 16, 24, 26, 29, 31 36, 43, 62, 65, 68]

* Literatur siehe Fußnoten Seite **207** ff.

metalltechnik gefunden[69,70]. R. Kieffer[71] fand beim Einsatz von Urankarbid in WC-Co-Legierungen ein ähnliches unbefriedigendes Verhalten wie beim Thoriumkarbid.

[1] Rundle, R. E., N. C. Baenzinger, A. S. Wilson u. R. A. McDonald: J. Am. Chem. Soc. 70 (1948), S. 99/105.

[2] Mallett, W., A. F. Gerds u. D. A. Vaughan: J. Electrochem. Soc. 98 (1951), S. 505/09.

[3] Hägg, G. (Nach K. Arnfeld): Z. Phys. Chem. B 12 (1931), S. 42.

[4] Wilson, W. B.: J. Am. Ceram. Soc. 43 (1960), S. 77/81.

[5] Bredig, M. A.: J. Am. Ceram. Soc. 43 (1960), S. 493.

[6] Esch, U. u. A. Schneider: Z. anorg. Chem. 257 (1948), S. 254/66.

[7] Wilhelm, H. A., P. Chiotti, A. I. Snow u. A. H. Daane: J. Chem. Soc. (1949), Suppl. Nr. 2, S. 318/21, AEC M 3105 (1956).

[8] Austin, A. E.: Acta Cryst. 12 (1959), S. 159/61.

[9] Litz, L. M., A. B. Garrett u. F. C. Croxton: J. Am. Chem. Soc. 70 (1948), S. 1718/22.

[10] Mallett, M. W., A. F. Gerds u. H. R. Nelson: J. Electrochem. Soc. 99 (1952). S, 197/204.

[11] Burdick, M. D., H. S. Parker, R. S. Roth u. E. L. McGandy: J. Res. Nat. Bur. Stand. 54 (1955), S. 217/29.

[12] Kieffer, R., F. Benesovsky u. H. Nowotny: Planseeber. Pulvermetallurgie 5 (1957), S. 33/35.

[13] Nowotny, H., R. Kieffer, F. Benesovsky u. E. Laube: Planseeber. Pulvermetallurgie 5 (1957), S. 102/03, Mh. Chem. 89 (1958), S. 312/13.

[14] Nowotny, H., E. Laube, R. Kieffer u. F. Benesovsky: Mh. Chem. 89 (1958), S. 701/07.

[15] Nowotny, H., R. Kieffer, F. Benesovsky u. E. Laube: Mh. Chem. 88 (1957), S. 336/43, Rev. Mét. 55 (1958), S. 454/58.

[16] Gray, R. J., W. C. Thurber u. C. K. H. DuBose: Metal Progr. 74 (1958), Nr. 1, S. 65/70, ORNL 2446.

[17] Cirilli, V. u. C. Brisi: Ricerca Sci. 28 (1958), S. 1431/34.

[18] Witteman, W. G., J. M. Leitnaker u. M. G. Bowman: LA 2159 (1958).

[19] Roof, R. B. u. J. J. Lombardo: Trans. Met. Soc. Am. Inst. Met. Eng. 212 (1958), S. 50/51.

[20] Dubuisson, J., A. Houyvet, E. LeBoulbin, R. Lucas u. C. Moranville: Proc. Genf 1958, Bd. 6, S. 550/60.

[21] Boettcher, A. u. G. Schneider: Proc. Genf 1958, Bd. 6, S. 561/63.

[22] Nowotny, H., R. Kieffer, F. Benesovsky, C. Brukl u. E. Rudy: Mh. Chem. 90 (1959), S. 669/79.

[23] Williams, J. u. R. A. J. Sambell: J. Less-Common Metals 1 (1959), S. 217/26, 2 (1960), S. 352/56.

[24] Secrest, A. C., E. L. Foster u. R. F. Dickerson: BMI 1309 (1959).

[25] Rudy, E., H. Nowotny, F. Bonesovsky, R. Kieffer u. A. Neckel: Mh. Chem. 91 (1960), S. 178/67.

[26] Rough, F. A. u. W. Chubb: BMI 1488 (1960); TID 7589 (1960), S. 7/13.

[27] Benesovsky, F. u. E. Rudy: Planseeber. Pulvermet. 9 (1961), S. 65/76.

[28] Atoji, M. u. R. C. Medrud: J. Chem. Phys. 31 (1959), S. 332/37.

[29] Brett, N., D. Law u. D. T. Livey: J. Inorg. Nucl. Chem. 13 (1960), S. 44/52.

[30] Austin, A. E. u. C. M. Schwartz: BMI 1273 (1958).

Das Uranmonokarbid hat aber in letzter Zeit großes Interesse als Atombrennstoff gefunden, wobei neben kernphysikalischen Eigen-

[31] Barnes, E., W. Munro, R. W. Thackray, J. Williams u. P. Murray: In: Progress in Nuclear Energy, Pergamon, London 1956, Vol. V, S. 435/47; Proc. Genf 1958, Bd.6, S. 538/50.

[32] Austin, A. E. u. A. F. Gerds: BMI 1272 (1958).

[33] Smith, C. A. u. F. Rough: NAA SR 3625 (1959).

[34] Tripler, A. B., M. J. Snyder u. W. H. Duckworth: BMI 1313, 1383 (1959).

[35] Rough, F. A. u. W. Chubb: BMI 1370 (1959).

[36] Accary, A. u. R. Caillat: Internat. Powder Met. Conf., New York 1960.

[37] Albrecht, W. M. u. B. G. Koehl: Proc. Genf 1958, Bd. 6, S. 116/21.

[38] Vaughan, D. A.: BMI 1175 (1957).

[39] Brownlee, L. D.: J. Inst. Metals 87 (1958), S. 58/61, J. Brit. Nucl. Energy 4 (1959), S. 35/38.

[40] Brewer, L., L. A. Bromley, P. W. Gilles u. N. L. Lofgren in L. L. Quill: The Chemistry and Metallurgy of Miscellaneous Materials-Thermodynamics, McGraw-Hill, New York 1950, S. 40 ff.

[41] Chiotti, P.: J. Am. Ceram. Soc. 35 (1952), S. 123/30.

[42] Allison, A. G. u. W. H. Duckworth: BMI 1009 (1956).

[43] Chubb, W. u. W. M. Phillips: Trans. Am. Soc. Met. 53 (1961), S. 465/76.

[44] Newkirk, H. W. u. J. L. Bates: HW 59 468 (1959).

[45] Ruff, O. u. A. Heinzelmann: Z. anorg. allg. Chem. 72 (1911), S. 63/84.

[46] Accary, A. u. R. Caillat: In: Nuclear Fuel Elements. Reinhold Publ. New York 1959. S. 257/61.

[47] Krikorian, O. H.: UCRL 6132 (1960).

[48] Snyder, M. J. u. A. B. Tripler: In: Materials in Nuclear Applications. Am. Soc. Test. Mat., Spec. Publ. Nr. 276 (1960).

[49] Nowotny, H. u. E. Laube: Planseeber. Pulvermet. 9 (1961), S. 54/58.

[50] Farr, J. D., J. Huber, E. L. Head u. C. E. Holley: J. Chem. Phys. 63 (1959), S. 1455/56.

[51] Gaev, I. S.: Zur. Neorg. Chim. 1 (1956), S. 193/211.

[52] Ward, J. J. u. G. W. Cunningham: BMI 1441 (1960), S. 58/64.

[53] Nichols, R. W.: Nuclear Engng. 3 (1958), S. 327/33.

[54] Hardy, G. F. u. J. K. Hulm: Phys. Rev. 93 (1954), S. 1004/16.

[55] Pidd, R. W. u. a.: J. Appl. Physics 30 (1959), S. 1575/78, 1861.

[56] Grover, G. M.: J. Appl. Physics 30 (1959), S. 1575/78.

[57] Kmetko, E. A.: Phys. Rev. 116 (1959), S. 695/96.

[58] Haas, G. A. u. J. T. Jensen: J. Appl. Physics 31 (1960), S. 1231/33.

[59] Kuczynski, G. C.: J. Appl. Phys. 31 (1960), S. 1500/01.

[60] Salmi, W. E.: J. Electrochem. Soc. 107 (1960), S. 1013/15.

[61] Armstrong, D., P. E. Madsen u. E. C. Sykes: J. Nucl. Materials 1 (1959), S. 127/35.

[62] Thurber, W. C. u. R. J. Beaver: ORNL 2618 (1959).

[63] Boesser, B. C. u. E. Foster: BMI 1441 (1960), S. 70/76.

[64] Fackelman, F. M. u. D. L. Keller: BMI 1441 (1960), S. 77/89.

[65] Jones, T. I.: TID 7567 (1956).

[66] Kalish, H. S.: TID 7589 (1960), S. 59/69.

[67] Korchinsky, M.: TID 7589 (1960), S. 70/90.

[68] Hare, A. W. u. F. A. Rough: BMI 1452 (1960), 1491 (1961).

[69] Hoyt, S. L.: Trans. Am. Inst. Min. Met. Eng., 89 (1930), S. 9/58.

schaften, insbesondere die leichte Herstellbarkeit, die hohe Stabilität und die leichte Aufarbeitbarkeit hervorzuheben sind[72-76]. Das Karbid wird dabei in Form von Drucksinterkörpern in Graphitkugeln eingebettet[77-81] oder in Metallen dispergiert[82-87].

12. Plutoniumkarbid

Mehrere Karbide wurden durch Umsetzung von Oxyd, Metall oder Metallhydrid mit Kohlenstoff hergestellt[88,89,90] und röntgenographisch identifiziert. PuC (4,7% C) hat B 1-Struktur[88,90] (a = = 4,910 Å, Dichte 13,99 g/cm³). Pu_2C_3 (6,9% C) ist kubisch raumzentriert[89,90] (D 5c, a = 8,129 Å, Dichte 12,70 g/cm³).

Halbtechnisch kann PuC aus PuO_2 und Kohlenstoff in einem Tantalrohofen unter Stickstoff (glove box) bei Temperaturen von 1100 bis 1450° hergestellt werden[91].

PuC ist mit UC isotyp und wahrscheinlich vollkommen mischbar.

[70] KIEFFER, R.: Unveröffentlichte Versuche 1943/44.

[71] KIEFFER, R.: Metall 4 (1950), S. 132/36.

[72] BARNES, E., W. MUNRO, R. W. THACKRAY, J. WILLIAMS u. P. MURRAY: In: Progress in Nuclear Energy, Vol. V., Pergamon Press, London 1956, S. 435/47.

[73] KIEFFER, R., F. BENESOVSKY u. H. NOWOTNY: Planseeber. Pulvermetallurgie 5 (1957), S. 33/35.

[74] BOETTCHER, A. u. G. SCHNEIDER: Proc. Genf 1958, Bd. 6, S. 561/63.

[75] PAPROCKI, S. J., D. L. KELLER u. G. W. CUNNINGHAM: BMI 1184 (1957).

[76] ROUGH, F. A. u. R. F. DICKERSON: Nucleonics 18 (1960), Nr. 3, S. 74/77.

[77] SCHULTEN, R. u. a.: Atomwirtschaft 4 (1959), S. 377/84.

[78] GRAY, R. J., W. C. THURBER u. C. K. H. DuBose: Metal Progr. 74 (1958), Nr. 1, S. 65/70.

[79] MATZ, G.: Atomwirtschaft 4 (1959), S. 384/87.

[80] BOETTCHER, A.: In: Nuclear Fuel Elements. Reinhold Publ., New York 1959, S. 267/73.

[81] THURBER, W. C. u. R. J. BEAVER: J. Nucl. Mat. 1 (1959), S. 226/32. ORNL 2618 (1959).

[82] DAYTON, R. W. u. C. R. TIPTON: BMI 1226, 1232, 1238 (1957); 1253, 1256, 1259, 1262, 1267, 1280, 1286, 1294, 1301, 1307 (1958); 1315, 1324, 1340, 1357, 1377, 1381 (1959); 1366, 1403, 1409 (1960).

[83] PAPROCKI, S. J., D. L. KELLER u. G. W. CUNNINGHAM: BMI 1184 (1957).

[84] SHEINHARTZ, I.: SCNC 273 (1959); Trans. Am. Nucl. Soc. 2 (1959), S. 131.

[85] Westinghouse Electric Comp.: AECD 4289 (1959).

[86] KROEHLER, J.: NAA SR 4579 (1959).

[87] HAMMOND, J. P.: ORNL 2988 (1960), S. 443/52.

[88] ZACHARIASEN, W. H.: Acta Cryst. 2 (1949), S. 388/90. AECD 2195 (1949), ANL 4552 (1950).

[89] ZACHARIASEN, W. H.: Acta Cryst. 5 (1952), S. 17/19, ANL 4631 (1951).

[90] DRUMMOND, J. L., B. J. McDONALD, H. M. OCKENDEN u. G. A. WELCH: J. Chem. Soc., London (1957), 4785/89.

[91] LIED, R. C.: TID 7589 (1960), S. 3/4.

Es dürfte auch UC in den meisten untersuchten Mischkristallen ersetzen können.

13. Neptuniumkarbid

Neptuniumkarbide wurden in kleinsten Mengen durch Umsetzung
von NpO_2 oder NpF_3 mit Kohlenstoff hergestellt[1]. Röntgenographisch
konnten identifiziert werden: NpC (4,8% C)[2], B 1, a = 5,004 Å),
Np_2C_3 (7,0% C) und NpC_2 (9,1% C).

C. Karbid-Mehrstoffsysteme

1. Allgemeines

Die besprochenen Karbide der 4a bis 6a Metalle des Periodensystems beanspruchen nicht nur für sich allein, sondern auch nebeneinander und besonders in Form mischkristallenthaltender Zwei-
und Mehrstofflegierungen großes Interesse. Die Karbidmischkristalle,
deren technische Bedeutung erstmalig P. SCHWARZKOPF und I. HIRSCHL[3]
sowie K. BECKER[4] erkannt haben, bilden nämlich die Grundlage für
jene Hartmetallsorten, welche zur Bearbeitung langspanender Werkstoffe geeignet sind. Die Kenntnis über den Aufbau, die Eigenschaften
und das Verhalten ist daher von erheblicher praktischer Bedeutung.
Die Möglichkeiten für die Verwendung neuartiger Karbidsysteme
scheinen dabei lange noch nicht in allen Legierungsvarianten er-
schöpft zu sein. Bei Drei- und Vierstoff-Hartmetallen scheint sich
eine ähnliche Entwicklung anzubahnen wie seinerzeit bei den mehr-
fachlegierten Stählen.

Daß die hier in Frage kommenden Karbide in weitem Maße
Mischkristalle zu bilden vermögen, ist seit langem vermutet bzw.
für einzelne Karbidpaare schon frühzeitig nachgewiesen worden.
Dabei wurde beobachtet, daß die Härte durch Mischkristallbildung
zunimmt und meistens eine Selbstreinigung der Karbide von freiem
Graphit, Oxyden und Nitriden eintritt[5]. Aus diesen Gründen bieten
Karbidmischkristalle und Gemische solcher mit freien Karbiden

---

[1] SHEFT, I. u. S. FRIED: J. Am. Chem. Soc. 75 (1953), S. 1236/37, AECD
2731 (1949).

[2] TEMPLETON, D. H. u. C. H. DAUBEN: AECD 3443 (1952), UCRL 1886
(1952).

[3] D.R.P. 720502 (1929).

[4] BECKER, K.: Hochschmelzende Hartstoffe und ihre techn. Anwendung.
Verlag Chemie, Berlin 1933.

[5] KIEFFER, R. u. W. HOTOP: Pulvermetallurgie u. Sinterwerkstoffe,
2. Aufl., Springer-Verlag, Berlin/Göttingen/Heidelberg 1948, S. 298 ff.

für die Herstellung von Hartmetallen große Vorteile gegenüber der Verwendung von Gemengen unlegierter Karbide.

a) Mischkristalle der 4a und 5a Karbide

Lückenlose Mischkristallreihen bilden jeweils Karbide homologer Elemente und Karbide mit gleicher Gitterstruktur (isotype Karbide), sofern die Unterschiede in den Gitterkonstanten nicht allzugroß sind (s. S. 214). Nach H. Nowotny und R. Kieffer[1] sind demnach gemäß Abb. 59 jeweils die Karbide der 4a und 5a Gruppe des periodischen Systems innerhalb der Gruppe untereinander lückenlos mischbar (ausgezogene Verbindungslinien). Die Karbide der 4a und 5a Gruppe sind isotyp und haben alle kubische Kristallstruktur (Steinsalztyp). Es ist also ebenfalls lückenlose Mischbarkeit der Karbide beider Gruppen untereinander zu erwarten. Dies trifft auch tatsächlich bis auf die Paare ZrC-VC zu.

Nach W. Hume-Rothery[2] ist für die Bildung von einfachen binären Mischkristallen die Atomgröße der beiden Komponenten

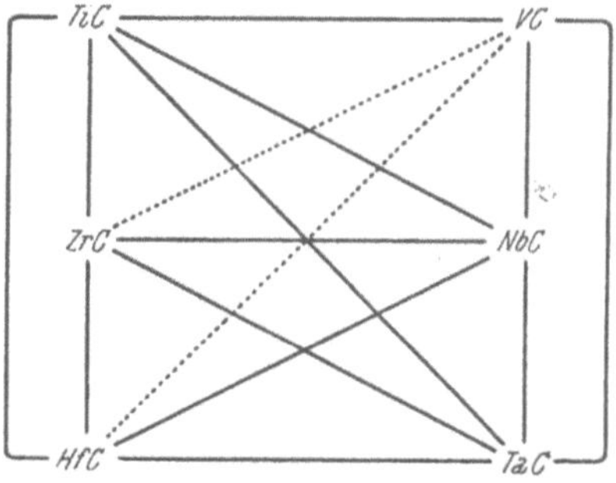

Abb. 59. Mischbarkeit isotyper Karbidpaare, schematisch (H. Nowotny und R. Kieffer)
Ausgezogene Verbindungen: vollkommene Mischbarkeit
Punktierte Verbindung: beschränkte Löslichkeit

entscheidend. Auf Grund eines empirischen Gesetzes ist Mischkristallbildung nur möglich, wenn der Unterschied in der Atomgröße von lösender und gelöster Komponente weniger als 15% beträgt. Ist er größer, dann ist die Löslichkeit beschränkt. Errechnet man die Unterschiede in den Gitterkonstanten, dann sieht man gemäß Zahlentafel 46, daß sich bei ZrC-VC und HfC-VC die Differenz an der Grenze bewegt und daß also nur beschränkte Löslichkeit zu erwarten ist. Auch im System TiC-ZrC ist der Gitterunterschied verhältnismäßig groß, so daß auch hier beschränkte Mischbarkeit zu vermuten wäre. Tatsächlich ist aber dieses Karbidpaar lückenlos mischbar.

J. T. Norton und A. L. Mowry[3] berechnen die Unterschiede aus den Durchmessern der Metallatome im Karbidgitter. Legt man

[1] Nowotny, H. u. R. Kieffer: Metallforschung 2 (1947), S. 257/65.
[2] Hume-Rothery, W.: The Structure of Metals and Alloys. Inst. of Metals Monograph, London 1936, S. 52.
[3] Norton, J. T. u. A. L. Mowry: Trans. Am. Inst. Met. Eng. 185 (1949), S. 133/36.

diese Werte, die ebenfalls in Zahlentafeln 46 angeführt und die von uns um die Werte der HfC-Systeme ergänzt worden sind, zu Grunde, dann wird die Regel von HUME-ROTHERY genau erfüllt.

b) Mischkristalle der 4a und 5a Karbide mit 6a Karbiden

Die Karbide der 4a und 5a Gruppe einerseits und die Karbide der 6a Gruppe andererseits sind wegen der verschiedenen Kristallstruktur nur beschränkt miteinander mischbar. Auf Seite der Karbide der 6a Gruppe besteht meist eine auch bei hoher Temperatur sehr geringe Löslichkeit, während die als starker Solvent wirkenden Karbide der 4a und 5a Gruppe bei Raumtemperatur bis 70% und bei hoher Temperatur bis zu 95% Karbide der 6a Gruppe zu lösen

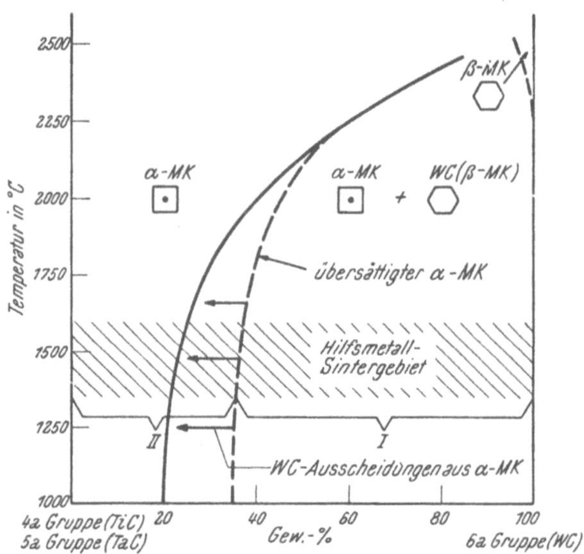

Abb. 60. Schema der auftretenden Phasen in Mehrkarbidhartmetallen in Abhängigkeit von Zusammensetzung und Temperatur

vermögen; gerade hierher gehören aber die für die Technik sehr wichtigen Systeme WC-TiC und WC-TaC. Die Kenntnis von den gegenseitigen Löslichkeitsgrenzen ist daher von besonderer Bedeutung und zahlreiche Arbeiten haben versucht, in dieser Richtung Klarheit zu schaffen (s. S. 234).

In Abb. 73 sind z. B. die Verhältnisse im System WC-TiC, in Abb. 89 im System WC-VC, in Abb. 94 im System WC-NbC wiedergegeben. Abb. 60 gibt schematisch die Verhältnisse in Hartlegierungen wieder, die aus Karbiden der 4a und 5a Metalle einerseits und Wolframkarbid als typischem Karbid der 6a Gruppe bestehen. Es wird eine starke temperaturabhängige Löslichkeit des WC in den 4a und 5a Karbiden, ebenso wie eine kleine Löslichkeit der kubischen Karbide in WC bei höchsten Temperaturen angenommen. Gestrichelt ist das Kobalt-Sintergebiet angedeutet, im heterogenen Gebiet I liegen die Normalhartmetalle für langspanende Werkstoffe sowie die Universalhartmetalle, im Gebiet II liegen wolframkarbidarme Sonderlegierungen.

Von den Karbiden der 6a Gruppe ist nur das Wolframmonokarbid WC von besonderem technischen Interesse. Cr_3C_2, Mo_2C und das isotype W_2C kommen meist nur als Zusatzkarbide in Mengen von 0,5 bis 10% in Frage. Cr_3C_2 hat allerdings als Basis von säurefesten Hartmetallen und als Zusatz zu warmfesten Titankarbidhartmetallen eine gewisse, doch mengenmäßig sehr kleine Anwendung gefunden.

Während das hartmetalltechnisch uninteressante, spröde W_2C mit Mo_2C, und V_2C isotyp und mischbar ist, zeigt Wolframmonokarbid praktisch keine Tendenz, andere Karbide im Temperaturbereich von 1200 bis 1600° (Hilfsmetallsintergebiet) in Lösung zu nehmen. Die Fähigkeit, instabile Mischkristalle (z. B. MoC-WC-Mischkristalle) in der Nähe des Schmelzpunktes zu bilden, ist technisch kaum auswertbar. Die Tendenz des Wolframkarbids WC in ein fiktives kubisches Gitter ($a = 4{,}30$ kX.E) umzuklappen und 80 bis 90% der kubischen Karbide TiC, NbC und TaC bei 2300° bis 2500° zu lösen, kann technisch nur zur Erzeugung übersättigter Mischkristalle (s. Abb. 60) ausgenutzt werden. Letztere zerfallen jedoch im Kobaltsintergebiet wieder unter Wolframkarbidausscheidung, entlang der Gleichgewichtslinie (vgl. Ausführungen über den Mischkristall $(W_{0,9}, Ti_{0,1})\ C_1$, S. 245). In anderen Worten, die Wolframkarbidphase in Sinterhartmetallen kann durch Mischkristallbildung praktisch nicht veredelt werden und liegen daher fast alle Hartmetalle für langspanende Werkstoffe im heterogenen Gebiet, WC + kubischer Mischkristall.

Durch Untersuchungen an Cr_3C_2- und $Cr_7\ C_3$-haltigen Systemen von O. Rüdiger und J. Hinnüber[1] (s. S. 228) und die neueren Untersuchungen von H. Nowotny, R. Kieffer und F. Benesovsky[2] an hafniumkarbidhaltigen Systemen (s. S. 223) wurden fast alle Lücken in technisch interessanten Karbidsystemen geschlossen. Besonders

---

[1] Hinnüber, J. u. O. Rüdiger: Arch. Eisenhüttenwes. **24** (1953), S. 267/24, Metall **7** (1953), S. 967/69, Techn. Mitt. Krupp **12** (1954), S. 22/24, **14** (1956), S. 136/39.

[2] Nowotny, H., R. Kieffer, F. Benesovsky, C. Brukl und E. Rudy: Mh. Chem. **90** (1959), S. 669/79, Planseeber. Pulvermetallurgie **7** (1959), S. 79/87.

hafniumkarbidhaltige Mischkristalle haben sich als technisch aussichtsreich erwiesen[1].

Zahlentafel 46. *Unterschiede in den Gitterkonstanten isotyper Karbide*

Karbidpaar	Unterschied in der Gitterkonstanten % größer oder kleiner als das Zweitkarbid		Unterschied im Atomdurchmesser % größer oder kleiner als das Zweitmetall	
TiC-ZrC ...	8,5	7,9	13,0	11,5
TiC-HfC ...	7,1	6,6	10,9	9,8
TiC-VC	3,7	3,8	5,5	6,0
TiC-NbC ..	3,5	3,4	5,1	4,8
TiC-TaC ...	3,1	3,0	4,8	4,6
ZrC-HfC ...	1,3	1,4	2,0	2,1
ZrC-VC	11,2	12,6	16,7	19,9
ZrC-NbC ..	4,8	5,0	7,1	7,6
ZrC-TaC ...	4,9	5,2	7,2	7,8
HfC-VC	10,1	11,1	15,0	17,6
HfC-NbC...	3,5	3,6	5,2	5,5
HfC-TaC ..	3,8	3,9	5,6	6,0
VC-NbC ...	7,2	6,7	11,7	10,5
VC-TaC	7,1	6,6	11,1	10,0
NbC-TaC...	~ 0	~ 0	~ 0	~ 0

2. Die Herstellung von Karbidmischkristallen

Karbidmischkristalle kann man nach folgenden Verfahren herstellen:

a) Feinstgemahlene *Metalloxyd*gemenge werden mit Ruß oder Kohlenstoff auf Karbidbildungstemperatur erhitzt. Man kann auch von vorher chemisch gemeinsam gefällten Metalloxyden ausgehen. Gegebenenfalls wird die Karburierung bzw. Mischkristallbildung mehrmals wiederholt.

b) Innig gemischte, pulverförmige *Metall*gemenge werden mit Ruß oder Kohlenstoff auf Karbidbildungstemperatur erhitzt. Das Verfahren kann mit a) kombiniert werden. Gegebenenfalls wird die Karburierung bzw. Mischkristallbildung mehrmals wiederholt.

c) Innige Gemische aus bereits *vorgebildeten* Karbiden werden auf Mischkristallbildungstemperatur erhitzt. Der Vorgang wird zweckmäßig mehrfach wiederholt. Das Verfahren kann mit a) und b) kombiniert werden.

d) Metalloxyd-Kohlenstoff-, Metall-Kohlenstoff- bzw. Karbidgemenge gemäß a) bis c) werden mit 0,5 bis 5% Metallen, Oxyden

---

[1] KIEFFER, R., F. BENESOVSKY u. K. MESSMER: Metall **13** (1959), S. 919/22.

oder Karbiden, z. B. Co, Ni, Fe, W, Co-Oxyd, MoO_3, Mo_2C, VC, Cr_3C_2 u. a., welche als diffusionsfördernde Zusätze wirken, auf Mischkristallbildungstemperatur erhitzt. Die Eisenmetalle können durch Säurebehandlung wieder entfernt oder bei hohen Temperaturen gegebenenfalls im Vakuum ausgedampft werden.

e) Isolierung von Karbidmischkristallen aus aufgekohlten komplexen Ferrolegierungen gegebenenfalls unter Zusatz von überschüssigen Metallen (Ni, Co, Al) oder von freien Karbiden zu den geschmolzenen oder gesinterten Ferrolegierungen.

f) Gemeinsames Niederschmelzen unzersetzt schmelzender Karbide.

g) Gemeinsame Abscheidung durch Elektrolyse von entsprechend zusammengesetzten Salzschmelzen.

a) Mischkristallbildung durch Karburierung von Metalloxydgemengen

Die gleichzeitige Karburierung und Mischkristallbildung durch Erhitzen entsprechender Oxydgemische mit Kohlenstoff ist durch verhältnismäßig niedrige Mischkristallbildungstemperaturen gekennzeichnet. Sie hat bei der Herstellung der von P. SCHWARZKOPF und Mitarbeitern entwickelten Hartmetalle zur Bearbeitung von Stahl auf Basis von mit Nickel abgebundenen Mo_2C-TiC-Mischkristallen technische Bedeutung erlangt (s. Bd. Hartmetalle). Gemische aus MoO_3-TiO_2 wurden mit entsprechenden Mengen Ruß in Kohlerohröfen unter Wasserstoff auf 1500 bis 2000° erhitzt[1]. Später wurde dieses Verfahren zugunsten der Mischkristallbildung aus fertigen Karbiden verlassen.

Auch bei der Herstellung von WC-TiC-Mischkristallen, welche vornehmlich für Hartmetalle zur Stahlbearbeitung dienen, kann man nach C. BALLHAUSEN[2] von den Oxyden ausgehen. WO_3, TiO_2 und entsprechende Mengen Ruß, welche zur Reduktion und Karburierung ausreichen, werden sehr innig gemischt, zu Blöcken verpreßt und in Hochfrequenzöfen bei 1600 bis 1700° geglüht. Der entstandene Mischkristall ist sehr rein und enthält nur 0,5 bis 0,6% freien Graphit. Durch Nachkarburierung mit Wolframmetallpulver kann der Kohlenstoffüberschuß herabgesetzt werden.

Selbstverständlich kann man bei der WC-TiC-Mischkristallherstellung auch nur eine Komponente — meist das Titan — in Form des Oxydes einsetzen. Man kann also von Mischungen aus W-TiO_2-C der WC-TiO_2-C ausgehen und diese im Kohlerohrofen

---

[1] Ö.P. 160172 (1931).

[2] BALLHAUSEN, C.: Persönliche Mitt. 1936; s. B.I.O.S. Final Rep. Nr. 1385 (1945), S. 86/87.

unter Wasserstoff bei 1600° umsetzen[1-3]. Nach H. FRANSSEN[4] hat sich dieses Verfahren bei der Herstellung von Mischkristallen für WC-TiC-Co-Hartmetalle als sogenanntes „Knickverfahren" bewährt. G. A. MEERSON[5] reduzierte innige Gemenge von WO_3 und TiO_2 zunächst unter Wasserstoff bei 850° und erhitzte das gebildete W-TiO_2-Gemenge unter Zusatz von Ruß in einer zweiten Stufe zwecks Bildung des Mischkristalles. Bereits bei 1500 bis 1550° tritt dann dabei schon nach zwei Stunden fast vollständige Karburierung des TiO_2 und gleichzeitig Mischkristallbildung ein.

Das Karburieren von Metalloxydgemengen wird auch mit Vorteil dort angewendet, wo eine Komponente oxydationsempfindlich ist, wie z. B. das ThC im System ThC-UC[6, 7].

b) Mischkristallbildung durch Karburierung von Metallgemengen

Die gleichzeitige Karburierung und Mischkristallbildung von Metallpulvergemengen mit Kohlenstoff ist diffusionsmäßig vorteilhaft, wurde aber selten, beispielsweise zur Herstellung von Mo_2C-W_2C- und MoC-WC-Mischkristallen, angewandt[8-10]. Auch bei Systemuntersuchungen geht man meist von den reinsten, metallischen Komponenten aus[11, 12, 13]. Die für technische Mischkristalle interessierenden Metalle Titan, Tantal, Zirkonium, Hafnium, Vanadin, Tantal und Niob sind nämlich in reiner, metallischer Form verhältnismäßig teuer. In Zukunft ist aber beispielsweise mit Titan- und Zirkoniumpulver in größeren Mengen und zu tragbaren Preisen zu rechnen[14, 15]. Für die Herstellung reinster Mischkristallpräparate ist dieser Weg zu empfehlen.

[1] BROWNLEE, L. D., G. A. GEACH u. T. RAINE: Iron Steel Inst., Spec. Rep. No. 38, London 1947, S. 73/78.

[2] B.I.O.S. Final Rep. Nr. 1385 (1945), S. 26.

[3] LVOVSKAJA, V. P. u. J. S. UMANSKI: Zur. Techn. Fiz. 20 (1950), S. 1167/74.

[4] FRANSSEN, H.: Arch. Eisenhüttenwes. 19 (1948), S. 79/84.

[5] MEERSON, G. A.: Redkije Metally 4 (1935), Nr. 4, S. 6/20.

[6] NOWOTNY, H., R. KIEFFER, F. BENESOVSKY und E. LAUBE: Planseeber. Pulvermetallurgie 5 (1957), S. 102/03, Mh. Chem. 89 (1958), S. 312/13.

[7] CIRILLI, V. u. C. BRISI: Ricerca Sci. 28 (1958), S. 1431/34.

[8] A.P. 1 959 879 (1929).

[9] KIEFFER, R. u. W. HOTOP: Pulvermetallurgie u. Sinterwerkstoffe, 2. Aufl., Springer-Verlag, Berlin/Göttingen/Heidelberg 1948, S. 298/99.

[10] DAWIHL, W.: Z. anorg. Chem. 262 (1950), S. 212/17.

[11] McMULLIN, J. G. u. J. T. NORTON: J. Metals 5 (1953), S. 1205/08.

[12] ALBERT, H. J. u. J. T. NORTON: Planseeber. Pulvermetallurgie 4 (1956), S. 2/6.

[13] NOWOTNY, H., E. PARTHÉ, R. KIEFFER und F. BENESOVSKY: Z. Metallkunde 45 (1954), S. 97/101.

[14] KIEFFER, R. u. F. BENESOVSKY: Berg- u. Hüttenmänn. Mh. 101 (1956), S. 292/300.

[15] KROLL, W. J.: Trans. Am. Inst. Met. Eng. 188 (1950), S. 1445/53.

c) Mischkristallbildung aus Gemengen vorgebildeter Karbide

Der klassische Weg zur Herstellung von Karbidmischkristallen ist das gemeinsame Erhitzen der einzeln vorgebildeten Karbide auf Mischkristallbildungstemperatur. Seit dem Pioniervorschlag von P. Schwarzkopf und I. Hirschl[1] werden die für die Hartmetallherstellung wichtigen Mischkristalle WC-TiC, WC-TaC(NbC), WC-TiC-TaC(NbC), WC-VC-TaC, Mo_2C-TiC, TiC-VC und andere binäre und ternäre Mischkristalle für wolframarme und -freie Hartmetalle bevorzugt auf diese Weise erzeugt[2-10].

Die getrennt gebildeten Einzel- bzw. Rohkarbide werden gegebenenfalls unter Zusatz von fehlendem Kohlenstoff trocken oder naß sehr innig gemischt und die Mischung in Kohlerohröfen unter Schutzgas oder in Hochfrequenzvakuumöfen etwa zwei Stunden auf Mischkristallbildungstemperatur von 1600 bis 2200° erhitzt. Die Geschwindigkeit der Mischkristallbildung ist dabei stark von der Diffusionsgeschwindigkeit der Komponenten, von der Höhe der Temperatur, weniger von der Zeit, abhängig. Durch Zusatz von geringen Mengen an Fremdmetallen oder Fremdkarbiden können die Mischkristallbildung und die Selbstreinigungseffekte beschleunigt werden [vgl. Abschnitt *d*)].

Nach A. E. Kovalski und E. J. Vrschesch[10] hängt die Homogenisierungszeit in engem Zusammenhang mit dem Radienunterschied der beteiligten Metalle, d. h. je größer dieser ist, um so länger und höher muß man erhitzen.

Nach E. Rudy und F. Benesovsky[11] erhält man bei der Herstellung von Karbidmischkristallen aus den Einzelkarbiden durch Heißpressen und Homogenisieren auch bei langandauerndem Glühen bei Temperaturen über 2000° bei gewissen Systemen keine dichten

[1] D.R.P. 720502 (1929).

[2] Kieffer, R. u. W. Hotop: Pulvermetallurgie u. Sinterwerkstoffe, 2. Aufl., Springer-Verlag, Berlin/Göttingen/Heidelberg 1948, S. 298 ff.

[3] Kieffer, R. u. F. Kölbl: Powder Met. Bull. 4 (1949), S. 4/17.

[4] Kieffer, R.: Metall 4 (1950), S. 132/36.

[5] Molkov, L. P. u. I. V. Vikker: Vestn. Metalloprom. 16 (1936), S. 75/88.

[6] Kovalski, A. E. u. J. S. Umanski: Zur. Fiz. Chim. 20 (1946), S. 769/72.

[7] Samsonov, G. V.: Izv. Sekt. Fiz. Chim. Anal. 27 (1956), S. 97/125.

[8] Tombrel, M. T.: In: La chimie des hautes temperatures. Paris 1955, S. 141/46, 2. Plansee Seminar, Reutte/Tirol 1955, S. 205/15.

[9] Hinnüber, J. u. O. Rüdiger: Arch. Eisenhüttenwes. 24 (1953), S. 267/74, Iron Steel Inst., Spec. Rep. Nr. 58, London 1956, S. 53/58, Techn. Mitt. Krupp. 14 (1956), S. 136/39, Metall 7 (1953), S. 967/69, Techn. Mitt. Krupp 12 (1954), S. 22/24.

[10] Kovalski, A. E. u. E. J. Vrschesch: Tverdyje Splavy 1 (1959), S. 305/19.

[11] Rudy, E. u. F. Benesovsky: Planseeber. Pulvermetallurgie 8 (1960), S. 72/82.

Mischkristallkörper, wie sie etwa zur Bestimmung gewisser physikalischer Eigenschaften erforderlich sind. Die Mikroporosität ist auf eine Art KIRKENDALL-Effekt zurückzuführen. Durch Wiederzerkleinern der Mischkristalle und nochmaliges Heißpressen erhält man jedoch fast porenfreie, dichte Proben.

Die Herstellung, insbesondere von WC-TiC-Mischkristallen für technische Zwecke und für Systemuntersuchungen, ist in zahlreichen Arbeiten[1-6] eingehend beschrieben worden (s. S. 233). Wesentlich neue Gesichtspunkte haben sich dabei aber nicht ergeben.

d) Mischkristallbildung unter Verwendung diffusionsfördernder Zusätze

Die Bildung von Karbidmischkristallen aus Metalloxyd-Kohlenstoff-, Metall-Kohlenstoff-, Metallhydrid-Kohlenstoff- oder Karbidgemengen unter Zusatz diffusionsfördernder Stoffe, z. B. Kobalt, Nickel, Kobaltoxyd, Molybdänkarbid u. a. in Mengen von 0,5 bis 5% durch Erhitzen auf Mischkristallbildungstemperatur wird für großtechnische und für wissenschaftliche Zwecke sehr häufig angewendet. Man erhält dabei infolge eines Selbstreinigungseffektes, welcher durch eine gegebenenfalls auftretende flüssige Phase unterstützt wird, in kurzer Zeit sehr reine Mischkristalle. Die Sinterkörper fallen dabei ziemlich dicht an, so daß sie für technologische Untersuchungen, z. B. zur Bestimmung der Härte, Biegebruchfestigkeit u. a., besonders geeignet sind. Der geringe Zusatz von Fremdmetallen oder Karbiden beeinträchtigt die Eigenschaften des Endproduktes nicht. Für die Reindarstellung von Karbidmischkristallen wird man die Zusätze an Eisenmetallen ausdampfen oder chemisch entfernen[7, 8].

Nach H. NOWOTNY und R. KIEFFER[7] geht man bei der Herstellung von Karbidmischkristallen z. B. folgendermaßen vor:

Die Karbidpulver mit einer Körnung < 0,06 mm werden unter Zusatz von 0,5% Kobaltpulver in Kugelmühlen sehr innig trocken oder naß gemischt, das abgesiebte Pulver mit einem Druck von etwa $^1/_2$ t/cm² zu Platten verpreßt und diese zwei Stunden im Vakuum auf 1500° bzw. 1600° erhitzt. Auf diese Weise gelingt es, Misch-

---

[1] KRAINER, H. u. K. KONOPICKY: Berg- u. Hüttenmänn. Mh. **92** (1947), S. 166/78.

[2] METCALFE, A. G.: J. Inst. Met. **73** (1947), S. 591/607.

[3] BROWNLEE, L. D., G. A. GEACH u. T. RAINE: Iron Steel Inst., Spec. Rep. Nr. 38, London 1947, S. 73/78.

[4] LVOVSKAJA, V. P. u. J. S. UMANSKI: Zur.Techn. Fiz. **20** (1950), S. 1167/74.

[5] NOWOTNY, H., E. PARTHÉ, R. KIEFFER u. F. BENESOVSKY: Z. Metallkunde **45** (1954), S. 97/101.

[6] HINNÜBER, J. u. W. KINNA: Arch. Eisenhüttenwes. **29** (1958), S. 391/96.

[7] NOWOTNY, H. u. R. KIEFFER: Metallforschung **2** (1947), S. 257/65.

[8] FOSTER, L. S., L. W. FORBES, L. B. FRIAR, L. S. MOODY u. W. H. SMITH: J. Am. Ceram. Soc. **33** (1950), S. 27/33.

kristalle von VC-, Mo_2C- und Cr_3C_2-enthaltenden Systemen herzustellen. Bei vielen Systemen mit diffusionsträgen Karbiden genügt diese niedrige Sintertemperatur nicht. H. Nowotny und R. Kieffer[1] haben in diesen Fällen die Sinterung der Karbidgemenge mit 1% Kobaltpulver bei 2100° ± 100° im direkten Stromdurchgang in einer gebräuchlichen Heißpreßeinrichtung vorgenommen, wobei die Erhitzungsdauer nur etwa fünf Minuten betrug. Der Einfluß der Sintertemperatur ist bei der Mischkristallbildung von entscheidender Bedeutung. Insbesondere konnte dies in den Systemen mit ZrC beobachtet werden. In manchen Fällen gelingt es nach H. Nowotny und R. Kieffer auch bei verhältnismäßig niedrigen Sintertemperaturen durch sehr lange Sinterzeiten Mischkristalle zu bilden. Es wurden Preßlinge der Karbidgemenge mit 5% Kobalt kurzzeitig bei 1550° heißgepreßt und anschließend 110 Stunden bei 1400 ± 50° nach dem Verfahren von R. Kieffer[2] langzeitgesintert. Es tritt dabei Mischkristallbildung ein, wobei allerdings die Körper wegen des Ausdampfens des Kobalts leicht porös werden und häufig Entkohlungen in den Außenzonen aufweisen. Man erhält aber dabei besonders gut ausgebildete und große Mischkristalle, die z. B. für die Bestimmung der Mikrohärte besonders geeignet sind.

J. T. Norton und A. L. Mowry[3] haben bei ihren Untersuchungen von Mischkristallsystemen der Karbide der 4a und 5a Gruppe die Ausgangskarbide ebenfalls mit 1% Kobaltpulver in nichtrostenden Kugelmühlen unter Zusatz organischer Lösungsmittel sehr innig gemischt, die getrocknete, abgesiebte Mischung zu Körpern verpreßt und diese im Hochfrequenzvakuumofen drei Stunden bei 2100° gesintert. Diese hohe Sintertemperatur und lange Sinterzeit genügte in allen Fällen, um den Beweis der Mischkristallbildung bei den betreffenden Systemen zu erbringen. Das Kobalt dampfte hierbei fast vollkommen ab, die Proben waren stets im Gleichgewicht und röntgenographisch homogen. Lediglich im System ZrC-VC trat aus den früher erwähnten theoretischen Gründen nur beschränkte Mischbarkeit auf, worauf H. Nowotny und R. Kieffer[1] schon hingewiesen hatten. Auch in dem ähnlich gelagerten System HfC-VC tritt auf Grund der Hume-Rothery-Volumsregel eine nur sehr kleine wechselseitige Löslichkeit auf[4].

---

[1] Nowotny. H. u. R. Kieffer: Metallforschung **2** (1947), S. 257/65.

[2] Kieffer, R.: Z. Metallkunde **46** (1944), H. 9, Metallforschung **2** (1947), S. 236/38, Powder Met. Bull. **2** (1947), S. 104/11.

[3] Norton, J. T. u. A. L. Mowry: Trans. Am. Inst. Met. Eng. **185** (1949), S. 133/36.

[4] Nowotny, H., R. Kieffer, F. Benesovsky, C. Brukl u. E. Rudy: Mh. Chem. **90** (1959), S. 669/79, Planseeber. Pulvermetallurgie **7** (1959), S. 79/87.

Der diffusionsfördernde und oberflächenreinigende Effekt von Kobalt ist bei der Untersuchung binärer und ternärer Karbidsysteme mit UC bzw. HfC ebenfalls mit bestem Erfolg angewendet worden[1,2].

e) Mischkristallherstellung durch Umsetzung im Schmelzbad und Isolierung

Die Herstellung von Wolframkarbid-Titankarbid-Mischkristallen nach dem sogenannten „Menstruum-Verfahren" von P. M. McKenna[3] hat in USA für die technische Erzeugung von Sinterhartmetallen beachtliche Bedeutung erlangt. Dabei werden in einer Nickelschmelze (das Nickel kann auch ganz oder teilweise durch Eisen, Kobalt oder Aluminium ersetzt werden). Wolframmetall, Ferrotitan, Titandioxyd oder Titan und Graphit bei etwa 2000° zur Reaktion gebracht[4]. P. M. McKenna glaubte bei stöchiometrischem Einsatz ein Doppelkarbid der Formel $WTiC_2$ durch Behandlung der gepulverten Schmelze mit Königswasser isoliert zu haben. Die als Verbindung bzw. Doppelkarbid $WTiC_2$ gedeutete Karbidlegierung ist aber nichts anderes als ein Mischkristall von Wolframkarbid und Titankarbid im Verhältnis $1:1$[5]. Aus dem Nickelbad lassen sich WC-TiC- und WC-TaC-, TiC-NbC-TaC-Mischkristalle[6] *beliebiger* Zusammensetzung herstellen. Die Mischkristalle sind durch niedrige Oxyd-, Nitrid- und Graphitgehalte gekennzeichnet und daher für die Herstellung von porenfreien Sinterhartmetallen hervorragend geeignet. Bei der Herstellung von TiC-NbC-TaC-Mischkristallen, welche als Zusatz für hochwarm- und zunderfeste Werkstoffe auf TiC-Kobalt-Basis dienen (s. Bd. Hartmetalle), kann man direkt Ferro-Niob (-Tantal) oder Ferro-Tantal (-Niob) verwenden und dadurch die schwierige Tantal-Niob-Trennung umgehen.[6]

Nach R. Kieffer[7] kann man aus hochgekohltem, niobhaltigem Ferrotantal durch Säurebehandlung TaC-NbC-Mischkristalle isolieren, welche sich ebenso wie die McKennaschen Mischkarbide durch Graphit-, Sauerstoff- und Nitridfreiheit auszeichnen.

---

[1] Nowotny, H., R. Kieffer, F. Benesovsky u. E. Laube: Mh. Chem. **88** (1957), S. 336/43, Rev. Mét. **55** (1958), S. 454/58.

[2] Nowotny, H., R. Kieffer, F. Benesovsky, C. Brukl u. E. Rudy: Mh. Chem. **90** (1959), S. 669/79 **91** (1960), S. 176/87.

[3] McKenna, P. M.: Metal Progr. **36** (1939), S. 152/55.

[4] A.P. 2113353 bis 2113356 (1937), 2124509 (1935), 2515463 (1948).

[5] Norton, J. T. u. A. L. Mowry: Trans. Am. Inst. Min. Met. Eng. **185** (1949), S. 891.

[6] Redmond, J. C. u. E. N. Smith: Trans. Am. Inst. Met. Eng. **185** (1949), S. 987/93.

[7] Ö.P. 157947 (1938).

f) Karbidmischkristallbildung aus der Gasphase

Die in Kapitel 4, S. 59, beschriebenen verschiedenen Verfahren zur Abscheidung von Karbiden aus der Gasphase können natürlich auch zur Herstellung von Karbidmischkristallen herangezogen werden. Kommt es gegebenenfalls zur Abscheidung von Gemengen, statt von festen Lösungen, so ist eine entsprechende Diffusionsglühung bei Temperaturen von 1800 bis 2500° zur Erzeugung homogener Mischkristalle notwendig. Über praktische Ergebnisse dieser Verfahrenstechnik finden sich in der Literatur keine Hinweise.

g) Mischkristallbildung durch gemeinsames Niederschmelzen

Aus Karbiden, welche sich beim Schmelzen nicht zersetzen, kann man selbstverständlich auch auf klassische Weise durch Zusammenschmelzen Karbidmischkristalle bilden. Es sei hier auf die ersten geschmolzenen Hartmetallziehsteine aus Wolfram- und Molybdänkarbid verwiesen. C. AGTE und H. ALTERTHUM[1] haben bereits an den Systemen W_2C-TaC, W_2C-NbC, W_2C-ZrC, NbC-TaC, NbC-ZrC, TaC-ZrC und TaC-HfC die Schmelzpunkte in Abhängigkeit vom Mischungsverhältnis bestimmt und die geschmolzenen Mischkarbide mikroskopisch und röntgenographisch untersucht. Zu diesem Zwecke wurden stäbchenförmige Preßlinge aus den pulverförmigen Karbidmischungen hochgesintert und der Schmelzpunkt des Mischkristalles nach der Bohrlochmethode bestimmt (s. S. 70). Aus dem gleichmäßigen Temperaturanstieg bei gleichbleibender Energiezufuhr kann geschlossen werden, daß in der Mischreihe keine neuen Verbindungen (Doppelkarbide) auftreten bzw. in dem betreffenden Karbidsystem nur beschränkte Mischbarkeit vorliegt.

Auf dem Schmelzwege hergestellte Karbidmischkristalle haben wegen ihrer Sprödigkeit nur für Hartaufschweißlegierungen Bedeutung erlangt. Es sei hier noch auf die umfangreiche Literatur[2] über geschmolzene Hartlegierungen aus den Anfängen der Hartmetallherstellung verwiesen. In vielen dieser Hartlegierungen dürften neben intermediären eisenenthaltenden Phasen mehr oder weniger definierte Mischkristalle von Karbiden enthalten gewesen sein.

h) Mischkristallbildung durch Schmelzflußelektrolyse

Setzt man nach der von G. WEISS und L. ANDRIEUX[3, 4] angegebenen Methode den Metaborat-Fluorid-Karbonat-Salzschmelzen

---

[1] AGTE, C. u. H. ALTERTHUM: Z. techn. Physik 11 (1930), S. 182/91.

[2] BECKER, K.: Hochschmelzende Hartstoffe und ihre technische Anwendung. Verlag Chemie, Berlin 1933, S. 120/21, Patentzusammenstellung S. 125/29, Nachtrag 1933/34, S. 6/8, Nachtrag 1935, S. 4/5.

[3] WEISS, G.: Ann. Chim. 1 (1946), S. 446/525.

[4] ANDRIEUX, L. u. G. WEISS: Bull. Soc. Chim. France 15 (1948), S. 598/601.

mehrere Oxyde von Metallen, die unter den gegebenen Bedingungen
zur Karbidbildung befähigt sind, zu, dann erhält man als Abscheidungsprodukt feinstdisperse Karbidgemenge oder, nach anschließender Diffusionsglühung, Karbidmischkristalle.

3. Karbid-Zweistoffsysteme

Titankarbid-Zirkoniumkarbid. Trotz des verhältnismäßig großen Unterschiedes in den Gitterkonstanten zwischen TiC und ZrC besteht in diesem System vollkommene Mischbarkeit. Bei den Untersuchungen von H. Nowotny und R. Kieffer[1] zeigte sich zwar zunächst auf Grund von Gitterkonstantenmessungen, daß Proben, welche mit 25 bzw. 75% ZrC, Rest TiC unter Zusatz von 0,5% Co, zwei Stunden bei 1600° im Vakuum gesintert worden waren, noch eindeutig heterogen sind und die gleichen Gitterkonstanten haben wie die Komponenten. Dagegen zeigen heißgepreßte Proben mit 25 bzw. 75% ZrC, die kurzzeitig bei 2100° gesintert worden waren, praktisch Homogenität. H. Nowotny und R. Kieffer[1] nehmen auf Grund des Gitterkonstantenverlaufes an, daß eine lückenlose Mischreihe besteht, und daß in diesem System die Gleichgewichtseinstellung äußerst träge verläuft.

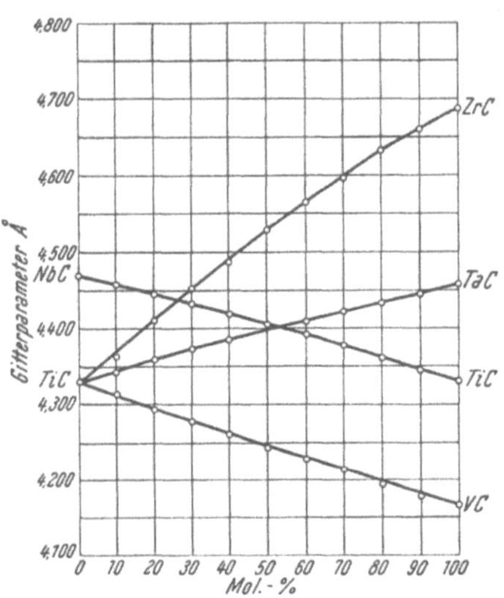

Abb. 61. Gitterkonstanten der Mischkristallreihen TiC-ZrC, TiC-VC, TiC-NbC und TiC-TaC (J. T. Norton und A. L. Mowry)

J. T. Norton und A. L. Mowry[2] haben bei ihren sehr exakten Untersuchungen TiC-ZrC-Preßlinge mit 1% Co drei Stunden bei 2100° im Vakuum gesintert. Die Gitterkonstanten, bestimmt an den Sinterkörpern in Abständen von 10 Mol.-% ZrC, weichen schwach positiv von der Vegardschen Geraden ab (Abb. 61). Die von H. Nowotny und R. Kieffer[1] angenommene lückenlose Mischbarkeit der beiden Karbide wird eindeutig bestätigt. Auch spätere

---

[1] Nowotny, H. u. R. Kieffer: Metallforschung **2** (1947), S. 257/65.
[2] Norton, J. T. u. A. L. Mowry: Trans. Am. Inst. Met. Eng. **185** (1949), S. 133/36.

Untersuchungen von M. T. TOMBREL[1] sowie A. E. KOVALSKI und E. J. VRSCHESCH[1a] zeigten das gleiche Ergebnis.

Ein Mischkristall mit 75 Mol.-% TiC hat nach G. V. SAMSONOV[2] eine Mikrohärte von 3086 kg/mm[1]. Den Verlauf des elektrischen Widerstandes im System TiC-ZrC haben E. RUDY und F. BENESOVSKY[3] untersucht. Bei den Werten für die Suszeptibilität findet ebenfalls linearer Übergang statt[4].

Titankarbid-Hafniumkarbid. TiC und HfC sind wie H. NOWOTNY und Mitarbeiter[5-8] nachweisen konnten isotyp und vollkommen mischbar. Die TiC-HfC-Mischkristalle wurden durch Heißpressen der Karbidgemische unter Zugabe von 1% Kobalt und Homogenisierungsglühung im Kohlerohrkurzschlußofen unter Wasserstoff (4 Stunden, 2000°) hergestellt. Nach dieser Behandlung waren die Mischkristalle röntgenographisch homogen. Der Verlauf der Gitterkonstanten ist aus Abb. 62 zu entnehmen.

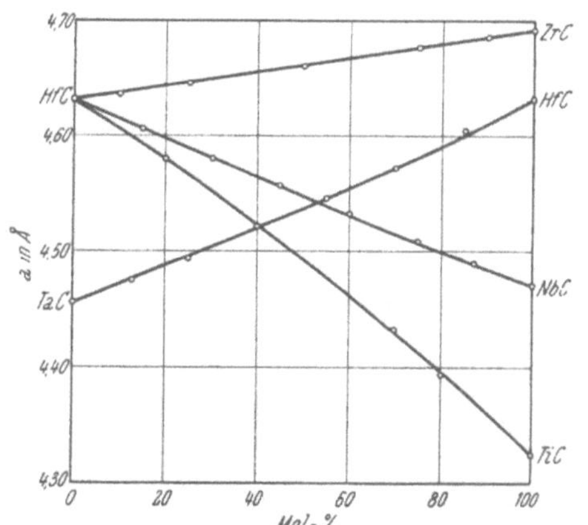

Abb. 62. Gitterkonstanten der Mischkristalle HfC-TiC, HfC-ZrC, HfC-NbC und HfC-TaC (H. NOWOTNY, R. KIEFFER, F. BENESOVSKY, C. BRUKL und E. RUDY)

Den Verlauf des elektrischen Widerstandes im System TiC-HfC haben E. RUDY und F. BENESOVSKY[9] untersucht. Bei den Werten für die Suszeptibilität findet ebenfalls linearer Übergang statt[4].

[1] TOMBREL, M. T.: In: La chimie des hautes temperatures. Paris 1955, S. 141/46. 2. Plansee Seminar, Reutte/Tirol 1955, S. 205/15.

[1a] KOVALSKI, A. E. u. E. J. VRSCHESCH: Tverdyje Splavy 1 (1959), S. 305/19.

[2] SAMSONOV, G. V.: Izv. Sekt. Fiz. Chim. Anal. 27 (1956), S. 97/125.

[3] RUDY, E. u. F. BENESOVSKY: Planseeber. Pulvermetallurgie 8 (1960), S. 72/82.

[4] BITTNER, H. u. H. GORETZKI: Mh. Chem. 91 (1960), S. 616/19.

[5] NOWOTNY, H., R. KIEFFER, F. BENESOVSKY u. C. BRUKL: Mh. Chem. 90 (1959), S. 86/88.

[6] NOWOTNY, H., F. BENESOVSKY u. R. KIEFFER: Planseeber. Pulvermetallurgie 7 (1959), S. 79/87.

[7] NOWOTNY, H., R. KIEFFER, F. BENESOVSKY, C. BRUKL u. E. RUDY: Mh. Chem. 90 (1959), S. 669/79.

[8] RUDY, E., H. NOWOTNY, F. BENESOVSKY, R. KIEFFER u. A. NECKEL: Mh. Chem. 91 (1960), S. 176/87.

[9] RUDY, E. u. F. BENESOVSKY: Planseeber. Pulvermetallurgie 8 (1960), S. 72/82.

Titankarbid-Vanadinkarbid. Bei der Sinterung von TiC-VC-Mischungen unter Zusatz von 0,5% Kobalt erfolgt nach H. Nowotny und R. Kieffer[1] schon bei 1500° und zweistündiger Sinterzeit Mischkristallbildung. Auf Grund der Gitterkonstantenwerte wurde gefolgert, daß TiC-VC eine lückenlose Mischkristallreihe bilden[2].

Zahlentafel 47. *Zusammensetzung und Ergebnisse der Röntgenuntersuchung einiger der geprüften Titan-Vanadin-Mischkarbide* (H. Krainer u. K. Konopicky)

Be-zeich-nung	Titan-karbid %	Vanadin-karbid %	Kohlen-stoff im Karbid-anteil %	Bin-de-metall	Gitter-konstante Å	Bemerkungen
VT 1.	50 (16,6% C)	50 (15% C)	16,2	—	4,20	Reflexe stark verwaschen
VT 2.	42,5	42,5	15,5	15	4,223	
VT 3.	75 (16,6% C)	25 (15% C)	16,5	—	4,214 4,277	2 Phasen nebeneinander, Reflexe unscharf
VT 4.	75 (18,1% C)	25 (15% C)	17,3	—	a) 4,285 b) 4,246	Die titanreiche Phase a) in größerer Menge als b) vorhanden
VT 5.	75 (16,6% C)	25 (18,5% C)	17,2		a) 4,251 b) 4,292	Die vanadinreiche Phase a) überwiegt hier
VT 6.	64	21	14,5	15	4,22 4,27	Geringe Schärfe der Reflexe
VT 7.	66	22	16,2	12	a) 4,250 b) 4,285	Die Reflexe der vanadinreicheren Phase a) sind intensiver als die von b)
VT 8.	66	22	15,0	12	4,253	
VT 9.	66	22	16,8	12	4,261	
VT 10.	66	22	17,0	12	4,263	

H. Krainer und K. Konopicky[3] untersuchten ebenfalls röntgenographisch TiC-VC-Mischkristalle und bestimmten die Gitterkonstanten in Abhängigkeit vom Kohlenstoffgehalt der Präparate. Gemäß Zahlentafel 47 ist das Mischkarbid mit 50% TiC und 50% VC einphasig, die Röntgenreflexe sind jedoch sehr unscharf, was offenbar auf eine zu niedrige Sintertemperatur schließen läßt. Die Mischkarbide aus 75% TiC und 25% VC bestehen aus einer VC- und einer TiC-reichen Phase. Die wenig scharfen Reflexe lassen eben-

---

[1] Nowotny, H. u. R. Kieffer: Metallforschung 2 (1947), S. 257/65.

[2] Rudy, E., H. Nowotny, F. Benesovsky, R. Kieffer u. A. Neckel: Mh. Chem. 91 (1960), S. 176/87.

[3] Krainer, H. u. K. Konopicky: Berg- u. Hüttenmänn. Mh. 92 (1947), S. 166/78.

falls auf starke Gitterstörungen schließen. Bei Mischkarbiden aus 75% TiC und 25% VC, bei denen der Gehalt an Kohlenstoff im VC höher ist, sind die Reflexe der VC-reicheren Phase schärfer und intensiver als die der TiC-reicheren. Die gefundenen Gitterkonstanten stehen damit in Übereinstimmung. Es hat den Anschein, als ob Karbide, deren Kohlenstoffgehalt näher der theoretischen Zusammensetzung für TiC bzw. VC liegen, leichter fremde Karbide aufzulösen vermögen, eine Beobachtung, die auch bei TiC-WC- und TiC-TaC-Mischkristallen gemacht werden kann.

Die Gitterkonstanten des Mischkristalles 3 TiC-VC ändern sich in Abhängigkeit vom Kohlenstoffgehalt, wie Abb. 63 zeigt, linear. Der Verlauf ist grundsätzlich der gleiche wie in den Randsystemen Ti-C-O und V-C-O (s. S. 124). Extrapoliert man daraus den Wert der Gitterkonstante für 3 TiC-VC (19,75% C), so liegt dieser gemäß Abb. 64 auf der Geraden, welche einer linearen Abhängigkeit der Gitterkonstante vom Mischungsverhältnis TiC-VC entspricht. TiC und VC bilden daher eine lückenlose Reihe von Mischkristallen, deren Gitterkonstante sich additiv berechnen läßt und wie bei den Randsystemen vom gebundenen Kohlenstoff beeinflußt wird. Bei zu niedrigen Sintertemperaturen und ungenügenden Sinterzeiten verläuft jedoch die Mischkristallbildung unvollständig, was vermutlich durch hohe Sauerstoffgehalte

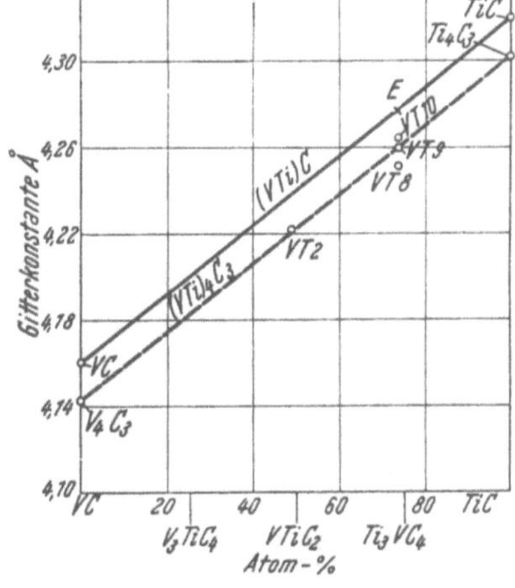

Abb. 63. Gitterkonstanten der Mischkristallreihe TiC-VC (H. Krainer und K. Konopicky)

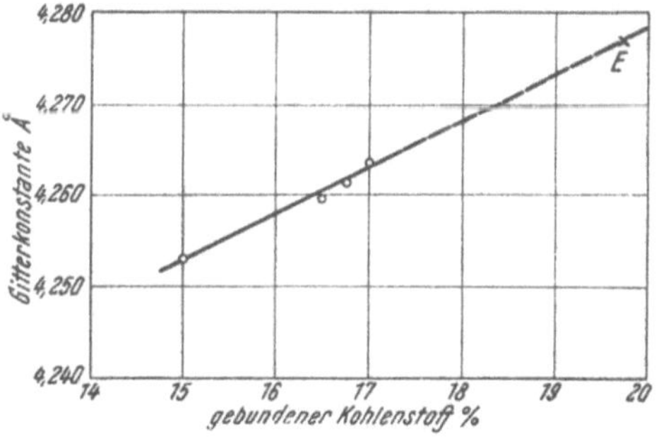

Abb. 64. Abhängigkeit der Gitterkonstante der Mischkarbide (Ti₃V) Cx vom gebundenen Kohlenstoff (H. Krainer und K. Konopicky)

und Stickstoffgehalte ähnlich wie im System TiC-WC verursacht wird.

In Titan-Vanadin-legierten Stählen ist ebenfalls röntgenographisch der Nachweis von titankarbid- bzw. vanadinkarbidreichen Mischkristallen möglich.

Von J. T. Norton und A. L. Mowry[1], welche Gitterkonstantenmessungen an vakuumgesinterten VC-TiC-Mischkristallen in Abständen von 10 Mol.-% VC durchführten, wurde neuerlich die vollkommene Mischbarkeit in diesem System bestätigt [(Abb. 61), S. 222].

Die Untersuchungen im System TiC-VC sind insofern von praktischem Interesse, als nach R. Kieffer[2] aus titankarbidreichen Mischkristallen unter Zusatz von Kobalt oder Nickel brauchbare wolframkarbidfreie Hartmetalle für Schneidzwecke hergestellt werden können. K. Becker[3] schlägt vor, aus VC-reichen Mischkristallen Sandstrahldüsen zu erzeugen.

Den Verlauf des elektrischen Widerstandes im System TiC-VC haben E. Rudy und F. Benesovsky[4] untersucht. H. Bittner und H. Goretzki[5] bestimmten die magnetische Suszeptibilität der Mischreihe

Titankarbid-Niobkarbid. Nach A. E. Kovalsky und J. S. Umanski[6] sowie H. Nowotny und R. Kieffer[7] liegen die Gitterkonstantewerte von TiC-NbC-Mischkristallen exakt auf der Vegardschen Geraden. Es ist daher anzunehmen, daß TiC und NbC eine lückenlose Reihe von Mischkristallen bilden. Dies wurde auch von J. T. Norton und A. L. Mowry[1] bestätigt, welche in Abständen von 10 Mol.-% NbC an bei 2100° im Vakuum gesinterten Körpern die Gitterkonstanten bestimmten. Dieselben weichen gemäß Abb. 61 schwach positiv von der Vegardschen Geraden ab.

Den Verlauf des elektrischen Widerstandes im System TiC-NbC haben E. Rudy und F. Benesovsky[4] untersucht. Die Kurve der Suszeptibilitätswerte zeigt nach H. Bittner und H. Goretzki[5] bei 40—50 Mol.-% NbC ein Minimum auf.

Titankarbid-Tantalkarbid. Da die Gitterkonstantewerte von TiC-TaC-Legierungen verschiedener Zusammensetzung ziemlich genau auf der Vegardschen Geraden liegen, nehmen A. E. Kovalski und J. S. Umanski[6] sowie H. Nowotny und R. Kieffer[7] lückenlose Mischbarkeit in diesem System an.

---

[1] Norton, J. T. u. A. L. Mowry: Trans. Am. Inst. Met. Eng. **185** (1949), S. 133/36.

[2] D.R.P. 748933 (1938).

[3] Schweiz. P. 167854 (1933).

[4] Rudy, E. u. F. Benesovsky: Planseeber. Pulvermetallurgie **8** (1960), S. 72/82.

[5] Bittner, H. u. H. Goretzki: Mh. Chem. **91** (1960), S. 616/19.

[6] Kovalski, A. E. u. J. S. Umanski: Zur. Fiz. Chim. **20** (1946), S. 769/72; Tverdyje Splavy 1 (1959), S. 305/19.

[7] Nowotny, H. u. R. Kieffer: Metallforschung **2** (1947), S. 257/65.

J. T. Norton und A. L. Mowry[1] stellten in Abständen von 10 Mol.-% TaC-Mischkristalle mit TiC her und fanden auf Grund von Gitterkonstantenbestimmungen ebenfalls lückenlose Mischbarkeit. Die Werte weichen gemäß Abb. 61 von der Vegardschen Geraden schwach positiv ab.

Der Befund von L. D. Brownlee, G. A. Geach und T. Raine[2], daß im System TiC-TaC eine Mischungslücke besteht, dürfte ohne Zweifel auf das Ungleichgewicht der untersuchten Proben zurückzuführen sein.

J. G. McMullin und J. T. Norton[3] untersuchten bei der Aufstellung des Dreistoffsystems Ti-Ta-C (s. Abb. 66) den Schnitt TiC-TaC nochmals bei etwa 1800° und konnten die Ergebnisse früherer Arbeiten

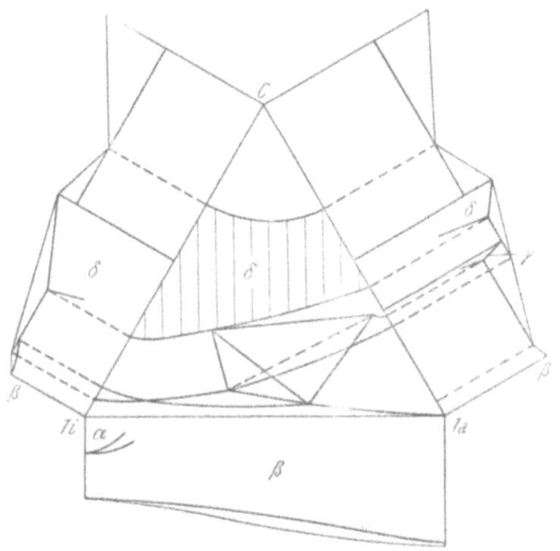

Abb. 65. Sättigungslinien im System Titan-Tantal-Kohlenstoff
(J. G. McMullin und J. T. Norton)

in allen Punkten bestätigen. Wenn der Kohlenstoffgehalt der δ-Phase absinkt, zeigt sich auch ein deutlicher Abfall der Gitterkonstante.

Bei den Mikrohärtewerten findet zwischen TiC und TaC ein kontinuierlicher Übergang statt[4, 5]. Den Verlauf des elektrischen Widerstandes im System TiC-TaC haben E. Rudy und F. Benesovsky[6] untersucht. Bei der magnetischen Suszeptibilität tritt nach H. Bittner und H. Goretzki[7] insofern eine Besonderheit auf, als die Mischkristalle mit 40—50 Mol.-% TaC diamagnetisch werden.

System Titan-Tantal-Kohlenstoff. Von J. G. McMullin und J. T. Norton[6] wurde das Dreistoffsystem Ti-Ta-C sorgfältig unter-

---

[1] Norton, J. T. u. A. L. Mowry: Trans. Am. Inst Met. Eng. **185** (1949), S. 133/36.

[2] Brownlee, L. D., G. A. Geach u. T. Raine: Iron Steel Inst., Spec. Rep. Nr. 38, London 1947, S. 73/78.

[3] McMullin, J. G. u. J. T. Norton: J. Metals **5** (1953), S. 1205/08; Disk. **6** (1954), S. 673.

[4] Rüdiger, O.: Metall **7** (1953), S. 967/69; Techn. Mitt. Krupp **12** (1954), S. 22/24.

[5] G. V. Samsonov: Izv. Sekt. Fiz. Chim. Anal. **27** (1956), S. 97/125.

[6] Rudy, E. u. F. Benesovsky: Planseeber. Pulvermetallurgie **8** (1960), S. 72/82.

[7] Bittner, H. u. H. Goretzki: Mh. Chem. **91** (1960), S. 616/19.

sucht. Die Proben wurden aus reinsten Metallhydriden und Ruß durch dreistündiges Glühen bei 1820° hergestellt.

Für die drei Randsysteme wurde das System W-C nach W. P. Sykes (s. Abb. 55), das System Ta-C nach F. H. Ellinger (s. Abb. 45) und das System Ti-C nach I. Cadoff und J. P. Nielsen (s. Abb 35) mit geringen Änderungen als korrekt unterstellt. Die Sättigungslinien im Dreistoffsystem Ti-Ta-C sind der Abb. 65 zu entnehmen.

Das Zustandsbild im Schnitt bei 1820° ergibt sich aus Abb. 66 und können die Ergebnisse wie folgt zusammengefaßt werden: Es treten keine anderen Phasen auf als die in den drei Randsystemen bekannten. Es wurde eine nonvariante Ebene vierfacher Sättigung bei etwa 2025° gefunden, auf der sich die Reaktion $\beta + \delta \rightleftarrows \gamma +$ Schmelze abspielt. Eine Löslichkeit von Titan in Ta_2C kann nicht beobachtet werden. Ta_2C hat ähnlich W_2C eine schwach unterstöchiometrische Zusammensetzung. TiC und TaC bilden die bekannte lückenlose Mischkristallreihe (vgl. S. 226).

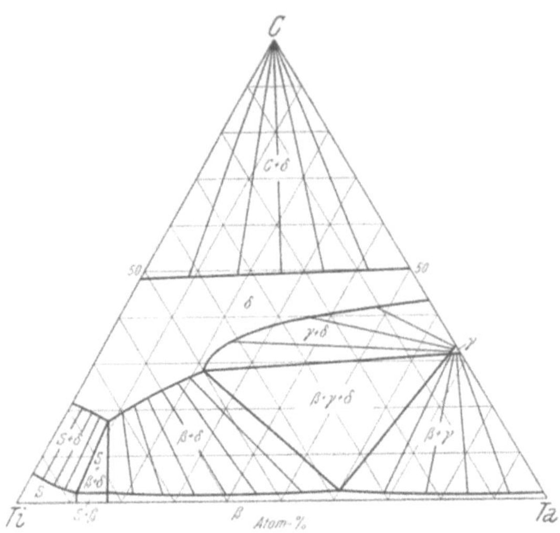

Abb. 66. Zustandsschaubild des Systems Titan-Tantal-Kohlenstoff, Schnitt bei 1820° C (J. G. McMullin und J. T. Norton)

Titankarbid-Chromkarbid. Da Chrom drei Karbide bildet, Cr_4C ($Cr_{23}C_6$) mit etwa 5,33% C, Cr_7C_3 mit 9,0% C und Cr_3C_2 mit 13,33% C, sind drei Titankarbid-Chromkarbid-Schnitte im System Ti-Cr-C möglich. Das System $TiC-Cr_3C_2$ wurde von L. P. Molkov und I. V. Vikker[1], J. Hinnüber und O. Rüdiger[2] und besonders eingehend von A. Carter[3] untersucht.

Bezüglich der Löslichkeit in TiC scheint ein Gang in Richtung $Cr-Cr_4C-Cr_7C_3-Cr_3C_2$ dahingehend vorzuliegen, daß mit steigendem Kohlenstoffgehalt die Löslichkeit in Titankarbid wächst. So fand

---

[1] Molkov, L. P. u. I. V. Vikker: Vestn. Metalloprom. 16 (1936), S. 75/88.

[2] Hinnüber, J. u. O. Rüdiger: Arch. Eisenhüttenwes. 24 (1953), S. 267/74; Iron Steel Inst., Spec. Rep. Nr. 58, London 1956, S. 53/58.

[3] Carter, A.: J. Inst. Metals 83 (1955), S. 481/84.

O. Rüdiger[1] z. B. eine Löslichkeit von 5 Gew.-% Cr_7C_3 bei 1600°, hingegen aber eine Löslichkeit von 30.Gew.-% Cr_3C_2 in TiC bei 1700°. A. Carter[2] findet sogar nach scharfem Abschrecken der Proben eine Löslichkeit von 51 Gew.-% Cr_3C_2 in Titankarbid bei 1725°. Be-merkenswert ist die starke Temperaturabhängigkeit der Löslichkeit, die sich in einer starken Abnahme der Gitter-konstante des Titankarbids bemerkbar macht. Das Teil-system ist in Abb. 67 wieder-gegeben.

Die Chromkarbide Cr_7C_3 und Cr_3C_2 haben ebenso wie WC praktisch keine Löslichkeit für Titankarbid.

Die Mikrohärte[1,3] des Titan-karbids von etwa 3000 kg/mm² wird durch 5% Cr_7C_3 auf 3500 kg/mm², durch 30% Cr_3C_2 sogar auf 4000 kg/mm² ge-steigert.

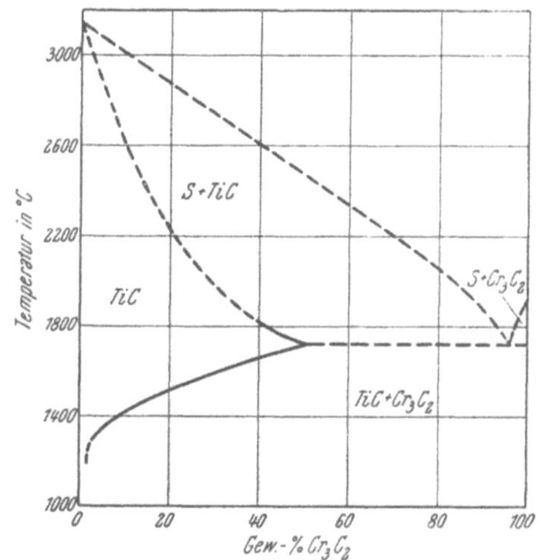

Abb. 67. Zustandsschaubild des Systems TiC-Cr₃C₂ (A. Carter)

Druckgesinterte Legierungen von TiC mit 5% Chrom, welches wahrscheinlich durch den üblichen Gehalt an freiem Kohlenstoff im Titankarbid teilweise in Form von Chromkarbid vorliegt, sind sehr hart und verschleißfest. TiC-Cr- bzw. TiC-Cr_3C_2-Hilfsmetall-Legierungen wurden daher von R. Kieffer[4,5] für Sandstrahldüsen vorgeschlagen. Größere Mengen als 10% Chrom bzw. Chromkarbid machen die Legierungen zwar außerordentlich hart, aber sehr spröde, so daß diesen Zusätzen enge Grenzen gesetzt sind.

Geringe Zusätze von Cr_2O_3 bei der Herstellung von Titankarbid sollen zu besonders reinen und harten Produkten führen[6] (s. S. 92). Das Chromoxyd wirkt wie ein Frischungsmittel für den freien Kohlen-stoff und geht wahrscheinlich über intermediär gebildetes Chrom-karbid im Titankarbid in Lösung.

Mit Nickel-Chrom, Kobalt-Chrom bzw. Nickel-Kobalt-Chrom ab-

---

[1] Rüdiger, O.: Techn. Mitt. Krupp **14** (1956), S. 136/39.
[2] Carter, A.: J. Inst. Metals **83** (1955) S. 481/84.
[3] Rüdiger, O.: Metall **7** (1953), S. 967/69; Techn. Mitt. Krupp **12** (1954), S. 22/24.
[4] D.R.G.M. 1505455 (1941).
[5] Kieffer, R. u. F. Kölbl: Powder Met. Bull. **4** (1949), S. 4/17.
[6] A.P. 2491410 (1945).

gebundene Hartmetalle auf TiC-Basis scheinen als Werkstoffe für hochwarm- und -zunderfeste Zwecke steigende Bedeutung zu finden[1, 2] (s. Bd. Hartmetalle). Bei diesen Legierungen dürfte das Chrom bei Anwesenheit von genügend freiem Kohlenstoff auch teilweise in das TiC-Gitter eingebaut sein[3]. Dasselbe gilt auch für durch Pressen und Sintern von TiC-Cr_3O_2 bzw. TiC-Cr_3C_2-Gemischen hergestellte zunderbeständige Werkstoffe[3, 4] und für TiC-Körper, die mit Chrom getränkt wurden[5].

Titankarbid-Molybdänkarbid. Auf der Basis TiC-Mo_2C wurde 1930 von P. SCHWARZKOPF, I. HIRSCHL und R. KIEFFER[6] das erste für die Stahlbearbeitung brauchbare Sinterhartmetall entwickelt.

Mischkristalle von TiC-Mo_2C können aus Gemischen von MoO_3, TiO_2 und Ruß durch Erhitzen auf 1500 bis 2000° im Kohlerohrkurzschlußofen unter Wasserstoff hergestellt werden. Man kann aber auch Gemische der bereits vorgebildeten Karbide auf Mischkristallbildungstemperatur erhitzen. Über die Eigenschaften von TiC-Mo_2C-Sinterhartmetallen mit Nickel- und Nickel-Chrom-Abbindung vergleiche die Ausführungen in Bd. Hartmetalle.

Trotzdem TiC-Mo_2C-Hilfsmetall-Legierungen gewisse Bedeutung zukam, ist das System TiC-Mo_2C erst spät geklärt worden. Auf Grund der verschiedenen Kristallstruktur ist begrenzte Mischbarkeit zu erwarten. Nach älteren Untersuchungen von M. v. SCHWARZ[7] besteht auf der TiC-Seite bei etwa 1900° eine Löslichkeit bis 50% Mo_2C, auf der Mo_2C-Seite eine solche von max. 20% TiC. W. SANDER[8] hat bei TiC-Mo_2C-Mischkristall im Verhältnis 1 : 1 einen Gitterparameter von 4,231 Å bestimmt (reines TiC 4,33 Å). In einem Sinterhartmetall mit 65% TiC, 15% Mo_2C, 10% WC und 8% Co, welches auch ein reines TiC-Gitter aufweist, beträgt der Parameter 4,277 Å.

Nach den Röntgenogrammen von L. P. MOLKOV und I. V. VIKKER[9] löst TiC bei steigender Temperatur bis zu 85 Gew.-% Mo_2C. Über die Löslichkeit von TiC in Mo_2C werden keine Angaben gemacht.

---

[1] KIEFFER, R. u. F. KÖLBL: Berg- u. Hüttenmänn. Mh. **95** (1950), S. 49/58.

[2] KIEFFER, R. u. F. KÖLBL: Z. anorg. Chem. **262** (1950), S. 229/47.

[3] TRENT, E. M., A. CARTER u. J. BATEMANN: Metallurgia (Manchester) **42** (1950), S. 111/15.

[4] ROACH, J. D.: J. Electrochem. Soc. **98** (1951), S. 160/65.

[5] ENGEL, W. J.: NACA. Techn. Note, Nr. 2187, Metal Progr. **59** (1951), S. 664/67.

[6] Ö. P. 160172 (1931).

[7] v. SCHWARZ, M.: Unveröffentlichte Arbeiten 1931/32.

[8] s. R. KIEFFER u. W. HOTOP: Pulvermetallurgie u. Sinterwerkstoffe, 2. Aufl., Springer-Verlag, Berlin/Göttingen/Heidelberg 1948, S. 301/02.

[9] MOLKOV, L. P. u. I. V. VIKKER: Vestn. Metalloprom. **16** (1936), S. 75/88

J. S. Umanski[1] gibt bei 2600° eine Löslichkeit von 90 Mol.-% Mo_2C in TiC an.

Ein Mischkristall aus 75% Mo_2C und 25% TiC hat nach A. E. Kovalski und L. A. Kanova[2] eine Mikrohärte von 2140 kg/mm².

Die stark unterschiedlichen Angaben der Löslichkeit von Molybdänkarbid in TiC beruhen einmal darauf, daß sowohl Mo_2C als auch MoC bei hohen Temperaturen und genügend Kohlenstoff im TiC gelöst sein können, und zum anderen darauf, daß die Löslichkeit von Mo_2C (MoC) stark temperaturabhängig ist (vgl. auch die Verhältnisse im System HfC-Mo_2C (MoC), S. 257).

Aus dem Dreistoffsystem Ti-Mo-C, welches von H. J. Albert und J. T. Norton[3] untersucht wurde und nachstehend eingehend besprochen wird (Abb. 68), geht hervor, daß Molybdän in TiC stark löslich ist, wie das stark ausgedehnte δ-Feld (kubischer TiC-Mischkristall) zeigt.

System Titan-Molybdän-Kohlenstoff. H. J. Albert und J. T. Norton[3] untersuchten das Dreistoffsystem Ti-Mo-C an Hand sehr sorgfältig hergestellter Proben. Als Ausgangsmaterialien wurden reinstes Molybdänpulver, reinstes Titanpulver, Titankarbidpulver und pulverisierte Spektralkohle neben reinstem Ruß verwendet. Die naß gemahlenen Proben wurden in einem Widerstandsvakuumofen einige Stunden bei 1700° homogenisiert.

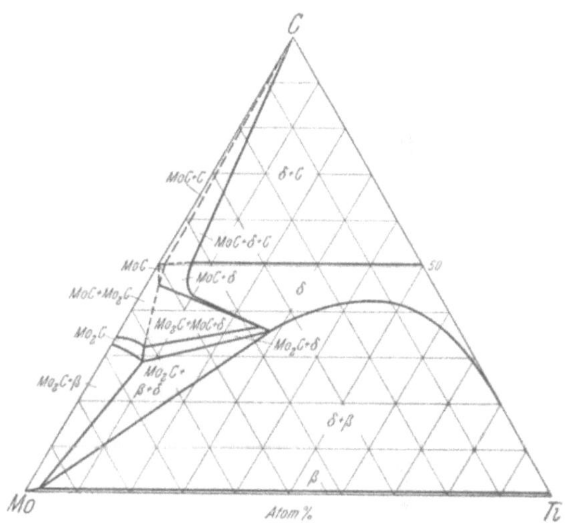

Abb. 68. Zustandsschaubild des Systems Titan-Molybdän-Kohlenstoff, Schnitt bei 1710° C (H. J. Albert und J. T. Norton)

Abb. 68 zeigt auf Grund der Röntgenbefunde den isothermen Schnitt im System Ti-Mo-C bei 1710°.

Das β-Feld quer über den unteren Teil des Diagrammes ist nur angenähert gezeichnet. Titan löst sich nur in kleinen Mengen in Mo_2C

---

[1] Umanski, J. S.: Izv. Sekt. Fiz. Chim. Anal. **16** (1943), S. 127/48.
[2] Kovalski, A. E. u. L. A. Kanova: Zavod. Labor. **16** (1950), S. 1362/65.
[3] Albert, H. J. u. J. T. Norton: Planseeber. Pulvermetallurgie **4** (1956), S. 2/6.

und in noch geringerem Maße in MoC. Molybdän ist beträchtlich in Titankarbid löslich, wie das ausgedehnte δ-Feld zeigt. Die Löslichkeit von Molybdän in der δ-Phase steigt mit zunehmendem Kohlenstoffgehalt bis etwa 50 At.-% C. Der Titangehalt der δ-Phase kann bis auf 7 At.-% Titan zurückgehen, wobei die Legierungen immer noch einphasig bleiben.

Wird Molybdän zur δ-Phase hinzugefügt, dann nimmt die Gitterkonstante ab. Wegen der Schwierigkeit bei der Einstellung des Hochtemperaturgleichgewichtes in der Nähe von MoC sind die Phasengrenzen in diesem Teil des Diagrammes nur gestrichelt; die Autoren nehmen aber an, daß diese Linien den tatsächlichen Verhältnissen bei 1700° sehr nahe kommen.

Wie sich die verschiedenen Zustandsfelder in einem Schnitt bei 2000 oder 2200° ändern, kann nur vermutet werden. Sicher wird sich der Existenzbereich der δ-Phase und auch der MoC-Phase erweitern.

Titankarbid-Wolframkarbid. Zur Herstellung von Sinterhartmetallen für die Bearbeitung langspanender Werkstoffe werden seit den grundsätzlichen Erkenntnissen über die Eigenschaften und Vorzüge von Karbidmischkristallen von P. SCHWARZKOPF und Mitarbeitern sowie von K. BECKER fast ausschließlich mischkristallhaltige WC-TiC-Co und WC-TiC-TaC-Co-Sinterlegierungen verwendet (s. Bd. Hartmetalle). Da ein großer Teil dieser Karbide als Mischkristall eingesetzt wird bzw. im Fertigprodukt als Mischkristall vorliegt und dieser die Eigenschaften des Hartmetalles wesentlich beeinflußt, ist die Kenntnis von der Herstellung von TiC-WC-Mischkristallen und vom Aufbau des pseudobinären Systems TiC-WC von größter technischer Bedeutung.

Herstellung von TiC-WC-Mischkristallen

Für präparative und wissenschaftliche Zwecke wird man bei der Herstellung von TiC-WC-Mischkristallen meist von den bereits vorgebildeten, möglichst reinen Karbiden ausgehen. So hat A. G. MET-CALFE[1] für seine Untersuchungen im System TiC-WC Karbidmischkristalle durch einstündiges Erhitzen der Karbidgemische in Graphitschiffchen im Kohlerohrkurzschlußofen unter trockenem Wasserstoff auf 2000° hergestellt. Auf diese Weise gelingt es, Mischkristalle bis etwa 60 Mol.-% WC (83 Gew.-%) herzustellen. Bei höheren WC-Gehalten sind sehr hohe Temperaturen bzw. Kobaltzusätze erforderlich, um in tragbaren Zeiten zum Gleichgewicht zu kommen. Reinste Mischkristalle kann man auch durch Schmelzen im Hochfrequenz-

---

[1] METCALFE, A. G.: J. Inst. Met. **73** (1947), S. 591/607.

ofen herstellen; wegen der Zersetzung des WC beim Schmelzen ist aber die Herstellung von TiC-WC bzw. TiC-W_2C-Mischkristallen auf diese Weise nicht gut beherrschbar.

Die Herstellung von TiC-WC-Mischkristallen durch Diffusionsglühung der bereits vorgebildeten Karbide ist von zahlreichen Forschern, insbesondere bei Systemuntersuchungen, angewandt worden[1-7].

Bei verhältnismäßig niedrigen Temperaturen gelingt nach G. A. MEERSON[8] die Mischkristallbildung, wenn man innige Gemenge von WO_3 und TiO_2 zunächst unter Wasserstoff bei 850° reduziert und das gebildete sehr reaktionsfreudige W-TiO_2-Gemenge mit entsprechenden Mengen Ruß in einer zweiten Stufe bei 1500 bis 1550° umsetzt. Dabei findet schon nach zwei Stunden vollständige Karburierung und gleichzeitig Mischkristallbildung statt. Eine zweite Erhitzung der feingepulverten Mischkristalle auf 1700 bis 2000° dürfte sich aus Gründen einer restlosen Desoxydation der Mischkristalle empfehlen.

Auch durch geringe Mengen diffusionsfördernder Zusätze, z. B. Kobalt, Mo_2C, Cr_3C_2 u. a., kann die Mischkristallbildung und Desoxydation beschleunigt werden[3, 9].

Da heute Titanmetallpulver in reinster Form technisch hergestellt wird, dürfte es zwecks Erzielung reinster TiC-WC-Präparate am günstigsten sein, Ti-W-C-Gemische umzusetzen. Dieser Weg wurde zwar bisher nur für die Herstellung von TiC beschritten, unzweifelhaft wird man aber praktisch sauerstoff- und stickstofffreie Produkte bekommen, die für die Feinstrukturuntersuchung von größter Bedeutung sind.

Technische Herstellung von TiC-WC-Mischkristallen

Bei der technischen Herstellung von TiC-WC-Mischkristallen geht man heute fast ausschließlich von den getrennt hergestellten Karbiden aus. Im allgemeinen stellt man Mischkristalle im Verhältnis 20 : 80

[1] MOLKOV, L. P. u. I. V. VIKKER: Vestn. Metalloprom. **16** (1936), S. 75/88.

[2] KRAINER, H. u. K. KONOPOCKY: Berg- u. Hüttenmänn. Mh. **92** (1947), S. 166/78.

[3] NOWOTNY, H. u. G. GLENK: Metallforschung **2** (1947), S. 265/69.

[4] UMANSKI, J. S. u. S. S. CHYDEKEL: Zur. Fiz. Chim. **15** (1941), S. 997/1004.

[5] OSWALD, M.: Chimie et Ind. Fasc. Nr. 980, Dezember 1942, **49** (1943), S. 8/16.

[6] LVOVSKAJA, V. P. u. J. S. UMANSKI: Zur. Techn. Fiz. **20** (1950), S. 1167/74.

[7] HINNÜBER, J. u. W. KINNA: Arch. Eisenhüttenwes. **29** (1958), S. 391/96.

[8] MEERSON, G. A.: Redkije Metally **4** (1935), Nr. 4, S. 6/20.

[9] NOWOTNY, H. u. R. KIEFFER: Metallforschung **2** (1947), S. 257/65.

bis 80 : 20, insbesondere aber 50 : 50 und 65 : 35 her[1]. Die Ausgangskarbide werden zunächst in Kugelmühlen trocken oder naß sehr innig gemischt. Die pulverförmige Mischung wird in Graphittiegel eingefüllt und diese in Hochfrequenzvakuumöfen etwa zwei Stunden auf 1800° erhitzt (vgl. die Herstellung von reinem TiC, S. 89). Die gesinterte Masse wird unter Wasserstoff abgekühlt, dann zerkleinert und abgesiebt. Der 50 : 50-Mischkristall enthält beispielsweise 13,1 ± 0,1% Gesamtkohlenstoff, davon 12,7 bis 12,8% in gebundener Form.

Nach C. Ballhausen[2] kann man technische TiC-WC-Mischkristalle auch durch Erhitzen von WO_3-TiO_2-C-Gemengen auf 1600 bis 1700° im Hochfrequenzofen erzeugen, wobei man sehr reine Produkte, die allerdings etwas freien Kohlenstoff enthalten, erhält.

Man kann auch nur eine Komponente — meist das Titan — in Form des Oxydes einsetzen. Nach dem sogenannten „Knickverfahren" werden W-TiO_2-C-Gemenge bei 1600° unter Wasserstoff im Kohlerohrofen umgesetzt[3].

In Amerika werden nach dem Verfahren von P. M. McKenna großtechnisch TiC-WC-Mischkristalle, meist im Verhältnis 1:1, hergestellt. Die Komponenten werden in einer überhitzten Nickelschmelze zur Umsetzung gebracht und der gebildete Mischkristall, der sich durch Graphit-, Sauerstoff- und Stickstofffreiheit auszeichnet, durch Behandeln der zerkleinerten Schmelze mit Königswasser isoliert. Außer allgemeinen Angaben in Veröffentlichungen[4, 5] und Patentschriften[6] ist über technische Einzelheiten des Verfahrens wenig bekannt geworden[7].

Das System Titankarbid-Wolframkarbid

Seit der Einführung von Titankarbid-Wolframkarbid-Mischkristallen in die Hartmetalltechnik hat es nicht an Versuchen gefehlt, die Verhältnisse im pseudobinären System TiC-WC zu klären. Zahlreiche Forscher haben versucht, insbesondere auf Grund röntgenographischer Untersuchungen, die Struktur dieser Mischkristalle zu

[1] Brownlee, L. D., G. A. Geach u. T. Raine: Iron Steel Inst., Spec. Rep. Nr. 38, London 1947, S. 73/78.

[2] Ballhausen, C.: Stahl und Eisen **71** (1951), S. 1090/97.

[3] Franssen, H.: Arch. Eisenhüttenwes. **19** (1948), S. 79/84.

[4] McKenna, P. M.: Metal Progr. **36** (1939), S. 152/55.

[5] Redmond, J. C. u. E. N. Smith: Trans. Am. Inst. Met. Eng. **185** (1949), S. 987/93.

[6] A.P. 2 113 353 bis 2 113 356 (1937), 2 124 509 (1935), 2 515 463 (1948).

[7] Wambold, J.: In: R. J. Tinklepaugh u. W. B. Crandall, Cermets, Reinhold Publ., New York 1960, S. 56/57.

bestimmen und die Temperaturabhängigkeit der Löslichkeit von WC in TiC und TiC in WC festzulegen. Wenn die erhaltenen Ergebnisse oft stark voneinander abweichen, so hat dies seinen Grund darin, daß bereits bei der Herstellung von reinem TiC und definierten, sauerstoff- und stickstofffreien, kohlenstoffgesättigten, sich im Gleichgewicht befindlichen Mischkristallpräparaten große Schwierigkeiten auftreten. Zur Erzeugung homogener Proben und zur Bestimmung der Temperaturabhängigkeit der Löslichkeit muß ferner im schwer zu beherrschenden Temperaturbereich von 1700 bis 2500° gearbeitet werden, wozu noch die von J. HINNÜBER und W. KINNA[1] gefundene außerordentliche Stabilität der einmal bei hohen Temperaturen gebildeten und abgeschreckten Mischkristalle kommt. Sie neigen bei Temperaturen unterhalb 1600° zu Übersättigungserscheinungen. Die Neigung des TiC zu Defektgitterbildung und die vollständige Mischbarkeit von TiC mit TiO und TiN (s. S. 352) komplizieren die Verhältnisse ebenso wie der häufige Kohlenstoffdefekt der titankarbidreichen Mischkristalle und die schwierige Gleichgewichtseinstellung im Temperaturgebiet von 1400 bis 1700° bei Präparaten, die über 2100° vorgebildet wurden. Wenn auch die Löslichkeitsgrenze und die Gitterveränderungen auf der TiC-Seite als ziemlich gesichert gelten können, sind die Verhältnisse auf der WC-Seite noch strittig.

Nach Untersuchungen von C. SYKES und R. KIEFFER[2] beobachtet man im Röntgenogramm von TiC-WC-Mischkristallen (Bildungstemperatur 1500 bis 1900°) erst oberhalb 30 bis 35 Gew.-% TiC das reine TiC-Gitter, woraus man den Schluß ziehen kann, daß TiC 65 bis 70 Gew.-% WC bei 1500 bis 1900° temperaturabhängig zu lösen vermag. Ein Mischkristall im Verhältnis 1:1 zeigt das reine TiC-Gitter mit einem Parameter von 4,251 Å gegenüber 4,317 Å des reinen TiC. Die Autoren fanden ferner, daß Kobaltzusätze bis 6% die Mischkristallbildung erheblich erleichtern. Im System $TiC-W_2C$ wurden ähnliche Löslichkeitsverhältnisse wie im System TiC-WC auf der TiC-Seite gefunden.

Durch die Aufnahme von kleinen Mengen TiC in das WC-Gitter tritt nach W. ZUMBUSCH und W. SANDER[3] eine Kontraktion des WC-Gitters auf, und zwar für a von 2,898 auf 2,857 Å und für c von 2,827 auf 2,818 Å, so daß c/a statt 0,972 nunmehr 0,986 wird.

Diese und andere Ergebnisse auf der Wolframkarbidseite bedürfen einer Kontrolle an gesinterten WC_{1-x} Proben mit 0,5 bis 5% TiC_{1-x} und 0,1 bis 0,5% Co, die von 2200 bis 2500° abgeschreckt und

---

[1] HINNÜBER, J. u. W. KINNA: Arch. Eisenhüttenwes. 29 (1958), S. 391/96.
[2] SYKES, C. u. R. KIEFFER: Unveröffentlichte Untersuchungen 1932/33.
[3] ZUMBUSCH, W. u. W. SANDER: Unveröffentlichte Untersuchungen 1942.

entsprechend diffusionsgeglüht wurden. An geschmolzenen, zweifelsohne hochgraphit- und W_2C-haltigen Proben, konnte A. G. MET-
CALFE[1] keinen eindeutigen Beweis für eine Löslichkeit von TiC in
WC finden. Eine höhere Löslichkeit in W_2C wird jedoch von ihm
vermutet (vgl. Zahlentafel 53).

Zwischen 5 und 30% TiC treten nach R. KIEFFER bei kobaltgebundenen WC-TiC-Legierungen reines WC bzw. Mischkristalle mit
WC-Gitter neben solchen mit TiC-Gitter auf[2, 3].

L. P. MOLKOV und I. V. VIKKER[4] haben auf Grund von Röntgenogrammen an bei 2000° gesinterten, im Gleichgewicht befindlichen
WC-TiC-Mischkristallen eine maximale Löslichkeit von 82,2 Gew.-%
WC (etwa 55 Mol.-%) in TiC festgestellt. Der Parameter des verwendeten TiC (17% gebundener C), der zu 4,28 Å bestimmt wurde, fällt
dabei auf 4,22 Å an der Löslichkeitsgrenze.

J. S. UMANSKI und S. S. CHYDEKEL[5] haben röntgenographisch
die Löslichkeit von WC in TiC an gesinterten Mischungen beider
Karbide in Abhängigkeit von der Temperatur untersucht. Zwecks
Bestimmung der maximalen Löslichkeit wurden die Proben von 2500°
abgeschreckt und die Änderung des Gitterparameters in Abhängigkeit von der Zusammensetzung bestimmt. Auffallend ist, daß sich
der Parameter bis etwa 40 Mol.-% WC (70 Gew.-%) wenig ändert,
von da ab stark abnimmt. Die maximale Löslichkeit bei den verschiedenen Temperaturen wurde durch die Gitterkonstantemessungen
an angelassenen Proben ermittelt. Daraus ergibt sich die Temperaturabhängigkeit der Löslichkeit von WC in TiC. Bei 1500° sind rund
75 Gew.-% WC (47,8 Mol.-%), bei 2500° 90 Gew.-% WC (73,4 Mol.-%)
gelöst. Ein Mischkristall, der bei 2700° schmilzt, hatte eine maximale
Löslichkeit von 97 Gew.-% WC (91,8 Mol.-%). A. G. METCALFE[1] hat
den Schmelzpunkt dieses Grenzmischkristalles mit 2760° ermittelt.
Da bei zweiphasigen Legierungen die Gitterkonstante des WC un-
verändert bleibt, schließen J. S. UMANSKI und S. S. CHYDEKEL[5], daß
TiC in WC praktisch unlöslich ist. Die hohe Löslichkeit von WC in
TiC führen die beiden Autoren auf eine allotrope Umwandlung des
hexagonalen WC in kubisches WC bei Anwesenheit von TiC zurück.
Dieses pseudokubische WC vermag dann eine fast lückenlose Mischkristallreihe mit TiC zu bilden.

[1] METCALFE, A. G.: J. Inst. Met. **73** (1947), S. 591/601.

[2] KIEFFER, R. u. W. HOTOP: Pulvermetallurgie und Sinterwerkstoffe,
2. Aufl., Springer-Verlag, Berlin/Göttingen/Heidelberg, 1948, S. 301.

[3] KIEFFER, R.: Z. Metallkunde **46** (1944), Heft 9; Metallforschung 2 (1947),
S. 236/38; Powder Met. Bull. 2 (1947), S. 104/11.

[4] MOLKOV, L. P. u. I. V. VIKKER: Vestn. Metalloprom. **16** (1936), S. 75/88.

[5] UMANSKI, J. S. u. S. S. CHYDEKEL: Zur. Fiz. Chim. **15** (1941), S. 997/1004.

Ist unterkohltes unreines TiC (also ein Mischkristall Ti [C, O, N]) zugegen, dann ändern sich die Gitterkonstanten im WC-TiC-Mischkristall nicht wie bei reinen WC-TiC-Legierungen, sondern die Werte sind im allgemeinen beträchtlich niedriger. Diese Beobachtung ist auch von H. KRAINER gemacht worden (s. S. 244).

Bei der Lösung von WC in unterkohltem TiC tritt eine Ergänzung des Kohlenstoffes in letzterem ein. Bei etwa 25 bis 30 Mol.-% WC (50 bis 60 Gew.-%) ist die Aufkohlung abgeschlossen und der normale Parameter wieder erreicht. Die Aufkohlung des unterkohlten TiC geht dabei, falls anderweitig kein Kohlenstoff zur Verfügung steht, auf Kosten des Kohlenstoffes im WC, welches dabei zu W_2C abgebaut wird. Letzteres kann röntgenographisch nachgewiesen werden.

M. OSWALD[1], der die Abhängigkeit der Gitterkonstanten des Mischkristalles TiC-WC (hergestellt durch Sinterung bei Temperaturen über 1600°) bestimmte, fand, daß der Parameter mit steigendem WC-Gehalt bis zum Mischkristall 1 : 1 fast linear geringfügig abnimmt, dann steil zum Wert des Grenzmischkristalles, der mit 80,5 ± 0,5 Gew.-% WC (55 Mol.-% WC) angegeben wird, absinkt. Über die Löslichkeit von TiC in WC werden keine Angaben gemacht. Die stark streuenden Werte des Parameters von TiC-WC-Mischkristallen, welche L. P. MOLKOV und I. V. VIKKER[2] angeben, führen M. OSWALD[1] und A. G. METCALFE[3] auf den Stickstoff- und Sauerstoffgehalt des verwendeten TiC zurück.

Erhitzt man sauerstoff- und stickstoffhaltige Titankarbide zwecks Mischkristallbildung, mit WC dann erfolgt unter Selbstreinigung[4, 5] der Einbau des WC unter Freiwerden von Kohlenoxyd und Stickstoff. Diese Gase können, falls man bei der Herstellung von Hartmetall nicht von vorgebildeten Mischkristallen ausgeht, Ursache zu erhöhter Porosität und damit zu verminderten mechanischen Eigenschaften sein (vgl. die Bemerkung von A. C. METCALFE[3] über die Porosität von TiC-WC-Teilchen).

H. KRAINER und K. KONOPICKY[6] haben die Frage der gegenseitigen Löslichkeit von TiC-WC an *technisch* hergestellten Mischkarbiden aus 75% WC und 25% TiC und kobaltgebundenen Hartmetallen untersucht. Die röntgenographisch bestimmte Gitterkonstante für den *WC-Mischkristall* ergab a = 2,8985 bis 2,9007 Å;

---

[1] OSWALD, M.: Chimie et Ind. Fasc. Nr. 980, Dezember 1942.

[2] MOLKOV, L. P. u. I. V. VIKKER: Vestn. Metalloprom. **16** (1936), S. 75/88.

[3] METCALFE, A. G.: J. Inst. Met. **73** (1947), S. 591/607.

[4] KIEFFER, R. u. W. HOTOP: Pulvermetallurgie und Sinterwerkstoffe, 2. Aufl., Springer-Verlag, Berlin/Göttingen/Heidelberg 1948, S. 300.

[5] KIEFFER, R.: 1. Plansee Seminar, Reutte/Tirol 1952, S. 268/96.

[6] KRAINER, H. u. K. KONOPICKY: Berg- u. Hüttenmänn. Mh. **92** (1947), S. 166/78.

das Achsenverhältnis c/a entsprach dem Wert von reinem WC. Die Gitterkonstanten der WC-Mischkristalle sind innerhalb geringer Streuungen von den Herstellungsbedingungen abhängig, so daß sich keine Aussagen über die allfällig gelösten Mengen TiC in WC machen lassen.

Die Gitterkonstanten des 25/75 *TiC-WC-Mischkristalles*, der je nach Herstellungsbedingungen variable Mengen WC in fester Lösung enthält, weicht nicht wesentlich von dem Wert des als Ausgangsstoff verwendeten TiC ab, eine Beobachtung, die bereits von L. P. MOLKOV und I. V. VIKKER[1], J. S. UMANSKI und S. S. CHYDEKEL[2], M. OSWALD[3] sowie H. NOWOTNY und G. GLENK[4] gemacht wurde. Auf Grund der Röntgenogramme und unter der Annahme, daß TiC in

Zahlentafel 48. *Röntgenographische Untersuchung verschiedener Hartmetalle der Zusammensetzung 70,5% WC, 23,5% TiC und 6% Co* (H. KRAINER u. K. KONOPICKY)

Gitterkonstante		% WC in TiC gelöst	Bemerkungen über Linienschärfe usw.	Verhalten im Schneidversuch
Wolframkarbid Å	TiC Mischkarbid Å			
2,900	4,312	55	TiC-Reflexe scharf ausgebildet	sehr gut
2,9007	4,3113	58	Klare und scharfe Linien	sehr gut
2,8995	4,310	56	Noch gute Schärfe der Reflexe, geringe Störungen	gut
2,900	4,3085	56	Reflexe noch zieml. scharf	noch gut
2,900	4,301	45	Reflexe etwas verbreitert	poröser Kern
2,900	4,297	41	Reflexe etwas verbreitert	unbrauchbar
2,900	4,300	45	Reflexe etwas unscharf	unbrauchbar
2,8986	4,3005	37,5	Linienschärfe gering	unbrauchbar
2,900	4,282 b. 4,302	70!	TiC-Reflexe in einzelne Punkte aufgelöst, TiC-Mischkristalle außergewöhnlich vergröbert	unbrauchbar

WC kaum oder nur wenig löslich ist, ergibt sich eine höchste Löslichkeit von 72 Gew.-% WC in TiC bei 1500°, d. h. bei Kobaltsintertemperatur. Mischkristalle aus der laufenden Fertigung enthalten je nachdem, ob einmal oder zweimal diffusionsgeglüht wurde, 65 bis 71% WC gelöst. Mischkristalle mit erheblich weniger WC in fester Lösung ergeben Hartmetalle mit unbefriedigenden Eigenschaften, wie der Zahlentafel 48 zu entnehmen ist. Der Zusammenhang zwischen

[1] MOLKOV, L. P. u. I. V. VIKKER: Vestn. Metalloprom. **16** (1936), S. 75/88.
[2] UMANSKI, J. S. u. S. S. CHYDEKEL: Zur. Fiz. Chim. **15** (1941), S. 997/1004.
[3] OSWALD, M.: Chimie et Ind. Fasc. Nr. 980, Dezember 1942.
[4] NOWOTNY, H. u. G. GLENK: Metallforschung **2** (1947), S. 265/69.

den Gitterkonstanten des TiC-Mischkristalles bzw. der Löslichkeit
von WC in TiC mit dem Schneidverhalten eines Sintermetalles mit
6% Co ist auffallend.

H. Nowotny und G. Glenk haben aus betriebsmäßig hergestelltem TiC und WC durch zweimalige, jeweils einstündige Sinterung
bei 1700° im Vakuum Mischkristalle von TiC und WC in Abständen
von 5% hergestellt. Um dichte Körper für mikroskopische Untersuchungen zu erhalten, wurden die zweimal erhitzten Karbidmischkristalle unter Zusatz von 5% Kobalt heißgepreßt.

Wegen der starken Neigung der Karbide zur Defektgitterbildung
wurden zunächst die Mischkristalle sehr genau auf ihren Kohlenstoffgehalt untersucht. In Zahlentafel 49 sind die erhaltenen Werte
zusammen mit dem auf 50 At.-% C fehlenden Gehalt (Defekt)
wiedergegeben. Man sieht, daß die Gehalte an gebundenem Kohlenstoff durchweg unter dem Wert entsprechend der Zusammensetzung
MeC liegen. Die Anlysenergebnisse zeigen klar, daß man nicht ohne
weiteres den Schnitt TiC-WC im Dreistoffsystem Ti-W-C (vgl. S. 248)
untersuchen kann, sondern daß man immer die Verhältnisse in einem

Zahlentafel 49. *Kohlenstoffdefekt gesinterter WC-TiC-Legierungen* (H. Nowotny
u. G. Glenk)

Ausgangsmischung Gew.-%		Kohlenstoffgehalt in % nach der zweiten Sinterung		Kohlenstoffdefekt Atom-%
TiC	WC	gesamt	gebunden	
5	95	7,20	6,71	0,96
25	75	9,24	9,24	3,10
50	50	12,40	12,40	3,70
60	40	13,40	12,53	9,88
75	25	15,55	14,65	7,92
85	15	16,65	16,65	4,98
95	5	17,46	16,10	11,20

mehr oder weniger breiten Gebiet unmittelbar in der Nähe der Linie
TiC-WC betrachtet. Es ist also leicht verständlich, warum frühere
Autoren zu widersprechenden Ergebnissen gelangten. Ohne genaue
Angaben des Gehaltes an gebundenem Kohlenstoff ist es unmöglich,
eine systematische Abhängigkeit der Gitterkonstanten des TiC-
Mischkristalles zu finden, da die Veränderung der Zelle sowohl vom
fehlenden Kohlenstoff als auch vom Austausch der Titanatome durch
Wolframatome herrühren kann. Dazu kommt noch, daß Reste nicht
völlig ausreagierter Produkte, insbesondere von noch vorhandenen
Oxyden und Nitriden, die Werte fälschen können.

---

[1] Nowotny, H. u. G. Glenk: Metallforschung 2 (1947), S. 265/69.

Die röntgenographische Untersuchung der Mischkristalle erfolgte mit Hilfe von Pulveraufnahmen. Die qualitative Betrachtung zeigte, daß von 10% TiC an bereits die TiC-Linien auftreten. Je größer der Gehalt an TiC, desto schwächer werden die Interferenzen des WC und bei 30% TiC sind die WC-Linien gerade noch erkennbar, bei 40% verschwinden sie vollkommen. Dies bedeutet, daß Titankarbid nach visuellem Befund 60 bis 70 Gew.-% WC bei 1700° löst.

Die Gitterkonstantenmessung an TiC-WC-Mischkristallen ist wegen des geringen Unterschiedes im Radius zwischen den Titan- und Wolframatomen im TiC-Gitter nicht einfach. Es ist höchste Genauigkeit in der Gitterkonstantenbestimmung zu verlangen, um überhaupt Angaben machen zu können. Es ergibt sich die auffallende Tatsache, daß die Werte zunächst weder eine eindeutige Abhängigkeit von der Konzentration ergeben noch eine genaue Festlegung der Phasengrenzen erlauben. Im Mittel kann man wohl eine geringfügige Abnahme des Parameters feststellen, wobei zwischen 70 und 90 Gew.-% WC sprungartig die niedrigsten Werte erreicht werden. Es scheint demnach eine Löslichkeitsgrenze von 70 bis 78% WC bei etwa 1700° wahrscheinlich zu sein.

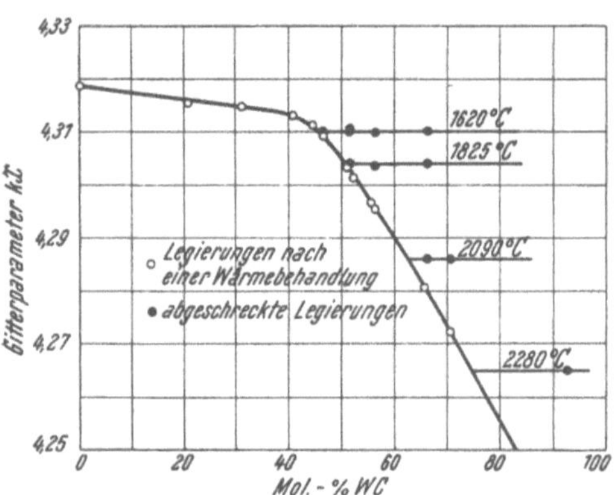

Abb. 69.   Gitterkonstanten von TiC-WC-Mischkristallen (A. G. METCALFE)

Die Löslichkeit des WC für TiC liegt unter 10 Gew.-% TiC. Das Volumen der Elementarzelle des WC-Mischkristalles nimmt durch Aufnahme von TiC bis etwa 5 Gew.-% etwas zu, dann merklich ab.

A. G. METCALFE[1] hat in einer eingehenden Arbeit auf Grund sehr exakter röntgenographischer und mikrographischer Untersuchungen die Löslichkeit von WC in TiC zwischen 1400 und 2800° an gesinterten und geschmolzenen, weitgehend kohlenstoffgesättigten Präparaten untersucht. Die Änderung des Gitterparameters von bei 2100° hergestellten Mischkristallen in Abhängigkeit von der Zusammensetzung ist in Abb. 69 wiedergegeben. Die Werte sind in guter Übereinstimmung mit Werten von J. HINNÜBER und W. KINNA[2]

---

[1] METCALFE, A. G.: J. Inst. Met. 73 (1947), S. 591/607, Metal Treatment 13 (1946), S. 127.
[2] HINNÜBER, J. u. W. KINNA: Arch. Eisenhüttenwes. 29 (1958), S. 391/96.

und von H. Nowotny, E. Parthé, R. Kieffer und F. Benesovsky[1].
Die Parameter des TiC-Mischkristalles nehmen bis etwa 45 Mol.-% WC
nur geringfügig ab, dann fällt die Kurve bis zum Grenzmischkristall
steil ab. Schreckt man die Karbidmischkristalle von verschiedenen
Temperaturen ab (bei den niedrigeren Temperaturen sind vorher
zur Erzielung des Gleichgewichtes sehr lange Glühzeiten bzw. zur
Diffusionsförderung Kobaltzusätze erforderlich) und bestimmt den
Parameter, dann kann man daraus Schlüsse auf die maximale Löslichkeit bei der betreffenden Temperatur ziehen. Gemäß Zahlentafel 50

Zahlentafel 50. *Gitterkonstanten von WC-TiC-Mischkristallen* (A. G. Metcalfe)

WC Mol.-%	C-Gehalt % von der Theorie	Gitterkonstante kX
0	98,1	4,3189
20,7	99,0	4,3157
31,3	91,5	4,3153
41,0	97,6	4,3135
44,7	94,2	4,3121
45,8	94,6	4,3091
46,1	89,6	4,3093
46,9	94,5	4,3095
50,8	90,6	4,3031
52,0	96,4	4,3018
56,0	91,8	4,2970
56,2	96,6	4,2979

ändert sich dabei der Parameter für gewisse Konzentrationsbereiche
an WC nicht wesentlich. Bringt man die horizontale Verbindungs-
gerade dieser Gitterwerte mit der Kurve, welche die Abhängigkeit
des Parameters von der Konzentration wiedergibt, zum Schnitt,
dann kann man, wie das in Abb. 70 geschehen ist, die Löslichkeitswerte für die betreffende Temperatur ablesen. Daß dabei gewisse
Kobaltgehalte, die zwecks Diffusionsförderung bei niedrigen Sintertemperaturen erforderlich sind, keinen Einfluß auf den Parameter
haben, zeigt Zahlentafel 51.

Zur Herstellung von Mischkristallen bzw. Schmelzen mit mehr
als 90 Gew.-% WC (73 Mol.-% WC) sind Temperaturen über 2300°
erforderlich. Auf Grund der in Zahlentafel 52 zusammengestellten
Schmelzpunkte und der röntgenographisch bestimmten Löslichkeit
im festen Zustand hat A. G. Metcalfe[2] ein Zustandsschaubild des

---

[1] Nowotny, H., E. Parthé, R. Kieffer u. F. Benesovsky: Z. Metallkunde **45** (1954), S. 97/101.

[2] Metcalfe, A. G.: J. Inst. Met. **73** (1947), S. 591/607; Metal Treatment
13 (1946), S. 127.

Zahlentafel 51. *Gitterkonstanten von gesättigten WC-TiC-Co-Legierungen*
(A. G. Metcalfe)

Tem-peratur °C	Gitterkonstante kX			Zusammensetzung Mol.-% WC		
	0% Co	9% Co	25% Co	0% Co	9% Co	25% Co
1415	. . .	4,3007	4,3101	. . .	45,5	45,1
1620	. . .	4,3103	4,3104	. . .	44,9	44,8
1825	4,3039	4,3054	4,3043	50,8	49,6	50,3
2030	. . .	4,2887	. . .	. . .	61,3	. . .
2090	4,2861	. . .	. . .	62,6	. . .	. . .
2280	4,2650	. . .	. . .	74,4	. . .	. . .

Systems TiC-WC entworfen. Die Löslichkeit von WC in TiC beträgt demnach bei 1400° 73 Gew.-% WC. Sie erreicht bei 2450° ± 50° die maximale Löslichkeit von 95,5 Gew.-% WC (a = = 4,239 ± 0,005 Å). Die Löslichkeit des TiC in WC ist schwer zu bestimmen und die Änderungen der Gitterparameter liegen bei den entsprechenden, geschmolzenen Legierungen gemäß Zahlentafel 53 innerhalb der Fehlergrenzen. TiC soll nach A. G. Metcalfe nur bei höchsten Temperaturen in WC etwas löslich sein, was im Zustandsschaubild angedeutet ist. In W_2C wird eine höhere Löslichkeit vermutet.

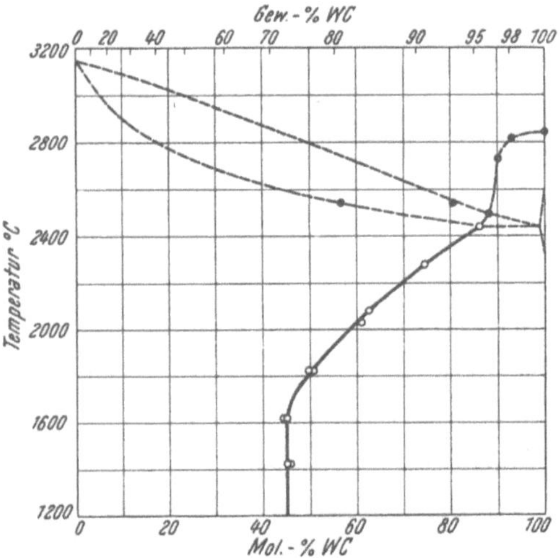

Abb. 70. Zustandsschaubild des Systems TiC-WC
(A. G. Metcalfe)

Vergleicht man die röntgenographisch bestimmte Dichte von TiC-WC-Mischkristallen mit der tatsächlich bestimmten, dann ergeben sich, wie Zahlentafel 54 zu entnehmen ist, beträchtliche Unterschiede. Diese Differenzen sind auf sehr feine Poren innerhalb der Mischkristallteilchen zurückzuführen, welche, wie es auch von M. Oswald[1] angedeutet wurde, wahrscheinlich durch Gasentwicklung während der Mischkristallbildung entstehen.

---

[1] Oswald, M.: Chimie et Ind. Fasc. Nr. 980 (1942), Dezember, S. 1/9.

Zahlentafel 52. *Schmelzpunkte und Gefüge von WC-reichen TiC-WC-Legierungen* (A. G. METCALFE)

WC Gew.-%	WC Mol.-%	Schmelzpunkt °C	Gefügeausbildung
100	100	2840	WC + W_2C-Eutektikum + C
98	93,7	etwa 2800	Große WC- und W_2C-Kristalle und kleinere TiC-Körner. Etwas Eutektikum vorhanden
97	90,7	2730	W_2C-WC-Eutektikum. Ein zweites Eutektikum ist vermutlich zugegen (ähnlich dem bei der Legierung mit 96% WC)
96	88,0	2490	Eutektikum und Spuren TiC*
94	80,7	2540	Eutektikum und etwas TiC*

* TiC-Mischkristall.

L. D. BROWNLEE, G. A. GEACH und T. RAINE[1] prüften die Frage der gegenseitigen Löslichkeit von WC und TiC an technisch hergestellten Karbidgemischen. Bei ungepreßten und nicht im Gleichgewicht befindlichen Karbidmischkristallen ergab sich eine maximale Löslichkeit bei 2000° von 75 Gew.-% WC in TiC. Werden die Aus-

Zahlentafel 53. *Gitterparameter geschmolzener WC-TiC-Legierungen* (A. G. METCALFE)

WC Gew.-%	Parameter WC		Parameter W_2C		Parameter TiC
	a	c	a	c	a
98	$2,900_0$	$2,830_5$	2,993	4,721	4,24 ± 0,01
97	$2,899_4$	$2,831_0$	—	—	4,232
96	—	—	—	—	4,239 ± 0,005
94	$2,899_4$	$2,831_0$			4,245 — 4,296
Reines Karbid	2,9004	2,8311	2,9888	4,7167	4,3189

gangskarbide vor dem Sintern gepreßt, dann kann eine maximale Löslichkeit von 80 bis 82% WC erreicht werden. Anhaltspunkte über die Löslichkeit von TiC in WC konnten nicht gefunden werden. Wenn eine solche besteht, dann wird sie mit weniger als 2% TiC angenommen.

Im Zuge der Aufstellung des Dreistoffsystems Ti-W-C unter-

---

[1] BROWNLEE, L. D., G. A. GEACH u. T. RAINE: Iron Steel Inst., Spec. Rep. Nr. 38, London 1947, S. 73/78.

Zahlentafel 54. *Röntgendichte und pyknometrisch bestimmte Dichte von TiC-WC-Mischkristallen* (A. G. METCALFE)

WC Mol.-%	Röntgendichte g/cm³	Pyknometer-Dichte g/cm³
0	4,908	4,902
20,7	7,32	7,26
45,8	9,96	9,57

suchten H. NOWOTNY, E. PARTHÉ, R. KIEFFER und F. BENESOVSKY[1] nochmals eingehend die Löslichkeit im Schnitt WC-TiC und auch im pseudobinären Schnitt W_2C-TiC (vgl. S. 247). Auch bei Aufstellung des pseudoternären Systems WC-TiC-TaC[2] wurde das Randgebiet WC-TiC wiederum mit Hilfe mehrerer Stunden auf 1450 bzw. 2200° getemperten Proben untersucht und eine Löslichkeit von etwa 52 % WC in TiC bei 1450° und eine solche von etwa 70 % WC bei 2200° gefunden. Diese Werte sind in guter Übereinstimmung mit den Werten von A. G. METCALFE[3], L. D. BROWNLEE, G. A. GEACH und T. RAINE[4], sowie von J. HINNÜBER und W. KINNA[5].

Die von H. KRAINER[6] auf röntgenographischem Wege bestimmten Werte der Löslichkeit von WC in TiC in Abhängigkeit von der Temperatur stimmen sehr gut mit den Ergebnissen von A. G. METCALFE[3] überein. Die Gitterkonstante des WC-TiC-Mischkristalles wird durch Anwesenheit von unterkohltem TiC (also einem Ti[C,O,N]-Mischkristall) beträchtlich erniedrigt, eine Beobachtung, die auch schon J. S. UMANSKI und S. S. CHYDEKEL[7] gemacht haben (s. S. 236). Da unterkohltes TiC die Eigenschaften von WC-TiC-Co-Hartmetallen im ungünstigen Sinne stark beeinträchtigt, erlaubt die röntgenographische Gitterkonstantenbestimmung eine rasche Gütekontrolle (s. Bd. Hartmetalle).

Um die zum Teil sehr stark widersprechenden Befunde bei der Löslichkeit von WC in TiC zu ordnen und zu klären, unterzogen J. HINNÜBER und W. KINNA[5] den Schnitt WC-TiC im System

[1] NOWOTNY, H., E. PARTHÉ, R. KIEFFER u. F. BENESOVSKY: Z. Metallkunde **45** (1954), S. 97/101.

[2] NOWOTNY, H., R. KIEFFER u. O. KNOTEK: Berg- u. Hüttenmänn. Mh. **96** (1951), S. 6/8.

[3] METCALFE, A. G.: J. Inst. Met. **73** (1947), S. 591/6C7.

[4] BROWNLEY, L. D., G. A. GEACH u. T. RAINE: Iron Steel Inst., Spec. Rep. Nr. 38, London 1947, S. 73/78.

[5] HINNÜBER, J. u. W. KINNA: Arch. Eisenhüttenwes. **29** (1958), S. 391/96.

[6] KRAINER, H.: Arch. Eisenhüttenwes. **21** (1950), S. 119/27.

[7] UMANSKI, J. S. u. S. S. CHYDEKEL: Zur. Fiz. Chim. **15** (1941), S. 997/1004.

W-Ti-C nochmals einer genauen Überprüfung. Grundsätzlich konnten sie die exakten Ergebnisse von A. G. METCALFE in den meisten Punkten bestätigen. Sie stellten besonders fest, daß sich der einmal bei hohen Temperaturen gebildete Mischkristall bei der Abkühlung in dem Bereich der für kobalthaltige TiC-WC-Legierungen üblichen Sintertemperatur sehr unvollkommen entmischt. Sie fanden ferner mit Hilfe von elektronenmikroskopischen Gefügeaufnahmen, daß übersättigte TiC-Mischkristalle meist einen wolframkarbidreichen Kern haben (Ungleichgewicht). Stellt man die WC-TiC-Mischkristalle dadurch her, daß man die Komponenten lediglich bis zur Sintertemperatur erhitzt, so erhält man *untersättigte* Mischkristalle mit einem wolframkarbidarmen Kern. Die Gleichgewichtseinstellung wird in bekannter Weise durch kleine Kobaltzusätze sowie durch mechanische Verformung, z. B. durch Mörsern der Mischkristalle erleichtert.

Die außerordentlich starke Temperaturabhängigkeit der Löslichkeit von WC in TiC legt den Schluß nahe, daß beim Abschrecken von Mischkristallen aus dem Temperaturgebiet von beispielsweise 2500° und Anlassen bei Temperaturen von 1500°, Aushärtungen durch feinst verteiltes ausgeschiedenes WC in der Mischkristallgrundmasse erfolgen. Mit diesem Problem beschäftigen sich neuerdings V. P. LVOVSKAJA und J. S. UMANSKI[1], welche Mischkristalle bei 2300 bis 2350° erzeugten und den Zerfall dieser, d. h. die Wiederausscheidung von feinstverteiltem WC im Restmischkristall in Abhängigkeit von der Glühdauer bei 1600° röntgenographisch verfolgten.

R. KIEFFER[2] konnte mikroskopisch die Ausscheidung von WC beim Anlassen abgeschreckter WC-TiC-Mischkristalle 80/20 und 90/10 eindeutig nachweisen. WC-TiC-Mischungen 70:30, 80:20, 90:10, und 95:5 wurden naß gemahlen und bei 2100° 15 Minuten heißgepreßt. Anschließend wurden die Preßlinge 35 Stunden bei 2200 bis 2300° geglüht und in Wasser abgeschreckt. Alle Mischkristalle zeigten nach dem Abschrecken ein einphasiges Gefüge (Abb. 71a). Läßt man die übersättigten Mischkristalle bei 1500° 25 Stunden an, so scheidet sich im Falle des gesättigten Mischkristalles 70:30 praktisch kein WC, beim Mischkristall 80:20 überschüssige WC-Mengen (5—10%) und im Falle des Mischkristalles 90:10 das gesamte überschüssige WC (etwa 20%) aus der Mischkristallgrundmasse aus. Abb. 71b zeigt das sich ergebende stellitartige Gefüge. Dieser Ausscheidungsvorgang ist selbstverständlich reversibel. Die Härteänderungen konnten an den zu feinkörnigen spröden Kompo-

---

[1] LVOVSKAJA, V. P. u. J. S. UMANSKI: Zur. Techn. Fiz. **20** (1950), S. 1167/74.
[2] KIEFFER, R.: 1. Plansee-Seminar, Reutte/Tirol 1952, S. 268/96.

nenten nicht eindeutig mit Hilfe von Mikrohärteeindrücken verfolgt werden.

System Titan-Wolfram-Kohlenstoff. Einer der wichtigsten Hartstoffe, der als wesentlicher Bestandteil in den Hartmetallen auf TiC-WC-Co-Basis auftritt, nämlich der TiC-WC-Mischkristall, liegt im Dreistoffsystem Ti-W-C. Obgleich dem gegenseitigen Verhalten der beiden Karbide eine große Zahl von Arbeiten gewidmet worden

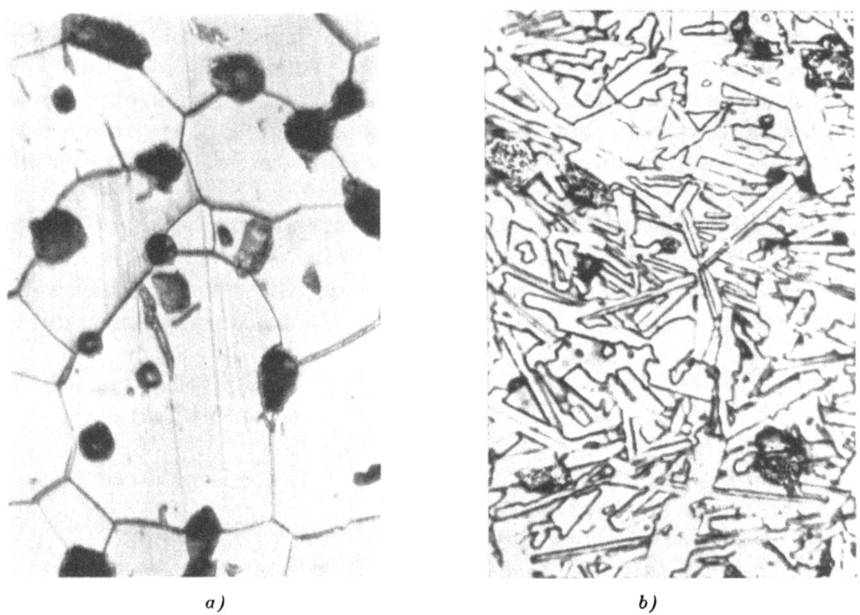

a)   b)

Abb. 71. Gefüge eines abgeschreckten *(a)* und angelassenen *(b)* WC-TiC-Mischkristalles 90/10 (× 2000) (R. KIEFFER)

ist (vgl. Ausführungen über den Schnitt Titankarbid-Wolframkarbid S. 242), fehlte bis vor kurzem eine geschlossene Untersuchung des gesamten Dreistoffsystems. H. NOWOTNY, E. PARTHÉ, R. KIEFFER und F. BENESOVSKY[1] stellten an Hand heißgepreßter, bei 1900° im Vakuum geglühter Proben auf Grund röntgenographischer Untersuchungen und Schmelzpunktmessungen einen Schnitt des Systems auf (s. Abb. 74).

Von den Randsystemen wurde das System W-C schon 1930 von W. P. SYKES[2] geklärt (vgl. Abb. 55). Während die Untersuchungen

---

[1] NOWOTNY, H., E. PARTHÉ, R. KIEFFER u. F. BENESOVSKY: Z. Metallkunde **45** (1954), S. 97/101.

[2] SYKES, W. P.: Trans. Am. Soc. Steel Treat. **18** (1930), S. 968/94.

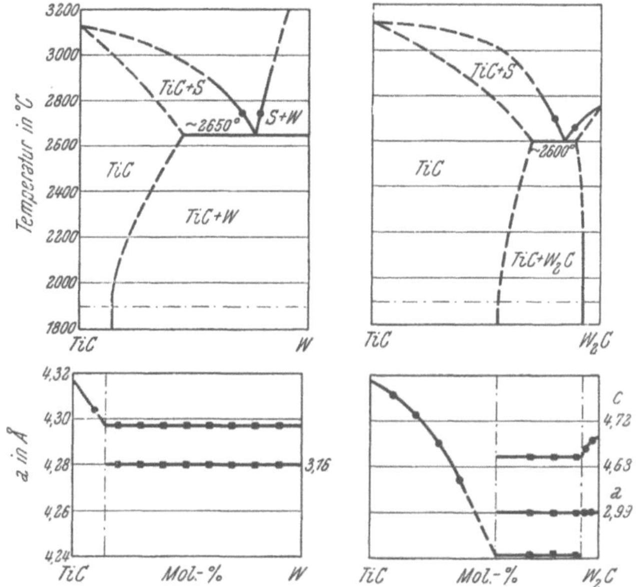

Abb. 72. Quasibinäre Schnitte der Systeme TiC-W und TiC-W₂C und Verlauf der Gitterkonstanten (H. Nowotny, E. Parthé, R. Kieffer und F. Benesovsky)

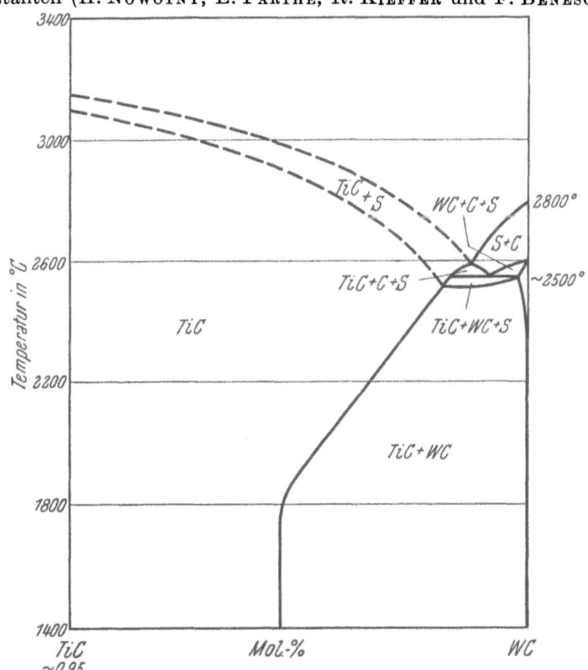

Abb. 73. Schnitt des Systems TiC-WC (H. Nowotny, R. Parthé, R. Kieffer und
F. Benesovsky)

des Systems Ti-W[1] und Ti-C[2] (vgl. Abb. 35) bis 1953 auf sich warten ließen. Die quasibinären Schnitte TiC-W und TiC-W$_2$C, sowie der Verlauf der Gitterkonstante gehen aus Abb. 72 hervor. Die Eutektika liegen in beiden Systemen in der Nähe von 2600°. Die Löslichkeit von Wolfram in TiC steigt über W$_2$C zu WC, d. h. mit steigendem Kohlenstoffgehalt an. W$_2$C zeigt eine kleine, aber definierte Löslichkeit für TiC. Der nicht als quasibinär erkannte Schnitt TiC$_{0,95}$-WC in Abb. 73 dürfte besser der Gleichgewichtslage genügen, als die ältere METCALFsche Darstellung (s. Abb. 70).

Die Aufteilung der Phasenfelder im Dreistoffsystem Ti-W-C (Schnitt bei 1900°), geht aus Abb. 74 hervor. Die Phasengrenzlinien in dem Gebiet von WC sind nur gestrichelt eingezeichnet, da die Löslichkeit von TiC in WC immer noch nicht genau geklärt erscheint.

Abb. 75 zeigt den wahrscheinlichen Verlauf der Schmelzrinnen. Die beherrschende

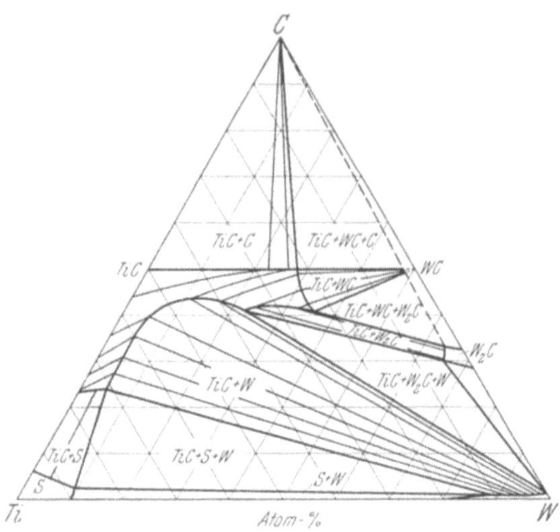

Abb. 74. Zustandsschaubild des Systems Titan-Wolfram-Kohlenstoff, Schnitt bei 1900° C (H. NOWOTNY, E. PARTHÉ, R. KIEFFER und F. BENESOVSKY)

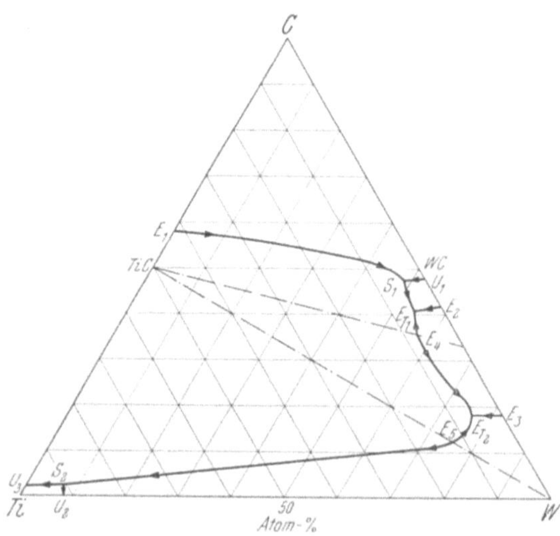

Abb. 75. Schmelzdiagramm des Systems Titan-Wolfram-Kohlenstoff (H. NOWOTNY, E. PARTHÉ, R. KIEFFER und F. BENESOVSKY)

---

[1] MAYKUTH, D. J., H. R. OGDEN u. R. I. JAFFEE: J. Metals **5** (1953), S. 231/37.

[2] CADOFF, I. u. J. P. NIELSEN: J. Metals **5** (1953), S. 248/52.

Phase im Dreistoffsystem ist zweifellos das TiC bzw. der TiC-Mischkristall. Seine Schmelzfläche überstreicht den weitaus größ-ten Teil des Gebietes Ti-W-WC-TiC. Die nächste größere Schmelzfläche dürfte der primären Kristallisation des Kohlenstoffes zukommen. Die Fläche der Primärkristallisation von Wolfram fällt steil ab. Als Schmelzgleichgewichte können zwei ternäre Eutektika und zwei peritektische Reaktionen wahrscheinlich gemacht werden.

Abb. 76 zeigt auf Grund obiger Ergebnisse ein schematisches Raumbild des Systems Ti-W-C in drei Ansichten, jeweils von den Randsystemen aus gesehen.

Zirkoniumkarbid-Hafniumkarbid. Die isotypen Karbide ZrC und HfC sind nach H. Nowotny, R. Kieffer, F. Benesovsky, C. Brukl und E. Rudy[1, 2, 3, 4] wie aus Abb. 62, S. 223 hervorgeht, vollkommen mischbar. Die Karbidgemenge wurden heißgepreßt und vier Stunden

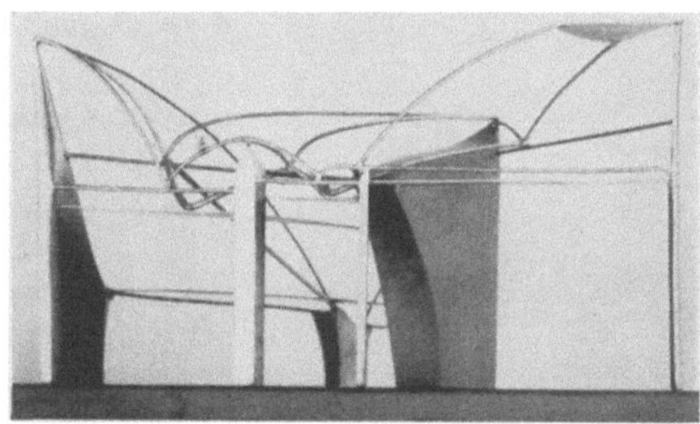

Abb. 76. Raumbild des Systems Titan-Wolfram-Kohlenstoff (E. Parthé)

---

[1] Nowotny, H., R. Kieffer, F. Benesovsky u. C. Brukl: Mh. Chem. **90** (1959), S. 86/88.

[2] Nowotny, H., F. Benesovsky u. R. Kieffer: Planseeber. Pulvermetallurgie **7** (1959), S. 79/87.

[3] Nowotny, H., R. Kieffer, F. Benesovsky, C. Brukl u. E. Rudy: Mh. Chem. **90** (1959), S. 669/79.

[4] Rudy, E., H. Nowotny, F. Benesovsky, R. Kieffer u. A. Neckel: Mh. Chem. **91** (1960), S. 176/87.

bei 2000° im Kohlerohrofen unter Wasserstoff geglüht, worauf sie genügend homogenisiert waren. In geringer Abweichung zu den ersten Untersuchungen[1, 2] wurde in einer zweiten Versuchsreihe[3] ein praktisch linearer Übergang mit nur schwacher Kontraktion auf der Hafniumkarbidseite gefunden. Das Gefüge von ZrC-HfC-Mischkristalle ist einphasig[2].

Den Verlauf des elektrischen Widerstandes im System ZrC-HfC haben E. Rudy und F. Benesovsky[4] untersucht. Nach H. Bittner und H. Goretzki[5] tritt bei den Mischkristallen linearer Verlauf der Suszeptibilitätswerte auf.

Zirkoniumkarbid-Vanadinkarbid. Das Karbidpaar ZrC-VC ist trotz der Isotypie unmischbar. Theoretisch kann diese Erscheinung mit dem großen Unterschied in den Gitterkonstanten, der etwa 12 % beträgt, erklärt werden. Nach Untersuchungen von H. Nowotny und R. Kieffer[6] findet man auf Grund von Gitterkonstantenbestimmungen weder bei tiefgesinterten noch bei hoch- oder langzeitgesinterten Proben aus Mischungen beider Karbide Anzeichen für eine Mischkristallbildung. Dieser Befund steht in guter Übereinstimmung mit den Ergebnissen von J. T. Norton und A. L. Mowry[7], wonach in bei 2100° drei Stunden gesinterten Proben bis auf die Randkonzentrationen praktische Unlöslichkeit festgestellt wurde. Gemäß Abb. 77 kann auf der VC-Seite eine Löslichkeit kleiner als 1 %, auf der ZrC-Seite eine solche von etwa 5 % angenommen werden.

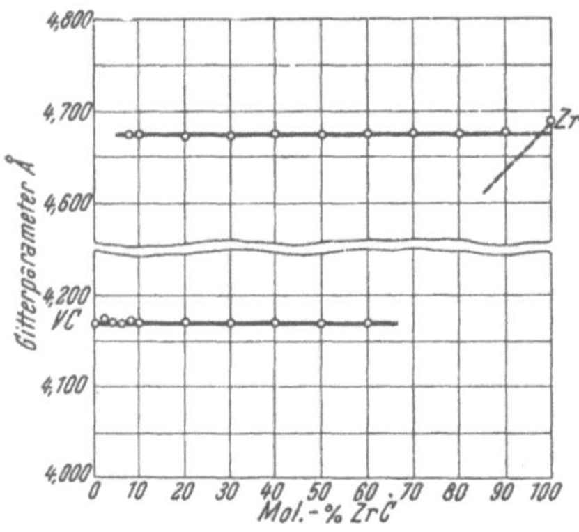

Abb. 77. Gitterkonstanten der Mischkristallreihe ZrC-VC (J. T. Norton und A. L. Mowry)

[1] Nowotny. H., R. Kieffer, F. Benesovsky u. C. Brukl: Mh. Chem. **90** (1959), S. 86/88.

[2] Nowotny, H., F. Benesovsky u. R. Kieffer: Planseeber. Pulvermetallurgie 7 (1959), S. 79/87.

[3] Nowotny, H., R. Kieffer, F. Benesovsky, C. Brukl u. E. Rudy: Mh. Chem. **90** (1959), S. 669/79.

[4] Rudy, E. u. F. Benesovsky: Planseeber. Pulvermetallurgie 8 (1960), S. 72/82.

[5] Bittner, H. u. H. Goretzki: Mh. Chem. **91** (1960), S. 616/19.

[6] Nowotny, H. u. R. Kieffer: Metallforschung 2 (1957), S. 257/65.

[7] Norton, J. T. u. A. L. Mowry: Trans. Am. Inst. Met. Eng. **185** (1949), S. 133/36.

Nach K. Kuo[1] soll ein metallreiches η_1-Karbid der Formel Zr_3V_3C existieren.

Zirkoniumkarbid-Niobkarbid. Nach Untersuchungen von C. Agte und H. Alterthum[2] liegen die Schmelzpunkte der Karbide ZrC-NbC im Mischungsverhältnis 1:1, 1:2 und 1:4 praktisch bei der gleichen Temperatur. Es wird eine Mischkristallreihe vermutet.

Nach den Röntgenuntersuchungen von A. E. Kovalski und J. S. Umanski[3] sowie H. Nowotny und R. Kieffer[4] bilden ZrC-NbC eine lückenlose Mischkristallreihe, sofern die Gleichgewichtseinstellung erreicht wird[4].

Auf Grund von Gitterkonstantenbestimmungen an bei 2100° drei Stunden gesinterten Proben hat J. T. Norton und A. L. Mowry[5]

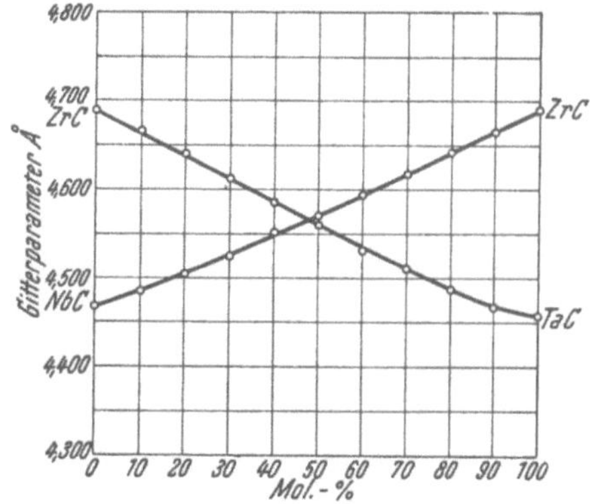

Abb. 78. Gitterkonstanten der Mischkristallreihen ZrC-NbC und ZrC-TaC (J. T. Norton und A. L. Mowry)

die lückenlose Mischbarkeit im System ZrC-NbC eindeutig bestätigt. Die Werte weichen gemäß Abb. 78 schwach negativ von der Vegardschen Geraden ab.

Die Mikrohärte[6], die elektrische Leitfähigkeit[7, 8] und die magnetische Suszeptibilität[9] von ZrC-NbC-Mischkristallen wurde von verschiedenen Forschern untersucht.

Zirkoniumkarbid-Tantalkarbid. Im System ZrC-TaC haben C. Agte und H. Alterthum[2] die Schmelzpunkte in Abhängigkeit

[1] Kuo, K.: Acta Met. 1 (1953), S. 301/04.

[2] Agte, C. u. H. Alterthum: Z. techn. Physik 11 (1930), S. 182/91.

[3] Kovalski, A. E. u. J. S. Umanski: Zur. Fiz. Chim. 20 (1946), S. 769/72; Tverdyje Splavy 1 (1959), S. 305/19.

[4] Nowotny, H. u. R. Kieffer: Metallforschung 2 (1947), S. 257/65.

[5] Norton, J. T. u. A. L. Mowry: Trans. Am. Inst. Met. Eng. 185 (1949), S. 133/36.

[6] Samsonov, G. V.: Izv. Sekt. Fiz. Chim. Anal. 27 (1956), S. 97/125.

[7] Samsonov, G. V.: Zur. Techn. Fiz. 26 (1956), S. 716/22.

[8] Rudy, E. u. F. Benesovsky: Planseeber. Pulvermetallurgie 8 (1960), S. 72/82.

[9] Samsonov, G. V., V. S. Neschpor u. N. S. Strelnikova: Dop. Akad. Nauk Ukr. RSR (1958), Nr. 8, S. 838/39. In: Fragen der Pulvermetallurgie. Kiew 1960, Bd. 8, S. 90/98.

vom Mischungsverhältnis der beiden Karbide bestimmt und gemäß Abb. 79 festgestellt, daß ein Schmelzpunktsmaximum auftritt. Die Mischung 4 TaC + 1 ZrC hat einen Schmelzpunkt von 4205° K, der also um 60° über dem Schmelzpunkt des reinen TaC liegt. Der Verlauf der Schmelzpunkte deutet auf eine kontinuierliche Mischreihe hin. Röntgenographische Gitterkonstantenbestimmungen an Mischkristallen 4 TaC + 1 ZrC und 1 TaC + 1 ZrC brachten Übereinstimmung mit der VEGARDschen Regel, so daß der Beweis der lückenlosen Mischbarkeit erbracht ist. Auch A. E. KOVALSKI und J. S. UMANSKI[1] fanden an gesinterten TaC-ZrC-Gemischen lückenlose Mischkristallbildung.

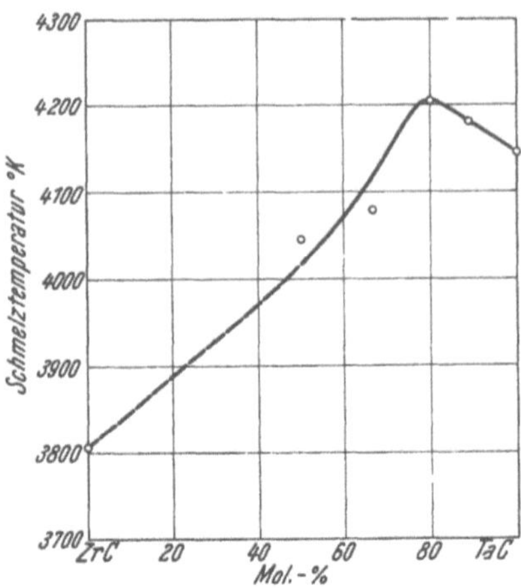

Abb. 79. Schmelzpunktsverlauf im System ZrC-TaC (C. AGTE und H. ALTERTHUM)

Gitterkonstantenmessungen im System ZrC-TaC in Abständen von 10 Mol.-% an bei 2100° gebildeten Mischkristallen erbrachten nach J. T. NORTON und A. L. MOWRY[2] neuerlich den Beweis der lückenlosen Mischbarkeit. Die Werte weichen gemäß Abb. 78 schwach negativ von der VEGARDschen Geraden ab.

Die Mikrohärte eines ZrC-TaC-Mischkristalles hat G. V. SAMSONOV[3] bestimmt. Den Verlauf des elektrischen Widerstandes im System ZrC-TaC haben E. RUDY und[4] F. BENESOVSKY untersucht.

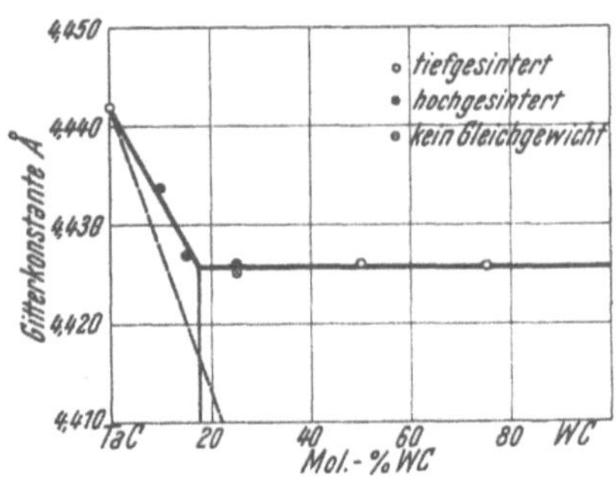

Abb. 80. Gitterkonstanten der Mischkristallreihe ZrC-Mo₂C (H. NOWOTNY und R. KIEFFER)

Zirkoniumkarbid-Chromkarbid. Das System ZrC-Cr$_3$C$_2$ ist bisher nicht näher untersucht worden. Ein Hinweis findet sich ledig-

[1] KOVALSKI, A. E. u. J. S. UMANSKI: Zur. Fiz. Chim. **20** (1946), S. 769/72; Tverdyje Splavy **1** (1959), S. 305/19.

[2] NORTON, J. T. u. A. L. MOWRY: Trans. Am. Inst. Met. Eng. **185** (1949), S. 133/36.

[3] SAMSONOV, G. V.: Izv. Sekt. Fiz. Chim. Anal. **27** (1956), S. 97/125.

[4] RUDY, E. u. F. BENESOVSKY: Planseeber. Pulvermetallurgie **8** (1960), S. 72/82.

lich bei R. Kieffer und F. Kölbl[1]. In Analogie zu den Untersuchungen von J. Hinnüber und O. Rüdiger[2, 3] in den Systemen TiC-Cr₇C₃ und TiC-Cr₃C₂ dürfte die Löslichkeit der chromreichen Karbide in Zirkoniumkarbid größer sein als die der kohlenstoffärmeren. Die Chromkarbide haben wahrscheinlich keine Löslichkeit für ZrC.

Zirkoniumkarbid-Molybdänkarbid. Die Verhältnisse im System ZrC-Mo₂C (MoC) sind noch nicht ausreichend geklärt. Es besteht eine starke Temperaturabhängigkeit der Löslichkeit von Molybdänkarbid in ZrC. J. S. Umanski[4] gibt auf Grund von Röntgenuntersuchungen bei 2600° eine Löslichkeit bis zu 90 Mol.-% Molybdänkarbid in ZrC an.

H. Nowotny und R. Kieffer[5] versuchten es gleichfalls mittels röntgenographischer Untersuchungen, die Löslichkeitsgrenzen zu bestimmen. Auf Grund tiefgesinterter Proben (1600°) kann gemäß Abb. 80 ungefähr eine Löslichkeit von etwa 20 Mol.-% Mo₂C bei 1600° angenommen werden. Bei hochgesinterten Proben (2100°) nahm der ZrC-Mischkristall zwar mehr Mo₂C auf, die Karbidgitter waren aber offensichtlich weniger durchgebildet. Es dürfte hier ähnlich wie beim System VC-Mo₂C (s. S. 259) ein Zerfall der

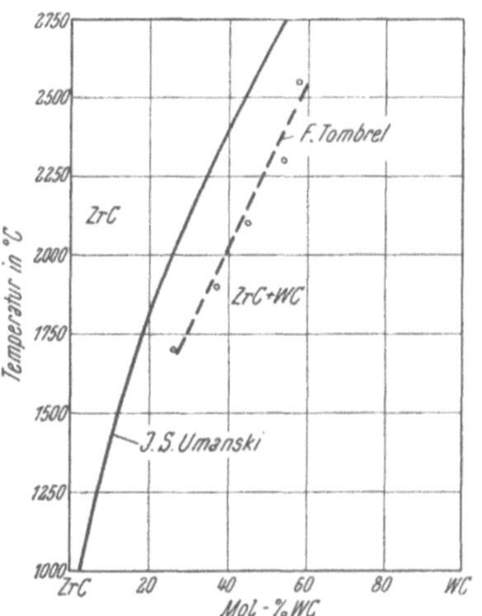

Abb. 81. Abhängigkeit der Löslichkeit von Wolframkarbid in Zirkoniumkarbid von der Sintertemperatur (J. S. Umanski und R. L. Petrusevitsch bzw. F. Tombrel)

Karbide, das heißt, Aufnahme von Kohlenstoff bei höherer Temperatur und Abscheidung von Graphit beim Abkühlen, eintreten. Aus der Lage der Werte ersieht man, daß keinerlei Gleichgewicht bestand. Eine Löslichkeitsgrenze läßt sich daher schwer angeben. Sicher liegt sie aber nahe, wenn nicht über 15 Mol.-% Mo₂C, da die hochgesinterte Probe mit 35 Gew.-% Mo₂C praktisch homogen ist.

Zur Klärung der genauen Löslichkeitsverhältnisse im System ZrC-Mo₂C (MoC) sollte die Untersuchung des Dreistoffsystems

---

[1] Kieffer, R. u. F. Kölbl: Powder Met. Bull. 4 (1949), S. 4/17.

[2] Hinnüber, J. u. O. Rüdiger: Iron Steel Inst., Spec. Rep. Nr. 58, London 1956, S. 53/58.

[3] Rüdiger, O.: Techn. Mitt. Krupp. 14 (1956), S. 136/39.

[4] Umanski, J. S.: Izv. Sekt. Fiz. Chim. Anal. 16 (1943), S. 127/48.

[5] Nowotny, H. u. R. Kieffer: Metallforschung 2 (1957), S. 257/65.

Zr-Mo-C, besonders im Hinblick auf die wahrscheinlich instabilen ZrC-MoC-Mischkristalle und den Umstand, daß mit steigendem Kohlenstoffgehalt und steigender Temperatur die Löslichkeit von Mo in ZrC zunehmen dürfte, durchgeführt werden [vgl. die Verhältnisse im System Ti-Mo-C und HfC-Mo$_2$C (MoC)].

Zirkoniumkarbid-Wolframkarbid. C. AGTE und ALTERTHUM[1] haben versucht, die Schmelzpunkte von Mischungen der Karbide ZrC und WC im Verhältnis 1:1 und 4:1 zu bestimmen. Beim Schmelzen von gepreßten Stäben im direkten Stromdurchgang tritt jedoch Entmischung ein (Tropfenbildung), woraus die Autoren schließen, daß keinerlei Mischkristallbildung erfolgt. Auch Gefügebilder zeigen zwei Phasen.

Auf Grund von röntgenographischen Untersuchungen an gesinterten ZrC-WC-Körpern haben J. S. UMANSKI und R. L. PETRUSEVITSCH[2] gemäß Abb. 81 die Temperaturabhängigkeit der Löslichkeit

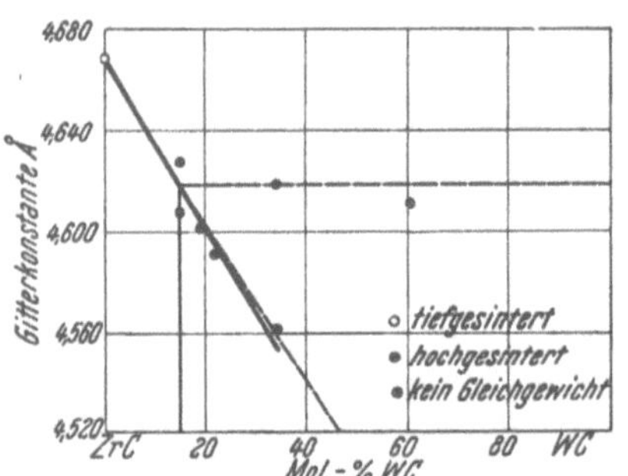

Abb. 82. Gitterkonstanten der Mischkristallreihe ZrC-WC (H. NOWOTNY und R. KIEFFER

untersucht. Bei 2000° werden etwa 30 Mol-%, bei 2500° aber 50 Mol-% WC gelöst. Die Löslichkeit von WC für ZrC ist auch bei 1500 bis 1800° kaum meßbar.

Nach H. NOWOTNY und R. KIEFFER[3] ergäbe sich aus dem Verlauf der Gitterkonstanten an tiefgesinterten ZrC-WC-Proben 1600°, gemäß Abb. 82 eine Löslichkeit von etwa 15 bis 20 Mol.-% WC, vorausgesetzt, daß die Löslichkeit temperaturunabhängig ist. Hochgesinterte Proben (2100°) mit 25, 30, 35 und 50% WC zeigen aber, daß man vom Gleichgewicht erheblich entfernt ist. Nach dem Röntgenogramm der hochgesinterten (nachgesinterten) Probe stellt man Homogenität fest. Die Löslichkeit beträgt demnach bei 2100° sicher mehr als 35 Mol.-% WC. Ob eine beschränkte Löslichkeit des WC für ZrC (in Analogie zur beschränkten Löslichkeit von WC in TiC) vorhanden ist, konnte von H. NOWOTNY und R. KIEFFER mangels homogener hochgesinterter Proben auf der WC-Seite nicht eindeutig entschieden werden. Nach J. S. UMANSKI[2] ist die Löslichkeit des WC für ZrC erheblich geringer als die für TiC.

[1] AGTE, C. u. H. ALTERTHUM: Z. technische Physik **11** (1930), S. 182/91.
[2] s. UMANSKI, J. S.: Izv. Sekt. Fiz. Chim. Anal. **16** (1943), S. 127/48.
[3] NOWOTNY, H. u. R. KIEFFER: Metallforschung **2** (1947), S. 257/65.

M. T. Tombrel[1] fand bei seinen Untersuchungen im Pseudo-dreistoffsystem TiC-ZrC-WC eine etwas höhere Löslichkeit von WC in ZrC, und zwar 26 Mol.-% bei 1700° und 58 Mol.-% bei 2550°. Die Gitterkonstanten des ZrC-Mischkristalles ändern sich hierbei linear (vgl. Abb. 81, gestrichelte Kurve).

An einem Mischkristall aus 75% ZrC und 25% WC haben A. E. Kovalski und L. A. Kanova[2] eine mittlere Mikrohärte von 3230 kg pro mm² bestimmt.

Die Erzeugung von ZrC-WC-Mischkristallen und die Herstellung von titankarbidfreien Hartmetallen aus diesen wird eingehend von R. Kieffer[3] beschrieben (s. Bd. Hartmetalle).

Hafniumkarbid-Vanadinkarbid. Dieses System ist von H. Nowotny und Mitarbeitern[4,5] an Hand heißgepreßter und 4 Stunden bei 2000° homogenisierter Proben röntgenographisch untersucht worden. Sämtliche Legierungen waren heterogen, allerdings besteht auf Grund der Gitterkonstantenbestimmungen eine kleine gegenseitige Löslichkeit wie Abb. 83 zeigt; diese werden genauer mit 2,5 bis 3 At.% bestimmt[6]. Das Gefüge von druckgesinterten HfC-VC-Legierungen ist zweiphasig[1].

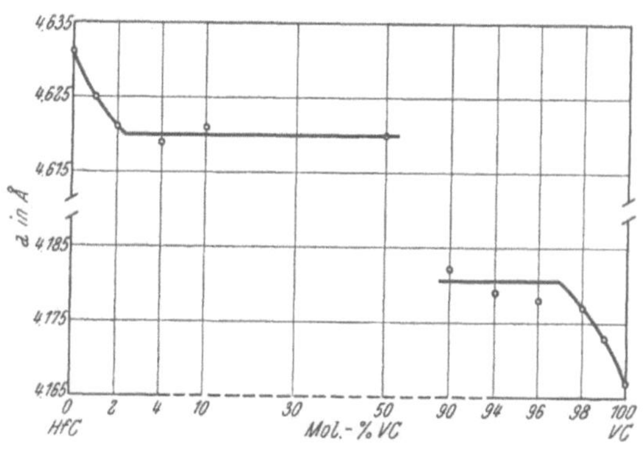

Abb. 83. Gitterkonstanten im System HfC-VC (E. Rudy, H. Nowotny, F. Benesovsky, R. Kieffer und A. Neckel)

Den Verlauf des elektrischen Widerstandes im System HfC-VC haben E. Rudy und F. Benesovsky[7] untersucht.

---

[1] Tombrel, M. T.: In: La chimie des hautes temperatures. Paris 1955, S. 141/46; 2. Plansee Seminar, Reutte/Tirol 1955, S. 205/15.

[2] Kovalski, A. E. u. L. A. Kanova: Zavod. Labor. **16** (1950), S. 1362/65.

[3] Kieffer, R.: Metall **4** (1950), S. 132/36.

[4] Nowotny, H., F. Benesovsky, R. Kieffer: Planseeber. Pulvermetallurgie **7** (1959), S. 79/87.

[5] Nowotny, H., R. Kieffer, F. Benesovsky, C. Brukl u. E. Rudy: Mh. Chem. **90** (1959), S. 669/79.

[6] Rudy, E., H. Nowotny, F. Benesovsky, R. Kieffer u. A. Neckel: Mh. Chem. **91** (1960), S. 176/87.

[7] Rudy, E. u. F. Benesovsky: Planseeber. Pulvermetallurgie **8** (1960), S. 72/82.

Hafniumkarbid-Niobkarbid. In Proben die durch Heißpressen von Mischungen und 28 stündiger Homogenisierung bei 2050° hergestellt worden waren, konnte auf Grund der Gitterkonstantenbestimmungen (Abb. 62, S. 223) ein lückenloser Übergang festgestellt werden[1, 2, 3].

Den Verlauf des elektrischen Widerstandes im System HfC-NbC haben E. Rudy und F. Benesovsky[4] untersucht.

Hafniumkarbid-Tantalkarbid. Im System HfC-TaC haben C. Agte und H. Alterthum[5] die Schmelzpunkte in Abhängigkeit vom Mischungsverhältnis der beiden Karbide bestimmt und gemäß Abb. 84 festgestellt, daß ähnlich wie im System ZrC-TaC ein Schmelzpunktmaximum existiert. Es liegt bei 4205° K beim Mischungsverhältnis 1 : 4. Der Schmelzpunkt dieses Mischkristalles ist der höchste aller bisher bekannten Körper. Röntgenographisch konnte in diesem System vollkommene Mischbarkeit gefunden werden. Dies wurde auf Grund neuerer röntgenographischer Untersuchungen an Hand heißgepreßter, 28 Stunden bei 2050° geglühter Proben bestätigt, wie der Gitterkonstantenverlauf in Abb. 62, S. 223 zeigte[1, 2, 3].

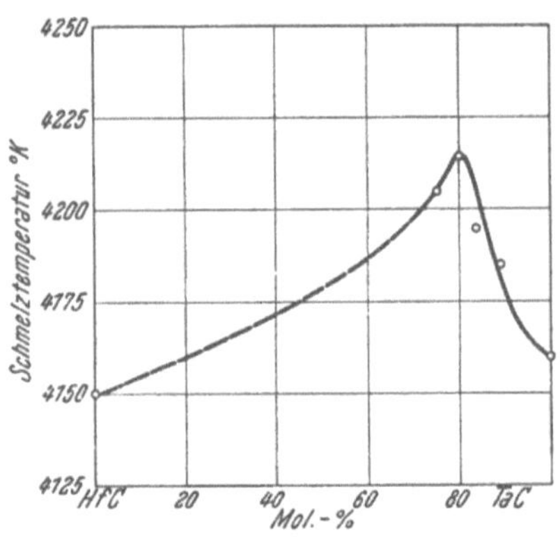

Abb. 84. Schmelzpunktsverlauf im System HfC-TaC
(C. Agte und H. Alterthum)

Den Verlauf des elektrischen Widerstandes im System HfC-TaC haben E. Rudy und F. Benesovsky[4] untersucht.

Hafniumkarbid-Chromkarbid. Auf Grund röntgenographischer Untersuchungen[1, 2] zeigte es sich, daß HfC im Gegensatz zu TiC kein Cr_3C_2 löst und umgekehrt auch Cr_3C_2 kein HfC aufzunehmen vermag.

---

[1] Nowotny, H., F. Benesovsky, R. Kieffer: Planseeber. Pulvermetallurgie 7 (1959), S. 79/87.

[2] Nowotny, H., R. Kieffer, F. Benesovsky, C. Brukl u. E. Rudy: Mh. Chem. 90 (1959), S. 669/79.

[3] Rudy, E., H. Nowotny, F. Benesovsky, R. Kieffer u. A. Neckel: Mh. Chem. 91 (1960), S. 176/87.

[4] Rudy, E. u. F. Benesovsky: Planseeber. Pulvermetallurgie 8 (1960), S. 72/82.

[5] Agte, C. u. H. Alterthum: Z. techn. Physik 11 (1930), S. 182/91.

Hafniumkarbid - Molybdänkarbid. Die röntgenographische Untersuchung dieses Systems wurde von H. Nowotny und Mitarbeitern[1, 2] an Hand heißgepreßter, 4 Stunden bei 2000° homogenisierter Proben vorgenommen. Auf Grund des Gitterkonstantenverlaufes vermag HfC bis zu 90 Mol.% Mo_2C (MoC) aufzunehmen, wobei die Gitterkonstante bis auf 4,24 kX.E abfällt (Abb. 85). Dieser Wert kommt dem kubischen MoC sehr nahe. Soweit in den Proben Mo_2C nachweisbar war, löst dieses kein HfC: in MoC ist aber eine Löslichkeit zu beobachten.

Hafniumkarbid-Wolframkarbid. Nach H. Nowotny und Mitarbeitern[1, 2] kann eine bemerkenswert hohe Löslichkeit von WC in HfC festgestellt werden, was mit dem Ergebnis bei ZrC-WC in Übereinstimmung steht. Unter den gewählten Herstellungsbedingungen (4 Stunden bei 2000°) lösen sich rund 40 Mol.-% WC. Abb. 86 zeigt

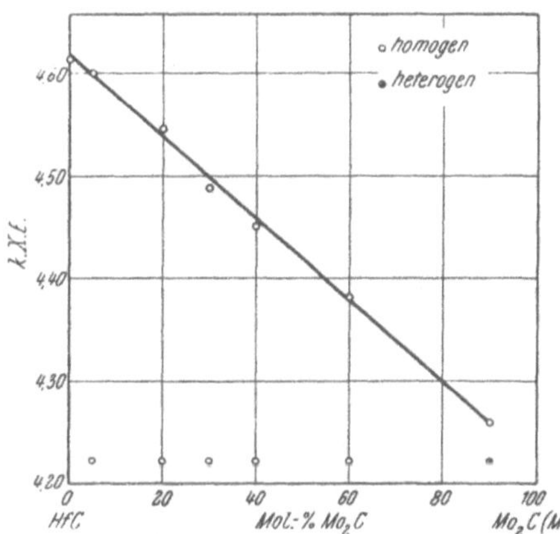

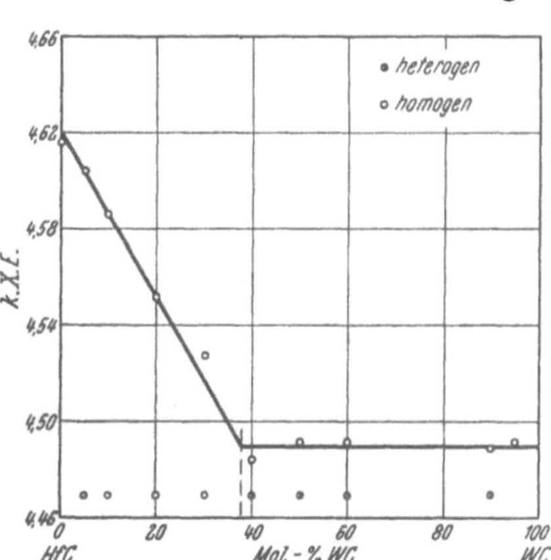

Abb. 85. Gitterkonstanten im System HfC-Mo_2C (MoC), (H. Nowotny, R. Kieffer, F. Benesovsky, C. Brukl und E. Rudy)

Abb. 86. Gitterkonstanten im System HfC-WC (H. Nowotny, R. Kieffer, F. Benesovsky, C. Brukl und E. Rudy)

den Verlauf der Gitterkonstante des kubischen Mischkristalls (Hf, W)C. Die Extrapolation führt ziemlich genau auf ein fiktives kubisches WC-Gitter mit a = 4,30 kX.E.

Vanadinkarbid-Niobkarbid. Auf Grund röntgenographischer Untersuchungen an hochgesinterten VC-NbC-Mischungen (2100°),

[1] Nowotny, H., F. Benesovsky, R. Kieffer: Planseeber. Pulvermetallurgie 7 (1959), S. 79/87.

[2] Nowotny, H., R. Kieffer, F. Benesovsky, C. Brukl u. E. Rudy: Mh. Chem. 90 (1959), S. 669/79.

sind nach J. T. NORTON und A. L. MOWRY[1] gemäß Abb. 87 beide Karbide lückenlos mischbar. Die in Abständen von 10 Mol.-% NbC bestimmten Gitterkonstanten weichen schwach positiv von der VEGARDschen Geraden ab. Die volle Mischbarkeit ist neuerdings bestätigt worden[2, 3].

Die Mikrohärte eines VC-NbC- bzw. VC-TaC-Mischkristalles mit 60 bzw. 70 Mol.-% VC liegt über jener der Einzelkarbide[4]. Den Verlauf des elektrischen Widerstandes im System VC-NbC haben E. RUDY und F. BENESOVSKY[5] untersucht.

Vanadin, Niob und Kohlenstoff bilden in Gegenwart von Eisenmetallen nach K. KUO[6] Doppelkarbide mit η_1-Struktur.

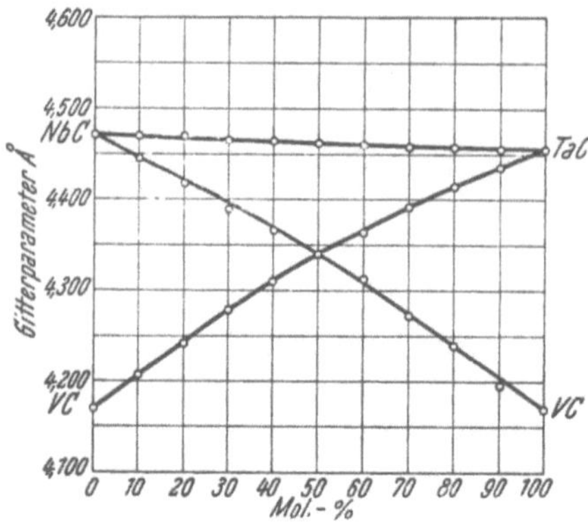

Abb. 87. Gitterkonstanten der Mischkristallreihen VC-NbC, VC-TaC und NbC-TaC (J. T. NORTON und A. L. MOWRY)

Vanadinkarbid-Tantalkarbid. Hochgesinterte Proben von VC-TaC-Mischungen mit 25 Mol.-% TaC (2100°), sind nach H. NOWOTNY und R. KIEFFER[7] homogen. Auf Grund der Gitterkonstantenwerte liegt eine lückenlose Mischreihe vor. J. T. NORTON und A. L. MOWRY[1] konnten die lückenlose Mischbarkeit im System VC-TaC ebenfalls auf Grund röntgenographischer Untersuchungen an hochgesinterten Mischungen (2100°), bestätigen. Die in Abständen von 10 Mol.-% bestimmten Gitterkonstantenwerte weichen schwach positiv von der VEGARDschen Geraden ab (Abb. 87). Die lückenlose Mischbarkeit ist von mehreren Autoren bestätigt worden[2, 3].

Den Verlauf des elektrischen Widerstandes im System VC-TaC haben E. RUDY und F. BENESOVSKY[5] untersucht.

---

[1] NORTON, J. T. u. A. L. MOWRY: Trans. Am. Inst. Met. Eng. 185 (1949), S. 133/36.

[2] RUDY, E., H. NOWOTNY, F. BENESOVSKY, R. KIEFFER u. A. NECKEL: Mh. Chem. 91 (1960), S. 176/87.

[3] KOVALSKI, A. E. u. E. J. VRSCHESCH: Tverdyje Splavy 1 (1959), S. 305/19.

[4] SAMSONOV, G. V.: Izv. Sekt. Fiz. Chim. Anal. 27 (1956), S. 97/125.

[5] RUDY, E. u. F. BENESOVSKY: Planseeber. Pulvermetallurgie 8 (1960), S. 72/82.

[6] KUO, K.: Acta Met. 1 (1953), S.301/04.

[7] NOWOTNY, H. u. R. KIEFFER: Metallforschung 2 (1947), S. 257/65.

Vanadinkarbid-Chromkarbide. Das System VC-Cr_xC_y wurde bisher noch nicht untersucht. In Analogie zu den von O. RÜDIGER[1] untersuchten Systemen Cr_7C_3-TaC und Cr_3C_2-TaC dürfte eine kleine, mit zunehmendem Kohlenstoffgehalt steigende Löslichkeit der Chromkarbide in Vanadinkarbid angenommen werden. Chromkarbide ihrerseits werden wahrscheinlich keine oder nur eine sehr kleine Löslichkeit für Vanadinkarbid haben.

Vanadinkarbid-Molybdänkarbid. Röntgenographisch gaben L. P. MOLKOV und I. V. VIKKER[2] bei 1600° eine Löslichkeit von etwa 76 Gew.-% Mo_2C in VC an.

Das System VC-Mo_2C wurde von H. NOWOTNY und R. KIEFFER[3] genauer röntgenographisch untersucht. Das Mischkristallgebiet von VC geht, wie sich aus den tiefgesinterten Proben (1500°) ergibt, bis etwa 25 Mol.-% Mo_2C (Abb. 88). Interessant ist, daß diese Karbide beim Hochsintern zerfallen (vgl. die Verhältnisse im System ZrC-Mo_2C). So sieht man an der Aufnahme der hochgesinterten Probe mit 25 Gew.-% Mo_2C neben der stark entwickelten Untergrundstreuung kaum mehr Interferenzen. An einer hochgesinterten Probe mit 50 Gew.-% Mo_2C ist die Mischkristallbildung wieder zurückgegangen. Über die genaue temperatur- und kohlenstoffabhängige Löslichkeit von Molybdän in Vanadinkarbid dürfte nur eine Untersuchung im Dreistoffsystem V-Mo-C eindeutig Auskunft geben.

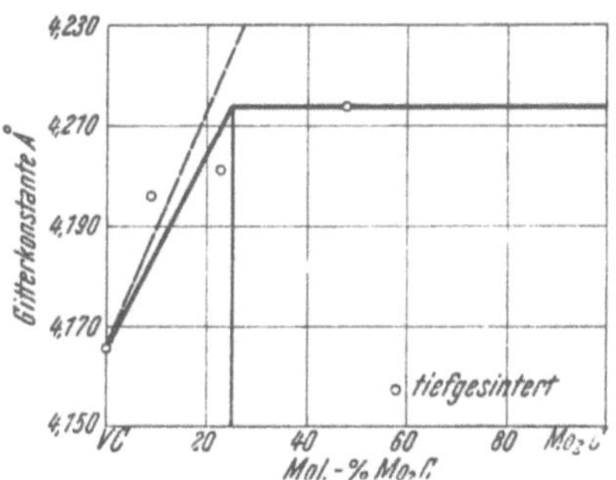

Abb. 88. Gitterkonstanten der Mischkristallreihe VC-Mo_2C
(H. NOWOTNY und R. KIEFFER)

Vanadinkarbid-Wolframkarbid. Auf Grund von Röntgenuntersuchungen von L. P. MOLKOV und I. V. VIKKER[2] löst VC bei 1900° etwa 76 Gew.-% WC.

Die Löslichkeit von VC für WC ist bei gesinterten Präparaten nach J. S. UMANSKI und V. N. GALOVANA[4] stark temperaturabhängig (Abb. 89). Bei 2000° werden etwa 60 Mol.-% WC gelöst. Oberhalb 2300° ist auch eine temperaturabhängige Löslichkeit von WC für VC bis etwa 10 Mol.-% VC zu beobachten.

---

[1] RÜDIGER, O.: Techn. Mitt. Krupp **14** (1956), S. 136/39.
[2] MOLKOV, L. P. u. I. V. VIKKER: Vestn. Metalloprom. **16** (1936), S. 75/88.
[3] NOWOTNY, H. u. R. KIEFFER: Metallforschung 2 (1947), S. 257/65.
[4] s. UMANSKI, J. S.: Izv. Sekt. Fiz. Chem. Anal. **16** (1943), S. 127/48.

Nach H. Nowotny und R. Kieffer[1] ist auf Grund von Gitter-
konstantbestimmungen bei tiefgesinterten Proben (1500°) auf der
VC-Seite nur ein Mischkristallbe-
reich bis etwa 12 Mol.-% WC anzunehmen (Abb. 90). Hochgesinterte
Proben (2100°) mit 25, 27 und
30% WC sprechen für eine Vergrößerung der Löslichkeit. Neuere
röntgenographische Untersuchungen
von M. A. Gurewitsch und B. F.
Ormont[2] bestätigen die Löslichkeit
bei tiefer Temperatur und legen die
Löslichkeitsgrenze bei 2200° mit rd.
50 Mol.-% WC fest.

Niobkarbid-Tantalkarbid. Die
von C. Agte und H. Altherthum[3]
nach der Bohrlochmethode bestimmten Schmelzpunkte einiger

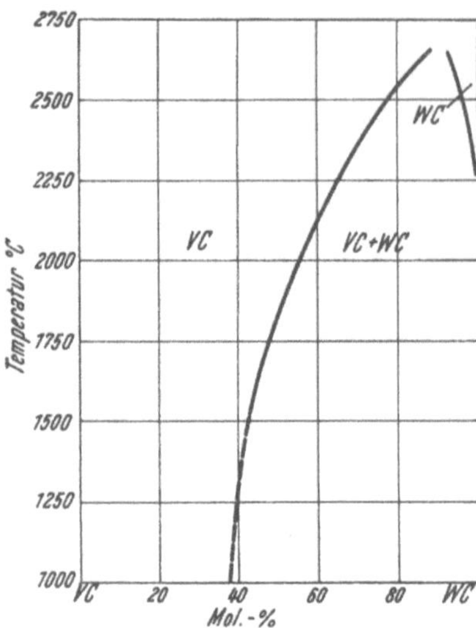

Abb. 89. Löslichkeitsverhältnisse im
System VC-WC (J. S. Umanski und
V. N. Galovana)

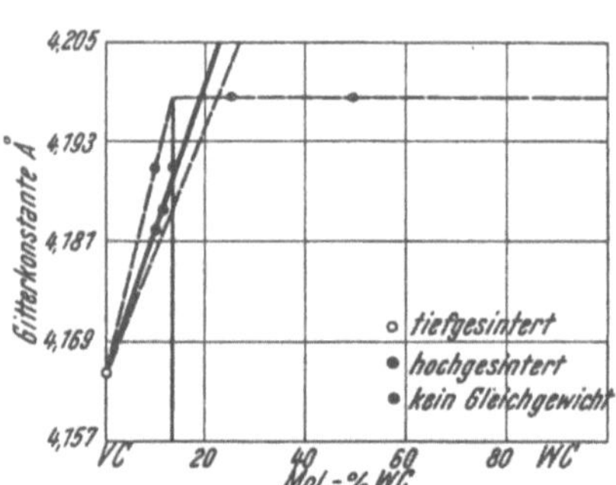

Abb. 90. Gitterkonstanten der Mischkristallreihe VC-WC (H. Nowotny und
R. Kieffer)

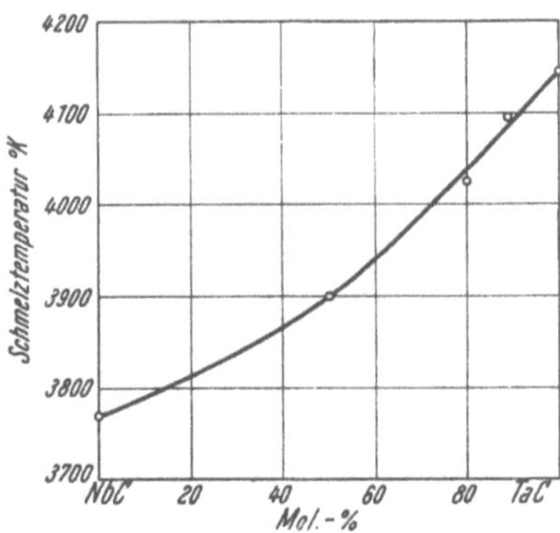

Abb. 91. Schmelzpunktsverlauf im System
TaC-NbC (C. Agte und H. Altherthum)

NbC-TaC-Mischungen lassen auf eine lückenlose Mischbarkeit schließen (Abb. 91).

Die röntgenographische Untersuchung im System NbC-TaC stößt
auf methodische Schwierigkeiten, weil die Gitterkonstanten sich

[1] Nowotny, H. u. R. Kieffer: Metallforschung 2 (1947), S. 257/65.
[2] Gurewitsch, M. A. u. B. F. Ormont: Metalloved. Obr. Metallov (1958),
Nr. 1, S. 7/10.
[3] Agte, C. u. H. Altherthum: Z. techn. Physik 11 (1930), S. 182/91.

sehr wenig unterscheiden. Nach H. Nowotny und R. Kieffer[1] läßt sich lediglich an der 440-Interferenz der Gang der Parameter beurteilen.

Hochgesinterte Proben (2100°) mit 15 bzw. 65 Mol.-% TaC zeigen ein einziges Gitter. Der homogene Übergang dürfte dadurch bewiesen sein. Die lückenlose Mischbarkeit von NbC-TaC wurde von J. T. Norton und A. L. Mowry[2] neuerlich bestätigt. Die Gitterkonstantenwerte von bei 2100° gesinterten Karbidmischkristallen liegen genau auf der Vegardschen Geraden (Abb. 87).

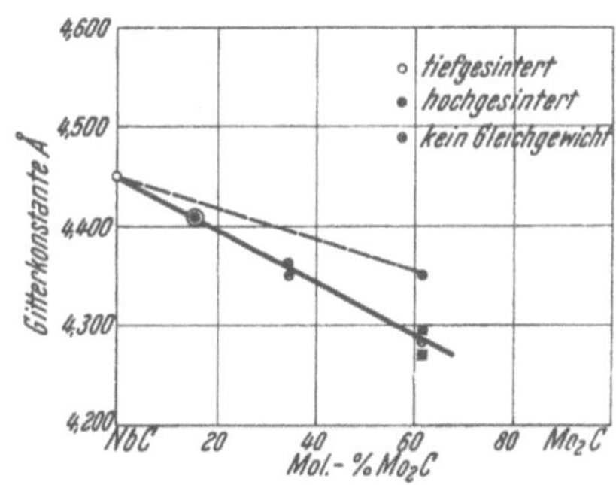

Abb. 92. Gitterkonstanten der Mischkristallreihe NbC-Mo₂C (H. Nowotny und R. Kieffer)

Die Mikrohärte und die elektrische Leitfähigkeit[3] sowie die magnetische Suszeptibilität[4] von NbC-TaC-Mischkristallen hat G. V. Samsonov untersucht. Den Verlauf des elektrischen Widerstandes im System NbC-TaC haben E. Rudy und F. Benesovsky[5] bestimmt. Nach H. Bittner und H. Goretzki[6] zeigen die Suszeptibilitätswerte der Mischkristalle linearen Übergang.

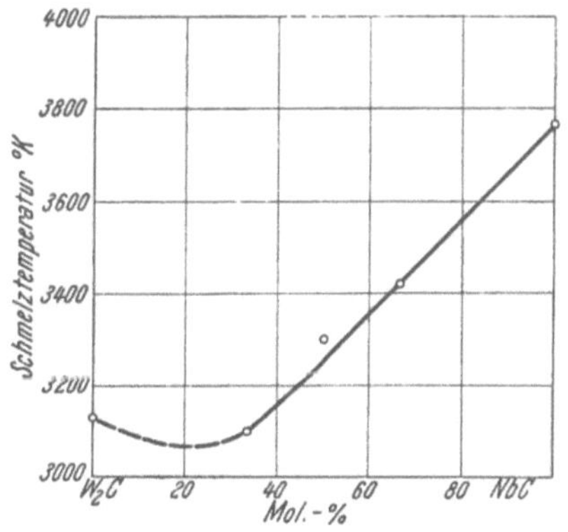

Abb. 93. Schmelzpunktsverlauf im System NbC-W₂C (C. Agte und H. Alterthum)

Niobkarbid - Chromkarbid. Das System NbC-Cr₃C₂ ist bisher noch nicht untersucht worden. Es dürften ähnliche Verhältnisse wie im System VC-Cr₃C₂ bzw. TaC-Cr₃C₂ vorliegen. Man kann eine temperatur- und kohlenstoffabhängige, nicht zu große Löslichkeit von Chrom in Niobkarbid unterstellen.

[1] Nowotny, H. u. R. Kieffer: Metallforschung 2 (1947), S. 257/65.

[2] Norton, J. T. u. A. L. Mowry: Trans. Am. Inst. Met. Eng. 185 (1949), S. 133/36.

[3] Samsonov, G. V.: Izv. Sekt. Fiz. Chim. Anal. 27 (1956), S. 97/125. Zur. Techn. Fiz. 26 (1956), S. 716/22.

[4] Samsonov, G. V., V. S. Neschpor u. N. S. Strelnikova: Dop. Akad. Nauk Ukr. RSR (1958), Nr. 8, S. 838/39. In: Fragen der Pulvermetallurgie. Kiew 1960, Bd. 8, S. 90/98.

[5] Rudy, E. u. F. Benesovsky: Planseeber. Pulvermetallurgie 8 (1960), S. 72/82.

[6] Bittner, H. u. H. Goretzki: Mh. Chem. 91 (1960), S. 616/19.

Nach K. Kuo[1] soll ein metallreiches η_1-Karbid der Formel Nb_3Cr_3C existieren.

Niobkarbid-Molybdänkarbid. Nach H. Nowotny und R. Kieffer[2] mischen sich die Karbide NbC-Mo_2C auf der NbC-Seite bis 55 Mol.-% Mo_2C. Hochgesinterte Präparate (2100°) mit 75 Gew.-% Mo_2C sind nicht im Gleichgewicht (Abb. 92). Es bestehen weiterhin zwei kubische Gitter nebeneinander, die sich in den Gitterkonstanten allerdings nur wenig unterscheiden. Der Gehalt an Mo_2C geht beim Hochsintern zurück, bleibt aber in merklichen Mengen enthalten. Demnach dürfte die Löslichkeitsgrenze nahe 60 Mol.-% Mo_2C liegen. J. S. Umanski[3] nimmt bei 2600° eine Löslichkeit bis 90 Mol.-% Molybdänkarbid an.

Genauere Werte über die zweifelsohne temperatur- und kohlenstoffabhängige Löslichkeit von Molybdän in Niobkarbid werden sich nur durch Aufstellung des Dreistoffsystems Mo-Nb-C erhalten lassen.

Niobkarbid-Wolframkarbid. Die Schmelzpunkte von NbC-W_2C-Gemischen wurden nach der Bohrlochmethode von C. Agte und H. Alterthum[4] bestimmt. Der Verlauf der Schmelzpunktskurve ist

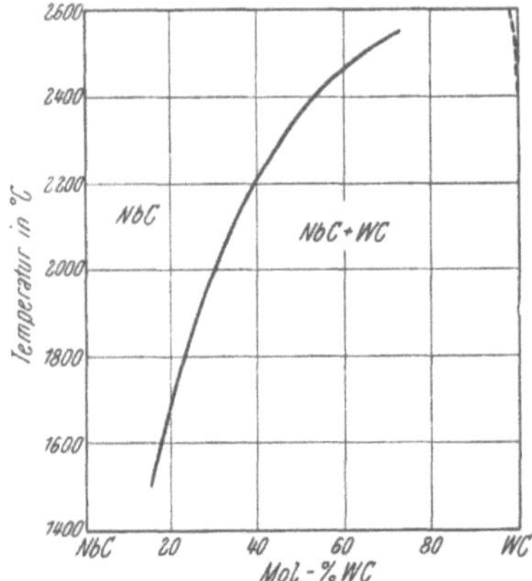

Abb. 94. Löslichkeitsverhältnis im System NbC-WC
(A. E. Kovalski und J. S. Umanski)

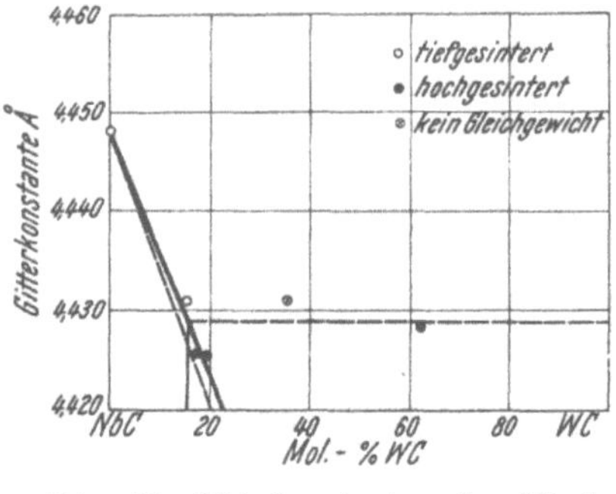

Abb. 95. Gitterkonstanten der Mischkristallreihe NbC-WC (H. Nowotny und R. Kieffer)

ähnlich wie im System TaC-WC (Abb. 93). Es tritt ein Schmelzpunktsminimum ein, sowie Zerfall beim Abkühlen. Nach A. E. Kovalski

[1] Kuo, K.: Acta Met. 1 (1953), S. 301/04.
[2] Nowotny, H. u. R. Kieffer: Metallforschung 2 (1947), S. 257/65.
[3] Umanski, J. S.: Izv. Sekt. Fiz. Chim. Anal. 16 (1943), S. 127/48.
[4] Agte, C. u. H. Alterthum: Z. techn. Physik 11 (1930), S. 182/91.

und J. S. Umanski[1] besteht im System Nb-WC temperaturabhängige Löslichkeit (Abb. 94). Die ebenfalls temperaturabhängige Löslichkeit von NbC in WC ist gering und dürfte bei hohen Temperaturen nur 1 bis 2% betragen.

Auf Grund röntgenographischer Untersuchungen ergäbe sich nach H. Nowotny und R. Kieffer[2] an tiefgesinterten Proben (1500°) eine Löslichkeit bis etwa 15 Mol.-% WC. Hochgesinterte Proben (2100°) sind aber einwandfrei homogen (Abb. 95). Die tiefgesinterten Mischkristalle mit 50 bzw. 75% WC sind bestimmt noch nicht im Gleichgewicht. H. Nowotny und R. Kieffer nehmen daher an, daß die Mischkristallbildung erheblich weiter als bis 30 Mol.-% WC reicht.

Tantalkarbid-Chromkarbid. Die Systeme TaC-Cr_7C_3 und TaC-Cr_3C_2 wurden röntgenographisch von O. Rüdiger[3] untersucht. Die Löslichkeit der Chromkarbide in Tantalkarbid ist klein und steigt mit wachsendem Kohlenstoffgehalt. Die Chromkarbide ihrerseits lösen kein Tantalkarbid.

Die Mikrohärte des Tantalkarbides wird durch Mischkristallbildung auf 2400 (4% Cr_7C_3) bzw. 2500 kg/mm² (10% Cr_3C_2) gesteigert.

Mit Vanadin und Chrom, sowie Eisenmetallen bildet Tantal nach K. Kuo[4] ein metallreiches Mehrfachkarbid mit η_1-Struktur.

Tantalkarbid-Molybdänkarbid. Auf Grund der Röntgenuntersuchung von L. P. Molkov und I. V. Vikker[5] zeigt ein bei 2100° gesinterter TaC-Mo_2C-Körper mit 40 Gew.-% TaC nur TaC-Gitter. Nach H. Nowotny und R. Kieffer[2] ist bei tiefgesinterten Proben der Karbide TaC-Mo_2C (1500°) mit einer Löslichkeit von etwa 40 Mol.-% Mo_2C in TaC zu rechnen (Abb. 96). Die hochgesinterte Probe (2100°,) mit 40 Gew.-% Mo_2C scheint auch im Gleichgewicht zu sein. Sie enthält noch freies Mo_2C. Der homogene Bereich des TaC-Mischkristalles dürfte daher bis etwa 60 bis 65 Mol.-% Mo_2C reichen. Über die Löslichkeit von TaC in Mo_2C werden keine Angaben gemacht. J. S. Umanski[6] gibt bei 2600° eine Löslichkeit bis 90% Molybdänkarbid im TaC an.

Über die sehr starke temperatur- und kohlenstoffabhängige Löslichkeit von Molybdän in Tantalkarbid dürfte nur Untersuchungen im Dreistoffsystem Mo-Ta-C eindeutig Auskunft geben.

---

[1] Kovalski, A. E. u. J. S. Umanski: Zur. Fiz. Chim. **20** (1946), S. 773/78.
[2] Nowotny, H. u. R. Kieffer: Metallforschung **2** (1947), S. 257/65.
[3] Rüdiger, O.: Techn. Mitt. Krupp **14** (1956), S. 136/39.
[4] Kuo, K.: Acta Met. **1** (1953), S. 301/04.
[5] Molkov, L. P. u. I. V. Vikker: Vestn. Metalloprom. **16** (1936), S. 75/82.
[6] Umanski, J. S.: Izv. Sekt. Fiz. Chim. Anal. **16** (1943), S. 127/48.

Tantalkarbid-Wolframkarbid. Zwecks Bestimmung der Schmelzpunkte nach der Bohrlochmethode haben C. Agte und H. Alterthum[1] gepreßte Stäbe aus Mischungen von TaC + W_2C in verschiedenen Verhältnissen im direkten Stromdurchgang erhitzt. Es ergibt sich ein Schmelzpunktverlauf gemäß Abb. 97. Die Schmelzpunktskurve zeigt ein Minimum, wobei die Verfasser offen lassen, ob ein Eutektikum oder Mischkristallbildung in allen Verhältnissen mit Schmelzpunktsminimum vorliegt. Im Gefüge rasch abgekühlter Schmelzen (Mol.-Verhältnis 1 : 1) sind zwei Gefügebestandteile zu sehen, was also auf

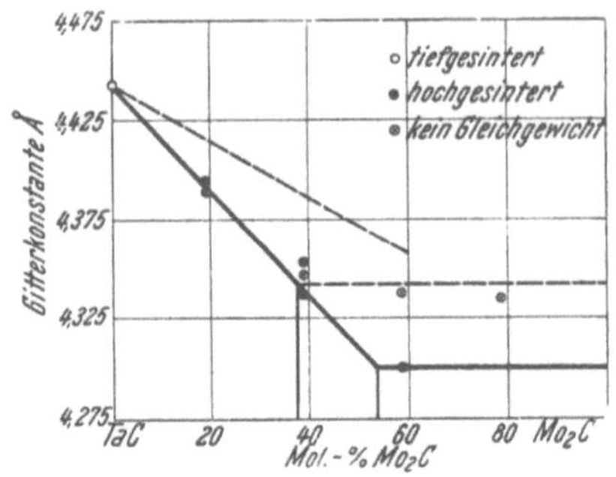

Abb. 96. Gitterkonstanten der Mischkristallreihe TaC-Mo_2C (H. Nowotny und R. Kieffer)

Zerfall des Mischkristalles deutet. Im Einklang damit steht die röntgenographische Untersuchung, die bei hohem W_2C-Gehalt die Interferenzen der beiden Karbide nebeneinander, von 80 Mol.-% TaC an nur die Interferenzen dieses Karbides zeigt. Daraus muß man auf eine mindestens teilweise Entmischung beim Schmelzen schließen.

Auf Grund röntgenographischer Untersuchungen an bei verschiedenen Temperaturen gesinterten Mischungen von TaC-WC haben A. E. Kovalski und J. S. Umanski[2] die Temperaturabhängigkeit der Löslichkeit bestimmt. Diese ändert sich, wie Abb. 98 zeigt, sehr stark mit der Temperatur. Bei 2540° werden über 80 Mol.-% WC von TaC gelöst, bei 2000° etwa 25 Mol.-% und bei 1500° beträgt die Löslich-

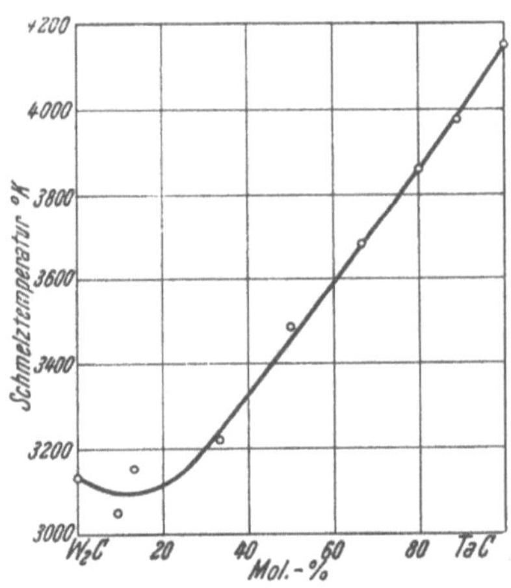

Abb. 97. Schmelzpunktsverlauf im System TaC-W_2C (C. Agte und H. Alterthum)

keit nur etwa 10 Mol.-%. Die ebenfalls temperaturabhängige Löslichkeit von TaC in WC dürfte 1 bis 2% nicht übersteigen.

Gitterkonstanten-Bestimmungen von H. Nowotny und R. Kieffer[3] ergaben bei tiefgesinterten Proben (1500°) eine Löslichkeits-

[1] Agte, C. u. H. Alterthum: Z. techn. Physik 11 (1930), S. 182/91.
[2] Kovalski, A. E. u. J. S. Umanski: Zur. Fiz. Chim. 20 (1946), S. 773/78.
[3] Nowotny, H. u. R. Kieffer: Metallforschung 2 (1947), S. 257/65.

grenze von unter 25 Mol.-% WC (Abb. 99). Auf Grund von nur kurzzeitig hochgesinterten Proben (2100°) mit 10, 15 und 25 Mol.-% WC
ergibt sich die Mischbarkeit zu etwa 17 Mol.-% WC.

Das Randsystem TaC-WC wurde
bei Untersuchungen des Pseudodrei-
stoffsystems TiC-TaC-WC durch H.
NOWOTNY, R. KIEFFER und O. KNO-
TEK[1] nochmals eingehend überprüft.
Es wurde bei 1500° eine Löslichkeit
von 15%, bei 2000° eine solche von
30 Mol.-% gefunden. Bei höheren Temperaturen (2200—2500°) ist in Übereinstimmung mit A. E. KOVALSKI und
J. S. UMANSKI mit einer noch höheren
Löslichkeit von WC in TaC zu rechnen.

In guter Übereinstimmung mit A.
E. KOVALSKI und J. S. UMANSKI geben
L. D. BROWNLEE, G. A. GEACH und
T. RAINE[2] bei 2000° eine Löslichkeit

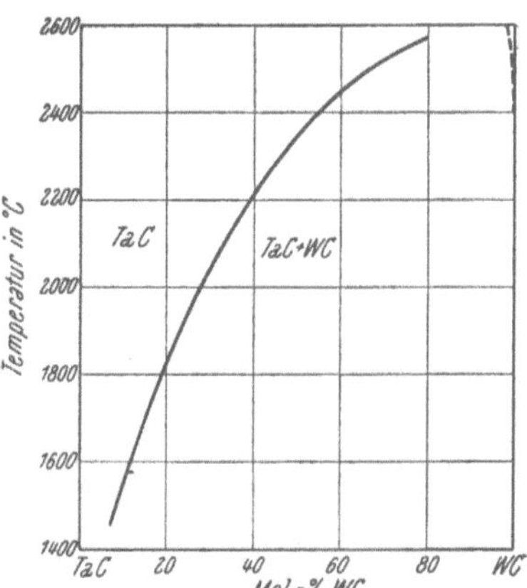

Abb. 98. Löslichkeitsverhältnisse
im System TaC-WC (A. E. KOVALSKI
und J. S. UMANSKI)

von 27 Mol.-% WC an. Die Löslichkeit von TaC in WC soll außerordentlich gering sein.

TaC-WC-Mischkristalle haben
große Bedeutung bei der Herstellung von Hartmetallen für die Bearbeitung langspanender Werkstoffe
(s. Bd. Hartmetalle).

An einem TaC-WC-Mischkristall
haben A. E. KOVALSKI und L. A.
KANOVA[3] eine Mikrohärte von
1837 kg/mm² bestimmt.

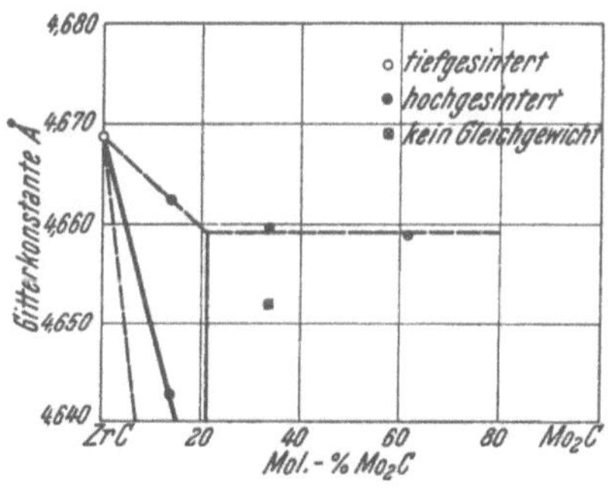

Abb. 99. Gitterkonstanten der Mischkristallreihe TaC-WC (H. NOWOTNY und
R. KIEFFER)

**Chromkarbide-Molybdänkar-
bide.** Untersuchungen über diese
Systeme liegen nicht vor. Es sind ähnliche Verhältnisse wie bei den
wolframkarbidhaltigen Systemen zu erwarten.

Chromkarbide-Wolframkarbid. Beim Sintern von Cr_3C_2-WC-

[1] NOWOTNY, H., R. KIEFFER u. O. KNOTEK: Berg- u. Hüttenmänn. Mh. 96
(1951), S. 6/8.
[2] BROWNLEE, L. D., G. A. GEACH u. T. RAINE: Iron Steel Inst., Spec.
Rep. Nr. 38, London 1947, S. 73/78.
[3] KOVALSKI, A. E. u. L. A. KANOVA: Zavod. Labor. 16 (1950), S. 1362/65.

Gemischen bei 1800° treten nach L. P. MOLKOV und I. V. VIKKER[1] im Röntgenogramm die Linien einer neuen tetragonalen Phase auf, bei der es sich um ein Doppelkarbid handeln dürfte[2]. Dieses wirkt bei Hartmetallen versprödend[3].

Die Löslichkeit von WC in Cr_7C_3 und Cr_3C_2 untersuchten O. RÜDIGER und J. HINNÜBER[4-6] eingehend. Während beide Chromkarbide etwas WC lösen, hat dieses kein Lösungsvermögen für Chromkarbide. Im mittleren Gebiet der beiden Systeme tritt eine ternäre Phase mit W_2C-ähnlicher Struktur auf[4, 5]. Die Mikrohärte von WC wird durch Cr_3C_2-Zusätze stark erhöht[5].

Molybdänkarbide-Wolframkarbide. Die Systeme $Mo_2C(MoC)$-(WC)-W_2C sind trotz des historischen Interesses erst in letzter Zeit eingehender untersucht worden[7] (vgl. S. 269). Man war ursprünglich der Ansicht[8], daß entsprechend der Mischbarkeit der isotypen Metalle auch die Molybdän- und Wolframkarbide vollkommen mischbar sein müßten und daß damit insbesondere das Wolframmonokarbid durch Mischkristallbildung veredelt werden könne. Tatsächlich weist jedoch nur das sintertechnisch uninteressante und nur für Schmelzlegierungen verwendbare Paar Mo_2C-W_2C vollkommene Mischbarkeit auf (s. Abb. 100).

Wolframmonokarbid (WC), ein sehr schlechter Solvent für andere Karbide ($> 0,5-2\%$ TiC, NbC oder TaC) kann nur bei hohen Temperaturen größere Mengen Molybdänmonokarbid MoC zu instabilen Mischkristallen lösen[9]. Diese Mischkristalle können vorübergehend durch Abschrecken, aber nicht für die Dauer der Sinterung mit Hilfsmetall stabilisiert werden.

Wie L. P. MOLKOV und I. V. VIKKER[1] nachweisen konnten löst Mo_2C bei 1900° bis zu 53 Gew.-% WC.

W. DAWIHL[9] erzeugte wie folgt WC-MoC-Mischkristalle: Die

---

[1] MOLKOV, L. P. u. I. V. VIKKER: Vestn. Metalloprom. **16** (1936), S. 75/88.

[2] s. ADELSKÖLD, V., A. SUNDELIN u. A. WESTGREN: Z. anorg. allg. Chem. **212** (1933), S. 401/09.

[3] KIEFFER, R. u. F. KÖLBL: Powder Met. Bull. **4** (1949), S. 4/17.

[4] RÜDIGER, O.: Metall **7** (1953), S. 967/69. Techn. Mitt. Krupp. **12** (1954), S. 22/24.

[5] RÜDIGER, O.: Techn. Mitt. Krupp **14** (1956), S. 136/39.

[6] HINNÜBER, J. u. O. RÜDIGER: Symposium Powder Met., Iron Steel Inst., Spec. Rep., Nr. 58, London 1956, S. 53/58. Arch. Eisenhüttenwes. **24** (1953), S. 267/74.

[7] ALBERT, H. J. u. J. T. NORTON: Planseeber. Pulvermetallurgie **4** (1956), S. 2/6.

[8] z. B. D.R.P. 720.502 (1929).

[9] DAWIHL, W.: Z. anorg. Chem. **262** (1950), S. 212/17.

Wolframkarbid-Molybdänkarbidkörper wurden aus Mischungen von WC bzw. Wolfram mit Molybdän und Kohlenstoff, gegebenenfalls unter Zusatz von Kobalt hergestellt. Die Preßlinge wurden in einem Kohlerohrofen in Kohleeinbettung unter Wasserstoff bei 1600 bis 2000° verschieden lang gesintert. In Zahlentafel 55 sind die Gehalte

Zahlentafel 55. *Kohlenstoffgehalt von Wolframkarbid-Molybdänkarbid-Sinterkörpern* (W. DAWIHL)

Mischung	Sintertemperatur 1600° C, 2 Stunden			Sintertemperatur 2000° C, 2 Stunden			Sintertemperatur 1600° C, 24 Stunden		
	ges. C %	fr. C %	geb. C %	ges. C %	fr. C %	geb. C %	ges. C %	fr. C %	geb. C %
1. 70 g WC + 30 g Mo + 3,8 Kohle[1]	7,62	1,67	5,95	7,55	1,60	5,95	7,20	1,18	6,02
2. 30 g Mo + 3,8 g C	10,90	5,35	5,55	11,19	5,76	5,43	10,50	5,11	5,39
3. 30 g geglühte Mischung 2 + 70 g WC	7,55	1,63	5,92	7,59	0,46	7,13	7,19	0,85	6,34
4. 30 g geglühte Mischung 2 + 70 g WC + 5 g Co	7,05	0,49	6,56	7,96	0,51	7,45	6,92	0,15	6,77
5. 90 g Mo + 5 g Co + 11,4 g Kohle	10,32	4,94	5,38	11,70	5,62	6,08	10,09	5,18	4,91

[1] 3,8 g Kohle auf 30 g Mo entspricht dem Atomverhältnis 1:1.

der Präparate an Kohlenstoff in Abhängigkeit von der Zusammensetzung der Ausgangsmischung und der Sinterbehandlung zusammengestellt. Da WC theoretisch 6,13% C, Mo_2C 5,89% C enthält, kann man aus den Gehalten an gebundenem Kohlenstoff bei Mischung 3 und 4, welche bei 2000° zwei Stunden bzw. bei 1600° 24 Stunden gesintert wurden, auf ein höhergekohltes Molybdänkarbid schließen.

Berechnet man das Atomverhältnis für den im Molybdän gebundenen Kohlenstoff unter der Annahme, daß das Wolfram als WC vorliegt, dann ergeben sich Werte gemäß Zahlentafel 56. Nach zweistündiger Erhitzung bei 1600° enthalten alle Mischungen bis auf Mischung 4 nur soviel freien Kohlenstoff, daß das Molybdän nur als Mo_2C vorliegen kann. Lediglich bei Mischung 4 ist das Molybdän höher gekohlt. Bei einer Sintertemperatur von 2000° weisen die Mischungen 3 und 4 eine vermehrte Bindung des Kohlenstoffes an

Zahlentafel 56. *Atomverhältnis des an Molybdän gebundenen Kohlenstoffes in Wolframkarbid·Molybdänkarbid-Sinterkörpern* (W. Dawihl)

Mischung*	Atomverhältnis Mo:C	
	1600° C, 2 Stunden	2000° C, 2 Stunden
1	1 : 0,49	1 : 0,49
2	1 : 0,50	1 : 0,49
3	1 : 0,48	1 : 0,81
4	1 : 0,77	1 : 1,03
5	1 : 0,50	1 : 0,56

* Siehe Zahlentafel 55.

Molybdän auf. Eine Kohlenstoffbindung an Molybdän über Mo_2C hinaus ist bei den wolframkarbidfreien Mischungen, selbst wenn man 24 Stunden bei 1600° sintert, nicht zu beobachten. Es ist also der Schluß zu ziehen, daß tatsächlich durch Mischkristallbildung des Molybdänkarbides mit Wolframkarbid ein kohlenstoffreicheres Molybdänmonokarbid beständig wird und daß das anwesende Kobalt die Bildung dieses Karbides und seine Auflösung in Wolframkarbid beschleunigt. Durch Verwendung höherer Glühtemperaturen und schrofferes Abschrecken läßt sich der Mischkristallbereich sicher erweitern.

Die röntgenographische Untersuchung der bei 1600 und 2000° gesinterten Körper bestätigt die chemische Untersuchung in vollem Umfange. Während bei den Mischungen 1, 2, 3 und 5 bei 1600° und bei den Mischungen 1, 2 und 5 bei 2000° zwei Kristallarten entstanden sind und ineinander unlösliche Karbide von WC und Mo_2C nachgewiesen werden konnten, wurde in den Mischungen 4 bei 1600° und 3, 4 bei 2000° nur eine Kristallart, und zwar die des WC aufgefunden. Fremde Linien waren nur außerordentlich schwach vorhanden.

H. J. Albert und J. T. Norton[1] untersuchten das Dreistoffsystem Mo-W-C im Schnitt bei 1710°. Der Schnitt wird den Gleichgewichtsverhältnissen in den Karbidphasen gerecht, wie sie sich bei Sinterung mittels Hilfsmetallen (Sinterbereich 1400 bis 1600°) einstellen werden. Die Schnitte bei 2000—2400° dürften sich stark ändern und komplizieren, wie aus dem Befund von W. Dawihl[2] und von L. P. Molkov und I. V. Vikker[3] bei 1900° bzw. 2000° hervorgeht. Die Löslichkeit von Molybdänmonokarbid und Wolframmonokarbid ineinander wird ebenso wie die Löslichkeit von Wolfram-

---

[1] Albert, H. J. u. J. T. Norton: Planseeber. Pulvermetallurgie 4 (1956), S. 2/6.

[2] Dawihl, W.: Z. anorg. Chem. 262 (1950), S. 212/17.

[3] Molkov, L. P. u. I. V. Vikker: Vestn. Metalloprom. 16 (1956), S. 75/88.

monokarbid in Mo_2C stark ansteigen. Für hilfsmetallgebundene Sinterhartmetalle dürften jedoch alle diese instabilen Karbidkombinationen nicht in Frage kommen.

System Molybdän-Wolfram-Kohlenstoff. H. J. Albert und J. T. Norton[1] untersuchten das Dreistoffsystem an Hand gesinterter Proben. Diese wurden in gleicher Weise wie beim System Ti-Mo-C hergestellt (s. S. 231), jedoch zum Teil unter gereinigtem Stickstoff in einem Induktionsofen gesintert, da in diesem System bei 1700° mit keiner Stickstoffanfälligkeit der Komponenten zu rechnen ist.

Die drei Randsysteme sind schon lange bekannt. Molybdän und Wolfram sind vollkommen mischbar, in den Systemen W-C und Mo-C (s. Abb. 55 und Abb. 49) treten die Karbide W_2C und WC bzw. Mo_2C und die Hochtemperaturphase MoC auf. Letztere zerfällt bekanntlich beim langsamen Abkühlen in Mo_2C und Graphit.

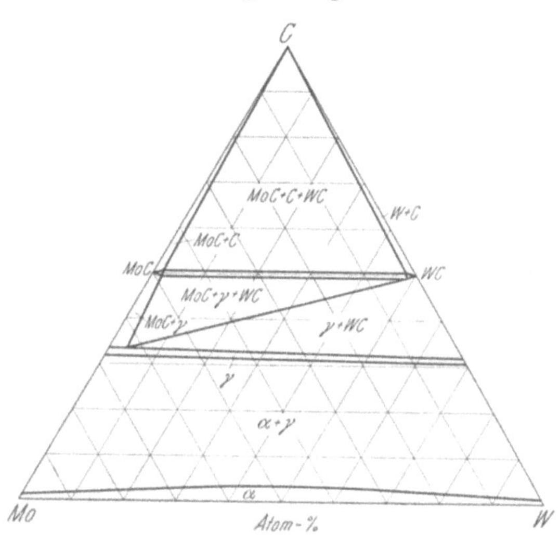

Abb. 100. Zustandsschaubild des Systems Molybdän-Wolfram-Kohlenstoff, Schnitt bei 1710° C (H. J. Albert und J. T. Norton)

Abb. 100 zeigt den Vorschlag von H. J. Albert und J. T. Norton für den isothermen Schnitt bei 1710° auf Grund röntgenographischer Befunde.

Molybdän-Wolfram-Mischkristalle nehmen etwas Kohlenstoff in fester Lösung auf (α). Mo_2C und W_2C bilden eine lückenlose Reihe von Mischkristallen (γ). Beim Auftreten der MoC-Phase ist zu beachten, daß sie beim Abkühlen in Mo_2C + C zerfällt, also in manchen Proben, in denen sie zu erwarten war, nicht auftritt. Das MoC löst nur sehr geringe Mengen Wolfram und WC löst nur wenig Molybdän. Auch der Existenzbereich beider Phasen ist sehr klein, so daß auch das Zweiphasenfeld MoC + WC sehr schmal ist. Die Abgrenzung des WC-C-Feldes ist schwierig, weil bei großen WC-Mengen die Bestimmung kleiner Mengen Mo_2C (MoC) schwer gelingt. Die von

---

[1] ALBERT, H. J. u. J. T. NORTON: Planseeber. Pulvermetallurgie 4 (1956), S. 2/6.

H. Nowotny, E. Parthé, R. Kieffer und F. Benesovsky[1] gemachten Angaben über die Hochtemperaturphase MoC konnten voll bestätigt werden.

Thoriumkarbid-Karbide der 4a bis 6a Metalle. Von diesen Systemen ist trotz des kernphysikalischen Interesses bisher nur ThC-ZrC[2] und ThC-UC untersucht worden. ThC vermag etwas ZrC zu lösen, umgekehrt besteht keine Löslichkeit. Bei den anderen Systemen des ThC mit isotypen B 1-Karbiden dürfte wegen der Größenunterschiede der Elementarzellen keine oder nur ganz beschränkte Löslichkeit zu erwarten sein[3].

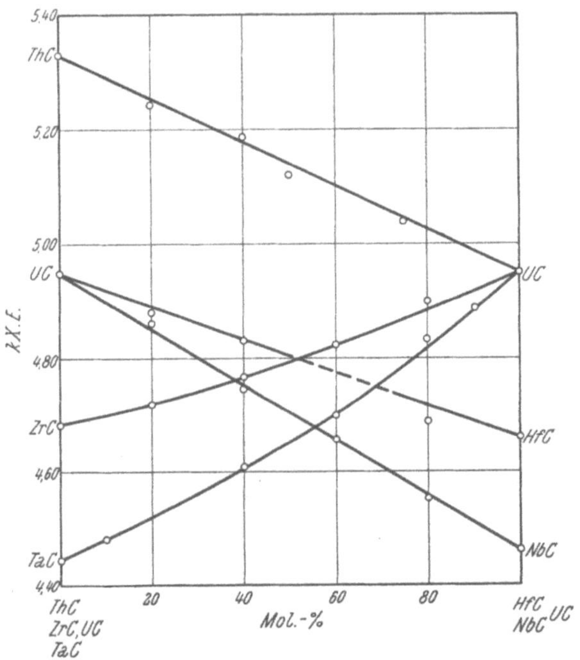

Abb. 101. Gitterkonstanten in den Systemen UC-ZrC, UC-HfC, UC-NbC, UC-TaC und UC-ThC (H. Nowotny, R. Kieffer, F. Benesovsky und E. Laube)

Urankarbid-Titankarbid, -Zirkoniumkarbid, -Hafniumkarbid, -Vanadinkarbid, -Niobkarbid, -Tantalkarbid, -Chromkarbid, -Molybdänkarbid, -Wolframkarbid. Urankarbidsysteme bzw. Mischkristalle mit anderen Karbiden dürften hartmetalltechnisch

[1] Nowotny, H., E. Parthé, R. Kieffer u. F. Benesovsky: Z. Metallkunde **45** (1954), S. 97/101.
[2] Ivanov, V. E. u. T. A. Badajeva: Proc. Genf. 1958, Bd. 6, S. 139/55.
[3] Benesovsky, F. u. E. Rudy: Metall **14** (1960) S. 875/78.

kaum Bedeutung haben; auf dem Gebiete der Kernenergiegewinnung könnten sich jedoch interessante Anwendungen anbahnen. Diese Möglichkeiten waren es auch, die H. NOWOTNY, R. KIEFFER, F. BENESOVSKY und Mitarbeiter dazu führten, die Mischbarkeit des Uranmonokarbids mit den Karbiden der 4a, 5a und 6a Metalle zu untersuchen. Es könnte selbstverständlich statt Urankarbid aus natürlichem Uran auch Urankarbid aus dem Isotop U 235 verwendet werden. Ferner ist zu unterstellen, daß das Plutoniummmonokarbid PuC sich ähnlich wie UC verhält.[1]

Die Systeme lassen sich in drei Gruppen gliedern:

a) System mit vollkommener Mischbarkeit.
b) System mit beschränkter Mischbarkeit (Mischungslücke). ·
c) System mit einer ternären Phase.

a) UC-ZrC, UC-HfC, UC-NbC, UC-TaC, UC-ThC

Urankarbid UC ist auf Grund der Volumregel mit diesen kubischflächenzentrierten B 1-Karbiden vollkommen mischbar, wie röntgenographisch von H. NOWOTNY und Mitarbeitern[2-6] gezeigt werden konnte.

Die Proben wurden durch Heißpressen der Karbidgemenge und 4stündige Homogenisierung bei 2000° unter Argon hergestellt. Der Verlauf der Gitterkonstanten ist in Abb. 101 wiedergegeben. Alle Paare zeigen lückenlose Mischbarkeit; nur im Paar UC-HfC[7-10] tritt eine kleine Mischungslücke auf, die sich aber bei noch längeren Glühzeiten und höherer Glühtemperatur schließen dürfte. Auch ein Zusatz von 10 Mol.-% ZrC führt zur Schließung der Mischungslücke[10] (vgl. S. 284). Die Ergebnisse im System UC-ZrC (-TaC, -NbC) wurden

---

[1] CHUBB, W.: BMI 1441 (1960), S. 30.

[2] KIEFFER, R., F. BENESOVSKY, H. NOWOTNY: Planseeber. Pulvermetallurgie **5** (1957), S. 33/35.

[3] NOWOTNY, H., R. KIEFFER, F. BENESOVSKY u. E. LAUBE: Mh. Chem. **88** (1957), S. 336/43.

[4] NOWOTNY, H., R. KIEFFER u. F. BENESOVSKY: Rev. Mét. **55** (1958), S. 454/58.

[5] NOWOTNY, H., R. KIEFFER, F. BENESOVSKY u. E. LAUBE: Planseeber. Pulvermetallurgie **5** (1957), S. 102/03. Mh. Chem. **89** (1958), S. 312/13.

[6] BENESOVSKY, F. u. E. RUDY: Planseeber. Pulvermet. **9** (1961), S. 65/76.

[7] NOWOTNY, H., E. LAUBE, R. KIEFFER u. F. BENESOVSKY: Mh. Chem. **89** (1958), S. 701/07.

[8] NOWOTNY, H., F. BENESOVSKY, R. KIEFFER: Planseeber. Pulvermetallurgie **7** (1959), S. 79/87.

[9] NOWOTNY, H., R. KIEFFER, F. BENESOVSKY, C. BRUKL u. E. RUDY: Mh. Chem. **90** (1959), S. 669/79.

[10] RUDY, E., H. NOWOTNY, F. BENESOVSKY, R. KIEFFER u. A. NECKEL: Mh. Chem. **91** (1960), S. 176/87.

von L. D. BROWNLEE[1, 2] bestätigt, der auch den kontinuierlichen
Schmelzpunktsübergang zeigte (Abb. 102). Der Beweis vollkommener

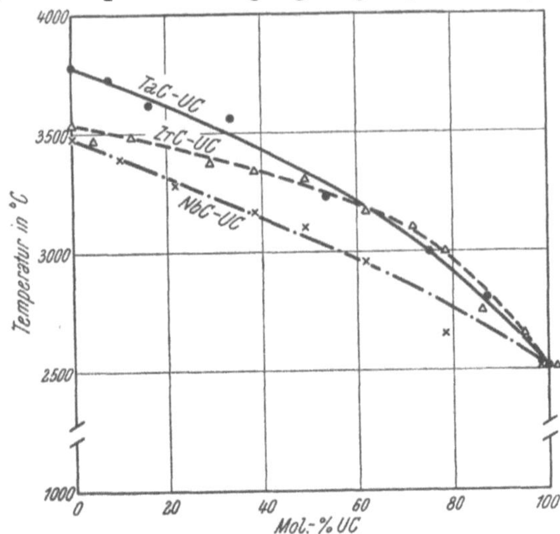

Abb. 102. Schmelzpunkte in den Systemen UC-ZrC,
UC-NbC und UC-TaC (L. D. BROWNLEE)

Mischbarkeit im Sy-
stem UC-ZrC[3, 3a] wur-
de ferner auch von W.
G. WITTEMAN, J. M.
LEITNAKER und M.
BOWMAN[4] im System
UC-NbC von R. B.
ROOF und J. J. LOM-
BARDO[5] erbracht. Eine
von C. H. SCHRAMM,
P. GORDON und A. R.
KAUFMANN[6] im System
U-Ta-C vermutetes
„UTa$_{10}$C$_4$" ist nach E.
PARTHÉ und J. P.
PEMSLER[7] ein Ta$_2$C,
welches Uran aufge-
nommen hat.

Eine Phasenfeld-
aufteilung in den Dreistoffsystemen U (Th)-Ti (Zr, Hf, V, Nb,
Ta, Cr, Mo, W)-C wird von W. CHUBB[8] auf Grund von
Literaturangaben vorgenommen. Diese Angaben entsprechen
aber bei zahlreichen Systemen nicht den Tatsachen. Insbesondere
wurde von F. BENESOVSKY und E. RUDY[9] auf die für die Reaktor-
praxis sehr wichtige Erkenntnis der Stabilität von ZrC (HfC, NbC,
TaC)-UC Mischkristallen gegen Kohlenstoff hingewiesen.

Das Thermoemissionsvermögen von ZrC-UC-Mischkristallen 80/20

[1] BROWNLEE, L. D.: J. Brit. Nuclear Energy 4 (1959), S. 35/38.

[2] BROWNLEE, L. D.: J. Inst. Met. 87 (1958), S. 58/61.

[3] IVANOV, V. E. u. T. A. BADAJEVA: Proc. Genf 1958, Bd. 6, S. 139/55.

[3a] BRAYER, R. C. u. R. H. GALE: TID 7589 (1960), S. 19/21.

[4] WITTEMAN, W. G., J. M. LEITNAKER u. M. G. BOWMAN: LA-2159 (1958).

[5] ROOF, R. B. u. J. J. LOMBARDO: Trans. Met. Soc. Am. Inst. Met. Eng.
212 (1958), S. 50/51.

[6] SCHRAMM, C. H., P. GORDON u. A. R. KAUFMANN: Trans. Am. Inst. Met.
Eng. 188 (1950), S. 195/204, AECD 2686 (1949).

[7] PARTHÉ, E. u. J. P. PEMSLER: Trans. Met. Soc. Am. Inst. Met. Eng. 215
(1959), S. 1070/71.

[8] CHUBB, W.: BMI 1441 (1960), S. 11/48.

[9] BENESOVSKY, F. u. E. RUDY: Planseeber. Pulvermet. 9 (1961), S. 65/76.

wurde mehrfach untersucht[1,2]. Dieses Verhalten ist für thermoionische Stromerzeugung von großem Interesse[3-5].

Urankarbid — Thoriumkarbid

Im System U-Th-C wurde von H. Nowotny und Mitarbeitern[6] als auch von V. Cirilli und C. Brisi[7] röntgenographisch die lückenlose Mischbarkeit der Monokarbide UC und ThC bewiesen. Abweichend von der früher beschriebenen Herstellungsmethode wurden die Proben — wegen der Empfindlichkeit des ThC — durch direkte Karburierung der Oxydgemische, Heißpressen und zweistündiges Glühen bei 1900° hergestellt (vgl. Abb. 101).

Nach N. Brett, D. Law und D. T. Livey[8] sind in Sinter- und Schmelzlegierungen auf Grund röntgenographischer und metallographischer Befunde auch die Dikarbide UC_2 und ThC_2 mischbar. Im Mittelbereich waren aber die Röntgenreflexe sehr diffus, was mit Umwandlungsvorgängen zusammenhängen könnte. F. Benesovsky und E. Rudy[9] konnten demgegenüber nur eine teilweise Mischbarkeit beobachten. Die Löslichkeiten betragen je 30 Mol.-% UC_2 in ThC_2 und umgekehrt[10].

UC-ThC- bzw. UC_2-ThC_2-Mischkristalle dürften für Brüterreaktoren große Zukunftsaussichten haben[11-13] (vgl. auch S. 197). Die Unbeständigkeit letzterer an Luft macht allerdings Schutzüberzüge, beispielsweise aus pyrolytischem Kohlenstoff, die nach dem Wirbelbettverfahren aufgebracht werden, erforderlich. Durch derartige Schichten werden auch die Spaltprodukte, die während des Reaktorbetriebes in Brennstoffteilchen entstehen, zurückgehalten.

b) UC-TiC, UC-VC

In diesen Systemen kann auf Grund der Volumregel keine Mischbarkeit erwartet werden. Es tritt aber nach H. Nowotny, R. Kief-

---

[1] Pidd, R. W. u. a.: J. Appl. Physics **30** (1959), S. 1575/78, 1861.

[2] Kuczynski, G. C.: J. Appl. Phys. **31** (1960), S. 1500/01.

[3] Salmi, W. E.: J. Electrochem. Soc. **107** (1960), S. 1013/15.

[4] Kmetko, E. A.: Phys. Rev. **116** (1959), S. 695/96.

[5] Grover, G. M. u. a.: J. Appl. Physics **30** (1959), S. 1575/78.

[6] Nowotny, H., R. Kieffer, F. Benesovsky u. E. Laube: Planseeber. Pulvermetallurgie **5** (1957), S. 102/03. Mh. Chem. **89** (1958), S. 312/13.

[7] Cirilli, V. u. C. Brisi: Ricerca Sci. **28** (1958), S. 1431/34.

[8] Livey, D. T., N. Brett u. D. Law: J. Inorg. Nuclear Chem. **13** (1960), S. 44/53.

[9] Benesovsky, F. u. E. Rudy: Mh. Chem. **92** (1961), S. 1176/83.

[10] Brisi, C.: Atti. Accad. Sci. Torino **92** (1957/58).

[11] Goeddel, W. V.: TID 6339 (1959).

[12] General Atomics: GA 1235 (1959).

[13] Gilli, P. V.: Österr. Ing. Z. **5** (1962), S. 1/13.

FER, F. BENESOVSKY und E. LAUBE[1,2] auf beiden Seiten eine beschränkte Löslichkeit auf. Das Gefüge von druckgesinterten UC-TiC-Legierungen ist zweiphasig[2].

c) UC-Cr$_3$C$_2$, UC-Mo$_2$C, UC-WC

Nach H. NOWOTNY, R. KIEFFER, F. BENESOVSKY und E. LAUBE[1–3] hat UC eine Löslichkeit für die Karbide der 6a Metalle, während umgekehrt praktisch keine Löslichkeit besteht[4]. Im mittleren Gebiet tritt bei Kohlenstoffüberschuß in allen drei Systemen eine isotype ternäre Phase der Formel (U[Cr,Mo,W]C$_2$) auf, deren Struktur geklärt werden konnte[5].

4. Ternäre und Mehrstoffkarbidsysteme

Die Legierungsmöglichkeiten der Hartkarbide in Drei- und Mehrfachsystemen sind außerordentlich zahlreich. Trotzdem einer ganzen Reihe von Systemen aus den bei den Karbidzweistoffsystemen beschriebenen Gründen (s. S. 210) technisch große Bedeutung zukommen dürfte, sind bisher nur ganz wenige eingehend untersucht worden. Meist hat man sich damit begnügt, die Eigenschaften von aus solchen Mischkristallen oder Karbidgemengen hergestellten Hartmetallen zu untersuchen.

F. BENESOVSKY und E. RUDY[6] haben die möglichen Kombinationen der Hartkarbide in Pseudodreistoffsystemen zusammengestellt. Allgemein kann man wieder zwei Gruppen von Legierungen unterscheiden, welche technisches Interesse haben. Man kann die Karbide der 4a und 5a Metalle miteinander und untereinander kombinieren[7]. Da diese Karbide alle isotyp sind, ist auch in Drei- und Mehrstofflegierungen vollständige Mischbarkeit zu erwarten. Bei Legierungen, die überwiegend ZrC + VC oder HfC + VC neben einem Drittkarbid enthalten, können mehr oder minder ausgeprägte Mischungslücken auftreten (s. Abb. 103 und Abb. 112). Bei Mischungen der Karbide der 4a und 5a Gruppe einerseits und der 6a Gruppe andererseits ist — wie bei den Zweistoffsystemen — nur beschränkte

---

[1] NOWOTNY, H., R. KIEFFER, F. BENESOVSKY u. E. LAUBE: Mh. Chem. **88** (1957), S. 336/43.

[2] NOWOTNY, H., R. KIEFFER u. F. BENESOVSKY: Rev. Mét. **55** (1958), S. 454/58

[3] KIEFFER, R., F. BENESOVSKY u. H. NOWOTNY: Planseeber. Pulvermetallurgie **5** (1957), S. 33/35.

[4] IVANOV, V. E. u. T. A. BADAJEVA: Proc. Genf 1958, Bd. 6, S. 139/55.

[5] NOWOTNY, H., R. KIEFFER, F. BENESOVSKY u. E. LAUBE: Mh. Chem. **89** (1958), S. 692/700.

[6] BENESOVSKY, F. u. E. RUDY: Metall **14** (1960) S. 875/78.

[7] KIEFFER, R. u. F. KÖLBL: Powder Met. Bull. **4** (1949), S. 4/17.

Löslichkeit möglich. Die Mischkarbide der 4a und 5a Gruppe werden mit steigender Temperatur wachsende Mengen der Karbide der 6a Gruppe lösen. Diese Löslichkeit kann durch das jeweilige Drittkarbid aus der 4a oder 5a Gruppe bedeutend gesteigert oder gesenkt werden, wodurch sich beträchtliche herstellungs- und anwendungstechnische Vorteile gegenüber binären Legierungen ergeben. Zusätze von NbC bzw. TaC zu WC-TiC-Mischkristallen setzen z. B. die Löslichkeit des TiC für WC herab. Umgekehrt wird die Löslichkeit im Karbid der 6a Gruppe sehr gering bzw. verhältnismäßig klein sein.

Bei der Herstellung von Mehrstoffkarbid-Mischkristallen verfährt man ähnlich wie bei den Zweistoffsystemen (s. S. 214). Man wird also bei der technischen Herstellung Mischungen von bereits vorgebildeten Karbiden auf Mischkristallbildungstemperatur erhitzen. Für technische und präparative Zwecke hat sich dabei ein Zusatz von diffusionsfördernden Stoffen bewährt[1]. Praktische Bedeutung hat auch die Herstellung von Karbidmehrstoffsystemen durch Bildung im Nickelschmelzbad und chemische Isolierung[2].

Titankarbid (Niobkarbid-, Tantalkarbid)-Zirkoniumkarbid-Vanadinkarbid. Im pseudobinären System VC-ZrC besteht eine weitreichende Mischungslücke[1,3] und es ist von Interesse, festzustellen, wie sich durch Zusatz von Drittkarbiden von Metallen der 4a und 5a Gruppe des Periodensystems die Löslichkeitsverhältnisse ändern. J. T. NORTON und A. L. MOWRY[4] haben im System VC-ZrC-TiC, VC-ZrC-TaC und VC-ZrC-NbC bei 2000°, 12 Stunden gesinterte Proben röntgenographisch untersucht und die Löslichkeitsgrenzen bestimmt (Abb. 103). Das Einphasenfeld wird durch NbC beträchtlich, durch TiC nur geringfügig erweitert. Die Maxima der Begrenzungskurven zwischen homogenem und heterogenem Gebiet liegen bei 77 Mol.-% TiC, 64 Mol.-% TaC und 51 Mol.-% NbC.

Titankarbid-Zirkoniumkarbid-Wolframkarbid. Das pseudoternäre System TiC-ZrC-WC wurde eingehend von M. T. TOMBREL[5] im Schnitt zwischen 1700 und 2500° röntgenographisch untersucht und ähnliche Ergebnisse wie bei den später besprochenen Systemen

---

[1] NOWOTNY, H. u. R. KIEFFER: Metallforschung 2 (1947), S. 257/65.

[2] REDMOND, J. C. u. E. N. SMITH: Trans. Am. Inst. Met. Eng. 185 (1949), S. 987/93.

[3] NORTON, J. T. u. A. L. MOWRY: Trans. Am. Inst. Met. Eng. 185 (1949), S. 133/36.

[4] NORTON, J. T. u. A. L. MOWRY: J. Metals 3 (1951), S. 923/25.

[5] TOMBREL, M. T.: In: La chimie des hautes temperatures. Paris, 1955, S. 141/46. 2. Plansee Seminar, Reutte/Tirol 1955, S. 205/15.

TiC-NbC-WC und TiC-TaC-WC erhalten (Abb. 104). Es wurden TiC-ZrC-Mischkristalle 75:25, 50:50 und 25:75 Mol.-% verwendet und bis zu 60 Mol.-% Wolframkarbid zugesetzt. Im Randsystem ZrC-WC wurde eine höhere Löslichkeit von WC in ZrC gefunden, als in der Literatur beschrieben (vgl. S. 254). Auf der WC-TiC-Seite wurde auf die Werte von A. G. METCALFE[1] zurückgegriffen. Grundsätzlich läßt sich sagen, daß durch ZrC-Zusätze die Löslichkeit von WC in TiC herabgesetzt wird.

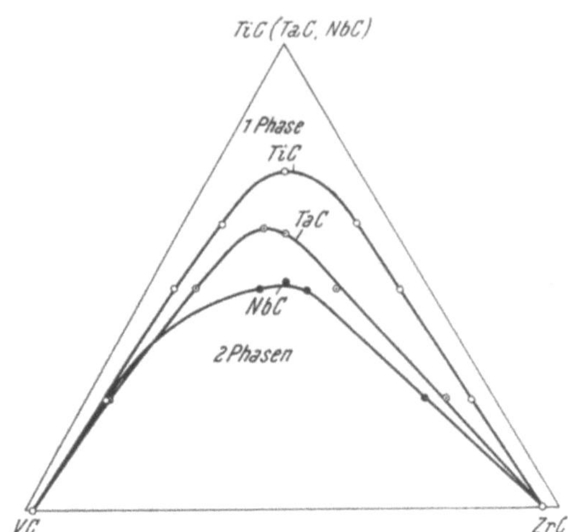

Abb. 103. Abgrenzung der Phasenfelder im System VC-ZrC-TiC (-TaC, -NbC). Schnitt bei 2000° (J. T. NORTON und A. L. MOWRY)

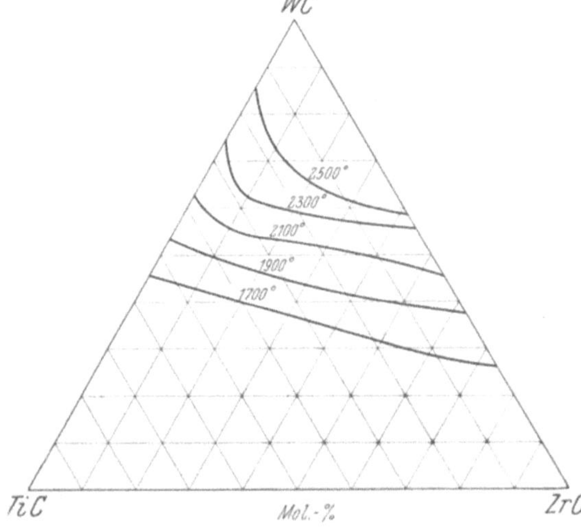

Abb. 104. Zustandsschaubild des Systems TiC-ZrC-WC (M. T. TOMBREL)

Titankarbid-Zirkoniumkarbid - Urankarbid. Eine Legierung 92 UC-5 ZrC-3 TiC ist auf Grund röntgenographischer und metallographischer Befunde homogen[2].

Titankarbid-Niobkarbid - Tantalkarbid. Wie beim System TiC-TaC bilden sich bei der Diffusionsglühung dieser drei Karbide sehr schnell ein hoch-TiC-haltiger Mischkristall und parallel hierzu, aber langsamer, ein hoch-TaC-NbC-haltiger. Mit sehr kleiner Geschwindigkeit vollzieht sich die Homogenisierung

---

[1] METCALFE, A. G.: J. Inst. Met. **73** (1947), S. 591/607.
[2] BRAYER, R. C. u. R. H. GALE: TID 7589 (1960), S. 19/20.

dieser Mischkristallpaare zu einem einphasigen ternären Mischkristall.

Die von H. NOWOTNY und R. KIEFFER[1] und auch von L. D. BROWNLEE, G. A. GEACH und T. RAINE[2] beobachtete Erscheinung verleitet dazu, auf eine nicht vorhandene Mischungslücke zu schließen. Glühzeiten von 4 bis 10 Stunden bei 2000 bis 2500° und ein allfälliges Doppelglühen zerkleinerter Diffusionsprodukte, führen jedoch zu röntgenhomogenen Endprodukten, im vorliegenden Falle zu einem homogenen, ternären Mischkristall TiC-NbC-TaC.

Mischkristalle der Zusammensetzung 7% Ti, 50,0% Nb, 32,5% Ta und 10,5% C, welche als Zusatz zu hochwarm- und zunderfesten Hartlegierungen auf TiC-Co-Basis dienen (s. Bd. Hartmetall), stellte auch J. C. REDMOND[3] nach dem sogenannten Menstruum-Verfahren von P. M. McKENNA her (s. S. 220). Das Niob und Tantal bringt man dabei in die Nickelschmelze mit Vorteil in Form von zerkleinertem Ferro-Niob-Tantal ein, welcher die beiden Metalle bereits in dem gewünschten Verhältnis enthält. Es erübrigt sich dadurch die schwierige Nb-Ta-Trennung. Bei dem von J. C. REDMOND erzeugten Produkt dürfte es sich eindeutig um

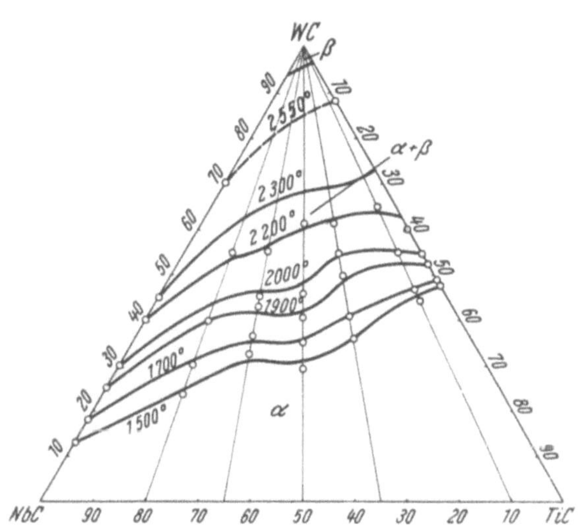

Abb. 105. Aufteilung der Phasenfelder im System TiC-NbC-WC für verschiedene Temperaturen (A. E. KOVALSKI und J. S. UMANSKI)

einen homogenen TiC-NbC-TaC-Mischkristall mit Steinsalzgitter handeln.

Titankarbid-Niobkarbid-Wolframkarbid. Das System TiC-NbC-WC ist von A. E. KOVALSKI und J. S. UMANSKI[4] röntgenographisch untersucht worden. Die Herstellung der Legierungen

[1] NOWOTNY, H. u. R. KIEFFER: Metallforschung 2 (1947), S. 257/65.

[2] BROWNLEE, L. D., G. A. GEACH u. T. RAINE: Iron Steel Inst., Spec. Rep. Nr. 38, London 1947, S. 73/78.

[3] REDMOND, J. C. u. E. N. SMITH: Trans. Am. Inst. Met. Eng. 185 (1949), S. 987/93.

[4] KOVALSKI, A. E. u. J. S. UMANSKI: Zur. Fiz. Chim. 20 (1946), S. 929/33.

erfolgte durch Sinterung der Karbidmischungen bei Temperaturen von 1500 bis 2550°. In Abb. 105 ist das pseudoternäre System TiC-NbC-WC dargestellt, wobei die Homogenitätsgrenzen des kubischen Mischkristalles für verschiedene Temperaturen eingetragen wurden. Für die Randsysteme wurden von den Autoren bestimmte Löslichkeitswerte eingesetzt. Die Löslichkeit des TiC-NbC-Mischkristalles (α) für WC nimmt mit steigender Sintertemperatur beträchtlich zu, so daß bei 2550° ein nur kleines heterogenes Feld verbleibt. Eine geringe Löslichkeit von WC für NbC-TiC ist nicht näher untersucht worden, dürfte aber vorhanden sein (β).

Aus dem Diagramm (Abb. 105) läßt sich auch leicht ablesen, daß durch Niobkarbidzusatz die Löslichkeit von WC in TiC herabgesetzt wird.

Titankarbid-Tantalkarbid-Wolframkarbid. In den letzten Jahren haben die, erstmalig von G. J. COMSTOCK[1] vorgeschlagenen WC-TiC-TaC-Co-Hartmetalle mit 2 bis 40 % TiC und 5 bis 20% TaC

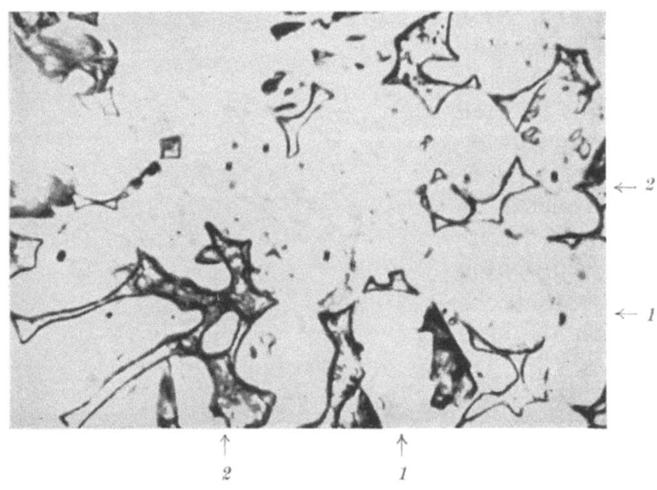

Abb. 106. Gefüge einer WC-TiC-TaC-Co-Hartmetallegierung mit homogener Karbidphase (× 1000) (H. NOWOTNY, R. KIEFFER und O. KNOTEK)
1 Mischkristallphase   *2* Hilfsmetallphase

stark an Bedeutung gewonnen und fast zur Gänze die WC-TiC-Co-Hartmetalle in USA und zum großen Teil auch in Europa verdrängt.

Die Kenntnisse von den Verhältnissen im System TiC-TaC-WC sind daher von großer technischer Bedeutung. Von H. NOWOTNY, R. KIEFFER und O. KNOTEK[2] wurde erstmalig der Versuch unter-

---

[1] A.P. 1973 428 (1932).

[2] NOWOTNY, H., R. KIEFFER u. O. KNOTEK: Berg- u. Hüttenmänn. Mh. **96** (1951), 6/8.

nommen, auf Grund mikroskopischer und röntgenographischer Untersuchungen ein Zustandsschaubild des quasiternären Systems

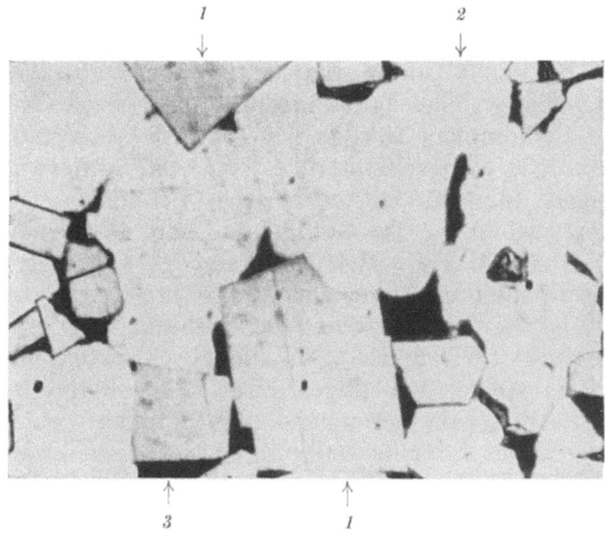

Abb. 107. Gefüge einer WC-TiC-TaC-Co-Hartmetallegierung mit heterogener Karbidphase (× 1000) (H. Nowotny, R. Kieffer und O. Knotek)

1 Wolframkarbidphase   *2* Mischkristallphase   *3* Hilfsmetallphase

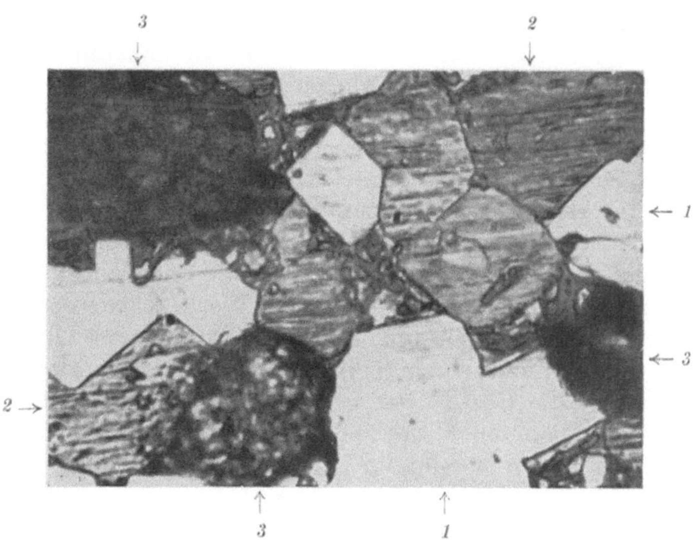

Abb. 108. Gefüge einer heterogenen WC-TiC-TaC-Co-Hartmetallegierung mit Versprödungsphase (× 1000) (H. Nowotny, R. Kieffer und O. Knotek)

1 Wolframkarbidphase   *2* Mischkristallphase   *3* Versprödungsphase

TiC-TaC-WC aufzustellen. Bei der Herstellung der Mischkristalle wurde folgendermaßen verfahren. Aus Mischungen der vorgebildeten Karbide und Kobaltzusätzen wurden Preßlinge hergestellt und diese $1^1/_2$ Stunden bei 1450° im Vakuum bzw. unter Wasserstoff sowie bei 2200° unter Wasserstoff gesintert. Um zu möglichst weitgehender Gleichgewichtseinstellung auch bei niedriger Temperatur zu kommen, wurden bei 1500° druckgesinterte Körper einer 40stündigen Langzeitsinterung bei 1450° unterworfen. Diese Proben zeigen für die mikroskopische Untersuchung besonders günstige Kornausbildung. Im Gefügebild (Abb. 106) einer Legierung mit 48% TiC, 20,6% TaC, 31,4% WC und 8% Co sieht man neben der Hilfsmetallphase einen homogenen Mischkristall der drei Karbide. In Abb. 107 ist bei einer Legierung der Zusammensetzung 4,2% TiC, 13,5% TaC, 82,3% WC und 8% Co die Mischkristallphase und die WC-Phase festzustellen. Bei einigen durch Langzeitsinterung schwach entkohlten Proben mit heterogener Karbidphase war noch eine dritte, nicht genauer untersuchte Phase zu beobachten, wahrscheinlich ein kobalthaltiges Doppelkarbid von Art des $CoW(Ta, Ti)C_2$ (Abb. 108). Auf Grund von röntgenographischen Untersuchungen, welche mit dem mikroskopischen Befund gut übereinstimmen, wurde das Zustandsschaubild des quasiternären Systems TiC-TaC-WC im Schnitt bei 1450° bzw. 2200° aufgestellt (Abb. 109, 110). Es besteht ein Feld homogener TiC-TaC-WC-Mischkristalle und ein Feld, in welchem der gesättigte Mischkristall neben praktisch reinem WC vorliegt. Die Homogenitätsgrenze verschiebt sich bei höheren Temperaturen in Richtung einer größeren Löslichkeit des WC im lückenlosen Mischkristall TiC-TaC. Das heterogene Feld $\alpha + \beta$ in Abb. 109 dürfte sich bei Temperaturen von 2500° noch erheblich stärker einengen. Das sicherlich sehr schmale Feld des WC-Mischkristalles ist bei der Darstellung in Abb. 109 und 110 nur angedeutet worden.

Die ermittelten Gitterkonstanten sind ebenfalls in Abb. 109 und 110 eingetragen und die Konoden in Abb. 110 angedeutet. Diese lassen sich allerdings wegen Schwankungen der Werte schwer genau festlegen, was in manchen Fällen mit der unvollkommenen Gleichgewichtseinstellung bzw. mit einem Kohlenstoffdefekt zu erklären ist. Sehr auffallend ist die Gestalt der Gitterkonstantenfläche, die im homogenen Raum von einer Ebene (Additivität) beträchtlich abweicht. Während in den quasibinären Systemen TiC-WC und TaC-WC die Mischkristallbildung unter Gitterkontraktion vor sich geht, erfahren die TiC-TaC-Mischkristalle mittlerer Konzentration durch den Einbau von WC eher eine Aufweitung.

Aus den Gitterkonstantenwerten in Nähe der Randsysteme kann auch auf die gegenseitige Löslichkeit der betreffenden Karbidpaare geschlossen werden. Hinsichtlich des Systems TiC-WC stehen die Werte in guter Übereinstimmung mit der Literatur. Dagegen ist die Übereinstimmung mit dem Randsystem TaC-WC weniger be-

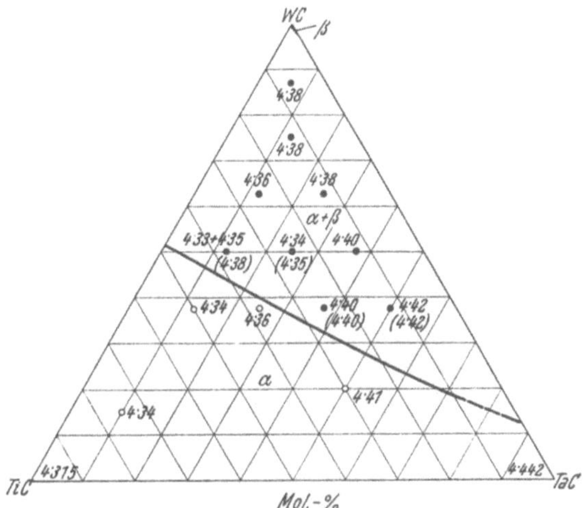

Abb. 109. Aufteilung der Phasenfelder im System WC-TiC-TaC bei 1450° mit den Gitterkonstanten für den kubischen Mischkristall in Å. Die eingeklammerten Werte gelten für die Langzeitsinterproben (H. Nowotny, R. Kieffer und O. Knotek)

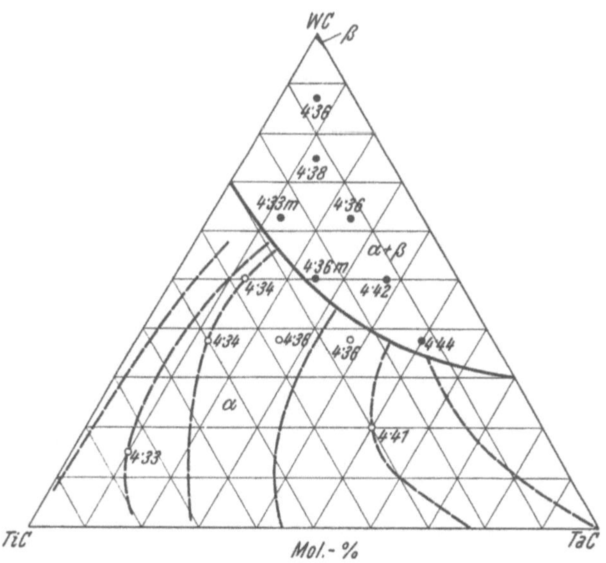

Abb. 110. Aufteilung der Phasenfelder im System WC-TiC-TaC bei 2200° mit den Gitterkonstanten für den kubischen Mischkristall in Å. *m* bedeutet Mittelwert. Die Isochoren sind im homogenen Gebiet strichliert eingezeichnet (H. Nowotny, R. Kieffer und O. Knotek)

friedigend. Bei 1450° finden A. KOVALSKI und J. S. UMANSKI[1] eine Löslichkeit, die mit dem vorliegenden Befund einigermaßen übereinstimmt. Dagegen geben diese Autoren bei 2200° eine Löslichkeit von rund 50% WC an (s. S. 264). H. NOWOTNY und R. KIEFFER[2] haben aber nur eine solche von 17% WC bei etwa 2100° ermittelt (s. S. 265). Die nunmehr durchgeführten Versuche machen eine maximale Löslichkeit von rund 30% bei 2200° wahrscheinlich. Es sei allerdings bemerkt, daß infolge der außerordentlich trägen Gleichgewichtseinstellung diese Werte nicht mit übertriebener Genauigkeit betrachtet werden dürfen.

K. WHITEHEAD und L. D. BROWNLEE[3] untersuchten das System TiC-TaC-WC gleichfalls röntgenographisch in einer eingehenden Arbeit. Ihre Ergebnisse stehen in guter Übereinstimmung mit den Resultaten von H. NOWOTNY, R. KIEFFER und O. KNOTEK[4].

Mikrohärteuntersuchungen im System TiC-TaC-WC durch O. RÜDIGER[5] brachte keine überraschenden Ergebnisse. Es treten vermittelnde Härtewerte zwischen den Ausgangskarbiden auf.

Titankarbid-Chromkarbid-Wolframkarbid. Das System TiC-Cr_3C_2-WC wurde von O. RÜDIGER[5] metallographisch und röntgenographisch untersucht. Ein größerer einphasiger Bereich liegt in der TiC-Ecke vor. Vor allem wurden aber Mikrohärtemessungen durchgeführt, bei denen sich zeigte, daß eine Legierung mit etwa 56 Gew.-% TiC, 23% WC und 21% Cr_3C_2 sich durch ein Härtemaximum von rd. 4300 kg/mm² auszeichnet.

Zirkoniumkarbid-Niobkarbid-Tantalkarbid. C. AGTE und H. ALTERTHUM[6] haben versucht, im System ZrC-NbC-TaC eine Mischung mit höchstem Schmelzpunkt zu finden. Sie hatten aber keinen Erfolg, da nämlich die Schmelzpunkte aller Legierungen zwischen denen der Bestandteile lagen. Eine geschmolzene Probe aus 1 ZrC, 2 NbC und 4 TaC hatte einen Schmelzpunkt von 4010° K, und war zweiphasig. Auf Grund der Bildung lückenloser Mischkristallreihen in den Randsystemen kann jedoch bei genügend hoher Glühtemperatur auf eine vollkommene Mischbarkeit der drei Karbide im festen Zustand geschlossen werden.

---

[1] KOVALSKI, A. E. u. J. S. UMANSKI: Zur. Fiz. Chim. **20** (1946), S. 769/78.

[2] NOWOTNY, H. u. R. KIEFFER: Metallforschung **2** (1947), S. 257/65.

[3] WHITEHEAD, K. u. L. D. BROWNLEE: Persönliche Mitt. **1952**.

[4] NOWOTNY, H., R. KIEFFER u. O. KNOTEK: Berg- u. Hüttenmänn. Mh. **96** (1951), S. 6/8.

[5] RÜDIGER, O.: Metall **7** (1953), S. 967/69. Techn. Mitt. Krupp **12** (1954), S. 22/24.

[6] AGTE, C. u. H. ALTERTHUM: Z. techn. Physik **11** (1930), S. 182/91.

Zirkoniumkarbid-Thoriumkarbid-Urankarbid. Röntgenographische Untersuchungen von V. E. IVANOV und T. A. BADAJEVA[1] zeigen, daß die Mischungslücke im System ZrC-ThC durch größere Mengen UC geschlossen wird (Abb. 111).

Hafniumkarbid-Vanadinkarbid - Titankarbid (-Tantalkarbid, -Niobkarbid). Diese Systeme sind strukturell interessant, weil HfC-VC ebenso wie ZrC-VC (s. S. 255) nur teilmischbar sind und durch Zusatz von Drittkarbiden die Mischungslücke geschlossen wird. Das Ergebnis der röntgenographischen Untersuchungen an Proben die aus den Karbidkomponenten durch Heißpressen und Homogenisierungsglühung bei 2050° hergestellt wurden ist nach E. RUDY, H. NOWOTNY, F. BENESOVSKY, R. KIEFFER und A. NECKEL[2] der Abb.112 zu entnehmen. Die zur Schließung der Lücke erforderlichen Mengen der Drittkarbide nimmt in der Reihe TiC, NbC, TaC ab.

Die röntgenographischen Befunde konnten durch Gefügeuntersuchungen bestätigt werden[3].

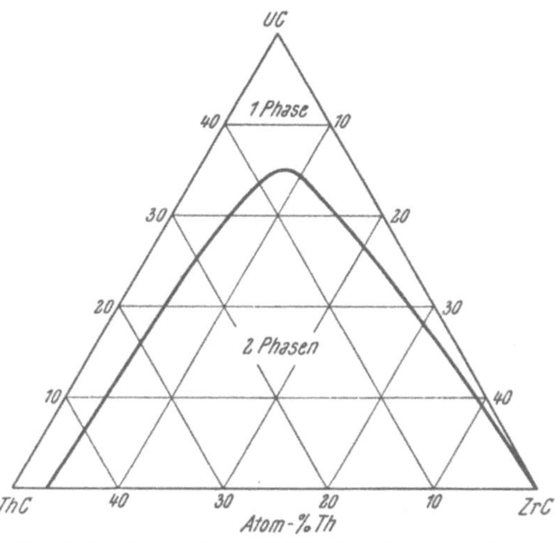

Abb. 111. Zustandsschaubild des Systems ThC-ZrC-UC (V. E. IVANOV und T. A. BADALEVA)

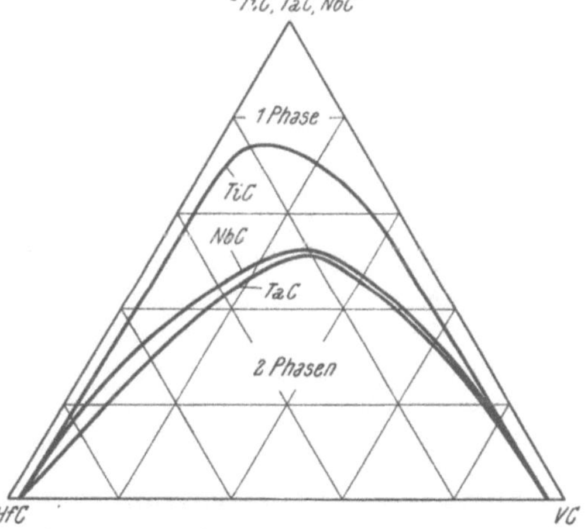

Abb. 112. Zustandsschaubild der Systeme HfC-VC-TiC (NbC, TaC), Schnitt bei 2050° (E. RUDY, H. NOWOTNY, F. BENESOVSKY, R. KIEFFER und A. NECKEL)

Hafniumkarbid - Urankarbid - Zirkoniumkarbid (-Niobkarbid, -Tantalkarbid). Trotzdem beim Paar HfC-UC die Volumen-

---

[1] IVANOV, V. E. u. T. A. BADAJEVA: Proc. Genf 1958, Bd. 6, S. 139/55.

[2] RUDY, E., H. NOWOTNY, F. BENESOVSKY, R. KIEFFER u. A. NECKEL: Mh. Chem. **91** (1960), S. 176/87.

[3] BENESOVSKY, F. u. E. RUDY: Metall **14** (1960), S. 875/78.

bedingung erfüllt ist, konnte auch bei langzeitiger Glühung bei hohen Temperaturen eine Mischungslücke beobachtet werden[1] (s. S. 271), Es war daher strukturell interessant, festzustellen, wie durch Drittkarbide, welche sowohl mit HfC als auch mit UC lückenlos mischbar sind, die Mischungslücke beeinflußt wird. Das Ergebnis röntgenographischer Untersuchungen von E. RUDY, H. NOWOTNY, F. BENESOVSKY, R. KIEFFER und A. NECKEL[2] an Proben, die aus den Karbidkomponenten durch Heißpressen und Homogenisierungsglühung bei 2050° hergestellt wurden, ist der Abb. 113 zu entnehmen. Bereits geringe Mengen der Drittkarbide ZrC, NbC oder TaC führen zur Schließung der Mischungslücke und es ist anzunehmen, daß bei noch höheren Temperaturen eine lückenlose Reihe von Mischkristallen auftritt und demnach auch HfC-UC durchgehend mischbar sind.

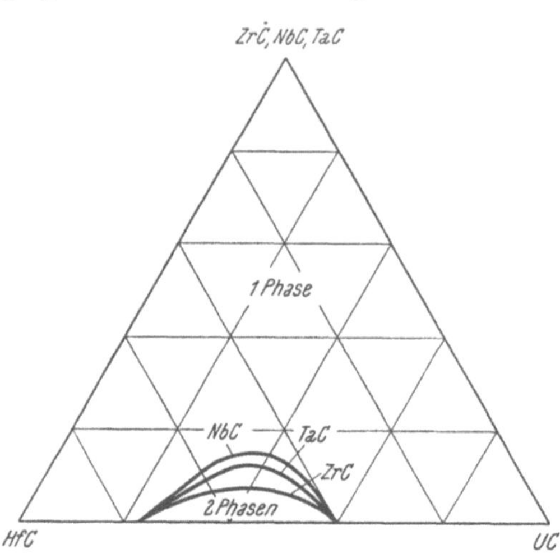

Abb. 113. Zustandsschaubild der Systeme HfC-UC-ZrC (NbC, TaC), Schnitt bei 2050° (E. RUDY, H. NOWOTNY, F. BENESOVSKY, R. KIEFFER und A. NECKEL)

Vanadinkarbid-Niobkarbid-Tantalkarbid. Auf Grund von Gitterkonstantenbestimmungen lassen nach H. NOWOTNY und R. KIEFFER[3] bereits die Aufnahmen von tiefgesinterten Proben (1500°) aus Mischungen dieser Karbide eine lückenlose Mischreihe vermuten. Hochgesinterte Proben (2100°) waren homogen, womit der Beweis der lückenlosen Mischbarkeit der drei Karbide erbracht ist.

Niobkarbid-Tantalkarbid-Molybdänkarbid. Auf Grund von Gitterkonstantenbestimmungen von H. NOWOTNY und R. KIEFFER[3] an Mischungen der Karbide NbC, TaC und Mo_2C (Verhältnis TaC-NbC etwa 3:2) besteht bei tiefgesinterten Proben (1500°), wie Abb. 114 zeigt, kein Gleichgewicht. Die Löslichkeit wäre danach etwa 10 bis

[1] NOWOTNY, H., R. KIEFFER, F. BENESOVSKY, C. BRUKL u. E. RUDY: Mh. Chem. **90** (1959), S. 669/79.

[2] RUDY, E., H. NOWOTNY, F. BENESOVSKY, R. KIEFFER u. A. NECKEL: Mh. Chem. **91** (1960), S. 176/87.

[3] NOWOTNY, H. u. R. KIEFFER: Metallforschung **2** (1947), S. 257/65.

20 Mol.-% Mo_2C bei 1500°. Die hochgesinterten Proben (2100°) sind, was die Zusammensetzung 20, 40 und 60% Mo_2C betrifft, wiederum eindeutig im Gleichgewicht und homogen. Die Mischbarkeit dürfte also bis mindestens 60 Mol.-% Mo_2C bei 2000° reichen. Die temperaturabhängige Löslichkeit von Mo_2C im NbC-TaC-Mischkristall entspricht weitgehend den Verhältnissen bei den Zweistoffsystemen mit Mo_2C (s. S. 262). Über die Löslichkeit von NbC-TaC in Mo_2C werden keine Angaben gemacht. Die Löslichkeit von Molybdän bzw. Molybdänkarbiden im TaC-NbC-Mischkristall dürfte in der Richtung Mo → Mo_2C → MoC bei hohen Temperaturen ansteigen.

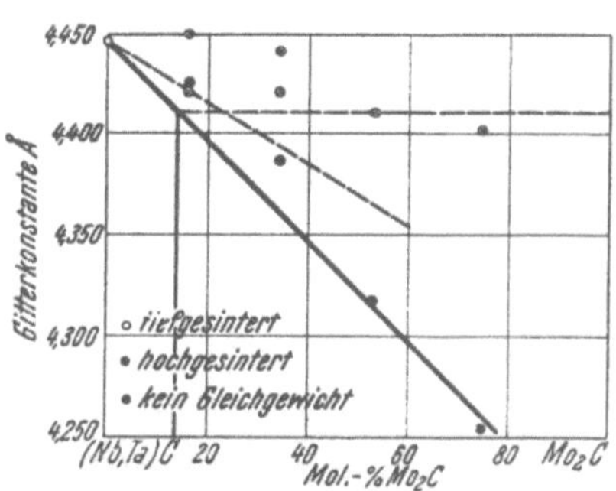

Abb. 114. Gitterkonstanten der Mischkristallreihe NbC-TaC-Mo_2C (H. NOWOTNY und R. KIEFFER)

Niobkarbid-Tantalkarbid-Wolframkarbid. Nach Gitterkonstantenbestimmungen von H. NOWOTNY und R. KIEFFER[1] an Mischungen aus den Karbiden NbC, TaC und WC (Verhältnis TaC:NbC etwa 3:2) besteht bei tiefgesinterten Proben (1500°), wie Abb. 115 zeigt, kein Gleichgewicht. Bemerkenswert ist, daß ein Teilgitter jeweils gleiche Gitterkonstanten aufweist, was auch auf eine geringe Sättigung bei tiefer Temperatur schließen lassen könnte. Die Löslichkeit, ermittelt aus den hochgesinterten Proben (2100°) muß sehr viel höher liegen, jedenfalls nahe 40 Mol.-% WC. Da jedoch auch die hochgesinterten Proben noch nicht im Gleichgewicht waren, kann keine genauere Aussage über die Löslichkeitsgrenze gemacht werden. Es kann jedoch mit Sicherheit angenommen werden, daß der NbC-TaC-Mischkristall nicht wesentlich mehr WC aufnimmt, als die Einzelkarbide NbC und TaC (s. S. 262). Über die Löslichkeit auf der WC-Seite werden keine Angaben gemacht.

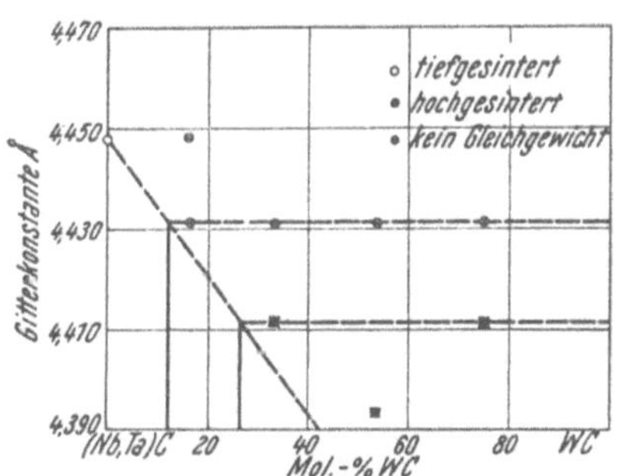

Abb. 115. Gitterkonstanten der Mischkristallreihe NbC-TaC-WC (H. NOWOTNY und R. KIEFFER)

Tantalkarbid-Molybdänkarbid-Wolframkarbid. Dieses System ist vom strukturchemischen Standpunkt besonders interessant,

---

[1] NOWOTNY, H. u. R. KIEFFER: Metallforschung 2 (1947), S. 257/65.

weil alle drei Randsysteme nur eine beschränkte Löslichkeit aufweisen und bei hohen Temperaturen ein kubisches MoC auftreten kann. Ein großes, einphasiges Gebiet dürfte sich in der TaC-Ecke befinden, das sich bei höheren Temperaturen nach der WC- und noch stärker nach der Mo_2C-(MoC)-Ecke ausdehnen wird. Zerspanungstechnisch interessante Legierungen dürften sich im WC-reichen Zweiphasengebiet zwischen der WC-Ecke und der TaC-Ecke befinden.

Bei 2100° gesinterte Körper aus 21,5 Gew.-% TaC, 40 Gew.-% Mo_2C und 38,5 Gew.-% WC zeigen nach L. P. MOLKOV und I. V. VIKKER[1] nur TaC-Gitter.

Titankarbid - Vanadinkarbid - Niobkarbid - Molybdänkarbid. Von quaternären Karbidlegierungen kommt nach Untersuchungen von R. KIEFFER und F. KÖLBL[2] technische und wirtschaftliche Bedeutung Hartmetallen zu, welche Mischkristalle etwa der Zusammensetzung 45 bis 65% TiC, 5 bis 10% VC, 3 bis 25% NbC und 1 bis 20% Mo_2C enthalten (s. Bd. Hartmetalle). Die Mischkristalle der genannten Zusammensetzung sind homogene feste Lösungen mit kubischem Gitter, ein Befund, der für fast alle Vielstofflegierungen mit weniger als 20% Mo_2C bei 1500° zutreffen dürfte.

Titankarbid - Vanadinkarbid - Molybdänkarbid - Wolframkarbid. Mischungen von 50 bis 58 Gew.-% TiC, 5 bis 22% VC, 5 bis 9% Mo_2C und 22 bis 28 Gew.-% WC, welche bei 1950° gesintert worden waren, zeigen nach L. P. MOLKOV und I. V. VIKKER[1] nur TiC-Gitter.

Zerspanungstechnisch interessante Legierungen befinden sich sowohl in der TiC-, als auch in der Zweiphasen-WC-Ecke.

IV. Die Nitride

Die im Periodensystem auftretenden Stickstoffverbindungen sind in einer Übersicht in Zahlentafel 57 zusammengestellt. Die auf Angaben von G. JANDER und H. SPANDAU[3] fußende Tafel wurde auf neuesten Stand gebracht. Die Lage der metallischen Nitride der 4a bis 6a Metalle wurde besonders hervorgehoben, ebenso die der nichtmetallischen „diamantartigen" Nitride. Die Nitride der

---

[1] MOLKOV, L. P. u. I. V. VIKKER: Vestn. Metalloprom. **16** (1936), S. 75/88.

[2] KIEFFER, R. u. F. KÖLBL: Powder Met. Bull. **4** (1949), S. 4/17.

[3] JANDER, G. u. H. SPANDAU: Kurzes Lehrbuch der anorganischen und allgemeinen Chemie. Springer-Verlag, Berlin 1960, S. 212.

Zahlentafel 57. *Auftreten von Stickstoffverbindungen im Periodensystem*

1a	2a	3a	4a	5a	6a	7a	8			1b	2b	3b	4b	5b	6b	7b	0
H_3N																	—
Li_3N	Be_3N_2											BN	$(CN)_2$	N	O_2N u.a.	F_3N	—
Na_3N	Mg_3N_2											AlN	Si_3N_4	PN u. a.	SN u. a.	Cl_3N	—
K_3N	Ca_3N_2	ScN	Ti_2N TiN	V_2N VN	Cr_2N CrN	Mn_4N Mn_2N Mn_3N_2	Fe_4N Fe_2N	Co_3N Co_2N	Ni_3N Ni_3N_2	Cu_3N	Zn_3N_2	GaN	Ge_3N_4	AsN	SeN	Br_3N	—
Rb_3N	Sr_3N_2	YN	ZrN	Nb_2N Nb_4N_3 NbN NbN_{1+x}	Mo_2N MoN					Ag_2N	Cd_3N_2	InN	Sn_3N_4	SbN	TeN	J_3N	—
Cs_3N	Ba_2N Ba_3N_2	$LaN*$	Hf_2N HfN	Ta_2N TaN	W_2N WN	Re_2N					Hg_3N_2	TlN	Pb_3N_4	BiN			—

*
CeN	PrN	NdN		SmN	EuN	GdN	TbN	DyN	HoN	ErN	TmN	YbN	LuN
ThN Th_2N_3	PaN_2	UN U_2N_3 UN_2	NpN	PuN									

**

Metalle der 1. bis 3. Gruppe sind salzartige, die der 7a und 8. Gruppe metallisch; eine Übergangsstellung nehmen die Nitride der Lanthaniden und Actiniden ein. Die Stickstoffverbindungen der Elemente der verbleibenden Gruppen 4b bis 7b sind zum Großteil gasförmig.

Die Nitride der 4a, 5a und 6a Metalle des Periodensystems haben metallischen Charakter und sind — insbesondere die Nitride der 4a und 5a Gruppe — durch hohe Härte und Schmelzpunkte charakterisiert. Die Stabilität der Nitride fällt von der 4a zur zur 6a Gruppe und innerhalb der 6a Gruppe von den verhältnismäßig stabilen Chromnitriden über die Molybdännitride zu den Wolframnitriden ab. Die gegenüber den Karbiden vergleichsweise weichen Nitride des Molybdäns und Wolframs zerfallen oberhalb 700 bis 1200° unter Stickstoffabgabe.

Beim Studium von Einzelnitriden und von Metall-Stickstoff-Systemen muß berücksichtigt werden, daß sie mit höheren Stickstoffkonzentrationen und insbesondere bei höheren Temperaturen sowohl im festen Zustand und besonders beim Schmelzen stark *druckabhängig* sind. (Vgl. Ti-N, Zr-N, Nb-N usw.). Zur Einstellung echter Gleichgewichte muß gegebenenfalls mit höheren Stickstoffdrucken gearbeitet werden.

Strukturchemisch fällt auf, daß das Tantalmononitrid TaN hexagonal kristallisiert*, während die anderen Karbide der 4a und 5a Metalle, wie die isotypen Karbide, kubisch flächenzentrierte Gitter haben. Niobmononitrid NbN kommt in einer kubischen Hochtemperatur- und in zumindest einer hexagonalen Raumtemperaturmodifikation vor.

Die technische Bedeutung der Nitride in reiner Form ist bei weitem nicht so groß, wie die der Karbide. Sie treten meistens als zwangsläufige Verunreinigungen bzw. Begleiter der entsprechenden Karbide auf[1].

A. Herstellung der Nitride

Ganz allgemein lassen sich Nitride der 4a, 5a und 6a Metalle des Periodensystems durch Einwirkung von Stickstoff oder stickstoffabgebenden Gasen auf Metalle, Oxyde, Hydride und andere Verbindungen herstellen. Die Erzeugung der interessierenden Nitride ist bevorzugt nach folgenden Verfahren möglich:

---

[1] SAMSONOV, G. V. u. J. S. UMANSKI: Harte Verbindungen hochschmelzender Metalle. Metallurgizdat, Moskau 1957, S. 196/253.

* Inzwischen ist die Hochdrucksynthese der kubisch flächenzentrierten Form des TaN gelungen.

Zahlentafel 58. *Verfahren zur Herstellung von Nitriden*

Verfahren	Reaktionsschema
Nitrierung von Metalloxyden in Gegenwart von Kohlenstoff	$MeO + N_2 (NH_3) + C \rightarrow$ $MeN + (CO + H_2O + H_2)$
Nitrierung von Metallen und Hydriden	$Me + N_2 (NH_3) \rightarrow MeN + (H_2)$ $MeH + N_2 (NH_3) \rightarrow MeN + (H_2)$
Umsetzung von Metallchloriden und Metalloxychloriden mit NH_3	$MeCl_4 + NH_3 \rightarrow MeN + (HCl)$ $MeOCl_3 + NH_3 \rightarrow MeN + (HCl + $ $+ H_2O + H_2)$
Zersetzung von Ammoniak-verbindungen	$NH_4MeO_3 + NH_3 \rightarrow MeN + (H_2O + $ $+ H_2)$
Umsetzung von Oxyden mit Calzium-nitrid	$MeO + Ca_3N_2 \rightarrow MeN + (CaO)$
Abscheidung aus der Gasphase	$Me\text{-Halogenid} + N_2 + H_2 \rightarrow$ $MeN + (Halogenwasserstoff)$

1. Nitrierung* von Metalloxyden mit Stickstoff oder Ammoniak bei gleichzeitiger Anwesenheit von Kohlenstoff.

2. Nitrierung von Metallen oder Metallhydriden mit Stickstoff oder Ammoniak.

3. Umsetzung von Metallchloriden, Metalloxychloriden mit Ammoniak, Zersetzung von Ammoniakverbindungen.

4. Abscheidung aus der Gasphase (Aufwachsverfahren).

Die den verschiedenen Herstellungsverfahren zugrunde liegenden schematischen Reaktionsgleichungen sind der Zahlentafel 58 zu entnehmen.

1. Nitrierung von Metalloxyden mit Stickstoff oder Ammoniak bei gleichzeitiger Anwesenheit von Kohlenstoff

Die Erzeugung von Nitriden durch Glühen des Oxyd-Kohlenstoffgemisches in Gegenwart von Stickstoff oder Ammoniak ist wegen der Anwendung der Oxyde als Ausgangsmaterial billig, liefert aber meist verhältnismäßig unreine Produkte, d. h. sauerstoff- und kohlenstoffhaltige Nitride. Die Methode beruht darauf, daß sich die Nitride der Metalle der 4a und 5a Gruppe und teilweise auch 6a Gruppe beim Glühen im Stickstoffstrom schon bei Temperaturen bilden, die wesentlich niedriger als die Bildungstemperatur der entsprechenden Karbide liegen. Die Herstellung ist daher im elektrischen Porzellan-

---

* Neuerdings wurde von G. BRAUER der verwechslungsfreie Ausdruck „Nitridierung" vorgeschlagen. Aus Zweckmäßigkeitsgründen (Nitrierstähle usw.) halten wir vorerst an dem alten Begriff fest.

rohrofen auch bei Gegenwart von Kohlenstoff möglich. Bei der Umsetzung von Metalloxyden mit freiem Stickstoff unter Gegenwart von Kohlenstoff, sind gemäß Zahlentafel 59 Temperaturen von etwa

Zahlentafel 59. *Herstellung von Nitriden durch Umsetzung der Oxyde mit Stickstoff in Gegenwart von Kohlenstoff*

Reaktionsgleichung	Reaktionstemperatur °C
$TiO_2 + C + N_2 \rightarrow TiN + CO$	1250 bis 1400
$ZrO_2 + C + N_2 \rightarrow ZrN + CO$	1250 bis 1400
$HfO_2 + C + N_2 \rightarrow HfN + CO$	1250 bis 1400
$V_2O_5 + C + N_2 \rightarrow VN + CO$	1200
$Nb_2O_5 (Nb_2O_3) + C + N_2 \rightarrow NbN + CO$	1200

1250° erforderlich. Bei diesen Temperaturen tritt eine Reduktion der in Betracht kommenden Oxyde zu Metall noch nicht ein. Es spielt vielmehr die starke Affinität, insbesondere der Metalle der 4 a Gruppe des periodischen Systems, zum Stickstoff eine wesentliche Rolle. Bei den Metallen der 5 a und insbesondere der 6 a Gruppe kommt es allerdings bereits zu schwacher Karbidbildung.

In ihrer klassischen Arbeit haben E. FRIEDERICH und L. SITTIG[1] die Herstellung der Nitride des Titan, Zirkoniums, Vanadins und Niobs aus deren Oxyden in Gegenwart von Kohlenstoff unter reinstem Stickstoff beschrieben. Unzweifelhaft ist nach dieser Methode auch die Herstellung von Hafniumnitrid aus $HfO_2 + C + N_2$ möglich. Bei der Herstellung von Tantalnitrid treten wegen Karbidbildung Schwierigkeiten auf. Heute wird diese billige Methode nur noch vereinzelt verwendet, da man verhältnismäßig unreine Reaktionsprodukte erhält. Für eine allfällige industrielle Massenfertigung technisch reiner Rohnitride wird sich diese Methode jedoch behaupten können. Am zweckmäßigsten ist Verfahren 2, das sich für reinste, gut definierte Präparate fast ausschließlich durchgesetzt hat.

2. Nitrierung von Metallen oder Metallhydriden mit Stickstoff oder Ammoniak

Die Herstellung von Nitriden durch Glühen der reinen pulverförmigen Metalle oder Hydride unter reinstem Stickstoff oder Ammoniak hat den Vorteil, daß man, sofern reine Ausgangsmaterialien benutzt werden, reinste karbid- und sauerstofffreie Nitride erhält. Die Reaktionstemperaturen sind in Zahlentafel 60 zusammengestellt.

---

[1] FRIEDERICH, E. u. L. SITTIG: Z. anorg. allg. Chem. **143** (1925), S. 293/320.

Sie liegen um etwa 1200°, so daß man leicht in elektrisch beheizten Porzellanrohröfen oder in hochfrequenzbeheizten Vakuum- und Durchsatzöfen arbeiten kann.

C. AGTE und K. MOERS[1] haben die Nitride des Titans, Zirkoniums und Tantals durch Glühen der Metallpulver unter reinstem Stickstoff in Molybdänschiffchen in einem Porzellanrohrofen erzeugt. Insbesondere bei Tantal ist die Verwendung von kohlenstofffreiem Stickstoff erforderlich, um die Bildung von Karbid zu vermeiden. Durch Umsetzung der Metalle mit Stickstoff oder Ammoniak sind von zahlreichen Forschern die Nitride des Titans[2-6], Zirkoniums[3, 4, 7], Hafniums[8-10], Vanadins[11], Niobs[12-16], Tantals[3, 17-20] und Chroms[21] hergestellt worden.

Die Metalle Molybdän und Wolfram reagieren mit molekularem Stickstoff bei den erforderlichen niedrigen Umsetzungstemperaturen zu langsam. Es ist hier notwendig, reinstes Ammoniakgas zu verwenden. Wegen der hohen Reaktionsfähigkeit des sich bildenden atomaren Stickstoffes gelingt die Nitridbildung bei Molybdän und Wolfram auch bei niedrigen Temperaturen in tragbaren Reaktionszeiten[22-24].

[1] AGTE, C. u. K. MOERS: Z. anorg. allg. Chem. **198** (1931), S. 233/43.

[2] EHRLICH, P.: Z. anorg. allg. Chem. **259** (1949), S. 1/41.

[3] CHIOTTI, P.: J. Am. Ceram. Soc. **35** (1932), S. 123/30.

[4] DUWEZ, P. u. F. ODELL: J. Electrochem. Soc. **97** (1950), S. 299/304.

[5] FOSTER, L. S.: AECD 2942 (1945).

[6] PALTY, A. E., H. MARGOLIN u. J. P. NIELSEN: Trans. Am. Soc. Met. **46** (1954), S. 312/28.

[7] DOMAGALA, R. F., D. J. McPHERSON u. M. HANSEN: J. Metals 8 (1956), S. 98/105.

[8] GLASER, F. W., D. MOSKOWITZ u. B. POST: J. Metals, **5** (1953), S. 1119/20.

[9] HUMPHREY, G. L.: J. Am. Chem. Soc. **75** (1953), S. 2806/07.

[10] NOWOTNY, H., F. BENESOVSKY u. E. RUDY: Mh. Chem. **91** (1960), S. 348/56.

[11] HAHN, H.: Z. anorg. Chem. **258** (1949), S. 58/68.

[12] BRAUER, G.: Z. Elektrochem. **46** (1940), S. 397/402.

[13] BRAUER, G. u. R. LESSER: Z. Metallkunde **50** (1959), S. 487/92.

[14] ESSELBORN, R.: Diss. Univ. Freiburg/Br. 1958.

[15] SCHÖNBERG, N.: Acta Chem. Scand. **8** (1954), S. 208/12.

[16] ELLIOTT, R. P. u. S. KOMJATHY: In: Columbium Symposium. Met. Soc. Conf., Vol. 10, Intersci Publ., New York 1961, S. 367/82.

[17] FRIEDERICH, E. u. L. SITTIG: Z. anorg. allg. Chem. **143** (925), S. 293/320.

[18] BRAUER, G. u. K. H. ZAPP: Z. anorg. allg. Chem. **277** (1954), S. 129/39.

[19] BRAUER, G. u. R. LESSER: Z. Metallkunde **50** (1959), S. 512/15.

[20] SCHÖNBERG, N.: Acta Chem. Scand. **8** (1954), S. 199/203.

[21] Unter vielen anderen Angaben BLIX, R.: Z. physik. Chem. B **3** (1929), S. 229/39.

[22] HÄGG, G.: Z. physik. Chem. B **7** (1930), S. 339/62.

[23] GHOSH, S. P.: J. Indian Chem. Soc. **29** (1952), S. 484/88.

[24] SCHÖNBERG, N.: Acta Chem. Scand. **8** (1954), S. 204/07.

Zahlentafel 60. *Herstellung von Nitriden durch Behandlung von Metallen bzw. Metallhydriden mit Stickstoff oder Ammoniak*

Reaktionsgleichung	Reaktionstemperatur* °C
$Ti (TiH_2) + N_2 \rightarrow TiN + (H_2)$	1200
$Zr (ZrH_2) + N_2 \rightarrow ZrN + (H_2)$	1200
$Hf (HfH_2) + N_2 \rightarrow HfN + (H_2)$	1200
$V (VH) + N_2 \rightarrow VN + (H_2)$	1200
$Nb (NbH) + N_2 \rightarrow NbN + (H_2)$	1200
$Ta (TaH) + N_2 \rightarrow TaN + (H_2)$	1100 bis 1200
$Cr + NH_3 \rightarrow CrN + H_2$	800 bis 1000
$Mo + NH_3 \rightarrow MoN + H_2$	400 bis 700
$W + NH_3 \rightarrow WN + H_2$	700 bis 800
$U (UH_2) + N_2 (NH_3) \rightarrow UN + (H_2)$	1000 bis 1200

* Hierunter werden die niedrigsten Reaktionstemperaturen verstanden. Zwecks vollständiger und beschleunigter Umsetzung empfehlen sich insbesondere bei Anwendung von Stickstoff 300 bis 600° höhere Temperaturen. Bei der Umsetzung mit NH_3 werden, bei allerdings sehr langen Umsetzungszeiten, noch weit niedrigere Reaktionstemperaturen in der Literatur angegeben.

An Stelle der reinen Metalle kann man als Ausgangsstoffe für die Nitridbildung auch die leicht herstellbaren Metallhydride, z. B. des Titans, Zirkoniums, Niobs, Tantals und Urans, verwenden und diese mit Stickstoff oder Ammoniak umsetzen. Intermediär wird bei der Behandlung von Hydriden mit Stickstoff sicher Ammoniak gebildet. Auf diese Weise wurden reinste Präparate für röntgenographische· Untersuchungen hergestellt, wobei allerdings Nitridbildungstemperaturen von 1200° bis 2000° angewandt wurden[1, 2].

3. Umsetzung von Metallverbindungen

Durch Umsetzung von Metallchloriden, Metalloxychloriden mit Ammoniak oder durch Zersetzung von Ammoniakverbindungen kann man sehr reine Nitride herstellen. Beispielsweise wurde TiN aus $TiCl_4 + NH_3$[3, 4, 5], VN aus $VOCl_3 + NH_3$[6] oder $NH_4VO_3 + NH_3$[7], Chromnitrid aus $CrCl_3$ oder $CrO_3Cl_2 + NH_3$[8] erzeugt.

---

[1] DUWEZ, P. u. F. ODELL: J. Electrochem. Soc. **97** (1950). S. 299/304.

[2] RUNDLE, R. E., N. C. BAENZIGER, A. S. WILSON u. R. A. McDONALD: J. Am. Chem. Soc. **70** (1948), S. 99/105.

[3] BRAGER, A.: Acta Physicochim. USSR **10** (1939), S. 887/902.

[4] FOSTER, L. S.: AECD 2942 (1945).

[5] KRAITZER, I. C. u. I. E. NEWNHAM: Australian J. Appl. Sci. **7** (1956), S. 215/23.

[6] WHITEHOUSE, N.: J. Soc. Chem. Ind. **26** (1907), S. 738/39.

[7] EPELBAUM, V. u. A. BRAGER: Acta Physicochim. USSR **13** (1940), S. 595/99; HAHN, H.: Z. anorg. Chem. **258** (1949), S. 58/68.

[8] Vgl. Literaturzusammenstellung S. 329.

4. Abscheidung aus der Gasphase (Aufwachsverfahren)

Ebenso wie Karbide kann man auch Nitride nach dem von A. E. VAN ARKEL[1] beschriebenen Aufwachsverfahren in reinster und für physikalische Untersuchungen besonders geeigneter Form herstellen (s. S. 60). Die Abscheidung der Nitride von Titan, Chrom, Hafnium, Vanadin, Niob und bedingt Tantal am glühenden Wolframfaden erfolgt dabei aus Dampfgemischen der betreffenden Metallhalogenverbindung in Gegenwart von reinstem Stickstoff oder Ammoniak und Wasserstoff etwa nach der Summengleichung:

$$2\,TiCl_4 + N_2 + 4\,H_2 = 2\,TiN + 8\,HCl$$

Zur Methodik, Form der Abscheidung usw., ist über das bei den Karbiden Gesagte nichts hinzuzufügen (s. S. 62.) Nach A. E. VAN ARKEL und J. H. DE BOER[2], H. FISCHVOIGT und F. KOREF[3], A. MÜNSTER und W. RUPPERT[4] kann man nach dem Aufwachsverfahren Nitride des Titans, Zirkoniums und Tantals erzeugen. K. MOERS[5]

Zahlentafel 61. *Abscheidungsbedingungen für verschiedene Nitride nach dem Aufwachsverfahren* (K. MOERS)

Nitrid	Günstigste Fadentemperatur °K	Ausgangsmaterial für		
		Metallkomponente	Einstelltemperatur °C	andere Komponente
Titannitrid TiN...	1400 bis 2000	$TiCl_4$	20	$N_2 + H_2$
Zirkoniumnitrid ZrN	2300 bis 2800	$ZrCl_4$	300 bis 350	$N_2 + H_2$
	2800 bis 3000	$ZrCl_4$	300 bis 350	N_2
Vanadinnitrid VN	1400 bis 1600	VCl_4	20	$N_2 + H_2$
Tantalnitrid TaN .	2400 bis 2600	$TaCl_5$	250 bis 350	N_2

gibt in seiner eingehenden Arbeit genauere Angaben über die Abscheidungsbedingungen (Zahlentafel 61). Dort ist auch erwähnt, daß es bei gleichzeitiger Anwesenheit von Stickstoff und Kohlenstoff gelingt, z. B. Gemische von TaN + TaC abzuscheiden. Die gleichzeitige Abscheidung von Titan- bzw. Zirkoniumnitrid und Karbid gelingt aus den früher beschriebenen Gründen nicht (s. S. 62).

---

[1] VAN ARKEL, A. E.: Physica 4 (1924), S. 286/301.

[2] VAN ARKEL, A. E. u. J. H. DE BOER: Z. anorg. allg. Chem. 148 (1925), S. 345/50.

[3] FISCHVOIGT, H. u. F. KOREF: Z. techn. Physik 6 (1925), S. 296/98.

[4] MÜNSTER, A. u. W. RUPPERT: Z. Elektrochem. 57 (1953), S. 564/71; Angew. Chem. 69 (1957), S. 281/90.

[5] MOERS, K.: Z. anorg. allg. Chem. 198 (1931), S. 243/61.

Auf der Suche nach hochwarm- und zunderfesten Überzügen haben I. E. CAMPBELL und Mitarbeiter[1] ebenfalls die Abscheidung von Nitriden nach dem Aufwachsverfahren durchgeführt. In einer Apparatur gemäß Abb. 19 können auch Nitridschichten unter den in Zahlentafel 62 angegebenen Bedingungen abgeschieden werden. Die Autoren erwähnen ebenfalls die gleichzeitige Abscheidung von $TaN + TaC$.

Mit der Herstellung von harten und Verschleißfesten TiN-Schichten auf Stahl und anderen Werkstoffen haben sich eingehend A. MÜNSTER und W. RUPPERT[2] befaßt.

Zahlentafel 62. *Abscheidungsbedingungen für verschiedene Nitride nach dem Aufwachsverfahren* (I. E. CAMPBELL. C. F. POWELL, D. H. NOWICKI u. B. W. GONSER)

Nitrid	Abscheidungsreaktion	Abscheidungstemperatur* ° C
Titannitrid TiN	$TiCl_4 + 3 N_2 + H_2 \rightarrow$ $TiN + HCl$	1100 bis 1700
Zirkoniumnitrid ZrN ...	$ZrCl_4 + 3 N_2 + H_2 \rightarrow$ $ZrN + HCl$	1100 bis 2700
Hafniumnitrid HfN.....	$HfCl_4 + 3 N_2 + H_2 \rightarrow$ $HfN + HCl$	1100 bis 2700
Vanadinnitrid VN	$VCl_4 + 3 N_2 + H_2 \rightarrow$ $VN + HCl$	1100 bis 1600

* Bei Atmosphärendruck.

5. Isolierung

Aus chrom- und **molybdän**legierten Stählen und Heizleiterlegierungen ist es auch gelungen, durch elektrolytische Abscheidung Cr_2N und Molybdännitride zu isolieren[3-6] (vgl. S. 330 u. 334).

6. Reinigung der Nitride und Herstellung von Sinterkörpern

Zur Reinigung der Nitride und zur Erzeugung dichter Körper werden nach C. AGTE und K. MOERS[7] die pulverförmigen Ausgangs-

[1] CAMPBELL, I. E., C. F. POWELL, D. H. NOWICKI u. B. W. GONSER: J. Electrochem. Soc. **96** (1949), S. 318/33; s. a. Vapor-Plating, Wiley, New York 1955, S. 95/102.

[2] MÜNSTER, A. u. W. RUPPERT: Z. Elektrochem. **57** (1953), S. 564/71. Naturwiss. **39** (1952), S. 349/50. Angew. Chem. **69** (1957), S. 281/90.

[3] PFEIFFER, H.: Arch. Eisenhüttenwes. **29** (1958), S. 575/84.

[4] KOUTSKY, J. u. J. JEŽEK: Hutnické Listy **13** (1958), S. 1098/1105.

[5] FERRO, A., S. GALLO u. C. P. GALOTTO: Metallurgia Ital. **49** (1956), S. 361/68.

[6] ANDREWS, K. W. u. H. HUGHES: Iron Steel **32** (1959), S. 654/58.

[7] AGTE, C. u. K. MOERS: Z. anorg. allg. Chem. **198** (1931), S. 233/43.

materialien mit einem Preßdruck von 2 t/cm², gegebenenfalls unter Zusatz von 2 bis 5% an freiem Metall, welches bei der Vor- und Hochsinterung unter Stickstoff ebenfalls in Nitrid übergeführt wird, zu Stäben verpreßt und in einem Wolframrohrofen unter reinstem Stickstoff auf etwa 2300° erhitzt. Nach Zerkleinerung der Sinterstäbe wird die ganze Prozedur wiederholt. Bei der Reinigungsoperation muß die Aufnahme von Sauerstoff und insbesondere Kohlenstoff peinlich vermieden werden, da die meist niedriger schmelzenden Oxyde nur schwer, die Karbide mit ihrem hohen Schmelzpunkt überhaupt nicht zu beseitigen sind. Bei der Sinterung von Nitridstäben gewährt eine Einbettung in Nitridpulver (Getterung) einen wirksamen Schutz gegen oberflächliches Anlaufen durch Oxydation. Die Hochsinterung der Nitridstäbe zwecks Erzeugung reiner und möglichst dichter Produkte, d. h. die Verflüchtigung der Verunreinigungen erfolgt im direkten Stromdurchgang unter reinstem Stickstoff. Man muß dabei bis nahe an den Schmelzpunkt der Nitride herangehen.

Die Herstellung von Formteilen für Hochtemperaturanwendungen aus Nitriden des Titans, Zirkoniums, Tantals, Thoriums und Urans durch Normalpressen, hydrostatisches Pressen oder Schlickerguß und anschließende Sinterung ist mehrfach beschrieben worden[1-4].

Sie schließt sich eng an die Gewinnung dichter Karbidformstücke an. Als Sinteratmosphäre kommen je nach Beständigkeit des Nitrides Vakuum, Stickstoffunterdruck, Argon, strömender Stickstoff oder Stickstoffüberdruck (1 bis 50 Atm.) in Frage.

B. Die Einzelnitride

1. Titannitrid

a) Herstellung

Beim Glühen eines Gemisches aus Titanoxyd und Kohle unter Stickstoff setzt sich das intermediär gebildete Metall mit dem Stickstoff etwa nach folgender Hauptreaktion um:

$$2\,TiO_2 + 4\,C + N_2 = 2\,TiN + 4\,CO \tag{1}$$

Dabei können folgende Nebenreaktionen ablaufen:

$$TiO_2 + C = TiO + CO = Ti + CO_2 \tag{2}$$

$$TiO + C + N = TiN + CO \tag{3}$$

$$2\,Ti + N_2 = 2\,TiN \tag{4}$$

[1] CHIOTTI, P.: J. Am. Ceram. Soc. **9** (1938), S. 179/81, **35** (1952), S. 123/30.
[2] MEYER, O.: Ber. dtsch. keram. Ges. **11** (1930), S. 333/63.
[3] FOSTER, L. S.: AECD 2942 (1945).
[4] VASILOS, T. u. W. D. KINGERY: J. Am. Ceram. Soc. **37** (1954), S. 409/14.

$$2\,TiO_2 + 4\,C = TiO\text{-}TiC\ (MK) + 3\,CO \qquad (5)$$
$$TiO\text{-}TiC + N_2 = 2\,TiN + CO \qquad (6)$$
$$TiO + 2\,C = TiC + CO \qquad (7)$$
$$TiO + TiC + TiN = TiO\text{-}TiC\text{-}TiN\ (MK) \qquad (8)$$
$$TiO\text{-}TiC\text{-}TiN + N_2 = 3\,TiN + CO \qquad (9)$$

Da sich Titankarbid erst bei Temperaturen bildet, die wesentlich höher sind als jene, bei denen Nitridbildung eintritt, ist das erhaltene Pulver nahezu karbidfrei.

Auf diese Weise haben viele Forscher Titannitrid-Präparate hergestellt[1-8]. Beispielsweise vermischten E. Friederich und L. Sittig[9] TiO_2 oder Rutil mit geglühtem Kienruß sehr innig und erhitzten das Gemisch in Molybdän- oder Wolframschiffchen im Porzellanrohrofen unter reinstem Stickstoff 3 Stunden auf 1250°. Das erhaltene Produkt bestand aus 76,1% Ti, 21,9% N und 1,96% Unlöslichem (theoretisch für TiN 77,4% Ti, 22,6% N). Der im Königswasser unlösliche Rückstand bestand aus SiO_2 und etwas blauem Titanoxyd.

Auch die Umsetzung von TiO_2 mit Ammoniak ist möglich und wurde von zahlreichen Forschern zur Darstellung von TiN benützt[10-13]. TiN erhält man auch durch Umsetzung von Titanhydrid mit reinem Stickstoff bei 1800 bis 1900°[14, 15]. Ebenso ist die Umsetzung mit Ammoniak möglich und führt schon bei 1000° zu reinen Präparaten[16].

Da heute ausreichend metallisches Reintitan in Form von Titan-

[1] Moissan, H.: Compt. Rend. 120 (1895), S. 290/96.

[2] Friedel, C. u. J. Guérin: Compt. Rend. 82 (1876), S. 972, Bull. Soc. Chim. France 24 (1876), S. 530.

[3] Schneider, E. A.: Z. anorg. allg. Chem. 8 (1895), S. 81/97.

[4] Whitehouse, N.: J. Soc. Chem. Ind. 26 (1907), S. 738/39.

[5] Weiss, L. u. H. Kaiser: Z. anorg. allg. Chem. 65 (1909), S. 345/402.

[6] Bichowsky, F. v.: Chem. Met. Eng. 33 (1926), S. 749/50, s. a. A. P. 1 391 147/48 (1920).

[7] Umezu, S.: Proc. Imp. Acad. Tokio 7 (1931), S. 353/56.

[8] Čech, B., F. Vavra u. J. Šejbal: Techn. Zprávy VUPM (1957), Nr. 5, S. 9/16.

[9] Friederich, E. u. L. Sittig: Z. anorg. allg. Chem. 143 (1925), S. 293/320.

[10] Friedel, C. u. J. Guérin: Compt. Rend. 82 (1876), S. 972, Bull. Soc. Chim. France 24 (1876), S. 530.

[11] Montemartini, C. u. L. Losana: Giorn. Chim. Ind. Appl. (1924), S. 323, Notizario Chim. Ind. 1 (1924), S. 237/40.

[12] Ruff, O.: Ber. dtsch. chem. Ges. 42 (1909), S. 900.

[13] Ostroumov, E. A.: Zavod. Labor. 4 (1935), S. 506/08, Z. anorg. allg. Chem. 227 (1936), S. 37/42.

[14] Duwez, P. u. F. Odell: J. Electrochem. Soc. 95 (1950), S. 299/304.

[15] Nowotny, H., F. Benesovsky u. E. Rudy: Mh. Chem. 91 (1960), S. 348/56.

[16] Foster, L. S.: AECD 2942 (1945).

schwamm oder reinen Titanblechabfällen zur Verfügung steht, kann man dieses auch direkt nitrieren[1, 2-7]. P. EHRLICH[8] hat grobe Titanspäne (99,9% Ti) 2 bis 3 Stunden bei 1200° unter reinstem Stickstoff in Korundrohren erhitzt. Bei einmaligem Nitrieren erhielt er ein Produkt $TiN_{0,95}$, nach Pulverisieren und nochmaliger Behandlung wurde ein Nitrid der Zusammensetzung $TiN_{1,0}$ erhalten. Höher nitrierte Produkte wurden in keinem Fall beobachtet. Durch Vermischen des Nitrides TiN mit reinem Titanpulver und Erhitzen in Wolframschiffchen können stickstoffärmere Präparate hergestellt werden.

Für die Systemuntersuchung haben A. E. PALTY, H. MARGOLIN und J. P. NIELSEN[9] ihre Proben hauptsächlich durch Lichtbogenschmelzen von vorgebildeten Titannitriden hergestellt.

Auf die zahlreichen Arbeiten über die Oberflächenhärtung von Titan und Titanlegierungen durch Nitrieren mit Stickstoff, Ammoniak oder Cyaniden, wobei TiN-Schichten die Härteträger sind, kann hier nur verwiesen werden[10-24].

[1] MONTEMARTINI. C. u. L. LOSANA: Giorn. Chim. Ind. Appl. (1924), S. 323 Notizario Chim. Ind. 1 (1924), S. 237/40.

[2] NAYLOR, B. F.: J. Am. Chem. Soc. **68** (1946), S. 370/71.

[3] SHOMATE, C. H.: J. Am. Chem. Soc. **68** (1946), S. 310/12.

[4] WEISS, L. u. H. KAISER: Z. anorg. Chem. **65** (1920), S. 345/402.

[5] ALEXANDER, P. P.: Metals and Alloys **9** (1938), S. 179/81.

[6] AGTE, C. u. K. MOERS: Z. anorg. allg. Chem. **198** (1931), S. 233/43.

[7] CHIOTTI, P.: J. Am. Ceram. Soc. **9** (1938), S. 179/81; **35** (1952), S. 123/30.

[8] EHRLICH, P.: Z. anorg. Chem. **259** (1949), S. 1/41.

[9] PALTY, A. E., H. MARGOLIN u. J. P. NIELSEN: Trans. Am. Soc. Met. **46** (1954), S. 312/28.

[10] SKORSKI, R.: Hutnik poln. **17** (1950), S. 290/98.

[11] SILK, E. J.: Iron Age **170** (1952), Nr. 20, S. 166/70.

[12] GITTO, J. u. A. STYKA: WAL 401-49-23 (1953).

[13] HANZEL, R. W., V. PULSIVER u. S. W. McGEE: WAL 401-84-25 (1953).

[14] HANZEL, R. W.: Metal Progr. **65** (1954), Nr. 3, S. 89/96.

[15] WYATT, J. L. u. N. J. GRANT: Trans. Am. Soc. Met. **46** (1954), S. 540/65. Iron Age **173** (1954), Nr. 2, S. 112/15, Nr. 4, S. 124/27.

[16] SATOH, S. u. K. YAMANE: J. Sci. Res. Inst. Tokio **49** (1955), S. 325/30.

[17] BUNGARDT, K. u. K. RÜDINGER: Z. Metallkunde **47** (1956), S. 577/83.

[18] YOSHIDA, S. u. J. ISONO: J. Gov. Mech. Lab. Japan **10** (1956), S. 32/37, 45/46.

[19] MINKEWITSCH, A. N., A. D. TAIMER u. J. A. ZOTEV: Metalloved. Obr. Metallov (1956), Nr. 7, S. 39/48.

[20] HOLLADAY, J. W.: DMIC Mem. **29** (1959).

[21] TAKAMURA, A.: Nippon Kinzoku Gakkai-Si **24** (1960), S. 565/69.

[22] NAKANO, K.: Nippon Kinzoku Gakkai-Si **24** (1960), S. 500/04.

[23] SMIRNOV, A. V. u. A. D. NATSCHINKOV: Metalloved. Term. Obr. Metallov (1960), Juli, S. 42/47.

[24] MUKHERJEE, A. K. u. J. W. MARTIN: J. Less-Common Metals 2 (1960), S. 392/98.

Ebenso seien die Arbeiten über die Diffusion von Stickstoff in Titan, die Bestimmung der Diffusionskonstante und Aktivierungsenergie nur erwähnt[1-6]

Nach einem älteren Vorschlag von O. RUFF und F. EISNER[7] kann man nach A. BRAGER[8] Titannitrid durch Umsetzen von Titantetrachlorid und Ammoniak darstellen[9]. Bleibt man bei dieser Methode bei Temperaturen unter 1400°, so wird ein Nitrid erhalten, in dessen Gitter 15 bis 20% der Titanstellen unbesetzt sind, was eine starke Veränderung der Gitterkonstanten bedingt. Nach L. S. FOSTER[10] tritt die Umsetzung schon bei 250 bis 330° ein. Zur Entfernung der entstehenden NH_4Cl muß allerdings in einer zweiten Stufe bis auf 1000° erhitzt werden. Auch I. C. KRAITZER und I. E. NEWNHAM[11] haben nach dieser Methode reines TiN durch doppelte Umsetzung bei 350° bzw. 600° erhalten und dichte Körper aus TiN hergestellt.

Sehr reine Titannitrid-Präparate erhält man nach dem Aufwachsverfahren (s. S. 203). Aus einem Dampfgemisch von $TiCl_4$, N_2 und H_2 kann man an einem glühenden Wolframfaden Titannitrid abscheiden. Das Verfahren wurde erstmalig von A. E. VAN ARKEL und J. H. DE BOER[12, 13] zur Abscheidung von Titannitrid erwähnt.

H. FISCHVOIGT und F. KOREF[14] dürften bei ihren früheren Versuchen zur Herstellung von Titan bzw. Titankarbid titannitridhaltige Aufwachsschichten erhalten haben. Nach K. MOERS[15] gelingt die Abscheidung bei Fadentemperaturen von 1400 bis 2000° K am leichtesten bei gleichzeitiger Anwesenheit von Stickstoff und Wasserstoff. Man kann sowohl Einkristalldrähte als auch polykristalline Aufwach-

[1] RICHARDSON, L. S. u. N. J. GRANT: J. Metals 6 (1954), S. 69/70.

[2] WASILEWSKI, R. J. u. G. L. KEHL: J. Inst. Met. 83 (1954), S. 94/104.

[3] SAMSONOV, G. V. u. V. P. LATYSCHEVA: Dokl. Akad. Nauk SSSR 109 (1956), S. 582/85.

[4] MÜNSTER, A. u. G. SCHLAMP: Z. Phys. Chem. 13 (1957), S. 59/75, S. 76/94.

[5] ARAI, Z., H. HAYASHI, S. NAKAMURA u. N. AZUMA: Rep. Gov. Ind. Res. Inst. Nagoya 9 (1960), S. 289/96, J. Ceram. Assoc. Japan 68 (1960), S. 82/88.

[6] TAKEUCHI, Y., R. KAWANISHI, Y. MOROOKA, D. WATANABE u. S. OGAWA: Nippon Kinzoku Gakkai-Si 23 (1959), S. 410/13.

[7] RUFF, O. u. F. EISNER: Ber. dtsch. chem. Ges. 41 (1908), S. 2250/64, 42 (1909), S. 900.

[8] BRAGER, A.: Acta Physicochim. USSR 10 (1939), S. 593/600, 11 (1939), S. 617/32.

[9] s. a. A.P. 2 413 778 (1947).

[10] FOSTER. L. S.: AECD 2942 (1945).

[11] KRAITZER, I. C. u. I. E. NEWNHAM: Australian J. Appl. Sci. 7 (1956), S. 215/23.

[12] VAN ARKEL, A. E.: Physica 4 (1924), S. 286/301.

[13] VAN ARKEL, A. E. u. J. H. DE BOER: Z. anorg. allg. Chem. 148 (1925), S. 345/50.

[14] FISCHVOIGT, H. u. F. KOREF: Z. techn. Physik 6 (1925), S. 296/98.

[15] MOERS, K.: Z. anorg. allg. Chem. 198 (1931), S. 243/62.

sungen mit kupfer- bis goldglänzender Farbe erzeugen. Die günstigsten Bedingungen der Abscheidung von TiN aus der Gasphase sind nach F. H. POLLARD und P. WOODWARD[1]: Drahttemperatur etwa 1450°, Gesamtgasdruck 300 bis 400 mm Hg, Partialdruck des $TiCl_4$ etwa 17 mm, Verhältnis $H_2 : N_2 = 1 : 1$. I. E. CAMPBELL und Mitarbeiter[2] haben neuerdings die Erzeugung von Titannitridschichten aus $TiCl_4$-N_2-H_2-Gemischen bei 1100 bis 1700° in einer Apparatur gemäß Abb. 19 beschrieben.

Das Aufdampfverfahren ist in letzter Zeit von A. MÜNSTER und W. RUPPERT[3, 4] auch zur Herstellung verschleißfester TiN-Schichten auf Stählen angewandt worden.

Für technische Zwecke kann man Titanpulver im Lichtbogen unter Stickstoff niederschmelzen, wobei sehr hartes, als Diamantersatz dienendes Titannitrid entsteht[5].

Die Herstellung von TiN-Formkörpern wurde mehrfach beschrieben[6–10, 11]. Insbesondere die Schlickergußtechnik ist dafür von T. VASILOS und W. D. KINGERY[12] herangezogen worden. Mit Fragen der Verpreßbarkeit von TiN-Pulver befaßten sich G. V. SAMSONOV und V. S. NESCHPOR[13].

b) Das System Titan-Stickstoff

Die älteren Arbeiten von F. WÖHLER[14], C. FRIEDEL und J. GUERIN[15] E. A. SCHNEIDER[16], H. GEISOW[17] und N. WHITEHOUSE[18], in denen

---

[1] POLLARD, F. H. u. P. WOODWARD: J. Am. Chem. Soc. 10 (1948), S. 1709/13.

[2] CAMPBELL, I. E., C. F. POWELL, D. H. NOWICKI u. B. W. GONSER: J. Electrochem. Soc. 96 (1949), S. 318/33.

[3] MÜNSTER, A. u. W. RUPPERT: Z. Elektrochem. 57 (1953), S. 564/71. Naturwiss. 39 (1952), S. 349/50.

[4] MÜNSTER, A.: Angew. Chem. 69 (1957), S. 281/90.

[5] REMIN, V. P.: Vestn. Metalloprom. (1938), Nr. 7, S. 54/63.

[6] RUFF, O. u. F. EISNER: Ber. dtsch. Chem. Ges. 41 (1908), S. 2250/64, 42 (1909), S. 900.

[7] D.R.P. 282 748 (1913), 286 992 (1913).

[8] MEYER, O.: Ber. dtsch. keram. Ges. 11 (1930), S. 333/63.

[9] CHIOTTI, P.: J. Am. Ceram. Soc. 35 (1952), S. 123/50.

[10] FOSTER, L. S.: AECD 2942 (1945).

[11] SAMSONOV, G. V., G. A. JASINSKAJA u. TAI SCHOU-VEJ: Ogneupory 25 (1960), S. 35/38.

[12] VASILOS, T. u. W. D. KINGERY: J. Am. Ceram. Soc. 37 (1954), S. 409/14.

[13] SAMSONOV, G. V. u. V. S. NESCHPOR: Dokl. Akad. Nauk SSSR 104 (1955), S. 405/08.

[14] WÖHLER, F.: Liebigs Ann. 73 (1850), S. 46.

[15] FRIEDEL, C. u. J. GUÉRIN: Bull. Soc. France 24 (1876), S. 530, Compt. Rend. 82 (1876), S. 972.

[16] SCHNEIDER, E. A.: Diss. München 1902.

[17] GEISOW, H.: Diss. München 1902.

[18] WHITEHOUSE, N.: J. Soc. Chem. Ind. 26 (1907), S. 738/39.

u. a. auch Nitride der Zusammensetzung Ti_5N_6, Ti_3N_4 und TiN_2 angegeben werden, sind auf Grund der neueren Erkenntnisse über Einlagerungsstrukturen und Subtraktionsmischkristalle zum Teil überholt. Nach O. Ruff und F. Eisner[1], L. Weiss und K. Kaiser[2], E. Friederich und L. Sittig[3], A. E. van Arkel[4], K. Moers[5] sowie K. Becker und F. Ebert[6] besteht im System Titan-Stickstoff nur die Verbindung TiN mit kubischem Gitter (Steinsalztyp B 1) und breitem Existenzbereich. J. P. Nielsen[7] gibt zwar in einem hypothetischen, auf Literaturangaben aufgebauten Zustandsschaubild des Systems Titan-Stickstoff auch andere als unbewiesen geltende Phasen an (s. das spätere korrigierte System Abb. 117).

P. Ehrlich[8] hat an Präparaten von TiN, hergestellt durch Umsetzung von reinstem Titan mit Stickstoff, das System röntgenographisch untersucht und sehr exakte Dichtebestimmungen durchgeführt. Das Homogenitätsgebiet der TiN-Phase, in welcher 4% der Gitterstellen nicht besetzt sind, reicht bis etwa $TiN_{0,42}$.

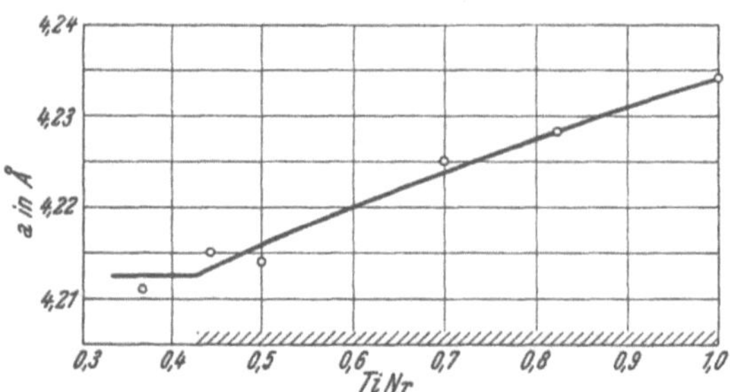

Abb. 116. Verlauf der Gitterkonstanten der TiN-Phase (P. Ehrlich)

Mit Zunahme des Stickstoffgehaltes verschwinden die Fehlstellen im Metallgitter und es liegen reine Subtraktionsmischkristalle vor. Bei $TiN_{0,33}$ und $TiN_{0,25}$ sind zwei Phasen vorhanden, erst darunter zeigt das Röntgenogramm nur die reine Metallphase. Stickstoff löst sich demnach im Titan etwa bis zur Zusammensetzung $TiN_{0,2}$. Die quantitative Auswertung der Röntgenogramme ergab für TiN eine Gitterkonstante von 4,234 Å. Mit abnehmendem Stickstoffgehalt fällt die Gitterkonstante gemäß Abb. 116 linear auf etwa 4,213 Å bei $TiN_{0,42}$ ab. A. Brager[9] beobachtete an Titannitriden, welche durch Zer-

[1] Ruff, O. u. F. Eisner: Ber. dtsch. chem. Ges. 41 (1908), S. 2250/64, 42 (1909), S. 900.

[2] Weiss, L. u. K. Kaiser: Z. anorg. allg. Chem. 65 (1909), S. 345/402.

[3] Friederich, E. u. L. Sittig: Z. anorg. allg. Chem. 143 (1925), S. 293/320.

[4] van Arkel, A. E.: Physica 4 (1924), S. 286/301.

[5] Moers, K.: Z. anorg. allg. Chem. 198 (1931), S. 243/61.

[6] Becker, K. u. F. Ebert: Z. Physik 31 (1925), S. 268/72.

[7] Nielsen, J. P.: Report of Symposium on Titanium, Office of Naval Res., Washington 1949, S. 153/57.

[8] Ehrlich, P.: Z. anorg. Chem. 259 (1949), S. 1/41.

[9] Brager, A.: Acta Physicochim. USSR. 10 (1939), S. 887/902, 11 (1939), S. 617/32.

setzung von Titantetrachlorid-Ammoniakaten ($TiCl_4 \cdot 4\,NH_3$) bei verschiedenen Temperaturen erhalten worden waren, daß der Homogenitätsbereich der TiN-Phase bis $TiN_{1,16}$ reicht. W. HUME-ROTHERY, G. V. RAYNOR und A. T. LITTLE[1] fanden bei eisenhaltigen Produkten ein Atomverhältnis Ti : N bis zu 1 : 1,052. Mit fallendem Stickstoffgehalt fällt die Gitterkonstante nach P. EHRLICH[2] von 4,235 auf 4,213 Å in der Phasengrenze ab (s. Abb. 116). Auf Grund des Verlaufes der Gitterkonstanten in der hexagonalen Metallphase dürfte die obere Grenze derselben bei $TiN_{0,23}$ liegen.

Um die Frage des Existenzbereiches des kubischen TiN (δ) und der von P. EHRLICH gefundenen Phase TiN ($TiN_{0,25}$-$TiN_{0,33}$) zu klären und um ferner die Löslichkeit von Stickstoff in α- und β-Titan zu ermitteln, wurde von A. E. PALTY, H.

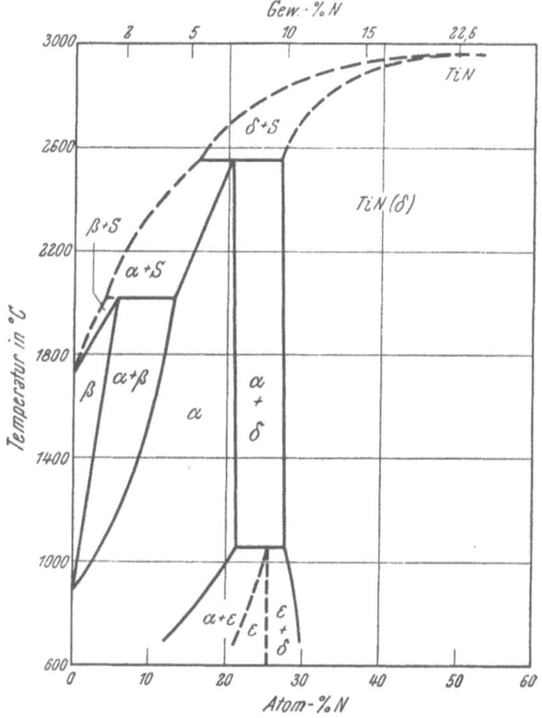

Abb. 117. Zustandsschaubild des Systems Titan-Stickstoff (A. E. PALTY, H. MARGOLIN und J. P. NIELSEN)

MARGOLIN und J. P. NIELSEN[3] lichtbogengeschmolzene Proben verwendet und ein vorläufiges Zustandsbild aufgestellt. Abb. 117 gibt die gefundenen Verhältnisse wieder, wobei besonders viele Meßwerte auf der Titanseite liegen. Die α- und die β-Titanmischkristalle werden peritektisch gebildet. Auffällig ist die Stabilisierung des α-Titans durch Stickstoff bis zu höchsten Temperaturen. Die gleichfalls peritektisch gebildete ε-Phase (vermutlich tetragonal, a: 2,92, c: 5,61 Å) liegt in ihrer Zusammensetzung zwischen Ti_4N und Ti_3N. Die kon-

---

[1] HUME-ROTHERY, W., G. V. RAYNOR u. A. T. LITTLE: J. Iron Steel Inst. **145** (1942), S. 129/41.

[2] EHRLICH, P.: Z. anorg. Chem. **259** (1949), S. 1/41.

[3] PALTY, A. E., H. MARGOLIN u. J. P. NIELSEN: Trans. Am. Soc. Met. **46** (1954), S. 312/28.

gruent schmelzende TiN-Phase (δ) hat einen weiten Existenzbereich zwischen 30 und 50 At.-% N.

Da das verwendete TiN nicht ganz stöchiometrisch und chemisch rein war und da die meisten hochstickstoffhaltigen Nitridpräparate im Lichtbogen durch Überhitzung Stickstoff verloren, ist das Zustandsdiagramm auf der Titanseite sehr viel genauer als in der Nähe der δ-Phase, wo es nur den Anspruch auf einen qualitativen Befund hat. Eine Überarbeitung des Systems bei höheren Stickstoffdrucken wäre empfehlenswert.

Auf die zahlreichen Arbeiten über die Löslichkeit von Stickstoff in Titan, über die Kinetik der Umsetzung und den Einfluß auf die Eigenschaften des Titans kann nur verwiesen werden[1-13] (vgl. S. 297).

c) Eigenschaften*

Titannitrid der chemischen Formel TiN mit 22,63% N fällt meist als hellbraunes bis bronzebraunes Pulver an. Hochgesinterte Stäbe aus TiN sind spröde und haben bronzegelben Bruch. Von Salzsäure, Salpetersäure und Schwefelsäure wird es nicht angegriffen, dagegen ist es im Königswasser leicht löslich[14, 15]. Beim Erhitzen mit Natronkalk oder beim Kochen mit Alkalien entwickelt sich Ammoniak.

Nach dem Aufwachsverfahren hergestelltes TiN ist im Vakuum über 1000° zersetzlich, wobei neben Stickstoff auch eingelagerter

[1] CLARK, H. T.: Trans. Am. Inst. Met. Eng. 185 (1949), S. 588/89.

[2] SHUKOW, I.: J. Russ. phys. chem. Ges. 40 (1908), S. 457/59, 42 (1910), S. 40/41.

[3] LORENZ, R. u. J. WOOLCOCK: Z. anorg. allg. Chem. 176 (1928), 289/304.

[4] NEUMANN, B., C. KRÖGER u. H. KUNZ: Z. anorg. allg. Chem. 218 (1934), S. 379/401.

[5] FAST, J. D.: Metallwirtsch. 17 (1938), S. 641/44.

[6] CARPENTER, L. G. u. R. F. REAVELL: Metallurgia 39 (1948), S. 63/65.

[7] GULBRANSEN, E. A. u. K. F. ANDREW: Trans. Am. Inst. Met. Eng. 185 (1949), S. 741/48, J. Electrochem. Soc. 96 (1949), S. 364/76.

[8] JAFFEE, R. I. u. I. E. CAMPBELL: Trans. Am. Inst. Met. Eng. 185 (1949), S. 646/54.

[9] JAFFEE, R. I., H. R. OGDEN u. D. J. MAYKUTH: Trans. Am. Inst. Met. Eng. 188 (1950), S. 1261/66.

[10] FINLAY, W. L. u. J. A. SNYDER: Trans. Am. Inst. Met. Eng. 188 (1950), S. 277/86.

[11] STONE, L. u. H. MARGOLIN: J. Metals 5 (1953), S. 1498/1502.

[12] WASILEWSKI, R. J. u. G. L. KEHL: J. Inst. Met. 83 (1954), S. 94/104.

[13] SPEISER, R. u. J. W. SPRETNAK: Trans. Am. Soc. Met. 47 (1955), S. 493/507.

[14] SAMSONOV, G. V.: Dokl. Akad. Nauk SSSR 86 (1952), S. 329/32.

[15] POPOVA, O. I. u. G. T. KABANNIK: Zur. Neorg. Chim. 5 (1960), S. 930/34.

* Vgl. dazu auch die mit sehr viel Literaturhinweisen belegte, zusammenfassende Darstellung in: „GMELINS-Handbuch der anorganischen Chemie". System Nr. 41, Titan, Verlag Chemie, Weinheim 1951, S. 278/85.

Zahlentafel 63. *Eigenschaften von Titannitrid TiN (22,63% N)*

Eigenschaft	Werte*	Weitere Literatur
Struktur	kubisch flz.[1] B 1	
Gitterkonstante Å	4,23[1]	2—17, 51, 52
Dichte g/cm³ ber.	5,432	3, 18—20
Dichte g/cm³ gef.	5,213[2]	
Härte MH (50 g) kg/mm²	2450[21]	4, 6, 14, 22, 52
Sprödigkeit	s. Lit.	23, 50
Elastizitätsmodul kg/mm²	25 600[24]	25
Biegebruchfestigkeit	s. Lit.	22
Schmelzpunkt °C	2950 ± 50[26]	11, 27
Wärmeausdehnungskoeffizient $\beta \cdot 10^{-6}$	9,35[25]	14
Wärmeleitfähigkeit cal/cm · sec · °C .	0,07[28]	
Thermodynamische Daten — ΔH_{298} kcal/mol	80,4[29]	25, 30—39
Spez. elektr. Widerstand $\mu\Omega \cdot$ cm ...	25,0[45]	14,15,26—28,40—43,53,54
Supraleitfähigkeit ab °K	4,86[44]	42, 45, 46
HALL-Konstante	— 0,67[54]	
Röntgenspektrum	s. Lit.	55
Elektronenemission	s. Lit.	43, 47
Magnet. Suszeptibilität	+ 0,8[48]	42, 49
Gefüge	s. Lit.	9, 11, 14, 22, 51, 52

* Bei dieser und allen folgenden Eigenschaftstafeln wurden die uns am besten erscheinenden Werte eingesetzt. Über weitere Werte vergleiche die Literatur in der nächsten Spalte.

[1] VAN ARKEL, A. E.: Physica 4 (1924), S. 286/301.
[2] EHRLICH, P.: Z. anorg. Chem. 259 (1949), S. 1/41.
[3] BECKER, u. F. EBERT: Z. Physik 31 (1925), S. 268/72.
[4] BRAGER, A.: Acta Physicochim. USSR 10 (1939), S. 593/600.
[5] DAWIHL, W. u. W. RIX: Z. anorg. allg. Chem. 244 (1940), S. 191/7.
[6] DUWEZ, P. u. F. ODELL: J. Electrochem. Soc. 97 (1950), S. 299/304.
[7] HOFMANN, W. u. A. SCHRADER: Arch. Eisenhüttenwes. 10 (1936), S. 65/66.
[8] SAMSONOV, G. V.: Dokl. Akad. Nauk SSSR, 86 (1952), S. 329/32.
[9] MÜNSTER, A. u. W. RUPPERT: Z. Elektrochem. 57 (1953), S. 564/71; Naturwiss. 39 (1952), S. 349/50.
[10] MÜNSTER, A. u. K. SAGEL: Z. Elektrochem. 57 (1953), S. 571/79.
[11] PALTY, A. E., H. MARGOLIN u. J. P. NIELSEN: Trans. Am. Soc. Met. 46 (1954), S. 312/28.
[12] SCHMITZ-DUMONT, O. u. K. STEINBERG: Naturwiss. 41 (1954), S. 117/18.
[13] SCHÖNBERG, N. Acta Chem. Scand. 8 (1954), S. 213/20.
[14] SAMSONOV, G. V. u. J. V. PETRASCH: Metalloved. Obr. Metallov (1955), Nr. 4, S. 19/24.

Wasserstoff frei wird[56]. Auch beim Erhitzen unter Wasserstoff ist TiN unbeständig[56a].

[15] MÜNSTER, A.: Angew. Chem. **69** (1957), S. 281/90.

[16] ČECH, B., F. VAVRA u. J. ŠEJBAL: Techn. Zprávy VUPM (1957), Nr. 5, S. 9/17.

[17] NOWOTNY, H., F. BENESOVSKY u. E. RUDY: Mh. Chem. **91** (1960), S. 348/56.

[18] WEIBKE, F.: In: W. BILTZ: Raumchemie der festen Stoffe, Leipzig 1934, S. 109.

[19] VAN ARKEL, A. E. u. J. H. DE BOER: Z. anorg. allg. Chem. **148** (1925), S. 345/50.

[20] BRAGER, A.: Acta Physicochim. USSR **11** (1939), S. 617/32.

[21] SAMSONOV, G. V., V. S. NESCHPOR u. L. M. CHRENOVA: Hutnické Listy **14** (1959), S. 484/88, Fiz. Metallov Metalloved. **8** (1959), S. 622/30.

[22] KRAITZER, I. C. u. I. E. NEWNHAM: Australian J. Appl. Phys. **7** (1956), S. 215/23.

[23] SAMSONOV, G. V. u. V. S. NESCHPOR: Dokl. Akad. Nauk SSSR **104** (1956), S. 405/08.

[24] KÖSTER, W. u. W. RAUSCHER: Z. Metallkunde **39** (1948), S. 111/20.

[25] SAMSONOV, G. V. u. V. S. NESCHPOR: Fiz. Metallov Metalloved. **4** (1957), S. 181/83; Zur. Fiz. Chim. **30** (1956), S. 2057/60; In: Fragen der Pulvermetallurgie, Kiew 1958, Bd. 5, S. 3/35.

[26] FRIEDERICH, E. u. L. SITTIG: Z. anorg. allg. Chem. **143** (1925), S. 293/320.

[27] AGTE, C. u. K. MOERS: Z. anorg. allg. Chem. **198** (1931), S. 233/75.

[28] VASILOS, T. u. W. D. KINGERY: J. Am. Ceram. Soc. **37** (1954), S. 409/14; NYO 3649 (1953).

[29] HUMPHREY, G. L.: J. Am. Chem. Soc. **73** (1951), S. 2261/63.

[30] NEUMANN, B., C. KRÖGER u. H. KUNZ: Z. anorg. allg. Chem. **218** (1934), S. 379/401.

[31] KELLEY, K. K.: Bur. Mines Bull. Nr. 407, 477 (1937), Ind. Eng. Chem. **36** (1944), S. 865/66.

[32] SATO, S.: Sci. Pap. Inst. Phys. Chem. Res., Tokio **34** (1938), S. 888/96.

[33] NAYLOR, B. F.: J. Am. Chem. Soc. **68** (1946), S. 370/71, 1077/78.

[34] SHOMATE, C. H.: J. Am. Chem. Soc. **68** (1946), S. 310.

[35] MÜNSTER, A. u. W. RUPPERT: Z. Elektrochem. **57** (1953), S. 558/64.

[36] PEARSON, J. u. U. J. C. ENDE: J. Iron Steel Inst. **175** (1953), S. 52/58.

[37] HOCH, M., D. P. DINGLEDY u. H. J. JOHNSTON: J. Am. Chem. Soc. **77** (1955), S. 304/06.

[38] MÜNSTER, A., G. RINCK u. W. RUPPERT: Z. Phys. Chem. **9** (1956), S. 228/38.

[39] BOOSS, H. J.: Metall **10** (1956), S. 130/36.

[40] CLAUSING, P.: Z. anorg. allg. Chem. **208** (1932), S. 401/19.

[41] SAMSONOV, G. V.: Zur. Techn. Fiz. **26** (1956), S. 716/22; Izv. Sekt. Fiz. Chim. **27** (1956), S. 97/125, Zur. Struct. Chim. **1** (1960), S. 447/52.

[42] MÜNSTER, A. u. K. SAGEL: Z. Physik **144** (1956), S. 139/51; Nature **174** (1954), S. 1154/55.

[43] SAMSONOV, G. V. u. V. S. NESCHPOR: In: Fragen der Pulvermetallurgie, Kiew 1959, Bd. 7, S. 99/104.

[44] MATTHIAS, B. T. u. J. K. HULM: Phys. Rev. **87** (1952), S. 799/806.

[45] MEISSNER, W. u. H. FRANZ: Z. Physik **65** (1930), S. 30/54.; MEISSNER, W., H. FRANZ u. H. WESTERHOFF: Z. Physik **75** (1932), S. 521/30.

[46] HARDY, G. F. u. J. K. HULM: Phys. Rev. **93** (1954), S. 1004/16.

[47] GOLDWATER, D. L. u. R. E. HADDAD: J. Appl. Phys. **22** (1951), S. 70/73.

Angaben über die Reaktion von TiN mit technischen Gasen macht H.-J. Booss[57]. Das Zunderverhalten wurde von A. Münster und Mitarbeitern[58, 59] und G. V. Samsonov und Mitarbeitern[60, 61] untersucht.

TiN ist gegen oxydische Schlacken unbeständig, dagegen erfolgt durch Kupfer-, Aluminium- und Eisenschmelzen kein Angriff[62, 63]. Gegen Chloridschmelzen bei der Schmelzflußelektrolyse ist es beständig[64].

Weitere Angaben über die Eigenschaften von Titanmononitrid sind der Zahlentafel 63 zu entnehmen. Über die ε-Phase (tetragonal, a: 2,92, c: 5,61 Å) gibt es weiter keine berücksichtigungswerten Daten.

d) Verwendung

Da TiN-Körper von Kupfer-Aluminium- und Eisenmetallschmelzen

[48] Klemm, W. u. W. Schüth: Z. anorg. allg. Chem. **201** (1931), S. 24/31.

[49] Samsonov, G. V., V. S. Neschpor u. N. S. Strelnikova: Dop. Akad. Nauk Ukr. RSR (1958), S. 838/39, In: Fragen der Pulvermetallurgie. Kiew 1960, Bd. 8, S. 90/98.

[50] Frantschewitsch, I. N. u. A. N. Piljankewitsch: In: Berichte Sem. hochwarmfeste Werkstoffe, Kiew 1960, Bd. 5, S. 28/35.

[51] Arai, Z., H. Hayashi, S. Nakamura u. N. Azuma: Rep. Gov. Ind. Res. Inst. Nagoya **9** (1960), S. 289/96.

[52] Takeuchi, Y., R. Kawanishi, Y. Morooka, D. Watanabe u. S. Ogawa: Nippon Kinzoku Gakkai-Si **23** (1959), S. 410/13.

[53] Kolomec, N. V., V. S. Neschpor, G. V. Samsonov u. S. A. Semenkovitsch: Zur. Techn. Fiz. **28** (1958), S. 2382/89.

[54] Lvov, S. N., V. F. Nemtschenko u. G. V. Samsonov: Dokl. Akad. Nauk SSSR **135** (1960), S. 577/80.

[55] Vajnstein, Z. J. u. E. A. Zurakovski: Dokl. Akad. Nauk SSSR **128** (1959), Nr. 4.

[56] Pollard, F. H. u. P. Woodward: Trans. Faraday Soc. **46** (1950), S. 277/86.

[56a] May, C. E., D. Koneval u. G. C. Fryburg: NASA Mem. 3-5-59 E (1959).

[57] Booss, H.-J.: Metall **10** (1956), S. 130/36.

[58] Münster, A. u. W. Ruppert: Z. Elektrochem. **57** (1953), S. 564/71, Angew. Chem. **69** (1957), S. 281/90.

[59] Münster, A. u. G. Schlamp: Z. Phys. Chem. **13** (1957), S. 59/75, S. 76/94, 16. Kongr. Chemie Paris 1957, Chimie Min., S. 691/700; Z. Elektrochem. **63** (1959), S. 807/24.

[60] Samsonov, G. V. u. N. K. Golubeva: Zur. Fiz. Chim. **30** (1956), S. 1258/66.

[61] Samsonov, G. V. u. J. V. Petrasch: Metalloved. Obr. Metallov (1955), Nr. 4, S. 19/24.

[62] Meyer, O.: Ber. dtsch. keram. Ges. **11** (1930), S. 333/63.

[63] Samsonov, G. V., G. A. Jasinskaja u. Tai Schou-Vej: Ogneupory **25** (1960), S. 35/38.

[64] Smirnov, M. V. u. J. N. Krasnov: Zur. Neorg. Chim. **3** (1958), S. 1876/82.

nicht angegriffen werden, ist eine Verwendung für Tiegel und Aufdampfschiffchen zu empfehlen[1, 2].

2. Zirkoniumnitrid

a) Herstellung

E. Friederich und L. Sittig[3] haben Zirkoniumnitrid durch Erhitzen eines äquivalenten Gemisches von reinem ZrO_2 mit Kienruß in Kohle- oder Wolframschiffchen unter reinstem Stickstoff bei etwa 1300° hergestellt. Im Gegensatz zum Titannitrid sind die erhaltenen Produkte verhältnismäßig unrein und enthalten beträchtliche Mengen an nicht umgesetztem Oxyd [ZrN (C,O)].

L. S. Foster[4] und P. Chiotti[5] konnten reines ZrN aus Zirkoniumhydrid und Ammoniak bei 1000° erhalten. P. Duwez und F. Odell[6] haben ebenfalls für die Herstellung ihrer Präparate Zirkoniumhydrid benützt, welches sie durch Überleiten von trockenem Stickstoff bei 2000° nitrierten[7]. T. W. Baker[8] erhielt beim Glühen von Zirkoniumpulver unter Stickstoff in Al_2O_3-Schiffchen schon bei 1250° fast reines ZrN. Zwecks Untersuchung des Systems haben R. F. Domagala, D. J. McPherson und M. Hansen[9] Zr-N-Legierungen aus Jodzirkonium und Zirkoniumschwamm durch Nitrieren mit verdünntem Stickstoff bei 800 bis 1000° hergestellt. Die stickstoffarmen Proben wurden im Lichtbogen erschmolzen.

Angaben über die Diffusionsgeschwindigkeit von Stickstoff in Zirkonium und die Aktivierungsenergie des Vorganges machen G. V. Samsonov und V. P. Latyscheva[10]. Auf die zahlreichen Arbeiten über die Kinetik der Stickstoffaufnahme durch Zirkonium kann nur hingewiesen werden. (Vgl. S. 310.)

Bei der Nitrierung von lichtbogengeschmolzenen Mo-1% Zr-Legierungen mit Stickstoff oder Ammoniak bei Temperaturen von

[1] Meyer, O.: Ber. dtsch. keram. Ges. 11 (1930), S. 333/63.

[2] Samsonov, G. V., G. A. Jasinskaja u. Tai Schou-Vej: Ogneupory 25 (1960), S. 35/38.

[3] Friederich, E. u. L. Sittig: Z. anorg. allg. Chem. 143 (1925), S. 293/320.

[4] Foster, L. S.: AECD 2942 (1945).

[5] Chiotti, P.: J. Am. Ceram. Soc. 35 (1952), S. 123/30.

[6] Duwez, P. u. F. Odell: J. Electrochem. Soc. 97 (1950), S. 299/304.

[7] Nowotny, H., F. Benesovsky u. E. Rudy: Mh. Chem. 91 (1960), S. 348/56, 963/74.

[8] Baker, T. W.: Acta Cryst. 11 (1958), S. 300.

[9] Domagala, R. F., D. J. McPherson u. M. Hansen: J. Metals 8 (1956), S. 98/105.

[10] Samsonov, G. V., V. P. Latyscheva: Dokl. Akad. Nauk SSSR 109 (1956), S. 582/85.

1300 bis 1500° tritt in der Oberflächenschicht ZrN auf, welches als Dispersionshärter wirkt[1].

Ähnlich wie TiN kann auch ZrN durch Umsetzung von $ZrCl_4$ mit Ammoniak hergestellt werden[2].

A. E. Van Arkel und J. H. de Boer[3, 4] erwähnen die Abscheidung von ZrN nach dem Aufwachsverfahren. Die Abscheidung von Einkristallen und polykristallinen Aufwachsungen goldglänzender Farbe gelingt nach K. Moers[5] an einem glühenden Wolframdraht ohne Schwierigkeit. Ist im Reaktionsgas neben $ZrCl_4$ nur reiner Stickstoff zugegen, dann sind allerdings Fadentemperaturen bis 3000° erforderlich. Bei Anwendung von Ammoniak oder Stickstoff-Wasserstoffgemischen reichen aber Temperaturen von 2000 bis 2400° aus. Durch Nitrieren von nach dem Aufwachsverfahren hergestellten Zirkoniumdrähten mit reinstem Stickstoff erhält man bei Temperaturen knapp unter dem Schmelzpunkt des Zirkoniums nur sehr langsam Zirkoniumnitrid. I. E. Campbell und Mitarbeiter[6] berichten über die Herstellung von warm- und zunderfesten Schichten von Zirkoniumnitrid nach dem Aufwachsverfahren.

Die Herstellung von Formkörpern aus ZrN durch Schlickerguß und hydrostatisches Pressen ist mehrfach beschrieben worden[2, 7].

b) Das System Zirkonium-Stickstoff

Die einzige Verbindung im System Zirkonium-Stickstoff ist das Nitrid ZrN mit Einlagerungsstruktur und weitem Existenzbereich. Es bildet, ähnlich wie TiN, Subtraktionsmischkristalle und die von älteren Autoren angegebenen Formeln Zr_3N_2[8], Zr_3N_4[9], Zr_2N_3[10, 11], Zr_3N_8[10] sind als überholt anzusehen.

In Zirkoniummetall soll nach R. Ishii[12] ein α-ZrN und β-ZrN

[1] Mukherjee, A. K. u. J. W. Martin: J. Less-Common Metals **3** (1961), S. 216/20.

[2] Foster, L. S.: AECD 2942 (1945).

[3] van Arkel, A. E. u. J. H. de Boer: Z. anorg. allg. Chem. **148** (1925), S. 345/50.

[4] de Boer, J. H. u. J. D. Fast: Z. anorg. allg. Chem. **153** (1926), S. 1/8.

[5] Moers, K.: Z. anorg. allg. Chem. **198** (1931), S. 243/61.

[6] Campbell, I. E., C. F. Powell, D. H. Nowicki u. B. W. Gonser: J. Electrochem. Soc. **96** (1949), S. 318/33.

[7] Vasilos, T. u. W. D. Kingery: J. Am. Ceram. Soc. **37** (1954), S. 409/14.

[8] Wedekind, E.: Liebigs Ann. **395** (1913), S. 149/94.

[9] Bruére, P. u. E. Chauvenet: Compt. Rend. **167** (1918), S. 201/03.

[10] Mathews, J. M.: J. Am. Chem. Soc. **20** (1898), S. 843/46.

[11] Wedekind, E.: Z. anorg. allg. Chem. **45** (1905), S. 385/95.

[12] Ishii, R.: Sci. Pap. Inst. Phys. Chem. Res., Tokio **41** (1943), S. 1/21.

auftreten, welche in verdünnter, kalter Flußsäure verschiedene Löslichkeit haben.

Insbesondere um die Löslichkeit von Stickstoff in α- und β-Zirkonium zu prüfen, stellten R. F. Domagala, D. J. McPherson und M. Hansen[1] ein Zustandsbild Zr-N auf, das sich bis zur ZrN-Phase erstreckt (Abb. 118). Synthetisierte Proben mit Stickstoffgehalten von 10,5 bis 13,5% wurden aus dem Temperaturbereich 1600 bis 1850° abgeschreckt und die Gitterkonstante des ZrN bestimmt. β-Zirkonium löst 5,0 At.-% N bei 1880°, α-Zirkonium maximal 25 At.-% bei 1985°. Die δ-Phase (ZrN) hat einen Homogenitätsbereich, der sich von 46 At.-% N bei 1985° praktisch bis zum stöchiometrischen ZrN erstreckt[2]. Der Existenzbereich scheint kleiner zu sein als beim isotypen TiN. (Vgl. S. 301). Oberhalb 2000° hat ZrN einen beachtlichen Stickstoffdruck.

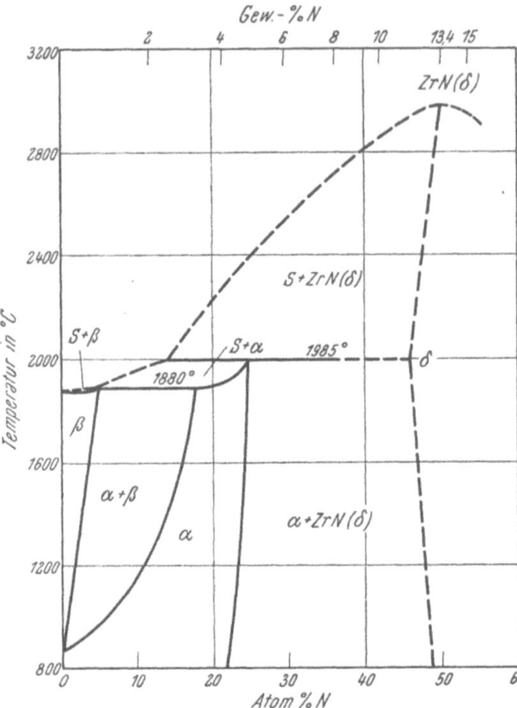

Abb. 118. Zustandsschaubild des Systems Zirkonium-Stickstoff (R. F. Domagala, D. J. McPherson und M. Hansen)

Auf das sehr zahlreiche Schrifttum über die Löslichkeit von Stickstoff in Zirkonium und über die Kinetik der Nitridbildung, kann hier nur verwiesen werden[3–15].

[1] Domagala, R. F., D. J. McPherson u. M. Hansen: J. Metals 8 (1956), S. 98/105, COO 188 (1953).

[2] Nowotny, H., E. Rudyu. F. Benesovsky: Mh.Chem. 91 (1960), S. 963/74.

[3] Lorenz, R. u. J. Woolcock: Z. anorg. allg. Chem. 176 (1928), S. 289/304.

[4] de Boer, J. H. u. J. D. Fast: Rec. Trav. Chem. Pay-Bas 55 (1936), S. 459/67, Metallwirtsch. 17 (1938), S. 641.

[5] Vogel, R. u. W. Tonn: Z. anorg. allg. Chem. 202 (1931), S. 292.

[6] Fast, J. D.: Foot Prints 13 (1940), Nr. 1, S. 22/30.

[7] Ehrke, L. F. u. G. M. Slack: J. Appl. Physics 11 (1940), S. 129/37.

[8] Hukagawa, S. u. J. Nambo: Electrotechn. J., jap. 5 (1941), S. 27/30.

[9] Raynor, W. M.: Foot Prints 15 (1943,) Nr. 2, S. 3/10.

c) Eigenschaften

Zirkoniumnitrid der chemischen Formel ZrN mit 13,3% N fällt meist als ein gelbbraunes Pulver an. Hochgesinterte Stäbe aus ZrN sind spröde und haben zitronengelben Bruch. In Salpetersäure ist

[10] GULDNER, W. G. u. L. A. WOOTEN: J. Electrochem. Soc. **93** (1948), S. 223/34.

[11] GULBRANSEN, E. A. u. K. F. ANDREW: Trans. Am. Inst. Met. Eng. **185** (1949), S. 515/25, J. Electrochem. Soc. **96** (1949), S. 364/76.

[12] HAYES, E. T. u. A. H. ROBERSON: J. Electrochem. Soc. **96** (1949), S. 142/51.

[13] DRAVNIEKS, A.: J. Am. Chem. Soc. **72** (1950), S. 3568/71.

[14] MALLETT, M. W., J. BELLE u. B. B. CLELAND: J. Electrochem. Soc. **101** (1954), S. 1/5.

[15] MALLETT, M. W., E. M. BAROODY, H. R. NELSON u. C. A. PAPP: J. Electrochem. Soc. **100** (1953), S. 103/06.

Zahlentafel 64. *Eigenschaften von Zirkoniumnitrid ZrN (13,3% N)*

Eigenschaft	Werte	Weitere Literatur
Struktur	kubisch flz.[1] B 1	
Gitterkonstante Å	$4,56^2$	1—7, 33
Dichte g/cm³ ber. / gef.	7,369 / 6,93 (porös)[3]	8
Härte HM (30 g) kg/mm²	1988^9	4, 10
Sprödigkeit	s. Lit.	11
Schmelzpunkt °C	2980 ± 50^{12}	5, 8
Wärmeleitfähigkeit cal/cm · sek · °C	$0,04^{13}$	
Wärmeausdehnungskoeffizient $\beta \cdot 10^{-6}$	$6,0^6$	
Thermodynamische Daten $- \triangle H_{298}$ kcal/mol	$87,3^{14}$	9, 15—23
Spez. elektrischer Widerstand $\mu\Omega \cdot$ cm	$21,1^{34}$	8, 12, 13, 24, 25, 34
Supraleitfähigkeit ab °K	$9,05^{26}$	27—29
HALL-Konstante	$- 1,42^{34}$	
Elektronenemission	s. Lit.	30, 31
Magnetische Suszeptibilität	$+ 0,6^{32}$	35
Gefüge	s. Lit.	5, 7

[1] VAN ARKEL, A. E.: Physica 4 (1924), S. 286/301.
[2] DUWEZ, P. u. F. ODELL: J. Electrochem. Soc. **97** (1950), S. 299/304.
[3] BECKER, K. u. F. EBERT: Z. Physik **31** (1925), S. 268/72.
[4] SAMSONOV, G. V.: Dokl. Akad. Nauk SSSR **86** (1952), S. 329/32.

ZrN unlöslich. Ebenso ist es schwer löslich in verdünnter Salzsäure und Schwefelsäure, dagegen löst konzentrierte Schwefelsäure leicht[36,37]. Beim Erhitzen mit Natronkalk oder beim Kochen mit Alkalien entwickelt sich Ammoniak.

[5] DOMAGALA, R. F., D. J. MCPHERSON u. M. HANSEN: J. Metals 8 (1956), S. 98/105, COO 188 (1953).

[6] BAKER, T. W.: Acta Cryst. 11 (1958), S. 300.

[7] NOWOTNY, H., F. BENESOVSKY u. E. RUDY: Mh. Chem. 91 (1960) S. 348/56, 963/74.

[8] FRIEDERICH, E. u. L. SITTIG: Z. anorg. allg. Chem. 143 (1925), S. 293/320.

[9] SAMSONOV, G. V. u. V. S. NESCHPOR: In: Fragen der Pulvermetallurgie, Kiew 1958, Bd. 5, S. 3/35; Zur. Fiz. Chim. 30 (1956), S. 2057/60.

[10] SAMSONOV, G. V., V. S. NESCHPOR u. L. M. CHRENOVA: Hutnické Listy 14 (1959), S. 484/88, Fiz. Metallov Metalloved. 8 (1959), S. 622/30.

[11] SAMSONOV, G. V. u. V. S. NESCHPOR: Dokl. Akad. Nauk SSSR 104 (1955), S. 405/08.

[12] AGTE, C. u. K. MOERS: Z. anorg. allg. Chem. 198 (1931), S. 233/75.

[13] VASILOS, T. u. W. D. KINGERY: J. Am. Ceram. Soc. 37 (1954), S. 409/14; NYO 3649 (1953).

[14] MAH, A. D. u. N. L. GELLERT: J. Am. Chem. Soc. 78 (1956), S. 3261/63.

[15] NEUMANN, B., C. KRÖGER u. H. KUNZ: Z. anorg. allg. Chem. 218 (1934), S. 379/401.

[16] KELLEY, K. K.: US. Bur. Mines Bull. Nr. 407, 477 (1937).

[17] SATO, S.: Sci. Pap. Inst. Phys. Chem. Res., Tokio 34 (1938), S. 399/405.

[18] TODD, S. S.: J. Am. Chem. Soc. 72 (1950), S. 2914/15.

[19] COUGHLIN, J. P. u. E. G. KING: J. Am. Chem. Soc. 72 (1950), S. 2262/65.

[20] PEARSON, J. u. U. J. C. ENDE: J. Iron Steel Inst. 175 (1953), S. 52/58.

[21] HOCH, M., D. P. DINGLEDY u. H. J. JOHNSTON: J. Am. Chem. Soc. 77 (1955), S. 304/06.

[22] BOOSS, H. J.: Metall 10 (1956), S. 130/36.

[23] SMAGINA, E. I., V. C. KUCEV u. B. F. ORMONT: Dokl. Akad. Nauk SSSR 115 (1957), S. 354/57.

[24] CLAUSING, P.: Z. anorg. allg. Chem. 208 (1932), S. 401/19.

[25] SAMSONOV, G. V.: Izv. Sekt. Fiz. Chim. 27 (1958), S. 97/125.

[26] MATTHIAS, B. T. u. J. K. HULM: Phys. Rev. 87 (1952), S. 799/806.

[27] HARDY, G. F. u. J. K. HULM: Phys. Rev. 93 (1954), S. 1004/16.

[28] MEISSNER, W., H. FRANZ u. H. WESTERHOFF: Z. Physik 75 (1932), S. 521/30.

[29] MATTHIAS, B. T.: Phys. Rev. 92 (1953), S. 874/76.

[30] BECKER, K.: Z. Physik 32 (1931), S. 489/507.

[31] GOLDWATER, D. L. u. R. E. HADDAD: J. Appl. Phys. 22 (1951), S. 70/73.

[32] KLEMM, W. u. W. SCHÜTH: Z. anorg. allg. Chem. 201 (1931), S. 24/31.

[33] SMAGINA, E. I., V. S. KUCEV u. B. F. ORMONT: Zur. Fiz. Chim. 34 (1960), S. 2328/35.

[34] LVOV, S. N., V. F. NEMTSCHENKO u. G. V. SAMSONOV: Dokl. Akad. Nauk SSSR 135 (1960), S. 577/80.

[35] SAMSONOV, G. V. u. V. S. NESCHPOR: In: Fragen der Pulvermetallurgie. Kiew 1960, Bd. 8, S. 90/98.

[36] SAMSONOV, G. V.: Dokl. Akad. Nauk SSSR 86 (1952), S. 329/32.

[37] POPOVA, O. I. u. G. T. KABANNIK: Zur. Neorg. Chim. 5 (1960), S. 930/34.

Beim Erhitzen unter Wasserstoff ist ZrN bis zu höchsten Temperaturen beständig[1]. Die Zersetzungsgleichgewichte im Unterdruck bei hohen Temperaturen untersuchten E. I. SMAGINA u. Mitarbeiter[2] und die Beständigkeit gegen technische Gase hat H.-J. BOOSS[3] überprüft.

Weitere Angaben über die Eigenschaften von Zirkoniumnitrid sind der Zahlentafel 64 zu entnehmen.

3. Hafniumnitrid

a) Herstellung

Ähnlich wie Zirkoniumnitrid kann man auch Hafniumnitrid durch Glühen von Hafniumoxyd-Kohle-Gemischen unter Stickstoff oder durch Erhitzen von metallischem Hafnium oder Hafniumhydrid unter Stickstoff oder Ammoniak herstellen.

So erzeugte G. L. HUMPHREY[4] HfN durch nitrieren von Hafnium mit Stickstoff bei 1400 bis 1500°. H. NOWOTNY, F. BENESOVSKY und E. RUDY[5, 6] gingen von Hafniumhydrid aus und nitrierten in mehreren Stufen. R. E. EDWARDS und G. T. MALLOY[7] untersuchten die Kinetik der Nitrierung von kompaktem Hafnium zwischen 880 und 1030° und beobachteten festhaftende goldgelbe HfN-Schichten.

Hafniumnitrid kann auch unter ähnlichen Bedingungen wie Zirkoniumnitrid nach dem Aufwachsverfahren hergestellt werden. Das von A. E. VAN ARKEL und J. H. DE BOER[8] abgeschiedene Produkt hatte metallische Eigenschaften. I. E. CAMPBELL und Mitarbeiter[9] geben Abscheidungstemperaturen von 1100 bis 2700° an.

b) Das System Hafnium-Stickstoff

Das bisher noch nicht aufgestellte Zustandsschaubild des Systems

---

[1] MAY, C. E., D. KONEVAL u. G. C. FRYBURG: NASA Mem. 3-5-59 E (1959).

[2] SMAGINA, E. I., V. S. KUCEV u. B. F. ORMONT: Zur. Fiz. Chim. 34 (1960), S. 2328/35.

[3] BOOSS, H.-J.: Metall 10 (1956), S. 130/36.

[4] HUMPHREY, G. L.: J. Am. Chem. Soc. 75 (1953), S. 2806/07.

[5] NOWOTNY, H., F. BENESOVSKY u. E. RUDY: Mh. Chem. 91 (1960), S. 348/56.

[6] RUDY, E.: Diss. Techn. Hochschule Wien 1960.

[7] EDWARDS, R. E. u. G. T. MALLOY: J. Chem. Phys. 62 (1958), S. 45/47.

[8] VAN ARKEL, A. E. u. J. H. DE BOER: Z. anorg. allg. Chem. 148 (1925). S. 345/50.

[9] CAMPBELL, I. E., C. F. POWELL, D. H. NOWICKI u. B. W. GONSER: J. Electrochem. Soc. 96 (1949), S. 318/33.

Hafnium-Stickstoff dürfte viel Ähnlichkeit mit dem System Zirkonium-Stickstoff (s. S. 307) haben.[1]

c) Eigenschaften

Hafniumnitrid der Formel HfN mit 7,3% N ist goldgelb gefärbt[2,3]. Es dürfte in seinen chemischen Eigenschaften dem ZrN ähneln. Beim Erhitzen unter Wasserstoff ist es bis zu höchsten Temperaturen beständig[4].

Weitere Eigenschaftswerte von Hafniumnitrid sind in Zahlentafeln 65 zusammengestellt.

Zahlentafel 65. *Eigenschaften von Hafniumnitrid HfN (7,3% N)*

Eigenschaft	Werte	Weitere Literatur
Struktur	kubisch flz.[1] B 1	
Gitterkonstante Å	4,51[1]	2, 3
Dichte g/cm³ ber.	13,94	2
gef.	13,84[4]	
Härte MH (50 g) kg/mm²	> 2000	
Schmelzpunkt °C	~ 2700	
Thermodynamische Daten $- \triangle H_{298}$ kcal/mol.	88,2[5]	4, 6
Spez. elektrischer Widerstand $\mu\Omega \cdot$ cm	< 26	
Elektronenemission	s. Lit.	7

[1] GLASER, F. W., D. MOSKOWITZ u. B. POST: J. Metals **5** (1953), S. 1119/20.

[2] EDWARDS, R. K. u. G. T. MALLOY: J. Chem. Phys. **62** (1958), S. 45/47.

[3] NOWOTNY, H., F. BENESOVSKY u. E. RUDY: Mh. Chem. **91** (1960), S. 348/56.

[4] SAMSONOV, G. V. u. V. S. NESCHPOR: In: Fragen der Pulvermetallurgie, Kiew 1958, S. 3/35.

[5] HUMPHREY, G. L.: J. Am. Chem. Soc. **75** (1953), S. 2806/07.

[6] SATO, S.: Sci. Pap. Inst. Phys. Chem. Res., Tokio **34** (1938), S. 1356/63.

[7] BECKER, K.: Z. Physik **32** (1931), S. 489/507.

4. Vanadinnitrid

a) Herstellung

Vanadinnitrid ist durch Glühen von Vanadinoxyd-Kohlenstoff-Gemischen im Stickstoffstrom schwierig herzustellen, da bereits

[1] NOWOTNY, H., H. BRAUN u. F. BENESOVSKY: Radex-Rdsch. (1960), S. 367/72.

[2] VAN ARKEL, A. E. u. J. H. DE BOER: Z. anorg. allg. Chem. **148** (1925), S. 345/50.

[3] EDWARDS, R. K. u. G. T. MALLOY: J. Chem. Phys. **62** (1958), S. 45/47.

[4] MAY, C. E., D. KONEVAL u. G. C. FRYBURG: NASA Mem. 3-5-59 E (1959).

bei Temperaturen von etwa 1200° das Nitrid in Gegenwart von Kohlenstoff in Karbid überführt wird. Immerhin gelang es E. FRIEDERICH und L. SITTIG[1] durch Erhitzen eines Gemisches von 1 Teil V_2O_3 und 3 Teilen Kienruß in Molybdänschiffchen im Porzellanrohrofen bei 1200° unter reinstem Stickstoff ein Produkt mit 78,3% V, 21,1% N und 0,5% SiO_2 (theoretisch für VN 78,45% V, 21,55% N) herzustellen.

In älteren Arbeiten wird die präparative Herstellung von Vanadinnitrid durch Erhitzen von $VOCl_3$ oder V_2O_3 im Ammoniakstrom beschrieben[2-4].

V. EPELBAUM und Mitarbeiter[5] stellten VN durch Umsetzung von Ammoniumvanadat mit NH_3 bzw. $N_2 + H_2$ bei 900 bis 1100° bzw. 600 bis 1400° her. Diese Arbeitsweise ist auch von L. S. FOSTER[6] und H. HAHN[7] bei der Herstellung von sehr reinen Präparaten für Untersuchungen im System VN benützt worden. NH_4VO_3 wurde in einem sehr sorgfältig getrockneten Ammoniakstrom mehrere Stunden bei 900 bis 1000° erhitzt. Die Präparate hatten genau stöchiometrische Zusammensetzung. H. HAHN[7] sowie P. DUWEZ und F. ODELL[8] nitrierten auch feinstes Vanadinmetallpulver (99,7% V) im Stickstoffstrom[9]. Zwecks Herstellung niedriger stickstoffhaltiger Produkte erhitzte H. HAHN gepreßte Gemische von VN mit metallischem Vanadinpulver in geschlossenen Quarzröhren 24 Stunden auf 1000 bis 1100°.

Vanadinnitrid kann man nach K. MOERS[10] auch nach dem Aufwachsverfahren aus VCl_4-N_2-H_2-Dampfgemischen auf Wolframdrähten bei einer Temperatur von 1400 bis 1600° niederschlagen. Der feinkristalline Überzug hat bräunlichgraue Farbe. I. E. CAMPBELL und Mitarbeiter[11] geben beim Aufwachsen von Vanadinnitridschichten

[1] FRIEDRICH, E. u. L. SITTIG: Z. anorg. allg. Chem. **143** (1925), S. 293/320.

[2] WHITEHOUSE, N.: J. Soc. Chem. Ind. **27** (1907), S. 738/39.

[3] URLAUB, E.: Pogg. Ann. **103** (1858), S. 134/39.

[4] MUTHMANN, W., L. WEISS u. R. RIEDELBAUCH: Liebigs Ann. Chem. **355** (1907), S. 58/136.

[5] EPELBAUM, V. u. B. F. ORMONT: Zavod. Labor. **14** (1928), S. 104/05; EPELBAUM, V. u. A. K. BRAGER: Acta Physicochim. USSR. **13** (1940), S. 595/99, 600/03; EPELBAUM, V. u. B. F. ORMONT: Zur. Fiz. Chim. **20** (1946), S. 459, **21** (1947), S. 3/10.

[6] FOSTER, L. S.: AECD 2942 (1945).

[7] HAHN, H.: Z. anorg. Chem. **258** (1949), S. 58/68.

[8] DUWEZ, P. u. F. ODELL: J. Electrochem. Soc. **97** (1950), S. 299/304.

[9] NOWOTNY, H., F. BENESOVSKY u. E. RUDY: Mh. Chem. **91** (1960), S. 348/56.

[10] MOERS, K.: Z. anorg. allg. Chem. **198** (1931), S. 243/61.

[11] CAMPBELL, I. E., C. F. POWELL, D. H. NOWICKI u. B. W. GONSER: J. Electrochem. Soc. **96** (1949), S. 318/33.

aus Vanadinchlorid-Stickstoff-Wasserstoff-Dampfgemischen Temperaturen von 1100 bis 1600° an. Nach F. H. POLLARD und G. W. FOWLES[1] liegen die Abscheidungstemperaturen bei 1500 bis 1570°.

In Vanadinnitrierstählen konnten mikroskopisch VN-Teilchen identifiziert werden[2].

b) Das System Vanadin-Stickstoff

Im System Vanadin-Stickstoff existiert die von zahlreichen Forschern hergestellte Verbindung VN als Einlagerungsstruktur mit vermutlich weitem Existenzbereich. Die Existenz eines stickstoffreicheren Produktes der Formel VN_2, welches H. E. ROSCOE[3] und E. URLAUB[4] gefunden haben wollen, ist wenig wahrscheinlich. E. URLAUB[4], W. MUTHMANN, L. WEISS und R. RIEDELBAUCH[5] geben auch niedrigere Nitride der Formel V_2N und V_3N an; diese Verbindungen wurden aber nicht näher identifiziert[6]. W. ROSTOKER und A. YAMAMOTO[7] fanden in einer Vanadinlegierung mit 5% N ein tetragonales, metallreiches Nitrid.

Auf Grund röntgenographischer Untersuchungen an sehr sorgfältig hergestellten Vanadinnitrid-Präparaten mit verschiedenem Stickstoffgehalt, konnte H. HAHN[8] zwei gut unterscheidbare Phasen

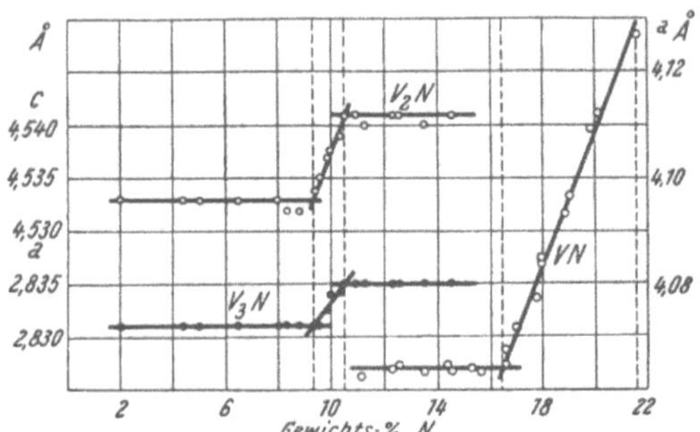

Abb. 119. Gitterkonstanten im System Vanadin-Stickstoff (H. HAHN)

feststellen, und zwar das kubisch flächenzentrierte Nitrid der Formel VN und ein hexagonales Nitrid mit niedrigem Stickstoffgehalt, (21,5% N) entsprechend etwa der Formel V_3N. Das kubische Nitrid VN (γ-Phase) hat einen breiten Existenzbereich, der von $VN_{1,0}$ bis $VN_{0,71}$ (21,5 bis 16,4% N) reicht. Mit abnehmendem Stickstoffgehalt

[1] POLLARD, F. H. u. G. W. FOWLES: J. Chem. Soc. (1952), S. 2444/45.

[2] FOUNTAIN, R. W. u. J. CHIPMAN: Trans. Met. Soc. Am. Inst. Met. Eng. 212 (1958), S. 737/48.

[3] ROSCOE, H. E.: Ann. Pharm. Suppl. 6 (1868), S. 114, 7 (1870), S. 191.

[4] URLAUB, E.: Pogg. Ann. 103 (1858), S. 134/39.

[5] MUTHMANN, W., L. WEISS u. R. RIEDELBAUCH: Liebigs Ann. Chem. 355 (1907), S. 58/136.

[6] PEARSON, W. B.: J. Iron Steel Inst. 164 (1950), S. 149/59.

[7] ROSTOKER, W. u. A. YAMAMOTO: Trans. Am. Soc. Met. 46 (1954), S. 1136/63.

[8] HAHN, H.: Z. anorg. Chem. 258 (1949), S. 58/68.

Zahlentafel 66. *Eigenschaften von Vanadinnitriden*

Eigenschaft	$V_{2-3}N$ (12,0 — 8,4 % N)		VN (21,5 % N)	
	Werte	Weitere Literatur	Werte	Weitere Literatur
Struktur..................	hexagonal[1] (tetragonal[2])		kubisch flz.[3] B 1	
Gitterkonstante Å vgl. Abb. 119	a : 2,835[1] c : 4,541	[2]	4,126[1]	[2—10]
Dichte g/cm³ ber.	5,987[1]		6,102[1]	[3, 11]
gef.	5,967		6,040	
Härte			s. Lit.	[8]
Schmelzpunkt °C			2050 zers.[11]	[12]
Thermodynamische Daten — $\triangle H_{298}$ kcal/mol			60,0[13]	[14—18]
Spez. elektr. Widerstand $\mu\Omega \cdot$ cm			85,9[19]	[11, 20, 25]
Supraleitfähigkeit ab °K			7,5[21]	[22, 23]
HALL-Konstante.............			+ 0,42[25]	
Elektronenemission			s. Lit.	[20]
Röntgenspektrum			s. Lit.	[24]
Gefüge			s. Lit.	[2]

[1] HAHN, H.: Z. anorg. Chem. 258 (1949), S. 58/68.

[2] ROSTOKER, W. u. A. YAMAMOTO: Trans. Am. Soc. Met. 46 (1954), S. 1136/63.

[3] BECKER, K. u. F. EBERT: Z. Physik 31 (1925), S. 268/72.

[4] EPELBAUM, V. u. A. K. BRAGER: Acta Physicochim. USSR 13 (1940), S. 595/99, 600/03.

[5] DAWIHL, W. u. W. RIX: Z. anorg. allg. Chem. 244 (1940), S. 191/97.

[6] EPELBAUM, W. u. B. F. ORMONT: Zur. Fiz. Chim. 20 (1946), S. 459, 21 (1947), S. 3/10.

[7] DUWEZ, P. u. F. ODELL: J. Electrochem. Soc. 97 (1950), S. 299/304.

[8] BEATTY, S.: J. Metals 4 (1952), S. 987/88.

[9] SCHÖNBERG, N.: Acta Chem. Scand. 8 (1954), S. 213/20.

[10] NOWOTNY, H., F. BENESOVSKY u. E. RUDY: Mh. Chem. 91 (1960), S. 348/56.

[11] FRIEDERICH, E. u. L. SITTIG: Z. anorg. allg. Chem. 143 (1925), S. 293/320.

[12] SLADE, R. E. u. G. I. HIGSON: J. Chem. Soc. 115 (1919), S. 205/14, 215/16.

[13] NEUMANN, B., C. KRÖGER u. H. KUNZ: Z. anorg. allg. Chem. 218 (1934), S. 379.

[14] KELLEY, K. K.: US. Bur. Mines Bull. Nr. 407, 476, 477 (1937).

[15] SATO, S.: Sci. Pap. Inst. Phys. Chem. Tokio 34 (1938), S. 241/49.

[16] KING, E. G.: J. Am. Chem. Soc. 7 (1949), S. 316/17.

nimmt auch die Gitterkonstante wie Abb. 119 zeigt, fast linear, ab. Von 16,4% N an tritt neben der kubischen eine zweite hexagonale, annähernd dichtest gepackte Phase auf (β-Phase), welche ebenfalls Einlagerungsstruktur und breiten Existenzbereich hat. Der zweiphasige Bereich ($\beta + \gamma$) geht bis $VN_{0,43}$ (10,5% N). Zwischen $VN_{0,43}$ und $VN_{0,37}$ (10,5% bis 9,3% N, entsprechend den Formeln V_2N und V_3N) ist die hexagonale Phase allein vorhanden. Die Gitterkonstante dieser, ändert sich ebenfalls mit dem Stickstoffgehalt. Ab $VN_{0,37}$ (9,3% N) besteht ein Zweiphasengebiet von Vanadinmetall (α-Phase) neben hexagonalem Nitrid. Stickstoff ist in der Metallphase kaum löslich.

Die Kinetik der Umsetzung von Vanadin mit Stickstoff und Ammoniak ist von zahlreichen Forschern untersucht worden. Auf die einzelnen Arbeiten sei nur verwiesen[26-30].

c) Eigenschaften

Vanadinnitrid der Formel VN mit 21,5% N ist pulverförmig in reiner Form graubraun, mit einem Schimmer ins Violette. H. HAHN[31] beschreibt hochstickstoffhaltige Präparate als metallische, bronzefarbene Pulver. Bei niedrigeren Stickstoffgehalten geht die Farbe ins Stahlgraue über. Vanadinnitrid ist in Salzsäure und Schwefelsäure unlöslich, löslich in Salpetersäure. Bei längerem Kochen in konzentrierter Schwefelsäure geht das Nitrid unter Stickstoffabgabe langsam in Lösung. Starke Alkalien zersetzen das Nitrid unter

---

[17] SAMSONOV, G. V. u. V. S. NESCHPOR: In: Fragen der Pulvermetallurgie, Kiew 1958, S. 3/35; Zur. Fiz. Chim. **30** (1956), S. 2057/60.

[18] PEARSON, J. u. U. J. C. ENDE: J. Iron Steel Inst. **175** (1953), S. 52/58.

[19] AGTE, C. u. K. MOERS: Z. anorg. allg. Chem. **198** (1931), S. 233/75.

[20] SAMSONOV, G. V. u. V. S. NESCHPOR: In: Fragen der Pulvermetallurgie, Kiew 1959, Bd. 7, S. 99/104.

[21] MATTHIAS, B. T. u. J. K. HULM: Phys. Rev. **87** (1952), S. 799/806.

[22] MEISSNER, W. u. H. FRANZ: Z. Physik **65** (1930), S. 30/54.

[23] HARDY, G. F. u. J. K. HULM: Phys. Rev. **93** (1954), S. 1004/16.

[24] ZURAKOVSKI, E. A. u. Z. J. VAJNSTEIN: Dokl. Akad. Nauk SSSR **127** (1959), S. 534/36.

[25] LVOV, S. N., V. F. NEMTSCHENKO u. G. V. SAMSONOV: Dokl. Akad. Nauk SSSR **135** (1960), S. 577/80.

[26] KELLEY, K. K.: US. Bur. Mines Bull. Nr. 384 (1935), Nr. 407 (1937), Nr. 476 (1949).

[27] IWASE, K. u. N. NASU: Sci. Rep. Tohoku Univ., HONDA Ann. 1936, S. 476/79.

[28] GULBRANSEN, E. A. u. K. F. ANDREW: J. Electrochem. Soc. **97** (1950), S. 396/404.

[29] STANLEY, J. T. u. C. A. WERT: Acta Met. **3** (1955), S. 107/08.

[30] POWERS, R. W.: Acta. Met. **2** (1954), S. 604/07.

[31] HAHN, H.: Z. anorg. Chem. **258** (1949), S. 58/68.

Ammoniakentwicklung. Nach H. HAHN ist die hexagonale Phase ($V_{2-3}N$, V_3N) weniger chemisch beständig als das kubische Nitrid VN.

Weitere Angaben über die Eigenschaften der Vanadinnitride sind der Zahlentafel 66 zu entnehmen.

5. Niobnitrid

a) Herstellung

Die Herstellung undefinierter Niobnitride ist in zahlreichen älteren Arbeiten beschrieben worden[1-6].

Niobmononitrid kann man durch Glühen von Nioboxyd-Kohlenstoff-Gemischen im Stickstoffstrom herstellen. E. FRIEDRICH und L. SITTIG[7] reduzierten zunächst Nb_2O_5 unter Wasserstoff zu Nb_2O_3 und setzten dieses in Gegenwart von Kohlenstoff mit Stickstoff zu einem Nitrid mit 87% Nb und 12,8% N (theoretisch für NbN 87% Nb, 13% N) um.

Ohne Schwierigkeiten kann man auch NbN durch Nitrieren von Niob-Metallpulver mit Stickstoff herstellen[8-10]. So stellten G. BRAUER und Mitarbeiter[11-13] Niobnitride für Systemuntersuchungen durch Nitrieren von Niobblech und reinem Niob- bzw. -hydridpulver mit Stickstoff bei Temperaturen von 1250 bis 1300° und fallweise auch mit Ammoniak bei Temperaturen von 800 bis 1100° her. Das Nitrid Nb_2N wurde durch Umsetzung von NbN + Nb bei 1700° synthetisiert[14]. Ähnlich arbeiteten R. P. ELLIOTT und S. KOMJATHY[15], die jedoch stickstoffarme Proben im Lichtbogen erschmolzen. H. RÖGE-

[1] JOLY, A.: Ann. Sci. Ecole Norm. Ser. 2, 6 (1877), S. 154.

[2] MOISSAN, H.: Compt. Rend. 133 (1901), S. 20.

[3] WEISS, L. u. O. AICHEL: Liebigs Ann. Chem. 337 (1904), S. 385.

[4] HALL, R. D. u. E. F. SMITH: Proc. Am. Phil. Soc. 44 (1905), S. 203, Am. Chem. J. 27 (1905), S. 1395.

[5] MUTHMANN, W., L. WEISS u. R. RIEDELBAUCH: Liebigs Ann. Chem. 337 (1904), S. 385.

[6] VON BOLTON, W.: Z. Elektrochem. 13 (1907), S. 145.

[7] FRIEDERICH, E. u. L. SITTIG: Z. anorg. allg. Chem. 143 (1925), S. 293/320.

[8] DUWEZ, P. u. F. ODELL: J. Electrochem. Soc. 97 (1950), S. 299/304.

[9] HORN, F. H. u. W. T. ZIEGLER: J. Am. Chem. Soc. 69 (1947), S. 2762/69.

[10] NOWOTNY, H., F. BENESOVSKY u. E. RUDY: Mh. Chem. 91 (1960), S. 348/56.

[11] BRAUER, G. u. J. JANDER: Z. anorg. allg. Chem. 270 (1952), S. 160/79.

[12] ESSELBORN, R. u. G. BRAUER: Nach R. ESSELBORN, Diss. Univ. Freiburg/Br. 1958, G. BRAUER: Less Common-Metals 2 (1960), S. 131/37.

[13] BRAUER, G. u. R. LESSER: Z. Metallkunde 50 (1959), S. 487/92.

[14] BRAUER, G.: Z. Elektrochem. 46 (1940), S. 397/402.

[15] ELLIOTT, R. P. u. S. KOMJATHY: In: Columbium Symposium Met. Soc. Conf., Vol. 10. Intersci. Publ., New York 1961, S. 367/82.

NER[1] synthetisierte Niobnitride, vorzugsweise NbN mit Stickstoff bei Drucken von 0,2 bis 42 Atm. und Temperaturen von 1300 bis 1600°.

N. SCHÖNBERG[2] ging ebenfalls von Niobpulver aus, nitrierte aber mit Ammoniak bei 700 bis 1000°. Die Nitrierzeiten waren dabei kürzer als beim Behandeln mit Stickstoff. A. SEPTIER, M. GAUZIT und P. BARUCH[3] haben Niobdrähte bei 1400° mit Ammoniak nitriert und NbN-Schichten erhalten.

NbN kann man nach F. H. POLLARD und G. W. A. FOWLES[4] auch nach dem Aufwachsverfahren bei Abscheidungstemperaturen von 1350° erhalten. In Aufwachsschichten, welche an der Oberfläche von Niob bei Behandlung mit BCl_3-H_2-N_2-Gemischen im Bereich von 800 bis 1200° entstehen, kann röntgenographisch nur NbN bzw. Nb_2N nachgewiesen werden; ist im Dampf NH_3 enthalten, dann bildet sich nur NbB_2[4a].

E. A. GULBRANSEN und K. F. ANDREW[5] haben die Reaktion von Stickstoff mit Niob bei Temperaturen von 500 bis 850° in Abhängigkeit von der Zeit und Druck untersucht. Auf die zahlreichen weiteren Untersuchungen über die Löslichkeit von Stickstoff in Niob, über die Diffusionsgeschwindigkeit von Stickstoff in Niob und die Aktivierungsenergie, kann hier nur hingewiesen werden[6-12].

b) Das System Niob-Stickstoff

Die älteren Angaben[13,14,15] über Phasen in diesem System sind

[1] RÖGENER, H.: Z. Physik 132 (1952), S. 446/67.

[2] SCHÖNBERG, N.: Acta Chem. Scand. 8 (1954), S. 208/12.

[3] SEPTIER, A., M. GAUZIT u. P. BARUCH: Compt. Rend. 234 (1952), S. 105/07.

[4] POLLARD, F. H. u. G. W. A. FOWLES: J. Chem. Soc. (1952), S. 2444/45.

[4a] ASANOVA, M. P., A. F. GERASIMOVA u. V. N. KONEV: Fiz. Metallov Metalloved. 9 (1960), S. 689/94.

[5] GULBRANSEN, E. A. u. K. F. ANDREW: Trans. Am. Inst. Met. Eng. 188 (1950), S. 586/99, J. Electrochem. Soc. 96 (1949), S. 364/76.

[6] ELLIOTT, R. P. u. S. KOMJATHY: In: Columbium Syposium Met. Soc. Conf., Vol. 10 Intersci. Publ., New York 1961. S. 367/82.

[7] BRAUER, G., J. JANDER u. H. RÖGENER: Z. Physik 132 (1952), S. 446/47, 134 (1953), S. 432/34.

[8] ANG, C. Y. u. C. WERT: J. Metals 8 (1953), S. 1032/36.

[9] ANG, C. Y.: Acta Met. 1 (1953), S. 122/25.

[10] SAMSONOV, G. V. u. V. P. LATYSCHEVA: Dokl. Akad. Nauk SSSR 109 (1956), S. 582/85.

[11] POWERS, R. W. u. M. V. DOYLE: J. Metals 9 (1957), S. 1285/89.

[12] ALBRECHT, W. M. u. W. D. GOODE: BMI 1360 (1959).

[13] MUTHMANN, W., L. WEISS u. R. RIEDELBAUCH: Liebigs Ann. Chem. 355 (1907), S. 58/136.

[14] UMANSKI, J. S.: Zur. Fiz. Chim. 14 (1940), S. 332/39.

[15] ASCHERMAN, G., E. FRIEDRICH, E. JUSTI u. J. KRAMER: Physik. Z. 42 (1941), S. 349/60.

durch die eingehenden Untersuchungen von G. BRAUER und Mitarbeitern[1,2,3] sowie von N. SCHÖNBERG[4] richtiggestellt und erweitert worden. Gewisse Unterschiede zwischen den Ergebnissen der einzelnen Forscher wurden durch die umfassende Arbeit von R. ESSELBORN und G. BRAUER[5] aufgeklärt. Letztere reproduzierten frühere eigene Arbeiten und arbeiteten fremde Arbeiten unter Variation der Rohstoffe und der Nitrierbedingungen nach. Die Verhältnisse im System

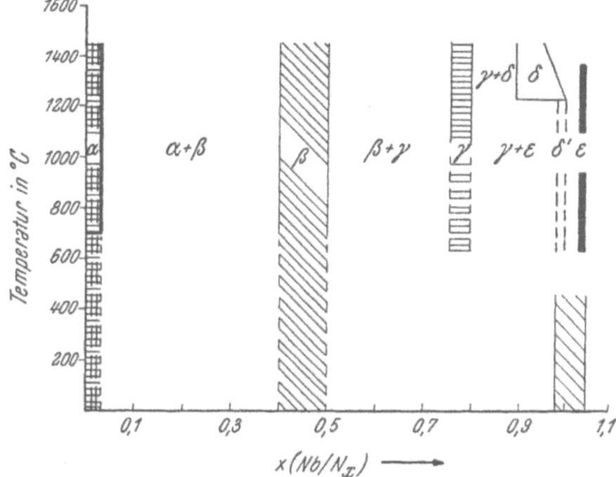

Abb. 120. Phasen im System Niob-Stickstoff (R. ESSELBORN und G. BRAUER)

sind ungewöhnlich verwickelt. Es bestehen neben der festen Lösung von Stickstoff in Niobmetall (kubisch raumzentrierte α-Phase $Nb\text{-}NbN_{0,025}$,[6-8] vgl. a. Literatur S. 318) fünf Niobnitrid-Phasen welche mehr oder weniger breite Homogenitätsbereiche haben.

Im Einzelnen sind dies: die hexagonale β-Phase ($NbN_{0,4}$-$NbN_{0,5}$), die tetragonale γ-Phase ($NbN_{0,75}$-$NbN_{0,85}$), eine hexagonal δ'-Phase ($NbN_{0,97}$-$NbN_{0,98}$) mit einer anti-Nickelarsenid-Konfiguration, eine ku-

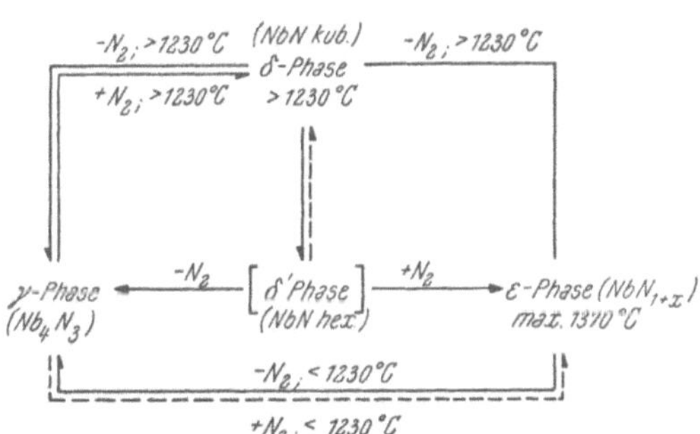

Abb. 121. Umwandlungsschema der Niobnitride (R. ESSELBORN und G. BRAUER)

[1] BRAUER, G.: Z. Elektrochem. 46 (1940), S. 397/402.

[2] BRAUER, G. u. J. JANDER: Z. anorg. allg. Chem. 270 (1952) S. 160/78.

[3] BRAUER, G., J. JANDER u. H. RÖGENER: Z. Physik 134 (1935), S. 432/34.

[4] SCHÖNBERG, N.: Acta Chem. Scand. 8 (1954) S. 208/12.

[5] ESSELBORN, R. u. G. BRAUER: Nach R. ESSELBORN, Diss. Univ. Freiburg/Br. 1958, G. BRAUER: J. Less-Common Metals 2 (1960), S. 131/37.

[6] RÖGENER, H.: Z. Physik 132 (1952), S. 446/67.

[7] BRAUER, G.: Handbuch der Präparativen Anorganischen Chemie, Enke, Stuttgart 1954, S. 996.

[8] BRAUER, G. u. R. LESSER: Z. Metallkunde 50 (1959), S. 512/15.

bische δ-Phase ($NbN_{0,88}$-$NbN_{0,98}$) mit Steinsalz-Struktur und eine hexagonale ε-Phase ($NbN_{1,01}$).

Oberhalb 1400° sind nur die Phasen α, β, γ und δ stabil, dagegen können unterhalb 1230° nur die Phasen α, β, γ und ε existieren. Die δ'-Phase ist im ganzen untersuchten Temperaturintervall instabil.

Der Hartmetalltechniker hat es also beim Arbeiten mit Niobnitriden im Kobaltsintergebiet vornehmlich mit drei Phasen zu tun: dem stabilen Subnitrid Nb_2N (β) sowie den beiden Hochtemperaturphasen Nb_4N_3 (γ) und hauptsächlich dem kubischen NbN (δ), welch letzteres zur Bildung stabiler Mischkristalle mit anderen kubischen Karbiden und Nitriden vom B 1-Typ befähigt ist. Mit den Niedrigtemperaturphasen: der labilen hexagonalen δ'-Phase und der sogar überstöchiometrischen auftretenden hexagonalen ε-Phase wird er seltener in Berührung kommen.

Ein vorläufiges Zustandsdiagramm des Systems Niob-Stickstoff unterhalb 1400° bei 760 Torr Stickstoff geht aus Abb. 120 hervor. Bei Nitrid-Nitrid und Karbid-Nitrid-Mischkristallen werden besonders die δ-Phase und bei Stickstoffabbau gegebenenfalls die γ-Phase bei den für die Mischkristallbildung notwendigen hohen Temperaturen in Erscheinung treten.

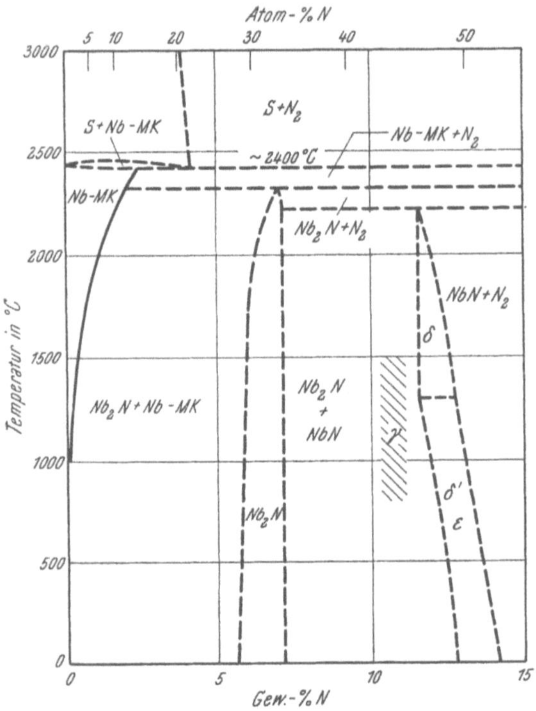

Abb. 122. Zustandsschaubild des Systems Niob-Stickstoff (R. P. Elliott und S. Komjathy)

Das Umwandlungsschema (Abb. 121) gibt die gegenseitigen Beziehungen der verschiedenen Niobnitride im Temperaturgebiet 1200 bis 1400° bei entsprechendem Stickstoffab- und Aufbau wieder[1]. Ähnliche Verhältnisse dürften auch bei den Nitridsystemen mit Temperatur- und Stickstoffdruckempfindlichen Phasen wie z. B. den stickstoffreichen Nitriden der 6a Metalle auftreten.

---

[1] Esselborn, R. u. G. Brauer: Nach R. Esselborn. Diss. Univ. Freiburg/Br. 1958, G. Brauer: J. Less-Common Metals 2 (1960), S. 131/37.

Neuerdings haben R. P. ELLIOTT und S. KOMJATHY[10] nochmals das System Nb-N bis zur Verbindung NbN und bis zum Niob-Schmelzpunkt durch Sintern und Schmelzen entsprechender Proben untersucht. Beim Schmelzen von Niob unter Stickstoff und beim Niederschmelzen von zersetzlichen Nitriden ergibt sich stets eine Schmelzlegierung mit etwa 3 % N. Die Löslichkeit von Stickstoff in Niob ist stark temperaturabhängig und beträgt bei 1200° etwa 0,25, bei 2400° etwa 2,5 Gew.-%.

Die von G. BRAUER gefundenen Phasen Nb_2N (β) Nb_4N_3 (γ), NbN hexagonal (ε) und ferner das kubische NbN (δ) wurden bestätigt. Die sowohl von G. BRAUER, als auch von N. SCHÖNBERG gefundene instabile hexagonale Phase δ' wurde nicht gefunden. R. P. ELLIOTT und S. KOMJATHY stellen ein provisorisches Zustandsbild bei 1 Atm. Stickstoffdruck auf, das in der Nähe der Zusammensetzung NbN gewisse Fragen zu stark vereinfacht bzw. offen läßt (Abb. 122). Nach G. BRAUERS Befunden dürfte sich das kubische NbN-Feld

Zahlentafel 67. *Eigenschaften der Niobnitride Nb_2N und NbN*

Eigenschaften	Nb_2N (7,02 % N)		NbN (13,1 % N)	
	Werte	Weitere Literatur	Werte	Weitere Literatur
Struktur	hexagonal d . g[1] L'3	2, 3	kubisch flz.[1] B 1	3
Gitterkonstante Å......	a: 3,058[1] c: 4,961	3—10	4,375[3]	1—15
Dichte g/cm² ber......	8,31	1, 7	8,47	7, 16
gef......	8,33[3]		8,2[3]	
Härte HM kg/mm²	wie Nb_2C		s. Lit.	17
Schmelzpunkt °C	s. Lit.	10	2300 zers.	10, 16
Thermodynam. Daten — $\triangle H_{298}$ kcal/mol. ..	61,1[18]		56,8[19]	20—23
Spez. elektr. Widerstand $\mu\Omega \cdot$ cm	s. Lit.	5	60[38]	5, 16, 17
Supraleitfähigkeit ab °K	bis 9,5[12] n. s. l.	5, 24—26	15,2[12]	5, 25—35
HALL-Konstante			— 0,13[38]	
Elektronenemission			s. Lit.	35, 36
Gefüge	s. Lit.	5, 36	s. Lit.	5, 10, 17, 36, 37

[1] BRAUER, G.: Z. Elektrochem. **46** (1940), S. 397/402.

[2] Aschermann, G., E. Friederich, E. Justi u. J. Kramer: Z. Physik **42** (1941), S. 349/60.

[3] Brauer, G. u. J. Jander: Z. anorg. allg. Chem. **270** (1952), S. 160/78.

[4] Umanski, J. S.: Zur. Fiz. Chim. **14** (1940), S. 332/39.

[5] Rögener, H.: Z. Physik **132** (1952), S. 446/67.

[6] Schönberg, N.: Acta Chem. Scand. **8** (1954), S. 208/12.

[7] Esselborn, R. u. G. Brauer: Nach: R. Esselborn, Diss. Univ. Freiburg/Br. 1958, G. Brauer: J. Less-Common Metals **2** (1960), S. 131/37.

[8] Albrecht, W. M. u. W. D. Goode: BMI 1360 (1959).

[9] Brauer, G. u. R. Lesser: Z. Metallkunde **50** (1959), S. 487/92.

[10] Elliott, R. P. u. S. Komjathy: In: Columbium Symposium. Met. Soc. Conf., Vol. 10, Intersci. Publ., New York 1961, S. 367/82.

[11] Becker, K. u. F. Ebert: Z. Physik **31** (1925), S. 268/72.

[12] Horn, F. H. u. W. T. Ziegler: J. Am. Chem. Soc. **69** (1947), S. 2762/69.

[13] Duwez, P. u. F. Odell: J. Electrochem. Soc. **97** (1950), S. 299/304.

[14] Brauer, G., J. Jander u. H. Rögener: Z. Physik **134** (1953), S. 432/34.

[15] Nowotny, H., F. Benesovsky u. E. Rudy: Mh. Chem. **91** (1960) S. 348/56.

[16] Friederich, E. u. L. Sittig: Z. anorg. allg. Chem. **143** (1925), S. 293/320.

[17] Ang, C. Y. u. C. Wert: J. Metals **8** (1953), S. 1032/36.

[18] Mah, A. D.: J. Am. Chem. Soc. **80** (1958), S. 3872/74.

[19] Mah, A. D. u. N. L. Gellert: J. Am. Chem. Soc. **78** (1956), S. 3261/63.

[20] Neumann, B., C. Kröger u. H. Kunz: Z. anorg. allg. Chem. **218** (1934), S. 379/401.

[21] Armstrong, C. I.: J. Am. Chem. Soc. **71** (1949), S. 3583/87.

[22] Humphrey, G. L.: J. Am. Chem. Soc. **76** (1954), S. 978/80.

[23] Samsonov, G. V. u. V. S. Neschpor: In: Fragen der Pulvermetallurgie, Kiew 1958, S. 3/35; Zur. Fiz. Chim. **30** (1956), S. 2057/60.

[24] Hulm, J. K. u. B. T. Matthias: Phys. Rev. **82** (1951), S. 273/74.

[25] Hardy, G. F. u. J. K. Hulm: Phys. Rev. **93** (1954), S. 1004/16.

[26] Schröder, E.: Z. Naturforschung **12** (1957), S. 247/56.

[27] Justi, E.: Leitfähigkeit und Leitfähigkeitsmechanismus fester Stoffe, Göttingen 1948; s. a. G. Ascherman, E. Friederich, E. Justi u. J. Kramer: Physik. Z. **42** (1941), S. 349/60.

[28] Andrews, D. H., W. F. Bruksch, W. T. Ziegler u. E. R. Blanchard: Rev. Sci. Instr. **13** (1942), S. 281.

[29] Andrews, D. H., R. Milton u. W. de Sorbo: J. Opt. Soc. Am. **36** (1946), S. 518.

[30] Cook, D. B., M. W. Zemansky u. H. A. Boorse: Phys. Rev. **79** (1950), S. 1021.

[31] Matthias, B. T. u. J. K. Hulm: Phys. Rev. **87** (1952), S. 799/806.

[32] Matthias, B. F.: Phys. Rev. **92** (1953), S. 874/76.

[33] Sellmaier, A.: Z. Physik **141** (1955), S. 550/65.

[34] Lautz, G. u. E. Schröder: Z. Naturforschung **11a** (1956), S. 517, 767/68.

[35] Samsonov, G. V. u. V. S. Neschpor: In: Fragen der Pulvermetallurgie, Kiew 1959, Bd. 7, S. 99/104.

[36] Korsunski, M. I. u. J. E. Genkin: In: Ber. Sem. hochwarmfeste Werkstoffe, Kiew 1960, Bd. 5, S. 15/20.

[37] Septier, A., M. Gauzit u. P. Baruch: Compt. Rend. **234** (1952), S. 105/07.

[38] Lvov, S. N., V. F. Nemtschenko u. G. V. Samsonov: Dokl. Akad. Nauk SSSR **135** (1960), S. 577/80.

nach oben und das hexagonale NbN-Feld nach unten einschnüren. Die Existenzbereiche der instabilen Phasen γ und δ' welch letztere zur Disproportionierung in γ und ε neigt, erscheinen nicht berücksichtigt.

c) Eigenschaften

Niobnitrid der chemischen Formel NbN mit 13,1 % N ist pulverförmig hellgrau mit einem Schimmer ins Gelbliche. In Salzsäure, Salpetersäure und Schwefelsäure ist es auch beim Kochen unlöslich[1]. Beim Erhitzen an Luft oxydiert es sich unter Freiwerden von Stickstoff zu Niobsäure. Beim Erhitzen mit Natronkalk oder beim Kochen mit starken Alkalien wird Ammoniak frei. Das Nb_2N wird ebenfalls von Säuren nicht angegriffen. Beim Erhitzen mit starken Laugen oder geschmolzenen Alkalien entwickelt sich aber nicht Ammoniak, sondern reiner Stickstoff.

NbN ist beim Erhitzen unter Wasserstoff bis zu höchsten Temperaturen beständig[2].

Zahlentafel 68. *Struktureigenschaften von γ, δ'- und ε-Niobnitrid*

Nitridphase	Struktur	Gitterkonstante kX	Weitere Literatur
Nb_4N_3 γ-Phase	tetragonal[1, 2, 3] deform. NaCl	a: 4,376[1] c: 4,311	2, 3, 4
NbN δ'-Phase	hexagonal[1, 2, 3] anti NiAs-Typ	a: 2,961 c: 5,536[3]	1, 2, 5
$NbN_{1,02}$ ε-Phase	hexagonal[1, 2, 3]	a: 2,953 c: 11,249[3]	1, 2

[1] BRAUER, G. u. J. JANDER: Z. anorg. allg. Chem. **270** (1952), S. 160/76.
[2] SCHÖNBERG, N.: Acta Chem. Scand. **8** (1954), S. 208/12.
[3] ESSELBORN, R. u. G. BRAUER: Nach R. ESSELBORN, Diss. Univ. Freiburg/Br. 1958, G. BRAUER: J. Less Common Merais 2 (1960), S. 131/37.
[4] BRAUER, G. , J. JANDER u. H. RÖGENER: Z. Physik **134** (1953), S. 432/34.
[5] UMANSKI, J. S.: Zur. Fiz. Chim. 14 (1940), S. 332/39.

Über die weiteren Eigenschaften der Niobnitride Nb_2N und NbN werden in Zahlentafel 67 Angaben gemacht. Die Röntgendaten der Phasen γ, δ' und ε sind in Zahlentafel 68 zusammengestellt. Weitere Eigenschaften dieser Phasen sind nicht oder nur ungenau bestimmt worden.

---

[1] POPOVA, O. I. u. G. T. KABANNIK: Zur. Neorg. Chim. **5** (1960), S. 930/34.
[2] MAY, C. E., D. KONEVAL u. G. C. FRYBURG: NASA Mem. 3-5-59 E (1959).

6. Tantalnitrid

a) Herstellung

Beim Glühen eines Gemenges von Ta_2O_5 mit entsprechenden Mengen Kohlenstoff unter Stickstoff erhält man stets ein stark mit Karbid verunreinigtes Produkt.

Ein von E. FRIEDERICH und L. SITTIG[1] so erzeugtes Produkt hatte 6,9% N (theoretisch für TaN 7,19% N). Nitride der Formel Ta_3N_5 und TaN_2 wollen A. JOLY[2] wie W. MUTHMANN, L. WEISS und R. RIEDELBAUCH[3] dargestellt haben. Es scheint aber heute außer Zweifel, daß keine Nitride mit einem höheren Stickstoffgehalt als TaN entsprechend existieren.

Reinste Tantalnitride erhält man durch Erhitzen von Tantalmetallpulver unter reinstem Stickstoff schon bei 1100 bis 1200° [4, 5, 6]. G. BRAUER und Mitarbeiter[7, 8] haben für ihre Systemuntersuchungen Tantalnitride durch Nitrierung von Tantalmetall- bzw. -hydridpulver mit Stickstoff bei 1400° hergestellt. N. SCHÖNBERG[9] nitrierte Tantalpulver mit Ammoniak bei 700 bis 1100°.

Die Aufnahme von Stickstoff an Tantaldrähte haben E. GEBHARDT, H. D. SEGHEZZI und W. D. DÜRRSCHNABEL[10] an Hand der Eigenschaftsänderungen eingehend untersucht. Bei langen Begasungszeiten konnten Tantalnitridausscheidungen im Gefüge beobachtet werden[11].

P. CHIOTTI[12] hat versucht, TaN durch Überleiten von NH_3 über Tantalmetallpulver bei 900° zu erzeugen, bekam aber keine Produkte, die mehr als 6,12% N enthielten. Beim Erhitzen des Reaktionsproduktes auf 2000° im Vakuum entstand ein hexagonales Nitrid mit 3,6% N, entsprechend der Formel Ta_2N. Aus diesem Ta_2N können durch Pressen und Sintern im Hochvakuum Formkörper hergestellt werden.

---

[1] FRIEDERICH, E. u. L. SITTIG: Z. anorg. allg. Chem. **143** (1925), S. 293/320.

[2] JOLY, A.: Bull. Soc. Chim. France **25** (1876), S. 506, Compt. Rend. **82** (1876), S. 1195.

[3] MUTHMANN, W., L. WEISS u. R. RIEDELBAUCH: Liebigs Ann. Chem. **355** (1907), S. 58/136.

[4] HORN, F. H. u. W. T. ZIEGLER: J. Am. Chem. Soc. **69** (1947), S. 2762/69.

[5] FOSTER, L. S.: AECD 2942 (1945).

[6] NOWOTNY, H., F. BENESOVSKY u. E. RUDY: Mh. Chem. **91** (1960), S. 348/56.

[7] BRAUER, G. u. K. H. ZAPP: Z. anorg. allg. Chem. **277** (1954), S. 129/39.

[8] BRAUER, G. u. R. LESSER: Z. Metallkunde **50** (1959), S. 512/15.

[9] SCHÖNBERG, N.: Acta Chem. Scand. **8** (1954), S. 199/203.

[10] GEBHARDT, E., H. D. SEGHEZZI u. W. D. DÜRRSCHNABEL: 3. Plansee Seminar, Reutte/Tirol 1958, S. 291/302. Z. Metallkunde **49** (1958), S. 577/83.

[11] VAUGHAN, D. A., O. M. STEWART u. C. M. SCHWARTZ: BMI 1472 (1960).

[12] CHIOTTI, P.: J. Am. Ceram. Soc. **35** (1952), S. 123/30, AECD 3204 (1948).

Die Abscheidung von Tantalnitrid aus Dampfgemischen von $TaCl_5$, N_2 und H_2 wird von A. E. VAN ARKEL und J. H. DE BOER[1] bei der Beschreibung ihres Aufwachsverfahrens erwähnt. Nach K. MOERS[2] ist die Abscheidung schwierig, weil sich in Gegenwart von Wasserstoff Tantalmetall niederschlägt. Am besten arbeitet man mit reinem Stickstoff als Spülgas und wendet hohe Fadentemperaturen von etwa 2500 bis 2800° an. Die Herstellung einkristalliner Überzüge macht Schwierigkeiten. Auch durch bloßes Erhitzen von Tantaldrähten in Stickstoff kann man Tantalnitrid-Schichten erzeugen[3], was auch von I. E. CAMPBELL und Mitarbeitern[4] erprobt wurde.

Angaben über die Diffusionsgeschwindigkeit von Stickstoff in Tantal und die Aktivierungsenergie des Vorganges machen G. V. SAMSONOV und V. P. LATYSCHEVA[5]. Die Kinetik der Umsetzung von Tantal mit Stickstoff haben E. A. GULBRANSEN und K. F. ANDREW[6] untersucht.

b) Das System Tantal-Stickstoff

Im System Tantal-Stickstoff besteht mit Sicherheit die Verbindung TaN mit hexagonal dichtester Packung*. Die Verbindungen Ta_2N[7], Ta_3N[2] und TaN_2[8, 9] sind bis auf erstere nicht eindeutig bewiesen. Ta_3N dürfte der unteren Existenzgrenze von Ta_2N entsprechen. Neuerdings zeigte P. CHIOTTI[10], daß TaN bei hohen Temperaturen unter Stickstoffabspaltung in Ta_2N übergeht.

G. BRAUER und K. H. ZAPP[11] untersuchten das System Ta-N

---

[1] VAN ARKEL, A. E. u. J. H. DE BOER: Z. anorg. allg. Chem. 148 (1925), S. 345/50.

[2] MOERS, K.: Z. anorg. allg. Chem. 198 (1931), S. 243/61.

[3] ANDREWS, M. R.: J. Am. Chem. Soc. 54 (1932), S. 1845/54.

[4] CAMPBELL, I. E., C. F. POWELL, D. H. NOWICKI u. B. W. GONSER: J. Electrochem. Soc. 96 (1949), S. 318/33.

[5] SAMSONOV, G. V. u. V. P. LATYSCHEVA: Dokl. Akad. Nauk SSSR 109 (1956), S. 582/85.

[6] GULBRANSEN, E. A. u. K. F. ANDREW: Trans. Am. Inst. Met. Eng. 188 (1950), S. 586/99. J. Electrochem. Soc. 96 (1949), S. 364/76.

[7] ASCHERMAN, G., E. FRIEDERICH, E. JUSTI u. J. KRAMER: Physik. Z. 42 (1941), S. 349/60.

[8] JOLY, A.: Bull. Soc. Chim. France 25 (1876), S. 506, Compt. Rend. 82 (1876), S. 1195.

[9] MUTHMANN, W., L. WEISS u. R. RIEDELBAUCH: Liebigs Ann. Chem. 355 (1907), S. 58/136.

[10] CHIOTTI, P.: J. Am. Ceram. Soc. 35 (1952), S. 123/30, AECD 3204 (1948).

[11] BRAUER, G. u. K. H. ZAPP: Z. anorg. allg. Chem. 277 (1954), S. 129/39, Naturwiss. 40 (1953), S. 604.

* Durch Hochdrucksynthese ist es kürzlich gelungen, eine kubisch flächenzentrierte Modifikation zu stabilisieren.

eingehend auf die vorkommenden Phasen. Tantal löst unter Gitteraufweitung Stickstoff bis zur Zusammensetzung $TaN_{0,03}$. N. SCHÖNBERG[1] gibt als obere Phasengrenze $TaN_{0,05}$ an. E. GEBHARDT[2] und Mitarbeiter fanden an nitrierten Tantaldrähten ähnliche Werte[3]. Es existieren nach G. BRAUER und K. H. ZAPP die Nitridphasen Ta_2N mit hexagonalem Gitter und einem Existenzbereich $TaN_{0,4-0,5}$ und die ebenfalls hexagonale Phase TaN deren Existenzbereich sehr schmal ist. N. SCHÖNBERG[1] findet in Proben, die durch Nitrieren mit NH_3 hergestellt wurden, im Bereich $TaN_{0,8-0,9}$ eine weitere einfach hexagonale Phase. Vermutlich handelt es sich um eine sauerstoffstabilisierte ternäre Verbindung.

In einer späteren Arbeit über Tantalkarbonitride konnten G. BRAUER und R. LESSER[4] im Randsystem Ta-N die früheren Befunde (Ta_2N, TaN) voll bestätigen.

c) Eigenschaften

Tantalnitrid der chemischen Formel TaN mit 7,19% N fällt meist als stumpfgraues bis blaugraues Pulver an. Sinterstäbe sind spröde und haben blaugrauen Bruch. Bei hohen Temperaturen sind sie aber ebenso wie Tantalnitrid-Aufwachsdrähte weich und plastisch. Es sei bei dieser Gelegenheit bemerkt, daß sich dicht gesinterte Formkörper aus Karbiden und Nitriden im Temperaturgebiet 2000 bis 2500° schwach verformen lassen. Sinterstäbe lassen sich bei diesen Temperaturen biegen und zylindrische Körper schwach stauchen ohne anzureißen.

Tantalnitrid kristallisiert abweichend von den anderen Nitriden der 4a und 5a Metalle hexagonal dichtest gepackt (vermutlich Wurtzit-Typ, wie δ'-NbN). NbN liegt bekanntlich in einer kubischen Hochtemperaturmodifikation (δ) vor, die mit anderen kubischen Nitriden und Karbiden vom B 1-Typ voll mischbar ist. Das hexagonale Tantalnitrid dürfte ebenso wie WC bei höheren Temperaturen bzw. hohem Druck in ein fiktives, kubisches Gitter umklappen, das zu starker Mischkristallbildung, sogar zur Bildung lückenloser Mischkristallreihen mit Nitriden und Karbiden vom B 1-Typ befähigt ist. (Vgl. S. 359 und Fußnote S. 347.)

Gegen verdünnte Schwefelsäure ist Tantalnitrid verhältnismäßig

---

[1] SCHÖNBERG, N.: Acta Chem. Scand. 8 (1954), S. 199/203.

[2] GEBHARDT, E., H. D. SEGHEZZI u. W. DÜRRSCHNABEL: 3. Plansee Seminar, Reutte/Tirol 1958, S. 291/32, Z. Metallkunde 49 (1958), S. 577/83.

[3] VAUGHAN, D. A., O. M. STEWART u. C. M. SCHWARTZ: BMI 1472 (1960).

[4] BRAUER, G. u. R. LESSER: Z. Metallkunde 50 (1959), S. 512/15.

Zahlentafel 69. *Eigenschaften von Tantalnitriden*

Eigenschaft	Ta_2N (3,7 % N)		TaN (7,19 % N)	
	Werte	Weitere Literatur	Werte	Weitere Literatur
Struktur	hexagonal[1] d . g L'3		hexagonal[2] kub. B1	
Gitterkonstante Å	a : 3,048[1] c : 4,917	3–5, 29	a : 5,191[6] c : 2,906	1–9
Dichte g/cm³ ber. / gef.	15,86[1] 15,46		14,36[1] 13,8	10
Härte MH kg/mm²	~ 3000	4	3236[11]	4
Schmelzpunkt °C	~ 3000		3090 ± 50[12]	
Thermodynamische Daten — ΔH_{298} kcal/mol	64,7[13]		59,0[14]	15–21
Spez. elektr. Widerstand $\mu\Omega \cdot$ cm			135[12]	22–24, 30, 31
Supraleitfähigkeit ab °K	9,5[25]		bis 1,88[25] n.s.l.	26
HALL-Konstante			— 0,41[31]	
Elektronenemission			s. Lit.	24, 27
Gefüge		4, 29	s. Lit.	4, 28

[1] BRAUER, G. u. K. H. ZAPP: Z. anorg. allg. Chem. **277** (1954), S. 129/39.

[2] VAN ARKEL, A. E.: Physica **4** (1924), S. 286/301.

[3] BRAUER, G. u. R. LESSER: Z. Metallkunde **50** (1959), S. 512/15.

[4] GEBHARDT, E., H. D. SEGHEZZI u. W. DÜRRSCHABEL: 3. Plansee Seminar, Reutte/Tirol 1958, S. 291/302; Z. Metallkunde **49** (1958), S. 577/83.

[5] SCHÖNBERG, N.: Acta Chem. Scand. **8** (1954), S. 199/203, 213/20.

[6] BRAUER, G. u. K. H. ZAPP: Naturwiss. **40** (1953), S. 604/05.

[7] BECKER, K. u. F. EBERT: Z. Physik **31** (1925), S. 268/72.

[8] s. Fußnote 1 bei G. HÄGG: Z. phys. Chem. B **12** (1931), S. 46.

[9] NOWOTNY, H., F. BENESOVSKY u. E. RUDY: Mh. Chem. **91** (1960), S. 348/56.

[10] FRIEDERICH, E. u. L. SITTIG: Z. anorg. allg. Chem. **143** (1925), S. 293/320.

[11] SAMSONOV, G. V.: Dokl. Akad. Nauk SSSR **86** (1952), S. 329/32.

[12] AGTE, C. u. K. MOERS: Z. anorg. allg. Chem. **198** (1931), S. 233/75.

[13] MAH, A. D.: J. Am. Chem. Soc. **80** (1958), S. 3872/74.

[14] MAH, A. D. u. N. L. GELLERT: J. Am. Chem. Soc. **78** (1956), S. 3261/63.

[15] NEUMANN, B., C. KRÖGER u. H. KUNZ: Z. anorg. allg. Chem. **218** (1934), S. 379/401.

[16] KELLEY, K. K.: US. Bur. Mines. Bull. Nr. 407, 476 (1937).

[17] SATO, S.: Sci. Pap. Inst. Phys. Chem. Res., Tokio **34** (1938), S. 477/86.

beständig[32, 33]. Beim Erhitzen unter Wasserstoff ist TaN nicht beständig[34]. Das Verhalten gegen technische Gase hat H.-J. Booss[20] untersucht.

Weitere Angaben über die Eigenschaften von Tantalnitriden werden in Zahlentafel 69 gemacht.

7. Chromnitrid

a) Herstellung

Die Verbindungen des Chroms mit Stickstoff sind insofern von Interesse, als der Stickstoff einen großen Einfluß auf den Schmelzpunkt des reinen Chroms und die Erstarrungs- und Umwandlungstemperaturen chromreicher Legierungen hat[35, 36]. Die Nitrierhärtung hochlegierter chromhaltiger Stähle und die Bedeutung der Nitride der Metalle Chrom, Vanadin, Titan und Tantal führte schon sehr frühzeitig zu eingehenden Untersuchungen der Nitridbildung durch Reaktion der Komponenten.

Präparativ erhält man stark verunreinigte Chromnitride nach zahl-

[18] PEARSON, J. u. U. J. C. ENDE: J. Iron Steel Inst. **175** (1953), S. 52/58.

[19] HUMPHREY, G. L.: J. Am. Chem. Soc. **76** (1954), S. 978/80.

[20] BOOSS, H. J.: Metall **10** (1956), S. 130/36.

[21] SAMSONOV, G. V. u. V. S. NESCHPOR: In: Fragen der Pulvermetallurgie, Kiew 1958, S. 3/35; Zur. Fiz. Chim. **30** (1956), S. 2057/60.

[22] ANDREWS, M. R.: J. Am. Chem. Soc. **54** (1932), S. 1845/54.

[23] SAMSONOV, G. V.: Zur. Techn. Fiz. **26** (1956), S. 716/22; Izv. Sekt. Fiz. Chim. **27** (1956), S, 97/125.

[24] SAMSONOV, G. V. u. V. S. NESCHPOR: In: Fragen der Pulvermetallurgie, Kiew 1959, Bd. 7, S. 99/104.

[25] HARDY, G. F. u. J. K. HULM: Phys. Rev. **93** (1954), S. 1004/16.

[26] HORN, F. H. u. W. T. ZIEGLER: J. Am. Chem. Soc. **69** (1947), S. 2762/69.

[27] BECKER, K.: Z. Physik **32** (1931), S. 489/507.

[28] BAKISH, R.: J. Electrochem. Soc. **105** (1958), S. 574/77.

[29] VAUGHAN, D. A., O. M. STEWART u. C. M. SCHWARTZ: BMI 1472 (1960).

[30] LVOV, S. N., V. F. NEMTSCHENKO u. G. V. SAMSONOV: Dokl. Akad. Nauk SSSR **135** (1960), S. 577/80.

[31] KOLOMEC, N. V., V. S. NESCHPOR, G. V. SAMSONOV u. S. A. SEMENKOVITSCH: Zur. Techn. Fiz. **28** (1958), S. 2382/89.

[32] SAMSONOV, G. V.: Dokl. Akad. Nauk SSSR **86** (1952), S. 329/32.

[33] POPOVA, O. I. u. G. T. KABANNIK: Zur. Neorg. Chim. **5** (1960), S. 930/34.

[34] MAY, C. E., D. KONEVAL u. G. C. FRYBURG: NASA Mem. 3-5-59 E (1959).

[35] ADCOCK, F.: J. Iron Steel Inst. **114** (1926), S. 117/26.

[36] SAUERWALD, F. u. A. WINTRICH: Z. anorg. allg. Chem. **203** (1931), S. 73/74.

reichen Angaben[1-6] durch Umsetzung von $CrCl_3$ oder CrO_2Cl_2 mit Ammoniak oder Alkali- bzw. Erdalkalinitriden.

Reinere Präparate stellten F. BRIEGLEB und A. GEUTHER[7] durch Überleiten von Ammoniak über Chrom bei etwa 1400° her. Die unvollständig nitrierten Teile des Produktes wurden durch Salzsäure herausgelöst. Das erhaltene Nitrid enthielt 78,9% Cr, war also praktisch reines CrN (theoretisch 78,8% Cr). Dasselbe Nitrid hat H. FÉRÉE[8] durch gelindes Glühen von pyrophorem Chrompulver unter Ammoniak erhalten. G. G. HENDERSON und J. C. GALLETLY[9] wollen beim Nitrieren von Chrom in Ammoniak ein Nitrid Cr_3N_2 (15,22% N) hergestellt haben. Dieses soll auch nach E. URLAUB[4] bei starkem Glühen von Chrommononitrid entstehen. R. BLIX[10] stellte seine Präparate für die Systemuntersuchung durch Behandlung von reinstem Chrom mit Ammoniak bei 800° und nachträglicher Homogenisierungsglühung im Vakuum bei 1100—1300° her.

Zwecks Bestimmung der Bildungswärme haben B. NEUMANN, C. KRÖGER und H. HAEBLER[11] reines Elektrolytchrom und aus Chromamalgam hergestelltes pyrophores Chrompulver bei 600 und 900° unter Druck mit Stickstoff umgesetzt und ein Produkt der Zusammensetzung CrN erhalten. A. U. SEYBOLT und R. A. ORIANI[12] sowie D. CAPLAN und Mitarbeiter[13] haben die Thermodynamik der Nitrierung von Chrom bis zur Bildung von Cr_2N untersucht und die Löslichkeitsgrenzen bestimmt.

Beim Nitrieren bzw. Karbonitrieren von Chrom entstehen Schich-

---

[1] LIEBIG, J.: Pogg. Ann. 24 (1831), S. 359.

[2] SCHRÖTTER, A.: Liebigs Ann. 37 (1841), S. 129/52.

[3] UFER, C. E.: Liebigs Ann. 112 (1859), S. 281/302.

[4] URLAUB, E.: Pogg. Ann. 101 (1857), S. 605/25.

[5] SMITS, A.: Rec. Trav. Chim. Pays-Bas 15 (1897), S. 136.

[6] GUNTZ, A.: Compt. Rend. 135 (1902), S. 738/40.

[7] BRIEGLEB, F. u. A. GEUTHER: Liebigs Ann. 123 (1862), S. 228.

[8] FÉRÉE, H.: Bull. Soc. Chim. France 25 (1901), S. 618.

[9] HENDERSON, G. G. u. J. C. GALLETLY: J. Soc. Chem. Ind. 27 (1908), S. 387/89.

[10] BLIX, R.: Z. physik. Chem. B 3 (1929), S. 229/39.

[11] NEUMANN, B., C. KRÖGER u. H. HAEBLER: Z. anorg. allg. Chem. 196 (1931), S. 65/78.

[12] SEYBOLT, A. U. u. R. A. ORIANI: J. Metals 8 (1956), S. 556/62.

[13] CAPLAN, D., M. J. FRASER u. A. A. BURR: In: Ductile Chromium, Am. Soc. Met., Cleveland 1957, S. 196/215.

ten aus Cr_2N und Cr_7C_3[1, 1a, 1b, 2, 3], beim Nitrieren von Ferrochrompulver hauptsächlich CrN[4]. Nitridschichten auf Chrom und Chromtitanlegierungen haben E. R. OLSON und Mitarbeiter[5] durch Nitrieren mit Ammoniak hergestellt und deren Leitfähigkeit bestimmt. Chromnitridschichten können wegen ihrer Härte als Verschleißschutz von Chrom und chromenthaltenden Legierungen dienen[6, 7].

In Isolaten aus Chromstählen und Heizleiterlegierungen konnten von zahlreichen Forschern Chromnitride identifiziert werden[8-14].

R. KIESSLING und Y. H. LIU[15] beschreiben die Bildung von Cr_2N und CrN bei der Reaktion von Chromborid mit NH_3. Bei 735° wird nur CrN, zwischen 800 und 1100° CrN und Cr_2N und bei 1180° nur Cr_2N erhalten.

b) Das System Chrom-Stickstoff

In zahlreichen älteren Arbeiten wird auf Grund von physikalisch-chemischen Messungen (Bestimmung der Dissoziationsspannung, Ermittlung der elektrischen Leitfähigkeit) versucht, die Verhältnisse im System Chrom-Stickstoff zu klären. Es sei auf die kritische Zu-

[1] ARCHAROV, V. I., V. N. KONEV u. A. C. MENSCHIKOV: Fiz. Metallov Metalloved. 7 (1959), S. 64/71. In: Forschungen auf dem Gebiete warmfester Werkstoffe, Moskau 1959, S. 402/07, 408/14; In: Ber. Sem. hochwarmfester Werkstoffe, Kiew 1960, Bd. 6, S. 37/42.

[1a] ARCHAROV, V. I., V. N. KONEV, I. S. TRACHTENBERG u. S. V. SCHUMILINA: Fiz. Metallov Metalloved. 5 (1958), S. 190. In: Forschungen auf dem Gebiete warmfester Werkstoffe, Moskau 1958, S. 402.

[1b] ARCHAROV, V. I., V. N. KONEV u. V. P. PAVLOVA: Fiz. Metallov Metalloved. 9 (1960), S. 701/08.

[2] KONEV, V. N.: Fiz. Metallov Metalloved. 6 (1958), S. 942/43, In: Forschungen auf dem Gebiete warmfester Werkstoffe, Moskau 1958, S. 415/19.

[3] MIYAGAWA, O. u. M. OKAMOTO: Nippon Kinzoku Gakkai-Si 23 (1959), S. 568/72.

[4] ZAK, H. u. Z. KULINSKI: Prace Inst. Hut. 12 (1960), S. 9/19.

[5] OLSON, E. R., E. H. LAYER u. A. E. MIDDLETON: J. Electrochem. Soc. 102 (1955), S. 73/76.

[6] McGEE, S. W. u. C. H. SUMP: Bull. Am. Soc. Test. Mat. (1956), Okt., S. 58/62.

[7] KOROLEV, M. L.: Izv. Akad. Nauk SSSR, Met. Topl. (1953), S. 1465/70.

[8] DULIS, E. J. u. G. V. SMITH: J. Metals 4 (1952), S. 1083/84.

[9] FERRO, A., S. GALLO u. C. P. GALOTTO: Metallurgia Ital. 49 (1956), S. 361/68.

[10] s. a. WEBB, W. W. u. W. D. FORGENG: Acta Met. 6 (1958), S. 462/69.

[11] KOUTSKY, J. u. J. JEŽEK: Hutnické Listy 13 (1958), S. 1098/1105.

[12] PFEIFFER, H.: Arch. Eisenhüttenwes. 29 (1958), S. 575/84.

[13] SERVI, I. S. u. W. D. FORGENG: J. Inst. Met. 88 (1959), S. 164/67.

[14] YODA, R.: Trans. Nat. Res. Inst. Met. 1 (1959), S. 107/12.

[15] KIESSLING, R. u. Y. H. LIU: J. Metals 3 (1951), S. 639/42.

sammenstellung bei M. Hansen[1] und auf die Einzelarbeiten verwiesen[2-6].

R. Blix[7] hat Chrom-Stickstoff-Legierungen röntgenographisch untersucht. Auf Grund der Röntgenogramme kann die Löslichkeit von Stickstoff in Chrom (α) nur sehr gering sein. Flüssiges Chrom löst nach R. M. Brick und J. A. Creevy[8] bei 1 Atm. 4 Gew.-% Stickstoff. Die Temperaturabhängigkeit der Löslichkeit von Stickstoff in festem Chrom ist ferner von V. S. Mozgovoi und A. M. Samarin[9] sowie von A. N. Seybolt und R. A. Oriani[10] ermittelt worden.

Nach R. Blix[7] existieren zwei intermediäre Phasen Cr_2N und CrN. Zwischen 11,3 und 11,9% N (entsprechend 32 bis 33,3 Atomprozent N) — nach neueren Untersuchungen von S. Eriksson[11] zwischen 9,3 und 11,9% N — tritt eine intermediäre Phase (β) mit hexagonal dichtester Kugelpackung, entsprechend der Formel Cr_2N, auf. Die Stickstoffatome sind dabei willkürlich in das hexagonal dichtest gepackte Chromgitter eingelagert. Die Verbindung CrN (21,7% N) (γ-Phase) hat kubisches Gitter (Steinsalztyp). Das von G. G. Henderson und J. C. Galletly[12] vermutete Cr_3N_2 besteht nicht.

c) Eigenschaften

Die Chromnitride Cr_2N (11,9% N) und CrN (21,2% N) sind graue, metallische, gegen Säuren sehr beständige Pulver.

Das Verhalten von Chromnitrid gegen technische Gase hat H.-J. Booss[13] untersucht und thermodynamische Berechnungen über die Beständigkeit angestellt.

[1] Hansen, M. u. K. Anderko: Constitution of Binary Alloys. McGraw-Hill, New York 1958, S. 539/41.

[2] Baur, E. u. G. L. Voerman: Z. physik. Chem. 52 (1905), S. 467/78.

[3] Shukow, I.: J. russ. phys. chem. Ges. 40 (1908), S. 457/59, 42 (1910), S. 40/41, 42/55.

[4] Valensi, G.: J. Chim. Phys. 26 (1929), S. 152/77, 202/09.

[5] Tammann, G.: Z. anorg. allg. Chem. 188 (1930), S. 396/408.

[6] Duparc, L., P. Wenger u. W. Schusselé: Helv. Chim. Acta 13 (1930), S. 917/29.

[7] Blix, R.: Z. physik. Chem. B 3 (1929), S. 229/39.

[8] Brick, R. M. u. J. A. Creevy: Am. Inst. Min. Met. Eng., Techn. Publ. Nr. 1165 (1940).

[9] Mozgovoi, V. S. u. A. M. Samarin: Dokl. Akad. Nauk SSSR 74 (1950), S. 729/31.

[10] Seybolt, A. U. u. R. A. Oriani: J. Metals 8 (1956), S. 556/62.

[11] Eriksson, S.: Jernkont. Ann. 118 (1934), S. 530/43.

[12] Henderson, G. G. u. J. C. Galletly: J. Soc. Chem. Ind. 27 (1908), S. 387/89.

[13] Booss, H.-J.: Metall 10 (1952), S. 130/36.

Weitere Angaben über die Eigenschaften von Chromnitriden sind der Zahlentafel 70 zu entnehmen.

Zahlentafel 70. *Eigenschaften von Chromnitriden*

Eigenschaft	Cr_2N (11,8 % N)		CrN (21,2 % N)	
	Werte	Weitere Literatur	Werte	Weitere Literatur
Struktur	hexagonal d · g[1] L'3		kubisch flz.[1] B 1	
Gitterkonstante Å	a : 2,751 — — 2,774[1] c : 4,479 — 4,438	2—6, 30	4,148[2]	1, 6—9, 29, 30
Dichte g/cm³ ber. .... gef.........	6,51		6,14[2] 6,1	
Härte	s. Lit.	10, 11	s. Lit.	10, 11
Schmelzpunkt °C	Zers. 1500 $Cr_2N \rightarrow Cr$		Zers. über 1500° CrN → → $Cr_2N \rightarrow Cr$	
Thermodynamische Daten — $\triangle H_{298}$ kcal/mol	30,8[31]	3, 6, 12—14	28,2[15]	6, 14, 16—22
Elektrische Leitfähigkeit...			s. Lit.	23, 24
Supraleitfähigkeit			s. Lit.	25
Gefüge..................	s. Lit.	4, 6, 10, 12, 13, 26, 27, 32	s. Lit.	6, 10, 26
Spektrum	s. Lit.	28, 30	s. Lit.	28, 30

[1] BLIX, R.: Z. physik. Chem. B 3 (1929), S. 229/39.
[2] ERIKSSON, S.: Jernkont. Ann. 118 (1934), S. 530/43.
[3] MOZGOVOI, V. S. u. A. M. SAMARIN: Dokl. Akad. Nauk SSSR 74 (1950), S. 729/31.
[4] FERRO, A., S. GALLO u. C. P. GALOTTO: Metallurgia Ital. 49 (1956), S. 361/68.
[5] PFEIFFER, H.: Arch. Eisenhüttenwes. 29 (1958), S. 575/84.
[6] ARCHAROV, V. I., V. N. KONEV u. A. C. MENSCHIKOV: Fiz. Metallov Metalloved. 7 (1959), S. 64/71.
[7] KIESSLING, R. u. Y. H. LIU: J. Metals 3 (1951), S. 639/42.
[8] SCHÖNBERG, N.: Acta Chem. Scand. 8 (1954), S. 213/20.
[9] BLAKE, F. C. u. J. O. LORD: Phys. Rev. 35 (1930), S. 660.
[10] McGEE, S. W. u. C. H. SUMP: Bull. Am. Soc. Test. Mat. (1956) Okt., S. 58/62.
[11] KOROLEV, M. L.: Izv. Akad. Nauk SSSR, Met. Topl. (1953), S. 1465/70.

d) Verwendung

Chromnitride spielen als Härteträger in Nitrierstählen eine entscheidende Rolle. Hartmetalltechnisch haben Chromnitride, wenn man von Hartchromschichten, die unter den üblichen Herstellungsbedingungen stickstoffhaltig sind, absieht, bisher keine Bedeutung erlangt. Dies gilt auch für die anderen Nitride der Metalle der 6a Gruppe des periodischen Systems, die bei Hartmetallsintertemperaturen bereits wieder zerfallen.

8. Molybdännitrid

a) Herstellung

Die Nitridbildung des Molybdäns geht noch langsamer vor sich als die des Chroms; höhere Nitrierungstemperaturen zur Beschleunigung der Reaktionsgeschwindigkeit verbieten sich jedoch wegen des Zerfalles der Nitride.

E. URLAUB[33] erhielt durch Überleiten von Ammoniak über $MoCl_5$ oder MoO_3 stickstoffhaltige Produkte. A. ROSENHEIN und H. J.

---

[12] SEYBOLDT, A. U. u. R. A. ORIANI: J. Metals 8 (1956), S. 556/62.

[13] CAPLAN, D., M. J. FRASER u. A. A. BURR: In: Ductile Chromium, Am. Soc. Met., Cleveland 1957, S. 196/215.

[14] PEARSON, J. u. U. J. C. ENDE: J. Iron Steel Inst. 175 (1953), S. 52/58.

[15] KELLEY, K. K.: US. Bur. Mines Bull. Nr. 407 (1937).

[16] NEUMANN, B., C. KRÖGER u. H. HAEBLER: Z. anorg. allg. Chem. 196 (1931), S. 65/78.

[17] NEUMANN, B., C. KRÖGER u. H. KUNZ: Z. anorg. allg. Chem. 207 (1932), S. 133/41.

[18] MAIER, C. G.: US. Bur. Mines Bull. Nr. 436 (1942).

[19] SATO, S.: Sci. Pap. Inst. Phys. Chem. Res., Tokio 34 (1938), S. 1001/09.

[20] SANO, K.: J. Chem. Soc. Japan 58 (1937), S. 981.

[21] BOOSS, H.-J.: Metall 10 (1956), S. 130/36.

[22] SAMSONOV, G. V. u. V. S. NESCHPOR: Zur. Fiz. Chim. 30 (1956), S. 2057/60.

[23] SHUKOW, I.: J. Russ. phys. chem. Ges. 42 (1910), S. 40/41.

[24] OLSEN, E. R., E. H. LAYER u. A. E. MIDDLETON: J. Electrochem. Soc. 102 (1955), S. 73/76.

[25] HARDY, G. F. u. J. K. HULM: Phys. Rev. 93 (1954), S. 1004/16.

[26] SERVI, I. J. u. W. D. FORGENG: J. Inst. Met. 88 (1959), S. 164/67.

[27] WEBB, W. W. u. W. D. FORGENG: Acta Met. 6 (1958), S. 462/69.

[28] NEMNONOV, S. A. u. A. Z. MENTSCHIKOV: In: Berichte Sem. hochwarmfeste Werkstoffe, Kiew 1960, Bd. 5, S. 21/27.

[29] PINSKER, E. G. u. L. N. ABROSIMOVA: Kristallografia 3 (1958), S. 281/87.

[30] MIYAGAWA, O. u. M. OKAMOTO: Nippon Kinzoku Gakkai-Si 23 (1959), S. 568/72.

[31] MAH, A. D.: Bur. Mines, Rep. Inv. Nr. 5529 (1960).

[32] ARCHAROV, V. I., V. N. KONEV u. A. F. GERASIMOVA: Fiz. Metallov Metalloved. 9 (1960), S. 695/700.

[33] URLAUB, E.: Pogg. Ann. 101 (1857), S. 605/25.

Braun[1] erhitzten $MoCl_3$ im Ammoniakstrom bei 340°. Das bei 760° nachgeglühte Produkt enthielt nur Molybdän und Stickstoff. Es wurde ihm die Formel Mo_3N_2 zugeschrieben. G. G. Henderson und J. C. Galletly[2] fanden, daß Molybdän bei 850° mit Ammoniak reagiert, wobei nur ein kleiner Teil des Metalles in Nitrid übergeht. Die gleiche Beobachtung machte M. Mathis[3].

Zwecks Untersuchung des Systems Molybdän-Stickstoff hat G. Hägg[4] reinstes reduziertes Molybdänpulver in einem Porzellanrohrofen mit Ammoniak zwischen 400 und 275° vier Stunden nitriert. Es wurden so Molybdän-Stickstoff-Legierungen mit 0,77 bis 7,15% N dargestellt. Oberhalb 725° tritt wieder Dissoziation des gebildeten Nitrides ein. Höhere Stickstoffkonzentrationen (8,2 bis 11,95% N) wurden durch sehr langes Nitrieren (bis zu 120 Stunden) bei 400° erhalten. Ähnlich arbeiteten auch S. P. Ghosh[5] und N. Schönberg[6]. V. I. Archarov und Mitarbeiter[6a] fanden beim Nitrieren von Molybdän mit Ammoniak im Bereich von 700 bis 940° das Nitrid MoN, bei Temperaturen von 950 bis 1150° das kubisch flächenzentrierte Mo_2N.

In Isolaten aus Cr-Mo-Stählen konnte das Nitrid Mo_2N identifiziert werden[7]. Auch in Molybdänaufspritzschichten dürften Molybdännitride auftreten, welche die hohe Härte bewirken.

b) Das System Molybdän-Stickstoff

Auf Grund von röntgenographischen Untersuchungen hat G. Hägg[8] die Phasenbereiche im System Molybdän-Stickstoff ermittelt (Abb. 123). Man kann annehmen, daß Stickstoff in der Molybdänphase (α) sehr wenig löslich oder fast unlöslich ist. Die Löslichkeit von Stickstoff in Molybdän haben neuerdings F. J. Norton und A. L. Marshall[9, 10] bestimmt. Im Gefüge von lichtbogen-

[1] Rosenhein, A. u. H. J. Braun: Z. anorg. Chem. 46 (1905), S. 311/22.

[2] Henderson, G. G. u. J. C. Galletly: J. Soc. Chem. Ind. 27 (1908), S. 387/89.

[3] Mathis, M.: Bull. Soc. Chim. France, Mém. 18 (1951), S. 443/51.

[4] Hägg, G.: Z. phys. Chem. B 7 (1930), S. 339/62.

[5] Ghosh, S. P.: J. Indian Chem. Soc. 29 (1952), S. 484/88.

[6] Schönberg, N.: Acta Chem. Scand. 8 (1954), S. 204/07.

[6a] Archarov, V. I., V. N. Konev u. A. F. Gerasimova: Fiz. Metallov Metalloved. 9 (1960), S. 695/700.

[7] Ferro, A., S. Gallo u. C. P. Galotto: Metallurgia Ital. 49 (1956), S. 361/68.

[8] Hägg, G.: Z. physik. Chem. B 7 (1930), S. 339/62.

[9] Norton, F. J. u. A. L. Marshall: Trans. Am. Inst. Min. Met. Eng. 156 (1944), S. 351.

[10] s. a. Spacil, H. S. u. J. Wulff: In: The Metal Molybdenum. Am. Soc. Met., Cleveland 1958, S. 262/80.

geschmolzenem Molybdän kann man nach L. E. OLDS und G. W. P. RENGSTORFF[1] schon bei 0,0008% N_2 Ausscheidungen von Mo_2N beobachten.

Die stickstoffärmste bei Raumtemperatur instabile β-Phase liegt nach G. HÄGG bei etwa 28 At.-% N. Sie ist nur oberhalb 600° be-

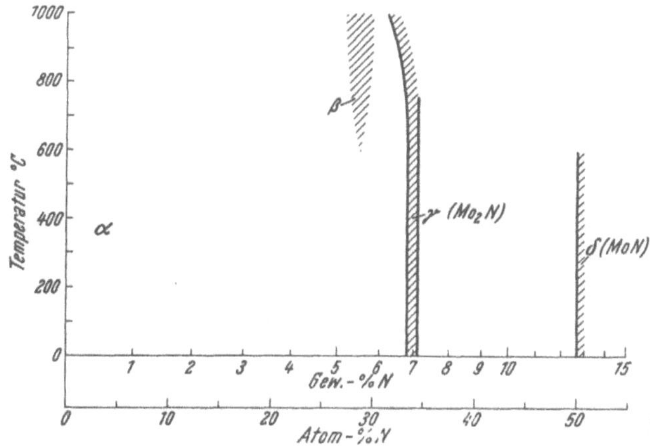

Abb. 123. System Molybdän-Stickstoff (G. HÄGG)

ständig und in normal abgekühlten Präparaten nicht nachweisbar. Wie die Untersuchung abgeschreckter Präparate zeigte, sind die Molybdänatome in einem flächenzentriert-tetragonalen Gitter angeordnet,[2] [3].

Die nächsthöhere Nitridphase (γ) hat bei Temperaturen unterhalb 600 bis 700° ein schmales Homogenitätsgebiet in der Nähe von 33 At.-% N und läßt sich also durch die Formel Mo_2N beschreiben. Bei höheren Temperaturen wird das Homogenitätsgebiet nach höheren Molybdängehalten verschoben. Die Molybdänatome bilden ein flächenzentriertes kubisches Gitter[2], [3]. Die Stickstoffatome liegen wahrscheinlich in den größten Zwischenräumen des Molybdängitters.

Die β-Phase soll aber nach neueren Arbeiten von D. A. EVANS und K. H. JACK[4] eine tetragonale Hochtemperaturmodifikation der kubischen γ-Phase mit einem Umwandlungspunkt bei 650° sein, wodurch die HÄGGschen Angaben eine zufriedenstellende Erklärung finden[5].

[1] OLDS, L. E. u. G. W. P. RENGSTORFF: J. Metals 8 (1956), S. 150/55.

[2] HÄGG, G.: U. physik. Chem. B 7 (1930), S. 339/62.

[3] GHOSH, S. P.: J. Indian Chem. Soc. 29 (1952), S. 484/88.

[4] EVANS, D. A. u. K. H. JACK: Acta Cryst. 10 (1957), S. 833/34.

[5] ARCHAROV, V. I., V. N. KONEV u. A. F. GERASIMOVA: Fiz. Metallov Metalloved. 9 (1960), S. 695/700.

Zahlentafel 71. *Eigenschaften von Molybdännitriden*

Eigenschaft	Mo_2N* (6,75 % N)		MoN (12,7 % N)	
	Werte	Weitere Literatur	Werte	Weitere Literatur
Struktur	β: tetragonal flz.[1] L'6 γ: kubisch flz. L'1[1]		hexagonal einfach[1] Bh	2, 3, 4
Gitterkonstante Å......	β: a : 4,180[1] c : 4,016 γ: 4,165[5]	4, 5, 6, 7 15	a : 5,725[3] c : 5,608	1, 6, 15
Dichte g/cm³ ber......				
gef......	8,04[1]		8,16[1]	
Schmelzpunkt °C	Zers.[1] > 700° $Mo_2N \to Mo$		Zers.[1] > 700° MoN → → $Mo_2N \to Mo$	
Thermodynam. Daten — $\triangle H_{298}$ kcal/mol ..	19,5[16]	8—11		
Supraleitfähigkeit ab °K	5,0[12]	13, 14	12,0[12]	13, 14
Gefüge	s. Lit.	7		

    * Die Phasen β und γ scheinen allotrope Modifikationen zu sein, die bei etwa 650° ineinander übergehen.

[1] Hägg, G.: Z. physik. Chem. B 7 (1930), S. 339/62.

[2] Schönberg, N.: Acta Met. 2 (1954), S. 427/32.

[3] Schönberg, N.: Acta Chem. Scand. 8 (1954), S. 204/07.

[4] Evans, D. A. u. K. H. Jack: Acta Cryst. 10 (1957), S. 833/34.

[5] Troitzkaja, N. W. u. S. G. Pinsker: Kristallografia 4 (1959), S. 38/41.

[6] Ghosh, S. P.: J. Indian Chem. Soc. 29 (1952), S. 484/88.

[7] Ferro, A., S. Gallo u. C. P. Galotto: Metallurgia Ital. 49 (1956), S. 361/68.

[8] Kelley, K. K.: US. Bur. Mines Bull. Nr. 407, 476 (1937).

[9] Neumann, B., C. Kröger u. H. Kunz: Z. anorg. allg. Chem. 218 (1934), S. 379/401.

[10] Sato, S.: Sci. Pap. Inst. Phys. Chem. Res., Tokio 34 (1938), S. 362/71.

[11] Samsonov, G. V. u. V. S. Neschpor: In: Fragen der Pulvermetallurgie, Kiew 1958, S. 3/35; Zur. Fiz. Chim. 30 (1956), S. 2057/60.

[12] Hulm, J. K. u. B. T. Matthias: Phys. Rev. 82 (1951), S. 273/74.

[13] Matthias, B. T.: Phys. Rev. 92 (1933), S. 874/76.

[14] Matthias, B. T. u. J. K. Hulm: Phys. Rev. 87 (1952), S. 799/806.

[15] Archarov, V. I., V. N. Konev u. V. P. Pavlova: Fiz. Metallov Metalloved. 9 (1960), S. 701/08.

[16] Mah, A. D.: Bur. Mines, Rep. Inv. No. 5529 (1960).

Die stickstoffreichste Phase (δ) existiert bei etwa 50 At.-% N, sie entspricht also der Formel MoN. Ihre Molybdänatome bilden ein einfaches hexagonales Gitter. Die Lagen der Stickstoffatome konnten nicht bestimmt werden. Die Struktur dieser Phase ist analog der des Wolframkarbides WC. N. SCHÖNBERG[1] bestätigte die von G. HÄGG[2] gefundenen Phasen, macht aber für die δ-Phase einen neuen Strukturvorschlag. (Hexagonale Überstruktur mit doppelten Achsenlängen.) Über den in Molybdännitriden eingebauten Wasserstoff werden keine Angaben gemacht. S. P. GHOSH[3] konnte die hexagonale δ-Phase nur neben der β-Phase finden.

c) Eigenschaften

Außer der Struktur sind fast keine Eigenschaften von Molybdännitriden untersucht worden. Die Veränderung der Festigkeit von oberflächlich nitrierten Molybdändrähten haben P. TURY und St. KRAUSZ[4] verfolgt. Die Affinität von Stickstoff und Molybdän ist von Bedeutung für stickstoffgefüllte Lampen und Öfen mit Molybdänheizleitern die mit Stickstoff, gespaltenem Ammoniak oder Formiergas als Schutzatmosphäre betrieben werde.

Einige Eigenschaftswerte von Molybdännitriden sind in Zahlentafel 71 zusammengestellt.

9. Wolframnitrid

a) Herstellung

Die Bildung von Wolframnitriden durch Nitrieren von Wolfram mit Ammoniak erfolgt noch langsamer als beim Molybdän. Dies erklärt den Befund von G. G. HENDERSON und J. C. GALLETLY[5], daß sich durch Überleiten von Ammoniak über Wolfram kein Nitrid bilde. Auch A. SIEVERTS und E. BERGNER[6] fanden, daß Stickstoff bis 1500° mit Wolframdraht nicht reagiert. P. LAFITTE und P. GRANDADAM[7] stellten fest, daß Wolfram bis 900° mit Stickstoff nicht reagiert, mit Ammoniak dagegen schon ab 140°, wobei das gebildete Nitrid durch Wasserstoff ab 200° wieder reduziert wird. M. MATHIAS[8], konnte aber aus Wolframpulver und Ammoniak bei 700° ein W_2N herstellen, welches bis 600° gegen Wasserstoff sehr beständig war.

---

[1] SCHÖNBERG, N.: Acta Chem. Scand. **8** (1954), S. 204/07.

[2] HÄGG, G.: Z. phys. Chem. B **7** (1930), S. 339/62.

[3] GHOSH S. P.: J. Indian Chem. Soc. **29** (1952), S. 484/88.

[4] TURY, P.u. St. KRAUSZ: Nature **138** (1936), S. 331.

[5] HENDERSON, G. G. u. J. C. GALLETLY: J. Soc. Chem. Ind. **27** (1908), S. 387/89.

[6] SIEVERTS, A. u. E. BERGNER: Ber. dtsch. chem. Ges. **44** (1911), S. 2394/402.

[7] LAFITTE, P. u. P. GRANDADAM: Compt. Rend. **200** (1935), S. 1039/41.

[8] MATHIS, M.: Bull. Soc. Chim. France Mém. **18** (1951), S. 443/51.

J. Langmuir[1] sowie C. J. Smithells und H. P. Rooksby[2] fanden
beim Erhitzen eines Wolframdrahtes auf 2500° in einer Stickstoffatmosphäre an den Wänden des Reaktionsgefäßes einen braunen
Niederschlag, dem sie die Formel WN_2 (13,2% N) zuschrieben.
Beim Glühen von Wolframdrähten in einer Ammoniak-haltigen
Wasserstoffatmosphäre tritt nach G. L. Davis[3] schon nach 10 Minuten bei 1200° starke Versprödung ein, welche durch Glühen unter
H_2-N_2-Gemisch rückgängig gemacht werden konnte. Die Ursache
ist das vorübergehend auftretende β-Nitrid (W_2N).

Den Reaktionsmechanismus der Einwirkung von Ammoniak auf
feinverteiltes Wolfram haben A. Mittasch und W. Frankenburger[4]
studiert und fanden, daß bei niedriger Temperatur (250 bis 360°)
sich Wolframimid als Zwischenverbindung bildet.

G. Hägg[5] hat für röntgenographische Untersuchungen im System
Wolfram-Stickstoff feines Wolframpulver mit Ammoniak in einem
Röhrenofen bei 700 bis 800° behandelt. Trotz 48stündiger Reaktions-
zeit wurde nur ein Stickstoffgehalt von 1,67% N (18,2 At.-% N) erzielt.
Die Homogenitätsgrenze dürfte dabei noch lange nicht erreicht
worden sein. Ähnlich arbeitete N. Schönberg[6], der W_2N erhielt.

Bei der Umsetzung von Ammoniuwolframat mit Ammoniak,
bildet sich nach J. Neugebauer, A. J. Hegedüs und T. Millner[7],
das β-Wolframnitrid. Bei der Behandlung von β-Wolfram mit Ammoniak entsteht auch ein neues Nitrid der Formel WN (γ).

R. Kiessling und Y. H. Liu[8] fanden bei der Umsetzung von
Wolframboriden mit Ammoniak bei 825 bis 875° W_2N und eine
weitere Nitridphase (γ).

b) Das System Wolfram-Stickstoff

Die Röntgenogramme der von G. Hägg[5] erzeugten Wolfram-
Stickstoff-Legierungen zeigen immer nur Linien der Wolframphase
(α) und einer neuen Phase (β). Stickstoff ist in Wolfram praktisch
unlöslich. Die β-Phase hat analog der γ-Phase im System Molybdän-
Stickstoff flächenzentriert kubisches Gitter. In Analogie mit dem

[1] Langmuir, J.: J. Am. Chem. Soc. **35** (1913), S. 931/45, **37** (1915),
S. 1139/67.
[2] Smithells, C. J. u. H. P. Rooksby: J. Chem. Soc. (1927), S. 1882/88.
[3] Davis, G. L.: Metallurgia (Manchester) **54** (1956), S. 18/20.
[4] Mittasch, A. u. W. Frankenburger: Z. Elektrochem. **35** (1929),
S. 920/27.
[5] Hägg, G.: Z. physik. Chem. **B 7** (1930), S. 339/62.
[6] Schönberg, N.: Acta Chem. Scand. **8** (1954), S. 204/07.
[7] Neugebauer, J., A. J. Hegedüs u. T. Millner: Z. anorg. allg. Chem.
302 (1959), S. 50/59.
[8] Kiessling, R. u. Y. H. Liu: J. Metals **3** (1951), S. 639/42.

System Molybdän-Stickstoff ist anzunehmen, daß die β-Phase bei etwa 33 At.-% N homogen ist, was etwa der Zusammensetzung W_2N entsprechen würde. R. KIESSLING und Y. H. LIU[3] fanden im System W-N eine neue Phase (γ), welche bei Nitrierungstemperaturen von 825 bis 875° auftritt. Sie ist kubisch und entspricht ebenfalls etwa der Formel W_2N.

N. SCHÖNBERG[4], der die Versuche von G. HÄGG[1], R. KIESSLING und Y. H. LIU nochmals nacharbeitete, konnte die mit Mo_2N isotype

Zahlentafel 72. *Eigenschaften von Wolframnitriden*

Eigenschaft	W_2N (3,67 % N)		WN(O) (7 % N)	
	Werte	Weitere Literatur	Werte	Weitere Literatur
Struktur	kubisch flz. $L'1$[1]	2, 3, 4 10	hexagonal einfach[4] Bh	3, 5, 10
Gitterkonstante Å	$4,12$[1]	3, 5	a : $2,893$[4] c : $2,826$	5, 10
Dichte g/cm³ ber. .... gef.			$12,12$[4]	
Schmelzpunkt °C	Zers. > 700 $W_2N \rightarrow W$		Zers. > 700 WN $\rightarrow$ $\rightarrow W_2N \rightarrow W$	
Thermodynamische Daten -- $\triangle H_{298}$ kcal/mol	$17,2$[7]	6, 8	s. Lit.	8
Supraleitfähigkeit	s. Lit.	9		

[1] HÄGG, G.: Z. phys. Chem. **B 7** (1930), S. 339/62.

[2] SCHÖNBERG, N.: Acta Met. 2 (1954), S. 427/32.

[3] KIESSLING, R. u. Y. H. LIU: J. Metals 3 (1951), S. 639/42.

[4] SCHÖNBERG, N.: Acta Chem. Scand. 8 (1954), S. 204/07.

[5] NEUGEBAUER, J., A. J. HEGEDÜS u. T. MILLNER: Z. anorg. allg. Chem. 362 (1959), S. 50/59.

[6] NEUMANN, B., C. KRÖGER u. H. KUNZ: Z. anorg. allg. Chem. **218** (1934), S. 379/401.

[7] BREWER, L., L. A. BROMLEY, P. W. GILLES u. N. L. LOFGREN in L. L. QUILL: The Chemistry and Metallurgy of Miscellaneous Materials-Thermodynamics. McGraw-Hill, New York 1950, S. 40/59.

[8] SAMSONOV, G. V. u. V. S. NESCHPOR: In: Fragen der Pulvermetallurgie, Kiew 1958, S. 3/35; Zur. Fiz. Chim. **30** (1956), S. 2057/60.

[9] HARDY, G. F. u. J. K. HULM: Phys. Rev. **93** (1954), S. 1004/16.

[10] CHITROVA, V. I. u. S. G. PINSKER: Kristallografia **3** (1958), S. 545/52. 5 (1960), S. 711/17.

W_2N-Phase bestätigen, jedoch nicht die kubische γ-Phase finden. Er fand jedoch eine hexagonale, mit WC isotype WN-Phase. Angaben über einen allfälligen Einbau von Sauerstoff oder Wasserstoff (vgl. die Untersuchungen von A. MITTASCH und W. FRANKENBURGER) wurden nicht gemacht. Die γ-Phase konnte später von R. KIESSLING und L. PETERSON[1] als Oxynitrid identifiziert werden. Auch bei dem von J. NEUGEBAUER, A. J. HEGEDÜS und T. MILLER[2] angegebenen γ-Nitrid WN dürfte eine sauerstoffstabilisierte Verbindung vorliegen.

c) Eigenschaften

Außer Strukturdaten sind nur sehr wenige Angaben über die Eigenschaften der Wolframnitride zu finden. Diese sind in Zahlentafel 72 zusammengestellt.

C. Nitride der Actinide

1. Thoriumnitrid

J. J. CHYDENIUS[3] berichtete zuerst über Thoriumnitrid, das er durch Erhitzen einer Thoriumchlorid-Ammoniumchlorid-Mischung im Salzsäurestrom gewann. Das Reaktionsprodukt, ein weißes Pulver, war wahrscheinlich nicht mit der Verbindung Th_3N_4 identisch, die durch spätere Forscher[4,5] in Form eines braunen Pulvers erzeugt wurde. H. MOISSAN und A. ETARD[4] berichteten über Nitridbildung beim Erhitzen von Thoriumkarbid in einem Ammoniak-Strom und C. A. MATIGNON[5] und V. KOHLSCHÜTTER[6] beobachteten eine lebhafte Gasabsorption beim Erhitzen von Gemengen aus ThO_2 und Magnesium oder Aluminium in einem Stickstoffstrom. W. DÜSING und M. HÜNIGER[7] fanden, daß sich auch geringe Mengen eines Nitrides mit niedriger elektrischer Leitfähigkeit bilden, wenn Thoriumhalogenverbindungen auf Wolfram-Glühlampendrähten unter Stickstoff zersetzt werden. Sowohl H. MOISSAN und A. ETARD[4] als auch C. A. MATIGNON[5] erhielten

[1] KIESSLING, R. u. L. PETERSON: Acta Met. 2 (1954), S. 675/79.

[2] NEUGEBAUER, J., A. J. HEGEDÜS u. T. MILLNER: Z. anorg. allg. Chem. 302 (1959), S. 50/59.

[3] CHYDENIUS, J. J.: Chem. Untersuch. von Thorerzen und Thorsalzen. Helsingfors 1861.

[4] MOISSAN, H. u. A. ETARD: Compt. Rend. 122 (1896), S. 573, Ann. Chim. Phys. 7, 12 (1897), S. 427.

[5] MATIGNON, C. A.: Compt. Rend. 131 (1900), S. 837/39.

[6] KOHLSCHÜTTER, V.: Liebigs Ann. 317 (1901), S. 158/89.

[7] DÜSING, W. u. M. HÜNINGER: Techn.-wiss. Abh. Osram 2 (1931), S. 357/65.

Zahlentafel 73. *Eigenschaften von Thoriumnitriden*

Eigenschaft	ThN (5,7 % N)		Th$_2$N$_3$ (8,3 % N)	
	Werte	Weitere Literatur	Werte	Weitere Literatur
Struktur	kubisch flz.[1] B 1		hexagonal[1] d. g. D 5$_2$	
Gitterkonstanten Å	5,21[1]	2, 3	a : 3,87[1] c : 6,16	
Dichte g/cm³ ber. .... gef.	11,55			
Schmelzpunkt °C	2630 ±50[1]		2600 Zers. Th$_2$N$_3$→ → ThN	
Thermodynamische Daten — △ H$_{298}$ kcal/mol			310[4] (Th$_3$N$_4$)	5, 6, 7
Supraleitfähigkeit	s. Lit.	8		
Gefüge	s. Lit.	3, 9	s. Lit.	9

durch Erhitzen von Thoriummetall in Stickstoff ein Nitrid der
stöchiometrischen Zusammensetzung Th$_3$N$_4$. Rasche Abkühlung
dieses Nitrides bewirkt teilweisen Zerfall. Von R. E. RUNDLE[1] wurde
die Existenz eines vorher noch nicht aufgefundenen kubischen Mono-
nitrides ThN mit Steinsalzstruktur und metallischen Charakter
bewiesen.

ThN kann man nach L. S. FOSTER[10] auch durch Umsetzung von
ThCl$_4$ mit Ammoniak oder aus Thoriumhydrid und Ammoniak bei

[1] RUNDLE, R. E.: Acta Cryst. 1 (1948), S. 180/87.
[2] ZACHARIASEN, W. H.: Acta Cryst. 2 (1949), S. 388/90.
[3] SMITH, M. D. u. R. W. K. HONEYCOMBE: J. Nucl. Mat. 4 (1959), S. 345/55.
[4] KELLEY, K. K.: US. Bur. Mines Bull. Nr. 406, 407, 476 (1937).
[5] NEUMANN, B., C. KRÖGER u. H. HAEBLER: Z. anorg. allg. Chem. 207 (1932), S. 145/49, 218 (1934), S. 379/401.
[6] SATO, S.: Sci. Pap. Inst. Phys. Chem. Res., Tokio 35 (1939), S. 182/90.
[7] BREWER, L., A. BROMLEY, P. W. GILLES u. N. L. LOFGREN in L. L. QUILL: The Chemistry and Metallurgy of Miscellaneous Materials-Thermodynamics, Mc Graw Hill, New York 1950, S. 40ff.
[8] HARDY, G. F. u. J. K. HULM: Phys. Rev. 93 (1954), S. 1004/16.
[9] GERDS, A. F. u. M.W. MALLETT: J. Electrochem. Soc. 101 (1954), S. 175/80.
[10] FOSTER, L. S.: AECD 2942 (1945).

1050° erhalten. P. CHIOTTI[1] fand beim Überleiten von Ammoniak über Thoriumspäne ein kubisches Nitrid ThN und ein höher stickstoffhaltiges Produkt etwa der Formel Th_2N_3 mit hexagonalem Gitter, welches bei hohen Temperaturen unbeständig ist. ThN ist bis 2600° stabil.

Bei der Umsetzung von kompaktem Thorium mit reinstem Stickstoff bei Temperaturen um 1490° bilden sich nach A. F. GERDS und M. W. MALLETT[2] Schichten von grauem Th_2N_3 und von goldgelbem ThN. Die Diffusionsgeschwindigkeit und Aktivierungsenergie des Vorganges wurden bestimmt und die Löslichkeit von Stickstoff in Thorium bei der genannten Temperatur zu 0,34 Gew.-% N ermittelt. In nitriertem Sinterthorium tritt nach M. D. SMITH und R. W. K. HONEYCOMBE[3] im Gefüge schon bei kleinen Stickstoffgehalten ThN auf.

Nach C. A. MATIGNON und M. DELÉPINE[4] wird Th_3N_4 von Wasser nach der Gleichung: $Th_3N_4 + 6 H_2O = 3 ThO_2 + 4 NH_3$ zersetzt. Es hat jedoch nach G. HÄGG[5] metallische Eigenschaften.

Da H. NOWOTNY, R. KIEFFER und F. BENESOVSKY[6] nachweisen konnten, daß Uranmonokarbid und Thoriumkarbid voll mischbar sind, ist auch eine lückenlose Mischbarkeit von ThN und UN anzunehmen.

Die Eigenschaftswerte von Thoriumnitriden sind in Zahlentafel 73 zusammengestellt.

2. Urannitrid

a) Herstellung

Die Formeln der von älteren Autoren[7-13] angegebenen Urannitride sind zweifelhaft.

---

[1] CHIOTTI, P.: J. Am. Ceram. Soc. **35** (1952), S. 123/30, AECD 3204 (1948), 3012 (1950).

[2] GERDS, A. F. u. M. W. MALLETT: J. Electrochem. Soc. **101** (1954), S. 175/80, AECD 3578 (1953).

[3] SMITH, M. D. u. R. W. K. HONEYCOMBE: J. Nucl. Mat. **4** (1959), S. 345/55.

[4] MATIGNON, C. A. u. M. DELÉPINE: Compt. Rend. **132** (1901), S. 36/38.

[5] HÄGG, G.: Z. phys. Chem. **B 6** (1929), S. 221/32.

[6] NOWOTNY, H., R. KIEFFER u. F. BENESOVSKY: Mh. Chem. **89** (1958), S. 312/13. Planseeber. Pulvermetallurgie **5** (1957), S. 102/03.

[7] RAMMELSBERG, C.: Pogg. Ann. **55** (1842), S. 323.

[8] URLAUB, E.: Diss. Göttingen 1859.

[9] MOISSAN, H.: Compt. Rend. **122** (1896), S. 276, 1092.

[10] KOHLSCHÜTTER, V.: Liebigs Ann. **317** (1901), S. 158/89.

[11] COLANI, A.: Compt. Rend. **137** (1903), S. 382/84.

[12] HEUSLER, O.: Z. anorg. allg. Chem. **154** (1926), S. 353/74.

[13] NEUMANN, B., C. KRÖGER u. H. HAEBLER: Z. anorg. allg. Chem. **207** (1932), S. 145/49.

L. S. Foster[1] hat ein UN durch Behandlung von Uranhydrid mit Stickstoff bei 900° erhalten. Nach R. E. Rundle und Mitarbeitern[2] sowie nach P. Chiotti[3] kann man Urannitrid der Formel UN durch Umsetzung von Uran bzw. Uranhydrid mit Stickstoff bzw. Ammoniak erzeugen. Man kann auch höhere Urannitride im Vakuum zersetzen oder Uran mit höheren Urannitriden umsetzen. Weiters kann man höhere Urannitride mit Wasserstoff reduzieren. Höhere Urannitride, z. B. U_2N_3 haben die Autoren durch direkte Umsetzung von Uran oder Uranhydrid mit Stickstoff bzw. Ammoniak sowie durch Reduktion noch höherer Nitride mit Wasserstoff hergestellt. Ein Nitrid der Formel UN_2 wurde bei der Umsetzung von Uran mit Stickstoff unter einem Druck von 126 Atmosphären erhalten. UN wurde von M. H. Mueller und H. W. Knott[4] durch Umsetzung von Uranhydrid mit gereinigtem Stickstoff bei 1000° bzw. von Uranmetall bei 1200° gewonnen. Ähnlich verfuhren Ch. P. Kempter, J. C. Guire und M. R. Nadler[5]. UN entsteht ferner nach S. J. Paprocki und Mitarbeitern[6, 7] auch bei der Vakuumerhitzung von U_2N_3 (dieses wurde aus Uranmetall durch Nitrierung mit Stickstoff bei 850° hergestellt) bei 1300° unter Abbau.

Bei der Oberflächenreaktion von Uranmetall mit Stickstoff zwischen 780 bis 900° bilden sich nach M. W. Mallett und A. F. Gerds[8] Schichten, in welchen röntgenographisch UN, U_2N_3 und UN_2 nachgewiesen werden konnten.

Von zahlreichen Autoren wird die metallographische Identifizierung von Einschlüssen in geschmolzenem Uranmetall beschrieben. Neben Oxyden und UC tritt dabei auch UN wahrscheinlich auch U (C, N) auf[9-11].

[1] Foster, L. S.: AECD 2942 (1945).

[2] Rundle, R. E., N. C. Baenzinger, A. S. Wilson u. R. A. McDonald: J. Am. Chem. Soc. 70 (1948), S. 99/105.

[3] Chiotti, P.: J. Am. Ceram. Soc. 35 (1952), S. 123/30.

[4] Mueller, M. H. u. H. W. Knott: Acta Cryst. 11 (1958), S. 751/52.

[5] Kempter, Ch. P., J. C. McGuire u. M. R. Nadler: Analyt. Chem. 31 (1959), S. 156/57.

[6] Paprocki, S. J., D. L. Keller, G. W. Cunningham u. A. K. Foulds: BMI 1365 (1959).

[7] Tripler, A. B., M. J. Snyder u. W. H. Duckworth: BMI 1313 (1959). In: Materials in Nuclear Application. Am. Soc. Test. Met., Spec. Techn. Publ. No. 276 (1960), S. 293/300.

[8] Mallett, M. W. u. A. F. Gerds: J. Electrochem. Soc. 102 (1955), S. 292/96.

[9] Dickerson, R. F., A. F. Gerds u. D. A. Vaughan: J. Metals 8 (1956), S. 456/60, Trans. Am. Soc. Met. 52 (1950), S. 748/62.

[10] Meredith, K. E. G. u. M. B. Waldron: J. Inst. Met. 87 (1959), S. 311/17.

[11] Kehl, G. L., E. Mendel, E. Jaraiz u. M. H. Mueller: Trans. Am. Soc. Met. 51 (1959), S. 717/35.

Zahlentafel 74. *Eigenschaften von Urannitriden*

Eigenschaft	UN (5,6 % N)		U_2N_3 (8,1 % N)		UN_2 (10,5 % N)	
	Werte	Weitere Literatur	Werte	Weitere Literatur	Werte	Weitere Literatur
Struktur	kubisch flz.[1] B 1		hexagonal d.g[2] kubisch rz.[1]		kubisch flz. C 1	1, 2
Gitterkonstante Å	4,89[3]	1, 2, 4−7	a : 3,69[2] c : 5,83	1, 4	5,31[1]	2
Dichte g/cm³ ber.	14,32[1]	4	11,24[1]	4	11,17	
gef........						
Härte	455[18]	8				
Schmelzpunkt ° C	2650 ± ± 100[9]	19	Zers. $U_2N_3 \rightarrow$ →UN		Zers. $UN_2 \rightarrow$ →U_2N_3 →UN	
Ausdehnungskoeffizient $\beta \cdot 10^{-6}$	7,51[7]	20				
Thermodynamische Daten — $\triangle H_{298}$ kcal/mol	68,5[10]	11, 12, 18				
Supraleitfähigkeit	s. Lit.	13				
Gefüge.................	s. Lit.	4, 6, 8, 14−17	s. Lit.	14	s. Lit.	14, 18

[1] RUNDLE, R. E., N. C. BAENZIGER, A. S. WILSON u. R. A. McDONALD: J. Am. Chem. Soc. **70** (1948), S. 99/105.

[2] VAUGHAN, D. A.: J. Metals 8 (1956), S. 78/79.

[3] MUELLER, M. H. u. H. W. KNOTT: Acta Cryst. **11** (1958), S. 751/52.

[4] AUSTIN, A. E. u. A. F. GERDS: BMI 1272 (1958).

[5] KEMPTER, Ch. P., J. C. McGUIRE u. M. R. NADLER: Anal. Chem. **31** (1959), S. 156/57.

[6] WILLIAMS, J. u. R. A. J. SAMBELL: J. Less-Common Metals 1 (1959), S. 217/26.

[7] KEMPTER, Ch. P. u. R. O. ELLIOTT: J. Chem. Phys. **30** (1959), S. 1524/26.

[8] KEHL, G. L., E. MENDEL, E. JARAIZ u. M. H. MUELLER: Trans. Am. Soc. Met. **51** (1959), S. 717/35.

[9] CHIOTTI, P.: J. Am. Ceram. Soc. **35** (1952), S. 123/30.

[10] KELLEY, K. K.: US. Bur. Mines Bull. Nr. 407 (1937).

[11] BREWER, L., L. A. BROMLEY, P. W. GILLES u. N. L. LOFGREN in L. L. QUILL: The Chemistry and Metallurgy of Miscellaneous Materials-Thermodynamics, McGraw-Hill, New York 1950, S. 40ff.

[12] KATZ, J. J. u. E. RABINOWITSCH: The Chemistry of Uranium, McGraw-Hill, New York 1951, S. 232/41.

Nach P. Chiotti ist von den drei Urannitriden nur das UN,
bei höherer Temperatur beständig. Aus UN können durch Pressen
und Sintern im Vakuum hochhitzebeständige Formkörper hergestellt
werden.

b) Das System Uran-Stickstoff

Das System Uran-Stickstoff wurde röntgenographisch von
R. E. Rundle und Mitarbeitern[21] untersucht. Danach ist keine
Löslichkeit von Stickstoff in Uran nachweisbar. Die stickstoffärmste
Phase UN ist kubisch flächenzentriert und hat Steinsalzstruktur.
Die nächste Phase U_2N_3 ist kubisch raumzentriert und gehört dem
Mn_2O_3-Typ an. Die Phasengrenze nach der uranreichen Seite liegt
scharf bei U_2N_3. Auf der stickstoffreicheren Seite erfolgt ein kaum
merklicher Übergang in UN_2 mit CaF_2-Struktur. Allerdings gelangt
man bei der Nitrierung unter Atmosphärendruck nur bis zum Nitrid
$UN_{1,75}$. Nitrierung unter einem Druck von 126 Atmosphären führt
zwischen 55 und 66 At.-% N zu den zwei Phasen UN und UN_2.
UN_2 ist schwierig UN-frei darstellbar, was verständlich ist, weil der
Zerfall $U_2N_3 = UN + UN_2$ mit einer Volumenabnahme der Elementarzelle von 13% verbunden ist. Dem U_2N_3 schreibt D. A. Vaughan[22]
neuerdings ein hexagonales Gitter zu (isotyp mit Th_2N_3).

c) Eigenschaften

Angaben über die Eigenschaften von Urannitriden werden in
Zahlentafel 74 gemacht.

d) Verwendung

Nach einem Patentvorschlag[23] soll Urannitrid der Zusammensetzung $UN_{1,5}$ bis $UN_{1,75}$, hergestellt aus Uranspänen durch Über-

[13] Hardy, G. F. u. J. K. Hulm: Phys. Rev. **93** (1954), S. 1004/16.
[14] Mallett, M. W. u. A. F. Gerds: J. Electrochem. Soc. **102** (1955), S. 292/96.
[15] Dickerson, R. F., A. F. Gerds u. D. A. Vaughan: J. Metals **8** (1956),
S. 456/60.
[16] Meredith, K. E. G. u. M. B. Waldron: J. Inst. Met. **87** (1959), S. 311/17.
[17] Paprocki, S. J., D. L. Keller, G. W. Cunningham u. A. K. Foulds:
BMI 1184 (1957), 1365 (1959).
[18] Tripler, A. B., M. J. Snyder u. W. H. Duckworth: BMI 1313 (1959).
In: Materials in Nuclear Applications. Am. Soc. Test. Met., Techn. Publ.
No. 276 (1960), S. 293/300.
[19] Newkirk, H. W. u. J. L. Bates: HW 59 468 (1950).
[20] Krikorian, O. H.: UCRL 6132 (1960).
[21] Rundle, R. E., N. C. Baenziger, A. S. Wilson u. R. A. McDonald:
J. Am. chem. Soc. **70** (1948), S. 99/105.
[22] Vaughan, D. A.: J. Metals **8** (1956), S. 78/79.
[23] A. P. 2487 360 (1949).

leiten von Ammoniak bei etwa 800°, zur Reinigung von Stickstoff geeignet sein. Das auf 500 bis 600° erwärmte Nitrid entzieht dem Stickstoff allen Sauerstoff.

Gesinterte Verbundkörper aus UN und nichtrostendem Stahlpulver kommen für Brennstoffelemente in Atomenergieanlagen in Frage[1-5].

Über eine allfällige Mischkristallbildung zwischen UN, UC und ThC, ThN vergleiche die Bemerkung auf Seite 363.

3. Neptunium- und Plutoniumnitrid

Die Nitride NpN und PuN haben nach W. H. ZACHARIASEN[6] kubisches Gitter (Steinsalztyp B 1) mit den Gitterkonstanten 4,897 Å (NpN) und 4,905 Å (PuN).

NpN wurde von I. SHEFT und S. FRIED[7] aus NpH_3 bzw. $NpCl_4$ durch Umsetzung mit NH_3 als schwarzes Pulver erhalten.

F. BROWN, H. M. OCKENDEN und G. A. WELCH[8] erhielten PuN beim Erhitzen von Plutoniumhydrid unter Stickstoff bei Temperaturen über 230° als reaktionsfähiges, leicht zersetzliches, schwarzes Pulver.

Über allfällige Mischkristallbildung zwischen NpN und PuN mit den Mononitriden und -karbiden des Urans und Thoriums vergleiche die Bemerkung S. 364.

D. Die Systeme Nitrid-Nitrid

1. Allgemeines und Herstellung

Die Nitride der Metalle der 4a und 5a Gruppe des periodischen Systems haben bis auf das Tantalnitrid Steinsalzstruktur (B 1-Typ). In Analogie zu den entsprechenden Karbiden der 4a und 5a Metalle kann bei unter 15% liegenden Unterschieden in den Gitterkonstanten isotyper Nitride und auf Grund der Tatsache, daß die betreffenden

---

[1] PAPROCKI, S. J., D. L. KELLER, G. W. CUNNINGHAM u. A. K. FOULDS: BMI 1184 (1957), 1365 (1959).

[2] DAYTON, R. W. u. C. R. TIPTON: BMI 1226, 1232, 1238 (1957); 1253, 1256, 1259, 1262, 1267, 1280, 1286, 1294, 1301, 1307 (1958); 1315, 1324, 1340, 1357, 1377, 1381 (1959); 1366, 1403, 1409 (1960).

[3] SHEINHARTZ, I. u. J. L. ZAMBROW: SCNC 266 (1958).

[4] KROEHLER, J.: NAA SR 4579 (1959).

[5] FREAS, D. G., J. H. SALING, J. E. GATES u. R. F. DICKERSON: BMI 1446 (1960).

[6] ZACHARIASEN, W. H.: Acta Cryst. 2 (1949), S. 388/90, AECD 2195 (1948).

[7] SHEFT, I. u. S. FRIED: J. Am. Chem. Soc. 75 (1953), S. 1236/37, AECD 2731 (1949).

[8] BROWN, F., H. M. OCKENDEN u. G. A. WELCH: J. Chem. Soc. (1955), S. 4196/271.

fast bis zum Schmelzpunkt stabil sind, vollkommene Mischbarkeit angenommen werden[1]. Bei den nichtisotypen Nitridpaaren mit Tantalnitrid kann, ähnlich wie im System TiC-WC, eine Löslichkeit der kubischen Nitride für das hexagonale TaN* vermutet werden, während TaN wahrscheinlich nur eine beschränkte oder keine Löslichkeit für die kubischen Nitride haben dürfte[2].

Die Nitride der Metalle der 6a Gruppe, zumindest diejenigen des Molybdäns und Wolframs, sind wegen ihrer Zersetzlichkeit bei hohen Temperaturen hartmetalltechnisch nicht von Interesse. Sie sollen daher nicht in den Kreis der Betrachtungen einbezogen werden.

Nitridmischkristalle der Nitride der Metalle der 4a und 5a Gruppe des Periodensystems wurden von P. Duwez und F. Odell[3] durch zwei- bis vierstündige Glühung gepreßter Gemische unter Stickstoff im Hochfrequenzofen oder Kohlerohrkurzschlußofen bei Temperaturen über 2000° hergestellt. Die Systeme mit Tantalnitrid wurden wegen der unvollständigen Mischbarkeit des hexagonalen Nitrides mit den kubischen Nitriden nicht untersucht. Ebenso wurde HfN nicht in den Kreis der Untersuchungen einbezogen.

Erst in neuerer Zeit wurden auch Hafniumnitridmischkristalle durch H. Nowotny, F. Benesovsky und E. Rudy[4] untersucht und die bestehenden Lücken in unserer Kenntnis der Nitridsysteme geschlossen. Es wurde dabei von vorgebildeten Nitriden ausgegangen, Mischungen dieser heißgepreßt und in einem Wolframrohrkurzschlußofen unter Stickstoff auf Temperatur bis zu 2200° erhitzt[5].

N. Schönberg[2] ging von gesinterten Vorlegierungen der Metalle Titan, Vanadin, Tantal und Chrom aus und nitrierte dieselben bei 650 bis 950° mit Ammoniak.

2. Nitrid-Zweistoffsysteme

Titannitrid-Zirkoniumnitrid. An bei 2600° geglühten Preßlingen wurde von P. Duwez und F. Odell[3] röntgenographisch

---

[1] Kotelnikov, R. B.: In: Bor, Moskau 1958, S. 46/51.

[2] Schönberg, N.: Acta Chem. Scand. 8 (1954), S. 213/20.

[3] Duwez, P. u. F. Odell: J. Electrochem. Soc. 97 (1950), S. 299/304.

[4] Nowotny, H., F. Benesovsky u. E. Rudy: Mh. Chem. 91 (1960), S. 348/56.

[5] Rudy, E.: Diss. Techn. Hochsch. Wien 1960.

* Durch Hochdrucksynthese ist inzwischen die kubisch flächenzentrierte Form des TaN gefunden worden. Es ist anzunehmen, daß diese, ebenso wie das kubische NbN, unter entsprechenden Druck- und Temperaturverhältnissen mit den kubischen Mononitriden der 4a und 5a Metalle — sofern die Volumenregel erfüllt ist — lückenlose Mischreihen bildet.

lückenlose Mischbarkeit festgestellt. Die Gitterkonstanten weichen gemäß Abb. 124 schwach positiv von der VEGARDschen Geraden ab.

Titannitrid-Hafniumnitrid. Röntgenographisch konnte an bei 2200° geglühten Proben gemäß Abb. 125 lückenlose Mischbarkeit festgestellt werden[1].

Titannitrid-Vanadinnitrid. Mischungen mit 40 bis 70% VN wurden bei 2425°, die restlichen Proben bei 2125° geglüht. Auf Grund der Röntgenogramme ist lückenlose Mischbarkeit vorhanden. Die Gitterkonstanten weichen schwach positiv gemäß Abb. 124 von der VEGARDschen Geraden ab[2].

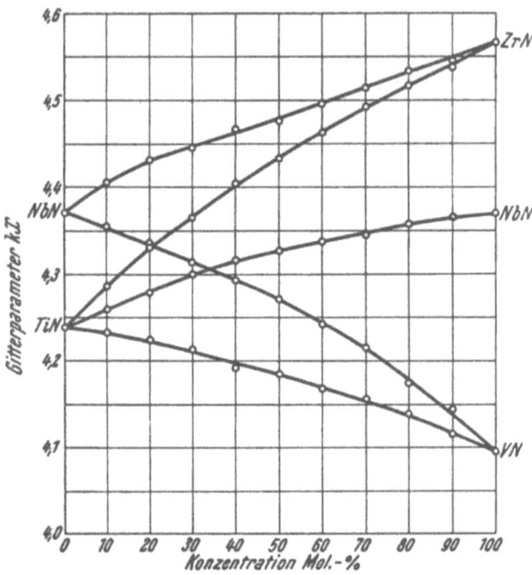

Abb. 124. Gitterkonstanten der Mischkristallreihen TiN-ZrN, TiN-VN, TiN-NbN, ZrN-NbN und VN-NbN (P. DUWEZ und F. ODELL)

Titannitrid-Niobnitrid. Die Mischungen bis 50% Niobnitrid wurden bei 2550°, die Preßlinge mit über 50% NbN bei 2575° geglüht. Beide Nitride sind lückenlos mischbar. Die Gitterkonstanten weichen gemäß Abb. 124, schwach positiv, von der VEGARDschen Geraden ab[2].

Titannitrid-Tantalnitrid. Nach N. SCHÖNBERG[3] löst TiN etwa 10 At.-% Tantal. E. RUDY[4] fand bei 2100° eine Löslichkeit von 65 Mol.-% TaN_{1-x} (vgl. a. Fußnote S. 347).

Zirkoniumnitrid-Hafniumnitrid. Bei 2000° geglühte Proben zeigen gemäß Abb. 125 auf Grund des Gitterkonstantenverlaufes lückenlosen Übergang[1].

Zirkoniumnitrid-Vanadinnitrid. An Proben, welche bei 2375°, teilweise auch 2550° geglüht worden waren, konnte, in Analogie zum

[1] NOWOTNY, H., F. BENESOVSKY u. E. RUDY: Mh. Chem. **91** (1960), S. 348/56.
[2] DUWEZ, P. u. F. ODELL: J. Elektrochem. Soc. **97** (1950), S. 299/304.
[3] SCHÖNBERG, N.: Acta Chem. Scand. **8** (1954), S. 213/20.
[4] RUDY, E.: Diss. Techn. Hochsch. Wien 1960.

System ZrC-VC, keine weitgehende Mischbarkeit erwartet werden. Auf Grund der röntgenographischen Untersuchung löst VN weniger als 1 Mol.-% ZrN und ZrN etwa 5 Mol.-% VN[1].

Zirkoniumnitrid-Niobnitrid. Die Proben wurden bei 2550° geglüht. Die Temperatur mußte sehr genau eingehalten werden, da die Preßlinge mit 90% NbN bereits bei 2600° schmolzen. Auf Grund der Röntgenogramme liegt eine lückenlose Mischkristallreihe vor. Die Gitterkonstanten weichen schwach positiv von der VEGARD-schen Geraden ab[1].

Zirkoniumnitrid-Tantalnitrid. Nach E. RUDY[2] löst ZrN bei 2100° etwa 40 Mol.-% TaN. (Vgl. a. Fußnote S. 347.)

Hafniumnitrid-Vanadinnitrid. Nach der Volumenbedingung ist nur beschränkte Mischbarkeit zu erwarten. Tatsächlich löst HfN jedoch bei 1600° etwa 40 Mol.-%

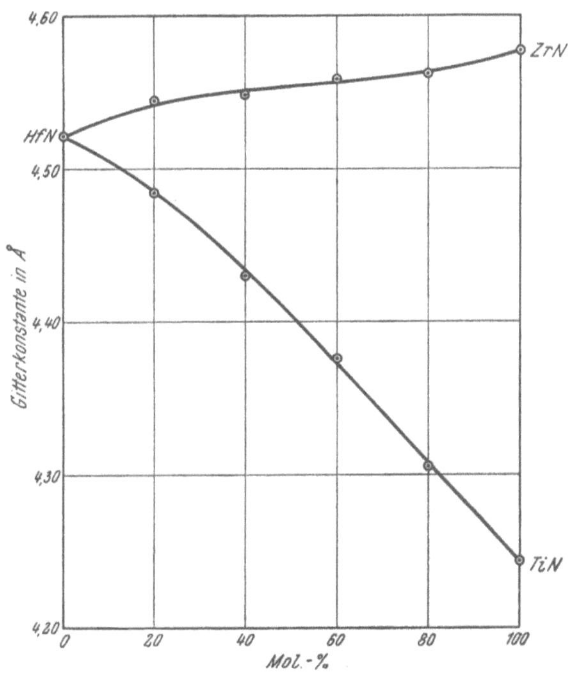

Abb. 125. Gitterkonstanten in den Systemen TiN-HfN und ZrN-HfN (H. NOWOTNY, F. BENESOVSKY und E. RUDY)

VN und auch VN nimmt etwas HfN auf[3]. Die Löslichkeit ist jedenfalls ausgeprägter als beim System HfC-VC (vgl. S. 255).

Hafniumnitrid-Niobnitrid. Trotzdem die Volumenbedingung gut erfüllt ist, konnte an Proben die bei 1900° lange Zeit geglüht worden waren, röntgenographisch keine Veränderung der Gitterkonstanten der Ausgangskomponenten beobachtet werden[3]. Möglicherweise verhindert ein gewisser Sauerstoffgehalt die Mischkristallbildung.

---

[1] DUWEZ, P. u. F. ODELL: J. Electrochem. Soc. **97** (1950), S. 299/304.
[2] RUDY, E.: Diss. Techn. Hochsch. Wien 1960.
[3] NOWOTNY, H., F. BENESOVSKY u. E. RUDY: Mh. Chem. **91** (1960), S. 348/56.

Hafniumnitrid-Tantalnitrid. An Proben die bei 1900° hergestellt worden waren, erstreckt sich der Bereich der kubischen Mischphase (Hf, Ta) N bis fast 75 Mol.-% TaN. (Vgl. Abb. 130)[1]. (Vgl. Fußnote S. 347.)

Vanadinnitrid-Niobnitrid. Diese beiden Nitride sind lückenlos mischbar (Abb. 124)[2]. Trotzdem war bei Proben, welche zwei Stunden bei 2150° geglüht wurden, die Dublettaufspaltung unscharf, was wahrscheinlich auf ungenügende Diffusion zurückzuführen ist. Bei der Sinterung von Proben mit 50% VN trat schon bei 2225° Zersetzung ein. Einige Proben mit 20 und 30% VN wurden nochmals auf 2400° erhitzt. Dies änderte aber nichts an der Schärfe der Linien. Die Ursache dieser Erscheinung dürfte in Verunreinigungen des verwendeten Vanadins zu suchen sein[1].

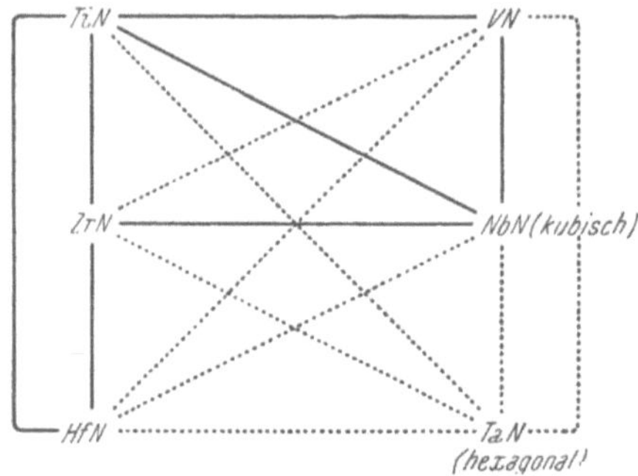

Abb. 126. Mischarbeit der Nitride der 4a und 5a Metalle des Periodensystems, schematisch

Ausgezogene Verbindungen: vollkommene Mischbarkeit

Punktierte Verbindungen: beschränkte Löslichkeit

Vanadinnitrid-Tantalnitrid. Nach N. SCHÖNBERG[3] löst VN etwa 25 At.-% Tantal (vgl. Fußnote S. 347).

Tantalnitrid-Chromnitrid. In diesem System tritt nach N. SCHÖNBERG[3] eine ternäre Phase unbekannter Struktur auf. CrN löst ungefähr 25 At.-% Ta.

Chromnitrid-Molybdännitrid. H. J. BEATTIE und F. L. VER SNYDER[4] berichten über ein hexagonales Doppelnitrid der Formel $CrMoN_2$, welches aus Superlegierungen isoliert wurde.

Faßt man die Ergebnisse von P. DUWEZ und F. ODELL[2] und die neueren Ergebnisse von H. NOWOTNY, F. BENESOVSKY und E. RUDY[1] zusammen, so kann man ein Schema der Mischbarkeit von Nitriden der Metalle der 4a und 5a Gruppe des periodischen Systems entwerfen (Abb. 126). Die voll ausgezogenen Linien deuten lückenlose Mischreihen an, während die punktiert verbundenen Nitride nur beschränkt mischbar sein dürften. Im System NbN-TaN wäre es experimentell

---

[1] NOWOTNY, H., F. BENESOVSKY u. E. RUDY: Mh. Chem. **91** (1960), S. 348/56.

[2] DUWEZ, P. u. F. ODELL: J. Electrochem. Soc. **97** (1950), S. 299/304.

[3] SCHÖNBERG, N.: Acta Chem. Scand. **8** (1954), S. 213/20.

[4] BEATTIE, H. J. u. F. L. VER SNYDER: Trans. Am. Soc. Met. **45** (1953), S. 397/423.

und strukturchemisch besonders interessant festzustellen, ob das hexagonale TaN mit einer hexagonalen NbN-Modifikation lückenlos mischbar ist und wie die Mischungsverhältnisse bei höheren Temperaturen, d. h. im Existenzbereich des kubischen NbN sind (vgl. S. 319).

E. Die Systeme Nitrid-Karbid

1. Allgemeines und Herstellung

Vom hartmetalltechnischen Standpunkt sind nur die Nitride der Metalle der 4a und 5a Gruppe des Periodensystems von einem gewissen Interesse, insbesondere weil diese meist als Begleiter der entsprechenden Karbide in den üblichen Hartlegierungen auftreten. So enthalten z. B. TiC, ZrC, VC, NbC und TaC und Mischkristalle dieser Karbide oft bis zu 10% Nitride in fester Lösung. Systeme aus Karbiden der 4a Gruppe und Nitriden der 5a Gruppe sowie Karbiden der 5a Gruppe und Nitriden der 4a Gruppe wurden erst in den letzten Jahren eingehender untersucht[1, 2]. Die Karbide und Nitride der 4a und 5a Gruppe haben bis auf das Tantalnitrid Steinsalzstruktur (B 1-Typ). Es war also vollkommene Mischbarkeit der isotypen Nitride und Karbide untereinander zu erwarten, um so mehr, als die geringen Unterschiede in den Gitterkonstanten (Ausnahme machen die Systeme ZrN-HfN-VC) für feste Lösungen sprachen. In den Systemen, bei denen das hexagonale Tantalnitrid beteiligt ist, — NbN geht in den Mischkristallen in Form seiner kubischen Hochtemperaturmodifikation ein — dürfte nur beschränkte Mischbarkeit vorliegen. Dabei wird, ähnlich wie im System WC-TiC, die kubische Komponente eine beträchtliche Löslichkeit für das hexagonale Tantalnitrid haben, umgekehrt wird das Tantalnitrid in geringen Mengen die kubische Komponente zumindest bei höheren Temperaturen lösen.

C. AGTE und K. MOERS[1] haben Mischungen von Nitriden und Karbiden des Titans und Tantals in Form von Preßstäben teilweise geschmolzen und versucht, Aufschluß über die Konstitution dieser Legierungen zu bekommen. P. DUWEZ und F. ODELL[2] haben in einer umfassenden Arbeit Mischkristalle der Nitride und Karbide der Metalle der 4a und 5a Gruppe des periodischen Systems durch Sinterung von gepreßten Mischungen derselben unter Stickstoff im Hochfrequenzofen oder im Kohlerohrkurzschlußofen bei sehr hohen Temperaturen (2200 bis 2600°) erzeugt und röntgenographisch untersucht. Da bei Temperaturen um 2400° Zirkoniumkarbid unter Stick-

---

[1] AGTE, C. u. K. MOERS: Z. anorg. allg. Chem. **198** (1931), S. 233/43.
[2] DUWEZ, P. u. F. ODELL: J. Electrochem. Soc. **97** (1950), S. 299/304.

stoff unbeständig ist, wurde auf eine Untersuchung dieser Systemgruppe verzichtet. Die Systeme mit Hafniumnitrid und Hafniumkarbid wurden erst in letzter Zeit von H. NOWOTNY, F. BENESOVSKY und E. RUDY[1] eingehend untersucht. Die Mischkristalle wurden dabei aus vorgebildeten Nitriden und Karbiden durch Heißpressen und Glühen bei Temperaturen bis 2200° unter Stickstoff oder Argon im Wolframrohrkurzschlußofen hergestellt. Die Frage des Stickstoffdampfdruckes muß besonders beachtet werden.

Von P. DUWEZ und F. ODELL wurden keine Untersuchungen mit dem hexagonalen Tantalnitrid als Komponente durchgeführt, da dieses nur beschränkte Mischbarkeit erwarten ließ. Die Verhältnisse im System TaC-TaN wurden aber kürzlich von G. BRAUER und R. LESSER[2] im Temperaturgebiet 1200° geklärt. Sie fanden eine starke Mischkristallbildung auf der TaC-Seite.

2. Nitrid-Karbid-Zweistoffsysteme

Titannitrid-Titankarbid. Die kubisch kristallisierenden, von F. WÖHLER[3] erstmalig beschriebenen sogenannten „Hochofenwürfel" stellen einen Mischkristall von 20% TiC und 80% TiN vor[4]. Über die Bildungsweise dieses Mischkristalles im Hochofen bzw. bei der Stahlherstellung sowie über die Deutung der Zusammensetzung existiert ein umfangreiches Schrifttum[5, 6, 7]. Das System Titannitrid-Titankarbid ist insofern von größerem technischen Interesse, als wegen der leichten Mischbarkeit der beiden isotypen Komponenten in allen titanhaltigen Hartmetallen, die unter Betriebsbedingungen gesintert werden, feste Lösungen von Titannitrid und Titankarbid vorliegen (s. Bd. Hartmetalle).

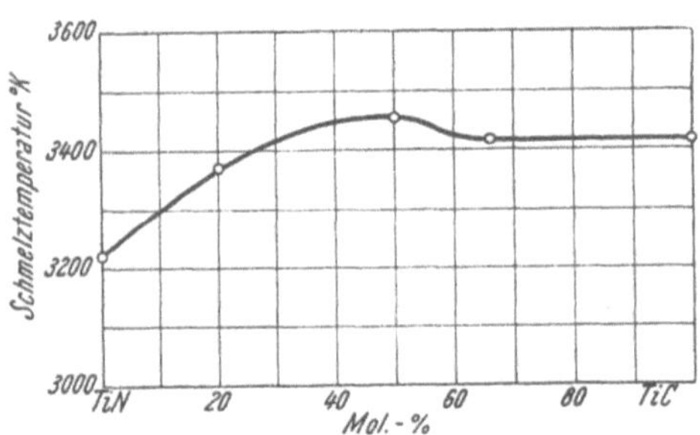

Abb. 127. Schmelzpunktverlauf im System TiN-TiC
(C. AGTE und K. MOERS)

---

[1] NOWOTNY, H., F. BENESOVSKY u. E. RUDY: Mh. Chem. **91** (1960), S. 348/56.

[2] BRAUER, G. u. R. LESSER: Z. Metallkunde **50** (1959), S. 512/15.

[3] WÖHLER, F.: Lieb. Ann. **73** (1850), S. 34/41.

[4] GOLDSCHMIDT, V. M.: Nachr. Gött. Ges. (1927), S. 390/93.

[5] s. die Zusammenstellung in GMELIN's-Handbuch der anorganischen Chemie, Syst. Nr. 41, Titan, Verlag Chemie, Weinheim 1951, S. 276, 369/70.

[6] HAGEL, W. C. u. H. J. BEATTIE: Iron Steel Inst., Spec. Rep. No. 64, London 1959, S. 98/107, 108/17.

[7] GUREVITSCH, J. G.: Izv. Vysch. Utsch. Zaved., Tschernaja Met. (1960), Nr. 6, S. 59/67.

C. AGTE und K. MOERS[1] haben nach der Bohrlochmethode an Sinterstäben die Schmelzpunkte von Titannitrid-Titankarbid-Gemischen in Abhängigkeit vom Mischungsverhältnis bestimmt. Abb. 127 zeigt den Verlauf der Schmelzpunktskurve, die beim Verhältnis 1:1 ein Schmelzpunktsmaximum aufweist. Das Gefüge der hochschmelzenden Mischung war homogen. Auch Röntgenuntersuchungen deuteten auf Mischkristallbildung hin. P. DUWEZ und F. ODELL[2] stellten röntgenographisch an bei 2425° geglühten Gemischen von TiN und TiC die lückenlose Mischbarkeit beider Komponenten fest. (Abb. 128).

In diesem Zusammenhang ist auch die Kenntnis von der Reaktion des Titankarbides mit Stickstoff, welche von A. N. SELIKMAN und Mitarbeitern[3,4] bei verschiedenen Temperaturen und Drucken untersucht wurde, von Interesse, ebenso wie die Nitrierversuche von Z. ARAI und Mitarbeiter[5] an Titan in einem Kohlerohrkurzschlußofen, wobei sich TiN-TiC-Mischkristalle bilden können.

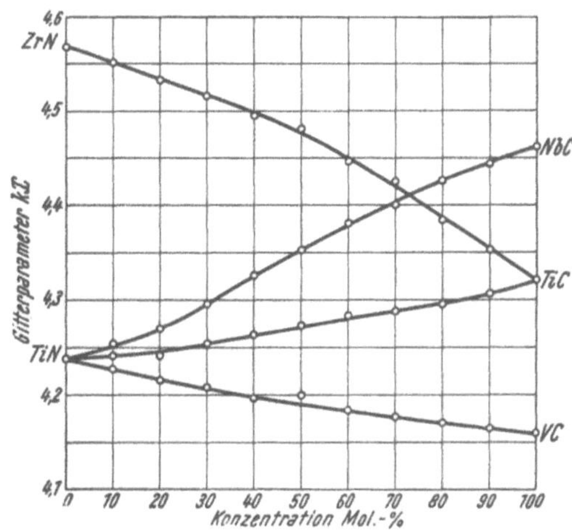

Abb. 128. Gitterkonstanten der Mischkristallreihen TiN-TiC, TiN-NbC, TiN-VC und ZrN-TiC (P. DUWEZ und F. ODELL)

Über den Nachweis von Ti(C, N), Zr(C, N) bzw. Nb(C, N)-Mischkristallen in Superlegierungen und Stählen wird mehrfach berichtet[6,7,8].

---

[1] AGTE, C. u. K. MOERS: Z. anorg. allg. Chem. 198 (1931), S. 233/43.

[2] DUWEZ, P. u. F. ODELL: J. Electrochem. Soc. 97 (1950), S. 299/304.

[3] SELIKMAN, A. N. u. S. S. LOSEVA: Cvetnyje Metally 20 (1947), Nr. 4, S. 41/48.

[4] SELIKMAN, A. N. u. N. N. GOROVITZ: Zur. Prikl. Chim. 23 (1950), S. 689/95.

[5] ARAI, Z., H. HAYASHI, S. NAKAMURA u. N. AZUMA: Rep. Gov. Ind. Res. Inst. Nagoya 9 (1960), S. 289/96, J. Ceram. Soc. Japan 68 (1960), S. 82/88.

[6] BEATTIE, H. J. u. F. L. VER SNYDER: Trans. Am. Soc. Met. 45 (1953), S. 397/423.

[7] KAUFMAN, M. u. A. E. PALTY: Trans. Met. Soc. Am. Inst. Met. Eng. 218 (1960), S. 107/16.

[8] HAGEL, W. C. u. H. J. BEATTIE: Iron Steel Inst., Spec. Rep. No. 64, London 1959, S. 98/107, 108/17.

Die elektrische Leitfähigkeit[1] und die magnetische Suszeptibilität[2] von TiN-TiC-Mischkristallen hat G. V. Samsonov und Mitarbeiter bestimmt.

Die titanreiche Ecke des Systems Ti-N-C sowie die Eigenschaften der Legierungen sind von Titanforschern eingehend untersucht worden[3,4].

Titannitrid-Zirkoniumkarbid. Da Zirkoniumkarbid bei den hohen erforderlichen Umsetzungstemperaturen mit Stickstoff reagiert,

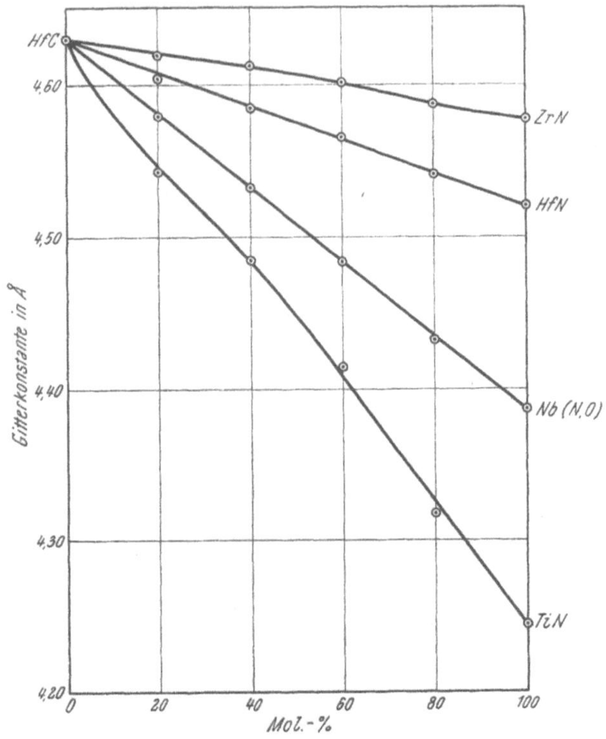

Abb. 129. Gitterkonstanten in den Systemen HfC-TiN (ZrN, HfN, NbN) (H. Nowotny, F. Benesovsky und E. Rudy)

ist die Herstellung von Titannitrid-Zirkoniumkarbid-Mischkristallen nicht ohne weiteres, d. h. nur bei mittleren Temperaturen und sehr

---

[1] Samsonov, G. V.: Zur. Techn. Fiz. **26** (1956), S. 716/22.

[2] Samsonov, G. V., V. S. Neschpor u. N. S. Strelnikova: Dop. Akad. Nauk Ukr. RSR (1958), S. 838/39, In: Fragen der Pulvermetallurgie. Kiew 1960, Bd. 8, S. 90/98.

[3] Stone, L. u. M. Margolin: J. Metals 5 (1953), S. 1498/1502.

[4] Jaffee, R., H. R. Ogden u. D. J. Maykuth: Trans. Am. Inst. Met. Eng. **188** (1950), S. 1261/66.

langen Glühzeiten, gegebenenfalls unter Verwendung von Metall-pulver-Kohlenstoffgemengen als Ausgangsmaterial, möglich. Der Unterschied in der Gitterkonstante der beiden isotopen Komponenten beträgt etwa 10% und ließe noch lückenlose Mischarbeit erwarten. (Vgl. ZrN — TiC.)

Titannitrid-Hafniumkarbid. Nach H. Nowotny, F. Benesovsky und E. Rudy[1] besteht bei 2100° auf Grund des Gitter-konstantenverlaufes eine lückenlose Mischkristallreihe (Abb. 129).

Titannitrid-Vanadinkarbid. P. Duwez und F. Odell[2] glühten Mischungen aus TiN-VC mit 70 bis 90% VC bei 2325°, die restlichen Mischungen bei 2250°. Bei 2100° war die Umsetzung unvollständig. Auf Grund der Röntgenogramme besteht in diesem System vollkommene Mischbarkeit. Die Gitterkonstantenwerte weichen gemäß Abb. 128 schwach negativ von der Vegardschen Geraden ab.

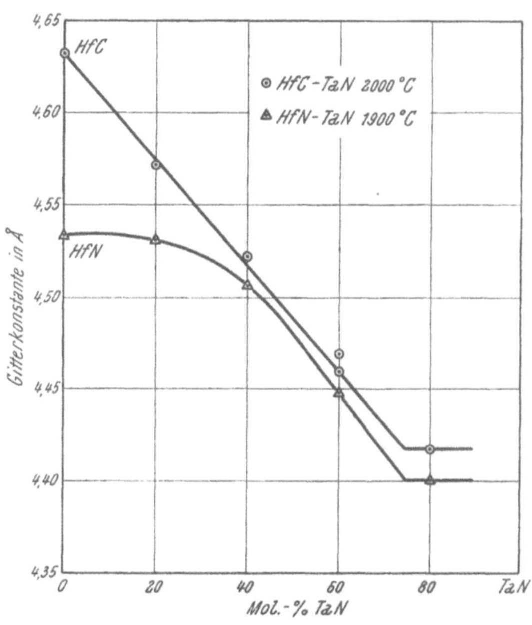

Abb. 130. Gitterkonstanten in den Systemen HfN-TaN und HfC-TaN (H. Nowotny, F. Benesovsky und E. Rudy)

Titannitrid-Niobkarbid. Die Preßlinge aus den Mischungen beider Komponenten wurden vier Stunden bei 2550° geglüht. Bei 2250° ist die Umsetzung unvollständig. Die Röntgenogramme beweisen die vollkommene Mischbarkeit beider Komponenten. Die Gitterkonstantenwerte liegen gemäß Abb. 128 praktisch auf der Vegardschen Geraden.

Titannitrid-Tantalkarbid. Dieses System ist bisher noch nicht untersucht worden. Auf Grund des Unterschiedes in den Gitter-konstanten kann weitgehende Mischbarkeit beider Hartstoffe angenommen werden.

---

[1] Nowotny, H., F. Benesovsky u. E. Rudy: Mh. Chem. **91** (1960), S. 348/56.

[2] Duwez, P. u. F. Odell: J. Electrochem. Soc. **97** (1950), S. 299/304.

Zirkoniumnitrid-Titankarbid. Preßlinge aus beiden Komponenten, die bei 2425° geglüht worden waren, befanden sich nicht im Gleichgewicht. Auch Proben, die eine Stunde bei 2650° bzw. zwei Stunden bei 2600° geglüht wurden, zeigten noch immer unscharfe Reflexe[1]. Trotzdem kann auf Grund der Röntgenogramme lückenlose Mischbarkeit angenommen werden. Die Gitterkonstantenwerte weichen gemäß Abb. 128 schwach positiv von der VEGARDschen Geraden ab.

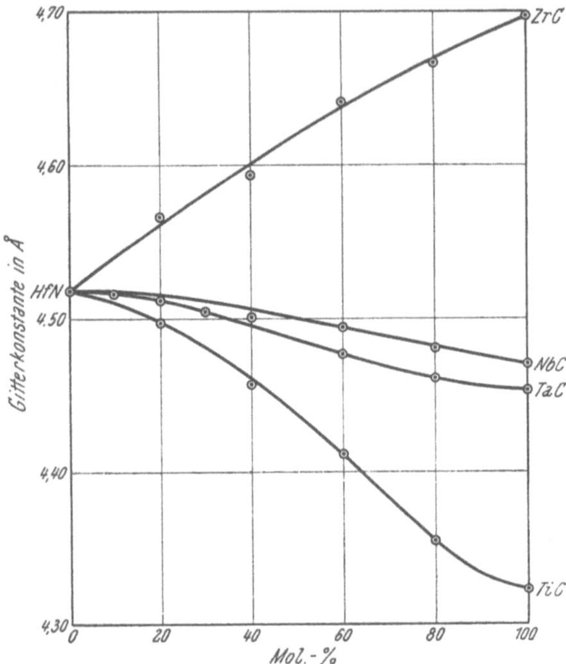

Abb. 131. Gitterkonstanten in den Systemen HfN-TiC (ZrC, NbC, TaC) (H. NOWOTNY, F. BENESOVSKY und E. RUDY)

Zirkoniumnitrid-Hafniumkarbid. Diese beiden Hartstoffe sind nach H. NOWOTNY, F. BENESOVSKY u. E. RUDY[2] bei 2100° auf Grund des Gitterkonstantenverlaufes lückenlos mischbar (Abb. 129).

Zirkoniumnitrid-Zirkoniumkarbid. Dieses System ist aus den früher erwähnten Gründen schwierig zu untersuchen. Unter hohem Stickstoffdruck ist vollkommene Mischbarkeit unterhalb der Karbidzerfallstemperatur anzunehmen. In Stählen konnten Zr(C,N) Mischkristalle nachgewiesen werden[3].

Zirkoniumnitrid-Vanadinkarbid. Preßlinge, welche bei 2450° geglüht worden waren, zeigten bei keinem Mischungsverhältnis Umsetzung[1]. Die Unmischbarkeit ist in diesem Falle wahrscheinlich auf den verhältnismäßig großen Unterschied in den Gitterkonstanten zurückzuführen (vgl. Verhältnisse im System ZrC-VC).

Zirkoniumnitrid-Niobkarbid. Entgegen der HUME-ROTHERY-Regel trat nach den Untersuchungen von P. DUWEZ und F. ODELL[1]

---

[1] DUWEZ, P. u. F. ODELL: J. Electrochem. Soc. **97** (1950), S. 299/304.

[2] NOWOTNY, H. F. BENESOVSKY u. E. RUDY: Mh. Chem. **91** (1960), S. 348/56.

[3] HAGEL, W. C. u. H. J. BEATTIE: Iron Steel Inst., Spec. Rep. No. 64, London 1959, S. 98/107. 108/17.

in diesem System bei Mischungen, welche bei 2450° geglüht worden waren, noch keine Umsetzung ein. Sicher ist hierfür die bekannte Diffusionsträgheit von sauerstoffhaltigem ZrN verantwortlich zu machen. Bei Verwendung von Metallpulver-Kohlenstoffgemengen als Ausgangsmaterial ist weitgehende Mischbarkeit zu erwarten. Diese ist von E. RUDY[1] auch tatsächlich festgestellt worden.

Zirkoniumnitrid-Tantalkarbid. Dieses System ist bisher noch nicht untersucht worden. Der geringe Unterschied in den Gitterkonstanten läßt weitgehende Mischbarkeit vermuten.

Hafniumnitrid-Titankarbid (Zirkoniumkarbid, Hafniumkarbid, Vanadinkarbid, Niobkarbid, Tantalkarbid). Diese Systeme sind von H. NOWOTNY, F. BENESOVSKY und E. RUDY[2] an Hand druckgesinterter, bei Temperaturen bis 2200° geglühter Proben röntgenographisch untersucht worden. Der Verlauf der Gitterkonstanten in Abb. 129 und 131 zeigt, mit Ausnahme von HfN-VC, lückenlose Mischbarkeit.

Vanadinnitrid-Titankarbid. Bei 2125° geglühte Preßlinge zeigten auf Grund röntgenographischer Untersuchungen vollkommene Mischbarkeit. Die Gitterkonstantenwerte liegen gemäß Abb. 132 praktisch auf der VEGARDschen Geraden.

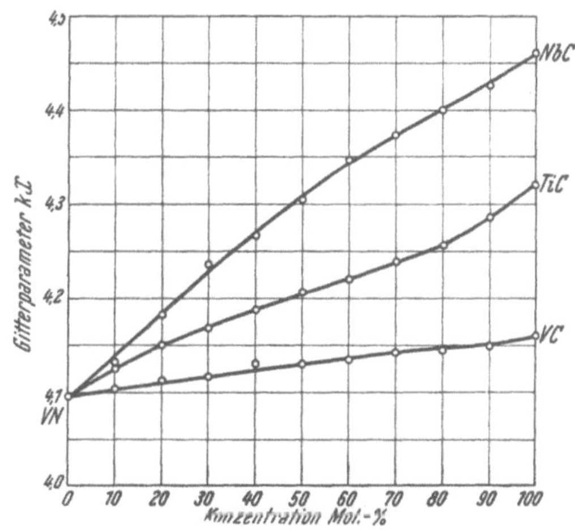

Abb. 132. Gitterkonstanten der Mischkristallreihen VN-TiC, VN-NbC und VN-VC (P. DUWEZ und F. ODELL)

Vanadinnitrid-Zirkoniumkarbid. Dieses System ist aus den früher besprochenen Gründen noch nicht untersucht worden. Der Unterschied in den Gitterkonstanten ist aber so groß, daß kaum Mischbarkeit anzunehmen ist.

Vanadinnitrid-Hafniumkarbid. Bei 2000° unter Stickstoff geglühte Proben waren heterogen[1].

---

[1] RUDY, E.: Diss. Techn. Hochsch. Wien 1960.
[2] NOWOTNY, H., F. BENESOVSKY u. E. RUDY: Mh. Chem. **91** (1960), S. 348/56.

Vanadinnitrid-Vanadinkarbid. Bei 2200° geglühte Preßlinge aus Mischungen beider Komponenten zeigten auf Grund der Röntgenogramme vollkommene Mischbarkeit. Die Gitterkonstantenwerte liegen gemäß Abb. 132 genau auf der VEGARDschen Geraden[1].

Vanadinnitrid-Niobkarbid. Bei Preßlingen, welche bei 2250° geglüht worden waren, fand nur unvollständige Umsetzung statt. Auch zwei Stunden bei 2375° gesinterte Körper zeigten unscharfe Reflexe. Trotzdem kann nach P. DUWEZ und F. ODELL[1] lückenlose Mischbarkeit angenommen werden, da die Gitterkonstantenwerte gemäß Abb. 132 genau auf der VEGARDschen Geraden liegen.

Vanadinnitrid-Tantalkarbid. Dieses System ist bisher noch nicht untersucht worden. Da der Unterschied in den Gitterkonstanten es zuläßt, ist weitgehende Mischbarkeit anzunehmen.

Niobnitrid-Titankarbid. Bei 2425° ist die Umsetzung beider Komponenten noch unvollständig. Erst Proben, die bei 2550° geglüht worden waren, zeigten gut aufgelöste Reflexe. Die Gitterkonstantenwerte weichen gemäß Abb. 133 schwach positiv von der VEGARDschen Geraden ab. Beide Komponenten sind lückenlos mischbar[1].

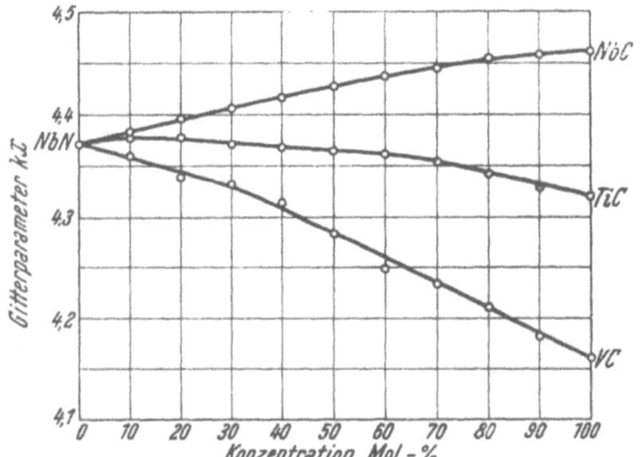

Abb. 133. Gitterkonstanten der Mischkristallreihen NbN-TiC, NbN-NbC und NbN-VC (P. DUWEZ und NbN-VC F. ODELL)

Niobnitrid-Zirkoniumkarbid. Dieses System ist bisher noch nicht untersucht worden, weil Schwierigkeiten wegen der Instabilität des Zirkoniumkarbides unter Stickstoff bei den hohen Reaktionstemperaturen auftreten. Lückenlose Mischbarkeit ist zumindest bei nicht zu hoher Temperatur und unter hohem Stickstoffdruck wahrscheinlich.

Niobnitrid-Hafniumkarbid. Nach H. NOWOTNY, F. BENESOVSKY und E. RUDY[2] besteht bei Proben, die bei 1800° geglüht worden waren auf Grund des Gitterkonstantenverlaufes (Abb. 129) lückenlose Mischbarkeit.

---

[1] DUWEZ, P. u. F. ODELL: J. Electrochem. Soc. **97** (1950), S. 299/304.
[2] NOWOTNY, H., F. BENESOVSKY u. E. RUDY: Mh. Chem. **91** (1960), S. 348/56.

Niobnitrid-Vanadinkarbid. Proben, welche bei 2250° geglüht worden waren, zeigen unscharfe Reflexe. Die Gitterkonstantenwerte, welche gemäß Abb. 133 schwach positiv von der VEGARDschen Geraden abweichen, deuten aber auf lückenlose Mischbarkeit hin.

Niobnitrid-Niobkarbid. Die röntgenographische Untersuchung von Proben, welche bei 2125° geglüht worden waren, deutet auf lückenlose Mischbarkeit hin. Die Gitterkonstantenwerte weichen gemäß Abb. 133 schwach positiv von der VEGARDschen Geraden ab. Auch G. BRAUER und R. LESSER[1] fanden bei ihren Untersuchungen im ternären System Nb-C-N ein breites Mischkristallfeld zwischen NbN und NbC (s. S. 361). K. STORMS u. N. H. KRIKORIAN[2] machen Angaben über die Veränderung der Gitterkonstanten des NbC beim Einbau von Stickstoff.

Ein NbC-NbN-Mischkristall mit etwa 25 bis 30 Mol.-% NbC hat nach B. T. MATTHIAS[3] den höchsten bisher bekannten Sprungpunkt von 17,8° K.

Niobnitrid-Tantalkarbid. Dieses System ist bisher noch nicht untersucht worden. Auf Grund des geringen Unterschiedes in den Gitterkonstanten ist weitgehende Mischbarkeit anzunehmen.

Tantalnitrid-Karbide der 4a und 5a Metalle. Bei diesen Systemen dürfte wegen der hexagonalen Kristallstruktur des Tantalnitrides keine oder nur beschränkte Mischbarkeit mit den kubischen Komponenten bestehen (vgl. Fußnote S. 347). Es ist anzunehmen, daß in Analogie zum System TiC-WC die kubischen Karbide, temperaturabhängig, beträchtliche Mengen des hexagonalen Tantalnitrides lösen und umgekehrt auch Tantalnitrid ein gewisses, wenn auch kleines, Lösungsvermögen für die kubischen Karbide hat. Man kann sich sogar vorstellen, daß das hexagonale TaN durch kubische Karbide, mit Ausnahme von TaC, in Form kubischer Mischkristalle lückenlos stabilisiert wird (vgl. auch das System HfN-TaC)[3].

E. RUDY[4] beobachtete an bei 1800° geglühten Proben im System TaN-TiC bzw. TaN-NbC eine Löslichkeit von rund 70 Mol.-% TaN bei TaN-HfC eine solche von rd. 75 Mol.-% TaN (vgl. Abb. 130), wobei die Ergebnisse allerdings durch Stickstoffdefekte verfälscht werden können.

---

[1] BRAUER, G. u. R. LESSER: Z. Metallkunde **50** (1959), S. 512/15.
[2] STORMS, K. u. N. H. KRIKORIAN: J. Chem. Phys. **64** (1960), S. 1471/76.
[3] MATTHIAS, B. T.: Phys. Rev. **92** (1953), S. 874/76.
[4] RUDY, E.: Diss. Techn. Hochsch. Wien 1960.

Tantalnitrid-Tantalkarbid. C. AGTE und K. MOERS[1] haben nach der Bohrlochmethode die Schmelzpunktskurve von Tantal-

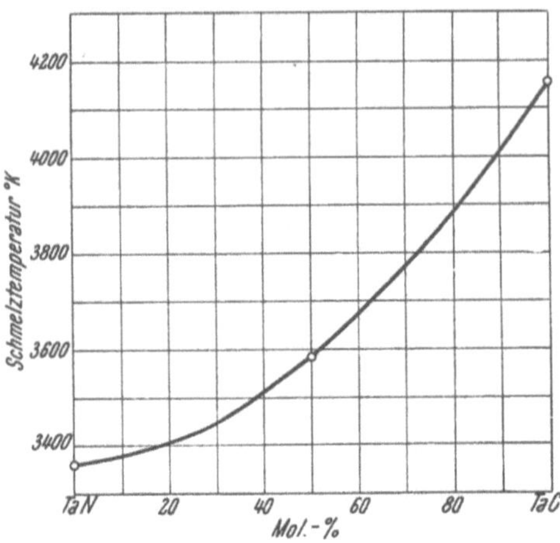

Abb. 134. Schmelzpunktsverlauf im System TaN-TaC (C. AGTE und K. MOERS)

nitrid - Tantalkarbid - Mischungen aufgenommen (Abb. 134). Die Schmelze im Verhältnis 1 : 1 ist im Gefügebild zweiphasig. Auch die röntgenographische Untersuchung deutet darauf hin, daß bei der Umsetzung kein reiner Mischkristall entsteht.

I. E. CAMPBELL und Mitarbeiter[2] haben Aufwachsschichten, welche aus Tantalnitrid und Tantalkarbid bestehen, durch Abscheidung aus einem Dampfgemisch, welches $TaCl_5$, Stickstoff und Kohlenwasserstoffe enthielt, erzeugt.

Die Verhältnisse im System TaN-TaC haben G. BRAUER und R. LESSER[3] eingehend beim Studium des ternären Systems Ta-C-N (S. 362) untersucht. TaC nimmt erhebliche Mengen TaN auf, TaN löst hingegen kein TaC. E. RUDY[4] beobachtete bei 1560° eine Löslichkeit von rd. 75 Mol.-% TaN.

Systeme Niob(-Tantal)-Stickstoff-Kohlenstoff. Die Mischkristalle der Monokarbide und Mononitride, d. h. die Schnitte Nb(Ta)N-Nb(Ta)C aus den ternären Systemen Nb(Ta)-N-C wurden in vorhergehenden Abschnitten besprochen. Diese Schnitte sind hartmetalltechnisch die wichtigsten, da einerseits die Subkarbide und die Subnitride kaum zur Erzeugung zäher hilfsmetallgebundener Hartlegierungen geeignet sind und da andererseits Nitride und Karbide mit höheren Gehalten an Stickstoff als den Monophasen zukommt, bei den Metallen der 4a bis 6a Gruppe nicht existieren.

Um die Verhältnisse in der technisch wichtigen Metallecke genau zu prüfen, und um ferner den genauen Existenzbereich der δ-Phase (Mischkristall der Monokarbide und Mononitride) zu erfassen, und nicht zuletzt im Sinne einer Grundlagenforschung an Hartstoffen,

---

[1] AGTE, ·C. u. K. MOERS: Z. anorg. allg. Chem. **198** (1931), S. 233/43.
[2] CAMPBELL, I. E., C. F. POWELL, D. H. NOWICKI u. B. W. GONSER: J. Electrochem. Soc. **96** (1949), S. 318/33.
[3] BRAUER, G. u. R. LESSER: Z. Metallkunde **50** (1959), S. 512/15.
[4] RUDY, E.: Diss. Techn. Hochsch. Wien 1960.

wurden von G. Brauer und R. Lesser[1,2] die Dreistoffsysteme Nb-N-C und Ta-N-C im Ausschnitt Nb-NbN-NbC und Ta-TaN-TaC genau untersucht.

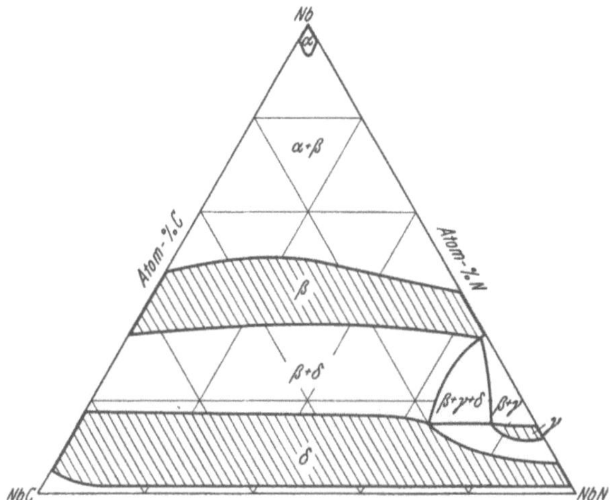

Abb. 135. Teilausschnitt aus den Systemen Niob-Stickstoff- Kohlenstoff (G. Brauer und R. Lesser)

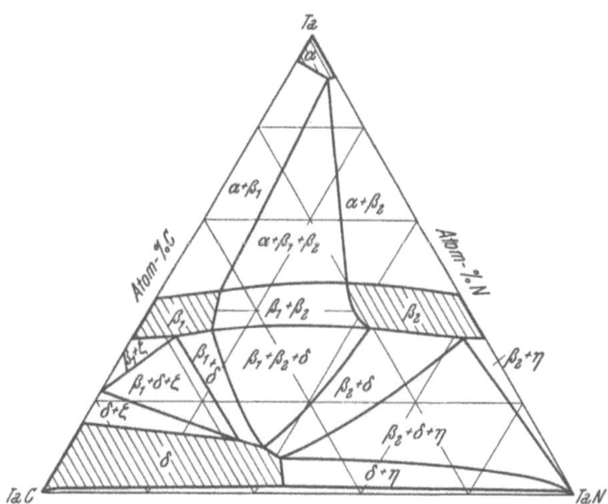

Abb. 136. Teilausschnitt aus den Systemen Tantal-Stickstoff-Kohlenstoff (G. Brauer und R. Lesser)

G. Brauer und Mitarbeiter wandten besondere Sorgfalt bei der Herstellung reinster Präparate an und kombinierten chemisch-

---

[1] Brauer, G. u. R. Lesser: Z. Metallkunde **50** (1959), S. 487/92.
[2] Brauer, G. u. R. Lesser: Z. Metallkunde **50** (1959) S. 512/15.

analytische und röntgenographische Methoden bei der Untersuchung. Dies ist besonders wichtig, da bei niob- und tantalhaltigen Systemen viel Sauerstoff und Stickstoff aus den Ausgangspulvern und durch langandauernde Temperungen eingeschleppt werden können. Nur eine exakte Analyse auf Metall, Stickstoff und Kohlenstoff, gegebenenfalls noch auf Wasserstoff und Sauerstoff, ermöglicht eine eindeutige Festlegung der Proben. Wegen Einzelheiten der von G. BRAUER verwendeten Verfahrenstechnik, sei auf die Originalarbeiten[1, 2] und die Arbeiten in den Randsystemen Ta-N, Ta-C, Nb-N und Nb-C (s. S. 324, 138, 317 und S. 127) verwiesen.

In Abb. 135 ist das Ergebnis der Untersuchung man isothermen Schnitt im System Nb-N-C bei 1250 bis 1450° und die aufgefundenen Phasen im Teilausschnitt Nb-NbN-NbC wiedergegeben.

Es ist festzustellen, daß keine anderen Phasen als die in den Randsystemen auftretenden, gefunden wurden. Die beiden kubischen als auch die beiden hexagonalen Phasen bilden ein breites Band homogener Mischkristalle.

Das System Ta-N-C wurde ebenso wie das System Nb-N-C an Hand sehr sorgfältig hergestellter, von G. BRAUER und R. LESSER[2] analytisch genau überprüfter Proben röntgenographisch untersucht. Der isotherme Schnitt zwischen 1250 und 1450° für den Bereich Ta-TaN-TaC ist in Abb. 136 wiedergegeben. Es wurden wieder keine anderen Phasen als in den Randsystemen gefunden. Es treten die Phasen α, β_1, β_2, δ, ζ und μ auf. Die metallreiche δ-Phase vermag Kohlenstoff und Stickstoff in Mengen bis etwa 5 At.-% zu lösen. Die β-Phase kommt je nach überwiegendem Gehalt an Kohlenstoff oder Stickstoff in zwei Formen β_1 und β_2 mit einem gewissen Ausdehnungsbereich vor. Die ζ-Phase ist unbekannter Struktur und die η-Phase erstreckt sich nicht in den ternären Bereich. Die δ-Phase hat ein breites Existenzgebiet von TaC ausgehend nach Richtung TaN.

Wie sich die Gleichgewichtsverhältnisse in Schnitten bei 2000 bis 2500° verhalten, ist schwer abzusehen. Es ist aber mit einiger Sicherheit anzunehmen, daß sich die Mischungslücke zwischen β_1 und β_2 schließen dürfte.

System Molybdän-Stickstoff-Kohlenstoff. Beim Nitrieren von Molybdän mit Ammoniak bei Anwesenheit bei Temperaturen von Kohlenwasserstoff-Dampf und Wasserstoff von 1000 bis 1200° entsteht ein Karbonitrid der Zusammensetzung $Mo_2(C_{1-x} N_y)$ mit der Struktur des Mo_2C[3].

---

[1] BRAUER, G. u. R. LESSER: Z. Metallkunde **50** (1959), S. 487/92.

[2] BRAUER. G. u. R. LESSER: Z. Metallkunde **50** (1959) S. 512/15.

[3] ARCHAROV, V. I., V. N. KONEV u. A. F. GERASIMOVA: Fiz. Metallov Metalloved. **9** (1960), S. 695/700.

System Thorium-Stickstoff-Kohlenstoff. Von D. E. Scaife und A. W. Wylie[1] wird angegeben, daß ThN unterhalb 2100° in Gegenwart von ThC_2 stabiler als dieses ist.

Urannitrid-Urankarbid. UN und UC sind nach R. E. Rundle und Mitarbeitern[2] lückenlos mischbar. Dieser Befund ist von A. E. Austin und A. F. Gerds[3], sowie von J. Williams und R. A. J. Sambell[4] bestätigt worden.

Einschlüsse von U(N,C)-Mischkristallen sind wiederholt aus geschmolzenem, unreinem Uranmetall isoliert und metallographisch und röntgenographisch identifiziert worden[5-7].

Zahlentafel 75. *Mischbarkeit von Nitriden und Karbiden der Übergangsmetalle der 4a und 5a Gruppe des Periodensystems*

	TiC	ZrC*	HfC	VC	NbC	TaC
TiN	●	(●)	●	●	●	(●)
ZrN	●	(●)	●	○	●	(●)
HfN	●	●	●	○	●	●
VN	●	(○)	○	●	●	(●)
NbN	●	(●)	●	●	●	(●)
TaN	◑	(◑)	◑	(◑)	◑	◑

● = vollkommene Mischbarkeit

○ = keine oder sehr beschränkte Mischbarkeit

(●) = noch nicht untersuchtes System, vollkommene Mischbarkeit wahrscheinlich

(○) = noch nicht untersuchtes System, beschränkte Mischbarkeit wahrscheinlich

◑ = Mischkristallbildung auf Seite der kubischen Phase

(◑) = noch nicht untersuchtes System, Mischkristallbildung auf Seite der kubischen Phase wahrscheinlich

* Zirkoniumkarbid ist bei hohen Temperaturen unter Stickstoff unbeständig.

System Uran-Stickstoff-Kohlenstoff. A. E. Austin und A. F. Gerds[3] haben dieses System, ausgehend von vorgebildeten Karbiden UC, U_2C_3 und UC_2, sowie von U_2N_3 an Hand von bei

[1] Scaife, D. E. u. A. W. Wylie: Australian Atomic Energy Symp. 1958, Sect. 1, S. 172/81.

[2] Rundle, R. E., N. C. Baenziger, A. S. Wilson u. R. A. McDonald: J. Am. Chem. Soc. 70 (1948), S. 99/105.

[3] Austin, A. E. u. A. F. Gerds: BMI 1272 (1958).

[4] Williams, J. u. R. A. J. Sambell: J. Less-Common Met. 1 (1959), S. 217/26, AERE M/R 2654 (1958).

[5] Meredith, K. E. G. u. M. B. Waldorn: J. Inst. Met. 87 (1957), S. 311/17.

[6] Kehl, G. L., E. Mendel, E. Jaraiz u. M. H. Mueller: Trans. Am. Soc. Met. 51 (1959), S. 717/35.

[7] Dickerson, R. F.: Trans. Am. Soc. Met. 52 (1960), S. 748/62.

1800° unter Argon gesinterten Proben eingehend untersucht. Es treten keine neuen Phasen auf, und es sind im Dreistoffsystem lediglich UC_2, U(C,N) und Graphit im Gleichgewicht[1].

Plutoniumnitrid–Plutoniumkarbid Da PuC und PuN isotyp sind und der Unterschied in der Gitterkonstante nur gering ist, dürften beide lückenlos mischbar sein[2].

Faßt man die Ergebnisse der Untersuchungen an Karbid-Nitrid-Systemen zusammen, dann kann man gemäß Zahlentafel 75 ein Schema der Mischbarkeitsverhältnisse aufstellen.

V. Die Boride

Die im Periodensystem auftretenden Borverbindungen sind in Zahlentafel 76 zusammengefaßt. Die Tafel basiert auf Angaben von G. JANDER und H. SPANDAU[3]; sie wurde nur ergänzt. Die Lage der metallischen hochschmelzenden Boride der 4a bis 6a Metalle ist hervorgehoben ebenso die der nichtmetallischen Hartstoffphasen. Die Boride der 1. bis 3. Gruppe haben salzartigen Charakter, während die Boride der restlichen Übergangsmetalle und zum Teil der Lanthanide und Actinide metallisch sind. Die Borverbindungen der Halogene sind flüssig bzw. gasförmig.

Die Boride insbesondere die Diboride der 4a, 5a und 6a Metalle des Periodensystems, zeichnen sich durch ihren metallischen Charakter, durch hohe Schmelzpunkte, sehr hohe Härte und chemische Beständigkeit aus. Ihre technische Bedeutung ist aber im Vergleich zu den Karbiden seit den Pionierarbeiten von H. MOISSAN nicht besonders groß geworden; auch wurde über diese Stoffgruppe und ihre Eigenschaften bis vor etwa 10 Jahren verhältnismäßig wenig wissenschaftlich gearbeitet.

In den letzten Jahren hat aber die „Boridchemie" einen neuen Impuls erhalten, insbesondere weil hochschmelzende Boride als Hochtemperaturwerkstoffe in Betracht gezogen wurden. Hierüber haben P. SCHWARZKOPF und F. W. GLASER[4] sowie G. V. SAMSONOV und

---

[1] CHUBB, W.: BMI 1441 (1960), S. 26/27.

[2] CHUBB, W.: BMI 1441 (1960), S. 47.

[3] JANDER, G. u. H. SPANDAU: Kurzes Lehrbuch der anorganischen und allgemeinen Chemie. Springer Verlag, Berlin 1960, S. 330.

[4] SCHWARKOPF, P. u. F. W. GLASER: Z. Metallkunde 44 (1953), S. 353/38.

Zahlentafel 76. *Auftreten von Borverbindungen im Periodensystem*

1a	2a	3a	4a	5a	6a	7a	8	1b	2b	3b	4b	5b	6b	7b	0
H_3B u. a.															—
Li_3B	Be_5B Be_2B BeB_2 BeB_4 BeB_6									B	CB_4	NB	O_3B_2 u.a.	F_3B FB	—
	Mg_3B_2 MgB_2 MgB_{12}									AlB_2 AlB_4 AlB_{12}	SiB_3 SiB_4 SiB_6	PB	SB S_3B_2	Cl_3B ClB	—
	CaB_6	ScB_2 ScB_6	TiB TiB_2	V_3B_2 VB V_3B_4 VB_2	Cr_4B Cr_2B Cr_5B_3 CrB Cr_3B_4 CrB_2	Mn_4B Mn_2B MnB Mn_3B_4 MnB_4 $MnB_{10,12}$	Fe_2B FeB Co_3B Co_2B CoB Ni_3B Ni_2B Ni_3B_2 NiB Ni_2B_3	CuB_{22}		GaB_{12}	GeB_6		Se_3B_2	Br_3B BrB	—
	SrB_6	YB_2 YB_4 YB_6 YB_{12}	ZrB_2 ZrB_{12}	Nb_3B_2 NbB Nb_3B_4 NbB_2	Mo_2B Mo_3B_2 MoB MoB_2 Mo_2B_5 MoB_{12}		Ru_7B_3 $Ru_{11}B_8$ RuB Ru_2B_3 RuB_2 Ru_2B_5 Rh_7B_3 $RhB_{1,1}$ RhB_2 Pd_3B Pd_5B_2	AuB_2						J_3B JB	—
	BaB_6	LaB_3* LaB_4 LaB_6	HfB HfB_2	Ta_2B Ta_3B_2 TaB Ta_3B_4 TaB_2	W_2B WB W_2B_5 WB_{12}	Re_2B ReB_2	OsB OsB_2 Os_2B_5 $IrB_{1,1}$ IrB_2 PtB	AgB_2							—

**

*	Ce	Pr	Nd		Sm	Eu	Gd	Tb	Dy	Ho	Er	Tm	Yb	Lu
	CeB_4 CeB_6	PrB_3 PrB_4 PrB_6	NdB_4 NdB_6		SmB_4 SmB_6	EuB_6	GdB_3 GdB_4 GdB_6	TbB_4 TbB_6	DyB_4 DyB_6 DyB_{12}	HoB_4 HoB_6 HoB_{12}	ErB_4 ErB_6 ErB_{12}	TmB_4 TmB_6 TmB_{12}	YbB_3 YbB_4 YbB_6	LuB_4 LuB_6 LuB_{12}
**	ThB_4 ThB_6		UB_2 UB_4 UB_{12}		PuB PuB_2 PuB_4 PuB_6									

L. J. MARKOVSKI[1] zusammenfassende Darstellungen gegeben[2-6]. Chromdiborid spielt allerdings als Hartstoffkomponente in Aufspritzhartmetallen auf Basis Chrom-Bor-Silizium-Nickel seit längerem eine bedeutende Rolle.

A. Herstellung der Boride

Ganz allgemein lassen sich Boride der 4a bis 6a Metalle des Periodensystems durch Reaktion der Metalle mit Bor oder borabgebenden Verbindungen herstellen. Die Erzeugung der hier interessierenden Boride erfolgt vorzugsweise nach folgenden Verfahren:

1. Das Metall und Bor werden gemeinsam niedergeschmolzen.

Zahlentafel 77. *Verfahren zur Herstellung von Boriden*

Verfahren	Reaktionsschema
Synthese aus den Komponenten a) durch Schmelzen b) durch Sintern (Drucksintern)	$Me + B \rightarrow MeB$ $MeH + B \rightarrow MeB + (H_2)$
Aluminothermische, silikothermische, magnesothermische Herstellung	$MeO + B_2O_3 + Al\,(Si,\,Mg) \rightarrow$ $MeB + [Al\,(Si,\,Mg)\text{-Oxyd}]$
Kohlenstoffreduktion von Oxyd-B_2O_3-Gemengen	$MeO + B_2O_3 + C \rightarrow MeB + (CO)$
Borkabidverfahren	$Me\,(MeO,\,MeH,\,MeC) + B_4C + B_2O_3 +$ $+ C \rightarrow MeB + (CO) + (H_2)$
Schmelzflußelektrolyse	$MeO + $ Alkali-(Erdalkali-)borat $+$ Alkali-(Erdalkali-)fluorid $\rightarrow$ $MeB + $ [Alkali-(Erdalkali-) Bor-Fluor-Gemenge] $+ (O_2)$
Abscheidung aus der Gasphase	$Me\,($Me-Halogenid$) + $ B-Halogenid $+$ $+ H_2 \rightarrow MeB + ($Halogenwasserstoff$)$

2. Das Metall und Bor werden unterhalb des Schmelzpunktes umgesetzt (Sinterverfahren).

3. Das Metalloxyd wird mit B_2O_3 in Gegenwart von Aluminium, Silizium oder Kohlenstoff umgesetzt.

---

[1] SAMSONOV, G. V. u. L. J. MARKOVSKI: Usp. Chim. **25** (1956), S. 190/241.

[2] Bor. Gozchimizdat, Moskau 1958.

[3] SAMSONOV, G. V. u. J. S. UMANSKI: Harte Verbindungen hochschmelzender Metalle, Metallurgizdat, Moskau 1957, S. 254/318.

[4] ARONSSON, B.: Arkiv Kemi **16** (1960), S. 379/423; In: H. H. HAUSNER, Modern Materials. Vol. 2, Academic Press, New York 1960, S. 143/90.

[5] STEINITZ, R.: In: H. H. HAUSNER, Modern Materials, Vol. 2, Academic Press, New York 1960, S. 191/224.

[6] SAMSONOV, G. V., L. J. MARKOVSKI, A. F. ZIGATSCH u. M. G. VALJASCHKO: Bor, seine Verbindungen und Legierungen. Akad. Nauk Ukr. RSR, Kiew 1960.

4. Das Metall oder Metalloxyd wird mit Borkarbid, eventuell unter Zusatz von B_2O_3 und Kohlenstoff umgesetzt.

5. Schmelzflußelektrolyse.

6. Abscheidung aus der Gasphase (Aufwachsverfahren).

Die den verschiedenen Herstellungsverfahren zugrunde liegenden Reaktionen sind der Zahlentafel 77 zu entnehmen.

1. Herstellung von Boriden durch Zusammenschmelzen des Metalles mit Bor

Das Schmelzverfahren zur Herstellung von Boriden der Metalle der 4a bis 6a Gruppe des Periodensystems ist schon verhältnismäßig alt. Ähnlich wie bei den Karbiden sind die Temperaturen, bei denen sich aus den Elementen Boride bilden, verhältnismäßig hoch. Die gebildeten Boride schmelzen meist höher als die Komponenten, so daß nur elektrische Lichtbogenöfen oder Hochfrequenzöfen zum Niederschmelzen in Frage kommen[1].

Durch Schmelzen der entsprechenden Metalle in Gegenwart von Bor oder durch Erhitzen vorgesinterter Gemische der beiden Komponenten im elektrischen Lichtbogen haben zahlreiche Forscher Boride des Titans[2, 3], Zirkoniums[3], Vanadins[3], Chroms[4, 5], Molybdäns[3, 6] und Wolframs[3, 7] hergestellt. Die erhaltenen Produkte waren infolge der geringen chemischen Reinheit der seinerzeit zugänglichen Metalle und insbesondere des Bors (65 bis 80% B) allerdings verhältnismäßig unsauber und die Boride mußten durch chemische Behandlung isoliert werden. Bedingt durch die Uneinheitlichkeit wurden daher von älteren Autoren für die erhaltenen Produkte chemische Formeln angegeben, die unseren heutigen, insbesondere röntgenographischen Erkenntnissen oft nicht entsprechen.

Neuerdings wurde das Schmelzverfahren wiederum für die Herstellung von reinsten Chromboridpräparaten von R. KIESSLING[8] benützt. Dabei wurden besonders reine Ausgangsmaterialien und ein Hochfrequenzvakuumofen verwendet, mit dem ohne Schwierigkeiten die Reaktionstemperaturen von 1600° erreicht werden können.

[1] s. a. DAMIENS, A. u. A. MORETTE in P. LEBEAU: Les hautes temperatures et leurs utilisation en chimie. Masson, Paris 1950, Bd. 1, S. 507ff., S. 531/32.

[2] MOISSAN, H.: Compt. Rend. **120** (1895), S. 290/96.

[3] WEDEKIND, E.: Ber. dtsch. chem. Ges. **46** (1913), S. 1198/1207.

[4] MOISSAN, H.: Compt. Rend. **119** (1894), S. 185, Ann. Chim. Phys. 8 (1896), S. 565.

[5] BINET DU JASSONNEIX, A.: Compt. Rend. **143** (1906), S. 897/99, 1149/51.

[6] BINET DU JASSONNEIX, A.: Compt. Rend. **143** (1906), S. 169/72.

[7] MOISSAN, H.: Compt. Rend. **123** (1896), S. 13/16.

[8] KIESSLING, R.: Acta Chem. Scand. **3** (1949), S. 595/602.

Auch die Systeme Titan-Bor[1] und Uran-Bor[2] wurde an Hand lichtbogengeschmolzener Proben untersucht.

2. Herstellung von Boriden durch Umsetzung des Metalles mit Bor in festem Zustand

Die Bildung von Boriden durch Zusammensintern von Gemischen des betreffenden Metalles mit Bor gehört zu den bequemsten Herstellungsverfahren für Metallboride. Die Schwierigkeiten, welche ältere Autoren bei dieser Methode hatten, bestanden in der Beschaffung eines entsprechend reinen Bors, da dieses nur mit einer Reinheit von 65 bis 80% erhältlich war. Die Zirkonium-, Chrom- und Wolframboride von S. A. Tucker und H. R. Moody[3] dürften verhältnismäßig unrein gewesen sein. Dasselbe gilt von dem von C. Agte[4] hergestellten Zirkonium- und Wolframborid.

Sehr reine Präparate von Zirkonium-, Tantal-, Chrom-, Molybdän- und Wolframborid hat R. Kiessling[5] nach dem Sinterverfahren erhalten. Er benutzte nämlich neben reinen Metallen reinstes Bor (99%), welches durch Reduktion von BBr_3-Dampf mit Wasserstoff im Quarzrohr bei 800° gebildet worden war[6]. Gemische aus dem Metall mit Bor wurden sehr lange in evakuierten Quarzrohren auf Temperaturen von etwa 1200° erhitzt. Auf diese Weise war es erst möglich, Boride mit genau definierten Zusammensetzungen zu erhalten.

P. Ehrlich[7] hat durch Sinterung von Gemischen aus reinstem Titan und nach dem Aufwachsverfahren hergestelltem Bor im Vakuumofen in Wolframschiffchen reinste Titanboridpräparate erzeugt.

Durch Vakuumsinterung wurde von D. L. Sawyer und L. Brewer[8] aus den Komponenten auch Uranboride dargestellt. L. Brewer und Mitarbeiter[9] berichten über die Darstellung der reinen Boride der Metalle Titan, Zirkonium, Niob, Tantal, Molybdän, Wolfram und Uran durch Sintern der Metall-Borpulver-Mischungen unter Argon-Überdruck bei 1300 bis 2050°. Die exotherme Reaktion

[1] Palty, A. E., H. Margolin u. J. P. Nielsen: Trans. Am. Soc. Met. **46** (1954), S. 312/28.

[2] Howlett, B. W.: J. Inst. Met. **88** (1959), S. 91/92.

[3] Tucker, S. A. u. H. R. Moody: Proc. Chem. Soc. **17** (1901), S. 129/30.

[4] Agte, C.: Diss. Techn. Hochsch. Berlin 1931.

[5] Kiessling, R.: Acta Chem. Scand. **3** (1949), S. 90/91, 3 (1949), S. 603/15. 3 (1949), S. 595/602, 1 (1947), S. 893/916.

[6] Kiessling, R.: Acta Chem. Scand. **2** (1948), S. 707/12.

[7] Ehrlich, P.: Z. anorg. allg. Chem. **259** (1949), S. 1/41.

[8] s. Zalkin, A. u. D. H. Templeton: J. Chem. Phys. **18** (1950), S. 391.

[9] Brewer, L., D. L. Sawyer, D. H. Templeton u. C. H. Dauben: J. Am. Ceram. Soc. **34** (1951), S. 173/79.

setzt bereits bei 950 bis 1250° ein. Das Borpulver darf einige Prozent Magnesium enthalten, da dieses während des Sinterns verdampft.

Durch Drucksintern von Metall-Bor-Gemischen gelangt man nach E. R. HONAK[1,2] zu dichten Boridkörpern der Metalle der 4 a bis 6 a Gruppe des Periodensystems. Ebenfalls durch Drucksinterung der Hydride bzw. Karbide des Titans, Zirkoniums, Tantals und Niobs sowie der metallischen Pulver bzw. Karbide von Vanadin, Chrom, Molybdän und Wolfram mit elementarem Bor, hat F. W. GLASER[3] nicht nur die bereits bekannten Boride in den betreffenden Systemen, sondern auch zahlreiche neue Boridphasen gefunden (s. a. Einzelabschnitte).

Bei den neueren Arbeiten über die Systeme Zr-B[4], Hf-B[5], V-B[6, 7], Nb-B[8], Ta-B[8], Cr-B[9, 10], Mo-B[11, 12] und W-B[13] sind die Proben fast ausschließlich aus den reinsten Komponenten durch Sinterung unter Edelgas oder im Hochvakuum hergestellt worden.

3. Umsetzung des Metalloxydes mit B_2O_3 in Gegenwart von Aluminium, Silizium oder Kohlenstoff

Die aluminothermische bzw. silikothermische Herstellung von Boriden gehört zu den klassischen Boridherstellungsverfahren. Die Methode beruht darauf, daß Metalloxyde und B_2O_3 von Aluminium oder Silizium reduziert werden und daß sich die intermediär gebildeten Metalle mit dem freiwerdenden Bor zu Boriden umsetzen. In analoger Weise kann auch Magnesium als Reduktionsmittel benützt werden.

So kann z. B. Chromborid durch Umsetzung von Cr_2O_3 mit B_2O_3

[1] HONAK, E. R.: Diss. Techn. Hochschule Graz 1951.

[2] KIEFFER, R., F. BENESOVSKY u. E. R. HONAK: Z. anorg Chem. **268** (1952), S. 191/200.

[3] GLASER, F. W.: J. Metals 4 (1952), S. 391/96.

[4] EPELBAUM, V. A. u. M. A. GUREWITSCH: Zur. Fiz. Chim. **31** (1957), S. 708/11, **32** (1958), S. 2274/81.

[5] GLASER, F. W., D. MOSKOWITZ u. B. POST: J. Metals 5 (1953), S. 119/20.

[6] NOWOTNY, H., F. BENESOVSKY u. R. KIEFFER: Z. Metallkunde **50** (1959), S. 258/61.

[7] ROSTOKER, W. u. A. YAMAMOTO: Trans. Am. Soc. Met. 46 (1954), S. 1136/63.

[8] NOWOTNY, H., F. BENESOVSKY u. R. KIEFFER: Z. Metallkunde **50** (1959), S. 417/23.

[9] NOWOTNY, H., E. PIEGGER, R. KIEFFER u. F. BENESOVSKY: Mh. Chem. **89** (1958), S. 611/17.

[10] EPELBAUM, V. A., N. G. SEVASTIANOV, M. A. GUREWITSCH, B. F. ORMONT u. G. S. ZDANOV: Zur. Neorg. Chim. **3** (1958), S. 2545/51.

[11] STEINITZ, R., I. BINDER u. D. MOSKOWITZ: J. Metals 4 (1952), S. 982/87.

[12] GILLES, P. W. u. B. D. POLLOCK: J. Metals 5 (1953), S. 1537/39.

[13] SAMSONOV, G. V.: Dokl. Akad. Nauk SSSR **113** (1957), S. 1299/1301.

und Al hergestellt werden[1-3]. Auch die Herstellung von Wolframborid aus WO_3, B_2O_3 und Al in Gegenwart von S wird beschrieben[4]. Die Thermit-Verfahren erlauben die rasche Herstellung von größeren Mengen von Boriden, es ist aber schwierig und zeitraubend, durch chemische Isolierung die gebildeten Boridkriställchen von den Begleitstoffen zu trennen, so daß man praktisch meist mehr oder weniger unreine Produkte erhält.

Auch bei der Umsetzung von Metalloxyden mit einem Überschuß von B_2O_3 und Kohlenstoff in einem Graphittiegel bei Temperaturen von etwa 2000° erhält man nach einer von P. M. McKenna[5] angegebenen Methode Boride, die verhältnismäßig rein, allerdings schwach karbidhaltig sind. Auf diese Weise wurden Titan-, Zirkonium-, Vanadin-, Niob- Tantal-, Chrom-, Molybdän- und Thoriumboride von P. M. McKenna[5] sowie von J. T. Norton und Mitarbeitern[6] hergestellt.

4. Umsetzung des Metalles, Hydrides, Oxydes oder Karbides mit Borkarbid

Durch Umsetzung von Metallpulvern des Molybdäns, Wolframs, Titans, Zirkoniums u. a. oder deren Oxyde mit Borkarbid[7] bei Temperaturen von etwa 2000° in Kohlerohrkurzschluß- oder Drucksinteröfen kann man nach R. Kieffer und S. Heiss Boride bzw. extrem harte, boridhaltige Formkörper herstellen, die meist noch Karbide neben nicht umgesetztem Borkarbid enthalten. Durch Zugabe von B_2O_3 kann der Karbidgehalt nach R. Kieffer und Mitarbeitern[8] stark herabgesetzt werden[8-10]. Von J. A. Nelson und Mitarbeitern[11] sowie von H. M. Greenhouse und Mitarbeitern[12] wurde Titanborid durch Umsetzung von TiC mit Borkarbid hergestellt. Das Borkarbid-

[1] Wedekind, E. u. K. Fetzer: Ber. dtsch. chem. Ges. 40 (1907), S. 297/301.

[2] Sindeband, S. J.: Trans. Am. Inst. Met. Eng. 185 (1949), S. 198/202.

[3] Cole, N. W. u. W. H. Edmonds: A. P. 2 088 838 (1937).

[4] Halla, F. u. W. Thury: Z. anorg. allg. Chem. 249 (1942), S. 229.

[5] McKenna, P. M.: Ind. Eng. Chem. 28 (1936), S. 767/72.

[6] Norton, J. T., H. Blumenthal u. S. J. Sindeband: Trans. Am. Inst. Met. Eng. 185 (1949), S. 749/51, Powder Met. Bull. 7 (1956), S. 79/81.

[7] Ö.P. 162 373 (1943).

[8] Kieffer, R., F. Benesovsky u. E. R. Honak: Z. anorg. allg. Chem. 268 (1952), S. 191/200.

[9] Honak, E.: Diss. Techn. Hochsch. Graz 1951.

[10] Schedler, W.: Diss. Techn. Hochsch. Graz 1952.

[11] Nelson, J. A., T. A. Willmore und R. C. Womeldorph: J. Electrochem. Soc. 98 (1951), S. 465/73.

[12] Greenhouse, H. M., O. E. Accountius u. H. H. Sisler: J. Am. Chem. Soc. 73 (1951), S. 5086/87.

verfahren ist ferner von G. A. MEERSON und G. V. SAMSONOV[1] für die Herstellung von TiB_2, VB_2, NbB_2 und TaB_2 bei Temperaturen von 1200 bis 1900° im Vakuum[2] und von CH. T. BAROCH und T. E. EVANS[3], insbesondere für die Erzeugung TiB_2, CrB_2, W_2B_5 und größerer Mengen ZrB_2 bei 2000° unter Wasserstoff im Kohlerohrkurzschlußofen benutzt worden. Auch HfB_2[4], ThB_4 und ThB_6[5] wurden durch Umsetzung der entsprechenden Oxyde mit B_4C gewonnen.

Bei der Untersuchung von Dreistoffsystemen der Übergangsmetalle der 4a bis 6a Gruppe des Periodensystems mit Bor und Kohlenstoff hat F. W. GLASER[6] die Hydride und die Karbide der betreffenden Metalle mit Borkarbid durch Heißpressen umgesetzt und dabei die entsprechenden Diboride neben anderen Boridphasen und Graphit erhalten. Der überschüssige Kohlenstoff läßt sich durch Borsäurezuschläge „herausfrischen".

5. Abscheidung durch Schmelzelektrolyse von Salzgemischen

Bei der Schmelzelektrolyse von Alkali- und Erdalkaliboraten scheidet sich unter gewissen Bedingungen an der Kathode elementares Bor ab. Ist gleichzeitig im Bad ein freies Metall zugegen, dann bildet dieses mit dem Bor Metallboride.

L. ANDRIEUX und G. WEISS[7,8] haben in ihren grundlegenden Arbeiten über die Schmelzelektrolyse von Borat-Metalloxydbädern eingehend die Bildung von Metallboriden studiert. Bei der Elektrolyse von Borax bzw. anderer Alkali- und Erdalkaliborate in einem Graphittiegel bei 900° scheidet sich an der Kathode ein Produkt ab, welches bis zu 85% elementares Bor enthält. Bei der Elektrolyse reduziert nämlich das intermediär entstehende Natrium bzw. Erdkalimetall das Borsäureanhydrid nach der Gleichung:

$$2\,B_2O_3 + 3\,Na = 3\,NaBO_2 + B$$

---

[1] MEERSON, G. A. u. G. V. SAMSONOV: Zur. Prikl. Chim. 27 (1954), S. 1115/20.

[2] FUNKE, B., I. JUBKOVSKI u. G. V. SAMSONOV: Zur. Prikl. Chim. 33 (1960), S. 831/35.

[3] BAROCH, Ch. T. u. T. E. EVANS: J. Metals 7 (1955), S. 809/11.

[4] PADERNO, J. B., T. I. SEREBRJAKOVA u. G. V. SAMSONOV: Cvetnyje Metally 32 (1959), Nr. 11, S. 48/50.

[5] SAMSONOV, G. V. u. O. N. ZORINA: Zur. Neorg. Chim. 1 (1956), S. 2260/63.

[6] GLASER, F. W.: J. Metals 4 (1952), S. 391/96.

[7] ANDRIEUX, L.: Diss. Univ. Paris 1929, Ann. Chim. (10) 12 (1929), S. 423/507; Rev. Mét. 45 (1948), S. 49/59; Compt. Rend. 189 (1929), S. 1279/81; s. a. ANDRIEUX, J. L. in P. LEBEAU: Les hautes températures et leurs utilisation en chimie, Masson, Paris 1950, Bd. 1, S. 375/446.

[8] WEISS, G.: Diss. Univ. Grenoble 1946. Ann. Chim. 1 (1946), S. 446/525; ANDRIEUX, L. u. G. WEISS: Bull. Soc. Chim. France 15 (1948), S. 598/601.

Zahlentafel 78. *Bedingungen für die Herstellung von Boriden durch Schmelzflußelektrolyse* (L. ANDRIEUX)

Metall	Badzusammensetzung	Temperatur °C	Zusammensetzung des Borides		Boridphase	% B theor.
			Me	B		
Ti	$1/_2$ TiO$_2$ + 2 B$_2$O$_3$ + MgO (CaO) + + MgF$_2$ (CaF$_2$)	1000	68,5 bis 69,1	30,8 bis 31,2	TiB$_2$	31,1
Zr	$1/_4$ ZrO$_2$ + 2 B$_2$O$_3$ + MgO (CaO, Li$_2$O) + + MgF$_2$ (CaF$_2$, LiF)	990 bis 1050	81,0 bis 86,3	13,8 bis 19,4	ZrB$_2$	19,2
V	$1/_3$ V$_2$O$_5$ + 2 B$_2$O$_3$ + MgO (CaO, Li$_2$O) + + MgF$_2$ (CaF$_2$, LiF)	910 bis 1050	69,6 bis 70,0	29,4 bis 30,2	VB$_2$	29,8
Nb	$1/_{10}$ Nb$_2$O$_5$ + 2 B$_2$O$_3$ + MgO (CaO, LiO) + + MgF$_2$ (CaF$_2$, LiF)	980 bis 1000	80,9 bis 81,7	18,0 bis 18,2	NbB$_2$	18,9
Ta	$1/_{10}$ Ta$_2$O$_5$ + 2 B$_2$O$_3$ + MgO (CaO, Li$_2$O) + + MgF$_2$ (CaF$_2$, LiF) oder [Na$_2$B$_2$O$_3$ + + NaF]	908 bis 900	89,1 bis 89,4	10,3 bis 10,7	TaB$_2$	10,6
Cr	$1/_5$ Cr$_2$O$_3$ + 2 B$_2$O$_3$ + MgO (CaO) + + MgF$_2$ (CaF$_2$)	1000	87,4 bis 87,6	11,8 bis 12,1	CrB + + Cr$_3$B$_2$	11,1
Mo	$1/_4$ MoO$_3$ + 2 B$_2$O$_3$ + NaF	1000	93,6 bis 94,0	5,32 bis 5,55	Mo$_2$B	5,3
	$1/_8$ − $1/_{10}$ MoO$_3$ + 2 B$_2$O$_3$ + NaF	—	88,9 bis 89,2	9,89 bis 10,5	MoB	10,1
W	$1/_9$ WO$_3$ + 2 B$_2$O$_3$ · Na$_2$O + NaF	960	93,9 bis 94,5	5,1 bis 5,4	WB	5,56
Th	$1/_{10}$ ThO$_2$ + 2 B$_2$O$_3$ + MgO (Li$_2$O) + + MgF$_2$ (LiF, ThF$_4$)	980 bis 1000	77,5 bis 77,8	21,7 bis 22,1	ThB$_6$	22,1
U	$1/_{20}$ U$_3$O$_8$ + 2 B$_2$O$_3$ + MgO (CaO, Li$_2$O) + + MgF$_2$ (CaF$_2$, LiF)	950 bis 1000	—	—	UB$_4$ + + UB$_{12}$	

Alkali- und Erdalkalifluoride, die gleichzeitig im Bad anwesend sind, erleichtern die Abscheidung wesentlich.

Sind in der Schmelze gleichzeitig Metalloxyde der hier interessierenden Metalle der 4a bis 6a Gruppe des Periodensystems gelöst, dann werden diese gleichfalls reduziert. Die freiwerdenden Metalle reagieren mit Bor und die entsprechenden Metallboride werden abgeschieden. Zwecks Herstellung von Titan-, Zirkonium-, Vanadin-, Niob-, Tantal- und Chromboriden werden daher Schmelzen, welche Borsäureanhydrid, Magnesium-, Kalzium- oder Lithiumoxyd, Magnesium-, Kalzium- oder Lithiumfluorid und TiO_2, ZrO_2, V_2O_5, Nb_2O_5, Ta_2O_5 oder Cr_2O_3 enthalten, bei Temperaturen von etwa 1000° unter Verwendung einer Graphitkathode und eines Graphittiegels bei etwa 5 V und 20 A umgesetzt. Bei der Schmelzelektrolyse scheiden sich die Boride an der Kathode in Form gut ausgebildeter feinkristalliner Agglomerate ab[1].

Bei der Herstellung von Molybdän- und Wolframboriden enthält das Bad nach G. WEISS[2] zweckmäßig nur Borax und NaF neben MoO_3 oder WO_3. Die Zusammensetzung des Bades, insbesondere der Gehalt an Metalloxyden, hat bei der Abscheidung von Molybdän- und Wolframboriden einen Einfluß auf die Zusammensetzung des Abscheidungsproduktes, so daß man je nach Oxydkonzentration Boride verschiedener chemischer Formeln erhalten kann.

Einzelheiten über dieses sehr interessante Verfahren zur Herstellung von reinen Boriden sind der Zahlentafel 78 zu entnehmen.

6. Abscheidung aus der Gasphase (Aufwachsverfahren)

In Analogie zur Herstellung von Karbiden und Nitriden durch Zersetzung von Metallhalogenverbindungen an glühenden Wolframfäden in Gegenwart von kohlenstoffabgebenden Stoffen oder Stickstoff kann man auch Boride aus entsprechend zusammengesetzten Dampfgemischen nach dem Aufwachsverfahren herstellen. Als borabgebende Komponenten wird den Dampfgemischen nach K. MOERS[3] Bortribromid neben Wasserstoff beigemengt. Die Abscheidung erfolgt also z. B. nach dem Reaktionsschema:

$$HfCl_4 + BBr_3 + H_2 \rightarrow HfB_2 + HCl + HBr$$

---

[1] MEERSON, G. A. u. M. P. SMIRNOVA: Chim. Redkich Elementov, Akad. Nauk SSSR (1955), Nr. 2, S. 130/47.

[2] WEISS, G.: Diss. Univ. Grenoble 1946, Ann. Chim. 1 (1946), S. 446/525; ANDRIEUX, L. u. G. WEISS: Bull. Soc. Chim. France 15 (1948), S. 598/601.

[3] MOERS, K.: Z. anorg. allg. Chem. 198 (1931), S. 243/61.

Zahlentafel 79. *Abscheidungsbedingungen für verschiedene Boride nach dem Aufwachsverfahren* (K. MOERS)

Borid*	Günstigste Fadentemperatur °K	Ausgangsmaterial für			
		Metallkomponente	Einstelltemperatur °C	andere Komponente	Einstelltemperatur °C
Titanborid	1400 bis 1600	$TiCl_4$	+ 20		
Zirkoniumborid...	2000 bis 2800	$ZrCl_4$	300 bis 350		
Hafniumborid ...	2200 bis 3000	$HfCl_4$	300 bis 350	BBr_3	20
Vanadinborid	1200 bis 1600	VCl_4	+ 20		
Tantalborid (Wolframborid) .	(1600 bis 2000)	$TaCl_5$	(250 bis 350)		

* Verhältnis M:B unbekannt, wahrscheinlich MB_2-Phasen

Zahlentafel 80. *Abscheidungsbedingungen für verschiedene Boride nach dem Aufwachsverfahren* (I. E. CAMPBELL, C. F. POWELL, D. H. NOWICKI und B. W. GONSER)

Borid*	Abscheidungsreaktion	Abscheidungstemperatur** °C
Titanborid	$TiCl_4 + BCl_3 + H_2 \rightarrow$ Titanborid + HCl	1000 bis 1300
Zirkoniumborid	$ZrCl_4 + BCl_3 + H_2 \rightarrow$ Zirkoniumborid + HCl	1700 bis 2500
Hafniumborid	$HfCl_4 + BCl_3 + H_2 \rightarrow$ Hafniumborid + HCl	1900 bis 2700
Vanadinborid	$VCl_4 + BCl_3 + H_2 \rightarrow$ Vanadinborid + HCl	900 bis 1300
Tantalborid	$Ta + BCl_3 + H_2 \rightarrow$ Tantalborid + HCl	1800 bis 2000
Chromborid	$Cr + BCl_3 + H_2 \rightarrow$ Chromborid + HCl	1200 bis 1600
Molybdänborid........	$Mo + BCl_3 + H_2 \rightarrow$ Molybdänborid + HCl	1800 bis 2000
Wolframborid.........	$W + BCl_3 + H_2 \rightarrow$ Wolframborid + HCl	1800 bis 2000

* Verhältnis M:B unbekannt, wahrscheinlich hauptsächlich MB_2-Phasen
** Bei Atmosphärendruck.

Die Abscheidung von Titan-, Zirkonium-, Hafnium- und Vanadinborid gelingt unter den in Zahlentafel 79 angegebenen Bedingungen. Die Abscheidung von reinem Tantal- und Wolframborid gelingt nicht ohne weiteres, weil sich neben dem Borid stets auch Metall niederschlägt. Die Boridüberzüge sind feinkristallin. Die Abscheidung einkristalliner Schichten gelingt nicht.

Im Rahmen eingehender Untersuchungen zur Auffindung hochwarm- und zunderfester Schichten haben I. E. CAMPBELL und Mitarbeiter[1] auch Boridschichten der Metalle der 4a und 5a Gruppe des periodischen Systems in einer Apparatur gemäß Abb. 19 abgeschieden. Es wurde dabei BCl_3 als borabgebender Stoff benutzt und Abscheidungsbedingungen gemäß Zahlentafel 80 gewählt. Boridschichten von Tantal, Chrom, Wolfram und Molybdän wurden durch Umsetzung der zuerst abgeschiedenen metallischen Aufwachsschichten mit BCl_3 in Gegenwart von Wasserstoff erzeugt.

In diesem Zusammenhang ist zu erwähnen, daß schon A. BINET DU JASSONNEIX[2] Chromborid durch Überleiten von Borchlorid-Wasserstoff-Gemischen über feinverteiltes metallisches Chrom erzeugt hat. Auf die gleiche Weise wurden von W. J. DEISS und J. L. ANDRIEUX[3] Boride des Titans, Zirkoniums, Molybdäns und Wolframs aus den Metall- bzw. Hydridpulvern bei Temperaturen zwischen 600 und 1000° erhalten.

7. Reinigung der Boride und Herstellung von Sinterkörpern

Um zu kompakten Körpern aus reinen Boriden zu gelangen, wendet man, wie bei den Karbiden und Nitriden beschrieben, das *Sinterverfahren* an (s. S. 70). Die pulverförmigen, möglichst reinen Boride werden mit einem Preßdruck von etwa 2 t/cm² zu Stäben gepreßt und diese zunächst bei Temperaturen bis 2500° im Vakuum-Kohlerohrkurzschlußofen vorgesintert[4]. Zwecks Erzielung dichter Körper werden die Vorsinterstäbe zerkleinert und unter Zusatz von noch nicht gesintertem Borid wieder verpreßt und gesintert. Die hinreichend dichten und festen Vorsinterstäbe werden nun in einer Apparatur gemäß Abb. 21, S. 70 im direkten Stromdurchgang im Vakuum auf so hohe Temperatur erhitzt, daß die oxydischen, metallischen und anderen Verunreinigungen verdampfen.

Zur Herstellung von Sinterkörpern aus TiB_2 und ZrB_2 u. a. Boriden ist auch das *Heißpreßverfahren* (s. S. 72) anwend-

---

[1] CAMPBELL, I. E., C. F. POWELL, D. H. NOWICKI u. B. W. GONSER: J. Electrochem. Soc. **96** (1949), S. 318/33; s. a. Vapor-Plating, Wiley, New York 1955, S. 103/19.

[2] BINET DU JASSONNEIX, A.: Compt. Rend. **143** (1906), S. 897/991, 1149/51.

[3] DEISS, W. J. u. J. L. ANDRIEUX: Bull. Soc. Chim. France (1959), S. 178/82.

[4] AGTE, C. u. K. MOERS: Z. anorg. allg. Chem. **198** (1931), S. 233/43.

bar[1-11], wobei man mit Vorteil geringe Mengen von Metallen der Eisengruppe zusetzt, die durch eine nachfolgende Hochtemperatur-Vakuumbehandlung wieder verdampft werden können.

B. Die Einzelboride

1. Titanborid

a) Herstellung

H. MOISSAN[12] fand, daß bei der Darstellung von Titan im elektrischen Lichtbogen sich in Gegenwart von Silizium und Bor metallische, gut kristallisierte Reaktionsprodukte bilden, welche außerordentlich hart sind. Bei der Umsetzung von Titan mit Bor im elektrischen Vakuum-Lichtbogenofen fanden E. WEDEKIND und M. KOESTLEIN[13] metallische Kügelchen, welche den elektrischen Strom leiten und als Titanboride aufgefaßt wurden.

In einer sehr eingehenden und grundlegenden Arbeit hat L. ANDRIEUX[14] die Abscheidung von Metallboriden, darunter auch Titandiborid, durch Schmelzflußelektrolyse beschrieben. Aus einem TiO_2-, B_2O_3- und Flußmittel enthaltendem Bad kann man bei etwa $1000°$ metallische Kriställchen in Form hexagonaler Lamellen abscheiden, welche der chemischen Formel TiB_2 entsprechen. Die ANDRIEUXsche Methode wurde auch von J. T. NORTON und Mitarbeitern[15] zur

---

[1] GLASER, F.: W.: Powder Met. Bull. **6** (1951), S. 51/54.

[2] GLASER, F. W.: J. Metals 4 (1952), S. 391/96.

[3] HONAK, E. R.: Diss. Techn. Hochschule Graz 1951.

[4] KIEFFER, R., F. BENESOVSKY u. E. R. HONAK: Z. anorg. allg. Chem. **268** (1952), S. 191/200.

[5] SCHEDLER, W.: Diss. Techn. Hochschule Graz 1952.

[6] SAMSONOV, G. V. u. V. S. NESCHPOR: Dokl. Akad. Nauk SSSR **104** (1955), S. 405/08.

[7] KOVALTSCHENKO, M. S. u. G. V. SAMSONOV: Izv. Akad. Nauk SSSR, Met. Topl. (1959), S. 143/47.

[8] SAMSONOV, G. V. u. P. S. KISLY: Dop. Akad. Nauk Ukr. RSR (1959), Nr. 1, S. 46/47.

[9] NESCHPOR, V. S. u. P. S. KISLY: Ogneupory **24** (1959), S. 231/36.

[10] SAMSONOV, G. V., G. A. JASINSKAJA u. TAI SCHOU-VEJ: Ogneupory **25** (1960), S. 35/38.

[11] BABITSCH, B. N., K. I. PORTNOJ u. D. V. SAMSONOV: Metalloved. Term. Obr. Metallov (1960), Nr. 1, S. 31/35.

[12] MOISSAN, H.: Compt. Rend. **120** (1895), S. 290/96.

[13] WEDEKIND, E. u. M. KOESTLEIN: Ber. dtsch. chem. Ges. **46** (1913), S. 1207.

[14] ANDRIEUX, L.: Diss. Paris 1929, Ann. Chim. (10) 12 (1929), S. 423/507. Rev. Mét. **45** (1948), S. 49/59.

[15] NORTON, J. T., H. BLUMENTHAL u. S. J. SINDEBAND: Trans. Am. Inst. Met. Eng. **185** (1949), S. 749/52.

Herstellung von reinem TiB_2 für Gitteruntersuchungen benützt. G. A. MEERSON und M. S. SMIRNOVA[1] haben später den Mechanismus der Abscheidung von TiB_2 aus Salzschmelzen, die TiO_2, B_2O_3, CaO und CaF_2 enthielten, untersucht.

Die Abscheidung von Titanborid an glühenden Wolframfäden aus Dampfgemischen von $TiCl_4$, BBr_3 und Wasserstoff erfolgt nach K. MOERS[2] bei 1400 bis 1600° K nicht so rasch wie die von Zirkonium und Hafniumborid. Der dunkelgraue Überzug unbestimmter Zusammensetzung ist feinkristallin. I. E. CAMPBELL und Mitarbeiter[3] schieden Schichten von Titanborid aus $TiCl_4$ und BCl_3-Dampfgemischen in Gegenwart von Wasserstoff bei 1000 bis 1300° ab. W. J. DEISS und J. L. ANDRIEUX[4] fanden bei der Umsetzung von Titanhydrid mit $BCl_3 + H_2$ bei 700 bis 900° die Boride TiB und TiB_2. A. MÜNSTER u. G. SCHLAMP[5] haben TiB_2-Schichten auf Al_2O_3-Unterlagen durch Zersetzung kalt übergeleiteter BCl_3-$TiCl_4$-H_2-Dampfgemische bei 900° erzeugt.

Bei der Härtung von Titan durch Behandlung mit borabgebenden Verbindungen bilden sich in der Oberflächenschicht Titanboride[6, 7].

P. EHRLICH[8] hat für seine Untersuchungen im System Titan-Bor Präparate mit bis 66 At.-% B (1 Ti:2 B) durch Umsetzung von reinstem Titan (99,9% Ti) mit reinstem gepulvertem Bor bei Temperaturen von 1900 bis 2000° im Hochvakuum erzeugt. Die Gemische reagierten sehr heftig, wenn nicht besonders vorsichtig angeheizt wurde. Zwischenprodukte kann man durch Umsetzung von Titan mit TiB bzw. TiB_2 und längeres Homogenisieren im Hochvakuum bei Temperaturen bis 2300° erzeugen. Die Sinterung von Titan-Borpulvermischungen zwecks Herstellung von TiB_2 nahmen L. BREWER und Mitarbeiter[9] unter Argon in Molybdäntiegeln vor. Bei der Umsetzung von W_2B mit Titan entsteht nach diesen Autoren weder TiB_2 noch eine feste Lösung von Bor in Titan, sondern eine wahrscheinlich ternäre Ti-W-B-Phase.

---

[1] MEERSON, G. A. u. M. P. SMIRNOVA: Chim. Redkich Elementov, Akad. Nauk SSSR (1955), Nr. 2, S. 130/47.

[2] MOERS, K.: Z. anorg. allg. Chem. **198** (1931), S. 243/61.

[3] CAMPBELL, I. E., C. F. POWELL, D. H. NOWICKI u. B. W. GONSER: J. Electrochem. Soc. **96** (1949), S. 318/33.

[4] DEISS, W. J. u. J. L. ANDRIEUX: Bull. Soc. Chim. France (1959), S. 178/82.

[5] MÜNSTER, A. u. G. SCHLAMP: Z. phys. Chem. **25** (1960), S. 116/29.

[6] HANZEL, R. W.: Metal Progr. **65** (1954), Nr. 3, S. 89/96.

[7] MINKEWITSCH, A. N. u. J. N. SCHULGA: Metalloved. Obr. Metallov (1957), Nr. 12, S. 53/61.

[8] EHRLICH, P.: Z. anorg. allg. Chem. **259** (1949), S. 1/41.

[9] BREWER L., D. L. SAWYER, D. H. TEMPLETON u. C. H. DAUBEN: J. Am. Ceram. Soc. **34** (1951), S. 173/79, UCRL **610** (1950).

P. P. ALEXANDER[1] deutete darauf hin, daß man sehr reines Titanborid aus Titanhydrid und Bor unter dem dabei entstehenden nascierenden Wasserstoff herstellen kann. Dieses Verfahren wurde später häufig zur Herstellung von Titanboriden benutzt[2,3].

A. E. PALTY, H. MARGOLIN und J. P. NIELSEN[4] haben im Rahmen der Untersuchung des Systems Titan-Bor, verschiedene Titanboride durch Lichtbogenschmelzen von Mischungen der reinsten Komponenten hergestellt. In lichtbogengeschmolzenen Titan-Bor-Legierungen konnten B. F. DECKER und J. S. KASPER[5] TiB-Kristalle feststellen.

Titanborid der Formel TiB_2 kann man auch nach der von P. M. MCKENNA[6] angegebenen Methode durch Umsetzung von TiO_2 mit B_2O_3 in Gegenwart von Kohle bei 2000° im hochfrequenzbeheizten Graphittiegel darstellen, eine Methode, die von J. T. NORTON und Mitarbeiter[7] neben der Schmelzflußelektrolyse auch zur Herstellung von Titandiborid-Präparaten benutzt wurde.

Zu praktisch kohlenstoff-freien TiB_2-Präparaten gelangt man nach E. HONAK[8,9] auch durch Umsetzung von TiO_2 mit Borkarbid gegebenenfalls unter Zusatz von B_2O_3 und allfällige Wiederholung der Glühbehandlung. Dieses sogenannte *Borkarbidverfahren* ist in letzter Zeit mehrfach für die Herstellung von TiB_2 herangezogen worden, wobei russische Forscher[10,11,12] im Vakuum bei 1200 bis 1900° arbeiteten, während Ch. T. BAROCH und T. E. EVANS[13] einen Kohlerohrofen benützten und die Umsetzung bei 1900° unter Wasserstoff vornahmen.

---

[1] ALEXANDER, P. P.: Metals and Alloys **9** (1938) Juli, S. 179/81.

[2] GLASER, F. W.: J. Metals **4** (1952), S. 391/96.

[3] WITTMANN, A., H. NOWOTNY u. H. BOLLER: Mh. Chem. **91** (1960), S. 608/15.

[4] PALTY, A. E., H. MARGOLIN u. J. P. NIELSEN: Trans. Am. Soc. Met. **46** (1954), S. 312/28.

[5] DECKER, B. F. u. J. S. KASPER: Acta Cryst. **7** (1954), S. 77/80.

[6] MCKENNA, P. M.: Ind. Eng. Chem. **28** (1936), S. 767/772.

[7] NORTON, J. T., H. BLUMENTHAL u. S. J. SINDEBAND: Trans. Am. Inst. Met. Eng. **185** (1949), S. 749/52, Powder Met. Bull. **7** (1956), S. 79/81.

[8] HONAK, E.: Diss. Techn. Hochsch. Graz 1951.

[9] KIEFFER, R., F. BENESOVSKY u. E. R. HONAK: Z. anorg. allg. Chem. **268** (1952), S. 191/200.

[10] MEERSON, G. A. u. G. V. SAMSONOV: Zur. Prikl. Chim **27** (1954), S. 1115/20.

[11] SAMSONOV, G. V. u. L. J. MARKOVSKI: Uspechi Chim. **25** (1956), S. 190/241.

[12] FUNKE, B. F., S. I. JUBKOVSKI u. G. V. SAMSONOV: Zur. Prikl. Chim. **33** (1960), S. 831/35.

[13] BAROCH, Ch. T. u. T. E. EVANS: J. Metals **7** (1955), S. 908/11.

TiB_2 tritt ferner auch bei der Umsetzung von Titankarbid mit Borkarbid bzw. elementarem Bor auf[1,2].

Angaben über die Diffusionsgeschwindigkeit von Bor in Titan werden von G. V. Samsonov und V. P. Laytscheva[3] gemacht.

Die Herstellung von TiB_2-Formkörpern durch Normalpressen[4], Heißpressen[5, 6, 7] und Strangpressen[8] ist mehrfach beschrieben worden.

b) Das System Titan-Bor

P. Ehrlich[9] hat auf Grund pyknometrischer und röntgenographischer Untersuchungen an sehr sorgfältig hergestellten Titan-Bor-Legierungen versucht, die Verhältnisse im System Titan-Bor zu klären.

Die Löslichkeit von Bor in Titan ist sehr gering. C. M. Craighead, O. W. Simmons und L. W. Eastwood[10] stellten an im Vakuumlichtbogen erschmolzenen Ti-B-Legierungen eine Löslichkeit kleiner als 0,1% B fest. H. R. Ogden und R. I. Jaffee[11] geben eine Löslichkeitsgrenze bei 0,4% B an. Aus dem Metallgitter bildet sich nach P. Ehrlich bereits bei der Zusammensetzung $TiB_{0,1}$ ohne erkennbaren Phasensprung eine titanähnliche Überstruktur, deren Bereich bis $TiB_{0,8}$ reicht. Der Ordnungszustand dieser Überstrukturphase konnte nicht geklärt werden; sie besteht wahrscheinlich aus dem statistisch substituierten Metallgitter. H. R. Ogden und R. I. Jaffee[11] neigen zur Annahme einer Ti_2B-Phase. Nach B. Aronsson[12] ist

[1] Nelson, J. A., T. A. Willmore u. R. C. Womeldorph: J. Electrochem. Soc. **98** (1951), S. 465/73.

[2] Greenhouse, H. M., O. E. Accountius u. H. H. Sisler: J. Am. Chem. Soc. **73** (1951), S. 5086/87.

[3] Samsonov, G. V. u. V. P. Latyscheva: Dokl. Akad. Nauk SSSR **109** (1956), S. 582/85; Fiz. Metallov Metalloved. **2** (1956), S. 309/19; In: Bor, Moskau 1958, S. 74/89.

[4] Samsonov, G. V. u. V. S. Neschpor: Dokl. Akad. Nauk SSSR **104** (1955), S. 405/08.

[5] Kovaltschenko, M. S. u. G. V. Samsonov: Izv. Akad. Nauk SSSR, Met. Topl. (1959), S. 143/47.

[6] Samsonov, G. V., G. A. Jasinskaja u. Tai Schou-Vej: Ogneupory **25** (1960), S. 35/38.

[7] Babitsch, B. N., K. I. Portnoj u. G. V. Samsonov: Metalloved. Term. Obr. Metallov (1960), Nr. 1, S. 31/35.

[8] Samsonov, G. V. u. P. S. Kisly: Dop. Akad. Nauk Ukr. RSR (1959), Nr. 1, S. 46/47.

[9] Ehrlich, P.: Z. anorg. allg. Chem. **259** (1949), S. 1/41.

[10] Craighead, C. M., O. W. Simmons u. L. W. Eastwood: Trans. Am. Inst. Met. Eng. **188** (1950), S. 485/513.

[11] Ogden, H. R. u. R. I. Jaffee: J. Metals **3** (1951), S. 335/36, BMI. RIJ-1 (1950).

[12] Aronsson, B.: Arkiv Kemi **16** (1960), S. 179/423.

aber die Existenz eines Ti_2B auf eine falsche Deutung der Röntgenogramme des TiB zurückzuführen[1].

Die Gitterkonstanten des hexagonalen Titans ändern sich mit steigendem Borgehalt gemäß Abb. 137. Im Konzentrationsbereich um

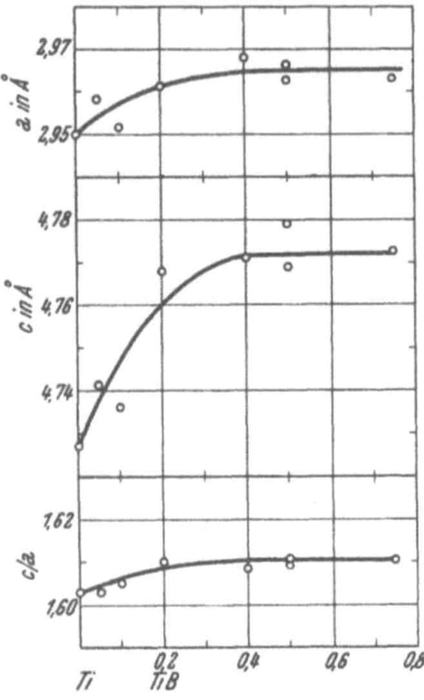

Abb. 137. Verlauf der Gitterkonstanten der Metallphase im System TiB (P. Ehrlich)

$TiB_{1,0}$ beobachtet man das Bild einer weiteren Phase, die zwar aus experimentellen Gründen nicht völlig frei von den benachbarten Phasen erhalten werden und deren Existenzbereich daher nicht genau abgegrenzt werden kann. L. H. Anderson und R. Kiessling[2] nehmen auf Grund strukturmäßiger Überlegungen an, daß TiB nur bei hohen Temperaturen beständig sein kann und beim Abkühlen in α-Ti + TiB_2 zerfällt. L. Brewer und Mitarbeiter[3] vermuteten, daß die kubische TiB-Phase ein Mischkristall TiN-TiO sei. B. Post und F. W. Glaser[4, 5] haben das TiB als kubisch flächenzentrierte Verbindung gedeutet. Nach Untersuchungen von B. F. Decker u. J. S. Kasper[6] hat aber das TiB orthorhombische FeB-Struktur.

Bei der Zusammensetzung $TiB_{2,0}$ und innerhalb eines nicht genau angebbaren Phasenbereiches besteht die Verbindung TiB_2 mit hexagonal einfachem Gitter.

Beim Verhältnis 1 Ti : 3 B liegt nach P. Ehrlich ein Zweiphasengebiet vor, dessen Komponenten TiB_2 und eine noch borreichere, nicht näher untersuchte Verbindung sind. Der Phasenbereich kann dabei nicht genau abgegrenzt werden, da die Gitterkonstanten zwischen TiB_2 und TiB_3 sich praktisch nicht ändern.

J. T. Norton und Mitarbeiter[7] untersuchten im System Titan-Bor

[1] Nowotny, H., F. Benesovsky, C. Brukl u. O. Schob: Mh. Chem. 92 (1961), S. 403/14.

[2] Andersson, L. H. u. R. Kiessling: Acta. Chem. Scand. 4 (1950), S. 160/64.

[3] Brewer, L., D. L. Sawyer, D. H. Templeton u. C. H. Dauben: J. Am. Ceram. Soc. 34 (1951), S. 173/79, UCRL 610 (1950).

[4] Post, B. u. F. W. Glaser: J. Chem. Phys. 20 (1952), S. 1050/51.

[5] Glaser, F. W.: J. Metals 4 (1952), S. 391/96.

[6] Decker, B. F. u. J. S. Kasper: Acta Cryst. 7 (1954), S. 77/80.

[7] Norton, J. T., H. Blumenthal u. S. J. Sindeband: Trans. Am. Inst. Met. Eng. 185 (1949), S. 749/52.

nur die hexagonal einfach kristallisierende Verbindung TiB_2 (C 32-Typ, AlB_2-Struktur) an, bei welcher abwechselnd Schichten von Bor- und Titanatomen übereinander angeordnet sind.

H. M. GREENHOUSE und Mitarbeiter[1] beobachteten bei der Umsetzung von Titankarbid mit Borkarbid eine neue Phase, welche vermutlich ein TiB_{12}, das allerdings nicht mit AlB_{12} isotyp ist, sein könnte.

An Hand lichtbogengeschmolzener Proben sowie auf Grund röntgenographischer und metallographischer Untersuchungen stellten A. E. PALTY, H. MARGOLIN und J. P. NIELSEN[2] ein vorläufiges Zustandsschaubild des Systems Titan-Bor zwischen Ti-TiB_2 auf (Abb. 138).

Die maximale Löslichkeit von Bor in α-Titan ist < 0,05 Gew.-%, diejenige in β-Titan < 0,1 Gew.-%. Das te-

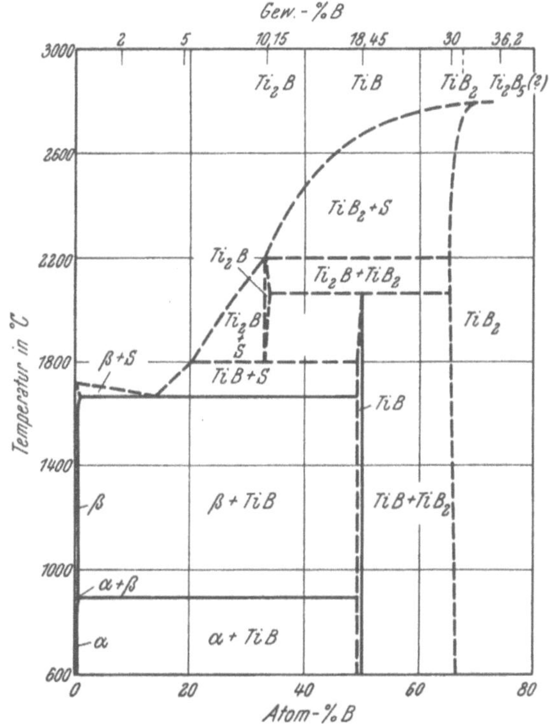

Abb. 138. Zustandsschaubild des Systems Titan-Bor (A. E. PALTY, H. MARGOLIN und J. P. NIELSEN)

tragonale Ti_2B wird peritektisch gebildet und ist eine Hochtemperaturphase, die unterhalb 1800° instabil ist.

Die peritektisch gebildete kubische (orthorhombische) Verbindung TiB und das hexagonale, kongruent schmelzende TiB_2 haben Gitterkonstanten, die gut mit den von J. T. NORTON[3] und P. EHRLICH[4] angegebenen übereinstimmen.

Der Schmelzpunkt von TiB_2 wurde nicht neuerlich bestimmt

[1] GREENHOUSE, H. M., O. E. ACCOUNTIUS u. H. H. SISLER: J. Am. Chem. Soc. 73 (1951), S. 5086/87.

[2] PALTY, A. E., H. MARGOLIN u. J. P. NIELSEN: Trans. Am. Soc. Met. 46 (1954), S. 312/28.

[3] NORTON, J. T., H. BLUMENTHAL u. S. J. SINDEBAND: Trans. Am. Inst. Met. Eng. 185 (1949), S. 749/52.

[4] EHRLICH, P.: Z. anorg. allg. Chem. 259 (1949), S. 1/41.

Zahlentafel 81. *Eigenschaften* * *von Titanboriden*

Eigenschaften	Ti_2B (10,15 % B)**		TiB (18,45 % B)		TiB_2 (31,1 % B)		Ti_2B_5 (36,1 % B)**	
	Werte	Weitere Literatur[†]	Werte	Weitere Literatur[†]	Werte	Weitere Literatur[†]	Werte	Weitere Literatur[†]
Struktur..................	tetragonal[1]	[2, 3, 54]	orhomb.[4] B 27	[1-5]	hexagonal[1] C 32	[2, 3]	hexagonal[1] D 8_h	[2, 3]
Gitterkonstante Å	a: 6,11[1] c: 4,56	[2, 6]	a: 6,12 b: 3,06[4] c: 4,56	[1-7, 54]	a: 3,026[5] c: 3,213	[6-21, 54, 55]	a: 2,98[1] c: 13,98	[2]
Dichte g/cm³ ber. .... gef.			5,26 5,09[6]		4,52 4,45[5]	[22-24]		
Härte HM (50 g) kg/mm² ...	> 2500		2800[7]		3480[25]	[7, 10, 12, 17, 18, 20-22, 26-30, 55-57]	> 3000	
Druckfestigkeit kg/mm²					158[31]			
Elastizitätsmodul kg/mm² ...					37400[32]			
Schmelzpunkt °C	2200 zers.[6]		2600 zers.[11]		2900 ±80[26]	[3, 6, 11, 24, 27, 33, 34]	> 2100 zers.	

Wärmeleitfähigkeit cal/cm · sek · °C					0,0624[8]		
Ausdehnungskoeffizient $\beta \cdot 10^{-6}$					6,39[32]	17, 21	
Thermodynamische Daten $- \triangle H_{298}$ kcal/mol.					36[35]	29, 36—39	− · 105[35]
Spez. elektr. Widerstand $\mu\,\Omega \cdot$ cm		40[1]	7		9[40]	7, 8, 11, 12, 17, 21, 28, 41—44, 58, 59	
Supraleitfähigkeit ab °K		s. Lit.	45		bis 1,26 n.s.l.[46]	45, 47	
HALL-Konstante...........					− 17,8[59]	40	
Thermokraft					s. Lit.	48, 53	
Elektronenemission					s. Lit.	44, 49, 50	
Magnet. Eigenschaften					s. Lit.	51	
Gefüge	s. Lit.	6, 57	s. Lit.	6, 52	s. Lit.	6, 10, 12, 17, 20, 24, 28, 30, 55	

* Bei dieser und den folgenden Eigenschaftstafeln wurden die uns am besten erscheinenden Werte eingesetzt. Über weitere Werte vergleiche die Literatur in der nächsten Spalte.

** Existiert wahrscheinlich nicht; die Daten beziehen sich auf Legierungen mit dem angegebenen Borgehalt.

† Literatur siehe Fußnoten Seite 384 u. 385.

und auch das Gebiet zwischen TiB_2 und dem von B. Post und F. W.
Glaser[60, 61] vermuteten, Ti_2B_5 (Hochtemperaturphase isotyp mit
W_2B_5) nicht näher untersucht. Das Diagramm Abb. 138 wird zwischen

[1] Glaser, F. W.: J. Metals 4 (1952), S. 391/96.

[2] Post, B. u. F. W. Glaser: J. Chem. Phys. 20 (1952), S. 1050/51.

[3] Schwarzkopf, P. u. F. W. Glaser: Z. Metallkunde 44 (1953), S. 353/58.

[4] Decker, B. F. u. J. S. Kasper: Acta Cryst. 7 (1954), S. 77/80.

[5] Ehrlich, P.: Z. anorg. allg. Chem. 259 (1949), S. 1/41.

[6] Palty, A. E., H. Margolin u. J. P. Nielsen: Trans. Am. Soc. Met.
46 (1954), S. 312/28.

[7] Samsonov, G. V.: In: Fragen der Pulvermetallurgie, Kiew 1959, Bd. 7,
S. 72/98.

[8] Norton, J. T., H. Blumenthal u. S. J. Sindeband: Trans. Am. Inst.
Met. Eng. 185 (1949), S. 749/52.

[9] Zachariasen, W. H.: Acta Cryst. 2 (1949), S. 94.

[10] Samsonov, G. V.: Dokl. Akad. Nauk SSSR 86 (1952), S. 329/32.

[11] Glaser, F. W. u. W. Ivanick: Powder Met. Bull 6 (1953), S. 126/32.

[12] Meerson, G. A., G. V. Samsonov u. R. B. Kotelnikov: Izv. Sekt. Fiz.
Chim. Anal. 25 (1954), S. 89/93.

[13] Post, B., F. W. Glaser u. D. Moskowitz: Acta Met. 2 (1954), S. 20/25.

[14] Meerson, G. A. u. G. V. Samsonov: Zur. Fiz. Chim. 27 (1954), S. 1115/20.

[15] Baroch, Ch. T. u. T. E. Evans: J. Metals 7 (1955), S. 908/11.

[16] Samsonov, G. V. u. V. S. Neschpor: Dokl. Akad. Nauk SSSR 101
(1955), S. 899/900.

[17] Samsonov, G. V. u. J. W. Petrasch: Metalloved. Obr. Metallov (1955),
Nr. 4, S. 19/24.

[18] Samsonov, G. V. u. V. P. Latyscheva: Fiz. Metallov Metalloved. 2
(1956), S. 309/19.

[19] Bienenstock, A., H. Chessin u. B. Post: Acta Cryst. 10 (1957), S. 895.

[20] Portnoj, K. I. u. G. V. Samsonov: Dokl. Akad. Nauk SSSR. 116 (1957),
S. 976/78.

[21] Meerson, G. A., G. V. Samsonov, R. B. Kotelnikov, M. S. Vojnova,
I. P. Evteeva u. S. D. Krasnenkova: Zur. Neorg. Chim 3 (1958), S. 898/903.
In: Bor, Moskau 1958, S. 58/73.

[22] Andrieux, L.: Diss. Paris 1929, Rev. Mét. 45 (1948), S. 49/59.

[23] Kovaltschenko, M. S. u. G. V. Samsonov: Izv. Akad. Nauk SSSR. Met.
Topl. (1959), S. 143/47.

[24] Iskoldski, I. I. u. L. P. Bogorodskaja: Zur. Prikl. Chim. 30 (1957),
S. 177/85.

[25] Samsonov, G. V., V. S. Neschpor u. L. M. Chrenova: Hutnické Listy 14
(1959), S. 484/88, Fiz. Metallov Metalloved. 8 (1959), S. 622/30.

[26] Honak, E. R.: Diss. Techn. Hochschule Graz 1951.

[27] Kieffer, R., F. Benesovsky u. E. R. Honak: Z. anorg. allg. Chem. 268
(1952), S. 191/200.

[28] Samsonov, G. V. u. V. S. Neschpor: Zur. Fiz. Chim. 29 (1955), S. 839/45.

[29] Samsonov, G. V. u. V. S. Neschpor: In: Fragen der Pulvermetallurgie,
Kiew 1958, Bd. 5, S. 3/35.

[30] Portnoj, K. I., G. V. Samsonov u. K. I. Frolova: Zur. Prikl. Chim. 33
(1960), S. 577/82.

[31] Verejkina, L. L., V. N. Rudenko u. G. V. Samsonov: Met. Inf. Listok
Nr. 19, Kiew 1959, Zavod Labor. 40 (1960), Nr. 5, S. 620/21.

Titan und TiB_2 den Ergebnissen und auch den Röntgenbefunden von P. EHRLICH sowie B. POST und F. W. GLASER[60,61] gerecht, so daß man heute die Phasen TiB und TiB_2 für gesichert ansehen kann. Die Existenz des Ti_2B_5 ist fraglich, weil auch bei der Untersuchung des Dreistoffes Ti-Mo-B weder Ti_2B noch Ti_2B_5 gefunden werden konnte[54].

[32] NESCHPOR, V. S. u. G. V. SAMSONOV: Fiz. Metallov Metalloved. 4 (1957), S. 181/83, Inz. Fiz. Zur. 1 (1958), S. 30/36.

[33] GEACH, G. A. u. F. O. JONES: 2. Plansee Seminar, Reutte/Tirol, 1955, S. 80/91.

[34] KOVALTSCHENKO, M. S., G. V. SAMSONOV u. G. A. JASINSKAJA: Izv. Akad. Nauk SSSR, Met. Topl. (1960), S. 115/19.

[35] BREWER, L. u. H. HARALDSEN: J. Electrochem. Soc. 102 (1955), S. 399/406.

[36] SAMSONOV, G. V.: Zur. Fiz. Chim. 30 (1956), S. 2057/60.

[37] WALKER, B. E., C. T. EWING u. R. R. MILLER: J. Chem. Phys. 61 (1957), S. 1682/83.

[38] ORMONT, B. F.: In: Bor, Moskau 1958, S. 5/18.

[39] EPELBAUM, V. A. u. M. I. STAROSTINA: In: Bor, Moskau 1958, S. 97/101.

[40] JURETSCHKE, H. J. u. R. STEINITZ: J. Chem. Phys. 4 (1958), S. 118/27.

[41] MOERS, K.: Z. anorg. allg. Chem. 198 (1931), S. 262/75.

[42] GLASER, F. W. u. D. MOSKOWITZ: Powder Met. Bull. 6 (1953), S. 178/85.

[43] SAMSONOV, G. V.: Zur. Techn. Fiz. 26 (1956), S. 716/22. Izv. Sekt. Fiz. Chim. Anal. 27 (1956), S. 97/125.

[44] SAMSONOV, G. V. u. V. S. NESCHPOR: In: Fragen der Pulvermetallurgie, Kiew 1959, Bd. 7, S. 99/104.

[45] HARDY, G. F. u. J. K. HULM: Phys. Rev. 93 (1954), S. 1004/16.

[46] MEISSNER, W., H. FRANZ u. H. WESTERHOFF: Z. Physik 75 (1932), S. 521/30.

[47] ZIEGLER, W. T. u. R. A. YOUNG: Phys. Rev. 90 (1953), S. 115/19.

[48] SAMSONOV, G. V. u. N. S. STRELNIKOVA: Ukr. Fiz. Zur. 3 (1958), S. 135/38.

[49] SAMSONOV, G. V., V. S. NESCHPOR u. G. A. KUDINCEVA: Radiotechn. Elektronika 2 (1957), S. 631/36.

[50] KUDINCEVA, G. A., E. M. CAREV u. V. A. EPELBAUM: In: Bor, Moskau 1958, S. 106/11.

[51] SILVER, A. H. u. P. J. BRAY: J. Chem. Phys. 32 (1960), S. 288/92.

[52] OGDEN, H. R. u. R. I. JAFFEE: BMI RIJ 1 (1950).

[53] KISLY, P. S. u. G. V. SAMSONOV: Izv. Akad. Nauk SSSR, Met. Topl. (1959), S. 133/37.

[54] WITTMANN, A., H. NOWOTNY u. H. BOLLER: Mh. Chem. 91 (1960), S. 608/15.

[55] MÜNSTER, A. u. G. SCHLAMP: Z. phys. Chem. 25 (1960), S. 116/29.

[56] GRODZINSKI, P.: Werkstattstechnik Masch.-Bau 48 (1958), S. 364/72.

[57] TSCHERKASCHINA, N. V., N. A. NEDUMOV u. F. I. SCHAMRAJ: Zur. Neorg. Chim. 5 (1960), S. 2025/31.

[58] KOLOMEC, N. V., V. S. NESCHPOR, G. V. SAMSONOV u. S. A. SEMENKOVITSCH: Zur. Techn. Fiz. 28 (1958), S. 2382/89.

[59] LVOV, S. N., V. F. NEMTSCHENKO u. G. V. SAMSONOV: Dokl. Akad. Nauk SSSR 135 (1960), S. 577/80.

[60] POST, B. u. F. W. GLASER: J. Chem. Phys. 20 (1952), S. 1050/51.

[61] GLASER, F. W.: J. Metals 4 (1952), S. 391/96.

Auf der Borseite stellte A. U. SEYBOLT[1] in geschmolzenen reinsten Borlegierungen mit 1 At.-% Ti einphasiges Gefüge fest. Bei 6 At.-% waren bereits TiB_2-Nadeln zu sehen.

c) Eigenschaften*

Titanborid der chemischen Formel TiB_2 mit 31,12% B fällt meist als ein graues, metallisches Pulver an. Durch Schmelzflußelektrolyse erzeugt, sind es feine lamellare, hexagonale Kriställchen mit metallisch gelblichem Glanz.

TiB_2 wird von HCl, HNO_3 und von HF nicht angegriffen[2]. Leicht wird es von HNO_3-H_2O_2, H_2SO_4-HNO_3-Gemischen gelöst. H_2SO_4 reagiert in der Wärme. Von schmelzenden Alkalihydroxyden, -karbonaten und -bisulfaten wird es zerlegt. Mit Bleisuperoxyd und Natriumsuperoxyd ist die Reaktion sehr heftig[3]. Neuere Angaben über das Verhalten von TiB_2 gegen Säuren, Alkalien und Salze stammen von russischen Forschern[4,5].

Bei Erhitzen unter Wasserstoff soll es bei hohen Temperaturen nicht beständig sein[6].

Im Hinblick auf die Verwendung als Hochtemperaturwerkstoff wurde das Zunderverhalten mehrfach untersucht[7-12]. TiB_2 ist weniger zunderbeständig als TiC[9].

F. W. GLASER[13,14] macht Angaben über die Beständigkeit von Titanboriden beim Erhitzen in Gegenwart von Kohlenstoff (s. S. 451),

---

[1] SEYBOLT, A. U.: Trans. Am. Soc. Met. **52** (1960), S. 971/89.

[2] SAMSONOV, G. V.: Dokl. Akad. Nauk SSSR **86** (1952), S. 329/32.

[3] ANDRIEUX, L.: Diss. Paris 1929, Rev. Mét. **45** (1948), S. 49/59.

[4] MODYLEVSKAJA, K. D. u. G. V. SAMSONOV: Ukr. Chim. Zur. **25** (1959), S. 55/61.

[5] MARKOVSKI, L. J. u. G. V. KAPUTOVSKAJA: Zur. Neorg. Chim. **3** (1958). S. 328/32.

[6] MAY, C. E., D. KONEVAL u. G. C. FRYBURG: NASA Mem. 3-5-59 E (1959).

[7] SAMSONOV, G. V. u. E. V. PETRASCH: Metalloved. Obr. Metallov (1955). Nr. 4, S. 19/24.

[8] SAMSONOV, G. V. u. N. K. GOLUBEVA: Zur. Fiz. Chim. **30** (1956), S. 1258/66.

[9] MacDONALD, N. F. u. C. E. RANSLEY: Powder Met. (1959), Nr. 3, S. 172/76.

[10] MÜNSTER, A.: Z. Elektrochem. **63** (1959), S. 807/24, Z. phys. Chem. **25** (1960), S. 116/29.

[11] PORTNOJ, K. I., G. V. SAMSONOV u. K. I. FROLOVA: Zur. Prikl. Chim. **33** (1960), S. 577/82.

[12] BROWN, F. H.: JPL 20—252 (1955).

[13] GLASER, F. W.: J. Metals **4** (1952), S. 391/96.

[14] SCHWARZKOPF, P. u. F. W. GLASER: Z. Metallkunde **44** (1953), S. 353/58.

* Vgl. dazu auch die zusammenfassende Darstellung in: GMELINS-Handbuch der anorganischen Chemie, System Nr. 41, Titan, Verlag Chemie, Weinheim 1951, S. 354/57.

und G. V. SAMSONOV und Mitarbeiter[1] untersuchten das Verhalten von TiB_2 gegen Metallschmelzen.

Angaben über die weiteren Eigenschaften von Titanboriden sind der Zahlentafel 81 zu entnehmen.

d) Verwendung

Als sehr harte und hochschmelzende Verbindung ist TiB_2 als Basis für Zerspanungswerkstoffe sowie für Hochtemperaturwerkstoffe vorgeschlagen worden (s. Bd. Hartmetalle). Weitere interessante Anwendungen finden Titan-Borlegierungen als Zusätze für Kontrollstäbe von Kernenergieanlagen[2-5] als Kornfeinungsmittel in Aluminiumlegierungen[6, 7] und als Elektroden in der Aluminiumindustrie (vgl. S. 101).

2. Zirkoniumborid

a) Herstellung

Durch Sintern und Schmelzen eines Gemisches von Zirkonium und Bor haben S. A. TUCKER und H. R. MOODY[8] ein Zirkoniumborid der Zusammensetzung Zr_3B_4 mit 13,66% B erzeugt. E. WEDEKIND[9] hat ein Produkt im Hochvakuum gesintert und hierauf im Lichtbogenofen erschmolzen. Es enthielt 12,3 bis 12,5% B; seine Einheitlichkeit wurde allerdings nicht überprüft, so daß die Formel Zr_3B_4 nicht erwiesen ist.

Nach L. ANDRIEUX[10] gelingt es durch Schmelzflußelektrolyse von entsprechenden Salzgemischen, metallische Kriställchen von Zirkoniumborid mit 13,4 bis 13,8% B und 85,8 bis 86,3% Zr abzuscheiden, welche demnach der Formel Zr_3B_4 entsprechen (theoretisch 13,66% B). J. T. NORTON und Mitarbeiter[11] haben jedoch nach der ANDRIEUXschen Methode ein Borid der Zusammensetzung ZrB_2 abgeschieden (theore-

---

[1] SAMSONOV, G. V., G. A. JASINSKAJA u. TAI SCHOU-VEJ: Ogneupory **25** (1960), S. 35/38.

[2] OGDEN, H. R. u. R. I. JAFFEE: BMI RIJ 1 (1950).

[3] DAYTON, R. W.: BMI X 132 (1956).

[4] PLOETZ, G. L.: Bull. Am. Ceram. Soc. **39** (1960), S. 362/65.

[5] COWEN, H. C.: Nuclear Engng. **4** (1959), Febr., S. 11/17.

[6] CIBULA, A.: J. Inst. Met. **80** (1951), S. 1/16.

[7] THURY, W.: Metall **9** (1955), S. 580/81, Z. Metallkunde 46 (1955), S. 488/90.

[8] TUCKER, S. A. u. H. R. MOODY: Proc. Chem. Soc. 17 (1901), S. 129/30.

[9] WEDEKIND, E.: Ber. dtsch. chem. Ges. **35** (1902), S. 3929/32, **46** (1913), S. 1198/1207.

[10] ANDRIEUX, L.: Diss. Univ. Paris 1929, Ann. Chim. (10) **12** (1929), S. 423/507. Rev. Mét. **45** (1948), S. 49/59.

[11] NORTON, J. T., H. BLUMENTHAL u. S. J. SINDEBAND: Trans. Am. Inst. Met. **185** (1949), S. 749/51. Powder Met. Bull. 7 (1956), S. 79/81.

tisch 19,4% B), so daß sich starke Zweifel an der Existenz eines Zr_3B_4 ergeben (s. Abschnitt b).

Bei Fadentemperaturen von 2000 bis 2800° K kann man nach K. MOERS[1] aus $ZrCl_4$-BBr_3-Dampfgemischen in Gegenwart von stickstofffreiem Wasserstoff sehr feinkristalline, aus eisengrauen Würfeln bestehende Schichten von Zirkoniumborid abscheiden. Eine chemische Analyse des Abscheidungsproduktes wurde nicht durchgeführt, so daß nicht entschieden werden konnte, welche Formel dem Zirkoniumborid zukam. Röntgenographisch konnte aber eine von Zirkonium und Bor deutlich verschiedene Kristallphase nachgewiesen werden. Auch die starke Zunahme der elektrischen Leitfähigkeit ist ein Zeichen für die Bildung einer Borverbindung. I. E. CAMPBELL und Mitarbeiter[2] haben ebenfalls Zirkoniumboridschichten aus $ZrCl_4$-BCl_3-Dampfgemischen in Gegenwart von Wasserstoff bei 1700 bis 2500° niedergeschlagen.

W. J. DEISS und J. L. ANDRIEUX[3] fanden bei der Umsetzung von Zirkoniumhydrid mit $BCl_3 + H_2$ bei Temperaturen von 600 bis 900° die Boride ZrB und ZrB_2.

P. M. McKENNA[4] erzeugte ein Zirkoniumborid durch Umsetzung von ZrO_2 mit einem Überschuß von B_2O_3 in Gegenwart von Kohlenstoff in einem hochfrequenzbeheizten Graphittiegel bei etwa 2000°. Das erhaltene Produkt enthielt 78,55% Zr, 18,15% B, 1,89% C und Si. Durch nochmaliges Erhitzen mit B_2O_3 im elektrischen Vakuumofen auf 1530° ergab sich ein Produkt mit nur 1,09% C, welches wahrscheinlich der Formel ZrB_2 entspricht (theoretisch 19,2% B, 80,8% Zr). Auf die gleiche Weise erhielten J. T. NORTON und Mitarbeiter ein reines ZrB_2.

Durch Sintern von Zr-B-Gemischen im Wolframrohrofen bei 1800 bis 2000° hat C. AGTE[5] Boride der Zusammensetzung ZrB und ZrB_2 erhalten. R. KIESSLING[6] hat für seine Untersuchungen im System Zirkonium-Bor reines Zirkonium (99%) mit reinem Bor im hochfrequenzbeheizten Ofen zusammengeschmolzen. L. BREWER und Mitarbeiter[7] stellten ZrB_2 durch Sintern der Pulvermischung bei 1600° unter Argon her. Auch bei der Umsetzung von W_2B mit Zirkonium erhält

[1] MOERS, K.: Z. anorg. allg. Chem. 198 (1931), S. 243/61.

[2] CAMPBELL, I. E., C. F. POWELL, D. H. NOWICKI u. B. W. GONSER: J. Electrochem. Soc. 96 (1949), S. 318/33.

[3] DEISS, W. J. u. J. L. ANDRIEUX: Bull. Soc. Chim. France (1959), S. 178/82.

[4] McKENNA, P. M.: Ind. Eng. Chem. 28 (1936), S. 767/72.

[5] AGTE, C.: Diss. Techn. Hochsch. Berlin 1931.

[6] KIESSLING, R.: Acta Chem. Scand. 3 (1949), S. 90/91.

[7] BREWER, L., D. L. SAWYER, D. H. TEMPLETON u. C. H. DAUBEN: J. Am. Ceram. Soc. 34 (1951), S. 173/79, UCRL 610 (1950).

man ZrB_2. V. E. Epelbaum und M. A. Gurewitsch[1] gingen bei der Systemuntersuchung Zr-B ebenfalls von den Komponenten aus und arbeiteten bei 1900 bis 2100° im Vakuum.

Bei der Umsetzung entsprechender Mischungen von metallischem Zirkonium mit Borkarbid und B_2O_3 erhielt E. R. Honak[2,3] kohlenstoffarmes Zirkoniumdiborid. W. Schedler[4] stellte ZrB_2 nach dem Borkarbidverfahren unter Verwendung von ZrO_2 als Ausgangsmaterial her und Ch. T. Baroch und T. Evans[5] benützten dieses Verfahren, um größere Mengen von ZrB_2 herzustellen. Beim Heißpressen von Mischungen aus Zirkoniumhydrid und Bor konnte F. W. Glaser[6] im Endprodukt die Phasen ZrB, ZrB_2 und ZrB_{12} nachweisen, während beim Heißpressen von Mischungen aus Zirkoniumkarbid und Bor bzw. Borkarbid ausschließlich das Diborid gebildet wurde.

Bei der Oberflächenborierung von Zirkonium mit Borkarbid bzw. Bor bei 1200 bis 1400° treten harte Schichten von ZrB_2-ZrB (?) auf[7].

Die Herstellung von Formkörpern aus ZrB_2 durch Heißpressen[5, 8, 9] oder Strangpressen[10] ist mehrfach beschrieben worden.

b) Das System Zirkonium-Bor

Auf Grund röntgenographischer Untersuchungen hat R. Kiessling[11] die Verhältnisse im System Zr-B teilweise geklärt. α-Zirkonium löst bis 1 At.-% Bor. V. A. Epelbaum und M. A. Gurewitsch[1] geben eine max. Löslichkeit von 2 At.-% an, wobei die Gitterkonstante des α-Mischkristalls ansteigt. Geringe Borgehalte steigern die Härte von Zirkonium außerordentlich.

[1] Epelbaum, V. A. u. M. A. Gurewitsch: Zur. Fiz. Chim. 31 (1957), S. 708/11, 32 (1958), S. 2274/81.

[2] Honak, E. R.: Diss. Techn. Hoschchule Graz 1951.

[3] Kieffer, R., F. Benesovsky u. E. R. Honak: Z. anorg. allg. Chem. 268 (1952), S. 191/200.

[4] Schedler, W.: Diss. Techn. Hochschule Graz 1952.

[5] Baroch, Ch. T. u. T. E. Evans: J. Metals 7 (1955), S. 908/11.

[6] Glaser, F. W.: J. Metals 4 (1952), S. 391/96, Powder Met. Bull. 6 (1951), S. 51/54.

[7] Minkevitsch, A. N., L. N. Rastorejev u. V. I. Andrjuschecki: Izv. Vysch. Utsch. Zaved., Tschernaja Met. (1960), Nr. 7, S. 171/79.

[8] Samsonov, G. V. u. V. S. Neschpor: Dokl. Akad. Nauk SSSR 104 (1955), S. 405/08.

[9] Babitsch, B. N., K. I. Portnoj u. G. V. Samsonov: Metalloved. Term. Obr. Metallov (1960), Nr. 1, S. 31/35.

[10] Samsonov, G. V. u. P. S. Kisly: Dop. Akad. Nauk Ukr. RSR (1959), Nr. 1, S. 46/47.

[11] Kiessling, R.: Acta Chem. Scand. 3 (1949), S. 90/91.

Als einzige intermediäre Phase wurde von R. Kiessling ZrB_2 mit engem Homogenitätsbereich gefunden. Die Struktur ist einfach hexagonal (C 32-Typ, AlB_2-Struktur) mit einem Molekül in der Elementarzelle. Schichten von hexagonal gepacktem Bor wechseln mit hexagonal dichten Schichten von Zirkonatomen ab. ZrB_2 ist isotyp mit den anderen Diboriden der Metalle der 4a und 5a Gruppe des periodischen Systems. J. T. Norton und Mitarbeiter[1] und L. Brewer und Mitarbeiter[2] haben die Struktur des ZrB_2 bestätigt.

Später haben allerdings B. Post und F. W. Glaser[3,4] unter speziellen Arbeitsbedingungen auch ein Borid ZrB_{12} gefunden, welches isotyp mit UB_{12} ist. Ferner fanden sie auch ein kubisch flächenzentriertes Borid ZrB, welches sich über 1200° zersetzen soll.*

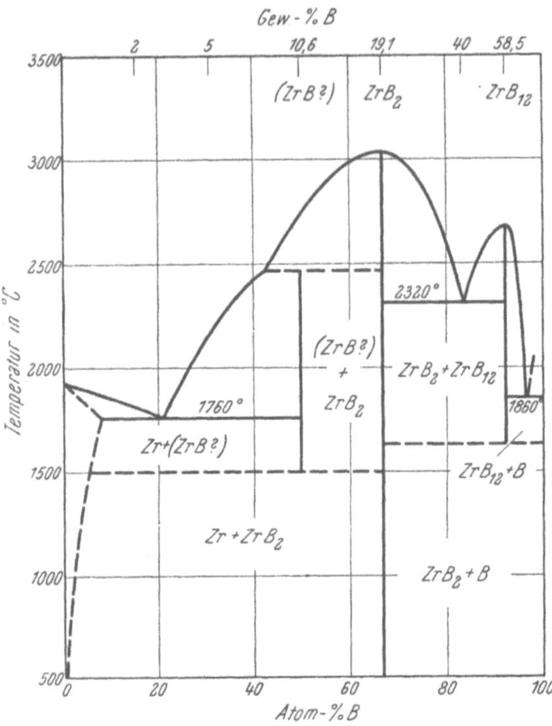

Abb. 139. Zustandsschaubild des Systems Zirkonium-Bor
(F. W. Glaser und B. Post sowie W. Schedler)

Da ZrB und ZrB_{12} Hochtemperaturphasen sind, haben sie sich lange einer Reinherstellung bzw. Isolation entzogen. ZrB_{12} fällt

[1] Norton, J. T., H. Blumenthal u. S. J. Sindeband: Trans. Am. Inst. Met. Eng. 185 (1949), S. 749/51.

[2] Brewer, L., D. L. Sawyer, D. H. Templeton u. C. H. Dauben: J. Am. Ceram. Soc. 34 (1951), S. 173/79, UCRL 610 (1950).

[3] Post, B. u. F. W. Glaser: J. Chem. Phys. 20 (1952), S. 1050/51.

[4] Post, B. u. F. W. Glaser: J. Metals 4 (1952), S. 391/96, S. 631/32.

* Während der Drucklegung erschien eine Arbeit von H. Nowotny, E. Rudy und F. Benesovsky [Mh. Chem. 92 (1961), S. 393/402], in welcher die Existenz des ZrB mit B 1-Struktur bestritten wird. Auch ein dem HfB isotopes „ZrB" mit FeB-Struktur konnte unter den Versuchsbedingungen gefunden werden. Das Zustandsschaubild Abb. 139 wäre dementsprechend zu korrigieren.

allerdings im Gefüge abgeschreckten Proben durch eine typische Rosafärbung auf.

Ein Zustandsschaubild des Systems Zr-B ist von W. Schedler[1] und von F. W. Glaser und B. Post[2] aufgestellt worden[3] (Abb. 139). Übereinstimmend wird die Existenz der Phasen ZrB, ZrB_2 und eines mit UB_{12} isotypen ZrB_{12} angegeben. Die Hochtemperaturphasen ZrB und ZrB_{12} werden bei Raumtemperatur nur in abgeschreckten Proben gefunden. ZrB bildet sich peritektisch und dürfte nur über 1500° beständig sein.

W. Schedler[1] findet eine Maximallöslichkeit von etwa 2 Gew.-% B in β-Zirkonium. Nach S. M. Shelton[4] tritt allerdings in derartigen niedrig borhaltigen Legierungen bereits eine harte Verbindung, vermutlich ZrB_2 auf.

Für das ZrB_{12} und die Eutektika ZrB_2-ZrB_{12} und ZrB_{12}-B wurden von W. Schedler wesentlich niedrigere Schmelzpunkte als von F. W. Glaser und B. Post gefunden, was mit einem gewissen Kohlenstoffgehalt der Proben (0,1 bis 0,2%) zusammenhängen dürfte.

Obwohl der Aufbau beider Systeme grundsätzlich ähnlichen Charakter hat (Liquiduskurve und Phasen), dürfte eine neue Überarbeitung des Systems mit reineren Komponenten und mit Hilfe lichtbogengeschmolzener kohlenstofffreier Proben am Platze sein (vgl. Fußnote).

Geschmolzene Borlegierungen aus reinstem Bor mit 1 At.-% Zr sind nach A. U. Seybold[5] einphasig. Im Gefüge von Legierungen mit 6 At.-% Zr treten Nadeln vermutlich von ZrB_{12} auf.

c) Eigenschaften

Zirkoniumborid der Formel ZrB_2 mit 19,18% B fällt meist als ein feinkristallines, metallisch graues Pulver an[2]. Von HCl wird es wenig angegriffen, rascher wird es von HNO_3, von Königswasser und H_2SO_4-HNO_3-Gemischen gelöst[6]. Es reagiert in der Wärme mit H_2SO_4. Geschmolzene Alkalihydroxyde, -karbonate und -bisulfate greifen es leicht an, mit Bleisuperoxyd und Natriumsuperoxyd reagiert es heftig. Weitere Angaben über das Verhalten von ZrB_2 gegen Säuren, Alkalien

[1] Schedler, W.: Diss. Techn. Hochschule Graz 1952.
[2] Glaser, F. W. u. B. Post: J. Metals 5 (1953), S. 1117/18.
[3] Nowotny, H., E. Rudy u. F. Benesovsky: Mh. Chem. 91 (1960). S. 963/74.
[4] Shelton, S. M.: AF TR 5932 (1949).
[5] Seybolt, A. U.: Trans. Am. Soc. Met. 52 (1960), S. 971/89.
[6] Samsonov, G. V.: Dokl. Akad. Nauk SSSR 86 (1952), S. 329/32.

Zahlentafel 82. *Eigenschaften von Zirkoniumboriden*

Eigenschaften	ZrB (10,59 % B)*		ZrB_2 (19,18 % B)		ZrB_{12} (58,75 % B)	
	Werte	Weitere Literatur†	Werte	Weitere Literatur†	Werte	Weitere Literatur†
Struktur	kubisch flz.[1] B 1	[2—4]	hexagonal[6] C 32	[4—7]	kubisch[1] D 2_f	[2—4]
Gitterkonstante Å	4,68[1]	[2, 3, 8—12]	a: 3,169[6] c: 3,530	[5—20]	7,408[1]	[2, 3, 8, 9, 12]
Dichte g/cm³ ber. gef.	6,7 6,3[8]	[9]	6,17 6,0[21]	[5—9, 22]	3,63 3,75[2]	[8, 9]
Härte HM kg/mm²	3600[11]	[8, 9, 23]	2200[24]	[8, 9, 11, 13, 16, 18, 19, 21, 25—27, 53]	2500[8]	[2, 9]
Druckfestigkeit kg/mm²			158[28]			
Elastizitätsmodul kg/mm²			35000[29]	[22]		
Schmelzpunkt ° C	2500 zers.[9]	[8, 12]	2990 ± 50[30]	[4, 8, 9, 12, 31, 32]	2680 ± 100[9]	[8, 12]

Wärmeleitfähigkeit cal/cm · sek · °C			0,055[7]		0,029[2]	
Ausdehnungskoeffizient $\beta \cdot 10^{-6}$			6,83[29]	19, 54		
Thermodynamische Daten — $\triangle$ H$_{298}$ kcal/mol	39[33]		78[33]	26, 34, 35	120[33]	
Spez. elektr. Widerstand $\mu \Omega$ · cm	30—35[9]	11	7[36]	7, 9, 11, 16, 19 37—40 55, 56	60[2]	9
Supraleitfähigkeit ab °K	3,3[41]		3,2[42]	41, 43		
HALL-Konstante			s. Lit.	36		
Thermokraft			— 17,6[56]	44, 52		
Elektronenemission			s. Lit.	40, 45—48 57		
Teilstrahlung			s. Lit.	49		
Magnetische Eigenschaften			s. Lit.	50, 51		
Gefüge	s. Lit.	8	s. Lit.	8, 12, 16, 18, 20	s. Lit.	8

* Dürfte nicht existieren. Werte gelten für eine Legierung der angegebenen Analyse.
† Literatur siehe Fußnoten Seite 394 u. 395,

und Salze machen russische Forscher[58,59]. Beim Erhitzen unter Wasserstoff ist es bis zu höchsten Temperaturen beständig[60].

[1] GLASER, F. W.: J. Metals **4** (1952), S. 391/96.

[2] POST, B. u. F. W. GLASER: J. Metals **4** (1952), S. 631/32.

[3] POST, B. u. F. W. GLASER: J. Chem. Phys. **20** (1952), S. 1050/51.

[4] SCHWARZKOPF, P. u. F. W. GLASER: Z. Metallkunde **44** (1953), S. 353/58.

[5] McKENNA, P. M.: Ind. Eng. Chem. **28** (1936), S. 767/72.

[6] KIESSLING, R.: Acta Chem. Scand. **3** (1949), S. 90/91.

[7] NORTON, J. T., H. BLUMENTHAL u. S. J. SINDEBAND: Trans. Am. Inst. Met. Eng. **185** (1949), S. 749/51.

[8] SCHEDLER, W.: Diss. Techn. Hochschule Graz 1952.

[9] GLASER, F. W. u. B. POST: J. Metals **5** (1953), S. 1117/18.

[10] EPELBAUM, V. A. u. M. A. GUREWITSCH: Zur. Fiz. Chim. **31** (1957), S. 711/80, **32** (1958), S. 2274/81.

[11] SAMSONOV, G. V.: In: Fragen der Pulvermetallurgie, Kiew 1959, Bd. 7 S. 72/98.

[12] NOWOTNY, H., E. RUDY u. F. BENESOVSKY: Mh. Chem. **91** (1960), S. 963/74.

[13] SAMSONOV, G. V.: Dokl. Akad. Nauk SSSR **86** (1952), S. 329/32.

[14] GLASER, F. W. u. W. IVANICK: Powder Met. Bull. **6** (1953), S. 126/32.

[15] POST, B., F. W. GLASER u. D. MOSKOWITZ: Acta Met. **2** (1954), S. 20/25.

[16] MEERSON, G. A., G. V. SAMSONOV u. R. B. KOTELNIKOV: Izv. Sekt. Fiz. Chim. Anal. **25** (1954), S. 89/93.

[17] BAROCH, Ch. T. u. T. E. EVANS: J. Metals **7** (1955), S. 908/11.

[18] PORTNOJ, K. I. u. G. V. SAMSONOV: Dokl. Akad. Nauk SSSR **116** (1957), S. 976/78.

[19] MEERSON, G. A., G. V. SAMSONOV, R. B. KOTELNIKOV, M. S. VOJNOVA, I. P. EVTEEVA u. S. D. KRASNENKOVA: Zur. Neorg. Chim. **3** (1958), S. 898/903. In: Bor, Moskau 1958, S. 58/73.

[20] KOVALTSCHENKO, M. S. u. G. V. SAMSONOV: In: Fragen der Pulvermetallurgie, Kiew 1959, Bd. 7, S. 18/24.

[21] ANDRIEUX, L.: Diss. Univ. Paris 1929, Rev. Mét. **45** (1948), S. 49/59.

[22] LANG, S. M.: Nat. Bur. Stand. Mon. Nr. 6 (1960).

[23] SHELTON, S. M.: AF TR 5932 (1949).

[24] HONAK, E. R.: Diss. Techn. Hochschule Graz 1951.

[25] KIEFFER, R., F. BENESOVSKY u. E. R. HONAK: Z. anorg. allg. Chem. **268** (1952), S. 191/200.

[26] SAMSONOV, G. V. u. V. S. NESCHPOR: In: Fragen der Pulvermetallurgie, Kiew 1958, Bd. 5, S. 3/35. Inz. Fiz. Zur. **1** (1958), S. 30/38.

[27] SAMSONOV, G. V., V. S. NESCHPOR u. L. M. CHRENOVA: Hutnické Listy **14** (1959), S. 484/88, Fiz. Metallov Metalloved. **8** (1959), S. 622/30.

[28] VEREJKINA, L. L., V. N. RUDENKO u. G. V. SAMSONOV: Met. Inf. Listok Nr. 19, Kiew 1959, Zavod. Labor. **40** (1960), Nr. 5, S. 620/21.

[29] NESCHPOR, V. S. u. G. V. SAMSONOV: Fiz. Metallov Metalloved. **4** (1957), S. 181/83.

[30] AGTE, C.: Diss. Techn. Hochsch. Berlin 1931.

[31] GEACH, G. A. u. F. O. JONES: 2. Plansee Seminar, Reutte/Tirol, 1955, S. 80/91.

[32] KOVALTSCHENKO, M. S., G. V. SAMSONOV u. G. A. JASINSKAJA: Izv. Akad. Nauk SSSR, Met. Topl. (1960), S. 115/19.

[33] BREWER, L. u. H. HARALDSEN: J. Electrochem. Soc. **102** (1955), S. 399/406.

[34] SAMSONOV, G. V.: Zur. Fiz. Chim. **30** (1956), S. 2057/60.

F. W. Glaser[61, 62] berichtet über die Beständigkeit von Zirkoniumboriden beim Erhitzen in Gegenwart von Kohlenstoff (s. S. 451) und
F. H. Brown[63] untersuchte das Zunderverhalten.

Angaben über die sonstigen Eigenschaften von Zirkoniumboriden
sind in Zahlentafel 82 zu finden.

[35] Ormont, B. F.: In: Bor, Moskau 1958, S. 5/18.
[36] Juretschke, H. J. u. R. Steinitz: J. Chem. Phys. 4 (1958), S. 118/27.
[37] Moers, K.: Z. anorg. allg. Chem. 198 (1931), S. 262/75.
[38] Glaser, F. W.: Powder Met. Bull 6 (1951), S. 51/54.
[39] Samsonov, G. V.: Zur. Techn. Fiz. 26 (1956), S. 716/22, Izv. Sekt. Fiz.
Chim. Anal. 27 (1956), S. 97/125.
[40] Samsonov, G. V. u. V. S. Neschpor: In: Fragen der Pulvermetallurgie,
Kiew 1959, Bd. 7, S. 99/104.
[41] Hardy, G. F. u. J. K. Hulm: Phys. Rev. 93 (1954), S. 1004/16.
[42] Meissner, W., H. Franz u. H. Westerhoff: Z. Physik 75 (1932),
S. 521/30.
[43] Ziegler, W. T. u. R. A. Young: Phys. Rev. 90 (1953), S. 115/19.
[44] Samsonov, G. V. u. N. S. Strelnikova: Ukr. Fiz. Zur. 3 (1958), S. 135/38.
[45] Goldwater, D. L. u. R. E. Haddad: J. Appl. Phys. 22 (1951), S. 70/73.
[46] Morgan, F. H.: J. Appl. Phys. 22 (1951), S. 108/09.
[47] Samsonov, G. V., V. S. Neschpor u. G. A. Kudinceva: Radiotechn.
Elektronika 2 (1957), S. 631/36.
[48] Kudinceva, G. A., E. M. Carev u. V. A. Epelbaum: In: Bor, Moskau
1958, S. 106/11.
[49] Serebrjakova, T. I., J. B. Paderno u. G. V. Samsonov: Optika Spektroskopia 8 (1960), S. 410/12.
[50] Samsonov, G. V., V. S. Neschpor u. N. S. Strelnikova: Dop. Akad.
Nauk Ukr. RSR (1958), S. 838/39, In: Fragen der Pulvermetallurgie. Kiew
1960, Bd. 8, S. 90/98.
[51] Silver, A. H. u. P. J. Bray: J. Chem. Phys. 32 (1960), S. 288/92.
[52] Kisly, P. S. u. G. V. Samsonov: Izv. Akad. Nauk SSSR, Od. Techn.
(1959), S. 133/37.
[53] Grodzinski, P.: Werkstattstechn. Masch.-Bau 48 (1958), S. 364/72.
[54] Krikorian, O. H.: UCRL 6132 (1960).
[55] Kolomec, N. V., V. S. Neschpor, G. V. Samsonov u. S. A. Semenkovitsch: Zur. Techn. Fiz. 28 (1958), S. 2382/89.
[56] Lvov, S. N., V. F. Nemtschenko u. G. V. Samsonov: Dokl. Akad. Nauk
SSSR 135 (1960), S. 577/80.
[57] Kmetko, E. A.: Phys. Rev. 116 (1959), S. 695/96.
[58] Modylevskaja, K. D. u. G. V. Samsonov: Ukr. Chim. Zur. 25 (1959),
S. 55/61.
[59] Markovski, L. J. u. G. V. Kaputovskaja: Zur. Neorg. Chim. 3 (1958),
S. 328/32.
[60] May, C. E., D. Koneval u. G. C. Fryburg: NASA Mem. 3-5-59 E
(1959).
[61] Glaser, F. W.: J. Metals 4 (1952), S. 391/96.
[62] Schwarzkopf, P. u. F. W. Glaser: Z. Metallkunde 44 (1953), S. 353/58.
[63] Brown, F. H.: JPL 20-252 (1955).

d) Verwendung

Als Hartstoff für Zerspanungszwecke wurde ZrB_2 noch nicht versucht, obzwar ZrB_2-Zr-Legierungen sehr hart und zähe sind. Der Zusatz von ZrB_2 bei Kontrollstäben von Kernreaktoren wird in der Literatur erwähnt[1].

3. Hafniumborid

a) Herstellung

Hafniumboride unbestimmter Zusammensetzung kann man nach K. MOERS[2] ähnlich wie Zirkoniumborid aus $HfCl_4$-BBr_3-Dampfgemischen bei Gegenwart von stickstofffreiem Wasserstoff bei 2200 bis 3000° K in einkristalliner Form abscheiden. I. E. CAMPBELL und Mitarbeiter[3] geben für die Abscheidung von Hafniumboridschichten aus $HfCl_4$-BCl_3-Dampfgemischen in Gegenwart von Wasserstoff Abscheidungstemperaturen von 1900 bis 2700° an.

F. W. GLASER, D. MOSKOWITZ und B. POST[4] haben HfB und HfB_2 durch Heißpressen von Mischungen der Komponenten erhalten; Versuche zur Herstellung von HfB_{12} mißlangen[5, 6].

Die Herstellung von HfB_2 ist auch durch Umsetzung von HfO_2 mit Borkarbid bei Temperaturen um 1700° möglich[7].

b) Das System Hafnium-Bor

Nach F. W. GLASER, D. MOSKOWITZ und B. POST[4] existieren nur die Verbindungen HfB und HfB_2. Letztere dürfte einen engen Existenzbereich haben. Vielseitige Versuche, ein dem ZrB_{12} isotypes HfB_{12} zu finden, schlugen fehl.

Ein vorläufiges Zustandsschaubild ist von E. RUDY und F. BENESOVSKY[5] entworfen worden[6]. Das HfB ist allerdings nicht, wie in der Literatur angegeben, kubisch flächenzentriert, sondern hat rhombische FeB-Struktur[8].

---

[1] PLOETZ, G. L.: Bull. Am. Ceram. Soc. **39** (1960), S. 362/65.

[2] MOERS, K.: Z. anorg. allg. Chem. **198** (1931), S. 243/61.

[3] CAMPBELL, I. E., C. F. POWELL, D. H. NOWICKI u. B. W. GONSER: J. Electrochem. Soc. **96** (1949), S. 318/33.

[4] GLASER, F. W., D. MOSKOWITZ u. B. POST: J. Metals 5 (1953), S. 1119/20.

[5] RUDY, E. u. F. BENESOVSKY: Mh. Chem. **92** (1961), S. 415/41.

[6] NOWOTNY, H., H. BRAUN u. F. BENESOVSKY: Radex Rdsch. (1960), S. 367/72.

[7] PADERNO, J. B., T. I. SEREBRJAKOVA u. G. V. SAMSONOV: Cvetnyje Metally **32** (1959) Nr. 11, S. 48/50.

[8] NOWOTNY, H., E. RUDY u. F. BENESOVSKY: Mh. Chem. **92** (1961), S. 393/402.

c) Eigenschaften

Hafniumborid HfB_2 hat nach K. MOERS[5] metallischen Charakter.

Zahlentafel 83. *Eigenschaften von Hafniumboriden*

Eigenschaften	HfB (5,72 % B)		HfB$_2$ (10,81 % B)	
	Werte	Weitere Literatur	Werte	Weitere Literatur
Struktur	orhomb.[13] B 27	1, 2	hexagonal[1] C 32	2, 13
Gitterkonstante Å	4,62[1]		a: 3,141[1] c: 3,470	3, 4, 13
Dichte g/cm³ ber. .... gef.	12,8		11,1 10,5[1]	
Härte HM (50 g) kg/mm²	< 1700		2900[4]	10
Schmelzpunkt ° C	3000 zers.		3250[1]	2, 5
Ausdehnungskoeffizient $\beta \cdot 10^{-6}$			5,3[1]	11
Spez. elektr. Widerstand $\mu\,\Omega \cdot cm$			15,8[6]	1, 4, 5, 12
Supraleitfähigkeit			bis 1,26[7] n.s.l.	8
HALL-Konstante			— 17[6]	12
Teilstrahlung			s. Lit.	9

[1] GLASER, F. W., D. MOSKOWITZ u. B. POST: J. Metals **5** (1953), S. 1119/20.

[2] SCHWARZKOPF, P. u. F. W. GLASER: Z. Metallkunde **44** (1953), S. 353/58.

[3] POST, B., F. W. GLASER u. D. MOSKOWITZ: Acta Met. **2** (1954), S. 20/25.

[4] PADERNO, J. B., T. I. SEREBRJAKOVA u. G. V. SAMSONOV: Cvetnyje Metally **32** (1959), S. 48/50.

[5] MOERS, K.: Z. anorg. allg. Chem. **198** (1931), S. 262/75.

[6] JURETSCHKE, H. J. u. R. STEINITZ: J. Chem. Phys. **4** (1958), S. 118/27.

[7] MEISSNER, W., H. FRANZ u. H. WESTERHOFF: Z. Physik **75** (1932), S. 521/30.

[8] HARDY, G. F. u. J. K. HULM: Phys. Rev. **93** (1945), S. 1004/16.

[9] SEREBRJAKOVA, T. I., J. B. PADERNO u. G. V. SAMSONOV: Optika Spektroskopia **8** (1960), S. 410/12.

[10] GRODZINSKY, P.: Werkstattstechn. Masch.-Bau **48** (1958), S. 364/72.

[11] KRIKORIAN, O. H.: UCRL 6132 (1960).

[12] LVOV, S. N., V. F. NEMTSCHENKO u. G. V. SAMSONOV: Dokl. Akad. Nauk SSSR **135** (1960), S. 577/80.

[13] NOWOTNY, H., E. RUDY u. F. BENESOVSKY: Mh. Chem. **92** (1961) S. 393/402.

Beim Erhitzen unter Wasserstoff auf hohen Temperaturen ist es nicht beständig[1].

Weitere Angaben über die Eigenschaften von Hafniumboriden werden in Zahlentafel 83 gemacht.

d) Verwendung

HfB_2 hat bisher keine hartmetalltechnische Anwendung gefunden. Wegen des hohen Neutroneneinfangquerschnittes kann es als Zusatz in Kontrollstäben in Frage kommen[2].

4. Vanadinborid

a) Herstellung

Beim Zusammensintern und Lichtbogenschmelzen von Mischungen aus Vanadin- und Borpulver im Vakuum fanden E. WEDEKIND und C. HORST[3] ein Vanadinborid der ungefähren Zusammensetzung VB, dessen Einheitlichkeit allerdings nicht bewiesen werden konnte.

Nicht näher definierte Vanadinboride haben K. MOERS[4] sowie I. E. CAMPBELL[5] und Mitarbeiter nach dem Aufwachsverfahren erhalten.

L. ANDRIEUX[6] stellt durch Schmelzflußelektrolyse entsprechender Salzgemische ein Borid der Formel VB_2 her. J. T. NORTON, H. BLUMENTHAL und S. J. SINDEBAND[7] haben durch Umsetzung von Gemischen aus V_2O_5, B_2O_3 und Kohlenstoff im hochfrequenzbeheizten Graphittiegel ebenfalls ein Borid der Zusammensetzung VB_2 hergestellt.

Von H. BLUMENTHAL[8] und F. W. GLASER[9] wurde aus den Elementen auch eine Verbindung VB hergestellt, die CrB-Struktur besitzt. Diese Phase wurde auch von G. F. HARDY und J. K. HULM[10] bestätigt. In lichtbogengeschmolzenen und geglühten Proben fanden diese Autoren bei der ungefähren Zusammensetzung von 33 At.-% B

---

[1] MAY, C. E., D. KONEVAL u. G. C. FRYBURG: NASA Mem. 3-5-59 E (1959).

[2] PLOETZ, G. L.: Bull. Am. Ceram. Soc. **39** (1960), S. 362/65.

[3] WEDEKIND, E. u. C. HORST: Ber. dtsch. chem. Ges. **46** (1913), S. 1203/04.

[4] MOERS, K.: Z. anorg. allg. Chem. **198** (1931), S. 243/61.

[5] CAMPBELL, I. E., C. F. POWELL, D. H. NOWICKI u. B. W. GONSER: J. Electrochem. Soc. **96** (1949), S. 318/33.

[6] ANDRIEUX, L.: Diss. Univ. Paris 1929, Rev. Mét. **45** (1948), S. 49/59.

[7] NORTON, H., H. BLUMENTHAL u. S. J. SINDEBAND: Trans. Am. Inst. Met. Eng. **185** (1949), S. 749/51, Powder Met. Bull. 7 (1956), S. 79/81.

[8] BLUMENTHAL, H.: J. Am. Chem. Soc. **74** (1952), S. 2942.

[9] GLASER, F. W.: J. Metals 4 (1952), S. 391/96.

[10] HARDY, G. F. u. J. K. HULM: Phys. Rev. **93** (1954), S. 1004/16.

zwei neue Phasen ungeklärter Struktur. In metallreichen, aus den Komponenten durch Sintern hergestellten Vanadin-Bor-Legierungen, insbesondere in solchen mit etwa 30 At.-% B, hat auch G. FINDEISEN[1,2] eine neue Phase festgestellt. H. NOWOTNY und A. WITTMANN[3] schreiben dieser Phase auf Grund der Isotypie mit U_3Si_2 die Formel V_3B_2 zu. Sie ist isotyp mit Nb_3B_2 und Ta_3B_2. Ein weiteres Borid der Formel V_3B_4 mit Mn_3B_4-Struktur hat D. MOSKOWITZ[4] aus den Komponenten hergestellt.

Für die Systemuntersuchung V-B haben H. NOWOTNY, F. BENESOVSKY und R. KIEFFER[5] Vanadin-Borlegierungen aus reinstem Vanadinhydrid und 96%igem Bor durch Normalsintern, Drucksintern und Lichtbogenschmelzen gewonnen. Letztere Technik wurde auch von W. ROSTOKER und A. YAMAMOTO[6] verwendet.

b) Das System Vanadin-Bor

Auf Grund früherer Arbeiten werden im System die Verbindungen VB_2[7,8], VB[9,10], V_3B_2[11,12,13] und V_3B_4[14] angegeben. Ferner fanden P. SCHWARZKOPF und F. W. GLASER[15] ein Borid V_2B_5, das zwischen 1400 und 2000° beständig und isotyp mit Ti_2B_5, Cr_2B_5 und W_2B_5 sein soll. In lichtbogengeschmolzenen Proben mit 2,3 At.-% B, stellten W. ROSTOKER und A. YAMAMOTO[6] bereits kleine Mengen Eutektikum fest. Aus dem Gefüge einer Schmelzprobe mit 20 At.-% B wollen sie auf eine peritektische Bildung von VB aus VB_2 + Schmelze schließen.

[1] FINDEISEN, G.: Diss. Techn. Hochschule Graz 1957.

[2] KUDIELKA, H., H. NOWOTNY u. G. FINDEISEN: Mh. Chem. 88 (1957), S. 1048/55.

[3] NOWOTNY, H. u. A. WITTMANN: Mh. Chem. 89 (1958), S. 220/24.

[4] MOSKOWITZ, D.: J. Metals 8 (1956), S. 1325.

[5] NOWOTNY, H., F. BENESOVSKY u. R. KIEFFER: Z. Metallkunde 50 (1959), S. 258/61.

[6] ROSTOKER, W. u. A. YAMAMOTO: Trans. Am. Soc. Met. 46 (1954), S. 1136/63.

[7] NORTON, J. T., H. BLUMENTHAL u. S. J. SINDEBAND: Trans. Am. Inst. Met. Eng. 185 (1949), S. 749/51, Powder Met. Bull. 7 (1956), S. 79/81.

[8] ANDRIEUX, L.: Diss. Univ. Paris 1929, Rev. Mét. 45 (1948), S. 49/59.

[9] BLUMENTHAL, H.: J. Am. Chem. Soc. 74 (1952), S. 2942.

[10] GLASER, F. W.: J. Metals 4 (1952), S. 391/96.

[11] FINDEISEN, G.: Diss. Techn. Hochschule Graz 1957.

[12] KUDIELKA, H., H. NOWOTNY u. G. FINDEISEN: Mh. Chem. 88 (1957), S. 1048/55.

[13] WITTMANN, A. u. H. NOWOTNY: Mh. Chem. 89 (1958), S. 220/24.

[14] MOSKOWITZ, D.: J. Metals 8 (1956), S. 1325.

[15] SCHWARZKOPF, P. u. F. W. GLASER: Z. Metallkunde 44 (1953), S. 353/58.

H. Nowotny, F. Benesovsky und R. Kieffer[1] haben das Gesamtsystem nochmals untersucht und auf Grund der Schmelzpunktbestimmungen, Röntgenbefunde und Gefügebilder versucht, ein Zustandsdiagramm aufzustellen (Abb. 140). Während V_3B_2, VB, VB_2 unzersetzt schmelzen, bildet sich V_3B_4 peritektisch. Die Lage des Eutektikums V_3B_2 + Vanadin-Mischkristall (etwa 2 At.-% B) bei etwa 15 At.-% B und rund 1550° dürfte gesichert sein, während das Eutektikum VB_2 + Bor vielleicht noch tiefer liegt. Die Schmelzpunktbestimmung kann hier durch niedrigschmelzende Boroxyde verfälscht werden. Die Löslichkeit von Vanadin in Bor dürfte nicht erheblich sein.

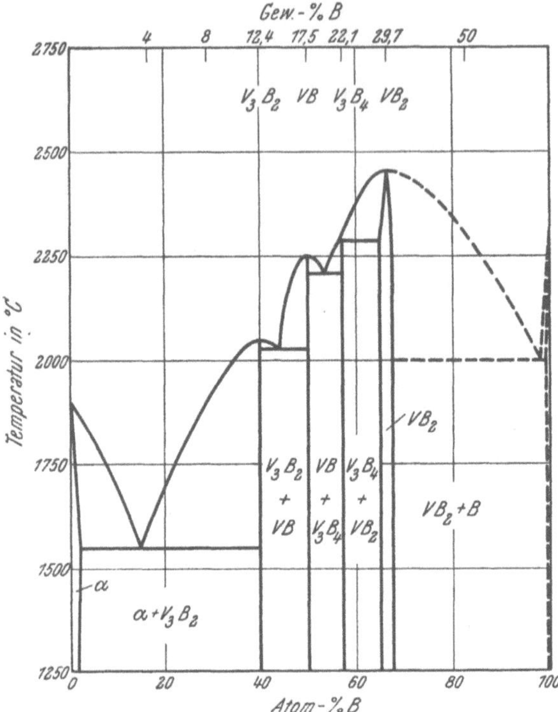

Abb. 140. Zustandsschaubild des Systems Vanadin-Bor
(H. Nowotny, F. Benesovsky und R. Kieffer)

Anzeichen für eine Phase V_2B_5 wurden sowohl in Sinter- als auch in Schmelzproben nicht gefunden.

c) Eigenschaften

Vanadinborid der Formel VB_2 fällt meist als ein graues Pulver mit 29,81% B an. Durch Schmelzflußelektrolyse abgeschieden sind es nadelförmige, stahlgraue, metallisch glänzende Kriställchen.

Vanadinborid ist unlöslich in HCl, HF und H_2SO_4, leicht löslich in HNO_3[2,3]. Von schmelzenden Alkalihydroxyden, -karbonaten, -nitraten und -bisulfat wird es zersetzt. Mit Bleisuperoxyd und Natriumsuperoxyd reagiert es sehr heftig.

---

[1] Nowotny, H., F. Benesovsky u. R. Kieffer: Z. Metallkunde 50 (1959) S. 258/61.

[2] Weiss, G. u. P. Blum: Bull. Soc. Chim. France 14 (1947), S. 1077/79.

[3] Samsonov, G. V.: Dokl. Akad. Nauk SSSR 86 (1952), S. 329/32.

Zahlentafel 84. *Eigenschaften von Vanadinboriden*

Eigenschaften	V_3B_2 (12,4 % B)		VB (17,5 % B)		V_3B_4 (22,1 % B)		VB_2 (29,8 %B)	
	Werte	Weitere Literatur*	Werte	Weitere Literatur*	Werte	Weitere Literatur*	Werte	Weitere Literatur*
Struktur	tetrag.[1] D 5_a		orhombisch[2] B_f		orhombisch[3] D 7_b	1, 4	hexagonal[5] C 32	4
Gitterkonstante Å	a: 5,745[6] c: 3,032	1	a: 3,10[2] b: 8,17 c: 2,98	1, 6, 7	a: 3,030[3] b: 13,18 c: 2,986	1	a: 2,998 c: 3,057[5]	1, 8, 9
Dichte g/cm³ ber. .... gef.	6,56 5,83	1	5,44		5,44		5,10 4,61[5]	10
Härte HM (50 g) kg/mm²	~ 2200		~ 2300		~ 2350		2080[11]	1, 4, 11, 12, 26
Schmelzpunkt ° C	2070[1]		2250[1]		2300 zers.[1]		2400[1]	4, 8, 13, 14
Ausdehnungskoeffizient $\beta \cdot 10^{-6}$							5,3[12]	
Spez. elektr. Widerstand $\mu \Omega \cdot$ cm			35[15]	2			38[16]	12, 15—19, 27, 28
Supraleitfähigkeit	s. Lit.	20					s. Lit.	20
Hall-Konstante							— 1,1[16]	28
Thermokraft							s. Lit.	21
Elektronenemission							s. Lit.	19, 22, 23
Röntgenspektrum							s. Lit.	24
Gefüge	s. Lit.	1	s. Lit.	1, 25	s. Lit.	1	s. Lit.	1, 25

* Literatur siehe Fußnoten Seite 402.

Das Zunderverhalten von VB_2 ist von H. Nowotny, F. Benesovsky und R. Kieffer[1] untersucht worden; es ist beim Erhitzen an Luft nicht beständig. Angaben über das Verhalten von Vanadinboriden beim Erhitzen in Gegenwart von Kohlenstoff macht F. W. Glaser[15, 29] (s. S. 451).

[1] Nowotny, H., F. Benesovsky u. R. Kieffer: Z. Metallkunde 50 (1959), S. 258/61.

[2] Blumenthal, H.: J. Am. Chem. Soc. 74 (1952), S. 2942.

[3] Moskowitz, D.: J. Metals 8 (1956), S. 1325.

[4] Schwarzkopf, P. u. F. W. Glaser: Z. Metallkunde 44 (1953), S. 353/58.

[5] Norton, J. T., H. Blumenthal u. S. J. Sindeband: Trans. Am. Inst. Met. Eng. 185 (1949), S. 749/51, Powder Met. Bull. 7 (1956), S. 79/81.

[6] Nowotny, H. u. A. Wittmann: Mh. Chem. 89 (1958), S. 220/24.

[7] Kudielka, H., H. Nowotny u. G. Findeisen: Mh. Chem. 88 (1957), S. 1048/55.

[8] Post, B., F. W. Glaser u. D. Moskowitz: Acta Met. 2 (1954), S. 20/25.

[9] Meerson, G. A. u. G. V. Samsonov: Zur. Prikl. Chim. 27 (1954), S. 1115/20.

[10] Andrieux, L.: Diss. Univ. Paris 1929, Rev. Mét. 45 (1948), S. 49/59.

[11] Samsonov, G. V.: Dokl. Akad. Nauk. SSSR 86 (1952), S. 329/32.

[12] Samsonov, G. V. u. V. S. Neschpor: In: Fragen der Pulvermetallurgie, Kiew 1958, Bd. 5, S. 3/35, Inz. Fiz. Zur. 1 (1958), S. 30/38.

[13] Honak, E. R.: Diss. Techn. Hochschule Graz 1951.

[14] Kieffer, R., F. Benesovsky u. E. R. Honak: Z. anorg. allg. Chem. 268 (1952), S. 191/200.

[15] Glaser, F. W.: J. Metals 4 (1952), S. 391/96.

[16] Juretschke, H. J. u. R. Steinitz: J. Chem. Phys. 4 (1958), S. 118/27.

[17] Moers, K.: Z. anorg. allg. Chem. 198 (1931), S. 262/75.

[18] Samsonov, G. V.: Zur. Fiz. Chim. 30 (1956), S. 2057/60.

[19] Samsonov, G. V. u. V. S. Neschpor: In: Fragen der Pulvermetallurgie, Kiew 1959, Bd. 7, S. 99/104.

[20] Hardy, G. F. u. J. K. Hulm: Phys. Rev. 93 (1954), S. 1004/16.

[21] Samsonov, G. V. u. N. S. Strelnikova: Ukr. Fiz. Zur. 3 (1958), S. 135/38.

[22] Samsonov, G. V., V. S. Neschpor u. G. A. Kudinceva: Radiotechn. Elektronika 2 (1957), S. 631/36.

[23] Kudinceva, G. A., E. M. Carev u. V. A. Epelbaum: In: Bor, Moskau 1958, S. 106/11.

[24] Zurakovski, E. A. u. Z. J. Vajnstein: Dokl. Akad. Nauk SSSR 127 (1959), S. 534/36.

[25] Rostoker, W. u. A. Yamamoto: Trans. Am. Soc. Met. 46 (1954), S. 1136/63.

[26] Grodzinski, P.: Werkstattstechn. Masch.-Bau 48 (1958), S. 364/72.

[27] Kolomec, N. V., V. S. Neschpor, G. V. Samsonov u. S. A. Semenkovitsch: Zur. Techn. Fiz. 28 (1958), S. 2382/89.

[28] Lvov, S. N., V. F. Nemtschenko u. G. V. Samsonov: Dokl. Akad. Nauk SSSR 135 (1960), S. 577/80.

[29] Schwarzkopf, P. u. F. W. Glaser: Z. Metallkunde 44 (1953), S. 353/58.

Weitere Eigenschaftswerte von Vanadinboriden sind in Zahlentafel 84 zusammengestellt.

5. Niobborid

a) Herstellung

Durch Schmelzelektrolyse entsprechender Salzgemische hat L. Andrieux[1] ein gut kristallisiertes NbB_2 abgeschieden. J. T. Norton, H. Blumenthal und S. J. Sindeband[2] stellten nach derselben Methode ebenfalls NbB_2 dar und konnten seine Struktur aufklären ($C\,32$-Typ wie alle Diboride der hochschmelzenden Metalle der 4a und 5a Gruppe).

Durch Umsetzung von Nioboxyden mit B_2O_3 und Kohlenstoff in Graphittiegeln bei hoher Temperatur gelang es P. M. McKenna[3] sowie H. Blumenthal[4] — im Gegensatz zu derartigen Reduktionsversuchen bei Vanadinoxyden — definierte Niobboride zu gewinnen. Durch Umsetzung von Nioboxyd mit Borkarbid im Vakuum haben G. A. Meerson und G. V. Samsonov[5, 6] ebenfalls NbB_2 herstellen können.

Durch Normalsintern, Heißpressen und Schmelzen haben L. Brewer und Mitarbeiter[7], F. W. Glaser[8] und insbesondere L. H. Andersson und R. Kiessling[9] aus reinsten Ausgangskomponenten neben NbB_2 auch NbB hergestellt. Letztere Forscher fanden ferner noch die Phase Nb_3B_4. In niobreichen Legierungen, die aus den Komponenten durch Drucksintern hergestellt worden waren, fand G. Findeisen[10, 11] noch ein neues Borid, welches H. Nowotny und A. Wittmann[12] als ein dem U_3Si_2 isotypes Nb_3B_2 identifizieren konnten. Für die Systemuntersuchung haben H. Nowotny, F. Bene-

---

[1] Andrieux, L.: Compt. Rend. **189** (1929), S. 1279/81.

[2] Norton, J. T., H. Blumenthal u. S. J. Sindeband: Trans. Am. Inst. Met. Eng. **185** (1949), S. 749/51.

[3] McKenna, P. M.: Ind. Eng. Chem. **28** (1936), S. 767/72.

[4] Blumenthal, H.: Powder Met. Bull. **7** (1956), S. 79/81.

[5] Meerson, G. A. u. G. V. Samsonov: Zur. Prikl. Chim. **27** (1954), S. 1115/20.

[6] G. V. Samsonov u. L. J. Markovski: Usp. Chim. **25** (1956), S. 190/241.

[7] Brewer, L., D. L. Sawyer, D. H. Templeton u. C. H. Dauben: J. Am. Ceram. Soc. **34** (1951), S. 173/79, UCRL 610 (1950).

[8] Glaser, F. W.: J. Metals **4** (1952), S. 391/96.

[9] Andersson, L. H. u. R. Kiessling: Acta Chem. Scand. **4** (1950), S. 160/64, 209/27.

[10] Findeisen, G.: Diss. Techn. Hochsch. Graz, 1957.

[11] Kudielka, H., H. Nowotny u. G. Findeisee: Mh. Chem. **88** (1957), S. 1048/55.

[12] Nowotny, H. u. A. Wittmann: Mh. Chem. **89** (1958), S. 220/24.

sovsky und R. Kieffer[1] Nb-B-Legierungen über den ganzen Bereich aus reinstem Niobhydrid und 96%igem Bor, durch Normalsintern, Drucksintern und Lichtbogenschmelzen hergestellt. Bei der Reaktion des Hydrids mit dem meist noch Magnesium- und Borsäure-haltigen Bor tritt in Gegenwart des naszierenden Wasserstoffes eine starke Selbstreinigung des Bors auf (Abdestillieren von Magnesium und Borsäure).

Da sich wiederholt herausstellte, daß die Legierungen, insbesondere auf der Metallseite, gegen Sauerstoff, Stickstoff und insbesondere Kohlenstoff äußerst empfindlich sind, wurden die Pulverpreßlinge zunächst bei etwa 1500° unter Argon zur Reaktion gebracht, die zerfallenen Preßlinge nochmals verdichtet und neuerlich unter Argon in einem Wolfram-Rohrofen bei 1800° gesintert.

Nach Untersuchungen von M. P. Asanova, A. F. Gerasimov u. V. N. Konev[2] treten bei der Gasborierung von Niob mit BCl_3-H_2-Dampf im Bereich von 700 bis 1200° Boridschichten aus NbB_2 bzw. Nb_3B_4 auf. Beim Borieren mit Borkarbid oder Borpulver bei 1200 bis 1400° wurden in der harten Oberflächenschicht die gleichen Phasen gefunden[3].

Die Diffusionsgeschwindigkeit von Bor im Niob haben G. V. Samsonov und V. P. Latyscheva[4] bestimmt.

b) Das System Niob-Bor

Im System Niob-Bor existieren auf Grund früherer Arbeiten die Boride NbB_2[5, 6, 7] (C 32, isotyp mit den Diboriden der 4a und 5a Gruppe), NbB[7] (CrB-Typ) und Nb_3B_4[7] isotyp mit $(V,Ta,Cr)_3B_4$. L. Brewer und Mitarbeiter[8] bestätigten diese Phasen und geben auf Grund röntgenographischer Befunde zwei Phasen der vermutlichen Zusammensetzung Nb_3B (isotyp mit Ta_3B) und Nb_2B (*nicht* isotyp

[1] Nowotny, H., F. Benesovsky u. R. Kieffer: Z. Metallkunde **50** (1959), S. 417/23.

[2] Asanova, M. P., A. F. Gerasimov u. V. N. Konev: Fiz. Metallov Metalloved. **9** (1960), S. 689/94.

[3] Minkevitsch, A. N., L. N. Rastorejev u. V. I. Andrjuschecki: Izv. Vysch. Utsch. Zaved., Tschernaja Met. (1960), Nr. 7, S. 171/79.

[4] Samsonov, G. V. u. V. P. Latyscheva: Dokl. Akad. Nauk SSSR **109** (1956), S. 582/85, Fiz. Metallov Metalloved. **2** (1956), S. 309/19. In: Bor, Moskau 1958, S. 74/89.

[5] Norton, J. T., H. Blumenthal u. S. J. Sindeband: Trans. Am. Inst. Met. Eng. **185** (1949), S. 749/51.

[6] Andrieux, L.: Compt. Rend. **189** (1929), S. 1279/81, Rev. Mét. **45** (1948), S. 49/59.

[7] Andersson, L. H. u. R. Kiessling: Acta Chem. Scand. **4** (1950), S. 160/64, 209/27.

[8] Brewer, L., D. L. Sawyer, D. H. Templeton u. C. H. Dauben: J. Am. Ceram. Soc. **34** (1951), S. 173/79, UCRL **610** (1950).

mit Ta_2B, vermutlich kubisch) an. Nb_3B soll nur unter 1930° stabil sein. L. ANDERSSON und R. KIESSLING fanden in niobreichen Legierungen zwei Phasen, die sie mit β und β' bezeichnen. β' wurde von G. FINDEISEN[1] inzwischen als ein NbO indiziert. Eine weitere Phase β'' bei 25 bis 35 At.-% B (Nb_3B?), die in abgeschreckten Proben vorlag, konnte von L. ANDERSSON und R. KIESSLING nicht identifiziert werden. Ältere Befunde auf der Niobseite scheinen stark durch Verunreinigungen der Ausgangsstoffe und gegettertem Stickstoff beeinflußt zu sein.

In niobreichen Proben konnte G. FINDEISEN[1,2] das Auftreten einer Boridphase bestätigen, welcher H. NOWOTNY und A. WITTMANN[3] wegen der Isotypie mit U_3Si_2 die Formel Nb_3B_2 zuschreiben.

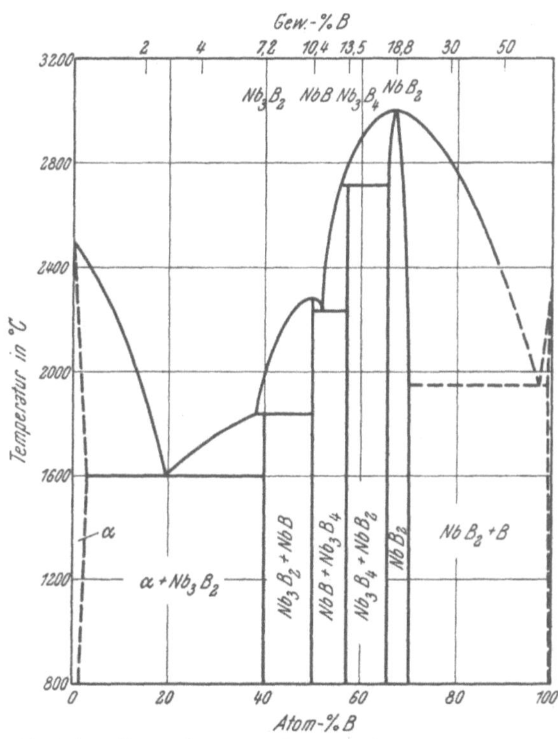

Abb. 141. Zustandsschaubild des Systems Niob-Bor (H. NOWOTNY, F. BENESOVSKY und R. KIEFFER)

H. NOWOTNY, F. BENESOVSKY und R. KIEFFER[4] haben das Gesamtsystem nochmals untersucht und auf Grund röngenographischer und metallographischer Befunde und Schmelzpunktsbestimmung ein Zustandsschaubild gemäß Abb. 141 aufgestellt[5,6]. Während Nb_3B_2 und Nb_3B_4 sich peritektisch bilden dürften, schmel-

---

[1] FINDEISEN, G.: Diss. Techn. Hochsch. Graz, 1957.

[2] KUDIELKA, H., H. NOWOTNY u. G. FINDEISEN: Mh. Chem. **88** (1957), S. 1048/55.

[3] NOWOTNY, H. u. A. WITTMANN: Mh. Chem. **89** (1958), S. 220/24.

[4] NOWOTNY, H., F. BENESOVSKY u. R. KIEFFER: Z. Metallkunde **50** (1959), S. 418/23.

[5] RUDY, E.: Diss. Techn. Hochschule Wien 1960.

[6] NOWOTNY, H., F. BENESOVSKY, E. RUDY u. A. WITTMANN: Mh. Chem. **91** (1960), S. 975/90.

zen NbB und Nb_3B_2 unzersetzt. Über die Löslichkeit von Bor in Niob werden keine genaueren Aussagen gemacht; ebenso sind die Schmelzpunkte auf der Borseite unsicher. Anzeichen für niobreichere Phasen als Nb_3B_2, konnten nicht gefunden werden, trotzdem verschiedenartige Herstellungsmethoden und Abschreckbehandlungen angewendet wurden. Die Löslichkeit von Niob in Bor wurde nicht näher untersucht.

In einer neueren Arbeit gibt A. U. Seybolt[1] an, daß im Gefüge lichtbogengeschmolzene Bor-Niob-Legierungen bei 6 At.-% Nb bereits Nadeln von NbB_2 auftreten, bei 1 At.-% ist das Gefüge rein eutektisch. Die Löslichkeit im festen Zustand dürfte demnach sehr klein sein.

c) Eigenschaften

Niobborid der chemischen Formel NbB_2 mit 18,89% B fällt meist als ein graues Pulver an. Durch Schmelzflußelektrolyse erzeugt sind es kleine, graue, metallisch glänzende Kristalle.

Von HCl, HNO_3 und Königswasser wird es nicht angegriffen. H_2SO_4 und HF greifen es in der Wärme langsam an[2]. Auf Rotglut an Luft erhitzt, oxydiert es. Von geschmolzenen Alkalihydroxyden, -karbonaten, -bisulfaten und Natriumsuperoxyd wird es rasch gelöst. Neuere Angaben über das Verhalten von NbB_2 gegen Säuren, Alkalien und Salze stammen von K. D. Modylevskaja und G. V. Samsonov[3].

Beim Erhitzen unter Wasserstoff ist es bis zu höchsten Temperaturen beständig[4].

Ähnlich wie Vanadin-Bor-Legierungen sind auch die Niobboride bei Erhitzen an Luft nicht beständig[5]. Insbesondere die metallreichen Proben bis etwa 40 At.-% B zerfallen nach 5 Stunden bei 900° zu oxydischem Pulver. Die höher borhaltigen Proben überziehen sich mit einer lockeren Oxydschicht.

Angaben über die Beständigkeit der Niobboride beim Erhitzen in Gegenwart von Kohlenstoffen werden von F. W. Glaser[6, 7] gemacht (s. S. 451).

Weitere Eigenschaftswerte von Niobboriden sind in Zahlentafel 85 zusammengestellt.

---

[1] Seybolt, A. U.: Trans. Am. Soc. Met. **52** (1960), S. 971/89.

[2] Samsonov, G. V.: Dokl. Akad. Nauk SSSR **86** (1952), S. 329/32.

[3] Modylevskaja, K. D. u. G. V. Samsonov: Ukr. Chim. Zur. **25** (1959), S. 55/61.

[4] May, C. E., D. Koneval u. G. C. Fryburg: NASA Mem. 3-5-59 E (1959).

[5] Nowotny, H., F. Benesovsky u. R. Kieffer: Z. Metallkunde **50** (1959), S. 417/23.

[6] Glaser, F. W.: J. Metals **4** (1952), S. 391/96.

[7] Schwarzkopf, P. u. F. W. Glaser: Z. Metallkunde **44** (1953), S. 353/58.

Zahlentafel 85. *Eigenschaften von Niobboriden*

Eigenschaften	Nb$_3$B$_2$ (7,2 % B)		NbB (10,4 % B)		Nb$_3$B$_4$ (13,5 % B)		NbB$_2$ (18,89 % B)	
	Werte	Weitere Literatur*	Werte	Weitere Literatur*	Werte	Weitere Literatur*	Werte	Weitere Literatur*
Struktur	tetrag.[1] D 5$_a$		orhomb.[2] B$_f$	[3]	orhomb.[2] D 7$_b$	[3-5]	hexagonal[6] C 32	[3]
Gitterkonstante Å	a: 6,185[1] c: 3,280	[7,8]	a: 3,298[2] b: 8,724 c: 3,166	[7-9]	a: 3,305[2] b: 14,08 c: 3,137	[4,5,7,8]	a: 3,086[6] c: 3,306	[2,7,8, 10-13]
Dichte g/cm^3 ber. / gef.	7,99 8,0[1]		7,6		7,33		7,00 6,60[6]	[14]
Härte HM (50 g) kg/mm^2	2060[7]		2200[7]		2290[7]		2600[7]	[13-18]
Sprödigkeit							s. Lit.	[19,20]
Schmelzpunkt ° C	1860 zers.[7]		2280[7]		2700 zers.[7]		3000[7]	[3,21]
Wärmeleitfähigkeit cal/cm · sek · ° C							0,04[3]	
Thermodynamische Daten — $\triangle$ H$_{298}$ kcal/mol							36[22]	[17,23,24]
Spez. elektr. Widerstand $\mu\,\Omega$ · cm			64,5[25]				12[26]	[16,25-29, 36,37]
Supraleitfähigkeit ab ° K			8,25[30]	[31]	bis 1,27 n. s. l.[31]	[30]	1,27 n. s. l.[31]	[30,32]
Hall-Konstante							— 2,1[37]	[26]
Thermokraft							s. Lit.	[33]
Elektronenemission							s. Lit.	[29,34,35]
Gefüge	s. Lit.	[7]	s. Lit.	[7]	s. Lit.	[7]	s. Lit.	[7,13,16]

* Literatur siehe Fußnoten Seite 408 u. 409.

[1] Nowotny, H. u. A. Wittmann: Mh. Chem. **89** (1958), S. 220/24.

[2] Andersson, L. H. u. R. Kiessling: Acta Chem. Scand. **4** (1950), S. 160/64, 209/27.

[3] Schwarzkopf, P. u. F. W. Glaser: Z. Metallkde. **44** (1953), S. 353/58.

[4] Kudielka, H., H. Nowotny u. G. Findeisen: Mh. Chem. **88** (1957), S. 1048/55.

[5] Findeisen, G.: Diss. Techn. Hochschule Graz 1957.

[6] Norton, J. T., H. Blumenthal u. S. J. Sindeband: Trans. Am. Inst. Met. Eng. **185** (1949), S. 749/51.

[7] Nowotny, H., F. Benesovsky u. R. Kieffer: Z. Metallkunde **50** (1959), S. 417/23.

[8] Nowotny, H., F. Benesovsky, E. Rudy u. A. Wittman: Mh. Chem. **91** (1960), S. 975/90, Rudy, E.: Diss. Techn. Hochschule Wien 1960.

[9] Brewer, L., D. L. Sawyer, D. M. Templeton u. C. H. Dauben: J. Am. Ceram. Soc. **34** (1951), S. 173/79, UCRL **610** (1950).

[10] Post, B., F. W. Glaser u. D. Moskowitz: Acta Met. **2** (1954), S. 20/25.

[11] Meerson, G. A. u. G. V. Samsonov: Zur. Prikl. Chim. **27** (1954), S. 1115/20.

[12] Samsonov, G. V. u. V. S. Neschpor: Dokl. Akad. Nauk SSSR **101** (1955), S. 899/900.

[13] Samsonov, G. V. u. V. P. Latyscheva: Fiz. Metallov Metalloved. **2** (1956), S. 309/19.

[14] Andrieux, L.: Compt. Rend. **189** (1929), S. 1279/81, Rev. Mét. **45** (1948), S. 49/59.

[15] Samsonov, G. V.: Dokl. Akad. Nauk SSSR **86** (1952), S. 329/32.

[16] Samsonov, G. V. u. V. S. Neschpor: Zur. Fiz. Chim. **29** (1955), S. 839/45.

[17] Samsonov, G. V. u. V. S. Neschpor: In: Fragen der Pulvermetallurgie, Kiew 1958, Bd. **5**, S. 3/35.

[18] Samsonov, G. V., V. S. Neschpor u. L. M. Chrenova: Hutnické Listy **14** (1959), S. 484/88, Fiz. Metallov Metalloved. **8** (1959), S. 622/30.

[19] Piljankewitsch, A. N. u. I. N. Frantschewitsch: Fiz. Metallov Metalloved. **7** (1959), S. 470/73.

[20] Frantschewitsch, I. N. u. A. N. Piljankewitsch: In: Ber. Sem. hochwarmfeste Werkstoffe, Kiew 1960, Bd. **5**, S. 28/35.

[21] Samsonov, G. V.: Dokl. Akad. Nauk SSSR **86** (1952), S. 329/32.

[22] Brewer, L. u. H. Haraldsen: J. Electrochem. Soc. **102** (1955), S. 399/406.

[23] Samsonov, G. V.: Zur. Fiz. Chim. **30** (1956), S. 2057/60.

[24] Ormont, B. F.: In: Bor, Moskau 1958, S. 5/18.

[25] Glaser, F. W.: J. Metals **4** (1952), S. 391/96.

[26] Juretschke, H. J. u. R. Steinitz: J. Chem. Phys. **4** (1958), S. 118/27.

[27] Moers, K.: Z. anorg. allg. Chem. **198** (1931), S. 243/61.

[28] Samsonov, G. V.: Zur. Techn. Fiz. **26** (1956), S. 716/22, Izv. Sekt. Fiz. Chim. Anal. **27** (1956), S. 97/125.

[29] Samsonov, G. V. u. V. S. Neschpor: In: Fragen der Pulvermetallurgie, Kiew 1959, Bd. **7**, S. 99/104.

[30] Hardy, G. F. u. J. K. Hulm: Phys. Rev. **93** (1954), S. 1004/16.

[31] Hulm, J. K. u. B. T. Matthias: Phys. Rev. **82** (1951), S. 273/74, **87** (1952), S. 799/806.

[32] Ziegler, W. T. u. R. A. Young: Phys. Rev. **90** (1953), S. 115/19.

[33] Samsonov, G. V. u. N. S. Strelnikova: Ukr. Fiz. Zur. **3** (1958), S. 135/38.

[34] Samsonov, G. V., V. S. Neschpor u. G. A. Kudinceva: Radiotechn. Elektronika **2** (1957), S. 631/36.

6. Tantalborid

a) Herstellung

Die Schmelzflußelektrolyse von entsprechenden Salzgemischen führt nach L. ANDRIEUX[38] zur Abscheidung feiner, metallisch glänzender Kriställchen der Zusammensetzung TaB_2. Nach der ANDRIEUXschen Methode haben J. T. NORTON und Mitarbeiter[39] ebenfalls TaB_2 abgeschieden.

Die Abscheidung von Tantalborid nach dem Aufwachsverfahren gelingt nach K. MOERS[40] nicht ohne weiteres. Bei der Umsetzung von $TaCl_5$-BBr_3-Dampfgemischen in Gegenwart von Wasserstoff scheidet sich metallisches Tantal neben Borid ab. Nach I. E. CAMPBELL und Mitarbeitern[41] kann man Tantalaufwachsschichten mit BCl_3 in Gegenwart von Wasserstoff bei 1800 bis 2000° umsetzen und erhält Tantalboridschichten.

P. M. McKENNA[42] hat Tantalboride der Zusammensetzung TaB_2 und TaB durch Umsetzung von Ta_2O_5 mit einem Überschuß von B_2O_3 und Kohle im hochfrequenzbeheizten Graphittiegel bei etwa 2000° erzeugt[43]. Die Herstellung von TaB_2 gelingt auch nach dem Borkarbidverfahren im Vakuum[44, 45].

R. KIESSLING[46] stellt bei seinen Systemuntersuchungen Tantal-Borlegierungen mit bis zu 72 At.-% B durch Sinterung von Mischungen aus reinstem, handelsüblichem Tantalpulver und reinstem, durch Reduktion von BBr_3 mit Wasserstoff erzeugtem Bor im Hochfrequenz-Vakuumofen bei 1800 bis 1900° her. Andere Präparate wurden durch 100- bis 150stündiges Erhitzen der Mischungen in evakuierten Quarz-

[35] KORSUNSKI, M. I. u. J. E. GENKIN: In: Ber. Sem. hochwarmfeste Werkstoffe, Kiew 1960, Bd. **5**, S. 15/20.

[36] KOLOMEC, N. V., V. S. NESCHPOR, G. V. SAMSONOV u. S. A. SEMENKOVITSCH: Zur. Techn. Fiz. **28** (1958), S. 2382/89.

[37] LVOV, S. N., V. F. NEMTSCHENKO u. G. V. SAMSONOV: Dokl. Akad. Nauk SSSR **135** (1960), S. 577/80.

[38] ANDRIEUX, L.: Compt. Rend. **189** (1929), S. 1279/81, Rev. Mét. **45** (1948), S. 49/59.

[39] NORTON, J. T., H. BLUMENTHAL u. S. J. SINDEBAND: Trans. Am. Inst. Met. Eng. **185** (1949), S. 749/51.

[40] MOERS, K.: Z. anorg. allg. Chem. **198** (1931), S. 243/61.

[41] CAMPBELL, I. E., C. F. POWELL, D. H. NOWICKI u. B. W. GONSER: J. Electrochem. Soc. **96** (1949), S. 318/33.

[42] McKENNA, P. M.: Ind. Eng. Chem. **28** (1936), S. 767/72.

[43] BLUMENTHAL, H.: Powder Met. Bull. **7** (1956), S. 79/81.

[44] MEERSON, G. A. u. G. V. SAMSONOV: Zur. Prikl. Chim. **27** (1954), S. 1115/20.

[45] SAMSONOV, G. V. u. L. J. MARKOVSKI: Usp. Chim. **25** (1956), S. 190/241.

[46] KIESSLING, R.: Acta Chem. Scand. **3** (1949), S. 603/15.

rohren bei 1150° erzeugt. L. BREWER und Mitarbeiter[1] haben Tantalboride durch Sintern von Tantal-Borpulvermischungen bei 1565° bis 2050° unter Argon in Molybdäntiegeln hergestellt. Ein Borid der vermutlichen Zusammensetzung Ta_3B erhielten sie durch Umsetzung von Ta_2B mit Ta bei 1950° im Vakuum und Abschrecken der Probe. Auch bei der Umsetzung von W_2B mit Ta bei 1980° entsteht neben TaB und W die Phase Ta_3B.

Beim Heißpressen von Mischungen aus Tantalhydrid und Bor konnte F. W. GLASER[2] alle bekannten Boridphasen im System Ta-B herstellen, während Heißpressen von Mischungen von Tantalkarbid und Bor bzw. Borkarbid und von TaB und Borkarbid ausschließlich zum Diborid führte. Für die Untersuchung im System Tantal-Bor haben H. NOWOTNY, F. BENESOVSKY und R. KIEFFER[3] Tantal-Borlegierungen aus Tantalhydrid und 96%igem Bor durch Drucksintern, Normalsintern und Lichtbogenschmelzen hergestellt.

Beim Glühen von Tantal in Borkarbid- oder Borpulver bei 1200 bis 1400° treten oberflächlich sehr harte Schichten auf, welche Ta_2B, Ta_3B_4 und TaB_2 enthalten[4].

Angaben über die Diffusionsgeschwindigkeit von Bor in Tantal sowie die Aktivierungsenergie dieses Vorganges machen G. V. SAMSONOV und V. P. LATYSCHEVA[5].

b) Das System Tantal-Bor

R. KIESSLING[6] hat in einer eingehenden Arbeit auf Grund röntgenographischer Befunde eine Reihe gut definierter intermediärer Phasen im System Tantal-Bor gefunden. Das metallische Tantal löst temperaturabhängig kleine Mengen Bor (α-Phase). Eine genaue Grenze der α-Phase kann wegen sehr langsamer Einstellung des Gleichgewichtszustandes nicht angegeben werden.

Als nächste Phase tritt mit steigendem Borgehalt die β-Phase auf, wobei bis 14 At.-% B immer noch die α-Phase, bei höheren Borgehalten bereits die Linien der γ-Phase im Röntgenogramm

---

[1] BREWER, L., D. L. SAWYER, D. H. TEMPLETON u. C. H. DAUBEN: J. Am. Ceram. Soc. **34** (1951), S. 173/79, UCRL **610** (1950).

[2] GLASER, F. W.: J. Metals 4 (1952), S. 391/96.

[3] NOWOTNY, H., F. BENESOVSKY u. R. KIEFFER: Z. Metallkunde **50** (1959), S. 417/23.

[4] MINKEVITSCH, A. N., L. N. RASTOREJEV u. V. I. ANDRJUSCHECKI: Izv. Vysch. Utsch. Zaved., Tschernaja Met. (1960), Nr. 7, S. 171/79.

[5] SAMSONOV, G. V. u. V. P. LATYSCHEVA: Dokl. Akad. Nauk. SSSR. **109** (1956), S. 582/85, Fiz. Metallov Metalloved. 2 (1956), S. 309/19, In: Bor, Moskau 1958, S. 74/89.

[6] KIESSLING, R.: Acta Chem. Scand. **3** (1949), S. 603/15.

auftreten. Wegen der langsamen Gleichgewichtseinstellung bei der tiefen Temperatur, bei welcher die β-Phase beständig ist, kann man sie nicht rein erhalten. Die β-Phase ist tetragonal (C 16, isotyp, z. B. mit Mo_2B und W_2B). Wahrscheinlich kommt ihr die Formel Ta_2B zu.

Bei etwa 50 At.-% B tritt eine weitere homogene Phase (γ-Phase) mit engem Existenzbereich auf. Sie ist orthorhombisch und isotyp mit CrB. Ihr kommt wahrscheinlich die Formel TaB zu.

Über 50 At.-% B tritt die δ-Phase auf, der die Zusammensetzung Ta_3B_4 zukommt. Sie ist orthorhombisch.

Endlich erscheinen bei mehr als 58 At.-% B die Linien der ε-Phase, welche einen Homogenitätsbereich von etwa 61 bis 72 At.-%

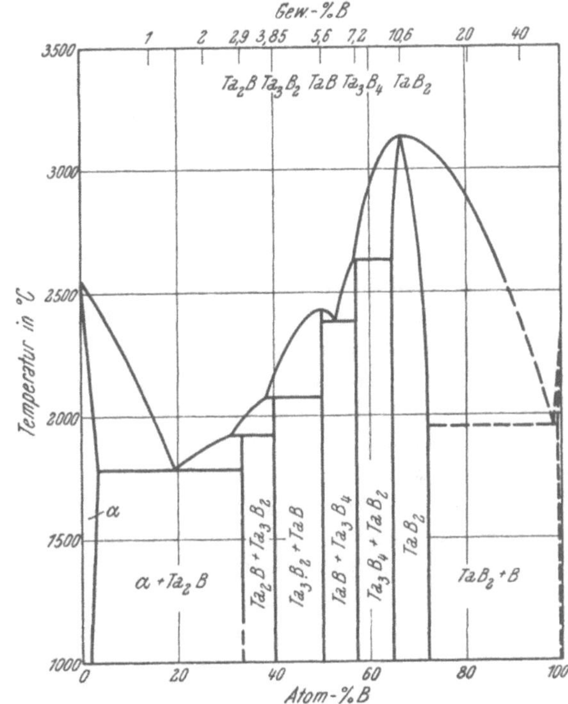

Abb. 142. Zustandsschaubild des Systems Tantal-Bor (H. Nowotny, F. Benesovsky und R. Kieffer)

B hat. Sie hat einfach hexagonales Gitter (C 32, isotyp mit CrB_2 und anderen Diboriden der Metalle der 4a und 5a Gruppe).

Die Struktur des TaB_2 wurde von J. T. Norton und Mitarbeitern[1] bestätigt. Die Gitterkonstanten liegen innerhalb der Grenzen, die R. Kiessling[2] für die Abhängigkeit vom Borgehalt innerhalb des weiten Homogenitätsbereiches angegeben hat. L. Brewer und Mitarbeiter[3] haben neuerdings sämtliche von R. Kiessling im System Tantal-Bor angegebenen Verbindungen bestätigt. Darüber hinaus haben sie eine neue Phase der ungefähren Zusammensetzung Ta_3B gefunden, welche allerdings nur bei sehr hohen Temperaturen

---

[1] Norton, J. T., H. Blumenthal u. S. J. Sindeband: Trans. Am. Inst. Met. Eng. 185 (1949), S. 749/51.

[2] Kiessling, R.: Acta Chem. Scand. 3 (1949), S. 603/15.

[3] Brewer, L., D. L. Sawyer, D. H. Templeton u. C. H. Dauben: J. Am. Ceram. Soc. 34 (1951), S. 173/79, UCRL 610 (1950).

beständig ist. Der Nachweis gelingt röntgenographisch nur in schroff von 1950° abgeschreckten Proben. Auch die Phasen Ta_2B und Ta_3B_4 sind nur in einem beschränkten Temperaturbereich beständig. Lediglich TaB und TaB_2 sind bis zum Schmelzpunkt stabil.

Das Gesamtsystem Tantal-Bor wurde nochmals von H. NOWOTNY, F. BENESOVSKY und R. KIEFFER[1] untersucht und auf Grund röntgenographischer und metallographischer Befunde sowie Schmelzpunktsbestimmungen ein Zustandsschaubild entworfen (Abb. 142)[2]. Auf die peritektische Bildung von Ta_2B, Ta_3B_2 und Ta_3B_4 wird vor allem auf Grund der röntgenographischen Befunde geschlossen. Die Gefügebilder erlauben keine eindeutigen Aussagen, was wahrscheinlich mit den sehr langsam ablaufenden Umsetzungen im festen Zustand in Zusammenhang steht. Aus diesem Grunde wäre es auch noch lohnend das Gebiet Tantal-Mischkristall-Ta_3B_2 bei tiefen Temperaturen näher zu untersuchen.

Während die Löslichkeit von Bor in Tantal auf Grund röntgenographischer Messungen deutlich erkennbar ist, sind die Verhältnisse auf der Borseite und die Lage des Eutektikums noch offen.

Da nach A. U. SEYBOLT[3] in lichtbogengeschmolzenen Borlegierungen bei 6 At.-% Ta im Gefüge bereits große TaB_2-Kristalle zu sehen sind, während eine Legierung mit 1 At.-% Ta rein eutektisch ist, kann das Eutektikum knapp über dieser Grenze angenommen werden. Die Löslichkeit von Tantal in Bor dürfte in Gewichtsprozenten Tantal ausgedrückt unbeträchtlich sein.

c) Eigenschaften

Tantalborid der Formel TaB_2 mit 10,68% B fällt meist als ein graues, metallisches Pulver an. Durch Schmelzflußelektrolyse erzeugt sind es gut ausgebildete graue, metallisch glänzende Kriställchen.

HCl, HNO_3 und Königswasser greifen Tantaldiborid nicht an. H_2SO_4 + HF zersetzen es in der Hitze langsam[4]. Beim Erhitzen auf Rotglut oxydiert es an der Luft. Es wird rasch von geschmolzenen Aklalihydroxyden, -karbonaten, -bisulfaten und -superoxyden gelöst[5, 6].

---

[1] NOWOTNY, H., F. BENESOVSKY u. R. KIEFFER: Z. Metallkunde **50** (1959), S. 417/23.

[2] RUDY, E.: Diss. Techn. Hochschule Wien 1960.

[3] SEYBOLT, A. U.: Trans. Am. Soc. Met. **52** (1960), S. 971/89.

[4] SAMSONOV, G. V.: Dokl. Akad. Nauk SSSR **86** (1952), S. 329/32.

[5] ANDRIEUX, L.: Compt. Rend. **189** (1929), S. 1279/81, Rev. Mét. **45** (1948), S. 49/59.

[6] MODYLEVSKAJA, K. D. u. G. V. SAMSONOV: Ukr. Chim. Zur. **25** (1959), S. 55/61.

Zahlentafel 86. *Eigenschaften von Tantalboriden*

Eigenschaften	Ta$_2$B (2,95 % B) Werte	Lit.*	Ta$_3$B$_2$ (3,85 % B) Werte	Lit.*	TaB (5,6 % B) Werte	Lit.*	Ta$_3$B$_4$ (7,2 % B) Werte	Lit.*	TaB$_2$ (10,6 % B) Werte	Lit.*
Struktur	tetragonal[1] C 16	2	tetragonal[3] D 5$_a$		orhomb.[1] B$_f$	·2	orhomb.[1] D 7$_b$	2	hexagonal[1] C 32	2
Gitterkonstante Å	a: 5,778[1] c: 4,864	4—6	a: 6,184[3] c: 3,284	5, 6	a: 3,276[1] b: 8,669 c: 3,157	5, 6	a: 3,29[1] b: 14,0 c: 3,13	5, 6	a: 3,078[1] c: 3,265	5—10
Dichte g/cm^3 ber.../gef...	15,18		15,00 15,01[3]		14,28 140,1		13,69 13,5[1]		12,62 11,7[7]	
Härte HM (50 g) kg/mm^2	< 2200		2770[5]		3130[5]		3350[5]		2200[11]	7, 10, 12, 13
Schmelzpunkt °C	1920 zers.[5]		2120 zers.[5]		2430[5]	2, 9	2650 zers.[5]		3150[5]	2, 7, 9
Ausdehnungskoeffizient $\beta \cdot 10^{-6}$									5,1[13]	
Wärmeleitfähigkeit cal/cm · sek · °C									0,026[19]	
Thermodynamische Daten — $\triangle$ H$_{298}$ kcal/mol									52[14]	12, 15, 16
Spez. elektr. Widerstand $\mu \Omega \cdot$ cm					100[17]				21[18]	17, 19, 20 29, 30
Supraleitfähigkeit ab °K	3,12[21]				bis 1,3 n.s.l.[22]	21	bis 1,3 n.s.l.[22]	21	1,3[22] n.s.l.	21, 23
HALL-Konstante									1,1[18]	30
Thermokraft									s. Lit.	24
Elektronenemission									s. Lit.	20, 25—27
Magnet. Suszeptibilität									s. Lit.	28
Gefüge	s. Lit.	5	s. Lit.	5	s. Lit.	5	s. Lit.	5	s. Lit.	5, 9

* Literatur siehe Fußnoten Seite 414.

TaB$_2$ reagiert beim Erhitzen unter Wasserstoff auf hohe Temperaturen mit der benützten Wolframunterlage[31].

Metallreiche Tantal-Bor-Legierungen sind schon beim Erhitzen auf die verhältnismäßig niedrige Temperatur von 900° unbeständig; sie zerfallen zu oxydischem Pulver[32]. Auch die höher borhaltigen

[1] KIESSLING, R.: Acta Chem. Scand. **3** (1949), S. 603/15.

[2] SCHWARZKOPF, P. u. F. W. GLASER: Z. Metallkunde **44** (1953), S. 353/58.

[3] NOWOTNY, H. u. A. WITTMANN: Mh. Chem. **89** (1958), S. 220/24.

[4] BREWER, L., D. L. SAWYER, D. H. TEMPLETON u. C. H. DAUBEN: J. Am. Ceram. Soc. **34** (1951), S. 173/79, UCRL 610 (1950).

[5] NOWOTNY, H., F. BENESOVSKY u. R. KIEFFER: Z. Metallkunde **50** (1959), S. 417/23.

[6] RUDY, E.: Diss. Techn. Hochschule Wien 1960.

[7] NORTON, J. T., H. BLUMENTHAL u. S. J. SINDEBAND: Trans. Am. Inst. Met. Eng. **185** (1949), S. 749/51.

[8] MEERSON, G.A. u. G. V. SAMSONOV: Zur. Prikl. Chim. 27 (1954), S. 1115/20.

[9] POST, B., F. W. GLASER u. D. MOSKOWITZ: Acta Met. 2 (1954), S. 20/25.

[10] SAMSONOV, G. V. u. V. P. LATYSCHEVA: Fiz. Metallov Metalloved. **2** (1956), S. 309/19.

[11] SAMSONOV, G. V., V. S. NESCHPOR u. L. M. CHRENOVA: Hutnické Listy 14 (1959), S. 484/88, Fiz. Metallov Metalloved. 8 (1959), S. 622/30.

[12] SAMSONOV, G. V.: Dokl. Akad. Nauk SSSR **86** (1952), S. 329/32.

[13] SAMSONOV, G. V. u. V. S. NESCHPOR: In: Fragen der Pulvermetallurgie, Kiew 1958, Bd. 5, S. 3/35, Inz. Fiz. Zur. 1 (1959), S. 30/38

[14] BREWER, L. u. H. HARALDSEN: J. Electrochem. Soc. **102** (1955), S. 399/406.

[15] SAMSONOV, G. V.: Zur. Fiz. Chim. **30** (1956), S. 2057/60.

[16] ORMONT, B. F.: In: Bor, Moskau 1958, S. 5/18.

[17] GLASER, F. W.: J. Metals 4 (1952), S. 391/96.

[18] JURETSCHKE, H. J. u. R. STEINITZ: J. Phys. Chem. 4 (1958), S. 118/27.

[19] SAMSONOV, G. V.: Zur. Techn. Fiz. **26** (1956), S. 716/22. Izv. Sekt. Fiz. Chim. Anal. **27** (1956), S. 97/125.

[20] SAMSONOV, G. V. u. V. S. NESCHPOR: In: Fragen der Pulvermetallurgie, Kiew 1959, Bd. 7, S. 99/104.

[21] HARDY, G. F. u. J. K. HULM: Phys. Rev. **93** (1954), S. 1004/16.

[22] HULM, J. K. u. B. T. MATTHIAS: Phys. Rev. **82** (1951), S. 273/74.

[23] ZIEGLER, W. T. u. R. A. YOUNG: Phys. Rev. **90** (1953), S. 115/19.

[24] SAMSONOV, G. V. u. N. S. STRELNIKOVA: Ukr. Fiz. Zur. **3** (1958), S. 135/38.

[25] GOLDWATER, D. L. u. R. E. HADDAD: J. Appl. Phys. **22** (1951), S. 70/73.

[26] MORGAN, F. H.: J. Appl. Phys. **22** (1951), S. 108/09.

[27] SAMSONOV, G. V., V. S. NESCHPOR u. G. A. KUDINCEVA: Radiotechn. Elektronika 2 (1957), S. 631/36.

[28] SAMSONOV, G. V., V. S. NESCHPOR u. N. S. STRELNIKOVA: Dop. Akad. Nauk Ukr. RSR (1958), S. 838/39.

[29] KOLOMEC, N. V., V. S. NESCHPOR, G. V. SAMSONOV u. S. A. SEMENKOVITSCH: Zur. Techn. Fiz. **28** (1958), S. 2382/89.

[30] LVOV, S. N., V. F. NEMTSCHENKO u. G. V. SAMSONOV: Dokl. Akad. Nauk SSSR **135** (1960), S. 577/80.

[31] MAY, C. E., D. KONEVAL u. G. C. FRYBURG: NASA Mem. 3-5-59 E (1959).

[32] NOWOTNY, H., F. BENESOVSKY u. R. KIEFFER: Z. Metallkunde **50** (1959), S. 417/23.

Proben überziehen sich mit einer lockeren Oxydschicht, welche bei höheren Zundertemperaturen keinen Schutz gewährt.

Angaben über das Verhalten von Tantalboriden beim Erhitzen in Gegenwart von Kohlenstoffen macht F. W. GLASER[1,2] (s. S. 451).

Weitere Eigenschaftswerte von Tantalboriden sind in Zahlentafel 86 zu finden.

7. Chromborid

a) Herstellung

Schon H. MOISSAN[3] hat durch gemeinsames Zusammenschmelzen von Chrom und Bor im elektrischen Lichtbogen eine sehr harte Chrom-Bor-Legierung hergestellt. S. A. TUCKER und H. R. MOODY[4] haben durch Sinterung eines entsprechenden Gemisches ein Borid der Zusammensetzung CrB erhalten. Aus aluminothermisch gewonnenen Chrom-Bor-Reguli haben E. WEDEKIND und K. FETZER[5] ein Kristallpulver mit 83,5 bis 83,9% Cr isoliert, das ebenfalls der Formel CrB entsprechen würde. Durch Umsetzung von Chromoxyd mit Bor im elektrischen Ofen und durch Überleiten von Borchloriddampf über feinverteiltes Chrom in Gegenwart von Wasserstoff will A. BINET DU JASSONEIX[6] CrB, Cr_2B und Cr_3B_2 erhalten haben. Die Einheitlichkeit der Produkte konnte aber nicht bewiesen werden.

Durch Schmelzflußelektrolyse eines entsprechenden Salzgemisches hat L. ANDRIEUX[7] bei 1000° graue metallische Kriställchen der Formel Cr_3B_2 abgeschieden. Auf die gleiche Weise hat S. J. SINDEBAND[8] ein Chromborid mit 13,2% B, 82% Cr, Rest C u. a. hergestellt. Durch Variation der Badzusammensetzung konnte J. L. ANDRIEUX und S. MARION[8] die Boride CrB, Cr_3B_4, Cr_5B_3, Cr_2B und Cr_4B erhalten.

Durch aluminothermische Reduktion von Cr_2O_3 in Gegenwart von B_2O_3 hat S. J. SINDEBAND[9] ein Borid mit 18,0% B, 76,12% Cr, Rest Al, Fe und durch Reduktion von Cr_2O_3 mit Kohle und Silizium in Gegenwart von B_2O_3 ein Borid mit 14,1% B und 70,35% Cr,

---

[1] GLASER, F. W.: J. Metals 4 (1952), S. 391/96.

[2] SCHWARZKOPF, P. u. F. W. GLASER: Z. Metallkunde 44 (1953), S. 353/58.

[3] MOISSAN, H.: Compt. Rend. 119 (1894), S. 185/91, Ann. Chim. Phys. 8 (1896), S. 565.

[4] TUCKER, S. A. u. H. R. MOODY: J. Chem. Soc. 81 (1902), S. 14/17.

[5] WEDEKIND, E. u. K. FETZER: Ber. dtsch. chem. Ges. 40 (1907), S. 297/301.

[6] BINET DU JASSONNEIX, A., Compt. Rend. 143 (1906), S. 897/99, 1149/51.

[7] ANDRIEUX, L.: Diss. Univ. Paris 1929, Rev. Mét. 45 (1948), S. 49/59, Ann. Chim. 10 (1929), S. 423/507.

[8] ANDRIEUX, J. L. u. S. MARION: Compt. Rend. 236 (1953), S. 805/07.

[9] SINDEBAND, S. J.: Trans. Am. Inst. Met. Eng. 185 (1949), S. 198/202.

Rest Si, Fe, Ca u. a. erhalten[1]. Die unbefriedigende Reinheit der Präparate läßt nicht den Schluß zu, daß ein einheitliches Borid der Formel CrB vorliegt.

Sehr reine Chrom-Bor-Legierungen mit bis zu 66,7% At.-% B hat R. KIESSLING[2] durch Schmelzen von reinem Elektrolytchrom (99,4% Cr) mit reinem Bor (98 bis 99% B) im Hochfrequenzvakuumofen bei 1600° erzeugt. Weiters wurden entsprechende Gemenge von Chrom und Bor in evakuierten Quarzrohren 48 bis 72 Stunden bei 1150° gesintert. Einkristalle von Chromboriden wurden durch 20tägige Sinterung der Mischungen bei 1150° erhalten. Über die aufgefundenen intermediären Phasen wird weiter unten berichtet.

H. NOWOTNY, E. PIEGGER, R. KIEFFER und F. BENESOVSKY[3] haben Chrom-Bor-Legierungen über den ganzen Bereich des Systems durch Heißpressen von Mischungen sehr reiner Komponenten hergestellt. W. A. EPELBAUM und Mitarbeiter[4] gingen bei der Systemuntersuchung ebenfalls von den Komponenten aus und sinterte sie unter Argon bei 1300°.

CrB_2 kann man nach F. W. GLASER[5] auch beim Heißpressen von Mischungen aus Chrom und Bor bzw. Chromkarbid und Bor oder Borkarbid neben CrB und Borkarbid erhalten. Ch. T. BAROCH und T. E. EVANS[6] benutzten das Borkarbidverfahren zur Herstellung von CrB. Sie arbeiteten dabei im Kohlerohrkurzschlußofen bei 1800°. Auch dichtes CrB_2 kann aus $Cr_2O_3 + B_4C$ durch Heißpressen erhalten werden[7].

Chrommetallaufwachsschichten kann man nach I. E. CAMPBELL[8] mit BCl_3 und Wasserstoff bei 1200 bis 1600° umsetzen, wobei Chromboridschichten entstehen.

Angaben über die Diffusionsgeschwindigkeit von Bor in Chrom stammen von G. V. SAMSONOV[9].

Für technische Zwecke (Hartaufschweißlegierungen) können kohlenstoffarmes CrB und CrB_2 durch Umsetzung von Cr_2O_3 mit B_2O_3 und

[1] BLUMENTHAL, H.: Powder Met. Bull. 7 (1954), S. 79/81.

[2] KIESSINNG, R.: Acta Chem. Scand. 3 (1949), S. 595/602.

[3] NOWOTNY, H., E. PIEGGER, R. KIEFFER u. F. BENESOVSKY: Mh. Chem. 89 (1958), S. 611/17.

[4] EPELBAUM, V. A., N. G. SEVASTIANOV, M. A. GUREWITSCH, B. F. ORMONT u. G. S. ZDANOV: Zur. Neorg. Chim. 3 (1958), S. 2545/52.

[5] GLASER, F. W.: J. Metals 4 (1952), S. 391/96.

[6] BAROCH, Ch. T. u. T. E. EVANS: J. Metals 7 (1955), S. 908/11.

[7] NESCHPOR, V. S. u. P. S. KISLY: Ogneupory 24 (1959), S. 231/36.

[8] CAMPBELL, I. E., C. F. POWELL, D. H. NOWICKI u. B. W. GONSER: J. Electrochem. Soc. 96 (1949), S. 318/33.

[9] SAMSONOV, G. V.: In: Bor, Moskau 1958, S. 74/89.

Kohlenstoff bei 1600° im Vakuum hergestellt werden[1]. Auch das aluminothermische Verfahren ergibt technisch brauchbare Chromboride.

Tiegel aus CrB_2 wurden von G. V. SAMSONOV und Mitarbeitern[2] durch Heißpressen hergestellt.

b) Das System Chrom-Bor

Aus älteren Arbeiten[3, 4, 5, 6, 7] waren die Boride Cr_3B_2 und CrB bekannt. Nach den· röntgenographischen Untersuchungen von R. KIESSLING[8] existieren aber folgende fünf intermediäre Phasen:

Die borärmste δ-Phase hat einen Gehalt von etwa 33 At.-% B, was der Formel Cr_2B entspricht. Sie kristallisiert in dünnen, hexagonalen Platten. Die ε-Phase hat einen Gehalt von etwa 40 At.-% B, was

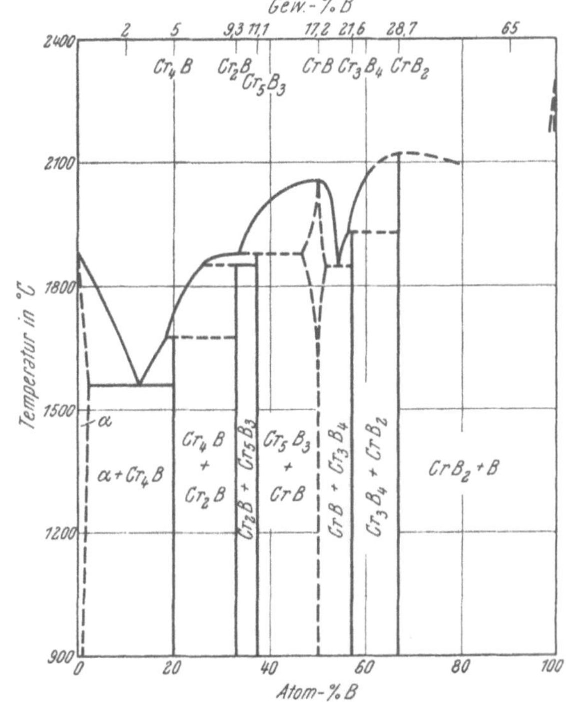

Abb. 143. Zustandsschaubild des Systems Chrom-Bor (H. NOWOTNY, F. PIEGGER, R. KIEFFER und F. BENESOVSKY)

der Formel Cr_3B_2 entsprechen würde. Die ξ-Phase hat einen engen Existenzbereich bei 50 At.-% B. Sie entspricht der Formel CrB und kristallisiert in Form gut ausgebildeter Nadeln oder Platten mit quadratischem Querschnitt. Die Kristallstruktur ist ortho-

---

[1] RUTHERFORD, M. E.: Persönliche Mitt. 1951.

[2] SAMSONOV, G. V., G. A. JASINSKAJA u. TAI SCHOU-VEJ: Ogneupory 25 (1960), S. 35/38.

[3] BINET DU JASSONNEIX, A.: Compt. Rend. 143 (1906), S. 897/99, 1149/51.

[4] ANDREIUX, L.: Diss. Univ. Paris 1939, Ann. Chim. (10) 12 (1929), S. 423/507.

[5] TUCKER, S. A. u. H. R. MOODY: J. Chem. Soc. 81 (1902), S. 14/17.

[6] WEDEKIND, E. u. K. FETZER: Ber. dtsch. chem. Ges. 40 (1907), S. 297/301.

[7] SINDEBAND, S. J.: Trans. Am. Inst. Met. Eng. 185 (1949), S. 198/202.

[8] KIESSLING, R.: Acta Chem. Scand. 3 (1949), S. 595/602.

Zahlentafel 87. *Eigenschaften von Chromboriden*

Eigenschaften	Cr_4B (4,94 % B)		Cr_2B (9,45 % B)		Cr_5B_3 (11,1 % B) (Cr_3B_2)		CrB (17,2 % B)		Cr_3B_4 (21,7 % B)		CrB_2 (29,5 % B)	
	Werte	Weitere Lite- ratur*	Werte	Weitere Lite- ratur*	Werte	Weitere Lite- ratur*	Werte	Weitere Lite- ratur*	Werte	Weitere Lite- ratur*	Werte	Weitere Lite- ratur*
Struktur	orhomb.[1] D 1_f		orhomb.[2]	[3]	tetrag.[1]	[3]	orhomb.[2] B_f	[3]	orhomb.[2] D 7_b	[3]	hexag.[4] C 32	[3]
Gitterkonstante Å ...	a: 4,262[1] b: 7,382 c: 14,71	[5]	a: 14,7[2] b: 7,34 c: 4,29	[1, 5]	a: 5,46[1] c: 10,64	[5, 6]	a: 2,969[2] b: 7,858 c: 2,932	[5—8]	a: 2,984[2] b: 13,02 c: 2,954	[5, 6]	a: 2,969[4] c: 3,066	[5, 6, 9—11]
Dichte g/cm³ ber... gef...	6,24		6,53		6,12[1] 6,13	[12, 13]	6,11 6,05[7]	[2, 14, 17]	5,80		5,6 5,6[1]	[15]
Härte HM (50 g) kg/mm²					s. Lit.	[13]	2140[16]	[7, 17]			2250[18]	[10, 11, 19—22]
Druckfestigkeit......											s. Lit.	[36]
Sprödigkeit											s. Lit.	[23]
Elastizitätsmodul kg/mm²											21500[24]	[36]

	~1700		~1850		~1900		2050		~1950		2200	
Schmelzpunkt °C....	~1700 zers.[5]		~1850 zers.[5]		~1900 zers.[5]	19	2050[5]	14,19	~1950 zers.[5]		2200[22]	3,5, 19,25
Wärmeausdehnungskoeffizient $\beta \cdot 10^{-6}$.											11,1[24]	11,21, 22,36
Thermodynamische Daten $-\Delta H_{298}$ kcal/mol..					30[26]						s. Lit.	21,27
Spez. elektr. Widerstand $\mu\Omega \cdot$ cm.....							64[28]				56[29]	11,22, 28,30, 37
Supraleitfähigkeit ab °K...........			s. Lit.	31			s. Lit.	31			s. Lit.	30,31
HALL-Konstante.....											− 1,1[29]	37
Thermokraft											s. Lit.	32
Elektronenemission ..											s. Lit.	33,34
Röntgenspektrum ...											s. Lit.	35
Gefüge											s. Lit.	10

* Literatur siehe Fußnoten Seite 420 u. 421.

28*

420 Die Einzelboride

rhombisch und isotyp mit den Hochtemperaturmodifikationen der Monoboride. Die η-Phase enthält über 55 At.-% B (Cr_3B_4). Die Kristalle ähneln jenen der ξ-Phase. Cr_3B_4 ist isotyp mit Ta_3B_4. Die θ-Phase enthält 66,7 At.-% B, hat engen Existenzbereich und entspricht der Formel CrB_2. Sie hat einfach hexagonale Kristallstruktur

[1] BERTAUT, F. u. P. BLUM: Compt. Rend. **236** (1953), S. 1055/56.

[2] ANDERSSON, L. H. u. R. KIESSLING: Acta Chem. Scand. **4** (1950), S. 160/64, 209/27.

[3] SCHWARZKOPP, P. u. F. W. GLASER: Z. Metallkunde **44** (1953), S. 353/58.

[4] KIESSLING, R.: Acta Chem. Scand. **3** (1949), S. 595/602.

[5] NOWOTNY, H., E. PIEGGER, B. KIEFFER u. F. BENESOVSKY: Mh. Chem. **89** (1958), S. 61/117.

[6] EPELBAUM, V. A., N. G. SEVASTIANOV, M. A. GUREWITSCH, B. F. ORMONT u. G. S. ZDANOV: Zur. Neorg. Chim. **3** (1958), S. 2545/52.

[7] SINDEBAND, S. J.: Trans. Am. Inst. Met. Eng. **185** (1949), S. 198/202.

[8] FRUEH, A. J.: Acta Cryst. **4** (1951), S. 66.

[9] POST, B., F. W. GLASER u. D. MOSKOWITZ: Acta Met. **2** (1954), S. 20/25.

[10] PORTNOJ, K. I. u. G. V. SAMSONOV: Dokl. Akad. Nauk SSSR **116** (1957), S. 976/78.

[11] MEERSON, G. A., G. V. SAMSONOV, R. B. KOTELNIKOV, M. S. VOJNOVA, I. P. EVTEEA u. S. D. KRASNENKOVA: Zur. Neorg. Chim. **3** (1958), S. 898/903. In: Bor, Moskau 1958, S. 58/73.

[12] BINET DU JASSONNEIX, A.: Compt. Rend. **143** (1906), S. 897/99, 1149/51.

[13] ANDRIEUX, L.: Diss. Univ. Paris 1929.

[14] ISKOLDSKI, I. I. u. L. P. BOGORODSKAJA: Zur. Prikl. Chim. **30** (1957), S. 177/85.

[15] NESCHPOR, V. S. u. P. S. KISLY: Ogneupory **24** (1959), S. 231/36.

[16] SAMSONOV, G. V.: Dokl. Akad. Nauk SSSR **86** (1952), S. 329/32.

[17] BLUM, A. u. W. IVANICK: Powder Met. Bull. **7** (1956), S. 75/78.

[18] SAMSONOV, G. V., V. S. NESCHPOR u. L. M. CHRENOVA: Hutnické Listy **14** (1959), S. 484/88, Fiz. Metallov Metalloved. **8** (1959), S. 622/30.

[19] HONAK, E. R.: Diss. Techn. Hochschule Graz 1951.

[20] KIEFFER, R., F. BENESOVSKY u. E. R. HONAK: Z. anorg. allg. Chem. **268** (1952), S. 191/200.

[21] SAMSONOV, G. V. u. V. S. NESCHPOR: In: Fragen der Pulvermetallurgie, Kiew 1958 Bd. **5**, S. 3/35.

[22] TAI SCHOU-VEI, G. A. JASINSKAJA u. G. V. SAMSONOV: Dokl. Akad. Nauk Ukr. RSR (1960), Nr. 1, S. 48/49.

[23] FRANTSCHEWITSCH, I. N. u. A. N. PILJANKEWITSCH: In. Ber. Sem. hochwarmfeste Werkstoffe, Kiew 1960, Bd. **5**, S. 28/35.

[24] NESCHPOR, V. S. u. G. V. SAMSONOV: Fiz. Metallov Metalloved. **4** (1957), S. 181/83.

[25] KOVALTSCHENKO, M. S., G. V. SAMSONOV u. G. A. JASINSKAJA: Izv. Akad. Nauk SSSR, Met. Topl. (1960), S. 115/19.

[26] BREWER, L. u. H. HARALDSEN: J. Electrochem. Soc. **102** (1955), S. 399/406.

[27] SAMSONOV, G. V.: Zur. Fiz. Chim. **30** (1956), S. 2057/60.

[28] GLASER, F. W.: J. Metals **4** (1952), S. 391/96.

[29] JURETSCHKE, H. J. u. R. STEINITZ: J. Chem. Phys. **4** (1958), S. 118/27.

[30] SAMSONOV, G. V. u. V. S. NESCHPOR: In: Fragen der Pulvermetallurgie, Kiew 1959, Bd. **7**, S. 99/104.

(AlB_2-Struktur, C 32-Typ). Sie ist isotyp mit den Diboriden der Metalle der 4a und 5a Gruppe des periodischen Systems.

Die Löslichkeit von Bor im Chromgitter ist sehr gering.

F. BERTAUT und P. BLUM[38] geben ferner noch ein hexagonales Cr_4B und ein tetragonales Cr_5B_3 an.

H. NOWOTNY, E. PIEGGER, R. KIEFFER und F. BENESOVSKY[39] haben auf Grund von röntgenographischen Befunden und Schmelzpunktsbestimmungen sowie auf Grund der Angaben von F. W. GLASER[40] ein Zustandsschaubild des Systems Cr-B aufgestellt (Abb.143). Auffällig sind insbesondere die Vielfalt der Phasen, die beiden niedrig schmelzenden Eutektika auf der Bor- und Chrom-Seite sowie die dominierende Lage der technisch wichtigsten Verbindung CrB_2. Die von P. SCHWARZKOPF und F. W. GLASER[41] vermutete Verbindung Cr_2B_5 konnte nicht bestätigt werden.

Bei einer neuerlichen Untersuchung des Systems durch V. A. EPELBAUM und Mitarbeiter[42] konnten alle Phasen bis auf Cr_4B bestätigt und Existenzbereiche der einzelnen Phasen festgelegt werden.

c) Eigenschaften

Chromborid der chemischen Formel CrB mit 17,2% B ist ein graues, metallisches Pulver. Durch Schmelzflußelektrolyse erzeugtes Cr_3B_2 besteht aus grauen, metallisch glänzenden Kriställchen[43].

Cr_3B_2 ist sehr beständig gegen HF, HCl und H_2SO_4. Im Gegensatz zu anderen Boriden wird es auch nicht von HNO_3 angegriffen und ist

[31] HARDY, G. F. u. J. K. HULM: Phys. Rev. **93** (1954), S. 1004/16.

[32] SAMSONOV, G. V. u. N. S. STRELNIKOVA: Ukr. Fiz. Zur. **3** (1958), S. 135/38.

[33] SAMSONOV, G. V., V. S. NESCHPOR u. G. A. KUDINCEVA: Radiotechn. Elektronika 2 (1957), S. 631/36.

[34] KUDINCEVA, G. A., E. M. CAREV u. V. A. EPELBAUM: In: Bor, Moskau 1958, S. 106/11.

[35] NEMNONOV, S. A. u. A. Z. MENTSCHIKOV: In: Ber. Sem. hochwarmfeste Werkstoffe, Kiew 1960, Bd. **5**, S. 21/27.

[36] VEREJKINA, L. L., V. N. RUDENKO u. G. V. SAMSONOV: Zavad. Labor. **40** (1960), Nr. 5, S. 620/21.

[37] LVOV, S. N., V. F. NEMTSCHENKO u. G. V. SAMSONOV: Dokl. Akad. Nauk SSSR **135** (1960), S. 577/80.

[38] BERTAUT, F. u. P. BLUM: Compt. Rend. **236** (1953), S. 1055/56.

[39] NOWOTNY, H., E. PIEGGER, R. KIEFFER u. F. BENESOVSKY: Mh. Chem. **89** (1958), S. 611/17.

[40] GLASER, F. W.: Unveröffentlichte Arbeiten 1954.

[41] SCHWARZKOPF, P. u. F. W. GLASER: Z. Metallkunde 44 (1953), S. 353/58.

[42] EPELBAUM, V. A., N. G. SEVASTIANOV, M. A. GUREWITSCH, B. F. ORMONT u. G. S. ZDANOV: Zur. Neorg. Chim. **3** (1958), S. 2545/52.

[43] ANDRIEUX, L.: Diss. Univ. Paris 1929.

auch gegen Lösungen von Alkalien sehr beständig[1, 2]. Lediglich Perchlorsäure löst es rasch; ebenso wird es von schmelzenden Alkali-hydroxyden und -karbonaten gelöst. Peroxyde greifen Chromboride wesentlich langsamer an als andere Boride[3]. Auch gegen jodhaltige Salze ist es beständig[4].

G. V. Samsonov und Mitarbeiter[5] untersuchten das Verhalten von CrB_2-Tiegeln gegen Metallschmelzen. F. W. Glaser[6,7] macht Angaben über die Beständigkeit von Chromboriden beim Erhitzen in Gegenwart von Kohlenstoff (s. S. 451).

Metallabgebundenes Chromborid CrB ist sehr zunderbeständig[8]. CrB_2 ist weniger beständig[9].

Über die Eigenschaften von aus Chromborid unter Verwendung von Nickel als Bindemittel hergestellten Sinterkörpern, welche als hochwarm- und zunderfeste Werkstoffe neuestens Bedeutung erlangt haben, siehe Bd. Hartmetalle.

In Zahlentafel 87 sind die weiteren Eigenschaftswerte von Chromboriden zusammengestellt.

d) Verwendung

Cr_2B wurde mit Chrom bzw. Chrom-Molybdän-Legierungen als Binder für warmfeste Werkstoffe vorgeschlagen (vgl. Bd. Hartmetalle).

8. Molybdänborid
a) Herstellung

Aus Reaktionsprodukten, die durch Sintern und Schmelzen von Molybdän-Bor-Mischungen erzeugt worden waren, versuchten A. Binet du Jassonneix[10], E. Wedekind und O. Jochem[11] Molybdän-boride zu isolieren. S. A. Tucker und H. R. Moody[12] wollen dabei ein Borid der Formel Mo_3B_4 gefunden haben, während E. Wedekind[11] seinen Produkten die Formel Mo_2B zuschreibt.

[1] Samsonov, G. V.: Dokl. Akad. Nauk SSSR **86** (1952), S. 329/32.

[2] Modylevskaja, K. D. u. G. V. Samsonov: Ukr. Chim. Zur. **25** (1959), S. 55/61.

[3] Andrieux. L.: Diss. Univ. Paris 1929.

[4] Markovski, L. J. u. G. V. Kaputovskaja: Zur. Neorg. Chim. **3** (1958), S. 328/32.

[5] Samsonov, G. V., G. A. Jasinskaja u. Tai Schou-Vej: Ogneupory **25** (1960), S. 35/38.

[6] Glaser, F. W.: J. Metals **4** (1952), S. 391/96.

[7] Schwarzkopf, P. u. F. W. Glaser: Z. Metallkunde **44** (1953), S. 353/58.

[8] Blum, A. u. W. Ivanick: Powder Met. Bull. **7** (1956), S. 75/78.

[9] Neschpor, V. S. u. P. S. Kisly: Ogneupory **24** (1959), S. 231/36.

[10] Binet du Jassonneix, A.: Compt. Rend. **143** (1906), S. 169/72.

[11] Wedekind, E. u. O. Jochem: Ber. dtsch. chem. Ges. **46** (1913), S. 1205/06.

[12] Tucker, S. A. u. H. R. Moody: Proc. Chem. Soc. **17** (1901), S. 129/30, J. Chem. Soc. **81** (1902), S. 14/17.

Durch Schmelzelektrolyse entsprechender Salzgemische, haben G. WEISS und L. ANDRIEUX[1] bei 1000° ein gut kristallisiertes Borid der Formel Mo_2B abgeschieden. Enthält das Bad weniger MoO_3, dann scheidet sich unter obigen Bedingungen ein Borid welches der Formel MoB entspricht, ab. Wie sich der Borgehalt des Abscheidungsproduktes in Abhängigkeit vom MoO_3-Gehalt im Bad ändert, zeigt Abb. 144.

Bei der aluminothermischen Umsetzung von MoO_3 mit B_2O_3, Al und S bildet sich nach F. HALLA und W. THURY[2] ein Doppelborid der Zusammensetzung $Mo_7Al_6B_7$

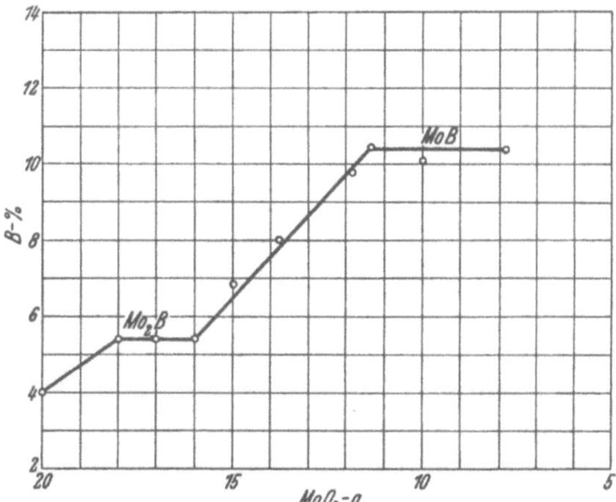

Abb. 144. Zusammensetzung des Abscheidungsproduktes in Abhängigkeit vom Gehalt an MoO_3 im Bad, bei der Herstellung von Molybdänboriden durch Schmelzelektrolyse (G. WEISS)

in Form dunkelgrau glänzender, metallischer Schuppen. Bei der Umsetzung von MoO_3 mit B_2O_3 in Gegenwart von C erhält man nach H. BLUMENTHAL[3] Gemische von MoB_2 und Mo_2B_5.

Molybdän-Bor-Legierungen mit bis 71,4 At.-% Mo hat R. KIESSLING[4] durch 48stündiges Sintern von Molybdänpulver mit reinem Bor in evakuierten Quarzrohren bei 1200° hergestellt. Preßlinge aus Molybdän und Bor wurden auch kurzzeitig im Vakuumofen im Magnesittiegel auf 1500 bis 1600° erhitzt. Die Boride Mo_2B und MoB kann man nach L. BREWER und Mitarbeiter[5] durch Sintern von Mischungen der Komponenten unter Argon in Molybdäntiegeln herstellen. R. STEINITZ, I. BINDER und D. MOSKOWITZ[6] stellten für ihre Systemuntersuchung Molybdänboride durch Synthese aus den Komponenten in einem hochfrequenzbeheizten Graphittiegel unter Wasserstoff her und P. W. GILLES und B. D. POLLOCK[7] haben Molyb-

[1] WEISS, G.: Ann. Chim. 1 (1946), S. 446/525, Diss. Univ. Grenoble 1946; ANDRIEUX, L. u. G. WEISS: Bull. Soc. Chim. France 15 (1948), S. 598/601.

[2] HALLA, F. u. W. THURY: Z. anorg. allg. Chem. 249 (1942), S. 229/37.

[3] BLUMENTHAL, H.: Powder Met. Bull. 7 (1956), S. 79/81.

[4] KIESSLING, R.: Acta Chem. Scand. 1 (1947), S. 893/916.

[5] BREWER, L., D. L. SAWYER, D. H. TEMPLETON u. C. H. DAUBEN: J. Am. Ceram. Soc. 34 (1951), S. 173/79, UCRL 610 (1950).

[6] STEINITZ, R., I. BINDER u. D. MOSKOWITZ: J. Metals 4 (1952), S. 982/87.

[7] GILLES, P. W. u. B. D. POLLOCK: J. Metals 5 (1953), S. 1537/39.

dän-Bor-Legierungen im Bereich Mo_2B-MoB ebenfalls aus den reinen Komponenten in Graphittiegeln im Vakuum gewonnen[1].

I. E. CAMPBELL und Mitarbeiter[2] haben Molybdänboridschichten durch Umsetzung von Molybdänaufwachsschichten mit BCl_3 unter Wasserstoff bei 1800 bis 2000° erhalten. Nach C. W. TOBIAS und St. NARAY-SZABO[3] haben auf Molybdändrähten abgeschiedene Bor-überzüge je nach Abscheidungstemperatur verschiedene Struktur. Molybdänboride konnten nicht nachgewiesen werden. Dagegen finden F. BERTAUT und P. BLUM[4] bei der elektrolytischen Abscheidung von Bor auf Molybdändrähten die Boride MoB und Mo_2B_5, aber kein Mo_2B. Zu Beginn der Elektrolyse tritt MoB_2 auf, welches alsbald in Mo_2B_5 übergeht. W. J. DEISS und J. L. ANDRIEUX[5] fanden, daß bei der Umsetzung von Molybdän mit $BCl_3 + H_2$ je nach Temperatur $MoB + Mo_2B$ oder Mo_2B_5 entstehen.

Beim Heißpressen von Mischungen aus Molybdän, Bor und Graphit können im Endprodukt je nach der Zusammensetzung der Ausgangsmischung alle Boride nachgewiesen werden, während MoB_2 das einzige Borid ist, das beim Heißpressen von Mischungen aus Molybdänkarbid und Bor oder Borkarbid erhalten wird[6].

Bei der Oberflächenborierung von Molybdän mit Borkarbid bzw. Bor bei 1200 bis 1400° bilden sich sehr harte Diffusionsschichten aus, in welchen Mo_2B und Mo_2B_5 nachgewiesen werden können[7].

Die Diffusionsgeschwindigkeit von Bor in Molybdän haben G. V. SAMSONOV und V. P. LATYSCHEVA[8] bestimmt.

Nach R. STEINITZ und I. BINDER[9] entstehen bei der Umsetzung von Mo_2B oder MoB mit Nickel, Kobalt oder Eisen Doppelboride der ungefähren Formel $Mo_2Ni(Cr, Fe)B_2$ bzw. $Mo_2Ni(Cr, Fe)B_4$. Diese Verbindungen können auch aus den Komponenten durch Glühen bei 1500 bis 1700° in Graphittiegeln dargestellt werden. Sie

[1] WITTMANN, A., H. NOWOTNY u. H. BOLLER: Mh. Chem. **91** (1960), S. 608/15.

[2] CAMPBELL, I. E., C. F. POWELL, D. H. NOWICKI u. B. W. GONSER: J. Electrochem. Soc. **96** (1949), S. 318/33.

[3] TOBIAS, C. W. u. St. NAPAY-SZABO: J. Am. Chem. Soc. **71** (1949), S. 1882/83.

[4] BERTAUT, F. u. P. BLUM: Acta Cryst. **4** (1951), S. 72.

[5] DEISS, W. J. u. J. L. ANDRIEUX: Bull. Soc. Chim. France **1** (1959), S. 178/82.

[6] GLASER, F. W.: J. Metals **4** (1952), S. 391/96.

[7] MINKEVITSCH, A. N., L. N. RASTOREJEV u. V. I. ANDRJUSCHECKI: Izv. Vysch. Utsch. Zaved., Tschernaja Met. (1960), Nr. 7, S. 171/79.

[8] SAMSONOV, G. V. u. V. P. LATYSCHEVA: Dokl. Akad. Nauk SSSR **93** (1953), S. 859/61, **109** (1956), S. 582/85, Fiz. Metallov Metalloved. **2** (1956), S. 309/19, In: Bor, Moskau 1958, S. 74/89.

[9] STEINITZ, R. u. I. BINDER: Powder Met. Bull. **6** (1953), S. 123/25.

zeichnen sich durch hohe Härte aus und wurden für Zerspanungszwecke und Verschleißteile vorgeschlagen (s. Bd. Hartmetalle).

b) Das System Molybdän-Bor

R. Kiessling[1] hat auf Grund röntgenographischer Untersuchungen
die Verhältnisse im System Molybdän-Bor weitgehend geklärt.

Die Löslichkeit von Bor im Molybdängitter ist sehr gering. Es
existierten drei intermediäre Phasen. Die γ-Phase ist bei 33,3 At.-% B
homogen, sie ent-
spricht also der For-
mel Mo_2B. Sie hat
tetragonale Kristall-
struktur ($CuAl_2$-Struk-
tur, C 16-Typ). Mo_2B
ist isotyp mit W_2B,
Fe_2B, Co_2B und Ni_2B.
Bei 48 bis 51 At.-% B
tritt die δ-Phase auf,
welche der Formel
MoB entspricht. Sie
hat ebenfalls tetrago-
nale Kristallstruktur.
Über 70 At.-% B, ge-
nau bei 71,4 At.-% B,
existiert die ε-Phase.
Ihre Struktur ist nicht
geklärt. Die Röntgeno-
gramme deuten auf
ein rhombisches Gitter
hin. In Analogie zur
hexagonalen ε-Phase
im System Wolfram-
Bor ist auch hexago-
nale Struktur möglich.

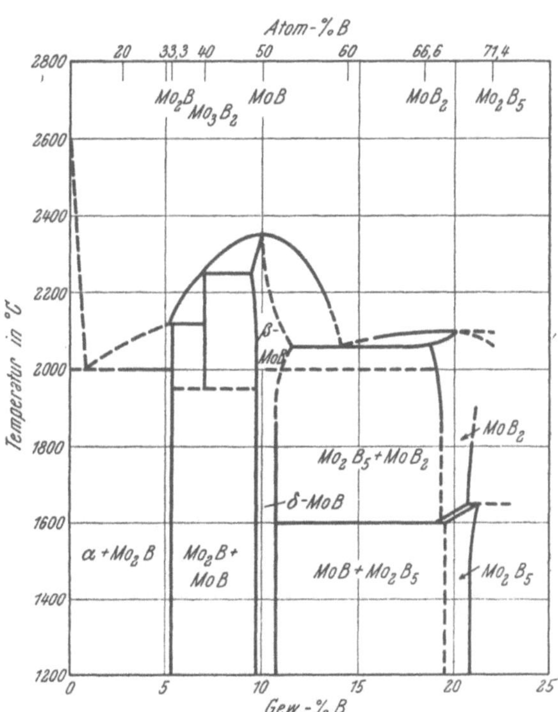

Abb. 145. Zustandsschaubild des Systems Molybdän-Bor
(R. Steinitz, I. Binder und D. Moskowitz; D. W. Gilles
und B. D. Pollock)

Die chemische Zusammensetzung der ε-Phase entspricht etwa der
Formel Mo_2B_5 ($= MoB_{2,5}$).

R. Steinitz, I. Binder, D. Moskowitz[2,3] untersuchten das System
Mo-B nochmals eingehend zwischen 0 bis 22 Gew.-% B und berück-

---

[1] Kiessling, R.: Acta Chem. Scand. 1 (1947), S. 893/916.

[2] Steinitz, R.: Powder Met. Bull. 6 (1951), S. 54/56, J. Metals 4 (1952),
S. 148.

[3] Steinitz, R., I. Binder u. D. Moskowitz: J. Metals 4 (1952), S. 983/87,
Disk. 5 (1953), S. 747.

sichtigten insbesondere die Verhältnisse im Temperaturgebiet 1600 bis 2300°. Sie bestätigten die drei von R. Kiessling gefundenen Phasen Mo_2B, MoB und Mo_2B_5, fanden jedoch, daß zwischen Mo_2B und MoB eine Hochtemperaturphase Mo_3B_2 und ferner eine Hochtemperaturphase β-MoB vom Chromborid-Typ existieren. Sie konnten weiterhin die Existenz der Hochtemperaturphase MoB_2 (CrB_2-Typ) sicherstellen, die in einem allotropen Verhältnis zur Phase Mo_2B_5 steht. Die Phase MoB_2 wurde auch von F. Bertaut und P. Blum[1] bestätigt. Das Mo_3B_2 wurde von A. Wittmann, H. Nowotny und H. Boller[2] als U_3Si_2-Typ identifiziert.

Mit Hilfe zahlreicher Schmelzpunktsbestimmungen wurden die Eutektika Mo-Mo_2B und MoB-MoB_2 festgelegt, so daß R. Steinitz, I. Binder und D. Moskowitz ein vorläufiges Zustandsbild gemäß Abb. 145 aufstellen konnten.

D. W. Gilles und B. D. Pollock[3] überarbeiteten die Ergebnisse von R. Steinitz und Mitarbeitern im Bereiche bis 10% B und fanden grundsätzlich die gleichen Verhältnisse im Systemaufbau und bezüglich der auftretenden Phasen. Sie fanden jedoch mit Hilfe genauerer Meßmethoden für die Schmelzpunkte der Phasen Mo_2B, Mo_3B_2 und MoB um 100 bis 200° höhere Temperaturen. Es kann aus den von P. W. Gilles und B. D. Pollock angeführten Gründen auch unterstellt werden, daß das Peritektikum MoB-MoB_2 und die Schmelzpunkte von MoB_2 entsprechend höher liegen, was im vorläufigen Zustandsbild von uns berücksichtigt wurde.

Was die Verhältnisse auf der Borseite betrifft, so stellte A. U. Seybolt[4] in lichtbogengeschmolzenen Borlegierungen mit 6 At.-% Mo Eutektikum neben Mo_2B_5-Nadeln fest.

c) Eigenschaften

Molybdänborid der Formel Mo_2B mit 5,33% B fällt meist als ein graues, metallisches Pulver an. Durch Schmelzflußelektrolyse abgeschiedenes Mo_2B bildet glänzende, tafelförmige Kriställchen. Das nadelförmige MoB ist in der Farbe etwas dunkler.

Molybdänborid wird von HCl nicht angegriffen. Leicht wird es von HNO_3 auch in der Kälte gelöst. H_2SO_4 wird in der Hitze zersetzt.

---

[1] Bertaut, F. u. P. Blum: Acta Cryst. 4 (1949), S. 72.

[2] Wittmann, A., H. Nowotny u. H. Boller: Mh. Chem. 91 (1960), S. 608/15.

[3] Gilles, D. W. u. B. D. Pollock: J. Metals 5 (1953), S. 1537/39, AECU 2558 (1952), 2894 (1954).

[4] Seybold, A. U.: Trans. Am. Soc. Met. 52 (1960), S. 971/89.

Zahlentafel 88. *Eigenschaften von Molybdänboriden*

Eigenschaften	Mo_2B (5,3 % B)		Mo_3B_2 (7,0 % B)		MoB (10,1 % B)		MoB_2 (18,4 % B)		Mo_2B_5 (22,0 % B)	
	Werte	Weit. Lite-ratur*	Werte	Weit. Lite-ratur*	Werte	Weit. Lite-ratur*	Werte	Weit. Lite-ratur*	Werte	Weit. Lite-ratur*
Struktur	tetragonal[1] C 16	[2]	tetragonal[23] D 5_a	[3]	δ: tetrag.[1] Bg β: orhomb.[4] B_f	[2]	hexagonal[4] C 32	[5]	hexagonal[1] D 8_h	[2]
Gitterkonstante Å ...	a: 5,543[1] c: 4,735	[3, 6,] [28, 29]	a: 6,002[29] c: 3,146		δ: a: 3,110[1] c: 16,95 a: 3,16 β: b: 8,61[4] c: 3,08	[3,] [23]	a: 3,05[5] c: 3,113	[3, 4,] [7, 29]	a: 3,011[1] c: 20,93	[3,] [29]
Dichte g/cm³ ber... gef...	9,31 9,1[1]	[8]	9,08 8,8—9		8,77 8,3[1]	[8]	7,78		7,48 7,01[1]	[9]
Härte HM (50 g) kg/mm²	2500[10]	[6, 8,] [11—13]	< 2300		2500[3]	[8, 11,] [12]	s. Lit.	[11, 12]	3220[14]	[13, 15]
Schmelzpunkt ° C....	2140 zers.[16]	[3, 17]	2240 zers.[16]	[3]	2350[16]	[3]	2100[16]	[2, 3]	~ 2300	[3]
Thermodynamische Daten $- \triangle H_{298}$ kcal/mol	25,5[18]	[13]	42,0[18]		16,3[18]		23,0[18]	[19]	50[18]	
Spez. elektr. Wider-stand $\mu \Omega \cdot$ cm ...					50[10]		30[20]	[21]	18[20]	[10, 22,] [30, 31]
Supraleitfähigkeit ab ° K	4,7[23]	[24]			4,4[23]	[24, 25]			bis 1,32[23] n.s.l.	[24]
HALL-Konstante							s. Lit.	[20]	+ 0,1[20]	[31]
Thermokraft									s. Lit.	[26]
Elektronenemission ..							s. Lit.	[21, 27]		
Gefüge	s. Lit.	[28]	s. Lit.	[28]	s. Lit.	[28]	s. Lit.	[28]		

* Literatur siehe Fußnoten Seite 428.

[1] Kiessling, R.: Acta Chem. Scand. 1 (1947), S. 893/916.

[2] Schwarkopf, P. u. F. W. Glaser: Z. Metallkde. 44 (1953), S. 353/58.

[3] Steinitz, R., I. Binder u. D. Moskowitz: J. Metals 4 (1952), S. 983/87; Disk. 5 (1953), S. 747.

[4] Steinitz, R.: Powder Met. Bull. 6 (1950), S. 54/56.

[5] Bertaut, F. u. P. Blum: Acta Cryst. 4 (1951), S. 72.

[6] Samsonov, G. V. u. V. P. Latyscheva: Fiz. Metallov Metalloved 2 (1956), S. 309/19.

[7] Post, B., F. W. Glaser u. D. Moskowitz: Acta Met. 2 (1954), S. 20/25.

[8] Weiss, G.: Ann. Chim. 1 (1946), S. 446/525, Diss. Univ. Grenoble 1946; Andrieux, L. u. G. Weiss: Bull. Soc. Chim. France 15 (1948), S. 598/601.

[9] Tucker, S. A. u. H. R. Moody: Proc. Chem. Soc. 17 (1901), S. 129/30, J. Chem. Soc. 81 (1902), S. 14/17.

[10] Glaser, F. W.: J. Metals 4 (1952), S. 319/96.

[11] Honak, E. R.: Diss. Techn. Hochschule Graz 1951.

[12] Kieffer, R., F. Benesovsky u. E. R. Honak: Z. anorg. allg. Chem. 268 (1952), S. 191/200.

[13] Samsonov, G. V. u. V. S. Neschpor: In: Fragen der Pulvermetallurgie, Kiew 1958, Bd. 5, S. 3/35.

[14] Samsonov, G. V., V. S. Neschpor u. L. M. Chrenova: Hutnické Listy 14 (1959), S. 484/88, Fiz. Metallov Metalloved. 8 (1959), S. 622/30.

[15] Andrieux, L.: Diss. Univ. Paris 1929.

[16] Gilles, P. W. u. B. D. Pollok: J. Metals 5 (1953), S. 1537/39, CAEU 2558 (1952), 2894 (1954).

[17] Geach, G. A. u. F. O. Jones: 2. Plansee Seminar, Reutte/Tirol, 1955, S. 80/91.

[18] Brewer, L. u. H. Haraldsen: J. Electrochem. Soc. 102 (1955), S. 399 bis 406.

[19] Samsonov, G. V.: Zur. Fiz. Chim. 30 (1956), S. 2057/60.

[20] Juretschke, H. J. u. R. Steinitz: J. Chem. Phys. 4 (1958), S. 118/27.

[21] Samsonov, G. V. u. V. S. Neschpor: In: Fragen der Pulvermetallurgie, Kiew 1959, Bd. 7, S. 99/104.

[22] Glaser, F. W. u. D. Moskowitz: Powder Met. Bull. 6 (1953), S. 178/85.

[23] Hardy, G. F. u. J. K. Hulm: Phys. Rev. 93 (1954), S. 1004/16.

[24] Hulm, J. K. u. B. T. Matthias: Phys. Rev. 82 (1951), S. 273/74; 87 (152), S. 799/806.

[25] Ziegler, W. T. u. R. A. Young: Phys. Rev. 90 (1953), S. 115/19.

[26] Samsonov, G. V. u. N. S. Strelnikova: Ukr. Fiz. Zur. 3 (1958), S. 135/38.

[27] Samsonov, G. V., V. S. Neschpor u. G. A. Kudinceva: Radiotechn. Elektronika 2 (1957), S. 631/36.

[28] Climax Molybdenum Comp.: Rep. NR 034401 (1951).

[29] Wittmann, A., H. Nowotny u. H. Boller: Mh. Chem. 91 (1960), S. 608/15.

[30] Kolomec, N. V., V. S. Neschpor, G. V. Samsonov u. S. A. Semenkovitsch: Zur. Techn. Fiz. 28 (1958), S. 2382/89.

[31] Lvov, S. N., V. F. Nemtschenko u. G. V. Samsonov: Dokl. Akad. Nauk SSSR 135 (1960), S. 577/80.

Von schmelzenden Alkalihydroxyden und Oxydationsmitteln wird es rasch gelöst[1, 2].

F. W. GLASER[3, 4] macht Angaben über die Beständigkeit von Molybdänboriden beim Erhitzen in Gegenwart von Kohlenstoff (s. S. 451).

In Zahlentafel 88 sind die Eigenschaftswerte von Molybdänboriden zusammengestellt.

d) Verwendung

Mo_2B mit seinem Schmelzpunkt über 2000° ist als Hochtemperaturlot für Konstruktionsteile von Elektronenröhren vorgeschlagen worden[5].

9. Wolframborid

a) Herstellung

Nach H. MOISSAN[6] bilden Wolfram und Bor im elektrischen Lichtbogen eine sehr harte Legierung. Durch Zusammenschmelzen und Sintern im Lichtbogen von Wolfram-Bor-Gemischen wollen S. A. TUCKER und H. R. MOODY[7] und E. WEDEKIND[8] ein Wolframborid der Formel WB_2 erhalten haben.

Die Abscheidung von Wolframborid gelingt nach K. MOERS[9] nach dem Aufwachsverfahren aus den bei Tantal beschriebenen Gründen nicht (s. S. 409). Es scheidet sich neben einem Borid immer metallisches Wolfram ab. Nach I. E. CAMPBELL und Mitarbeitern[10] gelingt es, Wolframboridschichten durch Umsetzung von metallischen Wolfram-Aufwachsschichten mit BCl_2 in Gegenwart von Wasserstoff in einer Apparatur gemäß Abb. 19 S. 64 zu erzeugen. Nach C. W. TOBIAS und St. NARAY-SZABO[11] haben Borüberzüge auf Wolfram-

---

[1] WEISS, G.: Ann. Chim. 1 (1946), S. 446/525, Diss. Univ. Grenoble 1946; ANDRIEUX, L. u. G. WEISS: Bull. Soc. Chim. France 15 (1948), S. 598/601.

[2] MODYLEVSKAJA, K. D. u. G. V. SAMSONOV: Ukr. Chim. Zur. 25 (1959), S. 55/61.

[3] GLASER, F. W.: J. Metals 4 (1952), S. 391/96.

[4] SCHWARZKOPF, P. u. F. W. GLASER: Z. Metallkunde 44 (1953), S. 353/58.

[5] STEINITZ, R.: In: H. H. HAUSNER: Modern Materials, Vol. 2, Academie Press, New York 1960, S. 191/224.

[6] MOISSAN, H.: Compt. Rend. 123 (1896), S. 13/16.

[7] TUCKER, S. A. u. H. R. MOODY: Proc. Chem. Soc. 17 (1901), S. 129/30.

[8] WEDEKIND, E.: Ber. dtsch. chem. Ges. 46 (1913), S. 1198/1207.

[9] MOERS, K.: Z. anorg. allg. Chem. 198 (1931), S. 243/61.

[10] CAMPBELL, I. E., C. F. POWELL, D. H. NOWICKI u. B. W. GONSER: J. Electrochem. Soc. 96 (1949), S. 318/33.

[11] TOBIAS, C. W. u. St. NARAY-SZABO: J. Am. Chem. Soc. 71 (1949), S. 1882/83.

drähten je nach Abscheidungsbedingungen verschiedenartige Struktur; Wolframboride sollen sich keine bilden. Nach W. J. Deiss und J. L. Andrieux[1] bilden sich bei der Umsetzung von Wolfram mit $BCl_3 + H_2$ bei Temperaturen von 850 bis 1200° je nach Temperatur WB $+ W_2B$ oder W_2B_5.

Aus entsprechenden Salzgemischen hat G. Weiss[2] bei 960° ein gut kristallisiertes Borid der Formel WB, abgeschieden. Die Zusammensetzung des abgeschiedenen Borids ist im allgemeinen unabhängig vom Gehalt des Bades an WO_3. In einigen Fällen wurden allerdings Präparate mit einem höheren Borgehalt, als der Formel WB entspricht, erhalten.

In einem Wolframrohr-Vakuumofen hat C. Agte[3] Wolfram und Bor im entsprechenden Mischungsverhältnis auf 1800 bis 2000° erhitzt und dabei ein Borid der vermutlichen Formel WB erhalten.

Wolfram-Bor-Legierungen mit bis zu 71,4 At.-% B hat R. Kiessling[4] durch 48stündige Umsetzung von Wolframpulver mit reinem Bor in evakuierten Quarzrohren bei 1200° hergestellt. Preßlinge aus Mischungen von Wolfram und Bor wurden auch kurzzeitig im Magnesiatiegel im Vakuumofen auf 1500 bis 1600° erhitzt. L. Brewer und Mitarbeiter[5] erzeugten die Boride W_2B, WB und W_2B_5 aus den Komponenten durch Sintern unter Argon in Molybdäntiegeln. G. V. Samsonov[6] hat Wolfram-Bor-Legierungen über den ganzen Bereich des Systems aus den Komponenten sowie durch Reaktion von W_2B_5 mit Wolfram durch Heißpressen hergestellt.

Beim Heißpressen von Mischungen aus Wolfram bzw. Wolframkarbid und Bor oder Borkarbid entstehen nach F. W. Glaser[7] WB und W_2B_5. Bei höheren Temperaturen ist dabei eine β-Modifikation des WB beständig. Ch. T. Baroch und T. E. Evans[8] haben W_2B_5 nach dem Borkarbidverfahren bei 2100° im Kohlerohrkurzschlußofen gewonnen.

Bei der aluminothermischen Umsetzung von WO_3 mit B_2O_3, Al,

---

[1] Deiss, W. J. u. J. L. Andrieux: Bull. Soc. Chim. France 1 (1959), S. 178/82.

[2] Weiss, G.: Diss. Univ. Grenoble 1946, Ann. Chim. 1 (1946), S. 446/525; Andrieux, L.: Diss. Univ. Paris 1929; Andrieux, L. u. G. Weiss: Bull. Soc. Chim. France 15 (1948), S. 598/601.

[3] Agte, C.: Diss. Techn. Hochsch. Berlin 1931.

[4] Kiessling, R.: Acta Chem. Scand. 1 (1947), S. 893/916.

[5] Brewer, L., D. L. Sawyer, D. H. Templeton u. C. H. Dauben: J. Am. Ceram. Soc. 34 (1951), S. 173/79, UCRL 610 (1950).

[6] Samsonov, G. V.: Dokl. Akad. Nauk SSSR 113 (1957), S. 1299/1301.

[7] Glaser, F. W.: J. Metals 4 (1952), S. 391/96.

[8] Baroch, Ch. T. u. T. E. Evans: J. Metals 7 (1955), S. 908/11.

und S bildet sich nach F. HALLA und W. THURY[1] das Borid WB_2, welches allerdings aus dem Reaktionsprodukt nur schwierig in Form undurchsichtiger, dunkelbrauner, metallischer, hexagonaler Täfelchen zu isolieren ist. Bei der Umsetzung von WO_3 mit B_2O_3 und C erhält man nach H. BLUMENTHAL[2] Gemische von WB und W_2B_5.

Nach W. FREUNDLICH, F. A. JOSIEN und A. ERB[3] bilden sich aus WC und B_2O_3 bei 1400° keine Wolframboride, dagegen tritt bei der Reaktion von WC + B bei 1400° das Borid W_2B auf.

In Diffusionsschichten, die beim Borieren von Wolfram mit Borkarbid bzw. Bor bei 1200 bis 1400° entstehen, treten die Phasen W_2B, WB und W_2B_5 auf[4].

Die Diffusionsgeschwindigkeit von Bor in Wolfram und die Aktivierungsenergie der Wolframboridbildung haben G. V. SAMSONOV und V. P. LATYSCHEVA[5] ermittelt.

b) Das System Wolfram-Bor

Durch röntgenographische Untersuchungen von R. KIESSLING[6] erscheinen die Verhältnisse im System W-B was die unterhalb 1200° liegenden Phasen betrifft grundsätzlich geklärt. Die drei gefundenen Phasen ähneln außerordentlich jenen im System Molybdän-Bor[7]. Die Löslichkeit von Bor in Wolfram ist sehr gering. Die γ-Phase, welche bei 33,3 At.-% B homogen ist und der Formel W_2B entspricht, hat tetragonale Kristallstruktur ($CuAl_2$-Struktur, C 16-Typ). Sie ist isotyp mit Mo_2B, Fe_2B, Co_2B und Ni_2B. Die δ-Phase mit einem Existenzbereich von 48 bis 51 At.-% B entspricht der Formel WB. Sie hat ebenfalls tetragonale Kristallstruktur. In Analogie zu den Verhältnissen im System MoB haben B. POST und F. W. GLASER[8] im System WB eine Hochtemperaturmodifikation (β) des WB (Umwandlungspunkt etwa 1850°) mit orthorombischem Gitter (isotyp mit CrB) gefunden. Die ε-Phase ist nach R. KIESSLING bei etwa 67 bis 68 At.-% homogen. Sie hat hexagonale Struktur und entspricht

---

[1] HALLA, F. u. W. THURY: Z. anorg. allg. Chem. **249** (1942), S. 229/37.

[2] BLUMENTHAL, H.: Powder Met. Bull. **7** (1956), S. 79/81).

[3] FREUNDLICH, W., F. A. JOSIEN u. A. ERB: Bull. Soc. Chim. France (1960), S. 281/83.

[4] MINKEVITSCH, A. N., L. N. RASTOREJEV u. V. I. ANDRJUSCHECKI: Izv. Vysch. Utsch. Zaved., Tschernaja Met. (1960), Nr. 7, S. 171/79.

[5] SAMSONOV, G. V. u. V. P. LATYSCHEVA: Dokl. Akad. Nauk SSSR **93** (1953), S. 859/61, **109** (1956), S. 582/85; Fiz. Metallov Metalloved. **2** (1956), S. 309/19; Izv. Sekt. Fiz. Chim. Anal. **27** (1956), S. 97/125; In: Bor, Moskau 1958, S. 74/89.

[6] KIESSLING, R.: Acta Chem. Scand. **1** (1947), S. 893/916.

[7] PITMAN, D. T. u. D. K. DAS: J. Electrochem. Soc. **107** (1960), S. 763/66.

[8] POST, B. u. F. W. GLASER: J. Chem. Phys. **20** (1952), S. 1050/51.

etwa der Formel W_2B_5 ($WB_{2,5}$). Das dem MoB_2 analoge WB_2 konnte bisher noch nicht gefunden werden; es ist aber wahrscheinlich in Mischkristallen mit Boriden vom C 32-Typ stabilisierbar. Die Schmelzpunkte der Eutektika zwischen den drei Wolframboriden liegen über 2000°. Die Schmelzpunkte der reinen Boride, welche unzersetzt schmelzen, liegen nach L. Brewer und Mitarbeitern[1] weit höher.

In lichtbogengeschmolzenen Borlegierungen mit 6 At.-% W tritt nach A. U. Seybolt[2] kein Eutektikum auf, was auf praktische Unlöslichkeit von Wolfram in Bor schließen läßt.

G. V. Samsonov[3] hat das System Wolfram-Bor nochmals röntgenographisch untersucht und die Phasengrenzen der Verbindungen WB bei 44,4 bis etwa 55 At.-% B und W_2B_5 bei 68 bis 75 At.-% B bestimmt.

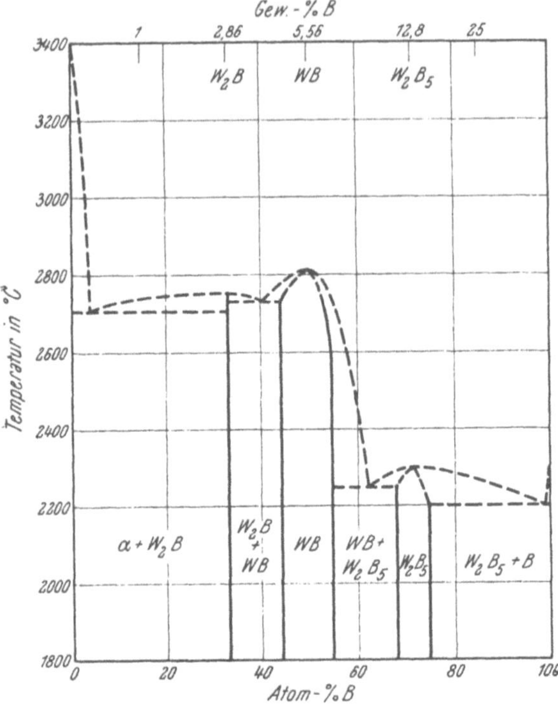

Abb. 146. Zustandsschaubild des Systems Wolfram-Bor, hypothetisch

Auf Grund der Literaturangaben haben wir ein hypothetisches Zustandsschaubild des Systems Wolfram-Bor entworfen (Abb. 146).

c) Eigenschaften

Wolframborid der chemischen Formel WB ist meist ein graues metallisches Pulver. Durch Schmelzflußelektrolyse abgeschieden, sind es gut ausgebildete, metallisch glänzende Kriställchen.

Wolframborid wird von HCl nicht angegriffen. H_2SO_4 und HNO_3

[1] Brewer, L., D. L. Sawyer, D. H. Templeton u. C. H. Dauben: J. Am. Ceram. Soc. 34 (1951), S. 173/79, UCRL 610 (1950).
[2] Seybolt, A. U.: Trans. Am. Soc. Met. 52 (1960), S. 971/89.
[3] Samsonov, G. V.: Dokl. Akad. Nauk SSSR 113 (1957), S. 1299/1301.

Zahlentafel 89. *Eigenschaften von Wolframboriden*

Eigenschaften	W_2B (2,86 % B)		WB (5,56 % B)		W_2B_5 (12,81 % B)	
	Werte	Weit. Literatur	Werte	Weit. Literatur	Werte	Weit. Literatur
Struktur	tetrag.[1] C 16	2	δ: tetrag.[1] B_g β: orhomb.[3] B_f	2	hexagonal[1] D 8_h	2
Gitterkonstante Å	a: 5,564[1] c: 4,740	4, 5	δ: a: 3,115[1] c: 16,92 a: 3,19[3] β: b: 8,40 c: 3,07	5	a: 2,982[1] c: 13,87	5—9
Dichte g/cm³ ber...... gef.....	16,72 16,0[1]		16,0 15,3	10, 11	13,1	1, 6, 12
Härte HM (50 g) kg/mm²	2350[13]	4, 5	3750[5]	10	2700[14]	5, 8, 9, 15 29
Schmelzpunkt ° C	2770[16]		2860 zers.[16]	17, 18	~2300[2]	18
Thermodyn. Daten — $\triangle H_{298}$ kcal/mol. ..	20—28[19]	13	12—22[19]		25—45[19]	20
Spez. elektr. Widerstand $\mu\,\Omega\cdot$ cm					21[21]	8, 9 22—24 30, 31
Supraleitfähigkeit ab ° K	3,1[25]		s. Lit.	25, 26	s. Lit.	25
HALL-Konstante					— 1,7[31]	22
Thermokraft					s. Lit.	27
Elektronenemission					s. Lit.	24, 27
Gefüge					s. Lit.	15

[1] KIESSLING, R.: Acta Chem. Scand. 1 (1947), S. 893/916.

[2] SCHWARZKOPF, P. u. F. W. GLASER: Z. Metallkde. 44 (1953), S. 353/58.

[3] POST, B. u. F. W. GLASER: J. Chem. Phys. 20 (1952), S. 1050/51.

[4] SAMSONOV, G. V. u. V. P. LATYSCHEVA: Fiz. Metallov Metalloved. 2 (1956), S. 309/19.

[5] SAMSONOV, G. V.: Dokl. Akad. Nauk SSSR 113 (1957), S. 1299/1301.

[6] HALLA, F. u. W. THURY: Z. anorg. Chem. 249 (1942), S. 229/37.

[7] POST, B., F. W. GLASER u. D. MOSKOWITZ: Acta Met. 2 (1954), S. 20/25.

[8] MEERSON, G. A., G. V. SAMSONOV, R. B. KOTELNIKOV, M. S. VOJNOVA, I. P. EVTEEVA u. S. D. KRASNENKOVA: Zur. Neorg. Chim. 3 (1958), S. 898/903; In: Bor, Moskau 1958, S. 58/73.

[9] SAMSONOV, G. V.: In Fragen der Pulvermetallurgie, Kiew 1959, Bd. 7, S. 72/98.

[10] WEISS, G.: Diss. Univ. Grenoble 1946, Ann. Chim. 1 (1946), S. 446/525.

[11] ISKOLDSKI, I. I. u. L. P. BOGORODSKAJA: Zur. Prikl. Chim. 30 (1957), S. 177/85.

lösen nur in der Wärme. Königswasser löst insbesondere in Gegenwart von HF leicht. Schmelzende Alkalihydroxyde und Nitrite reagieren leicht[32]. Neuere Angaben über die Beständigkeit gegen Säuren, Alkalien und Salze machen russische Forscher[33, 34].

Ein WB soll beim Erhitzen unter Wasserstoff auf höchsten Temperaturen nicht reagieren[35].

F. W. GLASER[36, 37] untersuchte die Beständigkeit von Wolframboriden beim Erhitzen in Gegenwart von Kohlenstoff (s. S. 451) und D. T. PITMAN und D. K. DAS[38] prüften die Beständigkeit gegen ThO_2.

In Zahlentafel 89 sind weitere Eigenschaftswerte von Wolframboriden zusammengestellt.

[12] WEDEKIND, E.: Ber. dtsch. chem. Ges. **46** (1913), S. 1206.

[13] SAMSONOV, G. V. u. V. S. NESCHPOR: In: Fragen der Pulvermetallurgie, Kiew 1958, Bd. 5, S. 3/35.

[14] SAMSONOV, G. V., V. S. NESCHPOR u. L. M. CHRENOVA: Hutnické Listy **14** (1959), S. 484/88, Fiz. Metallov Metalloved. **8** (1959), S. 622/30.

[15] SAMSONOV, G. V.: Dokl. Akad. Nauk SSSR **86** (1952), S. 329/32.

[16] HONAK, E. R.: Diss. Techn. Hochschule Graz 1951.

[17] AGTE, C.: Diss. Techn. Hochsch. Berlin 1931.

[18] BREWER, L., D. L. SAWYER, D. H. TEMPLETON u. C. H. DAUBEN: J. Am. Ceram. Soc. **34** (1951), S. 173/79, UCRL 610 (1950).

[19] BREWER, L. u. H. HARALDSEN: J. Electrochem. Soc. **102** (1955), S. 399/406.

[20] SAMSONOV, G. V.: Zur. Fiz. Chim. **30** (1956), S. 2057/60.

[21] GLASER, F. W.: J. Metals **4** (1952), S. 391/96.

[22] JURETSCHKE, H. J. u. R. STEINITZ: J. Chem. Phys. **4** (1958), S. 118/27.

[23] SAMSONOV, G. V.: Zur. Techn. Fiz. **26** (1956), S. 716/22; Izv. Sekt. Fiz. Chim. Anal. **27** (1956), S. 97/125.

[24] SAMSONOV, G. V. u. V. S. NESCHPOR: In: Fragen der Pulvermetallurgie, Kiew 1959, Bd. 7, S. 99/104.

[25] HARDY, G. F. u. J. K. HULM: Phys. Rev. **93** (1954), S. 1004/16.

[26] ZIEGLER, W. T. u. R. A. YOUNG: Phys. Rev. **90** (1953), S. 115/19.

[27] SAMSONOV, G. V. u. N. S. STRELNIKOVA: Ukr. Fiz. Zur. **3** (1958), S. 135/38.

[28] SAMSONOV, G. V., V. S. NESCHPOR u. G. A. KUDINCEVA: Radiotechn. Elektronika **2** (1957), S. 631/36.

[29] GRODZINSKI, P.: Werkstattstechn. Masch.-Bau **48** (1958), S. 364/72.

[30] KOLOMEC, N. V., V. S. NESCHPOR, G. V. SAMSONOV u. S. A. SEMENKOVITSCH: Zur. Techn. Fiz. **28** (1958), S. 2382/89.

[31] LVOV, S. N., V. F. NEMTSCHENKO u. G. V. SAMSONOV: Dokl. Akad. Nauk SSSR **135** (1960), S. 577/80.

[32] WEISS, G.: Diss. Univ. Grenoble 1946, Ann. Chim. **1** (1946), S. 446/525.

[33] SAMSONOV, F. V.: Dokl. Akad. Nauk SSSR **86** (1959), S. 329/32.

[34] MODYLEVSKAJA, K. D. u. G. V. SAMSONOV: Ukr. Chim. Zur. **25** (1959), S. 55/61.

[35] MAY, C. E., D. KONEVAL u. G. C. FRYBURG: NASA Mem. 3-5-59 E (1959).

[36] GLASER, F. W.: J. Metals **4** (1952), S. 391/96.

[37] SCHWARZKOPF, P. u. F. W. GLASER: Z. Metallkunde **44** (1953), S. 353/58.

[38] PITMAN, D. T. u. D. K. DAS: J. Electrochem. Soc. **107** (1960), S. 763/66.

C. Boride der Acitinide

1. Thoriumborid

a) Herstellung

A. BINET DU JASSONEIX[1] sowie E. WEDEKIND und K. FETZER[2] konnten aus Schmelzprodukten von Thoriumoxyd und Bor Thoriumboride der Zusammensetzung ThB_4 und ThB_6 isolieren.

G. ALLARD[3], M. v. STACKELBERG und F. NEUMANN[4] sowie L. ANDRIEUX[5] haben durch Schmelzflußelektrolyse ein Borid der Formel ThB_6 hergestellt.

L. BREWER und Mitarbeiter[6] erhielten bei der Sinterung von Mischungen aus Thorium- und Borpulver ein Tetraborid ThB_4 und weitere Phasen mit kubischer Struktur, welche aber wahrscheinlich feste Lösungen von ThO_2 in Thoriumborid darstellten.

Die Boride ThB_4 und ThB_6 haben G. V. SAMSONOV und O. N. ZORINA[7] nach dem Borkarbidverfahren durch Umsetzen von ThO_2 mit B_4C bei Temperaturen von 1200 bis 1900° hergestellt. Gemische von ThB_6 und einem niedrigeren Borid entstehen nach H. BLUMENTHAL[8] bei der Umsetzung von ThO_2 mit B_2O_3 und C.

Beim Heißpressen entsprechend zusammengesetzter Thorium-Bor-Gemenge bildet sich nach F. W. GLASER[9] ThB_6. Reines ThB_4 und ThB_6 erhält man auch durch Vakuumsinterung bei 1800° [10].

b) Das System Thorium-Bor

Im System Thorium-Bor existieren die Boride ThB_4 und ThB_6. Nach L. BREWER und Mitarbeitern[6] hat ThB_4 einen engen Homogenitätsbereich. Die eutektische Temperatur Th-ThB_4 beträgt etwa 1550°. Eine von L. H. ANDERSSON und R. KIESSLING[11] in Proben mit 50-At.-% B gefundene Phase dürfte nach L. BREWER und Mitarbeitern[6] ThB_4 sein.

---

[1] BINET DU JASSONEIX, A.: Compt. Rend. **141** (1905), S. 191/93.

[2] WEDEKIND, E. u. K. FETZER: Chem. Ztg. **29** (1905), S. 1031/32.

[3] ALLARD, G.: Compt. Rend. **189** (1929), S. 108, Bull. Soc. Chim. France **51** (1932), S. 1213.

[4] v. STACKELBERG, M. u. F. NEUMANN: Z. physik. Chem. **B 19** (1932), S. 314/20.

[5] ANDRIEUX, L.: Diss. Univ. Paris 1929, Ann. Chim. (10) **12** (1929), S. 423 bis 507.

[6] BREWER, L., D. L. SAWYER, D. H. TEMPLETON u. C. H. DAUBEN: J. Am. Ceram. Soc. **34** (1951), S. 173/79, AECD 2823 (1950), UCRL 610 (1950).

[7] SAMSONOV, G. V. u. O. N. ZORINA: Zur. Neorg. Chim. **1** (1956), S. 2260/63.

[8] BLUMENTHAL, H.: Powder Met. Bull. **7** (1956), S. 79/81.

[9] GLASER, F. W.: J. Metals **4** (1952), S. 391/96.

[10] PITMAN, D. T. u. D. K. DAS: J. Electrochem. Soc. **107** (1960), S. 763/66.

[11] ANDERSSON, L. H. u. R. KIESSLING: Acta Chem. Scand. **4** (1950), S. 160/64.

c) Eigenschaften

F. W. GLASER[1,2] macht Angaben über die Beständigkeit von
Thoriumboriden beim Erhitzen in Gegenwart von Kohlenstoff

Zahlentafel 90. *Eigenschaften von Thoriumboriden*

Eigenschaften	ThB_4 (15,7 % B)		ThB_6 (22,1 % B)	
	Werte	Weitere Literatur	Werte	Weitere Literatur
Struktur	tetragonal[1] D 1_e		kubisch[2] D 2_1	[3]
Gitterkonstante Å	a: 7,256[1] c: 4,113	[13]	4,110[4]	[2, 5–7]
Dichte g/cm³ ber. .... gef.	8,45[1]	[7]	6,08 6,27[5]	
Härte HM (20 g) kg/mm²			1740[7]	
Schmelzpunkt ° C	2400[8]		2200 zers.[7]	
Thermodynamische Daten — ΔH_{298} kcal/mol	52[9]		66[9]	
Spez. elektr. Widerstand $\mu \Omega \cdot$ cm			37[7]	
Supraleitfähigkeit	s. Lit.	[10, 11]		
Elektronenemission			s. Lit.	[12]

[1] ZALKIN, A. u. D. H. TEMPLETON: J. Chem. Phys. **18** (1950), S. 391; Acta Cryst. **6** (1953), S. 269/72; AECD 2762, 3080 (1950).

[2] v. STACKELBERG, M. u. F. NEUMANN: Z. physik. Chem. B **19** (1932), S. 314/20.

[3] ALLARD, G.: Compt. Rend. **189** (1929), S. 108, Bull Soc. Chim. France **51** (1932), S. 1213.

[4] POST, B., D. MOSKOWITZ u. F. W. GLASER: J. Am. Chem. Soc. **78** (1956), S. 1800/02; 2. Plansee Seminar, Reutte/Tirol 1955, S. 173/86.

[5] KIESSLING, R.: Acta Chem. Scand. **4** (1950), S. 209/27.

[6] BLUM, P. u. F. BERTAUT: Acta Cryst. **7** (1954), S. 81/86.

[7] SAMSONOV, G. V. u. O. N. ZORINA: Zur. Neorg. Chim. **1** (1956), S. 2260/63.

[8] BREWER, L., D. L. SAWYER, D. H. TEMPLETON u. C. H. DAUBEN: J. Am. Ceram. Soc. **34** (1951), S. 173/79, UCRL 610 (1950), AECD 2823 (1950).

[9] BREWER, L. u. H. HARALDSEN: J. Electrochem. Soc. **102** (1955), S. 399/406.

[10] ZIEGLER, W. T. u. R. A. YOUNG: Phys. Rev. **90** (1953), S. 115/19.

[11] HARDY, G. F. u. J. K. HULM: Phys. Rev. **93** (1954), S. 1004/16.

[12] LAFFERTY, J. M.: Phys. Rev. **79** (1950), S. 1012. J. Appl. Physics **22** (1951), S. 299/309.

[13] PITMAN, D. T. u. D. K. DAS: J. Electrochem. Soc. **107** (1960), S. 763/66.

---

[1] GLASER, F. W.: J. Metals **4** (1952), S. 391/96.

[2] SCHWARZKOPF, P. u. F. W. GLASER: Z. Metallkunde **44** (1959), S. 353/58.

(s. S. 451) und D. T. PITMAN und D. K. DAS[1] untersuchten die Beständigkeit gegen ThO_2.

In Zahlentafel 90 sind die Eigenschaftswerte der Thoriumboride zusammengestellt.

2. Uranborid

a) Herstellung

E. WEDEKIND und O. JOCHEM[2] haben Bor und Uran im atomaren Verhältnis 1 : 2 zusammengesintert und dann im Lichtbogen geschmolzen. Das erhaltene Produkt hatte 8,33% B (UB_2 8,33% B).

Bei der Schmelzelektrolyse entsprechender Salzgemische erhält man nach L. ANDRIEUX[3] bei Temperaturen von 950 bis 1000° metallisch glänzende prismatische Kriställchen der chemischen Formel UB_4. L. ANDRIEUX und P. BLUM[4] haben nach der gleichen Methode Mischungen von UB_4 und UB_{12} abgeschieden, aus denen das letztere chemisch isoliert werden kann.

Durch Vakuumsinterung von Mischungen aus Uranmetall und

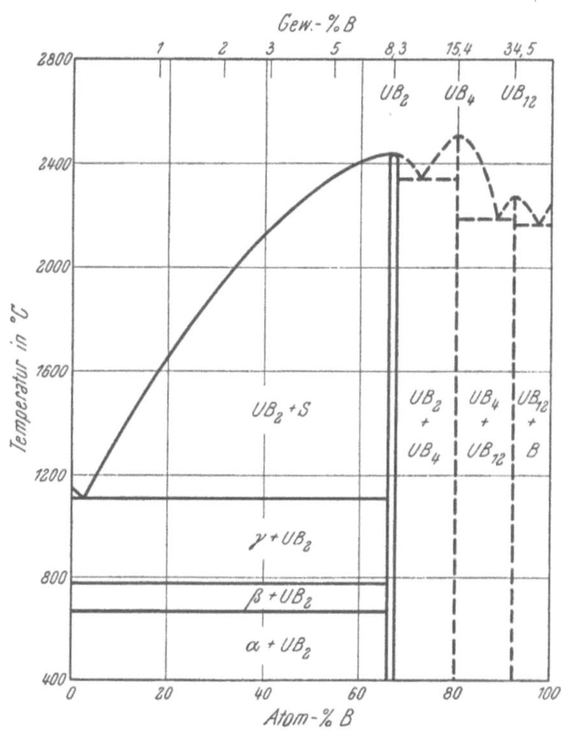

Abb. 147. Zustandsschaubild des Systems Uran-Bor (B. W. HOWLETT)

Bor bei 1500° haben L. BREWER[5] und Mitarbeiter Boride der Formel UB_2 und UB_4 erzeugt. Zwecks Aufstellung eines Zustandsdiagrammes

---

[1] PITMAN, D. T. u. D. K. DAS: J. Electrochem. Soc. **107** (1960), S. 2260/63.
[2] WEDEKIND, E. u. O. JOCHEM: Ber. dtsch. chem. Ges. **46** (1913), S. 1204/05.
[3] ANDRIEUX, L.: Diss. Univ. Paris 1929, Rev. Mét. **45** (1948), S. 49/59.
[4] ANDRIEUX, L. u. P. BLUM: Compt. Rend. **229** (1949), S. 210/12.
[5] BREWER, L., D. L. SAWYER, D. H. TEMPLETON u. C. H. DAUBEN: J. Am. Ceram. Soc. **34** (1951), S. 173/79, UCRL 610 (1950).

hat B. W. HOWLETT[1] sehr reine Uran-Bor-Legierungen durch Lichtbogenschmelzen unter Argon hergestellt. Auch A. B. TRIPLER und
Mitarbeiter[2] haben UB_2 so gewonnen.

b) Das System Uran-Bor

Einzelangaben über die Boride UB_2, UB_4 und UB_{12} sowie deren
Schmelzpunkte stammen von L. BREWER und Mitarbeitern[3], F. BER-
TAUT und P. BLUM[4], A. ZALKIN und D. H. TEMPLETON[5] sowie L. AN-
DRIEUX und P. BLUM[6]. Auf Grund älterer Angaben und röntgenographischer, metallographischer Untersuchungen, sowie Schmelzpunktsbestimmungen hat B. W. HOWLETT[1] ein Zustandsschaubild
des Systems U-B aufgestellt (Abb. 147). Es werden die drei Phasen
UB_2, UB_4 und UB_{12} bestätigt, die unzersetzt schmelzen. Das Eutektikum zwischen U-UB_2 liegt bei 2 bis 5 At.-% B, bei einer Temperatur
von 1107°. Die Umwandlungstemperaturen des Urans werden durch
Bor wenig beeinflußt. Die Löslichkeit von Bor in Uran konnte nicht
bestimmt werden.

c) Eigenschaften

Uranborid der Formel UB_2 mit 8,33% B fällt meist als ein graues,
metallisches Pulver an. Durch Schmelzelektrolyse hergestelltes UB_4
bildet metallisch glänzende graue Kriställchen.

Die Boride UB_4 und UB_{12} werden in $HNO_3 + H_2O_2$ leicht gelöst.
Superoxyde reagieren heftig[6,7]. Während das UB_4 von HCl und HF
gelöst wird, ist das Borid UB_{12} gegen kochende HCl und HF beständig; eine Trennung ist daher möglich. Kochende konzentrierte H_2SO_4
greift UB_{12} sehr langsam, UB_4 dagegen rasch an.

Bei der Behandlung von UB_2 mit Sauerstoff bzw. Stickstoff
bilden sich nitridhaltige Schutzschichten[2,8].

---

[1] HOWLETT, B. W.: J. Inst. Metals **88** (1959), S. 91/92, 467.

[2] TRIPLER, A. B., M. J. SNYDER u. W. H. DUCKWORTH: BMI 1313 (1959).
In: Materials in Nuclear Application. Am. Soc. Test. Mat., Techn. Publ.
Nr. 276 (1960), S. 293/300.

[3] BREWER, L., S. D. SAWYER, D. H. TEMPLETON u. C. H. DAUBEN: J.
Am. Ceram. Soc. **34** (1951), S. 173/79, UCRL 610 (1950), AECD 2823 (1950).

[4] BERTAUT, F. u. P. BLUM: Compt. Rend. **229** (1949), S. 666/67.

[5] ZALKIN, A. u. D. H. TEMPLETON: J. Chem. Phys. **18** (1950), S. 391;
Acta Cryst. **6** (1953), S. 269/72, AECD 2762, 3080 (1950).

[6] ANDRIEUX, L. u. P. BLUM: Compt. Rend. **229** (1949), S. 210/12.

[7] ANDRIEUX, L.: Diss. Univ. Paris 1929, Ann. Chim. (10) **12** (1929), S. 423
bis 507, Rev. Mét. **45** (1948), S. 49/50.

[8] ALBRECHT, W. M. u. B. G. KOEHL: Proc. Genf 1958, Bd. **6** S. 116/21.

Vom strukturchemischen und vom reaktortechnischen Standpunkt interessiert, daß UB_2 (C 32-Typ) zur Mischkristallbildung mit anderen isotypen Boriden befähigt ist. Es ist auch sehr wahrscheinlich, daß UB_4 und ThB_4 sowie UB_{12} und ZrB_{12} vollkommen mischbar sind. Das Verhalten gegen Eisenmetalle und Niob ist ebenfalls reaktortechnisch von Interesse[11].

Weitere Eigenschaftswerte von Uranboriden sind in Zahlentafel 91 zusammengestellt.

Zahlentafel 91. *Eigenschaften von Uranboriden*

Eigenschaften	UB_2 (8,33 % B)		UB_4 (15,4 % B)		UB_{12} (34,5 % B)	
	Werte	Weit. Literatur	Werte	Weit. Literatur	Werte	Weit. Literatur
Struktur	hexagon.[1] C 32	8	tetragon.[2] D 1_e		kubisch[2] D 2_f	
Gitterkonstante Å	a: 3,136[1] c: 3,988	3	a: 7,075[2] c: 3,979	4, 5	7,473[2]	3, 5
Dichte g/cm³ ber. .... gef.........	12,71[1]	6, 10	9,38 9,32[7]		5,82 5,65[2]	
Härte HM (2009[1]) kg/mm² ..	1510[10]		>2500		>2000	
Schmelzpunkt ° C	2385[3]		2495[3]		2235[3]	
Ausdehnungskoeffizient $\beta \cdot 10^{-6}$	a: 9[9] c: 8					
Thermodynamische Daten ..	s. Lit.	10				
Gefüge..................	s. Lit.	10				

[1] DAANE, A. H. u. N. C. BAENZINGER: ISC-53 (1949).

[2] BERTAUT, F. u. P. BLUM: Compt. Rend. **229** (1949), S. 666/67.

[3] HOWLETT, B. W.: J. Inst. Met. **88** (1959), S. 91/92.

[4] ZALKIN, A. u. D. H. TEMPLETON: J. Chem. Phys. **18** (1950), S. 391; Acta Cryst. **6** (1953), S. 269/72, AECD 2762, 3080 (1950).

[5] BLUM, P. u. F. BERTAUT: Acta Cryst. **7** (1954), S. 81/86.

[6] ALBRECHT, W. M. u. B. G. KOEHL: Proc. Genf 1958, Bd. 6, S. 116/21.

[7] ANDRIEUX, L. u. P. BLUM: Compt. Rend. **229** (1949), S. 210/12.

[8] BREWER, L., D. L. SAWYER, D. H. TEMPLETON u. C. H. DAUBEN: J. Am. Ceram. Soc. **34** (1951), S. 173/79, AECD 2823 (1950), UCRL 610 (1950).

[9] BECKMAN, G. u. R. KIESSLING: Nature **178** (1956), S. 1341.

[10] TRIPLER, A. B., M. J. SNYDER u. W. H. DUCKWORTH: BMI 1313 (1959). In: Materials in Nuclear Application. Am. Soc. Test. Mat., Techn. Publ. No. 276 (1960), S. 293/300.

[11] BORCHARDT, H. J.: J. Inorg. Nucl. Chem. **12** (1959), S. 113/21.

3. Plutoniumborid

B. J. McDonald und W. I. Stuart[1] haben Plutoniumboride der Zusammensetzung PuB, PuB_2, PuB_4 und PuB_6 durch Erhitzen pulverförmiger Komponentmischungen unter Argon auf 1200° bzw. 800° erhalten. PuB bildet sich bei 1200°; es hat kubisch flächenzentriertes Gitter mit $a = 4{,}92$ Å. PuB_2 bildet sich nur bei 800°; es ist hexagonal (C 32, isotyp mit UB_2) mit $a = 3{,}18$, $\varepsilon = 3{,}90$ Å. PuB_4 wird bei 1200° gebildet; es ist tetragonal ($D1_e$, isotyp mit UB_4) mit $a = 7{,}10$, $\varepsilon = 4{,}014$ Å. Das Hexaborid PuB_6 wird auch bei 1200° gebildet; es ist einfach kubisch (D 2_1, isotyp mit ThB_6) $a = 4{,}115$ bis 4,140 Å.

D. Die Systeme Borid-Borid

1. Allgemeines und Herstellung

Während die Mischbarkeit der isotypen und nichtisotypen Karbide und Nitride der 4a bis 6a Metalle schon frühzeitig wegen ihrer technischen Bedeutung untersucht worden sind, wurden die Mischungsverhältnisse bei Boriden erst verhältnismäßig spät eingehender geprüft. Bei den isotypen Monokarbiden und Mononitriden der 4a und 5a Metalle wurde das Auftreten lückenloser Mischkristallreihen nur dann festgestellt, wenn die 15% Volumsregel nach Hume-Rothery eingehalten wurde (vgl. S. 211). In Analogie hierzu kann zum Beispiel bei den isotypen Diboriden des Titans, Zirkoniums, Hafniums, Vanadins, Niobs, Tantals, Chroms und Molybdäns bei zutreffender Volumsregel vollkommene Mischbarkeit erwartet werden. Es kann ferner auch auf lückenlose Mischbarkeit zwischen den isotypen Boridpaaren, Ti_2B-Ta_2B, Mo_2B-W_2B, VB-NbB und NbB-TaB, CrB-MoB-WB, ThB_4-UB_4 und ZrB_{12}-UB_{12} geschlossen werden.

Die Verhältnisse bei den Diboriden wurden zuerst im Falle des isomorphen Paares TiB_2-ZrB_2 von H. Nowotny[2], W. Schedler[3], F. W. Glaser und W. Ivanick[4] und G. V. Samsonov[5, 6] geprüft. Die von J. T. Norton, H. Blumenthal und S. J. Sindeband[7] vermutete lückenlose Mischbarkeit konnte bestätigt werden. Von

---

[1] McDonald, B. J. u. W. I. Stuart: Acta Cryst. **13** (1960), S. 447/48.

[2] Nowotny, H.: Planseeber. Pulvermet. **1** (1953), S. 43/60.

[3] Schedler, W.: Diss. Techn. Hochschule Graz 1952.

[4] Glaser, F. W. u. W. Ivanick: Powder Met. Bull. **6** (1953), S. 126/32.

[5] Meerson, G. A., G. V. Samsonov u. R. B. Kotelnikov: Izv. Sekt. Fiz. Chim. Anal. **25** (1954), S. 89/93.

[6] Samsonov, G. V.: Izv. Sekt. Fiz. Chim. Anal. **27** (1956), S. 97/125; Zur. Techn. Fiz. **26** (1956), S. 716/22.

[7] Norton, J. T., H. Blumenthal u. S. J. Sindeband: Trans. Am. Inst. met. Eng. **185** (1949), S. 749/52.

russischen Forschern[1, 2] wurde auch die vollkommene Mischbarkeit in den Systemen TaB_2-ZrB_2, NbB_2-TiB_2 u. a. festgestellt und physikalische Eigenschaften der Mischkristalle bestimmt. Eine zusammenfassende Bearbeitung typischer Diboridsysteme wurde zuerst von B. Post, F. W. Glaser und D. Moskowitz[3] vorgenommen. Es wurden Systeme mit Zirkoniumdiborid, d. h. mit der größten, Chromdiborid mit der kleinsten und Titandiborid mit einer mittleren Gittergröße gewählt, so daß die Ergebnisse mit großer Sicherheit auch auf die dazwischenliegenden Diboride übertragen werden können.

Faßt man alle Untersuchungen zusammen, fügt die fehlenden Paare ein, sowie eine hypothetische Phase WB_{2+x} (W_2B_5), so ergeben sich die in Zahlentafel 92 wiedergegebenen Verhältnisse[4]. Alle iso-

Zahlentafel 92. *Mischbarkeit der Diboride der 4a, 5a und 6a Metalle*

	TiB₂	ZrB₂	HfB₂	VB₂	NbB₂	TaB₂	CrB₂	MoB₂
ZrB₂	●							
HfB₂	●	●						
VB₂	●	○	(○)					
NbB₂	●	●	(●)	(●)				
TaB₂	●	●	(●)	(●)	●			
CrB₂	●	○	○	●	●	●		
MoB₂	●	●	(●)	●	●	●	●	
WB₂	(○)	(○)	(○)	(○)	(○)	(○)	(○)	(○)

● : vollkommene Mischbarkeit
○ : keine oder sehr beschränkte Mischbarkeit
(●): noch nicht untersuchtes System, vollkommene Mischbarkeit wahrscheinlich
(○): noch nicht untersuchtes System, keine oder beschränkte Mischbarkeit wahrscheinlich

typen Paare, die der Volumsregel entsprechen, sind lückenlos mischbar. Ausnahmen bilden die Systeme mit Hafniumdiborid und Zirkoniumdiborid einerseits, Vanadinborid und Chromdiborid anderer-

---

[1] Meerson, G. A., G. V. Samsonov u. R. B. Kotelnikov: Izv. Sekt. Fiz. Chim. Anal. 25 (1954). S. 89/93.
[2] Portnoj, K. I. u. G. V. Samsonov: Dokl. Akad. Nauk. 116 (1957), S. 953/55, 976/78; Izv. Akad. Nauk. SSSR, Met. Topl. (1958), S. 140/41.
[3] Post, F., F. W. Glaser u. D. Moskowitz: Acta Met. 2 (1954), S. 20/25.
[4] Kotelnikov, R. B.: In: Bor, Moskau 1958, S. 46/51, Zur. Neorg. Chim. 3 (1958), S. 841/46.

seits. Mit einem unterstöchiometrischen W_2B_5, d. h. einem hypothetischen WB_2 sind mehr oder minder große Mischungslücken zu
erwarten.

Bei der Herstellung von Boridmischkristallen werden im allgemeinen die Methoden angewandt, welche bei der Herstellung von
Karbid- bzw. Nitridmischkristallen benützt werden (s. S. 214). Man
geht meist von bereits vorgebildeten Boriden aus und bringt diese
durch Heißpressen oder Normalsintern von Kaltpreßlingen bei entsprechend hohen Temperaturen zur Umsetzung. Auf diese Weise
haben W. Schedler[1], F. W. Glaser und Mitarbeiter[2, 3], sowie
G. V. Samsonov und Mitarbeiter[4, 5] ihre Diboridlegierungen hergestellt. Gleichzeitig anwesender Kohlenstoff stört den Reaktionsablauf nicht. Nach H. Blumenthal[6] gelingt die Herstellung von
Diboridmischkristallen auch vorteilhaft durch Umsetzung entsprechender Oxydgemische mit B_2O_3 und Kohlenstoff.

2. Borid-Zweistoffsysteme

Titandiborid-Zirkoniumdiborid. Das System in welchem
J. T. Norton, H. Blumenthal und S. J. Sindeband[7] vollkommene
Mischbarkeit vermuteten wurde eingehend von W. Schedler[1] und
H. Nowotny[8] und F. W. Glaser und W. Ivanick[2], G. A. Meerson[4] und G. V. Samsonov[9] untersucht, wobei sich praktisch über-
einstimmende Befunde bezüglich der vollkommenen Mischbarkeit,
der Änderung der Gitterkonstanten, des Schmelzpunktes und des
elektrischen Widerstandes ergaben (Abb. 148 und 149). Für die
Mikrohärte fand W. Schedler vermittelnde Werte, während G. A.
Meerson und G. V. Samsonov ein Maximum auf der Titandiborid-
seite angeben.

Bei Stabilitätsuntersuchungen an TiB_2-Zr-Mischkörpern konnte
nach 2stündigem Erhitzen auf 1000° röntgenographisch neben der

[1] Schedler, W.: Diss. Techn. Hochschule Graz 1952.

[2] Glaser, F. W. u. W. Ivanick: Powder Met. Bull. **6** (1953), S. 126/32.

[3] Post, F., F. W. Glaser u. D. Moskowitz: Acta Met. **2** (1954), S. 20/25.

[4] Meerson, G. A., G. V. Samsonov u. R. B. Kotelnikov: Izv. Sekt.
Fiz. Chim. Anal. **25** (1954), S. 89/93.

[5] Portnoj, K. I. u. G. V. Samsonov: Dokl. Akad. Nauk **116** (1957).
S. 953/55, 976/78; Izv. Akad. Nauk. SSSR. Met. Topl. (1958), S. 140/41.

[6] Blumenthal, H.: Powder Met. Bull. 7 (1956), S. 79/81.

[7] Norton, J. T., H. Blumenthal u. S. J. Sindeband: Trans. Am. Inst.
Met. Eng. **185** (1949), S. 749/52.

[8] Nowotny, H.: Planseeber. Pulvermetallurgie 1 (1953), S. 43/60.

[9] Samsonov, G. V.: Izv. Sekt. Fiz. Chim. Anal. **27** (1956), S. 97/125,
Zur. Techn. Fiz. **26** (1956), S. 716/22.

Hauptmenge TiB_2 auch ZrB (?) und ZrB_2 nachgewiesen werden. Umgekehrt tritt bei ZrB_2-Ti-Mischungen auch TiB auf[1].

Titandiborid-Hafniumdiborid. Die beiden Boride sind nach B. Post, F. W. Glaser und D. Moskowitz[2] lückenlos mischbar. In Mischkörpern aus HfB_2-Ti, die auf 1000° erhitzt wurden, konnte neben HfB_2 auch TiB röntgenographisch gefunden werden[1].

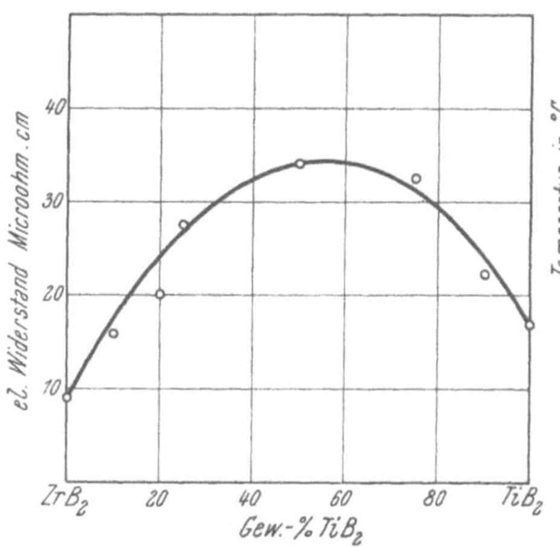

Abb. 148. Verlauf des elektrischen Widerstandes im System TiB_2-ZrB_2 (F. W. Glaser und W. Ivanick)

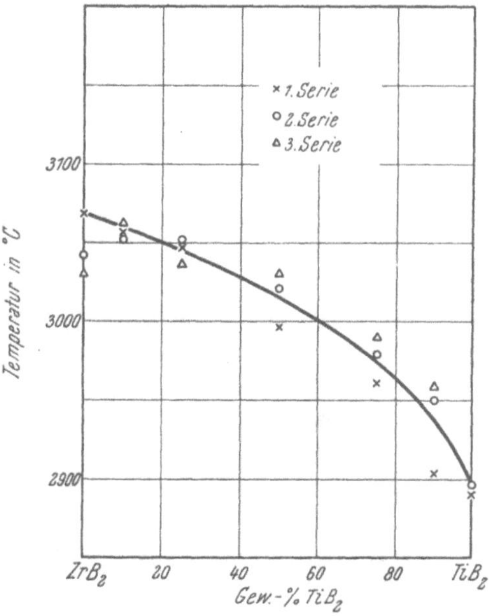

Abb. 149. Schmelzpunktsverlauf im System TiB_2-ZrB_2 (F. W. Glaser)

Titandiborid-Vanadindiborid. Mischkristalle können nach H. Blumenthal[3] leicht hergestellt werden. Beide Boride sind lückenlos mischbar[2].

Hall-Konstantemessungen und Leitfähigkeitsuntersuchungen wurden von H. J. Juretschke und R. Steinitz[4] durchgeführt.

Die Stabilitätsuntersuchungen an VB_2-Ti-Mischkörpern konnte im Reaktionsprodukt röntgenographisch neben VB_2 auch TiB und VB nachgewiesen werden[1].

Titandiborid-Niobdiborid. Beide Boride sind lückenlos mischbar[2], ein Befund, der von G. V. Samsonov[5] bestätigt werden

[1] Antony, K. C. u. W. V. Cummings: GEAP 3530 (1960).
[2] Post, B., F. W. Glaser u. D. Moskowitz: Acta. Met. 2 (1954), S. 20/25.
[3] Blumenthal, H.: Powder Met. Bull. 7 (1956), S. 79/81.
[4] Juretschke, H. J. u. R. Steinitz: J. Chem. Phys. 4 (1958), S. 118/27.
[5] Samsonov, G. V.: Dokl. Akad. Nauk SSSR, 101 (1955), S 899/900, Izv. Sekt. Fiz. Chim. Anal. 27 (1956), S. 97/125, Zur. Fiz. Chim. 29 (1955), S 839/45.

konnte. Während sich die Gitterkonstante fast linear ändert, treten bei der Leitfähigkeit bei 70 Mol.-% NbB_2 ein Minimum, bei der Mikrohärte bei 30 Mol.-% NbB_2 ein Maximum auf. Das Gefüge von TiB_2-NbB_2-Legierungen ist einphasig[1].

Die Zunderbeständigkeit von TiB_2-NbB_2-Mischkristallen wurde von V. S. NESCHPOR und G. V. SAMSONOV[2] untersucht.

Titandiborid-Tantaldiborid. Beide Boride sind lückenlos mischbar[3].

Titandiborid-Chromdiborid. Nach B. POST, F. W. GLASER und D. MOSKOWITZ[3] besteht lückenlose Mischbarkeit. G. A. MEERSON und Mitarbeiter[4, 5, 6] konnten diesen Befund bestätigen. Während die Gitterkonstanten fast linearen Übergang zeigen, treten bei Mikrohärte bei 20 Mol.-% CrB_2 ein Maximum und bei der elektrischen Leitfähigkeit bei 40 Mol.-% CrB_2 ein Minimum auf.

Im System TiB_2-Cr treten die zersetzlich schmelzenden Verbindungen Cr_2TiB_2 und $CrTi_2B_4$ auf[7]. Ferner soll noch eine borreiche Verbindung der Zusammensetzung Ti_4CrB_{16} existieren. Auf Grund thermoanalytischer Befunde und Gefügeuntersuchungen liegt das Eutektikum zwischen Cr und Ti_2B (?) bei etwa 40 Mol.-% Ti_2B und 1400_2[8].

HALL-Konstantemessungen an (Ti, Cr) B_2 Mischkristallen wurden von H. J. JURETSCHKE und R. STEINITZ[9] durchgeführt. Das Zunderverhalten untersuchten K. I. PORTNOJ, G. V. SAMSONOV und K. I. FROLOVA[6]; das Preß- und Sinterverhalten B. N. BABITSCH, K. I. PORTNOJ und G. V. SAMSONOV[10].

[1] SAMSONOV, G. V. u. V. S. NESCHPOR: Zur. Fiz. Chim. **29** (1955), S. 839/45.

[2] NESCHPOR, V. S. u. G. V. SAMSONOV: Zur. Prikl. Chim. **30** (1957), S. 1584/88.

[3] POST, B., F. W. GLASER u. MOSKOWITZ D.: Acta Met. **2** (1954), S. 20/25.

[4] MEERSON, G. A., G. V. SAMSONOV, R. B. KOTELNIKOV, M. S. VOJNOVA, I. P. EVTEEVA u. S. L. KRASNENKO: Zur. Neorg. Chim. **3** (1958), S. 898/903, In: Bor, Moskau 1958, S. 58/73.

[5] PORTNOJ, K. I. u. G. V. SAMSONOV: Dokl. Akad. Nauk SSSR **116** (1957), S. 976/78, Izv. Akad. Nauk SSSR, Met. Topl. (1958), S. 140/41.

[6] PORTNOJ, K. I., G. V. SAMSONOV u. K. I. FROLOVA: Zur. Prikl. Chim. **33** (1960), S. 577/82, Izv. Akad. Nauk SSSR, Met. Topl. (1959), S. 117/21.

[7] KOVALTSCHENKO, M. S., G. V. SAMSONOV u. G. A. JASINSKAJA: Izv. Akad. Nauk SSSR, Met. Topl. (1960), S. 115/19.

[8] TSCHERKASCHINA, N. V., N. A. NEDUMOV u. F. I. SCHAMRAJ: Zur. Neorg. Chim. **5** (1960), S. 2025/31.

[9] JURETSCHKE, H. J. u. R. STEINITZ: J. Chem. Phys. **4** (1958), S. 118/27.

[10] BABITSCH, B. N., K. I. PORTNOJ u. G. V. SAMSONOV: Metalloved. Term. Obr. Metallov (1960), Nr. 1, S. 31/35.

Titandiborid-Molybdändiborid. Nach B. Post, F. W. Glaser und D. Moskowitz[1] besteht bei 2500° eine lückenlose Mischkristallreihe zwischen den beiden Diboriden.

Bei der Umsetzung entsprechender Oxydgemische mit B_2O_3 und Kohlenstoff entstehen Gemenge von TiB_2 und β-MoB[2].

Auf dem Schnitt TiB_2-Mo treten eine bei etwa 3000° unzersetzt schmelzende Verbindung $MoTi_2B_4$ und eine zersetzlich schmelzende Verbindung Mo_2TiB_2 (vgl. das System ZrB_2-Mo) auf. Ferner besteht eine kleine gegenseitige Löslichkeit.

H. J. Beattie[3] fand in Isolaten aus Superlegierungen Doppelboride $(Mo, Ti, Al)_3B_2$ und ermittelte deren Struktur (U_3Si_2-Typ).

Über die erwähnten Einzelheiten hinaus wurde das gesamte Dreistoffsystem Ti-Mo-B von A. Wittmann, H. Nowotny und H. Boller[4] an Hand reinster, unter Argon im Hochfrequenzofen hergestellter Sinter- und Schmelzproben röntgenographisch untersucht. Das System ist im Schnitt bei 1200 bzw. 1700° in Abb. 150

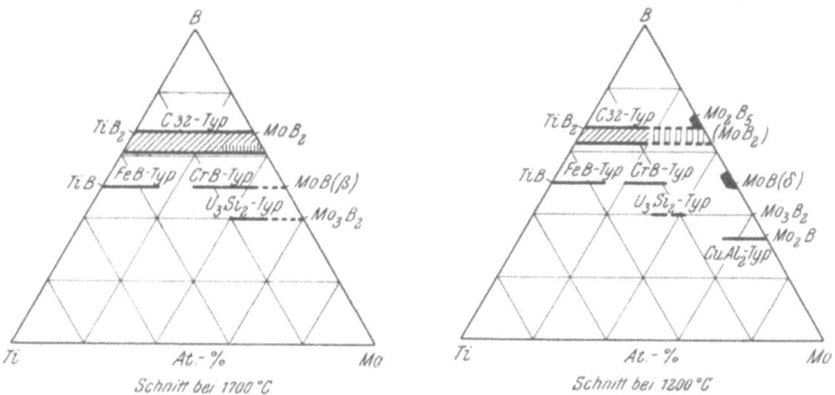

Abb. 150. **System** Titan-Molybdän-Bor (A. Wittmann, H. Nowotny und G. Boller)

wiedergegeben. Die lückenlose Mischbarkeit von TiB_2 und MoB_2 bei hohen Temperaturen konnte bestätigt werden. In der Hochtemperaturphase Mo_3B_2, welche im U_3Si_2-Typ kristallisiert, können beträchtliche Mengen Molybdän durch Titan ersetzt werden, wobei Stabilisierung nach tieferen Temperaturen hin erreicht wird. Auch im Mo_2B kann Molybdän durch Titan ausgetauscht werden. Was den Schnitt TiB-MoB betrifft, so tritt im Mittelbereich eine Misch-

[1] Post, B., F. W. Glaser u. D. Moskowitz: Acta Met. 2 (1954), S. 20/25.
[2] Blumenthal, H.: Powder Met. Bull. 7 (1956), S. 79/81.
[3] Beattie, H. J.: Acta Cryst. 11 (1958), S. 607/09.
[4] Wittmann, A., H. Nowotny u. H. Boller: Mh. Chem. 91 (1960), S. 608/15.

phase (Ti, Mo) B mit CrB-Struktur auf, welche sich zwischen das TiB (FeB-Typ) und das α-MoB einschiebt. Der Bereich des β-MoB wird durch TiB-Zusatz nach tieferen Temperaturen erweitert. TiB löst MoB unter Gitterverkleinerung.

Titandiborid-W_2B_5. An Proben, die von B. Post, F. W. Glaser und D. Moskowitz[1] bei 2500° hergestellt worden waren, konnten keine gegenseitige Löslichkeitsgrenzen bestimmt werden. Auf Grund der Gitterkonstantenbestimmungen von G. A. Meerson und Mitarbeitern[2] löst TiB_2 weniger als 5 Mol.-% W_2B_5 und umgekehrt W_2B_5 etwa 10 Mol.-% TiB_2. Die Mikrohärtemessungen bestätigen diesen Befund.

Zirkoniumdiborid-Hafniumdiborid. Beide Boride sind lückenlos mischbar.[1]

In auf 1000° erhitzten Mischungen aus HfB_2-Zr kann röntgenographisch neben HfB_2 auch ZrB (?) und ZrB_2 nachgewiesen werden[3].

Zirkoniumdiborid-Vanadindiborid. Diese Boride sind nicht mischbar.[1] VB_2 löst bei 2500° weniger als 5 Mol.-% ZrB_2.

In Mischungen aus VB_2 und Zr, die auf 1000° erhitzt worden waren, konnte neben VB_2 auch TiB und VB röntgenographisch nachgewiesen werden[3].

Zirkoniumdiborid-Niobdiborid. Es besteht eine lückenlose Mischreihe[1]. Hall-Konstante- und Leitfähigkeitsmessungen wurden von H. J. Juretschke und R. Steinitz[4] durchgeführt.

Zirkoniumdiborid-Tantaldiborid. Beide Boride sind nach B. Post, F. W. Glaser und D. Moskowitz[1] mischbar; G. V. Samsonov[3] bestätigte diesen Befund. Während die Gitterkonstanten sich fast linear ändern, tritt in der elektrischen Leitfähigkeit bei 60 Mol.-% TaB_2 ein Minimum bei der Mikrohärte bei 75 Mol.-% TaB_2 ein Maximum auf. Auch bei der magnetischen Suszeptibilität tritt bei etwa 50 Mol.-% ein Maximum auf[5].

Bei der Umsetzung entsprechender Oxydgemische mit B_2O_3 und Kohlenstoff gelingt es ·allerdings nicht, unter den von H. Blumen-

---

[1] Post, B., F. W. Glaser u. D. Moskowitz: Acta Met. 2 (1954), S. 20/25.

[2] Meerson, G. A., G. Samsonov, R. B. Kotelnikov, M. S. Vojnova, I. P. Evteeva u. S. L. Krasnenko: Zur. Neorg. Chim. 3 (1958), S. 898/903, In: Bor, Moskau 1958, S. 58/73.

[3] Antony, K. C. u. W. V. Cummings: GEAP 3530 (1960).

[4] Juretschke, H. J. u. R. Steinitz: J. Chem. Phys. 4 (1958), S. 118/27.

[5] Samsonov, G. V., V. S. Neschpor u. I. S. Strelnikova: Dop. Akad. Nauk Ukr. RSR (1958), S. 838/39. In: Fragen der Pulvermetallurgie. Kiew 1960, Bd. 8, S. 90/98.

THAL[1] gewählten Bedingungen, ZrB_2-TaB_2-Mischkristalle zu erhalten.

HALL-Konstantemessungen wurden von H. J. JURETSCHKE und R. STEINITZ[2] durchgeführt.

Zirkoniumdiborid-Chromdiborid. Nach B. POST, F. W. GLASER und D. MOSKOWITZ[3] löst CrB_2 bei 2100° weniger als 5 Mol.-% ZrB_2, während ZrB_2 10 bis 15 Mol.-% CrB_2 aufzunehmen vermag. Nach G. A. MEERSON und Mitarbeitern[4] ändert sich die Gitterkonstante von ZrB_2 bzw. CrB_2 in Mischungen beider Boride wenig. Auch die sonstigen physikalischen Eigenschaften wie Mikrohärte, Leitfähigkeit und Wärmeausdehnungskoeffizient deuten auf Gemenge der Komponenten hin.

Im System ZrB_2-Cr treten die unzersetzt schmelzenden Verbindungen $CrZrB_2$ und Cr_2ZrB_2 auf[5].

Zirkoniumdiborid-Molybdändiborid, W_2B_5. Während ZrB_2 und MoB_2 lückenlos mischbar sind, dürfte im System ZrB_2-W_2B_5 nur beschränkte Löslichkeit bestehen (vgl. TiB_2-W_2B_5).

H. J. JURETSCHKE und R. STEINITZ[2] führten HALL-Konstantemessungen an ZrB_2-MoB_2-Mischkristallen durch.

M. S. KOVALTSCHENKO, V. S. NESCHPOR und G. V. SAMSONOV[6] haben an Hand gesinterter Proben das Teilsystem ZrB_2-Mo untersucht und in Analogie zu den Befunden von R. STEINITZ und I. BINDER[7] in den Systemen Ni(Co, Fe)-Mo-B ein Doppelborid der Formel Mo_2ZrB_2 mit einem Schmelzpunkt von fast 2600° und einer Mikrohärte über 2500 kg/mm² gefunden. In einer neueren Arbeit[5] wird ferner eine weitere unzersetzlich, bei etwa 3100° schmelzende Verbindung $MoZr_2B_4$ angegeben. Auch soll eine kleine gegenseitige Löslichkeit der Komponenten bestehen.

Chromdiborid-Hafniumdiborid. Nach B. POST, F. W. GLASER und D. MOSKOWITZ[3] löst HfB_2 bei 2500° etwa 5 Mol.-% CrB_2 und umgekehrt beträgt diese Löslichkeit weniger als 5 Mol.-% HfB_2.

---

[1] BLUMENTHAL, H.: Powder Met. Bull. 7 (1956). S. 79/81.

[2] JURETSCHKE, H. J. u. R. STEINITZ: J. Chem. Phys. 4 (1958), S. 118/27.

[3] POST, B., F. W. GLASER u. MOSKOWITZ D.: Acta Met. 2 (1954), S. 20/25.

[4] MEERSON, G. A., G. V. SAMSONOV u. R. B. KOTELNIKOV, M. S. VOJNOVA I. P. EVTEEVA u. S. L. KRASNENKO: Zur. Neorg. Chim. 3 (1958), S. 898/903, In: Bor, Moskau 1958, S. 58/73.

[5] KOVALTSCHENKO, M. S., G. V. SAMSONOV u. G. A. JASINSKAJA: Izv. Akad. Nauk SSSR, Met. Topl. (1960), S. 115/19.

[6] KOVALTSCHENKO, M. S., V. S. NESCHPOR u. G. V. SAMSONOV: Dop. Akad. Nauk Ukr. RSR (1958), S. 740/42, In: Fragen der Pulvermetallurgie, Kiew 1959, Bd. 7, S. 18/24.

[7] STEINITZ, R. u. I. BINDER: Powder Met. Bull. 6 (1953), S. 123/25.

Chromdiborid-Diboride der 5a und 6a Metalle. Während CrB_2 mit VB_2, NbB_2, TaB_2 und MoB_2 auf Grund der Befunde von B. Post, F. W. Glaser und D. Moskowitz[1] an bei 2000 bzw. 2500° hergestellten Proben lückenlos mischbar ist, dürfte bei W_2B_5 nur beschränkte Löslichkeit bestehen.

H. J. Juretschke und R. Steinitz[2] haben Hall-Konstantemessungen an CrB_2-VB_2-Mischkristallen durchgeführt.

Was das System Cr-Mo-B betrifft so wurde schon von R. Steinitz[3] beobachtet, daß β-MoB und MoB_2 in CrB löslich sind. So zeigen bei 1900° gesinterte Mischungen von MoB und CrB nur die Linien der CrB-Phase, woraus man auf die Existenz einer isotypen β-MoB-Phase schließen kann. Durch Anwesenheit geringer Mengen TiB_2 wird die Umwandlung in die β-Modifikation begünstigt. MoB und auch WB sind ferner weitgehend in ZrB_2 löslich, wenn überschüssiges Bor zugegen ist.

Von russischen Forschern[4, 5] ist aus dem Dreistoffsystem Cr-Mo-B der Schnitt CrB_2-Mo untersucht worden. Auf Grund röntgenographischer Befunde und Schmelzpunktsbestimmungen existiert eine ternäre Phase Cr_2MoB_4, mit einem Schmelzpunkt von 2270°. Die beiden Eutektika liegen bei 1960° (17 Mol.-% CrB_2) und 2120° (94 Mol.-% CrB_2). Molybdän löst etwa 3% CrB_2, umgekehrt ist die Löslichkeit gering.

Boride der 5a Metalle-Molybdänborid. Nach H. Blumenthal[6] lassen sich aus Gemengen entsprechender Oxyde mit B_2O_3 und Kohlenstoff leicht Mischkristalle von $V_2B(Nb_2B, Ta_2B)$-Mo_2B herstellen die allerdings stets etwas β-MoB enthalten.

Wolfram-Thorium-Bor. Das gesamte Dreistoffsystem wurde von D. T. Pitman und D. K. Das[7] an Hand vakuumgesinterter Proben untersucht und auf Grund röntgenographischer Befunde ein Schnitt bei 1800° aufgestellt. Das System ist durch die ternäre Verbindung $ThWB_4$ gekennzeichnet (monoklin, a: 12,25, b: 3,75, c: 6,14 Å, β: 104,1°, Dichte 5,8 g/cm³, Schmelzpunkt 2175°). Ferner existieren die Schnitte ThB_6-W_2B_5 und ThB_4-W_2B_5 (WB). ThB_4 ist in Gegenwart von Wolfram nicht stabil, ab 1100° bildet sich zunächst W_2B, ab 1600° entsteht $ThWB_4$.

[1] Post, B., F. W. Glaser u. D. Moskowitz: Acta Met. 2 (1954). S. 20/25.

[2] Juretschke, H. J. u. R. Steinitz: J. Chem. Phys. 4 (1958), S. 118/27.

[3] Steinitz, R.: Powder Met. Bull. 6 (1951), S. 54/56.

[4] Tai Schou-Vei, G. A. Jasinskaja u. G. V. Samsonov: Dokl. Akad. Nauk Ukr. RSR (1960), S. 48/49.

[5] Kovaltschenko, M. S., G. V. Samsonov u. G. A. Jasinskaja: Izv. Akad. Nauk SSSR, Met. Topl. (1960), S. 115/19.

[6] Blumenthal, H.: Powder Met. Bull. 7 (1956), S. 79/81.

[7] Pitman, D. T. u. D. K. Das: J. Electrochem. Soc. 107 (1960), S. 763/66.

3. Borid-Dreistoffsysteme

Titandiborid-Zirkoniumdiborid-Chromdiborid. Nach K. I. PORTNOJ und G. V. SAMSONOV[1] ist ZrB_2 in einem Mischkristall TiB_2-CrB_2 50/50 bis 40 Mol.-% löslich. $(Ti, Cr) B_2$ ist bis zu 10 Mol.-% in ZrB_2 löslich. Es wurden ferner auch die Mikrohärte, das Gefüge und der elektrische Widerstand der Mischkristalle untersucht.

In borhaltigen Superlegierungen konnten tetragonale Doppelboride der Zusammensetzungen $(Cr, Ni, Mo, W)_4B_3$ bzw. $(Mo, Cr, W, Ni)_5B_4$ festgestellt werden[2].

E. Die Systeme Borid-Karbid

Die Systeme der Übergangsmetalle der 4a bis 6a Gruppe des Periodensystems mit Bor und Kohlenstoff sind in letzter Zeit Gegenstand zahlreicher Untersuchungen gewesen. Wegen der Vielzahl der möglichen Boridphasen sind die Verhältnisse recht verwickelt und in gewissen Systemen hat man bei der Umsetzung der Komponenten sogar eine Reihe neuer Boridphasen entdeckt[3, 4].

W. DAWIHL und W. RIX[5] setzten Borkarbid mit Titan um und stellten nach der Reaktion:

$$B_4C + 5\,Ti = 4\,TiB + TiC$$

besonders harte und zähe Hartmetallkörper her. Über das Auftreten von TiB_2, das bei einem Unterschuß von Titan auftreten müßte, werden keine Angaben gemacht.

R. KIEFFER[6] fand bei der Erzeugung von druckgesinterten Körpern aus Borkarbid mit Übergangsmetallen eine geringe Umsetzung mit Wolfram, aber eine starke Reaktion mit Titan (Auftreten von TiB_2). Aus dieser Reaktion wurde später das sogenannte „Borkarbidverfahren" zur Herstellung von kohlenstofffreien Boriden entwickelt (s. S. 370).

Auf Grund qualitativer Befunde nimmt R. KIEFFER[7] an, daß Diboride und Monokarbide nicht mischbar sind und daß Bor und Kohlenstoff sich in den verschiedenen Hartstoffphasen mit Übergangsmetallen nicht oder nur geringfügig substituieren können. G. V. SAM-

[1] PORTNOJ, K. I. u. G. V. SAMSONOV: Dokl. Akad. Nauk SSSR **116** (1957), S. 976/78, Izv. Akad. Nauk SSSR, Met. Topl. (1958), S. 140/41.

[2] BLOK, N. I., M. N. KOZLOVA, N. F. LASCHKO u. K. P. SOROKINA: Zavod. Labor **25** (1959), S. 1059/64.

[3] GLASER, F. W.: J. Metals **4** (1952), S. 391/96.

[4] POST, B. u. F. W. GLASER: J. Chem. Phys. **20** (1952), S. 1050/51.

[5] DAWIHL, W. u. W. RIX: B.I.O.S. 925, 2012, 2984.

[6] Ö.P. 162 646 (1947), 164 564 (1947).

[7] KIEFFER, R.: 1. Plansee Seminar, Reutte/Tirol 1952, S. 268/95.

SONOV[1] glaubt jedoch, bei der Umsetzung von ZrO_2 mit B_4C bzw. B_2O_3 und C in den Reaktionsprodukten Hinweise auf eine Mischkristallbildung zwischen ZrC und ZrB (?) gefunden zu haben (vgl. S. 452).

R. STEINITZ[2] und F. W. GLASER[3,4] konnten feststellen, daß die Diboride des Titan und Tantals in Gegenwart von Kohlenstoff beständig sind und daher aus den Komponenten in Graphittiegeln hergestellt werden können. Beim Versuch, die Monoboride TiB bzw. TaB in Gegenwart von Kohlenstoff herzustellen, bilden sich aber die entsprechenden Diboride und Karbide. Bei der Umsetzung von W_2B mit Kohlenstoff bilden sich nach L. BREWER und Mitarbeitern[5] WB und WC.

Eine systematische qualitative Untersuchung der Metall-Bor-Kohlenstoffsysteme hat F. W. GLASER[3] durchgeführt. Durch röntgenographische Untersuchung von Heißpreßkörpern aus den Metallen, Metallhydriden bzw. Metallkarbiden mit Bor oder Borkarbid konnte festgestellt werden, daß sich stets Boridphasen bilden und die Boride demnach beständiger sind als die entsprechenden Karbide. Unabhängig von der Form, in welcher der Kohlenstoff zugeführt wird (Graphit, Metallkarbid oder Borkarbid), bilden sich bei den Metallen Titan, Zirkonium, Vanadin, Niob und Tantal stets die Diboride dieser Metalle. Bei den Metallen der 6a Gruppe Chrom, Molybdän und Wolfram bilden sich, je nach der Menge des zugesetzten Bors, auch andere Boridphasen. Im System Th-C-B tritt das Hexaborid auf.

Die Ergebnisse der Untersuchungen von F. W. GLASER[3] sind in Zahlentafel 93 zusammengefaßt.

Über die in letzter Zeit zum Teil eingehender untersuchten Einzelsysteme ist folgendes zu sagen:

Titan-Bor-Kohlenstoff. Über die Umsetzung zwischen Titan und Borkarbid sowie Titanboriden und Kohlenstoff wurden schon auf S. 449 qualitative Angaben gemacht.

J. A. NELSON und Mitarbeiter[6] haben die Reaktion von Borkarbid mit Titankarbid näher untersucht. Dabei bildet sich bei 1200° stets

---

[1] SAMSONOV, G. V.: In: Fragen der Pulvermetallurgie, Kiew 1959, Bd. 5, S. 72/98.

[2] STEINITZ, R.: Powder Met. Bull. **6** (1951), S. 54/56.

[3] GLASER, F. W.: J. Metals **4** (1952), S. 391/96.

[4] GLASER, F. W.: Powder Met. Bull. **6** (1951), S. 51/54.

[5] BREWER, L., D. L. SAWYER, D. H. TEMPLETON u. C. H. DAUBEN: J. Am. Ceram. Soc. **34** (1951), S. 173/79, UCRL 610 (1950).

[6] NELSON, J. A., T. A. WILLMORE u. R. C. WOMELDORPH: J. Electrochem. Soc. **96** (1951), S. 465/73.

Die Systeme Borid-Karbid 451

Zahlentafel 93. *Verhalten von Boriden gegen Kohlenstoff* (F. W. GLASER)

Metall	M_3B	M_2B	M_3B_2	MB	M_3B_4	MB_2	M_2B_5	MB_4	MB_6	MB_{12}
Ti	—	U	—	U	—	B	U	—	—	—
Zr	—	—	—	U	—	B	—	—	—	U*
Hf......	—	—	—	—	—	—	—	—	—	—
V	—	—	—	U	—	B**	—	—	—	—
Nb	U	U	—	U	U	B**	—	—	—	—
Ta......	U	U	—	U	U	B**	B**	—	—	—
Cr	—	B	B	B	B	B	—	—	—	—
Mo	—	B	B*	B* B	—	B*	B	—	—	—
W	—	B	—	B* B	—	—	B	—	—	—
Th	—	—	—	—	—	—	—	U	B	—

U = Unbeständig in Gegenwart von Kohlenstoff
B = Beständig in Gegenwart von Kohlenstoff
 * Nur bei hoher Temperatur beständig (Hochtemperaturmodifikation)
** Zersetzt sich beim Schmelzen unter Bildung des Monoborides + Bor

TiB_2. Zum gleichen Ergebnis kamen H. M. GREENHOUSE und Mitarbeiter[1]. Wenn das gesamte Karbid umgesetzt ist, dann tritt bei einer Reaktionstemperatur von 2000° neben dem TiB_2 eine neue höhere Ti-B-Phase auf. Nach F. W. GLASER[2] konnte beim Heißpressen von Gemischen aus Titanhydrid bzw. Titankarbid mit Bor bzw. Borkarbid stets die Bildung von TiB_2 beobachtet werden. Ti_2B, TiB und Ti_2B_5 sind in Gegenwart von Kohlenstoff nicht beständig.

Nach G. A. GEACH und F. O. JONES[3] tritt beim Zusammenschmelzen von TiB_2 und TiC im Lichtbogen keine Umsetzung ein.

In einer eingehenden Arbeit hat G. V. SAMSONOV[4] die Schnitte TiB-TiC und TiB_2-TiC an Hand von Proben untersucht, die aus $TiO_2 + B_4C + C$ oder aus $TiO_2 + B_2O_3 + C$ bei Temperaturen von 2100° hergestellt worden waren. Die Proben wurden röntgenographisch und metallographisch sowie auf ihre Mikrohärte, elektrische Leitfähigkeit[5] und das Zunderverhalten genau untersucht. TiB und TiC

---

[1] GREENHOUSE, H. M., O. E. ACCOUNTIUS u. H. H. SISLER: J. Am. Chem. Soc. **73** (1951), S. 5086/78.

[2] GLASER, F. W.: J. Metals **4** (1952), S. 391/96.

[3] GEACH, G. A. u. F. O. JONES: 2. Plansee Seminar, Reutte/Tirol 1955, S. 80/91.

[4] SAMSONOV, G. V.: In: Fragen der Pulvermetallurgie, Kiew 1959, Bd. 7, S. 72/98.

[5] SAMSONOV, G. V.: Zur. Techn. Fiz. **26** (1956), S. 716/22.

sollen angeblich miteinander lückenlos mischbar sein. TiC löst etwa 20 Mol.-% TiB_2, während TiB_2 nur wenig TiC aufnimmt. Ternäre Verbindungen konnten keine beobachtet werden.

In einer neueren Arbeit haben sich K. I. PORTNOJ, G. V. SAMSONOV und K. I. FROLOVA[1] mit den Eigenschaften insbesondere dem Zunderverhalten von TiB_2-B_4C- und (Ti,Cr) B_2-B_4C-Mischkörpern beschäftigt. Insbesondere letztere erwiesen sich bei nicht zu hohen B_4C-Gehalten bei 1200° als sehr beständig.

Das Gesamtsystem Ti-B-C dürfte in seinem Aufbau dem später besprochenen System Zr-B-C ähneln, wobei allerdings die angebliche Mischbarkeit der Monoboride mit den Monokarbiden ein noch ungeklärter, strittiger Punkt ist.

Zirkonium-Bor-Kohlenstoff. F. W. GLASER[2] hat beim Heißpressen von Gemischen aus Zirkoniumhydrid bzw. Zirkoniumkarbid mit Bor und Borkarbid stets die Bildung von ZrB_2 beobachtet. Die Boride ZrB und ZrB_{12} sind in Gegenwart von Kohlenstoff nicht beständig. Diese Angaben konnten von L. BREWER und H. HARALDSEN[3] bestätigt und auch durch thermodynamische Berechnungen gestützt werden.

G. V. SAMSONOV[4] hat die Schnitte ZrB-ZrC und ZrB_2-ZrC an Hand von Proben, die aus $ZrO_2 + B_4C + C$ oder $ZrO_2 + B_2O_3 + C$ bei 2100° hergestellt worden waren, untersucht. Die Proben wurden röntgenographisch, metallographisch sowie auf ihre Mikrohärte, Biegefestigkeit, elektrische Leitfähigkeit und ihr Zunderverhalten geprüft. ZrB und ZrC sollen angeblich lückenlos miteinander misch-

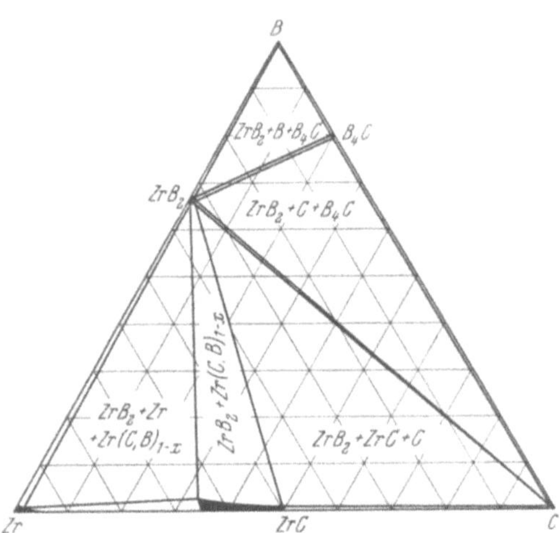

Abb. 151. System Zirkonium-Bor-Kohlenstoff, Schnitt bei 1400° (H. NOWOTNY, E. RUDY und F. BENESOVSKY)

[1] PORTNOJ, K. I., G. V. SAMSONOV u. K. I. FROLOVA: Zur. Prikl. Chim. **33** (1960), S. 577/82.

[2] GLASER, F. W.: J. Metals **4** (1952), S. 391/96.

[3] BREWER, L. u. H. HARALDSEN: J. Electrochem. Soc. **102** (1953), S. 399 bis 406.

[4] SAMSONOV, G. V.: In: Fragen der Pulvermetallurgie, Kiew 1959, Bd. 7, S. 72/98.

bar sein, während ZrB_2 und ZrC keine gegenseitige Löslichkeit haben. In den Schnitten treten keine ternären Verbindungen auf.

H. NOWOTNY, E. RUDY und F. BENESOVSKY[1,2] haben das Gesamtsystem Zr-B-C eingehend untersucht. Die Proben wurden durch Heißpressen der Komponentemischungen und Homogenisierungsglühen unter Argon bei 1400° hergestellt. Der auf Grund röntgenographisch und metallographischer Befunde aufgestellte Schnitt bei 1400° ist in Abb. 151 wiedergegeben. Es treten keine neuen ternären Phasen, sondern lediglich die Verbindungen der Randsysteme (also kein ZrB) und die Komponenten auf. Entgegen dem Befund von G. V. SAMSONOV[3] konnte bei 1400° keine lückenlose Mischreihe ZrB-ZrC beobachtet werden, obwohl der Gitterparameterverlauf in der kubischen Phase von Proben in der linken Ecke des Systems eine solche nahelegt. Das System wird vielmehr vom quasibinären Schnitt ZrB_2-ZrC Mischkristall beherrscht. ZrB_2 löst wenig Kohlenstoff und auch das ZrC_{1-x} nimmt wenig Bor auf.

Titandiborid (Zirkoniumdiborid)-Molybdänkarbid Mo_2C. Nach G. A. GEACH und F. O. JONES[4] tritt beim Zusammenschmelzen eine Phase unbekannter Struktur ein. Mo_2C ist in Gegenwart des betreffenden Diborides unbeständig.

Zirkoniumdiborid-Titankarbid. Beim Zusammenschmelzen von ZrB_2 mit TiC im Lichtbogen tritt keine Umsetzung ein[4].

Molybdänborid Mo_2B-Titankarbid (Molybdänkarbid Mo_2C). Zwischen diesen Hartstoffpaaren tritt beim Lichtbogenschmelzen keine Reaktion ein, es entstehen unter Schmelzpunktserniedrigung lediglich Gemenge mit eutektischem Gefüge[4].

Wolframborid W_2B_5-Wolframkarbid WC. G. V. SAMSONOV[3] hat eine große Anzahl von Mischungen aus WO_3 (WC, W) mit B_4C (B_2O_3 + C) auf 1300 bis 2200° erhitzt und dabei keine Anzeichen für das Auftreten einer ternären Phase gefunden. Es tritt stets W_2B_5 und WC neben nicht umgesetzten Ausgangskomponenten auf. Die Proben wurden eingehend röntgenographische, metallographisch und auf ihre Mikrohärte, elektrische Leitfähigkeit[5] und Zunderbeständig-

---

[1] NOWOTNY, H., E. RUDY u. F. BENESOVSKY: Mh. Chem. **91** (1960), S. 963/74.

[2] RUDY, E.: Diss. Techn. Hochsch. Wien 1960.

[3] SAMSONOV, G. V.: In: Fragen der Pulvermetallurgie, Kiew 1959, Bd. 7, S. 72/98.

[4] GEACH, G. A. u. F. O. JONES: 2. Plansee Seminar, Reutte/Tirol 1955, S. 80/91.

[5] SAMSONOV, G. V.: Zur. Techn. Fiz. **26** (1956), S. 716/22.

keit untersucht. Eine gegenseitige Löslichkeit von W_2B_5 und WC konnte nicht beobachtet werden.

F. Die Systeme Borid-Nitrid

Die Systeme Borid-Nitrid der Metalle der 4a bis 6a Gruppe des Periodensystems sind bisher noch wenig untersucht worden. Im Hinblick darauf, daß die meisten Boride auch nitridhaltig sind, dürften Untersuchungen dieser Systemgruppe von Interesse sein.

Bei der Behandlung von verschiedenen Chromboriden und Wolframboriden im Ammoniakstrom bei höherer Temperatur fand R. KIESSLING[1], daß eine Zersetzung der Boride stattfindet und sich Metallnitride und Bornitrid bilden. Die Beständigkeit des Ausgangsborides ist stark abhängig von der Zusammensetzung und nimmt mit steigendem Borgehalt der Phase zu.

Nach Untersuchungen von P. SCHWARZKOPF und F. W. GLASER[2] treten beim Heißpressen von Mischungen der Übergangsmetalle der der 4a bis 6a Gruppe oder deren Karbide mit Bornitrid bei sehr hohen Temperaturen im Röntgenogramm stets Dioboridphasen auf, was auf deren Stabilität in Gegenwart von Stickstoff bzw. Kohlenstoff schließen läßt.

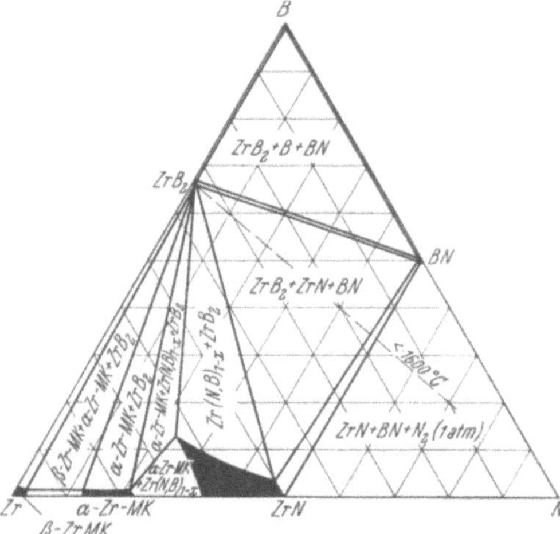

Abb. 152. System Zirkonium-Bor-Stickstoff, Schnitt bei 1400° (H. NOWOTNY, E. RUDY und F. BENESOVSKY)

Bei der Untersuchung des Pseudozweistoffsystems TiB_2-TiN stellten G. V. SAMSONOV und E. V. PETRASCH[3] fest, daß sich TiB_2 in TiN bis 8 Mol.-% löst, während umgekehrt keine Löslichkeit besteht. In dem Gemenge ändern sich die Eigenschaften wie Mikrohärte, Leitfähigkeit, Ausdehnungskoeffizient und Oxydationsbeständigkeit additiv.

[1] KIESSLING, R. u. Y. H. LIU: J. Metals 3 (1951), S. 639/42.
[2] SCHWARZKOPF, P. u. F. W. GLASER: Z. Metallkunde 44 (1953), S. 353/58.
[3] SAMSONOV, G. V. u. E. V. PETRASCH: Metalloved. Obr. Metallov (1955), Nr. 4, S. 19/24.

Zirkonium-Bor-Stickstoff. H. Nowotny, E. Rudy und F. Benesovsky[1,2] untersuchten das Gesamtsystem Zr-B-N an Hand heißgepreßter Proben röntgenographisch und metallographisch. Der Schnitt bei 1400° ist in Abb. 152 wiedergegeben. Das System wird wieder vom quasibinären Schnitt ZrB_2-ZrN-Mischkristall beherrscht. Beachtenswert ist auch der erhebliche Austausch von Stickstoff durch Bor in der ZrN_{1-x}-Phase, während ZrB_2 kaum Stickstoff aufnimmt. ZrB_{12} dürfte bei hohen Temperaturen auch im Dreistoffsystem existent sein. Bei 1600° reagiert auch ZrN mit BN unter ZrB_2-Bildung.

Die Verhältnisse im System Zr-B-N dürften sich mit großer Wahrscheinlichkeit grundsätzlich auch auf ähnliche Dreistoffsysteme mit anderen Übergangsmetallen übertragen lassen.

Niob-Bor-Stickstoff. Nach Untersuchungen von M. P. Asanova, A. F. Gerasimov u. V. N. Konev[3] tritt bei der Gasborierung von Niob mit BCl_3-H_2-NH_3-Gemischen nur NbB_2 auf, während sich bei Anwesenheit von N_2 im Reaktionsgas Nb_2N und NbN und eine ungeklärte Nitridphase bilden (vgl. S. 319).

VI. Die Silizide

In Zahlentafel 94 sind die im Periodensystem auftretenden bisher bekannten Silizidphasen zusammengestellt. Die Tafel fußt auf Angaben von G. Jander und H. Spandau[4], sie wurde jedoch auf den neuesten Stand gebracht. Die Lage der metallischen Silizide der 4a bis 6a Metalle sowie die der nichtmetallischen Hartstoffe ist hervorgehoben. Die Silizide der 1. bis 3. Gruppe haben salzartigen Charakter. Die Silizide der restlichen Übergangsmetalle und der Actiniden und Lanthanide sind zum Großteil metallisch. Die Siliziumverbindungen der Halogene sind flüssig bzw. gasförmig.

Die Silizide der 4a bis 6a Metalle des Periodensystems haben zum Teil auch hohe Härten, hohe Schmelzpunkte, metallischen Charakter und gute Korrosions- und Zunderbeständigkeit. Ihre Struktur ist im Gegensatz zu den Karbiden und Nitriden verwickelter

[1] Nowotny, H., E. Rudy u. F. Benesovsky: Mh. Chem. **91** (1960), S. 963/74.

[2] Rudy, E.: Diss. Techn. Hochsch. Wien 1960.

[3] Asanova, M. P., A. F. Gerasimov u. V. N. Konev: Fiz. Metallov Metalloved. **9** (1960), S. 689/94.

[4] Jander, G. u. H. Spandau: Kurzes Lehrbuch der anorganischen und allgemeinen Chemie. Springer Verlag, Berlin 1960, S. 268.

Zahlentafel 94. *Auftreten von Siliziumverbindungen im Periodensystem*

1a	2a	3a	4a	5a	6a	7a	8			1b	2b	3b	4b	5b	6b	7b	0
H_4Si																	
$Li_{15}Si_4$ Li_2Si												B_6Si B_4Si B_3Si	CSi	N_4Si_3	OSi O_2Si	F_4Si	
$NaSi$	Mg_2Si		Ti_5Si_3 $TiSi$ $TiSi_2$	V_3Si V_5Si_3 VSi_2	Cr_3Si Cr_5Si_3 $CrSi$ $CrSi_2$	Mn_3Si Mn_5Si_3 $MnSi$ $MnSi_2$	Fe_3Si Fe_5Si_3 $FeSi$ $FeSi_2$	Co_3Si Co_2Si $CoSi$ $CoSi_2$	Ni_3Si Ni_2Si Ni_5Si_2 Ni_3Si_2 $NiSi$ $NiSi_2$				Si	PSi	S_2Si	Cl_4Si	
KSi KSi_6	Ca_2Si $CaSi$ $CaSi_2$	Sc_5Si_3 $ScSi_2$	Zr_4Si Zr_2Si Zr_3Si_2 Zr_6Si_5 $ZrSi$ $ZrSi_2$	Nb_4Si Nb_5Si_3 $NbSi_2$	Mo_3Si Mo_5Si_3 $MoSi_2$		Ru_2Si $RuSi$ $RuSi_2$	Rh_2Si Rh_5Si_3 Rh_3Si_2 $RhSi$ Rh_2Si_3	Pd_3Si Pd_2Si $PdSi$	Cu_3Si				As_2Si $AsSi$	Se_2Si	Br_4Si	
$RbSi$ $RbSi_6$	$SrSi$ $SrSi_2$	Y_5Si_4 Y_5Si_3 YSi YSi_2													Te_2Si $TeSi$	J_4Si	
$CsSi$ $CsSi_8$	$BaSi$ $BaSi_2$	$LaSi_2$ *	Hf_2Si Hf_5Si_3 Hf_3Si_2 $HfSi$ $HfSi_2$	$Ta_{4,5}Si$ Ta_2Si Ta_5Si_3 $TaSi_2$	W_5Si_3 WSi_2	Re_3Si Re_5Si_3 $ReSi_2$	$OsSi$ $OsSi_2$ $OsSi_3$	Ir_3Si Ir_2Si Ir_3Si_2 $IrSi$ $IrSi_2$ $IrSi_3$	Pt_3Si Pt_2Si $PtSi$								
		**															
		*		Ce_3Si Ce_2Si $CeSi$ $CeSi_2$	$PrSi_2$	$NdSi_2$		$SmSi_2$		Gd_3Si_5 $GdSi_2$		Dy_3Si_5 $DySi_2$		Er_3Si_5		$YbSi_x$	Lu_3Si_5
		**		Th_3Si_2 $ThSi$ $ThSi_2$		U_3Si_2 USi U_2Si_3 USi_2 USi_3	$NpSi_2$	$PuSi$ $PuSi_2$									

Natur und es liegen Analogien zu den Boriden vor[1-6]. Die bis vor kurzem verhältnismäßig wenig durchforschte Stoffgruppe der Silizide dürfte wegen der genannten günstigen chemischen Eigenschaften für das Gebiet der hochwarm- und -zunderfesten Werkstoffe von besonderer Bedeutung sein. So haben sich Heizleiter aus massivem Molybdändizilizid bereits technisch durchgesetzt (s. S. 511 u. Bd. Hartmetalle).

A. Herstellung der Silizide

Fast alle in den vorangehenden Kapiteln für die Darstellung der Karbide und Boride beschriebenen Verfahren lassen sich auch auf die Gewinnung der Silizide übertragen. Silizium vereinigt sich, ähnlich wie Kohlenstoff und Bor, meist bei verhältnismäßig hohen Temperaturen mit den Metallen, wobei die Reaktionsgeschwindigkeit durch Anwendung feinstdisperser Gemenge der Komponenten beschleunigt werden kann. Silizium vermag auch unter denselben Bedingungen wie Kohlenstoff Metalloxyde zu reduzieren.

Die wichtigsten Herstellungsverfahren für Silizide sind folgende:

1. Zusammenschmelzen und Sintern der Metalle mit Silizium.
2. Reduktion der Metalloxyde mit Silizium.
3. Umsetzung der Metalloxyde mit SiO_2 und Kohlenstoff.
4. Aluminothermisches Verfahren.
4. Kupfersilizidverfahren.
6. Herstellung aus der Gasphase.
7. Schmelzflußelektrolyse.

Die den verschiedenen Herstellungsverfahren zugrunde liegenden schematischen Reaktionsgleichungen sind der Zahlentafel 95 zu entnehmen.

---

[1] Samsonov, G. V.: Silizide und ihre Anwendungen in der Technik, Kiew 1959.

[2] Samsonov, G. V. u. J. S. Umanski: Harte Verbindungen hochschmelzender Metalle. Moskau 1957, S. 318/69.

[3] Dauben, C. H.: J. Electrochem. Soc. **104** (1957), S. 521/23, UCRL 3602 (1956).

[4] Grinthal, R. D.: J. Electrochem. Soc. **107** (1959), S. 59/61.

[5] Aronsson, B.: Arkiv Kemi **16** (1960), S. 379/423.

[6] Bereznoi, A. S.: Silicon and Its Binary Systems. Consultants Bur., New York 1960.

Zahlentafel 95. *Verfahren zur Herstellung von Siliziden*

Verfahren	Reaktionsschema

Synthese aus den Komponenten
   a) durch Schmelzen
   b) durch Sintern (Drucksintern)
	$Me + Si \rightarrow MeSi$
	 $MeH + Si \rightarrow MeSi + H_2$

Umsetzung von Metalloxyden mit Si, SiC, SiO_2 (Silikate) $+$ C	$MeO + Si \rightarrow MeSi + SiO_2$ $MeO + SiC \rightarrow MeSi + CO$ $MeO + 2Si \rightarrow MeSi + SiO$ (flücht.) $MeO + SiO_2 + C \rightarrow MeSi + CO$ $Me\text{-}Silikat + C \rightarrow MeSi + CO$
Alumino- bzw. magnesothermisches Verfahren	$MeO + Al\,(Mg) + SiO_2 + S \rightarrow$ $MeSi + Al\,(Mg)\text{-}S\text{-haltige Schlacken}$
Aluminiumsilizidverfahren	$(Al\text{-}Si) + Me \rightarrow MeSi + (Al)$ $(Al\text{-}Si) + MeF_2 \rightarrow MeSi + (Al) + AlF_3$ $(Al\text{-}Si) + MeO + NaF \rightarrow MeSi +$ $\quad + (Al) + Na_3AlF_6 + Al_2O_3$
Kupfersilizidverfahren	$(Cu\text{-}Si) + Me \rightarrow MeSi + (Cu)$ $(Cu\text{-}Si) + MeO \rightarrow MeSi + (Cu + CuO\text{-}SiO_2)$
Abscheidung aus der Gasphase	$Me + SiCl_4 + H_2 \rightarrow MeSi + HCl$
Schmelzflußelektrolyse	$K_2SiF_6 + MeO \rightarrow MeSi + KF$

1. Direkte Vereinigung der Metalle mit Silizium durch Schmelzen oder Sintern

Die klassische Methode der Silizidherstellung ist das schon von H. Moissan[1] angegebene Zusammenschmelzen der reinen Metalle mit Silizium. Die Temperaturen, die erforderlich sind um die Reaktion in Gang zu bringen, liegen meist sehr hoch, so daß in älteren Arbeiten der elektrische Lichtbogenofen oder der Kohlerohrkurzschlußofen verwendet wurde[2]. In Ermangelung reiner Metalle bzw. von reinem Silizium konnten ältere Forscher nur verhältnismäßig unreine Silizidpräparate erschmelzen[3].

Nach H. J. Wallbaum[4] gelingt die Herstellung der Silizide des Vanadins, Niobs und Tantals durch Sinterung pulverförmiger Mischungen der Komponenten in Al_2O_3-Tiegeln unter Argon oder im Vakuum schon bei verhältnismäßig niedrigen Temperaturen. Die exotherme Reaktion läuft sehr heftig ab, ohne daß die Produkte dabei schmelzen. Preßlinge aus den Metall-Siliziumgemengen lassen sich

---

[1] Moissan, H.: Der elektrische Ofen. Übersetzt von T. Zettel. M. Krayn, Berlin 1900.

[2] s. a. Damiens, A. u. A. Morette in P. Lebeau: Les hautes températures et leurs utilisation en chimie, Masson Paris 1950, Bd. 1, S. 507ff., 530/31.

[3] Warren, H. N.: Chem. News **78** (1898), S. 318/19.

[4] Wallbaum, H.: J. Z. Metallkunde **33** (1941), S. 778/81.

auch mit einer Zündkirsche zur Reaktion bringen, was von D. A. ROBINS und I. JENKINS[1] zur Bestimmung der Bildungswärmen ausgenutzt wurde.

Beim Einsatz reiner Ausgangskomponenten erhält man durch Normalsintern von Preßlingen unter Argon oder im Vakuum oder Drucksintern von Pulvergemischen dichte Silizidkörper, genau definierter Zusammensetzung. Die Verwendung der Metalle in Hydridform (z. B. Titanhydrid, Zirkoniumhydrid u. a.) erleichtert die Umsetzung[2]. Für die die neueren Untersuchungen in den Systemen Titan-Silizium[3,4,5], Zirkonium-Silizium[3,6], Hafnium-Silizium[7,8], Vanadin-Silizium[9], Niob-Silizium[3,4,9,10], Tantal-Silizium[4,11,12], Chrom-Silizium[4,13], Molybdän-Silizium[11,14,15,16], Wolfram-Silizium[11,17] und Thorium-Silizium[1,18] ist daher vorzugsweise das Sinter- bzw. Drucksinterverfahren benutzt worden.

[1] ROBINS, D. A. u. I. JENKINS: Acta Met. 3 (1955), S. 598/604. 2. Plansee Seminar, Reutte/Tirol 1955, S. 187/97.

[2] ALEXANDER, P. P.: Metals and Alloys 9 (1938), Juli, S. 179/81.

[3] BREWER, L. u. O. KRIKORIAN: J. Electrochem. Soc. 103 (1956), S. 38/51, UCRL 2544 (1954), 2888 (1955).

[4] PAINE, R. M., A. J. STONEHOUSE u. W. W. BEAVER: WADC 59—29 (1960).

[5] NESCHPOR, V. S. u. G. V. SAMSONOV: Izv. Akad. Nauk SSSR, Met. Topl. (1959), S. 202/04.

[6] KIEFFER, R., F. BENESOVSKY u. R. MACHENSCHALK: Z. Metallkunde 45 (1954), S. 493/98.

[7] POST, B., F. W. GLASER u. D. MOSKOWITZ: J. Chem. Phys. 22 (1954), S. 1264.

[8] NOWOTNY, H., E. LAUBE, R. KIEFFER u. F. BENESOVSKY: Mh. Chem. 89 (1958), S. 701/07.

[9] KIEFFER, R., F. BENESOVSKY u. H. SCHMID: Z. Metallkunde 47 (1956), S. 247/53.

[10] SAMSONOV, G. V., V. S. NESCHPOR u. V. A. ERMAKOVA: Zur. Neorg. Chim. 3 (1958), S. 868/78.

[11] BREWER, L., A. W. SEARCY, D. H. TEMPLETON u. C. H. DAUBEN: J. Am. Ceram. Soc. 33 (1950), S. 291/94.

[12] KIEFFER, R., F. BENESOVSKY, H. NOWOTNY u. H. SCHACHNER: Z. Metallkunde 44 (1935), S. 242/46.

[13] KIEFFER, R., F. BENESOVSKY u. H. SCHROTH: Z. Metallkunde 44 (1953), S. 437/42.

[14] KIEFFER, R. u. E. ČERWENKA: Z. Metallkunde 43 (1952), S. 101/05.

[15] BRYJAK, E. u. Ch. LESNIAK: Przeglad Elektr. 31 (1955), S. 743/48.

[16] KIEFFER, R. u. F. BENESOVSKY: Metall 6 (1952), S. 243/50, Planseeber. Pulvermetallurgie 5 (1957), S. 56/71.

[17] KIEFFER, R., F. BENESOVSKY u. E. GALLISTL: Z. Metallkunde 43 (1952), S. 284/91.

[18] JACOBSON, E. L., R. D. FREEMAN, A. G. THARP u. A. W. SEARCY: J. Am. Chem. Soc. 78 (1956), S. 4850/52.

G. V. SAMSONOV und Mitarbeiter[1] haben die optimalen Bedingungen für die Herstellung der Disilizide der 4a bis 6a Metalle durch Umsetzung der Komponentenmischungen unter Argon bestimmt. Die Reaktionstemperaturen liegen dabei im Bereich von 1000 bis 1400°.

Mit der Entwicklung der Laboratoriums-Lichtbogenschmelzanlagen' (vgl. S. 49) ist auch das Lichtbogenschmelzverfahren für die Herstellung von Silizidpräparaten bei Systemuntersuchungen aus reinsten Ausgangskomponenten unter Argon in immer größerem Umfang herangezogen worden. Auf diese Weise sind in den letzten Jahren die Systeme des Siliziums mit Titan[2], Zirkonium[3], Vanadin[4], Niob[5], Chrom[6], Molybdän[7], Wolfram[8, 9], Thorium[10] und Uran[10, 11, 12] untersucht worden.

2. Reduktion der Metalloxyde mit Silizium

Silizium vermag, ähnlich wie Kohlenstoff, Metalloxyde zu reduzieren. Die Reaktion setzt erst bei sehr hohen Temperaturen ein[13-16]. Wegen der Trennung der gebildeten Kieselsäure und Schlacken von den Siliziden empfiehlt es sich, über den Schmelzpunkt des SiO_2 hinauszugehen. Bei einem Überschuß von Silizium und Anwendung von Hochvakuum kann man die bekannte Reaktion $SiO_2 + Si \rightarrow 2\,SiO$ (flüchtig) zur Erzeugung von Siliziden nach dem Reaktionsschema $MeO + 2\,Si \rightarrow MeSi + SiO$ heranziehen. Auch zur Nachreinigung sauerstoffhaltiger Silizide eignet sich dieses Verfahren.

[1] SAMSONOV, G. V., M. S. KOVALTSCHENKO u. T. S. VERCHOGLJADOVA: Zur. Neorg. Chim. 4 (1959), S. 2759/65.

[2] HANSEN, M., H. D. KESSLER u. D. J. MCPHERSON: Trans. Am. Soc. Met. 44 (1952), S. 518/36.

[3] LUNDIN, C. E., D. J. MCPHERSON u. M. HANSEN: Trans. Am. Soc. Met. 45 (1953), S. 901/14.

[4] ROSTOKER, W. u. A. YAMAMOTO: Trans. Am. Soc. Met. 46 (1954), S. 1136/63.

[5] KNAPTON, A. G.: Nature 175 (1955), S. 730/31.

[6] GUSEVA, L. N. u. B. I. OVETSCHKIN: Izv. Akad. Nauk SSSR, Met. Topl. (1957), S. 27/31, Dokl. Akad. Nauk SSSR 112 (1957), S. 781/83.

[7] CLIMAX MOLYBDENUM COMP.: Rep. NR 034-401 (1951).

[8] BLANCHARD, R. u. J. CUEILLERON: Compt. Rend. 244 (1957), S. 1782/85.

[9] OBROWSKI, W.: J. Inst. Met. 89 (1960), S. 79/80.

[10] BROWN, A. u. J. J. NORREYS: Nature 183 (1959), S. 673.

[11] ISSEROW, S.: J. Metals 9 (1957), S. 1236/39, NMI 1145.

[12] KAUFMANN, A., B. CULLITY u. G. BITSIANIS: J. Metals 9 (1957), S. 23/27, AEC CT 3309, 3310 (1945).

[13] MOISSAN, H.: Compt. Rend. 120 (1895), S. 290/96, 121 (1895), S. 621/26.

[14] MOISSAN, H. u. A. HOLT: Compt. Rend. 135 (1902), S. 78/81, 493/97.

[15] WEDEKIND, E.: Ber. dtsch. chem. Ges. 35 (1902), S. 3929/32.

[16] VIGOUROUX, E.: Compt. Rend. 127 (1898), S. 393/95, 129 (1899), S. 1238/39.

3. Umsetzung der Metalloxyde mit SiO_2 in Gegenwart von Kohlenstoff

Die Reaktion von Metalloxyden mit SiO_2 oder Silikaten und C läuft unter ähnlichen Bedingungen ab wie unter 2. beschrieben, am besten also im elektrischen Lichtbogenofen[1]. Die Silizide fallen in Form gut geschmolzener Reguli an. An Stelle von SiO_2 ist auch der Zusatz von Siliziumkarbid vorgeschlagen worden[2].

Intermediär entsteht nach W. J. KROLL[3] auch Zirkoniumsilizid bei der Umsetzung von natürlichem Zirkonsilikat mit Kohlenstoff im elektrischen Lichtbogenofen zwecks Herstellung von Zirkoniumkarbid (s. S. 105).

4. Aluminothermisches Verfahren

Bei der thermitartigen Reaktion von Gemischen aus feinverteiltem Metalloxyd, Quarzmehl, Aluminium- oder Magnesiumgrieß und Schwefelblumen im Tontiegel erhält man gut geschmolzene Reguli, welche das Silizid des betreffenden Metalles in wohlausgebildeten Kriställchen enthalten. Durch abwechselnde Behandlung der erkalteten und zerkleinerten Schmelze mit verdünnter Salzsäure und Kalilauge können die Silizide isoliert werden. Der Schwefelzuschlag bezweckt die Bildung einer leicht flüssigen Schlacke an Stelle einer schwer schmelzenden Tonerdeschlacke. Die Sulfidschlacke hat außerdem den Vorteil, daß sie wasserzersetzlich ist und leicht vom Metallregulus abgetrennt werden kann.

Das aluminothermische Verfahren hat insbesondere O. HÖNIGSCHMID[4, 5] zur Darstellung der meisten hier behandelten Silizide benutzt. Später haben G. V. SAMSONOV, M. S. KOVALTSCHENKO und T. S. VERCHOGLJADOVA[6] den Mechanismus der aluminothermischen Herstellung der Silizide des Titans, Vanadins, Niobs und Tantals im Vakuum bei Reaktionstemperaturen von 1400 bis 1600° näher untersucht.

---

[1] MOISSAN, H.: Compt. Rend. **121** (1895), S. 621/26.

[2] FRILLEY, R.: Rev. Mét. **8** (1911), S. 457/559.

[3] KROLL, W. J., A. W. SCHLECHTEN, W. R. CARMODY, L. A. YERKES, H. P. HOLMES u. H. L. GILBERT: Trans. Electrochem. Soc. **92** (1947), S. 187/201.

[4] HÖNIGSCHMID, O.: Compt. Rend. **143** (1906), S. 224/26, Mh. Chem. **27** (1906), S. 1067/69, **28** (1907), S. 1017/28.

[5] HÖNIGSCHMID, O.: Karbide und Silizide, W. Knapp, Halle/Saale 1914, S. 142.

[6] SAMSONOV, G. V., M. S. KOVALTSCHENKO u. T. S. VERCHOGLJADOVA: Zur. Neorg. Chim. **4** (1959), S. 2759/65.

5. Umsetzung der Metalle mit Silizium in einem Kupferbad

Während die vorgenannten Schmelzverfahren zu Siliziden führen, die oft einen Überschuß an Siliziden oder Metall enthalten und man daher bei Systemen mit mehreren Verbindungen oft nur zur höchsten oder niedrigsten Silizidstufe gelangen kann, erlaubt das von P. LEBEAU[1] ausgearbeitete Kupfersilizidverfahren die Herstellung verhältnismäßig reiner Silizide bestimmter Zusammensetzung. Dabei wird Kupfer-Silizium mit dem Metall oder dem betreffenden Metalloxyd, dessen Silizid man herstellen will, zusammen eingetragen. Es bildet sich das Silizid, welches meist in Form gut ausgebildeter Kriställchen in der Kupferschmelze fein verteilt ist. Bei Einhaltung einer bestimmten Siliziumkonzentration im Kupferbad gegenüber einer bestimmten Menge Metall kann man nach O. HÖNIGSCHMID[2] Silizide von gewollter Zusammensetzung erhalten. Da die Silizide gegen Salpetersäure beständig sind, lassen sie sich durch chemische Behandlung aus dem erkalteten und zerkleinerten Regulus isolieren. Auf diese Weise kann man auch Einkristalle aus Nb_5Si_3 und Cr_5Si_3, die für die Strukturbestimmung erforderlich sind, erhalten[3, 4].

Nach dem LEBEAUschen Verfahren gelingt es auch, Silizidmischungen bzw. -mischkristalle gleichzeitig zu bilden und anschließend zu isolieren. Das Kupfersiliziumverfahren hat übrigens viele Ähnlichkeiten mit dem McKENNAschen Menstruumverfahren zur Herstellung von Karbiden aus dem Nickel- oder Aluminiumbad (s. S. 67).

6. Einwirkung von Siliziumhalogeniden auf das Metall

Zur Darstellung der Silizide nach diesem Verfahren leitet man den Dampf eines Siliziumhalogenides, zweckmäßig $SiCl_4$, in Gegenwart von Wasserstoff über das hocherhitzte Metallpulver[5−9].

---

[1] LEBEAU, P. u. J. FIGUERAS: Compt. Rend. **136** (1903), S. 1329/31.

[2] HÖNIGSCHMID, O.: Karbide und Silizide, W. Knapp, Halle/Saale 1914, S. 143.

[3] KIEFFER, R., F. BENESOVSKY u. H. SCHMID: Z. Metallkunde **47** (1956), S. 247/53, 2. Plansee Seminar, Reutte/Tirol 1955, S. 154/65.

[4] PARTHÉ, E., H. SCHACHNER u. H. NOWOTNY: Mh. Chem. **86** (1955), S. 182/85.

[5] VIGOUROUX, E.: Compt. Rend. **144** (1907), S. 83/85.

[6] KIEFFER, R. u. E. NACHTIGALL: Heraeus-Festschrift, Hanau 1950, S. 186/205.

[7] FITZER, E.: Berg- u. Hüttenmänn. Mh. **97** (1952), S. 81/91.

[8] SOMENO, M., T. AOKI u. H. NAGASAKI: Nippon Kinzoku Gakkai-Si **21** (1957), S. 579/83, **22** (1958), S. 528/32.

[9] SASAHARA, T., M. SOMENO u. H. NAGASAKI: Nippon Kinzoku Gakkai-Si **23** (1959), S. 30/34.

Man kann auch nach der von A. E. VAN ARKEL[1] angegebenen Weise arbeiten und $SiCl_4$ in Gegenwart von Wasserstoff an entsprechend hoch erhitzten Drähten oder Gegenständen, welche aus dem betreffenden Metall bestehen, zersetzen (s. S. 59). Auch Aufwachsschichten aus den betreffenden Metallen lassen sich auf diese

Zahlentafel 96. *Abscheidungsbedingungen für verschiedene Silizide nach dem Aufwachsverfahren* (I. E. CAMPBELL, C. F. POWELL. D. H. NOWICKI und B. W. GONSER)

Silizid*	Abscheidungsreaktion**	Abscheidungstemperatur ° C
Titansilizid	$Ti + SiCl_4 + H_2 \rightarrow$ Ti-Silizid $+$ HCl	1100 bis 1500
Zirkoniumsilizid	$Zr + SiCl_4 + H_2 \rightarrow$ Zr-Silizid $+$ HCl	1100 bis 1500
Niobsilizid...........	$Nb + SiCl_4 + H_2 \rightarrow$ Nb-Silizid $+$ HCl	1100 bis 1800
Tantalsilizid	$Ta + SiCl_4 + H_2 \rightarrow$ Ta-Silizid $+$ HCl	1100 bis 1800
Chromsilizid	$Cr + SiCl_4 + H_2 \rightarrow$ Cr-Silizid $+$ HCl	1100 bis 1400
Molybdänsilizid	$Mo + SiCl_4 + H_2 \rightarrow$ Mo-Silizid $+$ HCl	1100 bis 1800
Wolframsilizid	$W + SiCl_4 + H_2 \rightarrow$ W-Silizid $+$ HCl	1100 bis 1800

* Verhältnis M:Si unbekannt, wahrscheinlich MSi_2-Phasen
** Gasdruck: 1 Atmosphäre

Weise silizieren. Nach diesem Verfahren wurden von I. E. CAMPBELL und Mitarbeitern[2] eine Reihe von Siliziden unter den in Zahlentafel 96 angegebenen Bedingungen in einer Apparatur gemäß Abb. 19 abgeschieden. Wegen der guten Zunderbeständigkeit und vor allem chemischen Widerstandsfähigkeit dürfte insbesondere Molybdändisilizidschichten gewisse praktische Bedeutung zukommen[3-5].

[1] VAN ARKEL, A. E.: Physica 4 (1924), S. 286/301.

[2] CAMPBELL, I. E.,   C. F. POWELL,   D. H. NOWICKI   u.   B. W. GONSER: J. Electrochem. Soc. 96 (1949), S. 318/33.

[3] BEIDLER, E. A.,   C. F. POWELL,   I. E. CAMPBELL   u.   L. F. YNTEMA: J. Electrochem. Soc. 98 (1951), S. 21/25, s. a. Vapor-Plating, Wiley, New York 1955, S. 120/35.

[4] KIEFFER, R.   u.   E. NACHTIGALL: Heraeus-Festschrift, Hanau 1950, S. 186/205.

[5] FITZER, E.: Berg- u. Hüttenmänn. Mh. 97 (1952), S. 81/91.

Es besteht auch die Möglichkeit, Metallhalogeniddampf, z. B. $TiCl_4$, an reinem Siliziummetallpulver umzusetzen und auf diese Weise Silizide für präparative Zwecke zu erhalten[1].

7. Herstellung durch Schmelzflußelektrolyse

Zersetzt man Salzschmelzen aus Alkalifluorsilikaten und entsprechenden Metalloxyden oder Metallfluoriden nach der von J. L. ANDRIEUX[2] angegebenen Weise, dann erhält man an der Kathode gut ausgebildete Kriställchen der Metallsilizide. Bei der Zerlegung des Silikates bildet sich metallisches Silizium, welches sich sofort mit dem durch die reduzierende Wirkung des Alkalis aus dem Oxyd freigemachten Metall vereinigt. Auf diese Weise wurden von M. DODERO[3] die Disilizide des Titans, Zirkoniums und Chroms abgeschieden.

8. Herstellung von Formkörpern

Die Herstellung dichter Körper aus Siliziden kann auf die gleiche Weise wie bei den anderen metallischen Hartstoffen erfolgen. Da die Schmelzpunkte der meisten Silizide nicht so hoch liegen, kann man häufig schon durch Normalsinterung ziemlich dichte Körper erhalten. Fast vollkommen dichte Teile erhält man durch Heißpressen entsprechender Pulvergemische oder bereits vorgebildeter Legierungen. Auf diese Weise wurden, insbesondere für Systemuntersuchungen und Bestimmung der physikalischen Eigenschaften, fast alle Silizide in dichter Form erhalten.

Im Hinblick auf die Verwendung von $MoSi_2$ als Werkstoff für Hochtemperaturheizleiter ist die Herstellung von Formkörpern für diesen Zweck von besonderer Bedeutung (vgl. Bd. Hartmetalle). Sie kann durch Kaltpressen und Sintern unter Wasserstoff bei Temperaturen zwischen 1300 und 1500° erfolgen. Für kompliziertere Heizleiterformen und dünne Querschnitte hat sich das Plastischstrangpressen mit organischen oder anorganischen Plastifizierungsmitteln ebenso wie der Schlickerguß technisch eingeführt[4, 5].

---

[1] LEVY, L.: Compt. Rend. **121** (1895), S. 1148/50.

[2] ANDRIEUX, J. L., Rev. Mét. **45** (1948), S. 49/59; s. a. ANDRIEUX, J. L. in P. LEBEAU: Les hautes températures et leurs utilisation en chimie. Masson, Paris 1950, Bd. 1, S. 375/446.

[3] DODERO, M.: Diss. Univ. Grenoble 1937, J. Chim. Phys. **49** (1952), S. C 11/C 14.

[4] FITZER, E.: 2. Plansee Seminar, Reutte/Tirol 1955, S. 56/79, 3. Plansee Seminar, Reutte/Tirol 1958, S. 175/202, Elektrowärme (1958), Nr. 6, S. 253/59.

[5] SAMSONOV, G. V. u. P. S. KISLY: Dop. Akad. Nauk Ukr. RSR (1959), Nr. 1, S. 46/47.

Trotz seiner Sprödigkeit gelingt es übrigens, dünne $MoSi_2$-Stangen bei hoher Temperatur zu haarnadelförmigen Heizleitern zu biegen.

B. Die Einzelsilizide

1. Titansilizid

a) Herstellung

Durch Umsetzung von TiO_2 mit Silizium im elektrischen Ofen hat H. Moissan[1] ein sehr hartes Titansilizid unbestimmter Zusammensetzung erhalten. L. Levy[2] ließ $TiCl_4$-Dämpfe auf erhitztes Siliziummetall einwirken und erhielt geringe Mengen eines Silizides, dem er die Formel Ti_2Si zuschrieb.

Auf aluminothermischem Wege hat O. Hönigschmid[3] aus einem Gemisch von Quarz, Titankaliumfluorid, Aluminiumgrieß und Schwefel einen Regulus erzeugt, aus dem durch abwechselnde Behandlung mit HCl und verdünnter KOH gut ausgebildete Kriställchen eines Silizides $TiSi_2$ (53,9% Si) isoliert werden konnten. Die Einheitlichkeit eines von P. Askenasy und C. Ponnaz[4] hergestellten Silizides der Formel Ti_2Si_3 ist nicht bewiesen. G. V. Samsonov und Mitarbeiter[5] haben später die Bedingungen für die silikothermische Herstellung von $TiSi_2$ aus TiO_2 näher untersucht. Die ältere Literatur über die Herstellung von Titansiliziden wurde von L. Baraduc-Muller[6] zusammenfassend behandelt.

Bei der Schmelzflußelektrolyse entsprechender Salzbäder scheidet sich nach M. Dodero an der Kathode $TiSi_2$ in Form kleiner Kristalle ab.

Schwammförmiges Titansilizid erhält man nach P. P. Alexander[7] durch Umsetzung von Titanhydrid und Silizium. Der dabei entstehende nascierende Wasserstoff erleichtert die Reaktion wesentlich.

Legierungen von Titan mit 0,5 bis 10% Si haben E. I. Larsen und Mitarbeiter[8] durch Vakuumsinterung entsprechender Mischungen der Komponenten erhalten. Für Systemuntersuchungen haben

---

[1] Moissan, H.: Compt. Rend. **120** (1895), S. 290/96.

[2] Levy, L.: Compt. Rend. **121** (1895), S. 1148/50.

[3] Hönigschmid, O.: Compt. Rend. **143** (1906), S. 224/26.

[4] Askenasy, P. u. C. Ponnaz: Z. Elektrochem. **14** (1908), S. 810/11.

[5] Samsonov, G. V., M. S. Kovaltschenko u. T. S. Verchogljadova: Zur. Neorg. Chim **4** (1959), S. 2759/65.

[6] Baraduc-Muller, L.: Rev. Mét. **7** (1910), S. 657/834.

[7] Alexander, P. P.: Metals and Alloys **9** (1938), Nr. 7, S. 179/81.

[8] Larsen, E. I., E. F. Swazy, L. S. Busch u. R. H. Freyer: Report of Symposium on Titanium. Office of Naval Res., Washington 1949, S. 105/24.

M. Hansen, H. D. Kessler und D. J. McPherson[1] Ti-Si-Legierungen in einem Lichtbogenofen mit Wolframelektroden unter Helium bzw. Argon erschmolzen und L. Brewer und Mitarbeiter[2] sinterten und schmolzen Titansilizide im Hochfrequenzofen unter Argon unter Verwendung von Molybdän-, Zirkonoxyd- oder Aluminiumoxydtiegeln. Ähnlich verfuhren später auch andere Forscher[3, 3a].

I. E. Campbell und Mitarbeiter[4] haben Titansilizidschichten aus der Gasphase durch Umsetzung von Titan mit $SiCl_4$ bei 1100 bis 1500° erzeugt[5]. Angaben über die Zusammensetzung dieser Schichten werden nicht gemacht.

G. V. Samsonov und Mitarbeiter[6, 7] bestimmten die Diffusionsgeschwindigkeit von Silizium in Titan und die Aktivierungsenergie des Vorganges.

Die Herstellung von Heißpreßkörpern aus Ti_5Si_3, $TiSi$ und $TiSi_2$ wird von V. S. Neschpor und G. V. Samsonov[8] beschrieben.

b) Das System Titan-Silizium

Ein Zustandsdiagramm des Systems Titan-Silizium ist von M. Hansen, H. D. Kessler und D. J. McPherson[1] mit Hilfe lichtbogengeschmolzener Proben aufgestellt worden (Abb. 153). Die Legierungen wurden thermisch, metallographisch und röntgenographisch untersucht. Das Glühen und Abschrecken gewisser Legierungen erfolgte in einem Spezialofen unter Argon. Die Autoren konnten die Existenz des $TiSi_2$ bestätigen, welches schon von O. Hönigschmid[9] gefunden worden war und dessen Struktur F. Laves und H. J. Wall-

[1] Hansen, M., H. D. Kessler und D. J. McPherson: Trans. Am. Soc. Met., 44 (1952), S. 518/36.

[2] Brewer, L. u. O. Krikorian: J. Electrochem. Soc. 103 (1956), S. 38/51, Disk. S. 701/03. UCRL 2544 (1954), 2888 (1955).

[3] Paine, R. M., A. J. Stonehouse u. W. W. Beaver: WADC 59-29 (1960).

[3a] Tamura, K.: Nippon Kinzoku Gakkai-Si 24 (1960), S. 707/10.

[4] Campbell, I. E., C. F. Powell, D. H. Nowicki u. B. W. Gonser: J. Electrochem. Soc. 96 (1949), S. 318/33.

[5] Kluz, S., C. Kalinowski u. R. Wehrmann: WAL 401-51-22 (1953).

[6] Samsonov, G. V., M. S. Kovaltschenko u. T. S. Verchogljadova: Dokl. Akad. Nauk Ukr. RSR (1959), Nr. 1, S. 32/35, In: Bor, Moskau 1958, S. 74/89.

[7] Samsonov, G. V. u. L. A. Solonnikova: Fiz. Metallov Metalloved. (1957), S. 565/66.

[8] Neschpor, V. S. u. G. V. Samsonov: Izv. Akad. Nauk SSSR, Met. Topl. (1959), S. 202/04.

[9] Hönigschmid, O.: Compt. Rend. 143 (1906), S. 224/26, Mh. Chem. 27 (1906), S. 1069/81.

BAUM[1] geklärt hatten. Neben diesem $TiSi_2$ mit C 54-Struktur wollen
P. G. COTTER, J. A. KOHN und R. A. POTTER[2] eine zweite Modifikation

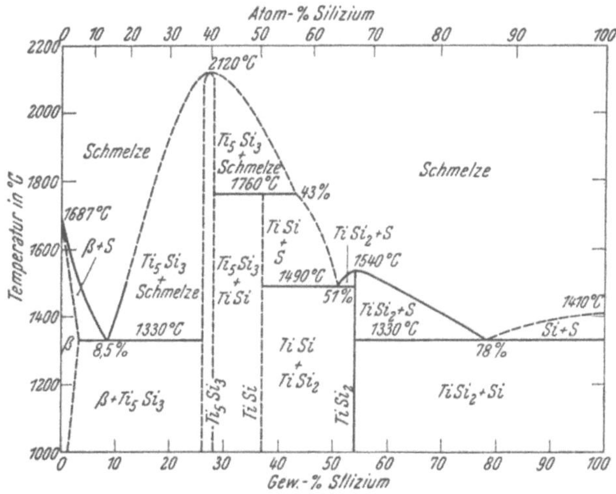

Abb. 153. Zustandsschaubild Titan-Silizium (M. HANSEN, H. D. KESSLER und
D. J. McPHERSON)

mit C 49-Struktur (isotyp mit $ZrSi_2$ und $HfSi_2$) gefunden haben.
Die jeweilige Struktur hängt von den Herstellungsbedingungen ab.

Ferner fanden M. HANSEN und Mitarbeiter[3] auch das von P. PIE-
TROKOWSKY und P. DUWEZ[4] angegebene Ti_5Si_3 (isotyp mit Ti_5Ge_3
und Ti_5Sn_3). Als dritte neue intermediäre Phase wurde ein TiSi
entdeckt. Dieses bildet sich peritektisch aus Ti_5Si_3 und Schmelze
mit 43% Si bei 1760°. Die Struktur des TiSi ist noch nicht geklärt.
H. NOWOTNY, B. LUX und H. KUDIELKA[5] vermuten, daß es mit
ZrSi isotyp ist.

Die Löslichkeit von Silizium in α- bzw. β-Titan ist nach C. M.
CRAIGHEAD und Mitarbeitern[6] auf Grund mikroskopischer Untersuchungen an lichtbogengeschmolzenen Ti-Si-Legierungen kleiner als
0,4% Si. M. HANSEN und Mitarbeiter[3] fanden, daß die Löslichkeit von

[1] LAVES, F. u. H. J. WALLBAUM: Z. Kristallogr. A 101 (1939), S. 78/93.
[2] COTTER, P. G., J. A. KOHN u. R. A. POTTER: J. Am. Ceram. Soc. 39
(1956), S. 11/12.
[3] HANSEN, M., H. D. KESSLER u. D. J. McPHERSON: Trans. Am. Soc. Met.,
44 (1952), S. 518/36.
[4] PIETROKOWSKY, P. u. P. DUWEZ: J. Metals 3 (1951), S. 772/73.
[5] NOWOTNY, H., B. LUX u. H. KUDIELKA: Mh. Chem. 87 (1956), S. 447/70.
[6] CRAIGHEAD, C. M., O. W. SIMMONS u. L. W. EASTWOOD: Trans. Am. Inst.
Met. Eng. 188 (1950), S. 485/513.

Silizium in β-Titan bei 1330° etwa 3% beträgt. Bei 860° zerfällt die feste Lösung von β-Titan mit 0,9% Si eutektoidisch in die α-Lösung mit 0,5% Si und Ti_5Si_3; bei 750° beträgt die Löslichkeit von Silizium im α-Titan etwa 0,3%. Die neueren Angaben von D. A. SUTCLIFFE[1] über die Löslichkeit von Silizium in α-Titan stimmen mit den Angaben von M. HANSEN und Mitarbeitern überein, bei der Löslichkeit in β-Titan werden etwas niedrigere Werte gefunden.

c) Eigenschaften*

Titansilizid der chemischen Formel $TiSi_2$ enthält 53,9% Si und kristallisiert in eisengrauen, flachen tetragonalen Pyramiden.

Es oxydiert nur langsam bei Rotglut an Luft. Mineralsäuren greifen bis auf Flußsäure nicht an. Schmelzende Alkalien reagieren heftig[2, 3].

Das Zunderverhalten von $TiSi_2$ ist als sehr gut zu bezeichnen, obzwar die sich ausbildende Deckschicht oberhalb 1200 bis 1300° nicht so festhaftend und gasundurchlässig ist wie bei den Disiliziden des Molybdäns und Wolframs[3-8].

$TiSi_2$-Zusätze in Reinaluminium hemmen die Rekristallisation und Zipfelbildung beim Tiefziehen[9]. Bei der Umsetzung von $TiSi_2$ mit Aluminium tritt ein isolierbares Doppelsilizid unbekannter Struktur auf[10].

Weitere Angaben über die Eigenschaften von Titansiliziden sind der Zahlentafel 97 zu entnehmen.

---

[1] SUTCLIFFE, D. A.: Met. Treatment **21** (1954), S. 191/97, Rév. Mét. **51** (1954), S. 524/36.

[2] COTTER, P. G., J. A. KOHN u. R. A. POTTER: J. Am. Ceram. Soc. **39** (1956), S. 11/12.

[3] TAMURA, K.: Nippon Kinzoku Gakkai-Si **24** (1960), S. 707/10.

[4] KIEFFER, R., F. BENESOVSKY u. E. GALLISTL: Z. Metallkunde **43** (1952), S. 284/91. E. GALLISTL: Diss. Techn. Hochschule Graz 1951.

[5] KIEFFER, R. u. F. BENESOVSKY: Iron Steel Inst., Spec. Rep. No. 58, London 1954, S. 292/301.

[6] KIEFFER, R., F. BENESOVSKY u. C. KONOPICKY: Ber. dtsch. keram. Ges. **31** (1954), S. 223/30.

[7] PAINE, R. M., A. J. STONEHOUSE u. W. W. BEAVER: WADC 59-29 (1960).

[8] ARSCHANY, P. M., R. M. VOLKOVA u. D. A. PROKOSCHKIN: Izv. Akad, Nauk SSSR, Met. Topl. (1960), S. 156/60.

[9] HUSCHKA, H. u. H. NOWOTNY: Metall **12** (1958), S. 6/12.

[10] NOWOTNY, H. u. H. HUSCHKA: Mh. Chem. **88** (1957), S. 494/501.

* Vgl. dazu auch die zusammenfassende Darstellung in GMELINS Handbuch der anorg. Chemie, System Nr. 41. Titan, Verlag Chemie, Weinheim 1951 S. 375/76.

Zahlentafel 97. *Eigenschaften von Titansiliziden*

Eigenschaften	Ti_5Si_3 (26,1 % Si)		TiSi (37,0 % Si)		$TiSi_2$ (53,9 % Si)	
	Werte*	Weitere Lit.	Werte	Weitere Lit.	Werte	Weitere Lit.
Struktur	hexag.[1] $D\,8_8$		orhomb.[2] B 27	[3, 4]	orhomb.[5] C 54	[6, 15]
Gitterkonstante Å	a: 7,465[1] c: 5,162	[7–9] [24]	a: 3,611[3] b: 4,960 c: 6,479	[4, 10,] [24]	a: 8,236[5] b: 4,773 c: 8,523	[6,] [11–15] [24]
Dichte g/cm³ ber.	4,33		4,22		4,12	[17, 18,]
gef.........	4,32[1]		4,21[3]	[24]	3,83[16]	[24, 26]
Härte HK (100 g) kg/mm² .	986[10]	[24]	1039[10]		618[10]	[15, 18, 19, 26]
Sprödigkeit..............					s. Lit.	[19]
Schmelzpunkt ° C	2120[10]	[24]	1760[10] zers.	[24]	1540[10]	[5, 18, 24]
Thermodynamische Daten — ΔH_{298} kcal/mol.	138[16]	[4, 9,] [20, 25]	31[16]	[4, 9,] [20, 25]	32[16]	[4, 9,] [23, 25, 27]
Spez. elektr. Widerstand $\mu\,\Omega$.cm	50[28] bis 1,2°K	[29, 30]	61[28] bis 1,2°	[29, 30]	18[28] bis 1,2°	[21, 22] [29–31]
Supraleitfähigkeit	n. s. l.[23]		n. s. l.[23]		n. s. l.[23]	
HALL-Konstante	— 2,7[32]	[28, 31]	— 4,3[32]	[28, 31]	— 6,3[32]	[28, 31]
Magnet. Suszeptibilität	+ 810[30]		+ 55[30]		+ 129[30]	[31]
Gefüge	s. Lit.	[10]	s. Lit.	[10]	s. Lit.	[10, 26]

* Bei dieser und den folgenden Eigenschaftstafeln wurden die uns am besten erscheinenden Werte eingesetzt. Über weitere Werte vergleiche die Literatur in der nächsten Spalte.

[1] PIETROKOWSKY, P. u. P. DUWEZ: J. Metals 3 (1951), S. 772/73.

[2] NOWOTNY, H., B. LUX u. H. KUDIELKA: Mh. Chem. 87 (1956), S. 447/70.

[3] AGEJEV, N. V. u. G. V. SAMSONOV: Dokl. Akad. Nauk SSSR 112 (1957), S. 853/55.

[4] AGEJEV, N. V., J. M. GOLUTVIN u. V. P. SAMSONOV: Zur. Neorg. Chim. 4 (1959), S. 1864/72.

[5] LAVES, F. u. H. J. WALLBAUM: Z. Kristallogr. A 101 (1939), S. 78/93.

[6] WALLBAUM, H. J.: Z. Metallkunde 33 (1941), S. 378/81.

[7] FREUNDLICH, W., A. CHRETIEN u. M. BICHARA: Compt. Rend. 239 (1954), S. 1141/43.

[8] SCHACHNER, H., E. ČERWENKA u. H. NOWOTNY: Mh. Chem. 85 (1954), S. 245/54.

[9] BREWER, L. u. O. KRIKORIAN: J. Electrochem. Soc. 103 (1956), S. 38/51, Disk. S. 701/03; UCRL 2544 (1954), 2888 (1955), 3352 (1956).

[10] HANSEN, M., H. D. KESSLER u. D. J. McPHERSON: Trans. Am. Soc. Met. 44 (1952), S. 518/36.

[11] NOWOTNY, H., R. KIEFFER u. H. SCHACHNER: Mh. Chem. 83 (1952), S. 1243/52.

[12] NOWOTNY, H., H. SCHROTH, R. KIEFFER u. F. BENESOVSKY: Mh. Chem. 84 (1953), S. 579/84.

[13] NOWOTNY, H., R. MACHENSCHALK, R. KIEFFER u. F. BENESOVSKY: Mh. Chem. 85 (1954), S. 241/44.

2. Zirkoniumsilizid

a) Herstellung

E. WEDEKIND[33] erhielt beim Zusammenschmelzen von Zirkonoxyd mit Silizium einen Regulus, der ein Silizid der Formel ZrSi enthalten soll. Durch Einwirkung von überschüssigem Silizium auf Zirkonkaliumfluorid im elektrischen Ofen gewann E. WEDEKIND[34] ein gut kristallisiertes Silizid $ZrSi_2$, welches durch Behandlung mit Kalilauge vom überschüssigen Silizium befreit werden konnte.

Bereits bei Temperaturen von etwa 1000° gelingt es nach E. WEDEKIND, $ZrSi_2$ durch Reaktion entsprechender Mengen der pulverförmigen Komponenten in evakuierten Porzellanrohren herzustellen. Reines $ZrSi_2$ (38,1% Si) wurde von O. HÖNIGSCHMID[35] aluminothermisch, ähnlich wie $TiSi_2$, aus Gemengen von SiO_2, ZrO_2, S und

[14] KIEFFER, R., F. BENESOVSKY u. R. MACHENSCHALK: Z. Metallkunde **45** (1954), S. 493/98.

[15] COTTER, P. G., J. A. KOHN u. R. A. POTTER: J. Am. Ceram. Soc. **39** (1956), S. 11/12.

[16] ROBINS, D. A. u. I. JENKINS: Acta Met. **3** (1955), S. 598/604; 2. Plansee Seminar, Reutte/Tirol 1955, S. 187/97.

[17] HÖNIGSCHMID, O.: Compt. Rend. **143** (1906), S. 224/26; Mh. Chem. **27** (1906), S. 1069/81.

[18] ČERWENKA, E.: Diss. Techn. Hochsch. Graz 1951.

[19] SAMSONOV, G. V., V. S. NESCHPOR u. L. M. CHRENOVA: Hutnické Listy **14** (1959), S. 484/88; Fiz. Metallov Metalloved. **8** (1959), S. 622/30.

[20] GOLUTVIN, J. M.: Zur. Fiz. Chim. **30** (1956), S. 2251/59, **33** (1959), S. 1798/1805.

[21] GALLISTL, E.: Diss. Techn. Hochsch. Graz 1951.

[22] GLASER, F. W. u. D. MOSKOWITZ: Powder Met. Bull. **6** (1953), S. 178/85.

[23] HARDY, G. F. u. J. K. HULM: Phys. Rev. **89** (1953), S. 884; **93** (1954), S. 1004/16.

[24] PAINE, R. M., A. J. STONEHOUSE u. W. W. BEAVER: WADC 59-29 (1960).

[25] SEARCY, A. W.: J. Am. Ceram. Soc. **40** (1957), S. 431/35.

[26] TAMURA, K.: Nippon Kinzoku Gakkai-Si **24** (1960), S. 707/10.

[27] GELD, P. V. u. J. M. GERTMAN: Fiz. Metallov Metalloved. **10** (1960), S. 299/300.

[28] NESCHPOR, V. S., V. F. NEMTSCHENKO, S. N. LVOV u. G. V. SAMSONOV: Ukr. Fiz. Zur. **5** (1960), S. 839/41.

[29] NESCHPOR, V. S. u. G. V. SAMSONOV: Fiz. Tverdogo Tela **2** (1960), S. 2202/09.

[30] ROBINS, D. A.: Philosophical Mag. **3** (1958), S. 313/27.

[31] NESCHPOR, V. S. u. G. V. SAMSONOV: Dokl. Akad. Nauk SSSR **133** (1960), S. 817/20.

[32] NESCHPOR, V. S. u. G. V. SAMSONOV: Dokl. Akad. Nauk. SSSR **134** (1960), Nr. 6, S. 1337/38.

[33] WEDEKIND, E.: Ber. dtsch. chem. Ges. **35** (1902), S. 3929/32.

[34] WEDEKIND, E.: Chem. Ind. Koll. **7** (1900), S. 249.

[35] HÖNIGSCHMID, O.: Compt. Rend. **143** (1906), S. 224/26, Mh. Chem. **27** (1906), S. 1069/81.

Al hergestellt. Eine Zusammenfassung über die Herstellung von Zirkoniumsiliziden auf Grund der älteren Arbeiten gibt L. BARADUC-MULLER[1].

Für die Herstellung reiner Zirkoniumsilizide wurde in letzter Zeit vorzugsweise die Synthese aus den Komponenten verwendet. C. E. LUNDIN, D. J. McPHERSON und M. HANSEN[2] erschmolzen Zirkoniumsilizium-Legierungen im Wolframlichtbogenofen unter reinstem Helium. R. KIEFFER, F. BENESOVSKY und R. MACHENSCHALK[3] verwandten das Drucksinterverfahren, erschmolzen jedoch auch Preßlinge im Wolframrohrofen unter Wasserstoff bzw. im Vakuum (Molybdäntiegel). H. NOWOTNY und Mitarbeiter[4, 5] sowie L. BREWER und O. KRIKORIAN[6] sinterten und schmolzen vorzugsweise unter Argon.

Bei der Schmelzflußelektrolyse eines Salzbades, bestehend aus Alkalifluorsilikat und etwas Zirkonoxyd, scheidet sich nach M. DODERO[7] an der Kathode $ZrSi_2$ in Form kleiner Kriställchen ab.

Bei Einwirkung von $SiCl_4$-Dampf, auf Zirkoniumschichten bilden sich bei 1100 bis 1500° in Gegenwart von Wasserstoff Zirkoniumsilizidüberzüge unbestimmter Zusammensetzung[8].

Bei der großtechnischen Umsetzung von natürlichem Zirkonsilikat mit Kohle im elektrischen Lichtbogenofen zwecks Herstellung von Zirkoniumkarbid entsteht nach W. J. KROLL[9] intermediär ebenfalls Zirkoniumsilizid (s. S. 105).

Untersuchungen über die Diffusionsgeschwindigkeit von Silizium in Zirkonium und die Aktivierungsenergie dieses Vorganges wurden von G. V. SAMSONOV und Mitarbeitern[10] durchgeführt.

---

[1] BARADUC-MULLER, L.: Rev. Mét. 7 (1910), S. 657/834.

[2] LUNDIN, C. E., D. J. McPHERSON u. M. HANSEN: Trans. Am. Soc. Met. 45 (1953), S. 901/14.

[3] KIEFFER, R., F. BENESOVSKY u. R. MACHENSCHALK: Z. Metallkunde 45 (1954), S. 493/98.

[4] SCHACHNER, H., H. NOWOTNY u. R. MACHENSCHALK: Mh. Chem. 84 (1953), S. 677/85.

[5] NOWOTNY, H., LUX, B. u. H. KUDIELKA: Mh. Chem. 87 (1956), S. 447/70.

[6] BREWER, L. u. O. KRIKORIAN: J. Electrochem. Soc. 103 (1956), S. 38/51, Disk. 701/03, UCRL 2544 (1954), 2888 (1955).

[7] DODERO, M.: Diss. Univ. Grenoble 1937, J. Chim. Phys. 49 (1952), S. C 11/C 14.

[8] CAMPBELL, I. E., C. F. POWELL, D. H. NOWICKI u. B. W. GONSER: J. Electrochem. Soc. 96 (1949), S. 318/33.

[9] KROLL, W. J., A. W. SCHLECHTEN, W. R. CARMODY, L. A. YERKES, H. P. HOLMES u. H. L. GILBERT: Trans. Electrochem. Soc. 92 (1947), S. 187 bis 201.

[10] SAMSONOV, G. V., M. S. KOVALTSCHENKO u. T. S. VERCHOGLJADOVA: Dokl. Akad. Nauk Ukr. RSR (1959), Nr. 1, S. 32/35, In: Bor, Moskau 1958, S. 74/89.

b) Das System Zirkonium-Silizium

Das System Zirkonium-Silizium wurde eingehend von C. E. LUNDIN, D. J. McPHERSON und M. HANSEN[1] an Hand lichtbogengeschmolzener Proben untersucht. Mit Hilfe von Schmelzpunktsbestimmungen und Gefügebefunden wurde auch ein vorläufiges Zustandsbild entworfen, in dem sieben intermediäre Silizidphasen auftreten sollen, und zwar Zr_4Si, Zr_2Si, Zr_3Si_2, Zr_4Si_3, Zr_6Si_5, $ZrSi$ und $ZrSi_2$. Lediglich für das $ZrSi$ wurde ein Strukturvorschlag gemacht. Der Aufbau des $ZrSi_2$ war schon von St. v. NARAY-SZABO[2] geklärt worden.

L. BREWER und O. KRIKORIAN[3] kontrollierten diese Phasen röntgenographisch und verglichen sie mit selbst hergestellten Proben. An gesinterten Proben fanden sie keinen Hinweis auf die Phase Zr_4Si, während die Phasen Zr_2Si, Zr_3Si_2, Zr_6Si_5, $ZrSi$, und $ZrSi_2$ auch in ihren Proben gefunden wurden. Die von C. E. LUNDIN,

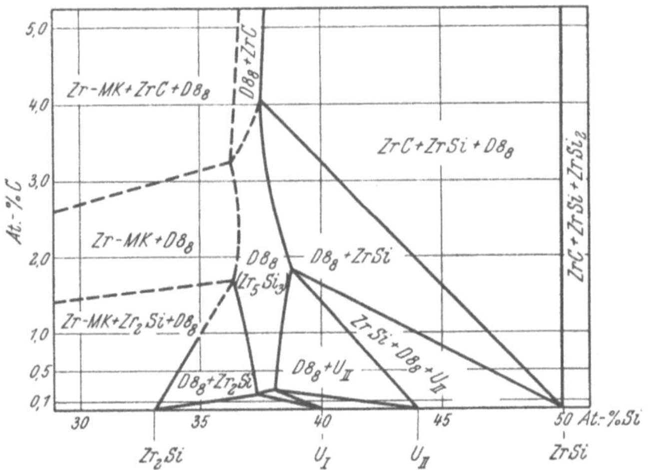

Abb. 154. Phasenfeldaufteilung im Teilsystem Zirkonium-Silizium-Kohlenstoff (H. NOWOTNY, B. LUX und H. KUDIELKA)

D. J. McPHERSON und M. HANSEN gefundene Phase Zr_3Si_2 wurde als Zr_5Si_3 (D 8₈-Typ) und die Phase Zr_4Si_3 als Zr_3Si_2 (isotyp mit U_3Si_2) identifiziert.

[1] LUNDIN, C. E., D. J. McPHERSON u. M. HANSEN: Trans. Am. Soc. Met. 45 (1953), S. 901/14.

[2] v. NARAY-SZABO, St.: Z. Kristallogr. A 97 (1937), S. 223/28.

[3] BREWER, L. u. O. KRIKORIAN: J. Electrochem. Soc. 103 (1956), S. 38/51. UCRL 2544 (1954), 3352 (1955).

R. KIEFFER, F. BENESOVSKY und R. MACHENSCHALK[1] untersuchten gleichfalls das System Zr-Si röntgenographisch, metallographisch und thermisch mittels gesinterter Proben und fanden einen grundsätzlich gleichen Aufbau bezüglich der Eutektika auf der Zirkonium- und Silizium-Seite, sowie bezüglich der dominierenden Lage einer bei 40 At.-% Si liegenden Phase, die später als Zr_5Si_3 identifiziert wurde. Die Phase Zr_4Si_3 trat in den Sinterproben nicht auf; desgleichen wurden die Phasen Zr_3Si_2, Zr_4Si_3 und Zr_6Si_5 in den Sinterproben zugunsten der $D\,8_8$-Phase (Zr_5Si_3) unterdrückt, die später als eine ternäre, durch kleine Kohlenstoff- und Stickstoffmengen stabilisierte Phase erkannt wurde (s. S. 535, Abb. 154).

Während dem ZrSi von C. E. LUNDIN, D. J. McPHERSON und M. HANSEN hexagonale Struktur zugeschrieben wird, bestimmten H. SCHACHNER, H. NOWOTNY und H. KUDIELKA[2] ein orthorhombisches Gitter (B 27, isotop mit USi, FeB, MnB). Für das Zr_2Si wurde von H. SCHACHNER, H. NOWOTNY und R. MACHENSCHALK[3] eine tetragonale Struktur (C 16) gefunden, die von P. PIETROKOWSKY[4] bestätigt wurde.

Spätere Untersuchungen von H. NOWOTNY, B. LUX und H. KUDIELKA[5] im Dreistoffsystem Zr-Si-C ergaben im Randsystem Zr-Si im Bereich von 30 bis 50 At.-% Si nur die Phasen Zr_2Si und ZrSi sowie zwei Phasen ungeklärter Struktur U 1 und U 2. Zusammensetzung etwa Zr_3Si_2 bzw. Zr_6Si_5. Die Zr_5Si_3-Phase mit $D\,8_8$-Struktur ist eine durch kleine Mengen Kohlenstoff stabilisierte ternäre Verbindung (NOWOTNY-Phase) mit einem gewissen Homogenitätsbereich (Abb. 154).

Berücksichtigt man die Tatsache, daß Zr_4Si wahrscheinlich nur in abgeschreckten, geschmolzenen und nicht in synthetisierten, gesinterten Proben auftritt (vgl. hierzu die Phase Nb_4Si, S. 487), so läßt sich auf Grund der vorangehenden Ausführungen als Kompromiß ein vorläufiges Zustandsbild des Systems Zr-Si gemäß Abb. 155 aufstellen. Dadurch, daß einerseits C. E. LUNDIN, D. J. McPHERSON und M. HANSEN für die vielen Phasen des Mittelfeldes keine Struktur angeben und andererseits auch H. NOWOTNY, B. LUX und H. KUDIELKA[5] die Struktur der Phasen U 1 und U 2 noch nicht

---

[1] KIEFFER, R., F. BENESOVSKY u. R. MACHENSCHALK: Z. Metallkunde 45 (1954), S. 493/98. R. MACHENSCHALK, Diss. Techn. Hochsch. Graz 1954.

[2] SCHACHNER, H., H. NOWOTNY u. H. KUDIELKA: Mh. Chem. 85 (1954), S. 1140/53.

[3] SCHACHNER, H., H. NOWOTNY u. R. MACHENSCHALK: Mh. Chem. 84 (1953), S. 677/85.

[4] PIETROKOWSKY, P.: Acta Cryst. 7 (1954), S. 435/38.

[5] NOWOTNY, H., B. LUX u. H. KUDIELKA: Mh. Chem. 87 (1956), S. 447/70.

klären konnten, ist der genaue Aufbau des Systems in diesem Gebiet noch strukturchemisch offen.

Was noch die Löslichkeitsverhältnisse auf der Zirkoniumseite betrifft so sind die Angaben in der Literatur verhältnismäßig ungenau[1].

Die Löslichkeit in α-Zirkonium soll kleiner als 0,23 Gew.-% Si sein, ein Eutektikum zwischen Zirkonium und der ersten intermetallischen Verbindung dürfte bei 2,85 Gew.-% Si auftreten[2].

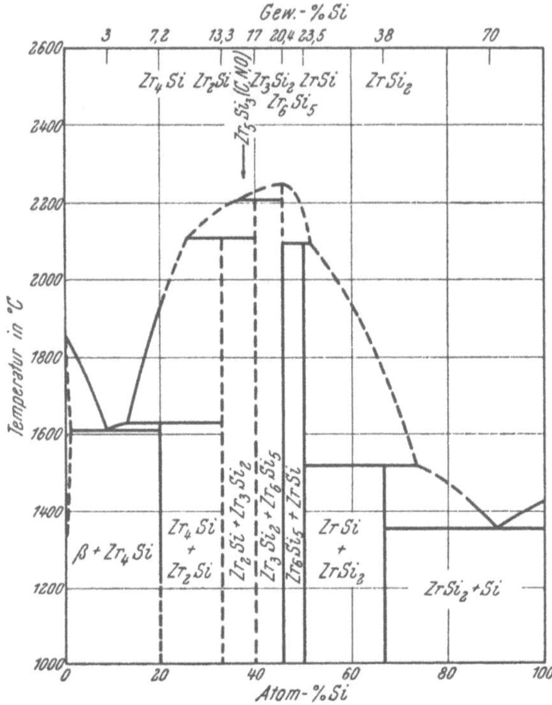

Abb. 155. Zustandsschaubild des Systems Zirkonium-Silizium, abgeändert (C. E. Lundin, D. J. McPherson und M. Hansen)

c) Eigenschaften

Zirkoniumsilizid der chemischen Formel $ZrSi_2$ mit 38,1% Si kristallisiert in kleinen rhombischen Säulen.

In kompakter Form ist es beim Erhitzen an Luft beständig. Mineralsäuren greifen mit Ausnahme von Flußsäure nicht an. Auch gegen Alkalilösungen ist es beständig. Leicht löslich dagegen ist es in schmelzenden Alkalien[3,4]. Weitere Angaben über das Verhalten gegen Säuren und saure Salze machen M. K. Disen und G. F. Hüttig[5]. Heißpreß-

[1] Shelton, S. M.: AEC AF TR 5932 (1949).

[2] Litton, F. B. u. S. C. Ogburn: AEC AF TR 5943 (1949).

[3] Hönigschmid, O.: Karbide u. Silizide, W. Knapp, Halle/Saale 1914, S. 180.

[4] Cotter, P. G., J. A. Kohn u. R. A. Potter: J. Am. Ceram. Soc. 39 (1956), S. 11/12.

[5] Disen, M. K. u. G. F. Hüttig: Planseeber. Pulvermetallurgie 4 (1956), S. 10/14.

Zahlentafel 98. *Eigenschaften von Zirkoniumsiliziden* *

Eigenschaften	Zr_4Si (7,2 % Si) Werte	Weit. Lit.**	Zr_2Si (13,3 % Si) Werte	Weit. Lit.**	Zr_3Si_2 (U1 ?) (17,1 % Si) Werte	Weit. Lit.**	Zr_6Si_5 (U2 ?) (20,5 % Si) Werte	Weit. Lit.**	ZrSi (23,6 % Si) Werte	Weit. Lit.**	$ZrSi_2$ (38,1 % Si) Werte	Weit. Lit.**
Struktur	isotyp Nb_4Si $D0_{19}$		tetrag.[1] C 16	22	tetrag.[8] $D 5_a$	22			orhomb.[2] B 27	3	orhomb.[4] C 49	5, 6
Gitterkonstante Å ...			a: 6,612[7] c: 5,371	1 7—9					a: 6,972[2] b: 3,784 c: 5,301	3	a: 3,72[5] b: 14,61 c: 3,67	2, 4, 6, 9—11
Dichte g/cm³ ber. ..			5,96						5,69		4,91	
gef. ..	6,04		5,96[9]		5,86[9]		5,56[9]		5,56[9]		4,73[9]	12, 13
Härte HM (50 g) kg/mm²			1230[9]		> 1300[9]		> 1400[3]		1100[9]		1030[9]	11, 14, 15
Sprödigkeit											s. Lit.	15
Schmelzpunkt ° C ...	1630[3] zers.		2110[3] zers.		2220[3] zers.		~ 2250[3]		2100[3] zers.		1520[3] zers.	14
Thermodynamische Daten — ΔH_{298} kcal/mol .	76[8]	21	74[8]	21	140[8]	13, 21	330[3]	21	35,3[13]	8, 21	36[13]	8, 21
Spez. elektr. Widerstand μ Ω.cm									49,4[23]		75[24]	16, 23, 25
Supraleitfähigkeit ...	bis 1,2° K[17] n. s. l.		bis 1,2° K[17] n. s. l.		bis 1,2° K[17] n. s. l.		bis 1,2° K[17] n. s. l.		bis 1,2° K[17] n. s. l.		bis 1,2° K[17] n. s. l.	
HALL-Konstante					— 37,5[26]						— 14,6[26]	
Magn. Suszeptibilität .									— 67[23]		— 103[23]	26
Gefüge	s. Lit.	3	s. Lit.	3, 22	s. Lit.	3, 22	s. Lit.	3, 22	s. Lit.	3, 9	s. Lit.	3, 9, 13

* Die Phasen Zr_4Si_3 und Zr_5Si_3 (C, B, N) (ternäre NOWOTNY-Phase) [1, 8, 9, 18, 19, 20] wurden nicht berücksichtigt. Ferner ist auch noch ungeklärt ob Zr_3Si_2 der Phase U 1 und Zr_6Si_5 U 2 entspricht.[20]

** Literatur siehe Fußnoten Seite 476.

körper aus $ZrSi_2$ sind nicht zunderbeständig[27,28,29,30]. $ZrSi_2$-Zu-

[1] SCHACHNER, H., H. NOWOTNY u. R. MACHENSCHALK: Mh. Chem. **84** (1953), S. 677/85.

[2] SCHACHNER, H., H. NOWOTNY u. H. KUDIELKA: Mh. Chem. **85** (1954), S. 1140/53.

[3] LUNDIN, C. E., D. J. McPHERSON u. M. HANSEN: Trans. Am. Soc. Met. **45** (1953), S. 901/14.

[4] SEYFARTH, H.: Z. Krist. **67** (1928), S. 295/328.

[5] v. NARAY-SZABO, St.: Z. Kristallogr. A **97** (1937), S. 223/28.

[6] BRAUER, G. u. A. MITIUS: Z. anorg. allg. Chem. **249** (1942), S. 325/39.

[7] PIETROKOWSKY, P.: Acta Cryst. **7** (1954), S. 435/38.

[8] BREWER, L. u. O. KRIKORIAN: J. Electrochem. Soc. **103** (1956), S. 38/51, Disk. S. 701/03; UCRL 2544 (1954), 2888 (1955), 3352 (1956).

[9] KIEFFER, R., F. BENESOVSKY u. R. MACHENSCHALK: Z. Metallkunde **45** (1954), S. 493/98.

[10] NOWOTNY, H., R. MACHENSCHALK, R. KIEFFER u. F. BENESOVSKY: Mh. Chem. **85** (1954), S. 241/44.

[11] COTTER, P. G., J. A. KOHN u. R. A. POTTER: J. Am. Ceram. Soc. **39** (1956), S. 11/12.

[12] HÖNIGSCHMID, O.: Compt. Rend. **143** (1906), S. 224/26; Mh. Chem. **27** (1906), S. 1069/81.

[13] ROBINS, D. A. u. I. JENKINS: Acta Met. **3** (1955), S. 598/604; 2. Plansee Seminar, Reutte/Tirol 1955, S. 187/97.

[14] ČERWENKA, E.: Diss. Techn. Hochsch. Graz 1951.

[15] SAMSONOV, G. V., V. S. NESCHPOR u. L. M. CHRENOVA: Hutnické Listy **14** (1959), S. 484/88; Fiz. Metallov Metalloved **8** (1959), S. 622/30.

[16] GALLISTL, E.: Diss. Techn. Hochsch. Graz 1951.

[17] HARDY, G. F. u. J. K. HULM: Phys. Rev. **89** (1953), S. 884; **93** (1954), S. 1004/16.

[18] SCHACHNER, H., E. ČERWENKA u. H. NOWOTNY: Mh. Chem. **85** (1954), S. 245/54.

[19] PARTHÉ, E., H. NOWOTNY u. H. SCHMID: Mh. Chem. **86** (1955), S. 386/96.

[20] NOWOTNY, H., B. LUX u. H. KUDIELKA: Mh. Chem. **87** (1956), S. 447/70.

[21] SEARCY, A. W.: J. Am. Ceram. Soc. **40** (1957), S. 431/35.

[22] FARKAS, M. S., A. A. BAUER u. R. F. DICKERSON: Trans. Am. Soc. Met. **53** (1961), S. 511/21.

[23] ROBINS, D. A.: Philosophical Mag. **3** (1958), S. 313/27.

[24] NESCHPOR, V. S. u. G. V. SAMSONOV: Fiz. Tverdogo Tela **2** (1960), S. 2202/09.

[25] NESCHPOR, V. S. u. G. V. SAMSONOV: Dokl. Akad. Nauk SSSR **133** (1960), S. 817/20.

[26] NESCHPOR, V. S. u. G. V. SAMSONOV: Dokl. Akad. Nauk SSSR **134** (1960), S. 1337/38.

[27] KIEFFER, R., F. BENESOVSKY u. E. GALLISTL: Z. Metallkunde **43** (1952), S. 284/91.

[28] KIEFFER, R., F. BENESOVSKY u. R. MACHENSCHALK: Z. Metallkunde **45** (1954), S. 493/98.

[29] KIEFFER, R., F. BENESOVSKY: Iron Steel Inst., Spec. Rep. No. 58, London 1954, S. 292/301.

[30] KIEFFER, R., F. BENESOVSKY u. C. KONOPICKY: Ber. dtsch. keram. Ges. **31** (1954), S. 223/30.

sätze zu Reinaluminium hemmen ebenso wie $TiSi_2$ die Rekristallisation und Zipfelbildung beim Tiefziehen[1].

Bei der Umsetzung von $ZrSi_2$ mit Aluminium treten isolierbare ternäre Silizide auf[2].

Weitere Angaben über die Eigenschaften von Zirkoniumsiliziden sind der Zahlentafel 98 zu entnehmen.

3. Hafniumsilizid

a) Herstellung

Die Silizide HfSi und $HfSi_2$ wurden von B. Post, F. W. Glaser und D. Moskowitz[3] aus reinsten Komponenten durch Heißpressen und Homogenisierungsglühen hergestellt. Die Silizide Hf_2Si und Hf_5Si_3 wurden von H. Nowotny und Mitarbeitern[4] aus Hafniumhydrid und Reinstsilizium durch Normalsintern unter Argon synthetisiert. Das Silizid $HfSi_2$ konnte auch von P. G. Cotter, J. A. Kohn u. R. A. Potter[5] aluminothermisch aus Mischungen von HfO_2, SiO_2, Al und S und nachfolgende Isolierung gewonnen werden.

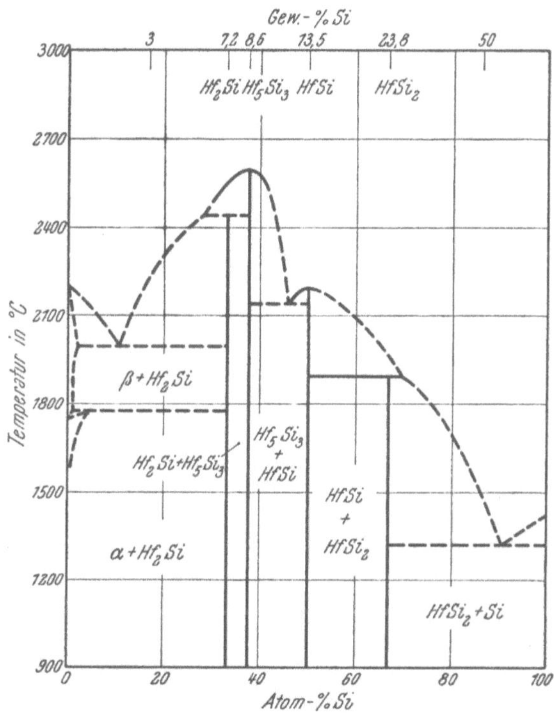

Abb. 156. Zustandsschaubild des Systems Hafnium-Silizium, hypothetisch (H. Nowotny u. F. Benesovsky)

b) Das System Hafnium-Silizium

Abgesehen von den strukturell geklärten Verbindungen Hf_2Si[4], Hf_5Si_3[4],

---

[1] Huschka, H. u. H. Nowotny: Metall 12 (1958), S. 6/12.

[2] Nowotny, H. u. H. Huschka: Mh. Chem. 88 (1957), S. 494/501.

[3] Post, B., F. W. Glaser u. D. Moskowitz: J. Chem. Phys. 22 (1954), S. 1264.

[4] Nowotny, H., E. Laube, R. Kieffer u. F. Benesovsky: Mh. Chem. 89 (1958), S. 701/07.

[5] Cotter, P. G., J. A. Kohn u. R. A. Potter: J. Am. Ceram. Soc. 39 (1956), S. 11/12.

Zahlentafel 99. *Eigenschaften von Hafniumsiliziden*

Eigenschaften	Hf$_2$Si (7,2 % Si)		Hf$_5$Si$_3$ (C, N, B) (8,6 % Si)		HfSi (13,6 % Si)		HfSi$_2$ (23,9 % Si)	
	Werte	Weitere Literatur	Werte	Weitere Literatur	Werte	Weitere Literatur	Werte	Weitere Literatur
Struktur	tetrag. C 16[1]		hexagon. D 8$_8$[1]		orhomb.[1] B 27	[2]	orhomb.[2] C 49	[3, 4]
Gitterkonstante Å	a: 6,48[1] c: 5,21		a: 7,888[1] c: 5,557		a: 6,853[1] b: 3,75 c: 5,191	[2]	a: 3,67[2] b: 14,56 c: 3,64	
Dichte g/cm³ ber.	11,7		10,8		9,7		8,05	
gef.							7,2[3]	
Härte HM kg/mm²	> 900		> 1100		> 1000		865[3]	
Thermodynamische Daten — ΔH_{298} kcal/mol.							40 bis 45[4]	

HfSi[1,2] und HfSi$_2$[2-4] ist über den Aufbau des Systems nichts bekannt geworden. In Analogie zum System Zr-Si dürfte die Verbindung Hf$_5$Si$_3$ am höchsten schmelzen. Ob es sich bei dieser Verbindung, für welche die D 8$_8$-Struktur festgestellt wurde, um eine echte binäre Phase handelt, oder um eine mit Kohlenstoff, Sauerstoff bzw. Stickstoff stabilisierte ternäre Verbindung (Nowotny-Phase), muß noch geklärt werden. In Abb. 156 wurde ein vorläufiges Zustandsbild entworfen[5].

c) Eigenschaften

HfSi$_2$ mit 23,9 % Si ist in Mineralsäuren und Alkalilösungen unlöslich, löslich in Flußsäure und Alkalischmelzen[3].

Weitere Angaben über die Eigenschaften von Hafniumsiliziden sind der Zahlentafel 99 zu entnehmen.

4. Vanadinsilizid

a) Herstellung

Nach H. Moissan und A. Holt[6] läßt sich ein Silizid V$_2$Si durch Re-

---

[1] Nowotny, H., E. Laube, R. Kieffer u. F. Benesovsky: Mh. Chem. **89** (1958), S. 701/07.

[2] Post, B., F. W. Glaser u. D. Moskowitz: J. Chem. Phys. **22** (1954), S. 1264.

[3] Cotter, P. G., J. A. Kohn u. R. A. Potter: J. Am. Ceram. Soc. **39** (1956), S. 11/12.

[4] Smith, J. F. u. D. M. Bailey: Acta Cryst. **10** (1957), S. 341/42.

[5] Nowotny, H., H. Braun u. F. Benesovsky: Radex-Rdsch. (1960), S. 367/72.

[6] Moissan, H. u. A. Holt: Compt. Rend. **135** (1902), S. 78/81, 493/97.

duktion von V_2O_3 mit Silizium, durch Umsetzung von V_2O_5 mit Silizium in Gegenwart von Kohlenstoff, sowie durch Umsetzung von Vanadinmetall mit geschmolzenem Kupfer-Silizium im elektrischen Ofen herstellen.

Ein Silizid der Formel VSi_2 entsteht nach H. MOISSAN aus V_2Si durch Siliziumaufnahme im elektrischen Ofen. VSi_2 bildet sich auch bei der Reduktion von V_2O_3 mit überschüssigem Silizium im elektrischen Ofen[1]. Ebenso erhält man bei der Reaktion eines Thermitgemenges von V_2O_3, Si und Mg silizidhaltige Reguli. Aus diesen wird das Silizid durch Behandlung mit Säuren und Laugen isoliert. G. V. SAMSONOV und Mitarbeiter[2] untersuchten später die Kinetik dieser silikothermischen Herstellung von VSi_2 aus dem Oxyd.

Zwecks Aufstellung eines Zustandsdiagrammes hat H. GIEBELHAUSEN[3] Vanadin-Silizium-Legierungen mit bis 60 Gew.-% V erschmolzen.

H. J. WALLBAUM[4] hat VSi_2 und V_3Si durch Sinterung entsprechender Pulvergemenge im Al_2O_3-Tiegel unter Argon hergestellt. Die heftige exotherme Reaktion bei VSi_2 läuft bei verhältnismäßig niedrigen Temperaturen ab. Es gelingt, das entstandene Silizid im Al_2O_3-Tiegel zu schmelzen.

R. KIEFFER, F. BENESOVSKY und H. SCHMID[5] verwandten zur Herstellung siliziumreicher V-Si-Legierungen die Drucksintertechnik. Für den übrigen Bereich V-VSi_2 wurde die Synthese aus den Komponenten in Molybdänschiffchen unter Argon bei etwa 1500° gewählt. W. ROSTOCKER und A. YAMAMOTO[6] stellten V-Si-Legierungen bis 40 Gew.-% durch Lichtbogenschmelzen aus den Komponenten her. H. SCHACHNER, E. CERWENKA und H. NOWOTNY[7] erhielten V_5Si_3 durch Drucksintern.

Untersuchungen über die Diffusionsgeschwindigkeit von Silizium in Vanadin und die Aktivierungsenergie dieses Vorganges wurden von G. V. SAMSONOV und Mitarbeitern[8] durchgeführt.

---

[1] BARADUC-MULLER, L.: Rev. Mét. 7 (1910), S. 657/834.

[2] SAMSONOV, G. V., M. S. KOVALTSCHENKO u. T. S. VERCHOGLJADOVA: Zur. Neorg. Chim. 4 (1959), S. 2759/65.

[3] GIEBELHAUSEN, H.: Z. anorg. allg. Chem. 91 (1915), S. 251/62.

[4] WALLBAUM, H. J.: Z. Metallkunde 33 (1941), S. 378/81.

[5] KIEFFER, R., F. BENESOVSKY u. H. SCHMID: Z. Metallkunde 47 (1956), S. 247/53. H. SCHMID: Diss. Techn. Hochsch. Graz 1955.

[6] ROSTOCKER, W. u. A. YAMAMOTO: Trans. Am. Soc. Met. 46 (1954), S. 1136/63.

[7] SCHACHNER, H., E. ČERWENKA u. H. NOWOTNY: Mh. Chem. 85 (1954), S. 245/54.

[8] SAMSONOV, G. V., M. S. KOVALTSCHENKO u. T. S. VERCHOGLJADOVA: Dokl. Akad. Nauk Ukr. RSR (1959), Nr. 1, S. 32/35, In: Bor, Moskau 1958, S. 74/89.

b) Das System Vanadin-Silizium

H. GIEBELHAUSEN[1] hat bereits 1915 versucht, mit Hilfe thermischer und mikroskopischer Untersuchungen ein Zustandsdiagramm des Systems Vanadin-Silizium aufzustellen, das wegen Verwendung von sehr unreinem Vanadin, welches um etwa 400° zu niedrig schmolz den wahren Verhältnissen in keiner Weise Rechnung trägt. Es wurde ein Schmelzpunktsmaximum in der Nähe von VSi_2 gefunden.

Durch die Arbeiten von R. VOGEL und Mitarbeiter[2] im ternären System V-Fe-Si und im Randsystem V-Si war die Existenz eines VSi_2 sowie die Existenz eines vanadinreicheren Silizides sichergestellt. Von H. J. WALLBAUM[3] wurde die Struktur des VSi_2 ($CrSi_2$-Typ, C 40) und des ebenfalls von ihm synthetisierten V_3Si (β-Wolfram) geklärt.

Nach der Auffindung von Ta_5Si_3 durch H. NOWOTNY, H. SCHACHNER, R. KIEFFER und F. BENESOVSKY[4] wurde auch von H. SCHACHNER, E. CERWENKA und H. NOWOTNY[5] ein V_5Si_3 und Nb_5Si_3 mit D 8_8-Struktur gefunden. Es konnte allerdings später gezeigt werden[6,7], daß die M_5Si_3-D 8_8-Phasen durch kleine Kohlenstoffmengen stabilisierte, ternäre Verbindungen sind (NOWOTNY-Phasen) und daß dem reinen kohlenstofffreien V_5Si_3 eine tetragonale Struktur zukommt.

Besser als das von H. GIEBELHAUSEN entworfene System entspricht ein von W. ROSTOKER und A. YAMAMOTO[8] aufgestellte Zustandsdiagramm, das auf Grund von Schmelzpunktsbestimmungen und unter Berücksichtigung der bisherigen Literaturangaben entworfen wurde. Die Anwesenheit einer hochschmelzenden Verbindung im mittleren Bereich wurde bei der Zusammensetzung VSi vermutet.

R. KIEFFER, F. BENESOVSKY, H. SCHMID[9] überprüften nochmals das System Vanadin-Silizium an Hand druckgesinterter und geschmolzener Proben. Aus Schmelzpunktsbestimmung röntgenogra-

[1] GIEBELHAUSEN, H.: Z. anorg. allg. Chem. **91** (1915), S. 251/62.

[2] VOGEL, R. u. C. H. JENTSCH-USCHINSKI: Arch. Eisenhüttenwes. **13** (1940), S. 403/08; VOGEL, R. u. H. TÖPKER: Arch. Eisenhüttenwes. **13** (1939), S. 183/88.

[3] WALLBAUM, H. J.: Z. Metallkunde **33** (1941), S. 378/81.

[4] NOWOTNY, H., H. SCHACHNER, R. KIEFFER u. F. BENESOVSKY: Mh. Chem. **84** (1953), S. 1/12.

[5] SCHACHNER, H., E. ČERWENKA u. H. NOWOTNY: Mh. Chem. **85** (1954), S. 245/54.

[6] PARTHÉ, E., H. NOWOTNY u. E. SCHMID: Mh. Chem. **86** (1955), S. 385/96.

[7] PARTHÉ, E., B. LUX u. H. NOWOTNY: Mh. Chem. **86** (1955), S. 859/67.

[8] ROSTOKER, W. u. A. YAMAMOTO: Trans. Am. Soc. Met. **46** (1954), S. 1136/63. In: The Metallurgy of Vanadium, Wiley, New York 1958, S. 54.

[9] KIEFFER, R., F. BENESOVSKY u. H. SCHMID: Z. Metallkunde **47** (1956), S. 247/53, 2. Plansee Seminar Reutte/Tirol, 1955, S. 154/65. Diss. Techn. Hochsch. Graz 1955.

phischen und metallographischen Befunden wurde ein vorläufiges Zustandsbild gemäß Abb. 157 entworfen. Die Eutektika VSi_2-Si, V_5Si_3-VSi_2, sowie die Schmelzpunkte von VSi_2 und V_5Si_3 sind gut gesichert. W. ROSTOKER und A. YAMAMOTO[1] fanden das Eutektikum V_3Si-V bei 7,5% Si und gaben ferner eine stärkere temperaturabhängige Löslichkeit von Silizium in Vanadin (etwa 5 Gew.-% Si bei 1800°) an.

c) Eigenschaften

Das Vanadinsilizid der chemischen Formel VSi_2 (52,4% Si) kristallisiert in metallglänzenden Prismen.

Selbst bei Rotglut wird es an Luft wenig angegriffen. Mineralsäuren greifen bis auf Flußsäure nicht an, ebenso erfolgt kein Angriff durch wäßrige Alkalilösungen. Schmelzende Alkalihydroxyde zersetzen es leicht[2]. Das Verhalten gegen Säuren und saure Salzen haben M. K. DISEN und G. F. HÜTTIG[3] untersucht.

Nach R. KIEFFER, F. BENESOVSKY und Mitarbeiter[4, 5, 6] ist VSi_2 unterhalb 1300° verhältnismäßig zunderbeständig, bildet aber

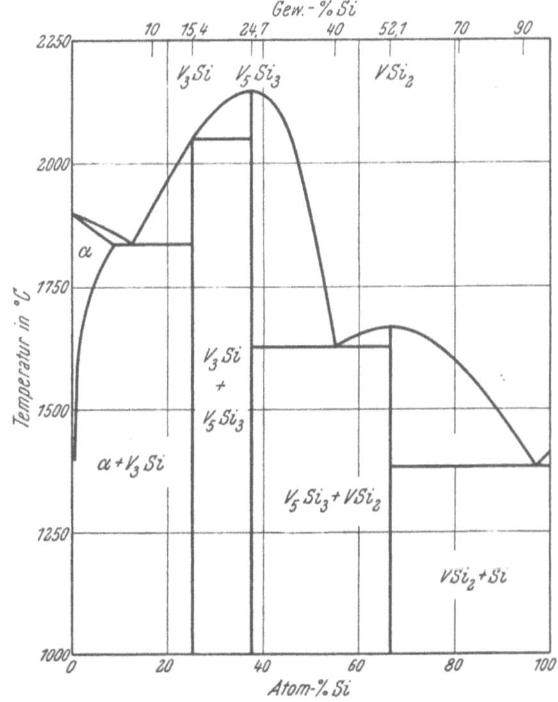

Abb. 157. Zustandsschaubild des Systems Vanadium-Silizium (R. KIEFFER, F. BENESOVSKY und H. SCHMID)

[1] ROSTOKER, W. u. A. YAMAMOTO: Trans. Am. Soc. Met. **46** (1954).

[2] HÖNIGSCHMID, O.: Karbide und Silizide, W. Knapp, Halle/Saale 1914, S. 184, 186.

[3] DISEN, M. K. u. G. F. HÜTTIG: Planseeber. Pulvermetallurgie **4** (1956), S. 10/14.

[4] KIEFFER, R., F. BENESOVSKY u. H. SCHMID: Z. Metallkunde **47** (1956), S. 247/63. 2. Plansee Seminar, Reutte/Tirol 1955, S. 154/65.

[5] KIEFFER, R. u. F. BENESOVSKY: Iron Steel Inst., Spec. Rep. No. 58, London 1954, S. 292/301.

[6] KIEFFER, R., F. BENESOVSKY u. C. KONOPICKY: Ber. dtsch. keram. Ges. **31** (1954), S. 223/30.

Zahlentafel 100. *Eigenschaften von Vanadinsiliziden*

Eigenschaften	V_3Si (15,5 % Si)		V_5Si_3 (24,8 % Si)*		VSi_2 (52,4 % Si)	
	Werte	Weitere Literatur	Werte	Weitere Literatur	Werte	Weitere Literatur
Struktur	kub.[1] A 15		tetrag.[2] D_{2d}^{11}		hexag.[3] C 40	
Gitterkonstante Å...................	4,712[1]	[4—6]	a: 9,431[2] c: 4,756	[6, 7]	a: 4,562[3] c: 6,359	[4, 5, 8]
Dichte g/cm³ ber.	5,76		5,32		4,71	
gef.	5,33[6]		4,80[6]		4,34[6]	
Härte HM (100 g) kg/mm²	1500[6]		1500[6]		960[6]	[9]
Schmelzpunkt ° C	2060 zers.[6]	[4]	2150[6]	[4]	1650[6]	[4, 9]
Thermodynamische Daten — ΔH_{298} kcal/mol.	37[10]	[15]	115[16]	[10]	22,7[16]	[10, 17]
Spez. elektr. Widerstand $\mu\,\Omega$ cm	203,5[18]		114,5[18]		13,3[19]	[11, 18, 20]
Supraleitfähigkeit ° K	17,0[12]	[13]			bis 1,2° K n. s. l.[13]	
HALL-Konstanze......................	—1,7[21]		—10,0[21]		—19,5[21]	
Magnet. Suszeptibilität	s. Lit.	[14]				
Röntgenspektrum....	s. Lit.	[22]	s. Lit.	[22]	s. Lit.	[22]
Gefüge	s. Lit.	[4, 6]	s. Lit.	[4, 6]	s. Lit.	[4, 6]

* C-, N- bzw. B-haltig: $D8_8$ (NOWOTNY-Phase)[2, 7]

beim Erhitzen an Luft keine so festhaftende Deckschicht aus wie $MoSi_2$ oder WSi_2.

Angaben über weitere Eigenschaften von Vanadinsiliziden sind der Zahlentafel 100 zu entnehmen.

5. Niobsilizid

a) Herstellung

Durch Sinterung und exotherme Reaktion entsprechender Metall-pulvergemenge in Al_2O_3-Tiegeln unter Argon hat H. J. Wallbaum[3] das Silizid $NbSi_2$ hergestellt. Dieses kann im Al_2O_3-Tiegel geschmol-

[1] Wallbaum, H. J.: Z. Metallkunde 31 (1939), S. 362.

[2] Parthé, E., H. Nowotny u. H. Schmid: Mh. Chem. 86 (1955), S. 385/96.

[3] Wallbaum, H. J.: Z. Metallkunde 33 (1941), S. 378/81.

[4] Rostoker, W. u. A. Yamamoto: Trans. Am. Soc. Met. 46 (1954), S. 1136/63; In: The Metallurgy of Vanadium, Wiley, New York 1958, S. 54.

[5] Nowotny, H., R. Machenschalk, R. Kieffer u. F. Benesovsky: Mh. Chem. 85 (1954), S. 241/44.

[6] Kieffer, R., F. Benesovsky u. H. Schmid: Z. Metallkunde 47 (1956), S. 247/53; 2. Plansee Seminar, Reutte/Tirol 1955, S. 154/65.

Schmid, H.: Diss. Techn. Hochsch. Graz 1955.

[7] Schachner, H., E. Čerwenka u. H. Nowotny: Mh. Chem. 85 (1954), S. 245/54.

[8] Nowotny, H., E. Dimakopoulou u. H. Kudielka: Mh. Chem. 88 (1957), S. 180/92.

[9] Čerwenka, E.: Diss. Techn. Hochsch. Graz 1951.

[10] Robins, D. A. u. I. Jenkins: Acta Met. 3 (1955), S. 598/604; 2. Plansee Seminar, Reutte/Tirol 1955, S. 187/97.

[11] Gallistl, E.: Diss. Techn. Hochsch. Graz 1951.

[12] Matthias, B. T.: Phys. Rev. 92 (1953), S. 874/76.

[13] Hardy, G. F. u. J. K. Hulm: Phys. Rev. 89 (1953), S. 884; 93 (1954), S. 1004/16.

[14] Koehler, W. C. u. E. O. Wollan: Phys. Rev. 95 (1954), S. 280/81.

[15] Searcy, A. W.: J. Am. Ceram. Soc. 40 (1957), S. 431/35.

[16] Golutvin, J. M. u. I. M. Kozlovskaja: Zur. Fiz. Chim. 34 (1960), S. 2350/54.

[17] Geld, P. V. u. J. M. Gertman: Fiz. Metallov Metalloved. 10 (1960), S. 299/300.

[18] Neschpor, V. S. u. G. V. Samsonov: Fiz. Tverdogo Tela 2 (1960), S. 2202/09.

[19] Robins, D. A.: Philosophical Mag. 3 (1958), S. 313/27.

[20] Neschpor, V. S. u. G. V. Samsonov: Dokl. Akad. Nauk SSSR 133 (1960), S. 817/20.

[21] Neschpor, V. S. u. G. V. Samsonov: Dokl. Akad. Nauk. SSSR 134 (1960), Nr. 6, S. 1337/38.

[22] Vajnstein, Z. J., E. A. Zurakovski, V. S. Neschpor u. G. V. Samsonov: Dokl. Akad. Nauk SSSR 134 (1960), S. 68/70.

zen werden. Aus geschmolzenem $NbSi_2$ kann überschüssiges Silizium durch abwechselnde Behandlung mit verdünnter HCl und KOH entfernt werden.

Die Kinetik der silikothermischen Herstellung von $NbSi_2$ aus dem Oxyd wurde später von G. V. SAMSONOV und Mitarbeitern[1] untersucht. H. SCHÄFER und K. D. DOHMANN[2] haben die Umsetzung $Nb + SiO_2 \rightarrow NbO + Nb_5Si_3$ bei 800 bis 1000° in geschlossenen Quarzrohren verfolgt.

G. BRAUER und W. SCHEELE[3] haben für röntgenographische Untersuchungen im System Nb-Si verschiedene Legierungen aus den Elementen bei 1500 bis 1700° synthetisiert. Außer der Verbindung $NbSi_2$ fanden sie auch ein vermutlich in zwei Modifikationen auftretendes Nb_2Si dem später die Formel Nb_5Si_3 gegeben werden konnte[4].

L. BREWER und O. KRIKORIAN[5] erzeugten Niobsilizide durch Sintern und Schmelzen der Komponentenmischungen in Molybdän-, Zirkonoxyd- oder Sintertonerdetiegel unter Argon. Ähnlich verfuhren R. M. PAINE und Mitarbeiter[6]. R. KIEFFER, F. BENESOVSKY und H. SCHMID[4] stellten NbSi-Legierungen im Bereich $NbSi_2$-Si durch Drucksintern und im Bereich Nb-$NbSi_2$ durch Normalsintern von Preßlingen der Komponentenmischungen bei 1600° unter Argon im Wolframrohrofen (Molybdäntiegel) her. Das α- und β-Nb_5Si_3 wurde durch Isolierung aus einer Kupfer-Silizium-Schmelze gewonnen (LEBEAU-Verfahren). $Nb_5Si_3(C)$ wurde von H. NOWOTNY und Mitarbeitern[7-9] durch Heißpressen der Komponentengemenge erhalten.

[1] SAMSONOV, G. V., M. S. KOVALTSCHENKO u. T. S. VERCHOGLJADOVA: Zur. Neorg. Chim. **4** (1959), S. 2759/65.

[2] SCHÄFER, H. u. K. D. DOHMANN: Z. anorg. allg. Chem. **299** (1959), S. 192/202.

[3] BRAUER, G. u. W. SCHEELE in W. KLEMM: Anorganische Chemie, Bd. 24, Teil II, Dietrich'sche Verlagsbuchhdlg., Wiesbaden 1948, S. 103.

[4] KIEFFER, R., F. BENESOVSKY u. H. SCHMID: Z. Metallkunde **47** (1956), S. 247/53, 2. Plansee Seminar, Reutte/Tirol 1952, S. 154/65.

[5] BREWER, L. u. O. KRIKORIAN: J. Electrochem. Soc. **103** (1956), S. 38/51, Disk. S. 701/03. UCRL 2544 (1954), 2888 (1955), 3352 (1956).

[6] PAINE, R. M., A. J. STONEHOUSE u. W. W. BEAVER: WADC 59-29 (1960).

[7] SCHACHNER, H., E. ČERWENKA u. H. NOWOTNY: Mh. Chem. **85** (1954), S. 245/54.

[8] PARTHÉ, E., NOWOTNY, H. u. H. SCHMID: Mh. Chem. **86** (1955), S. 385/96.

[9] PARTHÉ, E., B. LUX u. H. NOWOTNY: Mh. Chem. **86** (1955), S. 859/67.

G. V. Samsonov, V. S. Neschpor und V. A. Ermakova[1] wandten bei der Systemuntersuchung zur Herstellung der Legierungen nur das Heißpreßverfahren an und erhielten neben dem $NbSi_2$ auch das Nb_4Si und drei Modifikationen des Nb_5Si_3 von denen eine unzweifelhaft die kohlenstoffstabilisierte $D\,8_8$-Phase war (vgl. S. 536).

A. G. Knapton[2] hat die Proben für die Systemuntersuchung aus reinstem Ausgangsmaterialien durch Lichtbogenschmelzen hergestellt, und auch bei der späteren Untersuchung des Systems Nb-B-Si durch E. Rudy[3,4] wurde neben dem Normalsintern und Heißpressen das Lichtbogenschmelzen angewandt.

In gesinterten und lichtbogengeschmolzenen Legierungen aus dem System Fe-Nb-Si konnte H. J. Goldschmidt[5] die Niobsilizide Nb_4Si, α- und β-Nb_5Si_3 sowie $NbSi_2$ nachweisen. Aus nioblegierten Stählen konnte ein Doppelsilizid der ungefähren Zusammensetzung $Fe_4Nb_5Si_3$ isoliert und röntgenographisch identifiziert werden[6].

I. E. Campbell und Mitarbeiter[7] stellten aus der Gasphase ein Niobsilizid bei 1100 bis 1800° her.

G. V. Samsonov und Mitarbeiter[8,9] haben die Diffusionsgeschwindigkeit von Silizium in Niob und die Aktivierungsenergie dieses Vorganges untersucht. P. M. Arschani und Mitarbeiter[10], welche ebenfalls Diffusionsversuche an Niob und Silizium durchführten, fanden metallographisch und röntgenographisch Zwischenschichten von $NbSi_2$, Nb_5Si_3 und Nb_4Si.

b) Das System Niob-Silizium

Das System Niob-Silizium wurde von G. Brauer und W. Scheele[11] untersucht. Die Löslichkeit von Silizium in festem Niob beträgt

[1] Samsonov, G. V., V. S. Neschpor u. V. A. Ermakova: Zur. Neorg. Chim. **3** (1958), S. 868/78.

[2] Knapton, A. G.: Nature **175** (1955), S. 730/31.

[3] Rudy, E.: Diss. Tech. Hochschule Wien 1960.

[4] Nowotny, H. F., Benesovsky, E. Rudy u. A. Wittmann: Mh. Chem. **91** (1960), S. 975/80.

[5] Goldschmidt, H. J.: J. Iron Steel Inst. **194** (1960), S. 169/80.

[6] Goldschmidt, H. J.: Metallurgia, Manchester **43** (1951), S. 157/60.

[7] Campbell, I. E., C. F. Powell, D. H. Nowicki u. B. W. Gonser: J. Electrochem. Soc. **96** (1949), S. 318/33.

[8] Samsonov, G. V., M. S. Kovaltschenko u. T. S. Verchoglajdova: Dokl. Akad. Nauk Ukr. RSR. (1959), Nr. 1, S. 32/35, In: Bor, Moskau 1958, S. 74/89.

[9] Samsonov, G. V. u. L. A. Solonnikova: Fiz. Metallov Metalloved. **5** (1957), S. 565/66.

[10] Arschani, P. M., R. M. Volkova u. D. A. Prokoschkin: Izv. Akad. Nauk SSSR, Met. Topl. (1959), S. 127/29, (1960), S. 156/60.

[11] Brauer, G. u. W. Scheele in W. Klemm: Anorganische Chemie, Bd. 24, Teil II, Dietrich'sche Verlagsbuchhandlung, Wiesbaden 1948, S. 103.

3 At.-%, wobei eine Gitteraufweitung des Niobs beobachtet wird[1].
Es existiert die bereits von H. J. WALLBAUM[2] gefundene Verbindung $NbSi_2$, welche $CrSi_2$-Struktur hat. Ferner fanden G. BRAUER
und W. SCHEELE noch zwei weitere, durch ihr Röntgendiagramm
unterschiedene Phasen, die aber bei etwa der gleichen Zusammensetzung auftraten und als α- und β-Form der Verbindung Nb_2Si
aufgefaßt wurden. Das α-Nb_2Si ist später als α-Nb_5Si_3 identifiziert
worden[3].

Ferner soll nach L. BREWER und O. KRIKORIAN[4] eine Phase
$NbSi_{0,55}$ ($\sim Nb_5Si_3$), welche dieselbe Struktur wie ein von den gleichen Autoren angegebenes $TaSi_{0,6}$ hat, existieren. Von H. SCHACHNER, E. CERWENKA, H. NOWOTNY und Mitarbeitern[5,6,7] wird eine
durch Heißpressen in Graphithülsen hergestellte Verbindung $Nb_5Si_3(C)$
mit D 8_8-Struktur angegeben. Diese ternäre hexagonale Phase wurde
auch von L. BREWER und O. KRIKORIAN bestätigt.

Wesentlich genauere Angaben über das Gesamtsystem werden in
einer Arbeit von A. G. KNAPTON[8] gemacht. Er findet eine tetragonale
Hoch- und Tieftemperaturphase von Nb_5Si_3. Die D 8_8-Phase erhielt
er nur durch Zusatz von 1 bis 2% C. Ferner gibt er neben $NbSi_2$
noch eine Phase Nb_4Si an, welche sich peritektisch bildet. Das von
A. G. KNAPTON entworfene Zustandsbild deckt sich in den meisten
Punkten und im Gesamtaufbau mit dem Zustandsbild von R. KIEFFER, F. BENESOVSKY und H. SCHMID[3]. Letztere untersuchten nochmals eingehend das ganze System röntgenographisch, metallographisch
und thermisch und stellten ein vorläufiges Diagramm auf (Abb. 158).
Da schon mit 0,1 bis 0,2% Kohlenstoff die tetragonale Nb_5Si_3-Phase
als hexagonale $Nb_5Si_3(C)$-Phase mit D 8_8-Struktur (NOWOTNY-Phase)
stabilisiert wird, wurde das Drucksinterverfahren in Graphitmatrizen
zugunsten des Sinterns unter Argon im Wolframrohrofen verlassen.
Nach dem LEBEAUschen Kupfersilizidverfahren konnten Einkristalle

---

[1] GOLDSCHMIDT H. J.: J. Iron Steel Inst. **194** (1960) S. 169/80.

[2] WALLBAUM, H. J.: Z. Metallkunde **33** (1941), S. 378/81.

[3] KIEFFER, R., F. BENESOVSKY u. E. SCHMID: Z. Metallkunde **47** (1956),
S. 247/53, 2. Plansee Seminar, Reutte/Tirol 1952, S. 154/65, Diss. Techn.
Hochsch. Graz 1955.

[4] BREWER, L. u. O. KRIKORIAN: J. Electrochem. Soc. **103** (1956), S. 38/51,
Disk. S. 701/03, UCRL 2544 (1954), 2888 (1955), 3352 (1956).

[5] SCHACHNER, H., E. ČERWENKA u. H. NOWOTNY: Mh. Chem. **85** (1954),
S. 245/54.

[6] PARTHÉ, E., H. NOWOTNY u. H. SCHMID: Mh. Chem. **86** (1955), S. 385/96.

[7] PARTHÉ, E., B. LUX u. H. NOWOTNY: Mh. Chem. **86** (1955), S. 859/67.

[8] KNAPTON, A. G.: Nature **175** (1955), S. 730/31.

der Hochtemperaturphase β-Nb$_5$Si$_3$ (T 1) hergestellt werden, die beim Glühen unterhalb 1600° in α-Nb$_5$Si$_3$ (T 2) übergehen. H. J. GOLDSCHMIDT[1] konnte die beiden Modifikationen des Nb$_5$Si$_3$ bestätigen; er gibt auf Grund von Abschreckversuchen an lichtbogengeschmolzenen Proben eine Umwandlungstemperatur von etwa 2000° an[2,3]. Nb$_5$Si$_3$ soll gegen die Siliziumseite hin einen gewissen Homogenitätsbereich haben.

Die Frage der strittigen Nb$_4$Si-Phase, die von L. BREWER und O. KRIKORIAN[4] und R. KIEFFER, F. BENESOVSKY und H. SCHMID[5] in *gesinterten* Proben nicht gefunden wurde, konnte durch Hinweise von G. A. GEACH und A. G. KNAPTON[6] geklärt werden. Diese fanden nämlich, daß sich Nb$_4$Si durch Reaktion im festen Zustande bei 1400 bis 1600° tatsächlich nicht bildet, aber in *geschmolzenen*, abgeschreckten Proben oberhalb 1600° als stabile Hochtemperaturphase auftritt. Dieser wichtige Befund wurde im Zustandsschaubild Abb. 158 entsprechend berücksichtigt.

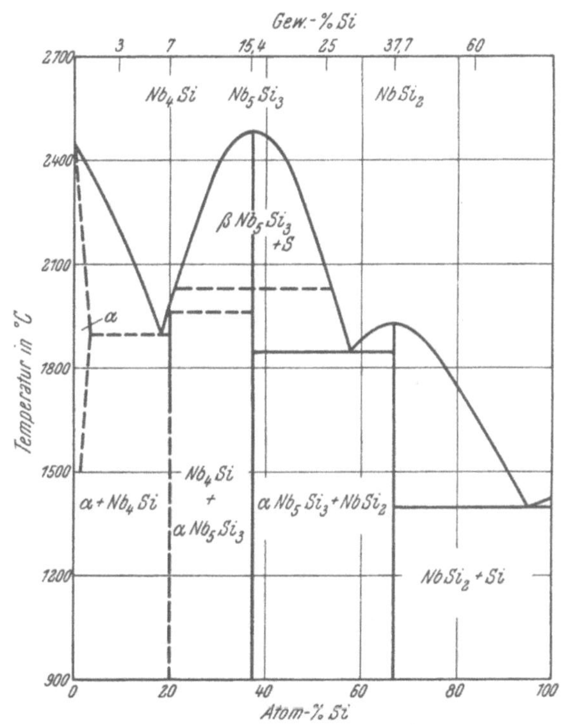

Abb. 158. Zustandsschaubild des Systems Niob-Silizium (R. KIEFFER, F. BENESOVSKY und H. SCHMID)

[1] GOLDSCHMIDT, H. J.: J. Iron Steel Inst. **194** (1960), S. 169/86.

[2] RUDY, E.: Diss. Techn. Hochschule Wien 1960.

[3] NOWOTNY, H., F. BENESOVSKY, E. RUDY u. A. WITTMANN: Mh. Chem. **91** (1960), S. 957/80.

[4] BREWER, L. u. O. KRIKORIAN: J. Electrochem. Soc. **103** (1956), S. 38/51. Disk. S. 701/03, UCRL 2544 (1954), 2888 (1955), 3352 (1956).

[5] KIEFFER, R. u. F, BENESOVKY u. H. SCHMID: Z. Metallkunde **47** (1956). S. 247/53, 2. Plansee Seminar 1956, Reutte/Tirol 1956, S. 154/65, Diss. Techn. Hochsch. Graz 1955.

[6] GEACH, G. A. u. A. G. KNAPTON: Persönliche Mitt. 1956.

Abweichend davon wollen G. V. Samsonov, V. S. Neschpor und V. A. Ermakova[1] auch in heißgepreßten Proben das Nb_4Si gefunden haben. Sie schreiben ihm hexagonale ε-Fe_3N- bzw. UCl_3- oder BCl_3-Struktur zu, auch soll es unzersetzt bei $2600 \pm 100°$ schmelzen, Befunde die mit früheren Angaben nicht vereinbar sind vermutlich (N- bzw. C-haltig). Auch der Schmelzpunkt des $NbSi_2$ wird von den russischen Autoren um rund $200°$ höher angegeben, während die Befunde über die Nb_5Si_3(C)-Phasen übereinstimmen.

Das Problem des Nb_4Si wurde kürzlich von H. J. Goldschmidt[2] erneut aufgegriffen. Er konnte den Befund von A. G. Knapton voll bestätigen wonach es sich um eine Hochtemperaturphase handelt, die unter $1900°$ zerfällt und sich im festen Zustand nicht mehr wiederbilden kann. Der Zerfall dürfte in einem gewissen Zusammenhang mit der α-, β-Umwandlung des Nb_5Si_3 stehen, welche im gleichen Temperaturbereich erfolgt.

c) Eigenschaften

Das Niobsilizid der chemischen Formel $NbSi_2$ enthält $37,7\%$ Si. Sein Verhalten gegen Säuren und saure Salzschmelzen haben M. K. Disen und G. F. Hüttig[3] untersucht. Das Zunderverhalten von $NbSi_2$ ist mehrfach untersucht worden[1, 2, 4-8]; es ist über $1300°$ nicht zunderbeständig.

α- und β-Nb_5Si_3 kristallisieren in gut ausgebildeten Prismen[4]. Das Zunderverhalten von Nb_5Si_3 ist günstiger als das des Disilizides[6].

Weitere Angaben über die Eigenschaften von Niobsiliziden sind in Zahlentafel 101 zusammengestellt.

---

[1] Samsonov, G. V., V. S. Neschpor u. V. A. Ermakova: Zur. Neorg. Chim. 3 (1958), S. 868/78.

[2] Goldschmidt, H. J.: J. Iron Steel Inst. 194 (1960), S. 169/80.

[3] Disen, M. K. u. G. F. Hüttig: Planseeber. Pulvermetallurgie 4 (1956), S. 10/14.

[4] Kieffer, R., F. Benesovsky u. H. Schmid: Z. Metallkunde 47 (1956), S. 247/53. 2. Plansee Seminar, Reutte/Tirol, 1955, S. 154/65.

[5] Kieffer, R. u. F. Benesovsky: Iron Steel Inst., Spec. Rep. No. 58, London 1954, S. 292/301.

[6] Kieffer, R., F. Benesovsky u. C. Konopicky: Ber. dtsch. keram. Ges. 31 (1954), S. 223/30.

[7] Arschany, P. M., R. M. Volkova u. D. A. Prokoschkin: Izv. Akad. Nauk SSSR, Met. Topl. (1960), S. 156/60.

[8] Paine, R. M., A. J. Stonehouse u. W. W. Beaver: WADC 59-29 (1960).

Zahlentafel 101. *Eigenschaften von Niobsiliziden*

Eigenschaften	Nb_4Si (7 % Si) Werte	Weitere Literatur**	$a - Nb_5Si_3$* / $\beta - Nb_5Si_3$ Werte	(15,3 % Si) Weitere Literatur**	$NbSi_2$ (37,7 % Si) Werte	Weitere Literatur**
Struktur	isotyp m. Zr_4Si hexag. $D0_{19}$(?)	[24]	a: tetrag. T 2 D_{4h}^{18} β: tetrag. T 1 D_{2d}^{11}	[1]	hexagonal C 40	[2]
Gitterkonstante Å	a: 3,59 c: 4,96	[3–5] [22,24]	a: a: 6,570[1] c: 11,882 β: a: 10,080 c: 5,077	[3–11] [20] [22,24]	a: 4,785[2] c: 6,576	[1,9] [3–5,] [20,22,23,24]
Dichte g/cm³ ber. gef.	8,01 7,74[1]		6,56 6,26[1]	[12,20]	5,72 5,45[1]	[20]
Härte HV kg/mm²	550[1]		600[1]	[22]	700[1]	[13,14,22,23]
Sprödigkeit					s. Lit.	[14]
Schmelzpunkt ° C	1950 zers.[15]	[1,3,24]	2480[15] $a \rightarrow \beta \sim 2000°$	[1,3,] [16,20,24]	1950[15]	[1,3,] [13,20,24]
Thermodynamische Daten — ΔH_{298} kcal/mol.			25[11]	[10,21]	12[17]	[10,21]
Spez. elektr. Widerstand $\mu\,\Omega \cdot$ cm .	10[24]		40[24]		50,4[25]	[18,23,26]
Supraleitfähigkeit					bis 1,2° K n. s. l.	[19]
Magnet. Suszeptibilität					— 37[27]	[26]
Gefüge	s. Lit.	[1,4,22,24]	s. Lit.	[1,4,22,24]	s. Lit.	[1,4,22,24]

* C-, N- bzw. B-haltig: D 8_8 (NOWOTNY-Phase)[6,8,9,15].

** Literatur siehe Fußnoten Seite 290.

6. Tantalsilizid

a) Herstellung

O. HÖNIGSCHMID[28] gewann $TaSi_2$ durch aluminothermische Umsetzung eines Gemenges von Ta_2O_5, SiO_2, Al und S. Durch Behandlung des zerkleinerten Regulus mit verdünnter HCl und KOH lassen

[1] KIEFFER, R., F. BENESOVSKY u. H. SCHMID: Z. Metallkunde **47** (1956), S. 247/53; 2. Plansee Seminar, Reutte/Tirol, 1955, S. 154/65.

[2] WALLBAUM, H. J.: Z. Metallkunde **33** (1941), S. 378/81.

[3] GOLDSCHMIDT, H. J.: J. Iron Steel Inst. **194** (1960), S. 169/80.

[4] RUDY, E.: Diss. Techn. Hochschule Wien 1960.

[5] NOWOTNY, H., F. BENESOVSKY, E. RUDY u. A. WITTMANN: Mh. Chem. **91** (1960), S. 975/80.

[6] SCHACHNER, H., E. ČERWENKA u. H. NOWOTNY: Mh. Chem. **85** (1954), S. 245/54.

[7] PARTHÉ, E., H. SCHACHNER u. H. NOVOTNY: Mh. Chem. **86** (1955), S. 182/85.

[8] PARTHÉ, E., H. NOWOTNY u. H. SCHMID: Mh. Chem. **86** (1955), S. 385/95.

[9] PARTHÉ, E., B. LUX u. H. NOWOTNY: Mh. Chem. **86** (1955), S. 859/67.

[10] BREWER, L. u. O. KRIKORIAN: J. Electrochem. Soc. **103** (1956), S. 38/51, Disk. S. 701/03; UCRL 2544 (1954), 2888 (1955), 3352 (1956).

[11] SCHÄFER, H. u. K. D. DOHMAN: Z. anorg. allg. Chem. **299** (1959), S. 192/202.

[12] BRAUER, G. u. W. SCHEELE in W. KLEMM: Anorganische Chemie, Bd. 24, Teil II, Dietrich'sche Verlagsbuchhandlung., Wiesbaden 1948, S. 103.

[13] ČERWENKA, E.: Diss. Techn. Hochschule Graz 1951.

[14] SAMSONOV, G. V., V. S. NESCHPOR u. L. M. CHRENOVA: Hutnické Listy **14** (1959), S. 484/88; Fiz. Metallov. Metalloved **8** (1959), S. 622/30.

[15] KNAPTON, A. G.: Nature **175** (1958), S. 730/31.

[16] GEACH, G. A. u. F. O. JONES: 2. Plansee Seminar, Reutte/Tirol, 1955, S. 80/91.

[17] ROBINS, D. A. u. I. JENKINS: Acta Met. **3** (1955), S. 598/604; 2. Plansee Seminar, Reutte/Tirol 1955, S. 187/97.

[18] GALLISTL, E.: Diss. Techn. Hochschule Graz 1951.

[19] HARDY, G. F. u. J. K. HULM: Phys. Rev. **89** (1953), S. 884; **93** (1954), S. 1004/16.

[20] PAINE, R. M., A. J. STONEHOUSE u. W. W. BEAVER: WADC 59—29 (1960).

[21] SEARCY, A. W.: J. Am. Ceram. Soc. **40** (1957), S. 431/35.

[22] ARSCHANI, P. M., R. M. VOLKOVA u. D. A. PROKOSCHKIN: Izv. Akad. Nauk SSSR, Met. Topl. (1959), S. 127/29, (1960), S. 156/60.

[23] DOKUKINA, N. V., M. D. POLJAKOVA u. F. I. SCHAMRAJ: Izv. Akad. Nauk SSSR, Met. Topl, (1959), S. 102/09.

[24] SAMSONOV, G. V., V. S. NESCHPOR u. V. A. ERMAKOVA: Zur. Neorg. Chim. **3** (1958), S. 868/78.

[25] NESCHPOR, V. S. u. G. V. SAMSONOV: Fiz. Tverdogo Tela **2** (1960), S. 2202/09.

[26] NESCHPOR, V. S. u. G. V. SAMSONOV: Dokl. Akad. Nauk SSSR **133** (1960), S. 817/20.

[27] ROBINS, D. A.: Philosophical Mag. **3** (1958), S. 313/27.

[28] HÖNIGSCHMID, O.: Mh. Chem. **28** (1907), S. 1017/28.

sich gut ausgebildete Silizidkriställchen isolieren. Die Kinetik der silikothermischen Darstellung von $TaSi_2$ ist später von G. V. Samsonov und Mitarbeitern[1] untersucht worden.

Durch Sinterung der Metallpulvergemenge im Al_2O_3-Tiegel unter Argon hat H. J. Wallbaum[2] ebenfalls $TaSi_2$ hergestellt. Der Schmelzpunkt liegt über dem der Tonerde. Bei der Umsetzung von Tantal mit reinstem Silizium im Hochfrequenzofen unter Argon fanden L. Brewer und Mitarbeiter[3] neben $TaSi_2$ auch tantalreichere Silizide[4].

R. Kieffer, F. Benesovsky, H. Nowotny und H. Schachner[5-7] erzeugten Tantalsilizide durch Heißpressen in Graphitformen, wobei maximal 0,1% Kohlenstoff aufgenommen wurde. Die Silizide wurden anschließend entkohlend unter Wasserstoff in einem Sintertonerderohr 2 Stunden bei 1800° homogenisiert. Ta_5Si_3 kann nur in Abwesenheit von Kohlenstoff durch Glühen von Kaltpreßlingen bei 1600° unter Argon hergestellt werden[8, 9].

Bei der Untersuchung des Systems Ta-B-Si hat E. Rudy[10] aus reinstem Tantalhydrid und Silizium alle Tantalsilizide nicht nur durch Sintern sondern auch durch Lichtbogenschmelzen erhalten.

I. E. Campbell und Mitarbeiter[11] haben Tantalsilizid-Schichten durch Zersetzen von $SiCl_4$ und Wasserstoff an Tantaldrähten oder -teilen bei 1100 bis 1800° erzeugt.

Die Diffusionsgeschwindigkeit von Silizium in Tantal wurde von G. V. Samsonov[12, 13] und Mitarbeiter bestimmt.

---

[1] Samsonov, G. V., M. S. Kovaltschenko u. T. S. Verchogljadova: Zur. Neorg. Chim. 4 (1959), S. 2759/65.

[2] Wallbaum, H. J.: Z. Metallkunde 33 (1941), S. 378/81.

[3] Brewer, L., A. W. Searcy, D. H. Templeton u. C. H. Dauben: J. Am. Ceram. Soc. 33 (1950), S. 291/94.

[4] Paine, R. M., A. J. Stonehouse u. W. W. Beaver: WADC 59−29 (1960).

[5] Schachner, H.: Diss. Univ. Wien 1953.

[6] Nowotny, H., H. Schachner, R. Kieffer u. F. Benesovsky: Mh. Chem. 84 (1953), S. 1/12.

[7] Kieffer, R., F. Benesovsky, H. Nowotny u. H. Schachner: Z. Metallkunde 44 (1953), S. 242/46.

[8] Parthé, E., H. Nowotny u. H. Schmid: Mh. Chem. 86 (1955), S. 385/96.

[9] Parthé, E., B. Lux u. H. Nowotny: Mh. Chem. 86 (1955), S. 859/67.

[10] Rudy, E.: Diss. Techn. Hochschule Wien 1960.

[11] Campbell, I. E., C. F. Powell, D. H. Nowicki u. B. W. Gonser: J. Electrochem. Soc. 96 (1949), S. 318/33.

[12] Samsonov, G. V., M. S. Kovaltschenko u. T. S. Verchoglajdova: Dokl. Akad. Nauk Ukr. RSR (1959) Nr. 1, S. 32/35.

[13] Samsonov, G. V. u. L. A. Solonnikova: Fiz. Metallov Metalloved. 5 (1957), S. 565/66.

b) Das System Tantal-Silizium

Im System Tantal-Silizium existiert nach H. J. WALLBAUM[1] die Verbindung $TaSi_2$, welche isotyp mit VSi_2 und $NbSi_2$ ist. Röntgenographisch haben neuerdings L. BREWER und Mitarbeiter[2] neben $TaSi_2$ auch Silizide der ungefähren Zusammensetzung $TaSi_{0,6}$, $TaSi_{0,4}$ und $TaSi_{0,2}$ gefunden.

R. KIEFFER, F. BENESOVSKY, H. NOWOTNY und H. SCHACHNER[3, 4, 5] untersuchten eingehend das System Tantal-Silizium durch Schmelzpunktsbestimmungen, die durch röntgenographische und metallographische Befunde ergänzt wurden und stellten ein vorläufiges Zustandsschaubild auf (Abb. 159)[6]. Den von L. BREWER und Mitarbeitern[2] angegebenen Phasen $TaSi_{0,2}$, $TaSi_{0,4}$ und $TaSi_{0,6}$ dürften die Verbindungen Ta_4Si ($Ta_{4,5-0,5}Si$), Ta_2Si und Ta_5Si_3 zuzuordnen sein. Ta_5Si_3 kommt wie Nb_5Si_3 in zwei allotropen, tetragonalen Modifikationen vor: α-Ta_5Si_3 (Cr_5B_3-Typ, T 2) und β-Ta_5Si_3 (Cr_5Si_3-Typ, T 1)[7, 8]. (Zur Frage, ob Ta_5Si_3-T 2 auch eine ternäre Phase ist, vgl. die Aus-

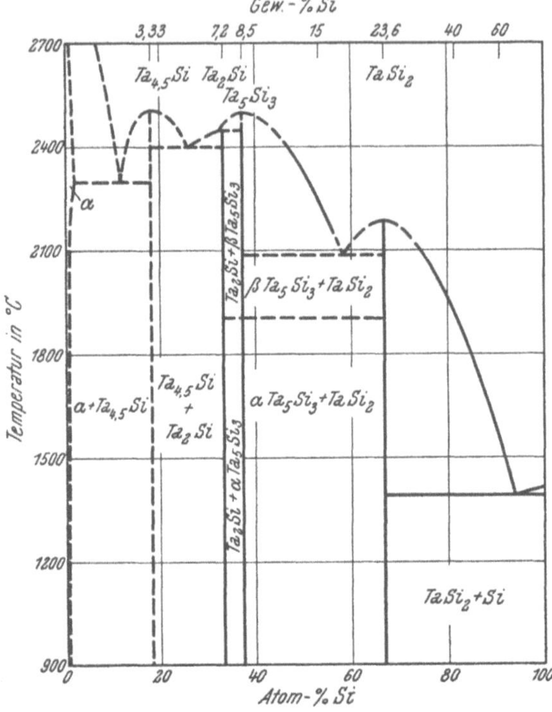

Abb. 159. Zustandsschaubild des Systems Tantal-Silizium (R. KIEFFER, F. BENESOVSKY, H. NOWOTNY und H. SCHACHNER)

[1] WALLBAUM, H. J.: Z. Metallkunde **33** (1941), S. 378/81.

[2] BREWER, L., A. W. SEARCY, D. H. TEMPLETON u. C. H. DAUBEN: J. Am. Ceram. Soc. **33** (1950), S. 291/94.

[3] SCHACHNER, H.: Diss. Univ. Wien 1953.

[4] NOWOTNY, H., H. SCHACHNER, R. KIEFFER und F. BENESOVSKY: Mh. Chem. **84** (1953), S. 1/12.

[5] KIEFFER, R., F. BENESOVSKY, H. NOWOTNY und H. SCHACHNER: Z. Metallkunde **44** (1953), S. 242/46.

[6] RUDY, E.: Diss. Techn. Hochschule Wien 1960.

[7] PARTHÉ, E., H. NOWOTNY u. H. SCHMID: Mh. Chem. **86** (1955), S. 385/96.

[8] PARTHÉ, E., B. LUX u. H. NOWOTNY: Mh. Chem. **86** (1955), S. 859/67.

führungen bei Nb_5Si_3-T 2 und bei Ta-Si-B bzw. Nb-Si-B. S. 544.) Die Umwandlungstemperatur liegt oberhalb 1800°. Durch kleine Kohlenstoffzusätze wird in bekannter Weise wiederum eine hexagonale $D8_8$-Struktur (Nowotny-Phase) stabilisiert[1,2]. Die eutektischen Temperaturen, die von L. Brewer und Mitarbeitern[3] angegeben werden, liegen um 200 bis 300° niedriger als die von R. Kieffer und Mitarbeitern[2] gefundenen.

c) Eigenschaften

Tantalsilizid der chemischen Formel $TaSi_2$ mit 23,7% Si kristallisiert in regelmäßigen vierseitigen Prismen mit aufgesetzten Pyramiden.

Von Mineralsäuren greift nur Flußsäure an. Geschmolzene Alkalien lösen leicht[4]. Das Verhalten gegen Säuren und saure Salzschmelzen haben M. K. Disen und G. F. Hüttig[5] untersucht. Nach R. Kieffer und Mitarbeitern[2,6,7] ist $TaSi_2$ bei Temperaturen oberhalb 1200° nicht sehr zunderbeständig[8].

Weitere Angaben über die Eigenschaften von Tantalsiliziden sind in Zahlentafel 102 zusammengestellt.

7. Chromsilizid

a) Herstellung

Chrom vermag mit Silizium eine ganze Reihe von Siliziden zu bilden. Es wird in der Literatur größtenteils auf Grund rückstandsanalytischer Untersuchungen die Existenz der Silizide Cr_3Si, Cr_2Si, Cr_3Si_2, $CrSi$, $CrSi_2$ und $CrSi_3$ behauptet.

---

[1] Nowotny, H., H, Schachner, R, Kiefffr und F. Benesovsky: Mh. Chem. **84** (1953). S. 1/12.

[2] Kieffer, R., F. Benesovsky, H. Nowotny und H. Schachner: Z. Metallkunde **44** (1953), S. 242/46.

[3] Brewer, L., A. W. Searcy, D. H. Templeton u. C. H. Dauben: J. Am. Ceram. Soc. **33** (1950), S. 291/94.

[4] Hönigschmid, O.: Karbide und Silizide, W. Knapp, Halle/Saale 1914, S. 187.

[5] Disen, M. K. u. G. F. Hüttig: Planseeber. Pulvermetallurgie **4** (1956), S. 10/14.

[6] Kieffer, R. u. F. Benesovsky: Iron Steel Inst., Spec. Rep. No. 58, London 1954, S. 292/01.

[7] Kieffer, R., F. Benesovsky u. C. Konopicky: Ber. dtsch. keram. Ges. **31** (1954), S. 223/30.

[8] Paine, R. M., A. J. Stonehouse u. W. W. Beaver: WADC 59—29 (1960).

Zahlentafel 102. *Eigenschaften von Tantalsiliziden*

Eigenschaften	TaSi$_{4,5}$ (3,0—3,7 % Si)		Ta$_2$Si (7,2 % Si)		α — Ta$_3$Si$_3$ (8,5 % Si)[*] β — Ta$_5$Si$_3$		TaSi$_2$ (23,7 % Si)	
	Werte	Weitere Literatur	Werte	Weitere Literatur	Werte	Weitere Literatur	Werte	Weitere Literatur
Struktur	hexagonal[1] DO$_{19}$ (?)	4, 5	tetragonal[1] C 16		α: tetrag.[2] T 2 D$_{4h}^{18}$ β: tetrag. T 1 D$_{2d}^{11}$		hexagonal[3] C 40	
Gitterkonstante Å	a: 6,105[1] c: 4,920	4—6	a: 6,157[1] c: 5,039	4—6	α: a: 6,516 c: 11,873[2] β: a: 9,88 c: 5,06	1 4—7	a: 4,773[3] c: 6,552	1, 5, 8, 9, 20
Dichte g/cm³ ber.	12,86		13,54		13,06		9,14	
gef.	12,7[1]		12,4 (porös)[1]		11,6[1]		8,4[1]	10, 11, 20
Härte HV kg/mm²	1200[1]		1500[1]		1500[1]		1200[1]	12, 13
Sprödigkeit							s. Lit.	13
Schmelzpunkt ° C	2510[1]	4	2450 zers.[1]	4	2500[1]	4, 14	2200[1]	4, 11, 14
Thermodynamische Daten — ΔH$_{298}$ kcal/mol.	< 20[15]	21	20[15]	16, 21	76[11]	15, 16, 21	27,7[11]	15, 16, 21
Spez. elektr. Widerstand $\mu\Omega \cdot$ cm	174[22]		124[22]		108[22]		46[22]	17, 18, 23, 25
Supraleitfähigkeit					s. Lit.	17, 19	s. Lit.	17, 19
HALL-Konstante	— 24,6[24]		— 47,6[24]		— 45,4[24]		— 8,8[24]	
Magnet. Suszeptibilität							— 40[25]	
Gefüge	s. Lit.	1, 6	s. Lit.	1, 6	s. Lit.	1, 6	s. Lit.	1, 6

* C-, N- bzw. B-haltig: D 8$_8$ (NOWOTNY-Phase)[1,5]

C. Zettel[26] hat Cr_3Si durch Umsetzung von Cr_2O_3 in Gegenwart von Kupfer und Aluminium in Silikat-Tiegeln und P. Lebeau und J. Figueras[27] durch Zusammenschmelzen von Chrom, Kupfer und Silizium im elektrischen Ofen erhalten und durch chemische Behandlung isoliert.

[1] Kieffer, R., F. Benesovsky, H. Nowotny u. H. Schachner: Z. Metallkunde **44** (1953), S. 242/46.

[2] Parthé, E., B. Lux u. H. Nowotny: Mh. Chem. **86** (1955), S. 859/67.

[3] Wallbaum, H. J.: Z. Metallkunde **33** (1941), S. 378/81.

[4] Brewer, L., A. W. Searcy, D. H. Templeton u. C. H. Dauben: J. Amer. Ceram. Soc. **33** (1950), S. 291/94.

[5] Nowotny, H., H. Schachner, R. Kieffer u. F. Benesovsky: Mh. Chem. **84** (1953), S. 1/12.

[6] Rudy, E.: Diss. Techn. Hochschule Wien 1960.

[7] Parthé, E., H. Nowotny u. H. Schmid: Mh. Chem. **86** (1955), S. 385/96.

[8] Nowotny, H., H. Schroth, R. Kieffer u. F. Benesovsky: Mh. Chem. **84** (1953), S. 579/84.

[9] Nowotny, H., E. Dimakopoulou u. H. Kudielka: Mh. Chem. **88** (1957), S. 180/92.

[10] Hönigschmid, O.: Mh. Chem. **28** (1907), S. 1917/28.

[11] Robins, D. A. u. I. Jenkins: Acta Met. **3** (1955), S. 598/604; 2. Plansee Seminar, Reutte/Tirol 1955, S. 187/97.

[12] Čerwenka, E.: Diss. Techn. Hochsch. Graz 1951.

[13] Samsonov, G. V., V. S. Neschpor u. L. M. Chrenova: Hutnické Listy **14** (1959), S. 484/88; Fiz. Metallov Metalloved. **8** (1959), S. 622/30.

[14] Geach, G. A. u. F. O. Jones: 2. Plansee Seminar, Reutte/Tirol 1955, S. 80/91.

[15] Brewer, L. u. O. Krikorian: J. Electrochem. Soc. **103** (1956), S. 38/51, Disk. S. 701/03; UCRL 2544 (1954), 2888 (1955), 3352 (1956).

[16] Paderno, J. B., G. V. Samsonov u. L. M. Chrenova: Elektronika (1959), Nr. 4, S. 165/72.

[17] Meissner, W., H. Franz u. H. Westerhoff: Z. Physik **75** (1932), S. 521/30.

[18] Gallistl, E.: Diss. Techn. Hochsch. Graz 1951.

[19] Hardy, G. F. u. J. K. Hulm: Phys. Rev. **89** (1953), S. 884; **93** (1954), S. 1004/16.

[20] Paine, R. M., A. J. Stonehouse u. W. W. Beaver: WADC 59−29 (1960).

[21] Searcy, A. W.: J. Am. Ceram. Soc. **40** (1957), S. 431/35.

[22] Neschpor, V. S. u. G. V. Samsonov: Fiz. Tverdogo Tela **2** (1960), S. 2202/09.

[23] Neschpor, V. S. u. G. V. Samsonov: Dokl. Akad. Nauk SSSR **133** (1960), S. 817/20.

[24] Neschpor, V. S. u. G. V. Samsonov: Dokl. Akad. Nauk SSSR **134** (1960), Nr. 6, S. 1337/38.

[25] Robins, D. A.: Philosophical Mag. **3** (1958), S. 313/27.

[26] Zettel, C.: Compt. Rend. **126** (1897), S. 833/35.

[27] Lebeau, P. u. J. Figueras: Compt. Rend. **136** (1903), S. 1329/31.

H. MOISSAN[1] und H. N. WARREN[2] haben Cr_2Si im elektrischen Ofen durch Zusammenschmelzen der Komponente bzw. bei der Reduktion von Cr_2O_3 und SiO_2 mit Kohle dargestellt. Auch auf aluminothermischem Wege kann man dieses Silizid nach C. MATIGNON[3] erzeugen. Durch Zusammenschmelzen entsprechender Mischungen von Cr_2O_3, SiC und Kohle soll sich nach R. FRILLEY[4] dieses Silizid ebenfalls bilden[5]. Von W. GUERTLER[6] wird allerdings die Existenz des Cr_2Si bezweifelt.

Setzt man beim Zusammenschmelzen von Chrom, Kupfer und Silizium einen Überschuß an Silizium zu, dann entsteht nach P. LEBEAU und F. FIGUERAS[7] ein Silizid Cr_3Si_2. E. VIGOUROUX[8] erhält diese Verbindung durch Überleiten von $SiCl_4$-Dampf über Chrompulver bei 1200° und L. BARADUC-MULLER[5] bei der Umsetzung von Cr_2O_3 mit SiC + C in bestimmtem Mischungsverhältnis und nachfolgender Isolierung mit Flußsäure.

Bei der Reduktion von Cr_2O_3 + SiO_2 mit Kohle in der nach H. MOISSAN angegebenen Weise erhält man, wenn ein großer Überschuß am SiO_2 angewendet wird, nach G. DE CHALMOT[9] ein Silizid $CrSi_2$. Diese Verbindung erhielten auch P. LEBEAU und J. FIGUERAS[7] in reiner Form, wenn sie den Siliziumgehalt im Kupfer-Silizium-Bad weiter steigerten.

Bei der Schmelzflußelektrolyse eines Salzbades, welches Alkalifluorsilikat, Chromfluorid oder Alkalichromat enthält, scheidet sich nach M. DODERO[10] das Chromsilizid $CrSi_2$ in Form gut ausgebildeter Kriställchen ab.

R. KIEFFER, F. BENESOVSKY und H. SCHROTH[11,12] haben Legierungen über den ganzen Bereich des Systems durch Heißpressen und Schmelzen unter Wasserstoff in Sintertonerdetiegeln hergestellt. Das Silizid Cr_3Si_2 — später als Cr_5Si_3 erkannt — wurde von E. PARTHÉ,

---

[1] MOISSAN, H.: Compt. Rend. **121** (1895), S. 621/26.

[2] WARREN, H. N.: Chem. News **78** (1898), S. 318/19.

[3] MATIGNON, C. A. u. R. TRANNOY: Compt. Rend. **141** (1905), S. 190.

[4] FRILLEY, R.: Rev. Mét. **8** (1911), S. 457/559.

[5] BARADUC-MULLER, L.: Rev. Mét. **7** (1910), S. 657/834.

[6] GUERTLER, W.: Handbuch der Metallographie, Bd. 1 (1917), S. 652/53.

[7] LEBEAU, P. u. J. FIGUERAS: Compt. Rend. **136** (1903), S. 1329/31.

[8] VIGOUROUX, E.: Compt. Rend. **144** (1907), S. 83/85.

[9] DE CHALMOT, G.: Am. Chem. J. **19** (1897), S. 69/70.

[10] DODERO, M.: Diss. Univ. Grenoble 1937.

[11] KIEFFER, R., F. BENESOVSKY u. H. SCHROTH: Z. Metallkunde **44** (1953), S. 437/42.

[12] NOWOTNY, H., H. SCHROTH, R. KIEFFER u. F. BENESOVSKY: Mh. Chem. **84** (1953), S. 579/84.

H. Schachner und H. Nowotny[1] nach dem Lebeau-Verfahren in Form langer dünner Nadeln durch Isolierung gewonnen.

L. N. Guseva und B. I. Ovetschkin[2] haben alle bekannten Silizide durch Schmelzen reinster Ausgangsmaterialien im Hochfrequenzofen unter einer $BaCl_2$-Decke hergestellt während R. M. Paine und Mitarbeiter[3] die Vakuumsinterung benutzten.

Nach I. E. Campbell und Mitarbeitern[4] entstehen Chromsilizide durch Umsetzung von $SiCl_4$ in Gegenwart von Wasserstoff an Chromkörpern oder Chromdeckschichten. Die Bildungsbedingungen für die verschiedenen möglichen Silizide, welche zwischen 1100 bis 1400° entstehen können, werden nicht näher angegeben.

Bei der Diffusion von Silizium in Chrom-Eisenlegierungen treten Doppelsilizide der Formel $(Cr, Fe)_3 Si$ auf[5]. G. V. Samsonov und Mitarbeiter[6,7] haben die Diffusionsgeschwindigkeit von Silizium in Chrom sowie die Aktivierungsenergie dieses Vorganges bestimmt.

b) Das System Chrom-Silizium

R. Frilley[8] hat die Verbindungen Cr_3Si, Cr_2Si, $CrSi$, Cr_2Si_3, $CrSi_2$ und Cr_2Si_3 vermutet. N. N. Kurnakov[9] nimmt im System Cr-Si auf Grund eines Schmelzpunktsmaximums die Verbindung CrSi an. Auf Grund röntgenographischer Untersuchungen hat B. Borén[10] im System Chrom-Silizium vier intermediäre Phasen nachgewiesen. Es existiert kubisches Cr_3Si, dann wahrscheinlich eine rhombische Phase, die nur unterhalb 1000° stabil ist, ferner das kubische CrSi und endlich hexagonales $CrSi_2$. Unter Kontraktion des Gitters löst Chrom ein wenig Silizium, dagegen scheint Chrom in Silizium nicht löslich zu sein.

---

[1] Parthé, E., H. Schachner u. H. Nowotny: Mh. Chem. 86 (1955), S. 182/85.

[2] Guseva, L. N. u. B. I. Ovetschkin: Izv. Akad. Nauk. SSSR., Met. Topl. (1957), S. 27/31. Dokl. Akad. Nauk SSSR 112 (1957), Nr. 6, S. 781/83.

[3] Paine, R. M., A. J. Stonehouse u. W. W. Beaver: WADC 59−29 (1960).

[4] Campbell, I. E., C. F. Powell, D. H. Nowicki u. B. W. Gonser: J. Electrochem. Soc. 96 (1949), S. 318/33.

[5] Arschany, P. M. u. L. N. Beljakov: Izv. Akad. Nauk SSSR, Met. Topl. (1958), S. 149/52.

[6] Samsonov, G. V., M. S. Kovaltschenko u. T. S. Verchogljadova: Dokl. Akad. Nauk Ukr. RSR (1959), Nr. 1, S. 32/35, In: Bor, Moskau 1958, S. 74/89.

[7] Samsonov, G. V. u. L. A. Solonnikova: Fiz. Metallov Metalloved. 5 (1957), S. 565/66.

[8] Frilley, R.: Rev. Mét. 8 (1911), S. 457/559.

[9] Kurnakov, N. N.: Dokl. Akad. Nauk. SSSR. 26 (1940), S. 362/64; 34 (1942), S. 110/13; 158/59. Izv. Sekt. Fiz. Chim. Anal. 16 (1948), Nr. 4, S. 77/84.

[10] Borén, B.: Arkiv Kemi Min. Geol. A 11 (1933), Nr. 10, S. 2/10.

An Hand druckgesinterter und geschmolzener Proben hat H. E. SCHROTH[1,2] das System Chrom-Silizium untersucht und ein vorläufiges Zustandsdiagramm aufgestellt. Die Existenz der von B. BORÉN angegebenen Phasen wurde bestätigt.

Der ungeklärten Phase im mittleren Bereich wurde die Formel Cr_3Si_2 zugeschrieben[3]; sie wurde später je doch als Cr_5Si_3 (T 1) erkannt[4-7]. Durch etwa 5 At.-% C wird eine ternäre Phase mit $D8_8$-Struktur (NOWOTNY-Phase) stabilisiert[3] (s. S. 537).

Auf Grund der ermittelten Schmelzpunkte, der Gefügebefunde und der röntgenographischen Untersuchungen wurde ein Zustandsbild gemäß Abb. 160 entworfen. Die Phasen Cr_3Si, $CrSi$ und $CrSi_2$ schmelzen unzersetzt mit einem deutlichen Maximum. Cr_5Si_3 wird peritektisch aus

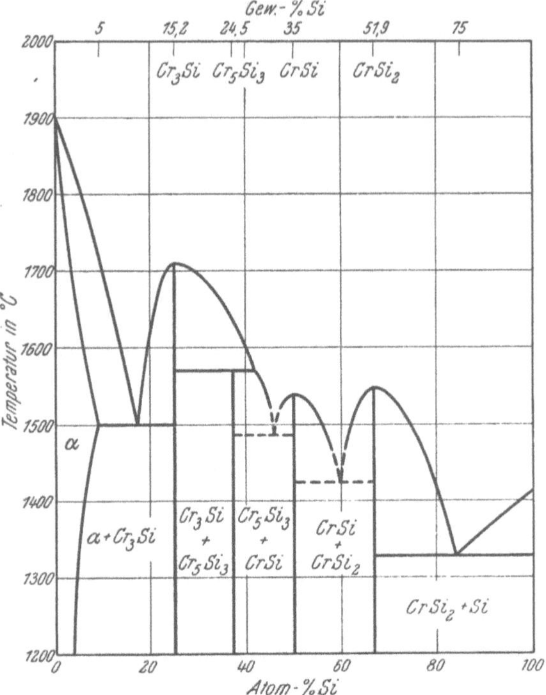

Abb. 160. Zustandsschaubild des Systems Chrom-Silizium (R. KIEFFER, F. BENESOVSKY und H. SCHROTH)

Cr_3Si und Schmelze gebildet. Die Lage der Eutektika und der Schmelzpunkte der kongruent schmelzenden Verbindungen können als weitgehend gesichert angesehen werden[8].

---

[1] SCHROTH, H. E.: Diss. Techn. Hochsch. Graz 1952.

[2] KIEFFER, R., F. BENESOVSKY u. H. E. SCHROTH: Z. Metallkunde 44 (1953), S. 437/42.

[3] PARTHÉ, E., H. SCHACHNER u. H. NOWOTNY: Mh. Chem. 86 (1955), S. 182/85.

[4] PARTHÉ, E., H. NOWOTNY u. H. SCHMID: Mh. Chem. 86 (1955), S. 385/96.

[5] PARTHÉ, E., B. LUX u. H. NOWOTNY: Mh. Chem. 86 (1955), S. 859/67.

[6] DAUBEN, C. H., D. H. TEMPLETON u. C. E. MYERS: J. Chem. Phys. 60 (1956), S. 443/45.

[7] NOWOTNY, H., E. PIEGGER, R. KIEFFER u. F. BENESOVSKY: Mh. Chem. 89 (1958), S. 611/17.

[8] GUSEVA, L. N. u. B. I. OVETSCHKIN: Izv. Akad. Nauk SSSR, Met. Topl. (1957), Nr. 6, S. 27/31.

Nach V. P. Trusova und Mitarbeitern[1] hat das $CrSi_2$ einen Homogenitätsbereich, der bis etwa $CrSi_{2,2}$ reicht. H. J. Goldschmidt und J. A. Brand[2] geben auch für die Phasen Cr_3Si, Cr_5Si_3 und CrSi mehr oder weniger weite Homogenitätsbereiche an.

L. N. Guseva und B. I. Ovetschkin haben die Löslichkeit von Silizium in Chrom bei 1500° mit rund 5 Gew.-% Si ermittelt; sie ist stark temperaturabhängig.

c) Eigenschaften

Chromsilizid der Formel Cr_3Si mit 15,3% Si besteht in Pulverform aus prismatischen Kriställchen. Cr_2Si mit 21,3% Si kristallisiert in losen oder zusammenhängenden Prismen. Cr_5Si_3 mit 24,5% Si kristallisiert in langen, vierkantigen Prismen. $CrSi_2$ mit 51,9% Si kristallisiert in grauen, metallisch glänzenden Nadeln.

Sämtliche Chromsilizide sind gegen Mineralsäuren sehr beständig; nur Flußsäure löst leicht. Schmelzende Alkalien lösen ebenfalls rasch[3].

Nach R. Kieffer und Mitarbeitern[4,5,6] sind $CrSi_2$-Körper oberhalb 1000° nicht sehr zunderbeständig[7].

Weitere Angaben über die Eigenschaften von Chromsiliziden sind der Zahlentafel 103 zu entnehmen.

8. Molybdänsilizid

a) Herstellung

Bei der Herstellung von Molybdän im elektrischen Ofen stellte H. Moissan[8] fest, daß sich dieses mit Silizium zu einer hochschmelzenden Verbindung vereinigt[9].

---

[1] Trusova, V. P., V. S. Kucev u. B. F. Ormont: Zur Neorg. Chim. 5 (1960), S. 119/22.

[2] Goldschmidt, H. J. u. J. A. Brand: J. Less-Common. Met. 3 (1961), S. 34/43.

[3] Hönigschmid, O.: Karbide und Silizide, W. Knapp, Halle/Saale 1914 S. 189/93.

[4] Kieffer, R., F. Benesovsky u. H. E. Schroth: Z. Metallkunde 44 (1953), S. 437/42.

[5] Kieffer, R. u. F. Benesovsky: Iron Steel Inst., Spec. Rep. No. 58, London 1954, S. 292/301.

[6] Kieffer, R., F. Benesovsky u. C. Konopicky: Ber. dtsch. keram. Ges. 31 (1954), S. 223/30.

[7] Paine, R. M., A. J. Stonehouse u. W. W. Beaver: WADC 59−29 1960).

[8] Moissan, H.: Compt. Rend. 120 (1895), S. 1320/26.

[9] Warren, H. N.: Chem. News 78 (1989), S. 313/19.

Zahlentafel 103. *Eigenschaften von Chromsiliziden*

Eigenschaften	Cr$_3$Si (15,3 % Si)		Cr$_5$Si$_3$ (24,5 % Si)*		CrSi (35 % Si)		CrSi$_2$ (51,9 % Si)	
	Werte	Weitere Literatur	Werte	Weitere Literatur	Werte	Weitere Literatur	Werte	Weitere Literatur
Struktur	kubisch[1] A 15		tetragonal[2] T 1 D$_{2d}^{11}$		kubisch[1] B 20		hexagonal[3] C 40	
Gitterkonstante Å	4,555[1]	5—8, 23, 24	a: 9,188[4] c: 4,65	2, 8—11, 23, 24	4,620[1]	5, 8, 23, 24	a: 4,422[3] c: 6,531	5, 6, 12, 23, 24, 25
Dichte g/cm³ ber.	6,32		5,82		5,25		4,90	
gef.	5,92 (por.[5])	13, 23	5,4[5]	23	5,22[5]	23	4,73[5]	13, 23
Härte HM (50 g) kg/mm²	1000[5]		1280[5]		1000[5]		1100[5]	14, 15, 26
Sprödigkeit							s. Lit.	15
Schmelzpunkt ° C	1710[5]		1560 zers.[5]		1550[5]		1550[5]	14
Ausdehnungskoeffizient	s. Lit.	27					s. Lit.	27
Thermodynamische Daten — ΔH$_{289}$ kcal/mol							24[16]	28
Spez. elektr. Widerstand $\mu \Omega$·cm	45,5[5]	17, 18, 24, 29	114[5]	18, 24, 29	143[5]	17, 18, 24, 29	1420[30]	5, 17, 18, 24, 25, 26, 29, 31
Supraleitfähigkeit ° K	s. Lit.	19	s. Lit.	19	s. Lit.	19	n. s. l.	19
HALL-Konstante	+ 4,9[32]		− 5,1[32]		− 4,6[32]		+ 665[32]	
Thermokraft	s. Lit.	33	s. Lit	33	s. Lit.	33	s. Lit.	20, 21, 33
Magnet. Suszeptibilität	3,4[24]	22	4,0[24]		11,2[24]		41[30]	24, 31
Gefüge	s. Lit.	5, 8	s. Lit.	5, 8	s. Lit.	5	s. Lit.	5, 26

* C- bzw. B-haltig: D 8$_8$ (NOWOTNY-Phase)[4]

Die Einheitlichkeit eines Silizides Mo_2Si_3, welches E. VIGOUROUX[34] aus geschmolzenen Molybdän-Silizium-Produkten durch chemische Isolierung gefunden haben will, ist nicht erwiesen.

[1] BORÉN, B.: Arkiv Kemi Min. Geol. A 11 (1933), Nr. 10, S. 2/10.

[2] DAUBEN, C. H., D. H. TEMPLETON u. C. E. MYERS: J. Chem. Phys. 60 (1956), S. 443/45.

[3] WALLBAUM, H. J.: Z. Metallkunde 33 (1941), S. 378/81.

[4] PARTHÉ, E., H. SCHACHNER u. H. NOWOTNY: Mh. Chem. 86 (1955), S. 182/85.

[5] KIEFFER, R., F. BENESOVSKY u. H. SCHROTH: Z. Metallkunde 44 (1953). S. 437/42.

[6] NOWOTNY, H., H. SCHROTH, R. KIEFFER u. F. BENESOVSKY: Mh. Chem. 84 (1953), S. 579/84.

[7] NOWOTNY, H., R. MACHENSCHALK, R. KIEFFER u. F. BENESOVSKY: Mh. Chem. 85 (1954), S. 241/44.

[8] GUSEVA, L. N. u. B. I. OVETSCHKIN: Izv. Akad. Nauk SSSR, Met. Topl. (1957), S. 27/31.

[9] PARTHÉ, E., H. NOWOTNY u. H. SCHMID: Mh. Chem. 86 (1955), S. 385/96.

[10] PARTHÉ, E., B. LUX u. H. NOWOTNY: Mh. Chem. 86 (1955), S. 859/67.

[11] NOWOTNY, H., E. PIEGGER, R. KIEFFER u. F. BENESOVSKY: Mh. Chem. 89 (1958), S. 611/17.

[12] NOWOTNY, H., R. KIEFFER u. H. SCHACHNER: Mh. Chem. 83 (1952), S. 1243/52.

[13] HÖNIGSCHMID, O.: Karbide und Silizide, W. Knapp, Halle/Saale 1914, S. 188/93; Mh. Chem. 28 (1907), S. 921/32.

[14] ČERWENKA, E.: Diss. Techn. Hochschule Graz 1951

[15] SAMSONOV, G. V., V. S. NESCHPOR u. L. M. CHRENOVA: Hutnické Listy 14 (1959), S. 484/88; Fiz. Metallov Metalloved. 8 (1959), S. 622/30.

[16] ROBINS, D. A. u. I. JENKINS: Acta Met. 3 (1955), S. 598/604; 2. Plansee Seminar, Reutte/Tirol 1955, S. 187/97.

[17] NIKITIN, E. N.: Zur. Techn. Fiz. 28 (1958), S. 23/25, 26/28.

[18] GUSEVA, L. N. u. B. I. OVETSCHKIN: Dokl. Akad. Nauk SSSR 112 (1957), S. 681/83.

[19] HARDY, G. F. u. J. K. HULM: Phys. Rev. 89 (1953), S. 884; 93 (1954), S. 1004/16.

[20] GELD, P. V.: Zur. Techn. Fiz. 27 (1957), S. 113/18.

[21] KISLY, P. S. u. G. V. SAMSONOV: Izv. Akad. Nauk SSSR, Met. Topl. (1959), S. 133/37.

[22] KOEHLER, W. C. u. E. O. WOLLAN: Phys. Rev. 95 (1954), S. 280/81.

[23] PAINE, R. M., A. J. STONEHOUSE u. W. W. BEAVER: WADC 59−29 (1960).

[24] NEMNONOV, S. A. u. A. Z. MENTSCHIKOV: Fiz. Metallov Metalloved. 9 (1960), S. 385/89.

[25] TRUSOVA, V. P., V. S. KUCEV u. B. F. ORMONT: Zur. Neorg. Chim. 5 (1960), S. 119/22.

[26] ALEXASCHIN, V. S. u. V. S. MICHEEV: J. Prikl. Chim. 33 (1960), S. 2216/22.

[27] KRIKORIAN, O. H.: UCRL 6132 (1960).

[28] GELD, P. V. u. J. M. GERTMAN: Fiz. Metallov Metalloved. 10 (1960), S. 299/300.

[29] NESCHPOR, V. S. u. G. V. SAMSONOV: Fiz. Tverdogo Tela 2 (1960), S. 2202/09.

Dagegen dürfte das Silizid $MoSi_2$, welches von O. Hönigschmid[35] und W. Zachariasen[36] durch aluminothermische Umsetzung eines Gemisches von MoO_3, SiO_2, Al und S, sowie nach E. Defacqz[37] durch Schmelzen von Molybdän mit Kupfersilizium und anschließender Isolierung durch Säure- und Laugebehandlung hergestellt worden war, einheitlich gewesen sein[38,39].

E. Wedekind und J. Pintsch[40] wollen ferner aus Sinterprodukten ein unbewiesenes Silizid MoSi isoliert haben.

Bei der Umsetzung von Molybdän mit reinstem Silizium im Hochfrequenzofen unter Argon fanden D. H. Templeton und C. H. Dauben[41] sowie L. Brewer und Mitarbeiter[42] die Silizide Mo_3Si und $MoSi_{0,65}$.

E. Cerwenka[43,44] hat die Verbindungen Mo_3Si, „Mo_3Si_2" und $MoSi_2$ durch Drucksinterung und Schmelzen entsprechender Mischungen der Komponenten hergestellt, während Forscher der Climax Molybdenum Comp. ausschließlich das Lichtbogenschmelzen anwendeten[45]. Später wurde von H. Nowotny und Mitarbeitern[46] erkannt, daß der Verbindung „Mo_3Si_2" sowie der von den vorgenannten amerikanischen Forschern gefundenen Verbindungen $MoSi_{0,65}$ die Formel Mo_5Si_3 (T 1) zukommt. Die reine Phase Mo_5Si_3 hat B. Aronsson[47] aus den Komponenten durch Sintern und Schmelzen im Lichtbogen unter Argon hergestellt.

[30] Robins, D. A.: Philosophical Mag. **3** (1958), S. 313/27.

[31] Neschpor, V. S. u. G. V. Samsonov: Dokl. Akad. Nauk SSSR **133** (1960), S. 817/20. In: Fragen der Pulvermetallurgie, Kiew 1960, Bd. 8, S. 90/98.

[32] Neschpor, V. S. u. G. V. Samsonov: Dokl. Akad. Nauk SSSR **134** (1960), Nr. 6, S. 1337/38.

[33] Nikitin, E. N.: Fiz. Tverdogo Tela **2** (1960), S. 2685/88.

[34] Vigouroux, E.: Compt. Rend. **129** (1899), S. 1238/39.

[35] Hönigschmid, O.: Mh. Chem. **28** (1907), S. 1017/28.

[36] Zachariasen, W.: Z. physik. Chem. **128** (1927), S. 39/48.

[37] Defacqz, E.: Compt. Rend. **144** (1907), S. 1424/27.

[38] Baraduc-Muller, L.: Rev. Mét. **7** (1910), S. 657/834.

[39] Watts, P. P.: Bull. Univ. Wisconsin (1906), Nr. 145, S. 255/318, J. Electrochem. Soc. **9** (1906), S. 105/07.

[40] D.R.P. 294 267 (1913).

[41] Templeton, D. H. u. C. H. Dauben: Acta Cryst. **3** (1950), S. 261/62.

[42] Brewer, L., A. W. Searcy, D. H. Templeton u. C. H. Dauben: J. Am. Ceram. Soc. **33** (1950), S. 291/94.

[43] Čerwenka, E.: Diss. Techn. Hochsch. Graz 1951.

[44] Kieffer, R. u. E. Čerwenka: Z. Metallkunde **43** (1952), S. 101/05.

[45] Climax Molybdenum Comp.: Rep. NR 034—401 (1951).

[46] Parthé, E., B. Lux u. H. Nowotny: Mh. Chem. **86** (1955), S. 859/67.

[47] Aronsson, B.: Acta Chem. Scand. **9** (1955), S. 1107/10.

E. Bryjak und Ch. Lesniak[1] haben $MoSi_2$ aus den Komponenten durch Reaktion im festen Zustand hergestellt und den Bildungsmechanismus in Abhängigkeit von Temperatur und Zeit näher untersucht. Die günstigste Bildungstemperatur liegt bei 1200°. Auch japanische Forscher[2] haben den Mechanismus der $MoSi_2$-Bildung in Abhängigkeit der Pulvervorbereitung, der Aufheizzeit usw. im festen Zustand eingehend untersucht.

Molybdänsilizide lassen sich nach I. E. Campbell und Mitarbeitern[3,4] sowie nach R. Kieffer und E. Nachtigall[5] aus der Gasphase durch Umsetzung von $SiCl_4$ in Gegenwart von Wasserstoff an Molybdändrähten bei 1100 bis 1800° herstellen. Wie Abb. 161 zeigt,

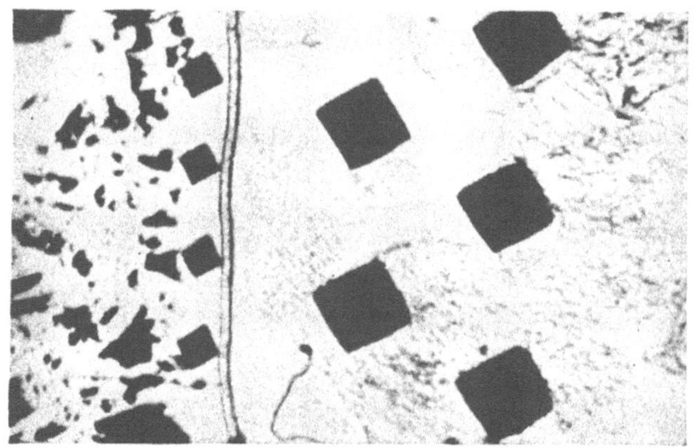

Abb. 161. Sizilierschicht auf Molybdän mit Mikrohärteeindrücken
(R. Kieffer und E. Nachtigall). ($\times$ 500)

bilden sich auf Molybdän zunächst molybdänreiche Silizide, auf denen dann das poröse Disilizid aufwächst[5]. Diese Methode wurde von R. Kieffer und E. Nachtigall[5] sowie E. Fitzer[6] zur Herstellung von Molybdänsilizidschichten benutzt. E. Fitzer[6] und S. Stolarz[7]

[1] Bryjak, E. u. Ch. Lesniak: Przeglad Elektr. **31** (1955), S. 743/48.

[2] Iwase, K., K. Ogawa u. S. Fujishiro: J. Japan. Inst. Met. A **20** (1956), S. 371/75.

[3] Campbell, I. E., C. F. Powell, D. H. Nowicki u. B. W. Gonser: J. Electrochem. Soc. **96** (1949), S. 318/33.

[4] Beidler, E. A., C. F. Powell, I. E. Campbell u. L. F. Yntema: J. Electrochem. Soc. **98** (1951), S. 21/25.

[5] Kieffer, R. u. E. Nachtigall: Heraeus Festschrift, Hanau 1950, S. 186/205.

[6] Fitzer, E.: Berg- u. Hüttenmänn. Mh. **97** (1952), S. 81/91; 1. Plansee Seminar, Reutte/Tirol 1952, S. 244/53.

[7] Stolarz, S.: Prace IH **12** (1960), S. 313/20.

haben dabei eingehend den Mechanismus der Umsetzung untersucht. Auch M. Someno und Mitarbeiter[1,2] haben die Kinetik der Silizierung von Molybdänpulver mit $SiCl_4$-H_2-Dampfgemischen studiert und röntgenographisch die drei Silizide Mo_3Si, „Mo_3Si_2" und $MoSi_2$ nachweisen können.

G. V. Samsonov und Mitarbeiter[3,4] haben die Diffusionsgeschwindigkeit von Silizium in Molybdän und die Aktivierungsenergie des Vorganges untersucht.

Zur großtechnischen Herstellung von Molybdändisilizidpulver benutzten R. Kieffer und F. Benesovsky[5] und E. Fitzer[6] die exotherme Reaktion kompakter Preßlinge aus Molybdän- und Siliziumpulver. D. A. Robins und I. Jenkins[7] zeigten, daß man Molybdänsiliziumgemenge auch mit Zündkirschen zur Reaktion bringen kann.

Im Hinblick auf die Verwendung von $MoSi_2$ als Hochtemperaturwerkstoff ist die Herstellung von Formkörpern von besonderer Bedeutung. Sie kann durch Kaltpressen und Sintern unter Wasserstoff bei Temperaturen von 1300 bis 1500° oder auch durch Heißpressen[8,9,10] bei Temperaturen um 1400° erfolgen. Für Heizleiter hat sich zur Formgebung auch das Strangpressen[11] mit organischen und anorganischen Plastifizierungsmitteln sowie der Schlickerguß bewährt. Die Herstellung von Heizelementen wurde besonders eingehend von E. Fitzer[6] studiert.

[1] Someno, M. u. T. Aoki: Nippon Kinzoku Gakkai-Si **21** (1957), S. 579/83.

[2] Someno, M. u. H. Nagasaki: Nippon Kinzoku Gakkai-Si **22** (1958), S. 528/32.

[3] Samsonov, G. V., M. S. Kovaltschenko u. T. S. Verchoglajdova: Dokl. Akad. Nauk Ukr. RSR (1959), Nr. 1, S. 32/35; Zur. Neorg. Chim. **4** (1959), S. 2759/65.

[4] Samsonov, G. V. u. L. A. Solonnikova: Fiz. Metallov Metalloved. **5** (1957), S. 565/66.

[5] Kieffer, R. u. F. Benesovsky: Metall **6** (1952), S. 243/50, Planseeber. Pulvermetallurgie **5** (1957), S. 56/71.

[6] Fitzer, E.: 2. Plansee Seminar Reutte/Tirol 1955, S. 56/79; 3. Plansee Seminar, Reutte/Tirol 1958, S. 175/202; Elektrowärme (1958), Nr. 6, S. 253/59.

[7] Robins, D. A. u. I. Jenkins: Acta Met. **3** (1955), S. 598/604; 2. Plansee Seminar, Reutte/Tirol, 1955, S. 187/97.

[8] Tagaki, R. u. K. Tamura: Nippon Kinzoku Gakkai-Si **21** (1957), S. 169/72.

[9] Tamura, K. u. T. Kawaguchi: J. Japan Soc. Powder Met. **7** (1960), S. 156/62.

[10] Kotrba, Z.: Techn. Zpravy VUPM (1960), Nr. 5/6, S. 24/30.

[11] Samsonov, G. V. u. P. S. Kisly: Dop. Akad. Nauk Ukr. RSR (1959), Nr. 1, S. 46/47.

b) Das System Molybdän-Silizium

Im System Molybdän-Silizium ist die Verbindung $MoSi_2$ durch Strukturuntersuchung bewiesen[1,2]. Röntgenographisch sind ferner die Verbindungen Mo_3Si und $MoSi_{0,65}$ gefunden worden[3,4].

R. KIEFFER und E. CERWENKA[5,6] haben an Hand druckgesinterter und geschmolzener Körper das System Mo-Si mikroskopisch, röntgenographisch und thermisch untersucht und ein vorläufiges Zustandsschaubild aufgestellt (Abb. 162). Die Existenz der Verbindungen Mo_3Si, Mo_3Si_2, $MoSi_2$ wird bestätigt. Während die letzteren beiden mit einem deutlichen Maximum schmelzen, dürfte beim Mo_3Si ein verdecktes Maximum vorliegen[7]. Röntgeno-

---

[1] ZACHARIASEN, W.: Z. physik. Chem. **128** (1927), S. 39/48.

[2] WALLBAUM, H. J.: Z. Metallkunde **33** (1941), S. 378/81.

[3] TEMPLETON, D. H. u. C. H. DAUBEN: Acta Cryst. 3 (1950), S. 261/62, AECU 573 (1949).

[4] BREWER, L., A. W. SEARCY, D. H. TEMPLETON u. C. H. DAUBEN: ·J. Am. Ceram. Soc. **33** (1950), S. 291/94, AECU 607 (1949).

[5] ČERWENKA, E.: Diss. Techn. Hochsch. Graz 1951.

[6] KIEFFER, R. und E. ČERWENKA: Z. Metallkunde **43** (1952), S. 101/05.

[7] CLIMAX MOLYBDENUM COMP.: Rep. Nr. 034—401 (1951).

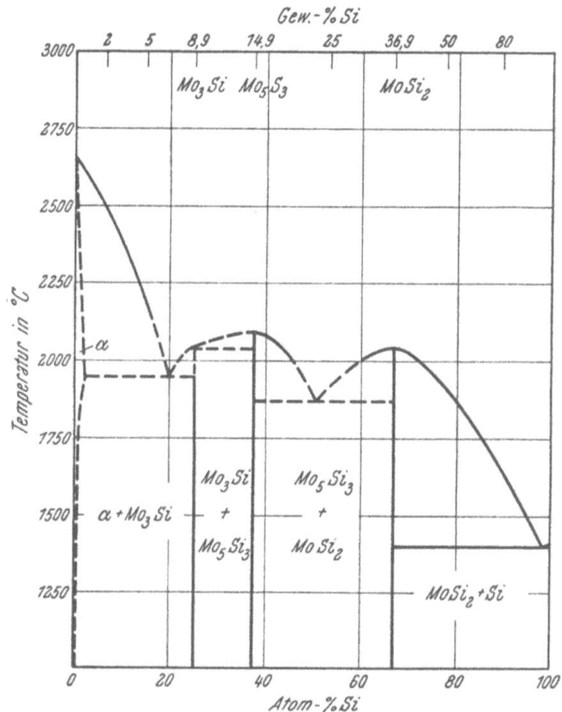

Abb. 162. Zustandsschaubild des Systems Molybdän-Silizium, abgeändert (R. KIEFFER und E. CERWENKA)

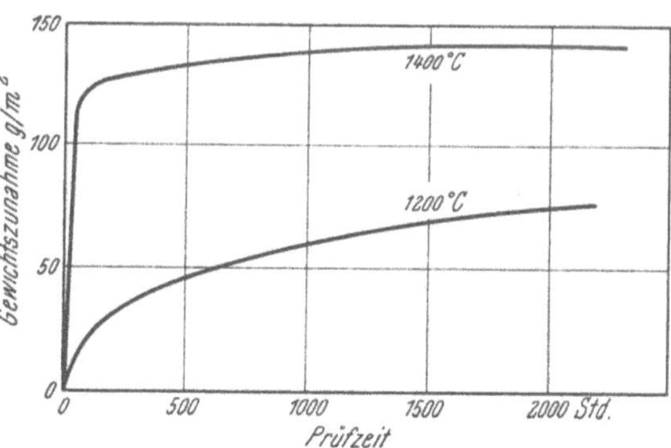

Abb. 163. Zunderisothermen von $MoSi_2$ (E. FITZER)

graphisch wurde eine geringe Löslichkeit von Silizium in Molybdän festgestellt, die von J. L. HAM[1] bei 1430 bzw. 1200° mit 0,8 bzw. 0,15% Si angegeben wird[2]. Das Eutektikum auf der siliziumreichen Seite liegt bei etwa 5 Gew.-% Mo. Die von L. BREWER und Mitarbeitern[3] angegebenen eutektischen Temperaturen konnten im wesentlichen bestätigt werden.

Neue Untersuchungen von H. NOWOTNY, E. PARTHÉ, R. KIEFFER und F. BENESOVSKY[4] im Dreistoffsystem Mo-Si-C zeigten, daß sich Mo_3Si nicht peritektisch aus Schmelze und Mo-Si-Mischkristall sondern aus Schmelze und „Mo_3Si_2" bildet. Ferner konnte von H. NOWOTNY und Mitarbeitern[5] „Mo_3Si_2" als Mo_5Si_3 identifiziert werden. Diese Änderungen wurden im Zustandsbild Abb. 162 berücksichtigt.

S. AMBERG[6] hat die Homogenitätsgrenze des $MoSi_2$ durch sehr exakte Röntgenuntersuchungen bei 37,4 ± 1,1 Gew.-% Si ermittelt. Sie wird auch durch Bindemittelreste aus Äthylsilikat oder Montmorillonit nicht beeinflußt.

Erwähnenswert ist noch, daß Mo_5Si_3 im Gegensatz zu $MoSi_2$ in der Lage ist, einige At.-% Kohlenstoff unter Bildung einer ternären Phase ($D 8_8$, NOWOTNY-Phase) mit einem verhältnismäßig breiten Existenzbereich zu lösen[4], (vgl. S. 538).

c) Eigenschaften

Das Molybdänsilizid der chemischen Formel $MoSi_2$ mit 36,9% Si kristallisiert in metallisch glänzenden vierseitigen Prismen mit beiderseits aufgesetzten Pyramiden.

Beim Glühen an Luft ist es ungewöhnlich beständig und zundert selbst im Sauerstoffstrom nicht. Es ist in allen Mineralsäuren, selbst in Königswasser und Flußsäure, unlöslich[7]. Leicht lösen Gemische von HNO_3 und HF. Ebenso lösen schmelzende Alkalien schnell. Weitere eingehende Untersuchungen über das chemische Verhalten von $MoSi_2$ gegen alkalische Ferricyankalilösungen[8], gegen starke

---

[1] HAM, J. L.: Trans. Am. Soc. Mech. Eng. **73** (1951), S. 723/32.

[2] CLIMAX MOLYBDENUM COMP.: Rep. NR 034—401 (1951).

[3] BREWER, L., A. W. SEACRY, D. H. TEMPLETON u. C. H. DAUBEN: J. Am. Ceram. Soc. **33** (1950, S 291/94, AECU 607 (1949).

[4] NOWOTNY, H., E. PARTHÉ, R. KIEFFER u. F. BENESOVSKY: Mh. Chem. **85** (1954), S. 255/72.

[5] PARTHÉ, E., B. LUX u. H. NOWOTNY: Mh. Chem. **86** (1955), S. 859/67.

[6] AMBERG, S.: Mh. Chem. **91** (1960), S. 412/25.

[7] HÖNIGSCHMID, O.: Karbide und Silizide, W. Knapp, Halle/Saale 1914, S. 195.

[8] BOOSS, H.-J.: Z. anorg. allg. Chem. **292** (1957), S. 232/41.

anorganische Säuren und saure Salzschmelzen[1,2,3,4,] sowie gegen Metallschmelzen[5] wurden in letzter Zeit durchgeführt. Mit flüssigem Aluminium reagiert es unter Bildung eines Doppelsilizides $Mo(Si,Al)_2$ mit C 40-Struktur[6]. Mit Nickel oder Kobalt reagiert es ebenfalls unter Bildung von Doppelsiliziden der Formeln $Ni_4 (Co)_4 MoSi_2$[7]. Da $MoSi_2$ mit Kupfer, Chrom, Titan, Nikkel, Kobalt und Platin bei höheren Temperaturen unter Bildung der entsprechenden Metallsilizide reagiert, waren die bisherigen Bemühungen einen brauchbaren Binder zu finden, wenig erfolgreich[8,9].

Wegen der technischen Verwendung von $MoSi_2$ als Heizleiterwerkstoff wurde besonders eingehend das Zunderverhalten[10-15,3] sowie das Verhalten beim Erhitzen in technischen Gasen untersucht[5,2].

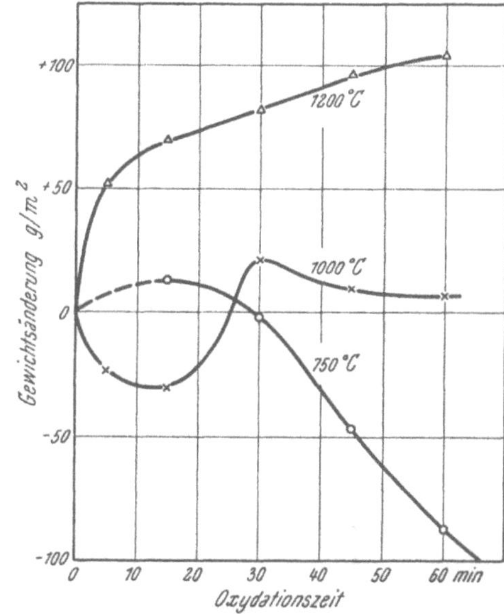

Abb. 164. Gewichtsänderung von $MoSi_2$ beim Erhitzen auf verschiedene Temperaturen (E. FITZER)

---

[1] DISEN, M.K.u.G.F.HÜTTIG: Planseeber.Pulvermetallurgie 4 (1956), S.10/14.

[2] SAMSONOV, G. V. u. V. S. NESCHPOR: Ogneupory 23 (1958), S. 28/35.

[3] MITSUHASHI, T. u. K. TAMURA: Trans. Nat. Res. Inst. Met. 1 (1958) S. 73.

[4] KOSOLAPOVA, T. J. u. E. E. KOTLJAR: Zur. Neorg. Chim. 3 (1958), S. 1241/44.

[5] FITZER, E. u. J. SCHWAB: Metall 9 (1955), S. 1062/066.

[6] NOWOTNY, H. u. H. HUSCHKA: Mh. Chem. 88 (1957), S. 494/501.

[7] ROBINS, D. A. u. I. JENKINS: 2. Plansee Seminar, Reutte/Tirol 1955. S. 187/97.

[8] GRINTHAL, R. D.: Powder Met. Bull. 8 (1975), S. 18/22.

[9] DEVINCENTIS, H. A. u. W. E. RUSSEL: NACA RM E54B15 (1954).

[10] MAXWELL, W. A.: NACA RM E09G01 (1949).

[11] LONG, R. A.: NACA RM E50F22 (1950).

[12] KIEFFER, R. u. E. ČERWENKA: Z. Metallkunde 43 (1952), S. 101/05,

[13] FITZER, E.: 1. Plansee Seminar, Reutte/Tirol, 1952, S. 244/53, 2. Plansee Seminar, Reutte/Tirol, 1955, S. 56/79, 3. Plansee Seminar, Reutte/Tirol, 1958, S. 175/202.

[14] KIEFFER, R. u. F. BENESOVSKY: Iron Steel Inst., Spec. Rep. No. 58, London 1954, S. 292/301.

[15] KIEFFER, R., F. BENESOVSKY u. C. KONOPICKY: Ber. dtsch. keram. Ges. 31 (1954), S. 223/30.

Zahlentafel 104. *Eigenschaften von Molybdänsiliziden*

Eigenschaften	Mo_3Si (8,9 % Si) Werte	Weitere Literatur	Mo_5Si_3 (14,9 % Si)* Werte	Weitere Literatur	$MoSi_2$ (36,9 % Si) Werte	Weitere Literatur
Struktur	kubisch[1] A 15		tetragonal[2] $T\,1\;D_{2d}^{11}$	[3]	tetragonal[4] C 11	
Gitterkonstante Å	4,89[1]	5—9	a: 9,642[10] c: 4,905	2, 3, 5, 6, 9—16, 58	a: 3,200[17] c: 7,861	4—6, 9—12, 18,58—60
Dichte g/cm³ ber.	8,97		8,21		6,24	
gef.	8,7[5]	6	7,4 [5]	6	6,3[19]	5, 6, 20—24
Härte HM (100 g) kg/mm²	1310[5]	6, 25, 26	1170[5]	6	1290[5]	23, 25—31, 60, 61
Sprödigkeit					s. Lit.	30
Elastizitätsmodul kg/mm²					3840[24]	
Biegebruchfestigkeit kg/mm²					35,5[29]	23, 25, 31—36
Druckfestigkeit kg/mm²					113[37]	57
Warmfestigkeit					s. Lit.	22, 23, 25, 36—40
Schmelzpunkt °C..............	2150 zers.[5]	6, 12, 26	2100[5]	6, 11, 12, 26	2050[5]	6, 11, 12, 26, 33, 41
Wärmeleitfähigkeit Watt/cm² · °C/cm					0,53[42] 8,4[43]	39, 62
Ausdehnungskoeffizient $\beta \cdot 10^{-6}$.	s. Lit.	62				13, 21, 25, 26, 39,
Thermodynamische Daten — ΔH_{298} kcal/mol............	24[13]	44, 45, 63	67[63]	13, 45	26[63]	42, 45—49
Spez. elektr. Widerstand $\mu \Omega \cdot$ cm	21,6[64]	65	45,9[64]	65	21,5[19]	29, 40, 49—52, 61, 64, 65, 67
Supraleitfähigkeit ab °K	1,3[53]		bis 1,2 °K n.s.l.[53]			
Thermokraft..................					s. Lit.	54, 55
Hall-Konstante................	— 2,6[66]		— 4,2[66]		+ 127[66]	52
Magnet. Suszeptibilität	s. Lit.	56, 65	s. Lit.	65	— 36,5[67]	65
Gefüge	s. Lit.	6, 12, 60			s. Lit.	5, 6, 12, 21, 25, 31, 39, 42, 43, 58, 60, 61, 68

* C-haltig: D 8[8] (Nowotny-Phase)[16]

Beim Erhitzen von $MoSi_2$-Körpern an Luft bei Temperaturen bis etwa 1700° bildet sich eine festhaftende, gasundurchlässige, hoch-SiO_2-haltige Deckschichte aus. Die Zunderung erfolgt gemäß Abb. 163 nach einem parabolischen Gesetz. Bei Zundertemperaturen unter 1000° kann es nach E. FITZER zu einer katastrophalen Oxydation des $MoSi_2$ kommen (Molybdän-Pest), weil sich in diesem Temperaturbereich noch kein festhaftender, dichter Quarzfilm ausbilden kann[26] (Abb. 164). Das Zunderverhalten von Mo_5Si_3 ist erheblich schlechter als das von $MoSi_2$.

[1] TEMPLETON, D. H. u. C. H. DAUBEN: Acta Cryst. **3** (1950), S. 261/62.

[2] DAUBEN, C. H., D. H. TEMPLETON u. C. E. MYERS: J. Chem. Phys. **60** (1956), S. 443/45.

[3] ARONSSON, B.: Acta Chem. Scand. **9** (1955), S. 137/40.

[4] WALLBAUM, H. J.: Z. Metallkunde **33** (1941), S. 378/81.

[5] ČERWENKA, E.: Diss. Techn. Hochschule Graz 1951.

[6] KIEFFER, R. u. E. ČERWENKA: Z. Metallkunde **43** (1952), S. 101/05.

[7] NOWOTNY, H., H. SCHROTH, R. KIEFFER u. F. BENESOVSKY: Mh. Chem. **84** (1953), S. 579/84.

[8] NOWOTNY, H., R. MACHENSCHALK, R. KIEFFER u. F. BENESOVSKY: Mh. Chem. **85** (1954), S. 241/44.

[9] SOMENO, M. u. H. NAGASAKI: Nippon Kinzoka Gakkai-Si. **22** (1958), S. 528/32.

[10] SCHACHNER, H., E. ČERWENKA u. H. NOWOTNY: Mh. Chem. **85** (1954), S. 245/54.

[11] BREWER, L. A., A. W. SEARCY, D. H. TEMPLETON u. C. H. DAUBEN: J. Am. Ceram. Soc. **33** (1950), S. 291/94, AECU 607 (1949).

[12] CLIMAX MOLYBDENUM Co.: Rep. NR 034—401 (1951).

[13] BREWER, L. u. O. KRIKORIAN: J. Electrochem. Soc. **103** (1956), S. 38/51, Disk. S. 701/03; UCRL 2544 (1954), 2888 (1955) 3352 (1956).

[14] ARONSSON, B.: Acta Chem. Scand. **9** (1955), S. 1107/10.

[15] PARTHÉ, E., B. LUX u. H. NOWOTNY: Mh. Chem. **86** (1955), S. 859/67.

[16] PARTHÉ, E., H. SCHACHNER u. H. NOWOTNY: Mh. Chem. **86** (1955), S. 182/85.

[17] ZACHARIASEN, W.: Z. physik. Chem. **128** (1927), S. 39/48.

[18] NOWOTNY, H., R. KIEFFER u. H. SCHACHNER: Mh. Chem. **83** (1952), S. 1243/52.

[19] GLASER, F. W.: J. Appl. Phys. **22** (1951), S. 103.

[20] WATTS, O.: Bull. Univ. Wisconsin (1906), Nr. 145, S. 255/318.

[21] ROBINS, D. A. u. I. JENKINS: Acta Met. **3** (1955), S. 598/604; 2. Plansee Seminar, Reutte/Tirol 1955, S. 187/97.

[22] SAMSONOV, G. V. u. V. S. NESCHPOR: Ogneupory **23** (1958), S. 28/35.

[23] MITSUHASHI, T. u. K. TAMURA: Trans. Nat. Res. Inst. Met. **1** (1958), S. 73.

[24] LANG, S. M.: Nat. Bur. Stand. Mon. Nr. 6 (1960).

[25] FITZER, E. u. O. RUBISCH: Elektrowärme (1958) Nr. 5, S. 163/69.

[26] FITZER, E.: 1. Plansee Seminar, Reutte/Tirol, 1952, S. 244/53.

[27] KIEFFER, R. u. E. NACHTIGALL: Heraeus Festschrift Hanau, 1950, S. 186/205.

[28] FITZER, E.: Berg- u. Hüttenmänn. Mh. **97** (1952), S. 81/91.

[29] GRINTHAL, R. D.: Powder Met. Bull. **8** (1957), S. 18/22.

Weitere Angaben über die Eigenschaften von Molybdänsiliziden sind der Zahlentafel 104 zu entnehmen.

[30] SAMSONOV, G. V., V. S. NESCHPOR u. L. M. CHRENOVA: Hutnické Listy 14 (1959), S. 484/88; Fiz. Metallov Metalloved. 8 (1959), S. 622/30.

[31] BROCHIN, I. S., I. S. ZOLOTAREV u. A. I. BARANOV: Cvetnyje Metally 31 (1959), S. 61/67.

[32] MAXWELL, W. A.: NACA RM E09G01 (1949).

[33] MAXWELL, W. A.: NACA RM E52 A04 (1952).

[34] MAXWELL, W. A. u. R. SMITH: NACA RM E53 F26 (1953).

[35] GLASER, F. W.: Planseeber. Pulvermetallurgie 2 (1954), S. 59/70.

[36] GLENNY, E. u. T. A. TAYLOR: Powder Met. (1958), Nr. 1/2, S. 189/226.

[37] VEREJKINA, L. L., V. N. RUDENKO u. G. V. SAMSONOV: Met. Inf. Listok No. 19, Kiew 1959.

[38] AULT, G. M. u. G. C. DEUTSCH: J. Metals 6 (1954), S. 1214/16.

[39] FITZER, E.: 2. Plansee Seminar, Reutte/Tirol 1955, S. 56/79.

[40] TAKAGI, R. u. K. TAMURA: Nippon Kinzoku Gakkai-Si. 21 (1957), S. 169/72.

[41] GEACH, G. A. u. F. O. JONES: 2. Plansee Seminar, Reutte/Tirol, 1955, S. 80/91.

[42] EWING, C. T. u. B. E. WALKER: WADC 54−185 (1954).

[43] BRYJAK, E. u. Ch. LESNIAK: Przeglad Elektr. 31 (1955), S. 743/48.

[44] KING, E. G. u. A. U. CHRISTENSEN: J. Chem. Phys. 62 (1958), S. 499/500.

[45] PADERNO, J. B., G. V. SAMSONOV u. L. M. CHRENOVA: Elektronika (1959), Nr. 4, S. 165/72.

[46] WALKER, B. E., J. A. GRAND u. R. R. MILLER: J. Chem. Phys. 60 (1956), S. 231/33.

[47] DOUGLAS, T. B. u. W. M. LOGAN: J. Res. Nat. Bur. Stand. 53 (1954), S. 91/93.

[48] SEARCY, A. W.: J. Am. Ceram. Soc. 40 (1957), S. 431/35.

[49] FITZER, E.: 3. Plansee Seminar, Reutte/Tirol 1958, S. 175/202.

[50] FITZER, E., O. RUBISCH u. F. SELKA: Elektrowärme (1958), Nr. 6, S. 253/59.

[51] KIEFFER, R. u. F. BENESOVSKY: Planseeber. Pulvermetallurgie 5 (1957), S. 56/71; Metallurgia (Manchester) 58 (1958), S. 119/23.

[52] ARVIN, M. J. u. R. F. TIPSORD: Phys. Chem. Solids 9 (1959), S. 336/37.

[53] HARDY, G. F. u. J. K. HULM: Phys. Rev. 89 (1953), S. 884; 93 (1954), S. 1004/16.

[54] ARVIN, M. J.: J. Appl. Phys. 24 (1953), S. 498.

[55] KISLY, P. S. u. G. V. SAMSONOV: Izv. Akad. Nauk SSSR, Met. Topl. (1959), S. 133/37.

[56] KOEHLER, W. C. u. E. O. WOLLAN: Phys. Rev. 95 (1954), S. 280/81.

[57] VEREJKINA, L. L., V. N. RUDENKO u. G. V. SAMSONOV: Zav. Labor 40 (1960), Nr. 5, S. 620/21.

[58] AMBERG, S.: Mh. Chem. 91 (1960), S. 412/25.

[59] IWASE, K., K. OGAWA u. S. FUJISHIRO: J. Japan. Inst. Met. A 20 (1960), S. 371/75.

[60] STOLARZ, S.: Prace IH 12 (1960), S. 313/20.

[61] ALEXASCHIN, V. S. u. V. S. MICHEEV: J. Prikl. Chim. 33 (1960), S. 2216/22.

[62] KRIKORIAN, O. H.: UCRL 6132 (1960).

d) Verwendung

Molybdändisilizid hat wegen seiner ausgezeichneten Beständigkeit beim Erhitzen an Luft technische Anwendung für Heizleiter, die Betriebstemperaturen bis etwa 1700° ertragen, gefunden[69,70]. Über die Herstellung, Eigenschaften und den Einsatz derartiger Heizleiter gibt es ein umfangreiches Schrifttum[71-78], (vgl. Bd. Hartmetalle).

Ferner hat $MoSi_2$ als Schenkel für Hochtemperatur-Thermoelemente, die in oxydierender Atmosphäre betrieben werden können, technische Bedeutung[79,80].

Weitere interessante Vorschläge zur Verwendung von $MoSi_2$ sind: Legierungszusätze in warmfesten Lagerwerkstoffen[81], Zusatz zu Reinaluminium zwecks Hemmung der Rekristallisation und Herabsetzung der Zipfelbildung beim Tiefziehen[82], Zusatz zu Graphit und TiB_2 in warmfesten Werkstoffen usw.

[63] SEARCY, A. W. u. A. G. THARP: J. Chem. Phys. **64** (1960), S. 1539/42.

[64] NESCHPOR, V. S. u. G. V. SAMSONOV: Fiz. Tverdogo Tela **2** (1960), S. 2202/09.

[65] NESCHPOR, V. S. u. G. V. SAMSONOV: Dokl. Akad. Nauk SSSR **133** (1960), S. 817/20.

[66] NESCHPOR, V. S. u. G. V. SAMSONOV: Dokl. Akad. Nauk SSSR **134** (1960), S. 1337/38.

[67] ROBINS, D. A.: Philosophical Mag. **3** (1958), S. 313/27.

[68] KOTRBA, Z.: Techn. Zpravy VUPM (1960), Nr. 5/6, S. 24/30.

[69] Schwed. P. 153 961 (1947), Kanthal AB.

[70] Ö.P. 179 100 (1951), 181 431 (1952), Metallwerk Plansee AG.

[71] KIEFFER, R. u. F. BENESOVSKY: Metall **6** (1952), S. 243/50; 2. Plansee Seminar, Reutte/Tirol, 1955, S. 253/56.

[72] KIEFFER, R., F. BENESOVSKY u. C. KONOPICKY: Ber. dtsch. keram. Ges. **31** (1954), S. 223/30.

[73] FITZER, E.: 1. Plansee Seminar, Reutte/Tirol, 1952, S. 244/53; 2. Plansee Seminar, Reutte/Tirol, 1955, S. 56/79; 3. Plansee Seminar, Reutte/Tirol, 1958, S. 175/202.

[74] Anonym: In: Jahrbuch Elektrowärme, Essen 1956, S. 687/92.

[75] FITZER, E., O. RUBISCH u. F. SELKA: Elektrowärme (1958), Nr. 5, S. 163/69; Nr. 6, S. 253/59.

[76] KIEFFER, R. u. F. BENESOVSKY: Planseeber. Pulvermetallurgie **5** (1957), S. 56/71.

[77] TAMURA, K. u. T. KAWAGUCHI: J. Japan Soc. Powder Met. **7** (1960) S. 156/62.

[78] KOTRBA, Z.: Techn. Zpravy VUPM (1960), Nr. 5/6, S. 24/30.

[79] Ö.P. 193 632 (1953), Metallwerk Plansee AG.

[80] KISLY, P. S. u. G. V. SAMSONOV: Izv. Akad. Nauk SSSR, Met. Topl. (1959), S. 133/37.

[81] BURWELL, J. T.: Precision Metal Molding **14** (1956), Nr. 10, S. 40/41, 87/91.

[82] HUSCHKA, H. u. H. NOWOTNY: Metall **12** (1958), S. 6/12.

9. Wolframsilizid

a) Herstellung

Schon H. Moissan[1] wies auf die hohe Härte eines Produktes hin, welches er durch Zusammenschmelzen von Silizium und Wolfram im elektrischen Ofen erhalten hatte[2]. Ein angebliches W_2Si_3 wurde von E. Vigouroux[3] durch Zusammenschmelzen von WO_3 und Silizium im elektrischen Ofen und durch elektrolytische Isolierung aus dem geschmolzenen Produkt erhalten. Auch R. Frilley[4] will bei seinen Untersuchungen dieses Silizid gefunden haben.

Das Silizid WSi_2 erhielt E. Defacqz[5] durch direkte Vereinigung in Gegenwart von Kupfersilizid im elektrischen Ofen und in Übereinstimmung mit O. Hönigschmid[6] auch nach dem aluminothermischen Verfahren. Eine Zusammenfassung der älteren Arbeiten über Wolfram-Silizium gibt L. Baraduc-Muller[7].

Bei der Umsetzung von Wolfram mit reinstem Silizium im Hochfrequenzofen unter Argon fanden L. Brewer und Mitarbeiter[8] neben WSi_2 auch ein neues Silizid der ungefähren Zusammensetzung $WSi_{0,7}$. E. Gallistl[9,10] hat durch Drucksinterung und Schmelzen von Mischungen der Komponenten die Verbindungen „W_3Si_2" und WSi_2 hergestellt. Die Brewersche Phase $WSi_{0,7}$ und die Phase „W_3Si_2" wurden später von E. Parthé, B. Lux und H. Nowotny[11] als W_5Si_3 eindeutig identifiziert[12]. Die reine Phase W_5Si_3 hat B. Aronsson[13] aus den Komponenten durch Sintern und Lichtbogenschmelzen hergestellt. R. Blanchard und J. Cueilleron[14] stellten Wolfram-Silizium-Legierungen in silizierten Graphittiegeln durch Schmelzen im Wolframlichtbogen her.

Nach W. Freundlich und Mitarbeitern[15] entsteht bei der Um-

---

[1] Moissan, H.: Compt. Rend. **123** (1896), S. 13/16.

[2] Warren, H. N.: Chem. News. **78** (1898), S. 318/19.

[3] Vigouroux, E.: Compt. Rend. **127** (1898), S. 393/95.

[4] Frilley, R.: Rev. Mét. **8** (1911), S. 457/559.

[5] Defacqz, E.: Compt. Rend. **144** (1907), S. 848/51.

[6] Hönigschmid, O.: Mh. Chem. **28** (1907), S. 1017/28.

[7] Baraduc-Muller, L.: Rev. Mét. **7** (1910), S. 657/834.

[8] Brewer, L., A. W. Searcy, D. H. Templeton u. C. H. Dauben: J. Am. Ceram. Soc. **33** (1950), S. 291/94.

[9] Gallistl, E.: Diss. Techn. Hochsch. Graz 1951.

[10] Kieffer, R., F. Benesovsky u. E. Gallistl: Z. Metallkunde **43** (1952), S. 284/91.

[11] Parthé, E., B. Lux u. H. Nowotny: Mh. Chem. **86** (1955), S. 859/67.

[12] Obrowski, W.: J. Inst. Met. **89** (1960), S. 79/80.

[13] Aronsson, B.: Acta chem. Scand. **9** (1955), S. 1107/10.

[14] Blanchard, R. u. J. Cueilleron: Compt. Rend. **244** (1957), S. 1782/85.

[15] Freundlich, W., F. A. Josien u. A. Erb: Bull. Soc. Chim. France (1960), S. 281/83.

setzung von WC mit SiO_2 im Vakuum bei Temperaturen von 1400° das Silizid „W_3Si_2" (W_5Si_3), während bei der Reaktion von WC mit Silizium bei 1300° neben „W_3Si_2" hauptsächlich das Disilizid entsteht.

Das dem Mo_3Si isotype W_3Si soll sich nach N. N. MATIUSCHENKO, L. N. EFIMENKO und D. P. SOLONICHIN[1] beim Erhitzen von Diffusionsproben aus $W + W_5Si_3$ an Luft bei 1700° bilden.

Auf glühenden Wolframfäden läßt sich nach I. E. CAMPBELL und Mitarbeiter[2] $SiCl_4$ mit Wasserstoff zu Wolframsiliziden umsetzen. Auf diese Weise hat auch E. FITZER[3] Wolframsilizidschichten aus der Gasphase erzeugt. Wolframpulver reagiert mit $SiCl_4$-H_2-Dampfgemischen schon bei 1000° unter Bildung von WSi_2 während in neutraler Atmosphäre selbst bei 1300° keine Reaktion eintritt[4]. Auch das Silizid „W_3Si_2" kann durch Gassilizierung erhalten werden.

G. V. SAMSONOV und Mitarbeiter[5, 6] bestimmten die Diffusionsgeschwindigkeit von Silizium in Wolfram und die Aktivierungsenergie dieses Vorganges.

b) Das System Wolfram-Silizium

Im System Wolfram-Silizium ist die Verbindung WSi_2 gesichert und deren Struktur untersucht[7, 8]. Eine von R. FRILLEY[9] angegebene Verbindung WSi_3 dürfte nicht einheitlich gewesen sein, weil seine durch Rückstandsanalyse gewonnenen Produkte aus sehr unreinen Schmelzen erhalten wurden. L. BREWER und Mitarbeiter[10] fanden röntgenographisch auch ein Silizid der ungefähren Zusammensetzung $WSi_{0,7}$.

R. KIEFFER, F. BENESOVSKY und E. GALLISTL[11, 12] haben an druckgesinterten und geschmolzenen Proben das System W-Si thermisch,

---

[1] MATIUSCHENKO, N. N., L. N. EFIMENKO u. D. P. SOLONICHIN: Fiz. Metallov Metalloved. 8 (1959), S. 878/80.

[2] CAMPBELL, I. E., C. F. POWELL, D. H. NOWICKI u. B. W. GONSER: J. Electrochem. Soc. 96 (1949), S. 318/33.

[3] FITZER, E.: Berg- u. Hüttenmänn. Mh. 97 (1952), S. 81/91.

[4] SASAHARA, T., M. SOMENO u. H. NAGASAKI: Nippon Kinzoku Gakkai-Si 23 (1959), S. 30/34.

[5] SAMSONOV, G. V., M. S. KOVALTSCHENKO u. T. S. VERCHOGLJADOVA: Dokl. Akad. Nauk Ukr. RSR (1959), Nr. 1, S. 32/35.

[6] SAMSONOV, G. V. u. L. A. SOLONNIKOVA: Fiz. Metallov Metalloved. 5 (1957), S. 565/66.

[7] ZACHARIASEN, W.: Z. physik. Chem. 128 (1927), S. 39/48.

[8] EWALD, P. P. u. C. HERMANN: Strukturberichte 1913—1928, S. 219, 741, 783/84, Leipzig 1931.

[9] FRILLEY, R.: Rev. Mét. 8 (1911), S. 457/559.

[10] BREWER, L., A. W. SEARCY, D. H. TEMPLETON u. C. H. DAUBEN: J. Am. Ceram. Soc. 33 (1950), S. 291/94.

[11] GALLISTL, E.: Diss. Techn. Hochsch. Graz 1951.

[12] KIEFFER, R., F. BENESOVSKY u. E. GALLISTL: Z. Metallkunde 43 (1952), S. 284/91.

mikroskopisch und röntgenographisch untersucht und ein vorläufiges Zustandsschaubild aufgestellt (Abb. 165). Die Existenz der Verbindungen „W_3Si_2" später als W_5Si_3 identifiziert[1, 2] — und WSi_2, welche durch ein Schmelzpunktsmaximum gekennzeichnet sind, wird bestätigt.

Durch Zusatz großer Mengen Kohlenstoff zu W_5Si_3 entsteht eine ternäre Verbindung mit D 8_8-Struktur[2-4], (NOWOTNY-Phase) (s. S. 514).

Die Löslichkeit von Silizium in Wolfram wurde zu 0,9 At.-% Si bei 1800° bestimmt. Die Lage der Eutektika und die Schmelzpunkte der Wolframsilizidphasen stimmen sehr genau mit früheren Angaben von L. BREWER und Mitarbeitern[5] sowie mit den späteren Schmelzpunktsbestimmungen von R. BLANCHARD und J. CUEILLERON[1] überein. Demgegenüber soll sich nach W. OBROWSKI[6] auf Grund von Gefügeuntersuchungen das W_5Si_3 peritektisch bilden und einen Homogenitätsbereich haben.

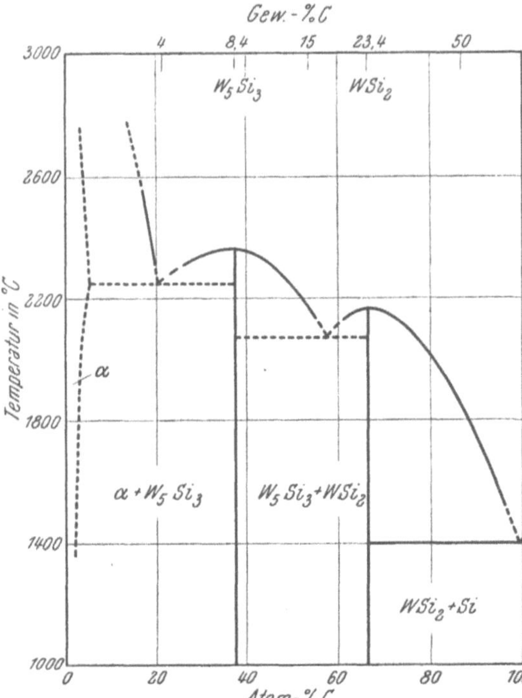

Abb. 165. Vorläufiges Zustandsdiagramm des Systems Wolfram-Silizium (E. GALLISTL)

Russische Forscher[7] wollen auf Grund metallographischer und röntgenographischer Befunde an Diffusionsproben (W + W_5Si_3) ein dem Mo_3Si isotypes W_3Si gefunden haben, dessen Existenz in Abb. 165 nicht berücksichtigt ist. (Ternäre Phase?)

[1] BLANCHARD, R. u. J. CUEILLERON: Compt. Rend. **244** (1957), S. 1782/85.

[2] PARTHÉ, E., B. LUX u. H. NOWOTNY: Mh. Chem. **86** (1955), S. 859/67.

[3] PARTHÉ, E., H. SCHACHNER u. H. NOWOTNY: Mh. Chem. **86** (1955), S. 182/85.

[4] NOWOTNY, H., B. LUX u. H. KUDIELKA: Mh. Chem. **87** (1956), S. 447/70.

[5] BREWER, L., A. W. SEARCY. D. H. TEMPLETON u. C. H. DAUBEN: J. Am. Ceram. Soc. 33 (1950), S. 291/94.

[6] OBROWSKI, W.: J. Inst. Met. **89** (1960), S. 79/80.

[7] MATIUSCHENKO, N. N., L. N. EFIMENKO u. D. P. SOLONICHIN: Fiz. Metallov Metalloved. **8** (1959), S. 878/80.

Zahlentafel 105. *Eigenschaften von Wolframsiliziden*

Eigenschaften	W_5Si_3 (8,4 % Si)*		WSi_2 (23,4 % Si)	
	Werte	Weitere Literatur	Werte	Weitere Literatur
Struktur	tetragonal[1] T 1 D_{2d}^{11}		tetragonal[2] C 11	
Gitterkonstante Å	a: 9,605[1] c: 4,964	3–7, 23	a: 3,212[2] c: 7,880	8–12, 22
Dichte g/cm³ ber.	14,56		9,75	
gef.	12,2[11]	10	9,25[11]	10, 13
Härte HM (100 g) kg/mm²	770[11]	10	1090[11]	10, 14–16, 22
Sprödigkeit			s. Lit.	16
Schmelzpunkt ° C	2320[11]	3, 10, 17, 23	2165[11]	10, 17
Ausdehnungskoeffizient.			s. Lit.	24
Thermodynamische Daten				
— ΔH_{298} kcal/mol.	30[18]		22[13]	18, 21
Spez. elektr. Widerstand $\mu\Omega \cdot$ cm		25	12,5[35]	10, 22, 27
Supraleitfähigkeit ab ° K	2,84[19]		bis 1,2° K n. s. l.	19
HALL-Konstante.	— 3,0[26]		+ 84,1[26]	
Magnet. Suszeptibilität.			—82[27]	
Gefüge	s. Lit.	10, 11, 20	s. Lit.	10, 11, 20

* C-haltig: $D8_8$ (NOWOTNY-Phase)[4]. Über das ''W_3Si'' mit a = 4,910 (kubisch A 15), Dichte ber. 16,2 g/cm³ HALL-Konstante + 11,9 (vgl. Lit. 20 u. 26).

[1] DAUBEN, C. H., D. H. TEMPLETON u. C. E. MYERS: J. Chem. Phys. **60** (1956), S. 443/45.

[2] ZACHARIASEN, W.: Z. physik. Chem. **128** (1927), S. 39/48.

[3] BREWER, L., A. W. SEARCY, D. H. TEMPLETON u. C. H. DAUBEN: J. Am. Ceram. Soc. **33** (1950), S. 291/94.

[4] PARTHÉ, E., H. SCHACHNER u. H. NOWOTNY: Mh. Chem. **86** (1955), S. 182/85.

[5] PARTHÉ, E., B. LUX u. H. NOWOTNY: Mh. Chem. **86** (1955), S. 859/67.

[6] ARONSSON, B.: Acta Chem. Scand. **9** (1955), S. 1107/10.

[7] ARONSSON, B.: Acta Chem. Scand. **9** (1955), S. 137/40.

[8] EWALD, P. P. u. C. HERMANN: Strukturberichte 1913—1928, S. 219, 741, 783/84, Leipzig 1931.

[9] WALLBAUM, H. J.: Z. Metallkunde **33** (1941), S. 378/81.

[10] GALLISTL, E.: Diss. Techn. Hochsch. Graz 1951.

[11] KIEFFER, R., F. BENESOVSKY u. E. GALLISTL: Z. Metallkunde **43** (1952), S. 284/91.

[12] NOWOTNY, H., R. KIEFFER u. H. SCHACHNER: Mh. Chem. **83** (1952), S. 1243/52.

[13] ROBINS, D. A. u. I. JENKINS: Acta Met. **3** (1955), S. 598/604; 2. Plansee Seminar, Reutte/Tirol 1955, S. 187/97.

[14] FITZER, E.: Berg- u. Hüttenmänn. Mh. **97** (1952), S. 81/91.

[15] FITZER, E.: 1. Plansee Seminar, Reutte/Tirol 1952, S. 244/53.

[16] SAMSONOV, G. V., V. S. NESCHPOR u. L. M. CHRENOVA: Hutnické Listy **14** (1959), S. 484/88; Fiz. Metallov Metalloved. **8** (1959), S. 622/30.

c) Eigenschaften

Wolframsilizid der chemischen Formel „W_3Si_2" (W_5Si_3) bildet metallisch glänzende, eisengraue Plättchen. WSi_2 mit 23,4% Si kristallisiert in metallisch glänzenden, graublauen sechsseitigen Prismen. Mineralsäuren greifen bis auf Flußsäure nicht an. Schmelzende Alkalien lösen leicht[28]. Weitere Angaben über das Verhalten gegen Salzlösungen, anorganische Säuren und saure Salzschmelzen machen H.-J. Booss[29] sowie M. K. Disen und G. F. Hüttig[30].

Mit flüssigem Aluminium reagiert WSi_2 unter Bildung eines Doppelsilizides der Formel W (Si, Al)$_2$ mit C 40-Struktur[31]. WSi_2-Zusätze in Reinaluminium hemmen dessen Rekristallisation[32].

WSi_2-Körper sind hochzunderfest und überziehen sich ebenso wie $MoSi_2$-Körper beim Erhitzen an Luft bis auf Temperaturen von etwa 1600°, mit einer glasigen, festhaftenden und gasundurchlässigen Quarzdeckschicht[33-36].

Weitere Angaben über die Eigenschaften von Wolframsiliziden sind in Zahlentafel 105 zusammengestellt.

---

[17] BLANCHARD, R. u. J. CUEILLERON: Compt. Rend. **244** (1957), S. 1782/85.

[18] BREWER, L. u. O. KRIKORIAN: J. Electrochem. Soc. **103** (1956), S. 38/51, Disk. S. 701/03; UCRL 2544 (1954), 2888 (1955), 3352 (1956).

[19] HARDY, G. F. u. J. K. HULM: Phys. Rev. **89** (1953), S. 884; **93** (1954), S. 1004/16.

[20] MATIUSCHENKO, N. N., L. N. EFIMENKO u. D. P. SOLONICHIN: Fiz. Metallov Metalloved. **8** (1959), S. 878/80.

[21] SEARCY, A. W.: J. Am. Ceram. Soc. **40** (1957), S. 431/35.

[22] DOKUKINA, N. V., M. D. POLJAKOVA u. F. I. SCHAMRAJ: Izv. Akad. Nauk SSSR, Met. Topl. **23** (1959), S. 102/09.

[23] OBROWSKI, W.: J. Inst. Met. **89** (1960), S. 79/80.

[24] KRIKORIAN, O. H.: UCRL 6132 (160).

[25] NESCHPOR, V. S. u. G. V. SAMSONOV: Fiz. Tverdoge Tela 2 (1960), S. 2202/09.

[26] NESCHPOR, V. S. u. G. V. SAMSONOV: Dokl. Akad. Nauk. SSSR **134** (1960). Nr. 6, S. 1337/38.

[27] ROBINS, D. A.: Philosophical Mag. **3** (1958), S. 313/27.

[28] HÖNIGSCHMID, O.: Karbide und Silizide, W. Knapp, Halle/Saale 1914, S. 197/99.

[29] BOOSS, H.-J.: Z. anorg. allg. Chem. **292** (1957), S. 232/41.

[30] DISEN, M. K. u. G. F. HÜTTIG: Planseeber. Pulvermet. **4** (1956), S. 10/14.

[31] NOWOTNY, H. u. H. HUSCHKA: Mh. Chem. **88** (1957), S. 494/501.

[32] HUSCHKA, H. u. H. NOWOTNY: Metall **12** (1958), S. 6/12.

[33] KIEFFER, R., F. BENESOVSKY u. E. GALLISTL: Z. Metallkunde **43** (1952), S. 284/91.

[34] KIEFFER, R. u. F. BENESOVSKY: Iron Steel Inst., Spec. Rep. No. 58, London 1954, S. 292/301.

[35] FITZER, E.: 1. Plansee Seminar, Reutte/Tirol 1952, S. 244/53.

[36] KIEFFER, R., F. BENESOVSKY u. C. KONOPICKY: Ber. dtsch. keram. Ges. **31** (1954), S. 223/30.

C. Silizide der Actinide

1. Thoriumsilizide

Über die Existenz eines Thoriumdisilizides wurde zuerst von E. Wedekind und K. Fetzer[1] sowie O. Hönigschmid[2] berichtet. Es wurde durch Schmelzen eines Gemisches von Aluminium, Thoriummetall und Silizium und nachfolgende chemische Isolierung hergestellt. Ähnlich arbeiteten G. Brauer und A. Mitius[3] bei der Darstellung von $ThSi_2$.

E. Wedekind[4] wandte bei der Synthese aus den Komponenten das Heißpreßverfahren an[5]. Nach D. A. Robins und I. Jenkins[6] reagieren entsprechende Mischungen aus Thorium- und Siliziumpulver exotherm unter Bildung von $ThSi_2$.

E. L. Jacobson und Mitarbeiter[7, 8] stellten Th_3Si_2, Th Si und α-$ThSi_2$ aus den Komponenten durch Vakuumglühen zwischen 1000 und 1700° her. Ein β-$ThSi_2$ erhielten sie aus oxydfreiem α-$ThSi_2$ durch Glühen bei 1460°.

A. Brown und J. J. Norreys[9] haben ein Th_3Si_5 (β-$ThSi_2$) durch Lichtbogenschmelzen hergestellt. Das β-$ThSi_2$ fanden sie ferner in Isolaten aus entsprechenden Schmelzen. Es entsteht auch bei der Umwandlung von α-$ThSi_2$ bei 850°.

a) Das System Thorium-Silizium

Es existieren die röntgenographisch bewiesenen Verbindungen α- und β-$ThSi_2$[3, 7–10], deren Umwandlungstemperatur bei etwa 1400° liegen soll[9]. Der Schmelzpunkt von β-$ThSi_2$ liegt zwischen 1600 und 1650°, es soll durch langdauerndes Glühen bei 1450° unter Siliziumabgabe in ThSi übergehen (orthorhombisch, B 27).[7] Ferner existiert noch ein Th_3Si_2[10]. Das Eutektikum auf der Thoriumseite liegt bei 10 At.-% Si und 1300°. Dem β-$ThSi_2$ wurde später von A. Brown

---

[1] Wedekind, E. u. K. Fetzer: Chem. Ztg. **29** (1905), S. 1031/32.

[2] Hönigschmid, O.: Mh. Chem. **27** (1906), S. 205/12; **28** (1907), S. 1017/18.

[3] Brauer, G. u. A. Mitius: Z. anorg. allg. Chem. **249** (1942), S. 325/39.

[4] D.R.P. 294 267 (1913).

[5] Čerwenka, E.: Diss. Techn. Hochschule Graz, 1951.

[6] Robins, D. A. u. I. Jenkins: Acta Met. **3** (1955), S. 598/604; 2. Plansee Seminar, Reutte/Tirol, 1955, S. 187/97.

[7] Jacobson, E. L., R. D. Freeman, A. G. Tharp u. A. W. Searcy: J. Am. Chem. Soc. **78** (1956), S. 4850/52.

[8] E. L. Jacobson: Diss. Purdue Univ. 1952.

[9] Brown, A. u. J. J. Norreys: Nature **183** (1959), S. 673.

[10] Saller, H. A. u. F. A. Rough: BMI 1000 (1953).

Zahlentafel 106. *Eigenschaften von Thoriumsiliziden*

Eigenschaften	Th_3Si_2 (7,4 % Si)		ThSi (10,8 % Si)		$ThSi_2$ (19,4 % Si)		β-$ThSi_2$ (Th_3Si_5) (17,4 % Si)	
	Werte	Weit. Lit.	Werte	Weit. Lit.	Werte	Weit. Lit.	Werte	Weit. Lit.
Struktur	tetragonal D 5_a	[1]	orhomb. B 27		tetragonal C_c	[2,3] [11]	hexagonal C 32	[3,4,5] [11]
Gitterkonstante Å	a: $7,841$[1] c: $4,166$	[4]	a: $5,89$[4] b: $7,88$ c: $4,15$		a: $4,126$[2] c: $14,346$		a: $3,985$ c: $4,220$[4] a: $4,136$ c: $4,126$[5]	[8]
Dichte g/cm³ ber.	9,80		9,03		7,79		8,23	
gef.					$6,91$[6]	[2,7]		
Härte HM (100 g) kg/mm²					1120 [8]			
Schmelzpunkt °C	1700[4]				1670[4]		1670[4]	
Thermodynamische Daten								
— ΔH_{298} kcal/mol					42 [6]	[10]		
Supraleitfähigkeit ab °K	bis 1,2° n.s.l.[9]				$3,16$[9]		$2,41$[9]	

und J. J. NORREYS[12] die Formel Th_3Si_5 zugeordnet. Die richtige β-Modifikation des $ThSi_2$ hat eine etwas andere Zellenform und auch die Umwandlungstemperatur in die α-Form liegt bei nur 850°.

b) Eigenschaften

Thoriumdisilizid $ThSi_2$ mit 19,4% Si ist metallisch und wird von Mineralsäure- und Alkalilösung nur langsam angegriffen[13]. Heftige Reaktion tritt mit geschmolzenen Ätzalkalien ein[14], $ThSi_2$ ist nicht zunderbeständig und[15] es zersetzt sich, ebenso wie die anderen Thoriumsilizide, an Luft.

Weitere Eigenschaften von Thoriumsiliziden sind in Zahlentafel 106 zusammengestellt.

2. Uransilizide

Ein Uransilizid der chemischen Formel USi_2 hat E. DEFACQZ[16] aus dem Produkt einer aluminothermischen Reaktion von U_3O_3, SiO_2, Al und S durch abwechselnde Behandlung mit Säure und Lauge isoliert.

G. BRAUER und H. HAAG[17] stellten Urandisilizid durch Umsetzung der Elemente in einer Aluminiumschmelze sowie von U_3O_8 mit Silizium im Vakuum bei 1400 bis 1600° her[18].

---

[1] SALLER, H. A. u. F. A. ROUGH: BMI 1000 (1953).

[2] BRAUER, G. u. A. MITIUS: Z. anorg. allg. Chem. **209** (1942), S. 325/39.

[3] JACOBSON, E. L.: Diss. Purdue Univ. 1952.

[4] JACOBSON, E. L., R. D. FREEMAN, A. G. THARP u. A. W. SEARCY: J. Am. Chem. Soc. 78 (1956), S. 4850/52.

[5] BROWN, A. u. J. J. NORREYS: Nature 183 (1959), S. 673.

[6] ROBINS, D. A. u. I. JENKINS: Acta Met. 3 (1955), S. 598/604; 2. Plansee Seminar, Reutte/Tirol 1955, S. 187/97.

[7] HÖNIGSCHMID, O.: Mh. Chem. 27 (1906), S. 205/12; 28 (1907), S. 1017/18.

[8] ČERWENKA, E.: Diss. Techn. Hochsch. Graz 1951.

[9] HARDY, G. F. u. J. K. HULM: Phys. Rev. 89 (1953), S. 884; 93 (1954), S. 1004/16.

[10] SEARCY, A. W.: J. Am. Ceram. Soc. 40 (1957), S. 431/35.

[11] BROWN, A.: Acta Cryst. 13 (1960), S. 1014.

[12] BROWN, A. u. J. J. NORREYS: Nature 183 (1959), S. 673.

[13] JACOBSON, E. L., R. D. FREEMAN. A. G. THARP u. A. W. SEARCY: J. Am. Chem. Soc. 78 (1956), S. 4859/52.

[14] HÖNIGSCHMID, O.: Mh. Chem. 27 (1906), S. 205/12; 28 (1907), S. 1017/18.

[15] KIEFFER, R., F. BENESOVSKY u. C. KONOPICKY: Ber. dtsch. keram. Ges. 31 (1954), S. 223/30.

[16] DEFACQZ, E.: Compt. Rend. 147 (1908), S. 1050/52.

[17] BRAUER, G. u. H. HAAG: Z. anorg. allg. Chem. 259 (1949), S. 197/200. Naturwiss. 37 (1950), S. 210/11.

[18] BRAUER, G. u. H. HAAG: Z. anorg. allg. Chem. 267 (1951), S. 198/212.

Für die späteren Systemuntersuchungen, insbesondere von A. KAUFMANN, B. CULLITY und G. BITSIANIS[1] wurden die Legierungen durch Lichtbogenschmelzen der Komponentenmischungen hergestellt[2].

Ein von A. BROWN und J. J. NORREYS[3] durch Lichtbogenschmelzen hergestelltes β-USi$_2$ soll eher die Formel U$_3$Si$_5$ (isotyp mit Th$_3$Si$_5$) haben. Das echte β-Disilizid mit C 32-Struktur, aber etwas anderer Zellengröße als von F. W. H. ZACHARIASEN[4] angegeben wurde, konnte bei der Reaktion des Silizides mit flüssigem Wismuth und folgender Isolierung erhalten werden.

Das reaktortechnisch interessante, uranreichste Silizid U$_3$Si (ε-Phase) bildet sich nur im festen Zustand peritektoid aus U$_3$Si$_2$ + U durch langandauerndes Glühen von lichtbogengeschmolzenen Legierungen mit etwa 3,8 Gew.-% Si bei 800°[5]. Diese Reaktion, das sogenannte „Epislonizing", ist eingehend metallographisch und an Hand der Veränderungen der mechanischen Eigenschaften untersucht worden[2,6].

Die Diffusionsgeschwindigkeit von Silizium in Uran wurde von M. MOSSE und Mitarbeitern[7] bestimmt.

a) Das System Uran-Silizium

Das bereits 1945 von A. KAUFMANN, B. CULLITY und G. BITSIANIS[1] aufgestellte Zustandsschaubild ist erst 1957 veröffentlicht worden (Abb. 166)[8,9]. Es treten die schon von F. W. H. ZACHARIASEN[10] strukturell geklärten Phasen U$_3$Si (ε), U$_3$Si$_2$, USi, β-USi$_2$ (U$_2$Si$_3$), α-USi$_2$ und USi$_3$ (USi$_2$ kub.) auf. G. BRAUER und H. HAAG[11] konnten

---

[1] KAUFMANN, A., B. CULLITY u. G. BITSIANIS: J. Metals **9** (1957), S. 23/27, AEC CT 3309, 3310 (1945).

[2] ISSEROW, S.: J. Metals **9** (1957), S. 1236/39, NMI 1145.

[3] BROWN, A. u. J. J. NORREYS: Nature **183** (1959), S. 673.

[4] ZACHARIASEN, F. W. H.: Acta. Cryst. **2** (1949), S. 94/99.

[5] LORENZ, F. R., W. B. HAYNES u. E. S. FOSTER: J. Metals **8** (1956), S. 1076/80.

[6] BLEIBERG, M. L. u. L. J. JONES: Trans. Met. Soc. Am. Inst. Met. Eng. **212** (1958), S. 758/64.

[7] MOSSE, M., V. LEVY u. Y. ADDA: Compt. Rend. **250** (1960), S. 3171/73.

[8] Vgl. J. J. KATZ u. E. RABINOWITSCH: The Chemistry of Uranium, McGraw Hill, New York 1951, S. 226/29.

[9] Vgl. H. SALLER u. F. A. ROUGH: BMI 1000 (1955).

[10] ZACHARIASEN, F. W. H.: Acta Cryst. **1** (1948), S. 265, **2** (1949), S. 94/99.

[11] BRAUER, G. u. H. HAAG: Z. anorg. allg. Chem. **259** (1949), S. 197/200, Naturwiss. **37** (1950), S. 210/11, Z. anorg. allg. Chem. **267** (1951/52), S. 198/212.

kein USi_3 finden dafür aber ein USi_2 gleicher kubisch flächenzentrierter Struktur. Da die Struktur des USi_3 später sowohl von A. IANDELLI und R. FERRO[1] als auch von B. R. T. FROST und J. T. MASKRAY[2] bestätigt werden konnte ist anzunehmen, daß das BRAUERsche USi_2 welches keine strukturelle Ähnlichkeit mit den beiden ZACHARIASeschen Disiliziden α und β hat dem USi_3 entspricht. Dem β-USi_2 von F. W. H. ZACHARIASEN schreiben A. KAUFMANN und Mitarbeiter[3] die Formel U_2Si_3 zu, während A. BROWN und J. J. NORREYS[4] die Formel U_3Si_5 vorschlagen. Die Löslichkeit von Silizium in β- und γ-Uran beträgt einige Zehntel Prozent, im α-Uran ist sie sehr gering. Bei etwa 8 At.-% Si tritt das erste Eutektikum zwischen γ-Uran-Mischkristall und U_3Si_2 auf. Bei etwa 23 At.-% Si (3,8 Gew.-% Si) und 930° findet die sehr träge verlaufende peritektoide Bildung der ε-Phase U_3Si statt. Die Bestimmung ihres Homogenitätsbereiches, der von S. ISSEROW[5] mit 3,9

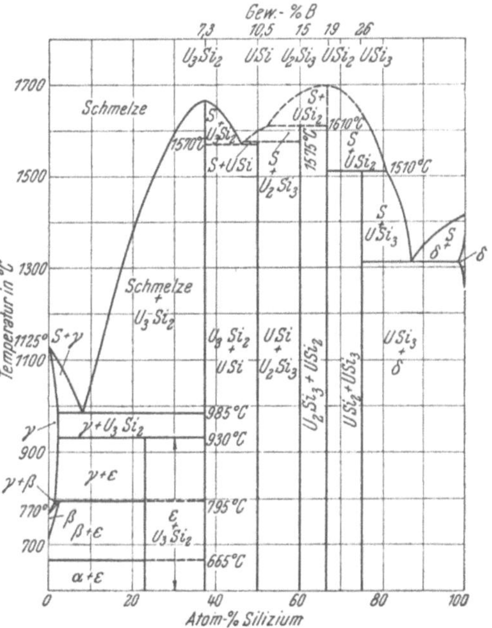

Abb. 166. Zustandsschaubild des Systems Uranium-Silizium (A. KAUFMANN, B. CULLITY und G. BITSIANIS)

bis 4 Gew.-% Si angegeben wird, ist daher sehr schwierig. Während U_3Si_2 und USi_2 unzersetzt schmelzen bilden sich U_2Si_3, USi und USi_3 peritektisch. Die Löslichkeit von Uran in Silizium ist sehr gering. Das Eutektikum zwischen USi_3 und Silizium-Mischkristall liegt bei 87 At.-% Si und 1315°.

b) Eigenschaften

Uransilizid der chemischen Formel USi_2 mit 19,1% Si bildet isoliert, kleine, metallisch glänzende Würfelchen.

[1] IANDELLI, A. u. R. FERRO: Ann. Chimica 42 (1952), S. 598/606.
[2] FROST, B. R. T. u. J. T. MASKRAY: J. Inst. Met. 82 (1953), S. 171/80.
[3] KAUFMANN, A., B. CULLITY u. G. BISTIANIS: J. Metals 9 (1957) S 23/27, AEC CT 3309, 3310 (1945).
[4] BROWN, A. u. J. J. NORREYS: Nature 183 (1959), S. 673.
[5] ISSEROW, S.: J. Metals 9 (1957), S. 1236/39.

Beim Erhitzen an Luft wird es wenig verändert. Von Mineralsäuren greift nur Flußsäure an. Schmelzende Alkalien lösen leicht[1].

W. M. ALBRECHT und B. G. KOEHL[2] haben die Kinetik der Umsetzung von Uransiliziden mit Sauerstoff bzw. Stickstoff im Temperaturbereich von 500 bis 700° untersucht. In Stickstoffatmosphäre bilden sich Urannitridschichten.

Das reaktortechnisch interessante U_3Si ist eingehend auf seine Veränderungen bei Neutronenbestrahlung untersucht worden[3-9], wobei insbesonders Heißwasser-Korrosionsversuche eine besondere Rolle spielen[3, 4, 10, 11].

U_3Si kann mit Zircaloy-Hemd verhältnismäßig leicht durch Strangpressen verformt werden[12, 13], während die höheren Silizide äußerst spröde und unverformbar sind.

Weitere Eigenschaftswerte von Uransiliziden sind in Zahlentafel 107 zusammengestellt.

c) Verwendung

Ähnlich wie die Urankarbide und das UN werden auch den Uransiliziden, insbesondere dem U_3Si als Brennstoff in Hochtemperaturreaktoren Zukunftsaussichten zugebilligt[4, 14, 16]. Das Silizid wird dabei meist in einer metallischen Grundmasse dispergiert[15, 17].

[1] HÖNIGSCHMID, O.: Karbide und Silizide, W. Knapp, Halle/Saale, (1914) S. 200.

[2] ALBRECHT, W. M. u. B. G. KOEHL: Proc. Genf 1958, B. 6 S. 116/21.

[3] BLEIBERG, M. L. u. L. J. JONES: Trans. Met. Soc. Am. Inst. Met. Eng. 212 (1958), S. 758/64.

[4] NICHOLS, R. W.: Nucl. Engng. 3 (1958), S. 327/33.

[5] LOSCO, E. F.: WAPD 625.

[6] HOWE, L. M.: AEC CR Met. 904 (1960).

[7] KITTEL, J. H. u. K. F. SMITH: ANL 5640 (1960).

[8] WOLFE, R. A.: WAPD 155.

[9] KITTEL, J. H. u. S. H. PAINE: Proc. Genf 1958.

[10] GREENBERG, S. u. J. E. DRALEY: Nucl. Sci. Engng. 3 (1957), S. 19.

[11] ISSEROW, S.: NMI 1145 (1956).

[12] LORENZ, F. R., W. B. HAYNES u. E. S. FOSTER: J. Metals 8 (1956), S. 1076/80.

[13] STEINKOPF, H. u. F. THÜMMLER: Ber. WF 1, Zentralinst. Kernphysik, Rossendorf 1959.

[14] STEINKOPF, H. u. F. THÜMMLER: Kernenergie 2 (1960), S. 1105/14.

[15] PAPROCKI, S. J., D. L. KELLER u. G. W. CUNNINGHAM: BMI 1184 (1957).

[16] KOENIG, N. R.: NAA SR 5199 (1960).

[17] SHEINHARTZ, I. u. J. L. ZAMBROW: SCNC 266 (1958).

Zahlentafel 107. *Eigenschaften von Uransiliziden*

Eigenschaften	U_3Si (3,8 % Si)		U_3Si_2 (7,3 % Si)		USi (10,5 Si)		USi_2 (19 % Si)		β-USi_2 (U_2Si_3) (15 % Si)		USi_3 (26 % Si)	
	Werte	Weit. Literatur*	Werte	Weit. Literatur*	Werte	Weit. Literatur*	Werte	Weit. Literatur*	Werte	Weit. Literatur*	Werte	Weit. Literatur*
Struktur	tetrag.[1] D 0_c	15	tetrag.[1] D 5_a	15	orhomb.[1] B 27		tetrag.[1] C_c		hexag.[1] C 32	2	kub. flz.[1] L 1_2	3,4, 5
Gitterkonstante Å	a: 6,029[1] c: 8,687		a: 7,330[1] c: 3,900		a: 5,66[1] b: 7,67 c: 3,91		a: 3,98[1] c: 13,74		a: 3,86[1] c: 4,07 a: 4,028[2] c: 3,852		4,034[3]	4–6
Dichte g/cm³ ber.	15,58		12,2		10,4		8,98		9,25		8,15	
gef.	15,3[6]	7	12,1[8]	1, 9	9,89[8]	1			8,91[8]		7,8[5]	8
Härte	30 R_c[6]	7	> U_3Si[6]									
Elastizitätsmodul kg/mm²	15700[10]											
Zugfestigkeit kg/mm²	26[10]											
Schmelzpunkt °C	930 zers.[6]		1665[6]	13	1575 zers.[6]	13	1700[6]		1610[6] zers.[6]	13	1510[6] zers.[6]	13
Thermodynamische Daten — ΔH_{298} kcal/mol	s. Lit.	13							s. Lit.	13	s. Lit.	13
Ausdehnungskoeffizient $\beta \cdot 10^{-6}$	13[10]	9,14	15,5[10]	16					a: 57 c: —26[11]			
Wärmeleitfähigkeit cal/cm · sek · °C	0,036[6]		0,035[6]	16								
Spez. elektr. Widerstand $\mu\,\Omega$cm	55[10]	7										
Supraleitfähigkeit	s. Lit.	17										
Gefüge	s. Lit.	6,7,10 15	s. Lit.	6,10 15	s. Lit.	6	s. Lit.	6,12	s. Lit.	6	s. Lit.	6,12

* Literatur siehe Fußnoten Seite 524.

3. Neptuniumsilizide

I. SHEFT und S. FRIED[18] haben durch Umsetzung von NpF_3 mit Silizium bei 1500° im Vakuum ein $NpSi_2$ in Mikromengen erhalten. Außer der Verbindung $NpSi_2$, welche metallisch und spröde ist, werden über das System Np-Si keine Angaben gemacht. Es existieren sicher auch niedrigere Silizide.

Die Strukturdaten[19] sind in Zahlentafel 108 aufgeführt.

Zahlentafel 108. *Eigenschaften von Neptunium- und Plutoniumsiliziden*

Eigenschaften	$NpSi_2$ (19 % Si)	PuSi (10,4 % Si)	$PuSi_2$ (18,8 % Si)	β-$PuSi_2$ Pu_2Si_3 14,7 % Si)
Struktur	tetragonal[19] C_c	orhomb.[21] B 27	tetragonal[19] C_c	hexagonal C 32
Gitterkonstante Å	a: 3,97[19] c: 13,70	a: 5,727[21] b: 7,933 c: 3,847	a: 3,98 c: 13,58	a: 3,975[20,21] c: 4,198
Dichte g/cm³ ber.	9,03	10,15	9,08	10,15

[1] ZACHARIASEN, F. W. H.: Acta Cryst. 1 (1948), S. 265; 2 (1949), S. 94/99.

[2] BROWN, A. u. J. J. NORREYS: Nature 183 (1959), S. 673.

[3] IANDELLI, A. u. R. FERRO: Ann. Chimica 42 (1952), S. 598/606.

[4] FROST, B. R. T. u. J. T. MASKRAY: J. Inst. Met. 82 (1953), S. 171/80.

[5] BRAUER, G. u. H. HAAG: Z. anorg. allg. Chem. 259 (1949), S. 197/200, Naturwiss. 71 (1950), S. 210/11, Z. anorg. allg. Chem. 267 (1951), S. 198/212.

[6] KAUFMANN, A., B. CULLITY u. G. BITSIANIS: J. Metals 9 (1957), S. 23/27, AEC CT 3309, 3310 (1945).

[7] BLEIBERG, M. L. u. L. J. JONES: Trans. Met. Soc. Am. Inst. Met. Eng. 212 (1958), S. 758/64.

[8] ALBRECHT, W. M. u. B. G. KOEHL: Proc. Genf 1958, Bd. 6, S. 116/21.

[9] NICHOLS, R. W.: Nucl. Engng. 3 (1958), S. 327/33.

[10] ISSEROW, S.: J. Metals 9 (1957), S. 1236/39.

[11] BECKMAN, G. u. R. KIESSLING: Nature 178 (1956), S. 1341.

[12] HASIGUTI, R. R. u. R. KIYOURA: Proc. Genf 1958, Bd. 6, S. 34/41.

[13] TRIPLER, A. B., M. J. SNYDER u. W. H. DUCKWORTH: BMI 1313 (1959).

[14] LOCH, L. D., G. B. ENGLE, M. J. SNYDER u. W. H. DUCKWORTH: BMI 1124 (1956).

[15] FARKAS, M. S., A. A. BAUER u. R. F. DICKERSON: Trans. Am. Soc. Met. 53 (1961), S. 511/21.

[16] KROEHLER, J.: NAA SR 4579 (1959).

[17] CHANDRASEKAR, B. S. u. J. K. HULM: Phys. Chem. Solids 7 (1958), S. 259/67.

[18] SHEFT, I. u. S. FRIED: J. Am. Chem. Soc. 75 (1953), S. 1236/37, AECD 2731 (1949).

[19] ZACHARIASEN, F. W. H.: Acta Cryst. 2 (1949), S. 94/99.

[20] RUNNALS, O. J. C. u. R. R. BOUCHER: Acta Cryst. 8 (1955), S. 592.

[21] COFFINBERRY, A. S. u. M. B. WALDRON: In: Progress in Nuclear Energy, Ser. V, Vol. 1 Pergamon Press, London 1956, S. 354/410.

4. Plutoniumsilizide

Plutoniumsilizide wurden durch Reduktion von PuF_3 mit $CaSi_2$[1] bzw. Silizium[2] in BeO-Tiegeln im Hochvakuum hergestellt.

Außer den drei röntgenographisch identifizierten Verbindungen $PuSi$[3], $\alpha\text{-}PuSi_2$[1], $\beta\text{-}PuSi_2$[2] (Pu_2Si_3) und den vermuteten Verbindungen Pu_5Si_3 und Pu_3Si_2[4] ist über das System nichts bekannt. Etwa 1 At.-% Si ist in δ-Pu löslich.

Die Plutoniumsilizide sind hart und spröde und haben metallischen Charakter. Die Struktureigenschaften sind in Zahlentafel 108 zusammengestellt.

D. Die Systeme Silizid-Silizid

1. Allgemeines und Herstellung

Für die technische Verwendung von Metall-Silizium-Legierungen ist nicht nur die Kenntnis der betreffenden binären Systeme Übergangsmetall-Silizium von grundlegender Bedeutung, sondern auch die Kenntnisse von den Silizidmischkristallen, da es möglich ist, die Eigenschaften der Einzelsilizide in gewissem Umfange, z. B. bezüglich Erhöhung des elektrischen Widerstandes, durch Mischkristallbildung in eine bestimmte Richtung zu lenken.

R. KIEFFER und F. BENESOVSKY[5, 6] haben sich eingehend mit der Erzeugung und Bildung von Silizidmischkristallen und deren Eigenschaften beschäftigt, während H. NOWOTNY und Mitarbeiter[7-9] sich besonders eingehend mit den strukturchemischen Problemen an dieser Stoffamilie befaßten, und L. BREWER und O. KRIKORIAN[10] neben röntgenographischen Untersuchungen auch thermodynamische Überlegungen anstellten.

---

[1] ZACHARIASEN, F. W. H.: Acta Cryst. 2 (1949), S. 94/99.

[2] RUNNALS, O. J. C. u. R. R. BOUCHER: Acta Cryst. 8 (1955), S. 592.

[3] COFFINBERRY, A. S. u. M. B. WALDRON: In: Progress in Nuclear Energy, Ser. V., Vol. 1., Pergamon Press, London 1956, S. 354/410.

[4] SCHONFELD, F. W., E. M. CRAMER, W. N. MINER, F. H. ELLINGER u. A. S. COFFINBERRY: In: Progress in Muclear Energy, Ser. V, Vol. 2, Pergamon Press London 1959, S. 598.

[5] KIEFFER, R. u. F. BENESOVSKY: Iron Steel Inst. Spec. Rep. No. 58, London 1954, S. 391/201.

[6] KIEFFER, R. F., BENESOVSKY u. C. KONOPICKY: Ber. dtsch. keram. Ges. 31 (1954), S. 223/30.

[7] NOWOTNY, H., H. KUDIELKA u. E. PARTHÉ: 2. Plansee Seminar, Reutte/ Tirol 1955, S. 166/72.

[8] KUDIELKA, H. u. H. NOWOTNY: Mh. Chem. 87 (1956), S. 471/82.

[9] NOWOTNY, H. u. A. WITTMANN: Radex Rdsch. (1957), S. 693/707.

[10] BREWER, L. u. O. KRIKORIAN: J. Electrochem. Soc. 103 (1956), S. 38/51, Disk. 701/03, UCRL 2544 (1954), 2888 (1955).

Während die Monokarbide und Mononitride der 4a und 5a Metalle einheitliche B 1-Struktur und die Diboride der 4a bis 6a Metalle C 32-Struktur haben, liegen bei den Disiliziden der 4a bis 6a Metalle 4 Strukturtypen vor, nämlich: C 54, (TiSi$_2$), C 49 (ZrSi$_2$, HfSi$_2$), C 40 (VSi$_2$, NbSi$_2$, TaSi$_2$, CrSi$_2$), und C 11 (MoSi$_2$, WSi$_2$), so daß sich im Gegensatz zu den drei erstgenannten Hartstoffgruppen wesentlich verwickeltere aber auch interessantere Legierungsverhältnisse ergeben. Bei den jeweils isotypen Disiliziden der einzelnen Gruppen ist lückenlose Mischbarkeit zu erwarten, sofern die Volumsregel erfüllt wird; bei Mischungen von Disiliziden verschiedener Struktur untereinander ergeben sich mehr oder weniger breite Mischungslücken. Im Falle der Mischung von C 54 mit C 11 treten neue singuläre Kristallarten mit C 40-Struktur auf[1]. Zahlentafel 109 gibt zunächst nach H. KUDIELKA und H. NOWOTNY[2] eine Zusammenstellung aller Disilizidkombinationen der 4a bis 6a Metalle wieder.

Zahlentafel 109. *Mischbarkeit der Disilizide der 4a bis 6a Metalle*

	TiSi$_2$ C 54	ZrSi$_2$	HfSi$_2$	VSi$_2$	NbSi$_2$	TaSi$_2$	CrSi$_2$	MoSi$_2$
ZrSi$_2$ C 49	⊗							
HfSi$_2$ C 49	(⊗)	(●)						
VSi$_2$ C 40	⊗	○	(○)					
NbSi$_2$ C 40	⊗	(⊗)	(⊗)	●				
TaSi$_2$ C 40	⊗	⊗	(⊗)	●	(●)			
CrSi$_2$ C 40	⊗	○	(○)	(⊗)	(⊗)	⊗		
MoSi$_2$ C 11	□	○	(○)	⊗	(⊗)	⊗	⊗	
WSi$_2$ C 11	□	(○)	(○)	(⊗)	⊗	⊗	⊗	●

● = vollkommene Mischbarkeit
⊗ = weiter Mischbereich
○ = keine oder sehr beschränkte Mischbarkeit
□ = Auftreten einer singulären Kristallart
(●) = noch nicht untersuchtes System, volle Mischbarkeit wahrscheinlich
(⊗) = noch nicht untersuchtes System, weiter Mischbereich wahrscheinlich
(○) = noch nicht untersuchtes System, keine oder sehr beschränkte Mischbarkeit wahrscheinlich.

---

[1] NOWOTNY, H., R. KIEFFER u. H. SCHACHNER: Mh. Chem. **83** (1952), S. 1243/52.
[2] KUDIELKA, H. u. H. NOWOTNY: Mh. Chem. **78** (1956), S. 471/82.

Bei den noch nicht untersuchten Systemen, die VSi_2, $NbSi_2$ und $TaSi_2$ enthalten, kann auf ein ähnliches Verhalten wie schon bei früher untersuchten Systemen geschlossen werden. Das Gleiche gilt für die Systeme mit $ZrSi_2$ und $HfSi_2$. Auch $MoSi_2$ und WSi_2 verhalten sich gegenüber anderen Silizidpartnern sehr ähnlich.

Kombiniert man drei Disilizide zu pseudoternären Systemen, dann ergeben sich bei isotypen Kombinationen, sofern die Volumsregel erfüllt ist, lückenlose Mischkristalle, ansonsten treten mehr oder weniger große Mischkristallbereiche bzw. Mischkristallücken auf. Bisher sind nur einige typische Systeme von H. NOWOTNY und Mitarbeitern[1, 2, 3] untersucht worden. Abb. 167 zeigt diese typischen Systeme im Schnitt bei 1300°.

Bei isotypen Siliziden von anderer Struktur und Zusammensetzung, beispielsweise M_4Si (M = Zr, Nb, Ta), MSi (M = Ti, Zr), M_5Si_3 (M = Ti, Zr, Hf, V, Nb, Ta, Cr, Mo, W) und M_3Si (M = V, Cr, Mo), kann bei Einhaltung der Volumsregel mit weitgehender, bzw. lückenloser Mischbarkeit gerechnet werden. Lediglich bei den isotypen Siliziden M_3Si wurde der lückenlose Übergang bewie-

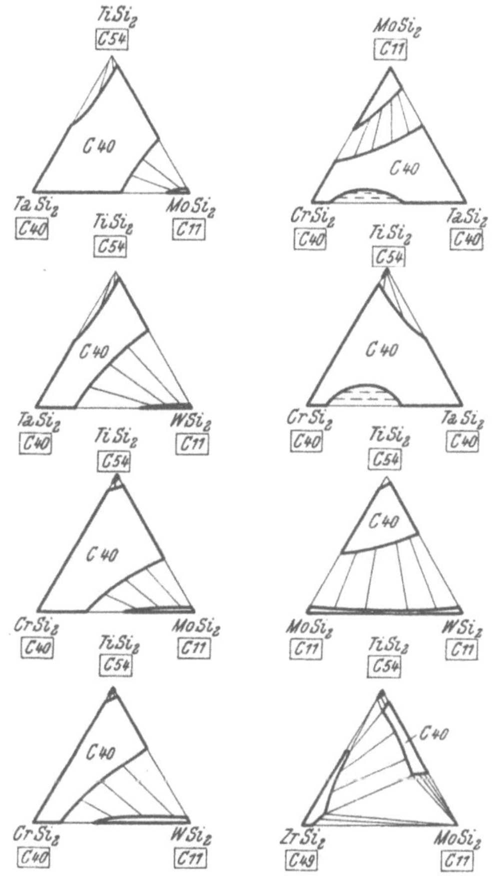

Abb. 167. Aufteilung der Phasenfelder bei Disilizid-Pseudodreistoffsystemen der 4a bis 6a Metalle. Schnitte bei 1300° (H. NOWOTNY, H. KUDIELKA und E. PARTHÉ)

---

[1] NOWOTNY, H., R. KIEFFER u. H. SCHACHNER: Mh. Chem. **83** (1952), S. 1243/52.

[2] NOWOTNY, H., H. KUDIELKA u. E. PARTHÉ: 2. Plansee Seminar, Reutte/Tirol, 1956, S. 166/72.

[3] KUDIELKA, H. u. H. NOWOTNY: Mh. Chem. **87** (1956), S. 471/82.

sen[1-3]. Ferner wurden auch einige Kombinationen von Siliziden des Formeltypes M_5Si_3[4-6] untersucht, wobei sich allerdings Komplikationen dadurch ergeben, daß durch kleine Gehalte an Kohlenstoff, Sauerstoff und Stickstoff eine ternäre $D\,8_8$-Phase (NOWOTNY-Phase, s. S. 547) stabilisiert wird und daß man sich bei Kombinationen dieser in einem pseudobinären System mit 4 Elementen befindet.

2. Silizid-Zwei- und Mehrstoffsysteme

Titansilizide-Zirkoniumsilizide. Röntgenographisch konnte an Proben, die bei 1300° hergestellt worden waren, festgestellt werden, daß $ZrSi_2$ bis zu 60 Mol.-% $TiSi_2$ löst; umgekehrt nimmt $TiSi_2$ kein $ZrSi_2$ auf[7,8]. Das Zunderverhalten von $TiSi_2$-$ZrSi_2$-Mischkristallen wurde von R. KIEFFER, F. BENESOVSKY und R. MACHENSCHALK[9] untersucht.

Die Silizide Ti_5Si_3 und Zr_5Si_3 ($D\,8_8$) sind bei 2000° lückenlos mischbar[4,6,10].

Titandisilizid-Vanadindisilizid. Bei 1300° nimmt VSi_2 bis zu 85 Mol.-% $TiSi_2$ auf; umgekehrt ist die Löslichkeit sehr gering[8].

Titandisilizide-Tantaldisilizide. $TiSi_2$ löst bei 1300° kein $TaSi_2$; umgekehrt nimmt $TaSi_2$ etwa 50 Mol.-% $TiSi_2$ auf[6,11]. Ti_5Si_3 und Ta_5Si_3 ($D\,8_8$) sind vollkommen mischbar[10].

Titandisilizid-Chromdisilizid. $CrSi_2$ löst bei 1300° 90 Mol.-% $TiSi_2$, während umgekehrt die Löslichkeit rund 5 Mol.-% $CrSi_2$ be-

[1] NOWOTNY, H., H. SCHROTH, R. KIEFFER u. F. BENESOVSKY: Mh. Chem. **84** (1953), S. 579/84.

[2] KIEFFER, R., F. BENESOVSKY u. H. SCHROTH: Z. Metallkunde **44** (1953), S. 437/42.

[3] NOWOTNY, H., R. MACHENSCHALK, R. KIEFFER und F. BENESOVSKY: Mh. Chem. **85** (1954), S. 241/44.

[4] SCHACHNER, H., E. ČERWENKA u. H. NOWOTNY: Mh. Chem. **85** (1954), S. 245/54.

[5] PARTHÉ, E., H. NOWOTNY u. H. SCHMID: Mh. Chem. **86** (1955), S. 385/96.

[6] NOWOTNY, H., H. KUDIELKA u. E. PARTHÉ: 2. Plansee Seminar, Reutte/ Tirol, 1955, S. 166/72.

[7] SCHACHNER, H., H. NOWOTNY u. R. MACHENSCHALK: Mh. Chem. **84** (1953), S. 677/85.

[8] NOWOTNY, H., R. MACHENSCHALK, R. KIEFFER u. F. BENESOVSKY: Mh. Chem. **85** (1954), S. 241/44.

[9] KIEFFER, R., F. BENESOVSKY u. R. MACHENSCHALK: Z. Metallkunde **45** (1954), S. 493/98.

[10] BREWER, L. u. O. KRIKORIAN: J. Electrochem. Soc. **103** (1956), S. 38/51, UCRL 2544 (1954), 2888 (1955).

[11] KUDIELKA, H. u. H. NOWOTNY: Mh. Chem. **87** (1956), S. 471/82.

trägt[1]. Die Leitfähigkeit und das Zunderverhalten von $TiSi_2$-$CrSi_2$-Mischkristallen wurde von R. KIEFFER, F. BENESOVSKY und Mitarbeiter[2,3] untersucht.

Titansilizide-Molybdänsilizide. Bei 1300° ist keine Löslichkeit von $TiSi_2$ in $MoSi_2$ zu beobachten. Ab 40 Mol.-% $TiSi_2$ tritt eine singuläre Kristallart $(Ti,Mo)Si_2$ mit C 40-Struktur auf, deren Bereich bis fast zum reinen $TiSi_2$ geht[4].

Ti_5Si_3 (D 8_8) löst bei 2000° etwa 50 Mol.-% Mo_5Si_3 (T 1). Umgekehrt kann Molybdän in Mo_5Si_3 nicht durch Titan ersetzt werden[5,6,7].

Titansilizide-Wolframsilizide. Bei 1300° ist keine Löslichkeit von $TiSi_2$ in WSi_2 zu beobachten. Ab 58 Mol.-% $TiSi_2$ tritt eine singuläre Kristallart $(Ti,W)Si_2$ mit C 40-Struktur auf[4].

Ti_5Si_3 (D 8_3) löst bei 2000° etwa 25 Mol.-% W_5Si_3 (T 1). Wolfram in W_5Si_3 kann in beträchtlicher Menge durch Titan ersetzt werden[5,6].

Zirkoniumsilizide-Vanadinsilizide. Die Disilizide sind entsprechend der Volumenregel bei 1300° unmischbar[8]. Das Zunderverhalten der Gemenge haben R. KIEFFER, F. BENESOVSKY und R. MACHENSCHALK[9] untersucht.

Bei den Siliziden Zr_5Si_3 (D 8_8) und V_5Si_3 (D 8_3) besteht eine ausgeprägte gegenseitige Löslichkeit aber noch eine deutliche Mischungslücke[5,10].

Zirkoniumsilizide-Niobsilizide (Tantalsilizide). Im System $ZrSi_2$-$TaSi_2$ stellt man trotz fehlender Isotypie bei 1300° eine Löslichkeit von 30 Mol.-% $ZrSi_2$ in $TaSi_2$ fest[5,11]. Umgekehrt ist keine Löslichkeit zu beobachten.

---

[1] NOWOTNY, H., H. SCHROTH, R. KIEFFER u. F. BENESOVSKY: Mh. Chem. **84** (1953), S. 579/84.

[2] KIEFFER, R., F. BENESOVSKY u. H. SCHROTH: Z. Metallkunde **44** (1953), S. 437/42.

[3] KIEFFER, R., F. BENESOVSKY u. C. KONOPICKY: Ber. dtsch. keram. Ges. **31** (1954), S. 223/230.

[4] NOWOTNY, H., R. KIEFFER u. H. SCHACHNER: Mh. Chem. **83** (1952), S. 1243/52.

[5] NOWOTNY. H., H. KUDIELKA u. E. PARTHÉ: 2. Plansee Seminar, Reutte/ Tirol 1955, S. 166/72.

[6] SCHACHNER. H., E. ČERWENKA u. H. NOWOTNY: Mh. Chem. **85** (1954), S. 245/54.

[7] BREWER, L. u. O. KRIKORIAN: J. Electrochem. Soc. **103** (1956), S. 38/51, UCRL. 2544 (1954), 2888 (1955).

[8] NOWOTNY, H., R. MACHENSCHALK, R. KIEFFER u. F. BENESOVSKY: Mh. Chem. **85** (1954), S. 241/44.

[9] KIEFFER, R., F. BENESOVSKY u. R. MACHENSCHALK: Z. Metallkunde **45** (1954), S. 493/98.

[10] PARTHÉ, E., H. NOWOTNY u. H. SCHMID: Mh. Chem. **86** (1955), S. 385/96.

[11] KUDIELKA, H. u. H. NOWOTNY: Mh. Chem. **87** (1956), S. 471/82.

Es ist anzunehmen, daß $NbSi_2$ ebenfalls rd. 30 Mol.-% $ZrSi_2$ aufzunehmen vermag. Nach L. BREWER und O. KRIKORIAN[1] dürften Zr_5Si_3 und Nb_5Si_3 lückenlos mischbar sein.

Zirkoniumdisilizid-Chromsilizid. In Anbetracht des großen Unterschiedes in den Radien von Zirkonium und Chrom ist bei 1300° keine Löslichkeit zu beobachten[2,3].

Zirkoniumdisilizid-Molybdändisilizid (Wolframdisilizid). In $ZrSi_2$ lösen sich bei 1300° etwa 5 Mol.-% $MoSi_2$[2,3]. Umgekehrt besteht keine Löslichkeit. Die Verhältnisse im System $ZrSi_2$-WSi_2 dürften ähnliche sein.

Vanadinsilizide-Niobsilizide. VSi_2 und $NbSi_2$ sind bei 1550° lückenlos mischbar[4]. Das gleiche gilt für das Paar V_5Si_3-Nb_5Si_3 (D 8_8)[3,4]. In V_3Si können beträchtliche Mengen Vanadin durch Niob ersetzt werden[5]. H. NOWOTNY, B. LUX und H. KUDIELKA[5] haben das Dreistoffsystem V-Nb-Si untersucht und die Phasenfeldaufteilung bei 1400° bestimmt.

Vanadinsilizide-Tantalsilizide. VSi_2 und $TaSi_2$ sind bei 1300° lückenlos mischbar[6], ebenso V_5Si_3 und Ta_5Si_3 (D 8_8)[7]. Dagegen ist in V_3Si nur ein geringer Austausch von Vanadin durch Tantal möglich. H. NOWOTNY, B. LUX und H. KUDIELKA[7] geben eine Phasenfeldaufteilung des Systems V-Ta-Si.

Vanadinsilizide-Chromsilizide. Im System VSi_2-$CrSi_2$ dürften ähnliche Löslichkeitsverhältnisse wie im System VSi_2-$MoSi_2$ zu erwarten sein. V_3Si und Cr_3Si sind bei 1300° lückenlos mischbar[8].

Vanadinsilizide-Molybdänsilizide (Wolframsilizide). VSi_2 nimmt bei 1550° 65 Mol.-% $MoSi_2$ auf, während dieses nur 4 Mol.-% VSi_2 löst[2,4]. V_3Si und Mo_3Si sind lückenlos mischbar[8]. Bei den Wolframsiliziden sind ähnliche Verhältnisse zu erwarten.

[1] BREWER, L. u. O. KRIKORIAN: J. Electrochem. Soc. **103** (1956), S. 38/51, UCRL 2544 (1954), 2888 (1955).

[2] NOWOTNY, H., H. KUDIELKA u. E. PARTHÉ: 2. Plansee Seminar, Reutte/Tirol 1955, S. 166/72.

[3] KUDIELKA, H. u. H. NOWOTNY: Mh. Chem. **87** (1956), S. 471/82.

[4] PARTHÉ, E., H. NOWOTNY u. H. SCHMID: Mh. Chem. **86** (1955), S. 385/96.

[5] NOWOTNY, H., B. LUX u. H. KUDIELKA: Mh. Chem. **87** (1956), S. 447/70.

[6] NOWOTNY, H., E. DIMAKOPOULOU u. H. KUDIELKA: Mh. Chem. **88** (1957), S. 180/92.

[7] NOWOTNY, H., B. LUX u. H. KUDIELKA: Mh. Chem. **87** (1956), S. 447/70.

[8] NOWOTNY, H., R. MACHENSCHALK, R. KIEFFER u. F. BENESOVSKY: Mh. Chem. **85** (1955), S. 241/44.

Niobsilizide-Tantalsilizide. Wegen der Isotypie der Disilizide und ihrer geringen Gitterunterschieden ist vollkommene Mischbarkeit anzunehmen. Auch durch Stickstoff stabilisierte $(Nb,Ta)_5Si_3$-Mischkristalle bestehen[1].

Niobsilizide-Silizide der 6a Metalle. Diese Systeme sind bis auf $NbSi_2$-WSi_2[2] noch nicht untersucht worden; ähnliche Verhältnisse wie in den analogen Tantalsilizidsystemen sind jedoch zu unterstellen, d. h. beträchtliche Löslichkeiten der 6a Silizide im $NbSi_2$ und umgekehrt deutliche aber kleinere Aufnahmen.

Tantalsilizide-Chromsilizide. Die isotypen Paare $TaSi_2$-$CrSi_2$ zeigen bei 1300° eine breite Mischungslücke von 11 bis 60 Mol.-% $TaSi_2$[3,4]. Ferner wurde auch der Leitfähigkeitsverlauf und das Zunderverhalten dieser Legierungsreihe untersucht[4,5].

Tantalsilizide-Molybdänsilizide (Wolframsilizide). Bei 1300° löst $TaSi_2$ 56 Mol.-% $MoSi_2$ bzw. 30 Mol.-% WSi_2. Umgekehrt löst $MoSi_2$ 16 Mol.-% $TaSi_2$ und WSi_2 24 Mol.-% $TaSi_2$[6,7]. In der Reihe $TaSi_2$-$MoSi_2$ wurden Schmelzpunkts- und Mikrohärteverlauf bestimmt[8].

Die Umsetzungen zwischen Ta_5Si_3 (D 8_8 bzw. T 2) und Mo_5Si_3 (D 8_8 bzw. T 1) wurde ebenfalls untersucht[9,1].

Chromsilizide-Molybdänsilizide (Wolframsilizide). Bei 1300° löst $CrSi_2$ 31 Mol.-% $MoSi_2$ bzw. 16 Mol.-% WSi_2, $MoSi_2$ löst 46, WSi_2 64 Mol.-% $CrSi_2$[10]. V. S. ALEXASCHIN u. V. S. MICHEEV[11] bestätigen diese Werte und bestimmten Härte, Widerstand und Zunderverhalten im homogenen und heterogenen Bereich dieses eutektischen pseudobinären Systems.

[1] BREWER, L. u. O. KRIKORIAN: J. Electrochem. Soc. **103** (1956), S. 38/51, UCRL 2544 (1954), 2888 (1955).

[2] DOKUKINA, N. V., M. D. POLJAKOVA u. F. I. SCHAMRAJ: Izv. Akad. Nauk SSSR, Met. Topl. **23** (1959), S. 102/09.

[3] NOWOTNY, H., H. SCHROTH, R. KIEFFER u. F. BENESOVSKY: Mh. Chem. **84** (1953), S. 579/84.

[4] KIEFFER, R., F. BENESOVSKY u. H. SCHROTH: Z. Metallkunde **44** (1953), S. 437/42.

[5] KIEFFER, R., F. BENESOVSKY u. K. KONOPICKY: Ber. dtsch. keram. Ges. **31** (1954), S. 223/30.

[6] KUDIELKA, H. u. H. NOWOTNY: Mh. Chem. **87** (1956), S. 471/82.

[7] NOWOTNY, H., H. KUDIELKA u. E. PARTHÉ: 2. Plansee Seminar, Reutte/ Tirol 1955, S. 166/72.

[8] PADERNO, J. B., G. V. SAMSONOV u. L. M. CHRENOVA: Elektronika (1959), Nr. 4, S. 165/72.

[9] NOWOTNY, H., B. LUX u. H. KUDIELKA: Mh. Chem. **87** (1956), S. 448/70.

[10] NOWOTNY, H. R., KIEFFER u. H. SCHACHNER: Mh. Chem. **83** (1952), S. 1243/52.

[11] ALEXASCHIN, V. S. u. V. S. MICHEEV: J. Prikl. Chim. **33** (1960), S. 2216/22.

Cr_3Si und Mo_3Si sind lückenlos mischbar[1,2]. Ferner wurde in dieser Mischreihe auch der Leitfähigkeitsverlauf und das Zunderverhalten bestimmt[2,3].

Molybdänsilizide-Wolframsilizide. Bei 1800° besteht zwischen $MoSi_2$ und WSi_2 eine lückenlose Mischkristallreihe[4]. Mischkristalle bis 40 Mol.-% WSi_2 sind äußerst zunderfest[3,5].

Silizidsysteme mit Uran. In Heißpreßkörpern aus $USi_2(USi_3)$ mit $MoSi_2$, die bei 1450° unter Argon geglüht worden waren, konnte röntgenographisch und metallographisch keine gegenseitige Löslichkeit beobachtet werden[6]. Das Zunderverhalten von USi_2 bzw. USi_3 bei 600 bis 700° wird durch $MoSi_2$-Zusätze verbessert. Nach R. KIEFFER und K. SEDLATSCHEK[7] reagieren poröse Silizidkörper ($ZrSi_2$, VSi_2, $NbSi_2$, $TaSi_2$, WSi_2, $MoSi_2$, Mo_3Si und Mo_5Si_3) beim Tränken mit flüssigem Uran stark unter Bildung von Uransiliziden.

Zirkonium-Uran-Silizium. Dieses System wurde von M. S. FARKAS, A. A. BAUER und R. F. DICKERSON[8] auf der metallreichen Seite im Schnitt bei 550° bzw. 950° röntgenographisch und metallographisch untersucht. Es treten keine ternären Phasen auf, und die Randphase U_3Si, Zr_4Si, Zr_2Si und Zr_5Si_3 haben nur geringe Löslichkeiten. In der Phase U_3Si_2 kann Zirkonium bis zur Zusammensetzung $(U, Zr)_3Si_2$ eingebaut werden.

Thorium-Uran-Silizium. J. F. SCHUMAR[9] macht einige Angaben über die Herstellung von Thoriumsilizid-Uransilizid-Mischungen (Th : U = 5 : 2 mit 6,4 bis 20% Si) durch Lichtbogenschmelzen und deren röntgenographische Untersuchung.

Disilizid-Dreistoffsysteme. In Abb. 167 sind die bisher untersuchten 8 Systeme im Schnitt bei 1300° wiedergegeben. Das System $TiSi_2$(C 54)-$MoSi_2$-WSi_2(C 11) ist durch ein ausgedehntes homogenes Feld einer singulären Kristallart $(Ti,Mo,W)Si_2$ mit C 40-Struktur

---

[1] NOWOTNY, H., H. SCHROTH. R. KIEFFER u. F. BENESOVSKY: Mh. Chem. **84** (1953), S. 579/84.

[2] KIEFFER, R. F. BENESOVSKY, H. SCHROTH: Z. Metallkunde **44** (1953), S. 437/42.

[3] KIEFFER. R., F. BENESOVSKY u. K. KONOPCIKY: Bet. dtsch. keram. Ges. **31** (1954), S. 223/30.

[4] NOWOTNY, H. R., KIEFFER u. H. SCHACHNER: Mh. Chem. **83** (1952), S 1243/52.

[5] KIEFFER, R., F. BENESOVSKY u. E. GALLISTL: Z. Metallkunde **43** (1952), S. 284/91.

[6] HASIGUTTI, R. R. u. R. KIYOURA: Proc. Genf 1958, Bd. 6, S. 34/41.

[7] KIEFFER, R. u. K. SEDLATSCHEK: Proc. Genf 1958, Bd. 6, S. 96/103.

[8] FARKAS, M. S., A. A. BAUER u. R. F. DICKERSON: Trans. Am. Soc. Met. **53** (1961), S. 511/21.

[9] SCHUMAR, J. F.: TID 7589 (1960), S. 22/25.

charakterisiert[1,2,5]. Auch die Systeme $TiSi_2(C\ 54)$-$TaSi_2(C\ 40)$-$MoSi_2(WSi_2)(C\ 11)$ und $TiSi_2(C\ 54)$-$CrSi_2(C\ 40)$-$MoSi_2(WSi_2)(C\ 11)$ sind durch breite Felder homogener Mischkristalle mit C 40-Struktur gekennzeichnet[3,4,6]. In den Systemen $CrSi_2(C\ 40)$-$TaSi_2(C\ 40)$-$TiSi_2(C\ 54)$ $(MoSi_2)(C\ 11)$ wird die Mischungslücke im Randsystem $CrSi_2$-$TaSi_2$ durch das nichtisotype Drittsilizid geschlossen. Auch im System der drei nichtisotypen Disilizide $TiSi_2(C\ 54)$, $ZrSi_2(C\ 49)$ und $MoSi_2$ $(C\ 11)$ tritt ein Feld homogener C 40-Legierungen auf.

E. Die Systeme Silizid-Karbid

Über die Umsetzung von Siliziden der 4a bis 6a Metalle mit Kohlenstoff bzw. Karbiden und über die Dreistoffsysteme dieser Metalle mit Silizium und Kohlenstoff ist in den letzten Jahren sehr viel gearbeitet worden. Während G. A. GEACH und F. O. JONES[7] sich mit qualitativen röntgenographischen und metallographischen Befunden an lichtbogengeschmolzenen Legierungen aus Niob,- Tantal- und Molybdänsiliziden mit TiC, TaC und Mo_2C begnügten, haben L. BREWER und O. KRIKORIAN[8] eingehendere röntgenographische Untersuchungen an einer Reihe von Dreistoffsystemen durchgeführt. Die Proben wurden dabei aus den Komponenten in Molybdäntiegeln unter Argon in einem Hochfrequenzofen gesintert und zum Teil angeschmolzen. Sie konnten in vielen Systemen, ausgehend von der Verbindung M_5Si_3 bei Kohlenstoffzusätzen ternäre Phasen mit D 8_8-Struktur (Mn_5Si_3-Typ, D_{6h}^3) finden. H. NOWOTNY und Mitarbeiter[9-18] hatten bei der Aufstellung der Silizidzweistoffsysteme bereits beobachtet, daß bei der Probenherstellung im Bereich $M_5Si_3(M_3Si_2)$ in Gegenwart von Kohlenstoff (Heißpressen in Graphithülsen) und wahrscheinlich auch bei Anwesenheit von Stickstoff und Sauerstoff Verbindungen mit hexagonaler D 8_8-Struktur auftreten, die sich strukturell von den echten binären Phasen (tetragonales T 1 und T 2, D_{2d}^{11} bzw.

---

[1] NOWOTNY, H., R. KIEFFER u. H. SCHACHNER: Mh. Chem. **83** (1952), S. 1243/52.

[2] NOWOTNY, H. u. E. PARTHÉ: Planseeber. Pulvermetallurgie **2** (1954), S. 34/56.

[3] KUDIELKA, H. u. H. NOWOTNY: Mh. Chem. **87** (1956), S. 471/82.

[4] NOWOTNY, H., H. KUDIELKA u. E. PARTHÉ: 2. Plansee Seminar, Reutte/ Tirol 1955, S. 166/72.

[5] KIEFFER, R. u. F. BENESOVSKY: Iron Steel Inst., Spec. Rep. No. 58, London 1954, S. 292/301.

[6] NOWOTNY, H. u. A. WITTMANN: Radex Rdsch. (1957), S. 693/707.

[7] GEACH, G. A. u. F. O. JONES: In: 2. Plansee Seminar, Reutte/Tirol 1955, S. 80/91.

[8] BREWER. L. u. O. KRIKORIAN: J. Electrochem. Soc. **103** (1956), S. 38/51, Disk. 701/03, UCRL 2544 (1954), 2888 (1955).

[9-18] siehe Seite 534 [1-10].

D_{4h}^{18}) welche bei Abwesenheit der genannten Metalloide erhalten werden, deutlich unterscheiden. Die Stabilitätsbereiche dieser $D 8_8$-Phasen, die in allen Systemen der 4 a bis 6 a Metalle mit Silizium und Kohlenstoff auftreten, sowie deren Gittergröße in Abhängigkeit von der Zusammensetzung wurden in zahlreichen Arbeiten von H. Nowotny und seinen Schülern untersucht[1-10]. Eine ähnliche stabilisierende Wirkung wie Kohlenstoff haben auch die Metalloide Bor, Stickstoff und wahrscheinlich in gewissen Fällen, auch Sauerstoff[9, 11]. Diese ternären Phasen sind später als Nowotny-Phasen bezeichnet worden[12-14]. Am Ende dieses Kapitels wird in Zahlentafel 110. S. 547 eine Zusammenstellung der bisher bekannten Nowotny-Phasen gebracht, wobei darauf hingewiesen sei, daß auch eine große Zahl von M_5Ge_8 (C, B)-Phasen mit $D 8_8$-Struktur existiert, die ebenfalls zur Klasse dieser Verbindungen zu zählen sind[13]. Auch quaternäre Verbindungen z. B. Mo_x (Si, C, B) mit $D 8_3$-Struktur sind bekannt geworden[15]. Diese und ähnliche Verbindungen wären auch als Nowotny-Phasen zu bezeichnen.

Mit dem strukturellen Aufbau dieser Phasen und dem Zusammenhang der einzelnen Strukturtypen hat sich E. Parthé[13] eingehend befaßt.

[1] Nowotny, H., H. Schachner, R. Kieffer u. F. Benesovsky: Mh. Chem. **84** (1953), S. 1/12.

[2] Kieffer, R., F. Benesovsky, H. Nowotny u. H. Schachner: Z. Metallkunde **44** (1953), S. 242/46.

[3] Schachner, H., E. Čerwenka u. H. Nowotny: Mh. Chem. **85** (1954), S. 245/54.

[4] Nowotny, H., E. Parthé, R. Kieffer u. F. Benesovsky: Mh. Chem. **85** (1954), S. 255/72; Iron Steel Inst., Spec. Rep. No. 58, London 1954, S. 292/301.

[5] Parthé, E., H. Schachner u. H. Nowotny: Mh. Chem. **86** (1955), S. 182/85.

[6] Parthé, E., H. Nowotny u. H. Schmid: Mh. Chem. **86** (1955), S. 385/96.

[7] Parthé, E., B. Lux u. H. Nowotny: Mh. Chem. **86** (1955), S. 859/67.

[8] Kieffer, R., F. Benesovsky u. H. Schmid: Z. Metallkunde **47** (1956), S. 247/53; In: 2. Plansee Seminar, Reutte/Tirol 1955, S. 154/65.

[9] Novotny, H., B. Lux u. H. Kudielka: Mh. Chem. **87** (1956), S. 447/70.

[10] Nowotny, H., E. Laube, R. Kieffer u. F. Benesovsky: Mh. Chem. **89** (1958), S. 701/07.

[11] Brewer, L. u. O. Krikorian: J. Electrochem. Soc. **103** (1956), S. 38/51, Disk. 701/03, UCRL 2544 (1954), 2888 (1955).

[12] Kieffer, R., F. Benesovsky u. B. Lux: Planseeber. Pulvermetallurgie **4** (1956), S. 30/36.

[13] Parthé, E.: Powder Met. Bull. **8** (1957), S. 23/34, 70/71, Acta Cryst. **20** (1957), S. 768/69.

[14] Kieffer, R., F. Benesovsky u. B. Lux: In: Tercera Reunion React. Solid., Madrid 1956, S. 585/602.

[15] Samsonov, G. V., V. S. Sinelnikova u. P.O. Kisly: Dop. Akad. Nauk Ukr. RSR (1959), S. 866/68.

Über die Mischbarkeit der M_5Si_3-D 8_8-Phasen untereinander und mit T 1 bzw. T 2-Siliziden wurden schon im Abschnitt über die Silizidzweistoffsysteme einige Bemerkungen gemacht[1,2]. Man befindet sich allerdings bei derartigen Legierungen in einem quaternären System M_1-M_2-Si-C.

Zu den einzelnen Dreistoffsystemen wäre noch folgendes auszuführen:

Titan-Silizium-Kohlenstoff. Nach L. BREWER und O. KRIKORIAN[3], welche das System untersuchten und eine Phasenfeldaufteilung geben, tritt keine ternäre Phase auf. Auch bei peinlicher Fernhaltung von Kohlenstoff bei der Probenherstellung erhält man im binären Randsystem immer ein Ti_5Si_3 mit D 8_8-Struktur (Mn_5Si_3-Typ)[4-8]. Dieses vermag Kohlenstoff aufzunehmen.

Zirkonium-Silizium-Kohlenstoff. Das System .wurde von L. BREWER und O. KRIKORIAN[3] untersucht und eine Aufteilung der Phasenfelder angegeben. Dabei wurde allerdings, in Anlehnung an das von C. E. LUNDIN, D. J. MCPHERSON und M. HANSEN[9] aufgestellte binäre System Zr-Si, die Verbindung Zr_5Si_3, welche beträchtliche Mengen Kohlenstoff aufzunehmen vermag, als binär angenommen H. NOWOTNY, B. LUX und H. KUDIELKA[5] konnten aber zeigen, daß es sich beim Zr_5Si_3 um eine durch Kohlenstoff stabilisierte ternäre Phase mit D 8_8-Struktur handelt (vgl. Abb. 154, S. 472). Sie erstreckt sich von etwa 0,3 At.-% C bis etwa 4 At.-% C in das Dreiphasenfeld (NOWOTNY-Phase[6,7,8].)

Hafnium-Silizium-Kohlenstoff. Das Gesamtsystem wurde bisher noch nicht untersucht; es dürfte Ähnlichkeit mit dem System Zr-Si-C haben. Da im Randsystem Hf-Si die Verhältnisse im mittleren Teil noch nicht endgültig geklärt sind kann auch noch nicht entschieden werden, ob die aufgefundene Verbindung Hf_5Si_3, welche

---

[1] NOWOTNY, H., H. KUDIELKA u. E. PARTHÉ: 2. Plansee Seminar, Reutte/ Tirol 1955, S. 166/72.

[2] NOWOTNY, H. u. A. WITTMANN: Radex Rdsch. (1957), S. 693/707.

[3] BREWER, L. u. O. KRIKORIAN: J. Electrochem. Soc. **103** (1956), S. 38/51, UCRL 2544 (1954), 2888 (1955).

[4] PARTHÉ, E., B. LUX u. H. NOWOTNY: Mh. Chem. **86** (1955), S. 859/67.

[5] NOWOTNY, H., B. LUX u. H. KUDIELKA: Mh. Chem. **87** (1956), S. 447/70.

[6] KIEFFER, R., F. BENESOVSKY u. B. LUX: Planseeber. Pulvermetallurgie 4 (1956), S. 30/36.

[7] KIEFFER, R., F. BENESOVSKY u. B. LUX: In: Tercera Reunion React. Solid., Madrid 1956, S. 585/602.

[8] PARTHÉ, E.: Powder Met. Bull. 8 (1957), S. 23/34, 70/71. Acta Cryst. **20** (1957), S. 768/69.

[9] LUNDIN, C. E., D. J. MCPHERSON u. M. HANSEN: Trans. Am. Soc. Met. **45** (1953), S. 901/14.

D 8_8-Struktur hat[1] binär ist, oder ob es sich wie bei Zr_5Si_3 um eine durch kleine Mengen an Metalloiden (C, N, O) stabilisierte ternäre Phase handelt.

Vanadin-Silizium-Kohlenstoff. In diesem System konnte bisher lediglich das Bestehen einer ternären V_5S_3 (C)-Phase mit D 8_8-Struktur festgestellt werden[2,3,4]. (NOWOTNY-Phase[5,6,7].)

Niob-Silizium-Kohlenstoff. Von G. A. GEACH und F. O. JONES[8] konnten in lichtbogengeschmolzenen Proben von Nb_5Si_3 und Mo_2C bzw. TaC röntgenographisch drei Verbindungen beobachtet werden. L. BREWER und O. KRIKORIAN[9] fanden in Gegenwart von Kohlenstoff eine Verbindung Nb_5Si_3 mit D 8_8-Struktur mit weitem Homogenitätsbereich. Diese D 8_8-Phase wurde auch von H. NOWOTNY und Mitarbeitern[2,3,4] beschrieben und festgestellt, daß etwa 3 At.-% C zu ihrer Stabilisierung erforderlich sind[10,11]. (NOWOTNY-Phase[5,6,7].) Diese Phase konnte auch von A. G. KNAPTON[12] in kohlenstoffhaltigen Nb_5Si_3-Legierungen bestätigt werden. Im Dreistoffsystem Nb-Si-C reicht das D 8_8-Feld nicht bis zum Randsystem Nb-Si, wo nur die binären Phasen α- und β-Nb_5Si_3 mit tetragonaler Struktur (T 1, T 2) auftreten[11].

Tantal-Silizium-Kohlenstoff. G. A. GEACH und F. O. JONES[8] beobachteten in lichtbogengeschmolzenen Proben aus $TaSi_2$ und TiC keine Reaktion, während mit TaC eine Verbindung auftrat. Ta_5Si_3 reagiert mit TaC bzw. Mo_2C, wobei drei Verbindungen röntgenographisch festgestellt werden konnten. L. BREWER und O. KRIKORIAN[9]

---

[1] NOWOTNY, H., E. LAUBE, R. KIEFFER u. F. BENESOVSKY: Mh. Chem. **89** (1958), S. 701/07.

[2] SCHACHNER, H., E. ČERWENKA u. H. NOWOTNY: Mh. Chem. **85** (1954), S. 245/54.

[3] PARTHÉ, E., B. LUX u. H. NOWOTNY: Mh. Chem. **86** (1955), S. 859/67.

[4] PARTHÉ, E., H. NOWOTNY u. H. SCHMID: Mh. Chem. **86** (1955), S. 385/96.

[5] KIEFFER, R., F. BENESOVSKY u. B. LUX: Planseeber. Pulvermetallurgie **4** (1956), S. 30/36.

[6] KIEFFER, R., F. BENESOVSKY u. B. LUX: In: Tercera Reunion React. Solid., Madrid 1956, S. 585/602.

[7] PARTHÉ, E.: Powder Met. Bull. **8** (1957), S. 23/34, 70/71; Acta Cryst **20** (1957), S. 768/69.

[8] GEACH, G. A. u. F. O. JONES: In: 2. Plansee Seminar, Reutte/Tirol 1955, S. 80/91.

[9] BREWER, L. u. O. KRIKORIAN: J. Electrochem. Soc. **103** (1956), S. 38/51, UCRL 2544 (1954), 2888 (1955).

[10] KIEFFER, R., F. BENESOVSKY u. H. SCHMID: Z. Metallkunde **47** (1956), S. 247/53, 2. Plansee Seminar, Reutte/Tirol 1955, S. 154/65, Diss. Techn. Hochschule Graz 1955.

[11] NOWOTNY, H., B. LUX u. H. KUDIELKA: Mh. Chem. **87** (1956), S. 447/70.

[12] KNAPTON, A. G.: Nature **175** (1955), S. 730/31.

fanden bei der Untersuchung des Dreistoffsystems Ta-Si-C eine ternäre Verbindung der Zusammensetzung $Ta_{4,3}Si_3C_{0,5}$ mit D 8_8-Struktur. Diese Verbindung ist auch von H. NOWOTNY und Mitarbeitern[1,2] mehrfach gefunden worden, wobei etwa 5 At.-% C zur Stabilisierung erforderlich sind[3]. (NOWOTNY-Phase[4,5,6].)

Chrom - Silizium-Kohlenstoff. Das Gesamtsystem ist noch nicht untersucht worden; es ist lediglich eine ternäre Verbindung Cr_5Si_3 (C) mit D 8_8-Struktur bekannt[7]. (NOWOTNY - Phase[6,8,9]. Zu ihrer Stabilisierung sind etwa 5 At.-% C erforderlich[3].

Molybdän-Silizium-Kohlenstoff. G. A. GEACH und F. O. JONES[10] konnten röntgenographisch in lichtbogengeschmolzenen Proben aus $MoSi_2$ und Mo_2C bzw. TaC eine

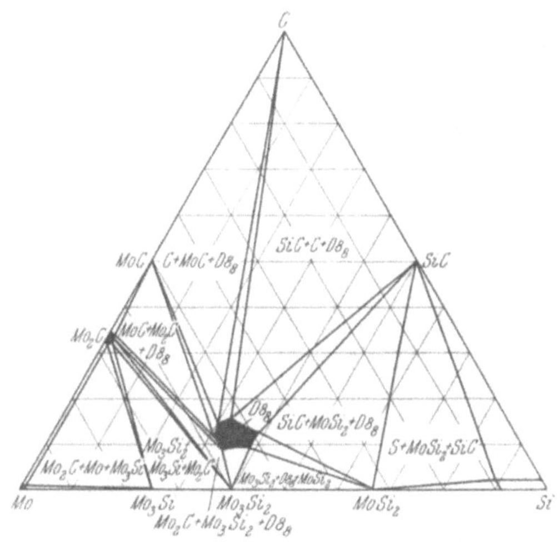

Abb. 168. Zustandsschaubild des Systems Molybdän-Silizium-Kohlenstoff, Schnitt bei 1600° (H. NOWOTNY, E. PARTHÉ, R. KIEFFER und F. BENESOVSKY)

---

[1] NOWOTNY, H., H. SCHACHNER, R. KIEFFER u. F. BENESOVSKY: Mh. Chem. **84** (1953), S. 1/12.

[2] KIEFFER, R., F. BENESOVSKY, H. NOWOTNY u. H. SCHACHNER: Z. Metallkunde **44** (1953), S. 242/46.

[3] NOWOTNY. H., B. LUX u. H. KUDIELKA: Mh. Chem. **87** (1956). S. 447/70.

[4] KIEFFFER, R., F. BENESOVSKY u. B. LUX: Planseeber. Pulvermetallurgie **4** (1956), S. 30/36.

[5] KIEFFER, R., F. BENESOVSKY u. B. LUX: In: Tercera Reunion React. Solid., Madrid (1956), S. 585/602.

[6] PARTHÉ, E.: Powder Met. Bull. 8 (1957), S. 23/34, 70/71; Acta Cryst **20** (1957), S. 768/69.

[7] PARTHÉ, E., H. SCHACHNER u. H. NOWOTNY: Mh. Chem. **86** (1955). S. 182/85.

[8] KIEFFER, R., F. BENESOVSKY u. B. LUX: Planseeber. Pulvermetallurgie **4** (1956), S. 30/36.

[9] KIEFFER, R., F. BENESOVSKY u. B. LUX: In: Tercera Reunion React. Solid., Madrid 1956, S. 585/602.

[10] GEACH, G. A. u. F. O. JONES: In: 2. Plansee Seminar, Reutte/Tirol 1955, S. 80/91.

neue Verbindung feststellen, während mit TiC keine Umsetzung eintrat. L. Brewer und O. Krikorian[1] fanden bei der Untersuchung des Dreistoffsystemes eine ternäre Verbindung Mo_4Si_3C mit $D\,8_8$-Struktur. Das Gesamtsystem ist ferner sehr eingehend von H. Nowotny, E. Parthé, R. Kieffer und F. Benesovsky[2] untersucht worden. Auf Grund röntgenographischer und metallographischer Befunde sowie von Schmelzpunktsbestimmungen wurde ein Schmelzdiagramm als auch isotherme Schnitte aufgestellt. Einen solchen bei 1600° zeigt Abb. 168. Das System ist charakterisiert durch eine ternäre Verbindung der ungefähren Zusammensetzung $Mo_{5-x}Si_{3-y}C_{x+y}$ mit $D\,8_8$-Struktur[3]. Zur Stabilisierung dieser Nowotny-Phase[4, 5, 6] sind etwa 10 At.-% C erforderlich[7].

Wolfram-Silizium-Kohlenstoff. L. Brewer und O. Krikorian[1] fanden in diesem System keine ternäre Phase. Nach E. Parthé, H. Schachner und H. Nowotny[8] soll aber eine solche, durch Kohlenstoff, Sauerstoff und Stickstoff stabilisierte Phase bestehen (Nowotny-Phase[4,5,6]). Nach H. Nowotny, B. Lux und H. Kudielka[7] sollen zu ihrer Stabilisierung mehr als 10 At.-% C erforderlich sein.

Uran-Silizium-Kohlenstoff. Angaben über einige Eigenschaften gesinterter U-C-Si-Legierungen werden von M. W. Mallett[9] gemacht. Nach V. E. Ivanov und T. A. Badajeva[10] tritt beim Lichtbogenschmelzen von U + C + SiC-Mischungen keine Reaktion ein. UC reagiert aber mit Silizium bei 1000° unter Bildung von U_3Si[11, 12].

[1] Brewer, L. u. O. Krikorian: J. Electrochem. Soc. 103 (1956), S. 38/51, UCRL 2544 (1954), 2888 (1955).

[2] Nowotny, H., E. Parthé, R. Kieffer u. F. Benesovsky: Mh. Chem. 85 (1954), S. 255/72, In: Iron Steel Inst. Spec. Rep. No. 58, London 1954, S. 292/301.

[3] Schachner, H. E., Čerwenka u. H. Nowotny: Mh. Chem. 85 (1954), S. 245/54.

[4] Kieffer, R., F. Benesovsky u. B. Lux: Planseeber. Pulvermetallurgie 4 (1956), S. 30/36.

[5] Kieffer, R., F. Benesovsky, u. B. Lux: In: Tercera Reunion React. Solid., Madrid (1956) S. 585/602.

[6] Parthé, E.: Powder Met. Bull. 8 (1957), S. 23/34, 70/71; Acta Cryst. 20 (1957), S. 768/69.

[7] Nowotny, H., B. Lux u. H. Kudielka: Mh. Chem. 87 (1956), S. 447/70.

[8] Parthé, E., H. Schachner, u. H. Nowotny: Mh. Chem. 86 (1955), S. 182/85.

[9] Mallett, M. W.: BMI T-34 (1950).

[10] Ivanov, V. E. u. T. A. Badajeva: Proc. Genf 1958, Bd. 6, S. 139/55.

[11] Boettcher, A. u. G. Schneider: Proc. Genf, 1958, Vol. 6, S. 561/63.

[12] Chubb, W.: BMI 1441 (1960), S. 29/30.

F. Die Systeme Silizid-Nitrid

Über die Dreistoffsysteme der Übergangsmetalle der 4a bis 6a-Gruppe des Periodensystems mit Silizium und Stickstoff liegen nicht so zahlreiche und eingehende Untersuchungen vor wie über die vorher beschriebenen Metall-Silizium-Kohlenstoff-Systeme. L. BREWER und O. KRIKORIAN[1] haben die Systeme Ti-Si-N, Zr-Si-N, Nb-Si-N und Ta-Si-N untersucht, wobei sie die Proben aus den betreffenden Metallnitriden und Si_3N_4 in einem Molybdäntiegel sinterten. Neben der röntgenographischen Untersuchung der entstandenen Phasen wurden auch thermodynamische Überlegungen über deren Beständigkeit angestellt. H. NOWOTNY, B. LUX und H. KUDIELKA[2] prüften hauptsächlich die Schnitte M_5Si_3-N (M = Zr, V, Nb, Ta, Cr, Mo und W). Als Ausgangsmaterialien für die Untersuchungen dienten die Metalle bzw. Metallhydride und Silizium sowie die entsprechenden Mononitride bzw. Si_3N_4. Die Sinterung der Mischungen erfolgte bei 1400 bis 1600° unter Argon. Einige M_5Si_3-Phasen wurden auch mit Ammoniak nitriert. Die Ergebnisse der Untersuchungen sind zusammenfassend folgende:

Im System *Ti-Si-N* konnte keine ternäre Phase beobachtet werden[1]. Im System *Zr-Si-N* konnten L. BREWER und O. KRIKORIAN[1] eine hexagonale Phase finden und H. NOWOTNY, B. LUX nnd H. KUDIELKA[2] stellten auf dem Schnitt Zr_5Si_3-N eine ternäre Phase mit D 8_8-Struktur fest. (NOWOTNY-Phase[3,4,5].) Im System *V-Si-N* bildet sich die ternäre D 8_8-Phase nur bei der Nitrierung von V_5Si_3 mit Ammoniak[2]. In den Systemen *Nb-Si-N* und *Ta-Si-N* fanden L. BREWER und O. KRIKORIAN[1] ternäre Phasen $Nb(Ta)_{5-x}Si_{3-y}N_7$ mit D 8_8-Struktur und weitem Homogenitätsbereich. Dieser Befund konnte von H. NOWOTNY, B. LUX und H. KUDIELKA[2] bestätigt werden. (NOWOTNY-Phasen[3,4,5].) In den Systemen der 6a Metalle mit Silizium und Stickstoff konnten trotz mannigfacher Herstellungsversuche keine ternären D 8_8-Phasen erhalten werden.

---

[1] BREWER, L. u. O. KRIKORIAN: J. Electrochem. Soc. **103** (1956), S. 38/51; UCRL 2544 (1954), 2888 (1955).

[2] NOWOTNY, H., B. LUX u. H. KUDIELKA: Mh. Chem. **87** (1956), S. 447/70.

[3] KIEFFER, R., F. BENESOVSKY u. B. LUX: Planseeber. Pulvermetallurgie **4** (1956), S. 30/36.

[4] KIEFFER, R., F. BENESOVSKY u. B. LUX: In: Tercera Reunion React. Solid., Madrid 1956, S. 585/602.

[5] PARTHÉ, E.: Powder Met. Bull. **8** (1957), S. 23/34, 70/71; Acta Cryst. **20** (1957), S. 768/69.

G. Die Systeme Silizid-Borid

Ebenso wie die Umsetzungen von Siliziden mit Karbiden bzw. Kohlenstoff wurden in den letzten Jahren auch die Reaktionen der Silizide mit Boriden bzw. Bor und die gesamten Dreistoffsysteme Metall-Silizium-Bor eingehend untersucht. Die Auffindung neuartiger warm- und zunderfester Hochtemperaturhartstoffe und der Gedanke die reine Quarzdeckschicht durch Borosilikatgläser zu ersetzen war hier richtunggebend.

Ein Hinweis, daß beispielsweise Ti-Si-B-Legierungen existieren, findet sich in einem Patent[1]. Derartige Legierungen können in einem mit Bor ausgekleideten Kohletiegel erschmolzen werden; sie sind verformbar und hart. Nach P. SCHWARZKOPF und F. W. GLASER[2] treten bei der Umsetzung von $TiSi_2$, $ZrSi_2$, $CrSi_2$ und $MoSi_2$ mit Bor die entsprechenden Diboride auf. G. A. GEACH und F. O. JONES[3] untersuchten ebenfalls qualitativ die Umsetzung von Nb_5Si_3, Ta_5Si_3 bzw. $TaSi_2$ mit TiB_2, ZrB_2 bzw. Mo_2B beim Lichtbogenschmelzen. Röntgenographisch und metallographisch konnten bei einigen Kombinationen bis zu drei neue ternäre Verbindungen entdeckt werden. Ausgehend von Mischungen der binären Verbindungen M_5Si_3 (M = = Zr, V, Nb, Ta, Cr, Mo und W) mit 5 At.-% B sinterten und schmolzen H. NOWOTNY, B. LUX und H. KUDIELKA[4] Legierungen, in denen — mit Ausnahme der molybdän- und wolframhaltigen — das Auftreten einer neuen ternären Phase mit $D\,8_8$-Struktur (NOWOTNY-Phase[5, 6, 7], vgl. S. 547) zu beobachten war. Bei den Legierungen mit Niob und Tantal trat ferner eine zweite ternäre Phase mit tetragonaler T 2-Struktur auf. In späteren eingehenden Untersuchungen der gesamten Dreistoffsysteme Zr-Si-B[8], V-Si-B[9], Nb-Si-B[10, 11], Ta-Si-B[10], Cr-Si-

---

[1] D.R.P. 359 785 (1952).

[2] SCHWARZKOPF, P. u. F. W. GLASER: Z. Metallkunde 44 (1953), S. 353/38.

[3] GEACH, G. A. u. F. O. JONES: In: 2. Plansee Seminar, Reutte/Tirol, 1955, S. 80/91.

[4] NOWOTNY, H., B. LUX u. H. KUDIELKA: Mh. Chem. 87 (1956), S. 447/70.

[5] KIEFFER, R., F. BENESOVSKY u. B. LUX: In: Tercera Reunion React. Solid., Madrid 1956, S. 585/602.

[6] KIEFFER, R., F. BENESOVSKY u. B. LUX: Planseeber. Pulvermetallurgie 4 (1956), S. 30/36.

[7] PARTHÉ, E.: Powder Met. Bull. 8 (1957), S. 23/34, 70/71; Acta Cryst. 20 (1957), S. 768/69.

[8] PARTHÉ, E. u. J. T. NORTON: Mh. Chem. 91 (1960), S. 1127/33.

[9] KUDIELKA, H., H. NOWOTNY u. G. FINDEISEN: Mh. Chem. 88 (1958), S. 1048/55.

[10] RUDY, E.: Diss. Techn. Hochschule Wien 1960.

[11] NOWOTNY, H., F. BENESOVSKY, E. RUDY u. A. WITTMANN: Mh. Chem. 91 (1960), S. 975/90.

B[1], Mo-Si-B[2] und W-Si-B[2,3] konnte die Lage der beiden ternären Verbindungen D 8_8 und T 2 näher festgelegt werden[3,4,5]. Die D 8_8-NOWOTNY-Phase, die auch im System Hf-Si-B[6] entdeckt wurde, tritt in allen Systemen mit Ausnahme der molybdän- und wolframhaltigen auf, während die T 2-Phase in den Systemen mit Vanadin, Niob, Tantal, Molybdän und Wolfram vorhanden ist. Im System Cr-Si-B tritt die T 2-Phase als binäre Verbindung Cr_5B_3 auf. Mit dem strukturellen Aufbau der T 2-Phase im System Mo-Si-B (Mo_5SiB_2) hat sich B. ARONSSON[7] eingehend beschäftigt und geordnete Substitution der Silizium- durch Boratome festgestellt. E. PARTHÉ[8,9] hat die Zusammenhänge zwischen einzelnen Strukturtypen durchleuchtet.

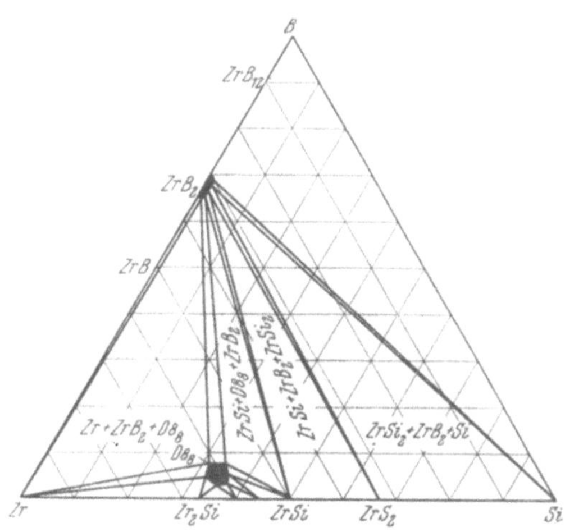

Abb. 169. Zustandsschaubild des Systems Zirkonium-Silizium-Bor, Schnitte bei 1350° (E. PARTHÉ und J. T. NORTON)

Eine Zusammenstellung aller in den M-Si-B-Systemen auftretenden ternären Phasen wird am Ende des Kapitels in Zahlentafel 110 gebracht.

Zu den Einzelsystemen wäre noch folgendes auszuführen:

Titan-Silizium-Bor. Das System ist bisher noch nicht untersucht worden. Es ist anzunehmen, daß das Ti_5Si_3 als binäre D 8_8-Verbindung Bor aufzunehmen vermag[5].

[1] NOWOTNY, H., E. PIEGGER, R. KIEFFER u. F. BENESOVSKY: Mh. Chem. **89** (1958), S. 611/17.

[2] NOWOTNY, H., E. DIMAKOPOULOU u. H. KUDIELKA: Mh. Chem. **88** (1957), S. 180/92.

[3] NOWOTNY, H., R. KIEFFER u. F. BENESOVSKY: Planseeber. Pulvermetallurgie **5** (1957), S. 86/93.

[4] KUDIELKA, H., H. NOWOTNY u. G. FINDEISEN: Mh. Chem. **88** (1958), S. 1048/55.

[5] KIEFFER, R. u. F. BENESOVSKY: Powder Met. (1958), Nr. 1/2, S. 145/71.

[6] NOWOTNY, H., E. LAUBE, R. KIEFFER u. BENESOVSKY: Mh. Chem. **89** (1958), S. 701/07.

[7] ARONSSON, B.: Acta Chem. Scand. **12** (1958), S. 31/37; In: 16. Congr. Chimie, Paris 1957, S. 211/16.

[8] PARTHÉ, E.: Powder Met. Bull. 8 (1957), S. 23/34, 70/71: Acta Cryst. **20** (1957), S. 768/69.

[9] PARTHÉ, E., B. LUX u. H. NOWOTNY: Mh. Chem. **86** (1955), S. 859/67.

Zirkonium-Silizium-Bor. In Sinter- und Schmelzproben von Zr_5Si_3 + 5 At.-% B konnte eine ternäre Verbindung mit D 8_8-Struktur nachgewiesen werden[1] (NOWOTNY-Phase[2,3,4]). Das Gesamtsystem ist von E. PARTHÉ und J. T. NORTON[5] an Hand heißgepreßter Proben röntgenographisch untersucht worden. Einen Schnitt bei 1350° zeigt Abb. 169. Die NOWOTNY-Phase tritt wie beim System Zr-Si-C als echte ternäre Verbindung auf; sie enthält etwa 5 At.-% B.

Hafnium-Silizium-Bor. Das Gesamtsystem ist noch nicht untersucht worden[6]. Einzelproben von Hf_5Si_3 mit 5 At.-% B hatten D 8_8-Struktur[7] (NOWOTNY-Phase[2,3,4]).

Vanadin-Silizium-Bor. Beim Sintern und Schmelzen einer Mischung von V_5Si_3 mit 5 At.-% B bildet sich eine ternäre Verbindung mit D 8_8-Struktur[2] (NOWOTNY-Phase[2,3,4]). Das Gesamtsystem wurde von H. KUDIELKA, H. NOWOTNY und G. FINDEISEN untersucht[6,8,9]. Es treten zwei ternäre Phasen auf, und zwar auf dem Schnitt V_5Si_3-B die D 8_8-NOWOTNY-Phase und auf dem Schnitt V_5Si_3-$V_{(5)}B_{(3)}$ die tetragonale T 2-Phase.

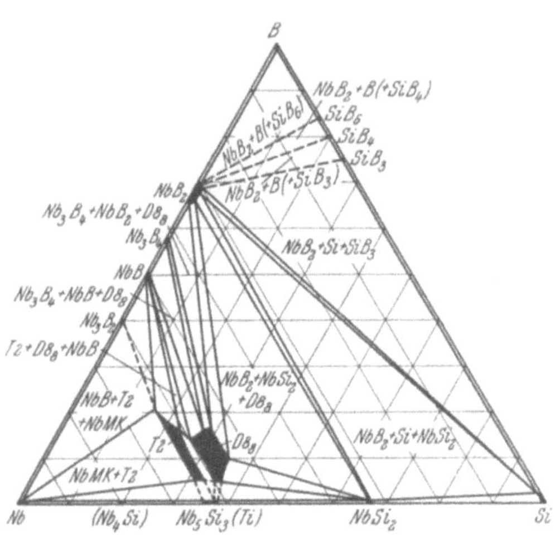

Abb. 170. Zustandsschaubild des Systems Niob-Silizium-Bor, Schnitt bei 1500° (H. NOWOTNY, F. BENESOVSKY, E. RUDY und A. WITTMANN)

Niob-Silizium-Bor. Beim Lichtbogenschmelzen von Nb_5Si_3-TiB_2-Gemischen bildet sich eine ternäre Verbindung; setzt man Mo_2B

[1] NOWOTNY, H., B. LUX u. H. KUDIELKA: Mh. Chem. **87** (1956), S. 447/70.

[2] KIEFFER, R., F. BENESOVSKY u. B. LUX: In: Tercera Reunion React. Solid., Madrid 1956, S. 585/602.

[3] KIEFFER, R. u. F. BENESOVSKY: Planseeber. Pulvermetallurgie **4** (1956), S. 30/36.

[4] PARTHÉ, E.: Powder Met. Bull. **8** (1957), S. 23/34, 70/71. Acta Cryst. **20** (1957), S. 768/69.

[5] PARTHÉ, E. u. J. T. NORTON: Mh. Chem. **91** (1960), S. 1127/33.

[6] KIEFFER, R. u. F. BENESOVSKY: Powder Met. (1958), Nr. 1/2, S. 145/71.

[7] NOWOTNY, H., E. LAUBE, R. KIEFFER u. F. BENESOVSKY: Mh. Chem. **89** (1958), S. 701/07.

[8] KUDIELKA, H., H. NOWOTNY u. G. FINDEISEN: Mh. Chem. **88** (1957), S. 1048/55.

[9] NOWOTNY, H., R. KIEFFER u. F. BENESOVSKY: Planseeber. Pulvermetallurgie **5** (1957), S. 86/93.

zu, dann treten drei neue Verbindungen auf[1]. H. NOWOTNY, B. LUX und H. KUDIELKA[2] fanden in Sinter- und Schmelzproben aus $Nb_5Si_3 + 5$ At.-% B eine Verbindung mit D 8_8-Struktur (NOWOTNY-Phase[2-6]) und die T 2-Phase. Das Gesamtsystem wurde von E. RUDY[7,8] an Hand gesinterter und lichtbogengeschmolzener Proben röntgenographisch und metallographisch untersucht. Einen Schnitt bei 1500° zeigt Abb. 170. Das System ist charakterisiert durch zwei ternäre Verbindungen. Die tetragonale T 2 - Phase besitzt einen erheblichen Homogenitätsbereich, wobei geordnete Substitution von Silizium durch Bor erfolgt[9]. Ihr kommt die Formel Nb_5SiB_2 zu. Auch die D 8_8-NOWOTNY-Phase hat einen ausgedehnten

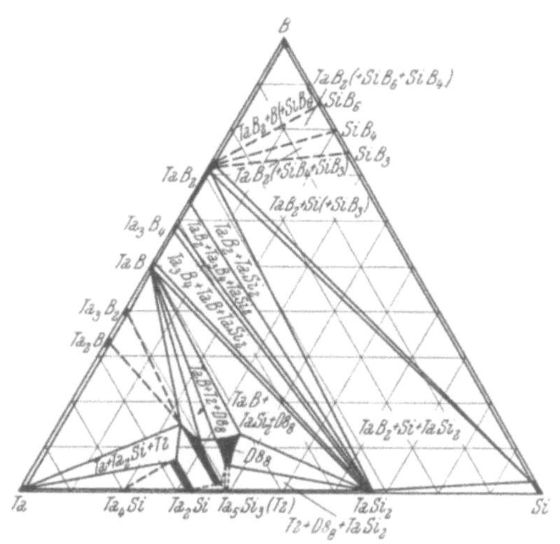

Abb. 171. Zustandsschaubild des Systems Tantal-Silizium-Bor, Schnitt bei 1500° (E. RUDY)

homogenen Bereich; im Gegensatz zu T 2 liegt hier ein Einlagerungstyp vor[9]. Man muß ferner annehmen, daß das Gebiet von T 2 vom binären System ausgeht und infolge der Konkurrenz mit der D 8_8-Phase, ein Stabilitätsminimum durchläuft. Erst wenn die Silizium-Bor-Substitution durch Aufrichtung einer Ordnungsphase ab etwa 5 At.-% B erfolgt, tritt T 2 in Erscheinung. Der Bereich wurde daher in Abb. 170 gestrichelt eingezeichnet.

Untersuchungen des Zunderverhaltens der Legierungen bei 400

[1] GEACH, G.A. u. F.O. JONES: In: 2. Plansee Seminar, Reutte/Tirol 1955, S. 80/91.

[2] KIEFFER, R., F. BENESOVSKY u. B. LUX: In: Tercera Reunion React. Solid., Madrid (1956), S. 585/602.

[3] KIEFFER, R. u. F. BENESOVSKY: Powder Met. (1958), Nr. 1/2, S. 145/71.

[4] NOWOTNY, H., B. LUX u. H. KUDIELKA: Mh. Chem. 87 (1956), S. 447/70.

[5] KIEFFER, R. u. F. BENESOVSKY: Planseeber. Pulvermetallurgie 4 (1956), S. 30/36.

[6] NOWOTNY, H., R. KIEFFER u. F. BENESOVSKY: Planseeber. Pulvermetallurgie 5 (1957), S. 86/93.

[7] RUDY, E.: Diss. Tech. Hochschule Wien 1960.

[8] NOWOTNY, H., F. BENESOVSKY, E. RUDY u. A. WITTMANN: Mh. Chem. 91 (1960), S. 675/90.

[9] ARONSSON, B.: Acta Chem. Scand. 12 (1958), S. 31/37; In: 16. Congr. Chimie, Paris 1957, S. 211/16.

bis 1200° erbrachten interessante Erkenntnisse bezüglich des Zunder-mechanismuses bei derartigen komplexen Werkstoffen[1].

Tantal-Silizium-Bor. G. A. GEACH und F. O. JONES[2] fanden, daß beim Lichtbogenschmelzen von $TaSi_2$-TiB_2 $(ZrB)_2$-Gemischen keine Reaktion eintritt, bei Zusatz von Mo_2B aber eine neue ternäre Verbindung gebildet wird. In Legierungen aus Ta_5Si_3 + TiB_2 stellten sie röntgenographisch eine Verbindung, in solchen mit Mo_2B drei Verbindungen fest. In Sinter- und Schmelzproben aus Ta_5Si_3 + 5 At.-% B fanden H. NOWOTNY, B. LUX und H. KUDIELKA[3] die ternäre D 8_8-Phase (NOWOTNY-Phase[4,5,6]) und die T 2-Phase[7,8]. Das Gesamtsystem wurde von E. RUDY[9] mittels ge-sinterter und lichtbogengeschmolzener Proben röntgenographisch und metallographisch untersucht. Es ähnelt im Aufbau dem System Nb-Si-B (Abb. 171). Die beiden ternären Verbindungen D 8_8 und T 2 haben weite Homogenitätsbereiche. Die Verhältnisse im Gebiet Ta_5Si_3 (T 2, binär)- D 8_8-Ta_5Si_3 (T 2, ternär) sind noch nicht geklärt.

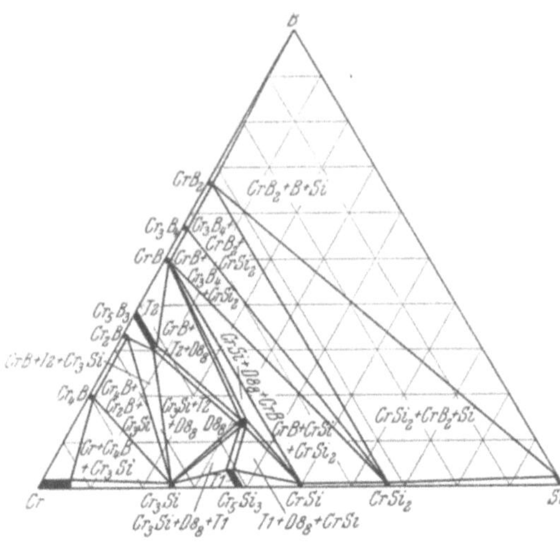

Abb. 172. Zustandsschaubild des Systems Chrom-Silizium-Bor, Schnitt bei 1300° (H. NOWOTNY, E. PIEGGER, R. KIEFFER und F. BENESOVSKY)

Chrom-Silizium-Bor. H. NOWOTNY, B. LUX und H. KUDIELKA[3] beobachteten in Sinter- und Schmelzproben aus Cr_5Si_3 + 5 At.-% B das Auftreten der D 8_8-Struktur (NOWOTNY-Phase[4-7]). Das Ge-

---

[1] NOWOTNY, H., F. BENESOVSKY, E. RUDY u. A. WITTMANN: Mh. Chem. **91** (1960), S. 675/90.

[2] GEACH, G. A. u. F. O. JONES: In: 2. Plansee Seminar, Reutte/Tirol 1955, S. 80/91.

[3] NOWOTNY, H., B. LUX u. H. KUDIELKA: Mh. Chem. **87** (1956), S. 447/70.

[4] KIEFFER, R., F. BENESOVSKY u. B. LUX: In: Tercera Reunion React. Solid,. Madrid 1956, S. 585/602.

[5] KIEFFER, R., F. BENESOVSKY u. B. LUX: Planseeber. Pulvermetallurgie **4** (1956), S. 30/36.

[6] PARTHÉ, E.: Powder Met. Bull. 8 (1957), S. 23/34, 70/71; Acta Cryst **20** (1957), S. 786/87.

[7] NOWOTNY, H., R. KIEFFER u. F. BENESOVSKY: Planseeber. Pulvermetallurgie **5** (1957), S. 86/93.

[8] KIEFFER, R. u. F. BENESOVSKY: Powder Met. (1958), Nr. 1/2, S. 145/71.

[9] RUDY, E.: Diss. Techn. Hochschule Wien 1960.

samtsystem wurde von H. Nowotny, E. Piegger, R. Kieffer und F. Benesovsky[1] untersucht. Die Proben wurden heißgepreßt und bei 1300° unter Argon homogenisiert; die Untersuchung erfolgte röntgenographisch und metallographisch. Die Aufteilung der Phasenfelder zeigt Abb. 172[2]. Das System wird von der ternären Verbindung Cr_5Si_3B und D 8_8-Struktur beherrscht. Im binären Cr_5B_3(T 2) können beträchtliche Mengen von Bor durch Silizium und im binären Cr_5Si_3 (T 1) beträchtliche Mengen Silizium durch Bor ersetzt werden.

Molybdän - Silizium-Bor. G. A. Geach und F. O. Jones[3] fanden beim Lichtbogenschmelzen von $MoSi_2$-$TiB_2(ZrB_2)$-Gemischen keine neue Verbindung, während mit Mo_2B eine solche auftrat. H. Nowotny, B. Lux und H. Kudielka[4] konnten beim Sintern und Schmelzen von Mo_5Si_3-B-Gemischen keine Strukturänderung in der ursprünglichen T1-Phase feststellen. Das Gesamtsystem Mo-Si-B wurde von H. Nowotny, E. Dimakopoulou und H. Kudielka[5] untersucht. Einen Schnitt bei 1600° zeigt Abb. 173[2,6].

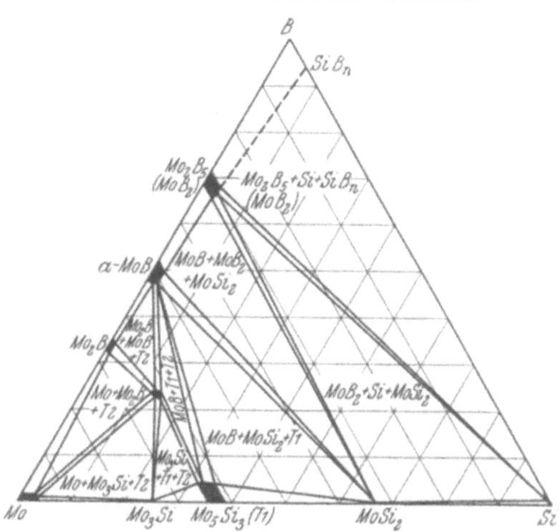

Abb. 173. Zustandsschaubild des Systems Molybdän-Silizium-Bor, Schnitt bei 1600° (H. Nowotny, E. Dimakopoulou und F. Benesovsky)

Statt der D 8_8-Phase tritt eine ternäre Verbindung T2 (tetragonal D_{4h}^{18}) mit der ungefähren Zusammensetzung Mo_5SiB_2 auf. In Mo_5Si_3(T1) kann etwas Bor eingebaut werden. Die Mo_5SiB_2-Phase konnte von B. Aronsson[7] in lichtbogengeschmolzenen Pro-

---

[1] Nowotny, H., E. Piegger, R. Kieffer u. F. Benesovsky: Mh. Chem. **89** (1958), S. 611/17.

[2] Kieffer, R. u. F. Benesovsky: Powder Metallurgy (1958), Nr. 1/2, S. 145/71.

[3] Geach, G. A. u. F. O. Jones: In: 2. Plansee Seminar, Reutte/Tirol 1955, S. 80/91.

[4] Nowotny, H., B. Lux u. H. Kudielka: Mh. Chem. **87** (1956), S. 447/70.

[5] Nowotny, H., E. Diamakopoulu u. H. Kudielka: Mh. Chem. **88** (1957), S. 180/92.

[6] Nowotny, H., R. Kieffer u. F. Benesovsky: Planseeber. Pulvermetallurgie **5** (1957), S. 86/93.

[7] Aronsson, B.: Acta Chem. Scand. **12** (1958), S. 31/37, In: 16. Congr. Chimie Paris 1957, S. 211/16.

ben gefunden und deren Struktur an Einkristallen als T 2, mit geordneter Silizium- und Borverteilung, bestätigt werden.

G. V. Samsonov, V. S. Sinelnikova und P. O. Kisly[1] haben heißgepreßte Legierungen aus $MoSi_2$ und B_4C hergestellt und diese röntgenographisch und metallographisch untersucht. Es wurde ferner die Härte und elektrische Eigenschaften gemessen. Bemerkenswert für diese hochzunderfesten Werkstoffe ist das Auftreten einer quaternären Verbindung $Mo_x(Si,B,C)_y$ mit sehr weitem Homogenitätsbereich und $D 8_8$-Struktur. Der Begriff der sogenannten Nowotny-Phasen kann demnach auch auf derartige Mehrstoffverbindungen erweitert werden. Weitere Mehrstofflegierungen aus $MoSi_2$ - $(Ti,Cr) B_2$ wurden von K. I. Portnoj, G. V. Samsonov und K. I. Frolova[2] hergestellt und auf Gefüge, Härte und insbesondere Zunderverhalten untersucht. Die Werkstoffe waren zweiphasig.

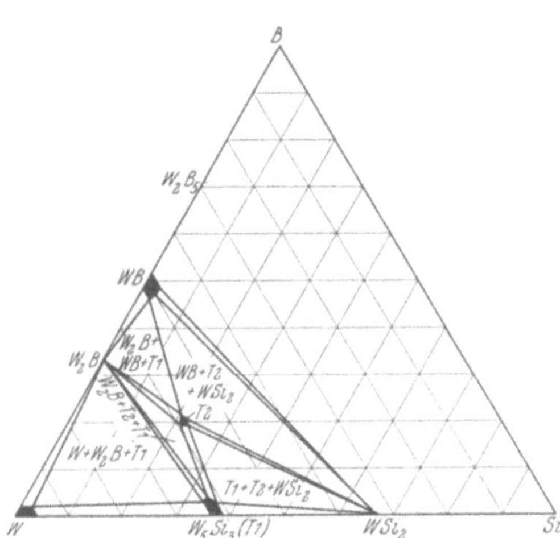

Abb. 174. Zustandsschaubild des Systems Wolfram-Silizium-Bor, Schnitt bei 1800° (H. Nowotny, E. Dimakopoulou und H. Kudielka)

Wolfram - Silizium - Bor. Ebenso wie beim Molybdänsilizid tritt auch beim Wolframsilizid W_5Si_3 mit Bor keine Umsetzung ein[3]. Das Gesamtsystem wurde von H. Nowotny, E. Dimakopoulou und H. Kudielka[4] untersucht. Einen Schnitt bei 1800° zeigt Abb. 174[5,6]. Der Aufbau ist ähnlich wie beim System Mo-Si-B, nur hat die ternäre T 2-Phase hier eher die Zusammensetzung $W_{10}Si_3B_3$. Im binären W_5Si_3 (T 1) kann etwas Silizium durch Bor ersetzt werden.

---

[1] Samsonov, G. V., V. S. Sinelnikova u. P. O. Kisly: Dop. Akad. Nauk Ukr. RSR (1959), S. 866/68.

[2] Portnoj, K. I., G. V. Samsonov u. K. I. Frolova: Izv. Akad. Nauk SSSR, Met. Topl. (1959), S. 117/21.

[3] Nowotny, H., B. Lux u. H. Kudielka: Mh. Chem. 87 (1956), S. 447/70.

[4] Nowotny, H., E. Diamakopoulu u. H. Kudielka: Mh. Chem. 88 (1957), S. 180/92.

[5] Nowotny, H., R. Kieffer u. F. Benesovsky: Planseeber. Pulvermetallurgie 5 (1957), S. 86/93.

[6] Kieffer, R. u. F. Benesovsky: Powder Met. (1958), Nr. 1/2, S. 145/71.

Zahlentafel 110. *Auftreten ternärer* Nowotny-*Phasen in den Dreistoffsystemen der 4a bis 6a Metalle mit Silizium und Kohlenstoff bzw. Stickstoff, Bor sowie Sauerstoff*

Silizid	Struktur der binären Silizidphasen		Auftreten der ternären Nowotny-Phasen mit				
			Kohlen-stoff	Stickstoff	Bor	zweite tern. Phase mit Bor	Sauer-stoff[7]
Ti_5Si_3	$D\,8_8$[1]	—	$D\,8_8$	$(D\,8_8)$[5]	—	—	—
Zr_5Si_3	$U\,1,\,U\,2$[2]	—	$D\,8_8$	$D\,8_8$	$D\,8_8$	—	$D\,8_8$[8]
Hf_5Si_3	$U\,2$	—	$D\,8_8$	$(D\,8_8)$	$D\,8_8$	—	—
V_5Si_3	$T\,1$[3]	—	$D\,8_8$	$D\,8_8$	$D\,8_8$	$T\,2$[4]	—
Nb_5Si_3	$T\,1$	$T\,2$[4]	$D\,8_8$	$D\,8_8$	$D\,8_8$	$T\,2$	—
Ta_5Si_3	$T\,1$	$T\,2$	$D\,8_8$	$D\,8_8$	$D\,8_8$	$T\,2$	—
Cr_5Si_3	$T\,1$	—	$D\,8_8$	—	$D\,8_8$	Cr_5B_3 $(T\,2)$[6]	—
Mo_5Si_3	$T\,1$	—	$D\,8_8$	—	—	$T\,2$	—
W_5Si_3	$T\,1$	—	$D\,8_8$?	—	—	$T\,2$	—

[1] $D\,8_8$: hexagonal Mn_5Si_3-Typ, D_{6h}^3.
[2] $U\,1,\,U\,2$: ungeklärte Strukturen.
[3] $T\,1$: tetragonal, Cr_5Si_3-Typ, D_{2d}^{11}.
[4] $T\,2$: tetragonal, Cr_5B_3-Typ, D_{4h}^{18}.
[5] $(D\,8_8)$: Noch nicht untersucht, Nowotny-Phase verm. vorh.
[6] Cr_5B_3 $(T\,2)$: binär siehe Fußnote 4.
[7] Nach H. Nowotny, B. Lux und H. Kudielka keine Nowotny-Phasen.
[8] Nach L. Brewer und O. Krikorian.

WSi_2-TiB_2(CrB_2)-Werkstoffe wurden von K. I. Portnoj, G. V. Samsonov und K. I. Frolova[1] auf Gefüge, Härte und Zunderverhalten untersucht. Sie sind wie die entsprechenden molybdänhaltigen Werkstoffe zweiphasig.

Faßt man die Ergebnisse der Untersuchungen in den Dreistoffsystemen der 4a bis 6a Metalle des Periodensystems mit Silizium und Kohlenstoff bzw. Stickstoff sowie Bor zusammen, dann kann man feststellen, daß in allen Systemen mit Kohlenstoff, ternäre Verbindungen mit $D\,8_8$-Struktur auftreten, welche Nowotny-Phasen genannt werden. Diese sind auch charakteristisch für viele Systeme mit Stickstoff bzw. Bor. In einigen Systemen mit Bor treten ferner auch ternäre Verbindungen mit $T\,2$-Struktur auf.

Eine Zusammenstellung aller Nowotny-Phasen wird in Zahlentafel 110 gebracht, wobei ergänzend auch noch die sauerstoffhaltigen Legierungen nach L. Brewer und O. Krikorian berücksichtigt wurden[2,3].

<hr>

[1] Portnoj, K. I., G. V. Samsonov u. K. I. Frolova: Izv. Akad. Nauk SSSR, Met. Topl. (1959), S. 117/21.

[2] Brewer, L. u. O. Krikorian: J. Electrochem. Soc. **103** (1956), S. 38/52 Disk. 701/03, UCRL 2544 (1954), 2888 (1955), 3352 (1956).

[3] Nowotny, H., B. Lux u. H. Kudielka: Mh. Chem. **87** (1956), S. 447/70.

Strukturchemisch war diese Hartstoffklasse sehr ergiebig, die technologische Erprobung einiger aussichtsreicher Kombinationen steht aber noch aus.

VII. Nichtmetallische Hartstoffe

Zu den hochschmelzenden, metallischen Hartstoffen wurden eingangs die Karbide, Nitride, Boride und Silizide der 4a bis 6a Metalle der Übergangsgruppen gezählt. Sie sind durch gute elektrische und thermische Leitfähigkeit, metallischen Glanz und Härte fast ausnahmslos über 8 in der Mohsschen Skala gekennzeichnet. Die Silizide der Übergangsmetalle folgen dieser Definition nur teilweise; sie haben zwar metallischen Charakter, verhältnismäßig hohe Schmelzpunkte aber meist nur Härten um 8 Mohs.

Ist es zweckmäßig, die Silizide der Übergangsmetalle als metallische Hartstoffe mittlerer Härte neben den Karbiden, Nitriden und Boriden zu besprechen, so ist es aus der geschichtlichen Entwicklung der Schneidlegierungen heraus ebenso gerechtfertigt, die *nichtmetallischen Hartstoffe Diamant, Borkarbid, Siliziumkarbid* und *Korund* zu behandeln. Dabei soll nur die Verwendung dieser Hartstoffe für Schneidzwecke und als Werkstoffe zur Verschleißbekämpfung berücksichtigt werden.

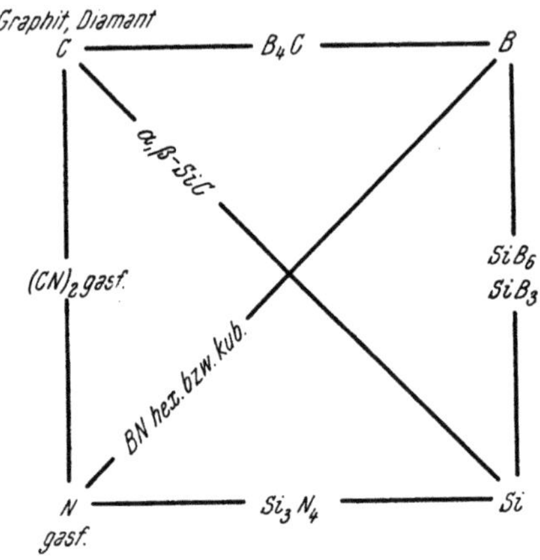

Abb. 175. Kombination der Elemente Kohlenstoff, Stickstoff, Bor und Silizium zu nichtmetallischen Hartstoffen

Von den möglichen binären Kombinationen des Kohlenstoffs, Stickstoffs, Siliziums und Bors miteinander —, wobei man Borkarbid auch als „Kohlenstoffborid" und Siliziumkarbid als „Kohlenstoffsilizid" auffassen kann —, verbleiben noch die Verbindungen des Kohlenstoffs mit Stickstoff, des Bors mit Silizium und des Bors und Siliziums mit Stickstoff. Während Cyan $(CN)_2$ gasförmig und hexagonales Bornitrid BN graphitähnlich ist, haben SiB_6 (SiB_3), Si_3N_4 und BN kubisch (Borazon) Hartstoffcharakter.

Abb. 175 gibt die Zweistoffkombinationsmöglichkeiten der Elemente Kohlenstoff, Bor, Stickstoff und Silizium wieder. Während das Schrifttum über Siliziumkarbid[1] zahlreich ist, gibt es wenig

---

[1] Bibliography on Silicon Carbide. Carborundum Comp., Niagara Falls 1959.

grundlegende Arbeiten über Borkarbid B_4C[1,2], Siliziumnitrid Si_3N_4[3,4] und Siliziumborid SiB_6 (SiB_3)[5,6].

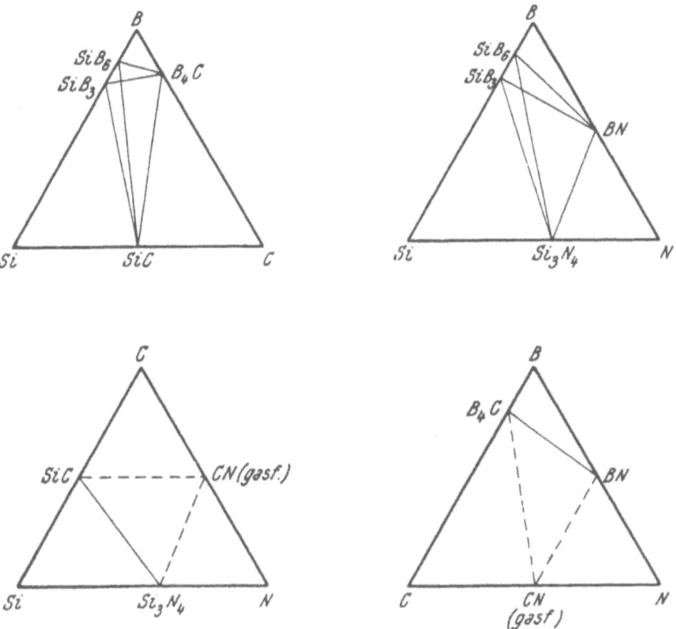

Abb. 176. Hypothetische Dreistoffsysteme zwischen den Elementen Kohlenstoff, Stickstoff, Bor und Silizium untereinander

Die Dreistoffsysteme Si-B-N, Si-B-C[7,8], Si-C-N und B-C-N sind praktisch noch nicht eingehender auf das Auftreten ternärer Phasen untersucht worden. Siliziumnitridgebundene Siliziumkarbidscheiben haben Eingang in die Praxis gefunden[9], während sich druckgesinterte

[1] DAWIHL, W.: In: Handbuch der Hartmetallwerkzeuge, Springer-Verlag. Berlin 1956, S. 358/69.

[2] ADLASSNIG, K.: Planseeber. Pulvermetallurgie **6** (1958), S. 92/103. Österr. Chem. Ztg. **60** (1959), S. 69/73.

[3] COLLINS, J. F. u. R. W. GERBY: J. Metals 7 (1955), S. 612/15.

[4] FRANGOS, T. F.: Materials Design Engng. 47 (1958), Nr. 1, S. 115/17.

[5] GUREWITSCH, M. A., V. A. EPELBAUM u. B. F. ORMONT: Zur. Neorg. Chim. 2 (1957), S. 206/08.

[6] CLINE, C. F.: Nature **181** (1958), S. 476/71. J. Electrochem. Soc. **106** (1959), S. 322/25.

[7] ORMONT, B. F., V. A. EPELBAUM u. I. G. SCHAFRAN: In: Bor, Moskau 1958, S. 177/81, 182/88.

[8] PORTNOJ, K. I., G. V. SAMSONOV u. L. A. SOLONNIKOVA: Zur. Neorg. Chim. **5** (1960), S. 2032/41.

[9] Carborundum Comp.: Advanced Materials Techn. 3 (1960) Nr. 3.

SiC-B$_4$C-Körper[2,10] noch nicht als Sonderhartstoffe durchgesetzt haben.

Auch die Randsysteme Si-C[11-14], B-C[2,15-19], B-N[20,21], Si-N[22-24] und B-Si[5,6,25,40] sind erst mangelhaft geklärt. Es scheinen nur die Verbindungen SiC, B$_4$C, BN[26,27,38,39] und Si$_3$N$_4$[28-31] in verschiedenen Modifikationen und im System Si-B die Phasen SiB$_6$[6,32,33] und eventuell SiB$_4$[34,41-43] und SiB$_3$[5,32,35] zu existieren.

Ternäre oder quaternäre Verbindungen treten anscheinend zahlreich bei Anwesenheit von Sauerstoff auf. Es sei auf die Phase Si$_2$ON verwiesen.

Abb. 176 gibt mögliche Schnitte in den 4 Dreistoffsystemen wieder, wobei die gelungene Drucksynthese des Kohlenstoffes zum Diamant[36] und die des hexagonalen Bornitrids zum kubischen Borazon[26], d. h. die gemeinsame Anwendung von hohem Druck und hoher Temperatur, ebenso interessante technische Möglichkeiten erwarten läßt, wie ein allfälliges Arbeiten unter hohen Stickstoffdrucken.

Betrachtet man die Verbindung der 3b-Metalle mit Stickstoff die sog. III-V-Verbindungen vom Typ BN, AlN, GaN und InN, so stößt man im AlN[27] auf einen nicht uninteressanten *Sonderhartstoff*, dem sich bei der Überprüfung der Karbide noch das harte Be$_2$C[37] in letzter Zeit zugesellt.

Diamant und Korund kommen als *natürliche Hartstoffe* bzw. Mineralien vor, während SiC und B$_4$C, wie die meisten metallischen Hartstoffe, als *synthetische Hartstoffe*, Produkte der modernen Hochtemperaturchemie bzw. -metallurgie sind. Der natürliche Korund tritt heute zunehmend hinter den *synthetischen Schmelzkorund* und die *Sintertonerde (Sinterkorund)* zurück. Der *synthetische Diamant*, ein alter Wunschtraum der anorganischen Chemiker, ist seit Jahren schon, dank der Pionierarbeiten der General Electric-Forscher[36] und von P. W. BRIDGEMAN, eine technische Realität geworden (vgl. Zahlentafel 1, S. 3).

[10] GANGLER, J. J., C. F. ROBARDS u. J. E. McNUTT: NACA Techn. Note 1911 (1949).

[11] BAUMANN, H. N.: J. Electrochem. Soc. **99** (1952), S. 109/14.

[12] NOWOTNY, H., E. PARTHÉ, R. KIEFFER u. F. BENESOVSKY: Mh. Chem. **85** (1954), S. 256/72.

[13] BROCHIN, I. S., u. V. F. FUNKE: Zur. Neorg. Chim. **3** (1958), S. 847/53, Tverdyje Splavy 1 (1959), S. 226/39.

[14] SCACE, R. I. u. G. A. SLACK: J. Chem. Physics **30** (1959), S. 1551/55.

[15] RIDGWAY, R. R.: Trans. Am. Electrochem. Soc. **66** (1934), S. 117/32.

[16] MEERSON, G. A. u. G. V. SAMSONOV: Izv. Sekt. Fiz. Chim. Anal. **22** (1952), S. 92/103.

[17-43] siehe Seite 551.

Der *Diamant* und der *Korund* — letzterer besonders als Sintertonerde — treten als Dreh- und Schleifwerkzeuge und als Werkstoffe
für verschleißfeste Werkzeugteile, wie z. B. Bohrer im Bergbau,
Ziehsteine, Führungsschienen, Gleitrollen, in Konkurrenz zu den
gesinterten Hartlegierungen[44]. *Borkarbid* und *Siliziumkarbid* haben
sich als Werkstoffe für die Zerspanungstechnik wegen ihrer vergleichsweise geringen Biegebruchfestigkeit nicht durchsetzen können[45].
Auf dem Gebiete der Verschleißbekämpfung begegnen wir jedoch

[17] GLASER, F. W., D. MOSKOWITZ u. B. POST: J. Appl. Physics **24** (1953),
S. 731/33.

[18] ZDANOV, G. S., G. A. MEERSON, N. N. ZURAVLEV u. G. V. SAMSONOV:
Zur. Fiz. Chim. **28** (1954), S. 1076/82.

[19] SAMSONOV, G. V.: Zur. Fiz. Chim. **32** (1958), S. 2424/29.

[20] TAYLOR, K. M.: Ind. Engng. Chem. **47** (1955), S. 2506/09, Materials
and Methods **43** (1956), Nr. 1, S. 88/90.

[21] MEERSON, G. A., G. V. SAMSONOV u. N. J. ZEITINA: Ogneupory **20** (1955),
S. 72/79.

[22] GLEMSER, O., K. BELTZ u. P. NAUMANN: Z. anorg. allg. Chem. **291** (1957),
S. 51/66.

[23] FUNKE, V. F. u. G. V. SAMSONOV: Zur. Obsch. Chim. **28** (1958), S. 267/72.

[24] BILLY, M.: Ann. Chim. **4** (1959), S. 795/851.

[25] SLEPTCOV, V. M. u. G. V. SAMSONOV: Dop. Akad. Nauk Ukr. RSR (1959),
S. 982/83.

[26] WENTORF, R.: J. Chem. Physics **26** (1957), S. 956.

[27] RENNER, T.: Z. anorg. allg. Chem. **298** (1958), S. 22/23.

[28] LESLIE, W. C., K. G. CARROLL u. R. M. FISHER: J. Metals **4** (1952),
S. 204/06.

[29] VASSILIOU, B. u. F. G. WILDE: Nature **179** (1957), S. 435/36.

[30] FORGENG, W. D. u. B. F. DECKER: Trans. Met. Soc. Am. Inst. Met. Eng.
212 (1958), S. 343/48.

[31] RUDDLESON, S. N. u. P. POPPER: Acta Cryst. **11** (1958), S. 465/68.

[32] SAMSONOV, G. V. u. V. P. LATYSCHEVA: Dokl. Akad. Nauk SSSR **105**
(1955), S. 499.

[33] ADAMSKY, R. F.: Acta Cryst. **11** (1958), S. 744/45.

[34] COLTON, E.: J. Am. Chem. Soc. **82** (1960), S. 1002.

[35] MOISSAN, H. u. A. STOCK: Compt. Rend. **131** (1900), S. 139.

[36] BOVENKERK, H. P., F. P. BUNDY, H. T. HALL, H. M. STRONG u. R. H.
WENTORF: Nature **176** (1955), S. 51; **184** (1959), S. 1094/98.

[37] COOBS, J. H. u. W. J. KOSHUBA: J. Electrochem. Soc. **99** (1952), S. 115/20.

[38] MILLEDGE, H. J., E. NAVE u. F. H. WELLER: Nature **184** (1959), S. 715.

[39] VICKERY, R. C.: Nature **184** (1959), S. 268.

[40] BROSSET, C. u. B. MAGNUSSON: Nature **187** (1960), S. 54/55.

[41] MATKOVICH, V. I.: Acta Cryst. **13** (1960), S. 679/80.

[42] CLINE, C. F. u. D. E. SANDS: Nature **185** (1960), S. 456.

[43] RIZZO, H. F. u. L. R. BIDWELL: J. Am. Ceram. Soc. **43** (1960), S. 550.

[44] s. a. GRODZINSKI, P. in K. KREKELER: Zerspanbarkeit der metallischen
und nichtmetallischen Werkstoffe, Springer-Verlag, Berlin 1951, S. 32/56.

[45] ADLASSNIG, K.: Planseeber. Pulvermetallurgie **6** (1958), S. 92/103,
Österr. Chem. Ztg. **60** (1959), S. 69/73.

Zahlentafel 111. *Eigenschaften von nichtmetallischen Hartstoffen im Vergleich zu Hartmetallen*

Hartstoff Hartmetall	Dichte g/cm³	Schmelzpunkt °C	Vickers-Härte kg/mm²	Biegebruchfestigkeit kg/mm²	Druckfestigkeit kg/mm²	Elastizitätsmodul kg/mm²	Wärmeleitfähigkeit cal/cm · sec · °C	Wärmeausdehnungskoeffizient $\beta \cdot 10^6$	Spez. elektr. Widerstand Mikroohm · cm
Diamant	3,52	3700 ± 100	10060[1]	~30	~200	~90000	0,33	0,9 b.1,18	10^{18}
Borkarbid	2,52	2450	H_M 3700	30	180	44800	0,066	6,0	$4 \cdot 10^8$
Siliziumkarbid	3,2	~2200	H_M 3500	10	140	48000	0,037	5,68	500
Sinterkorund	3,8—3,9	2050	H_M 2800	34	300	36500	0,047	7,8	10^{18}
Berylliumkarbid Be_2C	2,26	>2000	>SiC 2690[2]		74	35000	0,05	7,4	1100
Bornitrid hexag.	2,25	3000	2 Mohs			9000	0,068	4,3	10^{15}
BN kubisch	3,45	~3000	Diamant-ähnlich						
Aluminiumnitrid AlN		2400	R_A 99						10^{11}
Siliziumnitrid Si_3N_4	3,44	1900	>SiC R_A 99	Siliziumkarbid-ähnlich			0,045	2,4	10^6
Siliziumborid SiB_6	2,43	1950	1910[2]	Bor-ähnlich					200
Bor	2,34	~2000	~2000					8,3	10^{10}
Geschmolzenes Wolframkarbid	~16	~2800	1800—2000	30—40	~200	n. b.	0,07	4	~80
TiC heißgepreßt	4,9	3140 ± 90	H_M 3200	30—40	300	40000	0,041	n. b.	105
WC heißgepreßt	15,6	2800	1600—1800	30—50	300	72200		5,7 b.7,2	53
WC-Co 94/6	14,9		1600	170	500	60000	0,19	5	20
WC-Co 89/11	14,2		1400	190	460	58000	0,16	5,5	18

[1] Mikrohärte nach M. M. Kruschov und E. S. Berkovich: Zavod. Lab. 16 (1950), Nr. 2, S. 193/96.
[2] Knoop 100 g Belastung

wieder diesen beiden Karbiden, ersterem z. B. in Form von Sandstrahldüsen, letzterem als Füllstoff in Zementmischungen für Bodenbeläge. Beide Karbide finden jedoch in der Hartmetalltechnik bei der Bearbeitung von Werkzeugen und Ziehsteinen, dank ihrer Härte, als Schleifmittel reiche Anwendung[1]. Die Karborundumscheibe ist der verbreitetste Schleifwerkstoff für Werkzeuge mit aufgelöteten Hartmetallplättchen; das Borkarbid scheint sich immer mehr bei der Bearbeitung von Hartmetallziehsteinen, und zwar in reiner Form oder gemischt mit Diamant durchzusetzen.

Um die Eignung der nichtmetallischen Hartstoffe für Schneidlegierungen bzw. Verschleißzwecke prüfen zu können, sind die mechanischen und physikalischen Eigenschaften derselben in Zahlentafel 111 zusammengefaßt und einige klassische metallische Hartstoffe und Hartlegierungen vergleichsweise mit aufgeführt. Ferner sind auch noch Sonderhartstoffe wie Be_2C, kubisches Bornitrid BN, AlN, Si_3N_4 und SiB_6 berücksichtigt worden.

Die ersten vier aufgezählten nichtmetallischen Hartstoffe sind bereits als Schneidlegierungen versucht und eingesetzt worden. Während sich reines, geschmolzenes Borkarbid schlecht[2, 3, 4], gesintertes Aluminiumoxyd[5] nur beschränkt, Siliziumkarbid überhaupt nicht bewährt hat, wird der Diamant noch heute in großem Umfange zum Feinbohren, Schlichten und Drehen von Sonderwerkstoffen, wie z. B. Glimmer, Glas, Quarz usw., verwendet. R. KIEFFER und F. KÖLBL[6] folgern im Zuge ihrer Untersuchungen über wolframkarbidfreie Hartmetalle daraus, daß zur Verwendbarkeit eines Hartstoffes oder einer Hartlegierung zur spangebenden Verformung nicht nur eine hohe Härte, sondern auch eine gewisse Mindestbiegebruchfestigkeit, -druckfestigkeit und -zähigkeit erforderlich sind. Die Festigkeitswerte des Diamanten scheinen die unteren Grenzwerte für eine einsatzfähige Schneidlegierung zu sein. Das Beispiel der gesinterten Tonerde bzw. von gesinterten Al_2O_3-Cr_2O_3-Körpern zeigt, daß eine Vickers-Härte von 2500 bis 3000 kg/mm² die zweite Mindestforderung für den Einsatz reiner, spröder Hartstoffe als Schneidlegierung darstellt[1].

Als verschleißfester Werkstoff für Ziehsteine, Uhrenlager und Bohrkronen im Bergbau usw., ist der Diamant allen anderen Hart-

[1] AGTE, C., R. KOHLERMANN u. E. HEYMEL: Schneidkeramik. Akademie Verlag Berlin 1959.

[2] DAWIHL, W. u. K. SCHRÖTER: Werkstattstechnik 31 (1937), S 201/04.

[3] DAWIHL, W.: In: Handbuch der Hartmetallwerkzeuge, Springer-Verlag, Berlin 1956, S. 358/69.

[4] ADLASSNIG, K.: Planseeber. Pulvermetallurgie 6 (1958), S. 92/103.

[5] z. B. „Degussit" der Deutschen Gold- und Silberscheideanstalt Frankfurt am Main. „Sintox" der B.S.A. Tools Ltd., Birmingham.

[6] KIEFFER, R. u. F. KÖLBL: Powder Met. Bull. 4 (1949), S. 4/17.

stoffen und Hartlegierungen trotz seiner relativ geringen Bruch-
festigkeit überlegen, vorausgesetzt, daß keine stoßartigen Beanspruchungen erfolgen. Für große Ziehsteine oder zum Schlagbohren
beispielsweise, eignet er sich nicht mehr, da er — abgesehen von
seinem hohen Preis bei großen Karatgewichten — die hohen Drucke
beim Grobzug und die Stöße beim Schlagbohren nicht mehr aufnehmen kann. Die mechanischen und physikalischen Eigenschaften
des gesinterten sowie des geschmolzenen Aluminiumoxyds erlauben
jedoch die erfolgreiche Verwendung dieses Hartstoffes zur Verschleißbekämpfung in Form von Rollen, Scheiben, Stäben, Gleit-
schienen, Lagern usw.; Schlag- und stoßartige Beanspruchungen werden jedoch nicht vertragen.

Borkarbid hat sich wie Siliziumkarbid als Schleifmittel und in
Konkurrenz zu den klassischen Hartlegierungen als Sandstrahldüsen-
Werkstoff durchsetzen können.

Versuche, Siliziumkarbid und Borkarbid mit zähen Metallen abzubinden, scheiterten ebenso wie die Erzeugung gesinterter Mischkristalle dieser Karbide mit Karbiden der vorbehandelten Übergangsmetalle aus metallurgischen Gründen.

Im einzelnen seien über die nichtmetallischen Hartstoffe noch die
folgenden Ergänzungen gebracht, wobei, wie schon eingangs erwähnt,
nur auf die Einsatzmöglichkeit derselben als Schneidlegierung und
verschleißfester Werkstoff Rücksicht genommen wird.

A. Diamant (natürlicher und synthetischer)

Der Diamant, der härteste aller bekannten Stoffe, ist ein natür-
liches, unter kosmischen Bedingungen (höchste Drucke und Temperaturen) entstandenes Mineral. Seine Synthese ist — abgesehen
von wenig beweiskräftigen Versuchen H. MOISSANs, Diamant durch
Kristallisation aus unter hohem Druck stehenden Metallschmelzen
zu gewinnen — erst in letzter Zeit gelungen[1].

Da die *Hochtemperatur-* und *Hochdrucksynthese* des Diamants von
grundsätzlicher Bedeutung ist, die Erzeugung des kubischen fast
diamantharten Bornitrids (Borazon) zur unmittelbaren Folge hatte,
und dieselbe sicher geeignet ist, weiteres Neuland auf dem Gebiete
der Sonderhartstoffe zu erschließen, sei hier etwas näher auf das
Verfahren eingegangen. Auch historische Gründe bewegen uns, etwas
weiter auszuholen, da H. MOISSAN, wie am Anfang des Buches und
oben ausgeführt, als „Vater" der hochschmelzenden Hartstoffe anzusehen ist und er sich auch schon frühzeitig intensiv, wenn auch nicht

---

[1] BOVENKERK, H. P., F. P. BUNDY, H. T. HALL, H. M. STRONG u. R. H.
WENTORF: Nature **176** (1955), S. 51; **184** (1959), S. 1094/98.

sehr erfolgreich, mit dem Problem der Synthese des Diamanten, diesem härtesten aller anorganischer Stoffe, befaßt hat.

Die Forscher der General Electric Comp.[1,2,3] verwendeten zur Diamantsynthese eine Hochdruck-Hochtemperatur-Drucksinterpresse, mit einer Matrizenanordnung, wie sie Abb. 177 zeigt. Die tellerartige

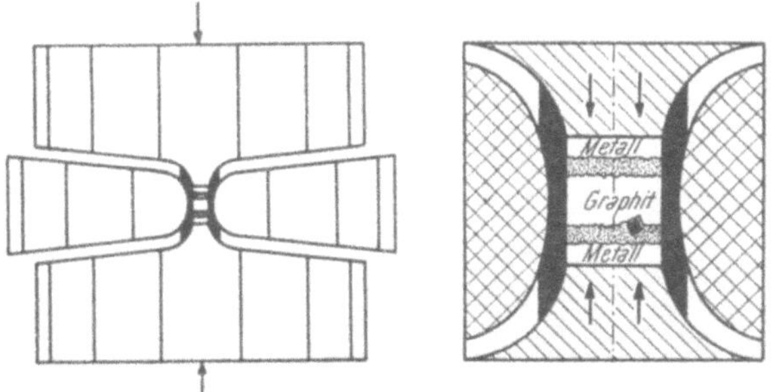

Abb. 177. Hochdruckeinrichtung zur Diamant-Synthese, schematisch. Links: Matrizenanordnung. Rechts: Detail des Reaktionsgefäßes (H. P. BOVENKERK, F. P. BUNDY, H. T. HALL, H. M. STRONG und R. H. WENTORF)

Matrize ist ebenso wie Ober- und Unterstempel aus Schrumpfringen aufgebaut (Prinzip BRIDGEMAN), wobei über die verwendeten Werkstoffe, vermutlich WC-Co-Hartlegierungen mit verschiedenen Kobaltgehalten, keine Angaben gemacht werden. Der hohe spezifische Druck (50.000 bis 100.000 Atm.) wird auf das kleine Reaktionsgefäß (Abb. 177r.) aufgebracht; letzteres wird durch direkten Stromdurchgang auf die benötigten hohen Temperaturen von 1200 bis 2400° gebracht und ist durch Keramik von der Matrize isoliert.

Nachdem verschiedene Methoden, wie die direkte Überführung von Graphit in Diamant, die Umsetzung von Lithiumkarbonat mit Lithium, die Dissoziation von Lithium- und Calziumkarbid, von Schwefelkohlenstoff usw. mit teilweisem Erfolg erprobt wurden, bewährte sich als Ausgangsmaterial eisenangereichertes Eisensulfid oder kohlenstoffangereichertes Nickel (Mineralisatoren). Die Diamanten bilden sich praktisch nicht in der Schmelze, sondern meist an der Zweiphasengrenze Graphit-kohlenstoffhaltige Schmelze bzw. an der Dreiphasengrenze Hartstoff-Graphit-kohlenstoffhaltige Schmelze bei einem bestimmten Temperaturgradienten. Es können z. B. als Hartstoffe auch hilfsmetallhaltige hochschmelzende Karbide wie Tantalkarbid mit Nickel-Kobalt-Bindelegierungen verwendet werden.

---

[1] BOVENKERK, H. P., F. P. BUNDY, H. T. HALL, H. M. STRONG u. R. H. WENTORF: Nature 176 (1955), S. 51; 184 (1959), S. 1094/99.

[2] KENNEDY, J. D.: Am. Machinist 103 (1959), S. 147/48.

[3] HALL, H. T.: Rev. Sci. Instr. 29 (1958), S. 267/75.

Die Autoren der General Electric Comp.[1] geben folgende spezielle bzw. günstige Bedingungen für die Synthese von Diamanten an.

1. Druck und Temperatur müssen für das gegebene System den thermodynamischen Bedingungen entsprechen, unter denen Diamant stabil ist.

2. Die Diamantwachstumsbedingungen müssen, z. B. für die kohlenstoffgesättigte Nickelschmelze, so liegen, wie das schraffierte Feld in Abb. 178 zeigt.

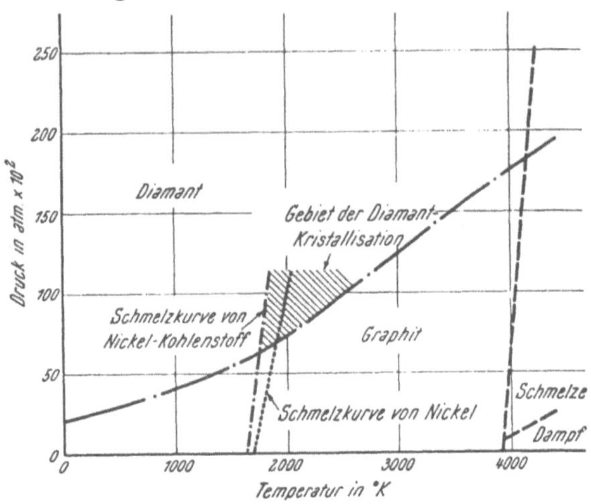

Abb. 178. p-T Zustandsschaubild von Kohlenstoff

3. Als katalytisch wirkende Metalle (Mineralisatoren) haben sich Chrom, Mangan, Eisen, Kobalt, Nickel, Ruthenium, Rhodium, Palladium, Osmium, Iridium und besonders Tantal bewährt.

4. Neue Diamanten bilden sich sowohl ohne als auch mit Keimkristallen.

5. Wenn Druck und Temperatur stärker in Richtung des Diamantgebietes (s. Schraffur in Abb. 178) verschoben werden, dann wächst die Keimbildungszahl und die Kristallisationsgeschwindigkeit, aber die Kristallgröße fällt.

6. Diamanten können sehr schnell, mit wenigstens 0,1 mm/min wachsen.

7. Der Übergang Kohlenstoff (Graphit) zu Diamant ist „quasidirekt", wobei zwischen Kohlenstoff und Diamant stets ein etwa 0,1 mm starker katalytisch wirkender Film (Mineralisator) vorhanden sein muß.

<hr>

[1] BOVENKERK, H. P., F. P. BUNDY, H. T. HALL, H. M. STRONG u. R. H. WENTORF: Nature **176** (1955), S. 51; **184** (1959), S. 1094/98.

8. Obwohl die treibende Hauptkraft der Umwandlung Graphit-Diamant thermodynamisch gesehen der Potentialunterschied zwischen Graphit und Diamant ist, spielen der Temperaturgradient im System und die temperaturabhängige Löslichkeit des Kohlenstoffes im Katalysatormetall eine Rolle.

9. Die Kohlenstoffqualität- bzw. -reinheit spielt eine gewisse Rolle; gewöhnlicher Graphit ist am günstigsten.

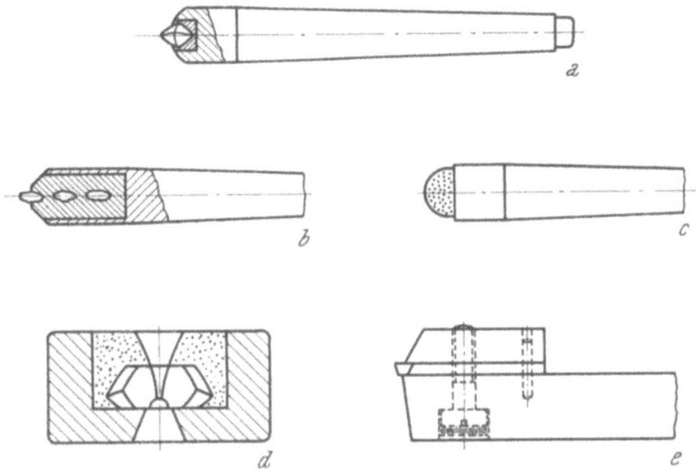

Abb. 179. Diamantwerkzeuge. *a*, *b*, *c* Verschiedenartige Abrichter. *d* Ziehstein. *e* Klemmwerkzeug

10. Aus kohlenstoffreichen Schmelzen scheiden sich oft Graphit bzw. Graphit und Diamanten aus, auch wenn thermodynamisch nur Diamantkristalle zu erwarten sind.

11. Die Diamantkristalle schließen gerne, besonders bei schnellem Wachstum, Fremdsubstanzen (Katalysatormetalle) ein.

12. Größe, Farbe und Kristallform der Diamanten hängen von den Arbeitsbedingungen ab, und sind stark temperaturabhängig[1].

Mittlerweile ist es auch an vier bis fünf anderen Stellen gelungen (Carnegie Inst., Norton Comp., Oppenheimer-Konzern, ASEA) synthetische Diamanten herzustellen, womit der Diamantsynthese ihr alchimistischer Nimbus genommen wurde[2].

Wir begegnen dem Diamanten in der metallbearbeitenden Industrie als Zieh- oder Zerspanungswerkstoff, wobei der Diamant in Spezialwerkzeuge eingelötet, eingeschrumpft, eingesintert oder durch Klemmfassungen gehalten wird (Abb. 179). Einzelheiten sind dem

[1] TOLANSKY, S. u. I. SUNAGAWA: Ind. Diamond Rev. **20** (1960), S. 7/13.
[2] LIANDER, H. u. E. DUNDBLAD: Arkiv Kemi **16** (1960), S. 139.

Schrifttum, insbesondere dem eingehenden Buch von P. GRODZINSKI[1], zu entnehmen. Hier wird auch auf die Verwendung des Diamanten als Lagerwerkstoff für Uhren und Instrumente, zum Schneiden und Sägen von Sonderwerkstoffen, als Prüfspitzen für Ritz- oder Eindruckhärtebestimmungen, zum Abrichten, Trennen und Bohren von Siliziumkarbid- und Korundscheiben, zum Gravieren, zum Gesteinsbohren im Bergbau, als Schleifmittel und letzten Endes als souveräner Werkstoff für Ziehsteine kleinen und kleinsten Durchmessers, näher eingegangen.

In größten Mengen wird Diamantkorn, eingebettet in metallische oder Kunststoffbinder für Schleifwerkzeuge aller Art verwendet, worüber ein umfangreiches Schrifttum existiert[2-4]. In diesem Zusammenhang sei lediglich noch auf die Bewährung des synthetischen Diamanten für Schleifzwecke hingewiesen[5-8]. Die rauhe Oberfläche des etwas spröderen synthetischen Diamanten ergibt eine gute Einbettung, beispielsweise in Kunststoffbindern und eine gute Ausnutzung der Einzelkörner.

In Verbindung mit Hartlegierungen auf Wolframkarbid-Hilfsmetallbasis findet der Diamant als Abrichtwerkzeug und zum Bestücken von Bohrkronen reiche Verwendung. Neben groben, rundlichen Boartstücken oder Einzelkristallen in Oktaederform werden auch feinere Boart-Bruchstücke durch Drucksintern in verschleißfeste Hartmetallegierungen, die bis zu 40% Co, Ni oder Cu neben WC enthalten, eingebettet.

B. Borkarbid

Borkarbid wird gewöhnlich im elektrischen Widerstandsofen durch Umsetzen von entwässerter Borsäure mit Kohlenstoff in geschmolzener Form gewonnen[9,10,11]. Das Schrifttum über Borkarbid,

---

[1] GRODZINSKI, P.: Diamond Tools, N.A.G., Press, London 1944.

[2] Diamantschleifscheiben und Schleifstifte. AWF Berlin 1956.

[3] FRITSCH, O. u. O. FOGLAR: In: W. DAWIHL und E. DINGLINGER: Handbuch der Hartmetallwerkzeuge. Springer-Verlag, Berlin 1956, Bd. 2, S. 370/402.

[4] KLEINSCHMIDT, B.: Metall 14 (1960), S. 25/36.

[5] MATTHEWS, N. A. u. N. LEVENTHAL: Machinery 93 (1958), S. 552/56.

[6] MUELLER, J. u. J. RIPPLE: Am. Machinist 103 (1959), S. 149/54.

[7] PAHLITZSCH, G.: Werkstattstechn. 49 (1959), S. 241/47.

[8] LEVENTHAL, N. L.: Tooling Prod. 26 (1960), S. 61/63. Carbide Engng. 12 (1960), Nr. 6, S. 26/30.

[9] DAWIHL, W.: In: Handbuch der Hartmetallwerkzeuge, Springer-Verlag, Berlin 1956, S. 358/69.

[10] SAMSONOV, G. V.: Ukrain. Chim. Zur. 24 (1958), S. 659/64.
MEERSON, G. A. u. G. V. SAMSONOV: In: Bor, Moskau 1958, S. 52/57.

[11] ADLASSNIG, K.: Planseeber. Pulvermetallurgie 6 (1958), S. 92/103. Österr. Chem. Ztg. 60 (1959), S. 69/73.

seine Herstellung, die Formel und den Gitteraufbau ist spärlich, und zum Teil stark widersprechend. Durch die Untersuchungen von R. R. Ridgeway[1] scheint die Formel B_4C und durch H. K. Clark, T. L. Hoard und S. Geller[2], G. S. Zdanov und N. G. Sevastianov[3] ein eigener Gittertyp mit rhomboedrischer Struktur gesichert. K. Adlassnig[4] findet in allen gesinterten und geschmolzenen, stöchiometrischen und kohlenstoffreichen Proben nur das B_4C-Gitter. Bei borreichen Proben (es sei an die früher vermutete Formel B_6C erinnert[5]) liegt ein Kohlenstoffunterschußgitter vor.

F. W. Glaser, D. Moskowitz B. Post[6] beobachteten in druckgesinterten Bor-Kohlenstoff-Proben in Übereinstimmung mit R. R. Ridgeway[1], H. K. Clark und J. L. Hoard[2] sowie A. W. Laubengayer und Mitarbeiter[7], ein Maximum der Dichte in der Nähe von B_4C, bzw. $B_{4-x}C$. Zwischen 4 und 28 At.-% C war eindeutig nur ein B_4C-Gitter zu sehen, welches als Lösung von Kohlenstoff in Bor gedeutet wird.

Eingehende Untersuchungen über das System Bor-Kohlenstoff stammen von russischen Forschern, welche auch den Versuch gemacht haben, ein Zustandsdiagramm aufzustellen[8,9]. Ein Eutektikum zwischen B_4C ($B_{12}C_3$) und einer höher C-haltigen Verbindung soll bei 31% C und 2150° liegen[9]. Aus röntgenographischen Befunden wird ferner auf ein Borkarbid $B_{13}C_2$ geschlossen[10].

Die Mikrohärte und Sprödigkeit des Borkarbids wächst von B_4C nach Richtung $B_{4+x}C$, so daß vom Standpunkt der Schleiftechnik einem höher borhaltigen Produkt der Vorzug zu geben wäre.

---

[1] Ridgeway, R. R.: Trans. Am. Electrochem. Soc. **66** (1934), S. 117/32.

[2] Clark, H. K. u. J. L. Hoard: J. Am. Chem. Soc. **65** (1943), S. 2115/49.

[3] Zdanov, G. S. u. N. G. Sevastianov: Compt. Rend. Akad. Nauk SSSR. **32** (1941), S. 432/34.
Zdanov, G. S., N. N. Zuravlev u. L. S. Sevin: Dokl. Akad. Nauk SSSR **92** (1953), S. 767/68.
Zdanov, G. S., G. A. Meerson, N. N. Zuravlev u. G. V. Samsonov: Zur. Fiz. Chim. **28** (1954), S. 1076/82.

[4] Adlassing, K.: Planseeber, Pulvermetallurgie 6 (1958), S. 92/103. Österr. Chem. Ztg. **60** (1959), S. 69/73.

[5] Allen, R. D.: J. Am. Chem. Soc. **75** (1953), S. 3582/83.

[6] Glaser, F. W., D. Moskowitz u. B. Post: J. Appl. Physics **24** (1953), S. 731/33.

[7] Laubengayer, A. W., D. T. Hurd, A. E. Newkirk u. J. L. Hoard: J. Am. Chem. Soc. **65** (1943), S. 1924/31.

[8] Meerson, G. A. u. G. V. Samsonov: Izv. Sekt. Fiz. Chim. Anal. **22** (1952), S. 92/103.
Samsonov, G. V., N. N. Zuravlev u. I. G. Amnuel: Fiz. Metallov Metalloved. **3** (1956), S. 309/13.

[9] Samsonov, G. V.: Zur. Fiz. Chim. **32** (1958), S. 2424/29.

[10] Kudrjacev, B. I. u. G. V. Sofronov: Berichte Sem. hochwarmfeste Werkstoffe, Kiew 1960, Bd. 5, S. 52/64.

Für die Erzeugung von komplizierten dichten Borkarbidform-
körpern kommt weder das Schmelzen noch das Normalsintern gepreßter Körper, sondern ausschließlich das Drucksinterverfahren in
Frage[1,2]. Die Teile sind fast vollkommen dicht, und lassen sich
hochglanzpolieren.

Eingehendere Versuche über das Verhalten von Borkarbid als
Werkzeugstoff stammen von W. Dawihl und K. Schröter[3]. Die
Verfasser drehten mit geschmolzenen Borkarbidstücken Glas, Stahl
und Grauguß und stellten, unabhängig von den großen Schwierigkeiten beim Schleifen der Borkarbidformstücke, große Fasenstumpfun-
gen und eine starke Empfindlichkeit gegen hohe Vorschübe fest.
K. Adlassnig[1] erhält verhältnismäßig gute Ergebnisse beim Bearbeiten von Elektrographit mit Borkarbidwerkzeugen, deren Schneid-
kanten allerdings stark zur Schartenbildung neigen.

Auch Ziehsteine aus Borkarbid wurden gegenüber Hartmetallziehsteinen, insbesondere beim Wolframdrahtzug, eingesetzt und
erwiesen sich als stark unterwertig. In Abrichtwerkzeugen für
Schleifscheiben zeigen Borkarbideinsätze eine gewisse anfängliche
Arbeitsleistung; sie stumpfen jedoch zu schnell. Sandstrahldüsen aus
geschmolzenem Borkarbid[4] oder druckgesintertem Borkarbid sind
Hartmetalldüsen gegenüber gleichwertig und in Sonderfällen überlegen. Ferner wurden auch Lehren, Fadenführer und sonstige Verschleißteile aus Borkarbid hergestellt[2,5].

Zahlentafel 112. *Leistung verschiedener Schleifpulver bei der Bearbeitung von
Diamant- bzw. Hartmetallziehsteinen* (W. Dawihl u. K. Schröter)

Schleifpulver Korngröße 10 bis 20 µ	Arbeitswert bei der Bearbeitung von	
	Diamantziehsteinen	Hartmetallziehsteinen
Diamant	10	10
Borkarbid	0,06	6,5
Siliziumkarbid	0,02	0,2

Endlich wurde auch Borkarbid als Schleifmittel im Vergleich zu
Diamant und Siliziumkarbid untersucht. Die in Zahlentafel 112
angeführten Ergebnisse zeigen, daß Borkarbid ein brauchbares
Schleifmittel für Hartmetallziehsteine ist[1]. Allein oder gemischt

---

[1] Adlassnig, K.: Planseeber. Pulvermetallurgie **6** (1958), S. 92/103.
[2] Dawihl, W.: In: Handbuch der Hartmetallwerkzeuge, Springer-Verlag,
Berlin 1956, S. 358/69.
[3] Dawihl, W. u. K. Schröter: Werkstattstechn. **31** (1937), S. 201/04.
[4] Kieffer, R. u. F. Kölbl: Powder Met. Bull. 4 (1949), S. 4/17.
[5] Samsonov, G. V.: Vestn. Maschinostroj. **37** (1957), Nr. 3, S. 24/28.

mit Diamant hat es sich in der Praxis in den letzten Jahren durchsetzen können. Große Hartmetallziehsteine, Rohrzugmatrizen usw. werden heute vornehmlich mit Borkarbidaufschlämmungen oder -pasten poliert[1,2].

C. Siliziumkarbid

Siliziumkarbid wird üblicherweise in großen elektrischen Widerstandsöfen mit horizontal gegenüber angeordneten Graphitelektroden aus einem pulverförmigen Gemisch von Kohle, Quarzsand, Kochsalz, und Sägemehl hergestellt.

In Form von meist keramisch, neuerdings auch mit Siliziumnitrid[3], gebundenen Schleifscheiben begegnen wir dem Siliziumkarbid bei der schleifenden Bearbeitung von Hartmetallwerkzeugen. Organisch gebundene, dünne Siliziumkarbidscheiben (0,5—2 mm), dienen zum Trennschneiden von hochschmelzenden Metallen, z. B. Wolfram und Molybdän, und anderen sprödharten Werkstoffen.

Das zweite Hauptanwendungsgebiet für Siliziumkarbid bilden hochwarmfeste Ofensteine und Formstücke, z. B. in Form von elektrischen Heizleitern (Silit- und Globarstäbe) sowie Tiegel[4]. Auf diesen Verwendungsfall wird im Bd. Hartmetalle noch zurückgekommen.

Zur Verschleißbekämpfung werden Siliziumkarbidkristalle den obersten Schichten von Zementfußböden zugemischt und bewirken, besonders bei abschüssigen, stark begangenen Böden und auch bei nassem Wetter ein sicheres Gehen. Auch bei Zementwänden in Wasserkraftanlagen haben sich Siliziumkarbidzuschläge wegen der starken Wasser-Sand-Erosion bestens bewährt.

Die Hartmetallforscher haben es nicht an vielen Versuchen fehlen lassen, die hohe Härte des Siliziumkarbids für Schneidlegierungen auszuwerten. Da Siliziumkarbid ebenso wie Borkarbid praktisch in allen Zähmetallen unlöslich ist, gelingt es nicht dasselbe metallisch abzubinden[5,6]. Auch die Mischkristallbildungsneigung ist ebenso gering wie beim Borkarbid und schließt damit eine Verwendung als Zusatzkarbid in Form fester Lösungen aus. Bei hohen Zusätzen von Zähmetallen gelingt es jedoch, durch Drucksintern Verbundwerkstoffe, Siliziumkarbid-Metall bzw. Siliziumkarbid-Metallegierungen herzustellen, denen vielleicht als Hochtemperaturwerkstoff eine gewisse Bedeutung zukommen wird (vgl. Bd. Hartmetalle).

---

[1] SCHWARZ, A.: Feinwerktechn. **55** (1951), S. 138/42.

[2] SAMSONOV, G. V.: Maschinostroj., Priborostroj, Kiew, 1957, S. 21/24.

[3] WASHBURN, M. E. u. R.W. LOVE: Grits and Grinds **51** (1960), Nr. 8, S. 7/10.

[4] EASTER, G. J.: J. Metals 7 (1955), S. 805/10.

[5] ALLIEGRO, R. A., L. B. COFFIN u. J. R. TINKLEPAUGH: J. Am. Ceram. Soc. **39** (1956), S. 386/89.

[6] ADLASSNIG, K.: Österr. Chem.-Ztg. **60** (1959), S. 69/73.

D. Aluminiumoxyd

Aluminiumoxyd (Al_2O_3) kommt in der Natur als *Korund* vor. Er ist selten völlig rein, sondern meist durch Fe_2O_3, TiO_2 u. a. verunreinigt. Die unreineren Varietäten werden als *Schmirgel* bezeichnet und finden als Schleifmittel Verwendung. Schön ausgebildete, durchsichtige, durch Spuren von Oxyden gefärbte Kristalle sind wertvolle Edelsteine (weißer und blauer Saphir, blutroter Rubin).

Natürlicher, insbesondere aber künstlicher Korund hat wegen seiner hohen Härte (nach MOHS 9) und wegen des hohen Schmelzpunktes (2050°) große technische Bedeutung. Die Herstellung von künstlichem Korund kann entweder durch Schmelzen oder Sintern erfolgen. Ausgangsmaterial ist reines Aluminiumoxyd ($> 99,5\%$ Al_2O_3, Verunreinigungen SiO_2, Na_2O, Fe_2O_3), welches durch alkalischen Aufschluß von Bauxit gewonnen wird[1]. Große, meist gefärbte Korundkristalle werden im Knallgasgebläse nach dem VERNEUIL-Verfahren erschmolzen und finden als Schmucksteine, Uhrenlager und für kleine Verschleißteile Verwendung. Der im großen, durch Schmelzen im Lichtbogenofen hergestellte mehr oder weniger verunreinigte weiße bis dunkelbraune Elektrokorund (Firmenbezeichnungen: Alundum, Abrasit, Corubin u. a.) ist neben Siliziumkarbid das wichtigste Ausgangsmaterial für die Schleifmittelindustrie. Er dient ferner als Zusatz in feuerfesten Erzeugnissen.

Der sogenannte *Sinterkorund* oder die *Sintertonerde* wird nach den in der Keramik üblichen Verfahren hergestellt. Das reine Aluminiumoxyd wird durch eine entsprechende Aufbereitung, meist Naßmahlung mit verdünnter Salzsäure oder Salpetersäure in einen teilplastischen Zustand überführt und dann nach dem Schlickerverfahren verarbeitet. Mit geringerem Flüssigkeitszusatz wird es auf Strangpressen zu Profilen oder mit sehr geringer Befeuchtung nach dem Trockenpreßverfahren zu Formkörpern verpreßt. Die Hochsinterung der getrockneten, gegebenenfalls vorgesinterten und fertiggeformten Körper erfolgt bei Temperaturen über 1900° in gasgefeuerten Spezialöfen mit MgO-Muffeln[2]. Reine Tonerde und auch Aluminiumoxyd-Metallkarbid-Verbundkörper lassen sich auch bequem in reduzierender oder neutraler Atmosphäre in Kohlerohrkurzschlußöfen und auch in Vakuum-Spezialöfen sintern.

Für Verschleißteile und Zerspanungszwecke wird dem Aluminiumoxyd neben 0,5 bis 3% SiO_2, MgO, MgF_2 usw., oft etwas Cr_2O_3 zugesetzt.

---

[1] RYSCHKEWITSCH, E.: Oxydkeramik der Einstoffsysteme, Springer-Verlag Berlin/Göttingen/Heidelberg 1948, S. 71 ff.

[2] RYSCHKEWITSCH, E.: Schweizer Arch. Angew. Wiss. Technik **5** (1939), S. 203.

Der rot-violett gefärbte Mischkristall, „Sinterrubin" genannt, ist etwas härter als der normale farblose Sintersaphir. Der Sinterrubin ist praktisch dicht. Das Gefüge ist polykristallin und besteht aus Kristallen von etwa 15 μ Durchmesser. Über metallische Zusätze wie Molybdän, Mo_2C-WC-Gemengen, Titan und Titankarbid, finden sich Einzelheiten in der neueren Literatur über Schneidkeramik[1,2] (vgl. auch die Ausführungen im Bd. Hartmetalle).

Wegen der hohen Härte und hervorragenden chemischen Beständigkeit sind Sintertonerde, Sinterrubin und ähnliche Keramiken hervorragende Werkstoffe für Verschleißteile. Bereits 1913 wurde der Vorschlag gemacht, Ziehsteine aus diesem Material herzustellen[3]. Größere Verbreitung haben derartige Steine nicht gefunden, wenn auch neuerlich diese Anwendung wieder propagiert wird[4]. Dagegen haben sich Fadenführer aus Sintertonerde in verschiedenster Form in der Textilindustrie sehr gut bewährt[5,6]. Sie werden auch von stark verschleißend wirkenden Natur- und Kunstfasern (z. B. TiO_2- haltige Kunstseide) kaum angegriffen und sind gegen die stark aggressiven Spinnbäder völlig beständig. Weitere Teile, die aus Verschleißgründen aus Sintertonerde hergestellt werden, sind z. B. Drahtführungsnippel in Kabelmaschinen sowie hochbeanspruchte Lager und Führungsbüchsen, welche nicht „fressen" sollen.

Weitere Anwendungen von Sinterrubin und Keramiken auf Tonerdebasis sind Abziehsteine in verschiedensten Formen und kleine Rundschleifscheiben, ferner Feinabrichter mit Sinterrubinrollen als Ersatz für Diamantabrichter[7].

Die hohe Härte des Korundes (2500 bis 2800 kg/mm^2) ließ erwarten, daß er sich auch für die spanabhebende Bearbeitung von verschiedenen Werkstoffen eignet[8]. Die Schwierigkeiten im Einsatz liegen darin, daß dieser keramische Werkstoff sehr spröde ist und daß man Platten nicht durch klassische Lötverfahren mit einem metallischen Meißelschaft verbinden kann. Man muß die Platten entweder in Klemmfassungen befestigen oder mittels Kunstharzen auf dem Werkzeugschaft aufkitten. Auch die Verbindung mittels geeigneter Emaillen

[1] AGTE, C., R. KOHLERMANN u. E. HEYMEL: Schneidkeramik, Akademie-Verlag, Berlin 1959.

[2] KÖLBL, F.: Planseeber. Pulvermetallurgie **6** (1958), S. 48/66

[3] D.R.P. 284 808 (1913).

[4] Prospekt „Sintox", B.S.A. Tools Ltd., Birmingham 1951

[5] JAEGER, G.: Z. Ver. dtsch. Ing. **89** (1945), S. 19/22.

[6] GEIGER, A.: Melliands Textilber. **31** (1950), S. 671/73.

[7] Prospekt „Degussit-Abziehsteine", Deutsche Gold- und Silberscheideanstalt Frankfurt am Main.

[8] OSENBERG, W.: Maschinenbau, Betrieb **17** (1938), S. 127/30.

wurde vorgeschlagen[1]. Nach K. KONOPICKY[2] lassen sich Tonerde-plättchen durch eine Art „Klemmlötung" befestigen. Man legt die Plättchen in U-förmige Ausnehmungen von Stahlträgern ein und lötet ein Verschlußstück aus Stahl auf, wobei durch die Lötspannungen und das kapillar eingedrungene Lot die Tonerdeplatte festgehalten wird.

Bei der Zerspanung von Stahl und Gußeisen haben sich Sinter-tonerde- und Sinterrubinschneiden wegen der geringen Biegebruch-festigkeit (etwa 15 bis 30 kg/mm²) und Stoßempfindlichkeit nicht bewährt. Entwicklungen in Richtung einer hohen Biegebruchfestigkeit von etwa 40 bis 60 kg/mm² erschienen aussichtsreich. Versuche im zweiten Weltkrieg Granaten mit Sintertonerdeplättchen zu drehen, schlugen durch meist sofortiges Ausbrechen der Schneide fehl. Dagegen ist bei Bearbeitung höchstverschleißend wirkender Werkstoffe, wie gefüllte Kunststoffe, Hartpapier, Kunstkohle, Graphit, Preßholz, Glimmer und ähnlichem, die Sintertonerde und der Sinterrubin als Schneidwerkstoff sogar dem Hartmetall überlegen. Während man mit Sinterhartmetall, z. B. beim Drehen von Graphit, 23 Werkstücke bearbeiten konnte, zeigte bei Verwendung von mit Sinterrubin bestückten Werkzeugen die Schneide auch nach 89 bearbeiteten Stücken noch keinen merklichen Verschleiß[3,4]. Auch bei der Bear-beitung von Leichtmetallegierungen sollen sich nach K. KONOPICKY[2] Sintertonerdeplättchen wegen der möglichen sehr hohen Drehge-schwindigkeiten vorzüglich geeignet haben. Es versteht sich von selbst, daß das einwandfreie Zuschleifen von Schneiden an Tonerde-plättchen, insbesondere der Feinst- und Läppschliff, nur mit Diamant-scheiben möglich ist.

Nach dem zweiten Weltkrieg erlebten keramische Schneidplättchen auf Aluminiumoxydbasis (Schneidkeramik) durch Forschungsarbeiten in Rußland, der Tschechoslowakei, Ungarn, der deutschen demokra-tischen Republik und später in Amerika, Deutschland, England, Frankreich, Schweden und Österreich eine Renaissance. Durch Variationen der Rohstoffe, Verfeinerung des Sinterkorunds, Ver-wendung von glasartigen Bindern, Verbesserung der Sintertechnik nach Richtung porenfreier Endprodukte ohne Kornvergröberung und nicht zuletzt durch Schaffung von Verbundkörpern aus Alu-miniumoxyd und hochschmelzenden Metallen bzw. Karbiden[5] gelang

---

[1] RYSCHKEWITSCH, E.: Oxydkeramik der Einstoffsysteme, Springer-Verlag Berlin/Göttingen/Heidelberg 1948, S. 147.

[2] KONOPICKY, K.: Unveröffentlichte Versuche aus dem Jahre 1943/44.

[3] Prospekt „Sintox", B.S.A. Tools Ltd., Birmingham 1951.

[4] Anonym: Machinist 94 (1950), S. 1264.

[5] AGTE, C., R. KOHLERMANN u. E. HEYML: Schneidkeramik. Akademie-Verlag, Berlin 1959.

es, die Biegebruchfestigkeit der Schneidkeramik tatsächlich um 100 bis 200% auf 40 bis 60 kg/mm² zu steigern. Mit diesen chemo-keramischen und metallurgischen Verbesserungen ging Hand in Hand die Verbesserung der Klemmfassungen und der Bearbeitungs-maschinen nach Richtung höherer Drehgeschwindigkeiten bei kleinen Vorschüben und entsprechender Schwingungsfreiheit.

Ob man sich dem konstruktiven Pessimismus von F. KÖLBL[1] oder dem gedämpften Optimismus von C. AGTE und Mitarbeitern[2], an-schließen soll, wird die Entwicklung der Zerspanungstechnik in den nächsten 10 Jahren zeigen. Eine Tatsache erscheint jedoch als sicher: die Schneidkeramik ist den Kinderschuhen entwachsen und hat ferner spröden Sonderhartmetallegierungen, insbesondere Wolframkarbid-armen und -freien Hartmetallegierungen, gegebenenfalls mit wenig Hilfsmetall, mit Biegebruchfestigkeiten von nur 80 bis 100 kg/mm² bei deren verstärkten Anwendung eine wertvolle Hilfestellung ge-leistet (vgl. die Ausführungen und Literatur im Bd. Hartmetalle).

Zusammenfassend kann man sagen, daß Sintertonerde sich für gewisse Verschließteile sehr gut bewährt hat und der Einsatz nicht nur bei der Zerspanung auf besonders erfolgversprechende An-wendungsfälle beschränkt bleiben wird, sondern daß dieser Werkstoff insbesondere in Form karbidhaltiger Schneidkeramik ein wertvoller Hochleistungsschneidwerkstoff geworden ist.

VIII. Prüfung von Hartstoffen

Mit der immer größer werdenden Bedeutung der metallischen Hartstoffe als Basis für Hartmetalle, hochwarmfeste und korrosions-beständige Werkstoffe sowie für elektrotechnische Zwecke war auch die eingehende Kenntnis derer Eigenschaften von besonderer Wichtig-keit. In den vorangehenden Abschnitten sind die Eigenschaftswerte der Karbide, Nitride, Boride und Silizide zusammengestellt worden. Für die Bestimmung der chemischen und physikalischen Kenngrößen dieser Stoffe haben sich im Laufe der Entwicklung — in Anlehnung an die bereits bekannten Prüfverfahren — bestimmte, den Eigenschaften der Hartstoffe und den Anforderungen der Hartstoffpraxis angepaßte Untersuchungs- und Prüfmethoden entwickelt[3]. Sowohl bei der Grundlagenforschung — beispielsweise bei der Aufstellung von Zu-standsdiagrammen — als auch bei der Betriebskontrolle von Hart-stoffen, sind genau und rasch arbeitende Prüfmethoden erforderlich.

---

[1] KÖLBL, F.: Planseeber. Pulvermetallurgie **6** (1958), S. 48/66.

[2] AGTE, C., R. KOHLERMANN u. E. HEYML: Schneidkeramik. Akademie-Verlag, Berlin 1959.

[3] SAMSONOV, G. V., A. T. PILLINENKA u. T. M. NAZARTSCHUK: Analyse harter, hochschmelzender Stoffe. Akad. Nauk Ukr. RSR., Kiew 1961.

In den nachfolgenden Abschnitten soll ein kurzer, aber geschlossener
Überblick über die besonders für metallische Hartstoffe gebräuchlichen
spezifischen Prüfverfahren gegeben werden. Im Hinblick auf die
zahlreich angezogene Literatur wird verzichtet, zu stark auf Einzelheiten einzugehen, um so mehr, als viele Prüfverfahren identisch
sind mit jenen für Hartmetalle. (Vgl. die Literatur bei den Eigenschaftstabellen der einzelnen Karbide, Nitride, Boride und Silizide
und vgl. Bd. Hartmetalle.)

1. Chemische Analyse

a) Karbide

Hauptsächlich interessiert bei diesen Hartstoffen der Gehalt an
gebundenem und *freiem Kohlenstoff*[1-5]. Die Bestimmung erfolgt bei
beiden Kohlenstoffarten (Gesamt-C — freier C = gebundener C)
durch Verbrennung, wobei von O. H. KRIEGE[6,7] die für die verschiedenen Karbide günstigsten Verbrennungstemperaturen angegeben wurden. Die Bestimmung des freien Kohlenstoffes bereitet in
solchen Fällen Schwierigkeiten, wo das Karbid in der HNO_3-HF-
Aufschlußsäuremischung nicht ganz löslich ist, wie z. B. beim Chromkarbid[8,9].

Auch für die *Bestimmung der Metalle* in den verschiedenen Karbiden existieren eingehende Analysenvorschriften, die sich im allgemeinen an die üblichen Bestimmungsmethoden anlehnen[2,6,10].
Einzelarbeiten beschäftigen sich mit der Untersuchung von WC[11],
TaC[12,3], VC[4], TiC-TaC-NbC[13], TiC-VC[14].

Die *Stickstoffbestimmung*[6] ist besonders in den Karbiden der
4a und 5a Metalle von Bedeutung, weil diese Metalle sehr stabile

[1] Handbuch für das Eisenhüttenlaboratorium, Stahleisen, Düsseldorf 1941,
Bd. 2, S. 388/91.

[2] TOUHEY, W. O. u. J. C. REDMOND: Analyt. Chem. 20 (1948), S. 202/06.

[3] SMIRNOVA, V. I. u. B. F. ORMONT: Zur. Anal. Chim. 9 (1954), S. 359/63.

[4] GUREWITSCH, M. A., B. F. ORMONT u. M. Z. NOCHIMOVSKAJA: Zur. Anal.
Chim. 11 (1956), S. 177/79.

[5] SICHA, M.: Hutnické Listy 10 (1955), S. 535/41.

[6] KRIEGE, O. H.: LA 2306 (1959).

[7] BUSH, G. H., D. G. HIGGS u. P. L. RENNLES: ARDE (M) 17/57 (1957).

[8] KOSOLAPOVA. T. J. u. S. V. RADZIKOVSKAJA: Zavod. Labor 26 (1960),
Nr. 2, S. 138/39.

[9] DUFEK, V. u. Z. MAREK: Hutnické Listy 14 (1959), S. 909/12.

[10] FUREY, J. J. u. T. R. CUNNINGHAM: Analyt. Chem. 20 (1948), S. 563/70.

[11] SHANAHAN, C. E. A.: Analyst 70 (1945), S. 421/23.

[12] HAMPL, V. u. V. DUFEK: Hutnické Listy 15 (1960), S. 300/01.

[13] SCHTSCHERBAKOVA, V. G. u. Z. K. STEGENKO: Zavod. Labor 26 (1960),
Nr. 2, S. 139/42.

[14] KOTLJAR, E. E., V. KOPYLOVA u. T. N. NAZARTSCHUK: Inf. Listok
Nr. 195, Kiew 1960.

Karbid-Nitrid-Mischkristalle zu bilden vermögen, was besonders beim TiC störend wirken kann. Einzelarbeiten beschäftigen sich mit der Stickstoffbestimmung in TiC[1,2], WC[1], TaC[3] und UC[4].

b) Nitride

Vorschriften für die Bestimmung des Stickstoffes, der Metalle und des Kohlenstoffes in Nitriden sind von O. H. KRIEGE[5] zusammengestellt worden. Die DUMAS-Verbrennungsmethode wird gewöhnlich dem nassen Aufschluß nach KJELDAHL vorgezogen[6].

Spezielle Arbeiten befassen sich mit der Analyse von Niobnitriden[7] Chromnitriden[8,9] und mit der Untersuchung von Nitriden aus Isolaten[10,11].

c) Boride

Eine Zusammenstellung der Untersuchungsmethoden für Boride auf ihren Gehalt an Bor, Metall und Kohlenstoff geben O. H. KRIEGE[5] und H. BLUMENTHAL[12] u. a.[13]. Die Borbestimmung erfolgt am vorteilhaftesten nach der von H. BLUMENTHAL[14] angegebenen Arbeitsweise. Einzelarbeiten befassen sich mit der Untersuchung von Titanboriden[15], Zirkoniumboriden[3,15,16], Niob und Tantalborid[15], Molybdänboriden[3,15], Chromboriden[15,17] und Wolframboriden[15].

[1] REDMOND, J. C., L. GERST u. W. O. THOUHEY: Ind. Engng. Chem., Anal. Ed. 18 (1946), S. 24/26.

[2] KLIBUK, A. Ch.: In: Untersuchung metallkeramischer Werkstoffe, Kiew 1959, S. 27/29, Inf. Listok Nr. 220, Kiew 1960.

[3] FALL, W.: Powder Met. Bull. 7 (1956), S. 88/89.

[4] ESCH, U. u. A. SCHNEIDER: Z. anorg. allg. Chem. 257 (1948), S. 254.

[5] KRIEGE, O. A.: LA 2306 (1959).

[6] POPOVA, O. I. u. G. T. KABANNIK: Zur. Neorg. Chim. 5 (1960), S. 930/34.

[7] ESSELBORN, R. u. G. BRAUER: Nach: Diss. R. ESSELBORN, Univ. Freiburg/ Br. 1958, S. 37/44.

[8] FOWLER, R. M., T. C. LANCASTER u. G. PORTER: In: Ductile Chromium Am. Soc. Met., Cleveland 1957, S. 121/28.

[9] POPOVA, O. I.: Inf. Listok Nr. 197, Kiew 1960.

[10] BEEGHLY, H. F.: Ind. Engng. Chem., Anal. Ed. 4 (1942), S. 137; Analyt. Chem. 21 (1949), S. 1513, 24 (1952), S. 1713/21.

[11] TYOU, P.. J. VANSTIPHOUT u. M. LASOMBLE: Rev. Univ. Mines 9 (1956), S. 641/52.

[12] BLUMENTHAL, H. u. W. FALL: Powder Met. Bull. 6 (1951), S. 48/50, 80/82.

[13] MATEJIČEK, F.: Chemie, tschech. 8 (1952), S. 87/88.

[14] BLUMENTHAL, H.: Analyt. Chem. 23 (1951), S. 992/99; J. Metals 4 (1952), S 140/42.

[15] FILIPENKO, A. T. u. L. N. KUGAJ: Ukr. Chim. Zur. 25 (1959), S. 786/88.

[16] KABRT, L. u. Z. MAREK: Hutnické Listy 15 (1960), S. 297/99.

[17] SCHTSCHERBAKOV, V. G. u. R. M. VEITSMAN: Tverdyje Splavy 1 (1959), S. 341/44.

d) Silizide

Über die Analyse der Silizide auf ihren Silizium- bzw. Metall-
gehalt, werden von O. H. Kriege[1] Angaben gemacht. L. N. Kugaj
und Mitarbeiter[2] geben Analysengänge für Chromsilizide und Vanadin-
silizide an.

M. K. Disen und G. F. Hüttig[3] prüften die Beständigkeit der
Disilizide gegen saure Aufschlußmittel, was im Hinblick auf die
Möglichkeiten zur Probenauflösung bei der Analyse von Wichtig-
keit ist.

2. Feinstruktur

Die Röntgenfeinstrukturuntersuchung hat bei der modernen
Hartstofforschung allergrößte Bedeutung erlangt, weil sie es erlaubt,
rasch und genau die Einheitlichkeit einer Phase, deren Reinheit
(Gitterkonstantenverlauf) sowie Umsetzungen aller Art (Mischkristallbildung, das Auftreten neuer Kristallarten) zu bestimmen.
Aus diesem Grunde basieren die meisten Hartstoffsystemuntersu-
chungen der letzten Jahre, neben Schmelzpunktsbestimmungen,
metallographischen Untersuchungen, Härte- und Widerstandsmes-
sungen, auf Röntgenbefunden, wobei in erster Linie Debye-Scherrer-
Pulveraufnahmen (asymmetrische Methode mit Kupfer, Chrom oder
Kobaltstrahlen) herangezogen werden. Für Grundlagenuntersuchun-
gen ist dabei die Filmmethode immer noch der Zählrohr-Goniometer-
technik in gewissen Punkten (Erkennung schwacher Linien) überlegen, obzwar letztere eine leichtere und viel raschere Abschätzung
der Intensitäten erlaubt.

Bei der Untersuchung von Umsetzungen bei erhöhter Temperatur
sind — beispielsweise im System U-C — Hochtemperaturröntgenuntersuchungen mit entsprechenden Kameras durchgeführt worden[4].

Zur Bestimmung der Lage leichter Elemente im Gitter (Wasserstoff, Kohlenstoff) ist in den letzten Jahren, mit der Entwicklung
der Reaktortechnik, auch bei der Untersuchung von Hartstoffen,
das Neutronenbeugungsverfahren eingeführt worden[5,6,7].

Für die Strukturaufklärung unbekannter Phasen verwickelter
Struktur sind natürlich Einkristallaufnahmen unerläßlich (Dreh-

---

[1] Kriege, O. A.: LA 2306 (1959).

[2] Kugaj, L. N., T. J. Kosolapova u. O. G. Seraja: In: Untersuchung
metallkeramischer Werkstoffe, Kiew 1959, S. 7/10, 46/49.

[3] Disen, M. K. u. G. F. Hüttig: Planseeber. Pulvermetallurgie 4 (1956),
S. 10/14.

[4] Wilson, W. B.: J. Am. Ceram. Soc. 43 (1960), S. 77/82.

[5] Austin, A. E.: Acta Cryst. 12 (1959), S. 159/61.

[6] Atoji, M. u. R. C. Medrud: J. Chem. Phys. 31 (1959), S. 332/37.

[7] Meinhardt, D. u. O. Krisement: Z. Naturforschg. 15 a (1960), S. 880/89.

kristall- und WEISSENBERG-Aufnahmen), wobei die Züchtung von Einkristallen bei Hartstoffen ein besonderes Problem darstellt. Beispielsweise ist es bei Siliziden gelungen, nach dem Kupfersilizidverfahren (LEBEAU-Verfahren) oder bei Karbiden und Karbidmischkristallen nach dem Menstruumverfahren (vgl. S. 220 u. 462) Einkristalle entsprechender Größe (1 bis 5 mm Länge) zu züchten. Auch aus Lunkern von Schmelzingots gelingt es manchmal, gut gewachsene Kristalle zu isolieren[1,2].

3. Dichte

Die Dichtebestimmung von Schmelz-, Normalsinter- oder Drucksinterproben aus Hartstoffen erfolgt meist nach der allgemein bekannten Auftriebmethode, wobei die Sinterkörper wegen ihrer meist vorhandenen Porosität mit Paraffin oder Kollodium überzogen werden müssen.

Viel schwieriger, aber für Strukturbestimmungen unerläßlich, ist die Bestimmung der Reindichte, die im allgemeinen nur an dem feinpulverisierten Hartstoff nach der Pyknometermethode erfolgen kann[3,4]. Bei der Wahl der Pyknometerflüssigkeit (Petroleum, Dekalin, usw.) muß besondere Sorgfalt aufgewendet werden, damit das Pulver gut benetzt wird und keine Lufteinschlüsse enthält.

4. Härte

Die Härtebestimmung ist bei den oft extrem harten und spröden metallischen Hartstoffen besonders schwierig und kann — weitgehend dichte Proben vorausgesetzt — nur nach einem Kleinlast- oder Mikrohärteprüf-Verfahren erfolgen. Da diese Prüfverfahren belastungsabhängige Härtewerte ergeben, können diese ohne Angabe der Prüflast nicht ohne weiteres untereinander und mit Makrohärtewerten verglichen werden. Über die Geräte und die Prüfmethoden der Mikrohärtebestimmung gibt es ein umfangreiches Schrifttum, wobei insbesondere auf die Arbeiten von H. BÜCKLE[5,6] verwiesen sei. Von diesem wurden auch an Einzelkarbiden sehr exakte Mikrohärtemessungen durchgeführt.

---

[1] KIEFFER, R., F. BENESOVSKY u. H. SCHMID: Z. Metallkunde **47** (1956), S. 247/53; 2. Plansee Seminar, Reutte/Tirol 1955, S. 154/65.

[2] NOWOTNY, H., R. KIEFFER, F. BENESOVSKY u. E. LAUBE: Mh. Chem. **89** (1958), S. 692/700.

[3] EHRLICH, P.: Z. anorg. Chem. **259** (1949), S. 1/41.

[4] ESSELBORN, R. u. G. BRAUER: Nach Diss. R. ESSELBORN, Univ. Freiburg/Br. 1958, S. 46/47.

[5] BÜCKLE, H.: Rev. Mét. **48** (1951), S. 957/65.

[6] BÜCKLE, H.: L'essai de microdureté et ses applications Min. de l'air, Paris 1960.

Weitere sorgfältige und sehr umfangreiche Messungen an fast allen metallischen Hartstoffen stammen von G. V. SAMSONOV und Mitarbeitern[1], wobei auch die Belastungsabhängigkeit der Härte bestimmt wurde. Aus der mikroskopischen Auswertung der Risse, die von den Härteeindrücken ausgehen, konnten auch Schlüsse auf die *Sprödigkeit* des betreffenden Hartstoffes gezogen und ein sogenannter „Sprödigkeitsfaktor" eingeführt werden.

5. Festigkeitseigenschaften

Die Zugfestigkeit und Dehnung wird man bei Hartstoffen wegen der schwierigen Probenherstellung und wegen des meist verformungslosen Bruches nur selten bestimmen. Einfacher ist die Bestimmung der *Biegebruchfestigkeit, Schlagfestigkeit*[2] oder der *Druckfestigkeit*[3], alle gegebenenfalls auch bei erhöhten Temperaturen. Ferner ist für Anwendungen in der Hochtemperaturtechnik die *Zeitstandfestigkeit* und *Kriechfestigkeit* von Interesse[4,5]. Für letztere Eigenschaften sind wegen der erwähnten Sprödigkeit besondere Einspannvorrichtungen und wegen der extrem hohen Prüftemperaturen besondere Öfen und Halterungen erforderlich[6]. Seltener wird der Elastizitätsmodul bestimmt[7,8].

6. Schmelzpunkt

Die Schmelzpunktsbestimmung wird bei Hartstoffen wegen der extrem hohen Schmelztemperaturen der Karbide, Nitride und Boride bzw. wegen der großen Reaktionsfähigkeit, auch der niedriger schmelzenden Silizide, außerordentlich erschwert. Die üblichen Methoden der thermischen Analyse kommen in Ermangelung eines geeigneten Tiegelmaterials und entsprechender Thermoelemente meist nicht in Frage.

Die klassische Methode der Bestimmung von Schmelzpunkten höchstschmelzender Stoffe ist die sogenannte „Bohrlochmethode" von

[1] SAMSONOV, G. V., V. S. NESCHPOR u. L. M. CHRENOVA: Hutnické Listy 14 (1959), S. 484/88; Fiz. Metallov Metalloved. 8 (1959), S. 622/30.

[2] AULT, G. M. u. G. C. DEUTSCH: J. Metals 6 (1954), S. 1214/26.

[3] VEREJKINA, L. L., V. N. RUDENKO u. G. V. SAMSONOV: Zavod. Labor. 40 (1960), Nr. 5, S. 620/21.

[4] GLENNY, E. u. T. A. TAYLOR: Powder. Met. (1958), Nr. 1/2, S. 189/226.

[5] GANGLER, J. J., C. F. ROBARDS u. J. E. McNUTT: NACA Techn. Note 1911 (1949), J. Am. Ceram. Soc. 33 (1950), S. 367/74.

[6] PFAFFINGER, K.: Planseeber. Pulvermetallurgie 3 (1955), S. 17/33.

[7] KÖSTER, W. u. W. RAUSCHER: Z. Metallkunde 39 (1948), S. 111/20.

[8] LANG, S. M.: Nat. Bur. Stand. Mon. Nr. 6 (1960).

M. Pirani[1,2]. Danach wird ein aus dem betreffenden Hartstoffpulver gepreßter Stab mit einer Bohrung versehen, im direkten Stromdurchgang unter Schutzgas so hoch erhitzt, daß das Innere des Stabes infolge der Wärmestauung zum Schmelzen kommt, was man durch Tropfenbildung im Loch beobachten kann. Die Schmelztemperatur kann dann pyrometrisch gemessen werden. Auf diese Weise sind die Schmelzpunkte vieler Karbide und Nitride, sowie deren Mischkristalle ermittelt worden. Die Methode hat den Nachteil, daß man verhältnismäßig viel Substanz zur Herstellung der Preßstäbe braucht, sie ist aber in neuerer Zeit mit Einführung der Mikropyrometer und entsprechend modifizierter Einspannvorrichtungen auch für kleine Probestäbchen anwendbar[3].

Nach G. V. Samsonov, V. S. Neschpor und V. A. Ermakova[4,5], kann man auch eine etwas modifizierte Heißpreßeinrichtung zur Schmelzpunktsbestimmung benutzen, in der man nach Art der Bohrlochmethode durch einen Schlitz in der Heißpreßmatrize das Schmelzen der Probe während der Erhitzung im direkten Stromdurchgang verfolgt. Die Methode versagt allerdings bei kohlenstoffempfindlichen Substanzen und die von den Autoren angegebenen Schmelzpunkte beispielsweise von Niobsiliziden, scheinen durch Karbidbildung tatsächlich etwas hoch zu liegen.

Wesentlich weniger Material braucht man für die von R. Kieffer und Mitarbeitern[6] angewendete „Segerkegelmethode", bei der kegelförmige Splitter von gesinterten Hartstoffproben in einem Kohlerohr- oder Wolframrohrofen auf Unterlagen aus Graphit oder Wolfram mit Zwischenschichten aus ThO_2 oder TiC rasch aufgeheizt werden und der Beginn des Schmelzens mit einem geeichten Mikropyrometer gemessen wird. Diese Methode ist mit gutem Erfolg anwendbar, wenn die Substanz während der kurzen Aufheizzeit nicht mit der Unterlage bzw. mit der Ofenatmosphäre (Wasserstoff, kohlenstoffenthaltende Gase, verunreinigtes Argon) reagiert und wenn die Probe keinen weiten Schmelzbereich hat. Trotz dieser Einschränkungen ist diese Methode gut brauchbar, und man kann vor allem recht genau Unterschiede im Schmelzpunktsverlauf von zwei oder mehr

---

[1] Pirani, M. u. H. Alterthum: Z. Elektrochem. **29** (1923), S. 5/8.

[2] Agte, C. u. H. Alterthum: Z. techn. Physik **11** (1930), S. 182/91.

[3] Savicki, E. M.: Persönliche Mitt. 1960.

[4] Samsonov, G. V., V. S. Neschpor u. V. A. Ermakova: Zur. Neorg. Chim. **3** (1958), S. 868/78.

[5] Samsonov, G. V. u. E. V. Petrasch: Metalloved. Obr. Metallov (1955), Nr. 4, S. 19/24.

[6] Kieffer, R., F. Benesovsky u. E. R. Honak: Z. anorg. allg. Chem. **268** (1952), S. 191/200.

Proben, die man gleichzeitig aufheizt, beobachten (Aufstellung einer Liquiduskurve).

Eine verfeinerte Methode der Schmelzpunktsbestimmung in einem Tantalofen beschreiben R. L. BICKERDICKE und G. HUGHES[1]. Die Probe wird in einer Platindrahtschlinge befestigt, in freiem Raum aufgehängt und langsam erhitzt. Die Temperaturmessung kann hier noch mit Platin-Iridium-Thermoelementen erfolgen, mit Wolframschlingen und Wolfram-Rhenium-Thermoelementen läßt sich diese Methode sicher auch bei hohen Temperaturen anwenden.

Praktisch bis zu den allerhöchsten Schmelztemperaturen ist die von G. A. GEACH und J. D. SUMMERS-SMITH[2] angegebene wertvolle Methode anwendbar. Eine kleine Probe wird dabei unter Edelgas in einem KROLL-Ofen (vgl. Abb. 17, S. 49) im Wolfram-Lichtbogen niedergeschmolzen und die Temperatur der Erstarrungsfront auf den Schmelzregulus pyrometrisch gemessen. Man kann auf diese Weise auch das Schmelzintervall zwischen Liquidus- und Soliduslinie erfassen.

7. Sonstige thermische Eigenschaften

Von den seltener bestimmten thermischen Eigenschaften wären der *Wärmeausdehnungskoeffizient*, den man dilatometrisch[3] oder röntgenographisch[4,5] bestimmen kann und ferner die *Wärmeleitfähigkeit*[6-9] und die *Temperaturwechselbeständigkeit*[10,11] zu erwähnen, welche in besonderen, dem Anwendungsfall angepaßter Geräte ermittelt werden.

8. Thermodynamische Eigenschaften

Die Bildungswärmen vieler Hartstoffe sind experimentell bestimmt worden (vgl. die zahlreiche Literatur bei den Eigenschaftstabellen). Diese Daten sind von Bedeutung, wenn man Voraussagen über die

---

[1] BICKERDICKE, R. L. u. G. HUGHES: J. Less-Common Met. 1 (1959), S. 42/49.

[2] GEACH, G. A u. J. D. SUMMERS-SMITH: J. Inst. Met. 80 (1951), S. 143/46; 2. Plansee Seminar, Reutte/Tirol 1955, S. 80/90; 3. Plansee Seminar, Reutte/Tirol 1958, S. 371/79.

[3] EREMENKO, V. N. u. I. A. LAVRINENKO: Inf. Listok No. 218, Kiew 1960.

[4] BECKER, K.: Z. Physik 51 (1928), S. 481/89.

[5] ELLIOTT, R. O. u. C. P. KEMPTER: J. Chem. Phys. 62 (1958), S. 630/31.

[6] VASILOS, T. u. W. D. KINGERY: J. Am. Ceram. Soc. 37 (1954), S. 409/14.

[7] RÜDIGER, O. u. A. WINKELMANN: Techn. Mitt. Krupp 18 (1960), S. 19/24.

[8] LONNEAUX, D. M.: NAA SR 5188 (1960).

[9] LVOV, S. N., V. F. NEMTSCHENKO u. G. V. SAMSONOV: Poroschkovaja Met. (1961), Nr. 6, S. 70/74.

[10] GANGLER, J. J., C. F. ROBARTS u. J. E. McNUTT: NACA Techn. Note 1911 (1949); J. Am. Ceram. Soc. 33 (1950), S. 367/74.

[11] GLENNY, E. u. T. A. TAYLOR: Powder Met. (1958), Nr. 1/2, S. 189/226.

Stabilität einer Hartstoffphase machen will. Im Hinblick auf die Hochtemperaturanwendungen von Boriden[1] und Siliziden[2,3] ist die Kenntnis von der Bildungsenthalpie dieser Stoffe von besonderer Bedeutung.

9. Elektrische und magnetische Eigenschaften

Der *elektrische Widerstand* von Hartstoffen kann durch Strom-Spannungsmessungen bei erhöhten Temperaturen an entsprechenden, im direkten Stromdurchgang erhitzten Stäben ermittelt werden[4-7]. Diese Methode ist naturgemäß etwas unsicher und sie erfordert auch verhältnismäßig große Proben. Wesentlich kleinere Proben, beispielsweise kleine Heißpreßzylinder können sehr rasch mit dem Sigmatest der Fa. FÖRSTER, Reutlingen, geprüft werden[8]. Es handelt sich dabei um ein Wirbelstromverfahren, welches nur bei nicht ferromagnetischen Stoffen anwendbar ist. Es gibt bei entsprechender Probenvorbereitung ausgezeichnet vergleichbare, allerdings porositätsabhängige Meßwerte. Seltener bestimmte Meßgrößen sind die *magnetische Suszeptibilität*[9,10,6] und die *Hall-Konstante*[11,12].

Von gewisser praktischer Bedeutung für die Anwendung als Hochtemperatur-Thermoelemente ist die Messung der *Thermokraft* von Hartstoffpaaren, insbesondere Boriden und Siliziden[13,14].

Für die Anwendung in der Elektronenröhrentechnik ist die Kenntnis vom *Elektronenemissionsvermögen* erforderlich[15]; diesbezügliche Messungen an Boriden wurden insbesondere von russischen Forschern durchgeführt[16].

[1] BREWER, L. u. H. HARALDSEN: J. Electrochem. Soc. 102 (1955), S. 399/406.

[2] ROBINS, D. A. u. I. JENKINS: 2. Plansee Seminar, Reutte/Tirol 1955, S. 187/97; Acta Met. 3 (1955), S. 598/604.

[3] SEARCY, A. W.: J. Am. Ceram. Soc. 40 (1957), S. 431/35.

[4] FRIEDERICH, E. u. L. SITTIG: Z. anorg. allg. Chem. 144 (1925), S. 160/89.

[5] GLASER, F. W. u. D. MOSKOWITZ: Powder Met. Bull. 6 (1953), S. 178/85.

[6] ROBINS, D. A.: Philosophical Mag. 3 (1958), S. 313/27.

[7] KOLOMEC, N. V., V. S. NESCHPOR, G. V. SAMSONOV u. S. A. SEMENKOVITSCH: Zur. Techn. Fiz. 28 (1958), S. 2382/89.

[8] RUDY, E. u. F. BENESOVSKY: Planseeber. Pulvermetallurgie 8 (1960), S. 60/71.

[9] KLEMM, W. u. W. SCHÜTT: Z. anorg. allg. Chem. 201 (1931), S. 24/31.

[10] SAMSONOV, G. V., V. S. NESCHPOR u. N. S. STRELNIKOVA: Dop. Akad. Nauk Ukr. RSR (1959), S. 838/39.

[11] JURETSCHKE, H. J. u. R. STEINITZ: J. Chem. Phys. 4 (1958), S. 118/27.

[12] LVOV, S. N., V. F. NEMTSCHENKO u. G. V. SAMSONOV: Dokl. Akad. Nauk SSSR 135 (1960), S. 577/80.

[13] SAMSONOV, G. V. u. N. S. STRELNIKOVA: Ukr. Fiz. Zur. 3 (1958), S. 135/38.

[14] KISLY, P. S. u. G. V. SAMSONOV: Dokl. Akad. Nauk SSSR, Met. Topl. (1959), S. 133/37.

[15] GOLDWATER, D. L. u. R. E. HADDAT: J. Appl. Phys. 22 (1951), S. 70/73.

[16] SAMSONOV, G. V., V. S. NESCHPOR u. G. A. KUDINCEVA: Radiotechn. Elektronika 2 (1957), S. 631/36. Ukrain. Fiz. Zur. 4 (1959), S. 508/17. In: Fragen der Pulvermetallurgie, Kiew 1959, Bd. 7, S. 99/104.

10. Zunderverhalten

Das Verhalten von Hartstoffen beim Erhitzen an Luft und die Kinetik des Zundervorganges ist besonders für die Verwendung dieser Stoffe in der Hochtemperaturtechnik bedeutungsvoll. Bei der Untersuchung dieser Eigenschaft verfährt man meist so, daß man Proben definierter Form in entsprechenden Rohr- oder Muffelöfen an Luft oder in einer entsprechenden Prüfgasatmosphäre erhitzt und von Zeit zu Zeit ohne Entfernung der Zunderschicht die Gewichtsveränderung in mg/cm^2 ermittelt. Ferner ergibt auch die subjektive Beurteilung der Zunderschicht wichtige Hinweise für die Brauchbarkeit des Grundwerkstoffes. Auf diese Weise gelingt es, verhältnismäßig rasch und einfach Aussagen über das Zunderverhalten des betreffenden Hartstoffes zu machen. Nach dieser Methode wurden zahlreiche Karbide und Karbidmischkristalle[1], Boride und insbesondere die Silizide[2-5] sehr eingehend auf ihr Zunderverhalten untersucht. Gewisse Schwierigkeiten treten bei der Prüfung bei sehr hohen Temperaturen (1300 bis 1600°) an Luft auf. Man muß entweder Kohlerohrkurzschlußöfen oder Molybdänöfen mit eingeschobenen Keramikrohren benützen oder in Muffelöfen mit $MoSi_2$-Heizleiter arbeiten; die Betriebstemperaturen an Luft bis 1600° vertragen[3, 4].

Durch Hinzunahme röntgenographischer und metallographischer Methoden kann man die Kenntnis des Zundermechanismus und der Deckschichtenausbildung noch erweitern[6].

11. Gefüge

Die in der Literatur veröffentlichten Gefügebilder von Hartstoffen lassen zum Teil viel zu wünschen übrig. Dies hängt nicht etwa mit der Ungeschicklichkeit des betreffenden Metallographen, sondern vielmehr mit den außerordentlichen Schwierigkeiten bei der Schliffherstellung zusammen. Schon das Schleifen und Polieren der extrem harten und spröden Proben bereitet ungewöhnliche Schwierigkeiten und erfordert einen hohen Aufwand an teuren Diamantscheiben und

[1] KIEFFER, R. u. F. KÖLBL: Z. anorg. allg. Chem. **262** (1950), S. 229/47.

[2] KIEFFER, R. u. E. ČERWENKA: Z. Metallkunde. **43** (1952), S. 101/05.

[3] KIEFFER, R., F. BENESOVSKY u. C. KONOPICKY: Ber. dtsch. keram. Ges. **31** (1954), S. 223/30.

[4] FITZER, E.: 1. Plansee Seminar, Reutte/Tirol 1952, S. 244/53: 2. Plansee Seminar, Reutte/Tirol 1955, S. 56/79; 3. Plansee Seminar, Reutte/Tirol 1958, S. 175/202.

[5] PAINE, R. M., A. J. STONEHOUSE u. W. W. BEAVER: WADC TR 59—29 (1959).

[6] HINNÜBER, J., O. RÜDIGER u. W. KINNA: 2. Plansee Seminar, Reutte Tirol 1955, S. 130/53; Arch. Eisenhüttenwes. **27** (1956), S. 259/67.

Diamantboart. Meist werden bei maschineller Schliffherstellung einzelne Kristallite aus dem Gefüge herausgerissen und die so entstehenden Löcher sowie die vorhandenen Sinterporen ergeben nach dem Ätzen uneinheitliche und unschöne Gefügeaufnahmen. Dazu kommt noch, daß die meisten Hartstoffe chemisch sehr resistent sind und zum Teil nur mit stärksten Mineralsäuren (Königswasser, Flußsäure usw.) — oft nur kochend — angeätzt werden können. Dies erfordert besonders bei flußsäurehaltigen Ätzmitteln Vorsicht bezüglich der Mikroskopobjektive, Mikrohärteprüfer usw. Es besteht aber auch die Gefahr der Bildung von Ätzlöchern sowie des Herausätzens von Phasen, bei nicht einheitlichen Proben, was wiederum das Gefügebild stark verunstaltet.

Beim Schleifen harter und spröder Werkstoffe hat sich die sogenannte „Glasplattentechnik" nach R. WACHTELL[1] sehr gut bewährt, weil dabei das Herausreißen von Gefügebestandteilen während des Schleifens von Hand aus mit einem Schleifmittel auf einer aufgerauhten Glasplatte hintangehalten wird.

Auf die für Hartstoffe gebräuchlichen Ätzmethoden[2] kann hier nicht näher eingegangen werden, es sei auf die unter den Eigenschaftstabellen in der Spalte „Gefüge" angegebenen Arbeiten verwiesen (vgl. auch Bd. Hartmetalle).

---

[1] WACHTELL, R.: Powder Met. Bull. **6** (1951), S. 62/66.
[2] JONES, T. I.: TID 7561 (1956), Pt. 1, S. 32/45.

Namenverzeichnis

Sachverzeichnis

MIX
Papier aus verantwortungsvollen Quellen
Paper from responsible sources
FSC® C105338

FSC
www.fsc.org

If you have any concerns about our products,
you can contact us on
ProductSafety@springernature.com

In case Publisher is established outside the EU,
the EU authorized representative is:
**Springer Nature Customer Service Center GmbH
Europaplatz 3, 69115 Heidelberg, Germany**

Printed by Libri Plureos GmbH
in Hamburg, Germany